U0314159

# 冶金炉料手册

## （第2版）

刘麟瑞　王丕珍　编
李树根　詹真伟　审

北　京
冶　金　工　业　出　版　社
2008

## 内 容 简 介

本书从实用出发，重点介绍了冶金矿产品、钢铁料、铁合金料、有色金属料以及耐火材料和炭素制品、冶金燃料等冶金炉料的技术性能，并简要地介绍了冶金炉料的一些基本特性和用途，以及有关的冶金常识。此外，有选择性地介绍了一些相关炉料的国际标准和国外标准。

**图书在版编目(CIP)数据**

冶金炉料手册/刘麟瑞，王丕珍编．—2版．—北京：冶金工业出版社，2000.4(2008.1重印)

ISBN 978-7-5024-2510-4

Ⅰ．冶…　Ⅱ．①刘…　②王…　Ⅲ．冶金炉—炉料—手册

Ⅳ．TF065.1—62

中国版本图书馆CIP数据核字(2007)第182611号

出版人　曹胜利

地　址　北京北河沿大街嵩祝院北巷39号，邮编100009

电　话　(010)64027926　电子信箱　postmaster@cnmip.com.cn

责任编辑　王雪涛　美术编辑　李　心　版式设计　张　青

责任校对　朱　翔　责任印制　丁小晶

ISBN 978-7-5024-2510-4

北京百善印刷厂印刷；冶金工业出版社发行；各地新华书店经销

1992年2月第1版；2000年4月第2版；2008年1月第7次印刷

787mm×1092mm　1/16；34.5印张；835千字；531页

**69.00元**

**冶金工业出版社发行部　电话：(010)64044283　传真：(010)64027893**

**冶金书店　地址：北京东四西大街46号(100711)　电话：(010)65289081**

(本书如有印装质量问题，本社发行部负责退换)

# 第2版前言

《冶金炉料手册》自1991年出版以来，深受读者欢迎。曾两次重印，仍不能满足读者需要。这说明本书经受住了实践的检验。

为了更好地满足广大读者的需要，决定对本书进行修订再版。在修订过程中，除补充更新了技术资料，并淘汰了过时的陈旧资料之外，还修正了不妥的概念，更正了部分符号等。经过修正再版的《冶金炉料手册》，内容更新，资料更实用，旨在使本书与时代共同发展，更好地服务于冶金工业。

限于编者水平，疏漏之处在所难免，敬请读者批评赐教，以便精益求精。

编　者

1999年10月

# 第1版前言

冶金炉料是冶金生产的“粮食”。

俗话说“民以食为天”。同理，冶金生产也当以“粮食”为本。要管好、用好这些“粮食”，给冶金生产提供可口的“饭菜”，首要一条就是要认识它、熟悉它、掌握它。否则，不论是供应管理，抑或是质量管理，都难免陷于困惑的境地。从事生产的工程技术人员、管理干部，特别是供销人员，实践中迫切需要一本这方面的具有实用性、权威性和知识性的工具书。基于此，我们尝试着编写了这本《冶金炉料手册》，以飨读者。

《冶金炉料手册》从实用出发，着重介绍冶金炉料的技术性能，同时，还介绍了产品的性质和用途，以及有关冶金生产的基本知识。此外，选编了一些冶金炉料的国际标准和国外标准，意在“他山之石可以攻玉”。

书中所采用的标准力求其新。国标和部（行业）标，除烧结矿标准（目前尚无新的）外，均系1986年以来修订、1987年评级和1988年颁发认定的现行标准。但是，所谓“新”是相对的，是有时间性的。随着冶金生产的发展，标准也要相应地修订（如高炉炭块的标准即正在修订中）。届时，本书中的标准，就将由修订后的标准所取代。因此，在使用本《手册》时，应注意标准修订情报。

编写《冶金炉料手册》所用资料，跨行跨业，散见于多种书刊，根据需要，博采众长，撷优而用，共成八章，各章结构大体一致，但又不尽相同。

《冶金炉料手册》的编写与出版，得到各方面的关怀、支持和帮助：东北工学院何永绵教授、周绍宗副教授对本书的编写给予热情的鼓励和指导；本钢技术质量监督处高级工程师韩世翔、教文帅给予多方协助；南昌钢铁厂高级工程师阎正、齐钢物资处李炳权和本钢供销处康继新为“铁合金料”和“钢铁料”提供了国内产品的全部资料；本钢质量技术监督处高级工程师高佐忠提供了“炭素材料”、“耐火材料”的重要资料；本钢原燃料处高级工程师王克桢为“冶金燃料”补充了内容；中国有色金属工业总公司技术经济研究中心高级工程师包晓波对“有色冶金常识”进行了改写；中国有色金属工业总公司邓汝钟为“有色金属料”的若干品种的内容作了补充；本钢原燃料处杨海斌为全书制图；本溪冶金专科学校王景平、本钢综合工业公司供销处张连霞、本钢工学院刘开、本钢原燃料处李实、魏俊英等承担本书资料的收集、整理、抄写、复制任务。参与本书编写工作的还有闫慕兰、刘郁风、刘默涵和中国有色金属工业总公司东北办事处吕振荣等。对本书编写出版给予大力支持和帮助的还有本钢谭洪洲、吕树之、刘元勋、顾匡世、凌业其、林玉梅；齐齐哈尔钢厂赵学友、林军、田洪兴，董立秋；冶金部东北办事处余武明、段国学；中国有色金属工业总公司东北办事处邹晓光。在此，一并致以诚挚的谢意。

应当特别说明的是,《冶金炉料手册》的编写与出版,与本溪钢铁公司经理张文达、齐齐哈尔钢厂厂长范广举的支持和冶金工业部、中国有色金属工业总公司有关领导的重视是分不开的。这对编者是极大的鞭策和鼓舞。

限于编者水平,加之经验不足,本书可能有错误之处,敬请读者批评赐教,以便再版修正。

编　者

1990年11月于北京

# 目　录

## 第一章　绪　论



## 第二章　冶金矿产品

## 第三章　钢　铁　料



## 第四章　铁　合　金

## 第五章　有色金属料

## 第六章　炭素材料及石墨制品

## 第七章　耐火材料

## 第八章 冶金燃料

# 第一章 绪 论

## 一、金属及其生产方法

所谓金属，通常是指具有金属光泽、可塑性、导电性及导热性良好的化学元素。在元素周期表中，金属元素有 80 多个。金属的分类按历史形成的工业分类法一直沿用至今。

现代工业习惯把金属分为黑色金属和有色金属两大类：铁、铬和锰三种金属属于黑色金属，其余的所有金属都属于有色金属。有色金属又分为重金属、轻金属、贵金属和稀有金属等四类。

因此，冶金工业通常分为钢铁冶金工业和有色冶金工业。钢铁冶金工业是指黑色金属的生产，包括铁、钢和铁合金(如铬铁、锰铁)；有色冶金工业是指有色金属的生产。按其冶炼的对象(金属元素)分类，冶金生产的基本内容如下：

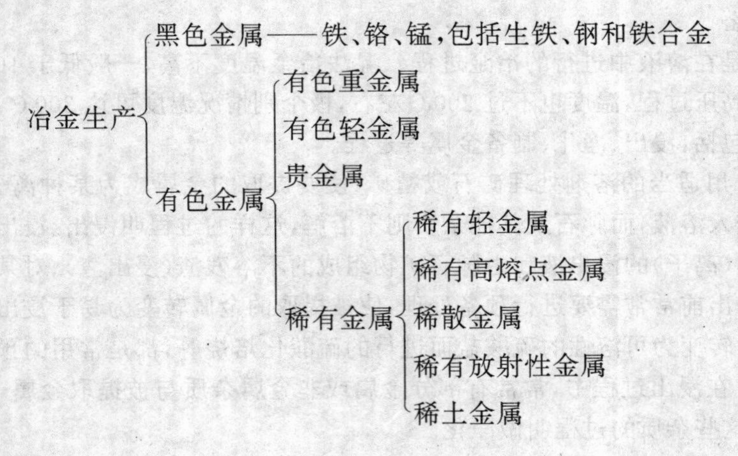


**(一)黑色金属**

铁——一种最常见的金属。纯净的铁是光亮的银白色金属，密度是 7.86g/cm³，熔点是 1535℃，沸点是 2750℃。纯铁的抗腐蚀能力相当强，但通常用的生铁和钢一般都含有碳和其他元素，因而它的熔点显著降低，抗腐蚀能力也减弱。铁有延展性和导热性，也能导电，但它的导电性远不如铜和铝。铁能被磁体吸引，在磁场作用下铁自身也能产生磁性。

锰——在外形上与铁相似，粉状的锰是灰色的，块状的锰则具有银白色的金属光泽。锰的密度为 7.43g/cm³。冶金工业用锰通常为金属锰和锰铁合金或硅锰合金。

铬——纯净的铬为亮灰色，具有很大的硬度，电解铬的硬度为 HB570～1250。铬的密度为 7.14g/cm³。冶金工业用铬通常为金属铬和铬铁合金或硅铬合金。

**(二)有色金属**

有色金属是指黑色金属以外的所有金属，泛指非铁金属及其合金。工业上常用的是铜、铝、铅、锌、锡、镁、锑、镍、钨、钼、钴、汞等。

有色金属及其合金与钢铁材料相比，具有许多优良和特殊性能，如银、铜、铝有良好的导热性和导电性，铜和铝又有良好的逆磁性；钴、钛等有优异的化学稳定性；镍铁合金有高导磁性；铝合金、钛合金的密度小而强度高；钨、铌、钽、锆等有很高的熔点。

在实际工作中，有色金属分为普通有色金属和稀有金属两类。普通有色金属包括铜、铝、铅、锌、锡、镍、锑、镁等；稀有金属包括钛、钼、钨、钽、铌、锆、稀土金属等。而每一种有色金属又可分为冶炼产品和加工产品。实际工作中还常把铜、铝、铅、锌、锡、镍、钨、钼、锑、汞十种称为“十种有色金属”。

**(三)冶金方法**

现代冶金方法大体可分为三类。

1.火法冶金

火法冶金过程是在高温条件下进行的。矿石或精矿中的矿物在高温下经过一系列的物理化学变化，生成另一种形态的化合物或单质，分别富集在气体、液体或固体产物中，达到所要提取的金属与脉石及其他杂质分离的目的。实现火法冶金过程所需热能，通常是依靠燃料燃烧来供给，也有依靠过程中的化学反应热来供给的，比如，硫化矿的氧化焙烧和熔炼就无需由燃料供热。

火法冶金包括：干燥、焙解、焙烧、熔炼、精炼、蒸馏等过程。

2.湿法冶金

湿法冶金是在溶液中进行的冶金过程。湿法冶金温度不高，一般低于100℃，现代湿法冶金中的高温高压过程，温度也不过200℃左右，极个别情况温度可达300℃。

湿法冶金包括：浸出、净化、制备金属等过程。

(1)浸出　用适当的溶剂处理矿石或精矿，使要提取的金属成为某种离子(阳离子或络阴离子)形态进入溶液，而脉石及其他杂质则不溶解，这样的过程叫浸出。浸出后经澄清和过滤，得到含金属(离子)的浸出液和由脉石矿物组成的不溶残渣(浸出渣)。对某些难浸出的矿石或精矿，在浸出前常常需要进行预备处理，使被提取的金属转变为易于浸出的某种化合物或盐类。例如，转变为可溶性的硫酸盐而进行的硫酸化焙烧等，都是常用的预备处理方法。

(2)净化　在浸出过程中，常常有部分金属或非金属杂质与被提取金属一道进入溶液，从溶液中除去这些杂质的过程叫做净化。

(3)制备金属　用置换、还原、电积等方法从净化液中将金属提取出来的过程。

3.电冶金

电冶金是利用电能提取金属的方法。根据利用电能效应的不同，电冶金又分为电热冶金和电化冶金。

(1)电热冶金　是利用电能转变为热能进行冶炼的方法。在电热冶金的过程中，按其物理化学变化的实质来说，与火法冶金过程差别不大，两者的主要区别只是冶炼时热能来源不同。

(2)电化冶金(电解和电积)　是利用电化学反应，使金属从含金属盐类的溶液或液体中析出。前者称为溶液电解，如铜的电解精炼和锌的电积，可列入湿法冶金一类；后者称为溶盐电解，不仅利用电能的化学效应，而且也利用电能转变为热能，借以加热金属盐类使之成为熔体，故也可列入火法冶金一类。

从矿石或精矿中提取金属的生产工艺流程，常常是既有火法过程又有湿法过程，即使是以火法为主的工艺流程，比如，硫化铜精矿的火法冶炼，最后还须要有湿法的电解精炼过程；而在湿法炼锌中，硫化锌精矿还需要用高温氧化焙烧对原料进行炼前处理。钢铁工业生产流程见图 1-1。

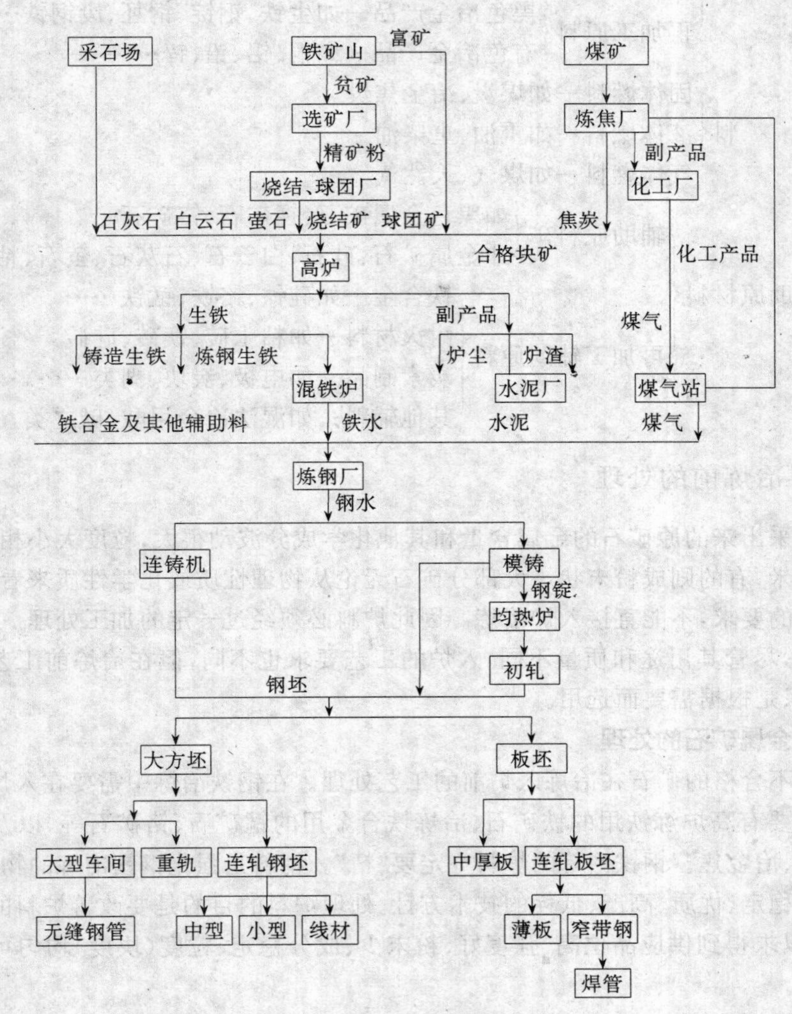


图 1-1 钢铁工业生产流程

## 二、冶金炉料的分类

用于冶金生产的炉料，一般是按其为主干产品生产的用途和作用分类的，如钢铁冶金行业为社会提供的最终产品是钢和铁，有色冶金行业为社会提供的最终产品是铜、铝、铅、锌等各种有色金属。为主干产品生产提供的各种再加工原料和辅助原料，绝大部分是本行业自产自用的中间产品，一部分作为商品调出。它们互为投入和产出。冶金炉料的分类如下：

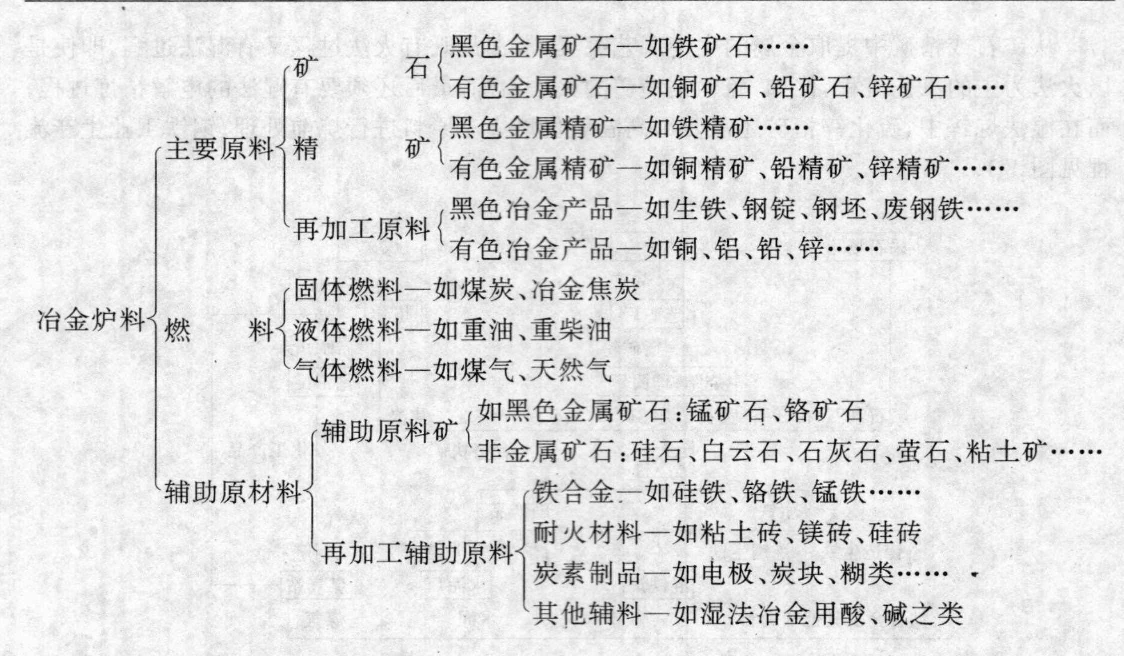


## 三、炉料冶炼前的处理

从矿山开采出来的原矿石的金属含量和其他化学成分波动很大,粒度大小相差悬殊,有的大至几百毫米,有的则成粉末状。大部分矿石无论从物理性质或化学性质来看,都不能达到冶炼对炉料的要求,不能直接入炉冶炼。因此炉料必须经过一定的加工处理。

冶金炉料,尽管其用途和质量不同,入炉的工艺要求也不同,但在冶炼前工艺处理的方法基本相同,只是根据需要而选用。

### (一)黑色金属矿石的处理

这是指对不合格的矿石在冶炼入炉前的工艺处理。在钢铁冶炼中需要在入炉前作工艺处理的矿石主要有高炉炼铁用的铁矿石、冶炼铁合金用的锰矿石、铬矿石等,以及各种辅助原料矿和煤炭、冶金焦。钢铁冶炼的炉料一定要"精"。精料是强化钢铁冶炼的物质基础,是实现冶炼操作稳定、优质、高产、低耗的技术方针。处理炉料的目的是要改善炉料的化学成分和物理性能,以求得到供应品位高、强度好、粉末少、成分稳定、粒度(块度)均匀可以综合利用的优质精料。

如高炉炼铁用的铁矿石,虽然它的粒度越小,还原性越好,但是作为高炉入炉料,如果粉矿多,则透气性不好,同时炉内气体分布也不均匀,造成悬料和偏析,导致高炉生产率下降。因此,有必要从还原性和透气性两方面综合考虑,对入炉料进行筛分。

对于铁矿,联合企业一般都是自行处理。铁矿石是钢铁企业中消耗量最大、处理流程长和比较复杂的基础原料,其处理的流程见图1-2。

我国铁矿石资源中,贫矿比例很大而且复合矿石多,从矿山开采出来的原矿,一般都要分别经过破碎、筛分、中和(混匀)、焙烧选矿和造块等准备处理加工过程。对原矿品位较高能直接入炉冶炼的天然富矿,应经过整粒(包括破碎、筛分、分级和中和)之后再入炉冶炼。通过对原料的准备处理进行综合回收或去除其有益元素和有害杂质。

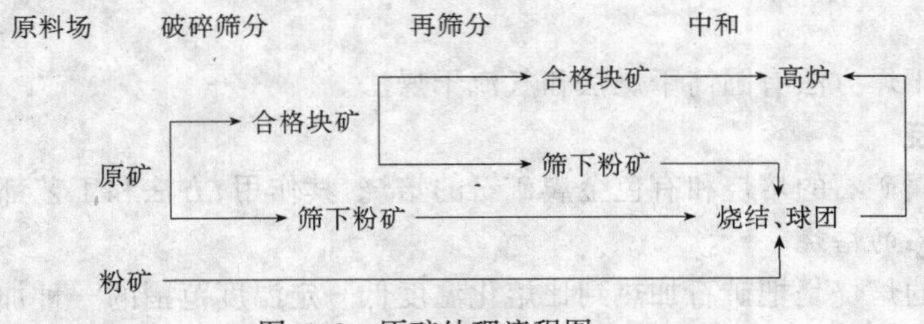


图 1-2 原矿处理流程图

**(二)有色金属矿石的处理**

有色金属矿石的品位一般都很低,除了必须经过选矿富集以外,还需进行多种不同方法的处理才能入炉冶炼,有的甚至还很复杂。一般的主要处理方法有破碎、混捏、干燥、焙烧、造球和制团等。

## 四、冶金矿产品预处理的主要工艺

**(一)破碎**

破碎就是把大块矿石或其他块状料通过挤压或冲击等方法破碎到要求的粒度,并根据粒度的要求分级。如高炉用的铁矿石一般根据破碎粒度的不同,分为如下四级:

粗碎:将大矿块破碎到 100mm 左右;

中碎:将矿块从 100mm 左右破碎到 30mm 左右;

细碎:将矿块从 30mm 左右破碎到 5mm 左右;

粉碎:将矿块从 5mm 左右破碎到 1mm 以下。

直接入炉的富矿只需粗碎和中碎,对贫矿进行选矿处理时才进行细碎和粉碎。

密闭鼓风炉炼铜的炉料,主要是铜精矿、熔剂和转炉渣。后两种块状料,块度应在 20~120mm 之间。

**(二)混匀(中和)**

入炉矿石是由几种矿石组成的,而每一种矿石的化学成分又不尽相同,有的产地也不同,为保证入炉矿石成分的稳定均匀,就需要在入炉前配料和混匀。把不同成分的矿石事先充分地混匀,使之成为化学成分和物理性质较均匀的原料,这种过程称为矿石的混匀(又称中和)。

混匀的方法有多种,一般采用平铺切取的方法,即把不同的矿石一层一层地铺成一定高度的条堆。取料时从堆的一端垂直切取,这样,每次切取的矿石都包含每一层的一部分,从而得到较均匀的成分。

高炉熟料率的增加,将使天然矿的混匀工作逐渐减少。但烧结、球团原料同样要混匀。

铜精矿及烟尘等粉状炉料,要进行混捏。在混捏之前,各种不同的精矿需经过计算,进行搭配混合,使混合精矿的造渣组分、铜硫比等符合一定要求;同时,还应使某些有害组分,如 ZnS、MgO 等不超过限额。

**(三)干燥**

某些有色金属精矿(如铜、铅、锌精矿)进场时的水分,一般在 8%~15%左右,不符合配料和冶炼的要求。例如,仓式配料要求精矿含水为 5%~7%;反射炉熔炼要求精矿含水 6%~8%;电炉熔炼和闪速炉熔炼要求精矿含水不得超过 3%和 0.3%。因此在冶炼前要对精矿进行干燥。

常用的干燥方法有圆筒干燥法和气流干燥法。

**(四)焙烧**

黑色金属矿石的焙烧和有色金属矿石的焙烧,其作用、方法和工艺都不尽相同。

1.铁矿石的焙烧

铁矿石的焙烧是把矿石加热到比熔化温度低一定温度范围的一种加热过程。通过焙烧可以改变矿石的化学成分和性质,除去原料中的有害杂质。同时还可以使矿石组织疏松,便于破碎和提高矿石的还原性。

铁矿石的焙烧方法,按照焙烧过程控制气氛的不同可分为氧化焙烧和还原(磁化)焙烧:

(1)氧化焙烧　氧化焙烧是铁矿石在氧化性气氛中进行的焙烧。氧化焙烧多用于驱除菱铁矿中的二氧化碳和褐铁矿的脱水,从而使铁矿石的含铁量提高以及减少菱铁矿中二氧化碳和褐铁矿的结晶水在高炉内分解时的热能消耗。在氧化焙烧中还可以去掉矿石中的硫。

在褐铁矿中磷多半存在于粘土夹杂物中,而焙烧可以使粘土夹杂物因干燥松散而脱离矿石,使之易于筛除,因此焙烧可以降低矿石的含磷量。此外,氧化焙烧后,矿石由于成分的变化使内部孔隙度增加,变得比较松脆,改善了矿石的还原性。另一方面也使矿石易于破碎,因而降低了破碎成本。

矿石的氧化焙烧一般在简易的竖炉中进行。

(2)还原(磁化)焙烧　还原(磁化)焙烧的目的是在还原的气氛下,通过焙烧将弱磁性的赤铁矿转变为具有强磁性的磁铁矿,以便磁选。

还原(磁化)焙烧要在专用的炉子中进行。在焙烧过程中,要准确调节温度和控制还原气氛。温度过低或矿石停留时间短,矿石中会有部分 $Fe_2O_3$ 未被还原;温度过高则可能产生过还原,使部分 $Fe_3O_4$ 还原成 FeO。这两种情况都会影响磁选时的回收率。

焙烧后的矿石排入水中加以冷却,以后就可以按磁铁矿的处理方法处理。

锰矿石是钢铁冶金的主要原料,其中的碳酸锰矿也需要经过焙烧分解,排除二氧化碳、挥发物和结晶水,使碳酸锰呈氧化物存在,以提高锰的品位。

碳酸锰矿通过焙烧可以给铁合金冶炼带来如下的有利条件:

改善了矿石的还原性能,从而节省了冶炼过程的燃料消耗,特别是用电冶炼时可大幅度降低电耗;

由于矿石中二氧化碳等的烧损,大大提高了锰矿石的品位,使冶炼的技术经济指标得到改善;

减少了由原料基地至冶炼厂之间的运量和运费;

可以改善冶炼厂的操作条件。

2.有色金属矿石的焙烧

这是将矿石、精矿或金属化合物在适当的气氛中,不加或配加一定的物料(如炭粉、氯化剂等),加热到低于炉料的熔点以下的温度,发生氧化、还原或其他化学变化的冶金过程,是湿法冶金或火法冶金浸取前的准备作业,其目的是改变炉料的化学组成。根据反应性质,焙烧可分为如下几种:

(1)氧化焙烧　使硫化精矿中的金属硫化物变成氧化物,同时除去矿石中易挥发的砷、锑、硒、碲等杂质。此法多用于硫化铜矿和硫化锌矿焙烧。

(2)硫酸化焙烧　使某些金属硫化物、氧化物变成易溶于水的硫酸盐。对锌的硫化矿及其精矿,用湿法处理时则采用硫酸化焙烧。

(3)挥发焙烧　将硫化物在空气中加热,使提取金属变成挥发性氧化物,呈气态分离出来。

(4)氯化焙烧　借助 $Cl_2$、HCl、NaCl 等氯化剂的作用,使矿石中的某些组分转变成气态或凝聚态的氯化物,而与其他组分分离。

(5)氯化离析焙烧　在向矿石中加氯化剂的同时加入炭粒,使有价金属矿物经氯化挥发并转变成金属附着在炭粒上,然后用选矿方法制成精矿。

(6)还原焙烧　将氧化矿预热到一定温度,然后用 CO、$H_2$、$CH_4$ 等还原性气体,使某些氧化物全部或部分还原,以利于下一步处理。

(7)氧化钠化焙烧　向矿石或精矿中配入 $Na_2CO_3$、NaCl、$Na_2SO_4$ 等钠化剂,焙烧后产生易溶于水的钠盐。

上述焙烧,根据所用设备不同,又可分为流态化焙烧、固定床焙烧、移动床焙烧和旋风焙烧等。按照焙烧后的物理状态又可分为粉末焙烧和烧结焙烧;前者得到的产物称为焙砂,是反射炉熔炼和浸出前的准备工序,后者得到的产物是烧结块。

**(五)粉矿造块**

粉矿造块是将不能直接入炉的金属矿粉经配料后用人工的办法造成符合冶炼要求的矿块。粉矿造块是冶炼前原料准备的一个重要环节,它既扩大了冶炼原料的来源,又改善了原料的质量。

1.铁矿粉造块

铁矿粉造块的主要方法有烧结与球团两种。烧结是将矿粉(富矿粉或精矿粉)、燃料(焦末或无烟煤)、熔剂(石灰粉或石灰石粉)按一定比例混合,然后在烧结机上进行烧结,利用其中燃料燃烧所产生的热量,使局部原料生成液相,将矿粉粘结在一起,形成坚实而多孔的烧结矿。球团是将原料混匀之后在造球机中滚成直径 9～25mm 的小球,然后经过干燥焙烧使矿球固结,得到球团矿。

铁矿粉造块后形成的人造富矿有如下优点:

(1)造块生产中可以加入一定量的熔剂,制成自熔性和高碱度的矿块,可以使冶炼过程不加或少加石灰石,避免了石灰石分解吸收热量所消耗的焦炭,从而降低焦炭的消耗,提高产量。

(2)与天然富矿比较,人造富矿有较好的冶炼性能,如气孔度大,透气性好,还原性好,软化性能改善。这样有助于改善初渣的性质和缩小成渣带,对料柱透气性,接受高风温,降低焦炭消耗都有利。

(3)造块后成分稳定,使入炉的原料变成了单一组成的性质稳定的原料,有利于炉况的稳定顺利。

(4)造块过程中可以除去原料中某些有害杂质,如硫、砷、锌等,烧结过程可以脱去 80%～90%的硫。

2.有色金属矿粉的造球与制团

经浮选的精矿其粒度在 100$\mu$m 以下,反射炉和闪速炉对这种极微细的粉矿能够直接熔炼,而鼓风炉使用粉矿则必须预先造块。在铅的冶炼中必须将精矿进行烧结,所得烧结矿才能进鼓风炉熔炼。锌的火法冶炼,也要将锌矿粉制成团矿或烧结矿,才能用不同的炉子进行还原熔炼。有色金属粉矿的造块方法主要是造球、制团和烧结。

## 五、钢铁冶金常识

### (一)炼铁

高炉炼铁是现代炼铁生产的主要方法。尽管有很多新的炼铁方法产生,但由于高炉炼铁技术经济指标良好,工艺简单,产量大,劳动生产率高,能耗低等优点,所以高炉炼铁法生产的生铁仍占世界生铁总产量的 95%以上。

高炉生产是从炉顶装入矿石、焦炭、熔剂,从高炉下部的风口鼓入预热的空气(有的还从风口喷吹煤粉,重油、天然气等)。在高温下,焦炭和煤粉、重油、天然气中的碳同鼓入炉内的空气中的氧燃烧生成一氧化碳、氢气、二氧化碳。这些气体在炉内上升的过程中,一氧化碳和氢气等还原性气体,去除铁矿石中的氧,使其还原成铁并生成铁水从出铁口流出。铁矿石中的脉石成分和熔剂结合生成炉渣,从渣口排出。高炉煤气从炉顶导出,经过除尘净化后,作为热风炉、加热炉、焦炉、锅炉等的燃料。

高炉生产流程见图 1-3。

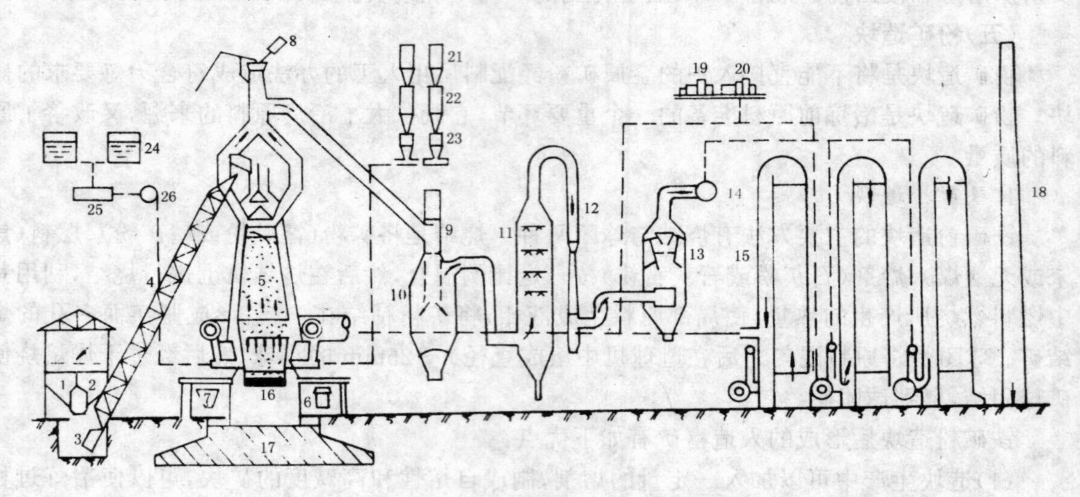


图 1-3 高炉生产流程简图

1—贮矿槽;2—焦仓;3—料车;4—斜桥;5—高炉本体;6—铁水罐;7—渣罐;8—放散阀;9—切断阀;10—除尘器;11—洗涤塔;12—文氏管;13—脱水器;14—净煤气总管;15—热风炉;16—炉基基墩;17—炉基基座;18—烟囱;19—蒸汽透平;20—鼓风机;21—收集罐(煤粉);22—储煤罐;23—喷吹罐;24—储油罐;25—过滤器;26—油加压泵

### (二)炼钢

从根本上讲,炼钢的原料是铁矿石,从铁矿石到钢有几种不同的工艺途径:

(1)铁矿石在高炉中炼成生铁,再以生铁为原料炼制成钢。通过高炉途径炼制的钢,占世界钢产量的 98%左右。

(2)在矿石熔化温度以下,将铁矿石还原成海绵铁,然后再以海绵铁为原料炼成钢。近年来,直接还原炼铁得到发展,并建立了直接还原炼铁—电炉炼钢的钢铁联合企业。

(3)粉末冶金方法,用于制造某些特殊的零件,近年来也用于高速工具钢等特殊用钢。这种方法生产的钢在钢的总产量中,所占比重很小。

除生铁、海绵铁外,废钢也是重要的炼钢原料。用废钢炼钢不仅价格比生铁、海绵铁便宜,而且还可以节约能源。

现有的大规模炼钢方法,都是1856年以后出现的,主要有转炉炼钢法、平炉炼钢法、电弧炉炼钢法3类。转炉、平炉、电弧炉炼钢工艺可以不同程度地保证钢的纯净度,能满足一般用户对钢质量的要求。为满足特殊用户,要求钢的质量更高、品种更多的高级钢,而出现了多种炉外处理或炉外精炼方法。应用最广的炉外处理方法有:吹氩处理、真空脱气、炉外脱硫等。对于某些尖端技术或特殊用途要求特殊质量的钢,则要用特殊炼钢法炼制,例如电渣重熔法等。平炉炼钢法在我国随着平炉的消失而趋于淘汰。因此只对转炉炼钢和电炉炼钢法简介如下。

1. **转炉炼钢**

转炉炼钢的主要特点是:靠转炉内生铁的物理热和生铁组分如碳、锰、硅、磷等氧化生成的化学热,使金属达到出钢要求的成分和温度。转炉炼钢炉料为铁水,造渣材料为石灰、石英、萤石等,为调整温度,可加入少量废钢、生铁块和矿石等。

转炉按耐火材料性质可分为碱性转炉和酸性转炉。按气体吹入炉内的部位分为底吹转炉、顶吹转炉和侧吹转炉。按吹炼采用的气体分为空气转炉、氧气转炉。1952年,氧气顶吹转炉问世,逐渐取代空气吹炼转炉和平炉,现已成为世界上最主要炼钢方法。

(1)侧吹转炉炼钢　侧吹转炉炼钢是从转炉墙的侧面吹入空气或氧气,把铁水炼制成钢的转炉炼钢法。空气酸性侧吹转炉按创造人的姓氏也称为特罗佩纳炉。

(2)氧气顶吹转炉炼钢　氧气顶吹转炉炼钢是用纯氧从转炉顶部吹炼铁水成钢的转炉炼钢法。

氧气顶吹转炉的金属炉料主要是铁水,约占金属总装料的70%~85%,其余部分为废钢、富铁矿或球团矿。氧气顶吹转炉吹氧压力为0.6~1MPa,氧气纯度为99.5%。铁水中的硅、碳和磷等元素被氧化而进入炉渣,并通过造渣进行脱磷和脱硫。各种元素氧化产生的热量,加热熔池中的液态金属,并使钢水达到规定的化学成分和温度。

氧气顶吹转炉冶炼1炉钢的吹炼时间一般为15~20min,两次出钢之间的总冶炼时间一般为30~45min。

(3)氧气底吹转炉炼钢　氧气底吹转炉炼钢,是通过转炉底部的氧气喷嘴把氧气吹入炉内熔池,使铁水冶炼成钢的转炉炼钢方法。氧气底吹转炉自底部向熔池分散吹氧,所以搅拌条件好,氧流和液态金属接触面大,反应迅速、均匀,C—O接近平衡。比氧气顶吹转炉吹炼平稳,喷溅少,烟尘量少,炉渣中氧化铁含量低。因此,氧气底吹转炉金属收得率比氧气顶吹转炉高1%~2%;氧气和石灰消耗较低,终点余锰较高,含氧低,可节省锰铁等脱氧剂消耗。

氧气底吹转炉采用粉状造渣料,成渣快,有利于脱硫、脱磷。由于氧气底吹转炉钢含氧量低,特别适于用来冶炼低碳钢和超低碳钢。其缺点是炉底寿命较短,设备复杂,由于用碳氢化合物作冷却剂,使得吹炼终点熔池含氢量较高。

(4)复合吹炼转炉炼钢　复合吹炼转炉炼钢是从炉顶吹氧气并从炉底吹入惰性气体氩、氮,加氮空气和加氧的二氧化碳等气体的转炉炼钢方法。它也是把顶吹转炉和底吹转炉的特点结合起来的炼钢方法。

氧气顶吹转炉改成复合吹炼转炉炼钢的优点是：吹炼平稳，终渣氧化铁含量低，提高了金属收得率；钢中残锰增加，节约铁合金；熔池温度和成分均匀；便于去除钢中硫、磷，降低氧含量，改善钢质；降低钢的成本，增加炉子的生产能力。

2. 电炉炼钢

电炉炼钢是以电能作热源，在电炉内炼钢的方法。最常用的电炉有电弧炉和感应炉两种。此外还有电阻炉、冶炼合金含量更高、纯度要求更高的电渣炉、真空炉、电子轰击炉等。

电弧炉炼钢是通过石墨电极向电弧炼钢炉内输入电能，以电极端部和炉料之间发生的电弧为热源进行炼钢的方法。

电弧炉按加热方式可分为三种：

(1)间接加热电弧炉：电弧在两极之间产生，不接触物料，靠热辐射加热物料。这种炉子由于噪声大，效率低，渐被淘汰。

(2)直接加热电弧炉：电弧在电极和物料之间产生，直接加热物料，炼钢三相电弧炉是最常用的直接加热电弧炉。

(3)埋弧电炉：又叫还原电炉或矿用电炉。电极一端埋入料层，在料层内形成电弧并利用料层自身的电阻发热加热物料，常用于冶炼铁合金等。

由于电弧炉以电能为热源，可调节炉内气氛，对熔炼含易氧化元素较多的钢种极为有利。因此，电弧炉从一开始就用于冶炼合金钢，并得到较大的发展。随着电弧炉设备的改进、冶炼技术的提高和电力工业的发展，电炉钢的成本不断降低，现在电弧炉不但用于生产合金钢，而且还大量用来生产普通碳素钢。

3. 各种炼钢炉的特点

各种炼钢炉的特点见表 1-1。

**表 1-1 各种炼钢炉的特点**

| 项目 | 氧气转炉 | 电弧炉 | 电渣炉 |
| --- | --- | --- | --- |
| 主要用途 | 生产各种碳素钢和低合金钢 | 生产各种碳素钢和低合金钢 | 精炼合金钢和各种合金材料 |
| 主要原料 | 液态炼钢生铁、废钢 | 废钢 | 铸造或锻压的钢坯 |
| 热源 | 炼钢、生铁中所含 C、Si、Mn、P 等元素所产生的氧化反应化学热 | 电能 | 电能 |
| 主要特点 | 冶炼速度快、生产效率高、钢的品种和质量与平炉大致相当 | 炉料通用性大，炉内气氛易控制，钢水脱氧良好，能冶炼含易氧化和难熔金属的钢种，产品多样化 | 由于清洗作用，脱硫、脱氧效果显著，钢的纯度高，钢锭致密，偏析少；自下而上凝固，能改善加工性能 |

**(三)铁合金的生产**

铁合金的生产过程就是炉料矿石(或需精炼的合金)、还原剂(或氧化剂)、渣料、成分调节剂(或冷却剂)在高温下经过物理化学变化生成合金、炉渣、炉气的过程。铁合金品种多，原料复杂，所提取的合金元素物理化学性质差别大，因此采用的生产手段也各异。

铁合金生产方法可归纳如下：

按冶炼方法不同分类——火法和湿法冶炼；

按冶炼设备不同分类——高炉法、电炉法、炉外法、真空炉法和转炉法；

按生产操作工艺特点不同分类——无熔剂法与熔剂法、连续法与间歇法；

按热量来源不同分类——碳热法、电热法、金属热法和电硅热法。

1.不同冶炼设备的生产方法

(1)高炉法　高炉法是工业上大规模生产铁合金最早采用的方法。用高炉法生产铁合金产量大、成本低。但是由于通常生产铁合金所用的矿石中氧化物比氧化铁稳定，更难还原，因此需要较多的能量和较高的还原温度。而进一步提高高炉缸温度又受到限制，同时在高炉冶炼的条件下金属被碳充分饱和，因此高炉只能用于生产易还原元素铁合金和低品位铁合金。目前主要生产碳素锰铁。

高炉法冶炼碳素锰铁主要原料有锰矿、焦炭和熔剂(石灰石、白云石)以及助燃的空气或富氧。焦炭不仅是还原剂同时也是燃料。

冶炼时把锰矿、焦炭和熔剂从炉顶装入炉内，高温空气或富氧经风口鼓入使焦炭燃烧获得高温进行还原反应。熔化的金属和炉渣集聚在炉底通过渣口、铁口定时放渣出铁。随着炉料熔化下沉在炉顶不断加入新料，生产是连续进行的。

高炉冶炼锰铁焦比大，要求焦炭质量好，对原料准备工作要求严。故焦炭资源少而电力又充足的国家一般都不采用此法进行生产。

(2)电炉法　电炉法是冶炼铁合金的主要方法，电炉铁合金产量占全部铁合金产量的70%以上。电炉主要可分为矿热炉和电弧炉(又叫精炼炉)两种。

用碳作还原剂生产铁合金所用电炉常用矿石还原炉，简称矿热炉。

冶炼时炉口加入混合好的原料、3根电极埋在炉料中，依靠电弧和电流通过炉料而产生的电阻热进行加热。通过出铁口定时出铁放渣，生产过程是连续进行的。

矿热炉按产品出渣量的多少不同又可分为微渣法和有渣法两种操作。

硅铁、高硅铬铁所用的原料纯度高，含杂质氧化物少，生产时不加熔剂。冶炼过程出渣量很少，常称微渣法。微渣法生产所用的原料主要有硅石、焦炭和钢屑(生产硅铬时用碳素铬铁)。碳素锰铁、碳素铬铁、硅锰合金等所用矿石含杂质氧化物多，需加熔剂造渣，因此渣量大(超过合金的重量)，常称有渣法。有渣法生产所用的原料除矿石和还原剂外，还常需添加熔剂。

矿热炉因为使用碳质还原剂，因此除硅质合金外，其他只能获得高碳合金。

用硅(主要是硅质合金)作还原剂生产铁合金通常采用电弧炉(它与炼钢电弧炉相似)。

电弧炉生产所用的原料主要有矿石(包括精矿或较纯的氧化物)、硅质还原剂和熔剂3种。炉料从炉顶或炉门加入炉内，整个冶炼过程可分为引弧、加料、熔化、精炼和出铁5个环节。依靠电弧放热和硅氧化反应热完成冶炼过程。出铁时间依合金中的含硅量而定，生产是间断进行的。

目前主要生产品种是中低碳锰铁、中低碳铬铁、微碳铬铁、钒铁和一些含碳量低的其他合金。

(3)炉外法　炉外法一般生产高熔点、难还原、含碳量低的合金或纯金属，所用的设备为熔炉。

冶炼用的原料有精矿或纯氧化物、还原剂(硅、铝或铝镁合金)、熔剂、发热剂以及钢屑、铁矿石。

冶炼前首先将炉料破碎干燥,有时还加热到一定温度,按一定顺序配料混匀后装入炉内。用引火剂(由硝石、镁屑或铝粒等组成)引火,依靠反应热获得高温完成还原过程。因此必须达到一定的发热值以保证还原过程要求的高温。炉外法反应速度快,要严格控制反应放出的热量,否则会引起爆炸。

炉外法主要用于生产金属铬、钛铁、钼铁、硼铁、铌铁等品种。

(4)真空炉法 含碳极低的微碳铬铁、含氮合金可用真空炉生产。冶炼时将压制成型块料装入炉内,依靠电流通过电极时的电阻热加热,同时抽气。脱碳反应是在真空固态下进行的。冶炼时间根据炉内压力而定,生产是间歇进行的。

(5)氧气转炉法 这是新发展的一种铁合金生产方法,生产率高,目前主要生产中低碳铬铁。

氧气转炉按供氧方式,有侧、顶、底吹和顶底双吹,我国现以顶吹为主,但积极向底吹发展。

顶吹转炉所用的原料是液态碳素合金、纯氧以及冷却剂、造渣料等。

冶炼时将液态碳素合金兑入转炉,高压氧气经氧枪入炉进行吹炼,依靠氧化反应放出的热量进行脱碳。根据炉口冒出的火焰变化情况等判定吹炼终点,生产是间断进行的。

2. 铁合金的冶炼

(1)硅铁的冶炼 冶炼硅铁的主要原料是石英、硅石和矿石。矿石中含 $SiO_2$ 要求高于96%,冶炼高硅硅铁时高于98%,$P_2O_5$ 不超过1.5%。常用硅铁含硅为45%、75%、90%。

含硅10%~15%的低硅硅铁可在高炉中用矿石配加硅石冶炼。70年代全部改为电炉冶炼硅铁。高硅硅铁,用硅石、钢屑或铁鳞、焦炭为原料,在碳质炉衬还原电炉中冶炼。一般采用敞口式电炉,无渣法冶炼。近年来,为防止污染环境,多采用“矮罩式”或“半封闭式”电炉冶炼,便于回收热能消烟除尘。大型硅铁电炉容量为10000~96000kV·A,硅铁生产电耗为:45%硅铁耗电5000kW·h/t;75%硅铁9000kW·h/t,90%硅铁14000kW·h/t。

含硅34%左右和含硅50%~60%的硅铁,在储运过程中由于所含FeSi和 $FeSi_2$ 相变引起体积膨胀而造成硅铁粉化。硅铁中的杂质磷、硫、钙、铝以及潮湿的大气会促使硅铁粉化,硅铁锭缓冷时偏析也易导致粉化。硅铁粉化放出氢气、磷化氢和砷化氢,可引起爆炸。

(2)锰铁的冶炼 冶炼锰铁用的锰矿一般含锰40%~50%,锰铁比大于7,磷锰比小于0.003。锰矿经焙烧、粉矿烧结造块后进行冶炼。冶炼锰铁的主要方法有:

1)高炉冶炼:一般采用 $1000m^3$ 以下高炉,设备和生产工艺与炼铁高炉基本相同。锰矿石在炉内下降过程中,高价氧化锰($MnO_2$、$Mn_2O_3$、$Mn_3O_4$)被一氧化碳逐步还原成MnO。但氧化锰只能在高温下通过碳直接还原成金属,所以冶炼锰铁需要较高的炉缸温度和焦比。为降低锰的损耗,采用较高炉渣碱度($CaO/SiO_2>1.3$)。炼锰铁高炉煤气产率和CO含量比炼铁高炉为高。

2)电炉冶炼:电炉冶炼有熔剂法(又称低锰渣法)和无熔剂法(又称高锰渣法)。熔剂法原理与高炉相同,只是以电能代替加热用焦炭,通过配加石灰形成高碱度炉渣($CaO/SiO_2$ 为1.3~1.6)。无熔剂法冶炼不加石灰,故炉渣碱度低,渣中含锰较高。目前,多采用无熔剂法冶炼碳素锰铁,并与锰硅合金和中、低碳锰铁的冶炼组成联合生产流程。

现代大型锰铁还原炉,一般为固定封闭式,容量达40000~75000kV·A,熔剂法冶炼电耗一般为2500~3500kW·h/t,无熔剂法电耗为2000~3000kW·h/t。

3)电炉精炼:中低碳锰铁一般为1500～6000kV·A电炉脱硅精炼,以锰硅、富锰矿和石灰为原料。联合法生产采用较低碱度操作,所得含锰20%～30%的炉渣用于冶炼锰硅合金。

4)吹氧精炼:用纯氧吹炼液态碳素锰铁或锰硅合金,可炼得中、低碳锰铁。锰铁产品按含碳量不同分为碳素、中碳、低碳三类。碳素锰铁国际上一般标准为含锰75%～80%,我国规定电炉锰铁含锰65%以上,高炉锰铁含锰50%以上。

(3)铬铁的冶炼　冶炼铬铁用的铬铁矿,一般要求含$Cr_2O_3$40%～50%,铬铁比大于2.8。

铬铁按不同含碳量分为碳素铬铁、中碳铬铁、低碳铬铁、微碳铬铁和硅铬合金、氮化铬铁等。

碳素铬铁用还原电炉冶炼,焦炭作还原剂,硅石或铝土矿作熔剂。现代冶炼铬铁还原电炉容量为10000～48000kV·A,一般为封闭固定式,电耗为3000～4000kW·h/t。

冶炼硅铬合金的电炉与铬铁还原炉相似,冶炼方法有一步法和两步法两种。一步法用铬铁矿、硅石、焦炭配加熔剂冶炼。两步法用碳素铬铁、硅石、焦炭作原料进行无渣法冶炼。电耗为3000～4000kW·h/t。

中、低碳、微碳铬铁一般以硅铬合金、铬铁矿和石灰为原料,用1500～6000kV·A电炉精炼脱硅,采用高碱度炉渣操作($CaO/SiO_2$为1.6～1.8)。此外,低、微碳铬铁还采用热兑法生产,其生产工艺是:2台电炉,1台冶炼硅铬合金,1台熔化由铬矿和石灰组成的炉渣。其精炼分两个阶段在两个盛钢桶内进行:1)熔渣炉熔渣注入第一盛桶,同时将第二盛桶将初步脱硅的硅铬合金兑入,由于熔渣氧化剂过剩量很大,脱硅充分,可得含硅低于0.8%、含碳低于0.02%的微碳铬铁。2)第一盛桶内反应后的熔渣(含$Cr_2O_3$约15%)移至第二盛桶,并将硅铬电炉炼就的硅铬合金(含硅45%)热兑入渣内,反应后得到初步脱硅的硅铬合金(含硅约25%),再将硅铬合金兑入第一盛桶继续脱硅。

此外,还有吹氧法精炼中、低碳铬铁,真空固态脱碳法精炼得微碳铬铁。

(4)钒铁的冶炼　我国用钒钛磁铁矿冶炼钒铁,其生产流程是:钒钛磁铁矿经选矿富集,再用高炉冶炼得含钒生铁,在雾化炉或转炉吹炼提取钒渣。钒渣经粉碎后配加纯碱、食盐或无水芒硝,进行氧化钠化焙烧,使钒成为可溶性偏钒酸钠($NaVO_3$)浸取、净化后加硫酸铵沉淀出多钒酸铵〔$(NH_4)_2V_6O_{16}$〕,再经脱氨熔化,铸成片状五氧化二钒。成分为:$V_2O_5$92.99%,$P<0.05\%$,$S<0.05\%$,$(Na_2O+K_2O)<1.5\%$。冶炼钒铁的主要方法有:

1)电硅热法。用75%的硅铁和少量铝作还原剂,在碱性电炉中对五氧化二钒进行还原、精炼得钒铁产品。在还原期一炉料的全部还原剂和60%～70%的五氧化二钒装入电炉,在高氧化钙炉渣下进行硅热还原。当渣中五氧化二钒小于0.35%时,放渣并转入精炼期。再加入剩余五氧化二钒和石灰,以脱除合金液中过剩的硅、铝等,调整成分到合乎要求即出渣、出铁合金。精炼炉渣含五氧化二钒达8%～12%,返回下一炉使用。电硅热法用于冶炼含钒40%～60%的钒铁,钒的回收率达98%,电耗为1600kW·h/t左右。

2)铝热法。用铝作还原剂,在碱性炉筒中,采用下部点火法冶炼。先将少部分炉料装入反应器中,待点火后再陆续加入剩余炉料。此法用于冶炼含钒60%～80%的高钒铁,回收率90%～95%。

(5)钨铁的冶炼　钨铁用电炉冶炼,由于熔点高,不能以液态放出,所以采用结块法和取铁法生产：

1)结块法。用碳作还原剂，在上段可拆的敞口电炉中冶炼，成批地加入由钨精矿、沥青焦(或石油焦)、造渣剂(铝矾土)组成的混合炉料，炉内炼得钨铁呈粘稠状。炉子积满后停炉，拆除上段炉体，待结块冷凝后取出凝块。得含钨80%、含碳小于1%的钨铁。

2)取铁法。用硅和碳作还原剂，分还原、精炼、取铁3个操作阶段。在炉内加入含$WO_3$大于10%的炉渣、钨精矿、含硅75%的硅铁和少量沥青焦(或石油焦)进行还原冶炼，待炉渣含$WO_3$降到0.3%以下，即放渣并转入精炼。在精炼期内分批加入钨精矿、沥青焦混合料，在高电压、高温下脱除硅、锰等杂质，待成分合格即开始取铁。过去用钢勺人工挖取铁块，60年代改用机械取铁，改善了劳动条件。所得钨铁含钨70%，电耗3000kW·h/t左右，钨回收率达99%。

(6)钼铁的冶炼 冶炼钼铁的主要原料为辉钼矿($MoS_2$)。钼精矿经焙烧，得含硫小于0.07%的焙烧钼矿。钼精矿和还原剂(含硅75%的硅铁，少量铝粒)一次加入内衬粘土砖的炉筒，从上部点火冶炼。用硝石、铝屑或镁屑作点火引发剂。点火即激烈反应，然后镇静、放渣、拆除炉筒，取出钼锭，得含钼50%～60%的钼铁，钼的回收率为92%～99%。

## 六、有色金属冶炼常识

### (一)铜的冶炼

铜的冶炼方法主要有火法与湿法两种，现今仍以火法为主，其产量占铜生产总量的80%～90%，主要处理硫化矿；湿法炼铜占铜生产量的10%～15%，主要用以处理氧化矿。

火法炼铜都是将铜精矿熔炼成冰铜，然后将冰铜吹炼成粗铜。火法炼铜可以在各种不同设备中进行，如鼓风炉、反射炉、电炉、闪速炉和连续炼铜炉等。由各种设备熔炼的冰铜，随后还要经过吹炼、火法精炼和电解精炼，最后得到电铜。

湿法炼铜主要用以处理氧化矿，也有的处理硫化矿。其工艺主要包括两个过程：从铜矿石中浸出铜和从溶液中电积或置换提取铜。

现今炼铜的主要原料是硫化铜矿，其产量占铜生产量的80%～90%，铜产量约有10%来自氧化矿，少量来自自然铜矿。

现今开采的铜矿石含铜0.4%以上，实际上大型露天铜矿0.2%品位的铜矿石也被开采。

从矿床开采出来的铜矿石需预先选矿富集，获得铜精矿再送去冶炼。铜精矿粒度一般小于0.074mm，含铜10%～30%。

### (二)铅的冶炼

铅的现代冶炼方法都是火法。采用最普遍的方法是烧结焙烧—鼓风炉熔炼。铅精矿烧结焙烧后用鼓风炉还原熔炼得到粗铅，粗铅经火法精炼、电解精炼，最后获得电铅。采用该法生产的铅占铅生产总量的85%～90%；铅锌密闭鼓风炉熔炼法占8%～10%。近来在火法炼铅中逐渐开始采用基夫赛特、Q-S-L熔炼法和奥托昆普熔炼法，这是火法炼铅的新发展。

炼铅的主要原料是硫化矿。单一铅矿床很少，多数是多金属矿，最常见的是铅锌复合矿。

现代开采的铅矿石一般含铅不高，为3%～9%，最低含铅0.4%～1.5%，必须进行选矿富集，才能得到适合冶炼要求的铅精矿。一般铅精矿含铅40%～60%，硫15%～20%。烧结块一般含铅46%～50%，硫1%～1.5%。

**(三)锌的冶炼**

锌的现代生产方法可分为火法与湿法两大类。

火法炼锌包括焙烧、还原蒸馏和精馏 3 个主要过程。蒸馏法炼锌又分为平罐炼锌和竖罐炼锌,前者为古老的炼锌方法,逐渐被淘汰,后者世界上只剩少数几家采用。50 年代出现的密闭鼓风炉炼锌使火法炼锌获得了新发展,但目前也只占锌产量的 10%左右。

湿法炼锌包括焙烧、浸出、净化和电积四个主要过程。该法是 20 世纪初出现的炼锌方法,生产历史虽不长,但发展非常迅速。现在湿法炼锌的锌产量已达世界锌总产量的 80%。

目前炼锌的主要原料是硫化矿。自然界中单一的锌矿床很少,一般多与其他金属共生。各种多金属矿的成分不一,含锌的范围约为 8.8%~16%。

含锌的多金属硫化矿一般经优先浮选法选矿后,获得各金属的精矿。硫化锌精矿的主要组分为 Zn、Fe 和 S,三者约占总量的 85%~95%。

**(四)镍的冶炼**

镍的生产方法分为火法和湿法两大类,硫化矿的火法冶炼占硫化矿提镍的 86%,其处理方法是预先焙烧和熔炼制取镍锍或铜镍锍,然后吹炼,类似于火法炼铜的工艺。氧化矿的火法冶炼基本上是以电炉还原熔炼镍铁为主,少数用鼓风炉还原硫化熔炼使之产出镍锍。

硫化镍矿的湿法冶炼占硫化矿提镍的 14%。通常采用高压氨浸或硫酸化焙烧—常压酸浸两种流程处理。氧化镍矿的湿法冶炼占氧化矿提镍的 16%,通常采用还原焙烧氨浸和高压酸浸的流程处理。

炼镍原料分为硫化矿和氧化矿两大类,硫化矿约占 13%,氧化矿约占 87%。硫化矿中常含有铜、钴和铂族元素。现今镍的产量 60%来自硫化矿,其原矿品位一般为 0.3%~1.5%,冶炼前必须先经选矿,得到含镍 4%~8%的精矿。含镍 3%以上的富矿可以直接冶炼。

**(五)锡的冶炼**

还原熔炼是生产锡的惟一方法。该法以中等品位以上的锡精矿为原料,主要工艺过程为锡精矿炼前处理、还原熔炼、炉渣熔炼和粗锡精炼。

锡精矿常含各种杂质,炼前处理的目的是提高锡精矿品位、除去有害杂质和回收有价金属。炼前处理有精选、焙烧和浸出 3 种方法,其中采用最多的是精选和焙烧方法。炼前处理后锡精矿的品位一般为 55%~68%。

锡的矿床分为脉锡矿床和砂锡矿床两大类,前者为原生矿,后者为次生矿。

目前开采的脉锡矿最低品位为 0.15%~0.2%,砂锡矿的最低品位为 0.008%~0.01%。

锡石照例要进行选矿。提供冶炼的锡精矿按品位分为 3 种类型,第一类是高品位锡精矿,含锡>70%;第二类是中等品位锡精矿,含锡 40%~50%;第三类是低品位锡精矿或中矿,含锡 5%~20%。

**(六)铝的生产**

在冰晶石熔体中电解氧化铝一直是生产金属铝的惟一方法。该法包括从铝矿石生产氧化铝和氧化铝电解两个主要过程。

以铝矿石或其他含铝原料制取氧化铝的方法很多,但目前工业上几乎全部是采用碱法。碱法又分为拜耳法、烧结法、拜耳—烧结联合法等多种流程,而拜耳法是生产氧化铝占绝对优势的方法,目前全世界 90%氧化铝是用拜耳法生产的。

工业生产铝普遍采用冰晶石一氧化铝熔盐电解法。电解过程在电解槽内进行，直流电经过电解质使氧化铝分解。电解产物在阴极上是液体铝；在阳极上是氧。铝液经净化澄清后浇注成铝锭，其含量一般为99.5%～99.7%铝。

最主要的炼铝矿石资源是铝土矿，世界上95%以上的氧化铝是用铝土矿生产的。铝土矿中含 $Al_2O_3$ 量一般为40%～70%，目前工业生产要求铝土矿的铝硅比不低于3%～3.5%。

**（七）金银的提取**

金、银的冶炼，根据原料不同，处理方法各异。

从矿石中提取金、银的方法很多，主要有混汞法、氰化法、熔炼法和氯化法等。

氰化法是现今提取金的主要方法，它是基于在有氧存在下，金银易溶于碱金属及碱土金属的氰化物溶液中，而又容易从溶液中置换沉淀出来。

熔炼法是提取银（也是提金）的主要方法，它是基于金银能与铜、铅等金属形成化合物而被富集在冶炼过程的副产物中。

从铜铅电解阳极泥中提取金银一般包括阳极泥提硒脱铜后反射炉（或转炉）熔炼得贵铅，贵铅经氧化精炼得金、银合金，然后进行银电解获得成品银，而银电解的阳极泥再进行金电解即得成品金。从金电解的电解液中回收铂族金属。

提取金的主要原料有脉金矿和砂金矿。通常具有开采价值的脉金矿的工业品位为5g/t；砂金矿的工业品位为5～6g/$m^3$。

银的矿石主要产自含银的铅锌矿、铜矿及其他多金属矿床中（同时也伴生有金）。因此在提取这些金属的过程中同时提取金、银。铜、铅电解阳极泥已成为提取金、银的主要原料之一。

目前，我国伴生黄金的产量约占总产量的15%，伴生白银的产量约占总产量的90%。

**（八）钛的冶炼**

钛精矿的处理除黑色冶金用钛铁以外，一般都是以获得海绵钛和二氧化钛（钛白和人造金红石）为目的。

钛铁矿精矿的处理方法有两种：一是还原熔炼生产高钛渣，以高钛渣或金红石为原料经氯化获得粗 $TiCl_4$，将其精制后得到纯 $TiCl_4$，从纯 $TiCl_4$ 制取海绵钛或钛白；二是用硫酸直接分解钛铁精矿或高钛渣，然后从硫酸溶液中析出偏钛酸，再制取钛白。

生产钛的原料主要是金红石（$TiO_2$）和钛铁矿（$FeTiO_3$）。钛矿石含 $TiO_2$ 波动在6%～35%之间，一般10%左右。经选矿获得的钛精矿含 $TiO_2$43%～60%。砂矿的钛精矿品位较高，而岩矿的钛精矿品位低；金红石的精矿品位较高，而钛铁矿的精矿品位较低。

目前国内外钛冶炼的精矿都是以钛铁矿精矿为主。

**（九）钨的生产**

从矿石中生产钨的工艺流程是先把钨酸盐变成三氧化钨，然后用氢或碳还原成金属钨。由于黑、白钨矿的性质不同，故其开始处理的方法也不一样。

碳酸钠法处理黑钨矿的工艺流程是：黑钨矿回转窑烧结，生成钨酸钠与铁、钨的氧化物，再用水浸出、过滤，获得钨酸钠，然后加盐酸生成钨酸，钨酸经结晶、沉淀后焙烧，即得三氧化钨，三氧化钨用氢还原得到钨粉，然后再用钨粉生产致密金属钨、碳化钨和各种合金。

生产钨的原料主要是黑钨矿（钨锰铁矿）和白钨矿（钨酸钙矿）。钨矿石中钨的含量通常不高，一般含三氧化钨0.3%～2%，大型矿床三氧化钨含量在0.14%～0.15%以上才有开采价值，小型矿床三氧化钨含量则需在0.4%～0.5%以上才有开采价值。

经选矿后得到的钨精矿含三氧化钨一般较高，为60%～70%。

### （十）有色冶金中的综合回收

#### 1.从铜、铅和镍电解阳极泥中回收贵金属

在铜、铅和镍的生产中，原料中的贵金属几乎都富集于电解精炼的阳极泥中。处理这些阳极泥不但可以回收贵金属，而且还可以回收硒、碲、砷、锑、铜、铅和铋等元素。

金、银的回收过程主要包括硫酸化焙烧提硒脱铜、还原熔炼、氧化精炼、银的电解精炼和金的电解精炼等，回收的成品金和成品银的金、银含量分别达到99.99%和99.95%。

从镍电解的阳极泥中回收铂和钯的主要过程是精矿的制备、王水溶解铂精矿回收铂、回收钯。此外，从王水溶解残渣中还可以回收锇、铱、钌和铑等金属。从金的电解废液中也可以回收铂和钯，其主要流程包括铂沉淀、铂精炼、钯置换和钯精炼等过程。

#### 2.从铅锌生产中回收锗和铟

在铅锌氧化矿的冶炼中，氧化锌烟尘中含有0.025%～0.032%的锗。对氧化锌烟尘进行两次酸法处理后可以获得含锗量为2.5%以上的锗精矿，锗精矿经氯化蒸馏、$GeCl_4$的净化、$GeCl_4$的水解、氢还原和铸锭等过程处理，可以获得成品锗锭。

在硫化锌矿的冶炼中，矿中的铟富集于氧化锌烟尘中，通过粗铟的提取和粗铟的精炼，可以从这种原料中回收铟。

#### 3.从生产锡的炉渣中回收钽、铌、钨

锡精矿常伴生钽、铌、钨元素，在锡的熔炼过程中，这些元素都进入炉渣。以这种炉渣作原料，通过苏打焙烧和水浸、稀酸脱硅和脱锡、氢氟酸分解、钽、铌的萃取与分离、还原和熔炼以及钨和锡的回收等过程，可以回收得到钽、铌、钨。总回收率钽和铌为65%～85%，钨为66%～70%。

#### 4.从氧化铝的生产中回收镓

世界上90%的镓是从氧化铝生产中提取的。烧结法生产氧化铝时，镓以$NaGa(OH)_4$形态进入铝酸钠溶液，当溶液碳酸化分解时镓不析出，只在后期$Al_2O_3$含量降低时才部分析出。因此，碳分母液中富集了镓。

将回收氧化铝后的母液深度碳酸化，使镓完全析出，获得含镓的沉淀物。将该沉淀物苛性化，使镓与铝分离，这时铝成铝酸钙渣，而镓仍保留在溶液中。将该溶液用石灰乳脱铝后再次碳酸化分解，便可得到镓沉淀渣即镓精矿，$Ga_2O_3$的含量为1%。将镓精矿用苛性钠溶解去除重金属杂质后便可电解提镓，可得到纯度达99.99%的工业镓，再次电解精炼，可得到99.9999%的高纯镓。

#### 5.有色金属的再生利用

有色金属的再生和利用，是扩大有色金属资源的重要手段之一。生产1t再生铝的能源消耗仅为生产1t原生铝的4%～5%。世界发达国家大都重视废旧有色金属的回收利用。

# 第二章　冶金矿产品

## 一、概述

### (一)矿物与矿石

矿物的概念是人类在从事采矿、冶炼的生产实践过程中产生的。在早期的原始概念中，就是把采矿过程中采掘出来的未经加工的天然物体称为矿物。但是，随着人类社会生产活动的不断进展，人们对自然的认识在逐步深化，矿物的概念也不断地有所发展。

现在一般认为，矿物是指由地质作用所形成的结晶态的天然化合物或单质，它们具有均匀且相对固定的化学组成和确定的晶体结构；它们在一定的物理化学条件范围内稳定，是组成岩石和矿石的基本单元。

根据1983年的资料，已发现的矿物种数(不包括亚种)约有3000种，其中绝大多数是无机物，如金刚石C、黄铁矿$FeS_2$、方解石$CaCO_3$等均是；有机矿物如草酸钙石$CaC_2O_4 \cdot H_2O$等，为数仅有几十种，而且都极少见，在矿物中不占任何重要的地位。

矿石和岩石都是矿物的集合体，它可由单一矿物或多种矿物所组成。但是，矿石是在现在的经济技术条件下能从中提取金属、金属化合物或有用矿物的物质总称，因此矿石的概念是相对的。铁元素在地壳中约有5%的数量，并广泛地、程度不同地分布在岩石和土壤中，但并不是所有的含铁岩石都是矿石，因为从岩石中提取金属铁，目前在经济上是不合算的。随着科学技术的发展，有许多过去被人们认为不能冶炼的矿石(如钒钛磁铁矿、贫矿)，今天已成为炼铁的重要原料。

矿石按所含有用成分可分为两种，简单矿石和复合矿石。简单矿石是从中提取一种有用成分的矿石，如磁铁矿。复合矿石是从中同时提取数种有用成分的矿石、如钒钛磁铁矿。

在矿石中用来提取金属和金属化合物的矿物称为有用矿物。而那些在工业上没有经济价值的不能利用的矿物称为脉石矿物，通常在矿石处理过程中被废弃掉，如磁铁矿矿石中的石英就是该矿石中的脉石矿物。

### (二)矿物的形态

矿石是工业的原料，而矿石又是由矿物组成的，因此要了解矿石的种类和特性，就必须从认识矿物着手。

自然界中矿物的形态是多种多样的，这是由于矿物的化学成分、内部结晶构造以及生成环境不同所造成的。由于各种不同的矿物具有各种独特的形状，因此矿物不同的外表形态可作为鉴定矿物的重要特征之一。矿物的形态一般可分为单体形态和集合体形态。常见到的石英及磁铁矿为多面体状态的固体，这种多面体形态的固体就叫做矿物的晶体，如立方体(黄铁矿)、八面体(磁铁矿、金刚石)、菱形十二面体(石榴子石)等单体形态。常见的集合体形态有：

葡萄状集合体：由许多圆球状矿物聚集而成，形似葡萄，如硬锰矿；

鲕状集合体：由许多像鱼籽一样的颗粒聚集而成，如鲕状赤铁矿；

肾状集合体：由放射状晶群密集而成的外表光滑如肾脏的块体，如肾状赤铁矿；

豆状集合体：由大小像豆样的球形颗粒聚集而成，如铬铁矿粒状集合体，是由许多大小一致的矿物晶粒结合在一起而成的块体；

致密块状集合体：由极细小的矿物颗粒组成的致密块体；

土状、粉末状集合体：由均匀而细小的物质组成的疏松块体，外形和土壤相似；

针状及柱状集合体：由细长状的矿物组成；

叶片状集合体：由许多片状晶体所组成的集合体；

结核状集合体：是球形或瘤形的矿物聚集体；

树枝状集合体：是形如树枝的矿物聚集体。

**（三）矿物的物理性质**

由于不同的矿物具有不同的化学成分和内部构造，因此不同的矿物必然反映出不同的物理性质，可以根据这些不同的物理性质来鉴定矿物。

1. 矿物的光学性质

矿物的光学性质是矿物对光线吸收、折射和反射所表现的各种性质。

(1)颜色　很多矿物都具有特殊的颜色。矿物颜色产生的原因是由于矿物的组成成分中，含有某种色素离子（即具有颜色的化学元素）所引起的。在化学元素中最主要的色素是在元素周期表中第四周期的 Ti、V、Cr、Mn、Fe、Co 和 Ni 等。如色素离子 $Fe^{2+}$ 为绿色、$Fe^{3+}$ 为褐色、红色。由此可见，磁铁矿的铁黑色，赤铁矿的砖红色，以及褐铁矿的褐色都是由于不同形态的铁元素是组成它们的基本成分所造成的。当矿物中含杂质时，由于杂质的影响，矿物的颜色也会改变。

根据矿物产生颜色的原因与矿物本身的关系，可将矿物的颜色分为自色、他色和假色 3 种：

1)自色　矿物的自色是指矿物的本身固有的颜色，矿物的自色是由于矿物的化学成分中含有色素离子（表 2-1）和内部结构所决定的。因而这种颜色是比较稳定的，基本上不受外界的影响，所以在鉴定矿物时是很重要的。

**表 2-1　常见的色素离子及有关矿物的颜色**

| 离子 | 颜色 | 矿物举例 | 离子 | 颜色 | 矿物举例 |
|---|---|---|---|---|---|
| $Cu^{2+}$ | 蓝 | 蓝铜矿 | $Fe^{2+}$ | 暗绿 | 绿泥石 |
| | 绿 | 孔雀石 | $Mn^{4+}$ | 黑 | 软锰矿 |
| $Ni^{2+}$ | 绿 | 镍华 | $Mn^{2+}$、$Mn^{3+}$ | 玫瑰 | 菱锰矿 |
| $Co^{2+}$ | 玫瑰 | 钴华 | $Cr^{3+}$ | 红 | 刚玉 |
| | 蓝 | 钴土 | | 绿 | 钙铬石榴石 |
| $Fe^{2+}$、$Fe^{3+}$ | 黑 | 磁铁矿 | $V^{3+}$ | 黄红 | 钒铅矿 |
| $Fe^{3+}$ | 褐 | 褐铁矿 | $V^{2+}$ | 绿 | 钒云母 |
| | 红 | 赤铁矿 | $Ti^{4+}$ | 褐红、褐 | 榍石 |

2)他色　是指矿物中含有带色的杂质机械混入所染成的颜色。它与矿物本质无关，所以

叫他色。

他色在矿物中随着混入物的不同,有不同的颜色。例如纯净石英是无色透明的,如含有少量的氧化锰时,则呈紫色(紫水晶),含钛时,呈淡红色(蔷薇水晶),含碳时呈烟色或黑色(烟水晶、墨水晶),含气泡时,呈乳白色,等等。当矿物受热时,他色消失或变化。

3)假色 是指矿物表面的氧化膜、内部的解理或薄膜、包体等引起光波的干涉而呈现的颜色,称为假色。

某些不透明矿物的表面,常因氧化而形成薄膜,引起反射光的干涉,呈现出各种不同颜色混染的色斑,称为锖色。常见于金属硫化物矿物的表面。

某些透明矿物,由于解理面对光的反射干涉的结果,形成有如彩虹的色圈,称为晕色。常见于解理发育的矿物,如云母、方解石等。

某些矿物由于晶格排列有定向的显微包裹体,沿不同方向观察时,矿物的颜色可发生徐徐变化,称为变彩,如拉长石。

矿物的颜色多种多样,描述时应力求准确、简单、通俗。一般采用双重命名法,如黄绿、褐红等。如系同种颜色,但色调深浅不同时,可采用比较法,如深红、淡绿、浅黄等。用生活中常见物品的颜色做比喻描述矿物的颜色叫比拟法,如樱红、乳白、铁黑、橄榄绿等。

(2)条痕 矿物的条痕就是矿物粉末的颜色。一般试验矿物的条痕可在瓷板上或粗瓷碗底上刻划一下,就可看到矿物粉末的颜色。矿物的颜色常有变化,但矿物的条痕色则较为固定。因此矿物的条痕颜色也是可靠的鉴定矿物特征的方法之一。条痕有的与矿物的颜色相同,有的与矿物的颜色不同。如磁铁矿的颜色与其条痕是一致的,均为铁黑色。结晶的赤铁矿为钢灰色,不结晶的则为红色,但其条痕均为砖红色。又如闪锌矿中常含有铁,其颜色和条痕色均随含铁量增加而变深。由此可见,条痕色(结合颜色一起观察)除了用来鉴定矿物外,对某些矿物来说也可用来粗略地推断化学成分。应该指出,条痕色对于浅色的透明矿物则没有意义,因为它们的条痕都是白色或近于无色的,难以作为鉴定矿物的依据。

(3)透明度 是指矿物允许可见光透过的程度。透明度决定于矿物对光的吸收程度。通常凡是对光的吸收强,其反射也强,而透明度则低。此外透明度还受矿物厚度的影响,矿物越厚、透明度越低,这是因为吸收率的总量增加了。因此,观察矿物的透明度时,要以同一厚度(0.03mm)做比较,在肉眼观察时,通常以矿物碎片的边缘透光的程度为标准,将透明度分为三级:

1)透明:能够完全或基本能清晰透见物像者。如水晶、冰洲石、石膏等。

2)半透明:只能模糊的透见物体的轮廓。如辰砂、闪锌矿、锡石等。

3)不透明:完全不能透见物像。如石墨、磁铁矿、方铅矿等。

矿物的透明度还受其颜色、杂质包裹物、解理、裂隙以及集合体等影响。

(4)光泽 是指矿物表面对光的反射能力。矿物光泽的强弱决定于矿物对可见光的吸收,吸收愈大则反射愈大,光泽愈强,反之则弱。但是反射率主要决定于折射率的大小,光泽与反射率及折射率的关系见表 2-2。

由表 2-2 可以看出光泽与折射率的关系。通常以折射率大小将矿物的光泽分为 4 级。

金属光泽:反射能力很强,如同新鲜镀铬器皿表面反光所呈现的光泽。一般金属自然元素和金属硫化物等矿物,具有金属光泽。如方铅矿、黄铁矿、黄铜矿等。

**表 2-2 光泽与反射率及折射率的关系**

| 光泽 | 反射率/% | | 折射率/% |
|---|---|---|---|
| | 透明矿物 | 不透明矿物 | |
| 金属光泽 | | 20～95 | ＞3 |
| 半金属光泽 | | 9～20 | 2～3 |
| 金刚光泽 | 10～29 | | 1.9～2.6 |
| 玻璃光泽 | 2～10 | | 1.5～2.0 |

半金属光泽：反射能力强，介于金属与非金属之间，如同一般金属表面的反光。具半金属光泽的矿物主要见于金属氧化物矿物，如黑钨矿、磁铁矿等。

金刚光泽：反射能力较强，如同金刚石表面耀眼的反光。常见于典型共价键矿物以及含重金属元素或过渡元素的氧化物、含氧盐矿物。如金刚石、白钨矿、锡石等常呈金刚光泽。

玻璃光泽：反射力较弱，如同普通玻璃表面的反光。绝大多数的含氧盐以及离子键为主的透明矿物均为玻璃光泽。如石英、萤石、冰洲石、正长石等的光泽。

以上几种光泽是指矿物单体晶面或解理面所呈现的光泽。如果矿物表面不平，或者为矿物的集合体时，由于光线多次折射、反射而增加了散射光量，常使光泽发生变异，而呈现出下列几种特殊光泽：

1)油脂光泽：矿物表面如同涂了一层油脂的光泽，如石英的断口面。如果矿物表面像树脂状光泽时，称为树脂(松脂)光泽，如琥珀等。

2)丝绢光泽：纤维状矿物集合体所呈现的如同丝绢外表的光泽，如石棉、纤维石膏等。

3)珍珠光泽：如同蚌壳珍珠层的多彩光泽。常出现在片状解理发育的矿物，如云母等。

4)蜡状光泽：如同蜡烛外表的光泽。常出现在隐晶质或非晶质致密块体上，如叶蜡石等。

5)土状光泽：粉末状或土状矿物集合体的表面，呈暗淡无光的光泽，如高岭石等。

在矿物中 70%以上具有玻璃光泽，而具有金属光泽的矿物，多具有重要的经济价值。

某些矿物有明显的光泽异向性，从不同的方向观察时，呈现出不同的光泽。这种特性对于宝石矿物具有重要的价值。

矿物的颜色、条痕、透明度和光泽等光学性质，都是在光的作用下所发生的光学现象，它们都与光的反射、折射与吸收有着密切的关系，它们之间的关系见表 2-3。

**表 2-3 颜色、条痕、光泽、透明度的关系**

| 颜色 | 无色 | 浅色 | 深色 | 金属色 |
|---|---|---|---|---|
| 条痕 | 无色或白色 | 无色或浅色 | 深色或彩色 | 深色或金属色 |
| 透明度 | 透明 | | 半透明 | 不透明 |
| 光泽 | 玻璃——金刚 | | 半金属 | 金属 |

2. *矿物的力学性质*

矿物的力学性质是指矿物在外力(如打击、刻划、压拉等)作用下所呈现的性质。包括矿物的解理、断口、硬度等。

(1)解理、断口　矿物在外力作用下，能够沿着一定方向破裂成光滑平面的性质，称为解理。这些光滑的平面，称为解理面。

矿物产生解理的方向是严格受内部结构控制的。解理面往往是平行于矿物内部密度大的面网。

根据解理面的完好程度,通常将其分为以下几级:

1)极完全解理:矿物极易沿一定方向破裂成薄片,解理面大而平整光滑。如云母、石墨、辉钼矿等。

2)完全解理:矿物很易沿解理方向裂成平面,解理面光滑,很难发生断口。如方铅矿、萤石等。

3)中等解理:矿物可以沿解理方向裂成平面,解理面不太光滑,可有断口出现。如白钨矿、普通辉石等。

4)不完全解理:矿物不易裂成平面,仅断续可见不明显和不平整的解理面。如磷灰石、绿柱石等。

5)极不完全解理:较难出现解理面或者说无解理。如石英、石榴石等。

不同的矿物,其解理的发育程度不同。有些矿物无解理,有些矿物有一组或数组程度相同或不同的解理。

矿物在外力作用下,破裂成的不规则不平坦的断面称为断口。不论晶体或非晶体矿物均可发生断口。容易产生断口的矿物,根据断口的形态不同,也可作为鉴定矿物的补充手段。按断口形态可有下列几种:

贝壳状断口:具有以受力点为圆心的波纹,其形状颇似蚌贝壳的表面,如石英。

参差状断口:断面粗糙,参差不平,如黄铁矿。

锯齿状断口:断面呈尖锐锯齿状,如自然铜。

平坦状断口:断口平坦,但不光滑,常为土状、致密块状矿物所具有,如高岭石。

(2)硬度　硬度是指矿物抵抗外力的机械作用(刻划,压入,研磨等)的强度。

矿物的硬度比较稳定,常作为鉴定矿物的重要依据之一。

矿物的硬度分为相对硬度和绝对硬度两种,后者是借助仪器来进行测定的。肉眼鉴定矿物时,是观察矿物的相对硬度。常采用莫氏硬度计,它是以 10 种不同硬度的常见矿物作标准,把硬度划为 10 个等级(表 2-4)。莫氏硬度为相对硬度。

**表 2-4 莫氏硬度计**

| 硬度等级 | 代表矿物 | 硬度等级 | 代表矿物 |
|---|---|---|---|
| 1 | 滑石 | 6 | 正长石 |
| 2 | 石膏 | 7 | 石英 |
| 3 | 方解石 | 8 | 黄玉 |
| 4 | 萤石 | 9 | 刚玉 |
| 5 | 磷灰石 | 10 | 金刚石 |

测定矿物的硬度时,将被测矿物与莫氏硬度计矿物互相刻划比较而定。例如某矿物能划动磷灰石,而划不动正长石时,其硬度在 5～6 之间,定为 5.5。

为了野外工作方便,常利用随身携带的工具做比较,确定硬度。如指甲的硬度约为 2.5。铜钥匙之类硬度约为 3,小刀硬度约为 5～5.5,玻璃硬度约为 6。

矿物硬度大小,主要取决于矿物的化学成分和内部结构。化学成分不同,硬度也不同。质点排列越紧密,抵抗外力的能力越强,硬度越大。由于矿物内部质点排列随方向不同而有差别,因此在硬度方面表现出异向性,一般差别很小,不易察觉,但有的矿物差别很明显,如蓝晶石。

(3)相对密度　矿物的相对密度是指纯净的单矿物的质量与4℃时同体积水的质量之比。

相对密度决定于组成矿物元素的相对原子质量及单位体积内的质点数。由于每种矿物都有一定的化学成分和晶体结构，所以每种矿物也都有一定的相对密度。它是鉴定矿物的一个重要物理常数，同时也是重力探矿和选矿的重要依据。

不同矿物的相对密度，大小悬殊很大，从小于1的石蜡、琥珀到23的铂族矿物。在肉眼鉴定矿物时，往往凭经验用手估量，把相对密度分为3级：

轻级：相对密度在2.5以下。如石膏为2.3，石墨为2.2。

中级：相对密度在2.5～4之间。如石英为2.6，长石类为2.6～2.7。

重级：相对密度在4以上。如方铅矿为7.4～7.6，重晶石为4.3～4.7。

(4)其他力学性质

弹性：矿物受外力作用发生形变，但当外力作用取消后，又能恢复原状的性质，称为弹性。

挠性：矿物受外力作用发生形变，当外力作用取消后，不能恢复原状的性质，称为挠性。

脆性：矿物受外力作用时，容易破碎的性质，称为脆性。

柔性：矿物能被切割成碎片或刻划时留下平滑光亮的痕迹，称为柔性。

可塑性：矿物加水后可塑成任意形状，称为可塑性。

3.矿物的导电性和压电性

(1)导电性　是指矿物对电流的传导能力。导电性主要决定于矿物有无自由电子。能够导电的称为导体，如金属自然元素矿物及某些硫化物。不导电的称为绝缘体，如云母、石棉等。介于导体与绝缘体之间的称为半导体，如金刚石、硫、金红石等。

矿物的导电性在工业上广泛应用，如石墨电极，云母绝缘材料等。此外，在地球物理勘探中，电法探矿，也是利用矿物的导电性。

(2)压电性　是指某些矿物的晶体，在机械作用的压力或张力影响下，因变形效应而呈现电荷的性质。在压缩时产生正电荷的部位，在伸张时就产生数量相等的负电荷。如果把具有压电性的矿物晶体放在外电场中，将引起晶体的收缩或伸张。如果放在交变电场中由于电场方向的改变，必然引起晶体的一伸一缩振动。当交变电场的频率和压电性矿物本身机械振动的频率一致时，则振动就特别强烈(共振现象)。例如石英广泛应用于无线电器材，就是利用其压电性。

4.矿物的磁性

矿物的磁性是指矿物能被磁铁吸引或排斥的性质。

在肉眼鉴定矿物时，常以能否被磁铁所吸引作为标准。能被磁铁吸引者为强磁性。如磁铁矿、磁黄铁矿等。能被电磁铁吸引者为弱磁性，如角闪石、铌钽铁矿等。

矿物的磁性通常是矿物成分中含铁、钴、镍、铬、钛、钒等元素所致。磁性的强弱，主要决定于含以上元素的多少，特别是与含$Fe^{2+}$的多少有关。

矿物的磁性在选矿和找矿工作中，可作为决定选矿方法(磁选)和找矿方法(磁法)的依据。

5.矿物的发光性

矿物在外加能量(如紫外线或 X 射线等)照射下,能发射可见光的性质,称为发光性。

在外加能量连续作用下,才能持续发光,作用停止,光即消失,称为荧光。

在外加能量作用停止后,能继续发光,然后缓慢衰退,称为磷光。

例如在紫外线照射下,白钨矿发生浅蓝色荧光、磷灰石发生玫瑰色磷光。在 X 射线照射下,金刚石发生天蓝色荧光。

6. 矿物的放射性

含有放射性元素(如 U、Th、Ra 等)的矿物,因放射性元素自发的从原子核内放射出粒子或射线,同时释放出能量,这种现象称为放射性。

利用矿物的放射性可以鉴定含有放射性元素的矿物,寻找放射性元素的矿床。还可以利用放射性元素的蜕变,计算矿物及地层的绝对年龄。

测定放射性的方法,通常是用仪器(记数器)进行。

7. 其他物理性质

吸水性:某些矿物具有吸收空气中水分的能力。吸水性强者,表面可潮解。如光卤石、高岭石等。

膨胀性:如蛭石在火烧时,体积膨胀 15~25 倍。

嗅觉:如燃烧自然硫或黄铁矿时,散发出硫臭。

味觉:为易溶矿物所特有,如食盐之咸味,明矾之涩味,泻利盐之苦味等。

触觉:如石墨、滑石、辉钼矿用手触之有滑感,硅藻土有粗糙感。

**(四)采矿**

采矿是自地壳内和地表开采矿产资源的技术和科学。广义地讲,它还包括煤和石油开采。

采矿分为普通机械化开采和特殊开采。机械化开采又分为露天开采和地下开采两大类。特殊采矿包括地下物理化学采矿和海洋采矿。物理化学采矿用浸取、溶解或熔融有用成分,将溶液或熔融体自地下举升到地面提取。海洋采矿如对洋底锰结核开采,尚处于试采阶段。在矿产总量中,特殊采矿开采的矿产所占比例很小。

采矿开发步骤见图 2-1。

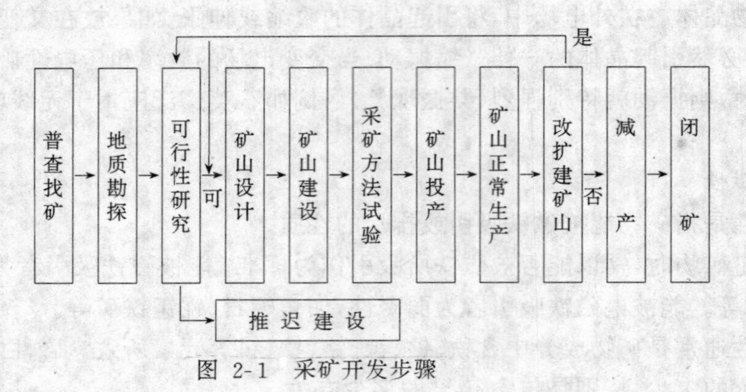


图 2-1 采矿开发步骤

1. 采矿总损失率

采矿总损失率是指采矿过程中,损失的矿石量或金属量占该采矿场或采矿区域内地质储量或金属量的百分比。它是反映矿山开采过程中损失情况的重要指标，也是分析采矿方法是否合理和考核采矿工作质量好坏的重要指标。

损失率是回采率的逆指标，损失率越大，回采率越低，反之亦然，两者之和等于100%。

2.矿石贫化率

在矿石开采过程中，由于废石混入或高品位矿石损失，致使出矿品位低于开采之前工业储量中矿石品位的现象，叫做矿石贫化。工业矿石品位与采出矿石品位之差，与工业品位的比值以百分数表示，称贫化率。废石混入是矿石贫化的主要原因。混入采出矿石中的废石与采出矿石量的比值，以百分数表示，称废石混入率。当混入矿石的废石不含和矿石相同有用成分时，废石混入率等于贫化率。废石含有和矿石相同有用成分时，贫化率小于矿石混入率；高品位矿石损失和有用成分析出时，贫化率大于废石混入率。

3.采矿品位和出矿品位

采矿品位是指采下原矿石中，所含金属的百分比。采矿品位是保证合理配矿及正确计算贫化、损失的重要依据。

$$\text{采矿品位}(\%)=\frac{\text{采矿量中含金属量(t)}}{\text{采矿量(t)}}\times 100\%$$

出矿品位是指出矿量中所含金属量的百分比。它反映矿山为选矿厂提供的矿石质量情况。相对稳定的出矿品位是保证选厂正常生产的重要条件之一。

$$\text{出矿品位}(\%)=\frac{\text{出矿量中含金属量(t)}}{\text{出矿量(t)}}\times 100\%$$

4.采掘比和采剥比

采掘比是坑内开采的矿山，每采1000t矿石所做的掘进工作量，也叫千吨掘进量。它是反映采矿与掘进作业比例关系的指标。正常的采掘比是保证矿山持续正常生产的重要条件。其计算公式如下：

$$\text{采掘比(m/kt)}=\frac{\text{掘进量(m)}}{\text{采矿量(t)}}$$

采剥比是露天平均每采1t(或$1m^3$)矿石需要剥离多少表土和岩石量。因为矿床埋藏条件不同，各矿山的采剥比也不一样。以我国露天铁矿为例，一般大型露天矿每采1t矿石，表土、岩石剥离量不超过5～6t；中型矿不超过4～5t；小型矿不超过3～4t。如果超过这个比例，经济上就不合算了，一般就采用地下开采了。

5.回采工艺和回采率

从完成采准、切割工作的矿块(不包括煤层)内采出矿石的过程叫回采。回采工艺包括落矿、出矿和地压管理3种作业。采矿方法的技术指标主要取决于回采工艺：自然支护采矿法中，落矿费用占的比例最大；人工支护采矿法中，地压管理费用占的比例最大；水平和缓倾斜矿体中，出矿费用占的比例最大。

1)落矿：是将矿石以合格块度从矿体上采落下来的作业。

2)出矿：是将采下来的矿石从落矿工作面运到阶段运输水平的作业。

3)地压管理：是指对采空区的维护和处理。矿石的采出破坏了矿体和围岩原有的应力平衡，使矿体出现变形、破坏、崩落、下沉等地压现象。地压管理包括：用矿柱、充填体和各种支架直接维护采空区和利用控制采空区暴露面积、形状和时间，调整回采顺序；崩落围岩以及控制爆破对矿岩的破坏等间接维护采空区的方法。

回采工艺中的落矿、出矿和地压管理是密切相关的。例如:落矿质量影响出矿效率,出矿设备限制落矿的允许合格块度,地压管理方法影响落矿和出矿方式的选择等。

回采率是在计算区域或范围内采出的工业储量与报销的工业储量(即该区域的工业总储量的百分比)。损失的工业储量与报销的工业储量的百分比叫矿石损失率。根据计算范围的大小,回采率可分为工作面、采区、阶段和全矿回采率。

**(五)选矿**

对矿石进行加工,除去大量的脉石,富集有用矿物从而提高矿石品位的工艺过程称为选矿。

矿石中往往含有多种有用成分,为了综合利用国家资源,必须尽可能将它们回收。选矿也是达到这一目的的有效手段之一。

此外,矿石中还常常含有某些有害杂质,选矿还可以除去大部分有害杂质,以满足冶炼的要求。

从地壳内矿床的储量来看,能直接冶炼的富矿不多。用低品位的矿石进行冶炼,在经济上很不合算。因此大部分矿石需经选矿处理。因此,选矿是冶金工业极其重要的一环。

铁矿石常用的选矿方法有:磁选法(包括弱磁选法和强磁选法)、重选法和浮选法等。选矿方法的选择是根据铁矿石中铁矿物和其他有用金属矿物的物理性质来确定的。我国一般将铁矿按磁性分为两类:一类是强磁性矿物,主要指磁铁矿;一类是弱磁性矿物,主要是指赤铁矿、菱铁矿和褐铁矿等。强磁性矿物最常用的选矿方法是弱磁选法。弱磁性矿物的选矿方法可用重选法、浮选法和强磁选法等。

1.矿石可选性

矿石可选性是矿石可选程度的工艺评价。从矿石中选出有用成分的难易程度,受到矿石的物质组成、矿石结构、有用和有害成分的贮存状态、技术水平和对选矿产品的质量要求等的制约。矿石可选性是这些因素在选矿工艺指标上的综合反映。原来认为不可选的矿石或难选的矿石,在技术发展后可能会变为可选或易选的矿石。因此,矿石可选性的难易是对一定的选矿技术水平和选矿产品的质量而言的,是有条件的。

2.浮选

利用矿物表面的物理化学性质差异选别矿物颗粒的过程,叫浮选。旧称浮游选矿,是应用最广泛的选矿方法。几乎所有的矿石都可以用浮选分选。浮选的生产指标和设备效率均较高,选别硫化矿石回收率在90%以上,精矿品位可接近纯矿物的理论品位。用浮选处理多金属共生矿物,如铜、铅、锌等多金属矿矿石中可分离出铜、锌、铅和硫铁矿等多种精矿,且能得到很高的选别指标。

浮选方法很多,早期使用薄膜浮选法和全油浮选法,后来又发展和使用泡沫浮选法和无泡沫浮选法。目前,使用最广泛的是泡沫浮选法。浮选工艺流程是将矿石破碎并磨碎成颗粒大小符合浮选工艺要求,然后向矿浆中加入各种浮选药剂并搅拌调和,使与矿物颗粒作用,扩大不同矿物颗粒间的可浮性差别。调好的矿浆送入浮选槽,搅拌充气。矿浆中的颗粒与气泡接触,碰撞,可浮性好的矿粒选择性地粘附于气泡并被携带上升成为气—液—固三相组成的矿化泡沫层,经机械刮取或从矿浆面溢出,再脱水、干燥成精矿产品。不能浮起的脉石等矿物颗粒,随矿浆从浮选槽底部作为尾矿产品排出。有时将无用矿物颗粒浮出,有用矿物颗粒留在矿浆中,称为反浮选,如从矿石中浮出石英等。

浮选时用来调节浮选物料和浮选介质的物理化学特性,扩大浮选物料间的亲水—疏水性差别,提高浮选效率的各种药剂,称为浮选药剂。常用的浮选药剂有捕收剂、起泡剂和调整剂 3 大类。

3. 磁选

利用各种矿石或物料的磁性差异,在磁力及其他力作用下进行选别的过程,叫做磁选。通常将待选矿物按比磁化系数 $\chi$ 的大小分为四类:

1)强磁性矿物:$\chi>3000\times10^{-9}m^3/kg$,主要是磁铁矿、钛铁矿和磁黄铁矿等。

2)中等磁性矿物:$\chi=(600\sim3000)\times10^{-9}m^3/kg$,主要有钛铁矿、假象和半假象赤铁矿。

3)弱磁性矿物:$\chi=(15\sim600)\times10^{-9}m^3/kg$,主要有赤铁矿、镜铁矿、菱铁矿、褐铁矿、软锰矿、硬锰矿和黑钨矿等。

4)非磁性矿物:$\chi<15\times10^{-9}m^3/kg$,有白钨矿、石英、长石、方铅矿、金和萤石等。

磁选的原理是:待选别的物料在磁选机的分选空间里受到磁力、重力、离心力、摩擦力和介质阻力等的共同作用。磁性矿物颗粒受磁力作用,非磁性矿物颗粒受机械力作用。因此,各沿着不同路径运动,得到分选。

磁选是一种应用广泛的选矿方法。所有贫磁铁矿石都由弱磁场磁选处理。通常应用永磁圆筒磁选机进行二段选别;第一段在粗磨下丢弃一部分脉石矿物,所得粗磨精矿再磨再选。弱磁性的赤铁矿石,可直接用强磁场磁选机选别,或经磁化焙烧后,用弱磁场磁选机选别,大多数的锰矿物以及黑钨矿,都可用强磁场磁选机选别。

4. 重选

在一定的介质和介质流中(主要是水),按矿物原料颗粒的相对密度差异进行选别的过程叫做重选。它主要用于选别有用矿物与脉石有较大相对密度差的矿物原料,如钨、锡、金矿等。它的特点是:1)生产成本低廉;2)可处理的物料粒度范围宽。粗的几百毫米,细的可至 0.02mm;3)对环境污染少,产品易脱水。

重选按所用介质不同,可分为:风力选,以空气为介质;水力选,以水为介质;重介质选,以重液和重悬浮液为介质。风力选主要用于选别石棉、白垩、膨润土等。

重选可分为重介质选、跳汰选、摇床选、溜槽选、离心选等。

1)跳汰选:利用垂直交变水流使物料松散,达到按相对密度分层与选别。

2)摇床选:摇床由床面和传动机构组成。传动机构使床面沿纵向作不对称往复运动,床面上的矿粒作机械振动,矿浆在横向流和床条间涡流的联合作用下松散、离析、分层、分带,达到按相对密度分选。

3)溜槽选:借助在倾斜槽中流动的水流进行物料选别的过程。矿粒在重力、摩擦力、水流动压力、剪切力及挡条阻力等联合作用下松散、分层,达到按相对密度分选。

溜槽选分为带式溜槽、尖缩溜槽(又称扇形溜槽)和圆锥选矿机、摇动翻床、螺旋选矿机和螺旋溜槽等类型。

4)离心选矿:利用离心力强化按相对密度选别的过程。

5. 电选

在高压电场作用下,配合其他力场作用,利用矿物的电性质的不同进行选别的干选过程,可用于有色金属、铁矿石、非金属矿石以及其他物料的选别。

电选时必须使矿物颗粒带电,主要方法有:摩擦带电、感应带电、接触带电、电晕放电电场中带电等。

电选机种类较多,目前多为圆筒式,此外还有室式、溜槽式、摇床式等。

6.化学选

利用矿物化学性质差异,采用化学处理,或化学处理和物理选矿相结合的方法,使矿物原料中的有价组分得到富集或提纯,以获得精矿或单独产品的过程,叫做化学选。化学选处理的对象有原矿、选矿厂的难选中矿、不合格精矿和尾矿等。这种分选原理不受矿物的相对密度、磁性、电性和润湿性等性质限制,因此其适应性强,分选完全。

化学选主要用于:1)难选氧化铜矿,如离析—浮选法等;2)金矿,如混汞、氰化、高温氯化法等提金方法;3)铀矿的化学选;4)钒、钛矿的物理选和化学选联合流程;5)碳质页岩中提钒、铀、镍、钼、铜、磷、钾等;6)低品位钽铌矿物原料的富集;7)钨、锡细泥的处理及低品位钨、锡精矿的除杂及提纯;8)处理铁矿或废钢铁生产铁粉;9)贫锰矿的化学选等。

化学选通常与物理选相结合,在选矿工艺中构成联合流程,以便综合利用矿物资源。

7.特殊选

重选、浮选、磁选、电选、化学选以外的其他选矿方法,如拣选、摩擦与弹跳选等,统称为特殊选。

8.脱水干燥

脱水干燥是从选矿产品中除去水分的过程。脱水的方法有:重力泄水、浓缩脱水、过滤脱水和干燥脱水。选择脱水方法时,应根据物料的性质(粒度、相对密度、磁性等)和脱水前后产品的水分来决定。

1)重力泄水:是利用水自身的重力作用泄水,适于处理粗粒选矿产品,如经重介质选、跳汰选或粗砂摇床选的精矿。

2)浓缩脱水:是矿浆中矿粒依靠重力作用沉降而脱水。

3)过滤脱水:是在压差作用下,使矿浆通过多孔的过滤介质进行固液分离。通过的液体为滤液,阻留的固体为滤饼。

4)干燥脱水:是用加热蒸发的方法,除去选矿产品中的水分。它消耗热量大,费用高,只在对精矿产品的水分要求特别严格的情况下才采用。

9.精矿及精矿品位

精矿是选矿得出的有用成分即富集产品。每一个选别设备选别作业或选别过程,都可得出自己的精矿。精矿是选矿厂的最终产品,它的矿物化学组成、粒度及含有量均需满足冶炼厂或其他工业过程的要求。

精矿品位是指精矿产品中,所含金属量占精矿数量的百分比。它是反映精矿质量的指标。精矿品位应以精矿取样、化验加权算术平均值求得。用公式表示如下:

$$\text{精矿品位}(\%)=\frac{\text{精矿金属量(t)}}{\text{精矿量(t)}}\times 100\%$$

10.中矿

中矿是品位介于精矿和尾矿之间,需要进一步处理的选矿中间产品。中矿被送至另一选矿设备经选矿作业再选,或经磨碎或返回到本设备经作业再选,也有将某种特定的中矿直接送冶炼厂冶炼,或用化学选处理。

11.尾矿和尾矿品位

尾矿是选矿作业产品中有用成分含量最低的部分产品。当其有用成分降低到当时技术经济条件下不宜再分选时，称终尾矿，常堆存于尾矿库。随着科学技术的发展，尾矿可能重新利用。现在一些选矿厂除处理原矿石外，还处理旧存尾矿。

尾矿品位是指尾矿中所含金属量占全部尾矿量的百分比，它是反映选矿过程金属损失程度的指标。尾矿品位应以取样、化验的加权算术平均数字求得。用公式表示如下：

$$尾矿品位(\%)=\frac{尾矿金属量(t)}{尾矿数量(t)}\times100\%$$

12. 筛分(筛析)

筛分是使松散物料通过一层或数层筛面，按筛孔大小分成不同粒度级别产品的过程。在筛分过程中，物料通过筛面按粒度分层和分离。影响筛分效率的主要因素有：物料性质(包括粒度、粘度、形状等)、设备结构和操作条件等。

13. 分级

分级是根据固体颗粒因粒度不同在介质中具有不同沉降速度的原理，将颗粒群分为两种或多种粒度级别的过程。分级的目的和筛分相似，但主要用于处理 0～2mm 细粒级物料，因细粒级物料筛分效率低。

分级是选矿厂的一个重要准备作业。对重选作业，将物料分级入选，可提高选别效率。在磨矿回路中进行预先或控制分级，可提高磨矿机效率并改善磨矿产品的粒度组成。分级广泛应用于化工、冶金、水泥和建材工业部门。

分级作业有干、湿式之分。湿式广泛应用于选矿厂和选煤厂；干式仅用于干燥缺水地区或工艺上有特殊要求的物料分级，如稀有金属在电选前的分级。

分级机根据设备结构特点和颗粒沉降方式，可分为机械分级机、水力分级机、离心分级机、干式分级机 4 种。

**(六)冶金矿产品分类**

冶金矿产品是冶金矿山生产的最终产品，是冶金生产的主要炉料。冶金矿产品的分类见图 2-2。

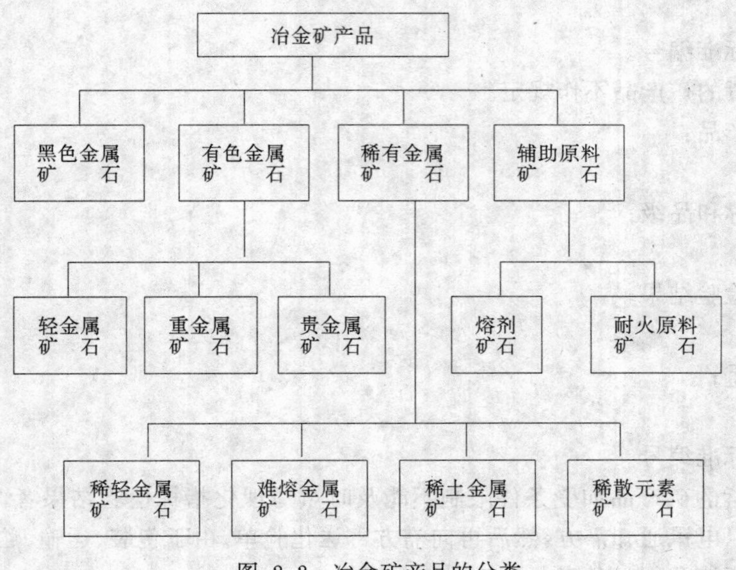


图 2-2 冶金矿产品的分类

**(七)冶金矿产品的装运和质量证明书**

冶金矿产品的装运和质量证明书,国家标准(GB5689—85)作了规定。

1.装运

按冶金矿产品种类不同,分散装矿产品和包装矿产品(包括袋装、桶装、箱装和篓装等)两种形式,见表2-5。

**表2-5 冶金矿产品装运方式**

| 装运方式 | 矿石种类 |
| --- | --- |
| 散装发运 | 块矿:铝土矿石、菱镁石、锰矿石、锰烧结矿、石灰石、氟石、白云石、硅石、铁矾土、高铝矾土熟料、硬质粘土熟料、耐火材料用结合粘土、铁矿石、铬矿石、硫铁矿等<br>精矿:铁、铜、铅、锌、锡、锑、镍、钴硫、硫、金、锂云母等 |
| 包装发运 | 氟碳铈矿—独居石、独居石、磷钇矿、钽铁矿、铌铁矿、锆英石、金红石、钨、钼、铋、氟石、锂辉石、绿柱石等精矿,化工用二氧化锰矿粉、放电锰粉、碳酸锰矿粉、镍锍精矿、朱砂、湿法朱砂等<br>(少量的铜、铅、锌、锡、镍、钴硫、金、锂云母等精矿也可包装) |

注:表中未列者由供需双方议定。

2.质量证明书

每批矿产品必须附证明该批质量符合标准规定的质量证明书。填写证明书字迹应清楚,证明书上应注明:

1)在供方交货的散装矿产品:

供方名称;

需方名称;

矿产品名称;

批号(或车船号);

批重;

理化指标检验结果;

发货日期;

相应产品标准编号。

在需方交货的矿产品不作规定。

2)包装矿产品:

供方名称;

矿产品名称和品级;

批号;

理化指标检验结果;

包装件数;

净重与毛重;

发货日期;

相应产品标准编号。

在供方交货的矿产品如受条件限制不能及时填写理化指标检验结果者,可在发货之后待检验完毕先以电讯通知需方,然后再向需方寄送化验单。由于包装、运输、贮存等方面所造成的损失应由所涉及部门负责。

## 二、黑色金属矿产品

### (一)铁矿石

1.铁矿石的分类

各种含铁矿物按其矿物组成,主要可分为4大类:磁铁矿、赤铁矿、褐铁矿和菱铁矿。由于它们的化学成分、结晶构造以及生成的地质条件不同,因此各种铁矿石具有不同的外部形态和物理特性。

(1)磁铁矿　主要含铁矿物为磁铁矿,其化学式为 $Fe_3O_4$,其中 $FeO=31\%$,$Fe_2O_3=69\%$,理论含铁量为72.4%。这种矿石有时含有 $TiO_2$ 及 $V_2O_5$ 组成复合矿石,分别称为钛磁铁矿或钒钛磁铁矿。在自然界纯磁铁矿矿石很少遇到,常常由于地表氧化作用使部分磁铁矿氧化转变为半假象赤铁矿和假象赤铁矿。所谓假象赤铁矿就是磁铁矿($Fe_3O_4$)氧化成赤铁矿($Fe_2O_3$),但它仍保留原来磁铁矿的外形,所以叫做假象赤铁矿。

磁铁矿具有强磁性,晶体常成八面体,少数为菱形十二面体。集合体常成致密的块状,颜色及条痕均为铁黑色,半金属光泽,相对密度4.9~5.2,硬度5.5~6,无解理,脉石主要是石英及硅酸盐。还原性差,一般含有害杂质硫和磷较高。

(2)赤铁矿　赤铁矿为无水氧化铁矿石,其化学式为 $Fe_2O_3$,理论含铁量为70%。这种矿石在自然界中经常形成巨大的矿床,从埋藏和开采量来说,它都是工业生产的主要矿石。

赤铁矿含铁量一般为50%~60%,含有害杂质硫和磷比较少,还原性较磁铁矿好,因此,赤铁矿是一种比较优良的炼铁原料。

赤铁矿有原生的,也有再生的,再生的赤铁矿是磁铁矿经过氧化以后失去磁性,但仍保存着磁铁矿的结晶形状的假象赤铁矿,在假象赤铁矿中经常含有一些残余的磁铁矿。有时赤铁矿中也含有一些赤铁矿的风化产物,如褐铁矿($2Fe_2O_3 \cdot 3H_2O$)。

赤铁矿具有半金属光泽,结晶者硬度为5.5~6,土状赤铁矿硬度很低,无解理,相对密度4.9~5.3,仅有弱磁性,脉石多为硅酸盐。

(3)褐铁矿　褐铁矿是含水氧化铁矿石,是由其他矿石风化后生成的,在自然界中分布得最广泛,但矿床埋藏量大的并不多见。其化学式为 $nFe_2O_3 \cdot mH_2O$($n=1\sim3$、$m=1\sim4$)。褐铁矿实际上是由针铁矿($Fe_2O_3 \cdot H_2O$)、水针铁矿($2Fe_2O_3 \cdot H_2O$)和含不同结晶水的氧化铁以及泥质物质的混合物所组成的。褐铁矿中绝大部分含铁矿物是以 $2Fe_2O_3 \cdot 3H_2O$ 的形式存在的。

一般褐铁矿矿石含铁量为37%~55%,有时含磷较高。褐铁矿的吸水性很强,一般都吸附着大量的水分,在焙烧或入高炉受热后去掉游离水和结晶水,矿石气孔率因而增加,大大改善了矿石的还原性。所以褐铁矿比赤铁矿和磁铁矿的还原性都要好。同时,由于去掉了水分相应地提高了矿石的含铁量。

(4)菱铁矿　菱铁矿为碳酸盐铁矿石,化学式为 $FeCO_3$,理论含铁量48.2%。在自然界中,有工业开采价值的菱铁矿比其他三种矿石都少。菱铁矿很容易被分解氧化成褐铁矿。一般含铁量不高,但受热分解出 $CO_2$ 以后,不仅含铁量显著提高而且也变得多孔,还原性很好。

各种铁矿石的分类及其特征见表2-6。

表 2-6　铁矿石的分类及其特征

| 矿石名称 | 化学式 | 理论含铁量/% | 矿石相对密度 | 颜色 | 冶炼性能 | | |
|---|---|---|---|---|---|---|---|
| | | | | | 实际含铁量/% | 有害杂质 | 强度及还原性 |
| 磁铁矿 | 磁性氧化铁 $Fe_3O_4$ | 72.4 | 5.2 | 黑色 | 45～70 | S、P 高 | 坚硬、致密、难还原 |
| 赤铁矿 | 赤铁矿 $Fe_2O_3$ | 70.0 | 4.9～5.3 | 红色 | 55～60 | S、P 低 | 软、较易破碎、易还原 |
| 褐铁矿 | 水赤铁矿 $2Fe_2O_3 \cdot H_2O$<br>针赤铁矿 $Fe_2O_3 \cdot H_2O$<br>水针铁矿 $3Fe_2O_3 \cdot 4H_2O$<br>褐铁矿 $2Fe_2O_3 \cdot 3H_2O$<br>黄针铁矿 $Fe_2O_3 \cdot 2H_2O$<br>黄赭石 $Fe_2O_3 \cdot 3H_2O$ | 66.1<br>62.9<br>60.9<br>60.0<br>57.2<br>55.2 | 4.0～5.0<br>4.0～4.5<br>3.0～4.4<br>3.0～4.2<br>3.0～4.0<br>2.5～4.0 | 黄褐色、暗褐色至绒黑色 | 37～55 | S 低<br>P 高低不等 | 疏松、易还原 |
| 菱铁矿 | 碳酸铁 $FeCO_3$ | 48.2 | 3.8 | 灰色带黄褐色 | 30～40 | S 低<br>P 较高 | 易破碎<br>焙烧后易还原 |

2. 矿石含铁量

矿石含铁量(亦称矿石品位)是衡量铁矿石质量的主要指标。它决定了矿石有无开采价值,以及开采后能否直接进行冶炼。工业上使用的矿石含铁量范围大约在 23%～70%之间。铁矿石含铁量高有利于降低高炉焦比和提高产量,矿石含铁量降低,其冶炼价值也降低。冶炼价值降低要较含铁量降低的幅度大得多。

例如,有 4 种铁矿石,其含铁量分别为 60%、50%、40%和 30%,假定矿石中的铁全部以 $Fe_2O_3$ 形态存在,脉石主要为酸性脉石,生铁中的铁有 92%由矿石带入,冶炼时炉渣碱度 $CaO+MgO/SiO_2+Al_2O_3=1.1$,石灰石的有效熔剂性为 53%。用以上 4 种矿石分别冶炼 1t 生铁时需要的矿石量、矿石带入脉石量、熔剂消耗量等计算结果见表 2-7。

表 2-7　冶炼 1t 生铁时矿石和熔剂的消耗量

| 矿石 | 矿石含铁量/% | 矿石消耗量/kg | 矿石带入脉石量/kg | 熔剂消耗量/kg | 脉石、熔剂相对增长/倍 |
|---|---|---|---|---|---|
| 1 | 60 | 1533 | 218 | 454 | 1 |
| 2 | 50 | 1840 | 525 | 1090 | 2.4 |
| 3 | 40 | 2300 | 985 | 2050 | 4.5 |
| 4 | 30 | 3067 | 1752 | 3640 | 8.0 |

注:表中各项计算方法:

$$矿石消耗量=\frac{1t\ 生铁中需由矿石提供的铁量}{矿石含铁量}$$

脉石量=矿石量－矿石中 $Fe_2O_3$ 量

$$熔剂量=\frac{1t\ 生铁的矿石带入的脉石量\times 炉渣碱度}{石灰石有效熔剂性}$$

从表 2-7 中可以看出,4 种铁矿石含铁量依次相差仅为 10%。而在冶炼时由于铁矿石含铁量降低,矿石带入的脉石量和相应的熔剂消耗量,相对依次增加 1、2.4、4.5 和 8 倍。因此,随着铁矿石含铁量的降低,脉石数量增多,熔剂消耗量大大增加,炉渣数量也相应增加,势必使焦比升高,而高炉产量急剧下降。同时冶炼含铁量低的矿石,由于渣量大、焦比高,也必然要给高炉操作和炉况的顺行带来很多困难。贫矿石直接入炉冶炼在经济上是不合算的，为了提高铁矿石的含铁量，贫矿都经过选矿处理，提高品位后再经烧结或球团加工过程，制成人造富矿入高炉冶炼。

矿石的贫富或矿石直接入炉冶炼的最低合格品位，并没有严格固定的标准，因为它还决定于矿石中的脉石成分、有害杂质和有益元素的含量以及矿石类型等许多因素。对于褐铁矿、菱铁矿和碱性脉石较多的矿石，对含铁量的要求可以适当降低，因为褐铁矿和菱铁矿在其中的结晶水和 $CO_2$ 分解放出后，铁分可以提高。

对于含有益元素的矿石，从综合利用的角度考虑，常常需要经过选矿处理。

一般地说，直接入炉冶炼的叫做富矿，由于含铁较低，不宜直接入炉冶炼需要经过选矿处理的叫贫矿。

3. *脉石*

据现有铁矿资源来看，铁矿石的脉石成分绝大多数为酸性脉石，$SiO_2$ 含量较高。在现代高炉冶炼条件下，为了得到一定碱度(炉渣碱度 $R=CaO/SiO_2$，或 $R=CaO+MgO/SiO_2$，或 $R=CaO+MgO/SiO_2+Al_2O_3$)的炉渣就必须在炉料中配入一定数量的碱性熔剂(石灰石)。铁矿石中 $SiO_2$ 愈多，需加入的石灰石也愈多，同时生成的渣量也愈大，这样必然导致燃料消耗量增多，使焦比升高和产量下降。因此，要求矿石中的 $SiO_2$ 愈低愈好。

矿石碱度愈高，则冶炼时加入的石灰石量愈少。有的矿石含碱性脉石，当矿石中 $CaO/SiO_2$ 比值接近炉渣碱度时，这种矿石叫做自熔性矿石。用自熔性矿石冶炼时，可以少加或不加熔剂，即使这种矿石品位较低，也有开采价值。如我国本溪矿区的通远堡、马鞍山矿区的桃冲等地的矿石，虽然品位低于 40%，但因脉石碱度较高，实际上还是好原料。

脉石中含碱性氧化物(CaO)较多的矿石，具有较高的冶炼价值，这种矿石可以视为酸性脉石的富矿和石灰石的混合矿，用这种矿石冶炼有利于降低焦比。

对于含 MgO 高的矿石，碱度多用 $R=CaO+MgO/SiO_2+Al_2O_3$ 表示。渣中含适量的 MgO 能改善炉渣的流动性和增加其稳定性，一般认为炉渣中保持 6%～8%的 MgO 有利于高炉冶炼操作。炉渣中 MgO 含量过高反而会降低其脱硫能力和渣的流动性。我国有的高炉以含 MgO18%～20%的炉渣进行冶炼。渣中 MgO 量大于 20%时，可能会给冶炼带来一定的困难。因此，在单独冶炼含 MgO 较高的矿石时，应注意 MgO 的平衡，若 MgO 含量过高，就应与其他低 MgO 矿石搭配使用。

$Al_2O_3$ 在高炉渣中为中性氧化物，但渣中 $Al_2O_3$ 浓度超过 18%～22%时，炉渣变得难熔，流动性变差。因此对矿石中的 $Al_2O_3$ 要加以控制，一般矿石中 $SiO_2/Al_2O_3$ 比值不宜小于 2～3。若 $SiO_2/Al_2O_3$ 比值很小就得与含 $Al_2O_3$ 较低的矿石配合使用。

一些矿石脉石成分中含有 $TiO_2$，很难用一般机械方法选别，故精矿中仍含相当数量的 $TiO_2$。含 $TiO_2$ 的炉渣在冶炼中有变稠的特点，容易导致渣铁不分、炉缸堆积和生铁含硫升高等。因此，过去长期认为渣中 $TiO_2$ 不能超过 8%，致使大量钛磁铁矿不能被利用。我国炼铁工作者通过多年的科研与生产实践，在用高 $TiO_2$ 的条件下，获得渣铁畅流和生铁合格的冶炼效果。

有些矿石的脉石成分中尚含有 $CaF_2$，它使炉渣熔化温度降低，流动性能改善。

4. *矿石中常见的伴生元素*

在铁矿石中除含铁物质和脉石之外，通常还含有许多伴生元素。

(1)硫 硫对钢材是最为有害的成分,它使钢材具有热脆性。因为FeS与Fe结合成低熔点(985℃)合金,冷却后凝固成薄膜状,并分布于晶粒界面之间,当钢材被加热至1150~1200℃时,硫化物首先熔化,使钢材沿晶粒界面形成裂纹。硫对铸造生铁同样有害,它降低生铁的流动性及阻止碳化铁的分解,所以使铸件容易产生气孔,又因$Fe_3C$硬而脆使铸件难以车削加工并降低铸件的韧性。国家标准规定硫的含量,炼钢生铁最高不能大于0.07%,铸造生铁最高不能大于0.06%,因此要求矿石中含硫愈少愈好。

在高炉冶炼过程中,硫在高炉内可以除去90%以上,但脱硫要求提高炉渣碱度,需要增加石灰石的用量,同时渣量也随之增加,这样势必要使高炉焦比升高,产量降低。根据鞍钢经验,矿石中含硫升高0.1%,焦比升高5%。一般规定矿石中S≤0.06%为一级矿;S≤0.2%为二级矿;S>0.3%为高硫矿。

对于含硫高的矿石可以通过选矿、焙烧和烧结等方法处理,以降低矿石含硫量。

(2)磷 磷也是钢铁材料的有害成分,磷使钢铁具有冷脆的性质。磷化物聚集于晶界周围减弱晶粒间的结合力,使钢冷却时发生很大的脆性,从而造成冷脆现象。但磷又可以改善铁水的流动性,所以在浇注形状复杂的普通铸件时,允许生铁中含有较高的磷,因磷的存在同样影响铸件的强度,所以,除少数高磷铸造铁允许有较高的含磷外,一般生铁含磷愈低愈好。

由于磷在选矿和烧结过程中不易除去,而在炼铁过程中磷又全部还原进入生铁,所以控制生铁含磷的惟一途径就是控制原料的含磷量。对于高磷矿石,可以冶炼供碱性转炉用的高磷生铁,所得的高磷钢渣是很好的化肥。

(3)铅 我国一些铁矿石中含有少量的铅。在普通烧结过程中不能去除铅,PbS可用浮选方法分离,含铅矿石也可用氯化焙烧的方法使铅铁分离并加以回收。铅在高炉内是易还原元素,铅不溶于生铁,其相对密度又大于铁水,所以还原出来的铅沉积于炉底铁水层以下,极易渗入砖缝破坏炉底砌砖,甚至使炉底砌砖浮起。铅在1550℃时沸腾,铅蒸气在炉内挥发上升,于高炉上部再度氧化成PbO,部分随气流逸出,部分又随炉料下降再被还原,如此循环使炉内铅不断积聚。冶炼含铅矿石时常结瘤。因此,要求矿石中含铅愈少愈好,一般矿石中含铅不应超过0.1%。

(4)锌 我国有些矿石中含有少量的锌。在普通烧结过程中锌不能被去除。可以通过氯化焙烧的方法使锌同铁分离并加以回收,若锌以ZnS状态存在时可用浮选方法分离。

在高炉内锌是易还原的,且不溶于生铁,其所以被认为是有害杂质是由于锌在还原后,在高温区以锌蒸气大量挥发上升并在高炉上部被氧化,结果易生成炉瘤,或者由于ZnO沉积到耐火砖的孔隙中而破坏炉衬,有时使砌砖膨胀而引起炉壳破裂。因此要求矿石中锌含量愈少愈好。国外冶炼含锌矿的实践表明,含锌量小于0.1%时可顺利冶炼。一般要求矿石中含锌不应超过0.1%~0.2%。若矿石中含锌高时则不能单独直接冶炼,必须与含锌少的矿石混合使用,或进行焙烧,选矿等处理,以降低矿石中的含锌量。

(5)砷 矿石中的砷在烧结过程中只能除去一部分,也可以用氯化焙烧方法去除。砷在高炉冶炼过程中全部还原进入生铁中,钢中含砷大于0.1%以上时,使钢增加脆性并使焊接性能变坏。所以应控制矿石中砷含量,要求矿石中含砷量不应超过0.07%。

(6)铜 铜在铁矿石中主要以黄铜矿($FeCuS_2$)和孔雀石〔$CaCO_3 \cdot Cu(OH)_2$〕状态存在,其中以硫化物形态存在的黄铜矿,可以通过浮选而回收,做到铜铁分离。但以氧化物状态存在的铜将进入铁精矿。铜在烧结过程中不能去除。

在高炉冶炼时铜全部还原到生铁中,在炼钢时又进入钢中,铜在钢中含量不超过 0.3% 时,能改善钢的性质特别是能提高钢的耐腐蚀性能。但当含铜量超过 0.3%时,则金属的焊接性能降低并产生热脆现象。一般矿石允许含铜不超过 0.2%。对于一些难选的高铜氧化矿,除可用氯化焙烧回收铜外,还可以冶炼高铜(Cu>1.0%)铸造生铁,这种合金铸铁具有很好的机械强度和耐腐蚀性。

(7)氟和稀土元素　氟以 $CaF_2$ 形式进入渣中,它能增加炉渣的流动性及降低炉渣的熔点。矿石中氟含量过多时会使炉渣在高炉内形成过早,不利于矿石的还原,氟的挥发对耐火材料及金属结构有一定的腐蚀作用。矿石含氟达 1%时对冶炼无影响,含量达 4%～5%时,需增加炉渣碱度来控制炉渣的流动性。

含氟和稀土元素的铁矿石,可以通过磁选—浮选的选矿流程而获得铁精矿、稀土精矿和萤石。

(8)锰　几乎一切铁矿石均含有或多或少的锰元素,但一般含量不高。锰在钢中可改善钢的机械性能,尤其是增加钢的硬度。在冶炼制钢生铁时锰的还原率为 40%～60%。锰与氧的亲和力比较大,在钢水中和 FeO 作用生成 MnO,从而减少了钢水中的 FeO 含量,在钢材加工时大大地减少由于 FeO 而产生的裂纹。同时 MnO 不溶于钢水中可以浮到液面而除去。这样锰就成为炼钢时的脱氧剂。

锰与硫的亲和力大于铁与硫的亲和力,在铁水或钢水中锰与 FeS 作用生成 MnS。MnS 不易溶于金属中而浮到液面上被除去,尤其当温度下降时,MnS 在铁水中的溶解度更会降低,因此锰可以起脱硫的作用。高炉出铁后在铁水罐或混铁炉中铁水的含硫量降低就是这种原因。若时间短 MnS 来不及上浮时剩留在金属中也比 FeS 危害要小些。

含锰的粉矿在烧结时锰还可以改善矿石的烧结作用。

(9)铬　铬在矿石中常以 $FeO \cdot Cr_2O_3$ 状态存在,在高炉内铬的还原率可达 80%～95%。铬是钢中有益元素,可以使钢的耐腐蚀能力增加。钢中加入铬与镍可制成镍铬不锈钢,此外铬还能增加金属的强度。

矿石中的铬对高炉冶炼的影响不大,但对炼钢操作却有影响,由于生铁中的铬在炼钢过程中又被氧化而进入渣中,使炉渣变得很粘稠不好操作。所以希望生铁中含 Cr≤0.4%～0.6%,这就要求铁矿石中含铬量不高于 0.25%。

(10)钛　钛常存在于磁铁矿中,成钛铁矿($FeO \cdot TiO_2$)。钛是近代高温合金需用的元素之一,钛在钢中是一种有益元素。

在高炉冶炼时矿石中的 $TiO_2$ 除极少部分被还原进入生铁,其余部分都进入炉渣。钛渣性质不稳定,在炉缸还原性气氛下渣中 $TiO_2$ 将有一部分被还原成 $Ti_2O_3$、TiO 和金属钛。金属钛一部分进入生铁,一部分生成高熔点的 TiC 和 TiN 留在渣中。随着渣中钛的低价氧化物和钛的碳氮化物数量的增加,炉渣将出现变稠带铁现象。必须采取适当措施减少 $TiO_2$ 的还原,防止和消除炉渣的稠化,才能保证高炉的正常生产。

(11)钒　钒是非常宝贵的合金元素,通常钛磁铁矿中都含有少量的钒,有的褐铁矿及含磷高的矿石中也含少量的钒。在高炉冶炼中钒可以还原 70%～80%。

5.矿石的还原性

铁矿石还原性的好坏是指矿石被还原性的气体 CO 或 $H_2$ 还原的难易程度。它是一项评价铁矿石质量的重要指标。

影响铁矿石还原性的因素主要有,矿物组成、矿石本身结构的致密程度、粒度和气孔率等。气孔率大的矿石透气性好,可以增加煤气和矿石的接触面积,因此可以加速铁矿石的还原。磁铁矿的组织致密,最难还原。赤铁矿有中等的气孔率,比较容易还原。最容易还原的是褐铁矿和菱铁矿,因为这两种矿石分别失去结晶水和去掉 $CO_2$ 后,矿石的气孔度增加。烧结矿和球团矿的还原性比天然矿石的还原性要好。

我国一些铁矿石的相对还原性见表 2-8。

**表 2-8 我国一些铁矿石的相对还原性**

| 矿石 | 主要成分/% | | 不同温度下的还原度/% | | | | | 平均还原度/% |
|---|---|---|---|---|---|---|---|---|
| | TFe | FeO | 400～500℃ | 550～600℃ | 700℃ | 800℃ | 900℃ | |
| 大孤山铁矿石 | 46.59 | 3.40 | 52 | 56 | 61 | 96 | 96 | 68.20 |
| 包头铁矿石 | 58.73 | 7.17 | 41.5 | 54.5 | 67 | 76 | 98 | 67.40 |
| 武安赤铁石 | 45.79 | 4.10 | 44.5 | 52.5 | 57 | 82 | 89 | 65.0 |
| 庞家堡铁矿石 | 54.24 | 14.80 | 39.5 | 51.5 | 66 | 82 | 83 | 64.4 |
| 姑山铁矿石 | 51.02 | 3.10 | 36.5 | 52 | 57 | 78 | 88 | 62.3 |
| 凤凰磁铁矿 | 54.00 | 0.75 | 29.5 | 36.5 | 67 | 60 | 73 | 55.2 |
| 利国磁铁矿 | 46.30 | 12.60 | 16 | 23 | 44 | 69 | 95 | 49.4 |
| 金岭镇磁铁矿 | 60.50 | 11.90 | 8 | 16.5 | 22 | 53 | 75 | 24.9 |

注:矿石粒度 3～5mm,用 CO 还原,CO 流速为 0.424mm/s,时间 60min,矿样选在 $N_2$ 气流中 900℃焙烧 2h。

### 6. 矿石的软化性

矿石的软化性是指矿石软化温度和软化温度区间两个方面。软化温度是指矿石在一定的荷重下加热开始变形的温度;软化温度区间是指矿石开始软化到软化终了的温度范围。一般矿石的软化温度愈高,软化区间愈窄;反之,软化温度愈低,软化区间愈宽。

矿石的软化温度和软化区间对高炉冶炼有很大影响。当矿石的软化温度高时,软化区间窄,在炉内就不会过早形成初渣,且成渣带位置低,半熔体区域也小,这有助于改善高炉料柱的透气性。反之,初成渣带生成过早,位置高,初渣中 FeO 高,使炉内的透气性变坏,严重影响冶炼过程的正常进行。

我国部分铁矿石的开始软化温度见表 2-9。

**表 2-9 我国一些铁矿石的开始软化温度**

| 矿石名称 | 开始软化温度/℃ | 矿石名称 | 开始软化温度/℃ | 矿石名称 | 开始软化温度/℃ | 矿石名称 | 开始软化温度/℃ |
|---|---|---|---|---|---|---|---|
| 武安赤铁矿 | 785 | 樱桃园赤铁矿 | 1030 | 海南岛矿 | 940 | 应城子矿 | 985 |
| 七道沟磁铁矿 | 865 | 马鞍山矿石 | 860 | 孤山矿 | 975 | 通远堡矿 | 935 |
| 弓长岭富矿 | 940 | 龙烟矿 | 890 | 磁山矿 | 955 | 尖山矿 | 955 |

### 7. 矿石的粒度

矿石的粒度和气孔度的大小,对高炉冶炼的进程影响很大。粒度太小时影响高炉内料柱的透气性,使煤气上升阻力增大。粒度过大又将影响炉料的加热和矿石的还原。由于粒度大,减少了煤气和矿石的接触面积,使矿石中心部分不易还原,从而使还原速度降低,焦比升高。

因此，规定小于 5mm 的矿石不能入炉，而粒度上限则与原料的还原性有关，对于难还原的磁铁矿不大于 40mm，较易还原的赤铁矿和褐铁矿可以不大于 50mm。目前中小高炉矿石粒度一般不大于 25～35mm。

缩小矿石粒度的同时必须使粒度均匀、筛除粉末。用经过整粒的小块矿石冶炼，既改善了炉料的透气性，又改善了炉料的还原和传热条件，对于炉况顺行，降低焦比和提高产量都起到了良好作用。粒度差别较大的矿石应按粒度分级入炉冶炼。矿石从矿山开采出来后，一般要经过整粒处理，大块要破碎，不能直接入炉的矿粉应当筛分造块。

8. *矿石强度*

矿石耐冲击、摩擦、挤压的强弱程度叫做矿石的机械强度。随着高炉容积的不断增大，对入炉矿石的机械强度要求也应相应提高，否则，矿石的强度低入炉后产生大量的粉末，一方面增加炉尘，另一方面粉末阻塞煤气的通路，降低炉料透气性，致使高炉操作困难。强度好的矿石破碎困难，生成的粉末也比较少；而强度差的矿石易被破碎，且易生成较多粉末，这样使矿石的耗损增加。天然矿石的机械强度一般较好。

以上指的是常温下的机械强度，它并不能反映高炉内实际情况，近年来，国内外日益重视对高炉原料的高温强度的研究工作。

9. *我国铁矿资源*

我国铁矿资源有两个特点：一是贫矿多，贫矿储量占铁矿石总储量的 80%；二是多元素共生的复合矿石较多。此外矿体复杂，有些贫铁矿床上部为赤铁矿，下部为磁铁矿。

(1)东北地区铁矿　东北地区铁矿主要是鞍山矿区，它是目前我国储量最大开采量最大的矿区，大型矿体主要分布在辽宁省的鞍山(包括大孤山、樱桃园、东西鞍山、弓长岭等)、本溪(南芬、歪头山、通远堡等)，部分矿床分布在吉林省通化附近。鞍山矿区是鞍钢、本钢的主要原料基地。

鞍山矿区矿石的主要特点：

1)除极少数富矿外，约占储量的 98%为贫矿，含铁量 20%～40%，平均 30%左右。必须经过选矿处理，精选后含铁量可达 60%以上。

2)矿石矿物以磁铁矿和赤铁矿为主，部分为假象赤铁矿和半假象赤铁矿。其结构致密坚硬，脉石分布均匀而致密，选矿比较困难，矿石的还原性较差。

3)脉石矿物绝大部分是由石英组成的，$SiO_2$ 在 40%～50%。但本溪通远堡铁矿为自熔性矿石，其碱度($CaO+MgO/SiO_2$)在 1 以上。且含锰 1.29%～7.5%可代替锰矿使用。

4)矿石含 S、P 杂质很少，本溪南芬铁矿含 P 很低，是冶炼优质生铁的好原料。

(2)华北地区铁矿　主要分布在河北省宣化、迁安和邯郸、邢台地区的武安、矿山村等地以及内蒙和山西各地。是首钢、包钢、太钢和邯郸、宣化及阳泉等钢铁厂的原料基地。

迁滦矿区矿石为鞍山式贫磁铁矿，含酸性脉石，S、P 杂质少，矿石的可选性好。

邯邢矿区主要是赤铁矿和磁铁矿，矿石含铁量在 40%～55%之间，脉石中含有一定的碱性氧化物，部分矿石含 S 较高。

(3)中南地区铁矿　中南地区铁矿以湖北大冶铁矿为主，其他如湖南的湘潭，河南省的安阳、舞阳，江西和广东省的海南岛等地都有相当规模的储量，这些矿区分别成为武钢、湘钢及本地区各大中型高炉的原料供应基地。

大冶矿区是我国开采最早的矿区之一，主要包括铁山、金山店、成潮、灵乡等矿山，储量比较丰富。矿石主要是铁铜共生矿，铁矿物主要为磁铁矿，其次是赤铁矿，其他还有黄铜矿和黄铁矿等。矿石含铁量40%～50%，最高的达54%～60%。脉石矿物有方解石、石英等，脉石中含 $SiO_2$8%左右，有一定的熔剂性（$CaO/SiO_2$ 为 0.3 左右），矿石含 P 低（一般 0.027%），含 S 高且波动很大（0.01%～1.2%），并含有 Cu（0.2%～1.0%）和 Co（0.013%～0.025%）等有色金属。矿石的还原性较差，矿石经选矿后得铜钴精矿和铁精矿，铁精矿经烧结、球团造块后入高炉冶炼。

(4)华东地区铁矿　华东地区铁矿产区主要是自安徽省芜湖至江苏南京一带的凹山、南山、姑山、桃冲、梅山、凤凰山等矿山。此外还有山东的金岭镇等地也有相当丰富的铁矿资源储藏，是马鞍山钢铁公司及其他一些钢铁企业原料供应基地。

**表 2-10　我国一些矿区铁矿石的化学成分**

| 矿石产地 | 矿种 | 化学成分/% | | | | | | | | | 烧损/% |
|---|---|---|---|---|---|---|---|---|---|---|---|
| | | TFe | FeO | $SiO_2$ | $Al_2O_3$ | CaO | MgO | MnO | S | P | |
| 樱桃园 | 磁 | 48.30 | 21.40 | 25.80 | 0.79 | 1.07 | 0.43 | 0.23 | 0.075 | 0.014 | |
| 弓长岭 | 赤 | 44.00 | 6.90 | 34.38 | 1.31 | 0.28 | 1.16 | 0.15 | 0.007 | 0.02 | |
| 东鞍山 | 贫 | 32.73 | 0.70 | 49.78 | 0.19 | 0.34 | 0.80 | | 0.031 | 0.035 | |
| 本溪 | 磁 | 60.90 | 27.0 | 14.53 | 0.39 | 0.68 | 0.55 | 0.11 | 0.162 | 0.22 | |
| 南芬 | 贫 | 33.63 | 11.90 | 46.36 | 1.425 | 0.576 | 1.593 | Mn 0.087 | 0.073 | 0.056 | |
| 武安 | 磁 | 60.90 | 16.20 | 6.44 | 0.53 | 2.13 | 0.75 | 0.21 | 1.11 | 0.018 | |
| 武安 | 赤 | 55.20 | 8.25 | 12.96 | 1.06 | 2.02 | 1.48 | 0.24 | 0.047 | 0.035 | |
| 庞家堡 | 赤 | 50.12 | 2.00 | 19.52 | 2.10 | 1.50 | 0.36 | 0.32 | 0.067 | 0.156 | |
| 邯郸 | | 42.59 | 16.30 | 19.03 | 0.47 | 9.58 | 5.55 | 0.11 | 0.208 | 0.048 | |
| 矿山村 | 赤 | 54.50 | 10.8 | 11.82 | 1.68 | 3.09 | 0.86 | 0.313 | 0.98 | 0.034 | |
| 山东黑旺 | 褐 | 40.08 | | 11.17 | 3.953 | 10.53 | 1.069 | 0.985 | 0.033 | | |
| 芥川 | 菱 | 46.45 | 0.10 | 17.06 | 3.14 | 1.46 | 0.62 | 1.41 | 0.016 | 0.121 | 9.89 |
| 利国 | 赤 | 53.10 | 4.50 | 11.98 | 2.47 | 3.44 | 0.95 | 0.11 | 0.0284 | 0.024 | |
| 利国 | 磁 | 50.40 | 15.10 | 7.71 | 3.92 | 6.30 | 5.75 | 0.35 | 0.028 | 0.009 | |
| 武钢铁山 | | 54.38 | 13.90 | 10.30 | 2.43 | 3.66 | 1.51 | 0.178 | 0.325 | 0.096 | |
| 武钢灵乡 | | 49.50 | 8.30 | 12.90 | 3.40 | 4.02 | 1.56 | Mn 0.156 | 0.420 | 0.068 | |
| 大冶 | 磁 | 52.78 | 7.9 | 12.78 | 2.34 | 2.32 | 1.55 | 0.21 | 0.228 | 0.080 | 6.0 |
| 海南岛 | | 55.90 | 1.32 | 16.20 | 0.96 | 0.26 | 0.08 | Mn 0.14 | 0.098 | 0.020 | |
| 梅山 | | 59.35 | 19.88 | 2.50 | 0.71 | 1.99 | 0.93 | 0.323 | 4.452 | 0.399 | 6.31 |
| 迁安(大石河) | | 32.73 | 10.27 | 47.54 | 0.19 | 0.36 | 2.07 | Mn 0.14 | 0.027 | 0.048 | |

芜宁矿区铁矿石主要是赤铁矿，其次是磁铁矿，也有部分硫化矿如黄铜矿和黄铁矿。铁矿石品位较高，一部分富矿（含 Fe50%～60%）可直接入炉冶炼，一部分贫矿要经选矿精选、烧结造块后供高炉使用。矿石的还原性较好。脉石矿物为石英、方解石、磷灰石和金红石等，

矿石中含 S、P 杂质较高(含 P 一般为 0.5%,最高可达 1.6%,梅山铁矿含 S 平均可达 2%～3%),矿石有一定的熔剂性(如凹山及梅山的富矿中平均碱度达 0.7～0.9),部分矿石含 V、Ti 及 Cu 等有色金属。

(5)其他地区铁矿　除上述各地区铁矿外,我国西南地区、西北地区各省,如四川、云南、贵州、甘肃、新疆、宁夏等地都有丰富的不同类型的铁矿资源,分别为攀钢、重钢和昆钢等大中型钢铁厂高炉生产的原料基地。

我国一些矿区铁矿石的化学成分见表 2-10。

### (二)铁精矿

铁精矿是铁矿石经过选矿后获得的产品,是烧结矿和球团矿的主要原料,其质量指标见表 2-11。

**表 2-11　含铁原料的质量指标**

<table>
<tr><th rowspan="2">名称</th><th colspan="11">品位及波动范围/%</th><th rowspan="2">水分<br>/%</th><th rowspan="2">粒度<br>/mm</th></tr>
<tr><th>化学成分</th><th colspan="4">磁铁矿为主的精矿</th><th colspan="4">赤铁矿为主的精矿</th><th>攀西式钒钛磁铁矿</th><th>包头式多金属矿</th></tr>
<tr><td rowspan="6">精矿</td><td rowspan="2">TFe</td><td>≥67</td><td>≥65</td><td>≥63</td><td>≥60</td><td>≥65</td><td>≥62</td><td>≥59</td><td>≥55</td><td rowspan="2">51.5<br>波动范围<br>±0.5</td><td rowspan="2">≥57<br>波动范围<br>±0.5</td><td rowspan="6">磁铁矿为主的精矿<br>Ⅰ≤10,Ⅱ≤11<br>赤铁矿为主的精矿<br>Ⅰ≤11,Ⅱ≤12<br>攀西式钒钛矿<br>≤10<br>包头式多金属矿<br>≤11</td><td rowspan="6"></td></tr>
<tr><td colspan="4">波动范围±0.5</td><td colspan="4">波动范围±0.5</td></tr>
<tr><td>$SiO_2$<br>Ⅰ类<br>Ⅱ类</td><td>≤3<br>≤6</td><td>≤4<br>≤8</td><td>≤5<br>≤10</td><td>≤7<br>≤13</td><td>≤12<br>≤8</td><td>≤12<br>≤10</td><td>≤12<br>≤13</td><td>≤12<br>≤15</td><td></td><td></td></tr>
<tr><td>S</td><td colspan="4">Ⅰ组≤0.10～0.19<br>Ⅱ组≤0.20～0.40</td><td colspan="4">Ⅰ组≤0.10～0.19<br>Ⅱ组≤0.20～0.40</td><td><0.60</td><td><0.50</td></tr>
<tr><td>P</td><td colspan="4">Ⅰ级≤0.05～0.09<br>Ⅱ级≤0.10～0.30</td><td colspan="4">Ⅰ级≤0.08～0.19<br>Ⅱ级≤0.20～0.40</td><td></td><td><0.30</td></tr>
<tr><td>Cu<br>Pb<br>Zn<br>Sn<br>As<br>$TiO_2$<br>F<br>$K_2O+$<br>$Na_2O$</td><td colspan="4">≤0.10～0.20<br>≤0.10<br>≤0.10～0.20<br>≤0.08<br>≤0.04～0.07<br><br><br><br>≤0.25</td><td colspan="4">≤0.10～0.20<br>≤0.10<br>≤0.10～0.20<br>≤0.08<br>≤0.04～0.07<br><br><br><br>≤0.25</td><td><br><br><br><br><br><13</td><td><br><br><br><br><br><br><2.50<br><br>≤0.25</td></tr>
<tr><td>粉矿</td><td colspan="11">一级　$TFe≥54,SiO_2≤12,S≤0.2,P≤0.1$<br>二级　$TFe≥50,SiO_2≤15,S≤0.3,P≤0.15$<br>三级　$TFe≥48,SiO_2≤18,S≤0.4,P≤0.2$<br>四级　$TFe≥45,SiO_2≤22,S≤0.5,P≤0.3$<br>其他成分:Cu≤0.2,As≤0.07,Pb≤0.1,Zn≤0.1<br>Sn≤0.08,$K_2O+Na_2O$ 待定<br>铁品位波动范围为±0.5</td><td colspan="2">磁铁矿、赤铁矿≤10,其中>10mm 不超过 10%<br>高硫矿≤8mm,其中>8mm 不超过 5%,褐铁矿≤10mm</td></tr>
<tr><td>混匀矿</td><td colspan="11">TFe≤±0.5　$SiO_2$≤±0.2</td><td></td><td></td></tr>
</table>

本钢生产的铁精矿化学成分见表 2-12。

**表 2-12 本钢铁精矿化学成分**

| 项目 | 品种 | | | TFe 波动范围/% |
|---|---|---|---|---|
| 代号 | C68 | C67 | C66 | ±0.77 |
| TFe 含量/% | 68 | 67 | 66 | |

| 其他化合物及元素含量/% | | | | | | | |
|---|---|---|---|---|---|---|---|
| $SiO_2$ | P | S | Cu | Pb | Zn | Sn | As |
| ≤7 | ≤0.09 | ≤0.19 | ≤0.01 | ≤0.01 | ≤0.01 | ≤0.005 | ≤0.008 |

注：当需方要求时，可提供全铁含量比表中所列含量高 0.5%的铁精矿粉。

铁精矿粉的水分(不包括结晶水)应不大于 10%。

辽宁铁精矿的化学成分见表 2-13。

**表 2-13 辽宁铁精矿化学成分**

| 厂名 | TFe/% | | S/% | | P/% | | $H_2O$/% | |
|---|---|---|---|---|---|---|---|---|
| | 1 级品 | 2 级品 | 1 级品 | 2 级品 | 1 级品 | 2 级品 | 1 级品 | 2 级品 |
| 北台钢铁厂 | 66<br>+1.00，−0.50 | 66<br>±1.50 | <0.03 | | <0.03 | | ≤10.50 | ≤11.50 |
| 保国铁矿 | | | | | | | ≤11.00 | ≤12.00 |

近年来，我国从澳大利亚等国进口了部分铁矿。澳大利亚铁矿(简称澳矿)以赤铁矿和针铁矿为主，品位高，S、P 等有害杂质较少，但 $Al_2O_3$ 含量较高。澳矿产品成分见表 2-14。

我国从澳大利亚进口的铁矿石系哈默斯利铁矿有限公司和纽曼山采矿有限公司的产品。哈默斯利年生产能力为 4700 万 t，纽曼山为 4000 万 t。这两家企业的生产能力占澳大利亚总生产能力的 78%以上。哈默斯利和纽曼山供给我国铁矿石的技术保证值见表 2-15。

**表 2-14 澳铁矿石产品成分**

| 矿区 | 主要成分/% | | | | | | 粒度/mm |
|---|---|---|---|---|---|---|---|
| | TFe | FeO | $SiO_2$ | $Al_2O_3$ | S | P | |
| 哈默斯利 | 65.1 | 0.2 | 2.9 | 1.6 | 0.01 | 0.05 | 6～30 |
| 哈默斯利 | 62.5 | 0.2 | 4.5 | 2.9 | 0.02 | 0.07 | <6 |
| 罗布河 | 56.7 | 0.2 | 5.7 | 2.7 | 0.03 | 0.04 | <9.5 |

**表 2-15 哈默斯利和纽曼山铁矿石保证值**

| 品种 | 主要成分/% | | | | | | 粒度/mm |
|---|---|---|---|---|---|---|---|
| | Fe | $SiO_2$ | $Al_2O_3$ | Cu | S | P | |
| 块矿 | 64 | 6.3 | 3.2 | 0.05 | 0.05 | 0.06 | 6～30 |
| 粉矿 | 61 | 6.3 | 3.2 | 0.05 | 0.05 | 0.08 | <6 |

**(三)高炉块矿**

高炉块矿的化学成分见表 2-16。

表 2-16 高炉块矿化学成分表

| 品级 | 化学成分/% | | | | | | | |
|---|---|---|---|---|---|---|---|---|
| | TFe | $SiO_2$ | S | | | P | | |
| | | | Ⅰ组 | Ⅱ组 | Ⅲ组 | Ⅰ组 | Ⅱ组 | Ⅲ组 |
| 一级品 | ≥58 | ≤12 | ≤0.1 | ≤0.3 | ≤0.5 | ≤0.2 | ≤0.5 | ≤0.9 |
| 二级品 | ≥55 | ≤14 | ≤0.1 | ≤0.3 | ≤0.5 | ≤0.2 | ≤0.5 | ≤0.9 |
| 三级品 | ≥50 | ≤17 | ≤0.1 | ≤0.3 | ≤0.5 | ≤0.2 | ≤0.5 | ≤0.9 |
| 四级品 | ≥45 | ≤18 | ≤0.1 | ≤0.3 | ≤0.5 | ≤0.2 | ≤0.5 | ≤0.9 |

注:其他杂质含量要求:Cu≤0.2%,Pb≤0.1%,Sn≤0.08%,As≤0.07%;$K_2O+Na_2O$≤0.2%~0.5%;Zn≤0.10%。

## (四)锰矿石

### 1.锰矿的种类

自然界很多矿物中都含有锰,但真正有价值的只有一小部分可以作为锰矿加以开采。主要的有软锰矿,其次是硬锰矿、沼锰矿,其他如水锰矿、褐锰矿和黑锰矿都是混生矿物,菱锰矿通常是存在于菱铁矿中。

(1)水锰矿 MnO(OH)化学成分主要是:MnO 40.0%,$MnO_2$ 49.4%,$H_2O$ 10.2%。常含$SiO_2$、$Fe_2O_3$以及微量$Al_2O_3$、CaO等混入物。水锰矿是提炼锰的重要矿物原料。

(2)褐锰矿 $Mn_2O_3$ 含锰量69.6%。四方晶系,晶体呈锥形或假八面体的晶形,通常呈致密块状或粒状集合体,颜色褐黑色至钢灰色,条痕暗褐色,新鲜断口为参差状,半金属光泽,相对密度4.72~4.83,硬度6~6.5,以硬度大,条痕褐色与其他黑色相似的锰矿物区别。

(3)硬锰矿 $BaMn^{2+}Mn_9^{4+}O_{20}\cdot 3H_2O$ 硬锰矿的成分变化很大。有时70%BaO可被$CaO+K_2O+Na_2O+SrO$所置换。其中所含的水,类似于沸石水的性质,在500℃以前可以逐步放出。主要用作提炼锰的重要矿物原料。

(4)软锰矿 $MnO_2$ 含Mn63.19%,常含$Fe_2O_3$、$SiO_2$等机械混入物,并含$H_2O$。它是提炼锰的主要矿物原料。

(5)黑锰矿 $Mn_3O_4$ 含锰65%~72%。通常呈粒状、块状集合体。颜色黑色,条痕红褐色,相对密度4.7~4.9,硬度5左右,黑锰矿为无水矿物,是自然界所有锰化合物中含锰最富的矿物。

表 2-17 锰矿物的组成及特征

| 矿物名称 | 化学式 | 理论含锰量/% | 颜色 |
|---|---|---|---|
| 软锰矿 | $MnO_2$ | 63.2 | 黑色 |
| 硬锰矿 | $kRO\cdot iMnO_2\cdot nH_2O$ (RO为MnO、CaO、MgO、BaO等) | 47~49 | 黑色或带褐的黑色 |
| 水锰矿 | $Mn_2O_3\cdot H_2O$ | 62.5 | 钢灰色到黑色 |
| 褐锰矿 | $Mn_2O_3$ | 69.6 | 褐色或浅褐黑色 |
| 黑锰矿 | $Mn_3O_4$ | 72.0 | 浅褐黑色 |
| 菱锰矿 | $MnCO_3\cdot CaCO_3$ | 25.6 | 粉红色 |

(6)菱锰矿 $MnCO_3$ 含MnO61.7%，硬度3.5～4.5，相对密度3.6～3.7。菱锰矿与一般石灰岩相像，但比较重，而且加过氧化氢($H_2O_2$)溶液能起泡，可与普通石灰岩区别。我国河北省及浙江省等产出菱锰矿较多。

在自然界中锰矿物的储量远比铁矿物少，因此锰矿石比较贵重，由于炼钢生铁的含锰量已不作要求，因而在高炉冶炼时不再专门配加锰矿。

锰矿的组成及特征见表2-17。

2.我国锰矿资源

我国的锰矿石产地分布很广，湖南、广西、江西、辽宁、广东、河北和贵州等省都有相当的储量，其中以湖南、广西、辽宁和江西等地的锰矿储量最为丰富。我国现有锰矿的含锰量一般不超过40%，锰铁比也不高，但主要矿区的锰矿均能炼出合格的锰铁。

湖南湘潭锰矿，以碳酸锰矿为主，含Mn11%～25%，经焙烧后Mn可达35%。碳酸盐锰矿床的表面氧化成硬锰矿及软锰矿，含Mn43%～46%，$SiO_2$8%～12%，含S较高，但脉石成分中含碱性氧化物较多，这是我国较好的锰矿。广西的木圭、三里矿多为松软的氧化锰矿，含Mn35%～40%、Fe6%～7%、$SiO_2$15%～19%。辽宁省的瓦房子、柴家屯、凌源等地所产锰矿含Mn20%～30%，Fe<8%，$SiO_2$高，S、P杂质较低。江西省乐平的锰矿含Mn30%～40%、杂质S、P含量较低，但含铁较高，在20%左右，适宜炼制低锰铁合金。贵州遵义锰矿，矿体上层多为软锰矿，含锰约30%，下层多为菱锰矿，含锰约18%。

3.对锰矿石的质量要求

主要是含锰量要高，脉石要少，含有害杂质低，含铁量合乎要求，强度要好和具有一定的块度。

(1)含锰量 锰矿石含锰量愈高经济价值愈高，锰矿石含锰量比铁矿石含铁量更为重要。因为锰在高炉冶炼中最多只有80%进入生铁，其余损失在炉渣和煤气中。而铁99%以上进入生铁。锰矿石愈贫则脉石愈多，冶炼时需加入的熔剂量也多，势必使渣量增大，从而使锰在渣中的损失增加，回收率降低，同时使焦比升高，产量下降。

(2)脉石成分和数量 脉石愈少锰矿愈富，锰矿中脉石的成分和数量对锰矿质量有很大影响，锰矿中的脉石多为酸性氧化物$SiO_2$，若$SiO_2$含量高则必须增加熔剂量和渣量，从而使锰在渣中的损失增加，锰的回收率降低，因此要求锰矿石中酸性脉石含量愈少愈好。若锰矿石的脉石中含碱性氧化物高，这样的锰矿石是较好的。

(3)杂质含量 锰矿石中一般含硫都较铁矿石低，而且在冶炼锰铁合金时，由于炉温高、炉渣碱度高有利于去硫，再加上锰本身又有脱硫作用，因此大部分硫在冶炼中都转到炉渣和煤气中去，对生铁的质量影响很小。但若杂质磷含量高，将大大降低锰矿的使用价值。因锰矿石中的磷在冶炼锰铁合金时将全部进入锰铁合金。锰铁合金作为炼钢的脱氧剂或合金元素是在炼钢的精炼后期加入钢液，锰铁合金中带入的磷将全部转入钢中，磷高将直接影响钢的质量，因此，要求锰矿石含磷愈低愈好。

(4)含铁量 在冶炼中锰矿石的铁几乎全部还原进入金属，当冶炼低锰合金或普通生铁时，铁是有益的。但在冶炼高锰合金时，锰矿石含铁量高就不利了。为此，冶炼高锰生铁时，必须控制锰矿石中的含铁量，要求锰矿石中的铁含量愈少愈好。

(5)强度和块度 对锰矿强度和块度的要求比对铁矿石的要求更为严格。自然界大多数是软锰矿，其强度较差，粉末很多。在实际生产中对锰矿粉应进行烧结处理，制得高碱度烧结矿，再入炉冶炼这样比较经济合算，既能提高锰的回收率，又可改善冶炼的技术经济指标。

按照工业用途，锰矿石可分为两大类：冶金矿石及化学矿石。冶金矿石由于具体用途不同，工业要求也有所差别。按矿石中锰铁比值，冶金矿石分为3级：

1）锰矿石：Mn/Fe≥6～7，Mn含量为15％～30％；

2）铁锰矿石：Mn/Fe≈1，Mn＋Fe＞30％；

3）含锰铁矿石：Mn＝4％～10％。

锰矿石用于炼优质钢，铁锰矿石用于炼普通钢，含锰铁矿石只能用于炼制含锰的生铁。冶金用锰矿石的主要要求见表2-18。

**表2-18　冶金用锰矿石的质量要求**

| 矿石类型 | 边界品位/％ | 平均品位/％ | Fe＋Mn/％ | Mn∶Fe | $SiO_2$/％ | 每1％Mn中含P/％ |
|---|---|---|---|---|---|---|
| 氧化锰矿石 | ＞25 | ＞30 | | ≥2～4 | ＜35 | ≤0.006 |
| 碳酸锰矿石 | ＞20 | ＞25 | | ≥2～4 | ＜25 | ≤0.005 |
| 铁锰矿石 | 10 | ＞15 | ≥30 | | ≤35 | ≤0.2 |
| 贫氧化锰矿石 | ＞10～15 | ＞18 | | | ≤35 | ≤0.005 |
| 贫碳酸锰矿石 | ＞8～10 | ＞15 | | | ≤35 | ≤0.2 |

4. *冶金用锰矿石*

供高炉、电炉、平炉冶炼用的锰矿石，其技术条件冶金部标准规定如下。

（1）化学成分　锰矿石的化学成分见表2-19。

**表2-19　锰矿石化学成分（YB319—65）**

| 品级 | 化学成分/％ | | |
|---|---|---|---|
| | Mn | Mn/Fe | P/Mn |
| | 不小于 | | 不大于 |
| 一级 | 40 | 7 | 0.004 |
| 二级 | 35 | 5 | 0.005 |
| 三级 | 30 | 3 | 0.006 |
| 四级 | 25 | 2 | 0.006 |
| 五级 | 20 | 不限制 | 不限制 |

注：1. 各级产品化学成分中的三个指标应同时考核，其中若有一个指标不合规定时，应降级处理；

2. 广西木圭，大新的磷锰比，大新的锰铁比；矿石含水量由供需双方协议规定。

（2）粒度　锰矿石的粒度和组成，应符合下列规定：

1）电炉用：3～7mm，允许交货3mm以下的不大于5％；大于75～200mm的不大于20％。

2）高炉用：

①堆积锰矿，粒度小于5mm的，其交货数量应不大于8％；

②烧结锰矿和不属于堆积锰矿小颗粒矿石，其粒度为10～200mm，允许交货小于10mm的锰矿石不大于6％。

供冶炼锰铁合金用的锰矿石的技术条件见表2-20和表2-21。

**表 2-20 冶炼铁合金用锰矿化学成分**

| 合金类别 | 合金牌号 | 锰质合金主要成分/% | | | 对锰矿石要求/% | | |
|---|---|---|---|---|---|---|---|
| | | Mn | Si | P | Mn | Mn/Fe | P/Mn |
| | | 不小于 | 不小于 | 不小于 | | | |
| 低碳锰铁 | $Mn_0$ | 80 | 2.0 | 0.30 | 40 | 8.4 | 0.00325 |
| 中碳锰铁 | $Mn_1$ | 78 | 2.0 | 0.30 | 40 | 7.7 | 0.00335 |
| | $Mn_2$ | 75 | 2.5 | 0.30 | 40 | 7.0 | 0.00345 |
| 碳素锰铁 | $Mn_3$ | 78 | 2.5 | 0.33 | 35 | 9.2 | 0.00370 |
| | $Mn_4$ | 75 | 2.5 | 0.38 | 35 | 7.2 | 0.00455 |
| | $Mn_5$ | 70 | 3.0 | 0.45 | 35 | 5.2 | 0.00586 |
| | $Mn_6$ | 65 | 4.0 | 0.45 | 35 | 4.0 | 0.00632 |
| 高炉锰铁 | $Mn_7$ | 75 | 2.0 | 0.60 | 30 | 7.0 | 0.00580 |
| | $Mn_8$ | 70～75 | 2.0 | 0.60 | 30 | 5.7 | 0.00625 |
| | $Mn_9$ | 65～70 | 2.0 | 0.60 | 30 | 3.7 | 0.00666 |
| | $Mn_{10}$ | 60～65 | 2.0 | 0.60 | 30 | 3.0 | 0.00725 |
| | $Mn_{11}$ | 55～60 | 2.5 | 0.70 | 30 | 2.3 | 0.00930 |
| | $Mn_{12}$ | 50～55 | 2.5 | 0.70 | 30 | 2.0 | 0.01110 |
| 硅锰合金 | $MnSi_{20}$ | 65 | 20 | 0.2 | 35 | 8.8 | 0.00244 |
| | $MnSi_{17}$ | 65 | 17 | 0.2 | 35 | 7.3 | 0.00244 |
| | $MnSi_{14}$ | 60 | 14 | 0.3 | 35 | 4.6 | 0.00435 |
| | $MnSi_{12}$ | 50 | 12 | 0.3 | 35 | 3.0 | 0.00520 |

**表 2-21 冶炼铁合金用锰矿的物理性能**

| 名称 | 高炉锰铁 | 电炉锰铁 | 中低碳锰铁 | 硅锰合金 | 金属锰 |
|---|---|---|---|---|---|
| 入炉粒度/mm | 5～100 | 3～60 | 3～60 | 3～60 | 3～30 |
| 抗压强度/MPa | >10 | >5 | >3 | >5 | >5 |
| 转鼓指数/% | 20 | 20 | 20 | 20 | 20 |
| 水分/% | | <8 | <8 | <8 | <8 |

5. 各地锰矿石化学成分比较

某些产地的锰矿化学成分见表 2-22。

**表 2-22 某些产地锰矿化学成分**

| 产地 | 化学成分/% | | | | | | | | | |
|---|---|---|---|---|---|---|---|---|---|---|
| | Mn | Fe | $SiO_2$ | P | CaO | MgO | $Al_2O_3$ | Pb | Zn | S |
| 武鸣 | 42.18 | 3.2 | 18.2 | 0.15 | 1.4 | 0.5 | 5.1 | | | 1.77 |
| 湘潭 | 34.25 | 3.7 | 24.8 | 0.162 | 10.4 | 4.33 | 5.1 | 0.1 | 0.2 | 0.04 |
| 龙头 | 38.3 | 1.47 | 22.22 | 0.082 | 0.99 | 0.65 | 0.64 | 0.1 | | |
| 遵义 | 39.73 | 9.0 | 3.94 | 0.041 | 2.26 | 0.82 | 10.76 | | | |

续表 2-22

| 产地 | 化学成分/% | | | | | | | | | |
|---|---|---|---|---|---|---|---|---|---|---|
| | Mn | Fe | $SiO_2$ | P | CaO | MgO | $Al_2O_3$ | Pb | Zn | S |
| 广西八一 | 24.23 | 13.74 | 18.68 | 0.075 | 0.32 | 0.14 | 12.82 | | | |
| 乐华 | 37.97 | 22 | 4.2 | 0.043 | 0.5 | 0.14 | 2.65 | | | |
| 红河州 | 29.2 | 24.2 | 6.5 | 0.67 | 0.5 | 0.72 | 4.35 | 0.23 | | |
| 黄沙河 | 35.01 | 12.5 | 11.6 | 0.30 | 0.6 | 0.07 | 6.43 | 0.12 | 0.73 | |
| 宣城 | 31.0 | 16.0 | 15.08 | 0.02 | 1.2 | 1.51 | 2.27 | 1.08 | 4.27 | |
| 庙前 | 39.8 | 3.0 | 20.8 | 0.033 | 0.6 | 0.36 | 7.75 | 0.46 | | |
| 大新 | 34.0 | 10.2 | 20.8 | 0.203 | 0.7 | 0.22 | 3.78 | | | |
| 玛瑙山 | 24.1 | 37.8 | 1.7 | 0.018 | 0.3 | 0.43 | 4.35 | | | |
| 小陶 | 30.9 | 19.7 | 4.4 | 0.45 | 0.7 | 0.5 | 5.48 | 4.58 | | |
| 宜山 | 42.9 | 4.8 | 27.7 | 0.078 | | 1.4 | 4.73 | | | |
| 桦甸 | 29.30 | 0.53 | 5.0 | 0.016 | 11.00 | 1.81 | 1.47 | | | |
| 长沙 | 37.79 | 2.93 | 18.54 | 0.173 | 6.37 | 2.22 | 3.09 | | | |
| 瓦房子 | 23.63 | 14.9 | 20.46 | 0.076 | 5.91 | 2.46 | 2.43 | | | 0.06 |

### (五)二氧化锰矿粉

二氧化锰矿粉按二氧化锰的含量分为7个品级,以干矿品位计算。其成分(GB3713—83)见表2-23。

**表 2-23 二氧化锰矿粉品级**

| 品级 | 二氧化锰含量/%(不小于) |
|---|---|
| 特级品 | 80 |
| 一级品 | 75 |
| 二级品 | 70 |
| 三级品 | 65 |
| 四级品 | 60 |
| 五级品 | 55 |
| 六级品 | 50 |

注:1. 产品的杂质成分及其含量应根据不同用途,由供需双方议定;

2. 产品应通过100目筛,筛下重量占总重量的95%以上。

3. 产品的湿存水不大于3%。湿存水以供方包装时的检验结果为准;

吸水性较强的烟灰状软锰矿,取得用户的同意,湿存水可大于3%;

4. 产品中不得混入外来杂质。

### (六)碳酸锰矿粉

碳酸锰矿粉供生产电解金属锰、电解二氧化锰等用。产品按锰及杂质含量的不同分为4个品级,以干矿品位计算,其成分(GB3714—83)见表2-24。

表 2-24 碳酸锰矿粉品级成分

| 品级 | 锰/%(不小于) | 杂质/%(不大于) |
|---|---|---|
| | | TFe |
| 一级品 | 24 | 2.5 |
| 二级品 | 22 | 3.0 |
| 三级品 | 20 | 3.5 |
| 四级品 | 18 | 4.0 |

(七)富锰渣

富锰渣供冶炼硅锰合金、碳素锰铁用。富锰渣分7个牌号,其化学成分(YB2406—87)见表2-25。

表 2-25 富锰渣牌号及化学成分

| 牌号 | | 化学成分/% | | | | |
|---|---|---|---|---|---|---|
| | | Mn 不小于 | Fe | | P | |
| 汉字 | 代号 | | 一组 | 二组 | 一组 | 二组 |
| | | | 不大于 | | 不大于 | |
| 富锰渣1 | FMnZh1 | 46.0 | 1.5 | 2.5 | 0.015 | 0.035 |
| 富锰渣2 | FMnZh2 | 44.0 | 1.5 | 2.5 | 0.015 | 0.035 |
| 富锰渣3 | FMnZh3 | 42.0 | 1.5 | 2.5 | 0.015 | 0.035 |
| 富锰渣4 | FMnZh4 | 40.0 | 1.5 | 2.5 | 0.015 | 0.035 |
| 富锰渣5 | FMnZh5 | 38.0 | 2.0 | 3.0 | 0.020 | 0.040 |
| 富锰渣6 | FMnZh6 | 36.0 | 2.0 | 3.0 | 0.020 | 0.040 |
| 富锰渣7 | FMnZh7 | 34.0 | 2.0 | 3.0 | 0.020 | 0.040 |

(八)铬铁矿

含铬的矿物很多,约有40多种,但只有尖晶石族铬铁矿系列(铬尖晶石)的矿物具工业价值。铬铁矿系列(铬尖晶石)主要包括:铬铁矿、镁铬铁矿、铝铬铁矿。它们性质相似、形态相同,需靠X光测定晶胞参数以及化学分析才能加以区别,一般在勘探和采矿中统称铬铁矿。铬矿石按构造可分为致密块状矿石和浸染状矿石。矿石的工业价值取决于化学成分,如$Cr_2O_3$、FeO和$SiO_2$的含量,以及前两者的比率。

不同的工业部门对铬矿石有不同的质量要求:冶金工业要求矿石中$Cr_2O_3 \geqslant 32\%$,$Cr_2O_3$与FeO比值$\geqslant 2.5$;耐火材料工业,要求铬矿石中$Cr_2O_3$的含量平均$\geqslant 32\%$,不能含有伴生矿物的包裹体或其他杂质。化学工业上要求铬铁矿矿石中$Cr_2O_3$的含量$\geqslant 30\%$。$Cr_2O_3$与FeO的平均比值$\geqslant 2 \sim 2.5$。

致密块状富矿石,可不经选矿而直接利用。浸染状矿石,除稠密浸染状矿石中品位较富的矿石外,需经选矿。耐火材料工业要求不经选矿的固体矿石,但要求制成团矿或烧结矿。

主要铬矿石的化学成分见表2-26。

表 2-26 主要铬矿石化学成分(%)

| 类别 | $Cr_2O_3$ | $\Sigma FeO$ | MgO | $Al_2O_3$ | $SiO_2$ | $Cr_2O_3/\Sigma FeO$ |
|---|---|---|---|---|---|---|
| 铬铁矿 | 50~60 | 9~18 | 10~18 | 8~18 | 1.5~2.0 | >2.5 |
| 铝铬铁矿 | 32~50 | 8~18 | 12~24 | 13~20 | 2~12 | >2.5 |
| | 32~42 | 16~22 | 12~17 | 14~23 | 2~8 | <2.5 |
| 富铬尖晶石 | 32~38 | 10~16 | 12~22 | 20~27 | 2~11 | >2.5 |
| | 32~42 | 14~21 | 14~21 | 20~27 | 3~8 | <2.5 |

冶炼铬铁合金用铬矿石的技术要求见表 2-27。

表 2-27 冶炼铬铁合金用铬矿石技术条件

| 铬铁品种 | 化学成分/% | | | | | 块度或粒度 |
|---|---|---|---|---|---|---|
| | $Cr_2O_3$ | $Cr_2O_3/FeO$ | MgO | $SiO_2$ | $Al_2O_3$ | |
| | 不小于 | | 不大于 | | | |
| 大型电炉生产碳素铬铁 | 40 | 2 | | | | 小于 60mm |
| 小型电炉生产碳素铬铁 | 35 | 2 | | 15 | | 小于 60mm(其中粉矿 30%以下) |
| 精炼电炉生产中低碳铬铁 | 40 | 2.5 | 12 | | | |
| 精炼电炉生产微碳铬铁 | 45 | 2.5 | 12 | 5 | | 小于 50mm |
| 湿法冶金金属铬 | 38 | 2 | | 12 | 10 | 小于 180 目的占 80%以上 |

精炼铬铁用的铬矿,还要求含 P<0.03%,含 S<0.05%,水分<5%;进厂块度应<300mm。

**(九)铁矾土**

铁矾土供炼钢用,其技术条件(YB2417—81)见表 2-28。

表 2-28 铁矾土化学成分

| 级别 | 化学成分/% | |
|---|---|---|
| | $Al_2O_3+TiO_2$ | $SiO_2$ |
| 一级品 | ≥50 | ≤20 |
| 二级品 | ≥48 | ≤25 |
| 三级品 | ≥45 | ≤30 |

产品块度为 5~30mm。

产品通过 5mm 筛的筛下料和通过 30mm 筛的筛上料,均不得超过 5%。

**(十)烧结矿**

1. 铁矿烧结的意义

烧结是将各种粉状含铁原料,配入适宜的燃料和熔剂,均匀混合,然后放在烧结设备上点火烧结。在燃料产生高热和一系列物理化学变化的作用下,部分混合料颗粒表面发生软化和熔化,产生一定数量的液相,并润湿其他未熔化的矿石颗粒,当冷却后,液相将矿粉颗粒粘结成块,这个过程称为烧结,而所得的矿块叫烧结矿。根据烧结矿碱度高低,可分为普通烧结矿(烧结时不添加熔剂)、自熔性烧结矿(烧结时添加一定量的熔剂)和熔剂性烧结矿(烧结时加入过多熔剂)。

烧结生产具有很多的优点:

(1)钢铁工业的迅速发展,使富矿的开采和供应远远不能满足生产要求。而开采及加工过程中产生的富矿粉,以及贫矿精选所得的精矿粉都须造块才能加入高炉使用,所以烧结矿的生产成为充分利用自然资源,扩大铁矿石来源,加速发展钢铁工业的重要措施。

(2)铁矿石烧结生产可以利用冶金和化学工业的一些废料:如高炉炉尘,转炉钢渣、轧钢皮、机械加工的铁屑及硫酸渣等,充分利用资源,降低成本,变废为宝,化害为利。

(3)铁矿石烧结生产,可以获得大块、多孔、表面大、还原性好及成分稳定的烧结矿;可以去除烧结原料中 80%~90%的硫及其他有害杂质,如氟、砷等;更重要的是可以生产自熔性或熔剂性烧结矿,使高炉冶炼不加或少加石灰石。从而改善了高炉冶炼过程和技术经济指标。

2.烧结方法

我国重点企业烧结矿用量占高炉铁矿石用量的 80%以上,鞍钢、首钢及本钢等大型企业已超过 95%,一些先进的中小钢铁厂和小铁厂,也普遍采用了烧结矿。

按烧结过程和所用设备不同,烧结方法可以分为下列几种:

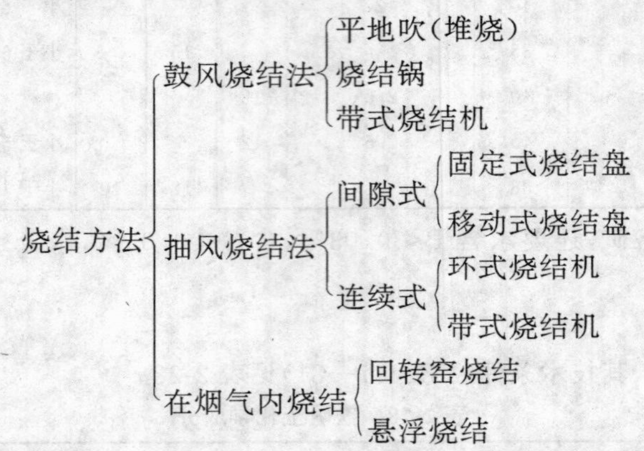


国内外广泛使用的是连续生产的抽风带式烧结机。目前国内拥有 $13m^2$、$18m^2$、$24m^2$、$36m^2$、$50m^2$、$75m^2$、$90m^2$ 和 $130m^2$ 等规格的带式烧结机。$450m^2$ 的大型烧结机,也已在新建的钢铁厂采用。除此而外,国内有的中小型钢铁厂还使用固定式或移动式盘式烧结机,试用吹风带式烧结机、烧结锅及大量地进行平地堆烧。环式烧结机,回转窑烧结法和悬浮烧结法在国外有所使用,但因有其局限性而未得到广泛应用。

3.烧结矿的矿物组成

烧结矿的矿物组成,因烧结原料的矿物成分和操作条件不同而异。表 2-29 列出了烧结矿中主要矿物的主要特征。磁铁矿和浮氏体是各种烧结矿的主要矿物。磁铁矿从熔融体中最早结晶出,形成完好的自形晶。浮氏体的含量随烧结料中的含碳量增加而增加。烧结矿冷却时,浮氏体局部氧化为磁铁矿,或分解为磁铁矿与金属铁,烧结矿中非铁矿物以硅酸盐类矿物为主。

用含氟磁铁精矿烧结,主要矿物成分为磁铁矿、浮氏体、赤铁矿、枪晶石、钙铁橄榄石、硅酸二钙、铁酸二钙、铁酸一钙、铁酸半钙、萤石及玻璃体等,主要胶结物为枪晶石($3CaO \cdot CaF_2 \cdot 2SiO_2$)和玻璃体等。

如含氟低硅磁铁精矿,配以高硅矿粉烧结,烧结矿的显微结构、气孔特征及宏观构造,如含氟磁铁精矿单烧时有所差别。单烧时胶结相为 19%,分布极不均匀,且有大量气孔;而配加5%～15%含$SiO_2$40%的高硅磁铁矿后，矿物中赤铁矿逐渐减少，枪晶石、钙铁橄榄石逐渐增多，胶结相增加到35%，分布均匀，且气孔逐渐减少，显著改善了烧结矿的质量。

**表2-29 烧结矿矿物特征**

| 矿物名称 | 成分 | 晶系 | 色泽、晶形 |
|---|---|---|---|
| 磁铁矿 | $Fe_3O_4$ | 等轴 | 反光下，灰白色，均质，一般为粒状自形晶，强磁性无内反射 |
| 赤铁矿 | $Fe_2O_3$ | 六方 | 反光下，浅灰色，强非均质（蓝灰-灰黄）有红色的内反射，透光下，红色 |
| 浮氏体 | FeO | 等轴 | 反光下，灰白色，晶体为针状和圆球形状 |
| 铁橄榄石 | $2FeO \cdot SiO_2$ | 斜方 | 折光率高，柱状，板状 |
| 钙铁橄榄石 | $CaO \cdot FeO \cdot SiO_2$ | 斜方 | 柱状，板状菱形断面，淡黄色 |
| 铁酸二钙 | $2CaO \cdot Fe_2O_3$ | 单方 | 粒状，反光下：灰色。透光下，黄褐色 |
| 铁酸一钙 | $CaO \cdot Fe_2O_3$ | 四方或六方 | 粒状，柱状，针状，反光下，带蓝色调的灰色，透光下血红色 |
| α-硅酸二钙 | $\alpha\text{-}2CaO \cdot SiO_2$ | 假六方 | 柱　状 |
| β-硅酸二钙 | $\beta\text{-}2CaO \cdot SiO_2$ | 单斜 | 粒状，柱状，针状，长条状，无色，淡黄色 |
| γ-硅酸二钙 | $\gamma\text{-}2CaO \cdot SiO_2$ | 斜方 | 粒状，柱状，纤维状，无色，淡黄色 |
| 硅酸三钙 | $3CaO \cdot SiO_2$ | 六方 | 六方，板状，柱状 |
| 枪晶石 | $3CaO \cdot 2SiO_2 \cdot CaF_2$ | 单斜 | 柱状，粒状，无色 |
| 石　英 | $SiO_2$ | 三方 | 粒　状 |
| 氧化钙 | CaO | 等轴 | 粒状，无色 |

4. 烧结原料

烧结原料的技术条件和管理，直接影响烧结矿的质量。对烧结原料的一般要求见表2-11。

表2-30列出了我国部分烧结厂含铁原料的入厂条件。

国外对原料管理是很严格的。如日本的烧结厂尽管使用多品种矿石，由于重视了原料管理工作，中和后的矿粉，化学成分波动范围达到Fe≤±0.05%，$SiO_2$≤±0.03%，$SiO_2+Al_2O_3$≤±0.05%，成品烧结矿的碱度波动不超过0.03。

对烧结原料和燃料的具体要求如下：

（1）铁矿粉　铁矿粉是烧结的主要原料，它的物理和化学性质对烧结矿质量影响最大。一般要求铁矿粉品位高、成分稳定、杂质少、脉石成分适于造渣，粒度适宜。低硫富矿粉粒度通常应为10～0mm，大于10mm的含量应小于10%；高硫富矿粉一般分为10～0mm，8～0mm，6～0mm3种，在此范围内，粒度愈细，脱硫效率愈高，各种杂物不许混入矿石中。

（2）熔剂　要求熔剂中有效CaO高，杂质少，成分稳定，含水3%左右，粒度小于3mm的在90%以上。随着精矿粒度的细化，熔剂粒度也要相应缩小。故在烧结细精矿时，有的工厂将熔剂粒度缩小到2mm以下，收到了良好效果。使用生石灰时，粒度可以控制在小于5mm以内，以便于吸水消化。

烧结中加入一定量的白云石，使烧结矿含有适当的MgO（其数量决定于高炉造渣要求),对烧结过程有良好作用,可以提高烧结矿的质量。

**表 2-30 我国部分烧结厂含铁原料的人厂条件**

| 厂 名 | 类 别 | 品 位 条 件 | 粒 度/mm | 水 分/% |
|---|---|---|---|---|
| 梅 山 | 富矿粉 | TFe≥45%,波动范围+2.5%~-1.5%;<br>S<4% | -8mm≥87% | <5 |
| | 澳矿粉 | TFe 60%,波动范围+2.0%~-1.0%;<br>$SiO_2$<6% | 6~0 | |
| | 朝鲜精矿 | TFe 60%,波动范围+2.0%~-1.0%;<br>$SiO_2$<14% | | <11 |
| 本 钢 | 南芬精矿 | 一等品 TFe 67.0%~69%<br>二等品 TFe 65.5%~66.99%<br>等外品 TFe <65.5% | | ≤9.5 |
| | 歪头山精矿 | 一等品 TFe 66.0%~68.0%<br>二等品 TFe 64.5%~65.99%<br>等外品 TFe <64.5% | | |
| 鞍 钢 | 精矿<br>富矿粉 | TFe 波动+2%~-1%<br>TFe ≥45%<br>$SiO_2$≤22%<br>S ≤0.4% | 10~0 | 12 |

(3)燃料 烧结用燃料为焦粉和无烟煤。要求燃料含固定碳高,灰分低,挥发分低,硫低,成分稳定,含水小于10%,粒度小于3mm的大于95%。

一般认为焦粉作燃料好。但不少烧结厂生产实践表明,无烟煤硬度小,便于破碎,着火点低,在烧结过程中容易燃烧,所以无烟煤也是可取的燃料。国外对代用燃料进行了广泛研究,如肥煤、锅炉煤、木炭及各种方法生产的褐煤半焦、石油焦等。这些燃料的挥发分一般在烧结过程中不能利用,此外,小于0.5mm级细粒多,利用率低,降低了烧结机生产率,增加了燃料消耗;有些燃料具有自燃性,烟尘量大,很难处理,因此未得到推广使用。

(4)其他添加物 其他添加物有返矿、高炉灰、转炉渣、转炉炉尘、硫酸渣和轧钢皮等。

返矿是烧结矿破碎筛分后的筛下物,其中有小粒度烧结矿,未被烧透和没有烧结的烧结料。返矿的成分基本上和烧结矿相同,只不过含铁和FeO稍低,并含有一定数量的固定碳,未烧透时固定碳含量通常大于2.5%。

高炉灰是高炉煤气带出的含有铁、碳和熔剂的混合物。烧结料加入部分高炉灰可以降低烧结矿成本,充分利用含铁资源。高炉灰一般亲水性差,直接用来造球时成球性不好,但加入到粘性大、水分高的烧结料中,能降低烧结水分,并提高料层透气性。进厂的高炉灰要求适当加水润湿,以便运输和改善劳动条件。

转炉钢渣是炼钢生产的废物,一般含铁10%~25%,锰2%左右,CaO40%~60%,MgO5%~10%,P0.1%~0.3%,S约0.1%。因钢渣含有一定量的铁、锰等有益元素,尤其是含有大量的碱性氧化物,所以利用钢渣作为烧结原料,可以代替部分石灰石使用。

转炉炉尘含铁较高,每吨钢吹出量为20~25kg,也可作为烧结原料加以利用。

轧钢皮是轧钢厂生产过程中产生的氧化铁鳞，常以 $Fe_2O_3$ 形态存在，含铁 70%左右，数量较大，一般占钢材总量的 2%～3%，含有害杂质少，是生产平炉烧结矿的最好原料。

硫酸渣是黄铁矿生产硫酸时的副产物，含铁可达 50%左右，粒度细，可与铁精矿等掺烧，或作球团矿的原料。在烧渣中含有较多的有色金属，应考虑综合利用。

5.烧结矿的质量指标

对烧结矿质量指标的要求包括以下内容：含 Fe 高，$CaO/SiO_2$ 之比值合适，还原性好，有害杂质少，成分稳定，烧结矿强度高，粉末少，粒度均匀合适。此外烧结矿的热还原粉末比要低。

(1)烧结矿的化学性质　烧结矿的化学性质包括如下内容：

1)烧结矿品位：系指其含铁量的高低，提高烧结矿含铁量是高炉精料的基本要求。在评论烧结矿品位时，应考虑烧结矿所含碱性氧化物的数量，因为这关系到高炉冶炼时熔剂的用量。所以为了便于比较，往往用扣除烧结矿中碱性氧化物的含量来计算烧结矿的含铁量。

2)烧结矿碱度：一般用烧结矿中 $CaO/SiO_2$ 之值表示。这一比值常按高炉冶炼时不加或少加熔剂的情况来决定。根据烧结矿熔剂性质，有熔剂性、自熔性和非自熔性(即普通)烧结矿之分，通常以高炉渣的碱度为标准进行区分：凡碱度等于高炉渣碱度的叫自熔性烧结矿，高于或低于高炉渣碱度的叫熔剂性或非自熔性烧结矿。

3)烧结矿含硫及其他有害杂质愈低愈好。

4)还原性：目前还原性的测定方法较多，尚未统一标准。而还原计算几乎都是依据还原过程中失去的氧量与试样在试验前的总氧量的比值来表示。生产中多以还原过程中试验失重的方法来计算还原度。

还原过程中失去的氧越多，说明该烧结矿还原性越好。由于试验的条件不同，所得还原度大小也不一样。因此比较烧结矿的还原度时，只能在同样条件下才能进行。也可用氧化度大小表明烧结矿的还原性。

生产中一般按烧结矿中 FeO 含量来表示还原性。一般认为 FeO 增多，难还原的硅酸铁或钙铁橄榄石数量增加，烧结矿熔融程度较高，还原性降低。显然这样简单表示还原性的方法是有缺陷的，它只是估计了矿物组成对还原性的影响，而忽视了烧结矿显微结构，比如气孔率、结晶状况等对还原性的影响。因此用 FeO 含量不能准确地表示烧结矿还原性质，但可以作为还原性的一个参考指标。

(2)烧结矿的物理性质　我国现用的鉴定烧结矿强度的指标有转鼓指标和筛分指标。转鼓指标以其测定时的工作状态不同分为热转鼓指数和冷转鼓指数两种。生产与试验单位常用冷转鼓指数，只有当烧结矿在高炉内粉化严重时，才进行热转鼓指数的研究试验。冷转鼓指数为衡量烧结矿在常温情况下抗磨剥和抗冲击能力的一个指标。

转鼓试验是模拟烧结矿在炉外转运和炉内下降过程中，所受到的机械破坏作用(打击和摩擦)的试验，转鼓指数越小，烧结矿强度越好。

筛分指数表明烧结矿粉末含量的多少，此值愈小愈好，目前多数烧结厂尚未对该项指标进行考核。

烧结矿的落下强度是表示烧结矿抗冲击能力的强度指标。

对烧结矿的粒度，要求均匀和尽可能将小于 5mm 的粉末筛尽。烧结矿粒度的下限取决于高炉气体力学条件的改善；而上限决定于还原过程改善的要求。目前下限取为 5mm，但有增大到 8～10mm 的趋势；上限约 50mm，但有缩小到 30～40mm 的趋势。

烧结矿的孔隙率影响其还原性和机械强度，希望烧结矿微孔多而封闭气孔少。

(3)烧结矿热还原粉化率　热还原粉化率是指烧结矿在高温还原条件下的机械强度。烧结矿热还原强度不好，在高炉内下降受热还原过程中，必然易粉碎，导致料柱透气性变坏。国外已把它作为衡量烧结矿质量的一个重要指标。

随着炼铁和烧结技术的进步，烧结矿的质量指标不断提高，我国的烧结矿质量标准(YB421—77)(表 2-31)已不适应烧结和炼铁的需要，但新的技术标准还在制订中。

**表 2-31　烧结铁矿理化指标**

| 类别 | 化学成分/% | | | | | | 物理性能 | | | |
|---|---|---|---|---|---|---|---|---|---|---|
| | 铁 | | | 氧化亚铁 | 碱度波动范围 | 硫 | 残碳/% | 热矿 | 冷矿 | |
| | 一等 | 二等 | 三等 | | | | | 转鼓指数 (≥5mm)/% | 转鼓指数 (≥5mm)/% | 筛分指数 (≤5mm)/% |
| | >60 | 57～60 | <57 | | | | | | | |
| 一级品 | ≤±0.5 | | | ≤20.00 | ≤±0.05 | ≤0.08 | ≤0.40 | ≥78.00 | ≥78.00 | ≤10.00 |
| 二级品 | ≤±1.00 | | | ≤22.00 | ≤±0.10 | ≤0.10 | | ≥75.00 | ≥75.00 | ≤13.00 |

**(十一)球团矿**

球团矿是把润湿的精矿粉和少量添加剂混合，在造球机中滚动成直径 9～25mm 的圆球，再经过干燥和焙烧，使生球固结，成为适合高炉使用的含铁原料。近年来，高品位的球团矿已开始用于直接还原和炼钢中。

1. 球团矿的生产

球团矿的工艺流程一般包括原料准备、配料、混合、造球、干燥和焙烧、成品和返矿处理等主要步骤，如图 2-3 所示。

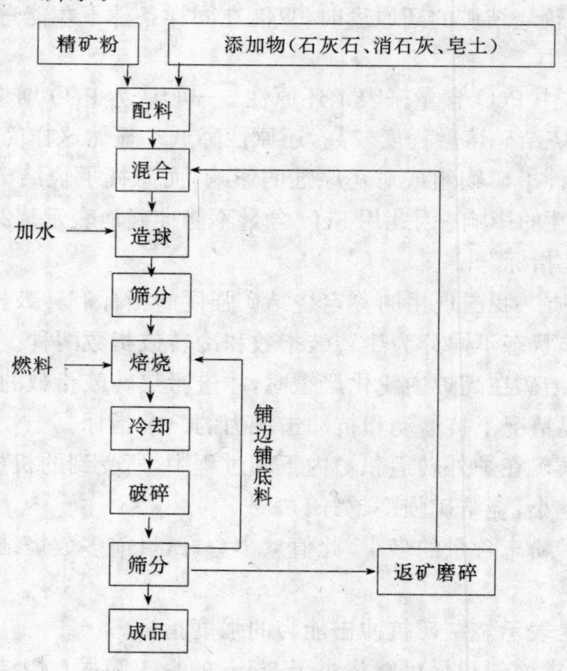


图 2-3　球团矿生产的工艺流程

2. 球团矿质量

检验球团矿的质量除了化学成分外，还有机械强度和冶金性能指标。其中机械强度包括：

(1)抗压强度：抗压强度的测定，可以在材料试验机上进行，取直径相同的球团矿 5 个，逐个放在材料试验机上测定单个球被压裂时所受的压力，取 5 个球的平均值作为抗压强度指标，一般抗压强度大于 10～20MPa/球已可满足高炉冶炼的要求。

(2)落下强度：取 1kg 球团矿试样，自 1.5m 高处落到厚钢板上，反复落下 3 次，然后测定小于 5mm 部分所占百分比，作为落下强度指标。规定的指标为：落下 3 次时小于 5mm 的不应大于 15%；落下 6 次时，小于 5mm 的不应大于 25%。

(3)转鼓指数：球团矿转鼓的直径 500mm，宽 250mm，沿圆周装有钢棒，棒条间的距离为 5mm，棒条直径不大于 10mm。试验时称取 1kg 球团矿试样，装入转鼓，以 25r/min 的转速，转 4min 时，小于 5mm 的不应大于 25%，转动 8min 时，小于 5mm 的不应大于 40%。

球团矿还原性的测定目前还没有统一的方法，一般取一定量的球团矿放在管式电炉内，在一定的温度下，通入还原性气体($H_2$ 或 CO)，经过一定时间，根据试样减轻的重量，按下式计算还原度。

$$还原度=\frac{试样减重}{试样中铁氧化物的含氧量}\times 100\%$$

根据球团矿的化学成分，按全铁和亚铁的含量计算出球团矿的氧化度，也可以间接判断出球团矿的还原性。氧化度越高，含 FeO 越少，还原性越好，氧化度的计算公式如下：

$$氧化度=(1-\frac{Fe^{2+}}{3TFe})\times 100\%$$

式中 $Fe^{2+}$——亚铁含量，%；

TFe——全铁的含量，%。

表 2-32 是鞍钢和包钢球团矿的技术条件，表 2-33 列出了本钢球团矿的技术指标。

**表 2-32 鞍钢(带式焙烧机)和包钢球团矿的技术条件**

| 指标 | TFe/% | FeO/% | $\frac{CaO}{SiO_2}$ | S/% | 转鼓指数/% | | 筛分指数/%(＜5mm) | 膨胀率/% |
|---|---|---|---|---|---|---|---|---|
| | | | | | ＞6.3mm(ISO) | ＞5mm | | |
| 鞍钢 | ＞61 | 0.5～1.0 | 0.05～0.08 | ＜0.005～0.008 | 88～90 | | ＜3 | |
| 包钢 | 59～60 | F≤0.15 | 自然碱度 | — | | 85～90 | ≤5 | ＜20.0 |

**表 2-33 本钢球团矿技术条件**

| 项目 | FeO/% | | 转鼓指数(＞5mm)/% | TFe/% | $CaO/SiO_2$ |
|---|---|---|---|---|---|
| | 竖炉球团矿 | 隧道窑球团矿 | | | |
| 一级品 | ≤1.5 | ≤10.0 | ≥87 | ≥63.0 | ≤0.15 |
| 合格品 | ≤3.0 | ≤13.0 | ≥84 | ≥62.0 | ≤0.20 |

注：TFe、$CaO/SiO_2$ 的分析结果，不作考核依据，用户对 $CaO/SiO_2$ 有特殊要求时，供需双方协议。

3. 球团矿与烧结矿的比较

球团矿与烧结矿有如下不同：

(1)球团矿适合于细磨精矿粉的造块。由于贫矿的大量开采利用,选矿后的精矿粒度很细,精矿粉用于烧结时,料层透气性很差,影响烧结矿的产量和质量。根据我国的铁矿资源条件,需要细磨精选的贫矿占的比重很大,球团矿的生产必将迅速发展。粒度较粗的矿粉和碎焦、轧钢皮、高炉炉尘等不适于造球的工业废弃物,则适于生产烧结矿。

球团对原料的要求比较严格,原料粒度越细越有利于造球。此外,矿物的性质、脉石成分和脉石含量,对于球团矿的生产工艺和成品质量都有很大影响。烧结矿对于原料的适用性比较强。

(2)在大多数冶金性能上,球团矿比烧结矿更好些,球团矿粒度均匀,含铁量高,还原性好,低温强度好。表 2-34 是球团矿与烧结矿的质量比较。球团矿的气孔度虽小些,但由于是小于 4～5mm 的小气孔(烧结矿的气孔多数是 5～15mm 的大气孔),有利于提高强度和还原性。但是球团矿的碱度一般比烧结矿低。

**表 2-34　球团矿和烧结矿质量比较**

| 指　　标 | 烧　结　矿 | 球　团　矿 |
|---|---|---|
| 转鼓指数/% | 21～22 | 16～17 |
| 粒　度(10～25mm)/% | — | 80～90 |
| (10～40mm)/% | 40～50 | — |
| FeO/% | 18～19 | 6～7 |
| 气孔度/% | ～50 | ～30 |
| $CaO/SiO_2$ | 1.1～1.2 | 0.5～0.8 |
| 堆密度/$t \cdot m^{-3}$ | 1.5～1.7 | 2.4～2.6 |

高炉的冶炼实践表明,使用球团矿后一般都可以提高产量,降低焦比。但收效大小与冶炼条件有关。

(3)球团矿的常温强度好,在运输过程中粉碎较少,并且适合于长期贮存,而烧结矿则在长期贮存时,易失去强度。在生产过程中,由于球团矿焙烧时料层透气性好,强度好,与生产烧结矿相比,可以减少向大气中逸散的灰尘,有利于改善环境。

(4)球团矿的热还原强度比烧结矿差。

球团矿热还原强度降低同它在还原时产生膨胀有直接关系。球团矿的膨胀分两个阶段,第一阶段是在还原度小于 30%之前出现的,称为正常膨胀,主要由于 $Fe_2O_3$ 还原成 $Fe_3O_4$ 时,发生晶格转变所引起的。第二阶段是在还原度达到 30%以后出现的,称为异常膨胀。引起异常膨胀的一个原因,是在浮氏体还原成金属铁时出现纤维状金属铁,或"铁胡须"长大,促使体积膨胀。

影响球团矿体积膨胀的因素包括含铁矿物的形态、脉石成分、焙烧温度等,球团中 FeO 越多,$Fe_2O_3$ 越少,则还原后体积膨胀率越小,强度降低也越小。因为 $Fe_2O_3$ 少,可以减少因 $Fe_2O_3$ 还原成 $Fe_3O_4$ 时晶格转变而引起的膨胀。$SiO_2$ 含量高的球团矿形成较多的渣相粘结,有利于提高球团矿的热还原强度。球团矿中含有一定量的 $K_2O+Na_2O$ 时,因为可以加速铁氧化物的还原,使还原时体积膨胀增加,对热还原强度不利,适当提高焙烧温度,使球团中液相粘结增加,可以提高热还原强度。

## 三、有色金属矿产品

### (一)铜矿石

铜矿石是铜矿物、其他金属矿物和脉石的聚合体。以矿物的性质分,有硫化铜矿和氧化铜矿;以脉石的性质分,有酸性矿、碱性矿和中性矿;以含铜品位分,有富矿(Cu>2%)、中等矿(Cu=1%~2%)和贫矿(Cu<1%)。

硫化铜矿石中,除了铜的硫化矿物外,最常见的其他金属硫化矿物是黄铁矿、闪锌矿、方铅矿、镍黄铁矿等。

氧化铜矿石中,常见的其他金属矿物有褐铁矿、赤铁矿和菱铁矿等。

酸性矿石含石英石($SiO_2$)多;碱性矿石含石灰石等碱性氧化物(如CaO、MgO)多。

铜矿石中还含有少量的砷、锑、铋、钴、硒、碲和金、银等。

铜矿石的化学成分见表2-35。

**表2-35 铜矿石的化学成分(%)**

| 矿石类型 | Cu | Fe | S | $SiO_2$ | CaO | MgO | $Al_2O_3$ | $BaSO_4$ | Zn |
|---|---|---|---|---|---|---|---|---|---|
| 含铜黄铁矿 | 2.53 | 39.35 | 45.58 | 5.28 | 0.43 | 0.46 | 2.38 | 1.84 | 1.65 |
| 富铜铁矿 | 5.65 | 23.01 | 24.44 | 23.34 | 4.0 | — | 10.21 | 1.60 | 6.21 |
| 星染硫化矿 | 1.5 | 8.5 | 7.5 | 52.6 | 2.2 | 1.4 | 10.7 | — | — |
| 氧化矿 | 2.1 | 0.95 | 0.1 | 68.0 | — | — | 16.0 | — | — |

1.铜矿物种类

已知含铜矿物约有250种,其中最重要的是黄铜矿、斑铜矿和辉铜矿。

根据我国当前生产情况,按矿石氧化率(即氧化铜的含量占含铜总量的百分数)把铜矿石分成3个类型:

氧化矿石:氧化率大于30%;

混合矿石:氧化率为10%~30%;

硫化矿石:氧化率小于10%。

主要工业矿物见表2-36。

**表2-36 主要铜矿物一览表**

| 矿物种类 | 分子式 | 含铜量/% |
|---|---|---|
| 自然元素 | | |
| 自然铜 | Cu | 10.0 |
| 硫化物 | | |
| 黄铜矿 | $CuFeS_2$ | 34.5 |
| 斑铜矿 | $Cu_5FeS_4$ | 63.3 |
| 辉铜矿 | $Cu_2S$ | 79.8 |
| 铜蓝 | CuS | 66.4 |
| 硫砷化物和硫锑化物 | | |
| 硫砷铜矿 | $Cu_3AsS_4$ | 48.3 |
| 砷黝铜矿 | $(Cu,Fe)_{12}As_4S_{13}$ | 57.0 |
| 黝铜矿 | $(Cu,Fe)_{12}Sb_4S_{13}$ | 52.1 |
| 氧化物 | | |
| 赤铜矿 | $Cu_2O$ | 88.8 |

续表 2-36

| 矿物种类 | 分子式 | 含铜量/% |
| --- | --- | --- |
| 黑铜矿 | CuO | 79.8 |
| 碳酸盐类 | | |
| 孔雀石 | $CuCO_3 \cdot Cu(OH)_2$ | 57.3 |
| 蓝铜矿 | $2CuCO_3 \cdot Cu(OH)_2$ | 55.1 |
| 硅酸盐 | | |
| 硅孔雀石 | $CuSiO_3 \cdot 2H_2O$ | 36.0 |

2. 铜矿资源

铜在地壳中是一个含量比较低的元素。尽管如此，在地壳上部1.6km范围内，大约有金属铜$3\times10^{15}$t，这个数量约等于目前世界每年铜消耗量的5亿倍。按含铜在0.2%以上的矿体和岩石来计算，铜集中的数量也约有$100\times10^{8}$t，所以铜又是一个储量相当丰富的金属。

据美国矿业局1980年统计，世界铜储量约为5亿t，其中主要产铜国家铜储量见表2-37。

**表 2-37 主要产铜国家铜储量**

| 国家 | 储量(金属)/kt |
| --- | --- |
| 智利 | 97000 |
| 美国 | 92000 |
| 前苏联 | 36290 |
| 赞比亚 | 33000 |
| 加拿大 | 32000 |
| 秘鲁 | 32000 |
| 波兰 | 15000 |
| 菲律宾 | 14860 |
| 澳大利亚 | 6660 |

此外，分布在洋底上的锰结核中亦含有丰富的铜。有人估计，锰结核储量超过$15000\times10^{8}$t，经济上可利用的有$3400\times10^{8}$t，其中蕴藏的铜可达$15\times10^{8}$t。

**(二)铜精矿**

铜矿石的品位，往往不能满足熔炼的要求。目前有些矿石含铜仅有0.5%。因此，必须进行选矿，使它成为品位较高的铜精矿。铜精矿从总的化学组成来看，与原来的矿石差不多；但在选矿过程中，把大量的脉石和其他无用成分除去了，相对地提高了品位。铜精矿是炼铜的基本原料。

我国一些铜精矿的主要化学成分见表2-38。

**表 2-38 铜精矿的化学成分(%)**

| 精矿级别 | Cu | Fe | S | Zn | $SiO_2$ | CaO | MgO |
| --- | --- | --- | --- | --- | --- | --- | --- |
| 1 | 11.26～12.66 | 31.04～32.85 | 30.82～32.37 | — | 8.73～11.09 | 0.57～1.05 | 0.65～2.68 |
| 2 | 18.60～18.87 | 21.39～22.47 | 20.55 | 0.18 | 15.43～18.40 | 2.34～2.62 | 0.75～1.12 |
| 3 | 15～17 | 34.55 | 27～30 | — | 12.59 | 1.28 | — |
| 4 | 12.00～14.69 | 37.91 | 31.58 | — | 3.62 | 1.01 | — |
| 5 | 15～16 | 8～10 | 8～10 | 1～1.3 | 16～18 | 9～12 | 5～6 |
| 6 | 16.82 | 31.6 | 33.78 | 3.3 | 9.2 | 0.84 | — |

铜精矿中的组分(Cu、Fe、S 等)都是以矿物存在,在冶金计算中常用"物相组成"来表示,也有把物相组成称为"合理成分"的。只要知道精矿的化学成分和矿物的形式,即可算出物相组成。

铜精矿按化学成分分为 15 个品级,以干矿品位计算,其化学成分(YB112—82)见表 2-39。

**表 2-39 铜精矿化学成分**

| 品级 | 铜/%(不小于) | 杂质/%(不大于) | | | |
|---|---|---|---|---|---|
| | | Pb | Zn | MgO | As |
| 一级品 | 30 | — | — | 5 | 0.3 |
| 二级品 | 29 | — | — | 5 | 0.3 |
| 三级品 | 28 | — | — | 5 | 0.3 |
| 四级品 | 27 | — | — | 5 | 0.3 |
| 五级品 | 26 | — | — | 5 | 0.3 |
| 六级品 | 25 | — | — | 5 | 0.3 |
| 七级品 | 24 | 6 | 9 | 5 | 0.4 |
| 八级品 | 23 | 6 | 9 | 5 | 0.4 |
| 九级品 | 22 | 6 | 9 | 5 | 0.4 |
| 十级品 | 21 | 6 | 9 | 5 | 0.4 |
| 十一级品 | 20 | 6 | 9 | 5 | 0.4 |
| 十二级品 | 18 | 7 | 10 | 5 | 0.5 |
| 十三级品 | 16 | 7 | 10 | 5 | 0.5 |
| 十四级品 | 14 | 8 | 10 | 5 | 协议 |
| 十五级品 | 12 | 8 | 10 | 5 | 协议 |

铜精矿中水分不得大于 14%,在取暖期内不大于 8%。铜精矿中不得混入外来夹杂物。

### (三)铝土矿

通常所说的铝土矿,实际上并不是一个矿物种,而是以极细的三水铝石、一水硬铝石或一水软铝石为主要组分,并包含数量不等的高岭石、蛋白石、赤铁矿、针铁矿等而成的混合物。当铝土矿中 $Al_2O_3>40\%$,$Al_2O_3/SiO_2>2/1$ 时才具工业价值而作为铝矿石利用。常成豆状、块状、多孔状或土状产出。颜色随氧化铁含量的增加而可从灰白直至棕红色,有时并呈斑点状分布。

1. 铝的工业矿物

含铝矿物很多,但铝的重要工业矿物只有下列几种:

水铝矿(三水铝石)$Al_2O_3 \cdot 3H_2O$(含 $Al_2O_3$65.4%)、水铝石(一水硬铝石及一水软铝石——勃姆矿)$Al_2O_3 \cdot H_2O$(含 $Al_2O_3$85%)、水铝英石 $SiO_2 \cdot nAl_2O_3 \cdot pH_2O$(含 $Al_2O_3$30%~35%)、霞石(Na〔$AlSiO_4$〕)(含 Al34%)。

此外,还有一些铝矿物可作为铝矿原料的,主要有:

红柱石、蓝晶石、硅线石 $Al_2O_3 \cdot SiO_2$(含 Al63%)、刚玉 $Al_2O_3$(含 Al53%)、高岭石

$Al_4[Si_4O_{10}](OH)_8 \cdot 2H_2O$（含 $Al_2O_3$ 34.66%）。

2.铝土矿资源

世界铝土矿的分布很不均衡，许多大型优质铝土矿分布在赤道两侧的一些国家中。铝土矿储量大于 $10\times10^8$t 的国家有澳大利亚、几内亚、巴西、印度、牙买加、苏里南、喀麦隆、印度尼西亚和哥伦比亚等国家，共有铝土矿储量 $284\times10^8$t，约占世界铝土矿总储量的 80%以上，其中仅澳大利亚和几内亚两国的储量就有 $154\times10^8$t，占世界铝土矿总储量的 42%。此外，地中海北岸也是铝土矿分布比较集中的地区，希腊、法国、南斯拉夫、意大利等国家的铝土矿总储量约为 $18\times10^8$t，占世界铝土矿总储量 5%。表 2-40 列出了主要铝土矿资源国的储量。

**表 2-40 世界主要铝土矿资源国储量**

| 国家 | 资源/Mt | | | 含 $Al_2O_3$/% | 备注 |
|---|---|---|---|---|---|
| | 合计 | 现有储量 | 潜在储量 | | |
| 几内亚 | 9380 | 8380 | 1000 | 40～50 | |
| 澳大利亚 | 6025 | 4572 | 1453 | 47～52 | |
| 巴西 | 3320 | 2540 | 780 | 55 | 估计有 50 亿吨 |
| 牙买加 | 3000 | 2000 | 1000 | 50 | |
| 印度 | 2550 | 1060 | 1490 | 36～60 | |
| 苏里南 | 1970 | 508 | 1492 | 55 | 估计有几十亿吨 |
| 喀麦隆 | 1880 | 762 | 1118 | 40～44 | |
| 印度尼西亚 | 1080 | 406 | 674 | | |
| 哥伦比亚 | 1020 | 400 | 620 | 38 | |
| 马里 | 820 | | 820 | >40 | |
| 希腊 | 762 | 762 | | 35～65 | |
| 美国 | 650 | 50 | 600 | 40～62 | |
| 加纳 | 565 | 335 | 230 | 45～55 | |
| 委内瑞拉 | 500 | 50 | 450 | 49.8 | |
| 南斯拉夫 | 500 | 200 | 300 | 48～60 | |
| 匈牙利 | 300 | 200 | 100 | 54～60 | |
| 前苏联 | 300 | 152 | | 26～52 | |
| 法国 | 260 | 70 | | 50～60 | |
| 圭亚那 | 230 | 152 | 78 | 50～60 | 估计有几十亿吨 |
| 越南 | 200 | 28 | | 49～56 | |
| 扎伊尔 | 200 | | | 42.8 | |
| 刚果 | 200 | | | 42.5 | |
| 多米尼加 | 100 | 60 | | 46～49 | |
| 马尔加什 | 150 | | 150 | 50 | |
| 哥斯达黎加 | 150 | | | 35 | |
| 土耳其 | 100 | 100 | | 55～60 | |
| 总计 | 36312 | 722887 | | | |

3. 铝土矿石的品级指标

铝土矿石的品级、化学成分及一般用途(GB3497—83)见表 2-41。

表 2-41 铝土矿石技术指标

| 品级 | 指标 | | |
|---|---|---|---|
| | 化学成分 | | 用途举例 |
| | $Al_2O_3:SiO_2$ (铝硅比)(不小于) | $Al_2O_3$/% (不小于) | |
| 一级品 | 12 | 73 | 刚玉型研磨材料、高铝水泥、氧化铝 |
| | | 69 | 氧化铝 |
| | | 66 | 氧化铝 |
| | | 60 | 氧化铝 |
| 二级品 | 9 | 71 | 高铝水泥、氧化铝 |
| | | 67 | 氧化铝 |
| | | 64 | 氧化铝 |
| | | 50 | 氧化铝 |
| 三级品 | 7 | 69 | 氧化铝 |
| | | 66 | 氧化铝 |
| | | 62 | 氧化铝 |
| 四级品 | 5 | 62 | 氧化铝 |
| 五级品 | 4 | 58 | 氧化铝 |
| 六级品 | 3 | 54 | 氧化铝 |
| 七级品 | 6 | 48 | 氧化铝 |

注:一～六级品适用于一水硬铝石型矿石;七级品适用于三水铝石型矿石。

**(四)铅矿石**

根据矿物形态,铅矿石可分为硫化矿和氧化矿两大类。在硫化矿石中铅主要是以方铅矿(PbS)的形态存在,属原生矿物,分布极广。目前世界各国所生产的铅,大部分是从硫化矿石中提炼的。在氧化矿石中,铅主要为白铅矿($PbCO_3$)。氧化矿是硫化矿长期风化的结果,属再生矿物,其储量远比硫化矿少。

常见的铅矿物有方铅矿和白铅矿。

(1)方铅矿(PbS):含 Pb86.6%,S13.4%。成分中常含 Ag、Bi、Sb、Se 等。在 350℃以上时硫铋银矿 $AgBiS_2$ 具有与方铅矿完全相似的等轴晶系的晶体结构,两者可形成固溶体;但随着温度的降低,当低于 210℃时,硫铋银矿便转变为正交晶系变体,从方铅矿中分离出来。在含银而不含铋的情况下,Ag 通常以自然银、辉银矿以及银的锑硫盐矿物,如浓红银矿、银黝铜矿的显微包裹体形式赋存于方铅矿中。

在大多数铅锌矿床中,方铅矿、闪锌矿经常与黄铁矿、黄铜矿、黝铜矿等矿物共生。

我国方铅矿产地很多,其中以云南金顶、广东凡口、甘肃厂坝、青海锡铁山以及湖南水口山等地最著名。在这些产地,方铅矿均与闪锌矿紧密共生。由于方铅矿中经常含 Ag,我国自古沿用下来的银山、银坑、银岭、银硐等产银地名,均是含银的铅锌矿产地。

方铅矿是提炼铅的最重要的矿物原料;而含 Ag 的方铅矿又是提炼银的重要矿物原料。

(2)白铅矿(Pb〔$CO_3$〕):含 PbO83.53%,$CO_2$16.47%,有时含 Ca、Sr 和 Zn。

现在开采的铅矿石,一般含铅不高(1%~9%),且成分复杂。因此,在大多数情况下,铅矿都不适宜直接冶炼,而要进行选矿,使方铅矿与其他共生矿物分离,得到一种含铅较高,其他金属及脉石成分较少的铅精矿,然后再送冶炼厂冶炼。

我国铅锌矿床的分布极广,几乎遍布全国各省区,尤以中南、西南地区更为集中。我国已开采的铅矿绝大部分是铅锌和铅锌铜共生的硫化矿,在西南地区也蕴藏着丰富的氧化矿。根据现有的地质资料,我国铅矿的储量和分布,能保证我国对铅矿矿产的需要。世界各主要产铅国家的铅矿储量见表 2-42。

**表 2-42 世界主要产铅国家铅矿储量(万 t)**

| 国家 | 储量 | 国家 | 储量 |
|---|---|---|---|
| 美国 | 3554.9 | 前联邦德国 | 408.2 |
| 澳大利亚 | 1678.3 | 秘鲁 | 317.5 |
| 前苏联 | 1633.0 | 瑞典 | 226.8 |
| 加拿大 | 1437.9 | 日本 | 108.9 |
| 墨西哥 | 408.2 | 巴西 | 68.0 |

## (五)铅精矿

铅精矿按化学成分分为 7 个品级,以干矿品位计算,其成分(YB113—82)见表 2-43。

**表 2-43 铅精矿化学成分**

| 品级 | 铅/%(不小于) | 杂质/%(不大于) | | | | |
|---|---|---|---|---|---|---|
| | | Cu | Zn | As | MgO | $Al_2O_3$ |
| 一级品 | 70 | 1.5 | 5 | 0.3 | 2 | 4 |
| 二级品 | 65 | 1.5 | 5 | 0.35 | 2 | 4 |
| 三级品 | 60 | 1.5 | 5 | 0.4 | 2 | 4 |
| 四级品 | 55 | 2.0 | 6 | 0.5 | 2 | 4 |
| 五级品 | 50 | 2.0 | 7 | 协议 | 2 | 4 |
| 六级品 | 45 | 2.5 | 8 | 协议 | 2 | 4 |
| 七级品 | 40 | 3.0 | 9 | 协议 | 2 | 4 |

注:1. 铅精矿中金、银、铋为有价元素,应报出分析数据;

2. 精矿中 MgO、$Al_2O_3$ 两项杂质作参考指标,暂不作交货依据。

精矿中水分不得大于 12%。在冬季,精矿中水分不大于 8%。精矿中不得混入外来夹杂物。

## (六)锌矿石

自然界中未发现过自然锌,锌往往以硫化矿物和氧化矿物形态存在。在硫化矿物中,锌主要以闪锌矿(ZnS)和铁闪锌矿($n$ZnS · $m$FeS)状态存在。在氧化矿中锌主要以菱锌矿($ZnCO_3$)和硅锌矿($Zn_2SiO_4$)状态存在。最主要的锌矿物及其特征见表 2-44。

我国锌矿蕴藏量极其丰富,分布遍及全国,在东北、西南、中南、西北、华东等地区都有丰富的铅锌矿藏。除西南某地区是工业价值较高的独特类型的氧化矿外,其余的都是硫化矿,其中含有数量不等的次生氧化矿。

**表 2-44 主要锌矿物及其特征**

| 矿物名称 | 化学式 | 含锌量/% | 硬度/kg·mm⁻² | 密度/g·cm⁻³ | 颜色 | 结晶系 | 光泽 | 解理 |
|---|---|---|---|---|---|---|---|---|
| 闪锌矿 | $ZnS$ | 67.1 | 3.5～4 | 3.9～4.1 | 黄色、褐色、黑色 | 等轴 | 金刚石的 | 很完全 |
| 铁闪锌矿 | $nZnS \cdot mFeS$ | <60.0 | 4.0 | 4.2 | 褐黑色 | 等轴 | 金刚石的 | 很完全 |
| 菱锌矿 | $ZnCO_3$ | ZnO=64.8 | 5 | 4.3～4.45 | 白色、灰色、绿色 | 六方 | 钢色的 | 不完全 |
| 硅锌矿 | $Zn_2SiO_4$ | ZnO=73.0 | 5.5 | 3.9～4.2 | 白色、绿色、黄色 | 单斜 | 钢色的 | 清楚 |
| 异极矿 | $H_2Zn_2SiO_5$ 或 $Zn_2SiO_4 \cdot H_2O$ | ZnO=67.5 | 4.5～5.0 | 3.4～3.5 | 白色、绿色、黄色 | 斜方 | 钢色的 | 完全 |
| 红锌矿 | $ZnO$ | 80.3 | 4～4.5 | 5.4～5.7 | 赭色、橙黄色 | 六方 | 金属的、金刚石的 | 完全 |
| 锌尖晶石 | $ZnO \cdot Al_2O_3$ | 44.3 | 5 | 4.1～4.6 | 褐色、绿色 | 等轴 | 钢色的、黄色的 | 不完全 |

国外几个国家的锌矿储量见表 2-45。

**表 2-45 锌矿储量(万 t)**

| 国家 | 储量 |
|---|---|
| 加拿大 | 3500 |
| 美国 | 3100 |
| 澳大利亚 | 1400 |
| 秘鲁 | 750 |
| 墨西哥 | 700 |
| 前联邦德国 | 550 |

单一锌的硫化矿在自然界中很少发现，一般多与其他金属硫化矿伴生，称作多金属矿石。最常见的是铅锌矿，其次是铜锌矿和铜锌铅矿等。铅锌硫化矿中含锌一般波动在 8%～17%范围内，铅锌矿石的化学成分见表 2-46。

**表 2-46 铅锌矿石的化学成分**

| 矿石 | 化学成分/% | | | | | | |
|---|---|---|---|---|---|---|---|
| | Pb | Zn | Fe | Cu | $SiO_2$ | S | CaO |
| 1 | 4.74 | 8.48 | — | 0.009 | 9.20 | 26.28 | 14.83 |
| 2 | 5.50 | 13.00 | 9.4 | — | — | 18.00 | — |
| 3 | 8.50 | 13.80 | 1.8 | 1.000 | 20.00 | — | — |
| 4 | 9.00 | 13.00 | 8.5 | 0.500 | 19.00 | 16.00 | — |
| 5 | 12.53 | 16.52 | — | 0.090 | 6.02 | 26.34 | 10.25 |

**(七)锌精矿**

从含锌品位较低的多金属矿石中直接提炼金属锌是困难的，也是不恰当的，必须经过选矿，以获得含锌品位较高的锌精矿和含铅较高的铅精矿，分别进行冶炼。锌精矿中含锌一般在 38%～62%之间。

浮选所得的锌精矿是粉末状的，其中50%以上的粒子能通过0.07mm的筛子，大于0.6mm的粒子含量不超过0.1%～0.3%，含水10%～15%，堆密度为1.7～2.0t/m$^3$。

氧化矿含锌很高时可直接进行冶炼，但对于含锌低于10%的贫氧化矿，则要预先进行选矿富集或火法富集。

锌精矿按化学成分分为9个品级，以干矿品位计算，其成分(YB114—82)见表2-47。

**表2-47 锌精矿化学成分**

| 品 级 | 锌/%(不小于) | 杂 质/%(不大于) | | | | | |
|---|---|---|---|---|---|---|---|
| | | Cu | Pb | Fe | As | $SiO_2$ | F |
| 一级品 | 59 | 0.8 | 1.0 | 6 | 0.20 | 3.0 | 0.2 |
| 二级品 | 57 | 0.8 | 1.0 | 6 | 0.20 | 3.5 | 0.2 |
| 三级品 | 55 | 0.8 | 1.0 | 6 | 0.30 | 4.0 | 0.2 |
| 四级品 | 53 | 0.8 | 1.0 | 7 | 0.30 | 4.5 | 0.2 |
| 五级品 | 50 | 1.0 | 1.5 | 8 | 0.40 | 5.0 | 0.2 |
| 六级品 | 48 | 1.0 | 1.5 | 13 | 0.50 | 5.5 | 0.2 |
| 七级品 | 45 | 1.5 | 2.0 | 14 | 协议 | 6.0 | 0.2 |
| 八级品 | 43 | 1.5 | 2.5 | 15 | 协议 | 6.5 | 0.2 |
| 九级品 | 40 | 2.0 | 3.0 | 16 | 协议 | 7.0 | 0.2 |

注：1. 锌精矿中银、镉、硫为有价元素，应报出分析数据；

2. 精矿中$SiO_2$、F、Sn、Sb四项杂质作参考指标，暂不作交货依据。

对铁闪锌矿类型矿山产出的九级品，含铁允许不大于18%。

供湿法炼锌用锌精矿中锑含量不大于0.03%，供火法炼锌用锌精矿中锡含量不大于0.1%，供直接法生产氧化锌用的锌精矿中铜、铅等含量由供需双方议定。

锌精矿中水分不得大于12%。在冬季，精矿中水分不大于8%。精矿中不得混入外来夹杂物。

**(八)镍矿石**

可供提炼镍的矿物只有几种，主要是硫化镍矿和硅酸镍矿两类。其中以硫化镍矿，如镍黄铁矿、镍磁黄铁矿、针镍铁矿、红砷镍矿等为主。硅酸镍矿类的镍暗蛇纹石也可作提取镍的矿石。

根据矿石的含镍量，硫化物镍矿石可分为以下品级：

富矿石：含Ni≥3%；

中贫矿石：含Ni1%～2.99%；

贫矿石：含Ni0.3%～0.99%；

镍矿石中伴生的有益组分参考指标见表2-48。

**表2-48 镍矿石中伴生的有益元素含量指标**

| 元素名称 | Cu | Co | Au | Ag | Pt Pd | Os Ru Rh In | Se | Te |
|---|---|---|---|---|---|---|---|---|
| 含量/% | 0.07～0.1 | 0.01 | 0.05～0.1g/t | 1g/t | 0.03g/t | 0.02g/t | 0.0005 | 0.0002 |

**(九)镍精矿**

镍精矿按化学成分分为11个品级，以干矿品位计算，化学成分(YS/T340-94)见表2-49。

表 2-49 镍精矿化学成分

| 品级 | Ni/%（不小于） | 杂质/%（不大于） |
|---|---|---|
| | | MgO |
| 特 | 8 | 6 |
| 一 | 7.5 | 6 |
| 二 | 7 | 6 |
| 三 | 6.5 | 7.5 |
| 四 | 6 | 9 |
| 五 | 5.5 | 10.5 |
| 六 | 5 | 12 |
| 七 | 4.5 | 13.5 |
| 八 | 4 | 15 |
| 九 | 3.3 | 17.5 |
| 十 | 3 | 20 |

注：1. 镍精矿中钴、铂为有价元素，应报出分析数据；

2. 精矿中水分不大于 12%；

3. 精矿中不得混入外来夹杂物。

## （十）镍锍精矿

镍锍精矿供提取金属镍用。其化学成分（YS/T342—94）见表 2-50。

表 2-50 镍锍精矿化学成分

| 品级 | Ni/%（不小于） | 杂质/% |
|---|---|---|
| | | Cu（不大于） |
| 一级品 | 65 | 3.0 |
| 二级品 | 63 | 4.0 |
| 三级品 | 62 | 5.0 |

注：镍锍精矿中不得有外来夹杂物。

## （十一）钨矿石

世界钨矿床主要分布在环太平洋地区。我国钨矿储量和产量居世界首位，其他产钨国家中加拿大的钨储量为 21.6 万 t；前苏联钨储量为 15.9 万 t；朝鲜钨储量为 11.4 万 t。据美国矿业局统计，国外金属钨储量为 82 万 t。

目前世界钨的年消费量大约为 39000t 左右。世界上钨矿最大的消费国是美国，占世界总消费量的 20%，而美国产量仅为消费量的 40%，其余依靠进口。

目前已知的钨矿物约 15 种，其中有工业价值的矿物仅有两种，即：

(1)白钨矿（钙钨矿）($Ca[WO_4]$)：化学组成为 CaO19.47%，$WO_3$80.53%。白钨矿与钼钙矿 $Ca[MoO_4]$成有限的类质同象置换。白钨矿成分中 $MoO_3$ 可达 24%，称钼白钨矿 $Ca[(Mo,W)O_4]$。

(2)黑钨矿（钨锰铁矿）$[(Fe,Mn)WO_4]$：它又有钨锰矿($MnWO_4$)和钨铁矿($FeWO_4$)之分。其化学组成是：钨锰矿 MnO23.42%，$WO_3$76.58%；钨铁矿 FeO23.65%，$WO_3$76.35%。黑钨矿中 FeO 介于 4.8%～18.9%之间，MnO 介于 4.7%～18.7%之间，常含 Mg、Ca、Nb、Ta、Sn、Zn 等。

世界钨产量的75%来自黑钨矿矿石，25%来自白钨矿矿石。

此外，钨华($H_2WO_4$)常见于次生氧化带中，但很少富集为矿石、可作为重要的找矿标志。

工业上对钨矿石的要求随矿床类型不同而异。石英脉型黑钨矿矿石工业品位要求含$WO_3$ 0.12%～0.15%，边界品位为0.08%～0.1%。硅卡岩型白钨矿矿石工业品位要求$WO_3$ 0.15%～0.20%，边界品位为0.08%～0.10%。砂钨矿矿床工业品位要求含$WO_3$ 0.04%，边界品位$WO_3$为0.02%。

钨矿石中主要有害杂质是锡、硫、砷、铜、钼、锑、铋、铅等。这些杂质会影响金属钨的机械性能，增加其脆性。但当钨矿石中Sn、Mo、Bi、As等含量高时，可以在选矿中回收利用。

钨矿石一般需经选矿才能冶炼。黑钨矿矿石大多用手选，矿物粒度小的用重力选矿法和磁力选矿法。白钨矿矿石采用浮选法。为除去钨矿石中的硫和砷，对钨精矿要进行焙烧。

**(十二)钨精矿**

钨精矿的技术条件，国家标准(YS/T231—94)规定如下：

1)品种：钨精矿按其矿石类型分为黑钨精矿和白钨精矿两种；按冶炼方法和化学成分分为火法冶炼用(Ⅰ类)和水法冶炼用(Ⅱ、Ⅲ类)两种。其品种名称见表2-51。

**表2-51 钨精矿品种名称**

| 品种 | | | | 品种名称 | 简称 |
| --- | --- | --- | --- | --- | --- |
| 类型 | 品级 | 种类 | | | |
| 黑钨精矿 | 特级品 | Ⅰ类 | 3号 | 黑钨精矿特级品Ⅰ类3号 | 黑钨特—Ⅰ—3 |
| | | | 2号 | 黑钨精矿特级品Ⅰ类2号 | 黑钨特—Ⅰ—2 |
| | | | 1号 | 黑钨精矿特级品Ⅰ类1号 | 黑钨特—Ⅰ—1 |
| | | Ⅱ类 | 3号 | 黑钨精矿特级品Ⅱ类3号 | 黑钨特—Ⅱ—3 |
| | | | 2号 | 黑钨精矿特级品Ⅱ类2号 | 黑钨特—Ⅱ—2 |
| | | | 1号 | 黑钨精矿特级品Ⅱ类1号 | 黑钨特—Ⅱ—1 |
| | 一级品 | Ⅰ类 | | 黑钨精矿一级品Ⅰ类 | 黑钨一级Ⅰ类 |
| | | Ⅱ类 | | 黑钨精矿一级品Ⅱ类 | 黑钨一级Ⅱ类 |
| | | Ⅲ类 | | 黑钨精矿一级品Ⅲ类 | 黑钨一级Ⅲ类 |
| | 二级品 | | | 黑钨精矿二级品 | 黑钨二级 |
| 白钨精矿 | 特级品 | Ⅰ类 | 3号 | 白钨精矿特级品Ⅰ类3号 | 白钨特—Ⅰ—3 |
| | | | 2号 | 白钨精矿特级品Ⅰ类2号 | 白钨特—Ⅰ—2 |
| | | | 1号 | 白钨精矿特级品Ⅰ类1号 | 白钨特—Ⅰ—1 |
| | | Ⅱ类 | 3号 | 白钨精矿特级品Ⅱ类3号 | 白钨特—Ⅱ—3 |
| | | | 2号 | 白钨精矿特级品Ⅱ类2号 | 白钨特—Ⅱ—2 |
| | | | 1号 | 白钨精矿特级品Ⅱ类1号 | 白钨特—Ⅱ—1 |
| | 一级品 | Ⅰ类 | | 白钨精矿一级品Ⅰ类 | 白钨一级Ⅰ类 |
| | | Ⅱ类 | | 白钨精矿一级品Ⅱ类 | 白钨一级Ⅱ类 |
| | | Ⅲ类 | | 白钨精矿一级品Ⅲ类 | 白钨一级Ⅲ类 |
| | 二级品 | | | 白钨精矿二级品 | 白钨二级 |

表 2-52 钨精矿特级品化学成分

| 品种 | $WO_3$/% (不小于) | 杂质/% (不大于) | | | | | | | | | | | | | | 用途举例 |
|---|---|---|---|---|---|---|---|---|---|---|---|---|---|---|---|---|
| | | S | P | As | Mo | Ca | Mn | Cu | Sn | $SiO_2$ | Fe | Sb | Bi | Pb | Zn | |
| 黑钨特-Ⅰ-3 | 70 | 0.2 | 0.02 | 0.06 | — | 3.0 | — | 0.04 | 0.08 | 4.0 | — | 0.04 | 0.04 | 0.04 | — | 优质钨铁 |
| 黑钨特-Ⅰ-2 | 70 | 0.4 | 0.03 | 0.08 | — | 4.0 | — | 0.05 | 0.10 | 5.0 | — | 0.05 | 0.05 | 0.05 | — | |
| 黑钨特-Ⅰ-1 | 68 | 0.5 | 0.04 | 0.10 | — | 5.0 | — | 0.06 | 0.15 | 7.0 | — | 0.10 | 0.10 | 0.10 | — | |
| 黑钨特-Ⅱ-3 | 70 | 0.4 | 0.03 | 0.05 | 0.010 | 0.3 | — | 0.15 | 0.10 | 3.0 | — | — | — | — | — | 优质钨制品。特纯、化学纯三氧化钨和仲钨酸铵,钨材,钨丝等 |
| 黑钨特-Ⅱ-2 | 70 | 0.5 | 0.05 | 0.07 | 0.015 | 0.4 | — | 0.20 | 0.15 | 3.0 | — | — | — | — | — | |
| 黑钨特-Ⅱ-1 | 68 | 0.6 | 0.10 | 0.10 | 0.020 | 0.5 | — | 0.25 | 0.20 | 3.0 | — | — | — | — | — | |
| 白钨特-Ⅰ-3 | 72 | 0.2 | 0.03 | 0.02 | — | — | 0.3 | 0.01 | 0.01 | 1.0 | — | — | 0.02 | 0.01 | 0.02 | 合金钢(直接炼钢)、优质钨铁 |
| 白钨特-Ⅰ-2 | 70 | 0.3 | 0.03 | 0.03 | — | — | 0.4 | 0.02 | 0.02 | 1.5 | — | — | 0.03 | 0.02 | 0.03 | |
| 白钨特-Ⅰ-1 | 70 | 0.4 | 0.03 | 0.03 | — | — | 0.5 | 0.03 | 0.03 | 2.0 | — | — | 0.03 | 0.03 | 0.03 | |
| 白钨特-Ⅱ-3 | 72 | 0.4 | 0.03 | 0.05 | 0.010 | — | 0.3 | 0.15 | 0.10 | 2.0 | 2.0 | 0.1 | — | — | — | 优质钨制品。特纯、化学纯三氧化钨和仲钨酸铵,钨材,钨丝等 |
| 白钨特-Ⅱ-2 | 70 | 0.5 | 0.05 | 0.07 | 0.015 | — | 0.4 | 0.20 | 0.15 | 3.0 | 2.0 | 0.1 | — | — | — | |
| 白钨特-Ⅱ-1 | 70 | 0.6 | 0.10 | 0.10 | 0.020 | — | 0.5 | 0.25 | 0.20 | 3.0 | 3.0 | 0.2 | — | — | — | |

2)化学成分:钨精矿特级品以干矿品位计算,其成分列于表 2-52。

钨精矿一级品和二级品以干矿品位计算,其化学成分见表 2-53。

**表 2-53 钨精矿一、二级品成分**

| 品种 | $WO_3$/%(不小于) | 杂质/%(不大于) | | | | | | | | | 用途举例 |
|---|---|---|---|---|---|---|---|---|---|---|---|
| | | S | P | As | Mo | Ca | Mn | Cu | Sn | $SiO_2$ | |
| 黑钨一级Ⅰ类 | 65 | 0.7 | 0.05 | 0.15 | — | 5.0 | — | 0.13 | 0.20 | 7.0 | 钨铁 |
| 黑钨一级Ⅱ类 | 65 | 0.7 | 0.10 | 0.10 | 0.05 | 3.0 | — | 0.25 | 0.20 | 5.0 | 硬质合金、触媒、钨材 |
| 黑钨一级Ⅲ类 | 65 | 0.8 | P+As 0.22 | | 0.05 | 1.0 | — | 0.35 | 0.40 | 3.8 | 钨材、钨丝、硬质合金、触媒 |
| 黑钨二级 | 65 | 0.8 | — | 0.20 | — | 5.0 | — | — | 0.40 | — | |
| 白钨一级Ⅰ类 | 65 | 0.7 | 0.05 | 0.15 | — | — | 1.0 | 0.13 | 0.20 | 7.0 | 钨铁、硬质合金 |
| 白钨一级Ⅱ类 | 65 | 0.7 | 0.10 | 0.10 | 0.05 | — | 1.0 | 0.25 | 0.20 | 5.0 | 钨材、钨丝、硬质合金、触媒 |
| 白钨一级Ⅲ类 | 65 | 0.8 | 0.05 | 0.20 | 0.05 | — | 1.0 | 0.20 | 0.20 | 5.0 | 钨材、钨丝、硬质合金、触媒 |
| 白钨二级 | 65 | 0.8 | — | 0.20 | — | — | 1.5 | — | 0.40 | — | |

**(十三)钼矿石**

1. 钼的工业矿物

已知钼矿物约有 20 种,工业矿物只有辉钼矿(MoS)。彩钼铅矿、钼酸钙矿、钼华、铁钼华等次生矿物也常见,但无工业意义,只作为重要的找矿标志。

钼矿石类型较简单,在成分上只有硫化物矿石。当次生矿物富集时可形成氧化矿石。按矿石的结构构造可分为块状矿石、细脉浸染状矿石和吸附性矿石。按矿物组合又可分为纯钼矿石、铜-钼矿石等。

由于矿床类型不同,工业上对各种矿石质量要求也不同。

石英脉型钼矿石,钼最低工业品位约为 0.1%,硅卡岩型钼矿石为 0.05%～0.06%,细脉浸染型钼矿石为 0.04%～0.06%。

根据钼矿石品位,可分为 3 个品级:钼含量<0.1%者为贫矿石;含钼在 0.1%～0.5%者为中等品位矿石;含钼大于 0.5%者为富矿石。

2. 钼矿资源

钼的世界储量(我国除外)为 826 万 t。我国钼矿资源亦相当丰富。国外钼矿储量较多的国家有前苏联、美国、智利、加拿大、秘鲁等。美国钼矿储量为 350 万 t,占国外总数的 42%;智利为 210 万 t,占 7%;前苏联为 100 万 t,占 12%;加拿大为 56 万 t,占 25%;秘鲁为 40 万 t,占 5%。

美国钼储量约有 80%属于斑岩型钼矿床,智利的钼储量大部分产于斑岩型铜钼矿床中,加拿大钼储量也主要产在斑岩型钼矿床和铜-钼矿床中,前苏联钼储量一半为硅卡岩型钼矿床,另一半为斑岩型钼矿床。

**(十四)钼精矿**

浮法选得的钼精矿,供生产氧化钼、钼铁和钼盐等用。钼精矿分为 10 个牌号,以干矿品位计算,其化学成分(YS/T235—94)见表 2-54。

根据用户要求,生产单位可提供钼含量大于或等于 54%和钼含量小于 45%的钼精矿,其杂质含量由供需双方协议。

表 2-54　钼精矿化学成分

| 牌　号 | 化学成分/% | | | | | | | | | |
|---|---|---|---|---|---|---|---|---|---|---|
| | Mo/%（不小于） | 杂质（不大于） | | | | | | | | |
| | | $SiO_2$ | As | Sn | P | Cu | Pb | CaO | $WO_3$ | Bi |
| KMo53-A | 53 | 6.5 | 0.01 | 0.01 | 0.01 | 0.15 | 0.15 | 1.50 | 0.05 | 0.05 |
| KMo53-B | 53 | 5.0 | 0.05 | 0.05 | 0.02 | 0.20 | 0.30 | 2.00 | 0.25 | 0.10 |
| KMo51-A | 51 | 8.0 | 0.02 | 0.02 | 0.02 | 0.20 | 0.18 | 1.80 | 0.06 | 0.06 |
| KMo51-B | 51 | 5.5 | 0.10 | 0.06 | 0.03 | 0.40 | 0.40 | 2.00 | 0.30 | 0.15 |
| KMo49-A | 49 | 9.0 | 0.03 | 0.03 | 0.03 | 0.22 | 0.20 | 2.20 | — | — |
| KMo49-B | 49 | 6.5 | 0.15 | 0.06 | 0.04 | 0.60 | 0.60 | 2.00 | — | — |
| KMo47-A | 47 | 11.0 | 0.04 | 0.04 | 0.04 | 0.25 | 0.25 | 2.70 | — | — |
| KMo47-B | 47 | 7.5 | 0.20 | 0.07 | 0.05 | 0.80 | 0.65 | 2.40 | — | — |
| KMo45-A | 45 | 13.0 | 0.05 | 0.05 | 0.05 | 0.28 | 0.30 | 3.00 | — | — |
| KMo45-B | 45 | 8.5 | 0.22 | 0.07 | 0.07 | 1.20 | 0.70 | 2.60 | — | — |

钼精矿中油水含量不大于 6%，其中水分含量不大于 4%。

钼精矿产品细度要求 200 目标准筛通过量不小于 60%。

钼精矿中不得混入外来杂物。

**（十五）锡矿石**

1. 锡矿种类

已知含锡矿物约有 20 种，其中重要矿物有：

锡石($SnO_2$)：含 Sn78.8%；

黝锡矿($Cu_2FeSnS_4$)：含 Sn27.50%；

圆柱锡矿($Pb_3Sn_4Sb_2S_{14}$)：含 Sn26.63%；

辉锑锡铅矿($Pb_5Sn_3Sb_2S_{14}$)：含 Sn9.48%～17.36%；

硫锡铅矿($PbSnS_2$)：含 Sn30.4%。

上述矿物中锡石和黝锡矿是最重要的工业矿物。根据锡石颗粒的大小，工业上将锡矿石分为 3 类：

(1)微粒浸染状矿石：是热液锡石-硫化物型矿床中的主要矿石类型。锡石颗粒为 0.001～0.2mm，以 0.01～0.1mm 最普遍。这类矿石选矿较困难。

(2)细粒浸染状矿石：也是热液锡石-硫化物矿床中的矿石，锡石颗粒为 0.1～1mm，此类矿石需进行选矿才能冶炼。

(3)中粒浸染状矿石：是伟晶岩型锡石矿床和热液锡石-石英脉型矿床中的矿石类型。矿石成分较简单，锡石颗粒为 1～10mm 或更大些，此类矿石易选。

锡石($SnO_2$)含 Sn78.8%，常含 Fe、Ti、Nb、Ta 等元素。这些元素往往以自己的矿物相（如铌-钽铁矿）呈超显微包裹体状态存在于锡石中。锡石成分中微量元素含量可作为标型特征：伟晶岩中的锡石，富含 Nb 和 Ta，且在较多的情况下是 Ta 大于 Nb；气化-高温热液矿床中的锡石，Nb 和 Ta 含量减少，不超过 1%，并且是 Nb 大于 Ta；锡石硫化物矿床中的锡石，其成分中 Nb 和 Ta 含量很低，但富含稀散元素 In。

黄锡矿（黝锡矿）($Cu_2FeSnS_4$)主要化学组成为：Cu29.5%，Fe13.1%，Sn27.5%，S29.9%。混入物有Zn、In、Cd、Ag等，个别情况下Zn达11%，In达2.1%，Ag达1%。这些混入物的存在与在成分和结构上非常近似黄锡矿的一些矿物的存在有关。这些矿物如硫铜锡锌矿$Cu_2ZnSnS_4$，硫铜铟锌矿$(Cu,Ag,Zn,Fe)_3(In,Sn)S_4$，银黄锡矿$Ag_2FeSnS_4$等。同时在几乎所有黄锡矿中均发现闪锌矿、黄铜矿呈乳浊状点滴分布。上述这些矿物往往是固溶体离溶的产物。

2. 锡矿资源

我国是世界上产锡的主要国家之一。锡矿的产地主要分布于云南及南岭一带。云南个旧锡矿开采历史悠久，素有我国“锡都”之称。

目前世界上已知的重要锡矿床主要分布于第三世界，特别是东南亚地区，锡的储量约占世界总储量的三分之二。锡资源较丰富的国家尚有南美的玻利维亚和巴西。除我国以外世界上其他主要产锡国家总储量为1074万t(见表2-55)。

**表2-55　部分主要产锡国家锡的储量和产量(万t)**

| 主要产锡国家 | 锡储量(金属储量) | 世界锡产量(金属量) | | | | | | | | |
|---|---|---|---|---|---|---|---|---|---|---|
| | | 1967 | 1970 | 1971 | 1972 | 1973 | 1974 | 1975 | 1976 | 1977 |
| 泰国 | 152 | 2.2 | 2.2 | 2.2 | 2.2 | 2.3 | 2.0 | 1.7 | 1.9 | 2.41 |
| 马来西亚 | 124 | 7.3 | 9.0 | 8.7 | 9.1 | 9.3 | 8.4 | 8.3 | 8.1 | 5.87 |
| 玻利维亚 | 100 | 2.7 | 0.1 | 0.7 | 0.7 | 0.7 | 0.7 | 0.8 | 0.9 | 3.2 |
| 印尼 | 84 | 1.4 | 0.5 | 0.9 | 1.2 | 1.5 | 1.5 | 1.8 | 2.2 | 2.51 |
| 前苏联 | 63 | | 1.0 | 1.2 | 1.3 | 1.4 | 1.5 | 1.5 | | |
| 巴西 | 61 | | 0.3 | 0.3 | 0.4 | 0.4 | 0.5 | 0.5 | 0.6 | 0.64 |
| 缅甸 | 51 | | | | | | | | | |
| 总计 | 1074 | 17.4 | 22 | 22.4 | 23.3 | 22.9 | 22.3 | 22.2 | 21.83 | 22.31 |

**(十六)锡精矿**

锡精矿按化学成分分为两类，各8个品级，以干矿品位计算，其成分(YS/T339—94)见表2-56。

**表2-56　锡精矿化学成分**

| 类别 | 品级 | 锡/%(不小于) | 杂质/%(不大于) | | | | | |
|---|---|---|---|---|---|---|---|---|
| | | | S | As | Bi | Zn | Sb | Fe |
| 一类 | 一级品 | 65 | 0.4 | 0.3 | 0.10 | 0.4 | 0.2 | 5 |
| | 二级品 | 60 | 0.5 | 0.4 | 0.10 | 0.5 | 0.3 | 7 |
| | 三级品 | 55 | 0.6 | 0.5 | 0.15 | 0.6 | 0.4 | 9 |
| | 四级品 | 50 | 0.8 | 0.6 | 0.15 | 0.7 | 0.4 | 12 |
| | 五级品 | 45 | 1.0 | 0.7 | 0.20 | 0.8 | 0.5 | 15 |
| | 六级品 | 40 | 1.2 | 0.8 | 0.20 | 0.9 | 0.6 | 16 |
| | 七级品 | 35 | 1.5 | 1.0 | 0.30 | 1.0 | 0.7 | 17 |
| | 八级品 | 30 | 1.5 | 1.0 | 0.30 | 1.0 | 0.8 | 18 |

续表 2-56

| 类别 | 品级 | 锡/%(不小于) | 杂质/%(不大于) | | | | | |
|---|---|---|---|---|---|---|---|---|
| | | | S | As | Bi | Zn | Sb | Fe |
| 二类 | 一级品 | 65 | 1.0 | 0.4 | 0.4 | 0.8 | 0.4 | 5 |
| | 二级品 | 60 | 1.5 | 0.5 | 0.5 | 0.9 | 0.5 | 7 |
| | 三级品 | 55 | 2.0 | 1.0 | 0.6 | 1.0 | 0.6 | 9 |
| | 四级品 | 50 | 2.5 | 1.5 | 0.8 | 1.2 | 0.7 | 12 |
| | 五级品 | 45 | 3.0 | 2.0 | 1.0 | 1.4 | 0.8 | 15 |
| | 六级品 | 40 | 3.5 | 2.5 | 1.2 | 1.6 | 0.9 | 16 |
| | 七级品 | 35 | 4.0 | 3.5 | 1.4 | 1.8 | 1.0 | 17 |
| | 八级品 | 30 | 5.0 | 4.0 | 1.5 | 2.0 | 1.2 | 18 |

精矿产品中水分不得大于12%,电炉熔炼用精矿水分不得大于5%。特殊情况由供需双方议定。

精矿中不得混入外来夹杂物。

**(十七)锑矿石**

*1. 含锑矿物*

锑在自然界中约有75种矿物,但工业矿物主要是辉锑矿,其次是脆硫锑铅矿、硫锑铅矿。

辉锑矿($Sb_2S_3$)的主要化学成分为:Sb71.4%,S28.6%,含少量As、Pb、Ag、Cu、Fe,基本上为机械混入物。

我国湖南新化锡矿山是世界上著名的辉锑矿产地。

辉锑矿是提炼锑的最重要的矿物原料。

脆硫锑铅矿($Pb_4FeSb_6S_{14}$)的主要化学成分为:Pb40.16%,Fe2.71%,Sb35.39%,S21.74%。但成分有时并不完全符合化学式,Fe含量可达10%而远远超过理论含量。混入物有Cu、Ag、Zn、Bi、As。

这种矿石主要见于铅锌矿床和锡石硫化物矿床中,与黄铁矿、磁黄铁矿、铁闪锌矿共生。我国广西大厂锡石硫化物矿床中,脆硫锑铅矿形成巨大聚积,其数量之多在世界上亦是罕见的。

在氧化带中常见锑的氧化物:锑华($Sb_2O_5$ 含Sb83.3%)、方锑矿($Sb_2O_3$)83.3%、锑赭石等。锑赭石是黄锑矿($Sb_2O_4$ 含 Sb>8.9%)、黄锑华 $Sb^{3+}Sb_2^{5+}O_6(OH)$、四水锑矿($Sb_2O_5 \cdot 4H_2O$)及棕锑矿($Sb_2O_5 \cdot H_2O$)等的混合物的统称。

在多金属硫化物矿床中,锑常与其他金属阳离子结合形成硫锑化合物。当它们达到一定量时也可供工业开采。

根据矿物成分可将锑矿石分为两大类:

(1)单一锑矿石:主要矿石矿物为辉锑矿或锑的氧化物。

(2)综合锑矿石:又可分为以下几类:

铅锑矿石:主要是多金属矿石中含有脆硫锑铅矿、硫锑铅矿等矿物。这种矿石加工后最终产品是锑铅矿,可用来冶炼合金。

金锑矿石:是含金的辉锑矿石英脉,一般以采金为主,辉锑矿是作为副产品。

锑钨矿石:辉锑矿或与钨铁矿共生,或与白钨矿共生,锑是钨矿石中的伴生组分。

锑镍矿石:仅见于土耳其的一个矿床。石英辉锑矿脉中含有辉铁镍矿(FeNiS),在氧化带中含镍2.8%,是锑镍综合矿石。

锑矿的一般工业要求:边界品位含Sb为0.7%,工业品位为1.5%。可采厚度为1m,夹石剔除厚度2m。

对锑矿石来说,As、Pb、Cu、Cd及Fe都是有害杂质。这些杂质给加工造成困难并影响产品质量。当精矿中锑的总含量不低于30%,氧化锑含量不超过8%时。其有害杂质允许含量为:As不大于0.25%,Cu不大于0.03%,Pb不大于0.08%。当精矿中锑含量为50%~65%时,允许有0.5%以下的Pb及0.3%以下的As。

块状富矿石的锑含量不低于30%。当氧化矿石中锑含量不低于3%~5%时,可直接利用升华的方法获得氧化锑。如果氧化矿石中的锑含量超过10%~12%可直接进行还原熔炼,不需选矿。

单一锑矿石含锑大于10%~12%的富矿,可直接提炼,而低于10%~12%的锑矿石和综合性矿石都需要进行选矿。

金属锑储量大于10000t者为大型矿床,储量在2000~10000t者为中型矿床;储量小于2000t者为小型矿床。

*2.锑矿资源*

锑矿分布不均匀。世界产锑国家大约有25个,锑金属的总储量为452万t。我国是锑矿储量最丰富的国家,产量居世界前茅。一些主要产锑国家和地区的锑储量见表2-57。

**表2-57 锑储量**

| 国家或地区 | 储量/万t(%) | 国家或地区 | 储量/万t(%) | 国家或地区 | 储量/万t(%) |
|---|---|---|---|---|---|
| 玻利维亚 | 37 (8) | 马来西亚 | 12(3) | 泰国 | 9(2) |
| 南非 | 32.5(7) | 美国 | 12(3) | 南斯拉夫 | 9(2) |
| 前苏联 | 27 (6) | 意大利 | 12(3) | 加拿大 | 6.5(1) |
| 墨西哥 | 22.5(5) | 土耳其 | 11(2) | 秘鲁 | 6.5(1) |
| 澳大利亚 | 13.5(3) | | | | |

世界锑矿总产量在60年代有明显的增长。70年代以来,锑的产量基本上平稳,仅最近几年稍有下降。

我国是盛产锑的国家。锑矿储量和产量均占世界总量的一半以上。我国锑矿主要分布在湘、黔、川、滇、陕、桂、粤等省(区),其中湘、黔、桂三省(区)最集中。

**(十八)锑精矿**

锑精矿按矿石类型和化学成分,分为硫精矿、混合矿和氧化矿3大类。前两大类又分为粉精矿和块精矿两种。

*1.硫化锑精矿*

硫化锑精矿(硫化锑中的含量与精矿中总含锑量之比大于85%)化学成分(YS/T385—94)见表2-58。

表 2-58 硫化锑精矿成分

| 类别 | 品级 | 锑/%(不小于) | 杂质/%(不大于) | |
|---|---|---|---|---|
| | | | As | Pb |
| 粉精矿 | 一级品 | 55 | 0.6 | 0.15 |
| | 二级品 | 45 | 0.6 | 0.15 |
| | 三级品 | 35 | 0.4 | 0.15 |
| | 四级品 | 30 | 0.4 | 0.15 |
| 块精矿 | 一级品 | 60 | 0.6 | 0.15 |
| | 二级品 | 50 | 0.6 | 0.15 |
| | 三级品 | 40 | 0.4 | 0.15 |
| | 四级品 | 30 | 0.4 | 0.15 |
| | 五级品 | 20 | 0.2 | 0.10 |
| | 六级品 | 10 | 0.2 | 0.10 |

2. 混合锑精矿

混合锑精矿(硫化锑中的含锑量与精矿中总含锑量之比在15%～85%范围内)的化学成分(YB/T385—94)见表 2-59。

表 2-59 混合锑精矿化学成分

| 类别 | 品级 | 锑/%(不小于) | 杂质/%(不大于) | |
|---|---|---|---|---|
| | | | As | Pb |
| 粉精矿 | 一级品 | 55 | 0.6 | 0.15 |
| | 二级品 | 45 | 0.6 | 0.15 |
| | 三级品 | 35 | 0.4 | 0.15 |
| | 四级品 | 30 | 0.4 | 0.15 |
| 块精矿 | 一级品 | 60 | 0.6 | 0.15 |
| | 二级品 | 50 | 0.6 | 0.15 |
| | 三级品 | 40 | 0.4 | 0.15 |
| | 四级品 | 30 | 0.4 | 0.15 |
| | 五级品 | 20 | 0.2 | 0.10 |
| | 六级品 | 10 | 0.2 | 0.10 |

3. 氧化锑精矿

氧化锑精矿(硫化锑中的含锑量与精矿中总含锑量之比小于15%)的化学成分(YS/T385—94)见表 2-60。

表 2-60 氧化锑精矿化学成分

| 类别 | 品级 | 锑/%(不小于) | 杂质/%(不大于) | |
|---|---|---|---|---|
| | | | As | Pb |
| 块精矿 | 一级 | 60 | 0.6 | 0.2 |
| | 二级 | 50 | 0.6 | 0.2 |
| | 三级 | 40 | 0.4 | 0.15 |

粉精矿水分应不大于10%,块精矿水分应不大于0.5%。

浮选粉精矿细度通过200目筛应不小于60%。手选块精矿粒度控制在+25~-150mm范围内,其他选矿方法提供的符合上述品级规定的精矿细度暂不作规定。

精矿内不能含有目力可辨的夹杂物。

**(十九)钴矿**

世界钴的储量总计约90~100万t,其中富矿储量约20万t,贫矿石中钴的储量约50万t,其他矿床中伴生钴的储量约为20万t。

已知的钴矿物有100多种,钴的工业矿物主要有方钴矿($CoAs_3$,含钴16%~20%)、辉钴矿(CoAsS,含钴29%~34%)、硫钴矿($Co_2S_4$;含钴36%~53%)和钴镍黄铁矿等。

由于钴大部分以伴生元素产出,一般不单独划分钴矿石类型,伴生有钴的矿石主要有:含钴磁黄铁矿-镍黄铁矿矿石;含钴黄铜矿-黄铁矿矿石;含钴硅酸镍矿石;含钴磁铁矿矿石;红镍矿-砷钴矿矿石,铁硫砷钴矿矿石等。

单独钴矿床一般分为砷化钴、硫化钴和钴土矿3类,前两种工业要求大体相同。作为伴生元素的含钴矿,钴的含量要求还要低些。

**(二十)钴硫精矿**

钴硫精矿是提取金属钴及氧化钴的矿物原料,按化学成分,钴硫精矿分为7个品级,以干矿品位计算,其品级及成分(YS/T301—94)见表2-61。

**表2-61 钴硫精矿品级及成分**

| 品级 | 化学成分/% | | | | | |
|---|---|---|---|---|---|---|
| | Co(不小于) | S(不小于) | 杂质(不大于) | | | |
| | | | Cu | Mn | $SiO_2$ | As |
| 0 | 0.50 | 27.0 | 0.4 | 0.03 | 5.0 | 0.04 |
| 1 | 0.45 | 27.0 | 0.5 | 0.04 | 7.0 | 0.06 |
| 2 | 0.40 | 27.0 | 0.6 | 0.06 | 10.0 | 0.06 |
| 3 | 0.35 | 27.0 | 0.7 | 0.08 | 13.0 | 0.08 |
| 4 | 0.30 | 27.0 | 1.0 | 0.10 | 16.0 | 0.08 |
| 5 | 0.25 | 27.0 | 1.2 | 0.10 | 18.0 | 0.10 |
| 6 | 0.20 | 27.0 | 1.2 | 0.10 | 20.0 | 0.10 |

注:硫系全硫。

**(二十一)铋矿**

自然界常见的含铋矿物有以下几种:

(1)辉铋矿($Bi_2S_3$):含Bi81.3%,S18.7%。类质同象混入物有Pb、Cu、Sb、Se。

(2)自然铋(Bi):成分较纯,有时含微量Fe、Pb、Sb、S、Te等元素。

(3)泡铋矿($[BiO]_2CO_3$)。

(4)铋华($Bi_2O_3 \cdot nH_2O$)。

我国赣南钨锡矿床中常产辉铋矿,华南一带的钨锡矿床中常有自然铋产出。这两种矿物是提炼铋的重要原料。

**(二十二)铋精矿**

铋精矿按化学成分分为8个品级,以干矿品位计算,其化学成分(YS/T321—94)见表

2-62。

表 2-62 铋精矿化学成分

| 品级 | 铋/%(不小于) | 杂质/%(不大于) | | |
|---|---|---|---|---|
| | | As | $SiO_2$ | $WO_2$ |
| 一级品 | 60 | 0.5 | 2 | 3 |
| 二级品 | 50 | 1.0 | 3 | 3 |
| 三级品 | 40 | 1.0 | 4 | 3 |
| 四级品 | 35 | 1.5 | 4 | 3 |
| 五级品 | 30 | 1.5 | 5 | 3 |
| 六级品 | 25 | 2.0 | 8 | 3 |
| 七级品 | 20 | 3.0 | 9 | 4 |
| 八级品 | 15 | 不限 | 10 | 4 |

## (二十三)金矿石

### 1.金的工业矿物

自然界常见的金矿物有20余种,大致可分为6组:自然金-银系列矿物、金和其他金属的互化物、金的碲化物、金的锑化物、金的硫化物和金的硒化物。前3类可构成具有工业价值的金矿石或伴生金矿石,其中最重要的工业矿物是自然金-银系列矿物。后3类仅有矿物学意义。

与金构成金属互化物的元素主要有铜、银、钯、铋、铂和汞。除金-银系列矿物外,其他金属互化物有钯金矿(AuPd,含金85.2%~91.1%)、铂金矿(AuPt,含金84.6%~86%)、钯铜金矿[$(CuPt)_3Au_2$,含金60.8%~65.6%]、铜金矿($AuCu_3$,含金64%~70%)金汞膏($Au_2Hg_3$)和黑铋金矿($Au_2Bi$,含金64.58%),金和其他金属的互化物大多属于等轴晶系。铂族元素和金的互化物见于岩浆熔离矿床中,金与铂大多成正消长关系,很少出现独立的自然金。金汞膏和黑铋金矿偶见于热液矿床中。据实验,金铋连晶在温度持续下降至373℃即行分离,因此,黑铋金矿的出现对确定矿床形成温度有一定意义。

金的碲化物是数量仅次于金-银系列矿物的金矿物,它由不同量比的银、金、碲构成,形成一组银-金-碲系列矿物,其中主要有:碲金矿($AuTe_2$,含金44.03%)、碲金银矿[$(Ag_3、Au)Te_2$,含金25.5%,银42%]、针碲金银矿[$(Au、Ag)Te_2$,含金24%,银13%]、白碲金银矿[$(Au,Ag)Te_2$,含金39%,银13%]。

金的碲化物主要产于中、低温热液多金属硫化物矿床中,几乎总是与黄铁矿、毒砂等硫化物及自然金伴生,大多为热液矿床中的副产品,构成独立矿床者极少。

含碲金矿物的热液矿床常与火山作用有关,在与安山岩、玄武岩伴生的浅成热液金矿床中,几乎总有一定数量的碲金矿物。某些产于前寒武纪绿岩带中的深成金矿床中,也含少量碲金矿物。西澳卡尔古里金矿床中,有的矿石矿物几乎全由碲金矿物构成。

### 2.金矿石类型

金矿石常按硫化物多少划分类型,一般分为4类:

(1)贫硫化物含金石英矿石:硫化物含量低于0.5%,金含于石英脉中,金多为自然金-银系列矿物。

(2)少硫化物含金石英矿石：硫化物含量在0.5%～5%之间，石英脉和硫化物中都含金。

(3)中等硫化物矿石：硫化物含量为10%～20%，主要为黄铁矿。热液型含金硫化物石英脉矿床的矿石大多属这一类型。

(4)多硫化物矿石：硫化物含量在50%以上，除黄铁矿外尚有黄铜矿、方铅矿等多金属组分。常构成热液型含金硫化物石英脉矿床中的富矿石。

3.自然金(Au)

成分中常含Ag，当Ag的含量达10%～15%时称为银金矿。此外，含有少量Bi、Pt、Cu、Pd等元素。

我国许多省区均有自然金产地，其中原生矿床以山东等地著称，而砂金矿床以金沙江、黑龙江和湖南沅水流域分布最多。湖南益阳地区1983年发现的自然金块，毛重2160.8g，含金量92%，纯金量1987.94g。

**(二十四)金精矿**

金精矿是提炼黄金的重要原料，按化学成分(以干矿品位计算)分为11个品级(YS2430—88)(见表2-63)。

**表2-63 金精矿品级及成分**

| 品　级 | 金/ $g \cdot t^{-1}$ (不小于) | 杂质/%(不大于) As |
|---|---|---|
| 一级品 | 180 | 0.30 |
| 二级品 | 160 | 0.30 |
| 三级品 | 140 | 0.30 |
| 四级品 | 120 | 0.35 |
| 五级品 | 100 | 0.35 |
| 六级品 | 90 | 0.35 |
| 七级品 | 80 | 0.35 |
| 八级品 | 70 | 0.40 |
| 九级品 | 60 | 0.40 |
| 十级品 | 50 | 0.40 |
| 十一级品 | 40 | 0.40 |

**(二十五)银矿石**

银在地壳中的丰度为$0.07\times10^{-6}$，在基性岩中含量为$0.1\times10^{-6}$，中性岩中为$0.07\times10^{-6}$，超基性岩和花岗岩中均为$0.05\times10^{-6}$，在粘土页岩中含银亦可达$0.1\times10^{-6}$。

银属铜族元素，具强极化性。在自然界主要以$Ag^+$形式形成硫化物。$Ag^+$离子半径为$1.26\times10^{-10}$m，与铜有相同的离子价和近似的离子半径($Cu^+$ $0.96\times10^{-10}$m)，故银在各种矿物中可取代铜。在多金属矿石中，银常赋存在方铅矿中。

银与金之间可以形成完全的类质同象系列，其中主要形成银金矿(含银15%～50%)和金银矿(含金15%～50%)。此外，银与砷、锑、铋等亦可形成化合物，如砷银矿、锑银矿和铋银矿等。少量的银可进入钼的硫化物、硫盐及某些碲化物中。

银的硫化物在地表可被氧化成 $Ag_2SO_4$，易溶于水，被地表水流带走。在氧化带底部，常形成自然银，在干旱的气候带，可形成稳定的卤化物（角银矿）。含银的碳酸盐溶液下渗至地下水面以下的还原带，被原生矿石中的硫化物还原后，可形成银的次生硫化物或硫盐，有时构成次生富集带，提高了矿石的品位，有时可形成独立的银矿体。

银的重要矿物主要有以下几种：

(1)自然银(Ag)：成分中常含 Au(可达 1%～2%)、Cu、Hg 等，为银的来源之一。

(2)辉银矿($Ag_2S$)：主要成分为 Ag87.06%、S12.94%，存在少量 Pb、Fe、Cu 等混入物，是提炼银的重要原料。

(3)淡红银矿（硫砷银矿）($Ag_3AsS_3$)：主要成分有 Ag65.42%、As15.14%、S19.44%，通常含少量的 Sb，有时存在微量 Fe、Co、Pb，它们可能是机械混入物。它是提炼银的原料。

(4)浓红银矿（硫锑银矿）($Ag_3SbS_3$)：主要成分有 Ag59.76%、Sb22.48%、S17.76%，通常含少量的 As。其他混入物类同淡红银矿。大量产出者可作为提炼银的矿物原料。

### (二十六)铂族矿物

#### 1. 铂族金属矿物

铂族金属矿物目前已发现有 200 余种，有工业意义的铂族矿物主要有：

(1)自然元素及金属互化物：重要的有自然铱、等轴锇铱矿、等轴铂锇铱矿、铱锇矿、自然锇、钌铱锇矿、自然铂、粗铂矿。

(2)硫及硫砷化合物：这类矿物有硫铂矿、硫钯铂矿、硫钯矿、铂硫钯矿、硫钌矿、锇硫钌矿、硫砷铱矿、硫砷铂矿等。

(3)碲、碲-锑及锑-铋化物：有黄碲钯矿、碲钯矿、碲铂矿、碲镍铂钯矿、等轴碲铋钯矿等。

(4)锑化物：主要有六方锑钯矿、锑钯矿、丰滦矿等。

(5)砷化物：有砷铂矿、等轴砷钯矿、砷镍钯矿、峨嵋矿、安多矿等。

(6)氧化物：钯华、锑钯华。

#### 2. 铂族金属矿物的工业要求

铂族金属除少数独立矿床外，大部分是从其他矿石中提取的。在铬铁矿矿石、铜镍矿石的选矿中可回收较多的铂族金属矿物。对铂矿石的一般工业要求是：

现在铂和金的国际价格很相近，故一般工业要求应参照岩金及砂金的要求进行评价。

除铂钯以外，其他铂族金属没有固定的含量要求，在选冶过程中，力求尽量回收。

原生铂矿经过选矿得到混合精矿，从中再经冶炼获取铂族金属。目前对高镁质橄榄岩中低品位铂矿石，首先通过制取钙镁磷肥的工艺流程以提高铂的品位，然后再加以回收，使含铂低的高镁橄榄岩得到了综合利用，扩大了铂的来源。

#### 3. 铂族金属矿物的特征

不同的铂族金属元素其地球化学特征亦有差异。

铂：在纯橄榄岩中含量最高，其次为辉岩及橄榄岩。在含铂矿物中分布最广的是铂与铁的合金，如粗铂矿（含 Pt80%～88%，Fe5%～11%），细铂矿（含 Pt71%～79%，Fe16%～19%）。铂铱矿（含 Pt56%～77%）。其次是铂的硫化物——硫铂矿（含 Pt80%～82%），砷化合物——砷铂矿（含 Pt52%～56%）和碲铋化合物等。

钯：主要含在超基性岩、基性岩中，在玄武岩中钯比铂含量高。钯具有亲硫性，在热液作用阶段，可含在黄铜矿（平均含 Pd1.02g/t）、镍黄铁矿（含 Pd1g/t）、磁黄铁矿（含 Pd0.09g/

t)、方黄铜矿等硫化物及碲化物中。钯铂矿(含Pt55%～90%,Pd7%～40%)是最常见的含钯矿物。

铱:自然界中出现的铱矿物,以铱-锇金属互化物为主,常见于铬铁矿矿石中。在铜镍矿石、含铂矿石以及磁黄铁矿、镍黄铁矿、辉钼矿、碲铅矿、硒铅矿以及铌铁矿、钪钇石等矿物中也常含铱。

铑:常以硫化物形式存在,如硫砷铑矿(Rh、Pt、Pd)AsS,硫砷铱铑矿(Ir,Ru,Rh,Pt)AsS。在铜镍矿石中,特别在黄铜矿、磁黄铁矿、黄铁矿中以及热液形成的铜矿石-铜钼矿石中常有铑分布。

锇:铬铁矿矿石、铜镍矿石及部分钼矿石中含有锇。锇常与钌、铱形成多种金属互化物和硫砷化物,如六方铱锇矿、等轴锇铱矿、硫钌锇铱矿(Ru,Os,Ir)$S_2$等。锇在空气或氧气中加热,易形成高价氧化物($OsO_4$、$OsO_3$、$OsO_2$)。在自然界中锇和铱可形成连续固溶体矿物,如锇铱矿、铱锇矿等。

钌:在铜镍矿石中的铜、铁、镍、钴的硫化物内均含有钌。独立矿物有硫钌矿($RuS_2$)、硫钌锇铱矿〔(Ru,Os,Ir)$S_2$〕、砷硫铱钌钯铂矿〔(Ir,Ru,Rh,Rt)AsS〕及Ru-Os的有限固溶体等。

**(二十七)褐钇铌矿、黄钇钽矿**

褐钇铌矿($YNbO_4$)和黄钇钽矿($YTaO_4$)呈完全类质同象,各组分的含量不定。$Y_2O_3$可达37.03%,$Nb_2O_5$可达42.90%(褐钇铌矿),$Ta_2O_5$可达49.38%(黄钇钽矿)。此外,还常含Ti、U和Th。它们的置换方式,可能是$Ti^4+U^{4+}(Th^{4+})\rightarrow Nb^5(Ta^{5+})+Y^{3+}$。

这两种矿物是提炼铌、钽、稀土、钍、铀的矿物原料。

**(二十八)褐钇铌矿精矿**

褐钇铌矿精矿供提取铌(钽)和稀土等金属用。按化学成分分为两级,以干矿品位计算,其化学成分(YB831—75)见表2-64。

**表2-64　褐钇铌矿精矿成分**

| 等　级 | $(Ta、Nb)_2O_5$/% 不小于 | 杂　质/%　(不大于) | | |
|---|---|---|---|---|
| | | $TiO_2$ | $SiO_2$ | P |
| 一级品 | 35 | 4 | 4 | 0.5 |
| 二级品 | 30 | 5 | 6 | 0.5 |

注:精矿中$(Ta、Nb)_2O_5$含量少于30%时,由供需双方商定。精矿中不得混入外来夹杂物。

**(二十九)铌钽矿**

铌在地壳中的含量为$2\times10^{-3}$%,钽为$2.5\times10^{-4}$%,Nb/Ta比值为8。大部分铌、钽以类质同象方式进入其他矿物中,只有一小部分形成独立矿物。由于铌、钽的离子半径均为$0.66\times10^{-10}$m,电价亦相同,所以,两者经常存在于同一矿物内。由于铌的含量高于钽,所以钽主要分散于铌的矿物中,而独立矿物较少。铌、钽在花岗岩中含量较高,且主要分散于由钛、锆、铁等组成的矿物中。某些花岗岩中也有黑稀金矿、褐钇铌矿及烧绿石等铌、钽矿物。在花岗伟晶岩中铌、钽都有较高的富集,特别是钽的富集程度更高。在伟晶岩形成的晚期阶段可形成一系列钽的独立矿物。铌、钽的富集主要与钠长石化及白云母化有关。与白云母化有关的铌、钽矿物主要有铌铁矿,与钠长石化有关的铌、钽矿物为铌铁矿、钽铁矿;与锂云母化有关的钽矿物是锰钽铁矿、钽锡矿、钽铋矿、细晶石及六方钽铝石等矿物。铌、钽在钠长石化、云英岩化花岗岩以及云英岩中有显著的富集。在钠长石化的碱性岩、碱性花岗岩及与碱性-超基性岩有关的碳酸岩内，铌、钽也有明显的富集。铌、钽矿物在表生作用中比较稳定，密度较大，常可形成砂矿。

主要的铌钽矿物有：

(1)铌铁矿-钽铁矿$(Fe,Mn)(Nb,Ta)_2O_6$：常含Sn、Ti、Zr、W、U等混入物，通常产在白云母型的花岗伟晶岩中。在氧化带也稳定，故常出现在砂矿中。大量产出时可用来提炼铌和钽。

(2)黄绿石(又名烧绿石)$(Na,Ca)_2(Nb,Ta)_2O_6[F,OH]$：成分变化大，常含有Y、Ce、U等。

产于霞石正长岩(碱性岩)的伟晶岩中。砂矿中也经常见到。我国新疆北部及大兴安岭均有产出。

(3)褐钇钽矿$(Y,Er,Ce,Fe,U)(Nb,Ta,Ti)O_4$：主要产在富含Nb、Ta的花岗伟晶岩中，可作Y、Ce、Ta、Nb的矿石，富含U的可作铀矿石。

**(三十)钽铁矿-铌铁矿精矿**

钽铁矿-铌铁矿精矿按五氧化二铌、钽含量及五氧化二钽含量(以干矿品位计算)分为4级15类，其成分(YB830—75)见表2-65。

**表2-65 钽铁矿-铌铁矿精矿成分表**

<table>
<tr><th rowspan="2">等级</th><th rowspan="2">类 别</th><th rowspan="2">$(Ta、Nb)_2O_5$/%<br>(不小于)</th><th rowspan="2">$Ta_2O_5$/%</th><th colspan="3">杂质/%(不大于)</th></tr>
<tr><th>$TiO_2$</th><th>$SiO_2$</th><th>$WO_3$</th></tr>
<tr><td rowspan="4">一级品</td><td>1类</td><td>60</td><td>≥35</td><td rowspan="4">6</td><td rowspan="4">7</td><td rowspan="4">5</td></tr>
<tr><td>2类</td><td>60</td><td>≥30</td></tr>
<tr><td>3类</td><td>60</td><td>≥20</td></tr>
<tr><td>4类</td><td>60</td><td><20</td></tr>
<tr><td rowspan="5">二级品</td><td>1类</td><td>50</td><td>≥30</td><td rowspan="4">7</td><td rowspan="4">9</td><td rowspan="4">5</td></tr>
<tr><td>2类</td><td>50</td><td>≥25</td></tr>
<tr><td>3类</td><td>50</td><td>≥17</td></tr>
<tr><td>4类</td><td>50</td><td><17</td></tr>
<tr><td>5类</td><td>50</td><td><17</td><td>9</td><td>9</td><td>6</td></tr>
<tr><td rowspan="4">三级品</td><td>1类</td><td>40</td><td>≥24</td><td rowspan="4">8</td><td rowspan="4">11</td><td rowspan="4">5</td></tr>
<tr><td>2类</td><td>40</td><td>≥20</td></tr>
<tr><td>3类</td><td>40</td><td>≥13</td></tr>
<tr><td>4类</td><td>40</td><td><13</td></tr>
<tr><td rowspan="2">四级品</td><td>1类</td><td>30</td><td>≥20</td><td rowspan="2">10</td><td rowspan="2">13</td><td rowspan="2">5</td></tr>
<tr><td>2类</td><td>30</td><td>≥15</td></tr>
</table>

**(三十一)铌铁矿**

铌铁矿$((Fe^{2+},Mn)Nb_2O_6)$含MnO10.49%，FeO10.63%，$Nb_2O_5$78.88%。由于铌铁矿与钽铁矿之间呈完全类质同象，故各组分间的含量变化很大。此外，还常含Ti、Sn、W等。

主要产于花岗伟晶岩和蚀变花岗岩中，也见于砂矿中。我国新疆阿尔泰地区的伟晶岩，以及南岭一带一些燕山期蚀变花岗岩中盛产本族矿物。1982年新疆曾发现重达60kg的钽铌铁矿巨晶。铌铁矿是提炼铌的重要矿物原料。

### (三十二)铌铁矿精矿

铌铁矿精矿供提取钽铌氧化物及其金属和制造合金用,其化学成分(YB5001—87)见表2-66。

**表 2-66 铌铁矿精矿成分**

| 级别 | | $(NbTa)_2O_5$/%(不小于) | $Ta_2O_5$/% | 杂质含量/%(不大于) | | | | |
|---|---|---|---|---|---|---|---|---|
| | | | | $WO_3$ | $TiO_2$ | $SiO_2$ | Sn | P |
| 特级 | 1类 | 65.00 | ≥5.00 | 2.50 | 3.00 | 3.50 | 0.40 | 0.35 |
| | 2类 | | <5.00 | | | | | |
| 一级 | 1类 | 60.00 | ≥5.00 | 3.50 | 4.00 | 4.50 | 0.50 | 0.40 |
| | 2类 | | <5.00 | | | | | |
| 二级 | 1类 | 55.00 | ≥5.00 | 7.50 | 5.00 | 5.00 | 不限 | 0.50 |
| | 2类 | | <5.00 | | | | | |
| 三级 | 1类 | 50.00 | ≥5.00 | 9.00 | 6.50 | 5.50 | 不限 | 0.60 |
| | 2类 | | <5.00 | | | | | |
| 四级 | 1类 | 45.00 | ≥5.00 | | 8.00 | 10.00 | 不限 | |
| | 2类 | | <5.00 | | | | | |

### (三十三)钽铁矿

钽铁矿($(Fe^{2+},Mn)Ta_2O_6$)含MnO6.90%,FeO6.98%,$Ta_2O_5$86.12%。由于铌铁矿与钽铁矿之间呈完全类质同象,故各组分间的含量变化很大。此外,还常含Ti、Sn、W等。

主要产于花岗伟晶岩和蚀变花岗岩中,也见于砂矿中。我国新疆阿尔泰地区的伟晶岩,以及南岭一带一些燕山期蚀变花岗岩中盛产钽铁矿。

钽铁矿是提炼钽的重要矿物原料。

### (三十四)钽精矿

钽精矿按五氧化二钽与五氧化二铌含量及五氧化二钽含量,划分为3个等级,7个品级,以干矿品位计算,其化学成分(YS/T395—94)见表2-67。

**表 2-67 钽精矿化学成分**

| 等级 | 品级 | 化学成分/% | | | | |
|---|---|---|---|---|---|---|
| | | $Ta_2O_5+Nb_2O_5$(不小于) | $Ta_2O_5$(不小于) | 杂质(不大于) | | |
| | | | | $TiO_2$ | $SiO_2$ | $WO_3$ |
| 一等品 | 1级 | 60 | 40 | 5 | 7 | 3 |
| | 2级 | 55 | 38 | | | |
| | 3级 | 55 | 35 | | | |
| 二等品 | 1级 | 50 | 32 | 6 | 11 | 3.5 |
| | 2级 | 45 | 29 | | | |
| | 3级 | 45 | 26 | | | |
| 三等品 | | 40 | 22 | 7 | 15 | 4 |

### (三十五)锆石

锆石($Zr[SiO_4]$)的主要成分有$ZrO_2$67.01%(含Zr49.5%),$SiO_2$32.99%。锆石中经常含有少量的Hf,高者含$HfO_2$可达22%~24%,而Hf/Zr比达到0.6左右;也经常含U、Th、Y族稀土和Fe等。其中$ThO_2$含量可达15%,而$UO_2$可达5%。$[SiO_4]^{4-}$可以被极少量的$[PO_4]^{3-}$所置换,这时电荷的平衡则用$TR^{3+}$置换$Zr^{4+}$作补偿。由于锆石成分中存在放射性元素,因而可以发生非晶化。非晶化的锆石,密度明显下降。只有经过高热处理,才能恢复原来的结晶状态。随着非晶化作用由弱至强,乃有变锆石、曲晶石等亚种。在非晶化过程中,伴有氧化作用,而且有水分子的加入。含水高者可达10%~12%,名叫水锆石。

锆石是火成岩中常见的副矿物之一,也是沉积岩中的常见重矿物之一。近代沉积物中如果富集锆石时,可以作为砂矿采集之。变质岩中一般只作为原岩的残留矿物。我国除华南及沿海一带有大量盛产锆石的冲积砂矿和海滨砂矿外,在新疆、内蒙古等地的伟晶岩中亦有产出。

锆石是提炼锆和铪的最重要矿物原料,又是近代尖端工业中不可缺少的矿物材料之一。

### (三十六)锆英石精矿

锆英石精矿系海滨砂矿经选矿富集而得。供提取锆的化合物、锆铪分离、制造合金以及铸造、耐火材料、陶瓷、玻璃等用。

锆英石精矿产品分为6个品级。以干矿品位计算,其化学成分(TS/T350—94)见表2-68。

**表2-68 锆英石精矿化学成分**

| 品级 | 化学成分/% | | | | | |
|---|---|---|---|---|---|---|
| | 二氧化(锆+铪)(不小于) | 杂质(不大于) | | | | |
| | | $TiO_2$ | $Fe_2O_3$ | $P_2O_5$ | $Al_2O_3$ | $SiO_2$ |
| 特级品 | 65.50 | 0.30 | 0.10 | 0.20 | 0.80 | 34.00 |
| 一级品 | 65.00 | 0.50 | 0.25 | 0.25 | 0.80 | 34.00 |
| 二级品 | 65.00 | 1.00 | 0.30 | 0.35 | 0.80 | 34.00 |
| 三级品 | 63.00 | 2.50 | 0.50 | 0.50 | 1.00 | 33.00 |
| 四级品 | 60.00 | 3.50 | 0.80 | 0.80 | 1.20 | 32.00 |
| 五级品 | 55.00 | 8.00 | 1.50 | 1.50 | 1.50 | 31.00 |

### (三十七)钛矿

钛矿物种类很多,约有170余种,具有工业价值的主要是:

(1)钛铁矿($FeTiO_3$):主要成分有$TiO_2$52.66%,FeO47.34%。常含类质同象混入物Mg和Mn。在950℃以上,钛铁矿与赤铁矿形成完全类质同象,当温度降低时即发生离溶,故钛铁矿中常含有细鳞片状赤铁矿包体。

我国四川攀枝花钒钛磁铁矿矿床中钛铁矿的储量极为可观,是世界上钛铁矿著名产地之一。在碱性岩,尤其是碱性伟晶岩中钛铁矿可形成很大的晶体,如前苏联乌拉尔的伊尔门矿山曾发现长达15cm的钛铁矿晶体。此外,常见于砂矿中。钛铁矿是提炼钛的重要矿物原料。

(2)锐钛矿和板钛矿($TiO_2$):化学组成与金红石相同,是提炼钛的矿物原料。

(3)钙钛矿($CaTiO_3$):主要成分有CaO41.24%,$TiO_2$58.76%。类质同象混入物有Na、

Ce、Fe、Nb。主要与钛磁铁矿共生。富集时可作为提炼钛、稀土和铌的矿物原料。

(4)金红石($TiO_2$):含Ti60%,常含Fe、Nb、Ta、Cr、Sn等。其中富含Fe者,称为铁金红石,其成分中$Fe_2O_3$可达25%~35%。$Fe^{2+}$和$Nb^{5+}$($Ta^{5+}$)可与$Ti^{4+}$成异价类质同象置换:$Fe^{2+}+2Nb^{5+}(Ta^{5+})\rightarrow 3Ti^{4+}$。当Nb大于Ta时,称铌铁金红石;当Ta大于Nb时,称钽铁金红石。金红石由于其化学稳定性大,在岩石风化后常转入砂矿,是提炼钛的矿物原料。

**(三十八)钛铁矿精矿**

钛铁矿精矿的技术条件,中国有色金属行业标准(YS/T351—94)规定如下:

钛铁矿精矿供生产人造金红石、钛铁合金和高钛渣等用。其分类及化学成分见表2-69(以干矿品位计算)。

**表2-69 钛铁矿精矿分类及成分**

| 品级 | | $TiO_2$/%(不小于) | 杂质含量/%(不大于) | |
|---|---|---|---|---|
| | | | CaO+MgO | P |
| 一级 | 一类 | 52 | 0.5 | 0.025 |
| | 二类 | 50 | 0.5 | 0.025 |
| 二级 | | 50 | 0.5 | 0.030 |
| 三级 | | 49 | 0.6 | 0.040 |
| 四级 | | 49 | 0.6 | 0.050 |
| 五级 | | 48 | 1.0 | 0.070 |

注:含铁金红石的钛精矿中$TiO_2$不小于57%,(CaO+MgO)不大于0.6%,P不大于0.045%的产品作为一级品。

钛铁矿精矿还用于生产钛白粉,其分类及成分见表2-70。

**表2-70 生产钛白粉用钛铁矿精矿成分**

| 品级 | | $TiO_2$/%(不小于) | 杂质含量/%(不大于) | |
|---|---|---|---|---|
| | | | P | $Fe_2O_3$ |
| 一级 | 一类 | 50 | 0.02 | 10 |
| | 二类 | 50 | 0.02 | 13 |
| 二级 | 一类 | 49 | 0.02 | 10 |
| | 二类 | 49 | 0.025 | 13 |

注:精矿中$TiO_2$含量不小于52%,P不大于0.025%,$Fe_2O_3$不大于10%的产品作为一级品。

**(三十九)天然金红石精矿**

天然金红石精矿供提取金属钛用。

天然金红石精矿按化学成分分为四个品级,以干矿品位计算,化学成分(YS/T352—94)见表2-71。

**表2-71 天然金红石精矿成分**

| 级别 | 化学成分/% | | | |
|---|---|---|---|---|
| | $TiO_2$(不小于) | 杂质含量(不大于) | | |
| | | P | S | $Fe_2O_3$ |
| 一级品 | 93.0 | 0.02 | 0.02 | 0.5 |
| 二级品 | 90.0 | 0.03 | 0.03 | 0.8 |

续表 2-71

| 级别 | 化学成分/% | | | |
|---|---|---|---|---|
| | $TiO_2$(不小于) | 杂质含量(不大于) | | |
| | | P | S | $Fe_2O_3$ |
| 三级品 | 87.0 | 0.04 | 0.04 | 1.0 |
| 四级品 | 85.0 | 0.05 | 0.05 | 1.2 |

注:1. 如需方对产品有特殊要求,供需双方可另行商定;

2. 产品中水分应不大于 1%;

3. 产品中不得混入外来杂物;

4. 产品粒度要求:

砂矿产品应全部通过 0.18mm 筛孔标准筛;

原生矿产品应全部通过 0.25mm 筛孔标准筛。

### (四十)高钛渣

高钛渣为黑粉状物。以粉状供货,粒度在 0.425mm 到 0.075mm 之间的总量不小于 75%。

高钛渣的化学成分(YS/T298—94)见表 2-72。

**表 2-72 高钛渣化学成分**

| 品级 | 化学成分/% | | | |
|---|---|---|---|---|
| | $TiO_2$ | TFe | CaO+MgO | $MnO_2$ |
| | 不小于 | 不大于 | | |
| 一级品 | 94.0 | 3.0 | 1.0 | 4.5 |
| 二级品 | 92.0 | 4.0 | 1.5 | 4.5 |
| 三级品 | 80.0 | 5.0 | 11.0 | 4.5 |

注:三级品适用于攀枝花地区钛矿生产的高钛渣。

### (四十一)钒矿

钒主要从岩浆型钒钛磁铁矿矿床的矿石中获得。其次是从铀矿石、磷矿石中作为副产品回收。近些年来,有的国家从燃烧石油焦的灰尘中提取钒。

钒在地壳中的含量为 0.07%,就其在地壳中的含量来讲钒并不是稀有的元素,但自然界中的钒矿很少有单一的矿体,而是同其他矿物形成共生矿或复合矿,分散存在。

钒的储量和产量以南非和美国最多,除我国以外,世界钒储量约为 270 万 t,仅南非就有 200 万 t。

目前发现的含钒矿物有 70 多种。在这些矿物中有的以氧化物的形态存在,有的以硫化物形态存在,有的则以钒酸盐、磷酸盐和硅酸盐存在。主要的含钒矿物有:

(1)绿硫钒矿($V_2S_5$):它是惟一的单一矿体,是一种稀有矿物。到目前为止,仅秘鲁一个地方发现这种矿物。钒在矿中以 $V_2S_5$ 形态存在,与自然硫、含碳物质、石英等共生,呈黑色。富矿区的含钒量在 6%~13%之间。

(2)钒铅锌矿〔$(Zn、Cu、Pb)O \cdot V_2O_5 \cdot H_2O$〕:是碱性重金属钒酸盐,它是铅锌等的水合钒酸盐矿物,产生于铅锌硫化物矿物的氧化带中。原矿含 $V_2O_5$3%左右,含 Pb8.5%,含 Zn17%,精矿中含 $V_2O_5$ 达 18%。主要产地在西南非洲和赞比亚。

(3)钒云母:钒云母是白云母型的铝硅酸盐,其化学式为 $2K_2O \cdot 2Al_2O_3(Mg \cdot Fe)O \cdot$

$3V_2O_5 \cdot 10SiO_2 \cdot 4K_2O$,富矿含 $V_2O_5$ 为 21%～29%,主要产地在美国和澳大利亚。

(4)钾钒铀矿:是一种钾铀的钒酸络盐,它的化学式为 $K_2O \cdot 2UO_3 \cdot V_2O_5 \cdot 1\sim3H_2O$。呈浅黄色或绿黄色,含 $V_2O_5$ 约 20.16%,美国等地是这种矿物的主要产地。

(5)钒钛磁铁矿:钒呈($FeO \cdot (Fe \cdot V)_2O_3$)尖晶石状态存在,精矿中含 $V_2O_5$0.2%～1.5%。

(6)钒铅矿($3Pb_3(VO_4)_2 \cdot PbCl_2$):是一种复杂的氯化钒酸铅。

此外,还有许多含钒量更少的伴生矿。如煤、沥青、石油、铝土矿、粘土矿和磷酸盐矿等。

钒钛磁铁矿及某些铁矿是钒储量最大的矿物。除美国外(主要从钒钾铀矿中提钒),世界主要产钒国家都是从这类矿物中提钒的。

我国的钒矿资源丰富。钒钛磁铁矿储量相当大,主要产地是承德大庙和渡口攀枝花等地。多年来,对这类矿物的综合利用方面做了大量工作,并取得很大进展,为我国制钒工业提供了丰富的资源。另外,我国的含钒石煤矿的储量也非常大。

**(四十二)钒精矿**

含钒矿物虽然很多,但其含钒量都不高,伴生元素多,再加上钒本身又是很活泼的元素不易还原,直接用矿石生产钒非常困难。因此必须经过钒氧化物($V_2O_5$)生产的中间过程。即先由矿石生产出五氧化二钒中间产品,最后再用 $V_2O_5$ 冶炼钒铁或其他钒制品。

我国的钒冶金工业大多是以钒钛磁铁矿为原料,采用间接法工艺而提炼钒的。由于钒钛磁铁矿是由钛铁矿和磁铁矿两种矿物组分构成的。因此可通过磁选的方法分离出含钒磁铁矿使钒富集而得到钒精矿。我国生产的钒精矿化学成分见表 2-73。

**表 2-73 钒精矿成分**

| 品级 | 成分/% | | | | | | <180 目的粒度/% |
|---|---|---|---|---|---|---|---|
| | TFe | $V_2O_5$ | $TiO_2$ | $SiO_2$ | S | 水分 | |
| 一级品 | ≥60 | ≥0.72 | <8 | <2.5 | <0.1 | <10 | >60 |
| 二级品 | ≥59 | 0.70～0.72 | <8 | <2.5 | <0.1 | <10 | >60 |
| 三级品 | ≥58 | 0.65～0.70 | <8 | <2.5 | <0.1 | <10 | >60 |

承德和渡口是钒精矿的主要产地,其成分见表 2-74。

**表 2-74 承德、渡口的钒精矿成分**

| 产地 | 化学成分/% | | | | | | | | | |
|---|---|---|---|---|---|---|---|---|---|---|
| | ΣFe | FeO | $V_2O_5$ | $TiO_2$ | MnO | $SiO_2$ | $Al_2O_3$ | CaO | P | S |
| 承德 | 60.5 | 27.44 | 0.75 | 8.01 | — | 2.89 | 3.50 | 0.31 | 0.01 | 0.058 |
| 渡口 | 55.7 | 24.06 | 0.64 | 15.10 | 0.37 | 1.41 | 2.84 | 0.39 | 0.011 | 0.023 |

**(四十三)锂矿**

目前已知道的含锂矿物有 150 多种,最常见的有以下两种:

(1)锂辉石($LiAl[Si_2O_6]$):锂辉石的组成往往接近于理想组分。分析资料证明,其中的 Si 很少被 Al 所置换。锂辉石中含有少量的霓石和硬玉分子。此外也含微量的 K。

我国新疆阿尔泰地区是锂辉石的主要产地之一。

锂辉石是提炼锂的矿物原料。紫锂辉石和翠绿锂辉石可作宝石。

(2)铁锂云母：分子式为$K(Li,Fe^{2+},Al)_3[Si_{3\sim3.5}Al_{1\sim0.5}O_{10}](OH,F)_2$。铁锂云母是Fe-Li系列云母中的中间成员。八面体片中除含Li、Fe、Al外，尚可有少量的Ti、Mn、Mg等；K也可被少量的其他一价离子$Na^+$、$Rb^+$、$Cs^+$等或二价的$Ba^{2+}$、$Ca^{2+}$等置换。附加阴离子为$(OH)^-$及$F^-$。

我国华南南岭地区盛产的钨、锡、铍、铌、钽矿脉两侧所形成的云母边，大都由铁锂云母构成。也可以成网脉穿插于围岩中。

铁锂云母是提炼锂的矿物原料之一。

### (四十四)锂辉石精矿

锂辉石精矿是提取锂及其化合物的重要原料。

按化学成分、冶炼工艺要求和用途，锂辉石精矿分为3类共9个品级，以干矿品位计算其化学成分(YS/T261—94)，见表2-75。

**表2-75 锂辉石精矿成分**

| 类别 | 品级 | $Li_2O$/%(不小于) | 杂质/%(不大于) | | | |
|---|---|---|---|---|---|---|
| | | | $Fe_2O_3$ | MnO | $Na_2O+K_2O$ | $P_2O_5$ |
| 低铁锂辉石 | 一级品 | 7 | 0.15 | 0.10 | 1.5 | |
| | 二级品 | 6.5 | 0.20 | 0.15 | 1.8 | |
| | 三级品 | 6 | 0.25 | 0.20 | 2.0 | |
| 陶瓷用锂辉石 | 一级品 | 7 | 0.50 | 0.20 | 1.5 | 0.5 |
| | 二级品 | 6.5 | 0.70 | 0.25 | 1.8 | |
| | 三级品 | 6 | 0.90 | 0.30 | 2.0 | |
| 化工用锂辉石 | 一级品 | 6.5 | 2.50 | 0.30 | 1.8 | |
| | 二级品 | 6 | 2.80 | 0.40 | 2.0 | |
| | 三级品 | 5.5 | 3.00 | 0.50 | 3.0 | |

注：1.如需方另有要求，可双方议定；

2.精矿粒度：

低铁与陶瓷用锂辉石精矿块状产品，粒度不得大于100mm；

陶瓷与化工用锂辉石精矿的粉状产品，粒度小于0.074mm的不少于60%；低铁锂辉石精矿的粉状产品，粒度小于0.074mm的不少于35%；

3.精矿中不得混入外来夹杂物；

4.块状精矿水分不大于3%；粉状精矿水分不大于8%。

### (四十五)锂云母精矿

锂云母精矿是提取锂及其化合物的重要原料。按化学成分(以干矿品位计算)分级，其化学成分(YS/T236—94)见表2-76。

**表2-76 锂云母精矿成分**

**锂盐用：**

| 品级 | 主要成分/%(不小于) | |
|---|---|---|
| | $Li_2O+Rb_2O+Cs_2O$ | $Li_2O$ |
| 特级品 | 6 | 4.7 |
| 一级品 | 5 | 4.0 |

**玻璃、陶瓷用：** 续表 2-76

| 品级 | 主要成分/%（不小于） | | | 杂质/%（不大于） | |
|---|---|---|---|---|---|
| | $Li_2O+Rb_2O+Cs_2O$ | $Li_2O$ | $K_2O+Na_2O$ | $Fe_2O_3$ | $Al_2O_3$ |
| 一级品 | 5 | 4 | 8 | 0.4 | 26 |
| 二级品 | 4 | 3 | 7 | 0.5 | 28 |
| 三级品 | 3 | 2 | 6 | 0.6 | 28 |

注：精矿中不得混入外来夹杂物。精矿中水分不得大于10%。

### （四十六）铍矿

自然界中含有铍的矿物约50多种，其中香花石、顾家石是我国首次发现的。可以提炼铍的矿物只有几种，其中以绿柱石、日光榴石为主要的含铍矿物：

（1）绿柱石（$Be_3Al_2[Si_6O_{18}]$）：主要成分有BeO14.1%，$Al_2O_3$19.0%，$SiO_2$66.9%成分中经常含有碱金属，自Li至Cs均可存在，不过含Rb者很罕见。有时还含$H_2O$。少量的$Fe^{3+}$和$Mg^{2+}$可分别置换其中的Al和Be。此外，还可以有微量的Nb、Sn、Cr、U等元素存在。

我国华南地区的许多钨、锡、铌、钽矿床中常伴生有绿柱石。

绿柱石是提炼铍的最重要矿物原料。祖母绿、海蓝宝石等亚种则是价值昂贵的宝石。

（2）日光榴石：分子式为$Mn_8[BeSiO_4]_6S_2$或$(Mn、Fe、Zn)_8[BeSiO_4]_6S_2$，成分中BeO可达13.6%，此外还含少量的Fe和Zn。

（3）香花石（$Li_2Ca_3[BeSiO_4]_3F_2$）：是我国地质工作者于1957年发现的一种新矿物。主要成分有$SiO_2$32.66%，CaO34.60%，BeO15.78%。Li5.81%，F7.81%。此外尚含有Al、Fe、Mg、Na等其他元素。它是提炼铍和锂的矿物原料。

### （四十七）绿柱石精矿

绿柱石精矿是提取铍及其化合物的重要原料，化学成分（YS/T262—94）以干矿品位计算，见表2-77。

**表2-77 绿柱石精矿化学成分**

| 类别 | 品级 | BeO/%（不小于） | 杂质/%（不大于） | | | |
|---|---|---|---|---|---|---|
| | | | $Fe_2O_3$ | Ca | F | $Li_2O$ |
| 块状精矿 | 一级品 | 11 | 1.5 | 0.47 | 0.40 | 1.00 |
| | 二级品 | 10 | 2.0 | 0.50 | 0.50 | 1.20 |
| 粉状精矿 | 一级品 | 9 | 2.5 | 0.53 | 1.00 | 1.50 |
| | 二级品 | 8 | 3.0 | 0.59 | 1.20 | 1.80 |
| | 三级品 | 7 | 3.5 | 0.65 | 1.50 | 2.00 |

注：1. 如需方另有要求，可双方议定；

2. 块状精矿：粒度不得大于100mm，其中90%大于10mm；

3. 粉状精矿：粒度小于0.074mm的不小于65%；

4. 精矿中不得混入外来夹杂物；

5. 块状精矿水分不大于0.5%；粉状精矿水分不大于8%。

### （四十八）钍矿

含钍矿物有以下两种：

(1)独居石(又名磷铈镧矿)〔(Ce,La,…)$PO_4$〕:含稀土元素(主要是Ce和La)的氧化物可达50%～68%,含$ThO_2$5%～10%。目前独居石的主要来源几乎全由淘洗砂矿得来。

独居石是目前提取钍(Th)的主要有价值的矿物。

(2)钍石(Th〔$SiO_4$〕):含$ThO_2$48%～72%。可提取氧化钍,但产出不多。

**(四十九)独居石精矿**

独居石精矿按化学成分分4个级别,以干矿品位计算,其化学成分(YB832—75)见表2-78。

**表2-78 独居石精矿成分**

| 级别 | $RE_2O_3+ThO_2$/%(不小于) | 杂质含量/%(不大于) | | |
|---|---|---|---|---|
| | | $TiO_2$ | $ZrO_2$ | $SiO_2$ |
| 一级品 | 65 | 2 | 2 | 3 |
| 二级品 | 60 | 2.5 | 2.5 | 4 |
| 三级品 | 55 | 3 | 3 | 5 |
| 四级品 | 50 | 4 | 4 | 6 |

注:供方应提出$ThO_2$含量的分析数据,供需方参考;精矿中不得混入外来夹杂物。

**(五十)氟碳铈矿**

氟碳铈矿(Ce,La)〔$CO_3$〕F成分的已知分析值有$Ce_2O_3$37.27%,$La_2O_3$37.62%,$CO_2$17.31%,F7.01%。其成分中富含钇者,称钇氟碳铈矿(Y,TR)〔$CO_3$〕F。有时其成分中含钍,则可能与$3Th^{4+}\rightarrow 4Ce^{3+}$;$Th^{4+}+F^{-}\rightarrow Ce^{3+}$;$Ca^{2+}+Th^{4+}\rightarrow 2Ce^{3+}$异价类质同象置换有关。此外,机械混入物有$Al_2O_3$、$Fe_2O_3$、$SiO_2$等。

我国内蒙白云鄂博含稀土铁矿床中,氟碳铈矿是其中最主要稀土矿物之一。

氟碳铈矿是提炼铈和镧的重要矿物原料。

**(五十一)氟碳铈矿-独居石混合精矿**

氟碳铈矿-独居石混合精矿,是提取稀土化合物,稀土金属及冶炼稀土合金的原料,其品级及化学成分(GB8634—88)(按干矿品位计算)见表2-79。

**表2-79 氟碳铈矿-独居石混合精矿成分**

| 品级 | REO/%(不小于) | 杂质/%(不大于) | |
|---|---|---|---|
| | | F | CaO |
| 特一级品 | 68 | 8 | 4.5 |
| 特二级品 | 65 | 8.5 | 6.5 |
| 一级品 | 60 | 10 | 9 |
| 二级品 | 55 | 12 | 13 |
| 三级品 | 50 | 13 | 15 |
| 四级品 | 45 | 14 | — |
| 五级品 | 40 | 16 | — |
| 六级品 | 35 | 18 | — |
| 七级品 | 30 | 20 | — |

注:1.特一至三级品中的氧化钡的含量,提供实测数据;
2.七级品中的磷和全铁的含量,提供实测数据;
3.需方对精矿中二氧化钛、五氧化二铌、二氧化钍、氧化镁、钾、钠等有特殊要求时,由供需双方协商提供分析数据;
4.需方对稀土氧化物中的稀土分量有特殊要求时,由供需双方协商;
5.精矿中水分含量:湿矿不大于12%;干矿不大于5%;
6.精矿中不得混入外来夹杂物。

### (五十二)磷钇矿

磷钇矿 Y〔$PO_4$〕含 $Y_2O_3$61.40%,$P_2O_5$38.60%。有时 Y 部分地被 Er 所置换。此外,还可含少量的 U、Th、Zr 和 Si。

磷钇矿是提取稀土元素的矿物原料之一。

### (五十三)磷钇矿精矿

磷钇矿精矿是提取金属钇及其化合物和提取铀、钍的原料。按化学成分分为 5 个品级,以干矿品位计算,其成分(YB838—87)见表 2-80。

表 2-80 磷钇矿精矿成分

| 级别 | 化学成分/% | | | |
|---|---|---|---|---|
| | $Y_2O_3$(不小于) | 杂质含量(不大于) | | |
| | | $TiO_2$ | $ZrO_2$ | $SiO_2$ |
| 一级品 | 33.0 | 3.0 | 1.2 | 4.0 |
| 二级品 | 30.0 | 5.0 | 1.5 | 5.0 |
| 三级品 | 28.0 | 7.0 | 1.8 | 5.5 |
| 四级品 | 25.0 | 9.0 | 2.0 | 6.0 |
| 五级品 | 23.0 | 11.0 | 2.5 | 6.5 |

注:1. 如需方对产品有特殊要求,由供需双方商定;

2. 产品中三氧化二钇含量不得低于稀土总量的 60%;

3. 产品中不得混入外来夹杂物。

### (五十四)铀矿

含铀矿物有以下几种:

(1)晶质铀矿($UO_2$ 或 $KUO_2 \cdot IUO_3 \cdot mPbO$):含 U55%~64%,成分中常含 Th、Ra、稀土元素等。

铀的氧化物是提取铀的重要矿物原料。

(2)钒钾铀矿($K_2[UO_2]_2[V_2O_8] \cdot 3H_2O$),主要成分有 $K_2O$10.44%,$UO_3$63.42%,$V_2O_5$20.16%,$H_2O$5.98%。常含 Na、Mg、Ca 等混入物,是提炼铀的矿物原料。

(3)钒酸钾铀矿($K_2[UO_2]_2[VO_4]_2 \cdot 3H_2O$):含 $K_2O$10.44%,$UO_3$63.42%,$V_2O_5$20.16%,$H_2O$5.98%。混入物有 $Na_2O$、MgO、CaO 等。

钒酸钾铀矿可作为提取铀和钒的原料。

(4)钒酸钙铀矿($Ca[UO_2]_2[VO_4]_2 \cdot 8H_2O$):含 CaO5.87%,$UO_3$59.96%,$V_2O_5$19.06%,$H_2O$15.11%。此外还含有少量的混入物 $Na_2O$、$K_2O$、MgO、CuO、$SiO_2$ 等。它是提取铀和钒的原料。

(5)沥青铀矿($KUO_2 \cdot IUO_3 \cdot mPbO$):成分中常含 $Fe_2O_3$、$Al_2O_3$、$SiO_2$ 等混入物,是提取铀的重要原料。

(6)铀黑($KUO_2 \cdot IUO_3 \cdot mPbO$):成分与沥青铀矿相似。

铀黑富集时也可作为铀矿床开采。残余铀黑可以指导寻找原生铀矿床。

(7)钙铀云母:分子式为 $Ca[UO_2]_2[PO_4]_2 \cdot 10 \sim 12H_2O$,主要成分有 CaO6.10%,$P_2O_5$15.5%,$UO_3$62.70%,$H_2O$15.7%。类质同象混入物有钾和钠,钙铀云母易脱水,当它稍微受热或在干燥空气下暴露较久时,就失去部分水分,而转变成变钙铀云母,$Ca[UO_2]_2$

$[PO_4]_2 \cdot 2 \sim 6H_2O$。

钙铀云母是寻找原生铀矿的重要找矿标志。当大量聚集时可作为提取铀的矿物原料。

(8)铜铀云母:分子式为 $Cu[UO_2]_2[PO_4]_2 \cdot 8 \sim 12H_2O$。主要成分为 CuO7.88%,$UO_3$56.65%,$P_2O_5$14.06%,$H_2O$21.4%。该矿物中的水有一部分以沸石水的形式存在,很容易释放出来。在干燥气候条件下,很容易失去4个分子的水而变成较不透明的变铜铀云母。

铜铀云母是寻找原生铀矿床的重要找矿标志。当大量聚集时可作为提取铀的矿物原料。

**(五十五)铀矿石浓缩物**

铀矿石浓缩物的技术要求,现行国家标准(GB10268—88)规定如下:

1)铀矿石浓缩物(以下简称浓缩物)可以是八氧化三铀和黄饼两种产品。

2)浓缩物中铀含量(干基):

八氧化三铀应大于75%;

黄饼应大于65%。

3)浓缩物中含水量(自然基):

八氧化三铀应小于2%;

黄饼应小于10%。

4)浓缩物中$^{235}U$的丰度为0.711%。

5)浓缩物中不允许引入矿石水冶处理以外的夹杂物,浓缩物中杂质含量(铀基)应不超过表2-81规定值。

**表2-81 杂质含量**

| 序 号 | 元 素 | 标准值/% | 最大限值/% | 备 注 |
|---|---|---|---|---|
| 1 | 钒(V) | <0.05 | 0.20 | — |
| 2 | 磷(P) | <0.20 | | 磷酸盐形式测定 |
| 3 | 卤素(Cl+Br+I) | <0.05 | 0.10 | 以Cl为代表测定 |
| 4 | 氟(F) | <0.05 | 0.10 | — |
| 5 | 钼(Mo) | <0.10 | | — |
| 6 | 硫(S) | <1.0 | 3.0 | 硫酸盐形式测定 |
| 7 | 铁(Fe) | <0.50 | 1.0 | — |
| 8 | 砷(As) | <0.05 | 0.10 | — |
| 9 | 碳(C) | <0.10 | 0.30 | 碳酸盐形式测定 |
| 10 | 钙(Ca) | <0.50 | 1.0 | — |
| 11 | 硼(B) | <0.005 | 0.01 | — |
| 12 | 钠(Na) | <0.50 | 1.0 | — |
| 13 | 钾(K) | <0.20 | | — |
| 14 | 钛(Ti) | <0.02 | | — |
| 15 | 锆(Zr) | <0.05 | | — |
| 16 | 硅(Si) | <0.20 | 1.0 | 硅酸盐形式测定 |
| 17 | 镁(Mg) | <0.30 | | — |
| 18 | 钍(Th) | <0.50 | 1.0 | — |

6)浓缩物的粒度应小于6mm。

**(五十六)三碳酸铀酰铵**

三碳酸铀酰铵简称AUC。国家标准(GB10269—88)规定了其杂质含量要求(铀基),见表2-82。

**表2-82 三碳酸铀酰铵杂质含量要求**

| 序号 | 元素 | 标准值/% | 序号 | 元素 | 标准值/% |
|---|---|---|---|---|---|
| 1 | 钒(V) | <0.05 | 10 | 硼(B) | <0.005 |
| 2 | 磷(P) | <0.20 | 11 | 钠(Na) | <0.50 |
| 3 | 卤素(以Cl计) | <0.05 | 12 | 钾(K) | <0.20 |
| 4 | 氟(F) | <0.05 | 13 | 钛(Ti) | <0.20 |
| 5 | 钼(Mo) | <0.10 | 14 | 锆(Zr) | <0.05 |
| 6 | 硫(S) | <1.0 | 15 | 硅(Si) | <0.20 |
| 7 | 铁(Fe) | <0.50 | 16 | 镁(Mg) | <0.30 |
| 8 | 砷(As) | <0.05 | 17 | 钍(Th) | <0.50 |
| 9 | 钙(Ca) | <0.50 | | | |

注:AUC中铀含量应大于41%(自然基),含水量应小于8%(自然基)。

## 四、辅助矿产品

自然界中除金属矿石(包括黑色金属和有色金属矿石)之外,还有许多非金属矿石,它们在工业生产中都具有十分重要的地位和作用。在冶金工业中用得最多的是石灰石、白云石和萤石。它们在冶金过程中一般作为熔剂使用。

此外,非金属矿石如硅石、硼矿、磷矿等,在冶金工业中一般作为铁合金冶炼的主要原料,也是炼钢过程中的重要添加剂。

**(一)非金属矿产品通用名词术语**

非金属矿产品通用名词术语,国家标准(GB5463.1—85)规定如下:

冶金辅助原料矿物以及特种非金属矿物原料等通用名词术语及其定义或涵义,适用于非金属矿产品标准化和非金属矿产地质勘探、矿产品生产、加工、检验、贸易和科学研究、教学等工作领域。

*1.一般术语*

(1)非金属矿物 一般不以提炼金属为目的,而直接利用其物理、化学性质的矿物。

(2)非金属矿石 在当前技术经济条件下可被利用的,从矿体上开采出来的非金属矿物、矿物集合体或聚集体。

(3)非金属矿产 除金属矿产、燃料矿产外,凡可利用的岩石和天然非金属矿物资源。

(4)非金属矿产品 由采矿、选矿或磨矿等工艺生产出来的非金属矿物原料和岩石的总称。

(5)有用矿物 矿石或矿产品中能被利用的矿物。

(6)脉石矿物　矿石或矿产品中目前还不能被利用的矿物。

(7)有用组分　矿石或矿产品中能被利用的有益成分。

(8)有害组分　矿石或矿产品中,对其使用或生产加工过程起不良影响的成分。

(9)矿石品位　单位体积或单位重量矿石中,有用矿物或有用组分的含量。

(10)矿石品级　根据有益、有害组分的含量、物理性能以及不同工业用途的要求,把矿石划分的级别。

(11)原矿　从矿山开采出来尚未进行加工处理的矿石。

(12)精矿　原矿经选别后有用矿物被富集的产品。

(13)手选精矿　原矿经人工拣选后所得到的精矿产品。

(14)机选精矿　原矿经选矿设备分选后所得到的精矿产品。

(15)尾矿　从原矿中选别出精矿及中间产品后的剩余产物。

(16)块矿　系指块状的矿石或矿产品。

(17)粉矿　由于矿床成因或在采掘过程中破碎形成的粉末状矿石或矿产品。

(18)矿石粉　矿石经破碎、磨矿及分级后具有一定细度的粉状矿产品。

(19)产率　选矿产物在工艺流程中产出的比率。通常用该产物的重量与入选原矿重量之比的百分数表示。

(20)回收率　有用成分在选别中被回收的比率。通常用选矿产物中某一有用成分的重量与入选原矿中同一有用成分重量之比的百分数表示。

(21)块度　块矿的大小程度。通常用某一级别块矿的平均直径或最大长度表示。

(22)细度　粉矿或矿石粉颗粒群的粗细程度。

(23)粒度　矿物或矿产品颗粒大小程度的总称。

(24)筛余量　筛分终止时残留在筛网之上的物料重量。通常用筛上物重量与入筛物料重量之比的百分数表示。

(25)品种　矿产品按其成分、性能、用途等不同特征所划分的种类。

(26)规格　同一品种的矿产品按其长度、面积、粒度及粒度分布、重量、白度等特征参数划分的类别。

(27)质量　矿产品符合工业技术要求所具备的物化性能优劣水平和被加工精细程度的总体特性。

(28)等级　为满足工业生产需要,同一品种矿产品按其质量高低所划分的级别。

(29)产品检验　按一定标准对矿产品质量和数量进行检查和验证的工作。

2.物化性能术语

(1)外观质量　用感官直接观测到的非金属矿产品的外部物理特性。

(2)矿物颜色　矿物、矿物集合体从自然光中选择吸收不同波长光之后,反射或透射出其他剩余波长光组成的混合色。

(3)白度　物质显示的白色程度(白色非金属矿物粉末试样的白度,系指以优级氧化镁标准白板对特定波长的单色光的绝对反射比为基准,以相应波长的单色光测得试样板表面的绝对反射比,以百分数表示)。

(4)光泽　矿物或矿物集合体表面对可见光反射的能力。

(5)硬度　固体矿物或矿产品抵抗外来机械作用(如刻划、压入或研磨等)的能力。

(6)密度 单位体积矿石或矿产品的质量。

(7)水分 矿石或矿产品中所含的吸附水。

(8)耐热性 非金属矿物受热时仍保持晶格不遭破坏的抗热性能，通常用耐热温度(℃)表示。

(9)耐酸性 非金属矿物抵抗各种酸类物质腐蚀的性能，通常用酸蚀量(%)表示。

(10)耐碱性 非金属矿物抵抗各种碱类物质腐蚀的性能，通常用碱蚀量(%)表示。

(11)绝缘性 非金属矿物具有的不导电或不导热的性能。

## (二)石灰石

### 1.冶金过程对石灰石的要求

石灰石是冶金过程的熔剂。为了使冶炼达到理想的技术经济指标，石灰石的质量应符合以下要求：

(1)碱性氧化物($CaO+MgO$)含量要高，而酸性氧化物($SiO_2+Al_2O_3$)含量愈少愈好。石灰石中 CaO 的理论含量为 56%。自然界中石灰石都含有一定的杂质，实际含量要比理论含量低。

要求石灰石中 $SiO_2$ 和 $Al_2O_3$ 含量不应超过 3.5%。

石灰石的有效熔剂性，是指熔剂按炉渣碱度的要求，除去本身酸性氧化物含量所消耗的碱性氧化物外，剩余部分的碱性氧化物含量。它是评价熔剂最重要的质量指标，可用下式表示

$$\text{有效熔剂性}=CaO_{\text{熔剂}}+MgO_{\text{熔剂}}-SiO_{2_{\text{熔剂}}}\times\frac{(CaO+MgO)_{\text{炉渣}}}{SiO_{2_{\text{炉渣}}}}$$

当石灰石与炉渣中 MgO 含量很少时，为了计算简便在工厂中多用 $CaO/SiO_2$ 表示炉渣碱度，则有效熔剂性计算式可简化为：

$$\text{有效熔剂性}=CaO_{\text{熔剂}}-SiO_{2_{\text{熔剂}}}\times\frac{CaO_{\text{炉渣}}}{SiO_{2_{\text{炉渣}}}}$$

要求石灰石的有效熔剂性愈高愈好。

(2)有害杂质 S、P 愈少愈好。石灰石中一般含 S：0.01%～0.08%，P：0.001%～0.03%。

(3)石灰石应有一定的强度和均匀的块度。除一种方解石在加热过程中很易破碎产生粉末外，其他石灰石的强度都是足够的。石灰石块度过大，在炉内分解慢，增加高炉内高温区的热量消耗，使炉缸温度降低。目前石灰石粒度，大、中型高炉为 25～75mm，最好不超过 50mm，小型高炉为 10～30mm。最近有些工厂把石灰石粒度降低到和矿石粒度相同。

近年来，大型高炉由于大量使用自熔性烧结矿，高炉直接加入石灰石量很少，但在一些中小高炉，特别是生矿配比较多的高炉，石灰石的加入量仍然不少。

### 2.石灰石技术条件

石灰石技术条件，国家专业标准(ZBD6001—85)规定如下：

按矿床类型石灰石分为普通石灰石和高镁石灰石两种。石灰石化学成分要求见表 2-83。

表 2-83 石灰石化学成分要求

| 类别 | 品级 | 化学成分/% | | | | | |
| --- | --- | --- | --- | --- | --- | --- | --- |
| | | CaO | CaO+MgO | MgO | $SiO_2$ | P | S |
| | | 不小于 | | 不大于 | | | |
| 普通石灰石 | 特级品 | 54 | — | 3 | 1.0 | 0.005 | 0.02 |
| | 一级品 | 53 | | | 1.5 | 0.01 | 0.08 |
| | 二级品 | 52 | | | 2.2 | 0.02 | 0.10 |
| | 三级品 | 51 | | | 3.0 | 0.03 | 0.12 |
| | 四级品 | 50 | | | 4.0 | 0.04 | 0.15 |
| 高镁石灰石 | 特级品 | — | 55 | 8 | 1.0 | 0.005 | 0.02 |
| | 一级品 | | 54 | | 1.5 | 0.01 | 0.08 |
| | 二级品 | | 53 | | 2.2 | 0.02 | 0.10 |
| | 三级品 | | 52 | | 3.0 | 0.03 | 0.12 |
| | 四级品 | | 51 | | 4.0 | 0.04 | 0.15 |

注:1.普通石灰石中,当MgO大于3%时,执行高镁石灰石标准;

2.普通石灰石或高镁石灰石一级品至四级品中磷、硫杂质含量,供方应定期提出分析数据,但暂不作考核依据。

石灰石粒度要求见表2-84。

表 2-84 石灰石粒度要求

| 用途 | 粒度范围/mm | 最大粒度/mm 不大于 | 允许波动范围/% | |
| --- | --- | --- | --- | --- |
| | | | 上限 | 下限 |
| | | | 不超过 | |
| 烧结 | ≤3 | 8 | 10 | — |
| 炼铁 | 15～60 | 80 | 10 | 6 |
| 烧石灰 | 20～60 | 80 | 10 | 10 |
| | 50～90 | 110 | 10 | 10 |
| | 80～120 | 140 | 10 | 10 |

注:1.经协商可供应其他粒度石灰石产品,烧石灰用石灰石粒级差不大于40mm;

2.石灰石中不得混入外来夹杂物。

### (三)冶金石灰

炼钢过程中常用石灰作添加剂,铁矿粉造块过程中有时也用石灰作为熔剂。石灰中的CaO是炉渣的主要成分,它参与脱P、脱S反应。提高石灰质量是当前生产中应迫切解决的问题。普遍存在的问题是,石灰中有效CaO%低,$SiO_2$高,有时硫高,而且生烧率、过烧率高,块度也不均匀。石灰生烧率高,就会延长化渣时间。过烧率高,石灰气孔率低也不利化渣。

近年来,国外已广泛采用回转窑焙烧石灰石,生产出软烧石灰(或称活性石灰),取得了良好效果。所谓软烧石灰是指在920～1200℃范围内焙烧成的石灰。其特点是气孔率高,40%呈海绵状,体积密度达1.7～2.0g/cm$^3$,比表面积达到0.5～1.3m$^2$/g,石灰晶粒细小,溶解能力很高。

评价石灰溶解能力正确的方法是,在一定温度条件下,将石灰加到熔化的炉渣中,经过一定间隔时间后,测定未熔化的CaO量,然后根据石灰在炉渣中的熔渣速度判断石灰的反应能力和化学活性。可是，这种方法太复杂，因此现行评价石灰反应能力的方法，大多数基于这样的原理——测定液体（水或酸）向石灰气孔中渗透的强度，以及测定在这种情况下发生的反应。

近年来各国对石灰质量均提出严格要求，并相应地提出石灰质量的标准（见表 2-85）。

**表 2-85 国外氧气转炉炼钢石灰质量标准举例**

| 国 名 | 美 国 | 日 本 | 英 国 | 前联邦德国 | 前苏联 |
|---|---|---|---|---|---|
| $CaO$ | ＞96% | ＞92% | ＞95% | ＞87%～95% | ＞90%～92% |
| $SiO_2$ | ＜1% | ＜2% | ＜1% | — | ＜2% |
| S | ＜0.035% | ＜0.02% | ＜0.05% | ＜0.05% | ＜0.04% |
| $MgO$ | — | ＜5.0 | — | ＜3% | — |
| 烧损 | ＜2.0% | ＜3.0% | ＜2.5% | ＜3.0% | ＜2.0% |
| | | ＞180mL | | ＞200mL | |
| 块度 | 7～30mm | 4～30mm | 7～40mm | 8～40mm | 8～30mm |

注：美国规定白齐维尔指标不大于 8 的石灰才算软烧石灰，是指温度达到最大值的时间不超过 8 分钟而言。英国规定〔ICI〕指标（即 2 分钟温升值）＞40℃才算软烧石灰。日本规定石灰溶解 5 分钟后 4 个标准克分子浓度 HCl 消耗量＞180 毫升才算软烧石灰。西德规定石灰溶解 5 分钟后 4 个标准克分子浓度 HCl 消耗量＞200 毫升才算软烧石灰。前苏联规定达到最大温升的时间＜2.5 分钟为软烧石灰。

我国冶金石灰的技术条件，国家专业标准（ZBQ27001—85）规定如下：

1）分类：

普通冶金石灰——普通石灰石煅烧而成。

高镁冶金石灰——高镁石灰石煅烧而成。

2）化学成分：

冶金石灰的化学成分要求见表 2-86。

**表 2-86 冶金石灰化学成分要求**

| 类别 | 品 级 | 化 学 成 分/% | | | | | |
|---|---|---|---|---|---|---|---|
| | | $CaO$ | $CaO+MgO$ | $MgO$ | $SiO_2$ | P | S |
| | | 不小于 | | 不 大 于 | | | |
| 普通冶金石灰 | 特级品 | 92 | | | 1.5 | 0.01 | 0.025 |
| | 一级品 | 90 | | | 2.5 | 0.02 | 0.10 |
| | 二级品 | 85 | — | 5 | 3.5 | 0.03 | 0.15 |
| | 三级品 | 80 | | | 5.0 | 0.04 | 0.20 |
| | 四级品 | 80 | | | 5.0 | 0.04 | 0.20 |
| 高镁冶金石灰 | 特级品 | | 93 | | 1.5 | 0.01 | 0.025 |
| | 一级品 | | 91 | | 2.5 | 0.02 | 0.10 |
| | 二级品 | — | 86 | 12 | 3.5 | 0.03 | 0.15 |
| | 三级品 | | 81 | | 5.0 | 0.04 | 0.20 |
| | 四级品 | | 80 | | 6.0 | 0.04 | 0.20 |

注：1. 生烧率和过烧率必须分别测定；

2. 冶金石灰中的熔瘤、焦炭等杂质应捡出；

3. 冶金石灰产品应新鲜、干净、干燥，不得混入外来夹杂物。

3)粒度：冶金石灰的粒度要求见表 2-87。

**表 2-87 冶金石灰粒度要求**

| 用途 | 粒度范围/mm | 最大粒度/mm(不大于) | 允许波动范围/% | |
|---|---|---|---|---|
| | | | 上限 | 下限 |
| | | | 不超过 | |
| 平炉、电炉 | 20～100 | 120 | 10 | 10 |
| 转炉 | 5～40 | 60 | 10 | 10 |
| 烧结 | ≤4 | 6 | 10 | — |

注：经协商可供应其他粒度的冶金石灰。

石灰在铁合金冶炼过程中主要是作造渣剂，其技术条件见表 2-88。

**表 2-88 铁合金用石灰技术条件**

| 主要生产设备或方法 | 产生品种 | 化学成分/% | | | | | | 其他要求 | 块(粒)度/mm |
|---|---|---|---|---|---|---|---|---|---|
| | | $CaO$ | P | $Fe_2O_3$ | S | C | $SiO_2$ | | |
| | | 不小于 | 不大于 | | | | | | |
| 大型还原电炉 | 锰硅合金 | 80 | 0.05 | | | | | 不得混有夹杂物 | 小于 60(其中粉末在 20%以下) |
| | 碳素锰铁 | 80 | 0.05 | | | | | | 小于 50(其中粉末在 10%以下) |
| 小型还原电炉 | 硅钙合金 | 85 | | 0.6 | | | | 不得混有石灰石及夹杂物 | 20～50 |
| 精炼电炉 | 中低碳锰铁 | 85 | 0.02 | | | | 3 | 不得混有生烧或过烧的石灰石和炭质夹杂物 | 小于 60(其中粉末占 5%以下) |
| | 中低碳铬铁 | 85 | 0.02 | | | | 3 | | 小于 50(其中粉末占 10%以下) |
| | 微碳铬铁 | 85 | 0.02 | | | | 3 | | 5～40 |
| | 金属锰 | 85 | | 0.6 | | 0.03 | | | 5～50 |
| | 钒铁 | 85 | 0.015 | | 0.02 | 0.04 | 2 | | 30～50 |
| 电炉硅热法 | 金属铬 | 85 | | | 0.2 | | | | 块状 |
| 金属热法 | 钼铁 | 90 | | | | | | 不得混有夹杂灼烧减量小于5%，水分小于3% | 小于 5 |
| | 钛硼 | 85 | | | | 0.04 | 2 | | 小于 2 |
| | 硼铁 | 85 | 0.01 | | | | 2 | | 小于 1 |
| 湿法冶金 | 金属铬 | 85 | | | | | | | 粉状(硫化钠除硅用) |

注：1. 电炉用石灰应是新烧的，尽可能减少石灰粉；

2. 进厂块度应小于 300mm。

## (四)菱镁石

供冶炼作熔剂用的菱镁石(在有色金属冶炼中作为提取镁的原料)，其技术条件国家现行标准规定如下：

1. 化学成分

菱镁石化学成分(GB9356—88)见表 2-89。

**表 2-89 菱镁石化学成分**

| 牌　号 | 化学成分/% | | | |
|---|---|---|---|---|
| | $MgO$ | $CaO$ | $SiO_2$ | $Fe_2O_3+Al_2O_3$ 其中:$Fe_2O_3$ |
| LMT1-47 | ≥47 | ≤0.5 | ≤0.5 | ≤0.6 ≤0.4 |
| LMT-47 | ≥47 | ≤0.6 | ≤0.6 | — |
| LM-46 | ≥46 | ≤0.8 | ≤1.2 | — |
| LM-45 | ≥45 | ≤1.5 | ≤1.5 | — |
| LMG-44 | ≥44 | ≤1.0 | ≤3.5 | — |
| LM-41 | ≥41 | ≤6.0 | ≤2.0 | — |
| LMF-33 | ≥33 | 不规定 | ≤4.0 | — |

注:LM-46 牌号中根据用户要求可按 CaO≤0.5%,$SiO_2$≤1.5%供货。

2.粒度

25～100mm:小于 25mm 的不超过 15%,大于 100mm 的不超过 10%,最大粒度不大于 120mm。

0～40mm:大于 40mm 的不超过 10%,最大粒度不大于 60mm。

0～25mm:大于 25mm 的不超过 10%,最大粒度不大于 40mm。

50～180mm(供反射窑焙烧轻烧镁粉用):小于 50mm 的不超过 15%;大于 180mm 的不超过 10%,最大粒度不大于 200mm。

**(五)镁砂**

镁砂的技术条件,现行国家标准规定如下:

(1)理化指标:镁砂产品共有 14 个牌号,其理化指标(GB2273—88)见表 2-90。

**表 2-90 镁砂理化指标**

| 牌号 | 级别 | $MgO$/% | $SiO_2$/% 不大于 | $Fe_2O_3$/% 不小于 | $CaO$/% 不大于 | 灼烧减量/% 不大于 | 颗粒体积密度/$g\cdot cm^{-3}$ 不小于 | 颗粒组成 | 用途 |
|---|---|---|---|---|---|---|---|---|---|
| MS-95 | — | ≥95 | 2.2 | — | 1.6 | 0.3 | 3.20 | 0～90mm 其中:<1mm 者不大于 8% | |
| MS-94 | a | ≥94 | 3.0 | — | 1.6 | 0.3 | 3.20 | | |
| | b | | | | | | 3.15 | | |
| MS-93 | — | ≥93 | 3.5 | — | 1.6 | 0.3 | 3.18 | 0～120mm 其中:>120mm 者不大于 10%;<1mm 者不大于 15% 3～120mm、5～120mm 和 10～120mm 其中:>120mm 者不大于 10%;超下限粒度者不大于 8% | 制砖不定形耐火材料 |
| MS-92 | — | ≥92 | 4.0 | — | 1.6 | 0.3 | 3.18 | | |
| MS-91 | — | ≥91 | 4.5 | — | 1.6 | 0.3 | 3.20 | | |
| MS-90 | — | ≥90 | 4.8 | — | 2.0 | 0.3 | 3.18 | | |
| MS-89 | — | ≥89 | 5.0 | — | 2.5 | 0.5 | 3.15 | | |
| MGS-87 | — | ≥87 | 7.0 | — | 2.0 | 0.5 | 3.15 | | |
| MGS-84 | — | ≥84 | 9.0 | — | 2.5 | 0.5 | 3.15 | | |

续表 2-90

<table>
<tr><th>牌号＼指标＼级别</th><th></th><th>MgO/%</th><th>SiO<sub></sub>$SiO_2$/%<br>不大于</th><th>$Fe_2O_3$/%<br>不小于</th><th>CaO/%<br>不大于</th><th>灼烧减量/%<br>不大于</th><th>颗粒体积密度/$g \cdot cm^{-3}$<br>不小于</th><th>颗粒组成</th><th>用途</th></tr>
<tr><td>MS-88</td><td>—</td><td>≥88</td><td>4.0</td><td>—</td><td>5.0</td><td>0.5</td><td>—</td><td rowspan="6">0～120mm<br>其中：＞120mm 者不大于 10%；＜1mm 者不大于 15%<br>0～10mm<br>其中：＞10mm 者不大于 10%；＜1mm 者不大于 25%；<br>2～10mm<br>其中：＞10mm 者不大于 10%；＜2mm 者不大于 10%；<br>0～3mm、0～5mm<br>其中：＞3 或 5mm 者不大于 5%</td><td rowspan="6">炼炉、补炉、捣打炉衬</td></tr>
<tr><td>MS-83</td><td>—</td><td>≥83</td><td>5.0</td><td>—</td><td>8.0</td><td>0.8</td><td>—</td></tr>
<tr><td>MS-80</td><td>—</td><td>≥80</td><td>6.0</td><td>—</td><td>12.0</td><td>0.8</td><td>—</td></tr>
<tr><td rowspan="2">MTS-68A</td><td>a</td><td rowspan="2">68～78</td><td>2.5</td><td rowspan="2">10.0</td><td>9.0</td><td rowspan="2">0.5</td><td rowspan="2">—</td></tr>
<tr><td>b</td><td>3.0</td><td>—</td></tr>
<tr><td>MTS-68B</td><td>—</td><td>68～78</td><td>5.0</td><td>10.0</td><td>—</td><td>0.8</td><td>—</td></tr>
</table>

注：MTS-68B 为竖窑生产镁铁砂。

(2)其他技术要求：欠烧品和杂质超过限制的含量：在 MS-95、MS-94 牌号中不大于 1%；在 MS-93、MS-92、MS-91、MS-90、MS-89、MGS-87、MGS-84 和 MTS-68A 中不大于 2%；其余牌号不大于 3%。

欠烧品、杂质中焦炭含量(以大于 5mm 者计)：

在 MS-95、MS-94、MS-93、MS-92、MS-91、MS-89 和 MGS-87、MGS-84 牌号中不大于 0.03%；其余牌号不大于 0.04%。

(3)外观质量：镁砂外观欠烧品和杂质应符合下列规定：

镁砂外观欠烧品和杂质的判断：

欠烧品：烧结程度不够、颗粒疏松、结晶不明显。如白块，软、硬黄灰以及白面子。

杂质：非镁石煅烧形成的产物。如黑块、熔瘤以及残存焦炭。

对外观欠烧品和杂质的限制：

对于 MS-89、MS-90、MS-91、MS-92、MS-93 牌号的镁砂粒度大于 30mm 者，含欠烧品、熔瘤和黑块的表面积分别不得超过该镁砂块表面积的 1/2、1/3 和 1/4。镁砂粒度为 5～30mm 者，含欠烧品、熔瘤和黑块的表面积均不得超过该镁砂块表面积的 1/2。

对于 MGS-84、MGS-87 牌号的镁硅砂含欠烧品、黑块的表面积可参照上述牌号执行。

对于 MS-80、MS-83、MS-88 和 MTS-68B 牌号中镁砂粒度大于 30mm 者，含欠烧品、熔瘤的表面积不得超过该镁砂块表面积的 1/2。镁砂粒度为 5～30mm 者，不得是整块为欠烧品。

### (六)萤石

萤石($CaF_2$)含 Ca 51.33%，F 48.67%。其成分中的 Ca 可以部分地被稀土元素所置换，含量可达 TR：Ca＝1：6。当其中稀土元素主要为 Y 时，称为钇萤石，其化学式为(Ca，Y)$F_{2\sim3}$。

光学萤石用于制造光学透镜，一般萤石用作冶金过程的熔剂，或提取氟，制造氟氢酸以及配制瓷釉的原料，也是生产火箭用高级燃料的催化剂。

萤石块矿又名氟石块矿。萤石块矿产品的化学成分(GB8216—87)，见表 2-91。

**表 2-91 萤石块矿化学成分**

| 品级 | 化学成分/% | | | |
|---|---|---|---|---|
| | $CaF_2$(不小于) | 杂质(不大于) | | |
| | | $SiO_2$ | S | P |
| 特二级 | 98.0 | 1.5 | 0.05 | 0.03 |
| 特一级 | 97.0 | 2.5 | 0.08 | 0.05 |
| 一级品 | 95.0 | 4.5 | 0.10 | 0.06 |
| 二级品 | 90.0 | 9.0 | 0.10 | 0.06 |
| 三级品 | 85.0 | 14.0 | 0.15 | 0.06 |
| 四级品 | 80.0 | 18.0 | 0.20 | 0.08 |
| 五级品 | 75.0 | 23.0 | 0.20 | 0.08 |
| 六级品 | 70.0 | 28.0 | 0.25 | 0.08 |
| 七级品 | 65.0 | 32.0 | 0.30 | 0.08 |

**(七)氟石精矿**

供冶金用粉状氟石精矿，按化学成分可分为五个品级，以干矿品位计算，其化学成分(GB5690—85)见表 2-92。

**表 2-92 氟石精矿化学成分**

| 品级 | 化学成分/% | | | | |
|---|---|---|---|---|---|
| | $CaF_2$(不小于) | 杂质(不大于) | | | |
| | | $SiO_2$ | $CaCO_3$ | S | P |
| 特级品 | 98 | 0.6 | 0.7 | 0.03 | 0.02 |
| 一级品 | | 0.8 | 1.0 | — | — |
| 二级品 | 97 | 1.0 | 1.2 | — | — |
| 三级品 | 95 | 1.4 | 1.5 | — | — |
| 四级品 | 93 | 2.0 | — | — | — |

**(八)白云石**

白云石($CaMg[CO_3]_2$)含 CaO 30.41％，MgO21.86％，$CO_2$47.73％。常含铁和锰，偶含钴、锌等。主要用作耐火材料，钢铁冶金的熔剂和化工原料。

白云石的技术条件，冶金工业部现行标准(YB2415—81)规定如下：

1)化学成分：炉衬用白云石化学成分见表 2-93；冶炼用白云石化学成分见表 2-94。

表 2-93 炉衬用白云石成分

| 级别 | | 化学成分/% | | |
| --- | --- | --- | --- | --- |
| | | $MgO$ | $Al_2O_3+Fe_2O_3+SiO_2+Mn_3O_4$ | 其中:$SiO_2$ |
| 特级品 | 甲 | ≥20 | ≤2 | ≤1.0 |
| | 乙 | ≥20 | ≤3 | ≤1.5 |

注:根据用户特殊需要供方可提供 $MgO$≥21%的产品。

表 2-94 冶炼用白云石成分

| 级别 | 化学成分/% | | |
| --- | --- | --- | --- |
| | $MgO$ | $CaO$ | $SiO_2$ |
| 一级品 | ≥19 | — | ≤2.0 |
| 二级品 | ≥19 | — | ≤3.5 |
| 三级品 | ≥17 | — | ≤4 |
| 四级品 | ≥16 | — | ≤5 |
| 镁化白云石 | ≥22 | ≥6 | ≤2.0 |

注:根据资源条件,四级品中 $SiO_2$ 允许不大于 6%。

2)粒度:白云石粒度划分为以下 5 种规格:

0~5mm:最大不大于 6mm,大于 5mm 的不大于 5%。

5~20mm:最小不小于 3mm,小于 5mm 的不大于 10%;最大不大于 25mm,大于 20mm 的不大于 5%。

10~40mm:最小不小于 8mm,小于 10mm 的不大于 10%;最大不大于 45mm,大于 40mm 的不大于 5%。

40~80mm:最小不小于 30mm,小于 40mm 的不大于 10%;最大不大于 100mm,大于 80mm 的不大于 10%。

30~100mm:最小不小于 20mm,小于 30mm 的不大于 10%;最大不大于 120mm,大于 100mm 的不大于 10%。

(注:根据需要,供需双方可议定其他块度的产品。)

白云石中一般不应混有泥土及其他杂质(如山皮、杂石等),特级品、一级品不得有厚度超过 2mm 的满面钙皮及其他杂质包裹体。

3)冶炼铁合金用白云石的技术条件见表 2-95。

表 2-95 铁合金用白云石技术条件

| 生产品种 | 化学成分/% | | | | 块(粒)度 |
| --- | --- | --- | --- | --- | --- |
| | $CaCO_3$ | $MgCO_3$ | $SiO_2$ | $P_2O_5$ | |
| | 不小于 | | 不大于 | | |
| 金属铬 | 50~60 | 40 | 1 | 0.07 | 小于 180 目的占 85%以上 |
| 高炉锰铁 | 50~60 | 40 | 5 | 0.04 | 10~30mm |

## (九)硅石

硅石的化学成分主要是二氧化硅($SiO_2$)。在自然界中含 $SiO_2$ 的矿物很多,有水晶、石英、石英砂、燧石、砂岩等。

钢铁工业中，用于冶炼铁合金的硅石，一般采用价格便宜、纯度高、储量大的石英、石英砂岩和硅石。

我国硅石储量十分丰富，质量优良，分布广泛。辽宁寒岭、江苏江阴等地是重要的硅石产地。

硅石的技术条件，冶金工业部现行标准(YB2416—81)规定如下：

1)化学成分：供冶炼铁合金用硅石的化学成分见表2-96。

**表2-96 铁合金用硅石成分**

| 级别 | 化学成分/% | | | | |
|---|---|---|---|---|---|
| | $SiO_2$ | $Al_2O_3$ | $Fe_2O_3$ | CaO | $P_2O_5$ |
| 特级品 | ≥99 | ≤0.3 | ≤0.15 | ≤0.2 | ≤0.02 |
| 一级品 | ≥98 | ≤0.5 | — | ≤0.3 | ≤0.02 |
| 二级品 | ≥97 | ≤1.0 | — | ≤0.5 | ≤0.03 |

2)块度：硅石块度划分为下列5种规格：

①20～40mm：最小不小于10mm，小于20mm的不大于10%；最大不大于50mm，大于40mm的不大于8%。

②40～60mm：最小不小于30mm，小于40mm的不大于10%；最大不大于70mm，大于60mm的不大于8%。

③60～120mm：最小不小于50mm，小于60mm的不大于10%；最大不大于130mm，大于120mm的不大于8%。

④120～160mm：最小不小于110mm，小于120mm的不大于10%；最大不大于170mm，大于160mm的不大于8%。

⑤160～250mm：最小不小于150mm，小于160mm的不大于10%；最大不大于260mm，大于250mm的不大于8%。

硅石中一般不应混有泥土、山皮、杂石等杂质，硅石表面不得有超过2mm的山皮以及直径大于5mm的豆粒状铁质或其他包裹体。

我国硅石产地的硅石化学成分列于表2-97。

**表2-97 硅石主要产地及化学成分**

| 产地 | 化学成分/% | | | | | |
|---|---|---|---|---|---|---|
| | $SiO_2$ | $Al_2O_3$ | FeO | CaO | MgO | $P_2O_5$ |
| 北京 | 98.12 | 1.49 | 0.19 | 微量 | 0.04 | 微量 |
| 江阴 | 97.80 | 0.8 | 0.5 | 0.03 | 0.1 | 0.03 |
| 大石桥 | 97.84 | 0.78 | 0.17 | 0.16 | 0.05 | 0.01 |
| 寒岭 | 97.72 | 0.314 | 0.128 | 0.223 | 0.08 | 0.016 |
| 江浦 | 99.21 | 0.47 | 0.11 | 0.20 | 微量 | 0.018 |

**(十)硼矿**

硼矿除作为提取硼和生产硼酸的原料外，在冶金工业中主要作生产硼铁的原料。用硼矿直接冶炼硼铁时，要求硼矿含 $B_2O_3$ 不小于17%。硼的氧化物有 $B_2O_3$，$B_4O_5$，$B_2O_2$，$B_4O_3$。其

中 $B_2O_3$ 是最重要的氧化物，俗称硼酐。用铝热法冶炼硼铁用的硼酐要求含 $B_2O_3$ 不小于95%。

自然界中含硼矿物主要有以下几种：

1)方硼石($Mg_3[B_7O_{12}]OCl$)：含 MgO30.7%，$B_2O_3$62.1%，Cl8.1%。可含 $Fe^{2+}$ 和 $Mn^{2+}$。

2)硼镁石：分子式为 $Mg_2[B_2O_4(OH)](OH)$，含 MgO47.92%，$B_2O_3$41.38%，$H_2O$ 10.70%。成分中的 Mg 可被 $Mn^{2+}$ 类质同象置换。

3)硼镁铁矿：分子式为 $(Mg,Fe^{2+})_2Fe^{3+}[BO_3]O_2$，我国某地硼镁铁矿含 FeO8.48%，MgO34.65%，$Fe_2O_3$37.81%，$B_2O_3$18.26%。另含少量 $TiO_2$ 和 MnO。硼镁铁矿与硼铁矿构成完全类质同象系列。此外，硼镁铁矿中的 $Fe^{2+}$ 和 $Fe^{3+}$ 有时可部分地被 $Mn^{2+}$ 和 $Mn^{3+}$ 置换。成分中富含 Ti 者，称为钛硼镁铁矿 $(Mg,Fe^{2+})_2(Fe^{3+},Ti,Mg)[BO_3]O_2$。

4)硼钠钙石：分子式为 $NaCa[B_5O_7(OH)_4]\cdot 3H_2O$，硼钠钙石是含水的钠钙硼酸盐。成分中含 $Na_2O$8.83%，CaO15.98%，$B_2O_3$49.56%，$H_2O$25.63%。此外，可含少量 $K_2O$、MgO 等混入物。

5)硼砂：分子式为 $Na_2[B_4O_5(OH)_4]\cdot 8H_2O$，含 $Na_2O$16.26%，$B_2O_3$36.51%，$H_2O$ 47.23%。

我国硼矿储量丰富，青海和西藏拉萨附近的盐湖沉积矿床是世界上著名的硼砂产地之一。辽东半岛也盛产硼矿。辽东半岛产的硼矿成分见表 2-98。

**表 2-98 辽东半岛硼矿成分**

| 产地 | 化学成分/% | | | | | | |
|---|---|---|---|---|---|---|---|
| | $B_2O_5$ | MgO | CaO | $Fe_2O_3$ | $SiO_2$ | 游离水 | 烧损 |
| 海城 | 15.03 | 35.48 | 2.82 | 12.57 | 22.40 | 0.42 | 11.04 |
| 宽甸 | 12.75 | 44.83 | 1.64 | 1.0 | 21.84 | 0.58 | 17.64 |
| 营口 | 20.07 | 40.60 | 2.0 | 3.90 | 22.62 | — | 12.30 |

### (十一)磷矿

磷矿石在冶金工业中主要用作磷铁生产原料。

自然界中含磷矿物很多，但具有工业意义的矿石只有磷灰石和磷块岩两种。其中磷灰石是分布最广的含磷矿物，地壳中约有 95%的磷存在于磷灰石中。

磷矿石主要产于美国、前苏联和南洋诸岛。我国磷矿资源也很丰富，分布也很广，几乎全国都有。我国主要产地产品的成分见表 2-99。

**表 2-99 我国磷矿石成分**

| 产地 | 化学成分/% | | | | | | | 烧损/% |
|---|---|---|---|---|---|---|---|---|
| | $P_2O_5$ | CaO | $SiO_2$ | F | MgO | $Fe_2O_3$ | $Al_2O_3$ | |
| 贵州 | 31.09 | 41.91 | 14.79 | 4.63 | 0.83 | 1.47 | 1.30 | 3.33 |
| 湖北 | 25.6 | 30.82 | 31.26 | 2.70 | 0.85 | 1.98 | 2.34 | 4.09 |
| 浙江 | 19.27 | 31.27 | 29.50 | 3.60 | 1.95 | 4.95 | 2.47 | 8.95 |

### (十二)膨润土

膨润土又称皂土，分钙质和钠质两种，是以蒙脱石为主的层状粘土矿物。它主要用作铁矿烧结和球团的粘结剂。对其质量要求如下：

1)最适宜的水分含量为7%～8%(干燥在不超过149℃的温度下进行)。

2)小于0.043mm的粒级含量大于70%,小于0.074mm粒级的含量大于90%,小于0.15mm粒级的含量不小于97%。

3)膨润土应具如下形态,即当3g膨润土与0.15g化学纯的氧化镁及100mL蒸馏水混合后静置24h,应无沉淀产生。胶体量不少于90mL,上层溶液不超过10%。

膨润土的质量参考指标和化学、物理性质分别见表2-100和表2-101。

**表2-100　膨润土质量参考指标**

| 指　标 | 级　别 | |
|---|---|---|
| | 一　级 | 二　级 |
| 蒙脱石含量/% | >60 | 60～45 |
| 2h吸水率/% | >120 | 120～100 |
| 膨胀倍数 | >12 | 12～8 |
| 粒　度 | 小于0.074mm的占99%以上 | |
| 水分/% | 小于10% | |

**表2-101　膨润土物理、化学性质实例**

| 名　称 | 化学成分/% | | | | | | | | 物理性质 | | | | |
|---|---|---|---|---|---|---|---|---|---|---|---|---|---|
| | $Fe_2O_3$ | $SiO_2$ | $Al_2O_3$ | CaO | MgO | $Na_2O$ | $K_2O$ | 烧损 | 胶质价/% | 膨胀倍数 | 密度/$t \cdot m^{-3}$ | 水分/% | 粒度(-200目)/% |
| 辽宁黑山(钙质) | 2.07 | 66.4 | 13.0 | 2.28 | 2.5 | 0.48 | 0.55 | 6.59 | 75 | | 0.72 | 10.8 | 88.6 |
| 四川三台(钙质) | 2.4 | 59.4 | 13.68 | 1.73 | 9.78 | 0.12 | 0.73 | | | | 0.75 | 12 | 97.2 |
| 浙江平山(钠质) | 1.75 | 71.29 | 14.17 | 1.62 | 2.22 | 1.92 | 1.78 | 4.24 | 100 | 29 | | | 88.49 |
| 长春石碑岭(钠质) | | 72.65 | 12.78 | 1.63 | 0.82 | 1.76 | 0.68 | 6.3 | 100 | | pH=9 | | |
| 内蒙包头(钠质) | | 52.43 | 27.16 | 1.15 | | 0.13 | 2.02 | | | | | | |
| 美国怀俄明(钠质) | 3.5 | 56.5 | 19.3 | 1.01 | 2.4 | 2.3 | | | | | | | |

# 第三章 钢铁料

钢铁料包括生铁、废钢铁及含铁物料。

## 一、生铁

生铁是含碳量2.11%～6.67%并含有非铁杂质较多的铁碳合金。生铁的杂质元素主要是:硅、锰、硫、磷等。生铁性脆,几乎没有塑性变形能力,因此不能通过锻造、轧制、拉拔等方法加工成型。

生铁是高炉产品,按其用途可分为炼钢生铁和铸造生铁两大类。习惯上把炼钢生铁叫作生铁,把铸造生铁简称为铸铁。铸造生铁通过锻化、变质、球化等方法可以改变其内部结构,改善并提高其机械性能,因此,铸造生铁又可以分为白口铸铁、灰口铸铁、可锻铸铁、球墨铸铁和特种铸铁等品种。

### (一)生铁的化学成分

生铁中除铁外,还含有碳、硅、锰、磷和硫等元素。这些元素对生铁的性能均有一定的影响。

碳(C):在生铁中以两种形态存在,一种是游离碳(石墨),主要存在于铸造生铁中;另一种是化合碳(碳化铁),主要存在于炼钢生铁中,碳化铁硬而脆,塑性低,含量适当可提高生铁强度和硬度,含量过多,则使生铁难于切削加工,这就是炼钢生铁切削性能差的原因。石墨很软,强度低,它的存在能增加生铁的铸造性能。

硅(Si):能促使生铁中所含的碳分离为石墨状,能去氧,还能减少铸件的气眼,提高熔化生铁的流动性,降低铸件的收缩量,但含硅过多,也会使生铁变硬变脆。

锰(Mn):能溶于铁素体和渗碳体。在高炉炼制生铁时,含锰量适当,可提高生铁的铸造性能和切削性能,在高炉里锰还可以和有害杂质硫形成硫化锰,进入炉渣。

磷(P):属于有害元素,但磷可使铁水的流动性增加,这是因为磷降低了生铁熔点,所以在有的制品内往往含磷量较高。然而磷的存在又使铁增加硬脆性,优良的生铁含磷量应少,有时为了要增加流动性,含磷量可达1.2%。

硫(S):在生铁中是有害元素,它促使铁与碳的结合,使铁硬脆,并与铁化合成低熔点的硫化铁(FeS),使生铁产生热脆性和减低铁液的流动性,故含硫高的生铁不适于铸造细件。铸造生铁中硫的含量规定最多不得超过0.06%(车轮生铁除外)。

### (二)生铁的种类和牌号

生铁按用途一般可以分为炼钢生铁和铸造生铁两大类。

1. 炼钢生铁

炼钢生铁的含硅量较低(一般在0.6%～1.6%之间),铁中的碳几乎全部以渗碳体的形式存在,即铁和碳以碳化铁的状态存在,使铁的性质硬而脆,所以这种生铁的加工性能很差。

由于这种生铁的断口呈银白色，所以也叫白口铁，主要作为炼钢原料。

炼钢生铁根据炼钢方法不同，可分为碱性平炉炼钢生铁、氧气顶吹转炉炼钢生铁和碱性转炉炼钢生铁3种。每种生铁又根据平均含硅量不同而划分铁号，各铁号又按含锰量不同而分组，按含磷量不同而分级，按含硫量不同而分类。一般来说，级、类的序号愈大，硫、磷等杂质元素的含量愈高。

生铁代号中的“P”、“D”、“J”、分别是汉语“平”、“顶”、“碱”拼间字“Ping”、“Ding”、“Jian”的缩写，即拼音字的第一个字母。生铁牌号中汉字或代号字母末尾标注的数字表示生铁中的含硅量，一般是表示含硅量的千分之几。例如，“碱平10”(P10)是表示平均含硅量为千分之十(即1%)左右的碱性平炉炼钢生铁。

2. 铸造生铁

在一般情况下，铸造生铁的含硅量较高(一般在1.25%～3.75%，冷铸车轮生铁在0.5%～1%)。由于硅的作用，这种生铁所含的碳以游离态的片状石墨的形式存在，断口呈灰色，故又名灰口生铁。

铸造生铁的熔点比炼钢生铁低，熔化后流动性较好，适于铸造各种生铁铸件。铸造生铁可分为普通铸造生铁和冷铸车轮生铁两种。普通铸造生铁的牌号用“铸”或“Z”字附以两位阿拉伯数字表示，数字表示含硅量的千分之几。与炼钢生铁一样，根据含锰、磷、硫的不同，还可分组、级、类。组、级、类的序号愈大，有关元素的含量就愈多。

冷铸车轮生铁主要用于铸造火车车轮，它只有一个铁号，即“冷08”或“L08”，铁号内不分组、级、类。

**(三)炼钢生铁**

1. 国产炼钢生铁

炼钢用生铁的技术条件，国家现行标准作了规定。

(1)化学成分　炼钢用生铁的化学成分见表3-1。

**表3-1　炼钢生铁化学成分(GB717—82)**

| 铁种 | | | 炼钢用生铁 | | |
|---|---|---|---|---|---|
| 铁号 | 牌号 | | 炼04 | 炼08 | 炼10 |
| | 代号 | | L04 | L08 | L10 |
| 化学成分/% | Si | | ＜0.45 | ＞0.45～0.85 | ＞0.85～1.25 |
| | Mn | 一组 | ＜0.30 | | |
| | | 二组 | ＞0.30～0.50 | | |
| | | 三组 | ＞0.50 | | |
| | P | 一级 | ＜0.15 | | |
| | | 二级 | ＞0.15～0.25 | | |
| | | 三级 | ＞0.25～0.40 | | |
| | S | 特类 | ＜0.02 | | |
| | | 一类 | ＞0.02～0.03 | | |
| | | 二类 | ＞0.03～0.05 | | |
| | | 三类 | ＞0.05～0.07 | | |

(2)质量要求　对炼钢生铁的质量要求如下：

1)需方对含硅量有特殊要求时，由供需双方协议规定。

2)采用高磷矿石冶炼的单位，须经国家主管部门批准后，生铁含磷量允许不大于0.85%。

3)化学成分表中，硫、磷含量有效位数后的数字不允许修约。

4)采用含铜矿石冶炼时，生铁含铜量允许不大于0.30%。

5)各号生铁应以铁块或铁水形态供应。

6)各号生铁铸成块状时，可以生产两种块度的铁块。

(3)块度　对块度规定如下：

1)小块生铁：每块生铁为2～7kg。每批中大于7kg及小于2kg两者之和所占比例，由供需双方协议规定。

2)大块生铁：每块生铁不得大于40kg，并有两个凹口，凹口处厚度不大于45mm。每批中小于4kg的碎铁块所占比例，由供需双方协议规定。

用铸铁机铸成的铁块，应具有洁净的表面，但允许附有石灰和石墨。

在铸床上铸成的铁块，应仔细清除表面的炉渣和砂粒，但允许附有石灰和石墨。

2. 国外炼钢生铁

前苏联的炼钢生产用生铁的技术条件，前苏联的国家标准(ГОСТ805—80)作了规定。

(1)生铁的牌号及化学成分　按用途不同，炼钢生产用炼钢生铁牌号П1和П2，铸造生产用牌号Пл1和Пл2，其化学成分见表3-2。

**表3-2　炼钢用生铁化学成分**

<table>
<tr><th rowspan="4">生铁牌号</th><th colspan="5">主要成分/%</th></tr>
<tr><th rowspan="3">Si</th><th colspan="4">Mn</th></tr>
<tr><th colspan="4">组</th></tr>
<tr><th>Ⅰ</th><th>Ⅱ</th><th>Ⅲ</th><th>Ⅳ</th></tr>
<tr><td>П1</td><td>>0.5～0.9</td><td>≤0.5</td><td>>0.5～1.0</td><td>>1.0～1.5</td><td>—</td></tr>
<tr><td>П2</td><td>≤0.5</td><td>≤0.5</td><td>>0.5～1.0</td><td>>1.0～1.5</td><td>—</td></tr>
<tr><td>Пл1</td><td>>0.8～1.2</td><td>≤0.3</td><td>>0.3～0.5</td><td>>0.5～0.9</td><td>>0.9～1.5</td></tr>
<tr><td>Пл2</td><td>>0.5～0.8</td><td>≤0.3</td><td>>0.3～0.5</td><td>>0.5～0.9</td><td>>0.9～1.5</td></tr>
</table>

<table>
<tr><th rowspan="4">生铁牌号</th><th colspan="8">主要成分/%</th></tr>
<tr><th colspan="3">P,不大于</th><th colspan="5">S,不大于</th></tr>
<tr><th colspan="3">等级</th><th colspan="5">种类</th></tr>
<tr><th>A</th><th>Б</th><th>B</th><th>Ⅰ</th><th>Ⅱ</th><th>Ⅲ</th><th>Ⅳ</th><th>Ⅴ</th></tr>
<tr><td>П1</td><td>0.1</td><td>0.2</td><td rowspan="4">0.3</td><td rowspan="4">0.01</td><td rowspan="4">0.02</td><td rowspan="4">0.03</td><td rowspan="4">0.04</td><td rowspan="4">0.05</td></tr>
<tr><td>П2</td><td>0.1</td><td>0.2</td></tr>
<tr><td>Пл1</td><td>0.08</td><td>0.12</td></tr>
<tr><td>Пл2</td><td>0.08</td><td>0.12</td></tr>
</table>

高磷牌号ПФ1、ПФ2、ПФ3，其化学成分见表3-3；

高优牌号 ΠΒΚ1、ΠΒΚ2 和 ΠΒΚ3，其化学成分见表 3-4。

**表 3-3 高磷牌号生铁化学成分**

| 生铁牌号 | 主要成分/% | | | | | | | | | | | | |
|---|---|---|---|---|---|---|---|---|---|---|---|---|---|
| | 硅 | 锰，不大于 | | | 硫，不大于 | | | 等级 | | | | | |
| | | 组 | | | 类 | | | A | | Б | | В | |
| | | Ⅰ | Ⅱ | Ⅲ | Ⅰ | Ⅱ | Ⅲ | 磷 | 砷 不大于 | 磷 | 砷 不大于 | 磷 | 砷 不大于 |
| ΠΦ1 | >0.9～1.2 | | | | | | | | | | | | |
| ΠΦ2 | >0.5～0.9 | 1.0 | 1.5 | 2.0 | 0.03 | 0.05 | 0.07 | 0.3～0.7 | 0.10 | >0.7～1.5 | 0.15 | >1.5～2.0 | 0.20 |
| ΠΦ3 | ≤0.5 | | | | | | | | | | | | |

**表 3-4 高优牌号生铁化学成分**

| 生铁牌号 | 主要成分/% | | | | | | | | | | |
|---|---|---|---|---|---|---|---|---|---|---|---|
| | 硅 | 锰 | | | 磷，不大于 | | | | 硫，不大于 | | |
| | | 组 | | | 等级 | | | | 类 | | |
| | | Ⅰ | Ⅱ | Ⅲ | A | Б | В | Γ | Ⅰ | Ⅱ | Ⅲ |
| ΠΒΚ1 | >0.9～1.2 | | | | | | | | | | |
| ΠΒΚ2 | >0.5～0.9 | ≤0.5 | >0.5～1.0 | >1.0～1.5 | 0.02 | 0.03 | 0.04 | 0.05 | 0.015 | 0.020 | 0.025 |
| ΠΒΚ3 | ≤0.5 | | | | | | | | | | |

(2)其他技术要求　生产的炼钢生铁，在铸块上不带凹痕，或带一条或两条凹痕。铸件重应不大于 55kg。

生铁中碎块的量不应超过批重的 2%。把重 0.5～3kg 的块划为碎块。

牌号 Π2、ΠΦ3 和 ΠΒΚ3 低硅生铁中，以及其余牌号的生铁中，供铸造生产用的少量铸块中，碎块量不应超过批重的 4%。

在生铁铸块的表面上不应有残余的炉渣。对不影响生铁质量的浇铸模，允许有薄层白灰、石墨和其他混合物成分。

日本生产的炼钢生铁的技术条件，日本国家标准(JIS　G2201—1976)作了规定。

(1)种类　生铁的种类如表 3-5 所示。

**表 3-5 生铁种类**

| 种类 | | | 提要 |
|---|---|---|---|
| 1类 | 1号 | | 一般为炼钢用的生铁，根据质量标准分为 1 号和 2 号 |
| | 2号 | | |
| 3类 | 1号 | A | 以铁砂为原料，电炉生产用的生铁，按锰含量分为 A 和 B |
| | | B | |

(2)形状　生铁是形状大致相同的块，每块重 10～30kg 为标准，必须便于处理。

(3)化学成分　生铁的化学成分如表 3-6 所示。

表 3-6 生铁化学成分

| 种类 | | | 化学成分/% | | | | | |
|---|---|---|---|---|---|---|---|---|
| | | | C | Si | Mn | P | S | Cu |
| 1类 | 1号 | | ⩾3.5 | ⩽1.20 | ⩾0.40 | ⩽0.300 | ⩽0.050 | — |
| | 2号 | | ⩾3.5 | ⩽1.40 | ⩾0.40 | ⩽0.500 | ⩽0.070 | — |
| 3类 | 1号 | A | ⩾3.5 | ⩽0.50 | ⩾0.40 | ⩽0.350 | ⩽0.050 | ⩽0.02 |
| | | B | ⩾3.5 | ⩽0.50 | ⩾0.41 | ⩽0.350 | ⩽0.050 | ⩽0.02 |

## (四)铸造生铁

1. 国产铸造生铁

我国铸造生铁的技术条件，现行国家标准(GB718—82)规定见表 3-7。

表 3-7 铸造生铁化学成分

| 铁种 | | | 铸造用生铁 | | | | | |
|---|---|---|---|---|---|---|---|---|
| 铁号 | 牌号 | | 铸 34 | 铸 30 | 铸 26 | 铸 22 | 铸 18 | 铸 14 |
| | 代号 | | Z34 | Z30 | Z26 | Z22 | Z18 | Z14 |
| 化学成分/% | C | | >3.3 | | | | | |
| | Si | | >3.20~3.60 | >2.80~3.20 | >2.40~2.80 | >2.00~2.40 | >1.60~2.00 | 1.25~1.60 |
| | Mn | 1组 | ⩽0.50 | | | | | |
| | | 2组 | >0.50~0.90 | | | | | |
| | | 3组 | >0.90~1.30 | | | | | |
| | P | 1级 | ⩽0.06 | | | | | |
| | | 2级 | >0.06~0.10 | | | | | |
| | | 3级 | >0.10~0.20 | | | | | |
| | | 4级 | >0.20~0.40 | | | | | |
| | | 5级 | >0.40~0.90 | | | | | |
| | S | 1类 | ⩽0.03 | | | | | ⩽0.04 |
| | | 2类 | ⩽0.04 | | | | | ⩽0.05 |
| | | 3类 | ⩽0.05 | | | | | ⩽0.06 |

中国冶标(YB/T14—91)规定了铸造用生铁技术条件。该标准的技术条件高于国家标准，其化学成分见表 3-8。

表 3-8 铸造用生铁化学成分

| 铁种 | | | 铸造用生铁 | | | | | |
|---|---|---|---|---|---|---|---|---|
| 铁号 | 牌号 | | 铸 34 | 铸 30 | 铸 26 | 铸 22 | 铸 18 | 铸 14 |
| | 代号 | | Z34 | Z30 | Z26 | Z22 | Z18 | Z14 |
| 化学成分/% | C | | >3.3 | | | | | |
| | Si | | >3.20~3.60 | >2.80~3.20 | >2.40~2.80 | >2.20~2.40 | >1.60~2.20 | >1.25~1.60 |
| | Mn | 1组 | ⩽0.50 | | | | | |
| | | 2组 | >0.50~0.90 | | | | | |
| | | 3组 | >0.90~1.30 | | | | | |
| | P | 1级 | ⩽0.06 | | | | | |
| | S | 1类 | ⩽0.03 | | | | | ⩽0.04 |
| | | 2类 | ⩽0.04 | | | | | |

续表 3-8

| 铁种 | | | | 铸造用生铁 | | | | | |
|---|---|---|---|---|---|---|---|---|---|
| 铁号 | 牌号 | | 铸 34 | 铸 30 | 铸 26 | 铸 22 | 铸 18 | 铸 14 |
| | 代号 | | Z34 | Z30 | Z26 | Z22 | Z18 | Z14 |
| 微量元素成分/% | As | 一组锰时 | ≤0.0008 | | | | | |
| | | 二组锰时 | ≤0.0014 | | | | | |
| | Pb | 1 级 | ≤0.0005 | | | | | |
| | | 2 级 | ≤0.0007 | | | | | |
| | Sn | 1 级 | ≤0.0005 | | | | | |
| | | 2 级 | ≤0.0005 | | | | | |
| | Sb | 1 级 | ≤0.0006 | | | | | |
| | | 2 级 | ≤0.0006 | | | | | |
| | Zn | 1 级 | ≤0.0003 | | | | | |
| | | 2 级 | ≤0.0020 | | | | | |
| | Cr | 1 级 | ≤0.0100 | | | | | |
| | | 2 级 | ≤0.0100 | | | | | |
| | Ni | 1 级 | ≤0.0064 | | | | | |
| | | 2 级 | ≤0.0064 | | | | | |
| | Cu | 一组锰时 | ≤0.0040 | | | | | |
| | | 二组锰时 | ≤0.0050 | | | | | |
| | V | 1 级 | ≤0.0095 | | | | | |
| | | 2 级 | ≤0.0115 | | | | | |
| | Ti | 1 级 | ≤0.0700 | | | | | |
| | | 2 级 | ≤0.0870 | | | | | |
| | Mo | 1 级 | ≤0.0010 | | | | | |
| | | 2 级 | ≤0.0012 | | | | | |

注：1. 由于微量元素分析检验时间较长，可不做日常检验，但要保证微量元素含量在规定范围之内；

2. 每年提供一次符合标准规定的微量元素分析结果。

微量元素含量之总和(ΣT)一级品不得大于 0.1000%，二级品不得大于 0.1200%。

生铁块重 2～7kg，大于 7kg 与小于 2kg 的铁块之和，每批中不超过总重的 6%。

2. 国外铸造生铁

日本铸造用生铁技术条件，日本国家标准(JIS G2202—1976)作了规定。

(1)种类　生铁种类见表 3-9。

(2)形状　生铁是形状大致相同的块，每块重 2～10kg 为标准，重量超过 5kg 的块，可破碎至 3kg 左右，必须便于处理。

**表 3-9 生 铁 种 类**

| 种类 | | | 提要 |
|---|---|---|---|
| 1类 | 1号 | A | 用于灰口铸铁件的生铁，根据质量标准分为1号和2号。此外，1号又主要按Si含量区分为A、B、C和D |
| | | B | |
| | | C | |
| | | D | |
| | 2号 | | |
| 2类 | 1号 | A | 用于可锻铸铁件的生铁，根据质量标准分为1号和2号。此外，1号又主要按Si含量区分为A、B、C、D和E |
| | | B | |
| | | C | |
| | | D | |
| | | E | |
| | 2号 | | |
| 3类 | 1号 | A | 用于球墨铸铁件的生铁，根据质量标准分为1号和2号。此外，1号又按Si含量区分为A、B、C和D |
| | | B | |
| | | C | |
| | | D | |
| | 2号 | | |

(3)化学成分　生铁的化学成分如表3-10所示。

**表 3-10 生铁化学成分**

| 种类 | | | 化学成分/% | | | | | |
|---|---|---|---|---|---|---|---|---|
| | | | C | Si | Mn | P | S | Cr |
| 1类 | 1号 | A | ≥3.40 | 1.40～1.80 | 0.30～0.90 | ≤0.300 | ≤0.050 | — |
| | | B | ≥3.40 | 1.81～2.20 | 0.30～0.90 | ≤0.300 | ≤0.050 | — |
| | | C | ≥3.30 | 2.21～2.60 | 0.30～0.90 | ≤0.300 | ≤0.050 | — |
| | | D | ≥3.30 | 2.61～3.50 | 0.30～0.90 | ≤0.300 | ≤0.050 | — |
| | 2号 | | ≥3.30 | 1.40～3.50 | 0.30～1.00 | ≤0.450 | ≤0.080 | — |
| 2类 | 1号 | A | ≥3.50 | 1.00～2.00 | ≤0.40 | ≤0.100 | ≤0.040 | ≤0.030 |
| | | B | ≥3.00 | 2.01～3.00 | 0.50～1.10 | ≤0.100 | ≤0.040 | ≤0.030 |
| | | C | ≥3.00 | 3.01～4.00 | 0.50～1.10 | ≤1.30 | ≤0.040 | ≤0.030 |
| | | D | ≥2.70 | 4.01～5.00 | 0.50～1.30 | ≤1.30 | ≤0.040 | ≤0.030 |
| | | E | ≥2.50 | 5.01～6.00 | 0.50～1.30 | ≤1.50 | ≤0.040 | ≤0.030 |
| | 2号 | | ≥2.50 | 1.00～6.00 | ≤1.35 | ≤0.160 | ≤0.045 | ≤0.035 |
| 3类 | 1号 | A | ≥3.40 | ≤1.00 | ≤0.40 | ≤0.100 | ≤0.040 | ≤0.030 |
| | | B | ≥3.40 | 1.01～1.40 | ≤0.40 | ≤0.100 | ≤0.040 | ≤0.030 |
| | | C | ≥3.40 | 1.41～1.80 | ≤0.40 | ≤0.100 | ≤0.040 | ≤0.030 |
| | | D | ≥3.40 | 1.81～3.50 | ≤0.40 | ≤0.100 | ≤0.040 | ≤0.030 |
| | 2号 | | ≥3.40 | ≤3.50 | ≤0.50 | ≤0.150 | ≤0.045 | ≤0.035 |

注：1. 关于1类的Cr，其最大值可商定。此时最大值为0.10%；

2. 关于2类1号C和D的P，可将最大值协商定为0.100%；

3. 关于3类的Ti、As及其他妨碍石墨球化的化学成分，其含量可协商确定。

### (五)球墨铸铁用生铁

球墨铸铁是石墨呈球状的铸铁,简称球铁。球墨铸铁的生产方法是在浇注前向灰口成分的铁水中加入0.2%～0.8%的球化剂、如纯镁、镍镁、铜镁等合金和0.3%～1%的球化剂硅铁或硅钙合金,以促进生铁中碳呈球状石墨结晶。我国用稀土金属作球化剂生产的稀土球墨已得到广泛应用。

球墨铸铁用生铁的化学成分,现行国家标准(GB1412—85)规定如表3-11。

**表3-11 球墨铸铁用生铁化学成分**

| 铁种 | | | 球墨铸铁用生铁 | | |
|---|---|---|---|---|---|
| 牌号 | | | Q10 | Q12 | Q16 |
| 化学成分/% | Si | | ≤1.00 | >1.00～1.40 | >1.40～1.80 |
| | Mn | 一组 | ≤0.20 | | |
| | | 二组 | >0.20～0.50 | | |
| | | 三组 | >0.50～0.80 | | |
| | P | 特级 | ≤0.05 | | |
| | | 一级 | >0.05～0.06 | | |
| | | 二级 | >0.06～0.08 | | |
| | | 三级 | >0.08～0.10 | | |
| | S | 特类 | ≤0.02 | | |
| | | 一类 | >0.02～0.03 | | |
| | | 二类 | >0.03～0.04 | | |
| | | 三类 | ≤0.06 | ≤0.05 | |

### (六)含钒生铁

是一种含钒量0.20%～0.50%的生铁,用于提钒、炼钢或铸造。含钒生铁的技术条件,中国冶标(YB/T5125—93)作了规定。

1. 化学成分

含钒生铁的化学成分见表3-12。

2. 质量要求

质量要求如下:

(1)采用高磷矿冶炼的生产厂须经国家主管部门批准后,生铁含磷量允许不大于0.85%。

(2)除供铸造用外,若能保证钛含量在规定范围内,经用户同意,可不做分析。

(3)作为炼钢或铸造用的含钒生铁,硅含量允许大于0.80%。但除钒、钛以外的其他化学成分(硅、碳、锰、磷、硫)应符合GB717—82《炼钢用生铁》和GB718—82《铸造用生铁》国家标准相应牌号成分的规定。

(4)各号生铁应以铁块或铁水形态供应。

表 3-12　含钒生铁化学成分

| 铁号 | | | | | | |
|---|---|---|---|---|---|---|
| 铁号 | 牌号 | | 钒 02 | 钒 03 | 钒 04 | 钒 05 |
| | 代号 | | F02 | F03 | F04 | F05 |
| 化学成分/% | V | | >0.20 | >0.30 | >0.40 | >0.50 |
| | Ti | | <0.6 | | | |
| | Si | 一组 | <0.45 | | | |
| | | 二组 | >0.45～0.80 | | | |
| | P | 一级 | <0.15 | | | |
| | | 二级 | >0.15～0.25 | | | |
| | | 三级 | >0.25～0.40 | | | |
| | S | 一类 | <0.05 | | | |
| | | 二类 | <0.07 | | | |
| | | 三类 | <0.10 | | | |

3. 块度

各号含钒生铁铸成块状时，可以生产大小两种块度的铁块，小块生铁重 2～7kg，每批中大于 7kg 及小于 2kg 之和所占比例，由供需双方协议规定。大块生铁不得大于 40kg，并有凹口，凹口处厚度不大于 45mm。每批中小于 4kg 的碎铁块所占比例，由供需双方协议规定。

铁块表面应洁净，但允许附有石墨和石灰。

## (七)铸造用磷铜钛低合金耐磨生铁

铸造用磷铜钛低合金耐磨生铁，简称铸造用耐磨生铁。其技术条件，中国冶标(YB/T5210—93)作了规定。铸造用耐磨生铁的化学成分见表 3-13。

表 3-13　铸造用耐磨生铁化学成分

| 铁种 | | | 铸造用耐磨生铁 | | | | | |
|---|---|---|---|---|---|---|---|---|
| 铁号 | | | NMZ34 | NMZ30 | NMZ26 | NMZ22 | NMZ18 | NMZ14 |
| 化学成分/% | C | | ≥3.30 | | | | | |
| | Si | | >3.20～3.60 | >2.80～3.20 | >2.40～2.80 | >2.00～2.40 | >1.60～2.00 | 1.25～1.60 |
| | Mn | 1 组 | ≤0.50 | | | | | |
| | | 2 组 | >0.50～0.90 | | | | | |
| | | 3 组 | >0.90 | | | | | |
| | S | 1 类 | ≤0.03 | | | | | ≤0.04 |
| | | 2 类 | ≤0.04 | | | | | ≤0.05 |
| | | 3 类 | ≤0.05 | | | | | |
| | P | A 级 | 0.35～0.60 | | | | | |
| | | B 级 | >0.60～0.90 | | | | | |
| | | C 级 | >0.90 | | | | | |
| | Cu | A 级 | 0.30～0.70 | | | | | |
| | | B 级 | >0.70 | | | | | |
| | Ti | | ≥0.06 | | | | | |

注：牌号中的“NMZ”符号为汉字“耐”、“磨”、“铸”的汉语拼音的第一个字母的组合。牌号中的数字代表平均硅含量的千分之几。

铸造用耐磨生铁应符合下列技术要求：

(1)碳含量不分析，如用户要求时，生产厂可提供分析数据。

(2)生产厂可不定期提供 V>0.02%、Nb>0.006%的分析数据。

(3)生产厂可不定期提供 Ni、Cr、Mo、Ta、Co、B 和 La、Y、Yb 等元素的分析数据，但不作验收依据。

(4)根据供需双方协议，可供含硅量大于 3.60%的生铁。

(5)各号生铁均应铸成 2～7kg 小块，而大于 7kg 与小于 2kg 的铁块之和；每批中应不超过总重的 10%。

**(八)原料纯铁**

原料纯铁的技术条件，现行国家标准(GB9971—88)作了规定。

1. 牌号及其用途

原料纯铁的牌号及其用途见表 3-14。

**表 3-14 原料纯铁牌号及用途**

| 牌号 | 主要用途 |
|---|---|
| YT1F | 一般重熔合金用沸腾纯铁 |
| YT2F | 高纯度沸腾纯铁、粉末冶金用原料 |
| YT3 | 一般重熔合金用镇静纯铁 |
| YT4 | 高纯度镇静纯铁、真空感应炉及超低碳不锈钢等用原料 |

2. 化学成分

纯铁的化学成分(重熔分析)见表 3-15。

**表 3-15 纯铁化学成分**

| 牌号 | 化学成分/% 不大于 | | | | | | | | |
|---|---|---|---|---|---|---|---|---|---|
| | C | Si | Mn | P | S | Cr | Ni | Cu | Al |
| YT1F | 0.04 | 0.03 | 0.10 | 0.015 | 0.025 | 0.10 | 0.20 | 0.15 | — |
| YT2F | 0.025 | 0.02 | 0.035 | 0.015 | 0.020 | 0.10 | 0.20 | 0.15 | — |
| YT3 | 0.04 | 0.20 | 0.30 | 0.020 | 0.020 | 0.10 | 0.20 | 0.15 | 0.65 |
| YT4 | 0.025 | 0.15 | 0.30 | 0.010 | 0.010 | 0.10 | 0.20 | 0.15 | 0.10 |

3. 其他技术要求

其他技术要求如下：

经需方同意，按 YT4 牌号交货时，允许有含硫量在 0.011%～0.015%、不超过每批订货量 20%的产品。

根据需方要求，经供需双方协议，可供化学成分较表 2 规定加严的元素含量。

根据需方要求，真空感应炉用 YT4，经供需双方协议，可增加钢中气体($O_2$、$N_2$)和微量元素(Pb、Bi、Sn、Sb、As、Zn)的检测项目及含量上限。

# 二、废钢铁

## (一)废钢铁的分类

### 1. 我国废钢铁的分类

废钢铁是在废金属回收中对黑色金属废料的统称,它包括废钢、旧铁渣钢、氧化废料等几个类别,有废碳素钢、废合金钢、钢屑、铁屑、氧化屑、轻薄料、土铁、钢渣等十几个品种。各种废钢铁的用途不同,对它们的成分、规格、质量也要求不一样,对炼钢生产用料要求化学成分一致、密度大、杂质含量少、规格适宜;而对生产轻工产品用料,则要求规格对路,质量好,无锈蚀。在回收工作中,按不同的规格标准和质量要求合理归类、分清品种,既有利于物资充分利用,又有利于生产。废钢铁按目前的习惯分法大体有4大类17个品种,如下所示。

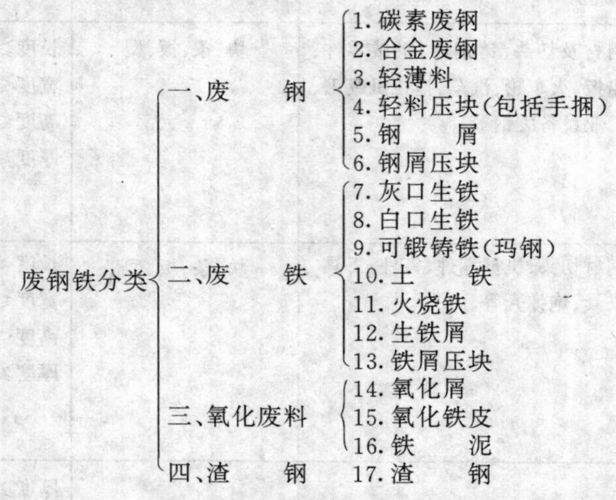


中国标准(GB/T4223—1996)对废钢铁的分类及技术要求等作了规定。该标准适用于炼钢、炼铁、铸造及铁合金冶炼时作为炉料使用的废钢铁以及再生钢材、一般用途用的废钢。废铁的化学成分、外形尺寸分类见表3-16。

**表3-16 废铁分类**

<table>
<tr><th colspan="2">类 别</th><th>典型举例</th><th>型 别</th><th>外形尺寸/mm</th></tr>
<tr><td>一类</td><td>灰口废铁</td><td>各种生铁机械零件,铸铁管道、管件及各连接部件,输电工程各种铸铁、铸件等</td><td rowspan="4">重型<br>中型<br>小型</td><td rowspan="4">≤1500×600×400<br>≤1000×600×300<br>≤600×400×300</td></tr>
<tr><td>二类</td><td>白口废铁</td><td>轧辊,犁铧铁,沟铁</td></tr>
<tr><td>三类</td><td>合金废铁</td><td>含Ni、Mo、Cu合金轧辊,球墨轧辊,合金废铁、铸铁等</td></tr>
<tr><td>四类</td><td>高硫、高磷废铁</td><td>高硫铁、高磷铁、锅铁、高磷生铁铸件、艺术品、装饰品、食具铸品、高磷矿生产的高磷残铁、火烧铁(炉条、炉箅、热风炉管等)</td></tr>
<tr><td rowspan="2">五类</td><td rowspan="2">铁屑</td><td rowspan="2">铁屑</td><td>铁屑</td><td rowspan="2"></td></tr>
<tr><td>铁屑压块</td></tr>
<tr><td>六类</td><td>高炉填加料</td><td>小渣铁、氧化屑</td><td></td><td>≤200×200×200</td></tr>
</table>

注:1. 高硫、高磷废铁指含硫量和含磷量分别大于0.12%和1.0%的废铁。

2. 合金废铁指在废铁中的Ni、Mo、Cu含量分别大于0.30%、0.20%和0.30%的废铁。

3. 铁屑压块的密度≥$3t/m^3$。

4. 高炉填加料的含铁量应在65%以上,外形尺寸应≥10mm×10mm×10mm。

废钢按其用途分为熔炼用废钢、再生用废钢和一般用途废钢。熔炼用废钢按其化学成分分为非合金废钢、低合金废钢和合金废钢。按废钢的外形尺寸或密度将熔炼用废钢分为7类，见表3-17。

**表3-17 熔炼用废钢分类**

<table>
<tr><th colspan="2">类别</th><th>典型举例</th><th>供应状态</th><th colspan="2">外形尺寸/mm或密度/t·m⁻³</th></tr>
<tr><td colspan="2">重型废钢</td><td>钢锭、钢坯及切头、铸钢件、重型机械零件、重型兵器部件、轧辊、火车轴、汽车、拖拉机废钢等</td><td>块、型</td><td colspan="2">长度>1000～1500<br>宽度≤600<br>高度≤400<br>厚度≥10</td></tr>
<tr><td colspan="2">中型废钢</td><td>钢材及切头、铸钢件、机械零件、船板、火车轮、汽车、拖拉机废钢、工业设备废钢等</td><td>块、条、板、型</td><td colspan="2">长度≥600～1000<br>宽度≤600<br>高度≤300<br>厚度≥6</td></tr>
<tr><td colspan="2">小型废钢</td><td>钢材切头、机械零件、铸件、工具、农具、炮弹壳等</td><td>块、条、板、型</td><td colspan="2">长度<600<br>宽度≤400<br>高度≤300<br>厚度≥4</td></tr>
<tr><td colspan="2">统料型废钢</td><td></td><td></td><td colspan="2">厚度≥4</td></tr>
<tr><td colspan="2">轻统型废钢</td><td></td><td></td><td colspan="2">厚度≥2</td></tr>
<tr><td rowspan="5">轻薄废钢</td><td>散料</td><td>钢带及切头、薄板及切边、汽车废钢、化工废钢、容器、医药器械、直径不大于6.5mm的盘条和钢丝等</td><td>板、条、卷</td><td colspan="2">长度≤1500<br>宽度≤600<br>厚度≥1</td></tr>
<tr><td>一级打包块</td><td rowspan="3">薄板及切边、钢屑、薄壁筒、罐、钢丝等</td><td rowspan="3">包、块</td><td rowspan="3">长度≤800<br>宽度≤500<br>高度≤400</td><td>密度≥2.0</td></tr>
<tr><td>二级打包块</td><td>密度≥1.5</td></tr>
<tr><td>三级打包块</td><td>密度≥1.0</td></tr>
<tr><td>钢屑</td><td>机加工钢屑</td><td>散状或装箱</td><td colspan="2">密度≥1.0</td></tr>
<tr><td colspan="2">渣钢</td><td>包底钢、跑钢、渣钢(含钢>80%)</td><td>块</td><td colspan="2">分别同重、中、小型废钢</td></tr>
</table>

注：1. 经供需双方协议，也可供大于表3-17要求尺寸的废钢。

2. 冶金生产厂可根据炉种要求，将废钢再加工、分类、分组(合金钢)。

熔炼用合金废钢按钢类分为5个钢类，67个钢组，见表3-18。

**表 3-18 合金废钢分组**

| 钢类 | 序号 | 钢组 | 主要合金元素含量/% | | | | | | | |
|---|---|---|---|---|---|---|---|---|---|---|
| | | | Cr | Ni | Mo | W | V | Mn | Si | 其他 |
| 合金结构钢 | 1 | Cr | 0.70~1.10 | | | | | | | |
| | 2 | CrMnSi | 0.80~1.10 | | | | | 0.80~1.10 | 0.90~1.20 | |
| | 3 | CrMo(Mn) | 0.80~1.10 | | 0.15~0.50 | | | 0.70~1.20 | | |
| | 4 | Cr2Mo1V | 1.30~3.00 | | 0.25~1.10 | | 0.15~0.90 | | | |
| | 5 | CrNi | 0.45~0.90 | 1.00~1.90 | | | | | | |
| | 6 | Cr2Ni4 | 0.60~1.60 | 2.75~3.65 | | | | | | |
| | 7 | CrNiMo | 0.40~1.10 | 0.75~1.80 | 0.15~0.30 | | | | | |
| | 8 | Cr2Ni4W | 1.35~1.65 | 4.00~4.50 | | 0.80~1.20 | | | | |
| | 9 | Cr3MoWV | 2.60~3.00 | | 0.35~0.50 | 0.30~0.60 | 0.70~0.90 | | | |
| | 10 | SiMn2Mo | | | 0.30~0.50 | | | 1.60~2.60 | 0.60~1.20 | |
| 合金工具钢 | 11 | SiCr | 0.95~1.25 | | | | | 0.90~1.20 | 0.40~0.65 | |
| | 12 | Cr3 | 3.20~3.80 | | | | | | | |
| | 13 | W | | | | 0.80~1.20 | | | | |
| | 14 | Cr12 | 11.50~13.00 | | | | | | | |
| | 15 | Cr12Mo1V1 | 11.00~13.00 | | 0.60~1.20 | | ≤1.10 | | | |
| | 16 | CrWMn | 0.80~1.20 | | | 0.80~1.20 | | 0.80~1.20 | | |
| | 17 | CrW2Si | 1.00~1.30 | | | 2.00~2.70 | | | 0.50~1.10 | |
| | 18 | Cr4W2MoV(Nb) | 3.50~4.40 | | 0.80~1.20 | 1.90~3.50 | 0.80~2.50 | | | Nb0.20~0.35 |

续表 3-18

| 钢类 | 序号 | 钢组 | 主要合金元素含量/% | | | | | | | |
|---|---|---|---|---|---|---|---|---|---|---|
| | | | Cr | Ni | Mo | W | V | Mn | Si | 其他 |
| 合金工具钢 | 19 | Cr2W8V | 2.20～2.70 | | | 7.50～9.00 | 0.20～0.50 | | | |
| | 20 | Cr4Mo3SiMnVAl | 3.80～4.30 | | 2.80～3.40 | | 0.80～1.20 | 0.80～1.10 | 0.60～0.90 | Al0.30～0.70 |
| | 21 | Cr3Mo3W2V | 2.80～3.30 | | 2.50～3.50 | 1.20～1.80 | 0.80～1.20 | | | |
| | 22 | Cr4W5Mo2V | 3.40～4.40 | | 1.50～2.10 | 4.50～5.30 | 0.70～1.10 | | | |
| | 23 | Cr3Mo3SiV | 3.00～3.75 | | 2.00～3.00 | | 0.25～0.75 | | 0.80～1.20 | |
| | 24 | Cr5MoSiV1 | 4.75～5.50 | | 1.10～1.75 | | 0.60～1.20 | | 0.80～1.20 | |
| | 25 | Cr5W2VSi | 4.50～5.50 | | | 1.60～2.40 | 0.60～1.00 | | 0.80～1.20 | |
| | 26 | Mn15Cr2Al3V2WMo | 2.00～2.50 | | 0.50～0.80 | 0.50～0.80 | 1.50～2.00 | 14.50～16.50 | | Al2.30～3.00 |
| | 27 | W4Cr2V | 2.00～2.50 | | | 4.00～4.50 | 0.50～0.80 | | | |
| 轴承钢 | 28 | Cr | 0.70～1.65 | | | | | | | |
| | 29 | CrSiMn | 0.90～1.65 | | | | | 0.90～1.20 | 0.40～0.65 | |
| 高速工具钢 | 30 | W18Cr4V | 3.80～4.40 | | | 17.50～19.00 | 1.00～1.40 | | | |
| | 31 | W6Mo5Cr4V3(Al) | 3.80～4.40 | | 4.50～5.50 | 5.50～6.75 | 1.75～2.75 | | | Al0.80～1.20 |
| | 32 | W9Mo3Cr4V | 3.80～4.40 | | 2.70～3.30 | 8.50～9.50 | 1.30～1.70 | | | |
| | 33 | W18Cr4V2Co8 | 3.75～4.50 | | | 17.50～19.50 | 0.80～2.10 | | | Co5.00～8.00 |
| | 34 | W12Cr4V5Co5 | 3.75～5.00 | | | 11.75～13.00 | 4.50～5.25 | | | Co4.75～5.25 |
| | 35 | W2Mo9Cr4V2 | 3.50～4.00 | | 8.20～9.20 | 1.40～2.10 | 1.75～2.25 | | | |
| | 36 | W7Mo5Cr4V2Co | 3.75～4.50 | | 3.25～5.50 | 5.50～7.00 | 1.75～2.25 | | | Co4.50～5.75 |
| | 37 | W2Mo9Cr4VCo8 | 3.50～4.25 | | 9.00～10.00 | 1.15～1.85 | 0.95～1.35 | | | Co7.75～8.75 |

续表 3-18

| 钢类 | 序号 | 钢组 | 主要合金元素含量/% | | | | | | | |
|---|---|---|---|---|---|---|---|---|---|---|
| | | | Cr | Ni | Mo | W | V | Mn | Si | 其他 |
| 不锈耐热钢 | 38 | Cr13 | 12.00~14.00 | | | | | | | |
| | 39 | Cr17 | 16.00~18.00 | | | | | | | |
| | 40 | Cr25 | 23.00~27.00 | | | | | | | |
| | 41 | Cr9Si2 | 8.00~10.00 | | | | | | 2.00~3.00 | |
| | 42 | Cr17Mo | 14.00~18.00 | | 0.75~1.25 | | | | | |
| | 43 | Cr5Mo | 4.00~6.00 | | 0.45~0.60 | | | | | |
| | 44 | Cr27Mo | 25.00~27.50 | | 0.75~1.50 | | | | | |
| | 45 | Cr11MoV | 10.00~11.50 | | 0.50~0.70 | | 0.25~0.40 | | | |
| | 46 | Cr30Mo2 | 28.50~32.00 | | 1.50~2.50 | | | | | |
| | 47 | Cr18Ni9 | 18.00~20.00 | 8.00~13.00 | | | | | | |
| | 48 | Cr23Ni13 | 22.00~24.00 | 11.00~15.00 | | | | | | |
| | 49 | Cr25Ni20 | 20.00~26.00 | 19.00~24.00 | | | | | | |
| | 50 | Cr16Ni35 | 14.00~17.00 | 33.00~37.00 | | | | | | |
| | 51 | Cr17Ni2 | 16.00~18.00 | 1.50~2.50 | | | | | | |
| | 52 | Cr10Si2Mo | 9.00~10.50 | | 0.70~0.90 | | | | 1.90~2.60 | |
| | 53 | Cr20Si2Ni | 19.00~20.50 | 1.15~1.65 | | | | | 1.75~2.25 | |
| | 54 | Cr18Ni12Mo2 | 16.00~18.50 | 10.00~14.50 | 1.80~3.00 | | | | | |
| | 55 | Cr18Ni16Mo5 | 16.00~19.00 | 15.00~17.00 | 4.00~6.00 | | | | | |

续表 3-18

| 钢类 | 序号 | 钢组 | 主要合金元素含量/% | | | | | | | |
|---|---|---|---|---|---|---|---|---|---|---|
| | | | Cr | Ni | Mo | W | V | Mn | Si | 其他 |
| 不锈耐热钢 | 56 | Cr18Ni5Mo3(Si2) | 15.00～19.50 | 4.50～7.00 | 2.00～3.00 | | | | 1.30～2.00 | |
| | 57 | Cr26Ni5Mo2 | 23.00～28.00 | 3.00～6.00 | 1.00～3.00 | | | | | |
| | 58 | Cr18Mn8Ni5N | 16.00～19.00 | 3.50～6.00 | | | | 5.50～10.00 | | N≤0.25 |
| | 59 | Cr21Mn9Ni4N | 20.00～22.00 | 3.25～4.50 | | | | 8.00～10.00 | | N0.35～0.50 |
| | 60 | Cr18Mn12Si2N | 17.00～19.00 | | | | | 10.50～13.50 | 1.40～2.20 | N0.22～0.33 |
| | 61 | Cr20Mn9Ni2Si2N | 18.00～21.00 | 2.00～3.00 | | | | 8.50～11.00 | 1.80～2.70 | N0.20～0.30 |
| | 62 | Cr14Ni14W2Mo | 13.00～15.00 | 13.00～15.00 | 0.25～0.40 | 2.00～2.75 | | | | |
| | 63 | Cr15Ni25Ti2MoAlVB | 13.00～16.00 | 24.00～27.00 | 1.00～1.50 | | 0.10～0.50 | | | Ti1.90～2.35 Al<0.35 |
| | 64 | Cr22Ni20Co20Mo3W3NbN | 20.00～22.50 | 19.00～21.00 | 2.50～3.50 | 2.00～3.00 | | | | Co18.5～21.0 Nb0.75～1.25 |
| | 65 | Cr12MoV(Nb) | 10.00～13.00 | | 0.30～0.90 | | 0.10～0.40 | | | Nb0.20～0.60 |
| | 66 | Cr12WMoV | 11.00～13.00 | 0.40～0.80 | 0.50～0.70 | 0.70～1.10 | 0.18～0.30 | | | |
| | 67 | Cr11NiMoWV | 10.50～13.00 | 1.02～1.80 | 0.50～1.25 | 0.75～2.00 | 0.18～0.40 | | | |

注：1. 高温合金、精密合金、高锰铸钢、含铜钢均按牌号单独存放、管理、供应。

2. 本表所列化学成分以外的牌号，供需双方另行商定。企业可根据具体情况编入化学成分相同、成分相近的钢组中，或单独存放、管理。

热轧再生结构用废钢分类见表 3-19。

2. 国外废钢铁分类

日本废钢铁的分类，日本标准 JIS G2401—1979 作了规定。

(1)废铁 废铁按用途大致可分为冶炼用和一般用途用。冶炼用废铁按其质量和形状分为以下几种：

1)A 种 优质废铁(机械或工具等)；

B 种　普通废铁(铸桶、锅炉、炉箅及其他类似的废铁);

C 种　可锻铸铁废铁。

2)甲类　每件重不大于 20kg;

乙类　经破碎、熔断容易成为甲类形状的废生铁;

丙类　生铁粉(车削下来的生铁屑未混入异物的生铁)。但对于丙类不再划分类别。

**表 3-19　热轧再生结构钢材用废钢分类(mm)**

| 品　种 | 长　度 | 宽　度 | 直径或厚度 |
|---|---|---|---|
| 盘条 | ≥2000 | | ≥10 |
| 钢棒 | ≥2000 | | ≥10 |
| | ≥500 | | ≥50 |
| 型钢 | ≥1500 | | ≥10 |
| 钢板 | ≥1500 | ≥50 | ≥10 |

注:1. 热轧再生钢筋用废钢的化学成分:C≤0.32%,S≤0.055%,P≤0.050%。

2. 锈蚀或有缺陷、严重磨损或显著扭曲、焊接等影响使用的废钢应剔除。

一般用途用废铁不再划分类别。

(2)废钢　废钢按其用途大致可分为熔炼用、再生用以及一般用途废钢。熔炼用废钢按其质量和形状,可分以下几种:

1)A 种　碳素废钢;

B 种　低铜碳素废钢(Cu≤0.20%);

C 种　低磷、低硫、低铜碳素废钢(P≤0.25%,S≤0.25%,Cu≤0.15%);

D 种　合金废钢;

E 种　一般用废钢。

2)甲类

特 1 号　厚度不小于 6mm,长度不大于 600mm,宽度或高度不大于 400mm,重量不大于 600kg 的废钢。

特 2 号　厚度不小于 3mm,小于 6mm,长度不大于 600mm,宽度或高度不大于 400mm 的废钢。

1 号　厚度不小于 6mm,长度不大于 1200mm,宽度或高度不大于 500mm,重量不大于 1000kg 的废钢。

2 号　厚度不小于 3mm,大于 6mm,长度不大于 1200mm,宽度和高度不大于 500mm 的废钢。

3 号　厚度小于 3mm,长度不大于 1200mm,宽度或高度不大于 500mm 的废钢。

乙类　经切割后,容易成为上述任一形状的废钢。

丙类　冲压件

1 号　截断冲压件

2 号　镀锡冲压件

3 号　普通冲压件

4 号　车削冲压件

丁类　车削钢粉

以上废钢分类中，在尺寸和重量方面，根据与用户的协议，在不影响使用的情况下，可以不按本规定执行。

D 种合金废钢可细分为以下几种：

1)铬钢废钢

JIS G4404(合金工具钢钢材)SkS8。

JIS G4805(高碳铬轴承钢材)SuJ1,2、3、4、5。

JIS G4104(铬钢钢材)SCr415,420、430、435、440、445。

2)铬钒钢废钢

3)铬钼钢废钢

JIS G4105(铬钼钢钢材)SCM415,418、420、421、430、432、435、440、445、822。

4)铝铬钼钢废钢

JIS G4202(铝铬钼钢钢材)SACM645。

5)镍铬钢废钢

JIS G4404 中的 SKT6。

JIS G4102(镍铬钢钢材)SNC236、415、631、815、836。

6)镍钢废钢

JIS G4404 中的 SKS5,51。

7)镍铬钼钢废钢

JIS G4103(镍铬钼钢钢材)中的 SNCM220、240、245、415、420、431、439、447、616、625、630、815。

8)铬钨钢废钢

JIS G4404 中的 SKS1,2、3、4、7。

9)铬钨钒钢废钢

JIS G4404 中的 SKD4,5。

10)高速钢废钢

JIS G4403(高速工具钢钢材)SKH2、3、4、5、10。

11)铬不锈钢废钢

JIS G4303(不锈钢棒)~JIS G4309(不锈钢丝)SuS403,410、420J1,430。

12)镍铬不锈钢废钢

JIS G4303~JIS G4309 中的 SuS304,304L。

13)含钛不锈钢废钢

JIS G4303~JIS G4309 中的 SuS321。

14)含钼不锈钢废钢

JIS G4303~JIS G4309 中的 SuS316,316L。

15)含钼不锈钢废钢

JIS G4303~JIS G4305(冷轧不锈钢板)中的 SuS316J1,316J1L。

16)铬钼不锈钢废钢 JIS G 4303 中的 SuS410J1。

17)铬耐热钢废钢

JIS G4311(耐热钢棒)中的 SuH1。

18)铬钼耐热钢废钢

JIS G4311 中的 SuH3。

19)镍铬钨耐热钢废钢

JIS G4311 中的 SuH4。

20)镍铬耐热钢废钢

21)铬模具废钢

JIS G4404 中的 SKD1。

22)铬钨模具废钢

JIS G4404 中的 SKD2。

23)高锰钢废钢

24)硅钢废钢

弹簧用硅锰钢不作为合金钢处理。此外,快速切削钢含 Zn、Co、B 等钢种,不要混入,按上述方法进行分类。

另外,废钢的分类,原则上是在作业现场进行。

**(二)废钢铁的回收利用**

废钢铁是钢铁生产中重要的炉料资源,尤其是电炉炼钢,要配用 80%的废钢。用废钢代替生铁炼钢,由于其硫、磷等有害元素含量低,还可以缩短冶炼时间。1t 废钢可炼出好钢 800kg 左右,约等于 1t 生铁投炉炼钢的产量。用 1t 废钢,就可少用铁矿石 3～5t,焦炭 500kg 左右,石灰石 300kg 左右,可少采矿石 15～20t,减少运输 30～40t,降低能耗 80%,节约工业用水 40%左右。随着合金钢生产的不断发展,废合金钢资源日益增多。工矿企业中报废的工具、刃具、模具中都含有较高的合金元素。如 1t 废高速钢中就含有钨 180kg、铬 40kg、钒 10kg。

废钢铁的来源有以下几方面:

(1)生产自身返回的。即钢铁冶炼过程中产生的炉底、桶底、汤道、废锭、废模和渣钢,以及初轧的切头、切尾等。

(2)加工工业中产生的。如各种车屑、切屑、料头,以及冲压成型的各种边角料等。

(3)生产和生活中废弃的机器和工具、用品。如报废的机械设备、工具、零部件,废弃的刀剪犁锄等。

**(三)废钢铁的鉴别**

废钢铁的鉴别,除用科学化验的方法分析各种元素的含量外,还可采取以下几种简便易行的方法。

1. 外形鉴别

(1)从钢铁制品生产方法鉴别。钢有可塑性、可锻性,可以用切削加工、锻打、轧制、拉拔等方法生产各种制品。生铁没有延展性,其制品是用铸造方法生产的。根据以上特点可以把钢和铁区别开来。但要注意某些专用设备也有用钢铸造的,因此还要结合其他方法鉴别。

钢铁制品生产特征的鉴别见表 3-20。

(2)从钢铁制品的品种鉴别。根据各种钢铁的不同用途,从制品品种来区别钢铁种类,常见的品种见表 3-21。

表 3-20 钢铁制品生产特征的鉴别

| 类别 | | 制品的生产方法 | 制品的特点 |
| --- | --- | --- | --- |
| 废钢类 | | 经过切割、锻打、轧制、冲压、冷拔等 | 表面平滑光洁，断面组织细密，没有砂眼 |
| 生铁类 | 灰口生铁铸件 | 经过铣旋或钻眼的翻砂铸件 | 表面粗糙不平，带有砂眼，性脆，新铸件表面带有黑砂，浇注口留有断渣 |
| | 白口生铁铸件 | 没有经过铣旋的翻砂铸件 | |
| 铸钢类 | | 经过铣旋的专用设备 | 新铸件带有黄色大粒毛砂，浇注口留有凿子或风镐凿掉的痕迹 |

表 3-21 钢铁制品的品种

| 类别 | 各种钢铁制品品种举例 |
| --- | --- |
| 废钢类 | 废旧机器轴、螺丝、垫圈、手虎钳、刀剪、斧头、折页、插销、农用三齿、铲刀、铁锹、镐头、马掌等 |
| 灰口生铁类 | 废旧机床、台磅、汽车引擎机身、槽轮、皮带轮、轴瓦架、煤气机身、柴油机身等 |
| 白口生铁类 | 秤砣、炉条、民用炉子(虽也有灰口生铁的，但由于火烧时间较长，质量发生变化，所以一般都划归白口生铁类)、犁铧头、水车轮、农村用小钢磨等 |
| 玛钢类(马铁) | 台虎钳、管子弯头、三通、四通、活接头(又称油润，也有熟铁制的)、输电线路金具、部分管子扳手、死扳手等 |
| 高速工具钢(锋钢)类 | 废旧车刀、铣刀、滚刀、铰刀、钻头、丝锥、机械锯条、锯片等 |

2. 磁性鉴别

根据钢铁有磁性的特点，用磁石(吸铁石)试吸是一种普遍采用的鉴别方法。因为废旧钢铁中往往夹杂一些废旧有色金属，不易识别，同时有些废旧钢铁制品外表镀有锌、镍或铜，如果不慎重，也会误认为是有色金属。通过磁石试吸，凡是能被磁石吸引的就是钢铁，不能吸引的就不是钢铁。但镍也能被磁石吸引，不过镍是银白色，有光泽，与钢铁不同。

3. 颜色、音响鉴别

各种钢铁的成分不同，颜色和音响也就不同。钢的表面一般呈黑褐色，断口呈白色，质细密，声音清脆，尾声长。熟铁断口呈青灰色，质较钢粗，声音不如钢清脆，尾声短。灰口生铁铸件，表面饱满，无气孔或气孔很少，断面不平，呈粒状，黑灰色，敲击时发出“托托”的哑音 。白口生铁铸件，表面收缩大，有凹形，粗糙，气孔多，断面平，断口呈白色，无粒状，敲击时发出“叮叮”的尖声。

4. 硬度鉴别

各种钢铁由于含碳量的不同，硬度也不相同。以钢来说，高速工具钢比高碳钢硬，而高碳钢又比一般普碳钢硬。同是生铁，白口铁比灰口铁硬。它们与钢相比，白口生铁比一般钢都硬，但性脆易断，灰口铁也较低碳钢硬。所以鉴别时可用各种钢铁的标准件，用敲击对比的方法，从硬度的区别上来确定其性质。例如对一块废铸件，不能确定其是钢还是白口铁或灰口铁，可用一块白口铁标准件来敲击这块铸件，如果铸件较软，被敲击处有屑末掉下，说明是灰口生铁；如果铸件虽软，但碰击处只出现小凹窝，说明是钢件；如果两块铁不相上下，说明这块铸件也是白口生铁。

废线材中的钢丝和铁丝，也可以从硬度上鉴别。钢丝硬，有弹性；铁丝较软，没有弹性。

5. 火花鉴别

把需要鉴别的废钢铁放在2800r/min的氧化铝砂轮上磨，使其放射火花，从火花的颜色和形状来识别钢铁的种类。鉴别时为了防止发生错觉和误差，应备有各种钢材的标准样块，以便在试验时进行比较。

6. 不锈钢与普通钢的一般区别

由于不锈钢是高级合金钢，在回收时一般不会混在普通废旧钢铁里，在个别情况下如混杂在一起，可按表3-22所列方法进行鉴别。

表3-22 不锈钢与普通钢的对比鉴别

| 区别方法 | 普通钢 | 不锈钢 | |
|---|---|---|---|
| | | 铬不锈钢 | 镍铬不锈钢 |
| 色泽 | 一般呈黑褐色 | 经过酸洗的一般呈白色，较暗，无光泽；未经酸洗的一般呈棕黑色 | 经过酸洗的一般呈银白色，有光泽；未经酸洗的一般呈棕白色(铬锰氮钢呈黑色，性硬)；冷轧未经退火的呈银白色，有反光，性硬 |
| 硬度 | 软而韧，易弯不易断 | 性坚硬，敲击能弯不能断 | 性坚韧，敲击能弯不能断 |
| 抗腐蚀性 | 易生锈，铁锈呈黄色 | 不生锈 | 不生锈 |
| 磁性 | 在任何状况下均能被磁石吸引 | 同普通钢 | 在退火的状态下，一般均无磁性；在冷加工后；有时会稍有磁性，但含锰较高的高锰钢和铬锰氮钢没有磁性 |
| 硫酸铜擦拭 | 呈紫红色(紫铜色) | 不变色 | 将表面氧化层用锉刀锉去，放上一点水，用硫酸铜擦不变色 |

## (四)废钢铁的加工

废钢铁具有种类形态各异、轻重不等、尺寸长短不齐等特点，废钢供应部门必须通过加工手段，把不同种类和不同规格的废钢铁，按照炼钢生产要求，加工成为规格对路的炉料。在加工的同时要把能够直接利用的型材、钢板等挑选出来，经过剪切、气割加工以后，作为直接生产用料，从而提高废钢铁的利用价值，做到物尽其用。

目前我国废钢铁加工，一般采用人工分选、氧气切割、剪切、破碎和打包压块等方法。

1. 人工分选

由于回收的废钢铁来自各行各业，种类混杂，规格不一，不能直接回炉炼钢，必须经过分选加工才能变为合格炉料。因此，人工分选是废钢铁加工的第一道工序。要搞好分选工作，必须掌握废钢铁的鉴别方法和废钢铁的分类及规格标准，严格按分类规格标准进行分选。

人工分选是通过感官鉴别或其他鉴别方法，首先将废钢和废铁分开，然后再根据废钢和废铁的化学成分和用途进行分选归类，在分选归类的基础上，要把不合乎生产要求的废钢铁单独分选出来，再次进行加工。超重废钢和长尺寸废钢要进行氧气切割解体；铸铁大件需要落锤破碎或人工劈解；型材和板材的边角余料按生产需要剪切成一定尺寸的合格材料；轻薄废钢、废铁屑需要进行打包压块。在分选归类的同时，还要注意做到下列几点：

(1)从废钢铁中挑选可供生产使用的边角余料；

(2)挑选有修复利用价值的机械零部件和各种器材；

(3)挑选有色金属，提高回炉废钢的纯度，同时做到物尽其用；

(4)清除混在废钢铁中的砖、瓦、砂石等非金属物；

(5)注意剔除枪支、弹药、含毒物品以及密闭容器等。

合金废钢的分选技术性比较强，首先需要确定其钢种，按其钢种进行组批，然后按其规格进行分类。确定钢种的方法，一是化学分析或凭经验进行火花的鉴别，把合金钢与普通碳素钢相区别，把合金钢的钢种相区别分类；二是可根据常用合金钢的用途相区别分类。

常用合金钢的用途举例见表3-23。

**表3-23　常用合金钢分选用途举例**

| 类别 | 钢　号 | 用　途　举　例 |
|---|---|---|
| 滚珠轴承钢 | GCr9 | 10～20mm的钢珠和滚柱 |
| | GCr15 | 壁厚20mm左右的、中小型内外套φ<50mm的钢珠或滚柱 |
| | GCr15SiMn | 壁厚>30mm的中型内外套，φ50～100mm的钢珠或滚柱 |
| 合金结构钢 | 10Mn2 | 钢管、钢板、结构架、铆钉等 |
| | 15Mn2 | 钢管、钢板、小齿轮、齿轮轴等 |
| | 40CrV | 曲轴、齿轮、机车连杆、螺旋桨等 |
| | 20CrMnTi | 重要零件，如齿轮、齿圈、齿轮轴等 |
| | 30CrMnTi | 汽车、拖拉机上的重要齿轮，如主动伞齿轮、后主齿轮等 |
| | 40Cr | 曲轴、齿轮、连杆螺钉、螺帽等 |
| | 45CrV | 大轴、压下螺杆、轧机方向接头等 |
| | 15CrMo | 蒸汽参数达530℃的过热器，蒸汽管等 |
| | 50Cr | 受重负荷、重摩擦的零件，如热轧辊、减速机轴、齿轮、拖拉机离合器齿轮、重型矿山机械上的高强度与耐磨齿轮等 |
| | 40CrNiMo | 受冲击负荷的高强度零件，如锻压机的曲轴等 |
| | 45CrNiMoV | 受高负荷冲击和尺寸较大的零件，如轴、偏心轴等 |
| | 30CrNi2MoV | 受扭转负荷和冲击负荷的高强度轴、传动轴、曲轴等 |
| 合金工具钢 | 9Mn2Y | 小型冲模、剪刀、冷压模、量规、样板、丝锥板牙、铰刀等 |
| | 6SiMnV | 中、小型锻模 |
| | 9SiCr | 板牙、丝锥、钻头、铰刀、齿轮铣刀、冷冲模、冷轧辊等 |
| | Cr2Mn | 拉丝模、拉丝板及耐磨工具 |
| | 5CrMnMo | 中型锻模 |
| | 3W2CrSiV | 大、中型热锻模、压铸模和挤压模等 |
| | 3W4Cr2V | 大型锤锻模、压挤模 |
| | WCrV | 冷剪刀、高级锯切工具 |

续表 3-23

| 类别 | 钢号 | 用途举例 |
|---|---|---|
| 不锈耐酸钢 | 0Cr13<br>1Cr13<br>2Cr13 | 汽轮机叶片、水压机阀、螺栓、食品用具、不锈钢设备等 |
| | 3Cr13<br>4Cr13 | 热油泵轴、阀片、阀门、医疗器械、化油器针阀、轴承等 |
| | 9Cr18 | 不锈切片、机械刃具、高耐磨设备零件及阀门等 |
| | 1Cr25Ti<br>1Cr28 | 硝酸浓缩设备、零件、管道及发烟硝酸或磷酸的容器，氯酸钠及磷酸设备 |
| | 1Cr18Ni9<br>2Cr18Ni9 | 不锈耐酸的外壳、浮筒、船舶控制设备、防磁元件 |
| | 1Cr18Ni9Ti | 焊芯、抗磁仪表、医疗器械、耐酸容器、设备衬里及输送管道等 |
| | 1Cr18Mn10Ni5Mo3N | 可制造耐尿素腐蚀的设备 |
| 耐热钢 | 1Cr18Si2 | 热交换器、渗碳箱等 |
| | 1Cr18Ni9Ti | 加热炉管、发动机喷管等 |
| | 4Cr9Si2<br>4Cr10Si2Mo | 内燃机进气阀、汽车排气阀等 |
| 电热合金 | Cr15Ni60<br>Cr20Ni80<br>Cr13Al4<br>Cr17Al5<br>1Cr25Al5 | 加热元件及电阻元件；如电热合金丝、带等 |
| 高温合金 | GH33<br>GH37<br>K10 | 轮叶片、导向叶片、燃烧室 |
| 高速工具钢 | W18Cr4V | 车刀、拉刀、铣刀、丝锥、板牙等切削工具 |
| | W9Cr4 | 木工工具、锯条、锯片等 |
| | W6Mo5Cr4V2 | 车刀、钻头、铰刀等刃具 |

2. 氧气切割

氧气切割简称气割，它具有设备简单、灵活方便、质量好等优点，它适用于切割厚度较大、尺寸较长的废钢，如大块废钢板、铸钢件、废锅炉、废钢结构架等。对废汽车解体和旧船舶解体更能发挥其灵活方便的作用，它不受场地狭窄或物件大小的局限，可以在任何场合下进行作业。除使用气割加工炼钢炉料外，还可以在废钢中割取有使用价值的板、型、管等材料，供生产使用。所以氧气切割是废钢铁加工的主要方法之一，目前在金属回收部门应用十分广泛。

### 3. 剪切

为了把长尺废钢和大块废钢变为适合于炼钢的炉料和供其他生产做原料，除采用气割加工外，对于各种型钢、板材等废结构件，还可采用剪切的方法，加工成一定规格的炉料和供其他生产使用的原材料，在剪切过程中，应与气割配合使用，先将不能进入剪口的部位，用气割切掉。过重和过长的要割成几段，再用剪切机剪成一定规格尺寸的原材料。此外，还可按用户生产要求剪切成生产需要的毛坯料，这样既方便用户使用，提高废材的利用率，降低生产成本，还可减少废钢的往返运输，从而减少回收环节，节约运输费用。

### 4. 破碎

废钢铁破碎方法包括钢屑破碎、废钢铁铸件落锤破碎和爆破法。

(1)钢屑破碎　机械加工产生下来的团状钢屑，不便于直接作炉料，采用机械破碎的方法，可把长钢屑破碎成长度在100mm左右的短屑，可以直接入炉炼钢。经过破碎后的短屑也可利用液压设备挤压成块再做炼钢炉料更能提高生产效率。目前各地回收部门所使用的钢屑破碎机有对辊式和锤式两种，两者具有同等的效果。

冶炼铁合金需要的钢屑，要求破碎以后的钢屑卷曲长度不超过100mm，并一定要普通碳素钢屑，合金钢屑和锈蚀严重的碳素钢屑不能使用。应用圆锥式钢屑破碎机破碎。

(2)落锤破碎　这是一种破碎大件废钢铁的方法，主要用于破碎钢锭、锭模、机床底盘、废轧辊和其他废铸铁大件以及含碳量较高的铸钢废件、钢渣等。

落锤的结构比较简单，一般是采用钢结构件三角架式落锤，高度约17m左右，每一根架脚固定在单独的基础上，架子的顶部装一个定滑轮，地面安装一台卷扬机(要与三角架的位置相隔一定距离)，卷扬钢丝绳通过地面上的定滑轮转向，又经过架顶定滑轮将钢锤用钩钳吊起，开动卷扬机，将钢锤升到12～15m高度时，自动碰撞或人工操纵钩钳张开，钢锤吊环与钩钳分离，钢锤自由下落，砸在破碎坑内的大件废钢铁上，即达到破碎的目的。破碎坑内垫有铸钢砧块(或大钢锭)，四周设有围障，以防止破碎时飞射出钢铁碎块造成事故。操作时必须严格遵守安全操作规程，保证安全生产。由于这种落锤只能砸落一点，破碎效率较低。

(3)爆破法　这种废钢铁加工方法在回收部门很少利用，只是在钢厂用于处理那些用其他破碎法都不易处理的大件废钢铁。一般采用地下爆破坑进行爆炸破碎，爆破坑四周用大钢锭筑起，坑深4m左右，宽5m左右，长5～10m，需要破碎的大件废钢铁(如重型废钢件、钢砣、铁砣等)，先进行打眼，然后吊运到坑内安装炸药，坑上用覆盖厚度在200mm以上的钢板盖好，开始爆破，爆破后清理出合格的废钢运往炼钢车间，余下不合格的大块废钢铁，再进行加工处理。其中废钢件可进行气割，废铁件可进行落锤破碎，加工成合格炉料。坑内爆破，合格料能占80%左右，加工成本比气割降低70%以上，金属耗损比气割低80%左右，产量可提高30倍。除坑内爆破外，还有利用山沟自然条件进行地下爆破的。

### 5. 打包

废钢铁加工，除气割，剪切、破碎外，为了缩小钢铁屑和轻薄废钢的体积，提高密度，而采取打包压块的加工方法，将钢铁屑和轻薄料加工成一定规格的合格炉料。目前我国常用的打包压块方法有以下几种：

(1)夹板锤打包　夹板锤打包是一种比较简单的加工方法，它适用于资源少、交通不方便的边远城镇小批量加工钢铁屑和轻薄料。夹板锤(又称夹杆锤)结构简单，它分为夹板锤和皮带锤两种。夹板锤是用圆钢或钢管做锤杆，与锤头连接，用电动机经减速器带动两个中间凹形的辊子做相反方向的转动夹持锤杆，靠摩擦力使锤杆向上提升，当升到5m左右时，由于偏心机构的作用，辊横向移动，松开锤杆，锤头自由下落，冲击钢模中的钢屑（或轻薄料），反复打击数次，将加热的钢屑（或轻薄料）打成具有一定密度的块状。皮带锤是利用平皮带直接与锤头连接，电动机经减速器带动工作辊转动。平皮带在工作辊上绕半周通过，形成180°的皮带包角，压紧辊将平皮带紧紧地压在工作辊上，借助摩擦力使平皮带绕工作辊向上升起，提升锤头，当升高到5m左右时，操纵压紧辊松开，锤头自由下落，其工作原理与加工方法同夹板锤一样。

夹板锤的优点是结构简单，易于维修，投资少，见效快，既能热打包，又能冷打包。缺点是劳动强度大，操作不轻便，噪音大，对打包的密度和表面光洁度较难掌握。夹板锤是我国目前普遍使用的加工设备，其加工能力约占现有加工能力的三分之一。随着我国废钢工业的发展，夹板锤将逐渐被先进的液压加工设备所取代。

（2）丝杠机械打包　丝杠机械打包主要用来打包加热的钢屑和轻薄料，它是利用丝杠传动所产生的推力将压缩室内的加工原料分别从纵横两个方向压缩成块。其优点是设备结构简单，易于维修、操作方便，热压钢屑的质量较好。缺点是压力控制不准，打包的块不够均匀，不能挤压硬料，传动部分磨损大，冷打包的密度不大，包块取出时不方便。

（3）摩擦压力机压块　摩擦压力机主要用于碎钢屑压块和铁屑压块，它是以转动的摩擦轮带动丝杠上下运动进行冲压（借助其摩擦力可以进行往复冲压动作）以完成压块作业。

（4）液压机械打包　液压机械打包主要用于轻薄料冷打包加工，它是应用液压传动原理，通过工作油缸活塞杆的直线往复运动来进行打包作业的。其优点是压力大，传动平衡，生产效率高，操作方便，压块质量好，是很有发展前途的加工设备。

（5）液压机械压块　液压机械压块，其工作程序与加工方法基本上是与液压打包相同，不同点只是加工的原料不一样。液压机械打包是加工轻薄料，而液压压块机是用在加工短钢屑、铁屑压块的专用设备，它通过液压传动使顶杆向模子内推进，压缩钢屑或铁屑，使之成块状（一般是短圆柱体）。

**（五）前苏联再生黑色金属**

供炼钢及炼铁、铸钢及铸铁和生产铁合金时金属配料用的、以及为进一步利用它们在熔炉中精炼用的再生黑色金属，其技术条件前苏联国家标准ГОСТ2787—86规定如下：

1.分类

再生黑色金属分为：

按碳含量分种类：

废钢及废料；

废铁及废料。

按存在合金元素分类别：

А——碳素的；

Б——合金的；

按质量指标分25种形态；

按合金元素含量分67组。

再生黑色金属按种类、类别和形态划分，其标记和代号见表3-24、3-25。

**表 3-24 再生黑色金属种类和标记**

| 种 类 | 类 别 | 形 态 | 形态号 | 一般标记 |
|---|---|---|---|---|
| 废钢和废料 | A、Б | 1号废钢及废料 | 1 | 1A、1б |
| | A、Б | 2号废钢及废料 | 2 | 2A、2б |
| | A、Б | 3号废钢及废料 | 3 | 3A、3б |
| | A、Б | 配料块 | 4 | 4A、4б |
| | A、Б | 超出规定尺寸的1号废钢及废料(供加工制作用) | 5 | 5A、5б |
| | A、Б | 超出规定尺寸的2号废钢及废料(供加工制作用) | 6 | 6A、6б |
| | A、Б | 钢屑压制块 | 7 | 7A、7б |
| | A、Б | 1号料堆 | 8 | 8A、8б |
| | A、Б | 2号料堆 | 9 | 9A、9б |
| | A | 3号料堆 | 10 | 10A |
| | A | 4号料堆 | 11 | 11A |
| | A、Б | 钢丝绳及钢丝 | 12 | 12A、12б |
| | A | 1号钢屑 | 13 | 13A |
| | A、Б | 2号钢屑 | 14 | 14A、14б |
| | A、Б | 螺旋状钢屑(供加工制作用) | 15 | 15A、15б |
| 废铁及废料 | A、Б | 1号废铁及废料 | 16 | 16A、16б |
| | A | 2号废铁及废料 | 17 | 17A |
| | A、Б | 超出规定尺寸的1号废铁及废料(供加工制作用) | 18 | 18A、18б |
| | A | 超出规定尺寸的2号废铁及废料(供加工制作用) | 19 | 19A |
| | A | 铁屑压制块 | 20 | 20A |
| | A、Б | 铁屑 | 21 | 21A、21б |
| 除上述种类之外 | A、Б | 高炉添加料 | 22 | 22A、22б |
| | A、Б | 超出规定尺寸的高炉添加料(供加工制作用) | 23 | 23A、23б |
| | A | 铁渣 | 24 | 24A |
| | A | 炉床渣 | 25 | 25A |

**表 3-25 再生黑色金属种类和代号**

| 种类代号 | 类别代号 | 形 态 | 形态代号 | 一般代号 |
|---|---|---|---|---|
| 1 | 1、2 | 1号废钢及废料 | 11 | 1111、1211 |
| | 1、2 | 2号废钢及废料 | 12 | 1112、1212 |
| | 1、2 | 3号废钢及废料 | 13 | 1113、1213 |
| | 1、2 | 配料块 | 14 | 1114、1214 |
| | 1、2 | 超出规定尺寸的1号废钢及废料(供加工制作用) | 15 | 1115、1215 |
| | 1、2 | 超出规定尺寸的2号废钢及废料(供加工制作用) | 16 | 1116、1216 |
| | 1、2 | 钢屑压制块 | 18 | 1118、1218 |
| | 1、2 | 1号料堆 | 21 | 1121、1221 |

续表 3-25

| 种类代号 | 类别代号 | 形　　态 | 形态代号 | 一般代号 |
|---|---|---|---|---|
| 1 | 1、2 | 2号料堆 | 22 | 1122、1222 |
| | 1 | 3号料堆 | 23 | 1123 |
| | 1 | 4号料堆 | 24 | 1124 |
| | 1、2 | 钢丝绳及钢丝 | 26 | 1126、1226 |
| | 1 | 1号钢屑 | 31 | 1131 |
| | 1、2 | 2号钢屑 | 32 | 1132、1232 |
| | 1、2 | 螺旋状钢屑(供加工制作用) | 33 | 1133、1233 |
| 2 | 1、2 | 1号废铁及废料 | 11 | 2111、2211 |
| | 1 | 2号废铁及废料 | 12 | 2112 |
| | 1、2 | 超出规定尺寸的1号废铁及废料(供加工制作用) | 15 | 2115、2215 |
| | 1 | 超出规定尺寸的2号废铁及废料(供加工制作用) | 16 | 2116 |
| | 1 | 铁屑压制块 | 18 | 2118 |
| | 1、2 | 铁屑 | 31 | 2131、2231 |
| 3 | 1、2 | 高炉添加料 | 41 | 3141、3241 |
| | 1、2 | 超出规定尺寸的高炉添加料(供加工制作用) | 42 | 3142、3242 |
| | 1 | 铁渣 | 51 | 3151 |
| | 1 | 炉床渣 | 52 | 3152 |

2. 技术要求

技术要求如下：

(1)再生黑色金属应按标准要求的种类、形态、组别或牌号进行分选。军事部门产生的废钢及废料，允许只按种类分选。

(2)供冶炼用废钢及废料不允许有有害混入物。

(3)报废的机组和机器应拆开。

(4)含碳废钢及废料(包括低合金钢、锰钢和硅钢)，以及本标准分类中未包括的合金钢的废钢和废料应从合金钢废钢及废料、生铁、有色金属及合金中分开；合金废钢及废料应从含碳黑色金属废钢及废料、有色金属及合金中分开。

(5)合金废钢及废料的组别应只包括属于该组化学成分的牌号。

(6)再生黑色金属(高炉添加料除外)不应有锈蚀的、烧坏的或酸蚀坏的。锈蚀薄层是允许的。

(7)再生黑色金属在搬运、加工制作及熔炼方面应安全，并应清除爆炸物。

在企业内产生的并利用于生产过程中的废钢及废料，其放射性物质应按规定的程序消除其危害性。

化学生产中的废钢及废料应按现行标准消除其化学物质的危害性，其中有造成炼钢杂质来源的有害混入物质(硫、磷、铜、铅、锌等的化合物)。

(8)再生黑色金属的质量指标，其成分、纯度、尺寸和重量应符合表3-26的要求。

**表 3-26 再生黑色金属成分和尺寸**

| 成 分 | 纯 净 度 | 尺 寸 和 重 量 |
|---|---|---|
| 1 号废钢及废料—1А、1Б | | |
| 块状废钢及废料<br>钢丝及其制品不大于重量的 1%是允许的 | 无害混入物含量应不大于重量的 2% | 压块尺寸应不大于 300mm×200mm×150mm(对真空感应炉，标记 1А—Вп、1б—Вп，应不小于 30mm×30mm×30mm)。金属厚度应不小于 6mm。块重量应不大于 30kg 和不小于 0.2kg。铁道车皮内堆集密度应不小于 1000kg/$m^3$ |
| 2 号废钢及废料 2А、2Б① | | |
| 块状废钢及废料钢丝及其制品不大于重量的 1%是允许的 | 无管混入物含量应不大于重量的 1% | 压块尺寸应不大于 600mm×350mm×250mm。剔除的钢锭、初轧坯、钢坯、大型轧材，按供需双方协议允许扩大尺寸；<br>金属厚度应不小于 8mm。外径不大于 150mm 和壁厚不小于 8mm 钢管是允许的。更大直径钢管应沿母线压扁或切开。块重应不小于 2kg。铁道车皮内堆集密度应不小于 900kg/$m^3$ |
| 3 号废钢及废料 3А、3Б② | | |
| 块状废钢、废料及废钢碎块钢丝及其制品不大于重量的 1%是允许的 | 无害混入物含量应不大于重量的 1.5% | 压块尺寸应不大于 800mm×500mm×500mm。对板卷和型材，经供需双方协议可扩大尺寸，但不大于 1000mm。金属厚度不作规定。外径不大于 150mm 钢管是允许的。更大尺寸钢管应沿母线压扁或切开。块重应不小于 1kg。铁道车皮内堆集密度应不小于 700kg/$m^3$ |
| 配料锭—4А、4Б | | |
| 配料锭 | 无害混入物含量应不大于重量的 0.5% | 锭的尺寸和重量，按供需双方协议的规定 |
| 超出规定尺寸的 1 号废钢及废料③(供加工制作用)—5А、5Б | | |
| 块状废钢、废料及废钢碎块<br>不允许有钢丝及其制品 | 无害混入物含量应不大于重量的 3% | 金属厚度应不小于 6mm |
| 超出规定尺寸的 2 号废钢及废料④(供加工制作用)—6А、6Б | | |
| 钢板和型材废钢及废料，轻工业和日常生活废钢、钢丝及其制品，金属结构，钢管。不允许有钢丝绳 | 无害混入物总量，以及涂釉、镀锌和生铁废钢铁件应不大于重量的 2%，其中，涂镀其他有色金属的废钢不大于 0.1% | 钢块大尺寸应不大于 3500mm×2500mm×1000mm。按供需双方协议允许有更大尺寸的钢块。金属厚度应小于 6mm。个别钢块厚度大于 6mm 是允许的 |
| 钢屑压制块—7А、7Б | | |
| 钢屑压制块 | 压块应用钢屑压制，不应与铁屑及有色金属屑混合。无害混入物总量和压块中的油量应不大于重量的 3%(热钢屑压制块不大于 1%，标记为 7А—Н、7Б—Н) | 尺寸不作规定。压块重量应不小于 2kg，而不大于 50kg。压块密度应不小于 4500kg/$m^3$(对热钢屑制成的压块应不小于 5000kg/$m^3$)。在运输及在需方卸货时，从压块散落的钢屑量应不大于批重的 5% |

续表 3-26

| 成分 | 纯净度 | 尺寸和重量 |
| --- | --- | --- |
| | | 1号料堆—8A、8Б |
| 洁净的轻质废钢料堆 | 不允许有钢屑。镀锡、涂釉、镀锌以及涂镀其他有色金属的废钢不允许压合。料批中无害混合物含量,应不大于重量的1% | 料堆尺寸应不大于 2000mm×1000mm×710mm,密度不小于 2000kg/m³ 或不小于 2500kg/m³(标记为 8A—п、8б—п)。料堆重量应不小于 100kg |
| | | 2号料堆—9A、9Б |
| 轻质废料及废钢料堆 | 允许有不大于重量20%的钢屑,但料堆应是防爆的。料堆中无害混入物总量以及涂釉、镀锌和生铁废钢铁量,应不大于重量的2%。其中,涂镀其他有色金属的废钢不大于0.1% | 料堆的尺寸不大于 2000mm×1000mm×710mm,密度不小于 1800kg/m³ 或不小于 2500kg/m³<br>(标记为 9A—п、9б—п)。料堆重量应不小于 100kg |
| | | 3号料堆—10A |
| 轻质废料及废钢料堆 | 允许有不大于重量20%的钢屑,但料堆应是防爆的。料堆中无害混入物总量以及涂釉、镀锌和生铁的废钢量,应不大于重量的2%。其中,涂镀其他有色金属的废钢不大于0.1% | 料堆尺寸应不大于 2000mm×1000mm×710mm 和不小于 1200kg/m³ 的密度。料堆重量应不小于 100kg |
| | | 4号料堆—11A |
| 热钢材、钢丝、钢屑和轻质废钢料堆 | 料堆中无害混入物含量应不大于重量的1% | 料堆尺寸应不大于 2000mm×1000mm×710mm 和不小于 2500kg/m³ 的密度。料堆重量应不小于 100kg |
| | | 钢丝绳及钢丝—12A、12Б |
| 盘卷钢丝绳和钢丝,用钢丝沿盘卷周围捆扎不小于5处。钢丝绳在外形尺寸的节处切开 | 无害混入物含量应不大于重量的5% | 盘卷直径应不大于850mm,长度应不大于500mm。按供需双方协议,盘卷尺寸可扩大。盘重应不小于20kg。钢绳节直径不小于20mm和长度不大于800mm |
| | | 1号钢屑—13A |
| 碎钢屑及废料。不允许有块状废料及废钢以及钢丝 | 无害混入物和油的总量,应不大于重量的3% | 钢屑及废料螺旋长度应不大于50mm。螺旋曲长度至100mm是允许的,但数量不得大于2%,更大的螺旋长度应不大于重量的0.5% |

续表 3-26

| 成　分 | 纯 净 度 | 尺 寸 和 重 量 |
| --- | --- | --- |
| | 2号钢屑—14A、14Б | |
| 细碎无扭结螺旋状钢屑和钢丝以及废料。不允许有块状废料和废钢 | 无害混入物和油脂总量,应不大于重量的3% | 钢屑及废料螺旋长度,应不大于100mm。允许螺旋长度至200mm,但数量不得大于2%,而更大长度,应不大于重量的0.5% |
| | 螺旋状钢屑(供加工制作用)—15A、15Б | |
| 螺旋状钢屑。不允许有块状废钢及废料以及钢丝 | 无害混入物和油的总量,应不大于重量的3% | 不 规 定 |
| | 1号废铁及废料—16A、16Б | |
| 生铁铸件块(机器零件、铸管等) | 无害混入物含量,应不大于重量的2% | 铸块最大尺寸,应不大于300mm,重量不大于20kg或不小于0.5kg |
| | 2号废铁及废料—17A | |
| 生铁锭模和下铸底板块 | 无害混入物含量,应不大于重量的2% | 铸块最大尺寸应不大于300mm,重量不大于40kg或不小于0.5kg。根据需方要求,允许更大尺寸和重量 |
| | 超出规定尺寸的1号废铁及废料(供加工制作用)—18A、18Б | |
| 生铁铸件(机器零件、铸管等) | 无害混入物含量,应不大于重量的3% | 铸件最大重量应不大于4000kg。根据供需双方协议,允许用更大重量的金属废件 |
| | 超出规定尺寸的2号废铁及废料(供加工制作用)—19A | |
| 生铁锭模和下铸底板 | 无害混入物含量,应不大于重量的3% | 锭模和下铸底板单个最大重量,应不大于20000kg。根据供需双方协议,允许用更大重量的金属废件 |
| | 铁屑压制块—20A | |
| 铁屑压制块 | 压块应用铁屑压成,不应混入钢屑和有色金属屑。压块中无害混入物和油脂总量,应不大于重量的2% | 尺寸不规定。压块重量,应不小于2kg,不大于20kg,密度应不小于5000kg/m³。在运输和在用户处卸货时,散落的铁屑量,应不大于批重的5% |
| | 铁屑—21A、21Б | |
| 无块状废料和废件的铁屑 | 无害混入物和油脂总量,应不大于重量的2% | 不 规 定 |
| | 高炉添加料—22A、22Б | |
| 经受长期温度的或氧化作用在锈的废钢和废铁料;生铁碎屑或颗粒;生锈和烧结的钢屑和铁屑;结渣废料 | 无害混入物含量,应不大于重量的5%按供需双方协议,允许从废渣场选取金属废料,以及废铁无害混入物含量大于量5% | 铁块尺寸应不大于250mm×250mm×250mm。钢屑螺旋长度,应不大于100mm。螺旋长度至200mm是允许的,但其数量不大于批中钢屑重量的3%。块重不作规定 |

续表 3-26

| 成　分 | 纯净度 | 尺寸和重量 |
|---|---|---|
| 超出规定尺寸的高炉添加料(供加工制作用)—23A、23Б | | |
| 经受长期温度的或氧化作用生锈的废铁及废料、结渣废料经选自废渣场的废铁 | 不允许有有色金属废件及废料 | 单个废件及废料最大重量,应不大于 5000kg,根据供需双方协议允许用更大重量的废件及废料 |
| 渣—24A | | |
| 在轧钢和锻钢生产和连续铸锭时,产生的铁渣。不允许有切头块 | 无害混入物含量,应不大于重量的 5% | 不规定 |
| 炉床渣—25A | | |
| 在加热坑(炉)中和金属焊接时产生的钢渣 | 无害混入物含量,应不大于重量的 5% | 不规定 |

①根据需方要求,废钢和废料中,硫和磷的含量应各不大于 0.05%;

②无害混入物含量不大于重量 5%的废钢,不应与其他废料及废钢混杂;

③无害混入物含量不大于重量 5%的废钢料,不应与其他废料或废钢混合;

④供切割的超出规定尺寸的废钢及废料中,不允许有镀涂有色金属的废钢。

## 三、含铁物料

在钢铁、机械、化工等工业部门中,经常有不少含铁的或其他有色金属的“废弃”物料。对这类物料的充分利用,既有利于节约和充分利用国家资源,增加生产,降低生铁成本,又可以加强环境保护、减少公害。

一些含铁物料的化学成分见表 3-27。

**表 3-27　一些含铁物料的化学成分(%)**

| 物料名称 | TFe | FeO | CaO | MgO | $SiO_2$ | $Al_2O_3$ | MnO | P | S |
|---|---|---|---|---|---|---|---|---|---|
| 高炉炉尘 | 40 | | 10 | 2.0 | 15 | | 0.2 | | 0.2 |
| 高炉炉尘 | 48.82 | 9.70 | 6.54 | 1.32 | 11.68 | 1.8 | — | 0.09 | 0.277 |
| 转炉炉尘 | 68.8 | 67.5 | 7.17 | 0.72 | 2.08 | 1.36 | 0.187 | 0.022 | 0.07 |
| 轧钢皮 | 61.60 | 66.40 | 0.34 | 0.32 | 15.40 | — | 0.82 | 0.04 | 0.15 |
| 硫酸渣 | 47～50 | 2～4 | 2～3 | 1～2 | 12～18 | 3.29 | | 0.014 | 1.4～1.8 |
| 硫酸渣 | 53.94～61.23 | 4.18～7.82 | 1.23～2.36 | 0.12～1.03 | 4.18～10.43 | 0.55～1.33 | 0.078～0.203 | 0.0097～0.0143 | 1.11～2.49 |
| 车屑 | 67.50 | 9.00 | 2.05 | 0.91 | 10.50 | 3.26 | 0.63 | 0.045 | 0.123 |
| 铁罐残铁 | 65.20 | | 5.53 | 0.71 | 10.68 | 2.91 | 2.96 | | |

一些含铁物料的用途如下所述。

### (一)高炉炉尘

高炉炉尘是从高炉煤气系统中回收的高炉副产品,主要由矿粉和焦炭的粉末组成的混合物组成。其中含 Fe40%～55%,C10%～20%。根据冶炼和原料条件的不同,每吨生铁的炉尘量在10～100kg，若原料中含粉末多或原料强度不好时，炉尘量可能更高。中、小高炉每吨生铁炉尘量约在50～150kg。炉尘可作为烧结原料，取代部分矿粉和燃料，并可降低烧结矿成本。一般在烧结配料中配炉尘量不超过10%。

**（二）氧气转炉炉尘**

氧气转炉炉尘是从氧气转炉的炉气中经过除尘器回收的含铁料，含铁很高(60%)，主要是氧化铁($Fe_2O_3$)的粉末，还夹杂有炼钢炉渣、石灰的粉末等，氧气转炉炉尘粒度极细，可作为烧结或球团的原料。

**（三）轧钢皮**（铁　鳞）

轧钢皮是在轧钢过程中，从炽热的钢锭或钢坯上剥落下来的氧化铁皮，其主要成分是$Fe_2O_3$及FeO，含铁较高（达70%左右）是烧结的好原料，由于轧钢皮含铁量较高，在烧结配料中常用它调整和提高烧结矿的含铁量。

冶炼对轧钢皮的技术要求如下：

(1)炼钢炼炉用的轧钢皮：

粒度<10mm，水分<5%。

(2)炼钢造渣用的轧钢皮：

粒度≤20mm，水分<5%。

(3)烧结用的轧钢皮：

粒度<10mm，水分不限。

(4)轧钢皮内不准含有其他夹杂。

**（四）硫酸渣**（烧渣）

硫酸渣是化工厂制造硫酸时焙烧黄铁矿的残渣，通常也叫作烧渣。硫酸渣中一般含铁45%～55%，多以$Fe_2O_3$状态存在，含硫较高，一般为1%～3%，硫酸渣成粉末状，粒度很细，可作为烧结或球团矿的原料。但硫酸渣中除铁外还含有其他有色金属和贵金属，如铜、铅、锌、钴、金和银等。目前我国化工厂产生的硫酸渣如能全部利用，则可增产大量生铁和一定数量的有色金属，以及大量的矿渣水泥，并可消除因硫酸渣大量堆弃而造成的公害，有利于环境保护。

使用硫酸渣作炼铁原料时，必须解决脱硫和除去（回收）有色金属等问题。

**（五）均热炉渣**

均热炉渣是均热炉生产的废弃物，经加工后，可作为含铁原料或供洗炉用。其化学成分及粒度见表3-28。

**表3-28 均热炉渣成分及粒度**

| TFe/% | $SiO_2$/% | S/% |
|---|---|---|
| ≥60 | ≤8 | ≤0.06 |

粒度：

| 炼钢用 | 炼铁用 |
|---|---|
| 20～300mm<br>小于20mm者不得超过5%<br>大于300mm者不得超过10%<br>最大粒度不得大于400mm | 10～200mm<br>小于10mm者不得超过5%<br>大于200mm者不得超过5%<br>最大粒度不得大于250mm |

# 第四章 铁 合 金

## 一、概述

铁合金是由一种或两种以上的金属或非金属元素与铁元素组成的，并作为钢铁和铸造业的脱氧剂、脱硫剂和合金添加剂等的合金。例如硅铁是硅与铁的合金；锰铁是锰与铁的合金；硅钙合金是硅与钙组成的合金。就生产方法与用途而言，铁合金还包括含铁极低的锰、铬、钒及工业硅等合金金属。

### （一）铁合金的用途

铁合金是钢铁工业和机械铸造行业必不可少的重要原料之一，其主要用途：一是作为脱氧剂，消除钢液中过量的氧；二是作为合金元素添加剂，改善钢的质量与性能。随着我国钢铁工业持续、快速地发展，钢的品种、质量的不断扩大和提高，对铁合金产品提出了更高要求，铁合金工业日益成为钢铁工业的相关技术和配套工程。下面概述它们的用途：

(1)用作脱氧剂。炼钢过程是用吹氧或加入氧化剂的方法使铁水进行脱碳及去除磷、硫等有害杂质的过程。这一过程的进行，虽然使生铁炼成钢，但钢液中的[O]含量增加了。[O]在钢液中一般以[FeO]的形式存在。如果不将残留在钢中多余的氧去除，就不能浇铸成合格的钢坯，得不到力学性能良好的钢材。为此，需要添加一些与氧结合力比铁更强，并且其氧化物易于从钢液中排除进入炉渣的元素，把钢液中的[O]去掉，这个过程叫脱氧。用于脱氧的合金叫脱氧剂。

钢水中各种元素对氧的结合强度，即脱氧能力，从弱到强的顺序如下：铬、锰、碳、硅、钒、钛、硼、铝、锆、钙。因而，一般炼钢脱氧常用的是由硅、锰、铝、钙组成的铁合金。

(2)用作合金剂。合金钢中因其含有不同的合金元素而具有不同的性能。钢中合金元素的含量是通过加入铁合金的方法来调整的。用于调整钢中合金元素含量的铁合金叫合金剂。常用的合金剂有硅、锰、铬、钼、钒、钨、钛、钴、镍、硼、铌、锆等铁合金。

(3)用作铸造晶核孕育剂。改善铸铁和铸钢的性能的措施之一是改变铸件的凝固条件。为了改变凝固条件，往往在浇铸前加入某些铁合金作为晶核，形成晶粒中心，使形成的石墨变得细小分散，晶粒细化，从而提高铸件的性能。

(4)用作还原剂。硅铁可用作生产钼铁、钒铁等其他铁合金时的还原剂；硅铬合金、锰硅合金分别用作中低碳铬铁和中低碳锰铁生产的还原剂。

(5)其他方面的用途。在有色冶金和化学工业中，铁合金也越来越被广泛地使用。例如，中低碳锰铁用于生产电焊条；铬铁用作生产铬化物和镀铬的阳极材料，有些铁合金用作生产耐高温材料。

### （二）铁合金产品的分类

随着现代科学技术的发展，各个行业对钢材的品种、性能的要求越来越高，从而对铁合

金也提出了更高的要求。铁合金的品种在不断地扩大。铁合金的品种繁多,分类方法也多。一般按下列方法分类:

(1)按铁合金中主元素分类,主要有硅、锰、铬、钒、钛、钨、钼等系列铁合金。

(2)按铁合金中含碳量分类,有高碳、中碳、低碳、微碳、超微碳等品种。

(3)按生产方法分类,有高炉铁合金,包括高炉高碳锰铁、低硅锰合金、低硅铁等;电炉铁合金,包括高碳锰铁、高碳铬铁、硅铁、锰硅合金、硅铬合金、硅铝合金、硅钙合金、磷铁、中低碳和微碳铬铁、中低碳锰铁、精炼钒铁等;炉外法(金属热法)铁合金,包括金属铬、钼铁、钛铁、硼铁、钒铁、锆铁、高钒铁等;真空固态还原法铁合金,包括超微碳真空铬铁、氮化铬铁、氮化锰铁等;转炉铁合金;包括转炉中碳铬铁、转炉低碳铬铁、转炉中碳锰铁等;电解法铁合金,包括电解金属铬、电解金属锰等。此外,还有氧化物压块与发热铁合金等特殊铁合金。

(4)含有两种或两种以上合金元素的多元铁合金,主要品种有硅铝合金、硅钙合金、锰硅铝合金、硅钙铝合金、硅钙钡合金、硅铝钡钙合金等。

**(三)铁合金产品牌号表示方法**

铁合金产品牌号表示方法,现行国家标准(GB7738—87)作了规定。

铁合金牌号以汉语拼音字母、化学元素符号及阿拉伯数字相结合的方法表示。

采用汉语拼音字母表示产品名称、用途、特性和工艺方法时,一般从代表该汉字的汉语拼音中选取,原则上取第一个字母。

各类铁合金产品牌号表示方法按下列格式编写:

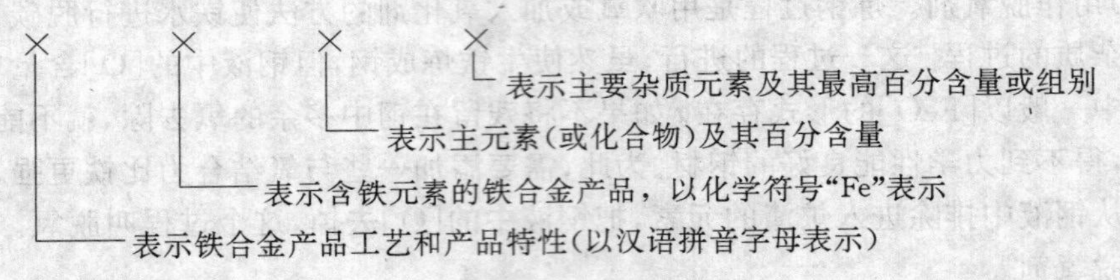


注:如无必要，可省略相应部分。

含有一定铁量的铁合金产品,其牌号中必须有“Fe”的符号。

例如 FeW75、FeSiMg8RE5

必须表示产品的特性和工艺特点时,其牌号以汉语拼音字母开始。

例如高炉法用“G”(“高”字汉语拼音中的第一个字母);

电解法用“D”(“电”字汉语拼音中的第一个字母);

纯金属用“J”(“金”字汉语拼音中的第一个字母);

真空法用“ZK”(“真”、“空”字汉语拼音中的第一个字母组合);

氧化物用“Y”(“氧”字汉语拼音中的第一个字母)。

需表明产品的杂质含量时,以元素符号及其最高百分含量或以组别符号“—A”、“—B”等表示之。

例如 FeMn65C7.0,FeTi30 A。

**(四)铁合金的密度和熔点**

铁合金的密度和熔点见表 4-1。

**表 4-1 铁合金密度、堆密度和熔点**

| 铁合金名称 | 密度/g·cm$^{-3}$ | 堆密度/t·m$^{-3}$ | 备注 | 熔点 | |
|---|---|---|---|---|---|
| | | | | 熔点/℃ | 备注 |
| 硅铁 | 3.5 | 1.4～1.6 | Si=75% | 1300～1330 | Si=75% |
| | 5.15 | 2.2～2.9 | Si=45% | 1290 | Si=45% |
| 高碳锰铁 | 7.10 | 3.5～3.7 | Mn=76% | 1250～1300 | Mn=70%,C=0.6% |
| 中碳锰铁 | 7.0 | | Mn=92% | 1310 | Mn=80%,C=0.5% |
| 电解锰 | 7.2 | 3.5～3.7 | | | |
| 硅锰合金 | 6.3 | 3～3.5 | Si=20%,Mn=65% | 1400 | Si=18%,C=20% |
| 高碳铬铁 | 6.94 | 3.8～4.0 | Cr=60% | 1520～1550 | Cr=65%～70%,C=6%～8% |
| 中碳铬铁 | 7.28 | | Cr=60% | 1600～1640 | |
| 低碳铬铁 | 7.29 | 2.7～3.0 | Cr=60% | | |
| 金属铬 | 7.19 | 3.3(块重 15kg 以下) | | | |
| 硅钙 | 2.55 | Ca=31%,Si=59% | Ca=31%,Si=59% | 1000～1245 | |
| 镍板 | 8.7 | 2.2 | Ni=99% | 1425～1455 | Ni=99 |
| 镍豆 | | 3.3～3.9 | Ni=99.7% | | |
| 钒铁 | 7.0 | 3.4～3.9 | V=40% | 1540,1489,1680 | V=50%,V=40%,V=80% |
| 钼铁 | 9.0 | 4.7 | Mo=60% | 1750,1440 | Mo=58%,Mo=36% |
| 铌铁 | 7.4 | 3.2 | Nb=50% | 1410,1590 | Nb=20%,Nb=30% |
| 钨铁 | 16.4 | ～7.2 | W=70%～80% | >2000,1600 | W>70%,W≥50% |
| 钛铁 | 6.0 | 2.7～3.5 | Ti=20% | 1500,1450 | Ti=40%,Ti=20% |
| 磷铁 | 6.34 | | P=25% | 1050,1160,1360 | P=10%,P=15%,P=20% |
| 硼铁 | 7.2 | 3.1 | B=15% | 1380 | B=10% |
| 铝铁 | 4.9 | | Al=50% | 1150 | Al=50% |
| 铝锭 | | 1.5 | | ～660 | |
| 钴 | 8.8 | | | 1480 | |
| 铜 | 8.89 | | | 1100 | |
| 铈镧稀土 | | | | 800～1000 | |
| 硅铁稀土 | 4.57～4.8 | | | | |

## (五)铁合金的验收、包装、储运和标志

中国标准(GB3650—83)对铁合金的验收、包装、储运和标志作了规定。

1. 检验规则

(1)铁合金的质量检查和验收由供方技术监督部门负责。

(2)需方有权按有关规定对铁合金质量进行复验,如有异议,必须在到货后 45 天内提出,否则异议无效。产品未经处理之前不准动用。

(3)对取样有异议时,以双方共同按铁合金取样标准采取的试样为凭。

(4)铁合金应作严格精整,表面及断面均不得带有非金属夹渣,但个别实在精整不掉的少量夹渣及锭模涂料允许存在。

(5)5mm×5mm 以下的合金,不能作为块状产品出厂(金属铬除外)。

(6)铁合金需按批测定其主要元素的含量,各品种合金的必测元素按表 4-2 规定。

**表 4-2　铁合金的必测元素**

| 合金名称 | 必须测定的元素 |
| --- | --- |
| 高碳、低碳、中碳铬铁 | 铬、硅、碳、磷 |
| 微碳铬铁 | 铬、硅、碳、磷 |
| 真空铬铁 | 铬、硅、碳、磷、硫 |
| 金属铬 | 铬、铝、铁、铅、硅、硫、碳 |
| 高碳锰铁 | 锰、硅、碳、磷 |
| 中低碳锰铁 | 锰、硅、碳、磷 |
| 高炉锰铁 | 锰、硅、磷 |
| 金属锰 | 锰、硅、碳、磷、硫 |
| 电解锰 | 碳、硫、磷 |
| 硅铁 | 硅、铝、钙 |
| 硅铬合金 | 硅、铬、碳 |
| 硅钙合金 | 硅、钙 |
| 锰硅合金 | 锰、硅、碳、磷 |
| 稀土硅铁合金 | 稀土、硅 |
| 稀土硅铁镁合金 | 稀土、镁、硅、钙 |
| 氧化钼块 | 钼、铜、硫 |
| 钨铁 | 钨、锰、碳、磷、硫、硅 |
| 钼铁 | 钼、硅、碳、硫 |
| 钒铁 | 钒、硅、碳、硫、磷 |
| 钛铁 | 钛、铝、硅、磷 |
| 硼铁 | 硼、铝、硅 |
| 磷铁 | 磷、硅、碳、硫 |
| 铌铁 | 铌、钽、铝、磷、硫、铜、硅、砷、锰、碳、钛、铋、铅、锑、锡 |

注:其他元素可以不测定,但必须符合相应标准的规定,需方如有特殊要求时,经双方协商可相应增加必测元素。

(7)铁合金的“数字修约”按 GB1. 1—81《标准化工作导则编写标准的一般规定》进行。

2. 包装

(1)铁合金按品种的不同,分堆装和包装两种形式,由供方负责发运到需方。一般按表 4-3 规定装运,如需方有特殊要求时,由双方协议商定。

(2)包装方式分铁桶包装、木箱包装、袋包装或集装箱包装。具体采用哪种包装,按相应标准执行。

(3)包装时每件净重一般不超过100kg,机械装卸时不超过500kg(集装箱除外)。

**表4-3 铁合金的包装形式**

| 装运方式 | 合金品种 |
|---|---|
| 堆装发运 | 高碳、低碳、中碳铬铁,微碳铬铁,高炉锰铁、高碳锰铁、中低碳锰铁,硅铁、磷铁、硅铬合金、锰硅合金 |
| 包装发运 | 微碳铬铁,真空铬铁,金属铬,电解锰,金属锰,低、中碳锰铁,硅钙合金,稀土硅铁镁合金,稀土硅铁合金,氧化钼块,钨铁、钼铁、钒铁、钛铁、硼铁、铌铁 |

3. 储运

(1)产品应入库分品种、分批号存放,如露天存放须用苫布盖好,严防渗水或混入杂物。

(2)产品发运要用棚车,当用敞车装运时,必须用苫布盖好。

(3)合金堆装发运,必须随车皮在明显处附有质量证明书。不同牌号合金装在同一车皮发运时,必须设法隔开,保证不发生混铁。

4. 标志

每一包件的表面须注有不掉色的标记,包件内需附有标签、标记和标签的内容如表4-4规定。

**表4-4 标记、标签内容**

| 表面标记内容 | 标签内容 |
|---|---|
| a. 冶炼厂名称 | a. 冶炼厂名称 |
| b. 合金名称、牌号及级别 | b. 批号 |
| c. 批号 | c. 合金名称、牌号及化学成分 |
| d. 净重 | d. 生产日期 |

## 二、国产铁合金

### (一)硅铁

硅铁在炼钢工业、铸造工业及其他工业生产中被广泛应用。

硅铁是炼钢工业中必不可少的脱氧剂。炼钢中,硅铁用于沉淀脱氧和扩散脱氧。硅铁还作为合金剂用于炼钢中。钢中添加一定数量的硅,能显著提高钢的强度、硬度和弹性,提高钢的磁导率,降低变压器钢的磁滞损耗。一般钢中含硅0.15%~0.35%,结构钢中含硅0.40%~1.75%,工具钢中含硅0.30%~1.80%,弹簧钢中含硅0.40%~2.80%,不锈耐酸钢中含硅3.40%~4.00%,耐热钢中含硅1.00%~3.00%,硅钢中含硅2%~3%或更高。

高硅硅铁或硅质合金在铁合金工业中用作生产低碳铁合金的还原剂。硅铁加入铸铁中可作球墨铸铁的孕育剂,且能阻止碳化物形成,促进石墨的析出和球化,改善铸铁性能。

此外,硅铁粉在选矿工业中可作悬浮相使用,在焊条制造业中作焊条的涂料;高硅硅铁在电气工业中可用于制备半导体纯硅,在化学工业中可用于制造硅酮等。

在炼钢工业中,每生产1t钢大约消耗3~5kg75%硅铁。

国产硅铁的技术要求,现行国家标准(GB2272—87)作了规定。

硅铁按硅及其杂质含量,分为16个牌号,其化学成分见表4-5。

表 4-5 硅铁牌号及化学成分

| 牌号 | 化学成分/% | | | | | | | |
|---|---|---|---|---|---|---|---|---|
| | Si | Al | Ca | Mn | Cr | P | S | C |
| | 范围 | 不大于 | | | | | | |
| FeSi90Al1.5 | 87.0~95.0 | 1.5 | 1.5 | 0.4 | 0.2 | 0.04 | 0.02 | 0.2 |
| FeSi90Al3 | 87.0~95.0 | 3.0 | 1.5 | 0.4 | 0.2 | 0.04 | 0.02 | 0.2 |
| FeSi75Al0.5—A | 74.0~80.0 | 0.5 | 1.0 | 0.4 | 0.3 | 0.035 | 0.02 | 0.1 |
| FeSi75Al0.5—B | 72.0~80.0 | 0.5 | 1.0 | 0.5 | 0.5 | 0.04 | 0.02 | 0.2 |
| FeSi75Al1.0—A | 74.0~80.0 | 1.0 | 1.0 | 0.4 | 0.3 | 0.035 | 0.02 | 0.1 |
| FeSi75Al1.0—B | 72.0~80.0 | 1.0 | 1.0 | 0.5 | 0.5 | 0.04 | 0.02 | 0.2 |
| FeSi75Al1.5—A | 74.0~80.0 | 1.5 | 1.0 | 0.4 | 0.3 | 0.035 | 0.02 | 0.1 |
| FeSi75Al1.5—B | 72.0~80.0 | 1.5 | 1.0 | 0.5 | 0.5 | 0.04 | 0.02 | 0.2 |
| FeSi75Al2.0—A | 74.0~80.0 | 2.0 | 1.0 | 0.4 | 0.3 | 0.035 | 0.02 | 0.1 |
| FeSi75Al2.0—B | 74.0~80.0 | 2.0 | 1.0 | 0.4 | 0.3 | 0.04 | 0.02 | 0.1 |
| FeSi75Al2.0—C | 72.0~80.0 | 2.0 | — | 0.5 | 0.5 | 0.04 | 0.02 | 0.2 |
| FeSi75—A | 74.0~80.0 | — | — | 0.4 | 0.3 | 0.035 | 0.02 | 0.1 |
| FeSi75—B | 74.0~80.0 | — | — | 0.4 | 0.3 | 0.04 | 0.02 | 0.1 |
| FeSi75—C | 72.0~80.0 | — | — | 0.5 | 0.5 | 0.04 | 0.02 | 0.2 |
| FeSi65 | 65.0~<72.0 | — | — | 0.6 | 0.5 | 0.04 | 0.02 | — |
| FeSi45 | 40.0~47.0 | — | — | 0.7 | 0.5 | 0.04 | 0.02 | — |

硅铁浇注厚度：FeSi75 系列各牌号硅铁锭不得超过 100mm，FeSi65 锭不得超过 80mm。硅的偏析不大于 4%。

硅铁供货粒度应按表 4-6 的规定。

表 4-6 硅铁供货粒度

| 级别 | 规格/mm | 筛上物和筛下物之和/% |
|---|---|---|
| 一般块状 | 未经人工破碎的自然块状 | 20mm×20mm 的数量≤8 |
| 大粒度 | 50~350 | 不大于 10 |
| 中粒度 | 20~200 | 不大于 10 |
| 小粒度 | 10~100 | 不大于 10 |
| 最小粒度 | 10~50 | 不大于 10 |

注：FeSi45 小于 20mm×20mm 的数量不得超过总重的 15%。

### (二)硅钙合金

硅钙合金是由元素硅、钙和铁组成的复合合金。大约从 1907 年开始采用电硅热法生产硅钙合金。

钙和硅与氧都有强的亲和力。特别是钙，不仅与氧有极强的亲和力，而且与硫、氮都有很强的亲和力，所以硅钙合金是一种较理想的复合脱氧剂、脱硫剂。硅钙合金不仅脱氧能力强，脱氧产物易于上浮，易于排出，而且还能改善钢的性能，提高钢的塑性、冲击韧性和流动性。目前硅钙合金可以代替铝进行终脱氧，被应用于优质钢、特殊钢和特殊合金生产中。例如钢轨钢、低碳钢、不锈钢等钢种和镍基合金、钛基合金等特殊合金，均可用硅钙合金作脱氧剂。硅钙合金也适合作转炉炼钢车间用的增温剂，硅钙合金还用作铸铁的孕育剂和球墨铸铁生产中的添加剂。

中国冶标(YB/T5051—97)对硅钙合金的牌号及化学成分作了规定，见表4-7。

**表4-7 硅钙合金牌号及化学成分**

| 牌号 | 化学成分/% | | | | | |
|---|---|---|---|---|---|---|
| | Ca | Si | C | Al | P | S |
| | ≥ | | ≤ | | | |
| Ca31Si60 | 31 | 55～65 | 1.0 | 2.4 | 0.04 | 0.05 |
| Ca28Si60 | 28 | 55～65 | 1.0 | 2.4 | 0.04 | 0.05 |
| Ca24Si60 | 24 | 55～65 | 1.0 | 2.5 | 0.04 | 0.04 |
| Ca20Si55 | 20 | 50～60 | 1.0 | 2.5 | 0.04 | 0.04 |
| Ca16Si55 | 16 | 50～60 | 1.0 | 2.5 | 0.04 | 0.04 |

硅钙合金应呈块状供货，最大块重不得超过10kg，小于15mm×15mm的碎块其数量不得超过该批总重的10%。

需方对供货粒度和粒度组成有特殊要求时，可与供方商定。

**(三)硅钡合金**

硅钡合金用作炼钢脱氧剂、脱硫剂和铸造孕育剂。中国标准(GB/T15710—1995)规定，硅钡合金按钡、硅含量不同，分为7个牌号，其化学成分应符合表4-8的规定。

**表4-8 化学成分**

| 牌号 | 化学成分/% | | | | | | |
|---|---|---|---|---|---|---|---|
| | Ba | Si | Al | Mn | C | P | S |
| | 不小于 | | 不大于 | | | | |
| FeBa30Si35 | 30.0 | 35.0 | 3.0 | 0.40 | 0.30 | 0.04 | 0.04 |
| FeBa25Si40 | 25.0 | 40.0 | 3.0 | 0.40 | 0.30 | 0.04 | 0.04 |
| FeBa20Si45 | 20.0 | 45.0 | 3.0 | 0.40 | 0.30 | 0.04 | 0.04 |
| FeBa15Si50 | 15.0 | 50.0 | 3.0 | 0.40 | 0.30 | 0.04 | 0.04 |
| FeBa10Si55 | 10.0 | 55.0 | 3.0 | 0.40 | 0.20 | 0.04 | 0.04 |
| FeBa5Si60 | 5.0 | 60.0 | 3.0 | 0.40 | 0.20 | 0.04 | 0.04 |
| FeBa2Si65 | 2.0 | 65.0 | 3.0 | 0.40 | 0.20 | 0.04 | 0.04 |

注：Ba、Si为必测元素。

硅钡合金交货粒度为10～100mm。其中小于10mm的不得超过总量的8%；大于100mm的不得超过总量的5%。

需方对粒度有特殊要求，由供需双方共同商定。

产品表面洁净，不应有明显的非金属夹杂物。

**(四)硅铝合金**

中国冶标(YB/T065—1995)规定，硅铝合金按硅、铝含量不同，分为8个牌号，其化学成分应符合表4-9的规定。

表 4-9 化学成分

| 牌号 | 化学成分/% | | | | | |
|---|---|---|---|---|---|---|
| | Si | Al | Mn | C | P | S |
| | 不小于 | | 不大于 | | | |
| FeAl52Si5 | 5 | 52 | 0.20 | 0.20 | 0.02 | 0.02 |
| FeAl47Si10 | 10 | 47 | 0.20 | 0.20 | 0.02 | 0.02 |
| FeAl42Si15 | 15 | 42 | 0.20 | 0.20 | 0.02 | 0.02 |
| FeAl37Si20 | 20 | 37 | 0.20 | 0.20 | 0.02 | 0.02 |
| FeAl32Si25 | 25 | 32 | 0.20 | 0.20 | 0.02 | 0.02 |
| FeAl27Si30 | 30 | 27 | 0.40 | 0.40 | 0.03 | 0.03 |
| FeAl22Si35 | 35 | 22 | 0.40 | 0.40 | 0.03 | 0.03 |
| FeAl17Si40 | 40 | 17 | 0.40 | 0.40 | 0.03 | 0.03 |

注:Si、Al 为必测元素。

硅铝合金交货粒度为 10～150mm,其中小于 10mm 的不超过总量的 5%,大于 150mm 的不超过总量的 8%。产品表面洁净,不应有明显的非金属夹杂物。

**(五)硅钡铝合金**

硅钡铝合金用于炼钢作脱氧剂、脱硫剂。中国冶标(YB/T066—1995)规定硅钡铝合金按硅、钡、铝含量不同,分为 5 个牌号,其化学成分应符合表 4-10 的规定。

表 4-10 化学成分

| 牌号 | 化学成分,% | | | | | | |
|---|---|---|---|---|---|---|---|
| | Si | Ba | Al | Mn | C | P | S |
| | 不小于 | | | 不大于 | | | |
| FeAl34Ba6Si20 | 20.0 | 6.0 | 34.0 | 0.30 | 0.20 | 0.03 | 0.02 |
| FeAl30Ba6Si25 | 25.0 | 6.0 | 30.0 | 0.30 | 0.20 | 0.03 | 0.02 |
| FeAl26Ba9Si30 | 30.0 | 9.0 | 26.0 | 0.30 | 0.20 | 0.03 | 0.02 |
| FeAl16Ba12Si35 | 35.0 | 12.0 | 16.0 | 0.30 | 0.20 | 0.04 | 0.03 |
| FeAl12Ba15Si40 | 40.0 | 15.0 | 12.0 | 0.30 | 0.20 | 0.04 | 0.03 |

注:Si、Ba、Al 为必测元素。

硅钡铝合金交货粒度为 10～100mm,其中小于 10mm 的不超过总量的 5%,大于 100mm 的不超过总量的 8%。

需方对粒度有特殊要求,由供需双方商定。

产品表面洁净,不应有明显的非金属夹杂物。

**(六)锰铁**

锰铁是炼钢生产中用得最多的一种脱氧剂和合金化材料。它是以锰矿石为原料,在高炉和电炉里熔炼制成的。锰的密度 7.43g/cm³,熔点 1245℃,沸点 2150℃。锰和氧有很大的亲和力,能与氧生成稳定的氧化锰。此外,锰铁作为合金元素添加剂,能增强钢的硬度、延展性、韧性和抗磨能力。它广泛应用于结构钢、工具钢、不锈耐热钢、耐磨钢等合金钢中。锰还有脱硫和减少硫的有害影响作用。

我国锰铁的技术条件，国家标准（GB/T3795—96）作了规定。

本标准适用于炼钢、铸造作脱氧剂、脱硫剂和合金元素加入剂由电炉、高炉生产的锰铁。

锰铁根据其含碳量的不同，分为3类：

低碳类：碳不大于0.7%；

中碳类：碳大于0.7%～2.0%；

高碳类：碳大于2.0%～8.0%

电炉锰铁按锰及杂质含量的不同，分为9个牌号。其化学成分应符合表4-11规定。

**表4-11 电炉锰铁牌号及化学成分**

| 类别 | 牌号 | 化学成分/% | | | | | | |
|---|---|---|---|---|---|---|---|---|
| | | Mn | C | Si | | P | | S |
| | | | | Ⅰ | Ⅱ | Ⅰ | Ⅱ | |
| | | | ≤ | | | | | |
| 低碳锰铁 | FeMn88C0.2 | 85.0～92.0 | 0.2 | 1.0 | 2.0 | 0.10 | 0.30 | 0.02 |
| | FeMn84C0.4 | 80.0～87.0 | 0.4 | 1.0 | 2.0 | 0.15 | 0.30 | 0.02 |
| | FeMn84C0.7 | 80.0～87.0 | 0.7 | 1.0 | 2.0 | 0.20 | 0.30 | 0.02 |
| 中碳锰铁 | FeMn82C1.0 | 78.0～85.0 | 1.0 | 1.5 | 2.5 | 0.20 | 0.35 | 0.03 |
| | FeMn82C1.5 | 78.0～85.0 | 1.5 | 1.5 | 2.5 | 0.20 | 0.35 | 0.03 |
| | FeMn78C2.0 | 75.0～82.0 | 2.0 | 1.5 | 2.5 | 0.20 | 0.40 | 0.03 |
| 高碳锰铁 | FeMn78C8.0 | 70.0～82.0 | 8.0 | 1.5 | 2.5 | 0.20 | 0.33 | 0.03 |
| | FeMn74C7.5 | 70.0～77.0 | 7.5 | 2.0 | 3.0 | 0.25 | 0.38 | 0.03 |
| | FeMn68C7.0 | 65.0～72.0 | 7.0 | 2.5 | 4.5 | 0.25 | 0.40 | 0.03 |

高炉锰铁按锰及杂质含量的不同，分为5个牌号，其化学成分应符合表4-12规定。

**表4-12 高炉锰铁牌号及化学成分**

| 类别 | 牌号 | 化学成分/% | | | | | | |
|---|---|---|---|---|---|---|---|---|
| | | Mn | C | Si | | P | | S |
| | | | | Ⅰ | Ⅱ | Ⅰ | Ⅱ | |
| | | | ≤ | | | | | |
| 高碳锰铁 | FeMn78 | 75.0～82.0 | 7.5 | 1.0 | 2.0 | 0.30 | 0.50 | 0.03 |
| | FeMn74 | 70.0～77.0 | 7.5 | 1.0 | 2.0 | 0.40 | 0.50 | 0.03 |
| | FeMn68 | 65.0～72.0 | 7.0 | 1.0 | 2.5 | 0.40 | 0.60 | 0.03 |
| | FeMn64 | 60.0～67.0 | 7.0 | 1.0 | 2.5 | 0.50 | 0.60 | 0.03 |
| | FeMn58 | 55.0～62.0 | 7.0 | 1.0 | 2.5 | 0.50 | 0.60 | 0.03 |

锰铁以块状交货，其粒度范围符合表4-13的规定。

表 4-13　锰铁粒度范围

<table>
<tr><td rowspan="3">等　级</td><td rowspan="3">粒　度/mm</td><td colspan="3">偏差/%</td></tr>
<tr><td>筛上物</td><td colspan="2">筛下物</td></tr>
<tr><td colspan="3">≤</td></tr>
<tr><td rowspan="2">1</td><td rowspan="2">20～250</td><td rowspan="2"></td><td>中低碳类</td><td>10</td></tr>
<tr><td>高碳类</td><td>8</td></tr>
<tr><td>2</td><td>50～150</td><td>5</td><td colspan="2">5</td></tr>
<tr><td>3</td><td>10～50</td><td>5</td><td colspan="2">5</td></tr>
<tr><td>4①</td><td>0.097～0.45</td><td>5</td><td colspan="2">30</td></tr>
</table>

①中碳锰铁粉剂。

## (七)金属锰

金属锰是一种以锰单质为主，其他各种成分均作为杂质加以严格限制的纯锰金属。

金属锰主要用于生产高温合金、不锈钢、有色金属合金和低碳高强度钢的添加剂、脱氧剂和脱硫剂；其中绝大部分用于生产铝锰合金、不锈钢和不锈钢焊条等。铝锰合金具有良好的耐蚀性能和较高的强度，主要应用于航空工业和现代建筑用装饰性材料。

中国标准(GB2774—91)对金属锰的技术要求作了规定。

本标准适用于电硅热法生产的金属锰，供冶炼高级合金钢和非铁基合金，作锰元素添加剂或脱氧剂。

金属锰按锰及杂质含量的不同，分为 6 个牌号，其化学成分应符合表 4-14 中的规定。

表 4-14　金属锰牌号和化学成分

<table>
<tr><td rowspan="3">牌　号</td><td colspan="9">化学成分/%</td></tr>
<tr><td>Mn</td><td>C</td><td>Si</td><td>Fe</td><td>P</td><td>S</td><td>Ni</td><td>Cu</td><td>Al+Ca+Mg</td></tr>
<tr><td>≥</td><td colspan="8">≤</td></tr>
<tr><td>JMn97</td><td>97.0</td><td>0.08</td><td>0.4</td><td>2.0</td><td>0.04</td><td>0.04</td><td>0.02</td><td>0.03</td><td>0.7</td></tr>
<tr><td>JMn96</td><td>96.5</td><td>0.10</td><td>0.5</td><td>2.3</td><td>0.05</td><td>0.05</td><td>0.02</td><td>0.03</td><td>0.7</td></tr>
<tr><td>JMn95—A</td><td>95.0</td><td>0.15</td><td>0.8</td><td>2.8</td><td>0.06</td><td>0.05</td><td>0.02</td><td>0.03</td><td>0.7</td></tr>
<tr><td>JMn95—B</td><td>95.0</td><td>0.15</td><td>0.8</td><td>3.0</td><td>0.06</td><td>0.05</td><td>0.02</td><td>0.03</td><td>0.7</td></tr>
<tr><td>JMn93—A</td><td>93.5</td><td>0.20</td><td>1.8</td><td>2.8</td><td>0.06</td><td>0.05</td><td>0.02</td><td>0.03</td><td>0.7</td></tr>
<tr><td>JMn93—B</td><td>93.5</td><td>0.20</td><td>1.8</td><td>4.0</td><td>0.06</td><td>0.05</td><td>0.02</td><td>0.03</td><td>0.7</td></tr>
</table>

金属锰应呈块状交货，最大块重应不超过 10kg，小于 10mm×10mm 的数量不得超过总重的 5%。

## (八)电解金属锰

电解金属锰供冶炼特殊钢及有色金属合金作锰元素添加剂，其技术条件冶金标准(YB/T051—93)作了规定。

本标准适用于冶炼特殊钢及有色合金作为锰元素添加剂等用的电解金属锰。

电解金属锰按锰及杂质含量的不同，分为 3 个牌号，其化学成分应符合表 4-15 的规定。

需方对化学成分有特殊要求时，可由供需双方另行商定。

**表 4-15 电解金属锰牌号和化学成分**

| 牌号 | 化学成分/% | | | | | | | |
|---|---|---|---|---|---|---|---|---|
| | Mn | C | S | P | Si | Fe | | Se |
| | | | | | | Ⅰ | Ⅱ | |
| | ≥ | ≤ | | | | | | |
| DJMn99.8 | 99.8 | 0.02 | 0.03 | 0.005 | 0.005 | 0.01 | 0.03 | 0.06 |
| DJMn99.7 | 99.7 | 0.04 | 0.05 | 0.005 | 0.010 | 0.01 | 0.03 | 0.10 |
| DJMn99.5 | 99.5 | 0.08 | 0.10 | 0.010 | 0.015 | 0.05 | | 0.15 |

注:锰含量由减量法减去表中杂质含量之和得到。

电解金属锰以片状或粉状供货,其粒度范围及允许偏差应符合表 4-16 的规定。

**表 4-16 电解金属锰的粒度范围**

| 粒度范围 | 偏差/% | |
|---|---|---|
| | 筛上物 | 筛下物 |
| | ≤ | |
| 2mm×2mm | | 12 |
| 0.425～0.043mm(40～325 目) | 1 | 15 |
| 0.246～0.043mm(60～325 目) | 1 | 15 |

电解金属锰允许呈浅棕色,但不允许发黑,产品中不允许有外来夹杂物。

**(九)氮化锰铁**

氮化锰中的锰和氮都同时作为元素添加剂用于炼钢。在熔炼高强度低合金钢时,氮能提高钢的强度和可塑性。例如炼制桥梁钢等。

氮化锰通常都是以中低碳锰铁充氮而获得的。

氮化锰铁的技术条件,目前尚无国家标准,生产企业自行制定的标准中化学成分见表 4-17。

**表 4-17 氮化锰铁化学成分**

| 牌号 | | 化学成分/% | | | | | |
|---|---|---|---|---|---|---|---|
| | | Mn | N | C | Si | P | S |
| 汉字 | 代号 | 不小于 | | 不大于 | | | |
| 氮锰 1 | NMn1 | 75 | 4 | 0.5 | 3.5 | 0.3 | 0.02 |
| 氮锰 2 | NMn2 | 73 | 4 | 1.0 | 3.5 | 0.3 | 0.02 |

**(十)铬铁**

铬铁依据其碳含量不同分为碳素铬铁和中、低、微碳铬铁 4 种。

碳素铬铁作为含碳较高的滚珠钢、工具钢和高速钢的合金剂,可提高钢的淬透性,增加钢的耐磨性和硬度,还可作铸铁添加剂,改善铸铁的耐磨性和提高硬度,同时能使铸铁具有良好的耐热性。

碳素铬铁还可作无渣法生产硅铬合金和中、低、微碳铬铁的含铬原料及作电解法生产金属铬的含铬原料。

中、低碳铬铁用于生产中、低碳合金结构钢,制造齿轮、高压鼓风机叶片、阀板等。

铬更宝贵的性能是可以提高钢的抗氧化性和耐腐蚀性,使钢的表面在氧化气氛中形成一层附着性很高的氧化薄膜，随后停止氧化或氧化速度减慢，从而对内部金属起了保护作用。

铬钢的这些特性，随着钢中碳含量的增加而显著地降低，因此这些钢中含碳量都很低，对加入钢中的铬铁亦要求含碳量要低。因此，微碳铬铁主要用于炼制各种高铬不锈钢、耐热钢。

铬还能提高合金的比电阻，因此微碳铬铁也是炼制各类电热材料的原料。

我国铬铁的技术条件，国家标准(GB5683—87)作了规定。

铬铁按含碳量不同，分为22个牌号，其化学成分见表4-18。

铬铁应成块状。每块重不得大于15kg，小于20mm×20mm的数量不超过铬铁总重量的5%。

**表4-18 铬铁化学成分**

| 类别 | 牌号 | 化学成分/% | | | | | | | | | |
|---|---|---|---|---|---|---|---|---|---|---|---|
| | | Cr | | | C | Si | | P | | S | |
| | | 范围 | Ⅰ | Ⅱ | | Ⅰ | Ⅱ | Ⅰ | Ⅱ | Ⅰ | Ⅱ |
| | | | 不小于 | | 不大于 | | | | | | |
| 微碳 | FeCr69C0.03 | 63.0~75.0 | | | 0.03 | 1.0 | | 0.03 | | 0.025 | |
| | FeCr55C3 | | 60.0 | 52.0 | 0.03 | 1.5 | 2.0 | 0.03 | 0.04 | 0.03 | |
| | FeCr69C0.06 | 63.0~75.0 | | | 0.06 | 1.0 | | 0.03 | | 0.025 | |
| | FeCr55C6 | | 60.0 | 52.0 | 0.06 | 1.5 | 2.0 | 0.04 | 0.06 | 0.03 | |
| | FeCr69C0.10 | 63.0~75.0 | | | 0.10 | 1.0 | | 0.03 | | 0.025 | |
| | FeCr55C10 | | 60.0 | 52.0 | 0.10 | 1.5 | 2.0 | 0.04 | 0.06 | 0.03 | |
| | FeCr69C0.15 | 63.0~75.0 | | | 0.15 | 1.0 | | 0.03 | | 0.025 | |
| | FeCr55C15 | | 60.0 | 52.0 | 0.15 | 1.5 | 2.0 | 0.04 | 0.06 | 0.03 | |
| 低碳 | FeCr69C0.25 | 63.0~75.0 | | | 0.25 | 1.5 | | 0.03 | | 0.025 | |
| | FeCr55C25 | | 60.0 | 52.0 | 0.25 | 2.0 | 3.0 | 0.04 | 0.06 | 0.03 | 0.05 |
| | FeCr69C0.50 | 63.0~75.0 | | | 0.50 | 1.5 | | 0.03 | | 0.025 | |
| | FeCr55C50 | | 60.0 | 52.0 | 0.50 | 2.0 | 3.0 | 0.04 | 0.06 | 0.03 | 0.05 |
| 中碳 | FeCr69C1.0 | 63.0~75.0 | | | 1.0 | 1.5 | | 0.03 | | 0.025 | |
| | FeCr55C100 | | 60.0 | 52.0 | 1.0 | 2.5 | 3.0 | 0.04 | 0.06 | 0.03 | 0.05 |
| | FeCr69C2.0 | 63.0~75.0 | | | 2.0 | 1.5 | | 0.03 | | 0.025 | |
| | FeCr55C200 | | 60.0 | 52.0 | 2.0 | 2.5 | 3.0 | 0.04 | 0.06 | 0.03 | 0.05 |
| | FeCr69C4.0 | 63.0~75.0 | | | 4.0 | 1.5 | | 0.03 | | 0.025 | |
| | FeCr55C400 | | 60.0 | 52.0 | 4.0 | 2.5 | 3.0 | 0.04 | 0.06 | 0.03 | 0.05 |
| 高碳 | FeCr67C6.0 | 62.0~72.0 | | | 6.0 | 3.0 | | 0.03 | | 0.04 | 0.06 |
| | FeCr55C600 | | 60.0 | 52.0 | 6.0 | 3.0 | 5.0 | 0.04 | 0.06 | 0.04 | 0.06 |
| | FeCr67C9.5 | 62.0~72.0 | | | 9.5 | 3.0 | | 0.03 | | 0.04 | 0.06 |
| | FeCr55C1000 | | 60.0 | 52.0 | 10.0 | 3.0 | 5.0 | 0.04 | 0.06 | 0.04 | 0.06 |

注：1. 供方应分析每批高碳铬铁锰含量；

2. 铬铁以50%含铬量作为基准量考核单位；

3. 每批铬铁必须测定铬、硅、碳、磷含量。在供方能保证符合本标准规定时，其他元素可以不测定(但吹氧法转炉生产中、低碳铬铁应分析硫含量)。

需方对粒度有特殊要求时，由供需双方另行商定。

铬铁的内部及其表面不得有肉眼显见的非金属夹杂物。但铸锭表面涂料刷不净时允许其少量存在。

## (十一)真空法微碳铬铁

真空法微碳铬铁用于炼钢的合金元素添加剂。其技术条件国家标准(GB5684—87)作了规定。

真空法微碳铬铁按铬、碳及杂质含量的不同，分为6个牌号，其化学成分见表4-19。

**表4-19 真空微碳铬铁化学成分**

| 牌号 | 化学成分/% | | | | | | |
|---|---|---|---|---|---|---|---|
| | Cr | C | Si | | P | | S |
| | | | Ⅰ | Ⅱ | Ⅰ | Ⅱ | |
| | 不小于 | 不大于 | | | | | |
| ZKFeCr67C0.010 | 67.0 | 0.010 | 1.0 | 2.0 | 0.025 | 0.03 | 0.03 |
| ZKFeCr67C0.020 | 67.0 | 0.020 | 1.0 | 2.0 | 0.025 | 0.03 | 0.03 |
| ZKFeCr65C0.010 | 65.0 | 0.010 | 1.0 | 2.0 | 0.025 | 0.035 | 0.04 |
| ZKFeCr65C0.030 | 65.0 | 0.030 | 1.0 | 2.0 | 0.025 | 0.035 | 0.04 |
| ZKFeCr65C0.050 | 65.0 | 0.050 | 1.0 | 2.0 | 0.025 | 0.035 | 0.04 |
| ZKFeCr65C0.100 | 65.0 | 0.100 | 1.0 | 2.0 | 0.025 | 0.035 | 0.04 |

注：1.真空微碳铬铁出厂前应分析锰和氮含量，其数据供参考。

2.真空法微碳铬铁非金属夹杂物含量分为两级：Ⅰ级——非金属夹杂物含量不超过2%；Ⅱ级——非金属夹杂物含量不超过4%。

真空微碳铬铁以块状交货，每块重不得超过15kg。

## (十二)氮化铬铁

氮化铬铁用于炼钢的氮(铬)添加剂。其技术条件中国冶标(YB/T5140—93)作了规定。

氮化铬铁按冶炼方法和碳含量的不同，分为6个牌号，其化学成分见表4-20。

**表4-20 氮化铬铁化学成分(%)**

| 牌号 | 化学成分 | | | | | |
|---|---|---|---|---|---|---|
| | Cr | N | C | Si | P | S |
| | 不小于 | | 不大于 | | | |
| FeNCr3—A | 60.0 | 3.0 | 0.03 | 1.5 | 0.03 | 0.04 |
| FeNCr3—B | | 5.0 | 0.03 | 2.5 | | |
| FeNCr6—A | | 3.0 | 0.06 | 1.5 | | |
| FeNCr6—B | | 5.0 | 0.06 | 2.5 | | |
| FeNCr10—A | | 3.0 | 0.10 | 1.5 | | |
| FeNCr10—B | | 5.0 | 0.10 | 2.5 | | |

注：1.A类适用于渗氮后的重熔产品，其含氮量，不包括吸附氮量。

2.B类适用于固态渗氮合金。

3.每炉必须测定铬、硅、氮、碳、磷、硫含量。

4.经供需双方协商，可供给硅含量不大于3.0%的B类产品。

氮化铬铁的内部及表面不得带有显著的非金属夹杂物。固态渗氮合金的表面及内部不得有明显的熔融状态。

氮化铬铁应呈块状交货，每块重不得大于15kg，尺寸小于10mm×10mm氮化铬铁块的数量不得超过总重量的10%。

**(十三)金属铬**

金属铬主要用于冶炼高温合金、电阻合金、精密合金，作为铬元素添加剂。一些非铁基合金也必须用含铁量很少的铬金属，作为铬元素的合金剂。金属铬的技术条件，国家标准(GB3211—87)作了规定。

金属铬按铬及杂质含量的不同，分为5个牌号，其化学成分见表4-21。

**表4-21 金属铬化学成分**

| 牌号 | 化学成分/% | | | | | | | | | | | | | | | |
|---|---|---|---|---|---|---|---|---|---|---|---|---|---|---|---|---|
| | Cr | Fe | Si | Al | Cu | C | S | P | Pb | Sn | Sb | Bi | As | N | H | O |
| | 不小于 | 不大于 | | | | | | | | | | | | | | |
| JCr99—A | 99.0 | 0.35 | 0.25 | 0.30 | 0.02 | 0.02 | 0.02 | 0.01 | 0.0005 | 0.001 | 0.001 | 0.001 | 0.001 | 0.05 | 0.01 | 0.50 |
| JCr99—B | 99.0 | 0.40 | 0.30 | 0.30 | 0.04 | 0.02 | 0.02 | 0.01 | 0.0005 | 0.001 | 0.001 | 0.001 | 0.001 | 0.05 | 0.01 | 0.50 |
| JCr98.5—A | 98.5 | 0.45 | 0.35 | 0.50 | 0.04 | 0.03 | 0.02 | 0.01 | 0.0005 | 0.001 | 0.001 | 0.001 | 0.001 | 0.05 | 0.01 | 0.50 |
| JCr98.5—B | 98.5 | 0.50 | 0.40 | 0.50 | 0.06 | 0.03 | 0.02 | 0.01 | 0.0005 | 0.001 | 0.001 | 0.001 | 0.001 | 0.05 | 0.01 | 0.50 |
| JCr98 | 98.0 | 0.80 | 0.4 | 0.80 | 0.06 | 0.05 | 0.03 | 0.01 | 0.001 | 0.001 | 0.001 | 0.001 | 0.001 | | | |

金属铬的表面应精整呈现铬的本色，断面应致密无气孔。

金属铬应呈块状交货，最大块度应通过150mm×150mm筛孔，通过10mm×10mm筛孔的量不得超过该批总量的10%，3mm×3mm筛孔的筛下物不得交货。

需方对块度如有特殊要求，可与供方协商解决。

**(十四)钨铁**

钨铁主要用在炼钢上作为钨元素的合金添加剂。

钨在钢中能和其他元素结合成复杂的碳化物，使钢的晶粒变细，因而能提高钢的红硬性、耐磨性和冲击强度。

钨铁的技术条件，国家标准(GB/T3648—1996)作了规定。

钨铁的化学成分见表4-22。

**表4-22 钨铁化学成分**

| 牌号 | 化学成分/% | | | | | | | | | | |
|---|---|---|---|---|---|---|---|---|---|---|---|
| | W | C | P | S | Si | Mn | Cu | As | Bi | Pb | Sb | Sn |
| | | 不大于 | | | | | | | | | | |
| FeW80-A | 75.0～85.0 | 0.10 | 0.03 | 0.06 | 0.5 | 0.25 | 0.10 | 0.06 | 0.05 | 0.05 | 0.05 | 0.06 |
| FeW80-B | 75.0～85.0 | 0.30 | 0.04 | 0.07 | 0.7 | 0.35 | 0.12 | 0.08 | — | — | 0.05 | 0.08 |
| FeW80-C | 75.0～85.0 | 0.40 | 0.05 | 0.08 | 0.7 | 0.50 | 0.15 | 0.10 | — | — | 0.05 | 0.08 |
| FeW70 | ≥70.0 | 0.80 | 0.06 | 0.10 | 1.0 | 0.60 | 0.18 | 0.10 | — | — | 0.05 | 0.10 |

钨铁以块状交货，块度范围10mm～130mm，小于10mm×10mm的碎块的数量不应超过总重量的5%。需方对产品粒度如有特殊要求，可由供需双方协议商定。

钨铁块表面应光洁，断面及表面无显著非金属夹杂和锈斑。

### （十五）钛铁

钛铁在炼钢工业中用作脱氧剂、除气剂和合金剂。镇静钢用钛脱氧可以减少钢锭上部的偏析，因而可以改善钢锭质量提高钢锭的收得率。在炼制含硼和含铝的钢种时，钛铁用作脱氧剂。

当做合金剂向钢水中加入一定量的钛铁时，钛与钢水中的碳生成碳化钛，因而可使钢的强度增加，并可以减少不锈钢的晶间腐蚀倾向，提高了钢的抗腐蚀性能。钛铁又是钛钙型电焊条涂料的原料之一。

高硅钛铁主要用于铸造工业。

钛铁的熔点因其化学成分不同介于1400～1500℃之间，其密度则介于5.7～6.4g/cm³之间。

除钛铁以外，常见的钛铁合金还有高钛铁、高硅钛铁、高碳钛铁等。

钛铁的技术条件，国家标准(GB3282—87)作了规定。

钛铁按钛及杂质含量的不同，分为4个牌号，其化学成分见表4-23。

**表 4-23 钛铁化学成分**

| 牌号 | 化学成分/% | | | | | | | |
|---|---|---|---|---|---|---|---|---|
| | Ti | Al | Si | P | S | C | Cu | Mn |
| | | 不大于 | | | | | | |
| FeTi30—A | 25.0～35.0 | 8.0 | 4.5 | 0.05 | 0.03 | 0.10 | 0.40 | 2.5 |
| FeTi30—B | 25.0～35.0 | 8.5 | 5.0 | 0.06 | 0.04 | 0.15 | 0.40 | 2.5 |
| FeTi40—A | 35.0～45.0 | 9.0 | 3.0 | 0.03 | 0.03 | 0.10 | 0.40 | 2.5 |
| FeTi40—B | 35.0～45.0 | 9.5 | 4.0 | 0.04 | 0.04 | 0.15 | 0.40 | 2.5 |

注：生产厂应定期提供Sn、Pb、As、Sb、Bi的分析数据，但不作考核依据；
经供需双方协商，各号钛铁的铜含量允许0.5%交货。

钛铁分块状、粒状和粉状三类供货。其粒度范围及允许偏差见表4-24。

**表 4-24 钛铁粒度**

| 类别 | 粒度范围/mm | 允许偏差/% |
|---|---|---|
| 1 | 20～150 | 10 |
| 2 | <20 | 2 |
| 3 | <2 | 2 |

注：粒度的测定值以在供方的货场测定为准。但无论在何处测定均可有供需双方代表参加。

### （十六）钼铁

钼铁最重要的用途是用于炼制合金钢。因钼能降低钢的共晶分解温度，扩大钢的淬火温度范围，从而影响钢的淬火硬化深度。钼经常与其他元素，如铬、镍、钒等配合使用，使钢具有均匀的细晶组织，提高钢的强度、弹性限度、抗磨性及冲击强度等性能。钼广泛用于炼制结构钢、弹簧钢、轴承钢、工具钢、不锈耐酸钢、耐热钢和磁钢等一系列钢种。

另外，钼应用在合金铸铁上，能使灰口铁晶粒变小，并能改进灰口铁在高温下的性能，提高其耐磨性。

钼加入钢中使之合金化是以钼铁或氧化钼团块形式加入的。从经济效果上看，钼铁成本较氧化钼团块高。从使用效果上来看，一些钢使用氧化钼对钼的回收率并无有害影响，所以近年来国外广泛使用氧化钼团块，并且有很大一部分取代了钼铁。

我国钼铁的技术条件，国家标准(GB3649—87)作了规定。

钼铁按钼及杂质含量的不同，分为9个牌号，其化学成分见表4-25。

**表4-25 钼铁化学成分**

| 牌号 | 化学成分/% | | | | | | | |
|---|---|---|---|---|---|---|---|---|
| | Mo | Si | S | P | C | Cu | Sb | Sn |
| | | 不大于 | | | | | | |
| FeMo70 | 65.0～75.0 | 1.5 | 0.10 | 0.05 | 0.10 | 0.50 | | |
| FeMo70Cu1 | 65.0～75.0 | 2.0 | 0.10 | 0.05 | 0.10 | 1.0 | | |
| FeMo70Cu1.5 | 65.0～75.0 | 2.5 | 0.20 | 0.10 | 0.10 | 1.5 | | |
| FeMo60—A | 55.0～65.0 | 1.0 | 0.10 | 0.04 | 0.10 | 0.50 | 0.04 | 0.04 |
| FeMo60—B | 55.0～65.0 | 1.5 | 0.10 | 0.05 | 0.10 | 0.50 | 0.05 | 0.06 |
| FeMo60—C | 55.0～65.0 | 2.0 | 0.15 | 0.05 | 0.20 | 1.0 | 0.08 | 0.08 |
| FeMo60 | ≥60.0 | 2.0 | 0.10 | 0.05 | 0.15 | 0.5 | 0.04 | 0.04 |
| FeMo55—A | ≥55.0 | 1.0 | 0.10 | 0.08 | 0.20 | 0.5 | 0.05 | 0.06 |
| FeMo55—B | ≥55.0 | 1.5 | 0.15 | 0.10 | 0.25 | 1.0 | 0.08 | 0.08 |

钼铁以块状交货，块度范围为10～150mm，10mm×10mm以下碎块数量，不得超过总重量的5%，允许少量块度在一个方向最大尺寸为180mm。

需方对块度如有特殊要求，可由供需双方另行协商。

如用户要求，可提供10～100mm，10～50mm，10mm以下不同粒度的产品。每种粒度范围所允许的上、下限的重量百分数，由供需双方商定。

### (十七)氧化钼块

氧化钼块供炼钢作为元素添加剂用。其技术条件，中国冶标(YB/T5129—93)作了规定。

氧化钼块按钼和杂质含量的不同，分为6个牌号，其化学成分见表4-26。

**表4-26 氧化钼块化学成分**

| 牌号 | 化学成分/% | | | | | | | |
|---|---|---|---|---|---|---|---|---|
| | Mo | S | | Cu | P | C | Sn | Sb |
| | | Ⅰ | Ⅱ | | | | | |
| | 不小于 | 不大于 | | | | | | |
| YMo55.0—A | 55.0 | 0.10 | 0.15 | 0.25 | 0.04 | 0.10 | 0.05 | 0.04 |
| YMo52.0—A | 52.0 | 0.10 | 0.15 | 0.25 | 0.05 | 0.15 | 0.07 | 0.06 |
| YMo55.0—B | 55.0 | 0.10 | 0.15 | 0.40 | 0.04 | 0.10 | 0.05 | 0.04 |
| YMo52.0—B | 52.0 | 0.15 | 0.25 | 0.50 | 0.05 | 0.15 | 0.07 | 0.06 |
| YMo50.0 | 50.0 | 0.15 | 0.25 | 0.50 | 0.05 | 0.15 | 0.07 | 0.06 |
| YMo48.0 | 48.0 | 0.25 | 0.30 | 0.80 | 0.07 | 0.15 | 0.07 | 0.06 |

氧化钼块应为圆柱形或其他块状。块重为1.0～0.5kg。密度不小于2.5g/cm$^3$。水分含

量不大于 0.5%。

### (十八)钒铁

钒铁主要用于冶炼合金钢。如在弹簧钢、轴承钢和铸铁上都有广泛的应用。钒铁的含钒量在 30%～35%以上，在电炉中炼制。钒的各种化合物广泛应用于化学工业中作触媒剂。

钒所以这样广泛地用于钢铁工业上，是由于钒能同钢中的碳生成稳定的碳化物，它可以细化钢的组织和晶粒，提高晶粒粗化的温度。因此，钢中加入少量钒就可显著地改善钢的性能，大大提高钢的强度、韧性、耐磨能力、承受冲击负荷的能力和抗腐能力等。

我国钒铁的技术条件，国家标准(GB4139—87)作了规定。

钒铁按钒和杂质含量的不同，分为 6 个牌号，其化学成分见表 4-27。

**表 4-27 钒铁化学成分**

| 牌　号 | 化学成分/% | | | | | | |
|---|---|---|---|---|---|---|---|
| | V | C | Si | P | S | Al | Mn |
| | 不小于 | 不　大　于 | | | | | |
| FeV40—A | 40.0 | 0.75 | 2.0 | 0.10 | 0.06 | 1.0 | |
| FeV40—B | 40.0 | 1.00 | 3.0 | 0.20 | 0.10 | 1.5 | |
| FeV50—A | 50.0 | 0.40 | 2.0 | 0.07 | 0.04 | 0.5 | 0.50 |
| FeV50—B | 50.0 | 0.75 | 2.5 | 0.10 | 0.05 | 0.8 | 0.50 |
| FeV75—A | 75.0 | 0.20 | 1.0 | 0.05 | 0.04 | 2.0 | 0.50 |
| FeV75—B | 75.0 | 0.30 | 2.0 | 0.10 | 0.05 | 3.0 | 0.50 |

钒铁以块状供货，最大块重不得超过 8kg，通过 10mm×10mm 筛孔的碎块，不得超过该批总重的 3%。

### (十九)五氧化二钒

五氧化二钒供冶炼铁合金等用。其技术条件国家标准(GB3283—87)作了规定。

五氧化二钒按用途和品位分为 3 个牌号，其化学成分见表 4-28。

**表 4-28 五氧化二钒化学成分**

| 适用范围 | 牌　号 | 化学成分/% | | | | | | | | 物理状态 |
|---|---|---|---|---|---|---|---|---|---|---|
| | | $V_2O_5$ | Si | Fe | P | S | As | $Na_2O+K_2O$ | $V_2O_4$ | |
| | | 不小于 | 不　大　于 | | | | | | | |
| 冶　金 | $V_2O_5$99 | 99.0 | 0.15 | 0.20 | 0.03 | 0.01 | 0.01 | 1.0 | — | 片　状 |
| | $V_2O_5$98 | 98.0 | 0.25 | 0.30 | 0.05 | 0.03 | 0.02 | 1.5 | — | |
| 化　工 | $V_2O_5$97 | 97.0 | 0.25 | 0.30 | 0.05 | 0.10 | 0.02 | 1.0 | 2.5 | 粉　状 |

注：五氧化二钒含量系由全钒含量换算而成。

冶金用五氧化二钒以片状交货，片径不大于 55mm×55mm，厚度不大于 5mm。

### (二十)钒渣

钒渣供冶炼铁合金等用。其技术条件中国冶标(YB/T008—92)作了规定。

钒渣按五氧化二钒品位分为 6 个牌号，其化学成分见表 4-29。

钒渣以块状或粉状交货，块状钒渣的粒度不得大于 200mm×200mm，块状钒渣的金属含量不得大于22%。粉状钒渣的粒度及金属含量，由供需双方议定。

**表 4-29　钒渣化学成分**

| 牌号 | | | | FZ11 | FZ13 | FZ15 | FZ17 | FZ19 | FZ21 |
|---|---|---|---|---|---|---|---|---|---|
| $V_2O_5$ | | | | 10.0～12.0 | >12.0～14.0 | >14.0～16.0 | >16.0～18.0 | >18.0～20.0 | >20.0 |
| 化学成分/% | $SiO_2$ | 一类 | 不大于 | 21.0 | | | | | |
| | | 二类 | | 24.0 | | | | | |
| | | 三类 | | 34.0 | | | | | |
| | | 四类 | | 40.0 | | | | | |
| | CaO | 一级 | | 1.0 | | | | | |
| | | 二级 | | 1.5 | | | | | |
| | | 三级 | | 2.5 | | | | | |
| | P | 一组 | | 0.13 | | | | | |
| | | 二组 | | 0.35 | | | | | |
| | | 三组 | | 0.70 | | | | | |

**(二十一)磷铁**

磷铁在炼钢和铸造上作为磷元素的加入剂。磷对绝大多数钢种来说是有害的杂质。但是，把它应用在某些钢种上能提高钢的耐蚀性。使用含磷的钢压薄板时，能防止钢板间产生粘着现象。生产轧辊时，加入0.4%～0.5%的磷可改善其流动性，避免表面产生裂纹。生产高磷耐磨铸铁时，磷在铸件中形成均匀的二元磷共晶组织，且呈网状分布。由于磷共晶硬度较高，所以货车闸瓦中含有0.7%～1%的磷，可提高其耐磨性能。磷还可以提高和改善钢的切削性能。

目前磷铁大部分应用在铸造工业上。磷铁应用于铸造工业可改善铸铁的流动性，从而提高铸件质量。

我国磷铁的技术条件，国家标准(GB3210—82)作了规定。

磷铁按磷含量的不同，分为4个牌号，其化学成分见表4-30。

**表 4-30　磷铁化学成分**

| 牌号 | 化学成分/% | | | | |
|---|---|---|---|---|---|
| | P | Si | C | S | Mn |
| | | 不大于 | | | |
| FeP24 | 23.0～25.0 | 3.0 | 1.0 | 0.5 | 2.0 |
| FeP21 | 20.0～<23.0 | 3.0 | 1.0 | 0.5 | 2.0 |
| FeP18 | 17.0～<20.0 | 3.0 | 1.0 | 0.5 | 2.5 |
| FeP16 | 15.0～<17.0 | 3.0 | 1.0 | 0.5 | 2.5 |

磷铁应成块状供货，最大块重应不超过30kg，小于20mm×20mm的块度，其数量不得超过该批总重量的10%。需方如对物理状态有特殊要求，可与供方商定。

**(二十二)硼铁**

硼铁作为含硼的合金元素加入钢中。向碳素钢或合金结构钢加入硼能显著地提高钢的淬透性和改善钢的机械性能。在优质钢中加入硼能代替其他合金元素而不影响其机械性能。

向耐热钢和耐热合金钢中加入硼，不仅能提高其耐热强度，同时还可提高合金的塑性。

含硼的铸铁，又称硼铸铁。铸铁中加入硼使铸铁组织中除石墨和珠光体外，又析出高硬质的含硼碳化物组织，从而提高了铸铁的耐磨性。硼铸铁可用来制作发动机上的活塞环、气缸套、阀门导管、凸轮轴和阀门座等零件。此外，其他耐磨铸件也在推广应用中。

硼通常以硼铁或含有硅、铝、钛、锆、钒和锰等元素之一或数种元素的硼合金的形式加入钢流或钢包中。

硼铁的技术条件，国家标准(GB/T5682—1995)作了规定。

硼铁按硼、碳及杂质含量的不同，分为 9 个牌号，其化学成分应符合表 4-31 的规定。

**表 4-31 硼铁的化学成分**

| 类别 | 牌号 | | 化学成分/% | | | | | | |
|---|---|---|---|---|---|---|---|---|---|
| | | | B | C | Si | Al | S | P | Cu |
| | | | | 不大于 | | | | | |
| 低碳 | FeB23C0.05 | | 20.0～25.0 | 0.05 | 2.0 | 3.0 | 0.01 | 0.015 | 0.05 |
| | FeB22C0.1 | | 19.0～25.0 | 0.1 | 4.0 | 3.0 | 0.01 | 0.03 | — |
| | FeB17C0.1 | | 14.0～19.0 | 0.1 | 4.0 | 6.0 | 0.01 | 0.1 | — |
| | FeB12C0.1 | | 9.0～<14.0 | 0.1 | 4.0 | 6.0 | 0.01 | 0.1 | — |
| 中碳 | FeB20C0.5 | A | 19.0～21.0 | 0.5 | 4.0 | 0.05 | 0.01 | 0.1 | — |
| | | B | | 0.5 | 4.0 | 0.5 | 0.01 | 0.2 | — |
| | FeB18C0.5 | A | 17.0～<19.0 | 0.5 | 4.0 | 0.05 | 0.01 | 0.1 | — |
| | | B | | 0.5 | 4.0 | 0.5 | 0.01 | 0.2 | — |
| | FeB16C1.0 | | 15.0～17.0 | 1.0 | 4.0 | 0.5 | 0.01 | 0.2 | — |
| | FeB14C1.0 | | 13.0～<15.0 | 1.0 | 4.0 | 0.5 | 0.01 | 0.2 | — |
| | FeB12C1.0 | | 9.0～<13.0 | 1.0 | 4.0 | 0.5 | 0.01 | 0.2 | — |

注：表列元素 B、Al、C 为必测元素，其他为保证元素；作为非晶、超微晶合金材料用时全为必测元素。

硼铁应呈块状交货，其块度为 5～100mm，大于 100mm 小于 5mm 数量之和不得超过该批总重的 10%。硼铁块的表面和断面处不得有非金属夹杂物。如需方对物理状态有特殊要求，由供需双方另行商定。

**(二十三)铌铁**

铌铁在冶金工业中作为合金剂使用。目前铌铁主要用于冶炼高温(耐热)合金和不锈钢。铌在合金和钢中可起细化组织及在高温下阻止晶粒长大的作用，从而能提高合金和钢在常温特别是高温下的强度。铌较易与碳生成稳定的碳化物，因而可消除碳化铬沉积在不锈钢中的有害影响，提高钢的抗腐蚀能力，并能改善焊接性能。铌铁也常作为生产不锈钢电焊条涂料用。

由于铌的碳化物熔点高且质地坚硬，所以它可与其他碳化物及高熔点金属炼制硬质合金。

铌在真空电子技术和原子能工业中也有作用。

但铌资源稀少，价格昂贵，目前仅用于不锈钢、高温合金钢等优质产品。

我国铌铁的技术条件，国家标准(GB7737—87)作了规定。

铌铁按铌和杂质含量的不同，分为 5 个牌号，其化学成分见表 4-32。

**表 4-32 铌铁化学成分**

| 牌号 | 化学成分/% | | | | | | | | | | | | | | | |
|---|---|---|---|---|---|---|---|---|---|---|---|---|---|---|---|---|
| | Nb+Ta | Ta | Al | Si | C | S | P | W | Ti | Cu | Mn | As | Sn | Sb | Pb | Bi |
| | | 不大于 | | | | | | | | | | | | | | |
| FeNb70 | 70～80 | 0.8 | 3.8 | 1.5 | 0.04 | 0.03 | 0.04 | 0.30 | 0.3 | 0.3 | 0.30 | 0.005 | 0.002 | 0.002 | 0.002 | 0.002 |
| FeNb60—A | 60～70 | 0.5 | 2.0 | 0.4 | 0.04 | 0.02 | 0.02 | 0.20 | 0.2 | 0.3 | 0.30 | 0.005 | 0.002 | 0.002 | 0.002 | 0.002 |
| FeNb60—B | 60～70 | 0.8 | 2.0 | 1.0 | 0.05 | 0.03 | 0.05 | 0.20 | 0.3 | 0.3 | 0.3 | 0.005 | 0.002 | 0.002 | 0.002 | 0.002 |
| FeNb50—A | 50～60 | 0.8 | 2.0 | 1.2 | 0.05 | 0.03 | 0.05 | 0.10 | 0.3 | 0.3 | 0.30 | 0.005 | 0.002 | 0.002 | 0.002 | 0.002 |
| FeNb50—B | 50～60 | 1.5 | 2.0 | 4.0 | 0.05 | 0.03 | 0.05 | | | | | | | | | |

注:FeNb50—B 供方提供 W 的分析数据。

铌铁以块状或粉状供货。块状铌铁最大块重不得超过 8kg,小于 20mm×20mm 碎块的数量不得超过总重的 5%。

粉状铌铁以－40 目供货,其中－160 目不得超过总重的 30%。

**(二十四)稀土硅铁合金**

稀土硅铁合金用于炼钢的元素添加剂,或配制稀土硅铁中间合金。其技术条件国家标准(GB/T4137—93)作了规定。

稀土硅铁合金按稀土、硅及杂质含量不同分为 9 个牌号,其化学成分应符合表 4-33 的规定。

**表 4-33 稀土硅铁合金的化学成分**

| 牌号 | 化学成分/% | | | | | |
|---|---|---|---|---|---|---|
| | RE | Si | Mn | Ca | Ti | Fe |
| | | 不大于 | | | | |
| FeSiRE23 | 21.0～<24.0 | 44.0 | 3.0 | 5.0 | 3.0 | 余量 |
| FeSiRE26 | 24.0～<27.0 | 43.0 | 3.0 | 5.0 | 3.0 | 余量 |
| FeSiRE29 | 27.0～<30.0 | 42.0 | 3.0 | 5.0 | 3.0 | 余量 |
| FeSiRE32-A | 30.0～<33.0 | 40.0 | 3.0 | 4.0 | 3.0 | 余量 |
| FeSiRE32-B | 30.0～<33.0 | 40.0 | 3.0 | 4.0 | 1.0 | 余量 |
| FeSiRE35-A | 33.0～<36.0 | 39.0 | 3.0 | 4.0 | 3.0 | 余量 |
| FeSiRE35-B | 33.0～<36.0 | 39.0 | 3.0 | 4.0 | 1.0 | 余量 |
| FeSiRE38 | 36.0～<39.0 | 38.0 | 3.0 | 3.0 | 2.0 | 余量 |
| FeSiRE41 | 39.0～<42.0 | 37.0 | 3.0 | 3.0 | 2.0 | 余量 |

稀土硅铁合金断面应呈银灰色,粒度范围为 5～50mm,小于 5mm 和大于 50mm 的各不应超过总重量的 5%。需方对化学成分和粒度等有特殊要求,由供需双方另行协商。

**(二十五)稀土镁硅铁合金**

稀土镁硅铁合金的技术条件,国家标准(GB/T4138—93)作了规定。

稀土镁硅铁合金按稀土、镁、硅及钙含量不同分为 10 个牌号,其化学成分应符合表 4-34 规定。

稀土镁硅铁合金断面应呈银灰色。稀土镁硅铁合金粒度范围为 5～30mm,小于 5mm 和大于 30mm 各不应超过总重量的 5%。需方对化学成分和粒度如有特殊要求,可由供需双方另行协商。

**表 4-34 稀土镁硅铁合金的化学成分**

| 牌号 | 化学成分/% | | | | | | |
|---|---|---|---|---|---|---|---|
| | RE | Mg | Ca | Si | Mn | Ti | Fe |
| | | | | 不大于 | | | |
| FeSiMg6RE1 | 0.5~<2.0 | 5.0~7.0 | 1.5~3.0 | 44.0 | 1.0 | 1.0 | 余量 |
| FeSiMg7RE1 | 0.5~<2.0 | 6.0~8.0 | ≤1.5 | 44.0 | 1.0 | 1.0 | 余量 |
| FeSiMg7RE3 | 2.0~<4.0 | 6.0~8.0 | 2.0~3.5 | 44.0 | 1.0 | 1.0 | 余量 |
| FeSiMg8RE3-A | 2.0~<4.0 | 7.0~9.0 | ≤2.0 | 44.0 | 1.0 | 1.0 | 余量 |
| FeSiMg8RE3-B | 2.0~<4.0 | 7.0~9.0 | 2.0~3.5 | 44.0 | 1.0 | 1.0 | 余量 |
| FeSiMg8RE5 | 4.0~<6.0 | 7.0~9.0 | ≤3 | 44.0 | 2.0 | 1.0 | 余量 |
| FeSiMg8RE7 | 6.0~<8.0 | 7.0~9.0 | ≤3 | 44.0 | 2.0 | 1.0 | 余量 |
| FeSiMg10RE7 | 6.0~<8.0 | 9.0~11.0 | ≤3 | 44.0 | 2.0 | 1.0 | 余量 |
| FeSiMg9RE9 | 8.0~<10.0 | 8.0~10.0 | ≤3 | 44.0 | 2.0 | 1.0 | 余量 |
| FeSiMg8RE18 | 17~<20.0 | 7.0~10.0 | ≤3 | 42.0 | 4.0 | 2.0 | 余量 |

## (二十六)稀土钙镁硅铁合金

稀土钙镁硅铁合金呈银灰色,不粉化。这种合金添加在钢中,可以起脱硫、净化作用,在铁中可作蠕化剂。其技术条件尚无国家标准,现介绍我国某钢铁公司标准。

稀土钙镁硅铁合金化学成分见表 4-35。

**表 4-35 稀土钙镁硅铁合金化学成分**

| 牌号 | 主要化学成分/% | | | | |
|---|---|---|---|---|---|
| | REM | Ca | Mg | Si | Fe |
| 9RECaMg13~16 | 7~10 | 10~15 | 5~7 | ≤48 | 余量 |
| 13RECaMg9~16 | 10~15 | 8~10 | 3~5 | ≤48 | 余量 |

稀土钙镁硅铁合金熔点为 1215~1230℃,密度 3.9~4.2g/cm³,粒度为 0~2mm、3~25mm 两级。

## (二十七)稀土钙硅铁合金

稀土钙硅铁合金呈灰色,不粉化。用于钢铁中作变质剂,添加在钢中可增加脱硫效果,添加在铁中可作蠕化剂。其技术条件尚无国家标准,现介绍我国某钢铁公司标准。

稀土钙硅铁合金的化学成分见表 4-36。

**表 4-36 稀土钙硅铁合金化学成分**

| 牌号 | 主要化学成分/% | | | |
|---|---|---|---|---|
| | REM | Ca | Si | Fe |
| RECa13~13 | 10~15 | 10~15 | ≤60 | 余量 |
| RECa18~9 | 15~20 | 8~10 | ≤50 | 余量 |
| RECa22~9 | 20~25 | 8~10 | ≤45 | 余量 |

稀土钙硅铁合金熔点为 1310~1330℃,密度 4.0~4.3g/cm³,粒度为 0~2mm、3~

25mm 两级。

### (二十八)稀土钛镁硅铁合金

稀土钛镁硅铁合金为块状，呈银灰色，不粉化。主要用做蠕化剂，生产薄壁件、耐磨件蠕墨铸铁。其技术条件尚无国家标准，现介绍我国某钢铁公司标准。

稀土钛镁硅铁合金的化学成分见表 4-37。

**表 4-37　稀土钛镁硅铁合金化学成分**

| 牌　号 | 主要化学成分/% | | | | | |
|---|---|---|---|---|---|---|
| | REM | Ti | Ca | Mg | Si | Fe |
| 1RETiMg6～5 | 0.5～2 | 4～<7 | 4～6 | 4～6 | ≤48 | 余量 |
| 1RETiMg9～5 | 0.5～2 | 7～10 | 4～6 | 4～6 | ≤48 | 余量 |
| 9RETiMg6～5 | 7～10 | 4～7 | | 4～6 | ≤48 | 余量 |

稀土钛镁硅铁合金熔点为 1230～1235℃，密度 4.1～4.4g/cm$^3$，粒度为 3～25mm。

### (二十九)稀土锰镁硅铁合金

稀土锰镁硅铁合金为块状，呈银灰色，不粉化。主要用做生产球墨铸铁的球化剂，适用于生产各种要求强度较高的曲轴、凸轮轴。其技术条件尚无国家标准，现介绍我国某钢铁公司标准。

稀土锰镁硅铁合金化学成分见表 4-38。

**表 4-38　稀土锰镁硅铁合金化学成分**

| 牌　号 | 主要化学成分/% | | | | |
|---|---|---|---|---|---|
| | REM | Mn | Mg | Si | Fe |
| 6REMnMg11～9 | 5～7 | 10～13 | 7～10 | ≤45 | 余量 |
| 9REMnMg15～9 | 7～10 | 13～16 | 7～10 | ≤45 | 余量 |

稀土锰镁硅铁合金熔点为 1200～1250℃，密度 4.0～4.5g/cm$^3$，粒度：3～25mm，<3mm 的粒度不超过 5%。

### (三十)稀土铜镁硅铁合金

稀土铜镁硅铁合金为块状，呈银灰色，不粉化。主要用做高强度特殊铸件的球化剂。其技术条件尚无国家标准。现介绍我国某钢铁公司标准。

稀土铜镁硅铁合金的化学成分见表 4-39。

**表 4-39　稀土铜镁硅铁合金化学成分**

| 牌　号 | 主要化学成分/% | | | | |
|---|---|---|---|---|---|
| | REM | Mg | Cu | Si | Fe |
| 3RECuMg 7～12 | 2～4 | 10～13 | 5～8 | ≤45 | 余量 |
| 7RECuMg33～8 | 6～8 | 7～9 | 30～35 | ≤45 | 余量 |
| 3RECuMg40～9 | 2～4 | 7～10 | 35～45 | ≤45 | 余量 |

稀土铜镁硅铁合金熔点为 1200～1270℃，粒度 3～25mm。

### (三十一)稀土锌镁硅铁合金

稀土锌镁硅铁合金为块状，呈银灰色，不粉化。粒度为 3～25mm。该产品是一种新型蠕化剂。其化学成分，我国某钢铁公司规定如表 4-40。

表 4-40 稀土锌镁硅铁合金化学成分

| 牌号 | 主要化学成分/% | | | | |
|---|---|---|---|---|---|
| | REM | Zn | Mg | Si | Fe |
| 20REZnMg4—4 | 18～22 | 2～4 | 3～5 | ≤45 | 余量 |

## (三十二)钕铁合金

钕铁合金为锭、块状,呈银灰色,在空气中易氧化。主要用做钕铁硼永磁合金原料。其化学成分,我国某钢铁公司规定如表 4-41。

表 4-41 钕铁合金化学成分

| 牌号 | 化学成分/% | | | | |
|---|---|---|---|---|---|
| | Nd | Fe | Si | S | P |
| NdFe—1 | 84～86 | 14～16 | ≤0.07 | ≤0.02 | ≤0.01 |
| NdFe—2 | 80～83 | 17～20 | ≤0.07 | ≤0.02 | ≤0.01 |

## (三十三)锰硅合金

锰硅合金供炼钢作复合脱氧剂、脱硫剂、合金剂和生产中低碳锰铁作还原剂。其技术条件国家标准(GB/T4008—1996)作了规定。

锰硅合金按锰、硅及其杂质含量的不同,分为 8 个牌号,其化学成分应符合表 4-42 规定。

表 4-42 化学成分

| 牌号 | 化学成分/% | | | | | | |
|---|---|---|---|---|---|---|---|
| | Mn | Si | C | P | | | S |
| | | | | Ⅰ | Ⅱ | Ⅲ | |
| | | | 不 | | 大 | 于 | |
| FeMn64Si27 | 60.0～67.0 | 25.0～28.0 | 0.5 | 0.10 | 0.15 | 0.25 | 0.04 |
| FeMn67Si23 | 63.0～70.0 | 22.0～25.0 | 0.7 | 0.10 | 0.15 | 0.25 | 0.04 |
| FeMn68Si22 | 65.0～72.0 | 20.0～23.0 | 1.2 | 0.10 | 0.15 | 0.25 | 0.04 |
| FeMn64Si23 | 60.0～67.0 | 20.0～25.0 | 1.2 | 0.10 | 0.15 | 0.25 | 0.04 |
| FeMn68Si18 | 65.0～72.0 | 17.0～20.0 | 1.8 | 0.10 | 0.15 | 0.25 | 0.04 |
| FeMn64Si18 | 60.0～67.0 | 17.0～20.0 | 1.8 | 0.10 | 0.15 | 0.25 | 0.04 |
| FeMn68Si16 | 65.0～72.0 | 14.0～17.0 | 2.5 | 0.10 | 0.15 | 0.25 | 0.04 |
| FeMn64Si16 | 60.0～67.0 | 14.0～17.0 | 2.5 | 0.20 | 0.25 | 0.30 | 0.05 |

注:硫为保证元素,其余均为必测元素。

锰硅合金以块状或粒状供货,其粒度范围及允许偏差应符合表 4-43 规定。

## (三十四)硅铝铁合金

硅铝铁合金是强脱氧剂,也是生产其他金属和合金的还原剂,它还用于铝热焊、制造发热剂和爆炸物等。硅铝铁合金的技术条件尚无国家标准和部标准。现介绍某公司产品(炼钢用复合脱氧剂)的技术条件。

表 4-43 粒度范围

| 等级 | 粒度范围/mm | 偏差/% | |
|---|---|---|---|
| | | 筛上物 | 筛下物 |
| | | 不大于 | |
| 1 | 20～300 | 5 | 5 |
| 2 | 10～150 | 5 | 5 |
| 3 | 10～100 | 5 | 5 |
| 4 | 10～50 | 5 | 5 |

炼钢用复合脱氧剂牌号及化学成分见表 4-44。

表 4-44 炼钢用复合脱氧剂牌号及成分

| 牌号 | 主要成分/% | | | 杂质/%(不大于) | | |
|---|---|---|---|---|---|---|
| | Si | Al | Fe | P | S | C |
| FeAlSi10 | 8～12 | 48～52 | R | 0.05 | 0.05 | 0.6 |
| FeAlSi18 | 16～20 | 48～52 | R | 0.05 | 0.05 | 0.6 |
| FeAlSi20 | 18～22 | 48～52 | R | 0.05 | 0.05 | 0.6 |
| FeAlSi27 | 25～29 | 45～50 | R | 0.05 | 0.05 | 0.6 |
| FeAlSi37 | 35～40 | 45～50 | R | 0.05 | 0.05 | 0.6 |

产品平均粒度为 30～100mm。每批中允许有 15%以下的颗粒出厂。产品表面不应有明显的气泡和非金属夹杂物。

**(三十五)硅铬合金**

硅铬合金是生产中、低碳铬铁和微碳铬铁的重要原料。硅铬合金还可做炼钢的脱氧剂与合金剂。随着吹氧炼钢的发展,用硅铬合金还原钢渣中的铬和补加部分含铬量,得到日益广泛的应用。

我国硅铬合金技术条件,中国冶标(YB/T065—1995)作了规定。

硅铬合金按硅、铬及杂质含量的不同,分为 6 个牌号,其化学成分见表 4-45。

表 4-45 硅铬合金化学成分

| 牌号 | 化学成分/% | | | | | |
|---|---|---|---|---|---|---|
| | Cr | Si | C | P | | S |
| | | | | Ⅰ | Ⅱ | |
| | 不小于 | | 不大于 | | | |
| Cr30 Si45 | 30.0 | 45.0 | 0.02 | 0.02 | 0.04 | 0.01 |
| Cr30 Si43 | 30.0 | 43.0 | 0.03 | 0.02 | 0.04 | 0.01 |
| Cr30 Si40 | 30.0 | 40.0 | 0.05 | 0.02 | 0.04 | 0.01 |
| Cr32Si40-A | 32.0 | 40.0 | 0.06 | 0.02 | 0.04 | 0.01 |
| Cr32 Si40-B | 32.0 | 40.0 | 0.10 | 0.02 | 0.04 | 0.01 |
| Cr35 Si35 | 35.0 | 35.0 | 1.0 | 0.02 | 0.04 | 0.01 |

硅铬合金应呈块状交货,每块最大尺寸为 200mm×200mm,小于 20mm×20mm 碎块的数量,不得超过该批总重的 10%。

## （三十六）钒铝合金

钒铝合金供钛合金、高温合金及某些特殊合金作元素添加剂。其技术条件国家标准(GB5063—85)作了规定。

钒铝合金按钒及杂质含量的不同，分为 4 个牌号，其化学成分见表 4-46。

**表 4-46　钒铝合金化学成分**

| 牌号 | 化学成分/% | | | | | |
|---|---|---|---|---|---|---|
| | V | Fe | Si | C | O | Al |
| | | 不大于 | | | | |
| AlV55 | 50.0～60.0 | 0.35 | 0.30 | 0.15 | 0.20 | 余量 |
| AlV65 | >60.0～70.0 | 0.30 | 0.30 | 0.20 | 0.20 | 余量 |
| AlV75 | >70.0～80.0 | 0.30 | 0.30 | 0.20 | — | 余量 |
| AlV85 | >80.0～90.0 | 0.30 | 0.30 | 0.30 | — | 余量 |

钒铝合金分块状和粒状。其粒度范围见表 4-47。

**表 4-47　钒铝合金粒度范围**

| 牌号 | 粒度范围/mm |
|---|---|
| AlV55 | 3.0～50.0 |
| AlV65 | 1.0～100.0 |
| AlV75 | 1.0～100.0 |
| AlV85 | 1.0～100.0 |

## （三十七）铌锰铁合金

铌锰铁合金供炼钢和铸铁作添加剂。其技术条件中国冶标(YB/T5216—93)作了规定。

铌锰铁合金按铌、锰及杂质含量不同分为 12 个牌号，其化学成分应符合表 4-48 的规定。

**表 4-48　铌锰铁合金的化学成分**

<table>
<tr><th rowspan="3">牌号</th><th colspan="5">化学成分/%</th><th colspan="3">铌磷比 Nb/P</th></tr>
<tr><th rowspan="2">Nb</th><th rowspan="2">Mn</th><th>Si</th><th>C</th><th rowspan="2">Fe</th><th rowspan="2">Ⅰ</th><th rowspan="2">Ⅱ</th><th rowspan="2">Ⅲ</th></tr>
<tr><th colspan="2">不大于</th></tr>
<tr><td>FeMn 50 Nb 17</td><td>16～18</td><td>40～60</td><td rowspan="8">3</td><td rowspan="8">8</td><td rowspan="8">余量</td><td rowspan="8">≥10</td><td rowspan="8">≥7</td><td rowspan="8">≥5</td></tr>
<tr><td>FeMn 30 Nb 17</td><td>16～18</td><td>20～<40</td></tr>
<tr><td>FeMn 50 Nb 15</td><td>14～<16</td><td>40～60</td></tr>
<tr><td>FeMn 30 Nb 15</td><td>14～<16</td><td>20～<40</td></tr>
<tr><td>FeMn 50 Nb 13</td><td>12～<14</td><td>40～60</td></tr>
<tr><td>FeMn 30 Nb 13</td><td>12～<14</td><td>20～<40</td></tr>
<tr><td>FeMn 50 Nb 11</td><td>10～<12</td><td>40～60</td></tr>
<tr><td>FeMn 30 Nb 11</td><td>10～<12</td><td>20～<40</td></tr>
</table>

铌锰铁合金呈暗灰色的块状，其粒度为 15～60mm。允许有 3～15mm 的碎块，但不得超过总重量的 5%。

铌锰铁合金表面应光洁，表面及断面不得有明显的非金属夹杂。

### （三十八）含锶硅铁

含锶硅铁供铸铁和镁处理的球墨铸铁作孕育处理。含锶硅铁的技术条件，我国某铁合金厂现行企业标准作了规定。

含锶硅铁按含锶量的不同，分为两个牌号，其化学成分见表 4-49。

**表 4-49 含锶硅铁化学成分**

| 牌号 | | 化学成分/% | | | | | |
|---|---|---|---|---|---|---|---|
| 汉字 | 代号 | Si | Sr | Al | Ca | P | S |
| | | 不小于 | 范围 | 不大于 | | | |
| 含锶硅铁 I | SiSrFe I | 73 | 0.6～1.2 | 0.5 | 0.1 | 0.04 | 0.02 |
| 含锶硅铁 Ⅱ | SrSiFe Ⅱ | 73 | 1.2～3.0 | 0.5 | 0.1 | 0.04 | 0.02 |

含锶硅铁应呈块状交货，每块最大尺寸为 200mm×200mm，小于 20mm×20mm 碎块数量不得超过该批总重量的 10%。

## 三、国外产品

### （一）硅铁

1. 美国硅铁（ANSI/ASTM A100—80）（1986 年重新确认）

供炼钢和铸造用的硅铁，共 7 个牌号，以 A、B、C、D、E、F、G 表示；还有分牌号以低铝、含硼、含钙表示。

（1）化学成分 各牌号的化学成分见表 4-50～4-53。

**表 4-50 炼钢用硅铁化学成分**

| 元素 | 成分 /% | | | | | | |
|---|---|---|---|---|---|---|---|
| | 牌号 A[B] | 牌号 B[B] | 牌号 C[BC] | 牌号 D[C] | 牌号 E[D] | 牌号 F | 牌号 G[E] |
| Si | 92.0～95.0 | 83.0～88.0 | 74.0～79.0 | 65.0～70.0 | 47.0～51.0 | 20.0～24.0 | 14.0～17.0 |
| C 最大 | 0.10 | 0.15 | 0.10 | 0.10 | 0.10 | 0.50 | 0.70 |
| S 最大 | 0.025 | 0.025 | 0.025 | 0.025 | 0.025 | 0.025 | 0.025 |
| P 最大 | 0.025 | 0.030 | 0.035 | 0.035 | 0.040 | 0.120 | 0.120 |
| Al 最大 | 2.00 | 1.75 | 1.50 | 1.25 | 1.25 | 1.00 | 0.75 |
| Mn 最大 | 0.25 | 0.35 | 0.40 | 0.50 | 0.75 | 1.00 | 1.25 |

**表 4-51 铸造用硅铁化学成分**

| 元素 | 成分 /% | | | | | | |
|---|---|---|---|---|---|---|---|
| | 牌号 B1[b] | 牌号 B2 | 牌号 C1 | 牌号 C2 | 牌号 E1[CD] | 牌号 F1[D] | 牌号 G1[DE] |
| Si | 83.0～88.0 | 83.0～88.0 | 74.0～79.0 | 74.0～79.0 | 47.0～51.0 | 20.0～24.0 | 14.0～17.0 |
| C 最大 | 0.15 | 0.15 | 0.10 | 0.10 | 0.10 | 0.50 | 0.70 |
| S 最大 | 0.025 | 0.025 | 0.025 | 0.025 | 0.025 | 0.025 | 0.025 |
| P 最大 | 0.030 | 0.030 | 0.035 | 0.035 | 0.040 | 0.120 | 0.120 |
| Al | 1.25～1.75 | 1.25～1.75 | 1.00～1.50 | 1.00～1.50 | ≤1.25 | ≤1.00 | ≤0.75 |
| Mn 最大 | 0.35 | 0.35 | 0.40 | 0.40 | 0.75 | 1.00 | 1.25 |
| Ca(钙) | 0.50 | 1.50 | 0.50 | 1.50 | — | — | — |
| B(硼) | — | — | — | — | 0.04～0.10 | 0.04～0.10 | 0.04～0.10 |

**表 4-52 炼钢用硅铁补充化学成分**

| 元素 | 成分/% | | | | |
|---|---|---|---|---|---|
| | 牌号 | | | | |
| | A | B | C | D | E |
| Cr 最大 | 0.25 | 0.25 | 0.30 | 0.50 | 0.50 |
| Ni 最大 | 0.10 | 0.10 | 0.10 | 0.20 | 0.30 |
| Cu 最大 | 0.10 | 0.10 | 0.10 | 0.20 | 0.30 |
| Ti 最大 | 0.20 | 0.20 | 0.20 | 0.20 | 0.20 |

**表 4-53 铸造用硅铁补充化学成分**

| 元素 | 成分/% | | |
|---|---|---|---|
| | 牌号 E1 | 牌号 F1 | 牌号 G1 |
| Cr 最大 | 0.15 | 0.25 | 0.25 |
| Ti 最大 | 0.20 | 0.20 | 0.20 |

(2)块度　各种牌号可以按表 4-77 所列的块度供应。表中所列的块度系从制造厂发货时的块度。这些合金有不同程度的脆性，因此，在运输、贮存和搬运过程中会有些磨损。没有评价有关铁合金脆性的定量试验方法。所以，为了这个目的，制定了脆性的代号分类，在表 4-54 最后一栏中列出了每一种类型产品的脆性级。

**表 4-54 硅铁的块度和允许偏差**

| 等级 | 标准块度 | 偏差 | |
|---|---|---|---|
| A | 203～50.8mm | 最大块质量 27.2kg | ＜50.8mm≤10% |
| | ＜102mm | ＞102mm≤10% | ＜6.35mm≤12% |
| | ＜50.8mm | ＞50.8mm≤10% | 2.36mm≤15% |
| B、C、D、E | 203～102mm | 最大块质量 40.8kg | ＜102mm≤10% |
| | 203～50.8mm | 最大块质量 40.8kg | ＜50.8mm≤10% |
| | 127～50.8mm | ＞127mm≤10% | ＜50.8mm≤10% |
| | 102～12.7mm | ＞102mm≤10% | ＜12.7mm≤10% |
| | ＜102mm | ＞102mm≤10% | ＜6.35mm≤12% |
| | 76.2～12.7mm | ＞76.2mm≤10% | ＜12.7mm≤15% |
| | ＜76.2mm | ＞76.2mm≤10% | ＜2.36mm≤15% |
| | 50.8～12.7mm | ＞50.8mm≤10% | ＜12.7mm≤15% |
| | ＜50.8mm | ＞50.8mm≤10% | ＜2.36mm≤15% |
| | 25.4～2.36mm | ＞25.4mm≤5% | ＜2.36mm≤10% |
| | ＜25.4mm | ＞25.4mm≤5% | ＜2.36mm≤20% |
| C、D、F | 锭或块 | 最大锭或块质量 40.8kg | |
| A、B、C、D、E | 12.7～2.36mm | ＞12.7mm≤5% | ＜2.36mm≤10% |
| | 9.51～3.36mm | ＞9.51mm≤5% | ＜3.36mm≤10% |
| | 9.51～1.68mm | ＞9.51mm≤5% | ＜1.41mm≤10% |
| | ＜9.51mm | ＞9.51mm≤5% | ＜0.21mm≤15% |
| | ＜6.35mm | ＞6.35mm≤5% | |
| | ＜2.36mm | ＞2.36mm≤5% | |
| | ＜0.84mm | ＞0.84mm≤5% | |
| G | 锭块 | 最大锭块质量 40.8kg | |

2. 日本硅铁(JIS G2302—1986)

用于钢铁生产还原剂、脱氧剂、造渣剂或合金成分添加剂的硅铁，其种类和代号见表 4-55。

**表 4-55　硅铁种类及代号**

| 种类 | | 代号 |
|---|---|---|
| 硅铁 | 1号 | FSi1 |
| | 2号 | FSi2 |
| | 3号 | FSi3 |
| | 6号 | FSi6 |

(1)化学成分　硅铁的化学成分见表 4-56。也可按表 4-57 指定化学成分。

**表 4-56　硅铁化学成分**

| 种类 | | 代号 | 化学成分/% | | | |
|---|---|---|---|---|---|---|
| | | | Si | C | P | S |
| 硅铁 | 1号 | FSi1 | 88～93 | ≤0.2 | ≤0.05 | ≤0.02 |
| | 2号 | FSi2 | 75～80 | ≤0.2 | ≤0.05 | ≤0.02 |
| | 3号 | FSi3 | 40～45 | ≤0.2 | ≤0.05 | ≤0.02 |
| | 6号 | FSi6 | 14～20 | ≤1.3 | ≤0.05 | ≤0.06 |

**表 4-57　硅铁指定化学成分**

| 种类 | | 化学成分/% | | |
|---|---|---|---|---|
| | | C | P | Al |
| 硅铁 | 2号 | ≤0.1 | ≤0.04 | ≤1.0 |
| | | ≤0.05 | ≤0.03 | ≤0.5 |

(2)粒度　原则上如表 4-58 所示。

**表 4-58　硅铁粒度**

| 种类 | 代号 | 粒度/mm |
|---|---|---|
| 一般粒度 | g | 10～150 |
| 微细粒度 | f | ≤15 |
| 小粒度 | s | 3～60 |
| 中粒度 | m | 10～100 |

3. 德国硅铁(DIN17560—1965)

(1)化学成分　硅铁的化学成分见表 4-59。

(2)状态　硅铁以边长不大于 300mm 和大于 25kg 的“标准块”供货。块度小于 5mm 的细块部分不得大于每批交货重的 5%。

表面应尽可能没有砂和炉渣。块度大于 5mm 的肉眼可见的非金属夹杂物和粘附物，不得大于总重的 0.5%。

硅铁经破碎或筛分后供应。允许含有 5%的筛上物和 15%的筛下物。

表 4-59 硅铁化学成分

| 牌号 | 材料号 | 化学成分/% | | | | |
|---|---|---|---|---|---|---|
| | | Si | Al | P | S | C |
| | | | | 最大 | | |
| FeSi10 | 0.3310 | 8.0～15.0 | 最大 0.8 | 0.15 | 0.04 | 2.5 |
| FeSi25 | 0.3325 | 20.0～30.0 | 最大 0.8 | 0.08 | 0.04 | 0.8 |
| FeSi45 | 0.3345 | 42.0～48.0 | 最大 1.5 | 0.05 | 0.04 | 0.2 |
| FeSi75 | 0.3375 | 73.0～79.0 | 1.0～2.0 | 0.05 | 0.04 | 0.1 |
| FeSi75—Al1 | 0.3376 | 73.0～79.0 | 最大 1.0 | 0.05 | 0.04 | 0.1 |
| FeSi90 | 0.3390 | 87.0～95.0 | 1.0～2.5 | 0.04 | 0.04 | 0.1 |
| FeSi90—Al1 | 0.3391 | 87.0～95.0 | 最大 1.0 | 0.04 | 0.04 | 0.1 |
| Si98 | 0.0098 | 97～99 | Al<br>最大 1.5 | Fe<br>最大 0.5 | Ca<br>最大 0.35 | |

4. 前苏联硅铁(ГОСТ1415—78)

用于钢、合金的脱氧和合金化及生铁的合金化和变性处理以及化学工业。

(1)化学成分　硅铁的牌号及化学成分见表 4-60。

表 4-60 硅铁化学成分

| 牌号 | 含量/% | | | | | | | | |
|---|---|---|---|---|---|---|---|---|---|
| | 硅 | 碳 | 硫 | 磷 | 铝 | 锰 | 铬 | 钛 | 钙 |
| | | 不大于 | | | | | | | |
| ФС92 | 不小于 92 | — | 0.02 | 0.03 | 2.5 | 0.2 | 0.2 | — | 0.5 |
| ФС90 | 不小于 80 | — | 0.02 | 0.03 | 3.5 | 0.2 | 0.2 | — | — |
| ФС75 | 74～80 | — | 0.02 | 0.05 | — | 0.4 | 0.4 | — | — |
| ФС75Л | 74～80 | — | 0.02 | 0.05 | 1.5 | 0.3 | 0.3 | — | — |
| ФС75Э | 74～80 | 0.1 | 0.02 | 0.04 | 0.1 | 0.3 | 0.2 | 0.05 | 0.1 |
| ФС69Э | 67～72 | 0.1 | 0.02 | 0.04 | 0.1 | 0.3 | 0.3 | 0.04 | 0.1 |
| ФС65 | 63～68 | — | 0.02 | 0.05 | 2.5 | 0.4 | 0.4 | — | — |
| ФС45 | 41～47 | — | 0.02 | 0.05 | 2.0 | 0.6 | 0.5 | — | — |
| ФС25 | 23～27 | 0.8 | 0.02 | 0.06 | 1.0 | 0.9 | 1.0 | — | — |
| ФС20 | 19～23 | 1.0 | 0.02 | 0.10 | 1.0 | 1.0 | — | — | — |
| ФС20Л | 19～23 | — | 0.02 | 0.20 | 1.0 | 1.0 | 0.3 | — | — |

注：1. 硅铁牌号中：л—铸造生产用；Э—炼电工钢用；

2. 根据需方要求，牌号 ФС45 和 ФС25 硅铁中的铬含量不大于 0.3%；

3. 根据供需双方协议，所生产牌号 ФС75Э 和 ФС69Э 硅铁的钛含量可不大于 0.1%、铝可不大于 1.0%。

(2)块度　硅铁的块度级别见表 4-61，或制成不大于 45kg 的锭。

5. 法国硅铁(NFA13—010—1974)

(1)产品名称和定义　硅铁是一种用碳还原硅质矿石获得的硅和铁的合金。硅铁的硅含量在 8%～95%范围内波动。硅铁最通常的质量，按其硅的含量，分为下列几种：Fe-Si25、Fe-Si45、Fe-Si75、Fe-Si90。

表 4-61 硅铁块度级别

| 块度级别 | 块的尺寸/mm | 每批筛上产品 | 每批筛下产品 |
|---|---|---|---|
| | | % 不大于 | |
| 1 | −315+100 | 10 | 10 |
| 2 | −200+50 | 10 | 10 |
| 3 | −100+20 | 10 | 10 |
| 4 | −50+20 | 10 | 15 |
| 5 | −20+2 | 10 | 10 |
| 6 | −20+3.2 | 10 | 10 |
| 7 | −10+2 | 10 | 10 |
| 8 | −10+3.2 | 10 | 10 |
| 9 | −2 | 10 | — |
| 10 | −3.2 | 10 | — |

注:块的尺寸用筛眼的孔长名义尺寸表示。

其他质量的硅铁可根据用户的要求由指定的生产厂炼制。

(2)物理性能和粒度　块状硅铁是一种浅灰色的合金,其金属光泽随硅含量的增加而增强。

硅铁是以浇注后被破碎成块状的形式存在。块状硅铁可具有不同的形状(如球状、针状、片状等等)。块状硅铁也可以呈小锭或生铁铸块状。

硅铁经打碎、破碎、磨碎并过筛后,具有数种级别的粒度。块度(块状的尺寸大小)是由破碎的硅铁通过不同的标准尺寸方孔筛栅条决定的。各种级别的粒度及其允许偏差如表 4-62 所示。

表 4-62 硅铁粒度级别

| 粒度级别 | 允许偏差 | |
|---|---|---|
| 未经拣选的 | 块度小于 300mm | 小于 25mm 者,最大 10% |
| 100/200<br>25/100 | 大于 200mm 者,最大 10%<br>大于 100mm 者,最大 10% | 小于 100mm 者,最大 10%<br>小于 25mm 者,最大 10% |
| 2/25<br>2/10 | 大于 25mm 者,最大 10%<br>大于 10mm 者,最大 10% | 小于 2mm 者,最大 10%<br>小于 2mm 者,最大 10% |
| 0/2 | 大于 2mm 者,最大 10% | |

(3)化学成分　按硅铁的质量,表 4-63 规定了每种(批)硅铁的硅含量,所给出的硅含量是取两个极限值的中间值,但对粒度级别为 0/2 的除外。

该表同样按硅铁质量规定了每种(批)硅铁的其他次要元素的含量,以确保上述硅(含量)的极限含量。

当订购特殊规格时,硅含量的范围可以更窄一些。同样,也可以修改其他次要元素含量的保证值。

**表 4-63 硅铁化学成分**

| 质量成分 | 元素/% | | | | |
|---|---|---|---|---|---|
| | Si | Al,最大 | C,最大 | P,最大 | S,最大 |
| Fe-Si25 | 20～30 | 1.0 | 1.0 | 0.15 | 0.05 |
| Fe-Si45 | 42～48 | 2.0 | 0.5 | 0.10 | 0.05 |
| Fe-Si75-Al 1 | 72～78 | 1.0 | 0.2 | 0.05 | 0.04 |
| Fe-Si75-Al 2 | 72～78 | 2.0 | 0.2 | 0.05 | 0.04 |
| Fe-Si75-Al 3 | 72～78 | 3.0 | 0.2 | 0.05 | 0.04 |
| Fe-Si90-Al 1.5 | 87～95 | 1.5 | 0.15 | 0.05 | 0.04 |
| Fe-Si90-Al 3 | 87～95 | 3.0 | 0.15 | 0.05 | 0.04 |

上表未作规定的次要元素的含量也应保证。

## (二)金属硅

日本金属硅(JIS G2312—1986)用做钢铁和有色金属合金冶炼过程中合金成分添加剂。

(1)类别和代号 金属硅的类别和代号见表 4-64。

**表 4-64 金属硅类别代号**

| 类别 | | 代号 |
|---|---|---|
| 金属硅 | 1号 | MSi 1 |
| | 2号 | MSi 2 |

(2)化学成分 金属硅的化学成分见表 4-65。指定的化学成分见表 4-66。

**表 4-65 金属硅化学成分**

| 类别 | | 代号 | 化学成分/% | | | | |
|---|---|---|---|---|---|---|---|
| | | | Si | C | P | S | Fe |
| 金属硅 | 1号 | MSi1 | ≥98.0 | ≤0.10 | ≤0.05 | ≤0.05 | ≤0.7 |
| | 2号 | MSi2 | ≥97.0 | ≤0.10 | ≤0.05 | ≤0.05 | ≤1.5 |

**表 4-66 金属硅指定化学成分**

| 类别 | | 化学成分/% | |
|---|---|---|---|
| | | Ca | Al |
| 金属硅 | 1号 | ≤0.4<br>≤0.2<br>≤0.1 | |
| | 2号 | — | ≤0.4<br>≤0.2 |

(3)粒度 金属硅的粒度,原则上按表 4-67 规定。

**表 4-67 金属硅粒度**

| 类别 | 代号 | 粒度/mm |
|---|---|---|
| 一般尺寸 | g | 10～150 |
| 粉碎尺寸 | f | ≤15 |
| 细碎尺寸 | s | 10～50 |
| 中碎尺寸 | m | 10～100 |

### (三)硅钙合金

1. 日本硅钙合金(JIS G2314—1986)

(1)类别和代号　硅钙合金的类别和代号见表4-68。

表4-68　类别和代号

| 类别 | | 代号 |
|---|---|---|
| 硅钙合金 | 1号 | CaSi1 |
| | 2号 | CaSi2 |

(2)化学成分　硅钙合金的化学成分见表4-69。

表4-69　化学成分

| 类别 | | 代号 | 化学成分/% | | | |
|---|---|---|---|---|---|---|
| | | | Ca | Si | C | P |
| 硅钙合金 | 1号 | CaSi1 | ≥30 | 55～65 | ≤1.0 | ≤0.05 |
| | 2号 | CaSi2 | 25～29 | 55～65 | ≤1.0 | ≤0.05 |

(3)粒度　产品的粒度见表4-70。

表4-70　粒度

| 类别 | 代号 | 粒度/mm |
|---|---|---|
| 一般尺寸 | g | 10～150 |
| 粉碎尺寸 | f | ≤10 |
| 细碎尺寸 | s | 10～50 |

2. 德国硅钙合金(DIN17580—1968)

本标准规定的硅钙合金系指用碳从相应的原料中经还原制成的中间合金。该硅钙合金中钙加硅总量最少为90%。

(1)化学成分　硅钙合金的化学成分见表4-71。

表4-71　化学成分(%)

| 名称 | 牌号 | 材料号 | Ca | Ca+Si | C | Al | P | S |
|---|---|---|---|---|---|---|---|---|
| | | | | 最小 | 最大 | 最大 | 最大 | 最大 |
| 硅钙合金 | CaSi | 0.3650 | 29～33 | 90 | 1.20 | 1.80 | 0.070 | 0.060 |
| 硅钙合金低碳 | CaSiC50 | 0.3655 | 29～33 | 90 | 0.50[2] | 1.80[2] | 0.070 | 0.050[2] |

(2)物理状态　在注明商业标记的“标准块”硅钙合金时，该硅钙合金通常以边长300mm，重25kg的状态供货。一批供货的粒度小于5mm的细块部分不大于5%。硅钙合金表面应无砂子和炉渣。粒度大于5mm的肉眼可见的非金属夹杂物和粘附物不得大于总量的0.5%。硅钙合金可破碎或经筛分后供货。此时其粒度大小应协商确定。通常允许有5%的筛上块和15%的筛下块。

3. 前苏联硅钙合金(ГОСТ4762—71)

硅钙合金用做炼钢和合金的脱氧剂、铸铁中孕育处理剂等。产品牌号有：CK10、CK15、CK20、CK25、CK30。

(1)化学成分　产品的化学成分见表4-72。

**表 4-72 硅钙合金化学成分**

| 牌号 | 化学成分/% | | | | | |
|---|---|---|---|---|---|---|
| | Ca | Fe | Al | C | | P |
| | | | | A | Б | |
| | | | 不大于 | | | |
| CK10 | 10～15 | ≤25 | 1.0 | 0.2 | 0.5 | 0.02 |
| CK15 | 15～20 | ≤20 | | | | |
| CK20 | 20～25 | — | — | — | — | — |
| CK25 | 25～30 | ≤10 | 2.0 | 0.5 | 1.5 | 0.04 |
| CK30 | ≥30 | ≤6 | | | | |

注:1.根据双方协议,可供应铁含量不大于12%的牌号为CK25的硅钙合金;

2.根据需方要求,可供应铝含量不大于1.5%和硫含量不大于0.07%的牌号为CK25和CK30的硅钙合金;

3.硅的含量由钙、铁和铝(总计)含量之差决定;

4.经需方同意,可供应铝含量不大于1.5%和磷含量不大于0.04%的牌号为CK10和CK15的硅钙合金。

(2)物理状态 硅钙合金按尺寸20～150mm的块状供应。从尺寸为20mm×20mm的网格上通过的硅钙合金的数量,不应超过总重的10%。根据需方要求,尺寸2～20mm和小于2mm的硅钙合金应分开供应。硅钙合金块的表面上和截面中不应有明显的肉眼可见的夹渣。在硅钙合金的表面上允许有薄层的石灰。

(3)标准的修改 ГОСТ4762—71硅钙合金第一号修改单,苏联国家标准委员会于1980年3月27日通过。修改内容如下:

化学成分:硅钙合金化学成分见表4-73。

**表 4-73 硅钙合金化学成分**

| 牌号 | | 化学成分/% | | | | |
|---|---|---|---|---|---|---|
| ГОСТ 4762—71 | СТСЭВ 496—77 | Ca 不小于 | Fe | Al | C | P |
| | | | | 不大于 | | |
| CK10 | SiCa10 | 10 | ≤25 | 1.0 | 0.2 | 0.02 |
| CK15 | SiCa15 | 15 | ≤20 | 1.0 | 0.2 | 0.02 |
| CK20 | SiCa20 | 20 | ≥15 | 2.0 | 1.0 | 0.04 |
| CK25 | SiCa25 | 25 | ≥10 | 2.0 | 0.5 | 0.04 |
| CK30 | SiCa30 | 30 | ≥6 | 2.0 | 0.5 | 0.04 |

注:1.在硅钙合金牌号标记中字母含义:

C—硅;K—钙;

数字表示主成分钙的最小值,%;

2.每批单个炉次之间,主成分硅和钙总数的偏差不应大于5%。

粒度等级:硅钙合金的粒度等级见表4-74。

**表 4-74 粒度等级表**

| 粒度等级 | 块的尺寸/mm | 批内产品质量部分/%(不大于) | |
|---|---|---|---|
| | | 筛格上 | 筛格下 |
| 1 | ≤2 | 10 | — |
| 2 | >2～5 | 10 | 10 |
| 3 | >5～20 | 10 | 10 |
| 4 | >20～200 | 10 | 10 |

注:粒度等级用标牌后数字表示,例如,CK10-1。

### (四)硅钙和硅锰钙合金

美国硅钙和硅锰钙合金标准(ANSI/ASTMA495—76)规定如下。

1. 化学成分

产品的化学成分见表 4-75 和表 4-76。

**表 4-75 化学成分**

| 元素 | 主要成分/% | |
|---|---|---|
| | 硅钙合金 | 硅锰钙合金 |
| Ca | 28.0~32.0 | 16.0~20.0 |
| Si | 60.0~65.0 | 53.0~59.0 |
| Mn | — | 14.0~18.0 |

**表 4-76 补充化学成分要求**

| 元素 | 主要成分/%(最大) | |
|---|---|---|
| | 硅钙合金 | 硅锰钙合金 |
| Fe | 5.0 | 10.0 |
| C | 1.00 | 1.00 |
| S | 0.070 | 0.025 |
| P | 0.020 | 0.035 |
| Ti | 0.20 | — |
| Al | 1.5 | 1.5 |

表 4-76 所列的数值是希望的最大值。需方需要时,生产厂应提供由供需双方协商的期限内所积累的数据。提供关于这些元素中某一元素的分析报告。

2. 块度

硅钙和硅锰钙合金的块度见表 4-77。

**表 4-77 硅钙合金的块度和允许偏差**

| 产品名称 | 标准块度/mm | 偏差 | |
|---|---|---|---|
| 硅钙合金 | 152~50.8 | 最大块质量 11.25kg | <50mm≤10% |
| | <76.2 | >75mm≤10% | <6.3mm≤15% |
| | <50.8 | >50mm≤10% | <2.36mm≤15% |
| | <25.4 | >25mm≤5% | <2.36mm≤25% |
| | 2.36~0.15 | >2.36mm≤5% | <0.15mm≤3% |
| | <2.36 | >2.36mm≤5% | |
| 硅锰钙合金 | 152~50.8 | 最大块质量 11.25kg | <50mm≤10% |
| | <50.8 | >50mm≤10% | <2.36mm≤15% |
| | <25.4 | >25mm≤5% | <2.36mm≤25% |
| | <2.36 | >2.36mm≤5% | |

**(五)锰铁**

1. 美国锰铁(ANSI/ASTM A99—82)

锰铁分为10个牌号：

标准锰铁　A级
　　　　　B级
　　　　　C级
中碳锰铁　A、B、C、D级
　　　　　氮化的
低碳锰铁　A级
　　　　　B级

(1)化学成分　锰铁的化学成分见表4-78和表4-79。

**表4-78　锰铁化学成分**

| 元素 | 标准锰铁 | | | 中碳锰铁 | | | | 氮化中碳锰铁 | 低碳锰铁 | |
|---|---|---|---|---|---|---|---|---|---|---|
| | A级 | B级 | C级 | A级 | B级 | C级 | D级 | | A级 | B级 |
| $Mn^{B}$/% | 78.0～82.0 | 76.0～78 | 74.0～76 | 80.0～85 | 80.0～85 | 80.0～85 | 80.0～85 | 75～$80^{C}$ | 85.0～90.0 | 80.0～85 |
| C/%(最大) | $7.5^{D}$ | $7.5^{D}$ | $7.5^{D}$ | 1.5 | 1.5 | 1.5 | 1.5 | $1.5^{C}$ | 按规定 | 0.75 |
| Si/%(最大) | 1.2 | 1.2 | 1.2 | 1.5 | 1.0 | 0.70 | 0.35 | $1.5^{C}$ | 2.0 | 5.0～7.0 |
| P/%(最大) | 0.35 | 0.35 | 0.35 | 0.30 | 0.30 | 0.30 | 0.30 | 0.3 | 0.20 | 0.30 |
| S/%(最大) | 0.050 | 0.050 | 0.050 | 0.020 | 0.020 | 0.020 | 0.020 | 0.020 | 0.020 | 0.020 |
| N/% | | | | | | | | ≥4% | | |

**表4-79　锰铁补充化学成分**

| 元素 | 成分/%(最大) | | |
|---|---|---|---|
| | 标准锰铁全部等级 | 中碳锰铁全部等级 | 低碳锰铁全部等级 |
| As(砷) | 0.30 | 0.15 | 0.10 |
| Sn(锡) | 0.020 | 0.010 | 0.010 |
| Pb(铅) | 0.050 | 0.050 | 0.020 |
| Cr(铬) | 0.50 | 0.50 | 0.50 |

制造厂应提供每批Mn、C和Si含量的分析结果，需要时，还应提供表4-78中规定的其他元素的含量。

表4-79中所规定的数值是最大值。根据买方要求，制造厂应按双方商定的，定期提供表4-79规定的元素中任一元素累积的分析数据。

(2)块度　各种牌号可以按表4-80所列的块度供应。

表4-80所列块度和脆性级别系根据制造厂发货时的数据得出的。这些合金有不同程度的脆性，因此，可以预料在运输、贮存和搬动过程中会有些磨损。所以，为了这个目的，制订了脆性的代号分类，在表4-80最后一栏中列出每一种产品类型的脆性级别数。在附录中给出适用于这些脆性级别代号的定义。

**表 4-80 锰铁的块度和允许偏差**

| 产品名称 | 标准块度/mm | 偏差 | |
|---|---|---|---|
| 标准锰铁<br>(A、B、C) | 200～100<br>125～50<br>100～25<br>50～6.3<br>9.5～1.40<br><6.3<br><2.36<br><0.84 | 最大块质量 40.8kg<br>>125mm≤10%<br>>100mm≤10%<br>>50mm≤10%<br>>9.5mm≤5%<br>>6.3mm≤5%<br>>2.36mm≤5%<br>>0.84mm≤5% | <100mm≤10%<br><50mm≤10%<br><25mm≤10%<br><6.3mm≤10%<br><1.4mm≤5% |
| 中碳锰铁<br>(A、B、C、D) | 200～100<br>125～50<br><100<br><50<br><2.36 | 最大块质量 40.8kg<br>>125mm≤10%<br>>100mm≤10%<br>>50mm≤10%<br>>2.36mm≤5% | <100mm≤10%<br><50mm≤10%<br><6.3mm≤12%<br><2.36mm≤15% |
| 氮化中碳锰铁 | 压 块 | | |
| 低碳锰铁<br>(A、B) | 150～50<br>100～6.3<br><2.36<br><0.84 | >150mm≤10%<br>>100mm≤10%<br>>2.36mm≤5%<br>>0.84mm≤5% | <50mm≤10%<br><6.3mm≤5% |

2. 日本锰铁(JIS G2301—1986)

用作钢铁生产脱氧剂、脱硫剂或合金成分添加剂锰铁，其种类和代号见表 4-81。

**表 4-81 锰铁种类代号**

| 种类 | | 代号 |
|---|---|---|
| 高碳锰铁 | 0 号 | FMnH0 |
| | 1 号 | FMnH1 |
| 中碳锰铁 | 0 号 | FMnM0 |
| | 2 号 | FMnM2 |
| 低碳锰铁 | 0 号 | FMnL0 |
| | 1 号 | FMnL1 |

(1)化学成分　锰铁的化学成分见表 4-82，也可按表 4-83 指定化学成分。

**表 4-82 锰铁化学成分**

| 种类 | | 记号 | 化学成分/% | | | | |
|---|---|---|---|---|---|---|---|
| | | | Mn | C | Si | P | S |
| 高碳锰铁 | 0 号 | FMnH0 | 78～82 | ≤7.5 | ≤1.2 | ≤0.40 | ≤0.02 |
| | 1 号 | FMnH1 | 73～78 | ≤7.3 | ≤1.2 | ≤0.40 | ≤0.02 |
| 中碳锰铁 | 0 号 | FMnM0 | 80～85 | ≤1.5 | ≤1.5 | ≤0.40 | ≤0.02 |
| | 2 号 | FMnM2 | 75～80 | ≤2.0 | ≤2.0 | ≤0.40 | ≤0.02 |
| 低碳锰铁 | 0 号 | FMnL0 | 80～85 | ≤1.0 | ≤1.5 | ≤0.35 | ≤0.02 |
| | 1 号 | FMnL1 | 75～80 | ≤1.0 | ≤1.5 | ≤0.40 | ≤0.02 |

**表 4-83 锰铁指定化学成分**

| 种类 | | 化学成分/% | | |
|---|---|---|---|---|
| | | C | Si | P |
| 高碳锰铁 | 全种类 | — | ≤0.5<br>≤0.3 | ≤0.30 |
| 中碳锰铁 | 全种类 | — | ≤0.5 | ≤0.20 |
| 低碳锰铁 | 全种类 | ≤0.50<br>≤0.20<br>≤0.10 | ≤1.0 | ≤0.15<br>≤0.10 |

(2)粒度　锰铁的粒度,原则上按表 4-84 规定。

**表 4-84 锰铁粒度**

| 种类 | 代号 | 粒度/mm |
|---|---|---|
| 一般粒度 | g | 10～150 |
| 微细粒度 | f | 1～15 |
| 小粒度 | s | 10～50 |
| 中粒度 | m | 10～100 |

3.前苏联锰铁(ГОСТ4755—80)

(1)化学成分　锰铁用作钢、合金和合金生铁的脱氧和合金化以及电焊条焊料。其牌号和化学成分见表 4-85。

**表 4-85 锰铁化学成分**

| 组别 | 牌号 | | 含量/% | | | | |
|---|---|---|---|---|---|---|---|
| | 按本标准 | 按 СТСЭВ 987—78 | Mn 不小于 | C | Si | P | S |
| | | | | 不大于 | | | |
| 低碳锰铁 | $\Phi M_H$0.5 | 25121 | 85 | 0.5 | 2.0 | 0.30 | 0.03 |
| 中碳锰铁 | $\Phi M_H$1.0A | 25131 | 85 | 1.0 | 1.5 | 0.10 | 0.03 |
| | $\Phi M_H$1.0 | 25132 | 85 | 1.0 | 2.0 | 0.30 | 0.03 |
| | $\Phi M_H$1.5 | 25134 | 85 | 1.5 | 2.5 | 0.30 | 0.03 |
| | $\Phi M_H$2.0 | 25135 | 75 | 2.0 | 2.0 | 0.35 | 0.03 |
| 高碳锰铁 | $\Phi M_H$78A | 25141 | 78～82 | 7.0 | 2.0 | 0.05 | 0.03 |
| | $\Phi M_H$78K | 25142 | 78～82 | 7.0 | 1.0 | 0.35 | 0.03 |
| | $\Phi M_H$78 | 25143 | 78～82 | 7.0 | 2.0 | 0.35 | 0.03 |
| | $\Phi M_H$75AC6 | — | 75 | 7.0 | 6.0 | 0.05 | 0.03 |
| | $\Phi M_H$75C4 | 25144 | 75 | 7.0 | 4.0 | 0.45 | 0.03 |
| | $\Phi M_H$75C9 | 25145 | 75 | 6.0 | 9.0 | 0.45 | 0.03 |
| | $\Phi M_H$75 | 25146 | 75 | 7.0 | 1.0 | 0.45 | 0.03 |
| | $\Phi M_H$70 | 25147 | 70 | 7.0 | 2.0 | 0.55 | 0.03 |

注:1.锰铁牌号中的字母说明:Φ—铁、$M_H$ 牌—锰、A—磷含量较低、K—硅含量较低、C—硅含量较高。数字表示低碳锰铁和中碳锰铁各牌号中碳的最高含量和高碳锰铁牌号中锰的最低含量;

2.一批中各个炉次的锰含量偏差不应超过 5%。

(2)物理状态　锰铁可制成块,重不大于20kg。在这种情况下,允许每批中有大于20kg的锰铁块,但数量不得超过批重的5%。经20mm×20mm筛眼的筛所筛出的碎屑数量,对高碳锰铁牌号不应超过批重的10%、对低碳和中碳锰铁牌号不应超过批重的15%。

根据需方要求,可生产成重不大于15kg的锰铁块。在这种情况下,允许每批有块重大于15kg的锰铁,但数量不应超过批重的3%。

根据需方要求,锰铁可按表4-86所示的块度级别生产。

**表4-86　锰铁的块度级别**

| 块度级别 | 块的尺寸/mm | 每批筛上产品 | 每批筛下产品 |
|---|---|---|---|
| | | % 不大于 | |
| 1 | 100～315 | 5 | 10 |
| 2 | 20～200 | 10 | 10 |
| 3 | 20～100 | 10 | 10 |
| 4 | 20～50 | 10 | 15 |
| 5 | 5～25 | 10 | 15 |

注:1.块的尺寸用方孔筛眼的筛孔边长的名义尺寸表示;

2.块度级别在牌号末尾划一破折号后用数字表示,例如:ΦMн1.5—3。

根据需方要求,允许生产其他块度级别的锰铁。

锰铁块的表面和断口不应有明显显露的夹渣、砂土和其他外来物质。锰铁块的表面上允许有粘砂脱落的痕迹和氧化膜。

4.法国锰铁(NF A13—020—1975)

锰铁是一种由锰矿还原而制得的锰和铁的合金。锰铁的锰含量在76%～95%范围内波动。锰铁最通常的质量,按其碳含量划分,有下列品种:

碳化锰铁:碳含量在6%和8%之间。

精炼锰铁:碳含量在0.30%和2%之间。

高纯精炼锰铁:碳含量在0.30%以下。

(1)物理性能和粒度　呈块状的锰铁是一种具有浅灰色金属光泽的合金,有较为精细的结晶。某些高纯精炼锰的质量,在无明显结晶时,会呈现出光滑和漂亮的外观。

锰铁是以浇注后被破碎成块状的形式存在。锰铁的粒度级别见表4-87和表4-88。

**表4-87　碳化锰铁粒度级别**

| 粒度级别 | 允许偏差 | |
|---|---|---|
| 75/200 | 大于200mm者,最多10% | 小于75mm者,最多10% |
| 10/100 | 大于100mm者,最多10% | 小于10mm者,最多10% |
| 25/75 | 大于75mm者,最多10% | 小于25mm者,最多10% |
| 10/50 | 大于50mm者,最多10% | 小于10mm者,最多10% |
| 0/25 | 大于25mm者,最多10% | |

块状锰铁具有各种不同的形状(如球状、针状、片状等等)。

锰铁经破碎、研磨并过筛后,具有几种级别的粒度。

锰铁的块度(块的尺寸大小)是由破碎的锰铁通过不同的标准尺寸网眼筛决定的。

表 4-88 高纯精炼和精炼锰铁粒度级别

| 粒度级别 | 允许偏差 | |
|---|---|---|
| 100/200 | 大于 200mm 者,最多 10% | 小于 100mm 者,最多 10% |
| 5/200 | 大于 200mm 者,最多 10% | 小于 5mm 者,最多 10% |
| 5/100 | 大于 100mm 者,最多 10% | 小于 5mm 者,最多 10% |
| 5/50 | 大于 50mm 者,最多 10% | 小于 5mm 者,最多 10% |
| 2/25 | 大于 25mm 者,最多 10% | 小于 2mm 者,最多 10% |

锰铁允许有夹渣,或附着或不附着在金属上的非金属颗粒。允许非金属污物的量不应超过交货重的 0.5%,但 0 和 25 之间这一粒度级别的除外,其非金属污物的量可达 2%。

(2)化学成分 锰铁的化学成分见表 4-89。

表 4-89 锰铁化学成分

| 化学质量 | 化学成分/% | | | | |
|---|---|---|---|---|---|
| | Mn | $C_{最大}$ | $Si_{最大}$ | $P_{最大}$ | $S_{最大}$ |
| 碳化锰铁 | 76～80 | 8.0 | 2.0 | 0.30 | 0.030 |
| | 76～80 | 8.0 | 0.5 | 0.30 | 0.030 |
| 精炼锰铁 | 80～90 | 2.0 | 1.5 | 0.25 | 0.020 |
| | — | 1.50 | — | — | — |
| | — | 1.0 | — | — | — |
| | — | 0.50 | — | — | — |
| 高纯精制锰铁 | 85～95 | 0.30 | 1.5 | 0.20 | 0.020 |
| | — | 0.10 | — | — | — |

## (六)低锰铁

美国低锰铁(ANSI/ASTM A98—64)以锭或块状供应。其化学成分见表 4-90。

表 4-90 低锰铁化学成分要求

| 种类 | 化学成分/% | | |
|---|---|---|---|
| | 牌号 A | 牌号 B | 牌号 C |
| MnB | 16.0～19.0 | 19.0～21.0 | 21.0～23.0 |
| $C_{最大}$ | 6.5 | 6.5 | 6.5 |
| $P_{最大}$ | 0.080 | 0.080 | 0.080 |
| $S_{最大}$ | 0.050 | 0.050 | 0.050 |
| Si | 1.0～3.0C | 1.0～3.0C | 1.0～3.0C |

## (七)锰铁、硅锰铁和锰

德国锰铁、硅锰铁和锰(DIN17564—68)的化学成分及物理状态如下:

(1)化学成分 锰铁、硅锰铁和锰,以多种品种牌号供货,其化学成分见表 4-91。

(2)物理状态 在注明“标准块”时通常的供货重量如下:低碳和中碳锰铁大约 25kg,高碳锰铁大约 30kg，硅锰铁大约 15kg。粒度 5mm 以下的细块部分不超过交货量的 5%。

**表 4-91 锰铁、硅锰铁和锰化学成分**

| 名称 | | 牌号 | 材料号 | 化学成分/% | | | | | | |
|---|---|---|---|---|---|---|---|---|---|---|
| | | | | Mn | C | Si | P最大 | S最大 | N | Fe |
| 锰铁 | 锰铁低碳 | FeMn85C01 | 0.3185 | 80~92 | 0.05~0.50 | 1.0~1.5 | 0.25 | 0.030 | — | — |
| | 锰铁低碳少磷 | FeMn85C01P015 | 0.3186 | 80~92 | 0.05~0.50 | 1.0~1.5 | 0.15 | 0.030 | — | — |
| | 锰铁低碳含氮 | FeMn85NC01 | 0.3187 | 80~92 | 0.05~0.50 | 1.0~1.5 | 0.25 | 0.030 | 2.0~2.5 | — |
| | 锰铁低碳少磷含氮 | FeMn85NC01P015 | 0.3188 | 80~92 | 0.05~0.50 | 1.0~1.5 | 0.15 | 0.030 | 2.0~2.5 | — |
| | 锰铁中碳 | FeMn80C1 | 0.3180 | 75~85 | >0.5~2.0 | 0.5~1.5 | 0.25 | 0.030 | — | — |
| | 锰铁中碳含氮 | FeMn85NC1 | 0.3181 | 80~90 | >0.5~2.0 | 0.5~1.5 | 0.25 | 0.030 | 1.0~2.0 | — |
| | 锰铁高碳 | FeMn75C7 | 0.3175 | 75~80 | 6.0~8.0 | 最大 1.5 | 0.35 | 0.030 | — | — |
| | 锰铁中碳少磷 | FeMn75C7P015 | 0.3177 | 75~80 | 6.0~8.0 | 最大 1.5 | 0.15 | 0.030 | — | — |
| 硅锰铁 | | FeMn65Si | 0.3160 | 58~72 | 0.1~0.5 | 23~35 | 0.20 | 0.010 | — | — |
| | | FeMn70Si | 0.3162 | 65~75 | 0.5~2.0 | 15~25 | 0.20 | 0.010 | — | — |
| 锰 | 电解锰 | Mn99.9 | 0.3199 | 最小 99.9 | 最大 0.010 | 最大 0.01 | 0.010 | 0.040 | — | 最大 0.010 |
| | 金属锰 | Mn97 | 0.3197 | 95~98 | 最大 0.030 | 最大 0.50 | 0.050 | 0.008 | — | 3.0~1.5 |
| | 含氮锰（烧结的） | Mn90N | 0.3190 | 88~90 | 最大 0.050 | 最大 0.50 | 0.050 | 0.010 | 6.0~7.0 | ≈2 |

电解锰的交货状态为厚度 0.5~3mm 的不规则小片。标准块的金属锰交货状态重量小于 10kg。含氮锰铁的交货状态为小于 2kg 的烧结"标准块"。

锰铁、硅锰铁和金属锰的表面应没有砂和炉渣。

锰铁、硅锰铁和金属锰也可破碎或过筛后供应。其粒度大小以及筛上或筛下部分所占比例由供需双方协商确定。

## （八）金属锰

### 1. 日本金属锰（JIS G2311—1986）

金属锰在钢铁和有色金属合金冶炼中可以作为合金成分的添加剂。类别属于电解锰的一种，其代号为 MMnE。化学成分按表 4-92 的规定。也可按表 4-93 指定的化学成分。

**表 4-92 金属锰化学成分**

| 类别 | 代号 | 化学成分/% | | | | | |
|---|---|---|---|---|---|---|---|
| | | Mn | C | Si | P | S | Fe |
| 电解锰 | MMnE | 余量 | ≤0.01 | ≤0.01 | ≤0.01 | ≤0.04 | ≤0.01 |

表 4-93 金属锰指定化学成分

| 类别 | 化学成分/% |
| --- | --- |
| | H |
| 电解锰 | ≤0.01 |

2.前苏联金属锰(ГОСТ6008—75)

金属锰的牌号如下：

牌号 MP00、MP0、MP1、MP2 和 MP1c。牌号 MP1 和 MP2 金属锰在规定程序内授予国家质量标记。

金属锰化学成分应符合表 4-94 规定。

表 4-94 金属锰化学成分

| 牌号 | 化学成分/% | | | | | | | | |
| --- | --- | --- | --- | --- | --- | --- | --- | --- | --- |
| | Mn | C | Si | Ni | Cu | Fe | P | S | Al+Ca+Mg 之和 |
| | 不小于 | 不大于 | | | | | | | |
| MP00 | 99.85 | 0.04 | — | — | — | — | 0.01 | 0.03 | — |
| MP0 | 99.70 | 0.10 | — | — | — | — | 0.01 | 0.10 | — |
| MP1 | 96.5 | 0.10 | 0.8 | 0.02 | 0.03 | 2.3 | 0.05 | 0.1 | 0.7 |
| MP2 | 95.0 | 0.20 | 1.8 | 0.02 | 0.03 | 2.8 | 0.07 | 0.1 | 0.7 |
| MP1c | 93.5 | 0.15 | 1.8～3.0 | 0.02 | 0.03 | 2.8 | 0.07 | 0.1 | 0.7 |

注：杂质总和，MP1 不得大于 3.5%，MP2 不得大于 5%。

根据需方要求，可生产以下金属锰：

MP1——硅含量不大于 0.6%，铁含量不大于 2.0%。

MP2——硅含量不大于 1.3%，碳含量不大于 0.13%，铁含量不大于 2.0%。

MP1、MP2——铝、钙、镁总和不大于 0.4%。

MP1、MP2——镍含量不大于 0.01%，铜含量不大于 0.02%。

牌号 MP00 和 MP0 以阴极沉淀块形状或粉碎的熔炼沉淀块形状供货。此时，用 2mm×2mm 筛子过筛，筛下物不大于每批总量的 5%。

3.美国电解金属锰(ANSI/ASTM A601—69)

电解金属锰共 6 个等级，牌号为 A、B、C、D、E、F。见表 4-95。

表 4-95 电解金属锰等级和牌号

| 颜色 | 等级 | 牌号 |
| --- | --- | --- |
| 蓝 | 一般 | A |
| 紫 | 中氢 | B |
| 白 | 低氢 | C |
| 红 | 含 4.5%氮 | D |
| 黄 | 含 6%氮 | E |
| 无色 | 焊接级粉末 | F |

(1)化学成分 各种牌号电解金属锰的化学成分见表 4-96 和表 4-97。

表 4-96 电解金属锰化学成分

| 元素 | 化学成分/% | | | | | |
|---|---|---|---|---|---|---|
| | 一般<br>A | 中氢<br>B | 低氢<br>C | 含4.5%氮<br>D | 含6%氮<br>E | 焊接级粉末<br>F |
| Mn,全部 | ≥99.5 | ≥99.5 | ≥99.5 | 94～95B | 93～94B | ≥99.5 |
| Mn,金属 | ≥99.9B | ≥99.9B | ≥99.9B | c | c | ≥99.9 |
| S | ≤0.030B | ≤0.030 | ≤0.030 | ≤0.035 | ≤0.035 | ≤0.035 |
| H | ≤0.015 | ≤0.005 | ≤0.0010B | c | c | ≤0.0030B |
| N | c | c | c | 4.0～5.4B | 5.5～6.5B | c |

表 4-97 电解金属锰补充化学成分要求

| 元素 | 化学成分/% | | | | | |
|---|---|---|---|---|---|---|
| | 一般<br>A | 中氢<br>B | 低氢<br>C | 4.5%氮<br>D | 6%氮<br>E | 焊接级粉末<br>F |
| | 不大于 | | | | | |
| Fe | 0.005 | 0.005 | 0.005 | 0.005 | 0.005 | 0.08 |
| C | 0.005 | 0.005 | 0.005 | 0.040 | 0.040 | 0.010 |
| P | 0.001 | 0.001 | 0.001 | 0.001 | 0.001 | 0.001 |
| Si | 0.001 | 0.001 | 0.001 | 0.001 | 0.001 | 0.001 |
| Al | 0.001 | 0.001 | 0.001 | 0.001 | 0.001 | 0.001 |

(2)粒度　各牌号电解锰的供货粒度见表 4-98。

表 4-98 电解锰的块度和允许偏差

| 等级 | 标准块度 | 偏差 |
|---|---|---|
| 常规级产品<br>一般含氢级<br>低氢含量级 | 片状＜51mm | ＞50.8mm≤15%<br>＜2.36mm≤10% |
| 4.5%氮级<br>6.0%氮级 | 片状＜51mm | ＞50.8mm≤10%<br>＜1.65mm≤10% |

(3)脆性评价　电解锰的脆性评价见表 4-99。

表 4-99 电解锰脆性评价

| 脆性编号 | 表示的意义 |
|---|---|
| 1 | 很坚固的材料,在装货或搬运过程中即有破碎也是很少的 |
| 2 | 在装货或搬运中,大块材料有些破碎,但没有由大块或碎块产生的明显碎屑 |
| 3 | 在装货或搬运中使大块的尺寸显著变小,但碎块在搬运中无显著的碎屑产生 |
| 4 | 大块合金在多次搬运中,其尺寸显著变小,碎块在多次搬运中产生一些碎屑 |
| 5 | 大块合金在多次搬运中,其尺寸显著变小,碎块在搬运中产生大量碎屑 |
| 6 | 此类表示最易粉碎的合金 |

## (九)铬铁

1. 美国铬铁(ANSI/ASTM A101—80)

(1)化学成分　铬铁的化学成分见表 4-100 和表 4-101。

表 4-100 铬铁化学成分

| 铬铁类型 | 化学成分/% | | | | | | |
| --- | --- | --- | --- | --- | --- | --- | --- |
| | 品级 | Cr | C | Si | S,最大 | P,最大 | N |
| 高碳 | A | 52.0～58.0 | 6.0～8.0 | 6.0 最高 | 0.040 | 0.030 | — |
| | B | 55.0～64.0 | 4.0～6.0 | 8.0～14.0 | 0.040 | 0.030 | — |
| | C | 62.0～72.0 | 4.0～9.5 | 3.0 最高 | 0.060 | 0.030 | — |
| 低碳 | A | 60.0～67.0 | 0.025 最高 | 1.0～8.0 | 0.025 | 0.030 | — |
| | B | 67.0～75.0 | 0.025 最高 | 1.0 最高 | 0.025 | 0.030 | — |
| | C | 67.0～75.0 | 0.050 最高 | 1.0 最高 | 0.025 | 0.030 | — |
| | D | 67.0～75.0 | 0.75 最高 | 1.0 最高 | 0.025 | 0.030 | — |
| 真空低碳 | E | 67.0～72.0 | 0.020 最高 | 2.0 最高 | 0.030 | 0.030 | — |
| | F | 67.0～72.0 | 0.010 最高 | 2.0 最高 | 0.030 | 0.030 | — |
| | G | 63.0～68.0 | 0.050 最高 | 2.0 最高 | 0.030 | 0.030 | 5.0～6.0 |
| 含氮 | | 62.0～70.0 | 0.10 最高 | 1.0 最高 | 0.025 | 0.030 | 1.0～5.0 |

表 4-101 铬铁补充的化学成分

| 类型 | 化学成分/%(最大) | | | | | |
| --- | --- | --- | --- | --- | --- | --- |
| | 高碳 | | 低碳 | 真空低碳 B | | 含氮 |
| 品级 | A、B | C | 所有品级 | E、F | G | — |
| N | 0.050 | 0.050 | 0.12 | 0.050 | C | C |
| Mn | 0.75 | 0.75 | 0.75 | 0.75 | 0.75 | 0.75 |
| Ni | 0.50 | 0.50 | 0.50 | 0.50 | 0.50 | 0.50 |
| V | 0.50 | 0.50 | 0.50 | 0.50 | 0.50 | 0.50 |
| Cu | 0.050 | 0.050 | 0.050 | 0.050 | 0.050 | 0.050 |
| Mo | 0.050 | 0.050 | 0.050 | 0.050 | 0.050 | 0.050 |
| Nb | 0.050 | 0.050 | 0.050 | 0.050 | 0.050 | 0.050 |
| Ta | 0.050 | 0.050 | 0.050 | 0.050 | 0.050 | 0.050 |
| Co | 0.10 | 0.10 | 0.10 | 0.10 | 0.10 | 0.10 |
| Al | 0.25 | 0.25 | 0.10 | 0.10 | 0.10 | 0.10 |
| Ti | 0.50 | 0.50 | 0.050 | 0.050 | 0.050 | 0.050 |
| Zr | 0.050 | 0.050 | 0.01 | 0.01 | 0.01 | 0.01 |
| Sb | 0.01 | 0.01 | 0.01 | 0.01 | 0.01 | 0.01 |
| As | 0.05 | 0.05 | 0.005 | 0.005 | 0.005 | 0.005 |
| Sn | 0.005 | 0.005 | 0.005 | 0.005 | 0.005 | 0.005 |
| Zn | 0.005 | 0.005 | 0.005 | 0.005 | 0.005 | 0.005 |
| B | 0.005 | 0.005 | 0.005 | 0.005 | 0.005 | 0.005 |
| Ag | 0.005 | 0.005 | 0.005 | 0.005 | 0.005 | 0.005 |
| Bi | 0.005 | 0.005 | 0.005 | 0.005 | 0.005 | 0.005 |

（2）块度　铬铁的块度和允许偏差见表 4-102。

**表 4-102　铬铁的块度及允许偏差**

| 产品名称 | 标准块度/mm | 偏差 | |
|---|---|---|---|
| 高碳铬铁 | 203.2～101.6 | 最大块度 250mm | ＜100mm≤10％ |
| | ＜152.4 | ＞150mm≤10％ | |
| | 127～50.8 | ＞125mm≤10％ | ＜50mm≤10％ |
| | 101.6～12.7 | ＞100mm≤10％ | ＜12.5mm≤10％ |
| | 76.2～25.4 | ＞75mm≤10％ | ＜25mm≤10％ |
| | 76.2～6.35 | ＞75mm≤10％ | ＜6.3mm≤10％ |
| | ＜6.35 | ＞6.3mm≤5％ | |
| | ＜2.36 | ＞2.36mm≤5％ | |
| 低碳铬铁 | ＜203.2 | 最大块度 250mm | |
| | 203.2～101.6 | ＞200mm≤10％ | ＜100mm≤5％ |
| | ＜101.6 | ＞100mm≤10％ | |
| | 76.2～25.4 | ＞75mm≤10％ | ＜25mm≤10％ |
| | ＜2.36 | ＞2.36mm≤5％ | |
| 真空低碳铬铁 | 压块/球团 | 根据生产而定 | |

2. 日本铬铁（JIS G2303—1986）

种类及代号，如表 4-103 所示。

**表 4-103　种类及代号**

| 种类 | | 代号 |
|---|---|---|
| 高碳铬铁 | 0 号 | FCrH0 |
| | 1 号 | FCrH1 |
| | 2 号 | FCrH2 |
| | 3 号 | FCrH3 |
| | 4 号 | FCrH4 |
| | 5 号 | FCrH5 |
| 中碳铬铁 | 3 号 | FCrM3 |
| | 4 号 | FCrM4 |
| 低碳铬铁 | 1 号 | FCrL1 |
| | 2 号 | FCrL2 |
| | 3 号 | FCrL3 |
| | 4 号 | FCrL4 |

(1)化学成分　铬铁的化学成分见表 4-104 和表 4-105。

**表 4-104　化学成分**

| 种类 | | 代号 | 化学成分/% | | | | |
|---|---|---|---|---|---|---|---|
| | | | Cr | C | Si | P | S |
| 高碳铬铁 | 0 号 | FCrH0 | 65～70 | ≤8.0 | ≤1.5 | ≤0.04 | ≤0.08 |
| | 1 号 | FCrH1 | 65～70 | ≤6.0 | ≤1.5 | ≤0.04 | ≤0.08 |
| | 2 号 | FCrH2 | 60～65 | ≤6.0 | ≤2.0 | ≤0.04 | ≤0.08 |
| | 3 号 | FCrH3 | 60～65 | ≤8.0 | ≤2.0 | ≤0.04 | ≤0.06 |
| | 4 号 | FCrH4 | 60～65 | ≤9.0 | ≤8.0 | ≤0.04 | ≤0.06 |
| | 5 号 | FCrH5 | 55～60 | ≤8.0 | ≤8.0 | ≤0.04 | ≤0.05 |
| 中碳铬铁 | 3 号 | FCrM3 | 60～65 | ≤4.0 | ≤3.5 | ≤0.04 | ≤0.05 |
| | 4 号 | FCrM4 | 55～60 | ≤4.0 | ≤3.5 | ≤0.04 | ≤0.05 |
| 低碳铬铁 | 1 号 | FCrL1 | 65～70 | ≤0.10 | ≤1.0 | ≤0.04 | ≤0.03 |
| | 2 号 | FCrL2 | 60～65 | ≤0.03 | ≤1.0 | ≤0.04 | ≤0.03 |
| | 3 号 | FCrL3 | 60～65 | ≤0.06 | ≤1.0 | ≤0.04 | ≤0.03 |
| | 4 号 | FCrL4 | 60～65 | ≤0.10 | ≤1.0 | ≤0.04 | ≤0.03 |

**表 4-105　指定化学成分**

<table>
<tr><th colspan="2" rowspan="2">种类</th><th colspan="3">化学成分/%</th></tr>
<tr><th>C</th><th>Si</th><th>P</th></tr>
<tr><td>高碳铬铁</td><td>全种类</td><td>—</td><td>—</td><td rowspan="7">≤0.03</td></tr>
<tr><td>中碳铬铁</td><td>全种类</td><td>—</td><td>—</td></tr>
<tr><td rowspan="5">低碳铬铁</td><td>1 号</td><td>—</td><td rowspan="5">≤0.5</td></tr>
<tr><td rowspan="2">2 号</td><td>≤0.02</td></tr>
<tr><td>≤0.01</td></tr>
<tr><td>3 号</td><td>—</td></tr>
<tr><td>4 号</td><td>≤0.08</td></tr>
</table>

(2)粒度　铬铁的粒度原则上如表 4-106 所示。

**表 4-106　铬铁粒度**

| 种类 | 代号 | 粒度/mm |
|---|---|---|
| 一般粒度 | g | 10～200 |
| 微细粒度 | f | 1～15 |
| 小粒度 | s | 5～50 |
| 中粒度 | m | 10～100 |
| 大粒度 | L | 10～300 |

3. 德国铬铁(DIN17565—1968)

铬铁化学成分见表 4-107。

**表 4-107 铬铁化学成分**

<table>
<tr><th colspan="2" rowspan="2">名 称</th><th rowspan="2">牌 号</th><th rowspan="2">材料号</th><th colspan="6">化 学 成 分/%</th></tr>
<tr><th>Cr</th><th>C</th><th>Si</th><th>P 最大</th><th>S 最大</th><th>N</th></tr>
<tr><td rowspan="15">铬<br>铁</td><td rowspan="7">铬 铁<br>低 碳</td><td>FeCr70C01</td><td>0.4010</td><td rowspan="7">65～75</td><td>最大 0.010</td><td rowspan="7">最大 1.5</td><td rowspan="7">0.030</td><td rowspan="7">0.010</td><td rowspan="7">最大 0.050</td></tr>
<tr><td>FeCr70C02</td><td>0.4011</td><td>最大 0.020</td></tr>
<tr><td>FeCr70C04</td><td>0.4012</td><td>最大 0.040</td></tr>
<tr><td>FeCr70C06</td><td>0.4013</td><td>最大 0.060</td></tr>
<tr><td>FeCr70C08</td><td>0.4015</td><td>最大 0.080</td></tr>
<tr><td>FeCr70C10</td><td>0.4016</td><td>最大 0.10</td></tr>
<tr><td>FeCr70C50</td><td>0.4017</td><td>最大 0.50</td></tr>
<tr><td>铬铁低<br>碳含氮</td><td>FeCr70NC10</td><td>0.4020</td><td>60～72</td><td>最大 0.10</td><td>最大 1.5</td><td>0.030</td><td>0.010</td><td>2.5～4.0</td></tr>
<tr><td rowspan="4">铬 铁<br>中 碳</td><td>FeCr70C1</td><td>0.4030</td><td rowspan="4">65～75</td><td>0.5～1.0</td><td rowspan="4">最大 1.5</td><td rowspan="4">0.030</td><td rowspan="4">0.050</td><td rowspan="4">—</td></tr>
<tr><td>FeCr70C1.5</td><td>0.4032</td><td>>1.0～1.5</td></tr>
<tr><td>FeCr70C2</td><td>0.4036</td><td>>1.5～2.0</td></tr>
<tr><td>FeCr70C4</td><td>0.4038</td><td>>2.0～4.0</td></tr>
<tr><td rowspan="2">铬 铁<br>高 碳</td><td>FeCr70C5</td><td>0.4052</td><td>60～72</td><td>4.0～6.0</td><td>最大 1.5</td><td>0.030</td><td>0.050</td><td>—</td></tr>
<tr><td>FeCr70C8</td><td>0.4056</td><td>60～72</td><td>>6.0～10.0</td><td>最大 1.5</td><td>0.030</td><td>0.030</td><td>—</td></tr>
<tr><td>铬铁高<br>碳含硅</td><td>FeCr70C6Si</td><td>0.4058</td><td>60～72</td><td>4.0～8.0</td><td>1.5～10</td><td>0.030</td><td>0.030</td><td>—</td></tr>
</table>

4. 前苏联铬铁(ГОСТ4757—79)

(1)化学成分 铬铁的牌号和化学成分见表 4-108。

**表 4-108 铬铁化学成分**

<table>
<tr><th rowspan="3">组别</th><th colspan="2">牌 号</th><th colspan="7">主 要 成 分/%</th></tr>
<tr><th rowspan="2">СТСЭВ265—76</th><th rowspan="2">ГОСТ4757—79</th><th rowspan="2">Cr<br>不小于</th><th>C</th><th>Si</th><th>P</th><th>S</th><th>Al</th><th rowspan="2">N<br>不小于</th></tr>
<tr><th colspan="5">不 大 于</th></tr>
<tr><td rowspan="13">低碳的</td><td>FeCrC001</td><td>ФХ001А</td><td>68</td><td>0.01</td><td>0.8</td><td>0.02</td><td>0.02</td><td>0.7</td><td>—</td></tr>
<tr><td>FeCrC001P</td><td>ФХ001Б</td><td>68</td><td>0.01</td><td>0.8</td><td>0.03</td><td>0.02</td><td>0.7</td><td>—</td></tr>
<tr><td>—</td><td>ФХ002А</td><td>68</td><td>0.02</td><td>1.5</td><td>0.02</td><td>0.03</td><td>—</td><td>—</td></tr>
<tr><td>—</td><td>ФХ002Б</td><td>68</td><td>0.02</td><td>1.5</td><td>0.03</td><td>0.03</td><td>—</td><td>—</td></tr>
<tr><td>FeCrC003</td><td>ФХ003А</td><td>68</td><td>0.03</td><td>1.5</td><td>0.02</td><td>0.03</td><td>0.7</td><td>—</td></tr>
<tr><td>FeCrC003P</td><td>ФХ003Б</td><td>68</td><td>0.03</td><td>1.5</td><td>0.03</td><td>0.03</td><td>0.7</td><td>—</td></tr>
<tr><td>FeCrC004</td><td>ФХ004А</td><td>68</td><td>0.04</td><td>1.5</td><td>0.02</td><td>0.03</td><td>0.3</td><td>—</td></tr>
<tr><td>FeCrC004P</td><td>ФХ004Б</td><td>68</td><td>0.04</td><td>1.5</td><td>0.03</td><td>0.03</td><td>0.3</td><td>—</td></tr>
<tr><td>—</td><td>ФХ005А</td><td>65</td><td>0.05</td><td>1.5</td><td>0.03</td><td>0.03</td><td>—</td><td>—</td></tr>
<tr><td>—</td><td>ФХ005Б</td><td>65</td><td>0.05</td><td>1.5</td><td>0.05</td><td>0.03</td><td>—</td><td>—</td></tr>
<tr><td>FeCrC006</td><td>ФХ006А</td><td>65</td><td>0.06</td><td>1.5</td><td>0.03</td><td>0.03</td><td>0.3</td><td>—</td></tr>
<tr><td>FeCrC006P</td><td>ФХ006Б</td><td>65</td><td>0.06</td><td>1.5</td><td>0.05</td><td>0.03</td><td>0.3</td><td>—</td></tr>
<tr><td>FeCrC010</td><td>ФХ010А</td><td>65</td><td>0.10</td><td>1.5</td><td>0.03</td><td>0.03</td><td>0.3</td><td>—</td></tr>
</table>

续表 4-108

| 组别 | 牌号 | | 主要成分/% | | | | | | |
|---|---|---|---|---|---|---|---|---|---|
| | СТСЭВ265—76 | ГОСТ4757—79 | Cr | C | Si | P | S | Al | N |
| | | | 不小于 | 不大于 | | | | | 不小于 |
| 低碳的 | FeCrC010P | ФХ010Б | 65 | 0.10 | 1.5 | 0.05 | 0.03 | 0.3 | — |
| | FeCrC015 | ФХ015А | 65 | 0.15 | 1.5 | 0.03 | 0.03 | 0.3 | — |
| | FeCrC015P | ФХ015Б | 65 | 0.15 | 1.5 | 0.05 | 0.03 | 0.3 | — |
| | FeCrC025 | ФХ025А | 65 | 0.25 | 2.0 | 0.03 | 0.03 | — | — |
| | FeCrC025P | ФХ025Б | 65 | 0.25 | 2.0 | 0.05 | 0.03 | — | — |
| | FeCrC050 | ФХ050А | 65 | 0.50 | 2.0 | 0.03 | 0.03 | — | — |
| | FeCrC050P | ФХ050Б | 65 | 0.50 | 2.0 | 0.05 | 0.03 | — | — |
| 中碳的 | FeCrC100 | ФХ100А | 65 | 1.0 | 2.0 | 0.03 | 0.04 | — | — |
| | FeCrC100P | ФХ100Б | 65 | 1.0 | 2.0 | 0.05 | 0.04 | — | — |
| | FeCrC200 | ФХ200А | 65 | 2.0 | 2.0 | 0.03 | 0.04 | — | — |
| | FeCrC200P | ФХ200Б | 65 | 2.0 | 2.0 | 0.05 | 0.04 | — | — |
| | FeCrC400 | ФХ400А | 65 | 4.0 | 2.0 | 0.03 | 0.04 | — | — |
| | FeCrC400P | ФХ400Б | 65 | 4.0 | 2.0 | 0.05 | 0.04 | — | — |
| 高碳的 | FeCrC650 | ФХ650А | 65 | 6.5 | 2.0 | 0.03 | 0.06 | — | — |
| | FeCrC650P | ФХ650Б | 65 | 6.5 | 2.0 | 0.05 | 0.08 | — | — |
| | FeCrC800 | ФХ800А | 65 | 8.0 | 2.0 | 0.03 | 0.06 | — | — |
| | FeCrC800P | ФХ800Б | 65 | 8.0 | 2.0 | 0.05 | 0.08 | — | — |
| | FeCrC800Si10 | ФХ800СА | 60 | 8.0 | 5.0～10.0 | 0.03 | 0.03 | — | — |
| | FeCrC800Si10P | ФХ800СБ | 60 | 8.0 | 5.0～10.0 | 0.05 | 0.03 | — | — |
| 氮化 | FeCrN1 | ФХН100А | 60 | 0.06 | 1.0 | 0.02 | 0.03 | 0.7 | 1.0 |
| | FeCrN1P | ФХН100Б | 60 | 0.06 | 1.0 | 0.03 | 0.03 | 0.7 | 1.0 |
| | FeCrN2 | ФХН200А | 65 | 0.06 | 1.0 | 0.03 | 0.03 | — | 2.0 |
| | FeCrN2P | ФХН200Б | 65 | 0.06 | 1.0 | 0.04 | 0.03 | — | 2.0 |
| | FeCrN4 | ФХН400А | 65 | 0.06 | 1.0 | 0.03 | 0.04 | — | 4.0 |
| | FeCrN4P | ФХН400Б | 65 | 0.06 | 1.0 | 0.04 | 0.04 | — | 4.0 |
| | FeCrN6P | ФХН600А | 60 | 0.03 | 1.0 | 0.03 | 0.04 | — | 6.0 |
| | FeCrN6 | ФХН600Б | 60 | 0.03 | 1.0 | 0.04 | 0.04 | — | 6.0 |

注：在铬铁牌号标记中，字母意义：Ф—铁，Х—铬，С—硅，Н—氮。字母А和Б表示主成分磷的差别。数字表示低碳、中碳和高碳铬铁牌号中最大碳含量和氮化铬铁牌号中最小氮含量。

(2)物理状态和粒度等级　生产的铬铁块或团块重不大于20kg。块重大于20kg的数量不应超过批重的5%，通过从筛孔尺寸20mm×20mm筛子通过的碎块量，对高碳铬铁不应超过批重的10%，对其余组的铬铁不应超过批重的5%。

根据需方要求，铬铁以颗粒状生产。

根据需方要求，铬铁按表4-109规定的粒度等级生产。

根据供需双方协议，允许生产其他粒度等级的铬铁。

表 4-109 铬铁粒度等级

| 粒度等级 | 块的尺寸/mm | 批中产品重量比/%不大于 | |
|---|---|---|---|
| | | 筛 上 | 筛 下 |
| 1 | −100+40 | 10 | 15 |
| 2 | −100+25 | 10 | 15 |
| 3 | −40+5 | 10 | 10 |
| 4 | −25+5 | 10 | 10 |
| 5 | −5 | 10 | — |

注：1. 块的尺寸以在亮处筛孔面的公称尺寸表示；

2. 粒度等级用牌号标记尾端的数字表示，例如，X015A—2。

铬铁块的表面和断口不应有明显可见的夹渣、砂和其他异类材料。在块的表面上允许有氧化膜和耐火材料痕迹。

根据需方要求，生产致密的低碳和中碳的铬铁，其表面密度不小于 7.10g/cm$^3$，生产致密的高碳铬铁，其表面密度不小于 6.8g/cm$^3$。

5. 法国铬铁(NF A13—040—1976)

铬铁是一种由铬矿还原而制得的铬和铁的合金。铬铁的铬含量在 52%～76%范围内波动。铬铁最常用的质量，按其含碳量，特征明显的有下列几种：

含碳(碳化)铬铁：碳含量在 4%和 10%之间；

精制铬铁：碳含量在 0.5%和 4%之间；

高纯精炼铬铁：碳含量小于 0.5%。

在高纯精炼铬铁中，受到重视的是一种特殊质量的铬铁：氮化铬铁。

(1)物理性能和粒度　从金属外观来看，呈块状的铬铁是一种根据其质量而结晶不同的合金。

铬铁以浇注后被破碎成块状的形式存在。

铬铁经打碎、破碎、磨碎并筛分后，具有几种级别的粒度。

块度(块状的尺寸大小)是由破碎的铬铁通过不同的标准尺寸方网眼决定的。

各种级别的粒度及其允许偏差，按铬铁的质量，列于表 4-110。

表 4-110 铬 铁 粒 度

| 等　级 | 粒度范围/mm | 允 许 偏 差 | |
|---|---|---|---|
| 1 | 100～315 | 大于 315mm 者，最大 10% | 小于 100mm 者，最大 10% |
| 2 | 25～200 | 大于 200mm 者，最大 10% | 小于 25mm 者，最大 10% |
| 3 | 5～100 | 大于 100mm 者，最大 10% | 小于 5mm 者，最大 10% |
| 4 | 5～25 | 大于 25mm 者，最大 10% | 小于 5mm 者，最大 10% |
| 5 | ≤5 | 大于 5mm 者，最大 10% | |

关于订购特殊规格者，铬铁可按与上述规定的其他粒度交货。

所给出的铬铁粒度保证值，便于包装或散装铬铁的取样。

铬铁允许含有夹渣，或附着或不附着在金属上的非金属颗粒。

允许含有非金属污物的量不得超过交货重量的 0.5%，但对粒度范围为 5～25 和最大为 5(即表中的 4 级和 5 级)的除外，其非金属污物的含量可达 2%。

(2)化学成分　铬铁的化学成分见表4-111～4-114。表中未作规定的次要元素的含量应予保证。

**表 4-111　含碳铬铁**

| 牌　号 | 化　学　成　分/% | | | | |
|---|---|---|---|---|---|
| | Cr | C | Si | P,最大 | S,最大 |
| FeCr…C90 | 52.0～62.0<br>62.0～72.0 | 8.0～10.0 | 1.5,最大 | 0.035 | 0.05 |
| FeCr…C90Si | | | 1.5～3.0 | | |
| FeCr…C70 | | 6.0～8.0 | 1.5,最大 | 0.035 | 0.10 |
| FeCr…C70LS | | | | | 0.05 |
| FeCr…C70Si | | | 1.5～3.0 | | 0.10 |
| FeCr…C70LS | | | | | 0.05 |
| FeCr…C50 | | 4.0～6.0 | 1.5,最大 | 0.035 | 0.10 |
| FeCr…C50LS | | | | | 0.05 |
| FeCr…C50Si | | | 1.5～3.0 | | 0.10 |
| FeCr…C50SiLS | | | | | 0.05 |
| FeCr…C60Si | | 4.0～8.0 | 3.0,最小 | 0.035 | 0.05 |

**表 4-112　精炼铬铁**

| 牌　号 | 化　学　成　分/% | | | | |
|---|---|---|---|---|---|
| | Cr | C | Si | P,最大 | S,最大 |
| FeCr…C40 | 55.0～65.0<br>65.0～75.0 | 2.0～4.0 | 1.5 最大 | 0.040 | 0.050 |
| FeCr…C20 | | 1.5～2.0 | | | |
| FeCr…C15 | | 1.0～1.5 | | | |
| FeCr…C10 | | 0.5～1.0 | | | |

**表 4-113　高纯精炼铬铁**

| 牌　号 | 化　学　成　分/% | | | | | |
|---|---|---|---|---|---|---|
| | Cr | C | Si最大 | P最大 | S最大 | N |
| FeCr…C050 | 60.0～66.0<br>66.0～76.0 | 0.25～0.50 | 1.5 | 0.045 | 0.030 | 0.10 |
| FeCr…C050LP | | | | 0.030 | | |
| FeCr…C025 | | 0.10～0.25 | | 0.045 | | |
| FeCr…C025LP | | | | 0.030 | | |
| FeCr…C010 | | 0.050～0.10 | | 0.045 | | |
| FeCr…C010LP | | | | 0.030 | | |
| FeCr…C005 | | 0.030～0.050 | | 0.045 | | |
| FeCr…C005LP | | | | 0.030 | | |
| FeCr…C003 | | 0.015～0.030 | | 0.045 | | |
| FeCr…C003LP | | | | 0.030 | | |
| FeCr…C001 | | 0.015 最大 | | 0.045 | | |
| FeCr…C001LP | | | | 0.030 | | |

表 4-114 氮化铬铁

| 牌号 | | 化学成分/% | | | | | |
|---|---|---|---|---|---|---|---|
| | | $Cr_{最小}$ | $C_{最大}$ | $Si_{最大}$ | $P_{最大}$ | $S_{最大}$ | N |
| 熔结的 | FeCr60C010N3 | 60.0 | 0.10 | 1.5 | 0.050 | 0.025 | 2.0～3.0 |
| | FeCr60C010N3LP | | | | 0.030 | | 3.0～4.0 |
| 烧结的 | FeCr60C010N7 | 60.0 | 0.10 | 1.5 | 0.030 | 0.025 | 4.0～10.0 |
| | FeCr55C010N7 | 55.0 | | 3.0 | | | |

## (十)金属铬

1. 德国金属铬(DIN17565—1968)

德国产金属铬的化学成分见表 4-115。

表 4-115 金属铬化学成分

| 名称 | | 牌号 | 材料号 | 化学成分/% | | | | | |
|---|---|---|---|---|---|---|---|---|---|
| | | | | Cr | C | Si | P 最大 | S 最大 | N |
| 金属铬 | 金属铬(铝热的) | Cr99 | 0.4090 | 99.0～99.3 | 最大 0.030 | Fe:最大 0.20<br>Al:<br>0.10～0.30<br>Si:最大 0.10 | 0.020 | 0.035 | — |
| | 电解铬 | Cr99.9 | 0.4099 | 最小 99.9 | 其他成分含量,按合同规定 | | | | |

2. 美国金属铬(ANSI/ASTM A481—73)

(1)化学成分 各牌号的化学成分见表 4-116 和表 4-117。

表 4-116 金属铬化学成分要求

| 元素 | 含量/% | |
|---|---|---|
| | 牌号 A | 牌号 B |
| Cr 最小 | 99.0 | 99.0 |
| C 最大 | 0.050 | 0.050 |
| Si 最大 | 0.15 | 0.10 |
| S 最大 | 0.030 | 0.010 |
| P 最大 | 0.010 | 0.010 |

表 4-117 金属铬补充化学成分要求

| 元素 | 含量/% | |
|---|---|---|
| | 牌号 A | 牌号 B |
| N 最大 | 0.050 | 0.020 |
| Fe 最大 | 0.35 | 0.35 |
| Mn 最大 | 0.01 | 0.01 |
| H 最大 | 0.01 | 0.003 |
| O 最大 | 0.50 | 0.10 |
| V 最大 | 0.050 | 0.050 |
| Cu 最大 | 0.01 | 0.01 |

续表 4-117

| 元素 | 含量/% | |
|---|---|---|
| | 牌号 A | 牌号 B |
| Mo 最大 | 0.050 | 0.01 |
| Nb 最大 | 0.050 | 0.050 |
| Ta 最大 | 0.050 | 0.003 |
| Co 最大 | 0.003 | 0.001 |
| Al 最大 | 0.30 | 0.10 |
| Ti 最大 | 0.050 | 0.003 |
| Zr 最大 | 0.050 | 0.003 |
| As 最大 | 0.005 | 0.003 |
| Pb 最大 | 0.003 | 0.001 |
| Sn 最大 | 0.001 | 0.001 |
| Zn 最大 | 0.005 | 0.003 |
| B 最大 | 0.005 | 0.003 |
| Sb 最大 | 0.005 | 0.003 |
| Ag 最大 | 0.003 | 0.001 |
| Bi 最大 | 0.003 | 0.001 |

(2)尺寸 各牌号的尺寸见表 4-118。

**表 4-118 金属铬标准尺寸及容许偏差**

| 产品 | 牌号 | 标准尺寸 | 容许偏差 | 易碎性级别号 |
|---|---|---|---|---|
| 金属铬 | A | 2in 板筛及其以下 | 保留在 2in(50mm)筛上的最大 10%<br>通过 USN0.8(2.36mm)筛的最大 10% | 2 |
| | A 和 B | 1in 及其以下 | 保留在 1in(25.0mm)筛上的最大 15%<br>通过 USN0.8(2.36mm)筛的最大 15% | |
| | | 1/4in 及其以下 | 保留在 1/4in(6.3mm)筛上的最大 5% | |
| | | 8 目及其以下 | 保留在 USN0.8(2.36mm)筛上的最大 5% | |
| | | 20 目及其以下 | 保留在 USN0.20(850mm)筛上的最大 5% | |
| | B | 颗粒 11/2in×1in×1in | 由生产厂标定 | |

3. 日本金属铬(JIS G2313—1986)

金属铬用作有色金属合金冶炼过程中使用的合金成分添加剂，其化学成分见表 4-119 和表 4-120。

**表 4-119 金属铬化学成分**

| 种类 | 代号 | 化学成分/% | | | | | | |
|---|---|---|---|---|---|---|---|---|
| | | Cr | C | Si | P | S | Fe | Al |
| 金属铬 | NCr | ≥99.0 | ≤0.04 | ≤0.2 | ≤0.05 | ≤0.05 | ≤0.5 | ≤0.3 |

**表 4-120 金属铬指定化学成分**

| 种类 | 化学成分/% |
|---|---|
| | P |
| 金属铬 | ≤0.02 |

4. 前苏联金属铬(ГОСТ5905—79)

金属铬用于用铝还原法生产,并作特殊钢和合金添加剂。其化学成分见表 4-121。

**表 4-121　金属铬化学成分**

| 牌　号 | 主要成分/% | | | | | | | |
|---|---|---|---|---|---|---|---|---|
| | Cr | Si | Al | Fe | C | S | P | Cu |
| | 不小于 | 不大于 | | | | | | |
| X99A | 99.0 | 0.3 | 0.2 | 0.6 | 0.03 | 0.02 | 0.02 | 0.01 |
| X99Б | 99.0 | 0.3 | 0.5 | 0.6 | 0.03 | 0.02 | 0.02 | 0.01 |
| X98.5 | 98.5 | 0.4 | 0.5 | 0.6 | 0.03 | 0.02 | 0.02 | 0.02 |
| X98 | 98.0 | 0.5 | 0.7 | 0.8 | 0.04 | 0.03 | 0.03 | 0.04 |
| X97 | 97.0 | 0.5 | 1.5 | 1.2 | 0.05 | 0.04 | 0.03 | 0.05 |
| 牌　号 | 主要成分/% | | | | | | | |
| | As | Bi | Sb | Zn | Pb | Sn | Co | N |
| | 不大于 | | | | | | | |
| X99A | 0.01 | 0.0005 | 0.008 | 0.006 | 0.0008 | 0.004 | 0.005 | 0.04 |
| X99Б | 0.01 | 0.0005 | 0.008 | 0.006 | 0.0008 | 0.004 | — | 0.05 |
| X98.5 | 0.01 | 0.0005 | 0.008 | 0.01 | 0.001 | 0.004 | — | — |
| X98 | — | — | — | — | — | — | — | — |
| X97 | — | — | — | — | — | — | — | — |

注:1. 在金属铬牌号标记中,字母"X"表示铬;数字表示牌号中最小铬含量,字母 A 和 Б 表示牌号 X99 化学成分的不同;

2. 每批单个炉次主成分铬之差不应大于 0.4%。

## (十一)钨铁

1. 美国钨铁(ANSI/ASTM144—73)

(1)化学成分　钨铁的化学成分见表 4-122 和表 4-123。

**表 4-122　钨铁化学成分**

| 等　级 | 最初成分/%(最大值,另外说明的除外) | | | | | | |
|---|---|---|---|---|---|---|---|
| | W | C | P | S | Si | Mo | Al |
| A | 85.0～95.0 | 0.050 | 0.010 | 0.020 | 0.10 | 0.20 | 0.10 |
| B | 75.0～85.0 | 0.10 | 0.020 | 0.020 | 0.50 | 0.35 | 0.10 |
| C | 75.0～85.0 | 0.60 | 0.060 | 0.050 | 1.0 | 1.0 | — |
| D | 75.0～85.0 | 0.60 | 0.060 | 0.050 | 1.0 | 3.0 | — |

**表 4-123　钨铁补充的化学成分(%)**

| 等　级 | Mn | Cu | Ni | As | Sb | Sn | Bi | As、Sb、Sn | As、Sb、Sn、Bi 总量 |
|---|---|---|---|---|---|---|---|---|---|
| A | 0.10 | 0.50 | 0.05 | 0.010 | 0.010 | 0.010 | 0.010 | — | 0.040 |
| B | 0.30 | 0.07 | 0.05 | 0.020 | 0.020 | 0.020 | 0.030 | — | 0.090 |
| C | 0.75 | 0.10 | — | 0.10 | 0.080 | 0.10 | — | 0.20 | — |
| D | 0.75 | 0.10 | — | 0.10 | 0.080 | 0.10 | — | 0.20 | — |

(2)尺寸偏差　钨铁的尺寸偏差见表 4-124。

**表 4-124　钨铁尺寸偏差**

| 尺寸/mm | 偏差 |
|---|---|
| <6.3 | >6.3mm≤5% |

2. 日本钨铁(JIS G2306—1986)

钨铁 1 号是钨铁的一种，其代号为 FW1。

(1)化学成分　钨铁的化学成分见表 4-125，指定的化学成分见表 4-126。

**表 4-125　化学成分**

| 种类 | | 代号 | 化学成分/% | | | | | | | | |
|---|---|---|---|---|---|---|---|---|---|---|---|
| | | | W | C | Si | Mn | P | S | Sn | Cu | As |
| 钨铁 | 1号 | FW1 | 75.0～85.0 | ≤0.60 | ≤0.50 | ≤0.50 | ≤0.50 | ≤0.50 | ≤0.80 | ≤0.10 | ≤0.10 |

**表 4-126　指定化学成分**

| 种类 | | 化学成分/% | | | | | | | | |
|---|---|---|---|---|---|---|---|---|---|---|
| | | Si | Mn | P | S | Sn | Cu | As | Sb | Bi |
| 钨铁 | 1号 | ≤0.10 | ≤0.10 | ≤0.04<br>≤0.03 | ≤0.01 | ≤0.04<br>≤0.02 | ≤0.07<br>≤0.05 | ≤0.07<br>≤0.05 | ≤0.05<br>≤0.03 | ≤0.05<br>≤0.03 |

(2)粒度　粒度原则上如表 4-127 所示。

**表 4-127　粒度**

| 种类 | 代号 | 粒度/mm |
|---|---|---|
| 一般粒度 | g | 1～60 |
| 小粒度 | s | 1～60 |

3. 前苏联钨铁(ГОСТ 17293—71)

钨铁化学成分应符合表 4-128 中指明的标准值。

**表 4-128　钨铁化学成分**

| 牌号 | 化学成分/% | | | | | | | | | | | | | |
|---|---|---|---|---|---|---|---|---|---|---|---|---|---|---|
| | W | Mo | Mn | Si | C | P | S | Cu | As | Sn | Sb | Bi | Pb | Al |
| | 不小于 | 不大于 | | | | | | | | | | | | |
| B1 | 72 | 1.5 | 0.4 | 0.5 | 0.3 | 0.04 | 0.08 | 0.15 | 0.04 | 0.08 | 0.03 | 0.03 | 0.03 | — |
| B2 | 71 | 2.0 | 0.5 | 0.8 | 0.5 | 0.06 | 0.10 | 0.20 | 0.06 | 0.10 | — | — | — | — |
| B3 | 65 | 6.0 | 0.6 | 1.2 | 0.7 | 0.10 | 0.15 | 0.30 | 0.06 | 0.20 | — | — | — | — |
| B1a | 80 | 6.0 | 0.2 | 0.8 | 0.10 | 0.03 | 0.02 | 0.10 | — | — | — | — | — | 4.0 |
| B2a | 77 | 7.0 | 0.2 | 1.1 | 0.15 | 0.04 | 0.04 | 0.20 | — | — | — | — | — | 5.0 |
| B3a | 70 | 7.0 | 0.3 | 2.0 | 0.3 | 0.06 | 0.06 | 0.30 | — | — | — | — | — | 6.0 |

注：根据需方要求，牌号 B1 钨铁，可按钼含量≤1.0%、碳含量≤0.2%供应；牌号 B2 钨铁，可按磷含量小于 0.05%供应。

供应钨铁的块重应不大于 5kg。从筛孔为 10mm×10mm 筛上通过的碎块量不应超过钨铁总重的 10%。

根据需方要求，可按其他质量块供应钨铁。

钨铁块表面和截面不应有明显的非金属夹杂物。钨铁总试样中夹杂物总数不应超过其总量的 0.5%。

## (十二)钛铁

1. 日本钛铁(JIS G2309—1986)

(1)种类及代号 钛铁用做钢铁生产的脱氧剂、脱氮剂或合金成分添加剂。其种类和代号见表 4-129。

**表 4-129 钛铁种类及代号**

| 种类 | | 代号 |
|---|---|---|
| 低碳钛铁 | 0号 | FTiL0 |
| | 1号 | FTiL1 |
| | 3号 | FTiL3 |

(2)化学成分 钛铁的化学成分见表 4-130 和表 4-131。

**表 4-130 钛铁化学成分**

| 种类 | | 代号 | 化学成分/% | | | | | |
|---|---|---|---|---|---|---|---|---|
| | | | Ti | C | Si | Mn | P | S |
| 低碳钛铁 | 0号 | FTiL0 | 70～75 | ≤0.1 | ≤0.3 | ≤0.3 | ≤0.02 | ≤0.02 |
| | 1号 | FTiL1 | 40～45 | ≤0.1 | ≤1.0 | ≤1.0 | ≤0.05 | ≤0.03 |
| | 3号 | FTiL3 | 24～28 | ≤0.1 | ≤1.0 | ≤1.0 | ≤0.05 | ≤0.03 |

**表 4-131 钛铁指定化学成分**

| 种类 | | 化学成分/% | |
|---|---|---|---|
| | | P | S |
| 低碳钛铁 | 0号 | ≤0.01 | ≤0.01 |
| | 1号 | ≤0.03 | |
| | 3号 | ≤0.01 | |

(3)粒度 钛铁粒度原则上如表 4-132 所示。

**表 4-132 钛铁粒度**

| 种类 | 代号 | 粒度/mm |
|---|---|---|
| 一般粒度 | g | 3～100 |
| 微细粒度 | f | ≤10 |
| 小粒度 | | 10～50 |

2. 德国钛铁(DIN17566—1968)

钛铁是一种中间合金。钛铁中间合金的最低含钛量为 28%。

钛铁的化学成分见表 4-133。

**表 4-133 钛铁化学成分(%)**

| 牌号 | 材料号 | Ti | 总量 Al 最大 | Si 最大 | Mn 最大 | C 最大 | P 最大 | S 最大 |
|---|---|---|---|---|---|---|---|---|
| FeTi30 | 0.4530 | 28～32 | 4.5 | 4.0 | 1.5 | 0.10 | 0.050 | 0.060 |
| FeTi40 | 0.4540 | 36～40 | 6.0 | 4.5 | 1.5 | 0.10 | 0.10 | 0.060 |
| FeTi50 | 0.4550 | 46～50 | 7.5 | 4.0 | 1.0 | 0.10 | 0.10 | 0.060 |
| FeTi70 | 0.4570 | 65～75 | 2.0 | 0.20 | 1.0 | 0.20 | 0.040 | 0.030 |
| FeTi70VB 真空处理的 | 0.4571 | 65～75 | 0.50 | 0.10 | 0.20 | 0.20 | 0.030 | 0.030 |

3. 前苏联钛铁(ГОСТ4761—80)

(1)化学成分　钛铁的牌号和化学成分见表 4-134。

**表 4-134　钛铁化学成分**

| 牌号 | | 含量/% | | | | | | | | | | |
|---|---|---|---|---|---|---|---|---|---|---|---|---|
| ГОСТ 4761—80 | СТСЭВ 989—78 (经互会标准) | Ti | Al | Si | C | P | S | Cu | V | Mo | Zr | Sn |
| | | 不小于 | 不大于 | | | | | | | | | |
| ФТи68 | 26868 | 68 | 5 | 0.5 | 0.2 | 0.05 | 0.05 | 0.2 | 0.6 | 0.6 | 0.6 | 0.1 |
| ФТи95 | 26865 | 65 | 5 | 1 | 0.4 | 0.05 | 0.05 | 0.4 | 3 | 2.5 | 2 | 0.15 |
| ФТи40А | 26840 | 40 | 9 | 5 | 0.1 | 0.05 | 0.05 | 0.2 | 0.5 | 0.5 | 0.3 | 0.05 |
| ФТи40Б | 26841 | 40 | 9 | 6 | 0.15 | 0.08 | 0.1 | 3 | — | — | — | — |
| ФТи35 | 26835 | 35 | 8 | 5 | 0.1 | 0.07 | 0.05 | 0.1 | 0.8 | 0.5 | 0.2 | 0.05 |
| ФТи30А | — | 30 | 8 | 5 | 0.15 | 0.04 | 0.04 | 2 | 0.4 | 0.4 | 0.2 | 0.04 |
| ФТи30Б | 26830 | 30 | 9 | 6 | 0.15 | 0.08 | 0.05 | 2 | 0.8 | 0.5 | 0.2 | 0.05 |
| ФТи30 | 26831 | 30 | 14 | 8 | 0.2 | 0.07 | 0.07 | 3 | 1 | 1 | 0.7 | 0.08 |
| ФТи25А | 26825 | 25 | 8 | 5 | 0.1 | 0.05 | 0.05 | 0.1 | — | — | — | — |
| ФТи25Б | 26826 | 25 | 9 | 7 | 0.2 | 0.08 | 0.08 | 3 | — | — | — | — |
| ФТи20 | 26220 | 20 | 8 | 6 | 0.2 | 0.15 | 0.08 | 3 | — | — | — | — |
| ФТи20А | 25671 | 20 | 15～35 | 15～35 | 1 | 0.08 | 0.08 | — | — | — | — | — |

注:1. 钛铁牌号中字母 АБ 表示磷含量不同;

2. 一批中各个炉次的钛含量的偏差不应超过 3%。

(2)物理状态　钛铁块的重量不大于 15kg,经 10mm×10mm 筛眼的筛筛出的碎屑数量,牌号 ФТи68、ФТи65 和 ФТи25Б 钛铁,不应超过该批总重量的 6%,其余牌号的钛铁则不超过批重的 10%。

当生产焊接材料用钛铁时,碎屑数量不予规定。

钛铁块的断口及表面均不得有夹砂、熔渣和其他外来夹杂物。允许有防止粘砂用材料的痕迹和氧化膜。

钛铁块度级别见表 4-135。

**表 4-135　钛铁块度**

| 块度级别 | 块的尺寸/mm | 每批筛上产品 | 每批筛下产品 |
|---|---|---|---|
| | | % 不大于 | |
| 1 | 100～315 | 10 | 10 |
| 2 | 50～200 | 10 | 10 |
| 3 | 25～100 | 10 | 10 |
| 4 | 10～50 | 10 | 10 |
| 5 | 3.2～10 | 10 | 10 |
| 6 | ≤3.2 | 10 | — |

注:1. 块的尺寸用方筛眼孔边长的名义尺寸表示;

2. 块度级别是在牌号末尾划一破折号用数字表示,例如 ФТи35—2。

## (十三)钼铁

1. 美国钼铁(ANSI/ASTM A132—74)

(1)化学成分 各种等级的钼铁的化学成分见表 4-136 和表 4-137。

**表 4-136 化学成分**

| 元素 | 化学成分/% |
|---|---|
| Mo | 60.0 最小值 |
| C | 0.10 最大值 |
| P 最大值 | 0.050 |
| S 最大值 | 0.15 |
| Si 最大值 | 1.0 |
| Cu 最大值 | 1.0C |

**表 4-137 补充化学成分**

| 元素 | 成分/%(最大值) |
|---|---|
| Pb | 0.010 |
| Sn | 0.010 |

(2)尺寸 钼铁的尺寸要求见表 4-138。

**表 4-138 钼铁的块度和允许偏差**

| 标准块度/mm | 偏差 | |
|---|---|---|
| <50.8 | >50mm≤10% | <6.3mm≤10% |
| <38.1 | >37.5mm≤10% | <6.3mm≤10% |
| <19.1 | >19mm≤10% | <0.84mm≤10% |
| <4.75 | >4.75mm≤10% | <0.18mm≤10% |
| <0.84 | >0.84mm≤10% | |
| <0.18 | >0.18mm≤10% | |

2. 日本钼铁(JIS G2307—1986)

(1)种类和代号 钼铁的种类和代号见表 4-139。

**表 4-139 种类及代号**

| 种类 | 代号 |
|---|---|
| 高碳钼铁 | FMoH |
| 低碳钼铁 | FMoL |

(2)化学成分 钼铁化学成分见表 4-140,指定的化学成分见表 4-141。

**表 4-140 化学成分**

| 种类 | 代号 | 化学成分/% | | | | | |
|---|---|---|---|---|---|---|---|
| | | Mo | C | Si | P | S | Cu |
| 高碳钼铁 | FMoH | 55.0～65.0 | ≤6.0 | ≤3.0 | ≤0.10 | ≤0.20 | ≤0.50 |
| 低碳钼铁 | FMoL | 60.0～70.0 | ≤0.10 | ≤2.0 | ≤0.06 | ≤0.10 | ≤0.50 |

**表 4-141 指定化学成分**

| 种类 | 化学成分/% | | | |
|---|---|---|---|---|
| | C | P | S | Al |
| 高碳钼铁 | — | ≤0.06 | — | — |
| 低碳钼铁 | ≤0.04 | ≤0.04<br>≤0.03 | ≤0.08<br>≤0.04 | ≤0.2 |

(3)粒度 钼铁的粒度,原则上如表 4-142 所示。

**表 4-142 钼铁粒度**

| 种类 | 代号 | 粒度/mm |
|---|---|---|
| 一般粒度 | g | 1~100 |
| 小粒度 | s | 1~50 |

3. 德国钼铁(DIN17561—1965)

(1)化学成分 钼铁的化学成分见表 4-143。

**表 4-143 钼铁化学成分**

| 牌号 | 材料号 | 化学成分/% | | | | | |
|---|---|---|---|---|---|---|---|
| | | Mo | Si | C | S | P | Cu |
| | | | 最大 | | | | |
| FeMo70 | 0.4270 | 60~75 | 1.0 | 0.10 | 0.10 | 0.10 | 0.50 |
| FeMo62 | 0.4262 | 58~65 | 2.0 | 0.5 | 0.10 | 0.10 | 1.0 |

(2)物理状态 注明商业标记的"标准块"钼铁,通常以拳头大小的块度交货。钼铁也可破碎成其他粒度交货。

4. 前苏联钼铁(ГОСТ 4759—79)

(1)化学成分 钼铁的化学成分见表 4-144。

**表 4-144 钼铁化学成分**

| 牌号(按ГОСТ 4759—79) | 牌号(按СТСЭВ 495—77) | 含量/% | | | | | | | | | | | | |
|---|---|---|---|---|---|---|---|---|---|---|---|---|---|---|
| | | Mo | W | Si | C | P | S | Cu | As | Sn | Sb | Pb | Zn | Bi |
| | | 不小于 | 不大于 | | | | | | | | | | | |
| ФMo60 | FeMo60 | 60 | 0.3 | 0.8 | 0.05 | 0.05 | 0.10 | 0.5 | 0.02 | 0.01 | 0.01 | 0.01 | 0.01 | 0.01 |
| ФMo58 | — | 58 | 0.5 | 1.0 | 0.08 | 0.05 | 0.12 | 0.8 | 0.03 | 0.02 | 0.02 | 0.01 | 0.01 | 0.01 |
| ФMo55A | FeMo55 | 55 | 0.5 | 1.0 | 0.08 | 0.08 | 0.12 | 0.8 | — | 0.02 | 0.02 | — | — | — |
| ФMo55Б | FeMo55S | 55 | 0.8 | 1.5 | 0.10 | 0.10 | 0.15 | 1.0 | — | 0.05 | 0.05 | — | — | — |
| ФMo52 | FeMo50 | 52 | 1.0 | 5.0 | 0.50 | 0.10 | 0.20 | 1.0 | — | — | — | — | — | — |

注:1. 钼铁牌号中字母说明:Ф—铁、Mo—钼。数字表示合金中钼的最低含量;
2. 一批中各个炉次的钼的含量之差异不应超过 2%;
3. 一批中各个炉次的 ФMo52 中硅的含量差别不应超过 3%。

根据需方要求,所生产的牌号 ФMo60 的钼铁,其硅含量不大于 0.5%,硫不大于 0.07%,铜不大于 0.30%,磷不大于 0.04%。

经需方同意,允许牌号为 ФMo52 钼铁的磷含量不大于 0.15%,铜不大于 2.0%。

(2)块度 钼铁的块度级别见表 4-145。

表 4-145 钼铁块度级别

| 块度级别 | 块度尺寸/mm | 每批筛上产品 | 每批筛下产品 |
|---|---|---|---|
| | | % 不 大 于 | |
| 1 | −100+10 | 5 | 10 |
| 2 | −25+10 | 5 | 10 |
| 3 | −10+2 | 10 | 15 |
| 4 | −2.0+0.2 | 10 | 15 |

注:1. 钼铁块尺寸用筛网网眼的边长名义表示;

2. 块度级别在牌号末尾用数字表示,例如,ΦMo55—1。

## (十四)氧化钼

美国氧化钼(NSI/ASTM A146—64)分 3 种牌号,即:以 A、B 命名的氧化钼和氧化钼团块。

各种牌号的氧化钼的化学成分见表 4-146 和表 4-147。

表 4-146 氧化钼化学成分

| 元 素 | 化 学 成 分/% | | |
|---|---|---|---|
| | 氧 化 钼 | | 氧化钼团块 |
| | 牌号 A | 牌号 B | |
| 钼,最小 | 55.0 | 57.0 | 51.6 |
| 硫,最大 | 0.25 | 0.10 | 0.15 |
| 铜,最大 | 1.0 | 1.0C | 0.15 |

表 4-147 氧化钼补充化学成分

| 元 素 | 化 学 成 分/% | | |
|---|---|---|---|
| | 氧 化 钼 | | 氧化钼团块 |
| | 牌号 A | 牌号 B | |
| 碳 | 痕迹 | 痕迹 | 12.0(约) |
| 磷,最大 | 0.050 | 0.050 | 0.050 |

钼的氧化物分别以含钼量 5 1b(2.3kg)或 20 1b(9.1kg)的袋、或其他合适的容器供应。每个包装容器中氧化钼团块重约为 5 1b(2.3kg),并含有 2.5 1b(1.13kg)的钼。

## (十五)钒铁

1. 美国钒铁(ANSI/ASTM A102—76)

(1)化学成分 各种品级的钒铁化学成分见表 4-148 和表 4-149。

表 4-148 钒铁化学成分

| 元 素 | 化 学 成 分/% | | | |
|---|---|---|---|---|
| | A 级 | B 级 | C 级 | 可锻铸铁级 |
| V | 50.0~60.0<br>或<br>70.0~80.0 | 50.0~60.0<br>或<br>70.0~80.0 | 50.0~60.0<br>或<br>70.0~80.0 | 35.0~45.0<br>或<br>50.0~60.0 |

续表 4-148

| 元素 | 化学成分/% | | | |
|---|---|---|---|---|
| | A级 | B级 | C级 | 可锻铸铁级 |
| C,最高 | 0.20 | 1.5 | 3.0 | 3.0 |
| P,最高 | 0.050 | 0.06↑ | 0.050 | 0.10 |
| S,最高 | 0.050 | 0.050 | 0.10 | 0.10 |
| Si,最高 | 1.0 | 2.5 | 8.0 | 8.0或7.0～11.0 |
| Al,最高 | 0.75 | 1.5 | 1.5 | 1.5 |
| Mn,最高 | 0.50 | 0.50 | — | — |

**表 4-149 钒铁补充化学成分**

| 元素 | A级、B级、C级和可锻铸铁级所允许的最高界限值/% |
|---|---|
| Cr | 0.50 |
| Cu | 0.15 |
| Ni | 0.10 |
| Pb | 0.020 |
| Sn | 0.050 |
| Zn | 0.020 |
| Mo | 0.75 |
| Ti | 0.15 |
| N | 0.20 |

(2)块度 钒铁的块度要求见表 4-150。

**表 4-150 钒铁的块度和允许偏差**

| 等级 | 标准块度/mm | 偏差 | |
|---|---|---|---|
| A、B、C、铸铁级 | <50 | >50mm≤10% | <0.84mm≤10% |
| | <25 | >25mm≤10% | <0.84mm≤10% |
| | <12.5 | >12.5mm≤10% | <0.60mm≤10% |
| | <2.36 | >2.36mm≤10% | <0.074mm≤10% |

2. 日本钒铁(JIS G2308—1986)

(1)种类及代号 钒铁用于钢铁生产作合金成分添加剂。其种类和代号见表 4-151。

**表 4-151 钒铁种类及代号**

| 种类 | | 代号 |
|---|---|---|
| 钒铁 | 1号 | FV1 |
| | 2号 | FV2 |

(2)化学成分 化学成分如表 4-152 所示。但可以按表 4-153 指定化学成分。

**表 4-152 化学成分**

| 种类 | | 记号 | 化学成分/% | | | | | |
|---|---|---|---|---|---|---|---|---|
| | | | V | C | Si | P | S | Al |
| 钒铁 | 1号 | FV1 | 75.0～85.0 | ≤0.2 | ≤2.0 | ≤0.10 | ≤0.10 | ≤4.0 |
| | 2号 | FV2 | 45.0～55.0 | ≤0.2 | ≤2.0 | ≤0.10 | ≤0.10 | ≤4.0 |

表 4-153 指定化学成分

| 种类 | | 化学成分/% | | |
|---|---|---|---|---|
| | | P | S | Al |
| 钒铁 | 全种类 | ≤0.03 | ≤0.05 | ≤1.0<br>≤0.5 |

(3)粒度 原则上如表 4-154 所示。

表 4-154 粒度

| 种类 | 代号 | 粒度/mm |
|---|---|---|
| 一般粒度 | g | 1～100 |
| 小粒度 | s | 1～50 |

## (十六)镍铁

1. 日本镍铁(JIS G2316—1986)

(1)类别及代号 镍铁用于钢铁冶炼的合金成分添加剂。其类别和代号见表 4-155。

表 4-155 镍铁类别及代号

| 类别 | | 代号 |
|---|---|---|
| 高碳镍铁 | 1号 | FNiH1 |
| | 2号 | FNiH2 |
| 低碳镍铁 | 1号 | FNiL1 |
| | 2号 | FNiL2 |

(2)化学成分 镍铁的化学成分见表 4-156。

表 4-156 镍铁化学成分

| 类别 | | 代号 | 化学成分/% | | | | | | | | |
|---|---|---|---|---|---|---|---|---|---|---|---|
| | | | Ni | C | Si | Mn | P | S | Cr | Cu | Co |
| 高碳镍铁 | 1号 | FNiH1 | ≥16.0 | ≥3.0 | ≤3.0 | ≤0.3 | ≤0.05 | ≤0.03 | ≤2.0 | ≤0.10 | ≤Ni×0.05 |
| | 2号 | FNiH2 | ≥16.0 | ≤3.0 | ≤5.0 | ≤0.3 | ≤0.05 | ≤0.03 | ≤2.5 | ≤0.10 | ≤Ni×0.05 |
| 低碳镍铁 | 1号 | FNiL1 | ≥28.0 | ≤0.02 | ≤0.3 | — | ≤0.02 | ≤0.03 | ≤0.3 | ≤0.10 | ≤Ni×0.05 |
| | 2号 | FNiL2 | 17.0～28.0 | ≤0.02 | ≤0.3 | — | ≤0.02 | ≤0.03 | ≤0.3 | ≤0.08 | ≤Ni×0.05 |

2. 德国镍铁(DIN17568—1970)

镍铁系一种中间合金。镍铁中间合金的含镍量最低为 20%。

(1)化学成分 镍铁的化学成分见表 4-157。

表 4-157 镍铁化学成分

| 牌号 | 材料号 | 化学成分/% | | | | | |
|---|---|---|---|---|---|---|---|
| | | Ni+Co | C | Cr | Si | P | S |
| | | | 最大 | | | | |
| FeNi25 | 0.4425 | 20～30 | 0.030 | 0.10 | 0.05 | 0.030 | 0.040 |
| FeNi25C | 0.4427 | 20～28 | 2.0 | 2.0 | 4.0 | 0.040 | 0.040 |
| FeNi25CS | 0.4429 | 20～28 | 2.0 | 2.0 | 4.0 | 0.040 | 0.30 |
| FeNi55 | 0.4455 | 50～60 | 0.05 | 0.050 | 1.0 | 0.020 | 0.010 |

(2)状态　在注明商业标记的“生铁块”镍铁时,则该镍铁通常以12～40kg的块状交货。镍铁表面应尽可能没有砂子和炉渣。

3.法国镍铁(NF A13—601—1980)

(1)化学成分　镍铁的化学成分见表4-158。

**表4-158　镍铁化学成分(%)**

| 牌　号 | Ni | C | Si最大 | P最大 | S最大 | Co | Cu最大 | Cr最大 |
|---|---|---|---|---|---|---|---|---|
| FeNi20LC | 15～<25 | | | | | | | |
| FeNi30LC | 25～<35 | | | | | | | |
| FeNi40LC | 35～<45 | ≤0.030 | 0.20 | 0.030 | 0.030 | (1) | 0.20 | 0.10 |
| FeNi50LC | 45～<60① | | | | | | | |
| FeNi20LCLP | 15～<25 | | | | | | | |
| FeNi30LCLP | 25～<35 | | | | | | | |
| FeNi40LCLP | 35～<45 | ≤0.030 | 0.20 | 0.030 | 0.030 | (1) | 0.20 | 0.10 |
| FeNi50LCLP | 45～<60① | | | | | | | |
| FeNi20MC | 15～<25 | | | | | | | |
| FeNi30MC | 25～<35 | | | | | | | |
| FeNi40MC | 35～<45 | 0.030～<1.0 | 1.0 | 0.030 | 0.10 | (1) | 0.20 | 0.50 |
| FeNi50MC | 45～<60① | | | | | | | |
| FeNi20MCLP | 15～<25 | | | | | | | |
| FeNi30MCLP | 25～<35 | | | | | | | |
| FeNi40MCLP | 35～<45 | 0.030～<1.0 | 1.0 | 0.020 | 0.10 | (1) | 0.20 | 0.50 |
| FeNi50MCLP | 45～<60① | | | | | | | |
| FeNi20HC | 15～<25 | | | | | | | |
| FeNi30HC | 25～<35 | | | | | | | |
| FeNi40HC | 35～<45 | 1.0～<2.5 | 4.0 | 0.030 | 0.40 | (1) | 0.20 | 2.0 |
| FeNi50HC | 45～<60① | | | | | | | |

①镍含量可能会大于上限值。

(2)外观质量　镍铁通常呈有槽或无槽的锭状供货,镍铁锭重最大为50kg;锭的厚度为30～150mm、长度不超过770mm。也可以以其他形状供货,如大锭、球团状、颗粒状等。

除特别商定外,镍铁的交货批量为5～500t。当一批镍铁是由若干炉次组成时,其结果,对镍含量完全是在$K$～$(K+1)$%之间选定的,其中$K$是整数,但特殊协议除外。

材料(指镍铁)应尽可能地清除掉表面上的脏物,如熔渣、夹砂等等。

**(十七)磷铁**

日本磷铁(JIS G2310—1986)在钢铁冶炼过程中做合金元素添加剂。

磷铁的化学成分见表4-159。

**表4-159　磷铁化学成分**

| 类　别 | | 代　号 | 化学成分/% |
|---|---|---|---|
| | | | P |
| 磷　铁 | 1号 | FP1 | 20～28 |

磷铁粒度原则上按表4-160所示。

表 4-160 磷铁粒度

| 类别 | 代号 | 粒度/mm |
|---|---|---|
| 一般尺寸 | g | 3～100 |
| 中碎尺寸 | m | 20～80 |

### (十八)硼铁

1. 日本硼铁(JIS G2318—1986)

(1)种类和代号 硼铁用于钢铁生产过程作脱氧剂和合金成分添加剂。其种类和代号见表 4-161。

表 4-161 硼铁种类代号

| 种类 | | 代号 |
|---|---|---|
| 高碳硼铁 | 1号 | FBH1 |
| | 2号 | FBH2 |
| 低碳硼铁 | 1号 | FBL1 |
| | 2号 | FBL2 |

(2)化学成分 硼铁的化学成分见表 4-162。

表 4-162 硼铁化学成分

| 种类 | | 代号 | 化学成分/% | | | |
|---|---|---|---|---|---|---|
| | | | B | C | Si | Al |
| 高碳硼铁 | 1号 | FBH1 | 19～23 | ≤2.0 | ≤4.0 | ≤0.50 |
| | 2号 | FBH2 | 14～18 | ≤2.0 | ≤4.0 | ≤0.50 |
| 低碳硼铁 | 1号 | FBL1 | 19～23 | ≤0.1 | ≤2.0 | ≤12 |
| | 2号 | FBL2 | 14～18 | ≤0.1 | ≤2.0 | ≤10 |

(3)粒度 硼铁的粒度原则上按表 4-163 所示。

表 4-163 硼铁粒度

| 种类 | 代号 | 粒度/mm |
|---|---|---|
| 一般尺寸 | g | 1～100 |
| 小尺寸 | s | 1～30 |

2. 德国硼铁(DIN17567—1970)

硼铁系一种中间合金。硼铁中间合金的硼含量最低为10%。

硼铁的化学成分见表 4-164。

表 4-164 硼铁化学成分

| 牌号 | 材料号 | 化学成分/% | | | | | | | |
|---|---|---|---|---|---|---|---|---|---|
| | | B | Al | Si | C | Mn | P | S | Co |
| | | | 最大 | | | | | | |
| FeB16 | 0.4816 | 15～18 | 4.0 | 1.0 | 0.10 | 0.50 | 0.005 | 0.001 | 0.005 |
| FeB18 | 0.4818 | 18～20 | 2.0 | 2.0 | 0.10 | 0.50 | 0.005 | 0.001 | 0.005 |
| FeB12C | 0.4812 | 10～14 | 0.50 | 4.0 | 2.0 | 0.50 | 0.005 | 0.1 | 0.005 |
| Fe17C | 0.4817 | 14～19 | 0.50 | 4.0 | 2.0 | 0.50 | 0.005 | 0.1 | 0.005 |

3. 前苏联硼铁(ГОСТ 14848—69)

硼铁用于制作合金钢、合金和铸铁,以及用于制作电焊条涂层和焊接混合体涂料。

硼铁的牌号有:ФБ—0、ФБ—1、ФБ—2、ФБ—3。

硼铁的化学成分见表 4-165。

**表 4-165 硼铁化学成分**

| 牌 号 | 化 学 成 分/% | | | | | | |
|---|---|---|---|---|---|---|---|
| | B | Si | Al | C | S | P | Cu |
| | 不小于 | | | 不大于 | | | |
| ФБ—0 | 20 | ≤2 | ≤3 | 0.05 | 0.01 | 0.015 | 0.05 |
| ФБ—1 | 17 | ≤3 | ≤5 | 0.20 | 0.02 | 0.03 | 0.10 |
| ФБ—2 | 8 | 7～15 | 7～15 | — | — | — | — |
| ФБ—3 | 6 | ≤12 | 12 | — | — | — | — |

注:1. 根据需方要求,牌号 ФБ—0、ФБ—1 按含铝量不大于 1.50%供应;

2. 根据需方要求,牌号 ФБ—01、ФБ—1 按含碳量不大于 0.03%供应。

ГОСТ14848—69 铁合金—硼铁第一号修改单,前苏联国家标准委员会于 1980 年 3 月发布,1980 年 1 月 1 日起实施。新修改本对硼铁牌号和化学成分规定见表 4-166。

**表 4-166 硼铁化学成分**

| 牌 号 | | 化 学 成 分/% | | | | | | |
|---|---|---|---|---|---|---|---|---|
| ГОСТ14848—69 | СТСЭВ988—78 | B | Si | Al | C | S | P | Cu |
| | | 不小于 | | | 不大于 | | | |
| ФБ20 | 26593 | 20 | ≤2 | ≤3 | 0.05 | 0.01 | 0.015 | 0.05 |
| ФБ17 | 26591 | 17 | ≤3 | ≤5 | 0.20 | 0.02 | 0.03 | 0.10 |
| ФБ17А | 26592 | 17 | ≤4 | ≤0.5 | 4 | — | — | — |
| ФБ10 | 26586 | 10 | 7～15 | 8～12 | — | — | — | — |
| ФБ10А | 26585 | 10 | ≤5 | 8～12 | — | — | — | — |
| ФБ6 | 26584 | 6 | ≤12 | 6～12 | — | — | — | — |
| ФБ6А | 26583 | 6 | ≤5 | 6～12 | — | — | — | — |

按需方要求 ФБ20 含碳不大于 0.03%,ФБ20、ФБ17 含铝不大于 1.5%。

## (十九)铌铁

1. 美国铌铁(ANSI/ASTM A550—78)

铌铁有三种品级,即:低合金钢级、合金钢和不锈钢级、高纯级。

铌铁的化学成分和补充的化学成分分别见表 4-167 和表 4-168。

**表 4-167 铌铁化学成分**

| 元 素 | 成 分/% | | |
|---|---|---|---|
| | 低合金钢级 | 合金钢和不锈钢级 | 高纯级 |
| Nb | 60.0～70.0 | 60.0～70.0 | 60.0～70.0 |
| Ta,最高 | 5.0 | 2.0 | 0.50 |
| C,最高 | 0.5 | 0.3 | 0.10 |
| Mn,最高 | 3.0 | 2.0 | 0:50 |

续表 4-167

| 元　素 | 成　分/% | | |
|---|---|---|---|
| | 低合金钢级 | 合金钢和不锈钢级 | 高纯级 |
| Si,最高 | 4.0 | 2.5 | 0.40 |
| Al,最高 | 3.0 | 2.0 | 2.0E |
| Sn,最高 | 0.25 | 0.15 | 0.02 |
| P，最高 | 0.10 | 0.05 | 0.02 |
| S，最高 | 0.10 | 0.05 | 0.02 |

**表 4-168　铌铁补充的化学成分**

| 元　素 | 成　分/% | | |
|---|---|---|---|
| | 低合金钢级 | 合金钢和不锈钢级 | 高纯级 |
| Cr | 1.00 | 1.00 | 0.10 |
| W | 1.00 | 0.5 | 0.05 |
| Ti | 1.00 | 1.0 | 0.10 |
| Pb | 0.25 | 0.01 | 0.01 |
| Co | 0.25 | 0.05 | 0.05 |

铌铁的块度及允许偏差见表 4-169。

**表 4-169　铌铁的块度和允许偏差**

| 标　准　块　度/mm | 偏　　差 | |
|---|---|---|
| <50.8 | >50mm≤10% | <2.36mm≤10% |
| <12.7 | >12.5mm≤10% | |
| <6.35 | >6.3mm≤10% | |
| <2.36 | >2.36mm≤10% | |
| <0.84 | >0.84mm≤10% | |

2.日本铌铁(JIS G2319—1986)

(1)类别及代号　铌铁用作钢铁冶炼的合金成分添加剂。其类别和代号见表 4-170。

**表 4-170　铌铁类别及代号**

| 类　别 | | 代　号 |
|---|---|---|
| 铌　铁 | 1号 | FNb1 |
| | 2号 | FNb2 |

(2)化学成分　铌铁的化学成分见表 4-171 和表 4-172。

**表 4-171　铌铁化学成分**

| 类　别 | | 代　号 | 化学成分/% | | | | | | |
|---|---|---|---|---|---|---|---|---|---|
| | | | Nb+Ta | C | Si | P | S | Sn | Al |
| 铌　铁 | 1号 | FNb1 | ≥60 | ≤0.20 | ≤3.0 | ≤0.20 | ≤0.20 | ≤0.35 | ≤4.0 |
| | 2号 | FNb2 | ≥60 | ≤0.20 | ≤3.0 | ≤0.20 | ≤0.20 | ≤3.0 | ≤6.0 |

注：Ta≤1/5Nb。根据需要，可指定为≤1/10Nb。

**表 4-172 铌铁指定化学成分**

| 类别 | | 化学成分/% | | | | | |
|---|---|---|---|---|---|---|---|
| | | C | Si | P | S | Sn | Al |
| 铌铁 | 1号 | ≤0.10 | ≤2.0<br>≤1.0 | ≤0.10 | ≤0.10 | ≤0.20<br>≤0.10 | ≤3.0<br>≤2.0<br>≤1.0 |

(3)粒度　铌铁的粒度,原则上按表 4-173 所列。

**表 4-173 粒 度**

| 类别 | 代号 | 粒度/mm |
|---|---|---|
| 一般尺寸 | g | 1～100 |
| 细碎尺寸 | S | 1～50 |

3. 德国铌铁(DIN17569—1982)

(1)化学成分　铌铁的化学成分见表 4-174。

**表 4-174 铌铁化学成分**

| 牌号 | 材料号 | 化学成分/% | | | | | | | | | |
|---|---|---|---|---|---|---|---|---|---|---|---|
| | | Nb | Ta<br>最大 | Al<br>最大 | Si<br>最大 | Ti<br>最大 | C<br>最大 | S<br>最大 | P<br>最大 | Sn<br>最大 | Co<br>最大 |
| FeNb63 | 0.4740 | 58～68 | 2.0 | 2.5 | 4.0 | 2.5 | 0.2 | 0.10 | 0.15 | 0.15 | 0.05 |
| FeNb65 | 0.4745 | 63～68 | 0.5 | 1.0 | 2.5 | 0.4 | 0.15 | 0.05 | 0.10 | 0.10 | 0.05 |
| FeNb65Ta0.2 | 0.4748 | 63～68 | 0.2 | 1.0 | 0.5 | 0.2 | 0.1 | 0.05 | 0.05 | 0.10 | 0.01 |

(2)粒度　铌铁的粒度范围见表 4-175。

**表 4-175 铌铁粒度**

| 粒度范围/mm | 允许的下限粒度 | 允许的上限粒度 |
|---|---|---|
| 3.15～100 | 供货重的 5% | 供货重的 10% |
| 3.15～50 | 供货重的 10% | 不作为块的部分,允许在 2 个或 3 个 |
| 3.15～25 | 供货重的 10% | 方向上超过规定粒度范围上限的 1.15 倍 |
| <3.15 | — | |

4. 前苏联铌铁(ГОСТ16773—85)

(1)化学成分　铌铁的化学成分见表 4-176。

**表 4-176 铌铁化学成分**

| 牌号标记 | 主成分/% | | | | | | | 质量等级 |
|---|---|---|---|---|---|---|---|---|
| | Nb+Ta | Ta | Si | Al | Ti | C | S | P |
| | | 不大于 | | | | | | |
| ФН660 | 55～65 | 1.0 | 1.5 | 3.0 | 1.0 | 0.1 | 0.03 | 0.10 | 优等 |
| ФН658 | 50～65 | 1.0 | 2.0 | 6.0 | 1.0 | 0.2 | 0.03 | 0.15 | 优等 |
| ФН658(Ф) | 50～65 | — | 2.0 | 6.0 | 2.0 | 0.3 | 0.05 | 0.40 | 一等 |
| ФН655С | 50～65 | — | 15 | 4.0 | 8.0 | 0.2 | 0.03 | 0.30 | 一等 |
| ФН650С | 40～65 | — | 20 | 6.0 | — | 0.5 | 0.05 | 0.50 | 一等 |

根据需方要求生产的铌铁：牌号 ΦH660—主成分铝量不大于 2%，牌号 ΦH658—主成分磷量不大于 0.10%，牌号 ΦH655C—主成分硅量不大于 10%。

(2)其他技术要求　铌铁按尺寸大于 2～100mm 的块状(颗粒)生产。每批中筛上产品的质量部分不应大于 10%，筛下的不大于 5%。

出口铌铁按尺寸大于 25～100mm 的块度生产。筛上或筛下产品的质量部分各不应大于 10%。

批内最大块度的尺寸不应大于 115mm。

铌铁块无论是在表面上或在截面中不应有肉眼可见的明显的炉渣夹杂物和其他异类的材料。

对出口的铌铁，其块的截面应是致密的，没有气泡。

### (二十)硅锰合金

1. 美国硅锰合金(ANSI/ASTM A483—(64)80)

(1)化学成分　硅锰合金分三种品级，以 A、B、C 表示。其化学成分见表 4-177 和表 4-178。

**表 4-177　硅锰合金化学成分**

| 元素 | 化学成分/% | | |
|---|---|---|---|
| | A 级 | B 级 | C 级 |
| Mn | 65.0～68.0 | 65.0～68.0 | 65.0～68.0 |
| Si | 18.5～21.0 | 16.0～18.5 | 12.5～16.0 |
| C 最高 | 1.5 | 2.0 | 3.0 |
| P 最高 | 0.20 | 0.20 | 0.20 |
| S 最高 | 0.04 | 0.04 | 0.04 |

**表 4-178　硅锰合金补充化学成分**

| 元素 | 含量/%(所有品级，最高) | 元素 | 含量/%(所有品级，最高) |
|---|---|---|---|
| As | 0.10 | Cr | 0.50 |
| Sn | 0.010 | Ni | 0.20 |
| Pb | 0.030 | Mo | 0.10 |

表 4-178 所列的数值应作为最高数值。在买方要求下，生产厂应提供双方同意的一段时期内的元素分析值。

(2)块度　硅锰合金各种品级的块度见表 4-179。

**表 4-179　硅锰合金的块度和允许偏差**

| 标准块度/mm | 偏差 | |
|---|---|---|
| 203.2～101.6 | 最大块质量 40.5kg | <100mm　≤10% |
| 203.2～50.8 | 最大块质量 40.5kg | <50mm　≤10% |
| 101.6～25.4 | >100mm　≤10% | <25mm　≤10% |
| 50.8～6.35 | >50mm　≤10% | <6.3mm　≤10% |
| <50.8 | >50mm　≤10% | <2.36mm　≤15% |

2. 日本硅锰合金(JIS G2304—1986)

(1)种类及代号 硅锰合金用于钢铁生产的脱氧剂、脱硫剂或合金成分添加剂。其种类和代号见表 4-180。

**表 4-180 硅锰合金种类及代号**

| 种类 | | 代号 |
|---|---|---|
| 硅锰合金 | 0号 | SiMn0 |
| | 1号 | SiMn1 |
| | 2号 | SiMn2 |
| | 3号 | SiMn3 |

(2)化学成分 化学成分见表 4-181;指定化学成分见表 4-182。

**表 4-181 硅锰合金化学成分**

| 种类 | | 代号 | 化学成分/% | | | | |
|---|---|---|---|---|---|---|---|
| | | | Mn | Si | C | P | S |
| 硅锰合金 | 0号 | SiMn0 | 65～70 | 20～25 | ≤1.5 | ≤0.30 | ≤0.05 |
| | 1号 | SiMn1 | 65～70 | 16～20 | ≤2.0 | ≤0.30 | ≤0.02 |
| | 2号 | SiMn2 | 60～65 | 16～20 | ≤2.0 | ≤0.30 | ≤0.03 |
| | 3号 | SiMn3 | 60～65 | 14～18 | ≤2.5 | ≤0.30 | ≤0.03 |

**表 4-182 硅锰合金指定化学成分**

| 种类 | | 化学成分/% |
|---|---|---|
| | | P |
| 硅锰合金 | 全种类 | ≤0.20,≤0.15,≤0.10 |

(3)粒度 原则上如表 4-183 所示。

**表 4-183 硅锰合金粒度**

| 种类 | 代号 | 粒度/mm |
|---|---|---|
| 一般粒度 | g | 10～150 |
| 微细粒度 | f | 1～15 |
| 小粒度 | s | 10～50 |
| 中粒度 | m | 10～100 |

3.前苏联硅锰合金(ГОСТ4756—77)

(1)化学成分 硅锰合金用作炼钢和合金的添加元素和脱氧剂,以及用于生产锰合金。其牌号和化学成分见表 4-184。

根据需方要求,牌号 $CM_H17P$、$CM_H14P$ 和 $CM_H10$ 的硅锰合金按主成分磷不大于 0.25%生产,而牌号 $CM_H14$ 按主成分磷不大于 0.20%生产。

根据供需双方协议可生产主成分磷至 0.5%牌号为 $CM_H17P$、$CM_H14P$ 和 $CM_H10$ 的硅锰合金。

(2)物理状态 硅锰合金生产的块重不大于 20kg。块重大于 20kg 的数量不应超过每批重的 5%。从孔 20mm×20mm 的筛子上通过的碎块数量不应超过每批重的 15%。

根据需方要求生产的硅锰合金,其从孔 20mm×20mm 的筛子上通过的碎块数量不大于 10%和块重不大于 15kg。重量大于 15kg 的块的数量不应超过批重的 3%。

**表 4-184 硅锰合金化学成分**

| 牌 号 | 化学成分/% | | | | |
|---|---|---|---|---|---|
| | Si | Mn | C | P | S |
| | | 不小于 | 不大于 | | |
| $CM_H26$ | ≥26.0 | 60.0 | 0.2 | 0.05 | 0.03 |
| $CM_H20$ | 20.0～25.9 | 65.0 | 1.0 | 0.10 | 0.03 |
| $CM_H20P$ | 20.0～25.9 | 65.0 | 1.0 | 0.25 | 0.03 |
| $CM_H17$ | 17.0～19.9 | 65.0 | 1.7 | 0.10 | 0.03 |
| $CM_H17P$ | 17.0～19.9 | 65.0 | 1.7 | 0.35 | 0.03 |
| $CM_H14$ | 14.0～16.9 | 65.0 | 2.5 | 0.25 | 0.03 |
| $CM_H14P$ | 14.0～16.9 | 65.0 | 2.5 | 0.35 | 0.03 |
| $CM_H10$ | 10.0～13.9 | 65.0 | 3.5 | 0.35 | 0.03 |

注：在硅锰合金牌号标记中字母的含义：C—硅，$M_H$—锰，数字表示合金中硅含量最小值。数字后面的字母P表示具有较高的磷含量。

根据供需双方协议可生产粒度等级级数范围(例如，20～315)的硅锰合金或在牌号标记后括号内指明粒度等级的硅锰合金，例如：$CM_H17$—(1～3)。

硅锰合金块的表面上和截面中不应有明显的铁渣、砂土和其他异类材料的夹杂物。在块的表面上允许有粘砂物和氧化膜。

标记举例：牌号为 $CM_H17P$、粒度等级为3级的硅锰合金，其标记为：

$CM_H17P$—3ГОСТ4756—77

根据需方要求，生产厂可按表4-185所列硅锰合金粒度级别生产。

**表 4-185 硅锰合金粒度级别**

| 粒度等级 | 块的尺寸/mm | 批内产品质量部分/%(不大于) | |
|---|---|---|---|
| | | 筛 上 | 筛 下 |
| 1 | 100～315 | 5 | 10 |
| 2 | 20～200 | 10 | 10 |
| 3 | 20～100 | 10 | 10 |
| 4 | 20～50 | 10 | 15 |
| 5 | 5～25 | 10 | 15 |

## (二十一)硅锰铁

### 1. 法国硅锰铁(NFA13—030—1976)

硅锰铁是一种从硅矿石和锰矿石还原而制得的硅、锰和铁的合金。

硅锰铁的硅含量为10%～37%、锰含量为57%～80%。

硅锰铁含有的铁是一个变量。

(1)物理性能和粒度 块状的硅锰铁是一种浅灰色合金，其金属光泽随硅含量的增加而增强。硅锰铁是以浇注后被破碎成块状形式存在。块状硅锰铁也可以是生铁铸块状(大锭)或小锭状。

硅锰铁经破碎、磨碰并筛分后，会有几种级别的粒度。

块度(块的大小)是由破碎的硅锰铁通过不同标准尺寸方网眼筛决定的。

硅锰铁各种不同级别粒度及其允许偏差见表 4-186。

**表 4-186 粒 度**

| 级 别 | 粒度范围/mm | 允 许 偏 差 | |
|---|---|---|---|
| 1 | 100～315 | 大于 315mm 者,≤10% | 小于 100m 者,≤10% |
| 2 | 5～200 | 大于 200mm 者,≤10% | 小于 5m 者,≤10% |
| 3 | 5～100 | 大于 100mm 者,≤10% | 小于 5m 者,≤10% |
| 4 | 5～50 | 大于 50mm 者,≤10% | 小于 5m 者,≤10% |
| 5 | ≤25 | 大于 25mm 者,≤10% | |

订购特殊规格的硅锰铁时,硅锰铁可以按与上述规定不同的其他级别粒度交货。

硅锰铁允许含有夹渣或附着或不附着在金属上的非金属颗粒。

允许含有的非金属杂质的量不得超过交货重的 0.5%。但对粒度范围最大为 25mm 的一级的除外,其非金属夹杂的含量可达交货重的 2%。

(2)化学成分 硅锰铁的化学成分见表 4-187。

**表 4-187 化学成分**

| 牌 号 | 化 学 成 分/% | | | | |
|---|---|---|---|---|---|
| | Mn | Si | C,最大 | P,最大 | S,最大 |
| FeMn70Si12 | 65.0～80.0 | 10.0～15.0 | 3.5 | 0.35 | 0.030 |
| FeMn62Si18 | 60.0～65.0 | 15.0～20.0 | 2.0 | 0.35 | 0.030 |
| FeMn62Si18LP | | | | 0.15 | |
| FeMn70Si18 | 65.0～75.0 | | | 0.35 | |
| FeMn70Si18LP | | | | 0.15 | |
| FeMn62Si22HP | 60.0～65.0 | 20.0～25.0 | 1.6 | 0.30 | 0.030 |
| FeMn62Si22MP | | | | 0.15 | |
| FeMn62Si22LP | | | | 0.10 | |
| FeMn70Si22HP | 65.0～75.0 | | | 0.30 | |
| FeMn70Si22MP | | | | 0.15 | |
| FeMn70Si22LP | | | | 0.10 | |
| FeMn70Si23HP | 65.0～75.0 | 20.0～25.0 | 1.0 | 0.30 | 0.030 |
| FeMn70Si23MP | | | | 0.15 | |
| FeMn70Si23LP | | | | 0.10 | |
| FeMn70Si28 | 64.0～75.0 | 25.0～30.0 | 0.50 | 0.20 | 0.030 |
| FeMn70Si28LP | | | | 0.10 | |
| FeMn60Si30HP | 57.0～67.0 | 30.0～37.0 | 0.10 | 0.20 | 0.030 |
| FeMn60Si30LP | | | | 0.10 | |
| FeMn60Si30ELP | | | | 0.05 | |

硅锰铁交货的硅含量和锰含量按质量在表 4-187 中规定了两个上下极限值范围,但对粒度最大为 25mm 一级的除外。

2. 美国硅锰铁合金(ANSI/ASTM A701—74)

(1)化学成分　硅锰铁合金的化学成分见表 4-188 和表 4-189。

**表 4-188　硅锰铁合金的推荐技术条件**

| 元　素 | 化学成分/% | 元　素 | 化学成分/% |
| --- | --- | --- | --- |
| Mn | 63～66 | Si | 28～32 |
| C,最大 | 0.08 | P,最大 | 0.05 |

**表 4-189　硅锰铁合金的推荐补充化学成分要求**

| 元　素 | 含量/%(最大) | 元　素 | 含量/%(最大) |
| --- | --- | --- | --- |
| As | 0.15 | Pb | 0.050 |
| Sn | 0.010 | Cr | 0.50 |

(2)块度　硅锰铁合金的块度见表 4-190。

**表 4-190　硅锰铁合金块度**

| 块　度 | 允　许　偏　差 |
| --- | --- |
| 34.0kg×50.8mm | |
| 22.7kg×25.4mm | |
| 152.4mm×1.70mm | |
| 通过 76.2mm 筛网 | 最多有 10%通过 6.3mm 筛网 |
| 通过 50.8mm 筛网 | 最多有 10%通过 6.3mm 筛网 |

(3)脆性评定　硅锰铁合金的脆性评定见表 4-191。

**表 4-191　脆性评定**

| 脆性级别号 | 表　示　含　义 |
| --- | --- |
| 1 | 很坚固的材料,在装运中如有破碎也是很少的(如低碳铬铁) |
| 2 | 装运中大块可能有些破碎,但大块或碎块都不产生明显的碎屑。(如金属铬) |
| 3 | 装运中大块显著变小。碎块搬运中无显著碎屑(如钒铁) |
| 4 | 多次搬运中大块显著变小,碎块经多次搬运形成一些碎屑(如标准锰铁) |
| 5 | 多次搬运中大块显著变小,碎块在搬运中有显著碎屑(如 50%硅铁) |
| 6 | 表示最易破碎的合金(如硅钙) |

## (二十二)硅铬铁合金

1. 美国硅铬铁合金(ANSI/ASTM A482—76(83))

(1)化学成分　各牌号硅铬铁合金的化学成分见表 4-192 和表 4-193。

**表 4-192　硅铬铁化学成分**

| 元　素 | 含　量/% | |
| --- | --- | --- |
| | A　级 | B　级 |
| Cr | 34.0～38.0 | 38.0～42.0 |
| C | ≤0.060 | ≤0.050 |
| Si | 38.0～42.0 | 41.0～45.0 |
| S | ≤0.030 | ≤0.030 |
| P | ≤0.030 | ≤0.030 |

**表 4-193 硅铬铁补充化学成分**

| 元素 | 含量/% |
|---|---|
| | 硅铬铁合金(A 级和 B 级) |
| | 不大于 |
| N | 0.050 |
| Mn | 0.75 |
| Ni | 0.50 |
| V | 0.50 |
| Cu | 0.050 |
| Mo | 0.050 |
| Nb | 0.050 |
| Ta | 0.050 |
| Co | 0.10 |
| Al | 0.50 |
| Ti | 0.50 |
| Zr | 0.050 |
| As | 0.005 |
| Pb | 0.005 |
| Sn | 0.005 |
| Zn | 0.005 |
| B | 0.005 |
| Sb | 0.005 |
| Ag | 0.005 |
| Bi | 0.005 |

(2)块度　各牌号的块度见表 4-194。

**表 4-194 硅铬铁合金的块度和允许偏差**

| 产品名称 | 标准块度 | 偏差 | |
|---|---|---|---|
| 硅铬铁合金 | ＜33.75kg | 最大块质量 40.5kg | |
| | 33.75kg～25.4mm | 最大块质量 40.5kg | ＜25mm≤10% |
| | 33.75kg～50.8mm | 最大块质量 40.5kg | ＜50mm≤10% |
| | ＜18kg | 最大块质量 22.5kg | |
| | ＜11.25kg | 最大块质量 13.5kg | |
| | ＜101.6mm | ＞100mm≤10% | |
| | ＜76.2mm | ＞75mm≤10% | |
| | 76.2～12.7mm | ＞75mm≤10% | ＜12.5mm≤10% |
| | ＜50.8mm | ＞50mm≤10% | |
| | 50.8～6.36mm | ＞50mm≤10% | ＜6.3mm≤10% |
| | ＜19.05mm | ＞19mm≤10% | |

(3)脆性等级　硅铬铁的脆性等级见表 4-195。

表 4-195 脆性等级

| 编号 | 定义 |
|---|---|
| 1 | 非常坚韧的合金，装运过程中很少破碎(例：低碳铬铁) |
| 2 | 装运过程中，大块合金可能有一些破碎，合金块或破碎的小合金块都不产生大量的粉末(例：金属铬) |
| 3 | 装运过程中，大块合金的块度可能明显变小。破碎的小合金块在装运时，不产生大量的粉末(例：钒铁) |
| 4 | 大块合金在反复装运过程中，其块度明显变小。破碎的小合金块在反复装运时，产生一些粉末(例：标准锰铁) |
| 5 | 大块合金在反复装运过程中，其块度明显变小。破碎的小合金块在装运时，产生大量的粉末(例：50%硅铁) |
| 6 | 代表最脆的合金(例硅钴合金) |

2. 日本硅铬铁合金(JIS G2315—1986)

化学成分按表 4-196 的规定，但是，也可以按表 4-197 指定的化学成分。粒度原则上按表 4-198 的规定。

表 4-196 硅铬铁化学成分

| 种类 | 代号 | 化学成分/% | | | |
|---|---|---|---|---|---|
| | | Si | Cr | C | P |
| 硅铬铁合金 | SiCr | ≥40 | ≥30 | ≤0.10 | ≤0.04 |

表 4-197 硅铬铁指定化学成分

| 种类 | 化学成分/% | |
|---|---|---|
| | C | P |
| 硅铬铁合金 | ≤0.06<br>≤0.03 | ≤0.03 |

表 4-198 硅铬铁粒度

| 种类 | 代号 | 粒度/mm |
|---|---|---|
| 一般尺寸 | g | 10～150 |
| 细碎尺寸 | s | 10～50 |
| 中碎尺寸 | m | 10～100 |

3. 前苏联硅铬铁合金(ГОСТ11861—77)

(1)化学成分　硅铬铁合金用于作为炼钢和合金的添加剂、脱氧剂、生铁的孕育处理剂，以及作为生产铬铁的还原剂。其化学成分见表 4-199。

表 4-199 硅铬铁化学成分

| 牌号 | 化学成分/% | | | | |
|---|---|---|---|---|---|
| | Si | Cr | C | P | S |
| | | 不小于 | 不大于 | | |
| ФСХ13 | 10～16 | 55 | 6.0 | 0.04 | 0.03 |
| ФСХ20 | >16～23 | 48 | 4.5 | 0.04 | 0.02 |
| ФСХ26 | >23～30 | 45 | 3.0 | 0.03 | 0.02 |
| ФСХ33 | >30～37 | 40 | 0.9 | 0.03 | 0.02 |
| ФСХ40 | >37～45 | 35 | 0.2 | 0.03 | 0.02 |
| ФСХ48 | >45 | 28 | 0.1 | 0.03 | 0.02 |

注：硅铬铁合金牌号标记中字母的含义：Ф—铁，Х—铬，С—硅。数字表示该牌号硅的平均含量。

(2)主成分碳含量　根据需方要求，硅铬铁合金按表4-200规定的碳含量组织生产。

**表4-200　硅铬铁碳含量**

| 硅铬铁合金牌号 | 主成分碳/%(不大于) |
| --- | --- |
| ΦCX20 | 2.5 |
| ΦCX26 | 1.5 |
| ΦCX40 | 0.05 |
| ΦCX48 | 0.04 |

注：牌号标记尾部的数字表示粒度等级，例如ΦCX20—2。

(3)粒度等级　硅铬铁的粒度等级见表4-201。

**表4-201　硅铬铁粒度等级**

| 粒度等级 | 块的尺寸/mm | 批中产品的质量部分/%(不大于) | |
| --- | --- | --- | --- |
| | | 筛　上 | 筛　下 |
| 1 | −315+100 | 10 | 10 |
| 2 | −100+25 | 10 | 10 |
| 3 | −25+5 | 10 | 10 |
| 4 | −5 | 10 | — |

(4)其他技术要求　硅铬铁合金生产的块重不大于20kg。大于20kg的块数不应超过批重的10%。从筛子尺寸20mm×20mm上通过的碎块数量不应超过批重的5%。硅铬铁合金块的表面上不应有明显的夹渣、砂土和其他异类材料的夹杂物。表面上允许有氧化膜和粘砂的痕迹。

4.法国硅铬铁(NF A13—050—1976)

硅铬铁是一种用铬矿石和硅矿石还原而获得的铬、硅和铁的合金。硅铬铁的铬含量为28%～55%，硅含量为10%～55%。

(1)物理形态　呈块状的硅铬铁是一种灰色的合金，其外观随硅含量的变化而变化。硅铬铁是以浇注后被破碎成块状的形式存在。

硅铬铁经破碎、磨碎并筛分后，具有几种粒度级别。

块度(块的大小)是由破碎的硅铬铁通过不同标准尺寸方网眼筛决定的。

各种级别粒度及其允许偏差见表4-202。

**表4-202　硅铬铁粒度**

| 级　别 | 粒度/mm | 允　许　偏　差 | |
| --- | --- | --- | --- |
| 1 | 100～315 | >315mm者，≤10% | <100mm者，≤10% |
| 2 | 25～200 | >200mm者，≤10% | <25mm者，≤10% |
| 3 | 5～100 | >100mm者，≤10% | <5mm者，≤10% |
| 4 | 2～25 | >25mm者，≤10% | <2mm者，≤10% |
| 5 | ≤5 | >5mm者，≤10% | |

当订购特殊规格时，硅铬铁可以按与上述规定不同的其他粒度级别交货。给出的粒度保证值，用于一种硅铬铁在包装或散装时进行取样。硅铬铁往往会有些渣粒。允许非金属污物

的量不得超过交货重的0.5%，但对粒度最大为5mm的一级(即表中5级)除外，其非金属污物的允许量稍高些。

(2)化学成分 硅铬铁的化学成分见表4-203。

**表4-203 硅铬铁化学成分**

| 牌号 | 化学成分/% | | | | |
|---|---|---|---|---|---|
| | $Cr_{最小}$ | Si | $C_{最大}$ | $P_{最大}$ | $S_{最大}$ |
| FeCrSi15 | 55.0 | 10.0～18.0 | 6.0 | 0.050 | 0.030 |
| FeCrSi23 | 45.0 | 18.0～28.0 | 3.5 | 0.050 | 0.030 |
| FeCrSi26 | 45.0 | 24.0～28.0 | 1.5 | 0.030 | 0.030 |
| FeCrSi40 | 35.0 | 35.0～45.0 | 0.1 | 0.030 | 0.030 |
| | 35.0 | 35.0～40.0 | 0.2 | 0.030 | 0.030 |
| FeCrSi50 | 28.0 | 45.0～55.0 | 0.1 | 0.030 | 0.030 |
| FeCrSi50LC | | | 0.05 | | |
| FeCrSi50ELC | | | 0.03 | | |
| FeCrSi48 | 35.0 | 42.0～55.0 | 0.05 | 0.030 | 0.010 |
| FeCrSi48LP | | | | 0.020 | |
| FeCrSi22 | 55.0 | 20.0～25.0 | 0.05 | 0.030 | 0.030 |

硅铬铁交货的铬含量和硅含量，按其质量表4-203中列出了两个(上、下)极限值，但对粒度最大为5mm的一级除外。

表4-203中，为保证上述的极限含量，还同时规定按质量的硅铬铁交货的次要元素含量。

当订购特殊规格的硅铬铁时，经供需双方商定一致，铬含量和硅含量的范围可以更窄一些；同样，对次要元素也可变动，以保证(硅、铬)含量。

表4-203中未规定次要元素的含量也应保证。

5. 德国硅铬铁(DIN17565—1968)

德国产硅铬铁的化学成分见表4-204。

**表4-204 硅铬铁化学成分**

| 名称 | | 牌号 | 材料号 | 化学成分/% | | | | | |
|---|---|---|---|---|---|---|---|---|---|
| | | | | Cr | C | Si | $P_{最大}$ | $S_{最大}$ | N |
| 硅铬铁 | 硅铬铁 | FeCr40Si | 0.4070 | 40～45 | 最大0.050 | 45～35 | 0.020 | 0.010 | — |
| | | FeCr60Si | 0.4072 | 55～65 | 最大0.050 | 25～20 | 0.020 | 0.010 | — |

## 四、铁合金国际标准

现将几种常用的铁合金的国际标准介绍如下。

**(一)硅铁**

硅铁的技术条件，国际标准ISO5445—80规定如下：

1. 化学成分

硅铁化学成分见表 4-205。

**表 4-205 硅铁化学成分**

| 牌号 | 化学成分/% | | | | | | | | | |
|---|---|---|---|---|---|---|---|---|---|---|
| | Si | | Al | | P | S | C | Mn | Cr | Ti |
| | > | ≤ | > | ≤ | ≤ | ≤ | ≤ | ≤ | ≤ | ≤ |
| FeSi10 | 8.0 | 13.0 | — | 0.2 | 0.15 | 0.06 | 2.0 | 3.0 | 0.8 | 0.30 |
| FeSi15 | 14.0 | 20.0 | — | 1.0 | 0.15 | 0.06 | 1.5 | 1.5 | 0.8 | 0.30 |
| FeSi25 | 20.0 | 30.0 | — | 1.5 | 0.15 | 0.06 | 1.0 | 1.0 | 0.8 | 0.30 |
| FeSi45 | 41.0 | 47.0 | — | 2.0 | 0.05 | 0.05 | 0.20 | 1.0 | 0.5 | 0.30 |
| FeSi50 | 47.0 | 51.0 | — | 1.5 | 0.05 | 0.05 | 0.20 | 0.8 | 0.5 | 0.30 |
| FeSi65 | 63.0 | 68.0 | — | 2.0 | 0.05 | 0.04 | 0.20 | 0.4 | 0.4 | 0.30 |
| FeSi75Al1 | 72.0 | 80.0 | — | 1.0 | 0.05 | 0.04 | 0.15 | 0.5 | 0.3 | 0.20 |
| FeSi75Al1.5 | 72.0 | 80.0 | 1.0 | 1.5 | 0.05 | 0.04 | 0.15 | 0.5 | 0.3 | 0.20 |
| FeSi75Al2 | 72.0 | 80.0 | 1.5 | 2.0 | 0.05 | 0.04 | 0.20 | 0.5 | 0.3 | 0.30 |
| FeSi75Al3 | 72.0 | 80.0 | 2.0 | 3.0 | 0.05 | 0.04 | 0.20 | 0.5 | 0.5 | 0.30 |
| FeSi90Al1 | 87.0 | 95.0 | — | 1.5 | 0.04 | 0.04 | 0.15 | 0.5 | 0.2 | 0.30 |
| FeSi90Al2 | 87.0 | 95.0 | 1.5 | 3.0 | 0.04 | 0.04 | 0.15 | 0.5 | 0.2 | 0.30 |

2. 粒度

硅铁颗粒粒度见表 4-206。

**表 4-206 硅铁粒度表**

| 等级 | 颗粒粒度范围/mm | 过细粒度/%(最大) | | 过大粒度/%(最大) |
|---|---|---|---|---|
| | | 总量 | 小于 3.15mm | |
| 1 | 100～315 | 20 | 6 | 10 |
| 2 | 75～200 | 20 | 6 | 在两个或三个方向上不得有超过规定粒度范围最大极限值×1.15 的粒度 |
| 3 | 35～100 | 18 | 6 | |
| 4 | 10～75 | 18 | 7 | |
| 5 | 3.15～35 | 8 | | |
| 6 | 3.15～10 | 10 | | |
| 7 | 3.15～6.3 | 10 | | |
| 8 | <3.15 | — | | |

## (二)锰铁

锰铁的技术条件,国际标准 ISO5446—80 规定如下:

1. 化学成分

锰铁化学成分见表 4-207～表 4-210。

**表 4-207 高碳锰铁化学成分**

| 牌号 | 化学成分/% | | | | |
|---|---|---|---|---|---|
| | Mn | C ≤ | Si ≤ | P ≤ | S ≤ |
| FeMn75C80VHP | 70.0～<82.0 | 8.0 | 2.0 | 0.50 | 0.030 |
| FeMn75C80HP | | | | 0.35 | |
| FeMn75C80MP | | | | 0.25 | |
| FeMn75C80LP | | | | 0.15 | |
| FeMn75C80VLP | | | | 0.10 | |

**表 4-208 中碳锰铁化学成分**

| 牌号 | 化学成分/% | | | | | |
|---|---|---|---|---|---|---|
| | Mn | C | | Si | P | S |
| | | > | ≤ | ≤ | ≤ | ≤ |
| FeMn80C20 | 75.0～85.0 | 1.5 | 2.0 | 2.0 | 0.35 | 0.030 |
| FeMn80C20LP | | | | | 0.20 | |
| FeMn80C15 | | 1.0 | 1.5 | 2.0 | 0.35 | |
| FeMn80C15LP | | | | | 0.20 | |
| FeMn80C10 | | 0.5 | 1.0 | 2.0 | 0.35 | |
| FeMn80C10LP | | | | | 0.20 | |
| FeMn90C20 | >85.0～95.0 | 1.5 | 2.0 | 2.0 | 0.35 | 0.030 |
| FeMn90C20LP | | | | | 0.20 | |
| FeMn90C15 | | 1.0 | 1.5 | 2.0 | 0.35 | |
| FeMn90C15LP | | | | | 0.20 | |
| FeMn90C10 | | 0.5 | 1.0 | 2.0 | 0.35 | |
| FeMn90C10LP | | | | | 0.20 | |

**表 4-209 低碳锰铁化学成分**

| 牌号 | 化学成分/% | | | | | |
|---|---|---|---|---|---|---|
| | Mn | C | | Si | P | S |
| | | > | ≤ | ≤ | ≤ | ≤ |
| FeMn80C05 | 75.0～85.0 | 0.10 | 0.50 | 2.0 | 0.30 | 0.030 |
| FeMn80C05LP | | | | | 0.15 | |
| FeMn80C01 | | | 0.10 | 2.0 | 0.30 | |
| FeMn80C01LP | | | | | 0.15 | |
| FeMn90C05 | >85.0～95.0 | 0.10 | 0.50 | 2.0 | 0.30 | 0.030 |
| FeMn90C05LP | | | | | 0.15 | |
| FeMn90C01 | | | 0.10 | 2.0 | 0.30 | |
| FeMn90C01LP | | | | | 0.15 | |

**表 4-210 含氮锰铁化学成分**

| 牌号 | | 化学成分/% | | | | | | | |
|---|---|---|---|---|---|---|---|---|---|
| | | Mn | C | | Si | P | S | N | |
| | | ≥ | > | ≤ | ≤ | ≤ | ≤ | > | ≤ |
| 冶炼的 | FeMn80C05N2 | 80.0 | 0.1 | 0.5 | 2 | 0.15 | 0.030 | 1.5 | 2.5 |
| 烧结的 | FeMn70C05N5 | 69.0 | 0.1 | 0.5 | 2 | 0.30<br>0.15 | 0.030 | 4.0 | 8.0 |
| 烧结的 | FeMn70C10N5 | | 0.5 | 2.0 | 2 | 0.35<br>0.20 | 0.030 | | |

2. 粒度

锰铁的颗粒粒度见表 4-211。

**表 4-211 锰铁颗粒粒度**

| 等级 | 颗粒粒度范围/mm | 过细粒度/% | | 过大粒度/% |
|---|---|---|---|---|
| | | 总量 | 小于 3.15mm | |
| 1 | 100～315 | 15 | 5 | 10<br>在两或三个方向上不得有超过规定范围最大极限值×1.5 的粒度。 |
| 2 | 25～200 | 15 | 7 | |
| 3 | 10～100 | 15 | 7 | |
| 4 | 3.15～50 | 7 | | |
| 5 | 3.15～25 | 7 | | |
| 6 | <3.15 | — | | |

## (三)铬铁

铬铁的技术条件,国际标准 ISO5448—81 规定如下:

1. 化学成分

铬铁化学成分见表 4-212～表 4-219。

**表 4-212 标准含磷量高碳铬铁化学成分**

| 牌号 | 化学成分/% | | | | | |
|---|---|---|---|---|---|---|
| | Cr | C | Si > | Si ≤ | $P_{最大}$ | $S_{最大}$ |
| FeCr…C50 | 45.0～≤75.0 | 4.0～≤6.0 | — | 1.5 | 0.050 | 0.10 |
| FeCr…C50Ls | | | | | | 0.05 |
| FeCr…C50Si2 | | | 1.5 | 3.0 | | 0.10 |
| FeCr…C50Si2Ls | | | | | | 0.05 |
| FeCr…C50Si4 | | | 3.0 | 5.0 | | 0.10 |
| FeCr…C50Si4Ls | | | | | | 0.05 |
| FeCr…C50Si7 | | | 5.0 | 10.0 | | 0.05 |
| FeCr…C70 | | >6.0～≤8.0 | — | 1.5 | 0.050 | 0.10 |
| FeCr…C70Ls | | | | | | 0.05 |
| FeCr…C70Si2 | | | 1.5 | 3.0 | | 0.10 |
| FeCr…C70Si2Ls | | | | | | 0.05 |
| FeCr…C70Si4 | | | 3.0 | 5.0 | | 0.10 |
| FeCr…C70SiLs | | | | | | 0.05 |
| FeCr…C70Si6 | | | 5.0 | 8.0 | | 0.05 |

续表 4-212

| 牌号 | 化学成分/% | | | | | |
|---|---|---|---|---|---|---|
| | Cr | C | > Si | Si ≤ | $P_{最大}$ | $S_{最大}$ |
| FeCr…C90 | 45.0~≤75.0 | >8.0~≤10.0 | — | 1.5 | 0.050 | 0.10 |
| FeCr…C90Ls | | | | | | 0.05 |
| FeCr…C90Si2 | | | 1.5 | 3.0 | | 0.10 |
| FeCr…C90Si2Ls | | | | | | 0.05 |
| FeCr…C90Si4 | | | 3.0 | 5.0 | | 0.10 |
| FeCr…C90Si4Ls | | | | | | 0.05 |

注：1. 在所需的标准铬含量范围为45.0%～55.0%的情况下，其牌号应为FeCr50C70Si2；

2. 在所需的标准铬含量范围为65.0%～75.0%的情况下，其牌号应为FeCr70Si2。

**表 4-213 低磷高碳铬铁化学成分**

| 牌号 | 化学成分/% | | | | | |
|---|---|---|---|---|---|---|
| | Cr | C | > Si | Si ≤ | $P_{最大}$ | $S_{最大}$ |
| FeCr…C50LP | 45.0~≤75.0 | 4.0~≤6.0 | — | 1.5 | 0.030 | 0.10 |
| FeCr…C50LSLP | | | | | | 0.05 |
| FeCr…C50Si2LP | | | 1.5 | 3.0 | | 0.10 |
| FeCr…C50Si2LSLP | | | | | | 0.05 |
| FeCr…C50Si4LP | | | 3.0 | 5.0 | | 0.10 |
| FeCr…C50SiLSLP | | | | | | 0.05 |
| FeCr…C50Si7LB | | | 5.0 | 10.0 | | 0.05 |
| FeCr…C70LP | | >6.0~≤8.0 | — | 1.5 | 0.030 | 0.10 |
| FeCr…C70LSLP | | | | | | 0.05 |
| FeCr…C70Si2LSLP | | | 1.5 | 3.0 | | 0.10 |
| FeCr…C70Si2LSLP | | | | | | 0.05 |
| FeCr…C70Si4LP | | | 3.0 | 5.0 | | 0.10 |
| FeCr…C70Si4LSLP | | | | | | 0.05 |
| FeCr…C70Si6LP | | | 5.0 | 8.0 | | 0.05 |
| FeCr…C90LP | | >8.0~≤10.0 | — | 1.5 | 0.030 | 0.10 |
| FeCr…C90LSLP | | | | | | 0.05 |
| FeCr…C90Si2LP | | | 1.5 | 3.0 | | 0.10 |
| FeCr…C90SiL5LP | | | | | | 0.05 |
| FeCr…C90Si4LP | | | 3.0 | 5.0 | | 0.10 |
| FeCr…C90Si4LSLP | | | | | | 0.05 |

注：1. 在所需的标准铬含量范围为45.0%～55.0%时，其牌号为FeCr50C70Si2LP；

2. 在所需的标准铬含量范围为65.0%～75.0%时，其牌号为FeCr70C70Si2LP。

**表 4-214 标准磷含量中碳铬铁成分**

| 牌号 | 化学成分/% | | | | | |
|---|---|---|---|---|---|---|
| | Cr | > C | C ≤ | $Si_{最大}$ | $P_{最大}$ | $S_{最大}$ |
| FeCr…C10 | 45.0~<75.0 | 0.5 | 1.0 | 1.5 | 0.050 | 0.050 |
| FeCr…C20 | | 1.0 | 2.0 | | | |
| FeCr…C40 | | 2.0 | 4.0 | | | |

注：1. 在需要的标准铬含量范围为45.0%～55.0%时，其牌号应为FeCr50C20；

2. 在需要的标准铬含量范围为65.0%～75.0%时，其牌号应为FeCr70C20。

**表 4-215 低磷中碳铬铁成分**

| 牌号 | 化学成分/% | | | | | |
|---|---|---|---|---|---|---|
| | Cr | < C ≤ | | $Si_{最大}$ | $P_{最大}$ | $S_{最大}$ |
| FeCr…C10LP | 45.0～≤75.0 | 0.5 | 1.0 | 1.5 | 0.030 | 0.050 |
| FeCr…C20LP | | 1.0 | 2.0 | | | |
| FeCr…40LP | | 2.0 | 4.0 | | | |

注:1. 在需要的标准铬含量范围为 45.0%～55.0%时,其牌号应为 FeCr50C20LP;

2. 在需要的标准铬含量范围为 65.0%～75.0%时,其牌号应为 FeCr70C20LP。

**表 4-216 标准磷含量低碳铬铁成分**

| 牌号 | 化学成分/% | | | | | | |
|---|---|---|---|---|---|---|---|
| | Cr | < C ≤ | | $Si_{最大}$ | $P_{最大}$ | $S_{最大}$ | $N_{最大}$ |
| FeCr…C01 | 45.0～≤75.0 | — | 0.015 | 1.5 | 0.050 | 0.15 | 0.15 |
| FeCr…C03 | | 0.015 | 0.030 | | | | |
| FeCr…C05 | | 0.030 | 0.050 | | | | |
| FeCr…C1 | | 0.050 | 0.10 | | | | |
| FeCr…C2 | | 0.10 | 0.25 | | | | |
| FeCr…C5 | | 0.25 | 0.50 | | | | |

注:1. 在需要的标准铬含量范围为 45.0%～55.0%时,其牌号应为 FeCr50C1;

2. 在需要的标准铬含量范围为 65.0%～75.0%时,其牌号应为 FeCr70C1。

**表 4-217 低磷低碳铬铁成分**

| 牌号 | 化学成分/% | | | | | | |
|---|---|---|---|---|---|---|---|
| | Cr | > C ≤ | | $Si_{最大}$ | $P_{最大}$ | $S_{最大}$ | $N_{最大}$ |
| FeCr…C01LP | 45.0～<75.0 | — | 0.015 | 1.5 | 0.030 | 0.030 | 0.15 |
| FeCr…C03LP | | 0.015 | 0.030 | | | | |
| FeCr…C05LP | | 0.030 | 0.050 | | | | |
| FeCr…C1LP | | 0.050 | 0.10 | | | | |
| FeCr…C2LP | | 0.10 | 0.25 | | | | |
| FeCr…C5LP | | 0.25 | 0.50 | | | | |

注:1. 在需要的标准铬含量范围为 45.0%～55.0%时,其牌号应为 FeCr50C1LP;

2. 在需要的标准铬含量范围为 65.0%～75.0%时,其牌号应为 FeCr70C1LP。

**表 4-218 高铬低碳铬铁成分**

| 牌号 | 化学成分/% | | | | | | | | |
|---|---|---|---|---|---|---|---|---|---|
| | Cr | > C ≤ | | $Si_{最大}$ | $P_{最大}$ | $S_{最大}$ | $Ni_{最大}$ | $Co_{最大}$ | $N_{最大}$ |
| FeCr…C01 | 75.0～≤95.0 | — | 0.015 | 1.5 | 0.020 | 0.030 | 0.15 | 0.02 | 0.20 |
| FeCr…C03 | | 0.015 | 0.030 | | | | | | |
| FeCr…C05 | | 0.030 | 0.050 | | | | | | |

注:在需要的标准铬含量范围为 75.0%～85.0%时,其牌号应为 FeCr80C03。

**表 4-219 含氮低碳铬铁成分**

| 牌号 | 化学成分/% | | | | | | |
|---|---|---|---|---|---|---|---|
| | Cr | C最大 | Si | P最大 | S最大 | >N≤ | |
| 熔炼 FeCr…C1N12 | | | 1.5最大 | | | 2.0 | 4.0 |
| 烧结 FeCr…C1N3 | 45.0~<85.0 | 0.10 | 1.5最大 | 0.030 | 0.025 | 4.0 | 10.0 |
| 烧结 FeCr…C1N7Si | | | >1.5 | | | | |

注：1. 在需要的标准铬含量范围为 45.0%~55.0%时，其牌号应为 FeCr70C1N3；

2. 在需要的标准铬含量范围为 65.0%~75.0%时，其牌号应为 FeCr70C1N3。

2. 粒度

铬铁颗粒粒度见表 4-220。

**表 4-220 铬铁颗粒粒度**

| 等级 | 粒度范围/mm | 粒度以下/%(最大) | | 粒度以上/%(最大) |
|---|---|---|---|---|
| | | 总计 | 3.5mm 以下 | |
| 1 | 100~315 | 20 | 5 | 10<br>在两个或三个方向上不得有超过粒度范围最大极限值×1.15 的粒度 |
| 2 | 25~200 | 15 | 7 | |
| 3 | 10~100 | 15 | 7 | |
| 4 | 3.15~150 | 7 | | |
| 5 | 3.15~50 | 7 | | |
| 6 | 3.15~25 | 7 | | |
| 7 | >3.15 | — | | |

## (四)钨铁

钨铁的技术条件，国际标准 ISO5450—80 规定如下：

1. 化学成分

钨铁的化学成分见表 4-221。

**表 4-221 钨铁化学成分**

| 牌号 | 化学成分/% | | | | | | | | | | | |
|---|---|---|---|---|---|---|---|---|---|---|---|---|
| | W | Si ≤ | C ≤ | Mn ≤ | Cu ≤ | P ≤ | S ≤ | As ≤ | Sb ≤ | Al ≤ | Mo ≤ | Sn ≤ |
| FeW80 | 70.0~85.0 | 1.0 | 1.0 | 0.6 | 0.25 | 0.05 | 0.06 | 0.10 | 0.05 | 0.10 | 1.0 | 0.10 |
| FeW08LC | 70.0~85.0 | 1.0 | 0.10 | 1.0 | 0.20 | 0.05 | 0.08 | 0.10 | 0.05 | 1.0 | 0.50 | 0.10 |

2. 粒度

钨铁颗粒粒度见表 4-222。

表 4-222 钨铁颗粒粒度

| 等 级 | 粒度范围/mm | 过细粒度/%(最大) | 过粗粒度/%(最大) |
|---|---|---|---|
| 1 | 2～100 | 3 | 10<br>在两个或三个方向上不得有超过规定粒度范围最大极限值×1.15 的粒度 |
| 2 | 2～50 | 3 | |
| 3 | 2～25 | 5 | |
| 4 | <2 | — | |

## (五) 钛铁

钛铁的技术条件,国际标准 ISO5454—80 规定如下:

1. 化学成分

钛铁化学成分见表 4-223。

表 4-223 钛铁化学成分

| 牌 号 | 化 学 成 分/% | | | | | | | |
|---|---|---|---|---|---|---|---|---|
| | Ti | Al ≤ | Si ≤ | Mn ≤ | C ≤ | P ≤ | S ≤ | V ≤ |
| FeTi30Al6 | 20.0～35.0 | 6.0 | 4.0 | — | 0.15 | 0.10 | 0.06 | — |
| FeTi30Al10 | 20.0～35.0 | 10.1 | 8.0 | — | 0.20 | 0.10 | 0.07 | — |
| FeTi40Al6 | 35.0～50.0 | 6.0 | 4.5 | 1.5 | 0.10 | 0.10 | 0.06 | — |
| FeTi40Al8 | 35.0～50.0 | 8.0 | 5.0 | 1.5 | 0.10 | 0.05 | 0.05 | — |
| FeTi40Al10 | 35.0～50.0 | 10.0 | 8.0 | 1.5 | 0.20 | 0.10 | 0.07 | — |
| FeTi70 | 65.0～75.0 | 0.5 | 0.10 | 0.20 | 0.20 | 0.03 | 0.03 | 0.50 |
| FeTi70Al2 | 65.0～75.0 | 2.0 | 0.25 | 1.0 | 0.20 | 0.04 | 0.04 | 1.5 |
| FeTi70Al5 | 65.0～75.0 | 5.0 | 0.50 | 1.0 | 0.30 | 0.05 | 0.04 | — |

2. 粒度

钛铁颗粒粒度见表 4-224。

表 4-224 钛铁粒度

| 等 级 | 粒度范围/mm | 过细粒度/%(最大) | 过大粒度/%(最大) |
|---|---|---|---|
| 1 | 3.15～200 | 8 | 10<br>在两个或三个方向上不得有超过规定粒度范围最大极限值×1.15 的粒度 |
| 2 | 3.15～100 | 8 | |
| 3 | 3.15～50 | 8 | |
| 4 | 3.15～25 | 10 | |
| 5 | 3.15～10 | 15 | |
| 6 | <6.3 | — | |
| 7 | <3.15 | — | |

## (六)钼铁

钼铁的技术条件,国际标准 ISO5452—80 规定如下:

1. 化学成分

钼铁化学成分见表 4-225。

表 4-225 钼铁化学成分

| 牌号 | 化学成分/% | | | | | |
|---|---|---|---|---|---|---|
| | Mo | ≤ | C ≤ | P ≤ | S | Cu ≤ |
| FeMo60 | 55.0～65.0 | 1.0 | 0.10 | 0.05 | 0.10 | 0.50 |
| FeMo60Cu1 | 55.0～65.0 | 1.5 | 0.10 | 0.05 | 0.10 | 1.0 |
| FeMo60Cu1.5 | 55.0～65.0 | 2.0 | 0.50 | 0.05 | 0.15 | 1.50 |
| FeMo70 | 65.0～75.0 | 1.5 | 0.10 | 0.05 | 0.10 | 0.50 |
| FeMo70Cu1 | 65.0～75.0 | 2.0 | 0.10 | 0.05 | 0.10 | 1.0 |
| FeMo70Cu1.5 | 65.0～75.0 | 2.5 | 0.10 | 0.10 | 0.20 | 1.5 |

2. 粒度

钼铁颗粒粒度见表 4-226。

表 4-226 钼铁粒度

| 等级 | 粒度范围/mm | 过细粒度/%(最大) | 过大粒度/%(最大) |
|---|---|---|---|
| 1 | 2～100 | 3 | 10<br>在两个或三个方向上不得有超过规定粒度范围最大极限值×1.15 的粒度 |
| 2 | 2～50 | 3 | |
| 3 | 2～25 | 5 | |
| 4 | <2 | — | |

## (七)钒铁

钒铁的技术条件,国际标准 ISO5451—80 规定如下:

1. 化学成分

钒铁化学成分见表 4-227。

表 4-227 钒铁化学成分

| 牌号 | 化学成分/% | | | | | | | | | |
|---|---|---|---|---|---|---|---|---|---|---|
| | V | Si ≤ | Al ≤ | C ≤ | P ≤ | S ≤ | As ≤ | Cu ≤ | Mn ≤ | Ni ≤ |
| FeV40 | 35.0～50.0 | 2.0 | 4.0 | 0.10 | 0.10 | 0.10 | | | | |
| FeV60 | 50.0～65.0 | 2.0 | 2.5 | 0.06 | 0.05 | 0.05 | 0.06 | 0.10 | | |
| FeV80 | 75.0～85.0 | 2.0 | 1.5 | 0.06 | 0.05 | 0.05 | 0.06 | 0.10 | 0.50 | 0.15 |
| FeV80Al2 | 75.0～85.0 | 1.5 | 2.0 | 0.06 | 0.05 | 0.05 | 0.06 | 0.10 | 0.50 | 0.15 |
| FeV80Al4 | 70.0～80.0 | 2.0 | 4.0 | 0.10 | 0.10 | 0.10 | 0.10 | 0.10 | 0.50 | 0.15 |

2. 粒度

钒铁颗粒粒度见表 4-228。

表 4-228 钒铁粒度

| 等 级 | 粒度范围/mm | 过细粒度/%(最大) | 过大粒度/%(最大) |
| --- | --- | --- | --- |
| 1 | 2～100 | 3 | 10 |
| 2 | 2～50 | 3 | 在两个或三个方向上不得有超过规定粒度范围最大极限值×1.15 的粒度 |
| 3 | 2～25 | 5 | |
| 4 | 2～10 | 5 | |
| 5 | <2 | — | |

## (八)铌铁

铌铁的技术条件,国际标准 ISO5453—80 规定如下:

1. 化学成分

铌铁化学成分见表 4-229。

表 4-229 铌铁化学成分

| 牌 号 | 化 学 成 分/% | | | | | | | | | |
| --- | --- | --- | --- | --- | --- | --- | --- | --- | --- | --- |
| | Nb | Ta | Al ≤ | Si ≤ | Ti ≤ | C ≤ | P ≤ | S ≤ | Sn ≤ | Co ≤ |
| FeNb65 | 60.0～70.0 | <0.5 | 1.0 | 2.5 | 0.4 | 0.15 | 0.10 | 0.05 | 0.10 | 0.50 |
| FeNb60Ta1Al3Sn | 55.0～70.0 | <2.0 | 3.0 | 4.0 | 2.5 | 0.25 | 0.10 | 0.10 | 0.30 | — |
| FeNb60Ta1Al3.5 | 55.0～70.0 | <2.0 | 3.5 | 4.0 | 2.5 | 0.15 | 0.15 | 0.05 | 0.10 | — |
| FeNb60Ta1Al6 | 55.0～70.0 | <2.0 | 6.0 | 4.0 | 2.5 | 0.2 | 0.20 | 0.10 | 0.15 | — |
| FeNb60Ta5Al2 | 55.0～70.0 | 2.0～8.0 | 2.0 | 2.5 | 2.5 | 0.25 | 0.10 | 0.10 | 0.2 | — |
| FeNb60Ta5Al6 | 55.0～70.0 | 2.0～8.0 | 6.0 | 4.0 | 2.5 | 0.2 | 0.20 | 0.10 | 0.15 | — |
| FeNb60Ta5Al6Sn | 55.0～70.0 | 2.0～8.0 | 6.0 | 4.0 | 2.5 | 0.2 | 0.20 | 0.05 | 3.0 | — |

2. 粒度

铌铁颗粒粒度见表 4-230。

表 4-230 铌铁粒度

| 等 级 | 粒度范围/mm | 过细粒度/%(最大) | 过大粒度/%(最大) |
| --- | --- | --- | --- |
| 1 | 2～100 | 8 | 10 |
| 2 | 2～50 | 8 | 在两个或三个方向上不得有超过规定粒度范围最大极限值×1.15 的粒度 |
| 3 | 2～25 | 8 | |
| 4 | <2 | — | |

## (九)锰硅铁

锰硅铁的技术条件,国际标准 ISO5447—80 规定如下:

1. 化学成分

锰硅铁的化学成分见表 4-231。

**表 4-231 锰硅铁化学成分**

| 牌号 | 化学成分/% | | | | | | |
|---|---|---|---|---|---|---|---|
| | Mn | | Si | | C | P | S |
| | > | ≤ | > | ≤ | ≤ | ≤ | ≤ |
| FeMnSi12 | 60.0 | 75.0 | 10.0 | 15.0 | 3.5 | 0.35 | 0.030 |
| FeMnSi18 | 60.0 | 75.0 | 15.0 | 20.0 | 2.5 | 0.35 | 0.030 |
| FeMnSi18LP | | | | | | 0.15 | |
| FeMnSi22HP | 60.0 | 75.0 | 20.0 | 25.0 | 1.6 | 0.30 | 0.030 |
| FeMnSi22MP | | | | | | 0.15 | |
| FeMnSi22LP | | | | | | 0.10 | |
| FeMnSi23HP | 65.0 | 75.0 | 20.0 | 25.0 | 1.0 | 0.30 | 0.030 |
| FeMnSi23MP | | | | | | 0.15 | |
| FeMnSi23LP | | | | | | 0.10 | |
| FeMnSi28 | 65.0 | 75.0 | 25.0 | 30.0 | 0.50 | 0.20 | 0.030 |
| FeMnSi28LP | | | | | | 0.10 | |
| FeMnSi30HP | 57.0 | 67.0 | 28.0 | 35.0 | 0.10 | 0.20 | 0.030 |
| FeMnSi30LP | | | | | | 0.10 | |
| FeMnSi30ELP | | | | | | 0.05 | |

2. 粒度

锰硅铁的颗粒粒度见表 4-232。

**表 4-232 锰硅铁颗粒粒度**

| 等级 | 粒度范围/mm | 过细粒度/%(最大) | | 过粗粒度/%(最大) |
|---|---|---|---|---|
| | | 总量 | <3.15mm | |
| 1 | 100～315 | 15 | 7 | 10<br>在两个或三个方向上不得有超过规定粒度范围最大极限值×1.15 的粒度 |
| 2 | 25～200 | 15 | 7 | |
| 3 | 10～100 | 15 | 7 | |
| 4 | 3.15～50 | 7 | | |
| 5 | 3.15～25 | 7 | | |
| 6 | >3.15 | — | | |

## (十)铬硅铁

铬硅铁的技术条件，国际标准 ISO5449—80 规定如下：

1. 化学成分

铬硅铁的化学成分见表 4-233。

**表 4-233 铬硅铁化学成分**

| 牌号 | 化学成分/% | | | | | |
|---|---|---|---|---|---|---|
| | Cr | Si | | C | P | S |
| | ≥ | > | ≤ | ≤ | ≤ | ≤ |
| FeCrSi15 | 55.0 | 10.0 | 18.0 | 6.0 | 0.050 | 0.030 |
| FeCrSi22 | 55.0 | 20.0 | 25.0 | 0.05 | 0.030 | 0.030 |
| FeCrSr23 | 45.0 | 18.0 | 28.0 | 3.5 | 0.050 | 0.030 |
| FeCrSr26 | 45.0 | 25.0 | 28.0 | 1.5 | 0.030 | 0.030 |
| FeCrSi33 | 43.0 | 28.0 | 38.0 | 1.0 | 0.050 | 0.030 |
| FeCrSi40 | 35.0 | 35.0 | 40.0 | 0.2 | 0.030 | 0.030 |
| FeCrSi45 | 28.0 | 40.0 | 45.0 | 0.1 | 0.030 | 0.030 |
| FeCrSi50 | 20.0 | 45.0 | 60.0 | 0.1 | 0.030 | 0.030 |
| FeCrSiLC | | | | 0.05 | | |
| FeCrSi55 | 28.0 | 50.0 | 55.0 | 0.30 | 0.030 | 0.030 |
| FeCrSi48 | 35.0 | 42.0 | 55.0 | 0.05 | 0.030 | 0.010 |
| FeCrSi48LP | | | | | 0.020 | |

2. 粒度

铬硅铁颗粒粒度见表 4-234。

**表 4-234 铬硅铁颗粒粒度**

| 等级 | 粒度范围/mm | 过细粒度/%(最大) | | 过粗粒度/%(最大) |
|---|---|---|---|---|
| | | 总量 | <3.15mm | |
| 1 | 100～315 | 20 | 5 | 10<br>在两个或三个方向上不得有超过规定粒度范围最大极限值×1.15 的粒度 |
| 2 | 25～200 | 15 | 7 | |
| 3 | 10～100 | 15 | 7 | |
| 4 | 3.15～150 | 7 | | |
| 5 | 3.15～50 | 7 | | |
| 6 | 3.15～25 | 7 | | |
| 7 | <3.15 | — | | |

# 第五章　有色金属料

有色金属通常指除铁(有时也除铬和锰)和铁基合金以外的所有金属。有色金属一般分为4类:

(1)重金属,如铜、铅、锌、镍等。

(2)轻金属,如铝、镁等。

(3)贵金属,如金、银、铂等。

(4)稀有金属,如钨、钛、钼、钽、铌、铀、钍、铍、铟、锗和稀土金属等。

稀有金属除稀土金属外,还可分为稀有轻金属、稀有高熔点金属、稀有分散金属和半金属等。

## 一、重金属料

重金属是指密度在4.5g/$cm^3$以上的有色金属,其中包括铜、镍、铅、锌、钴、锡、锑、汞、镉、铋等。

### (一)铜

铜的冶炼产品分为阴极铜(即电解铜)和精铜两种。电解铜是用粗铜在电解槽中经电解而沉积于阴极上获得的,其纯度在99%以上。精铜则是粗铜在熔炉内精炼而成,其纯度也在99%以上,杂质元素较电解铜多。

纯铜冶炼产品的代号,用化学元素符号“Cu”和顺序号表示,符号与顺序号之间划一横道,顺序号数字愈小,则铜的含量愈高。纯铜的压力加工产品的代号,用拼音字母“T”加顺序号表示,其纯度随顺序号的增加而降低。无氧铜则在“T”后加“U”。

铜可和许多金属化合,制成合金,如Cu—Sn合金,称“青铜”,是人类利用最早的合金。Cu—Zn合金称“黄铜”,广泛应用于日常生活中。Cu—Ni—Zn合金称“白铜”,最早出现于我国云南,后来流传到国外,称为“中国银”。这种合金呈银白色,硬度高,不易腐蚀,是制造医疗器械的优质材料。此外,还可制成Cu—Al合金、Cu—Ni合金、Cu—Be合金、Cu—Co合金、Cu—Cd合金、Cu—Fe合金、Cu—Pb合金等。

铜的分类标准和化学成分要求,国家标准(GB466—82)作了规定,见表5-1和5-2。

**表5-1　铜的分类**

| 铜品号 | 代　号 | 化学成分/% | | | | | | | | | | |
|---|---|---|---|---|---|---|---|---|---|---|---|---|
| | | Cu+Ag(不小于) | 杂质含量(不大于) | | | | | | | | | |
| | | | As | Sb | Bi | Fe | Pb | Sn | Ni | Zn | S | P | 总和 |
| 一号铜 | Cu-1 | 99.95 | 0.002 | 0.002 | 0.001 | 0.004 | 0.003 | 0.002 | 0.002 | 0.003 | 0.004 | 0.001 | 0.05 |
| 二号铜 | Cu-2 | 99.90 | 0.002 | 0.002 | 0.001 | 0.005 | 0.005 | 0.002 | 0.002 | 0.004 | 0.004 | 0.001 | 0.10 |

**表 5-2 铜的化学成分**

| 牌号 | | | 一号铜 | 二号铜 | 三号铜 | 四号铜 |
|---|---|---|---|---|---|---|
| 代号 | | | Cu-1 | Cu-2 | Cu-3 | Cu-4 |
| 化学成分/% | 铜(不小于) | | 99.95 | 99.90 | 99.70 | 99.50 |
| | 杂质(不大于) | Bi | 0.002 | 0.002 | 0.002 | 0.003 |
| | | Sb | 0.002 | 0.002 | 0.005 | 0.05 |
| | | As | 0.002 | 0.002 | 0.01 | 0.05 |
| | | Fe | 0.005 | 0.005 | 0.05 | 0.05 |
| | | Ni | 0.002 | 0.002 | 0.20 | 0.20 |
| | | Pb | 0.005 | 0.005 | 0.01 | 0.05 |
| | | Sn | 0.002 | 0.002 | 0.05 | 0.05 |
| | | S | 0.005 | 0.005 | 0.01 | 0.01 |
| | | O | 0.02 | 0.06 | 0.10 | 0.10 |
| | | Zn | 0.005 | 0.005 | — | — |
| | | P | 0.001 | 0.001 | | — |
| | | 总计 | 0.05 | 0.10 | 0.30 | 0.50 |

注:仲裁分析按 GB471—64 的规定进行,银含量包括在铜含量中,电解铜氧含量可不做分析。

对于铜的外表质量,国家标准(GB466—82)也有规定:铜锭(块)的表面质量应平整、洁净,必须无气泡、成层、裂纹、缩孔及外来夹杂物。铜锭一般不超过 30kg。

**(二)阴极铜**

国家标准(GB/T467—1997)规定,阴极铜按化学成分分为高纯阴极铜(Cu-CATH-1)和标准阴极铜(Cu-CATH-2)两个牌号。其化学成分见表 5-3 和表 5-4。

**表 5-3 高纯阴极铜(Cu-CATH-1)化学成分(%)**

| 元素组 | 杂质元素 | 含量(不大于) | 元素组总含量(不大于) | |
|---|---|---|---|---|
| 1 | Se | 0.00020 | 0.00030 | 0.0003 |
| | Te | 0.00020 | | |
| | Bi | 0.00020 | | |
| 2 | Cr | — | 0.0015 | |
| | Mn | — | | |
| | Sb | 0.0004 | | |
| | Cd | — | | |
| | As | 0.0005 | | |
| | P | — | | |
| 3 | Pb | 0.0005 | 0.0005 | |
| 4 | S | 0.0015① | 0.0015 | |

续表 5-3

| 元素组 | 杂质元素 | 含量(不大于) | 元素组总含量(不大于) |
|---|---|---|---|
| 5 | Sn | — | 0.0020 |
| | Ni | — | |
| | Fe | 0.0010 | |
| | Si | — | |
| | Zn | — | |
| | Co | — | |
| 6 | Ag | 0.0025 | 0.0025 |
| 杂质元素总含量 | | 0.0065 | |

①需在铸样上测定。

**表 5-4 标准阴极铜(Cu-CATH-2)化学成分(%)**

| Cu+Ag(不小于) | 杂质含量(不大于) | | | | | | | | | |
|---|---|---|---|---|---|---|---|---|---|---|
| | As | Sb | Bi | Fe | Pb | Sn | Ni | Zn | S | P |
| 99.95 | 0.0015 | 0.0015 | 0.0006 | 0.0025 | 0.002 | 0.001 | 0.002 | 0.002 | 0.0025 | 0.001 |

注:供方需按批测定标准阴极铜中的铜、砷、锑、铋含量,并保证其他杂质符合本标准的规定。

需方如对产品中氧含量有特殊要求,由供需双方协商确定。

阴极铜表面应洁净,无污泥、油污等各种外来物。

高纯阴极铜表面应无硫酸铜;标准阴极铜表面(包括吊耳部分)的绿色附着物总面积应不大于单面面积的3%。但由于潮湿空气的作用,使阴极铜表面氧化而生成一层暗绿色者不作废品。

阴极铜表面及边缘不得有呈花瓣状或树枝状的结粒(允许修整)。

标准阴极铜表面高5mm以上圆头密集结粒的总面积不得大于单面面积的10%(允许修整)。

阴极铜以整块供应。经供需双方协商,也可供应切块。

阴极铜块应经受普通装卸而不脆断。

单块阴极铜的重量应不小于15kg或中心部位厚度不小于5mm。

### (三)粗铜

粗铜供精炼用。中国有色金属行业标准(YS/T70—93)规定,粗铜按化学成分分为3个牌号:Cu99.30C、Cu99.00C、Cu97.50C。其化学成分见表5-5。

**表 5-5 粗铜化学成分(%)**

| 品级 | 牌号 | Cu(不小于) | 杂质含量(不大于) | | | |
|---|---|---|---|---|---|---|
| | | | As | Sb | Bi | Pb |
| 一号 | Cu99.30C | 99.30 | 0.06 | 0.05 | 0.01 | 0.08 |
| 二号 | Cu99.00C | 99.00 | 0.12 | 0.10 | 0.02 | 0.12 |
| 三号 | Cu97.50C | 97.50 | 0.34 | 0.29 | 0.07 | 0.40 |

粗铜中金、银含量不作规定，但需按批进行分析，报出分析结果。如有特殊情况，供需双方可协商解决。

粗铜锭的边缘及表面不得有易脱落的飞边、毛刺等。表面和断面不得有炉渣和夹杂物。浇铸面铜峰高度不大于 100mm。

每个粗铜锭重量为 500～800kg。锭的长度不大于 800mm，宽度不大于 500mm。如合同中注明时，也可供应其他规格的铜锭。

**（四）铜中间合金锭**

将某些合金中难熔或易蒸发、氧化的元素，在配料前预先制成为中间合金锭，作熔炼铜的原料。铜中间合金锭的技术要求，中国有色金属工业标准（YS/T283—94）规定如下：

（1）形状规格：铜中间合金锭的形状、规格见图 5-1（脆性合金锭不规定形状、规格）。

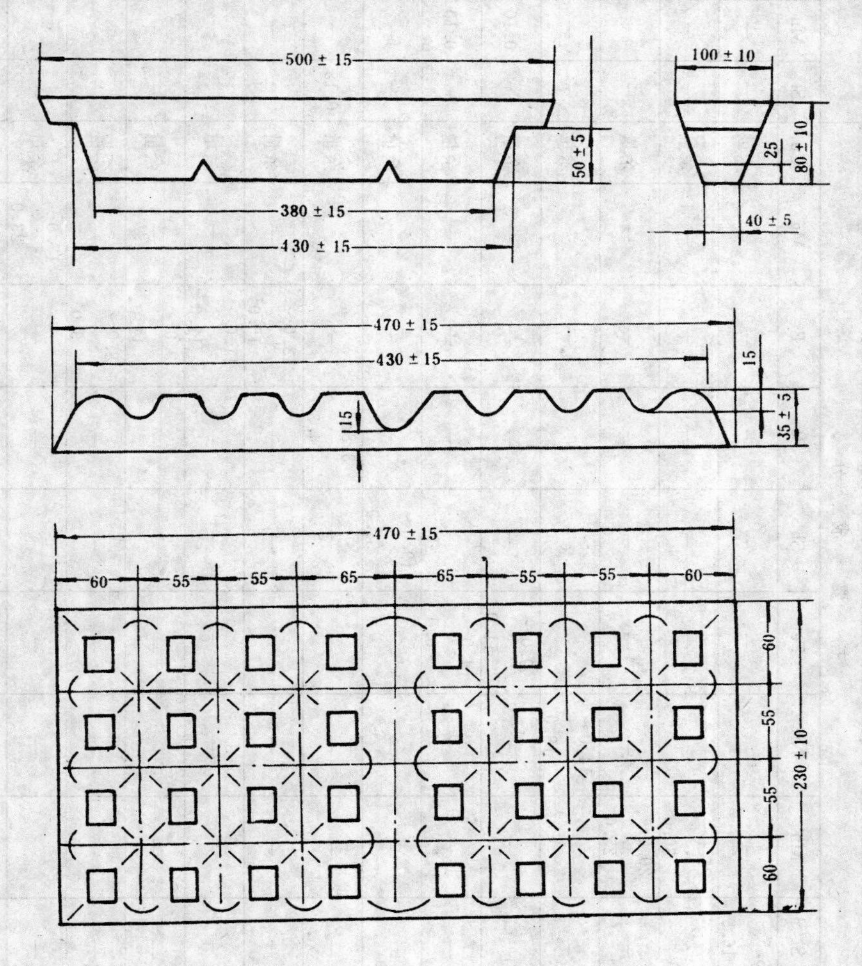


图 5-1　铜中间合金锭的形状、规格

（2）化学成分：铜中间合金锭的化学成分见表 5-6。

（3）物理性能：铜中间合金锭的物理性能列于表 5-7。

表 5-6 铜中间合金锭化学成分

| 牌号 | 化学成分/% | | | | | | | | | | | | | | | | | |
|---|---|---|---|---|---|---|---|---|---|---|---|---|---|---|---|---|---|---|
| | 主要成分 | | | | | | | | | 杂质（不大于） | | | | | | | | |
| | Si | Mn | Ni | Fe | Sb | Be | P | Mg | Cu | Si | Mn | Ni | Fe | Sb | P | Pb | Zn | Al |
| CuSi16 | 13.5～16.5 | — | — | — | — | — | — | — | 余量 | — | — | — | 0.50 | — | — | — | 0.10 | 0.25 |
| CuMn28 | — | 25.0～30.0 | — | — | — | — | — | — | 余量 | — | — | — | 1.0 | 0.1 | 0.1 | — | — | — |
| CuMn22 | — | 20.0～25.0 | — | — | — | — | — | — | 余量 | — | — | — | 1.0 | 0.1 | 0.1 | — | — | — |
| CuNi15 | — | — | 14.0～18.0 | — | — | — | — | — | 余量 | — | — | — | 0.5 | — | — | — | 0.3 | — |
| CuFe10 | — | — | — | 9.0～11.0 | — | — | — | — | 余量 | — | 0.10 | 0.10 | — | — | — | — | — | — |
| CuFe5 | — | — | — | 4.0～6.0 | — | — | — | — | 余量 | — | 0.10 | 0.10 | — | — | — | — | — | — |
| CuSb50 | — | — | — | — | 19.0～51.0 | — | — | — | 余量 | — | — | — | 0.2 | — | 0.1 | 0.1 | — | — |
| CuBe4 | — | — | — | — | — | 3.8～4.3 | — | — | 余量 | 0.18 | — | — | 0.15 | — | — | — | — | 0.13 |
| CuP14 | — | — | — | — | — | — | 13.0～15.0 | — | 余量 | — | — | — | 0.15 | — | — | — | — | — |
| CuP12 | — | — | — | — | — | — | 11.0～13.0 | — | 余量 | — | — | — | 0.15 | — | — | — | — | — |
| CuP10 | — | — | — | — | — | — | 9.0～11.0 | — | 余量 | — | — | — | 0.15 | — | — | — | — | — |
| CuP8 | — | — | — | — | — | — | 8.0～9.0 | — | 余量 | — | — | — | 0.15 | — | — | — | — | — |
| CuMg20 | — | — | — | — | — | — | — | 17.0～23.0 | 余量 | — | — | — | 0.15 | — | — | — | — | — |
| CuMg10 | — | — | — | — | — | — | — | 9.0～11.0 | 余量 | — | — | — | 0.15 | — | — | — | — | — |

注：作为脱氧剂用的 CuP14、CuP12、CuP10、CuP8，其杂质 Fe 的含量可允许不大于 0.3%。

**表 5-7 铜中间合金锭物理性能**

| 序号 | 牌号 | 物理性能 | | 序号 | 牌号 | 物理性能 | |
|---|---|---|---|---|---|---|---|
| | | 熔化温度/℃ | 特性 | | | 熔化温度/℃ | 特性 |
| 1 | CuSi16 | 800 | 脆 | 8 | CuBe4 | 1100～1200 | 韧 |
| 2 | CuMn28 | 870 | 韧 | 9 | CuP14 | 900～1020 | 脆 |
| 3 | CuMn22 | 850～900 | 韧 | 10 | CuP12 | 900～1020 | 脆 |
| 4 | CuNi15 | 1050～1200 | 韧 | 11 | CuP10 | 900～1020 | 脆 |
| 5 | CuFe10 | 1300～1400 | 韧 | 12 | CuP8 | 900～1020 | 脆 |
| 6 | CuFe5 | 1200～1300 | 韧 | 13 | CuMg20 | 1000～1100 | 脆 |
| 7 | CuSb50 | 680 | 脆 | 14 | CuMg10 | 750～800 | 脆 |

合金锭的表面不得有熔渣和夹杂物。但允许有氧化膜和皱皮。

合金锭的断口组织不得有熔渣和明显的偏析。

## (五)镍

镍作为冶金炉料被用于冶炼各种合金及不锈钢。国家标准(GB5235—85)对镍的化学成分作了规定,见表 5-8。

**表 5-8 镍的化学成分**

| 组别 | 牌号 | 代号 | 元素 | 化学成分/% | | | | | | | | |
|---|---|---|---|---|---|---|---|---|---|---|---|---|
| | | | | Ni+Co | Cu | Si | Mn | C | Mg | O | S | P |
| 纯镍 | 二号镍 | N2 | 最小值 | 99.98 | — | — | — | — | — | — | — | — |
| | | | 最大值 | — | 0.001 | 0.003 | 0.002 | 0.005 | 0.003 | — | 0.001 | 0.001 |
| | 四号镍 | N4 | 最小值 | 99.9 | — | — | — | — | — | — | — | — |
| | | | 最大值 | — | 0.015 | 0.03 | 0.002 | 0.01 | 0.01 | — | 0.001 | 0.001 |
| | 六号镍 | N6 | 最小值 | 99.5 | — | — | — | — | — | — | — | — |
| | | | 最大值 | — | 0.06 | 0.10 | 0.05 | 0.10 | 0.10 | — | 0.005 | 0.002 |
| | 八号镍 | N8 | 最小值 | 99.0 | — | — | — | 0.02 | — | — | — | — |
| | | | 最大值 | — | 0.15 | 0.15 | 0.20 | 0.10 | 0.10 | — | 0.015 | — |
| | 电真空镍 | DN | 最小值 | 99.35 | — | 0.02 | — | 0.02 | — | — | — | — |
| | | | 最大值 | — | 0.06 | 0.10 | 0.05 | 0.10 | — | 0.005 | 0.002 | 0.10 |
| 阳极镍 | 一号阳极镍 | NY1 | 最小值 | 99.7 | — | — | — | — | — | — | — | — |
| | | | 最大值 | — | 0.1 | 0.10 | — | 0.02 | 0.10 | — | 0.005 | — |
| | 二号阳极镍 | NY2 | 最小值 | 99.4 | 0.01 | — | — | — | — | 0.03 | 0.002 | — |
| | | | 最大值 | — | 0.10 | 0.10 | — | — | — | 0.1 | 0.01 | — |
| | 三号阳极镍 | NY3 | 最小值 | 99.0 | — | — | — | — | — | — | — | — |
| | | | 最大值 | — | 0.15 | 0.2 | — | 0.1 | 0.10 | — | 0.005 | — |

续表 5-8

| 组别 | 牌号 | 代号 | 元素 | 化学成分/% | | | | | | | | |
|---|---|---|---|---|---|---|---|---|---|---|---|---|
| | | | | Fe | Pb | Bi | As | Sb | Zn | Cd | Sn | 杂质总和 |
| 纯镍 | 二号镍 | N2 | 最小值 | — | — | — | — | — | — | — | — | — |
| | | | 最大值 | 0.007 | 0.0003 | 0.0003 | 0.001 | 0.0003 | 0.002 | 0.0003 | 0.001 | 0.02 |
| | 四号镍 | N4 | 最小值 | — | — | — | — | — | — | — | — | — |
| | | | 最大值 | 0.04 | 0.001 | 0.001 | 0.001 | 0.001 | 0.005 | 0.001 | 0.001 | 0.1 |
| | 六号镍 | N6 | 最小值 | — | — | — | — | — | — | — | — | — |
| | | | 最大值 | 0.10 | 0.002 | 0.002 | 0.002 | 0.002 | 0.007 | 0.002 | 0.002 | 0.5 |
| | 八号镍 | N8 | 最小值 | — | — | — | — | — | — | — | — | — |
| | | | 最大值 | 0.30 | — | — | — | — | — | — | — | 1.0 |
| | 电真空镍 | DN | 最小值 | — | — | — | — | — | — | — | — | — |
| | | | 最大值 | 0.002 | 0.002 | 0.002 | 0.002 | 0.002 | 0.007 | 0.002 | 0.002 | 0.35 |
| 阳极镍 | 一号阳极镍 | NY1 | 最小值 | — | — | — | — | — | — | — | — | — |
| | | | 最大值 | 0.10 | — | — | — | — | — | — | — | 0.3 |
| | 二号阳极镍 | NY2 | 最小值 | — | — | — | — | — | — | — | — | — |
| | | | 最大值 | 0.10 | — | — | — | — | — | — | — | 0.6 |
| | 三号阳极镍 | NY3 | 最小值 | — | — | — | — | — | — | — | — | — |
| | | | 最大值 | 0.25 | — | — | — | — | — | — | — | 1.0 |

## (六)电解镍

电解镍是熔炼镍及其合金的主要原料。其化学成分(GB6516—86)规定见表 5-9。

**表 5-9 电解镍化学成分**

| 牌号 | 化学成分/% | | | | | | | | | | 用途举例 |
|---|---|---|---|---|---|---|---|---|---|---|---|
| | 镍和钴总量(不小于) | 其中钴(不大于) | 杂质(不大于) | | | | | | | | |
| | | | C | Mg | Al | Si | P | S | Mn | Fe | |
| Ni—01 | 99.99 | 0.005 | 0.005 | 0.001 | 0.001 | 0.001 | 0.001 | 0.001 | 0.001 | 0.002 | 主要用于炼制合金钢,配制合金、电镀、化学工业、仪器制造等 |
| Ni—1 | 99.9 | 0.10 | 0.01 | — | — | 0.002 | 0.001 | 0.001 | — | 0.03 | |
| Ni—2 | 99.5 | 0.15 | 0.02 | — | — | — | 0.003 | 0.003 | — | 0.20 | |
| Ni—3 | 99.2 | 0.50 | 0.10 | — | — | — | 0.02 | 0.02 | — | 0.50 | |
| 牌号 | 化学成分/% | | | | | | | | | | |
| | 镍和钴总量(不小于) | 其中钴(不大于) | 杂质(不大于) | | | | | | | | |
| | | | Cu | Zn | As | Cd | Sn | Sb | Pb | Bi | |
| Ni—01 | 99.99 | 0.005 | 0.001 | 0.001 | 0.0008 | 0.0003 | 0.0003 | 0.0003 | 0.0003 | 0.0003 | |
| Ni—1 | 99.9 | 0.10 | 0.02 | 0.0015 | 0.001 | 0.001 | 0.001 | 0.001 | 0.001 | 0.001 | |
| Ni—2 | 99.5 | 0.15 | 0.04 | 0.005 | — | — | — | — | 0.002 | — | |
| Ni—3 | 99.2 | 0.50 | 0.15 | — | — | — | — | — | 0.005 | — | |

## (七)高冰镍

高冰镍供生产电解镍用。其化学成分中国有色金属行业标准(YS/T317—94)作了规定，见表 5-10。

表 5-10 高冰镍化学成分

| 品　号 | 镍/%(不小于) | 铁/%(不大于) |
|---|---|---|
| 一号高冰镍 | 50 | 4 |
| 二号高冰镍 | 45 | 4 |
| 三号高冰镍 | 40 | 5 |

高冰镍产品形状为锭状，其形状呈扁平，每块锭重 50kg。高冰镍锭不得有夹层，表面应尽可能平整，不得有明显夹渣及外来夹杂物质。

### (八)电解镍粉

电解镍粉主要用作高温高强度合金及粉末冶金的添加剂。电解镍粉的技术条件，国家标准(GB5247—85)规定如下：

(1)化学成分：电解镍粉的牌号及化学成分见表 5-11。

表 5-11 电解镍粉的牌号及化学成分

| 产品牌号 | | | FND-1 | FND-2 | FND-3 |
|---|---|---|---|---|---|
| 化学成分/% | Ni+Co(不小于) | | 99.8 | 99.5 | 99.5 |
| | 其中：Co(不大于) | | 0.005 | 0.1 | 0.1 |
| | 杂质含量(不大于) | Zn | 0.002 | 0.002 | 0.002 |
| | | Mg | 0.002 | 0.015 | 0.015 |
| | | Pb | 0.002 | 0.002 | 0.002 |
| | | Mn | 0.002 | 0.03 | 0.03 |
| | | Si | 0.005 | 0.01 | 0.01 |
| | | Al | 0.005 | — | — |
| | | Bi | 0.001 | — | — |
| | | As | 0.001 | — | — |
| | | Cd | 0.001 | — | — |
| | | Sn | 0.001 | — | — |
| | | Sb | 0.001 | — | — |
| | | Ca | 0.015 | 0.03 | 0.03 |
| | | Fe | 0.006 | 0.03 | 0.03 |
| | | S | 0.003 | 0.003 | 0.003 |
| | | C | 0.080 | 0.05 | 0.05 |
| | | Cu | 0.05 | 0.03 | 0.03 |
| | | P | 0.001 | — | — |
| | | 氢损 | — | 0.30 | 0.35 |

(2)电解镍粉的粒度：电解镍粉的粒度组成要求见表 5-12。

表 5-12 电解镍粉的粒度组成

<table>
<tr><th>牌　号</th><th>粒度组成</th><th>备　注</th></tr>
<tr><td>FND—1</td><td><5μm≤30%，5～15μm≥55%<br>>15～25μm 不限，>25μm≤3%</td><td>颗粒百分数</td></tr>
<tr><td>FND—2</td><td>+300 目，≤3%</td><td rowspan="2">质量百分数</td></tr>
<tr><td>FND—3</td><td>+250 目，≤3%</td></tr>
</table>

(3)电解镍粉松装密度：电解镍粉的松装密度见表 5-13。

表 5-13 电解镍粉的松装密度

| 牌 号 | 松装密度/g·cm⁻³ |
| --- | --- |
| FND—1 | 0.85～1.05 |
| FND—2 | 1.20～1.40 |
| FND—3 | 1.40～1.70 |

**(九)铅锭**

铅是一种带淡青的灰白色金属,密度高、抗腐蚀性强、熔点低、柔软、易加工。铅作为冶金炉料,主要是利用它与锑、铜、砷、锡等熔炼耐磨合金和低熔点合金。

国家标准(GB/T469—1995)规定,铅锭按化学成分分为 Pb99.994、Pb99.99、Pb99.96、Pb99.90 四个牌号。其化学成分见表 5-14。

表 5-14 铅锭的化学成分

| 牌号 | 化学成分/% | | | | | | | | | |
| --- | --- | --- | --- | --- | --- | --- | --- | --- | --- | --- |
| | Pb(不小于) | 杂质(不大于) | | | | | | | | |
| | | Ag | Cu | Bi | As | Sb | Sn | Zn | Fe | 总和 |
| Pb99.994 | 99.994 | 0.0005 | 0.001 | 0.003 | 0.0005 | 0.001 | 0.001 | 0.0005 | 0.0005 | 0.006 |
| Pb99.99 | 99.99 | 0.001 | 0.0015 | 0.005 | 0.001 | 0.001 | 0.001 | 0.001 | 0.001 | 0.01 |
| Pb99.96 | 99.96 | 0.0015 | 0.002 | 0.03 | 0.002 | 0.005 | 0.002 | 0.001 | 0.002 | 0.04 |
| Pb99.90 | 99.90 | 0.002 | 0.01 | 0.03 | 0.01 | 0.05 | 0.005 | 0.002 | 0.002 | 0.10 |

铅含量以 100%减去表中所测得的 8 个杂质含量之和而得。

铅锭为长方梯形、平底或底部有槽沟,两端有突出耳部。

铅锭表面不得有熔渣、粒状氧化物和夹杂物及外来污染。

铅锭不得有冷隔,不得有大于 10mm 的飞边及毛刺(允许修整)。

铅锭单重 24±2kg、42±2kg、48±2kg,如有特殊要求,由供需双方商定。

**(十)高纯铅**

高纯铅呈银灰色,产品以长方形锭状供货,锭重为 1±0.1kg。铅锭表面应平整,无毛刺、污物、缩孔、夹层和裂纹。其牌号和化学成分中国有色金属工业行业标准(YS/T265—94)作了规定,见表 5-15。

表 5-15 高纯铅牌号及成分

| 牌 号 | 化学成分 | | | | | | | | | | | | |
| --- | --- | --- | --- | --- | --- | --- | --- | --- | --- | --- | --- | --- | --- |
| | Pb/%(不小于) | 杂质含量/ppm(不大于) | | | | | | | | | | | |
| | | As | Fe | Cu | Bi | Sn | Sb | Ag | Mg | Al | Cd | Zn | Ni |
| Pb—05 | 99.999 | 0.5 | 0.5 | 0.8 | 1.0 | 0.5 | 0.5 | 0.5 | 0.5 | 0.5 | 0.5 | 1.0 | 0.5 |
| Pb—06 | 99.9999 | 0.2 | 0.05 | 0.05 | 0.1 | 0.05 | — | 0.05 | 0.1 | 0.1 | — | — | — |

用于制造合金的高纯铅,杂质元素作为合金组分者,经供需双方协商,应提供其杂质含量的实测数据。

**(十一)粗铅**

粗铅供精炼用。中国有色金属工业标准(YS/T71—93)规定,粗铅产品按化学成分分为 3 个牌号:Pb98.0C、Pb96.0C、Pb94.0C。其化学成分见表 5-16。

表 5-16 粗铅的化学成分

| 品级 | 牌号 | 铅含量(不小于) | 杂质含量(不大于) | |
|---|---|---|---|---|
| | | | 锑 | 砷 |
| 一号 | Pb98.0C | 98.0 | 0.8 | 0.6 |
| 二号 | Pb96.0C | 96.0 | 0.9 | 0.7 |
| 三号 | Pb94.0C | 94.0 | 1.0 | 0.9 |

## (十二)锌锭

锌作为冶金炉料,主要是制造铜、锌合金(黄铜);铜、锌、锡合金(青铜);铜、锌、铅、锡抗腐蚀合金等。这些合金广泛地应用于机械制造、印刷、国防等工业方面。

国家标准(GB/T470—1997)按化学成分将锌锭分为 5 个牌号:Zn99.995、Zn99.99、Zn99.95、Zn99.5、Zn98.7。其化学成分见表 5-17。

表 5-17 锌锭的化学成分

| 牌号 | 化学成分/% | | | | |
|---|---|---|---|---|---|
| | Zn(不小于) | 杂质含量(不大于) | | | |
| | | Pb | Cd | Fe | Cu |
| Zn99.995 | 99.995 | 0.003 | 0.002 | 0.001 | 0.001 |
| Zn99.99 | 99.99 | 0.005 | 0.003 | 0.003 | 0.002 |
| Zn99.95 | 99.95 | 0.020 | 0.02 | 0.010 | 0.002 |
| Zn99.5 | 99.5 | 0.3 | 0.07 | 0.04 | 0.002 |
| Zn98.7 | 98.7 | 1.0 | 0.20 | 0.05 | 0.005 |

注:Zn 99.99%的锌锭用于生产压铸合金,最高铅含量应为 0.003%。

| 牌号 | 化学成分/% | | | | |
|---|---|---|---|---|---|
| | 杂质含量(不大于) | | | | |
| | Sn | Al | As | Sb | 总和 |
| Zn99.995 | 0.001 | — | — | — | 0.0050 |
| Zn99.99 | 0.001 | — | — | — | 0.010 |
| Zn99.95 | 0.001 | — | — | — | 0.050 |
| Zn99.5 | 0.002 | 0.010 | 0.005 | 0.01 | 0.50 |
| Zn98.7 | 0.002 | 0.010 | 0.01 | 0.02 | 1.30 |

## (十三)钴

钴是银白色金属,熔点为 1495℃,沸点为 3185℃。金属钴质地坚硬,具有强磁性。钴也有较强的抗蚀性能和抗酸性能。

钴的用途十分广泛,为航空、军事工业中的重要材料。在冶金工业中,钴作为冶金炉料,能与许多金属组成合金,如精密合金、热强合金、硬质合金、焊接合金以及其他各种含钴合金等。

钴的化学成分要求,中国有色金属行业标准(YS/T255—94)作了规定,见表 5-18。

**表 5-18 钴的化学成分**

<table>
<tr><td colspan="3">品 号</td><td>一号钴</td><td>A 一号钴</td><td>二号钴</td><td>三号钴</td></tr>
<tr><td colspan="3">代 号</td><td>Co-1</td><td>Co-1A</td><td>Co-2</td><td>Co-3</td></tr>
<tr><td rowspan="19">化学成分/%</td><td colspan="2">Co(不小于)</td><td>99.98</td><td>99.65</td><td>99.25</td><td>98.30</td></tr>
<tr><td rowspan="18">杂质含量(不大于)</td><td>C</td><td>0.005</td><td>0.009</td><td>0.03</td><td>0.1</td></tr>
<tr><td>S</td><td>0.003</td><td>0.003</td><td>0.004</td><td>0.01</td></tr>
<tr><td>Mn</td><td>0.001</td><td>0.01</td><td>0.07</td><td>0.1</td></tr>
<tr><td>Fe</td><td>0.003</td><td>0.05</td><td>0.2</td><td>0.5</td></tr>
<tr><td>Ni</td><td>0.005</td><td>0.2</td><td>0.3</td><td>0.5</td></tr>
<tr><td>Cu</td><td>0.001</td><td>0.02</td><td>0.03</td><td>0.08</td></tr>
<tr><td>As</td><td>0.0005</td><td rowspan="2">0.001</td><td rowspan="2">0.002</td><td>0.005</td></tr>
<tr><td>Pb</td><td>0.0003</td><td rowspan="4">—</td></tr>
<tr><td>Zn</td><td rowspan="2">0.001</td><td>0.002</td><td>0.005</td></tr>
<tr><td>Si</td><td colspan="2">—</td></tr>
<tr><td>Cd</td><td>0.0003</td><td colspan="2">0.001</td></tr>
<tr><td>Mg</td><td>0.001</td><td>—</td><td colspan="2">—</td></tr>
<tr><td>P</td><td rowspan="2">0.001</td><td>0.001</td><td colspan="2" rowspan="5">—</td></tr>
<tr><td>Al</td><td>—</td></tr>
<tr><td>Sn</td><td rowspan="3">0:003</td><td>0.0003</td></tr>
<tr><td>Te</td><td>0.0005</td></tr>
<tr><td>Bi</td><td>0.0003</td></tr>
<tr><td>杂质总量</td><td>0.02</td><td>0.35</td><td>0.75</td><td>1.70</td></tr>
</table>

注:数字修约按 GB1.1—81《标准化工作导则编写标准的一般规定》附录 C“数字修约规则”执行。

### (十四)氧化钴

氧化钴主要用于生产钐钴合金。其分类、级别和牌号及化学成分,中国有色金属行业标准(YS/T256—94)作了规定,见表 5-19 和表 5-20。

**表 5-19 氧化钴的分类级别和牌号**

| 类 别 | 级 别 | 牌 号 | 用 途 举 例 |
|---|---|---|---|
| Y | 零 级 | $Co_2O_3$-Y0 | 主要用于硬质合金及磁性材料等工业部门 |
| | 一 级 | $Co_2O_3$-Y1 | |
| | 二 级 | $Co_2O_3$-Y2 | |
| T | 一 级 | $Co_2O_3 \cdot CoO$-T1 | 主要用于陶搪瓷釉料颜料及其他用途 |
| | 二 级 | $Co_2O_3 \cdot CoO$-T2 | |

产品为黑灰色粉末,产品应保持干燥、洁净、均匀、无夹杂物。

$Co_2O_3$-Y0、$Co_2O_3$-Y1 及 $Co_2O_3$-Y2 均应通过 60 目标准筛网,松装密度为 0.4～0.6g/cm$^3$。$Co_2O_3 \cdot CoO$-T1 及 $Co_2O_3 \cdot CoO$-T2 均应通过 100 目标准筛网。

**表 5-20 氧化钴化学成分**

| 指标项目 | | | $Co_2O_3$-Y0 | $Co_2O_3$-Y1 | $Co_2O_3$-Y2 | $Co_2O_3 \cdot CoO$-T1 | $Co_2O_3 \cdot CoO$-T2 |
|---|---|---|---|---|---|---|---|
| 化学成分/% | Co(不小于) | | 70.0 | | | 74.0 | 70.0 |
| | 杂质含量(不大于) | Ni | 0.1 | 0.3 | | | |
| | | Fe | 0.01 | 0.04 | 0.06 | 0.4 | |
| | | Ca | 0.008 | 0.010 | 0.018 | — | |
| | | Mn | 0.010 | 0.015 | 0.05 | 0.6 | 0.2 |
| | | Na | 0.004 | 0.008 | 0.015 | — | |
| | | Cu | 0.01 | 0.02 | 0.05 | 0.2 | |
| | | Mg | | | 0.03 | — | |
| | | Zn | 0.005 | | 0.01 | 0.2 | |
| | | Si | 0.01 | 0.02 | 0.03 | | |
| | | Pb | 0.002 | 0.005 | | 0.006 | |
| | | Cd | — | | | | |
| | | As | 0.02 | | | 0.005 | |
| | | S | 0.01 | | 0.05 | — | |

注：1. $Co_2O_3 \cdot CoO$-T1 中以 CoO 为主；$Co_2O_3 \cdot CoO$-T2 中以 $Co_2O_3$ 为主；

2. 数字修约按 GB1.1—81《标准化工作导则 编写标准的一般规定》附录 C 数字修约规则执行。

### (十五)锡锭

锡是银白色金属，熔点为 231.9℃。锡的塑性极好。锡的延展性仅次于金、银和铜，可以压延成 0.04mm 以下的锡箔。但是锡的强度和硬度都很低，不能做结构材料。

锡锭作为冶金炉料，可以与其他金属化合，制成优质合金。“青铜”就铜锡合金，早在公元前就被人类广泛用于生活和生产中。易熔合金一般都含有锡。

国家标准(GB/T728—1998)将锡锭按化学成分分为 3 个牌号：Sn99.90、Sn99.95、Sn99.99。其化学成分见表 5-21。

**表 5-21 锡锭化学成分**

| 牌 号 | | | Sn99.90 | Sn99.95 | Sn99.99 |
|---|---|---|---|---|---|
| 化学成分/% | Sn(不小于) | | 99.90 | 99.95 | 99.99 |
| | 杂质(不大于) | As | 0.008 | 0.003 | 0.0005 |
| | | Fe | 0.007 | 0.004 | 0.0025 |
| | | Cu | 0.008 | 0.004 | 0.0005 |
| | | Pb | 0.040 | 0.010 | 0.0035 |
| | | Bi | 0.015 | 0.006 | 0.0025 |
| | | Sb | 0.020 | 0.014 | 0.002 |
| | | Cd | 0.0008 | 0.0005 | 0.0003 |
| | | Zn | 0.001 | 0.0008 | 0.0005 |
| | | Al | 0.001 | 0.0008 | 0.0005 |
| | | 总和 | 0.10 | 0.050 | 0.010 |

锡含量为100%减去所测表中杂质含量之和的余量。

锡锭表面应洁净,无明显毛刺和外来夹杂物。

锡锭单重为25 kg±1.5 kg,如有特殊要求,由供需双方协商解决。

### (十六)锑

锑是一种银灰色的金属。硬度低,性脆,熔点为630.5℃。金属锑主要用于制造各种合金。

锑的化学成分要求,国家标准(GB1599—79)作了规定,见表5-22。

**表5-22 锑的化学成分**

| 牌号 | 代号 | 化学成分/% | | | | | | 用途举例 |
|---|---|---|---|---|---|---|---|---|
| | | Sb | 杂质(不大于) | | | | | |
| | | (不小于) | Cu | As | S | Fe | 总和 | |
| 一号锑 | Sb-1 | 99.85 | 0.01 | 0.05 | 0.04 | 0.02 | 0.15 | 供蓄电池、合金、搪瓷、铅字、焊条以及其他工业用 |
| 二号锑 | Sb-2 | 99.65 | 0.05 | 0.10 | 0.06 | 0.03 | 0.35 | |
| 三号锑 | Sb-3 | 99.50 | 0.08 | 0.15 | 0.08 | 0.05 | 0.50 | |
| 四号锑 | Sb-4 | 99.00 | 0.20 | 0.25 | 0.20 | 0.25 | 1.00 | |

注:1. 锑以锭状或水碎粒状交货。锭状锑每块重不大于25kg,水碎粒锑是把熔好的锑滴入水中而形成大小如豆的碎粒锑;

2. 各品号锑均应测定铅和硒的含量。主成分锑含量系指100%减去砷、铁、硫、铜、铅和硒含量总和的差值;

3. 如经需方同意,一、二号锑含铅在0.4%以下,三、四号锑含铅在0.8%以下者,可并入含锑量计算。

### (十七)高纯锑

高纯锑为以一号锑为原料,经氯化、蒸馏、还原等而制得纯度不小于99.999%的锑;再以此为原料,经双精馏等而制得的纯度不小于99.9999%的锑。高纯锑供制备Ⅲ—Ⅴ族化合物半导体、高纯合金、硫化锑、制冷元件和硅、锗单晶的掺杂剂等。

高纯锑的化学成分要求,国家标准(GB10117—88)作了规定,见表5-23。

**表5-23 高纯锑化学成分**

| 牌号 | | Sb-05 | Sb-06 |
|---|---|---|---|
| Sb/%(不小于) | | 99.999 | 99.9999 |
| 杂质含量/ppm(不大于) | Ag | 0.05 | 0.01 |
| | Au | 0.2 | 0.05 |
| | Cd | 1.0 | 0.01 |
| | Cu | 0.05 | 0.01 |
| | Fe | 0.5 | 0.05 |
| | Mg | 0.2 | 0.05 |
| | Ni | 0.2 | 0.05 |
| | Pb | 0.5 | 0.05 |
| | Zn | 0.5 | 0.05 |
| | Mn | 0.05 | 0.01 |
| | As | 1.5 | 0.3 |
| | S | 0.5 | 0.1 |
| | Si | 1.0 | 0.1 |
| | Bi | 0.2 | 0.02 |

高纯锑呈银白色。产品表面应清洁,无氧化色斑。产品一般以块状或粒状供货。需方如

有特殊要求时，供需双方协商解决。

## （十八）镉锭

镉是银白色金属，富延展性，溶于酸。作为冶金炉料，它能与许多金属组成各种合金。镉是低熔点合金的主要原料，如伍氏易熔合金含镉达12.5%。

中国有色金属行业标准（YS72—94）将镉锭按化学成分分为3个牌号：Cd99.995、Cd99.99、Cd99.96。其化学成分见表5-24。

**表5-24 镉锭的化学成分**

| 牌号 | 化学成分/% | | | | | | | | | |
|---|---|---|---|---|---|---|---|---|---|---|
| | Cd ≥ | 杂质，≤ | | | | | | | | |
| | | Pb | Zn | Fe | Cu | Tl | As | Sb | Sn | 总和 |
| Cd99.995 | 99.995 | 0.002 | 0.001 | 0.001 | 0.0005 | 0.0015 | 0.0015 | 0.0002 | 0.0002 | 0.0050 |
| Cd99.99 | 99.99 | 0.004 | 0.002 | 0.002 | 0.001 | 0.002 | 0.002 | 0.0015 | 0.002 | 0.010 |
| Cd99.96 | 99.96 | 0.020 | 0.005 | 0.003 | 0.01 | 0.003 | 0.002 | 0.002 | 0.002 | 0.040 |

镉含量为100%减去所测杂质含量的总和。

需方如对镉锭中的银、镍或其他元素含量有要求，由供需双方协商议定。

镉锭呈银白色，表面应洁净，不得有熔渣及外来夹杂物。

镉锭单重5～8 kg，其形状为长方梯形，两端厚度尺寸差不大于5 mm。需方要求其他形状、规格、重量的镉锭，由供需双方商定。

## （十九）铋

金属铋微显红色，性脆易碎，熔点很低（271℃），在空气中常温时化学性质稳定，具有冷胀的特性。

铋可与铅、锡、铜、镉、铟和汞等组成易熔合金，其熔点比水的沸点还低，故被广泛用于制造焊接材料及熔断保险丝、蒸汽锅炉的安全装置与自动灭火设备。也用于铸造合金铅字和精密铸型等方面。

铋还可用作炼铝和钢的添加剂，以改善其机械性能。铝铋合金主要用在航空工业中。铋的化合物还可作为纤维及橡胶硫化过程的催化剂。

国家标准（GB/T915—1995）将铋按化学成分分为3个牌号：Bi99.997、Bi99.99、Bi99.95。其化学成分见表5-25。

**表5-25 铋的化学成分**

| 牌号 | 化学成分/% | | | | | | | | | | | | | |
|---|---|---|---|---|---|---|---|---|---|---|---|---|---|---|
| | 铋 (不小于) | 杂质含量(不大于) | | | | | | | | | | | | |
| | | 铜 | 铅 | 锌 | 铁 | 银 | 砷 | 碲 | 锑 | 氯 | 锡 | 镉 | 汞 | 镍 | 总和 |
| Bi99.997 | 99.997 | 0.0003 | 0.0007 | 0.0001 | 0.0005 | 0.0005 | 0.00005 | — | 0.0003 | — | 0.0002 | 0.0001 | 0.00005 | 0.0005 | 0.003 |
| Bi99.99 | 99.99 | 0.001 | 0.001 | 0.0005 | 0.001 | 0.004 | 0.0003 | 0.0003 | 0.0005 | 0.0015 | — | — | — | — | 0.010 |
| Bi99.95 | 99.95 | 0.003 | 0.010 | 0.005 | 0.001 | 0.020 | 0.001 | 0.001 | 0.002 | 0.005 | — | — | — | — | 0.050 |

注：铋含量为100%减去所测杂质含量的总和。

需方如对铋的化学成分有特殊要求时，可由供需双方商定。

铋呈长方形和长方梯形锭状，或呈针状。长方形锭单重为15～16 kg，长方梯形锭单重约为 5 kg。铋针直径约 3 mm。

铋锭表面应平整，不得有熔渣及外来夹杂。铋针不得夹带水及外来杂物。

需方如对铋的物理规格有特殊要求，可由供需双方商定。

## 二、轻金属料

轻金属包括铝、镁、钠、钾、钙、锶、钡等。轻金属的共同特点是相对密度小(0.53～4.5)，化学活性大，与氧、硫、碳和卤族元素的化合物都相当稳定。

### (一)重熔用铝锭

铝具有坚韧性强、耐酸碱、防锈、热导率和导电性高、结构性能好和易于加工等特点。在现代工业中应用非常广泛，其使用量超过铁以外的任何其他金属。铝和其他金属熔合之后可以制成密度小、耐氧化和强度很高的合金，是航空工业及军事工业的重要材料。

国家标准(GB/T1196—93)规定，重熔用铝锭按化学成分分为 6 个牌号：Al99.85、Al99.80、Al99.70、Al99.60、Al99.50、Al99.00。其化学成分见表 5-26。

**表 5-26 重熔用铝锭的化学成分**

| 牌号 | 化学成分/% | | | | | | | |
|---|---|---|---|---|---|---|---|---|
| | Al | 杂质(不大于) | | | | | | |
| | (不小于) | Fe | Si | Cu | Ga | Mg | 其他每种 | 总和 |
| Al99.85 | 99.85 | 0.12 | 0.08 | 0.005 | 0.030 | 0.030 | 0.015 | 0.15 |
| Al99.80 | 99.80 | 0.15 | 0.10 | 0.01 | 0.03 | 0.03 | 0.02 | 0.20 |
| Al99.70 | 99.70 | 0.20 | 0.13 | 0.01 | 0.03 | 0.03 | 0.03 | 0.30 |
| Al99.60 | 99.60 | 0.25 | 0.18 | 0.01 | 0.03 | 0.03 | 0.03 | 0.40 |
| Al99.50 | 99.50 | 0.30 | 0.25 | 0.02 | 0.03 | 0.05 | 0.03 | 0.50 |
| Al99.00 | 99.00 | 0.50 | 0.45 | 0.02 | 0.05 | 0.05 | 0.05 | 1.00 |

注：1. 铝含量为 100.00%与含量等于或大于 0.010%的所有杂质总和的差值。

2. 表中未规定的其他杂质元素，如 Zn、Mn、Ti 等，供方可不做常规分析，但应定期分析。

3. 对于表中未规定的其他杂质元素的含量，如需方有特殊要求时，可由供需双方另行协议。

4. 分析数值的判定采用修约比较法，数值修约规则按 GB8170 第三章的有关规定进行。修约数位与表中所列极限数位一致。

### (二)炼钢脱氧和铁合金用铝锭

中国有色金属行业标准(YS/T75—94)规定了炼钢和铁合金用铝锭的化学成分，见表 5-27。

**表 5-27 炼钢脱氧和部分铁合金用铝锭化学成分**

| 级别 | 牌号 | 化学成分/% | | | | |
|---|---|---|---|---|---|---|
| | | Al | 杂质(不大于) | | | |
| | | (不小于) | Fe | Si | Cu | 杂质总和 |
| 1 | Al98.0 | 98.0 | 1.1 | 1.0 | 0.05 | 2.0 |
| 2 | Al95.0 | 95.0 | 3.5 | 2.0 | 0.05 | 5.0 |
| 3 | Al92.0 | 92.0 | 4.0 | 3.0 | 0.15 | 8.0 |

注：用户对铝锭化学成分中的微量元素含量的不同要求，可经供需双方协议，满足用户要求。

铝锭表面应光洁，无飞边、夹渣和较严重气孔。

每块铝锭重量为 15 kg±2 kg 或 20 kg±2 kg。铝锭锭型应适合于包装、贮存、运输的需要。用户若对锭重、锭型有特殊要求时，可由供需双方协议，以满足用户要求。

**(三)重熔用精铝锭**

精铝锭的化学成分要求国家标准(GB8644—88)作了规定，见表 5-28。

**表 5-28 精铝锭化学成分**

| 级别 | 牌号 | 化学成分/% | | | | | | |
|---|---|---|---|---|---|---|---|---|
| | | Al(不小于) | 杂质(不大于) | | | | | |
| | | | Fe | Si | Cu | Zn | Ti | 总和 |
| 特级 | Al99.995 | 99.995 | 0.0015 | 0.0015 | 0.0015 | 0.001 | 0.001 | 0.005 |
| 一级 | Al99.99 | 99.99 | 0.003 | 0.003 | 0.0050 | 0.002 | 0.002 | 0.01 |
| 二级 | Al99.95 | 99.95 | 0.02 | 0.02 | 0.01 | 0.005 | 0.002 | 0.05 |

注：1. 铝含量按 100%与杂质铁、硅、铜、锌和钛含量的总和(百分数)之差来计算；

2. 表中未列其他杂质元素，如需方有特殊要求，可由供需双方协商。

精铝锭的外形尺寸及重量见表 5-29。

**表 5-29 精铝锭外形尺寸及重量**

| 长 | 宽 | 高 | 锭重，kg |
|---|---|---|---|
| mm | | | |
| 560±5 | 135±5 | 75±5 | 10±1 |

精铝锭表面应整洁，无夹渣、断层、严重气泡、飞边。

**(四)高纯铝**

高纯铝供制造高纯合金等用。其化学成分中国有色金属行业标准(YS/T275—94)作了规定，见表 5-30。

**表 5-30 高纯铝化学成分**

| 牌号 | 化学成分 | | | | | | | | | | | |
|---|---|---|---|---|---|---|---|---|---|---|---|---|
| | Al/%(不小于) | 杂质含量/ppm(不大于) | | | | | | | | | | |
| | | Si | Fe | Cu | Pb | Zn | Ga | Ti | Cd | Ag | In | 总量 |
| Al-05 | 99.999 | 2.8 | 2.8 | 2.8 | 0.5 | 1.0 | 0.5 | 1.0 | 0.2 | 0.2 | 0.2 | 10.0 |
| Al-055 | 99.9995 | Si+Fe+Cu+Zn+Ti+Ga | | | | | | | | | | 5.0 |

注：用于制造合金的高纯铝，杂质元素作为合金组分者，经供需双方协商，其杂质含量提供实测数据。

高纯铝呈银白色。产品表面应光洁，具有清晰结晶纹，不得有夹杂物。

产品以半圆锭或长板锭供货。每个半圆锭重不得大于 45kg。每个长板锭重不得大于 25kg，长板锭断面尺寸一般为 200mm×65mm，长度不大于 600mm。

需方如有特殊要求时，供需双方协商解决。

**(五)工业铝粉**

工业铝粉用雾化方法生产，可作炼钢用的添加剂。

工业铝粉的产品分类和技术要求国家标准(GB2082—89)规定如下：

(1)产品分类：工业铝粉按其粒度分布分为 4 个牌号，见表 5-31。

表 5-31 工业铝粉牌号

| 牌号 | 粒度分布 | |
|---|---|---|
| | 筛网孔径/μm | 不大于/% |
| FLG 1 | +2500 | 0.3 |
| | −200 | 28 |
| FLG 2 | +1000 | 0.3 |
| FLG 3 | +500 | 0.3 |
| FLG 4 | +160 | 0.3 |

(2)化学成分：工业铝粉的化学成分见表 5-32。

表 5-32 工业铝粉化学成分

| 牌号 | 化学成分/% | | | | |
|---|---|---|---|---|---|
| | Al（不小于） | 杂质（不大于） | | | |
| | | Fe | Si | Cu | $H_2O$ |
| FLG 1<br>FLG 2<br>FLG 3<br>FLG 4 | 98 | 0.5 | 0.5 | 0.1 | 0.2 |

(3)其他技术要求：

工业铝粉呈银灰色、雾滴状。

工业铝粉应无外来夹杂物和粉块。

工业铝粉的粒度分布应符合表 5-31 的规定。

**(六)氧化铝**

氧化铝是一种细颗粒、不导电、不吸水的白色粉末，在冶金工业中，用作电解铝的原料，也是生产冰晶石和氟化铝的主要原料。

中国有色金属行业标准(YS/T274—1998)将氧化铝按化学成分分为 4 个牌号：AO-1、AO-2、AO-3、AO-4。其化学成分见表 5-33。

表 5-33 氧化铝的化学成分

| 牌号 | 化学成分/% | | | | |
|---|---|---|---|---|---|
| | $Al_2O_3$（不小于） | 杂质含量（不大于） | | | |
| | | $SiO_2$ | $Fe_2O_3$ | $Na_2O$ | 灼减 |
| AO-1 | 98.6 | 0.02 | 0.02 | 0.50 | 1.0 |
| AO-2 | 98.4 | 0.04 | 0.03 | 0.60 | 1.0 |
| AO-3 | 98.3 | 0.06 | 0.04 | 0.65 | 1.0 |
| AO-4 | 98.2 | 0.08 | 0.05 | 0.70 | 1.0 |

注：1. $Al_2O_3$ 含量为 100.0%减去表 1 所列杂质总和的余量。

2. 表中化学成分按在 300℃±5℃温度下烘干 2 h 的干基计算。

3. 表中杂质成分按 GB 8170 处理。

氧化铝为白色晶体，不应有杂物和团块。

需方对质量有特殊要求，由供需双方协商。

## (七)氟化铝

氟化铝由氢氟酸与氢氧化铝作用制得,用于铝电解槽调整电解质的分子比。

国家标准(GB/T4292—1999)将氟化铝产品按化学成分分为4个等级:特一级、特二级、一级、二级。其化学成分见表5-34。

表 5-34 氟化铝的化学成分

| 等级 | 化学成分/% | | | | | | | |
|---|---|---|---|---|---|---|---|---|
| | 不小于 | | 杂质(不大于) | | | | | |
| | F | Al | Na | $SiO_2$ | $Fe_2O_3$ | $SO_4^{2-}$ | $P_2O_5$ | $H_2O$,550℃,1 h |
| 特一级 | 61 | 30.0 | 0.5 | 0.28 | 0.10 | 0.5 | 0.04 | 0.5 |
| 特二级 | 60 | 30.0 | 0.5 | 0.30 | 0.13 | 0.8 | 0.04 | 1.0 |
| 一级 | 58 | 28.2 | 3.0 | 0.30 | 0.13 | 1.1 | 0.04 | 6.0 |
| 二级 | 57 | 28.0 | 3.5 | 0.35 | 0.15 | 1.2 | 0.04 | 7.0 |

注:1.表中化学成分含量以自然基计算。

2.数值修约规则按GB/T1250—1989第5.2条规定,修约数位与表中所列极限数位一致。

氟化铝为白色粉末。产品中允许有直径4~10 mm结块,其重量不得超过5%。

## (八)铝中间合金锭

铝中间合金锭用于配制合金。其形状、规格要求见图5-2。

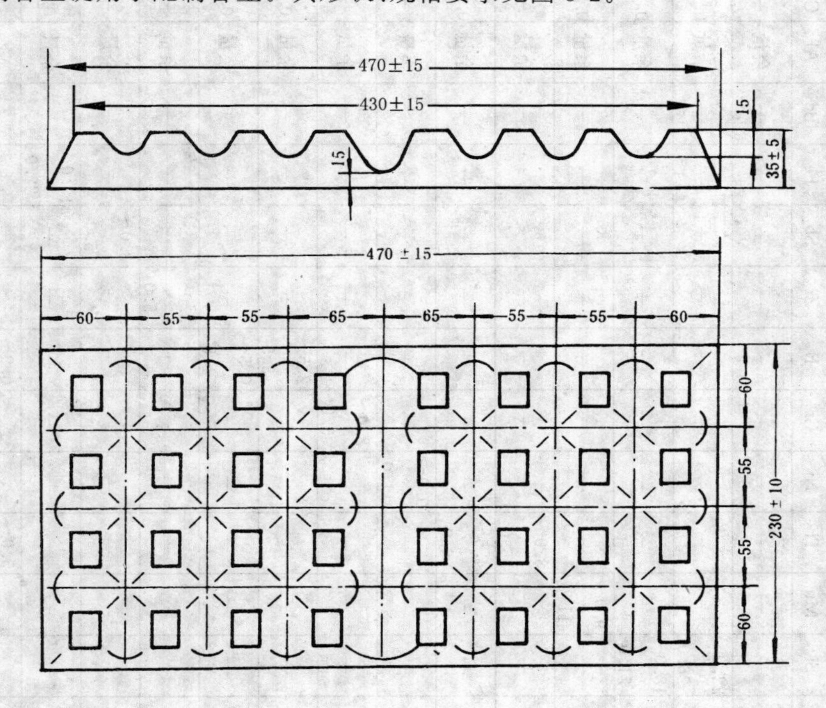


图 5-2 铝中间合金锭形状、规格

铝中间合金锭的牌号和化学成分见表5-35。

## (九)重熔用镁锭

镁呈银白色,熔点为650℃,强度低,易燃烧,易腐蚀,在碱性溶液中稳定,无磁性,有良

表 5-35 铝中间合金锭化学成分

| 序号 | 牌号 | 化学成分/% | | | | | | | | | | | | | | | | | | | | | | | | 物理性能 | |
|---|---|---|---|---|---|---|---|---|---|---|---|---|---|---|---|---|---|---|---|---|---|---|---|---|---|---|---|
| | | 主要成分 | | | | | | | | | | | | 杂质（不大于） | | | | | | | | | | | | 熔化温度/℃ | 特性 |
| | | Cu | Si | Mn | Ti | Ni | Cr | B | Zr | Sb | Fe | Be | Al | Cu | Si | Mn | Ti | Ni | Cr | Zr | Fe | Zn | Mg | Pb | Sn | | |
| 1 | AlCu50 | 48.0～52.0 | — | — | — | — | — | — | — | — | — | — | 余量 | — | 0.40 | 0.35 | 0.10 | 0.20 | 0.10 | — | 0.45 | 0.30 | 0.30 | 0.20 | 0.10 | 570～600 | 脆 |
| 2 | AlSi24 | — | 22.0～26.0 | — | — | — | — | — | — | — | — | — | 余量 | 0.20 | — | 0.35 | 0.1 | 0.20 | 0.10 | — | 0.45 | 0.2 | 0.40 | 0.10 | 0.10 | 700～800 | 脆 |
| 3 | AlSi20 | — | 18.0～21.0 | — | — | — | — | — | — | — | — | — | 余量 | 0.20 | — | 0.35 | 0.1 | 0.20 | 0.10 | — | 0.45 | 0.2 | 0.40 | 0.10 | 0.10 | 640～700 | 脆 |
| 4 | AlMn10 | — | — | 9.0～11.0 | — | — | — | — | — | — | — | — | 余量 | 0.20 | 0.40 | — | 0.1 | 0.20 | 0.10 | — | 0.45 | 0.2 | 0.50 | 0.10 | 0.10 | 770～830 | 韧 |
| 5 | AlTi4 | — | — | — | 3.0～5.0 | — | — | — | — | — | — | — | 余量 | — | 0.2 | — | — | — | — | — | 0.3 | 0.1 | — | — | — | 1020～1070 | 易偏析 |
| 6 | AlTi5 | — | — | — | 4.5～6.0 | — | — | — | — | — | — | — | 余量 | 0.15 | 0.50 | 0.35 | — | 0.10 | 0.10 | 钒 0.25 | 0.45 | 0.15 | 0.50 | 0.10 | 0.10 | 1050～1100 | 易偏析 |
| 7 | AlNi10 | — | — | — | — | 9.0～11.0 | — | — | — | — | — | — | 余量 | — | 0.2 | 0.1 | — | — | — | — | 0.5 | — | — | 0.1 | — | 680～730 | 韧 |
| 8 | AlCr2 | — | — | — | — | — | 2.0～3.0 | — | — | — | — | — | 余量 | — | 0.2 | — | — | — | — | — | 0.5 | 0.1 | — | — | — | 900～1000 | 易偏析 |
| 9 | AlB3 | — | — | — | — | — | — | 2.5～3.5 | — | — | — | — | 余量 | 0.1 | 0.2 | — | — | — | — | — | 0.4 | 0.1 | — | — | — | 800 | 韧 |
| 10 | AlB1 | — | — | — | — | — | — | 0.5～1.5 | — | — | — | — | 余量 | 0.1 | 0.2 | — | — | — | — | — | 0.3 | 0.1 | — | — | — | 800 | 韧 |
| 11 | AlZr4 | — | — | — | — | — | — | — | 3.0～5.0 | — | — | — | 余量 | — | 0.2 | — | — | — | — | — | 0.3 | 0.1 | — | 0.1 | — | 800～850 | 易偏析 |
| 12 | AlSb4 | — | — | — | — | — | — | — | — | 3.0～5.0 | — | — | 余量 | — | 0.2 | — | — | — | — | — | 0.3 | — | — | — | — | 660 | 易偏析 |
| 13 | AlFe20 | — | — | — | — | — | — | — | — | — | 18.0～22.0 | — | 余量 | 0.1 | 0.2 | 0.3 | — | — | — | — | — | 0.1 | — | — | — | 1020 | 脆 |
| 14 | AlTi5B1 | — | — | — | 5.0～6.2 | — | — | 0.9～1.4 | — | — | — | — | 余量 | 0.02 | 0.20 | 0.02 | — | 0.04 | 0.02 | 0.02 | 0.30 | 0.03 | 0.02 | — | — | 800 | 易偏析 |
| 15 | AlBe3 | — | — | — | — | — | — | — | — | — | — | 2.0～4.0 | 余量 | — | 0.2 | — | — | — | — | — | 0.25 | 0.1 | — | — | — | 820 | 韧 |

好的加热和热消散性。镁作为冶金炉料,用于制造镁合金及其他有色合金材料。在熔铸铜或镍合金时,可做去硫剂和脱氧剂。在熔铸球墨铸铁时,镁是重要的球化剂。

国家标准(GB/T 3499—1995)对镁锭的化学成分作了规定,见表5-36。

**表5-36 镁锭的化学成分**

| 级别 | 牌号 | 化学成分/% | | | | | | | | | |
|---|---|---|---|---|---|---|---|---|---|---|---|
| | | Mg(不小于) | 杂质元素(不大于) | | | | | | | | |
| | | | Fe | Si | Ni | Cu | Al | Cl | Mn | Ti | 杂质总和 |
| 特级 | Mg99.96 | 99.96 | 0.004 | 0.004 | 0.0002 | 0.002 | 0.006 | 0.003 | 0.003 | — | 0.04 |
| 一级 | Mg99.95 | 99.95 | 0.004 | 0.005 | 0.0007 | 0.003 | 0.006 | 0.003 | 0.01 | 0.014 | 0.05 |
| 二级 | Mg99.90 | 99.90 | 0.04 | 0.01 | 0.001 | 0.004 | 0.02 | 0.005 | 0.03 | — | 0.10 |
| 三级 | Mg99.80 | 99.80 | 0.05 | 0.03 | 0.002 | 0.02 | 0.05 | 0.005 | 0.06 | — | 0.20 |

注:1.杂质Na和K的含量不包括在规定杂质总和内。但生产单位应保证所有牌号的镁中含Na不大于0.01%,含K不大于0.005%。

2.镁的含量以100.00%减规定杂质总和来决定。

3.未作规定的其他单项杂质元素(不包括保证元素)含量大于0.010%时,应计入杂质总和。但供方可不做常规分析。

4.如有特殊要求,由供需双方另行协议。

特级品和一级品镁锭为不镀膜的镁锭。二级品和三级品镁锭原则上为镀膜镁锭,镁锭表面用重铬酸钾溶液进行防蚀处理,表面为氧化色。

镁锭表面应平整清洁,表面不允许有残留熔剂、夹渣、飞边、硫磺及氧化黑孔等存在,但允许有修整过的痕迹。

**(十)金属钙**

钙是银白色金属,密度1.55g/cm³。化学性质活泼,能与水或酸反应而放出氢气。金属钙可用于熔融盐金属热还原法制取稀有金属。

国家标准(GB4864—85)规定了金属钙的化学成分,见表5-37。

**表5-37 金属钙化学成分**

| 牌号 | 化学成分/% | | | | | | | | | | |
|---|---|---|---|---|---|---|---|---|---|---|---|
| | Ca(不小于) | 杂质(不大于) | | | | | | | | | |
| | | Cl | N | Mg | Cu | Ni | Mn | Si | Fe | Al | 杂质总和 |
| Ca-03 | 99.9 | 0.06 | 0.015 | 0.015 | 0.005 | 0.002 | 0.005 | 0.002 | 0.002 | 0.003 | 0.1 |
| Ca-1 | 99.5 | 0.20 | 0.04 | 0.20 | 0.01 | 0.005 | 0.006 | 0.004 | 0.015 | 0.02 | 0.5 |
| Ca-2 | 99.0 | 0.30 | 0.10 | 0.45 | 0.05 | 0.007 | 0.01 | 0.008 | 0.02 | 0.06 | 1.0 |
| Ca-3 | 98.5 | 0.50 | 0.15 | 0.50 | 0.20 | 0.01 | 0.03 | 0.01 | 0.03 | 0.07 | 1.5 |

注:1.钙含量以100%减表列杂质总和来确定;

2.如需方有特殊要求,可由双方另行议定;

3.Ca-03为高纯级。

金属钙新断面呈银白色金属光泽。一般以钙锭、钙屑、钙块状态交货。

**(十一)氟化钠**

氟化钠由氢氟酸或硅氟酸与碳酸钠作用而制得,产品作为冶金料用于铝电解。

氟化钠为白色粉末,其化学成分,国家标准(GB4293—84)作了规定,见表5-38。

表 5-38 氟化钠化学成分

| 等级 | 化学成分/% | | | | | | $H_2O$ |
|---|---|---|---|---|---|---|---|
| | NaF | $SiO_2$ | $Na_2CO_3$ | 硫酸盐($SO_4^{2-}$) | 酸度(HF) | 水中不溶物 | |
| | 不小于 | 不大于 | | | | | |
| 一级 | 98 | 0.5 | 0.5 | 0.3 | 0.1 | 0.7 | 0.5 |
| 二级 | 95 | 1.0 | 1.0 | 0.5 | 0.1 | 3 | 1.0 |
| 三级 | 84 | — | 2.0 | 2.0 | 0.1 | 10 | 1.5 |

注:1. 表中"—"表示不作规定;

2. 表中化学成分按干基计算。

产品中允许有直径大于 4mm 的结块,但其重量不超过 5%。

氟化钠是有毒物质,包装袋上要标"有毒物"字样。

不同等级不得混装。

**(十二)冰晶石**

冰晶石主要用于炼铝。国家标准(GB/T4291—1999)将冰晶石按化学成分分为 3 级:特级、一级、二级。其化学成分见表 5-39。

表 5-39 冰晶石的化学成分

| 等级 | 化学成分/% | | | | | | | | | |
|---|---|---|---|---|---|---|---|---|---|---|
| | 不小于 | | 不大于 | | | | | | | |
| | F | Al | Na | $SiO_2$ | $Fe_2O_3$ | $SO_4^{2-}$ | CaO | $P_2O_5$ | $H_2O$ | 灼减,550℃ 30min |
| 特级 | 53 | 13 | 32 | 0.25 | 0.05 | 0.7 | 0.10 | 0.02 | 0.4 | 2.5 |
| 一级 | 53 | 13 | 32 | 0.36 | 0.08 | 1.2 | 0.15 | 0.03 | 0.5 | 3.0 |
| 二级 | 53 | 13 | 32 | 0.40 | 0.10 | 1.3 | 0.20 | 0.03 | 0.8 | 3.0 |

注:1. 表中化学成分含量按去除附着水后的干基计算(灼减除外)。

2. 数值修约规则按 GB/T 1250—1989 的第 5.2 条规定进行,修约数位与表中所列极限数位一致。

3. 产品中氟化钠与氟化铝的摩尔比一般在 1.8~2.9 之间,需方另有特殊要求时,应在合同中注明。

4. 需方要求灼减小于 2.5%的冰晶石时,应在合同中注明。

## 三、贵金属料

贵金属包括金、银和铂族元素中的铂、铱、锇、钌、钯、铑。

贵金属的特点是密度大(10.4~22.4g/cm³),熔点高(916~3000℃),化学性质稳定,抗酸、碱、难腐蚀(除银、钯外)。另外,金、银具有高度的可锻性和可塑性,钯、铂具有良好的可塑性,其他均为脆性金属。金、银具有良好的导电性和导热性。

**(一)金银合金锭**

金银合金锭供提取纯金、纯银用,其品号及化学成分见表 5-40。

表 5-40 金银合金锭品号及成分

| 品号 | 代号 | Au、Ag、Cu/%(不小于) | 杂质/%(不大于) | |
|---|---|---|---|---|
| | | | Pb | Hg |
| 一号 | AuAg-1 | 90 | 不规定 | 0.01 |
| 二号 | AuAg-2 | 80 | 10 | 0.02 |
| 三号 | AuAg-3 | 70 | 12 | 0.04 |

注:1. 一号、二号金银合金锭中金含量不小于 40%;

2. 汞含量指标为参考指标,不作交货依据;

3. 金银合金锭重不超过 10kg。

## (二)海绵铂

海绵铂为灰色海绵状金属。由矿石原料及各类贵金属杂料经火法或湿法冶炼制得。供电气仪表、化工及制作精密合金等用。

海绵铂的产品牌号及化学成分国家标准(GB1419—89)作了规定,见表 5-41。

**表 5-41 海绵铂化学成分**

| 产品牌号 | | | HPt—1 | HPt—2 | HPt—3 |
|---|---|---|---|---|---|
| 化学成分/% | 铂含量(不小于) | | 99.99 | 99.95 | 99.90 |
| | 杂质含量(不大于) | Pd | 0.003 | 0.02 | 0.03 |
| | | Rh | 0.003 | 0.02 | 0.03 |
| | | Ir | 0.003 | 0.02 | 0.03 |
| | | Au | 0.003 | 0.02 | 0.03 |
| | | Ag | 0.001 | 0.005 | 0.01 |
| | | Cu | 0.001 | 0.005 | 0.01 |
| | | Fe | 0.001 | 0.005 | 0.01 |
| | | Ni | 0.001 | 0.005 | 0.01 |
| | | Al | 0.003 | 0.005 | 0.01 |
| | | Pb | 0.002 | 0.005 | 0.01 |
| | | Si | 0.003 | 0.005 | 0.01 |
| | 杂质总量(不大于) | | 0.01 | 0.05 | 0.10 |

注:铂含量为百分之百减去表中所列杂质总量的余量。

## (三)高纯海绵铂

高纯海绵铂用于生产精密合金。中国有色金属行业标准(YS/T81—94)根据高纯海绵铂中杂质含量的不同将其分为 2 个牌号:HPt-050、HPt-045。其化学成分见表 5-42。

**表 5-42 高纯海绵铂化学成分**

| 产品牌号 | 化学成分/% | | | | | | | | | | | | | |
|---|---|---|---|---|---|---|---|---|---|---|---|---|---|---|
| | 铂含量(不小于) | 杂质含量(不大于) | | | | | | | | | | | | 杂质总量不大于 |
| | | Pd | Rh | Ir | Au | Ag | Cu | Fe | Ni | Al | Pb | Mg | Si | |
| HPt-050 | 99.999 | 0.0003 | 0.0001 | 0.0003 | 0.0001 | 0.0001 | 0.0001 | 0.0001 | 0.0001 | 0.0003 | 0.0001 | 0.0002 | 0.0008 | 0.001 |
| HPt-045 | 99.995 | 0.0015 | 0.0015 | 0.0015 | 0.0015 | 0.0008 | 0.0008 | 0.0008 | 0.0008 | 0.001 | 0.0015 | 0.0008 | 0.002 | 0.005 |

注:铂含量为百分之百减去表中所列杂质元素实测总量的余量。

产品为灰色海绵状金属。产品应纯净,无钠盐。

## (四)铱粉

铱粉为灰色粉末状金属,是由矿石原料及各类贵金属杂料经火法或湿法冶炼制得,供制做精密合金及电器仪表等用。

铱粉的化学成分,国家标准(GB1422—89)作了规定,见表 5-43。

表 5-43 铱粉化学成分

| 产品牌号 | | | FIr—1 | FIr—2 | FIr—3 |
|---|---|---|---|---|---|
| 化学成分/% | Ir 含量(不小于)/% | | 99.99 | 99.95 | 99.90 |
| | 杂质含量(不大于) | Pt | 0.003 | 0.02 | 0.03 |
| | | Pd | 0.001 | 0.02 | 0.03 |
| | | Rh | 0.003 | 0.02 | 0.03 |
| | | Au | 0.001 | 0.02 | 0.03 |
| | | Ag | 0.001 | 0.005 | 0.01 |
| | | Cu | 0.002 | 0.005 | 0.01 |
| | | Ni | 0.001 | 0.005 | 0.01 |
| | | Fe | 0.002 | 0.01 | 0.02 |
| | | Al | 0.003 | 0.005 | 0.01 |
| | | Pb | 0.001 | 0.005 | 0.01 |
| | | Sn | 0.001 | 0.005 | 0.01 |
| | | Si | 0.003 | 0.005 | 0.01 |
| | 杂质总量(不大于) | | 0.01 | 0.05 | 0.10 |

注:铱含量为百分之百减去表中所列杂质总量的余量。

## (五)海绵钯

海绵钯为灰色海绵状金属,是以矿石为原料和各类贵金属杂料,经火法或湿法冶炼制得,供电器仪表、化工和制做精密合金等用。

海绵钯的化学成分,国家标准(GB1420—89)作了规定,见表 5-44。

表 5-44 海绵钯化学成分

| 产品牌号 | | | HPd—1 | HPd—2 | HPd—3 |
|---|---|---|---|---|---|
| 化学成分/% | Pd 含量(不小于) | | 99.99 | 99.95 | 99.90 |
| | 杂质含量(不大于) | Pt | 0.003 | 0.02 | 0.03 |
| | | Rh | 0.002 | 0.02 | 0.03 |
| | | Ir | 0.002 | 0.02 | 0.03 |
| | | Au | 0.002 | 0.02 | 0.05 |
| | | Ag | 0.002 | 0.005 | 0.01 |
| | | Cu | 0.001 | 0.005 | 0.01 |
| | | Ni | 0.001 | 0.005 | 0.01 |
| | | Fe | 0.001 | 0.005 | 0.01 |
| | | Pb | 0.001 | 0.005 | 0.01 |
| | | Al | 0.003 | 0.005 | 0.01 |
| | | Si | 0.003 | 0.005 | 0.01 |
| | 杂质总量(不大于) | | 0.01 | 0.05 | 0.10 |

注:钯含量为百分之百减去表中所列杂质总量的余量。

## (六)铑粉

铑粉为灰色粉末状金属,是由矿石原料及各类贵金属杂料,经火法及湿法冶炼制得,供制做精密合金及电器仪表等用。

铑粉的化学成分，国家标准(GB1421—89)作了规定，见表5-45。产品应无肉眼可见的夹杂物。

表 5-45 铑粉化学成分

| 产品牌号 | | | FRh—1 | FRh—2 | FRh—3 |
|---|---|---|---|---|---|
| 化学成分/% | Rh 含量(不小于) | | 99.99 | 99.95 | 99.90 |
| | 杂质含量(不大于) | Pt | 0.003 | 0.02 | 0.03 |
| | | Pd | 0.001 | 0.01 | 0.03 |
| | | Ir | 0.003 | 0.02 | 0.03 |
| | | Au | 0.001 | 0.02 | 0.03 |
| | | Ag | 0.001 | 0.005 | 0.01 |
| | | Cu | 0.001 | 0.005 | 0.01 |
| | | Fe | 0.002 | 0.01 | 0.02 |
| | | Ni | 0.001 | 0.005 | 0.01 |
| | | Sn | 0.001 | 0.005 | 0.01 |
| | | Pb | 0.001 | 0.005 | 0.01 |
| | | Al | 0.003 | 0.005 | 0.01 |
| | | Si | 0.003 | 0.005 | 0.01 |
| | 杂质总量(不大于) | | 0.01 | 0.05 | 0.10 |

注：铑含量为百分之百减去表中所列杂质总量的余量。

## 四、稀有轻金属料

稀有轻金属包括锂、铍、铷、铯、钛5种金属。它们的共同特点是密度小(锂为0.53；铍为1.85；铷为1.55；铯为1.87；钛为4.50g/cm$^3$)，化学活性强。这类金属的氧化物和氯化物都具有很高的化学稳定性，很难还原，常用于熔盐电解法或金属热还原法生产。

### (一)锂

锂呈银白色，新鲜断面略带淡黄色光泽，密度为0.531g/cm$^3$，熔点180℃。锂作为有色合金料可以制得多种有色合金，如锂-铝、锂-镁等轻合金；锂用于黑色、有色金属及其合金的精炼与脱气，能有效地除去氧、氮、氢、氧化物及硫化物等杂质；锂用于热处理炉、烧结炉、煅冶炉控制气氛，可以防止金属表面层的氧化、脱碳或碳化；铝电解槽中加入4%～5%的氟化锂(或碳酸锂)，可以提高电流效率4%～6%，增加电解槽产量35%～48%。

锂的化学成分，国家标准(GB4369—84)作了规定，见表5-46。

表 5-46 锂的化学成分

| 牌号 | 化学成分/% | | | | | | |
|---|---|---|---|---|---|---|---|
| | Li 含量(不小于) | 杂质含量(不大于) | | | | | |
| | | Na | Ca | Si | Fe | Al | Ni |
| Li-1 | 99.0 | 0.2 | 0.04 | 0.04 | 0.01 | 0.02 | 0.005 |
| Li-2 | 98.5 | 0.6 | 0.10 | 0.05 | 0.03 | 0.04 | 0.01 |

注：锂含量为100%减去表列杂质含量之差。

锂产品应无肉眼可见的夹杂物，供货状态为 $\phi$90mm×160mm 的圆柱锭，每个锭重约500g。需方如有其他要求，供需双方可另行议订。

### （二）高纯锂

高纯锂供炼制有色合金用。国家标准（GB4370—84）将高纯锂分为 Li-03 和 Li-04 两个牌号，各牌号化学成分见表 5-47。

**表 5-47 高纯锂化学成分**

| 牌号 | 化学成分/% | | | | | | |
|---|---|---|---|---|---|---|---|
| | Li 含量（不小于） | 杂质含量（不大于） | | | | | |
| | | Na | Ca | Si | Fe | Al | Ni |
| Li-03 | 99.9 | 0.02 | 0.02 | 0.004 | 0.002 | 0.005 | 0.003 |
| Li-04 | 99.99 | 0.001 | 0.005 | 0.0005 | 0.0005 | 0.0005 | 0.0005 |

注：锂含量为 100% 减去表列杂质含量之差。

产品供货状态为 $\phi$90mm×160mm 的圆柱锭，每个锭重约 500g。需方如有其他要求，供需双方可另行议订。产品不得有肉眼可见夹杂物。

### （三）工业纯氧化铍粉末

工业纯氧化铍粉末呈白色或浅黄色，可作铍铜合金、铍铝合金和铍铁合金的合金料。

工业纯氧化铍粉末的化学成分，国家标准（GB3135—82）作了规定，见表 5-48。

**表 5-48 工业纯氧化铍粉末化学成分**

| 产品牌号 | | | FBeO—1 |
|---|---|---|---|
| 化学成分/% | BeO（不小于） | | 95 |
| | 杂质含量（不大于） | $SiO_2$ | 1.0 |
| | | $Al_2O_3$ | 0.7 |
| | | $Fe_2O_3$ | 0.7 |
| | | CaO | 0.2 |
| | | MgO | 0.2 |
| | | P | 0.25 |

注：工业纯氧化铍的灼烧损失不得大于 2%。

### （四）钛

钛是一种银白色金属，熔点 1675℃，有延展性。

钛作为炼钢的合金元素添加剂，在合金钢中发挥很大的抗蚀作用，尤其是在不锈钢中有提高抵抗晶间腐蚀的能力。钛还具有细化晶粒、提高钢的综合性能作用。钛还可以作为炼钢的脱氧剂和去气剂。

国家标准（GB/T3620.1～3620.2—94）对钛及钛合金牌号和化学成分及成分允许偏差作了规定，见表 5-49 和表 5-50。

**表 5-49 钛及钛合金牌号和化学成分**

| 合金牌号 | 化学成分组 | 化学成分/% | | | | | | | | | | | | | | | | | | | | |
|---|---|---|---|---|---|---|---|---|---|---|---|---|---|---|---|---|---|---|---|---|---|---|
| | | 主要成分 | | | | | | | | | | | | | | | 杂质(不大于) | | | | | |
| | | | | | | | | | | | | | | | | | | | | | 其他元素 | |
| | | Ti | Al | Sn | Mo | V | Cr | Fe | Mn | Zr | Pd | Ni | Cu | Nb | Si | B | Fe | C | N | H | O | 单一 | 总和 |
| TAD | 碘法钛 | 余量 | — | — | — | — | — | — | — | — | — | — | — | — | — | — | 0.03 | 0.03 | 0.01 | 0.015 | 0.05 | — | — |
| TA0 | 工业纯钛 | 余量 | — | — | — | — | — | — | — | — | — | — | — | — | — | — | 0.15 | 0.10 | 0.03 | 0.015 | 0.15 | 0.1 | 0.4 |
| TA1 | 工业纯钛 | 余量 | — | — | — | — | — | — | — | — | — | — | — | — | — | — | 0.25 | 0.10 | 0.03 | 0.015 | 0.20 | 0.1 | 0.4 |
| TA2 | 工业纯钛 | 余量 | — | — | — | — | — | — | — | — | — | — | — | — | — | — | 0.30 | 0.10 | 0.05 | 0.015 | 0.25 | 0.1 | 0.4 |
| TA3 | 工业纯钛 | 余量 | — | — | — | — | — | — | — | — | — | — | — | — | — | — | 0.40 | 0.10 | 0.05 | 0.015 | 0.30 | 0.1 | 0.4 |
| TA4 | Ti-3Al | 余量 | 2.0~3.3 | — | — | — | — | — | — | — | — | — | — | — | — | — | 0.30 | 0.10 | 0.05 | 0.015 | 0.15 | 0.1 | 0.4 |
| TA5 | Ti-4Al-0.005B | 余量 | 3.3~4.7 | — | — | — | — | — | — | — | — | — | — | — | — | 0.005 | 0.30 | 0.10 | 0.04 | 0.015 | 0.15 | 0.1 | 0.4 |
| TA6 | Ti-5Al | 余量 | 4.0~5.5 | — | — | — | — | — | — | — | — | — | — | — | — | — | 0.30 | 0.10 | 0.05 | 0.015 | 0.15 | 0.1 | 0.4 |
| TA7 | Ti-5Al-2.5Sn | 余量 | 4.0~6.0 | 2.0~3.0 | — | — | — | — | — | — | — | — | — | — | — | — | 0.50 | 0.10 | 0.05 | 0.015 | 0.20 | 0.1 | 0.4 |
| TA7 ELI | Ti-5Al-2.5Sn(ELI) | 余量 | 4.50~5.75 | 2.0~3.0 | — | — | — | — | — | — | — | — | — | — | — | — | 0.25 | 0.05 | 0.035 | 0.0125 | 0.12 | 0.05 | 0.3 |
| TA9 | Ti-0.2Pd | 余量 | — | — | — | — | — | — | — | — | 0.12~0.25 | — | — | — | — | — | 0.25 | 0.10 | 0.03 | 0.015 | 0.20 | 0.1 | 0.4 |
| TA10 | Ti-0.3Mo-0.8Ni | 余量 | — | — | 0.2~0.4 | — | — | — | — | — | — | 0.6~0.9 | — | — | — | — | 0.30 | 0.08 | 0.03 | 0.015 | 0.25 | 0.1 | 0.4 |
| TB2 | Ti-5Mo-5V-8Cr-3Al | 余量 | 2.5~3.5 | — | 4.7~5.7 | 4.7~5.7 | 7.5~8.5 | — | — | — | — | — | — | — | — | — | 0.30 | 0.05 | 0.04 | 0.015 | 0.15 | 0.1 | 0.4 |
| TB3 | Ti-3.5Al-10Mo-8V-1Fe | 余量 | 2.7~3.7 | — | 9.5~11.0 | 7.5~8.5 | — | 0.8~1.2 | — | — | — | — | — | — | — | — | — | 0.05 | 0.04 | 0.015 | 0.15 | 0.1 | 0.4 |
| TB4 | Ti-4Al-7Mo-10V-2Fe-1Zr | 余量 | 3.0~4.5 | — | 6.0~7.8 | 9.0~10.5 | — | 1.5~2.5 | — | 0.5~1.5 | — | — | — | — | — | — | — | 0.05 | 0.04 | 0.015 | 0.20 | 0.1 | 0.4 |

续表 5-49

| 合金牌号 | 化学成分组 | 化学成分/% | | | | | | | | | | | | | | | | | | | | | |
|---|---|---|---|---|---|---|---|---|---|---|---|---|---|---|---|---|---|---|---|---|---|---|---|
| | | 主要成分 | | | | | | | | | | | | | | | 杂质(不大于) | | | | | | |
| | | | | | | | | | | | | | | | | | | | | | | 其他元素 | |
| | | Ti | Al | Sn | Mo | V | Cr | Fe | Mn | Zr | Pd | Ni | Cu | Nb | Si | B | Fe | C | N | H | O | 单一 | 总和 |
| TC1 | Ti-2Al-1.5Mn | 余量 | 1.0~2.5 | — | — | — | — | — | 0.7~2.0 | — | — | — | — | — | — | — | 0.30 | 0.10 | 0.05 | 0.012 | 0.15 | 0.1 | 0.4 |
| TC2 | Ti-4Al-1.5Mn | 余量 | 3.5~5.0 | — | — | — | — | — | 0.8~2.0 | — | — | — | — | — | — | — | 0.30 | 0.10 | 0.05 | 0.012 | 0.15 | 0.1 | 0.4 |
| TC3 | Ti-5Al-4V | 余量 | 4.5~6.0 | — | — | 3.5~4.5 | — | — | — | — | — | — | — | — | — | — | 0.30 | 0.10 | 0.05 | 0.015 | 0.15 | 0.1 | 0.4 |
| TC4 | Ti-6Al-4V | 余量 | 5.5~6.8 | — | — | 3.5~4.5 | — | — | — | — | — | — | — | — | — | — | 0.30 | 0.10 | 0.05 | 0.015 | 0.20 | 0.1 | 0.4 |
| TC6 | Ti-6Al-1.5Cr-2.5Mo-0.5Fe-0.3Si | 余量 | 5.5~7.0 | — | 2.0~3.0 | — | 0.8~2.3 | 0.2~0.7 | — | — | — | — | — | — | 0.15~0.40 | — | — | 0.10 | 0.05 | 0.015 | 0.18 | 0.1 | 0.4 |
| TC9 | Ti-6.5Al-3.5Mo-2.5Sn-0.3Si | 余量 | 5.8~6.8 | 1.8~2.8 | 2.8~3.8 | — | — | — | — | — | — | — | — | — | 0.2~0.4 | — | 0.40 | 0.10 | 0.05 | 0.015 | 0.15 | 0.1 | 0.4 |
| TC10 | Ti-6Al-6V-2Sn-0.5Cu-0.5Fe | 余量 | 5.5~6.5 | 1.5~2.5 | — | 5.5~6.5 | — | 0.35~1.0 | — | — | — | — | 0.35~1.0 | — | — | — | — | 0.10 | 0.04 | 0.015 | 0.20 | 0.1 | 0.4 |
| TC11 | Ti-6.5Al-3.5Mo-1.5Zr-0.3Si | 余量 | 5.8~7.0 | — | 2.8~3.8 | — | — | — | — | 0.8~2.0 | — | — | — | — | 0.20~0.35 | — | 0.25 | 0.10 | 0.05 | 0.012 | 0.15 | 0.1 | 0.4 |
| TC12 | Ti-5Al-4Mo-4Cr-2Zr-2Sn-1Nb | 余量 | 4.5~5.5 | 1.5~2.5 | 3.5~4.5 | — | 3.5~4.5 | — | — | 1.5~3.0 | — | — | — | 0.5~1.5 | — | — | 0.30 | 0.10 | 0.05 | 0.015 | 0.20 | 0.1 | 0.4 |

注：“ELI”表示为超低间隙。

**表 5-50 钛及钛合金的化学成分及允许偏差**

| 元素 | 化学成分范围/% | 允许偏差/% |
|---|---|---|
| C | ≤0.20 | +0.02 |
| | >0.20～0.50 | +0.04 |
| | >0.50 | +0.06 |
| N | ≤0.10 | +0.02 |
| H | ≤0.020 | +0.0020 |
| O | ≤0.20 | +0.03 |
| | >0.20 | +0.04 |
| Fe | ≤0.25 | ±0.10 |
| | >0.25～0.50 | ±0.15 |
| | >0.50～5.00 | ±0.20 |
| | >5.00 | ±0.25 |
| Si | ≤0.10 | ±0.02 |
| | >0.10～0.50 | ±0.05 |
| | >0.50～0.70 | ±0.07 |
| Al | ≤1.00 | ±0.15 |
| | >1.00～10.00 | ±0.40 |
| | >10.00～35.00 | ±0.50 |
| Cr | ≤1.00 | ±0.08 |
| | >1.00～4.00 | ±0.20 |
| | >4.00 | ±0.25 |
| Mo | ≤1.00 | ±0.08 |
| | >1.00～10.00 | ±0.30 |
| | >10.00～30.00 | ±0.40 |
| Sn | ≤3.00 | ±0.15 |
| | >3.00～6.00 | ±0.25 |
| | >6.00～12.00 | ±0.40 |
| Mn | ≤0.30 | ±0.10 |
| | >0.30～6.00 | ±0.30 |
| | >6.00～9.00 | ±0.40 |
| | >9.00～20.00 | ±0.50 |
| Cu | ≤1.00 | ±0.08 |
| | >1.00～3.00 | ±0.12 |
| | >3.00～5.00 | ±0.20 |
| V | ≤0.50 | ±0.05 |
| | >0.50～5.00 | ±0.15 |
| | >5.00～6.00 | ±0.20 |
| | >6.00～10.00 | ±0.30 |
| | >10.00～20.00 | ±0.40 |
| B | ≤0.005 | ±0.001 |

续表 5-50

| 元 素 | 化学成分范围/% | 允许偏差/% |
|---|---|---|
| Zr | ≤4.00 | ±0.15 |
| | ＞4.00～6.00 | ±0.20 |
| | ＞6.00～10.00 | ±0.30 |
| | ＞10.00 | ±0.40 |
| Ni | ≤1.00 | ±0.03 |
| Pd | ≤0.250 | ±0.02 |
| Nb | ≤1.00 | ±0.10 |
| | ＞1.00～5.00 | ±0.15 |
| | ＞5.00～7.00 | ±0.20 |
| | ＞7.00～10.00 | ±0.25 |
| | ＞10.00～15.00 | ±0.30 |
| | ＞15.00～20.00 | ±0.35 |
| | ＞20.00～30.00 | ±0.40 |
| 其他元素(单一) | ≤0.1 | +0.02 |

注:当铁元素为杂质时,其偏差只取正偏差。

## (五)海绵钛

海绵钛的化学成分见表 5-51。

**表 5-51 海绵钛化学成分(GB2524—81)**

| 生产方法 | 产品名称 | 产品牌号 | 化学成分/% | | | | | | | HB10/1500/30 |
|---|---|---|---|---|---|---|---|---|---|---|
| | | | Ti 含量(不小于) | 杂质含量(不大于) | | | | | | 不大于 |
| | | | | Fe | Si | Cl | C | N | O | |
| 镁 法 | 0 级钛 | MHTi-0 | 99.76 | 0.06 | 0.02 | 0.06 | 0.02 | 0.02 | 0.06 | 100 |
| | 1 级钛 | MHTi-1 | 99.65 | 0.10 | 0.03 | 0.08 | 0.03 | 0.03 | 0.08 | 110 |
| | 2 级钛 | MHTi-2 | 99.54 | 0.15 | 0.04 | 0.10 | 0.03 | 0.04 | 0.10 | 135 |
| | 3 级钛 | MHTi-3 | 99.36 | 0.20 | 0.05 | 0.15 | 0.04 | 0.05 | 0.15 | 155 |
| | 4 级钛 | MHTi-4 | 99.15 | 0.35 | 0.05 | 0.15 | 0.04 | 0.06 | 0.20 | 175 |
| 钠 法 | 0 级钛 | NHTi-0 | 99.64 | 0.04 | 0.02 | 0.20 | 0.02 | 0.02 | 0.06 | 100 |
| | 1 级钛 | NHTi-1 | 99.57 | 0.06 | 0.03 | 0.20 | 0.03 | 0.03 | 0.08 | 110 |
| | 2 级钛 | NHTi-2 | 99.48 | 0.10 | 0.04 | 0.20 | 0.04 | 0.04 | 0.10 | 135 |
| | 3 级钛 | NHTi-3 | 99.36 | 0.15 | 0.05 | 0.20 | 0.05 | 0.04 | 0.15 | 155 |
| | 4 级钛 | NHTi-4 | 99.25 | 0.20 | 0.05 | 0.20 | 0.05 | 0.05 | 0.20 | 175 |

注:1. 表中钛含量为100%减去杂质总和的余量;

2. 需方如有特殊要求,对镁法钛中的杂质锰、镁、氢及钠法钛中的锰、钠、氢元素,经供需双方协商、并在合同中注明,供方可提供实测数据供参考。

对海绵钛的其他技术要求,现行国家标准(GB2524—81)规定如下:

(1)海绵钛为浅灰色的海绵状金属。其表面必须清洁,无肉眼可见的夹杂物及变质颗粒。

(2)镁法生产的海绵钛以 0.83～25.4mm 的粒度供货,经供需双方协商可供应 0.83～12.7mm 的产品。

(3)钠法生产的海绵钛,其粒度要求在 15mm 以下,其粒度组成为:0.83mm 以下的不超过 5%;0.83～15mm 的不小于 95%。

(4)海绵钛产品批重为 250～2500kg。特殊情况,由供需双方协商规定。

### (六)冶金用二氧化钛

冶金用二氧化钛供制做各种类型耐高温合金以及对钛纯度要求较高的其他制品用。

冶金用二氧化钛的化学成分,中国有色金属行业标准(YS/T322—94)作了规定,见表5-52。

表 5-52 二氧化钛化学成分

| 等级 | 牌号 | 化学成分/% | | | | | | | | | | | |
|---|---|---|---|---|---|---|---|---|---|---|---|---|---|
| | | $TiO_2$含量(不小于) | 杂质含量(不大于) | | | | | | | | | | |
| | | | Cu | Pb | Sn | As | Sb | Bi | $SO_3$ | $P_2O_5$ | $Fe_2O_3$ | $SiO_2$ | C |
| 一级 | $YTiO_2$-1 | 99.5 | 0.02 | 0.001 | 0.001 | 0.001 | 0.001 | 0.001 | 0.05 | 0.05 | 0.1 | 0.25 | 0.05 |
| 二级 | $YTiO_2$-2 | 99 | 0.02 | 0.0015 | 0.0015 | 0.001 | 0.001 | 0.001 | 0.05 | 0.05 | 0.1 | 0.35 | 0.1 |

注:1.二氧化钛的烧减量不大于0.5%;

2.二氧化钛的粒度,超过0.09mm,部分不大于0.5%;

3.二氧化钛不允许含有外来杂质及凝块。

## 五、稀有高熔点金属料

稀有高熔点金属系指钨、钼、钽、铌、锆、铪、钒、铼8种金属。它们的共同特点是熔点高(钨3410±10℃、钼2610℃、钽2996℃、铌2468±10℃、锆1852±2℃、铪2150℃、钒1890±10℃、铼3180℃),硬度大,抗腐蚀性强,能与一些非金属生成非常硬和非常难熔的稳定化合物,如碳化物、氯化物、硅化物和硼化物。这些化合物是生产硬质合金的重要材料。

稀有高熔点金属由化合物还原时获得金属粉末或海绵体,可用作粉末冶金法或电弧熔炼法的原料制成致密合金。

### (一)钨条

钨是一种银白色金属,硬度大,熔点高(3400±0℃),化学性质稳定,在空气中几乎完全不氧化。钨的导电性较好,散热系数低,还有抗磁性和耐腐蚀性等。钨作为冶金料主要用于炼制高速切削工具钢、硬质合金、合金钢、耐酸、耐磨合金及电接触合金。钨也用于制取碳化钨。

钨条的化学成分,国家标准(GB3459—82)作了规定,见表5-53。

表 5-53 钨条化学成分

| 牌号 | | 钨—1 | 钨—2 | 钨—3 | 钨—4 |
|---|---|---|---|---|---|
| 杂质含量/%(不大于) | Pb | — | — | — | 0.001 |
| | Bi | — | — | — | 0.001 |
| | Sn | — | — | — | 0.001 |
| | Sb | — | — | — | 0.001 |
| | As | — | — | — | 0.002 |
| | Fe | 0.005 | 0.005 | 0.010 | 0.05 |
| | Ni | 0.003 | 0.003 | 0.005 | 0.30 |
| | Al | 0.002 | 0.002 | 0.010 | 0.010 |
| | Si | 0.003 | 0.003 | 0.020 | 0.020 |
| | Ca | 0.004 | 0.004 | 0.010 | 0.010 |
| | Mg | 0.002 | 0.002 | 0.005 | 0.010 |
| | Mo | 0.03 | 0.03 | 0.30 | 0.30 |
| | P | 0.001 | 0.001 | 0.002 | 0.005 |

续表 5-53

| 牌号 | | 钨—1 | 钨—2 | 钨—3 | 钨—4 |
|---|---|---|---|---|---|
| 杂质含量/%（不大于） | C | 0.01 | 0.01 | 0.02 | 0.02 |
| | O | 0.003 | 0.003 | 0.005 | 0.008 |
| | N | 0.003 | 0.003 | — | — |
| 用途 | | 钨基合金原料 | 加工材原料 | 加工材原料 | 合金添加剂 |

## （二）合成白钨

合成白钨（亦称钨酸钙）是生产钨铁、合金钢及钨合金等的添加剂。其品级及化学成分，国家标准（GB5192—85）作了规定，见表 5-54。

**表 5-54 合成白钨品级及成分**

| 品级 | 种类 | $WO_3$/%（不小于） | 杂质/%（不大于） S | P | As | Mo | Mn | Cu | Sn | Si | Fe | Sb | Bi | Pb | Zn | $H_2O$/%（不大于） |
|---|---|---|---|---|---|---|---|---|---|---|---|---|---|---|---|---|
| 特级品 | Ⅰ类 | 77 | 0.09 | 0.01 | 0.01 | — | 0.02 | 0.01 | 0.01 | 0.08 | — | 0.01 | 0.01 | 0.01 | 0.01 | 0.5 |
| | Ⅱ类 | 77 | 0.10 | 0.01 | 0.01 | 0.01 | 0.02 | 0.01 | 0.01 | 0.04 | 0.01 | 0.01 | 0.01 | 0.01 | 0.01 | 1.0 |
| 一级品 | Ⅰ类 | 75 | 0.20 | 0.02 | 0.02 | — | 0.05 | 0.01 | 0.01 | 0.20 | — | 0.03 | 0.02 | 0.02 | 0.02 | 1.0 |
| | Ⅱ类 | 75 | 0.20 | 0.02 | 0.02 | 0.02 | 0.05 | 0.02 | 0.02 | 0.06 | 0.05 | 0.03 | 0.02 | 0.02 | 0.02 | 2.0 |
| 二级品 | Ⅰ类 | 70 | 0.25 | 0.03 | 0.04 | — | 0.10 | 0.02 | 0.02 | 0.50 | — | 0.05 | 0.04 | 0.03 | 0.03 | 1.0 |
| | Ⅱ类 | 70 | 0.30 | 0.03 | 0.05 | 0.04 | — | 0.03 | 0.03 | 0.10 | 0.10 | — | — | — | — | 3.0 |

注：表中Ⅰ类供火法冶炼用，Ⅱ类供湿法冶炼用。

供湿法冶炼用的合成白钨产品呈白色粉末状，粒度均匀，−200 目不小于 80%。如用户有特殊要求，由供需双方协商。

合成白钨产品中不得有外来夹杂物。

## （三）钨粉

钨粉的技术条件，国家标准（GB3458—82）规定如下：

（1）化学成分：钨粉的化学成分见表 5-55。

**表 5-55 钨粉化学成分**

| 产品牌号 | | FW—1 | FW—2 | FWP—1 |
|---|---|---|---|---|
| 杂质含量/%（不大于） | Pb | | 0.001 | 0.001 |
| | Bi | | 0.001 | 0.001 |
| | Sn | | 0.001 | 0.001 |
| | Sb | | 0.001 | 0.001 |
| | As | | 0.002 | 0.002 |
| | Fe | 0.005 | 0.030 | 0.030 |
| | Ni | 0.003 | 0.005 | 0.005 |
| | Cu | 0.001 | — | — |
| | Al | 0.002 | 0.005 | 0.005 |
| | Si | 0.003 | 0.010 | 0.010 |
| | Ca | 0.003 | 0.005 | 0.005 |
| | Mg | 0.002 | 0.005 | 0.005 |
| | Mo | 0.010 | 0.20 | 0.20 |
| | P | 0.001 | 0.005 | 0.005 |
| | C | 0.005 | 0.010 | 0.010 |
| | O | 0.20 | 0.25 | 0.20 |
| 用途举例 | | 大型板坯、钨铼电偶原料 | 触头合金、高比重屏蔽原料 | 等离子喷镀材料 |

(2)其他技术要求是:钨粉呈深灰色,喷镀钨粉呈亮灰色。钨粉产品应无肉眼可见的夹杂物。

FW—1、FW—2应通过200目筛网;FWP—1粒度为:-200目+320目,具有良好的流动性,松装密度不大于6g/cm³。钨粉松装密度、费氏平均粒度提供实测数据。

需方如对钨粉有特殊要求时,可由供需双方协商议定。

### (四)碳化钨粉

碳化钨粉是生产硬质合金等的合金料。其技术条件,国家标准(GB/T4295—93)作了规定。

碳化钨粉根据化学成分不同分为FWCA、FWCB 2个牌号;按其平均粒度范围分为12个规格。产品牌号、规格表示方法示例如下:

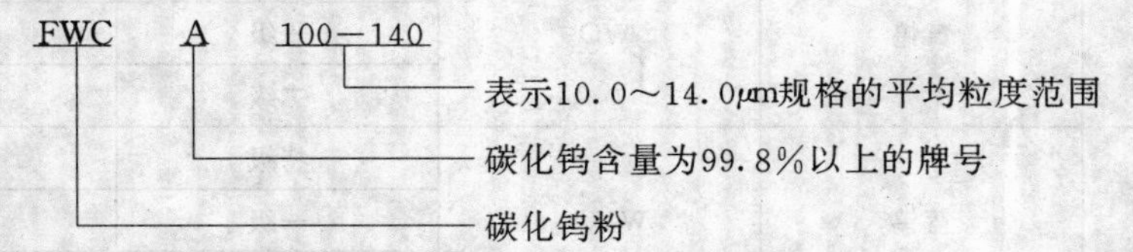


碳化钨粉的外观呈深灰色,颜色应均匀一致,无机械夹杂物。其化学成分见表5-56。

**表5-56 碳化钨粉的化学成分**

| 产品牌号 | 化学成分/% | | | | | | | | | | | | |
|---|---|---|---|---|---|---|---|---|---|---|---|---|---|
| | 主含量 WC | 碳含量 | | | 杂质含量(不大于) | | | | | | | | |
| | | 总碳 | 化合碳 | 游离碳 | Fe | Si | Mg | Al | K | Na | Ca | S | Mo |
| FWCA | ≥99.8 | 6.13±0.05 | ≥6.07 | ≤0.06 | 0.02 | 0.003 | 0.002 | 0.002 | 0.0015 | 0.0015 | 0.002 | 0.002 | 0.01 |
| FWCB | ≥99.7 | 6.13±0.05 | ≥6.07 | ≤0.08 | 0.03 | 0.005 | 0.005 | 0.002 | 0.003 | 0.003 | 0.005 | 0.003 | 0.03 |

注:1. 碳化钨粉含量系100%减去各杂质(气体杂质除外)及游离碳含量之差。

2. 用于国内橡胶生产工艺的碳化钨粉总碳、化合碳允许调整。

3. 化合碳系总碳与游离碳之差。

碳化钨粉的费氏平均粒度范围及氧含量应符合表5-57规定。

**表5-57 碳化钨粉的费氏平均粒度范围及氧含量**

| 产品规格 | 平均粒度范围F·SSS/μm | 氧含量/%(不大于) | 产品规格 | 平均粒度范围F·SSS/μm | 氧含量/%(不大于) |
|---|---|---|---|---|---|
| FWCA 08-10<br>FWCB 08-10 | ≥0.80~1.00 | 0.18 | FWCA 40-50<br>FWCB 40-50 | >4.00~5.00 | 0.08 |
| FWCA 10-14<br>FWCB 10-14 | >1.00~1.40 | 0.15 | FWCA 50-70<br>FWCB 50-70 | >5.00~7.00 | 0.08 |
| FWCA 14-18<br>FWCB 14-18 | >1.40~1.80 | 0.15 | FWCA 70-100<br>FWCB 70-100 | >7.00~10.00 | 0.05 |
| FWCA 18-24<br>FWCB 18-24 | >1.80~2.40 | 0.12 | FWCA 100-140<br>FWCB 100-140 | >10.00~14.00 | 0.05 |
| FWCA 24-30<br>FWCB 24-30 | >2.40~3.00 | 0.10 | FWCA 140-200<br>FWCB 140-200 | >14.00~20.00 | 0.04 |
| FWCA 30-40<br>FWCB 30-40 | >3.00~4.00 | 0.08 | FWCA 200-260<br>FWCB 200-260 | >20.00~26.00 | 0.04 |

碳化钨粉应当过筛。费氏平均粒度＜2μm 的粉末，筛网孔径不得低于 150μm；平均粒度为 2～10μm 的粉末，筛网孔径不得低于 75μm；平均粒度＞10μm 的粉末，筛网孔径不得低于 180μm。

### （五）氧化钨

氧化钨是生产硬质合金及钨制品等的粉末冶金原料。

国家标准(GB/T3457—1998)对氧化钨的分类和技术要求作了规定。其分类、品级及牌号见表 5-58。

**表 5-58　氧化钨的分类、品级及牌号**

| 类别名称 | 简　称 | 分子式 | 品　级 | 牌　号 |
|---|---|---|---|---|
| 三氧化钨 | 黄钨 | $WO_3$ | 特级 | $WO_3$-0 |
| | | | 一级 | $WO_3$-1 |
| | | | 二级 | $WO_3$-2 |
| 蓝色氧化钨 | 蓝钨 | $W_{20}O_{58}$ | 特级 | $WO_x$-0 |
| | | | 一级 | $WO_x$-1 |
| | | | 二级 | $WO_x$-2 |

注：蓝钨是指以 $W_{20}O_{58}$ 为主的混合氧化钨。

**表 5-59　氧化钨的化学成分**

| 牌　号 | | $WO_3$-0<br>$WO_x$-0 | $WO_3$-1<br>$WO_x$-1 | $WO_3$-2<br>$WO_x$-2 |
|---|---|---|---|---|
| 杂质含量（不大于） | Al | 0.0005 | 0.001 | 0.001 |
| | As | 0.001 | 0.001 | 0.003 |
| | Bi | 0.0001 | 0.0001 | 0.0005 |
| | Ca | 0.001 | 0.001 | 0.003 |
| | Co | 0.001 | 0.001 | 0.002 |
| | Cr | 0.001 | 0.001 | 0.001 |
| | Cu | 0.0003 | 0.0005 | 0.001 |
| | Fe | 0.001 | 0.001 | 0.003 |
| | K | 0.001 | 0.0015 | 0.002 |
| | Mg | 0.0007 | 0.001 | 0.002 |
| | Mn | 0.001 | 0.001 | 0.001 |
| | Mo | 0.002 | 0.005 | 0.02 |
| | Na | 0.001 | 0.0015 | 0.003 |
| | Ni | 0.0007 | 0.0007 | 0.001 |
| | P | 0.0007 | 0.001 | 0.002 |
| | Pb | 0.0001 | 0.0001 | 0.0005 |
| | S | 0.0007 | 0.001 | 0.001 |
| | Sb | 0.0005 | 0.001 | 0.002 |
| | Si | 0.001 | 0.001 | 0.003 |
| | Sn | 0.0002 | 0.0005 | 0.001 |
| | Ti | 0.001 | 0.001 | 0.002 |
| | V | 0.001 | 0.001 | 0.002 |
| | $WO_3$ 煅烧损失 | 0.5 | 0.5 | 0.5 |

黄钨呈浅黄色结晶粉末，蓝钨呈深蓝或蓝黑色结晶粉末。颜色均匀一致。产品中无目视可见夹杂物或团块。各牌号氧化钨粉末均应通过 250μm(60 目)筛孔。蓝钨的相组成中，$W_{20}O_{58}$不少于 70%。

产品松装密度和粉末的平均粒度等由供需双方协商议定。

各牌号氧化钨的化学成分应符合表 5-59 规定：

### (六)钼条

钼是改善钢性能的重要合金元素添加剂。在铸钢中加入钼，可使石墨分离，从而提高钢的强度和耐磨性。在耐热工具钢和结构钢中加入铬、镍和 0.15%～1%的钼，可提高其强度、韧性和耐蚀性。不锈钢添加 2.5%～3%的钼，其耐蚀性更好。

钼条的化学成分，国家标准(GB3462—82)作了规定，见表 5-60。

**表 5-60 钼条的化学成分**

| 牌号 | | Mo—1 | Mo—2 | Mo—3 | Mo—4 |
|---|---|---|---|---|---|
| 杂质含量/%(不大于) | 铅 | — | — | — | 0.001 |
| | 铋 | — | — | — | 0.001 |
| | 锡 | — | — | — | 0.001 |
| | 锑 | — | — | — | 0.001 |
| | 镉 | — | — | — | 0.001 |
| | 铁 | 0.006 | 0.006 | 0.010 | 0.050 |
| | 镍 | 0.003 | 0.003 | 0.005 | 1.0 |
| | 铝 | 0.002 | 0.002 | 0.005 | 0.005 |
| | 硅 | 0.003 | 0.003 | 0.010 | 0.010 |
| | 钙 | 0.002 | 0.002 | 0.004 | 0.004 |
| | 镁 | 0.002 | 0.002 | 0.004 | 0.004 |
| | 磷 | 0.001 | 0.001 | 0.005 | 0.005 |
| | 碳 | 0.020 | 0.010 | 0.020 | 0.050 |
| | 氧 | 0.003 | 0.003 | 0.005 | 0.008 |
| | 氮 | 0.003 | 0.003 | — | — |
| 用途 | | 钼基合金原料 | 加工材原料 | 加工材原料 | 合金添加剂或电极材料 |

注：1. Mo—1、Mo—2、Mo—3 烧结条和板坯氧含量≤0.006%；

2. Mo—1 用作铸态顶头原料时，碳含量一般为 0.03%～0.05%；

3. Mo—2、Mo—3 垂熔条相对密度不得小于 9.3。烧结条相对密度不得小于 9.5。

### (七)钼粉

钼粉的化学成分，国家标准(GB3461—82)作了规定，见表 5-61。

标准对钼粉的其他技术要求是：

(1)钼粉呈灰色，应无肉眼可见的夹杂物。

(2)FMo—1，应通过 160 目筛网；FMo—2，应通过 120 目筛网。

(3)钼粉松装相对密度、费氏平均粒度提供实测数据。

(4)需方对钨粉有特殊要求时，由供需双方协商议定。

表 5-61 钼粉化学成分

| 产品牌号 | | FMo—1 | FMo—2 |
|---|---|---|---|
| 杂质含量/%(不大于) | Pb | — | 0.001 |
| | Bi | — | 0.001 |
| | Sn | — | 0.001 |
| | Sb | — | 0.001 |
| | Cd | — | 0.001 |
| | Fe | 0.006 | 0.008 |
| | Ni | 0.003 | 0.005 |
| | Cu | 0.001 | — |
| | Al | 0.002 | 0.005 |
| | Si | 0.003 | 0.010 |
| | Ca | 0.002 | 0.004 |
| | Mg | 0.003 | 0.005 |
| | P | 0.001 | 0.005 |
| | C | 0.010 | 0.020 |
| | O | 0.25 | 0.25 |
| 用途举例 | | 大型板坯,硅化钼电热元件 | 可控硅圆片、钼顶头等原料 |

**(八)冶金用钽粉**

钽为银灰色,粉末呈深灰色,熔点为 2996℃,有较高的强度和塑性,较大的热导率、较低的蒸气压、较好的吸气能力,很强的抗化学腐蚀能力。钽粉可用作多种合金的添加剂,也是制造钽箔、钽丝等的原料。

中国有色金属行业标准(YS/T259—1996)根据产品使用要求不同,分为 FTa-01、FTa-1、FTa-2、FTaNb-3 和 FTaNb-20 5 个牌号。

标准规定的技术要求如下:

(1)产品外观呈深灰色。

表 5-62 钽粉的化学成分(%)

| 指标/元素 | 牌号 | FTa—01 | FTa—1 | FTa—2 | FTaNb—3 | FTaNb—20 |
|---|---|---|---|---|---|---|
| 杂质含量(不大于) | Nb | 0.005 | 0.01 | 0.03 | 2.5~3.5 | 17~23 |
| | O | 0.18 | 0.20 | 0.30 | 0.30 | 0.30 |
| | H | 0.003 | 0.005 | 0.01 | 0.01 | 0.01 |
| | N | 0.005 | 0.008 | 0.02 | 0.02 | 0.02 |
| | C | 0.008 | 0.015 | 0.05 | 0.05 | 0.05 |
| | Fe | 0.005 | 0.005 | 0.02 | 0.03 | 0.03 |
| | Ni | 0.005 | 0.005 | 0.02 | 0.02 | 0.02 |
| | Si | 0.005 | 0.015 | 0.02 | 0.02 | 0.02 |
| | Ti | 0.001 | 0.001 | 0.01 | 0.01 | 0.01 |
| | W | 0.003 | 0.003 | 0.01 | 0.01 | 0.01 |
| | Mo | 0.002 | 0.002 | 0.01 | 0.01 | 0.01 |
| | Mn | 0.001 | 0.001 | — | — | — |
| | Cr | 0.003 | 0.005 | — | — | — |

(2)产品无肉眼可见的夹杂物。

(3)各牌号产品化学成分应符合表 5-62 规定。

(4)FTa-01 和 FTa-1 钽粉的松装密度应提供实测数据。

(5)FTa-01 钽粉应通过 75μm(200 目)筛孔,其余牌号钽粉应通过 100μm(150 目)筛孔。复验时筛上物应小于 5%。

**(九)五氧化二钽**

五氧化二钽是生产钽粉、钽条和碳化钽等的原料,其化学成分,国家标准(GB3626—83)作了规定,见表 5-63。

**表 5-63 五氧化二钽成分**

| 杂质元素 | $FTa_2O_5$-1 | $FTa_2O_5$-2 | $FTa_2O_5$-3 |
|---|---|---|---|
| Nb | 0.003 | 0.05 | 0.3 |
| Ti | 0.001 | 0.005 | 0.03 |
| W | 0.001 | 0.006 | — |
| Mo | 0.001 | 0.003 | 0.005 |
| Cr | 0.001 | 0.004 | — |
| Mn | 0.001 | 0.004 | 0.005 |
| Fe | 0.004 | 0.02 | 0.03 |
| Ni | 0.004 | 0.01 | — |
| Cu | 0.004 | 0.01 | — |
| Al | 0.002 | 0.004 | 0.015 |
| Si | 0.004 | 0.02 | 0.05 |
| $F^-$ | 0.10 | 0.15 | 0.15 |
| n/n · n | 0.5 | 0.5 | 0.5 |
| 用途举例 | 电容器钽粉等原料 | 钽条、钽材等原料 | 碳化钽等原料 |

注:产品应过 80 目筛。

**(十)铌条**

铌为银灰色,粉末显深灰色,熔点为 2468℃,有较高的导热系数、超导电性,有一定的强度和较大的塑性,高温强度较高,低温延展性也很好,抗蚀性能好,耐盐酸、硫酸、硝酸和王水的浸蚀,还抗液态金属的腐蚀。作为冶金炉料,铌条是高温合金钢的元素添加剂和电子轰击熔炼铌锭用的原料。

国家标准(GB/T6896—1998)根据产品使用要求不同,划分为 Nb-01、Nb-1 和 Nb-2 三个牌号。

Nb-01、Nb-1 产品断面尺寸不小于 14mm×14mm,长度不小于 300mm。Nb-2 产品断面尺寸不大于 20mm×20mm,长度不作规定。

标准规定的技术要求如下:

(1)各牌号产品化学成分应符合表 5-64 规定。

(2)Nb-01 和 Nb-1 产品表面不得有氧化、渗碳、鼓泡和玷污;Nb-2 产品表面不得有氧化和玷污。

(3)Nb-01 和 Nb-1 产品断面无夹心,沿长度方向的挠度不大于 1%。

**表 5-64 铌条的化学成分(%)**

| 产品牌号 | | Nb-01 | Nb-1 | Nb-2 |
|---|---|---|---|---|
| 杂质含量(不大于) | Ta | 0.1 | 0.25 | 2.0 |
| | O | 0.05 | 0.15 | 0.1 |
| | N | 0.03 | 0.05 | 0.1 |
| | C | 0.02 | 0.03 | 0.5 |
| | Si | 0.005 | 0.006 | 0.03 |
| | Fe | 0.005 | 0.03 | 0.1 |
| | W | 0.005 | 0.01 | — |
| | Mo | 0.005 | 0.005 | — |
| | Ti | 0.005 | 0.01 | — |
| | Al | — | — | 0.01 |
| | Cu | 0.003 | 0.003 | 0.003 |
| | Cr | — | — | 0.03 |
| | P | — | — | 0.02 |

**(十一)冶金用铌粉**

中国有色金属行业标准(YS/T258—1996)根据产品使用要求不同,将冶金用铌粉分为FNb-1、FNb-2 和 FNb-3 3 个牌号。

标准规定的技术要求如下:

(1)产品外观呈深灰色。

(2)产品无肉眼可见的夹杂物。

(3)各牌号产品化学成分应符合表 5-65 规定。

**表 5-65 铌粉的化学成分(%)**

| 指标 / 牌号 / 元素 | | FNb-1 | FNb-2 | FNb-3 |
|---|---|---|---|---|
| Nb+Ta(不小于) | | — | — | 98 |
| 杂质含量(不大于) | Ta | 0.20 | 0.50 | — |
| | O | 0.20 | 0.20 | 0.50 |
| | H | 0.005 | 0.005 | 0.01 |
| | N | 0.04 | 0.06 | — |
| | C | 0.05 | 0.05 | 0.08 |
| | Fe | 0.01 | 0.05 | — |
| | Si | 0.005 | 0.01 | — |
| | Ni | 0.005 | 0.005 | — |
| | Cr | 0.005 | — | — |
| | W | 0.005 | 0.01 | — |
| | Mo | 0.003 | 0.005 | — |
| | Ti | 0.003 | 0.005 | — |
| | Mn | 0.003 | 0.005 | — |
| | Cu | 0.003 | 0.005 | — |
| | P | — | — | 0.01 |
| | S | — | — | 0.01 |

(4)FNb-1 和 FNb-2 铌粉应通过 150 μm(100 目)筛孔，复检时筛上物应小于 5%；FNb-3铌粉应通过 180 μm(80 目)筛孔。

## (十二)五氧化二铌

五氧化二铌是生产铌粉、铌条等的原料。其牌号及化学成分，国家标准(GB3627—83)作了规定，见表 5-66。

**表 5-66 五氧化二铌牌号及化学成分**

| 杂质元素 | | $FNb_2O_5$-1 | $FNb_2O_5$-2 | $FNb_2O_5$-3 |
|---|---|---|---|---|
| 含量/%(不大于) | Ta | 0.05 | 0.1 | 0.3 |
| | Ti | 0.001 | 0.004 | 0.01 |
| | W | 0.003 | 0.01 | 0.03 |
| | Mo | 0.002 | 0.005 | — |
| | Cr | 0.002 | 0.005 | — |
| | Mn | 0.002 | 0.005 | — |
| | Fe | 0.005 | 0.02 | 0.04 |
| | Ni | 0.005 | 0.02 | 0.04 |
| | Cu | 0.003 | 0.005 | 0.005 |
| | Al | 0.003 | — | 0.05 |
| | Si | 0.005 | 0.02 | 0.04 |
| | As | — | — | 0.005 |
| | Sb | — | — | 0.005 |
| | Pb | — | — | 0.005 |
| | S | — | — | 0.01 |
| | P | — | — | 0.01 |
| | $F^-$ | 0.10 | 0.15 | 0.15 |
| | n/n·n | 0.5 | 0.5 | 0.5 |
| 用途举例 | | 电容器铌粉、超导原料 | 铌条等原料 | 陶瓷电容器等原料 |

注：产品应过 60 目筛。

## (十三)海绵锆

海绵锆为银灰色海绵状金属。产品粒度为 3～25mm。

海绵锆可用作硬质合金的添加剂，其化学成分，中国有色金属行业标准(YS/T397—94)作了规定，见表 5-67。

## (十四)海绵铪

铪是高熔点金属，熔点 2150℃。

海绵铪可用作生产硬质合金的添加剂。其化学成分，中国有色金属行业标准(YS/T399—94)作了规定，见表 5-68。

**表 5-67 海绵锆化学成分**

| 产品级别 | | | 原子能级 | | 工业级 |
|---|---|---|---|---|---|
| 产品牌号 | | | HZr—01 | HZr—02 | HZr—1 |
| 化学成分/% | Zr+Hf 含量(不小于) | | | | 99.4 |
| | 杂质含量(不大于) | Hf | 0.010 | 0.015 | 2.5～3.0 |
| | | Co | 0.002 | 0.002 | |
| | | Sn | 0.005 | 0.020 | |
| | | Ni | 0.007 | 0.030 | 0.010 |
| | | Cr | 0.020 | 0.050 | 0.020 |
| | | Al | 0.0075 | 0.0075 | 0.010 |
| | | Mg | 0.060 | 0.060 | 0.060 |
| | | Mn | 0.005 | 0.005 | 0.010 |
| | | Pb | 0.010 | 0.010 | 0.005 |
| | | Ti | 0.005 | 0.005 | 0.005 |
| | | V | 0.005 | 0.005 | 0.005 |
| | | Fe | 0.150 | 0.150 | |
| | | Cl | 0.060 | 0.080 | 0.130 |
| | | Si | 0.010 | 0.010 | 0.010 |
| | | B | 0.00005 | 0.00005 | |
| | | Cd | 0.00005 | 0.00005 | |
| | | Cu | 0.003 | 0.003 | |
| | | W | 0.005 | 0.005 | |
| | | Mo | 0.005 | 0.005 | |
| | | O | 0.140 | 0.140 | 0.10 |
| | | C | 0.030 | 0.030 | 0.050 |
| | | N | 0.005 | 0.005 | 0.010 |
| | | H | 0.0075 | 0.0125 | 0.0125 |

注:需方如有特殊要求时,由供需双方协商议定。

**表 5-68 海绵铪化学成分(YB772—70)**

| 产品级别 | | | 原子能级 | 产品级别 | | | 原子能级 |
|---|---|---|---|---|---|---|---|
| 产品牌号 | | | HHf—01 | 产品牌号 | | | HHf—01 |
| 化学成分/% | Hf 含量(不小于) | | 96.0 | 化学成分/% | 杂质含量(不大于) | Cu | 0.005 |
| | 杂质含量(不大于) | | | | | Fe | 0.050 |
| | | Zr | 3.0 | | | Mo | 0.001 |
| | | Al | 0.015 | | | Si | 0.002 |
| | | Co | 0.001 | | | W | 0.001 |
| | | Cr | 0.015 | | | Cl | 0.030 |
| | | Mg | 0.080 | | | Na | 0.002 |
| | | Mn | 0.003 | | | P | 0.002 |
| | | Ni | 0.005 | | | V | 0.001 |
| | | Pb | 0.001 | | | U | 0.0005 |
| | | Sn | 0.001 | | | O | 0.120 |
| | | Ti | 0.003 | | | C | 0.010 |
| | | B | 0.0005 | | | N | 0.005 |
| | | Cd | 0.0001 | | | H | 0.005 |

注:1. 杂质 Cl、Na、P、V、U 的含量仅供参考,不作出厂依据;

2. 需方如有特殊要求时,由供需双方协商议定。

海绵铪为浅灰色海绵状金属。产品粒度为3～15mm，每批产品中含有1～3mm的粒度不得超过总重量的3%。

**（十五）钒**

钒是较稀少的金属，化学性质稳定，不易挥发，熔点高达1890℃。钒绝大部分是以五氧化二钒形式用以制取钒铁。钒铁加入钢中以生产含钒钢。其次，用于有色及稀有金属合金中。

钒作为炼钢过程的添加剂一方面起脱氧与脱氮的作用，另一方面可改善钢的性能。目前绝大部分钒用作钢、铁的添加成分，以生产高强度低合金钢、高速钢、工具钢、不锈钢及永久磁铁等。在稀有金属合金中，钒主要用作钛基合金中的添加元素。

钒的化学成分，国家标准（GB4310—84）作了规定，见表5-69。

**表5-69 钒的化学成分**

| 产品牌号 | 化学成分/% | | | | | | | |
|---|---|---|---|---|---|---|---|---|
| | V含量（不小于） | 杂质含量（不大于） | | | | | | |
| | | Fe | Cr | Al | Si | O | N | C |
| V-1 | 余量 | 0.005 | 0.006 | 0.005 | 0.004 | 0.025 | 0.006 | 0.01 |
| V-2 | 余量 | 0.02 | 0.02 | 0.01 | 0.004 | 0.035 | 0.01 | 0.02 |
| V-3 | 99.5 | 0.10 | 0.10 | 0.05 | 0.05 | 0.08 | — | — |
| V-4 | 99.0 | 0.15 | 0.15 | 0.08 | 0.08 | 0.10 | — | — |

钒外观呈银灰色金属光泽和树枝状结晶，其产品不得有肉眼可见的夹杂物。钒产品的颗粒不得小于0.25mm。

## 六、稀有分散金属料

稀有分散金属又叫稀散金属，有镓、铟、铊、锗4种，除铊外都是半导体材料。

稀有分散金属在地壳中很分散，大多数在自然界中没有单独矿物存在，个别即使有单独矿物存在，也没有工业价值。因此，它们都是从冶金工厂和化工厂的废料中提取的。煤气厂的残料，电解铜厂的阳极泥，生产铅、锌、铝的炉渣和烟尘，硫酸厂的废渣等都是提取这类金属的原料。

**（一）镓**

镓是银白色金属，略带蓝色光泽，质软性脆。熔点29.78℃，沸点高达2403℃。镓可用作合金、半导体等的原料。

镓的化学成分，国家标准（GB1475—89）作了规定，见表5-70。

**表5-70 镓的化学成分**

| 产品牌号 | 化学成分/% | | | | | | |
|---|---|---|---|---|---|---|---|
| | 镓含量（不小于） | 杂质含量（不大于） | | | | | |
| | | Cu | Pb | Zn | Al | In | Ca |
| Ga—1 | 99.999 | 0.00015 | 0.00018 | 0.00004 | 0.00001 | 0.00005 | 0.00001 |
| Ga—2 | 99.99 | 0.0005 | 0.0012 | 0.0001 | 0.0003 | 0.0002 | 0.0002 |
| Ga—3 | 99.9 | 0.010 | 0.015 | 0.005 | 0.003 | 0.002 | 0.002 |

续表 5-70

| 产品牌号 | 化学成分/% | | | | | |
|---|---|---|---|---|---|---|
| | 杂质含量(不大于) | | | | | |
| | Fe | Sn | Ni | Si | Hg | Mg |
| Ga—1 | 0.00008 | 0.00008 | 0.00001 | 0.00010 | 0.00008 | 0.00006 |
| Ga—2 | 0.0005 | 0.0005 | 0.0001 | — | — | — |
| Ga—3 | 0.005 | — | — | — | — | — |

注:镓含量为百分之百减去表中所列杂质含量的余量;产品不得有肉眼可见的海绵状物质及其他夹杂物。

### (二)高纯镓

高纯镓是以纯度不小于99.99%的工业镓为原料,经电解精炼等制得的纯度不小于99.9999%的镓;再以此为原料,经拉制单晶或其他提纯工艺等制得的纯度不小于99.99999%的镓。产品供制备化合物半导体材料和高纯合金等用。

高纯镓的化学成分,国家标准(GB10118—88)作了规定,见表5-71。

**表5-71 高纯镓化学成分**

| 牌号 | | Ga-06 | Ga-07 |
|---|---|---|---|
| Ga/%(不小于) | | 99.9999 | 99.99999 |
| 杂质含量/ppm(不大于) | Fe | 0.1 | 0.01 |
| | Si | 0.2 | 0.05 |
| | Pb | 0.06 | 0.005 |
| | Zn | 0.1 | 0.02 |
| | Sn | 0.1 | 0.005 |
| | Mg | 0.1 | 0.005 |
| | Cu | 0.05 | 0.002 |
| | Mn | 0.05 | 0.003 |
| | Cr | 0.05 | — |
| | Ni | 0.05 | — |

注:高纯镓液态时呈银白色,表面无氧化膜;固态时呈蓝白色。

### (三)铟

铟为银白色金属,熔点156.61℃,质软,易溶于酸或碱。从锌、铅、锡、铜冶炼及其他生产过程中综合回收冶炼的金属铟,可作多种合金的添加剂。

中国有色金属行业标准(YS/T257—1998)按化学成分将铟分为3个牌号:In99.993、In99.97、In99.9。其化学成分见表5-72。

铟的表面应平整,有光泽,不得有熔渣、夹杂和其他附着物。

铟锭应呈长方形或长方梯形,锭重分别为2000g±100g、1000g±100g、500g±50g和200g±20g 4种。

需方如对铟的化学成分和表面质量等有其他要求,由供需双方商定。

表 5-72 铟的化学成分

| 牌 号 | 化学成分/% | | | | | | | | | | |
|---|---|---|---|---|---|---|---|---|---|---|---|
| | In（不小于） | 杂质含量（不大于） | | | | | | | | | |
| | | Cu | Pb | Zn | Cd | Fe | Tl | Sn | As | Al | 杂质总和 |
| In99.993 | 99.993 | 0.0005 | 0.001 | 0.0015 | 0.0015 | 0.0008 | 0.001 | 0.0015 | 0.0005 | 0.0007 | 0.007 |
| In99.97 | 99.97 | 0.001 | 0.005 | 0.003 | 0.004 | 0.001 | 0.001 | 0.002 | 0.001 | 0.001 | 0.03 |
| In99.9 | 99.9 | 0.001 | 0.02 | — | 0.02 | 0.01 | 0.01 | 0.02 | — | — | 0.1 |

## （四）高纯铟

高纯铟可作为高纯合金及半导体材料的添加剂等使用。其牌号及化学成分，中国有色金属行业标准（YS/T264—94）作了规定，见表 5-73。

表 5-73 高纯铟牌号及化学成分

| 牌 号 | 化学成分/% | | | | | | | | | | | | | | |
|---|---|---|---|---|---|---|---|---|---|---|---|---|---|---|---|
| | In（不小于） | 杂质含量/ppm（不大于） | | | | | | | | | | | | | |
| | | Fe | Cu | Pb | Zn | Sn | Cd | Tl | Mg | Al | As | Si | S | Ag | Ni |
| In—05 | 99.999 | 0.5 | 0.4 | 1.0 | 0.5 | 1.5 | 0.5 | 1.0 | 0.5 | 0.5 | 0.5 | 1.0 | 1.0 | 0.5 | 0.5 |
| In—06 | 99.9999 | 0.1 | 0.1 | 0.1 | — | 0.3 | 0.05 | — | 0.1 | — | — | 0.1 | 0.1 | — | — |

## （五）铊

铊为银白色金属，熔点 303℃，物理性能与铅相似，延展性好，易溶于硝酸和浓硫酸中，在空气中会迅速氧化变暗。铊可作多种合金的添加剂。

铊的化学成分，中国有色金属行业标准（YS/T224—94）作了规定，见表 5-74。

表 5-74 铊的化学成分

| 产品牌号 | 化学成分/% | | | | | | | | | | |
|---|---|---|---|---|---|---|---|---|---|---|---|
| | Tl 含量（不小于） | 杂质含量（不大于） | | | | | | | | | |
| | | Pb | Zn | Cu | Fe | Cd | In | Al | Si | Hg | 杂质总量 |
| Tl-1 | 99.99 | 0.003 | 0.001 | 0.001 | 0.001 | 0.001 | 0.0005 | 0.001 | 0.001 | 0.002 | 0.01 |
| Tl-2 | 99.9 | 0.03 | 0.01 | 0.01 | 0.01 | 0.03 | — | — | — | 0.02 | 0.10 |
| Tl-3 | 99 | | | | | | | | | | 1.00 |

注：1. 牌号 Tl-1、Tl-2 铊含量为 100%减去表中杂质总量的余量。牌号 Tl-3 铊含量为直接分析测定值；
2. 铊产品为银白色金属，其锭表面应光滑、洁净，无肉眼可见的夹杂物；
3. 铊以长方梯形锭状供应，锭表面凹坑应不大于 30mm×5mm×2mm，每锭重为 200～700g。

## （六）锗富集物

锗富集物是生产金属锗等的原料。

锗富集物的化学成分，中国有色金属行业标准（YS/T300—94）作了规定，见表 5-75。

对锗富集物的其他技术要求是：

（1）特一、特二级产品为白色颗粒，其他为灰或灰黄色颗粒。要求同一级产品的颜色应均匀一致，呈自然松散颗粒，全部通过 0.25mm 筛孔。

（2）锗富集物中不得混入外来夹杂物。

(3)锗富集物中如含放射性物质，应符合 GBJ8—74《有关放射性防护规定》。

**表 5-75 锗富集物化学成分**

<table>
<tr><th rowspan="2">品 级</th><th rowspan="2">代 号</th><th rowspan="2">Ge/%<br>(不小于)</th><th colspan="3">杂 质/%<br>(不大于)</th></tr>
<tr><th>As</th><th>S①</th><th>SiO₂</th></tr>
<tr><td>特一级</td><td>JGe-01</td><td>67.0</td><td>0.8</td><td>0.5</td><td>0.5</td></tr>
<tr><td>特二级</td><td>JGe-02</td><td>65.0</td><td>0.8</td><td>1.0</td><td>1.0</td></tr>
<tr><td>一 级</td><td>JGe-1</td><td>50.0</td><td rowspan="4">1.0</td><td rowspan="3">2.0</td><td rowspan="3">5.0</td></tr>
<tr><td>二 级</td><td>JGe-2</td><td>40.0</td></tr>
<tr><td>三 级</td><td>JGe-3</td><td>30.0</td></tr>
<tr><td>四 级</td><td>JGe-4</td><td>20.0</td><td rowspan="2">3.0</td><td rowspan="2">8.0</td></tr>
<tr><td>五 级</td><td>JGe-5</td><td>15.0</td><td rowspan="3">1.5</td></tr>
<tr><td>六 级</td><td>JGe-6</td><td>10.0</td><td rowspan="2">4.0</td><td rowspan="2">10.0</td></tr>
<tr><td>七 级</td><td>JGe-7</td><td>5.0</td></tr>
</table>

①不包括硫酸根的硫。

## (七)还原锗锭

还原锗锭是以二氧化锗为原料，经氢还原法制得的产品。产品主要用于制备区熔锗锭。还原锗锭的技术条件国家标准(GB11070—89)规定如下：

(1)牌号表示为：

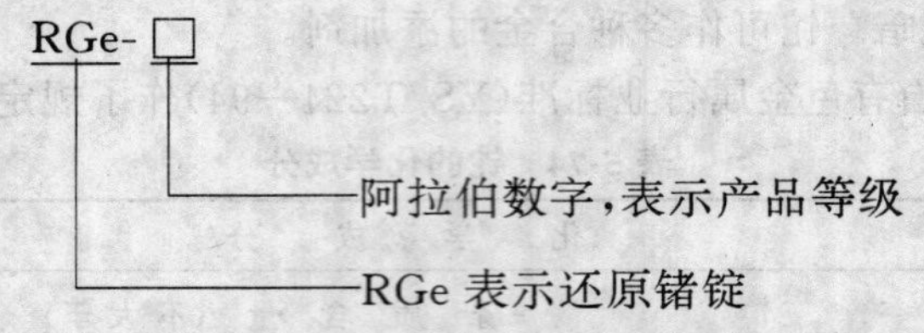


(2)锗锭的横截面为梯形，其外形尺寸见表 5-76。同一根锭的最大与最小截面之差不大于平均截面的 15%。

**表 5-76 锗锭外形尺寸**

<table>
<tr><th colspan="3">锗锭的梯形横截面尺寸/mm</th><th rowspan="2">锭长/mm</th></tr>
<tr><th>上宽(不小于)</th><th>下宽(不小于)</th><th>高(不小于)</th></tr>
<tr><td>26</td><td>21</td><td>23</td><td>100～500</td></tr>
</table>

(3)对锗锭的尺寸和形状有特殊要求时，供需双方可另行商定。

(4)产品按电阻率(见表 5-77)分为 RGe-0、RGe-1 和 RGe-2 三个牌号。

**表 5-77 锗锭牌号电阻率**

| 牌 号 | 电阻率<br>Ω·cm(23±0.5℃)(不小于) |
|---|---|
| RGe—0 | 30 |
| RGe—1 | 20 |
| RGe—2 | 10 |

(5)RGe—0 牌号的原料应符合 GB11069 中 $GeO_2$-06 牌号的规定。

(6)RGe—0 牌号的产品经定向结晶和 6 次区熔提纯后，电阻率大于 47Ω·cm 的部分应占锭长的 80%以上。

(7)还原锗锭表面应呈银灰色金属光泽，无明显氧化膜，无浮渣、裂纹和夹杂物。

### (八)区熔锗锭

区熔锗锭是以还原锗锭及锗单晶返料为原料，经区熔提纯制得的。产品可作为制备半导体锗单晶、光学用锗单晶和锗合金等的原料。

区熔锗锭产品技术条件国家标准(GB11071—89)规定如下：

(1)产品按物理参数分为 ZGe-1 和 ZGe-2 两个牌号。牌号表示方法为：

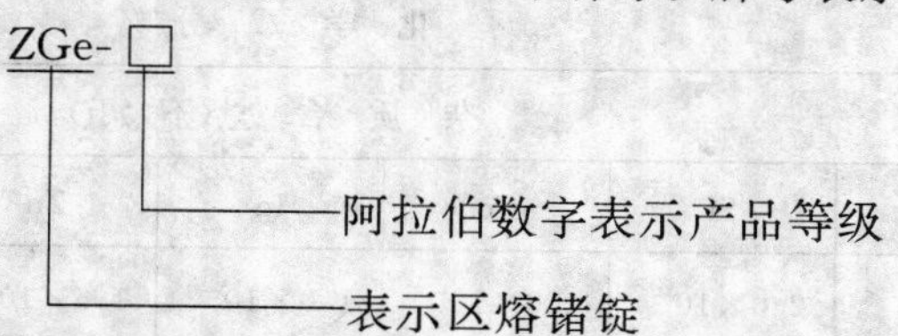


(2)锗锭的横截面为梯形，其外形尺寸见表 5-78。同一根锭的最大与最小截面之差不大于平均截面的 15%。

**表 5-78　锗锭外形尺寸**

| 锗锭的梯形横截面尺寸/mm | | | 锭长/mm |
|---|---|---|---|
| 上宽(不小于) | 下宽(不小于) | 高(不小于) | |
| 26 | 21 | 23 | 100～500 |

(3)产品的牌号、电阻率和检测单晶的载流子浓度和载流子迁移率应符合表 5-79 的规定。

**表 5-79　锗锭电阻率和单晶参数**

| 牌　号 | 电阻率/Ω·cm (23±0.5℃) | 检测单晶参数(77K) | |
|---|---|---|---|
| | | 载流子浓度/$cm^{-3}$ | 载流子迁移率/$cm^2\cdot(V\cdot s)^{-1}$ |
| ZGe—1 | ≥47 | $\leqslant 1.5\times10^{12}$ | $\geqslant 3.7\times10^4$ |
| ZGe—2 | ≥47 | — | — |

(4)锗锭表面应呈银灰色金属光泽，无明显氧化膜，无裂纹和夹杂物。

### (九)高纯二氧化锗

高纯二氧化锗是以高纯四氯化锗为原料，经水解、洗涤和烘干制得的。产品供制作还原锗、有机锗和催化剂等用。产品按纯度分为 $GeO_2$-06 和 $GeO_2$-05 两个牌号。其技术条件国家标准(GB11069—89)规定如下：

(1)牌号表示为：

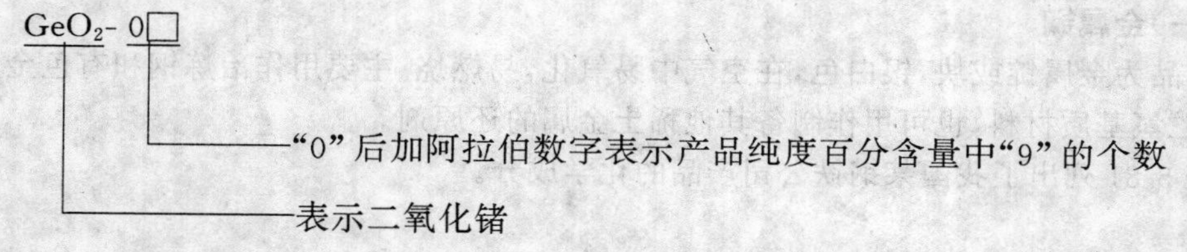

(2)化学成分:产品各牌号的化学成分应符合表 5-80 规定。

**表 5-80 高纯二氧化锗化学成分**

| 牌号 | 化学成分/% | | | | | | |
|---|---|---|---|---|---|---|---|
| | $GeO_2$ 含量(不小于) | 杂质含量(不大于) | | | | | |
| | | As | Fe | Cu | Ni | Pb | Ca |
| $GeO_2$-06 | 99.9999 | $1.0\times10^{-5}$ | $1.0\times10^{-5}$ | $1.0\times10^{-6}$ | $2.0\times10^{-6}$ | $2.0\times10^{-6}$ | $1.5\times10^{-5}$ |
| $GeO_2$-05 | 99.999 | $5.0\times10^{-5}$ | $1.0\times10^{-4}$ | $2.0\times10^{-5}$ | $2.0\times10^{-5}$ | $1.0\times10^{-5}$ | — |

| 牌号 | 化学成分/% | | | | | | |
|---|---|---|---|---|---|---|---|
| | 杂质含量(不大于) | | | | | | |
| | Mg | Si | Co | In | Zn | Al | 总含量 |
| $GeO_2$—06 | $1.0\times10^{-5}$ | $2.0\times10^{-5}$ | $2.0\times10^{-6}$ | $1.0\times10^{-6}$ | $1.5\times10^{-5}$ | $1.0\times10^{-5}$ | 0.0001 |
| $GeO_2$—05 | — | — | $2.0\times10^{-5}$ | — | — | $1.0\times10^{-4}$ | 0.001 |

(3)$GeO_2$-06 牌号须抽样还原、熔融、定向结晶成锗锭,锗锭的电阻率大于 15Ω·cm 的部分应占全锭长的 80%以上。

(4)$GeO_2$-06 的松装密度范围为 1.3~2.0g/cm³。

(5)产品粒度,95%不大于 200 目。

(6)$GeO_2$-06 在 820℃灼烧 1h 后,灼减量应不大于 0.6%。

(7)产品含氯量应不大于 0.05%。

(8)如对产品有特殊要求,供需双方可另行商定。

## 七、稀土金属料

稀土金属包括镧系元素(15 种)和与镧系元素在性质上很相近的钪和钇,共 17 种。这 17 种金属是:钪、钇、镧、铈、镨、钕、钷、钐、铕、钆、铽、镝、钬、铒、铥、镱、镥。从镧到铕称为轻稀土;从钆到镥加上钪和钇称为重稀土。

稀土金属的原子结构相同,物理化学性质很相近,它们在矿石中总是伴生在一起,在提取过程中,通常是先以氧化物的混合物或其他化合物的混合物析出,然后再用理化方法,经过繁杂的过程将其逐个分离出来。

稀土金属为银白色或灰色(镨为浅黄色),纯稀土金属具有良好的导电性,但随金属纯度的降低,导电性下降,甚至成为不良导体。稀土金属中大多数在常温时为顺磁性物质,有较高的磁化率;硬度较低,有一定的塑性;化学活性大,甚至在潮湿空气中就会分解;可用于炼制合金钢和配制有色合金。

### (一)金属镧

产品为金属锭或块,银白色,在空气中易氧化,易燃烧。主要用作冶炼钢和有色金属的添加剂,贮氢基质材料,也可用作制备其他稀土金属的还原剂。

表 5-81 列出了我国某钢铁公司产品的化学成分。

**表 5-81 金属镧化学成分**

| 牌号 | 化学成分/% | | | | | |
|---|---|---|---|---|---|---|
| | La ≥ | $\frac{Ce+Pr+Nd+Sm+Y}{La}$ | Fe ≤ | Si ≤ | S ≤ | P ≤ |
| La—3 | 99.5 | ≤0.5 | 0.3 | 0.07 | 0.02 | 0.01 |
| La—4 | 99.0 | ≤1.0 | 0.5 | 0.07 | 0.02 | 0.01 |
| La—5 | 98.0 | ≤2.0 | 0.5 | 0.07 | 0.02 | 0.01 |

## (二)氧化镧

镧为银白色软金属，稀土元素中最活泼的金属，在空气中很易氧化。

氧化镧为白色粉末状固体。随纯度不同，颜色稍有改变。氧化镧是生产镧铈合金的原料。

国家标准(GB/T4154—93)按化学成分及其用途将氧化镧产品分为 7 个牌号：$La_2O_3$—045G、$La_2O_3$—04G、$La_2O_3$—045、$La_2O_3$—04、$La_2O_3$—2、$La_2O_3$—3、$La_2O_3$—4。牌号示例如下：

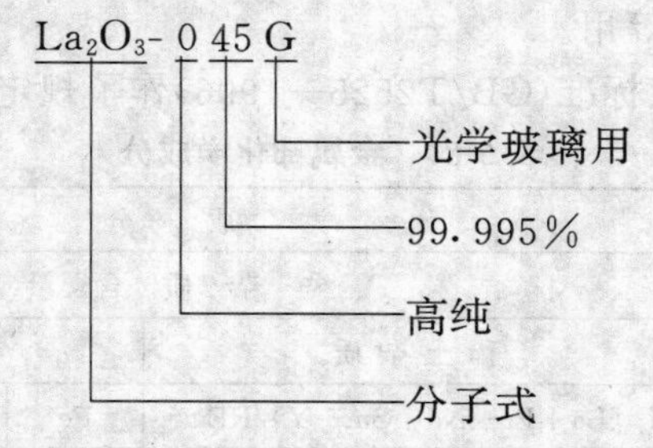


氧化镧的化学成分见表 5-82。

**表 5-82 氧化镧的化学成分**

| 牌号 | | | $La_2O_3$—045G | $La_2O_3$—04G | $La_2O_3$—045 | $La_2O_3$—04 | $La_2O_3$—2 | $La_2O_3$—3 | $La_2O_3$—4 |
|---|---|---|---|---|---|---|---|---|---|
| 化学成分/% | REO 不小于 | | 99 | 99 | 99 | 99 | 98 | 97 | 95 |
| | $La_2O_3$/REO 不小于 | | 99.995 | 99.99 | 99.995 | 99.99 | 99.9 | 99.5 | 99 |
| | 杂质含量(不大于) 稀土杂质 | $CeO_2$ | 0.0005 | 0.0015 | 合量 0.005 | 合量 0.01 | 合量 0.1 | 合量 0.5 | 合量 1 |
| | | $Pr_6O_{11}$ | 0.0005 | 0.0015 | | | | | |
| | | $Nd_2O_3$ | 0.0005 | 0.0010 | | | | | |
| | | $Sm_2O_3$ | 0.0005 | 0.0010 | | | | | |
| | | $Y_2O_3$ | 0.0010 | 0.0010 | | | | | |
| | 杂质含量(不大于) 非稀土杂质 | $Fe_2O_3$ | 0.0003 | 0.0005 | 0.0005 | 0.0005 | 0.001 | 0.005 | 0.010 |
| | | $SiO_2$ | — | — | 0.0050 | 0.0050 | 0.010 | 0.050 | 0.050 |
| | | CaO | — | — | 0.0050 | 0.0050 | 0.010 | 0.050 | 0.10 |
| | | CuO | 0.0002 | 0.0005 | 0.0005 | 0.0005 | — | — | — |
| | | NiO | 0.0002 | 0.0005 | 0.0010 | 0.0010 | — | — | — |
| | | PbO | 0.0020 | 0.0050 | 0.0050 | 0.0050 | — | — | — |
| 灼减/%(1000℃,1h,不大于) | | | 1 | 1 | 1 | 1 | 2 | 3 | 5 |

产品为白色粉末，随纯度不同，颜色略有改变。产品应洁净，无肉眼可见的夹杂物。

### （三）富镧混合稀土金属

富镧混合稀土金属可作为合金添加剂使用，其牌号和化学成分规定见表5-83。

表5-83　富镧混合稀土金属牌号及化学成分

| 产品牌号 | 化学成分/% | | | | | |
|---|---|---|---|---|---|---|
| | 总稀土金属含量（不小于） | 稀土中镧含量（不小于） | 杂质含量（不大于） | | | |
| | | | Fe | Si | S | P |
| RELa—40 | 98 | 40 | 1.00 | 0.20 | 0.02 | 0.01 |

注：稀土中镧含量系指总稀土金属中金属镧的百分含量。

产品的外观呈银灰色。其锭表面应洁净，无明显的机械夹杂物。

### （四）金属铈

铈是灰色软金属，化学性质活泼，在空气中用刀刮即着火。溶于酸，不溶于碱。金属铈供作特种钢及有色合金添加剂等用。

金属铈的化学成分，国家标准（GB/T2525—1996）作了规定，见表5-84。

表5-84　金属铈化学成分

| 产品牌号 | 化学成分/% | | | | | | | |
|---|---|---|---|---|---|---|---|---|
| | RE（不小于） | Ce/RE（不小于） | 杂质含量（不大于） | | | | | |
| | | | 稀土杂质 | 非稀土杂质 | | | | |
| | | | (La+Pr+Nd+Sm+Y)/RE | Fe | S | Si | Al | C |
| Ce—2 | 98.5 | 99.9 | 0.1 | 0.3 | 0.02 | 0.01 | 0.5 | 0.05 |
| Ce—3 | 98.5 | 99.5 | 0.5 | 0.5 | 0.02 | 0.01 | 0.5 | 0.05 |
| Ce—4 | 98 | 99 | 1 | 0.5 | 0.02 | 0.01 | 0.5 | 0.08 |
| Ce—5 | 98 | 98 | 2 | 0.5 | 0.02 | 0.01 | 0.5 | 0.08 |

金属铈为银灰色块状金属。

金属锭表面应清洁，无明显的机械夹杂物。

### （五）富铈氢氧化物

富铈氢氧化物用作冶炼富铈稀土硅铁合金的原料。产品呈淡黄色粉末。其牌号及化学成分，国家标准（GB5241—85）作了规定，见表5-85。

表5-85　富铈氢氧化物牌号及成分

| 产品牌号 | 化学成分/% | | | |
|---|---|---|---|---|
| | REO | $CeO_2$ | $Nd_2O_3$ | $Fe_2O_3$ |
| | | | 不大于 | |
| $Ce(OH)_4$—1 | 70～75 | 60～65 | 5 | 0.5 |
| $Ce(OH)_4$—2 | 70～75 | 60～65 | — | — |

产品的比放射性应符合国家非放射性物质标准的规定。

### （六）金属钕

钕是银白色金属，比较活泼，作为冶金炉料，是冶炼特种合金的添加剂。

金属钕的化学成分，国家标准（GB9967—88）作了规定，见表5-86。

表 5-86 金属钕化学成分

| 产品牌号 | 总稀土金属含量 | 金属钕相对纯度 | 杂质含量/%(不大于) | | | | | |
|---|---|---|---|---|---|---|---|---|
| | | | 稀土杂质 | 非稀土杂质 | | | | |
| | %(不小于) | | La+Ce+Pr+Sm+Y/RE | Fe | C | O | Si | Ca+Mg |
| Nd—4A | 98.5 | 99.0 | 1.0 | 0.5 | 0.05 | 0.05 | 0.07 | 0.06 |
| Nd—4B | 98.5 | 99.0 | 1.0 | 0.5 | 0.10 | 0.05 | 0.07 | 0.06 |
| Nd—4C | 98.5 | 99.0 | 1.0 | 0.5 | 0.15 | — | — | — |
| Nd—8A | 98.0 | 95.0 | 5.0 | 1.0 | 0.05 | 0.05 | — | — |
| Nd—8B | 98.0 | 95.0 | 5.0 | 1.0 | 0.10 | 0.05 | — | — |
| Nd—8C | 98.0 | 95.0 | 5.0 | 1.0 | 0.15 | — | — | — |

注:相对纯度系指100%减去表列稀土杂质总量之差。

产品为重约0.5kg的金属锭,表面应洁净,新断口呈银灰色。

产品的比放射性应符合国家非放射性物质标准的规定。

## (七)氧化钕

氧化钕呈淡紫色或咖啡色粉末,是用熔盐电解法生产金属钕的原料。

国家标准(GB/T5240—92)对氧化钕的化学成分作了规定,见表5-87和表5-88。

表 5-87 氧化钕的化学成分(1)(%)

| 产品牌号 | 化学成分 | | | | | | | 灼减(1000℃,1h,不大于) |
|---|---|---|---|---|---|---|---|---|
| | REO(不小于) | $Nd_2O_3$/REO(不小于) | 杂质含量(不大于) | | | | | |
| | | | $La_2O_3$ | $CeO_2$ | $Pr_6O_{11}$ | $Sm_2O_3$ | $SO_4$ | |
| $Nd_2O_3$—9A | 99 | 95 | 0.5 | 1 | 3 | 0.5 | 0.5 | 1 |

表 5-88 氧化钕的化学成分(2)(%)

| 产品牌号 | 化学成分 | | | | | | | | | | 灼减(1000℃,1h,不大于) |
|---|---|---|---|---|---|---|---|---|---|---|---|
| | REO(不小于) | $Nd_2O_3$/REO(不小于) | 杂质含量(不大于) | | | | | | | | |
| | | | 稀土杂质/REO | | | | | 非稀土杂质 | | | |
| | | | $La_2O_3$ | $CeO_2$ | $Pr_6O_{11}$ | $Sm_2O_3$ | $Y_2O_3$ | $Fe_2O_3$ | $SiO_2$ | CaO | |
| $Nd_2O_3$—04 | 99 | 99.99 | 0.001 | 0.003 | 0.003 | 0.001 | 0.002 | 0.0005 | 0.005 | 0.01 | 1 |
| $Nd_2O_3$—1 | 99 | 99.95 | 0.005 | 0.01 | 0.02 | 0.01 | 0.005 | 0.001 | 0.01 | 0.03 | 1 |
| $Nd_2O_3$—2 | 99 | 99.9 | 合量0.1 | | | | | 0.005 | 0.01 | 0.03 | 1 |
| $Nd_2O_3$—4 | 99 | 99 | 合量1 | | | | | 0.01 | 0.05 | 0.05 | 1 |
| $Nd_2O_3$—8 | 98 | 98 | 合量2 | | | | | 0.01 | 0.05 | 0.05 | 2 |
| $Nd_2O_3$—9 | 97 | 95 | 合量5 | | | | | 0.01 | 0.05 | 0.05 | 3 |

## (八)金属镨

产品为金属锭或块,呈银灰色,在空气中易氧化。主要用作钐、镨钴永磁合金原料。

生产的金属镨的化学成分见表5-89。

表 5-89 金属镨化学成分

| 牌号 | 化学成分/% | | | | | |
|---|---|---|---|---|---|---|
| | Pr ≥ | $\frac{La+Ce+Nd+Sm+Y}{Pr}$ | Fe ≤ | Si ≤ | S ≤ | P ≤ |
| Pr—2 | 99.9 | ≤0.1 | 0.3 | 0.07 | 0.02 | 0.01 |
| Pr—3 | 99.5 | ≤0.5 | 0.3 | 0.07 | 0.02 | 0.01 |
| Pr—4 | 99.0 | ≤1.0 | 0.5 | 0.07 | 0.02 | 0.01 |
| Pr—5 | 98.0 | ≤2.0 | 0.5 | 0.07 | 0.02 | 0.01 |

## (九)氧化镨

氧化镨为黑褐色粉末，不溶于水，能溶于无机酸。用作稀土永磁合金的原料，也用作陶瓷釉镨黄颜料。

包钢生产的氧化镨的化学成分见表 5-90。

表 5-90 氧化镨化学成分

| 牌号 | 化学成分/%(不大于) | | | |
|---|---|---|---|---|
| | $\frac{(La+Ce+Nd+Sm+Y)_xO_y}{Pr_6O_{11}}$ | $Fe_2O_3$ | $SiO_2$ | CaO |
| $Pr_6O_{11}$—2 | 0.5 | 0.005 | 0.01 | 0.05 |
| $Pr_6O_{11}$—3 | 1.0 | 0.010 | 0.01 | 0.10 |
| $Pr_6O_{11}$—4 | 2.0 | 0.020 | 0.02 | 0.20 |

## (十)金属钐

钐是银白色金属，空气中加热至 150℃即着火。$SmCo_5$ 是良好的永磁性材料。

金属钐的化学成分，国家标准(GB/T2968—94)作了规定，见表 5-91。

表 5-91 金属钐化学成分

| 产品牌号 | 化学成分/% | | | | | | | | |
|---|---|---|---|---|---|---|---|---|---|
| | RE(不小于) | Sm/RE(不小于) | 杂质含量(不大于) | | | | | | |
| | | | 稀土杂质 | 非稀土杂质 | | | | | |
| | | | (Pr+Nd+Eu+Gd+Y)/RE | Fe | Si | Ca | Cl | Ta① | Mg |
| Sm—2 | 99 | 99.9 | 0.1 | 0.005 | 0.005 | 0.01 | 0.02 | 0.01 | 0.1 |
| Sm—3 | 99 | 99.5 | 0.5 | 0.01 | 0.01 | 0.03 | 0.03 | — | — |
| Sm—4 | 99 | 99 | 1 | 0.01 | 0.01 | 0.05 | 0.05 | — | — |

① 使用钽坩埚时，不考核钽含量，但考核钽含量，指标由供需双方另行协商。

金属钐为银灰色块状金属。金属锭表面应清洁，无明显的机械夹杂物。

## (十一)氧化钐

氧化钐用于制做金属钐、磁性材料、电子器件和陶瓷电容器等。其牌号及化学成分，国家标准(GB/T2969—94)作了规定，见表 5-92。

表 5-92 氧化钐的化学成分

| 产品牌号 | 化学成分/% | | | | | | | 灼减 1000℃ 1h (不大于) % |
|---|---|---|---|---|---|---|---|---|
| | REO (不小于) | $\frac{SmO}{REO}$ (不小于) | 杂质含量(不大于) | | | | | |
| | | | 稀土杂质 | 非稀土杂质 | | | | |
| | | | $\frac{(Pr+Nd+Eu+Gd+Y)_xO_y}{REO}$ | $Fe_2O_3$ | $SiO_2$ | CaO | Cl | |
| $Sm_2O_3$—2 | 99 | 99.9 | 0.1 | 0.001 | 0.005 | 0.05 | 0.005 | 1 |
| $Sm_2O_3$—3 | 99 | 99.5 | 0.5 | 0.005 | 0.01 | 0.05 | 0.01 | 1 |
| $Sm_2O_3$—4 | 99 | 99 | 1 | 0.01 | 0.01 | 0.1 | 0.02 | 1 |
| $Sm_2O_3$—7 | 99 | 96 | 4 | 0.05 | 0.05 | 0.1 | 0.03 | 1 |

氧化钐为白色并略带淡黄色的粉末。产品必须清洁,无明显的机械夹杂物。

## (十二)钐铕钆富集物

钐铕钆富集物是提取钐、铕和钆单一化合物的原料。产品为黄棕色粉末,应无肉眼可见夹杂物。其牌号及化学成分,国家标准(GB8751—88)作了规定,见表 5-93。

表 5-93 钐铕钆牌号及化学成分

| 产品牌号 | 化学成分/%(不小于) | | | |
|---|---|---|---|---|
| | REO | $Sm_2O_3$/REO | $Eu_2O_3$/REO | $Gd_2O_3$/REO |
| SmEuGd—1 | 92 | 33 | 8 | 11 |

## (十三)混合氯化稀土

混合氯化稀土是以稀土矿为原料,经化学法和萃取法制得的。国家标准(GB/T4148—93)按化学成分及用途将混合氯化稀土分为 $RECl_3 \cdot 6H_2O$-T、$RECl_3 \cdot 6H_2O$-S、$RECl_3 \cdot 6H_2O$-D、$LaRECl_3 \cdot 6H_2O$-D 4 个牌号。牌号示例如下:

表 5-94 混合氯化稀土的化学成分

| 牌号 | | | $RECl_3 \cdot 6H_2O$-T | $RECl_3 \cdot 6H_2O$-S | $RECl_3 \cdot 6H_2O$-D | $LaRECl_3 \cdot 6H_2O$-D |
|---|---|---|---|---|---|---|
| 化学成分/% | REO,不小于 | | 45 | 45 | 45 | 45 |
| | 主要稀土含量(不小于) | $La_2O_3$/REO | — | 23 | — | 40 |
| | | $CeO_2$/REO | 45 | 45 | 45 | — |
| | | $Eu_2O_3$/REO | 0.1 | — | — | — |
| | 稀土杂质(不大于) | $Sm_2O_3$/REO | — | — | 0.3 | 0.3 |
| | 非稀土杂质(不大于) | $Fe_2O_3$ | 0.06 | 0.05 | 0.05 | 0.05 |
| | | BaO | 0.8 | 0.8 | 0.8 | 0.8 |
| | | CaO+MgO | 3.0 | 2.5 | 3.0 | 3.0 |
| | | $ThO_2$ | — | 0.03 | — | — |
| | | $Na_2O$ | 0.5 | 0.5 | — | — |
| | | $SO_4^{2-}$ | 0.1 | 0.1 | 0.03 | 0.03 |
| | | $PO_4^{3-}$ | 0.01 | 0.01 | 0.01 | 0.01 |
| | | 水不溶物 | 0.3 | 0.3 | 0.3 | 0.3 |
| | $NH_4Cl$ | | — | ≤4.0 | 1.5~4.0 | 1.5~4.0 |

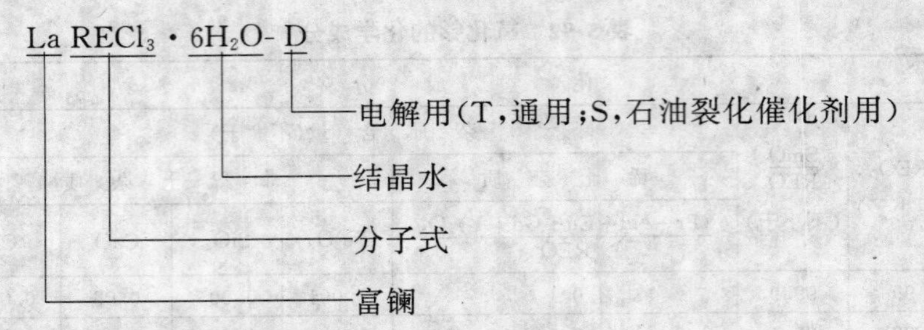


混合氯化稀土的化学成分见表 5-94。

### (十四)氟化稀土

氟化稀土是稀土的中间产物,是生产各种稀土的原料,其牌号及化学成分,国家标准(GB4152—84)作了规定,见表 5-95。

**表 5-95 氟化稀土牌号及化学成分**

| 产品牌号 | 化学成分/% | | | | 摇实密度/$g\cdot cm^{-3}$(不小于) |
|---|---|---|---|---|---|
| | REO(不小于) | $CeO_2$/REO(不小于) | F(不小于) | 水分(不大于) | |
| $REF_3$—1 | 83 | 45 | 26 | 0.5 | 3.0 |
| $REF_3$—2 | 83 | 45 | 26 | 0.5 | 1.4 |

氟化稀土应为白色或略带粉红色粉末,必须洁净,无明显的机械夹杂物。

### (十五)混合稀土金属

国家标准(GB/T4153—93)按化学成分将混合稀土金属分为 RECe-48、RECe-45、RELa-80、RELa-40 4 个牌号。

牌号示例如下:

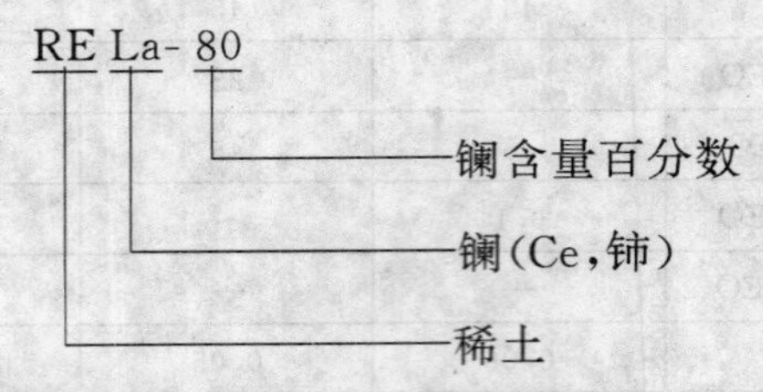


混合稀土金属的化学成分见表 5-96。

**表 5-96 混合稀土金属的化学成分**

| 牌号 | | | RECe—48 | RECe—45 | RELa—80 | RELa—40 |
|---|---|---|---|---|---|---|
| 化学成分/% | RE(不小于) | | 99 | 98 | 99 | 98 |
| | Ce/RE(不小于) | | 48 | 45 | — | — |
| | La/RE(不小于) | | — | — | 80 | 40 |
| | 杂质含量(不大于) | Fe | 0.5 | 1.0 | 0.5 | 1.0 |
| | | Si | 0.07 | 0.15 | 0.07 | 0.20 |
| | | S | 0.02 | 0.02 | 0.02 | 0.02 |
| | | P | 0.01 | 0.01 | 0.01 | 0.01 |

产品为银灰色金属,金属锭不应有夹渣。每块锭重不大于 2.5kg。

### (十六)氧化稀土

氧化稀土为深红色粉末,不溶于水,溶于酸。主要用作制备混合稀土金属和稀土有色金属合金的原料,也可作为提取单一稀土产品和制备抛光粉的原料。生产的氧化稀土的化学成分见表5-97。

表5-97 氧化稀土化学成分

| 牌号 | 化学成分/% | | | |
|---|---|---|---|---|
| | TREO | $ThO_2$ | $SO_4^{2-}$ | $Na_2O$ |
| REO 1 | 95 | 0.03 | 0.1 | 0.5 |
| REO 2 | 92 | 0.20 | 1.0 | 1.0 |

### (十七)富铈氢氧化稀土

富铈氢氧化稀土为淡黄色粉末,不溶于水,溶于酸。主要用作玻璃脱色剂,澄清剂,也可用作冶炼富铈稀土硅铁合金的原料。

生产的富铈氢氧化稀土的化学成分见表5-98。

表5-98 富铈氢氧化稀土化学成分

| 牌号 | 化学成分/% | | | |
|---|---|---|---|---|
| | REO | $CeO_2$ | $Na_2O_3$(不大于) | $Fe_2O_3$(不大于) |
| 富铈 $R(OH)_3$—1 | 70～75 | 60～65 | 5 | 0.5 |
| 富铈 $R(OH)_3$—2 | 70～75 | 60～65 | | |

### (十八)富镧氯化稀土

富镧氯化稀土为粉红色块状结晶,易溶于水,易潮解。可用作提取单一稀土产品或冶炼富镧混合稀土金属的原料。包钢产品的化学成分见表5-99。

表5-99 富镧氯化稀土化学成分

| 牌号 | 化学成分/% | | | | | |
|---|---|---|---|---|---|---|
| | REO | $\frac{La_2O_3}{REO}$ | $Fe_2O_3$ | BaO | CaO | $SO_4^{2-}$ |
| 富镧—$RCl_3$ | | ≥42 | 0.07 | 0.8 | 3.0 | 0.1≥45 |

## 八、半金属料

半金属系指硅、锗、硒、碲、砷、硼等9种元素。半金属的物理化学性能介于金属和非金属之间,如砷是非金属,但却能传热导电。

半金属根据各自的特性,具有不同的用途。硅是半导体的主要材料之一,高纯碲、硒、砷是制造化合物半导体的原料,硼是合金的添加剂。

### (一)工业硅

工业硅是在矿热炉内用碳质还原剂与硅石熔炼而得的,主要用途是配制合金、制取多晶硅及有机硅等。

工业硅的化学成分,国家标准(GB2881—81)作了规定,见表5-100。

工业硅的通常粒度为6～200mm,其中6～20mm的不超过20%。

产品不允许有夹渣、泥土、粉状硅粘结及其他非冶炼过程所带异物。

表 5-100 工业硅化学成分

| 品级 | | 代号 | 化学成分/% | | | | |
|---|---|---|---|---|---|---|---|
| | | | Si | 杂质(不大于) | | | |
| | | | | Fe | Al | Ca | 杂质总和 |
| 一级硅 | 甲 | Si-1A | 99.0 | 0.6 | 0.4 | 0.4 | 1.0 |
| | 乙 | Si-1B | 99.0 | 0.5 | — | 0.5 | 1.0 |
| 二级硅 | | Si-2 | 98.0 | 0.7 | — | 0.5 | 2.0 |
| 三级硅 | | Si-3 | 97.0 | 1.0 | — | 0.8 | 3.0 |

注:1. 硅含量以 100%减杂质总和决定。杂质总和为杂质铁、铝、钙的总和;

2. 表中用“—”表示的杂质铝是指不受单项限制而受杂质总和限制,但在质量证明书中仍要报出其分析结果。

## (二)硒

硒是稀散元素之一。是从电解铜的阳极泥和硫酸厂的烟道灰、酸泥等废料中回收的产品。常见的硒有无定形和晶形两种同素异形体。前者是红色,性脆;后者呈深灰色或黑色,硒是单质半导体,可以同金属化合成硒化物,同氧化合成二氧化硒。

中国有色金属行业标准(YS/T223—1996)根据产品化学成分的不同,将硒分为 3 个牌号:Se-1、Se-2、Se-3。其化学成分见表 5-101。

表 5-101 硒的化学成分

| 牌号 | 化学成分/% | | | | | | | | | |
|---|---|---|---|---|---|---|---|---|---|---|
| | Se 含量(不小于) | 杂质含量(不大于) | | | | | | | | |
| | | Cu | Hg | As | Sb | Te | Fe | Pb | Sn | Ni |
| Se—1 | 99.992 | 0.0003 | 0.0005 | 0.0005 | 0.0005 | 0.0009 | 0.0009 | 0.0005 | 0.0005 | 0.0005 |
| Se—2 | 99.9 | 0.001 | 0.001 | 0.003 | 0.001 | 0.007 | 0.001 | 0.002 | — | 0.002 |
| Se—3 | 99 | — | — | — | — | — | — | — | — | — |

| 牌号 | 化学成分/% | | | | | | | | | |
|---|---|---|---|---|---|---|---|---|---|---|
| | Se 含量(不小于) | 杂质含量(不大于) | | | | | | | | |
| | | Bi | Mg | Al | Si | B | S | Cl | C | 总和 |
| Se—1 | 99.992 | 0.0009 | 0.0009 | 0.0009 | 0.0009 | 0.0005 | 0.001 | 0.001 | — | 0.008 |
| Se—2 | 99.9 | — | — | — | — | — | 0.005 | — | 0.002 | 0.1 |
| Se—3 | 99 | — | — | — | — | — | — | — | — | 1.0 |

注:Se 为硒粉供货时,硫不得大于 0.005%。

产品可以锭、粒、粉状供货。硒粉粒度应不大于 0.25mm,粉不得有结块。硒粒直径为 3～5mm。硒锭为长方体,其重量为 2～5kg。

硒为黑色或深灰色(红硒与灰硒为硒的结晶变体,主成分不变)。硒不应有外来夹杂物。

用户如有特殊要求,由供需双方另行商定。

## (三)碲锭

碲是稀散元素之一。可以从电解铜的阳极泥和炼锌的烟尘中回收得到。碲作为金属和合金中的添加剂,可以改进它们的机械性能并增强硬度。含少量碲的铅,可用来制成电缆及化工设备的保护层。碲和若干碲化物是半导体材料,例如碲化镉和碲化铅的混合物是良好的红外探测器材料。

中国有色金属行业标准(YS/T222—1996)根据产品化学成分的不同,将碲锭分为3个牌号:Te-1、Te-2、Te-3。其化学成分见表5-102。

**表5-102 碲锭的化学成分(%)**

| 牌号 | 化学成分 | | | | | | | | | | | | |
|---|---|---|---|---|---|---|---|---|---|---|---|---|---|
| | Te含量(不小于) | 杂质含量(不大于) | | | | | | | | | | | |
| | | Cu | Pb | Al | Bi | Fe | Na | Si | S | Se | As | Mg | 杂质总和 |
| Te—1 | 99.99 | 0.001 | 0.002 | 0.0009 | 0.0009 | 0.0009 | 0.003 | 0.001 | 0.001 | 0.002 | 0.0005 | 0.0009 | 0.01 |
| Te—2 | 99.9 | 0.003 | 0.004 | 0.003 | 0.002 | 0.004 | 0.006 | 0.002 | 0.005 | 0.02 | 0.001 | 0.002 | 0.1 |
| Te—3 | 99 | — | — | — | — | — | — | — | — | — | — | — | 1.0 |

碲锭为银灰色。碲锭表面应洁净,无肉眼可见的夹杂物。

碲锭以长方梯形供货,锭重1～5kg。

**(四)砷**

砷有黄、灰、黑褐三种同素异形体,其中灰色的晶体具有金属性,但性脆而硬。砷可以用于制造硬质合金。黄铜中含有微量砷时可防止脱锌。

砷的化学成分,中国有色金属行业标准(YS68—93)作了规定,见表5-103。

**表5-103 砷的化学成分**

| 牌号 | 化学成分/% | | | | |
|---|---|---|---|---|---|
| | As(不小于) | 杂质(不大于) | | | |
| | | Sb | Bi | S | 杂质总和 |
| As 99 | 99.0 | 0.4 | 0.1 | 0.3 | 1.0 |

注:砷含量为化学分析结果。

砷应呈银灰色金属结晶状。砷不应带有外来夹杂物。

**(五)核极碳化硼粉**

碳化硼为黑色晶体,有光泽,熔点2350℃,不溶于水和酸。由硼或三氧化二硼与炭黑在电炉中加强热(1400～2300℃)制得。核极碳化硼粉供制作合金等用。

核极碳化硼粉的化学成分,中国有色金属行业标准(250—94)作了规定,见表5-104。

**表5-104 碳化硼粉化学成分**

| 项目 | 含量/% | | |
|---|---|---|---|
| | $FB_4CH$—1 | $FB_4CH$—2 | $FB_4CH$—3 |
| 总硼 | 76.5～81.0 | 73.0～81.0 | 70.0～77.0 |
| 游离硼 | ≤0.7 | ≤1.3 | 不测定 |
| 游离碳 | ≤0.7 | ≤1.0 | 不测定 |
| F | ≤25μg/g | ≤25μg/g | 不测定 |
| Cl | ≤75μg/g | ≤75μg/g | 不测定 |
| Ca | ≤0.3 | ≤0.3 | 不测定 |
| Fe | ≤1.0 | ≤1.0 | ≤2.0 |
| 总硼加总碳 | ≥98.0 | ≥96.0 | ≥94.0 |

# 第六章　炭素材料及石墨制品

## 一、概　述

炭素材料和石墨制品是具有一定外形和一定的理化性能的炭质和石墨质的工程材料。

炭素材料和石墨制品具有良好的导电、导热、耐高温、抗热冲击、抗氧化、耐辐射及热稳定性好等优良特性，广泛用于电冶金、电化学的导电端头及高温冶炼的炉衬方面。

炭素制品主要是以优质石油焦、无烟煤、冶金焦及煤沥青等为原料，经过粗碎、高温煅烧、中碎、筛分、细碎、配料之后，加入粘结剂（煤沥青）混捏成糊料，经过成型、高温焙烧、浸渍后，再用 2500℃以上的高温进行石墨化处理，经机械加工而成。炭素生产具有工序多、工艺复杂、技术难度大、生产周期长等特点。例如，普通功率石墨电极从投料到成品，其生产周期要长达 60 天到 120 天。

### （一）炭和石墨制品的生产

1. 生产流程

炭和石墨制品的生产流程见图 6-1。

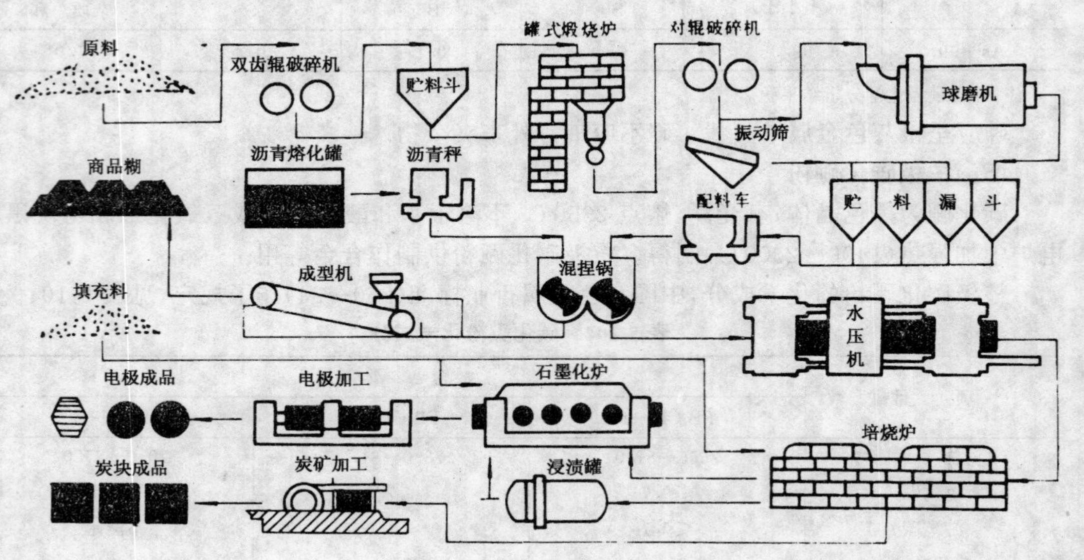


图 6-1　炭和石墨制品的生产流程

炭和石墨制品的工艺过程，大部分为物理过程，小部分为热化学过程。糊制品生产流程短，工艺技术简单，石墨制品生产流程长，生产工序多，工艺技术也比较复杂。

2. 焙烧与石墨化

（1）焙烧　除沥青焦及铸造焦、冶金焦、针状焦以外，其他炭素原料（石油焦、无烟煤等）

都要经过1250～1350℃焙烧，以降低原料的挥发分(<0.5%)，提高其密度和强度，减少制品的收缩，提高其导电性能(以粉末比电阻表示)，除掉原料中的水分(≤0.3%)，减少氧、氮、硫杂原子，以利于石墨化。

(2)石墨化　焙烧后的炭素制品，碳原子主要是两维有序排列，没有达到三维有序排列的程度，仍为所谓乱层结构，要使其变为石墨，应使其晶粒的直径 $L_a$ 长大到 0.1μm 以上，这只有使碳原子作进一步的规则排列才能达到。因此，通过2200～3000℃的高温处理，使乱层结构的碳由二维有序排列转变为三维有序排列，就叫作石墨化。

石墨化的目的和作用在于：

1)提高材料导电性和导热性。产品经过石墨化后其比电阻显著降低，依原材料石墨化难易的不同和石墨化温度的高低，降低幅度在5∶1以内；导热性也有显著提高。

2)提高材料的热的和化学的稳定性，如抗氧化性、抗腐蚀性、降低热膨胀系数等。

3)排除杂质，提高纯度。在石墨化温度(2200～3000℃)下，材料中所含杂质大部分气化而逸出。一般的石墨化可降低灰分70%，通氯石墨化可将绝大部分灰分驱除，得到高纯石墨。

4)提高材料的抗磨性能。乱层结构的碳转化为石墨后就具有润滑性，其抗磨性能显著提高。

5)降低硬度，便于作精密的机械加工。

但是，石墨化也带来某些副作用，主要是材料的机械强度降低，气孔率增加。

3.炭素新产品和新技术

(1)针状焦　美国联合碳化物公司1964年提出超高功率电炉炼钢法，这种方法由于可使生产效率提高1倍以上，电耗降低一半以上，因此发展较快。

制造超高功率石墨电极的原料是针状焦，针状焦是一种取向性甚高的石油焦或焦油沥青焦，在平行于粒子轴的方向，其导电、导热性比垂直方向大得多，其内部具有层状结构，破碎后一般呈细长的针状。石油针状焦在美国于50年代首先制成，但在超高功率电极问世后，方得到广泛应用，美国现生产针状焦每年在30万t以上。

生产针状焦的原料有石油系、煤系两类。

美、英、日等国多数用高温热解焦油、常压渣油、热裂化渣油、直馏和裂化瓦斯油等石油系重质油，用延迟焦化法生产针状焦。我国试用进口石油系、煤系针状焦制造超高功率电极，效果颇好。因此，国内也在积极研制，其关键在原料的预处理和工艺条件的掌握。

(2)同性焦与巨型同向性核石墨　对于高温气冷反应堆，特别是大型的高温堆，用作中子缓速剂和反射剂的石墨要求各向同性或近于同性。要求石墨元件在反应堆的高温和高中子通量的条件下，尺寸稳定，变形微小。

用石油沥青制造同性焦的关键是严格控制沥青形成中间相物质的条件，使其具有精细的各向同性结构。适宜于炼制同性焦的沥青，具有很高的软化点和很低的中间相转化温度。这种沥青，在温度高于430℃之后，就不再生成中间相了，这与炼制针状焦用的沥青正好相反。

沥青中除碳、氢以外的杂原子为氧、硫等，它们可阻止沥青在焦化过程中生成的中间相小球体的融并，杂元素足够多时，就能阻止大块的各向异性中间相的生成，使中间相的物质呈现细致的同向性结构，所以把沥青先用热空气吹制，使其氧含量增大，软化点增高，中间相转化温度低于410～415℃。用这种沥青就能制得同性焦，作为制造低成本的巨型核石墨的材料。

(3)碳纤维及复合材料 60年代以来，随着航空、宇宙航行、原子能、电子、医疗体育等新技术的不断发展，要求生产具有各种特异性能的新材料(碳纤维及其复合材料、热解石墨、同性热解炭、活性炭素材料、泡沫热解石墨、热解石墨箔材、碳精膜等)，因此有关的研制工作兴盛起来，目前上述炭素新材料已成为这些领域的重要材料，同时在冶金、化工等部门已逐渐加以利用。

碳纤维是新兴的纤维材料，它的颜色为黑色，性能稳定，抗化学腐蚀，例如能抗强酸、强碱和各种有机溶剂。特别能耐高温，热膨胀小，当温度在1600～1700℃时，不改变本身原有的形状和强度，加热时不分离出气体，碳纤维的抗拉强度比铝大3倍，比玻璃纤维大6倍，比钢大4倍，而重量只有钢的四分之一。它的导电性好、耐磨，而且还有优良的振动衰减性及自润滑性。碳纤维与其他有机纤维和无机纤维不同。它不受生物侵蚀，具有表面活性，弹性模量高，当温度约为400℃时，与空气接触起氧化作用，但通过适当浸染可显著减少氧化作用。碳纤维按性质和碳化程度分为3类：部分渗碳的，碳的，石墨的。目前工业用碳纤维几乎都是由有机纤维的碳化来制取。

**(二)炭素材料的用途**

炭素材料除满足冶金、化学工业的需要外，还为航天、核工业、电子、机械等部门提供所需要的材料。

1.导电材料

用电弧炉或矿热电炉冶炼各种合金钢、铁合金或生产电石(碳化钙)、黄磷时，强大的电流通过炭电极(或连续自焙电极——即电极糊)或石墨化电极导入电炉的熔炼区产生电弧，使电能转化成热能，温度升高到2000℃左右，从而达到冶炼或反应的要求。金属镁、铝、钠一般用熔盐电解制取，这时电解槽的阳极导电材料都是采用石墨化电极或连续自焙电极(阳极糊、有时用预焙阳极)。熔盐电解的温度一般在1000℃以下。生产烧碱(氢氧化钠)和氯气的食盐溶液电解槽的阳极导电材料，一般都用石墨化阳极。生产金刚砂(碳化硅)使用的电阻炉的炉头导电材料，也使用石墨化电极。

除上述用途外，炭和石墨制品作为导电材料广泛用于电机制造工业作为滑环和电刷，以及用作干电池中的炭棒或产生弧光用的弧光炭棒，水银整流器中的阳极等。

2.耐火材料

由于炭素制品能耐高温和有较好的高温强度及耐腐蚀性，所以很多冶金炉内衬可用炭块砌筑，如高炉的炉底、炉缸和炉腹，铁合金炉和电石炉的内衬，铝电解槽的底部及侧部。许多贵重金属和稀有金属冶炼用的坩埚、熔化石英玻璃等所用的石墨坩埚，也都是用石墨化坯料加工制成的。

3.耐腐蚀的结构材料

经过有机树脂或无机树脂浸渍过的石墨材料，具有耐腐蚀性好、导热性好、渗透率低等特点，这种浸渍石墨又称为不透性石墨。它大量应用于制作各种热交换器、反应槽、凝缩器、燃烧塔、吸收塔、冷却器、加热器、过滤器、泵等设备，广泛应用于石油炼制、石油化工、湿法冶金、酸碱生产、合成纤维，造纸等工业部门，可节省大量的不锈钢等金属材料。

4. 耐磨和润滑材料

炭素材料除具有化学稳定性高的特性外，还有较好的润滑性能。在高速、高温、高压的条件下，用润滑油来改善滑动部件的耐磨性往往是不可能的。石墨耐磨材料可以在－200℃到2000℃温度下的腐蚀性介质中并在很高的滑动速度下(可达100m/s)不用润滑油而工作。因此，许多输送腐蚀性介质的压缩机和泵广泛采用石墨材料制成的活塞环、密封圈和轴承。它们运转时无需加入润滑剂。这种耐磨材料是用普通的炭或石墨材料经过有机树脂或液态金属材料浸渍而成。石墨乳剂也是许多金属加工(拔丝、拉管等)的良好润滑剂。

5. 高温冶金及超纯材料生产用的结构材料

如生产单晶硅用的晶体生长坩埚、区域精炼容器、支架、夹具、感应加热器等，都是用高纯度石墨材料加工而成的。用于真空冶炼中的石墨隔热板和底座，高温电阻炉炉管、棒、板、格栅等元件，也是用石墨材料加工制成的。

6. 铸模、压模材料

炭素材料的热膨胀系数小，而且耐急冷急热性好，所以可以用作玻璃器皿的铸模和黑色金属及有色金属或稀有金属的铸模。用石墨铸模得到的铸件，尺寸精确，表面光洁，不加工即可直接使用或只要稍加工就可使用，因而节省了大量金属。生产硬质合金(如碳化钨)等粉末冶金工艺，通常用石墨材料加工压模和烧结用的舟皿。

7. 原子能工业及军事工业材料

石墨因为具有良好的中子减速性能，最早用于原子反应堆中作为减速材料。铀-石墨反应堆是目前较多的一种原子反应堆。原子反应堆用的石墨材料必须具有极高的纯度。为了降低石墨中的杂质含量，在石墨化过程中通入卤素净化气体。一些经过特殊处理的石墨(如在石墨表面渗入耐高温的材料)及再结晶石墨、热解石墨，具有在极高温度下较好的稳定性及较高的强度重量比。所以，它们可以用于制造固体燃料火箭的喷嘴、导弹的鼻锥、宇宙航行设备的零部件。

### (三)炭素材料的质量指标

各种炭素制品根据其用途不同，规定了一些物理化学指标作为衡量产品质量的标准。其主要指标有：

1. 真相对密度

真相对密度的含义是不包括孔度在内每单位体积的材料密度与同体积水(4℃时)的密度比值。真相对密度的大小，可以说明材料基本质点的密集程度及排列规整化的程度。对石墨化产品来说，同时也表示石墨晶格结构完善的程度。各种炭素制品真相对密度的大小主要取决于所用的原料的性质及各阶段热处理的温度，特别是最后一次热处理的温度。故各种原料石墨化后的真相对密度差别较小。

2. 假相对密度

假相对密度的含义是包括孔度(开口气孔与闭口气孔)在内的每单位体积的材料密度与同体积水的密度比值。假相对密度的大小说明材料的密实程度，各种炭素制品的假相对密度的大小与下列因素有关：原料的性质、原料的热处理温度、配料的颗粒组成、沥青用量、混捏质量、成型条件及浸渍处理。

3. 孔度

测定了炭素制品的真相对密度及假相对密度后，就可以通过计算求得孔度大小。其计算公式为：

$$孔度=\frac{真相对密度-假相对密度}{真相对密度}\times 100\%$$

因为孔度与真相对密度和假相对密度有着直接的关系，故影响焙烧后产品孔度大小的因素与影响产品假相对密度的因素是一样的，其中沥青用量的多少与混捏质量的好坏的作用最大。经过石墨化的产品其孔度较石墨化前略有增加，用含硫高及灰分高的原料生产的石墨化产品，也会导致孔度的增加。

4. 灰分

炭素材料中的灰分主要是各种金属和非金属元素的氧化物。各种炭素原料中灰分含量最高的是冶金焦(12%～16%)，其次是无烟煤(7%～12%)，沥青焦和石油焦的灰分一般在0.5%左右。原料中灰分含量越多，产品中残留的灰分也越多。

各种炭素制品都希望灰分越低越好，因为灰分和产品的物理化学指标与使用性能有一定的关系。比如灰分对炼铝及冶炼其他高纯金属的产品质量都有直接影响。

5. 机械强度

产品的机械强度是一个重要的质量指标。为了使产品经得起碰撞、受压和冲击，各种炭素制品都规定了一定的抗压机械强度，有的还要规定抗折及抗拉机械强度。但是，对不同产品来说，并不一定是机械强度越高越好。例如，电炉炼钢用的石墨化电极机械强度太高了并不合适，因为一般规律是产品的机械强度越高则假相对密度也越大，而假相对密度过大的产品，特别是假相对密度过大的大规格产品，在焙烧或石墨化过程中容易产生裂纹。在高温炉中使用时假相对密度过大的产品也表现出抗热震性能降低，这是因为假相对密度大的产品其弹性系数及热膨胀系数也大，结果导致抗热震性能降低，在急冷急热时容易产生裂纹。

6. 比电阻

多数炭素制品是作为导电材料使用的，因此要求导电性能越高越好，也即是比电阻越低越好，电阻越低则允许通过的电流密度越大。产品比电阻的大小主要与原料的组成和配比、热处理温度、浸渍处理有关。

表示炭素制品各方面特性的指标还有很多，如热导率、热膨胀系数、耐热性与抗热震性(即耐急冷急热的能力)、耐冲击性、耐磨性、弹性模量、耐氧化性等。由于测定上述指标所需仪器比较复杂，而且上述这些物理化学指标与前面介绍过的真相对密度、假相对密度、孔度、机械强度、灰分、比电阻六项指标之间存在许多内在的联系，互为因果，因此，除特殊需要外，对这些指标一般不作测定。

**(四)炭素材料的分类**

炭素材料按其使用的原料灰分的高低而分为多灰制品与少灰制品两大类。但是人们一般是以炭素材料的生产工艺和用途的不同而加以分类。这种分类方法，基本上反映了不同品种的炭素材料的生产过程和用途。

炭素制品分为4类。

第一类称为石墨制品(即人造石墨制品)。这类制品包括石墨电极、石墨阳极、石墨块以及国防工业及电子工业所用的高纯度强度高密度石墨等。

这一类制品都是以石油焦和沥青焦为主要原料，最后经过2000℃以上的高温热处理，从而使无定形碳转化为石墨。这一类制品的共同特点是：含碳量在99%以上，灰分一般不超过0.5%，具有良好的导电性和良好的耐热性能，氧化开始温度比较高，导热系数也较高，耐腐蚀性能良好。但是，生产这一类制品的制造工艺比较复杂，生产周期较长。通常，从原料到成品需要40天左右，某些高强度高密度的石墨化制品生产周期长达3个月以上。

第二类称为炭制品。这一类制品，是指成型后的毛坯，只要经过1300℃左右的焙烧（或称烧成）后即可使用的制品。比如：铝电解用的预焙阳极，冶炼镁的炭电阻棒（这两种产品用石油焦及沥青焦为原料），砌筑铝电解槽的底炭块和侧炭块，砌筑炼铁高炉或铁合金炉、电石炉用的高炉炭块和电炉炭块、炭电极等（以上用无烟煤及冶金焦为原料）。用天然石墨或石墨碎（石墨化产品加工时的切削碎屑或废品）生产的电极只经过焙烧即可使用，其性质介乎石墨制品和炭制品之间，但从经过焙烧后即可使用这一点来看，它可以归入炭制品一类。

炭制品按使用原料的不同可以分为：低灰分炭制品：预焙阳极、炭电阻棒、石墨碎生产的电极等；多灰分炭制品：底炭块、侧炭块、高炉炭块和电炉炭块、炭电极。多灰分炭制品含碳量一般为90%左右，少灰分炭制品含碳量在99%以上。用天然石墨为原料生产的制品，根据天然石墨精选的程度其灰分含量在相当大的范围内波动。

炭制品从原料到成品生产周期为30天左右。

第三类称为炭糊。这一类制品是原料（破碎后的无烟煤或焦炭颗粒）与粘结剂在加热下混合后的糊状物料在常压条件下，简单铸成块状或装入容器即可供使用的制品。

按其用途可以分成两种：一种是作为连续自焙电极使用的，如电解铝使用阳极糊作为阳极导电作用。生产铁合金、电石、黄磷用的电极糊也是作为导电材料。阳极糊用石油焦及沥青焦为原料，电极糊用无烟煤及冶金焦为原料。另一种是用作砌炭块时的粘结和填缝材料，如砌高炉炭块或电炉炭块用的细缝糊及粗缝糊，砌铝电解槽炭块用的底糊。有的冶金炉直接用底糊或粗缝糊捣打炉底及炉壁。炭糊制造工艺比较简单，生产周期较短，成本也较低。

第四类称为特种石墨制品。这类制品包括核石墨、结构石墨和高纯石墨等。

这类制品采用优质低灰原料，经高温石墨化和除灰处理后制成。其结构均匀细密，具有很高的纯度和较高的机械强度。可用于原子能反应堆、铸模、坩埚和光谱分析等。

炭素材料的分类及分类代号国家现行标准（GB1426—78）作了规定。

炭素材料的分类和代号见表6-1。

**表6-1 炭素材料的分类和代号**

| 名称 | 取用汉字 | 汉语拼音 | 代号 |
|---|---|---|---|
| 石墨制品 | 石 | Shi | S |
| 普通石墨电极 | 石、电、普 | Shi，Dian，Pu | SDP |
| 特制石墨电极 | 石、电、特 | Shi，Dian，Te | SDT |
| 高功率石墨电极 | 石、电、高 | Shi，Dian，Gao | SDG |
| 抗氧化涂层石墨电极 | 石、电、层 | Shi，Dian，Ceng | SDC |
| 石墨块 | 石、块 | Shi，Kuai | SK |
| 石墨阳极 | 石、阳 | Shi，Yang | SY |
| 炭制品 | 炭 | Tan | T |
| 铝电解用炭块 | 炭、块、铝 | Tan，Kuai，Lu | TKL |
| 电炉炭块 | 炭、块、电 | Tan，Kuai，Dian | TKD |

续表 6-1

| 名称 | 取用汉字 | 汉语拼音 | 代号 |
|---|---|---|---|
| 高炉炭块 | 炭、块、高 | Tan,Kuai,Gao | TKG |
| 自焙炭块 | 炭、块、自 | Tan,Kuai,Zi | TKZ |
| 炭电极 | 炭、电 | Tan,Dian | TD |
| 炭阳极 | 炭、阳 | Tan,Yang | TY |
| 炭电阻棒 | 炭、电、阻 | Tan,Dian,Zu | TDZ |
| 炭　糊 | 炭、糊 | Tan,Hu | TH |
| 阳极糊 | 炭、糊、阳 | Tan,Hu,Yang | THY |
| 电极糊 | 炭、糊、电 | Tan,Hu,Dian | THD |
| 密闭糊 | 炭、糊、密 | Tan,Hu,Mi | THM |
| 粗缝糊 | 炭、糊、粗 | Tan,Hu,Cu | THC |
| 细缝糊 | 炭、糊、细 | Tan,Hu,Xi | THX |
| 特种石墨制品 | 特、石 | Te,Shi | TS |
| 核石墨 | 特、石、核 | Te,Shi,He | TSH |
| 细结构石墨 | 特、石、细 | Te,Shi,Xi | TSX |
| 高纯石墨 | 特、石、纯 | Te,Shi,Chun | TSC |

1. 石墨制品(S 类)

石墨制品类见表 6-2。

**表 6-2 石墨制品类品种**

| 序号 | 名称 | 代号 | 特点与用途 |
|---|---|---|---|
| 1 | 普通石墨电极 | SDP | 采用低灰分原料，经高温石墨化制成。导电性好，具有一定机械强度，用于普通电弧炉作导电电极 |
| 2 | 特制石墨电极 | SDT | 采用优质原料，经高温石墨化制成。导电性与机械强度比普通石墨电极好。使用电流密度比普通石墨电极提高 15%～25% |
| 3 | 高功率石墨电极 | SDG | 采用针状石油焦等原料制成。导电性、机械强度及抗热冲击性能均比普通石墨电极高。使用电流密度比普通石墨电极提高 25%～40% |
| 4 | 抗氧化涂层石墨电极 | SDC | 在电极表面喷涂烧结一层抗氧化材料，可减少电极在电弧炉中的氧化消耗 |
| 5 | 石墨块 | SK | 生产过程与石墨电极基本相同。用于冶金炉作炉衬材料或导电材料 |
| 6 | 石墨阳极 | SY | 采用低灰分原料，经过浸渍及高温石墨化制成。主要用作电解食盐溶液制取烧碱的阳极 |

2. 炭制品类(T 类)

炭制品类品种见表 6-3。

表 6-3 炭制品类品种

| 序号 | 名称 | 代号 | 特点与用途 |
|---|---|---|---|
| 1 | 铝电解用炭块 | TKL | 采用无烟煤、冶金焦为原料，经成型焙烧制成。具有较高的机械强度，较好的导电性和耐腐蚀性。用于砌筑铝电解槽 |
| 2 | 电炉炭块 | TKD | 采用无烟煤，冶金焦为原料，经成型焙烧制成。具有较高的机械强度。用于砌筑铁合金炉、电石炉 |
| 3 | 高炉炭块 | TKG | 采用无烟煤、冶金焦为原料，经成型焙烧制成。具有较高的机械强度和较好的耐腐蚀性。用于砌筑高炉 |
| 4 | 自焙炭块 | TKZ | 采用无烟煤、焦炭、石墨等原料，成型后直接使用。具有较高的机械强度，较好的耐腐蚀性，外形尺寸规整。用于砌筑高炉、电炉 |
| 5 | 炭电极 | TD | 采用无烟煤、焦炭、石墨等原料，成型后焙烧制成。导电性能低于石墨电极。用于小型电弧炉和生产铁合金、黄磷、刚玉等的电炉作导电电极 |
| 6 | 炭阳极 | TY | 采用低灰分原料，成型后焙烧制成。具有较高的机械强度与导电性。用于铝电解槽作阳极导电材料 |
| 7 | 炭电阻棒 | TDZ | 采用沥青焦等原料，成型后焙烧制成。具有较高的机械强度和适宜的电阻值。用于炼镁竖式炉作为电阻发热体 |

3. 炭糊类（TH 类）

炭糊类品种见表 6-4。

表 6-4 炭糊类品种

| 序号 | 名称 | 代号 | 特点与用途 |
|---|---|---|---|
| 1 | 阳极糊 | THY | 采用低灰分原料制成。用于铝电解作自焙阳极 |
| 2 | 电极糊 | THD | 采用无烟煤、焦炭等原料制成。用于敞开式矿热炉作自焙电极 |
| 3 | 密闭糊 | THM | 采用无烟煤、焦炭、石墨等原料制成。用于密闭式矿热炉作自焙电极 |
| 4 | 粗缝糊 | THC | 采用无烟煤、冶金焦或低灰分原料制成。用于砌筑炭块 |
| 5 | 细缝糊 | THX | 用冶金焦等原料制成。用于砌筑炭块 |

4. 特种石墨制品类（TS 类）

特种石墨制品类的品种见表 6-5。

表 6-5 特种石墨类品种

| 序号 | 名称 | 代号 | 特点与用途 |
|---|---|---|---|
| 1 | 核石墨 | TSH | 采用优质低灰分原料，经高温石墨化和除灰处理后制成。具有很高的纯度和较高的机械强度。用于原子能反应堆 |
| 2 | 细结构石墨 | TSX | 采用细颗粒低灰分原料，经高温石墨化制成，结构细密均匀。用作铸模、坩埚等 |
| 3 | 高纯石墨 | TSC | 采用优质低灰分原料，经高温石墨化和除灰处理后制成。用作光谱分析等 |

## （五）炭素材料术语

炭素材料术语国家现行标准（GB8718—88）规定如下：

炭素材料术语适用于炭素材料及其检验方法，亦用于编制技术文件、编写和翻译专业手册、教材及书刊等各种标准性文件、资料。

### 1. 炭素产品术语

炭素产品术语见表 6-6。

**表 6-6 炭素产品术语**

| 编号 | 术语名称 | 定义 | 符号 | 允许使用的同义词 | 停止使用的同义词 |
|---|---|---|---|---|---|
| 1 | 碳材料 | 以碳元素为主的固体材料(一般碳氢原子比大于 10) | | 炭素材料 | 碳素材料 |
| 2 | 炭素材料 | 基本上是由非石墨质碳组成的材料 | | | |
| 3 | 石墨材料 | 基本上是由石墨质碳组成的材料 | | | |
| 4 | 石墨电极 | 以优质石油焦、沥青焦为主要原料，经成型、焙烧、石墨化和加工制成，主要用作电弧炉的导电电极 | | | 石墨化电极 |
| 5 | 高功率石墨电极 | 以优质石油焦、沥青焦为主要原料，使用电流密度为 18～25A/cm$^2$ 的石墨电极 | | | 高功率石墨化电极 |
| 6 | 超高功率石墨电极 | 以针状焦为原料，使用电流密度大于 25A/cm$^2$ 的石墨电极 | | | 超高功率石墨化电极 |
| 7 | 抗氧化涂层石墨电极 | 表面涂覆一层抗氧化保护层的石墨电极 | | 涂层电极 | |
| 8 | 石墨块 | 呈一定几何形状的块状石墨材料 | | | |
| 9 | 石墨阳极 | 以石油焦、沥青焦为主要原料，经成型、焙烧、浸渍、石墨化和加工制成，用作电解时的导电阳极 | | | 石墨化阳极 |
| 10 | 铝电解用阴极炭块 | 以优质无烟煤、焦炭、石墨等为原料制成的炭块，用作铝电解槽的阴极 | | | |
| 11 | 电炉炭块 | 以优质无烟煤、焦炭、石墨等为原料制成的炭块，用作铁合金炉、电石炉等的炉衬和导电材料 | | | |
| 12 | 高炉炭块 | 以优质无烟煤、焦炭、石墨为原料制成的炭块，用作炼铁高炉的内衬 | | 高炉炭砖 | |
| 13 | 自焙炭块 | 以高温处理的无烟煤、焦炭、石墨为原料，经过成型，利用烘炉和生产时发出的热量自焙成炭块 | | | |
| 14 | 高炉自焙炭块 | 用于砌筑炼铁高炉的炉底和炉缸的自焙炭块 | | | |
| 15 | 电石炉自焙炭块 | 用于砌筑电石炉的自焙炭块 | | | |
| 16 | 铁合金炉自焙炭块 | 用于砌筑铁合金炉的自焙炭块 | | | |
| 17 | 炭阳极 | 以石油焦或沥青焦为主要原料，经成型、焙烧而成，主要用作铝电解槽的阳极 | | | |
| 18 | 炭电阻棒 | 以沥青焦为原料，经成型、焙烧、加工制成的电阻棒，用作电阻炉发热元件 | | | |
| 19 | 阳极糊 | 以石油焦、沥青焦为主要原料制成的糊料，用于铝电解的连续自焙阳极 | | | |
| 20 | 电极糊 | 以优质无烟煤、焦炭为主要原料制成的糊料，用于敞开式矿热炉的自焙电极 | | | |

续表 6-6

| 编号 | 术语名称 | 定义 | 符号 | 允许使用的同义词 | 停止使用的同义词 |
|---|---|---|---|---|---|
| 21 | 密闭糊 | 以优质无烟煤、焦炭、石墨为主要原料，用作密闭式矿热炉的自焙电极 | | | |
| 22 | 粗缝糊 | 以无烟煤、焦炭、石墨为主要原料，用作炉底炭捣层、炭块与炉壳之间大于 40mm 缝隙的糊料 | | | |
| 23 | 细缝糊 | 以焦粉、石墨粉为主要原料，煤沥青、煤焦油为粘结剂制成的、用作填充高炉炭块间小于 2mm 的缝隙的糊料 | | | |
| 24 | 细颗粒石墨 | 用粒度小于 100μm 焦炭颗粒和细粉为骨料制成的人造石墨 | | | |
| 25 | 粗颗粒石墨 | 用粒度大于 100μm 焦炭颗粒和细粉为骨料制成的人造石墨 | | | |
| 26 | 冷压石墨 | 常温下模压成型的人造石墨 | | | |
| 27 | 等静压石墨 | 用等静压方法成型的人造石墨 | | | |
| 28 | 高纯石墨 | 碳含量高于 99.995%的人造石墨 | | | |
| 29 | 高密石墨 | 体积密度大于 $1.80g/cm^3$ 的人造石墨 | | | |
| 30 | 高强石墨 | 抗压强度大于 $9.81\times10^7Pa$ 或抗折强度大于 $4.91\times10^7Pa$ 的人造石墨 | | | |
| 31 | 核石墨 | 一种用于原子反应堆芯的、中子吸收截面小于 400Pa 的高纯石墨 | | | |
| 32 | 光谱纯石墨 | 系光谱分析中应用的光谱纯石墨电极、光谱纯石墨粉(杂质小于 $10\times10^{-6}$)等的统称 | | | |
| 33 | 热解炭 | 可挥发的烃类化合物在温度为 1000～2100K 的合适基体上(碳材料、金属或陶瓷)进行化学气相沉积得到的炭 | | | |
| 34 | 热解石墨 | 通过热解炭的石墨化热处理或通过温度在 2100K 以上的化学沉积得到的石墨 | | | |
| 35 | 碳/碳复合材料 | 以碳纤维(或石墨纤维)或它的织物为基体、树脂炭、沥青炭、热解炭等为基质的复合材料 | | | |
| 36 | 玻璃状炭 | 具有很高各向同性结构，对液体和气体具有很低的渗透性，其表面和断面呈玻璃状的难石墨化炭 | | | |
| 37 | 碳素纤维 | 碳含量不低于 93%的纤维状材料 | | | |
| 38 | 高强碳素纤维 | 抗拉强度不低于 $3.43\times10^9Pa$ 的碳素纤维 | | | |
| 39 | 高模量碳素纤维 | 抗拉模量不低于 $3.92\times10^{11}Pa$ 的碳素纤维 | | | |
| 40 | 接头销 | 在电弧炉上使用石墨电极时，为防止电极松动脱扣，通过接头孔外壁处或骑缝处钻孔插入的炭棒 | | | |
| 41 | 粘结剂焦 | 碳质粘结剂在焙烧时炭化生成的人造碳制品的一个组分 | | | |
| 42 | 骨料焦 | 人造碳制品的主要成分。它作为固体组分(主要以炭颗粒成分)进入“炭混合料”中，经热处理后得到多颗粒炭和石墨材料 | | | |
| 43 | 石墨碎块 | 粒径不同的碎块状石墨材料 | | | |

2.炭素材料技术条件术语

炭素材料技术条件术语见表6-7。

**表6-7 炭素材料技术条件术语**

| 编号 | 术语名称 | 定义 | 符号 | 允许使用的同义词 | 停止使用的同义词 |
|---|---|---|---|---|---|
| 1 | 缺陷 | 碳制品的裂纹、孔洞、掉块、缺角、缺棱、凹陷、凸起、局部疏松等统称为缺陷 | | | |
| 2 | 裂纹 | 长度远大于宽度的狭长缝隙 | | | |
| 3 | 表面裂纹 | 制品表面的裂纹 | | | |
| 4 | 内部裂纹 | 制品内部的裂纹 | | 内裂 | |
| 5 | 横裂纹 | 基本走向垂直于制品轴线的裂纹 | | 横裂 | |
| 6 | 纵裂纹 | 基本走向平行于制品轴线的裂纹 | | 纵裂 | |
| 7 | 跨棱裂纹 | 由制品的一面跨越棱线延伸到另一面的裂纹 | | | |
| 8 | 裂纹宽度 | 裂纹两侧壁间最大距离 | | | |
| 9 | 裂纹长度 | 裂纹沿走向起讫点之间的长度 | | | |
| 10 | 分层 | 制品及坯料内部呈扁平延伸的缝隙 | | | |
| 11 | 孔洞 | 制品及坯料中空隙的一种，其各方向的特征线度均大于某一规定数值且各线度之间相差并不悬殊 | | | |
| 12 | 夹杂物 | 碳材料中不应含有的其他物料 | | | |
| 13 | 变形 | 制品及坯料的外形不符合有关标准或技术条件规定的几何形状 | | | |
| 14 | 凸起 | 制品及坯料局部高于轮廓平面(或曲面)的部分 | | | |
| 15 | 扭曲 | 炭块砌筑面上发生的隆起或凹陷 | | | |
| 16 | 局部疏松 | 制品中可以检查出的一种缺陷。在缺陷区域内，材料体积密度显著变小 | | | |
| 17 | 掉块 | 制品的表面因机械加工或碰撞损伤等造成的局部脱落 | | | |
| 18 | 电极表面黑皮 | 在经过外圆加工的电极表面没有受到车削处理的部分 | | | |
| 19 | 表面刀痕 | 在制品表面上，机械加工时留下的刀印 | | | |
| 20 | 氧化 | 制品及坯料在炽热状态下接触空气、水蒸气或其他氧化介质所导致的碳与氧之间的化学反应 | | | |
| 21 | 涂层厚度 | 抗氧化涂层石墨电极表面涂覆的保护层厚度 | | | |
| 22 | 缺角 | 制品角部受损部分掉落后所呈现的残缺状态 | | | |
| 23 | 缺角深度 | 由缺角锥顶到受损面的垂直距离 | | | |
| 24 | 缺棱 | 制品的相邻两个面交界处受损部分掉落后所呈现的残缺状态 | | | |
| 25 | 缺棱深度 | 由缺棱处两个面的交线到受损面的最大距离 | | | |
| 26 | 缺棱长度 | 在缺棱处沿两个面交线的长度 | | | |
| 27 | 凹陷 | 制品表面局部低于轮廓平面(或曲面)的部分 | | | |

续表 6-7

| 编号 | 术语名称 | 定义 | 符号 | 允许使用的同义词 | 停止使用的同义词 |
|---|---|---|---|---|---|
| 28 | 凹陷深度 | 从凹陷底部到轮廓面的最大距离 | | | |
| 29 | 端面间隙 | 在两根电极连接处，两个端面间的缝隙 | | | |
| 30 | 接头螺孔 | 在电极端面中心处，供连接接头用的具有内螺纹的套接孔 | | | |
| 31 | 糊料 | 由碳质骨料、粘结剂等经加热混合，在一定温度范围内具有可塑性的物料 | | | |
| 32 | 水平缝 | 高炉炭块上下层间的砌筑缝隙 | | | |
| 33 | 垂直缝 | 同层相邻炭块间的砌筑缝隙 | | | |
| 34 | 错台 | 预组装高炉炭块时，由于炭块的加工偏差而出现的错位现象 | | | |
| 35 | 工作面 | 靠炉膛的炭块端面 | | | 自由端 |
| 36 | 非工作面 | 靠炉壳的炭块端面 | | | 非自由端 |
| 37 | 调节块 | 宽度尺寸不受图纸规定限制的单体炭块 | | | 自由砖 |
| 38 | 中心线偏差 | 两根电极在连接处的轴心间的距离 | | | |

3. 炭素材料化学分析和物理检验术语

炭素材料化学分析和物理检验术语见表 6-8。

**表 6-8 化学分析和物理检验术语**

| 编号 | 术语名称 | 定义 | 符号 | 允许使用的同义词 | 停止使用的同义词 |
|---|---|---|---|---|---|
| 1 | 氧化性 | 碳材料，特别是炭块和石墨电极，在空气中按规定方法测得的氧化失重 | | | |
| 2 | 耐碱性 | 炭块在碱性介质中按规定方法测得的破损程度 | | | |
| 3 | 电阻率 | 表示材料通过电流时阻力大小的一种性质。数值上等于长为 1m，截面积为 $1m^2$ 的导体所具有的电阻率，以 $\rho$ 表示，单位为 Ω·m | $\rho$ | | 比电阻 |
| 4 | 破损系数 | 阴极炭块经电解试验后浸入试样内的电解质体积与试样原总孔隙体积的比值，以 $K_p$ 表示 | $K_p$ | | |
| 5 | 气孔率 | 制品及原料中总孔体积占总体积的百分率 | | | |
| 6 | 闭孔率 | 制品中的气孔，在密度测定时不能为密度测定用的介质所侵入称闭孔，用百分数表示 | | | |

续表 6-8

| 编号 | 术语名称 | 定义 | 符号 | 允许使用的同义词 | 停止使用的同义词 |
|---|---|---|---|---|---|
| 7 | 开孔率 | 制品中的气孔，在密度测定时能为密度测定用的介质所侵入称开孔，用百分数表示 | | | |
| 8 | 导热系数 | 表征碳制品传导热量能力的物理量，单位为 W/m·K | | | |
| 9 | 真密度 | 碳材料及原料单位体积的质量，单位为 $g/cm^3$ 或 $kg/m^3$ | | | |
| 10 | 体积密度 | 碳材料及原料包括空隙在内的单位体积的质量，单位为 $g/cm^3$ 或 $kg/m^3$ | | | |
| 11 | 软化点 | 在规定的试验条件下，沥青达到特定软化程度时的温度 | | | |
| 12 | 弯曲度 | 碳制品或坯料的最大凹陷深度与长度之比，一般用百分数表示 | | | |
| 13 | 焙烧试验 | 模拟阳极糊、电极糊等使用时的烧结情况，对其进行高温热处理，使之成为具有一定机械强度的试样的过程 | | | 烧结试验 |
| 14 | 焙烧强度 | 阳极糊、电极糊等试样在焙烧试验后所具有的最大抗压强度 | | | 烧结强度 |

**(六)炭素材料的包装、标志和运输**

炭素材料的包装、标志和运输，国家现行标准(GB8719—88)作了规定。

1. 包装

为了保证炭素材料及其制品的质量和使用性能，在装卸、运输、保管过程中不受损坏，应根据炭素材料及其制品的种类、规格、性能和运输方法，分别确定其包装方法和包装用材料。

包装用材料为木材、菱苦土垫木、铁箱(筒)、纸箱、打包钢带、打包塑料编织带(框)、塑料布(袋)、软填料。

包装方法如下：

(1)石墨电极(石墨块)用木箱、花格箱、木框底托包装，并用打包钢带捆扎。

(2)石墨电极接头用纸箱或集装成大箱包装，并用打包钢带捆扎。

(3)高纯石墨材料及其制品用木箱、花格箱包装，内衬用瓦楞纸或塑料布，并用打包钢带捆扎。

(4)高炉炭块用木箱或花格箱包装；内衬用瓦楞纸或塑料布，并用打包钢带捆扎。

(5)粗缝糊用木箱或铁箱包装。

(6)细缝糊用铁箱(筒)包装。

(7)炭素散装材料用麻袋或编织袋包装。

(8)如用户有特殊要求按供需双方协议。

包装要求如下：

(1)一般炭素材料及其制品：包装现场、工具、材料应清理干净，产品包装时应加以固定，易碎件包装时须用软填料填实，防止松动和运输过程中碰损。散装材料和液态材料不允许有泄漏现象。

(2)高纯石墨材料及其制品：包装现场、工具、材料应严格清理干净，不使制品受尘土、污水污染。易碎件和微型件包装时须用软填料填实，防止松动和运输过程中碰损。散装材料和液态材料不允许有泄漏现象。

(3)人工装卸每件重不超过 25kg，机械装卸每件重不超过 5000kg。

2.标志

对炭素材料标志如下：

(1)在电极接头孔底部相应的电极表面上应标白色安全线。

(2)在产品端部须清晰标明合格标志、品级、重量等。包装件的产品，应在外表明显部位粘贴合格标志，写明产品牌号、型号、规格、品级、重量、检查员号。

(3)运输标志，货件上标记方法和位置应符合运输部门的规定。

3.保管、运输

对炭素材料的保管、运输规定如下：

(1)炭素材料及其制品应按类别、品种、规格、性能、分别放置在清洁的仓库内保存，防止受潮和受外界污染。各类炭糊可放置室外清洁堆场，按品种分开堆放，不得互混。

(2)炭素材料及其制品必须用遮盖或带有篷布的车、船运输。

(3)装车、船前应将车、船底清扫干净。

(4)产品散件(结构型炭素材料及其制品除外)运输，在卸放时应轻放，堆放平整，运输工具底部应铺草包或其他软材料并用小木楔使产品不动，防止滑动造成产品撞击、碰损。

4.质量证明书

炭素材料及其制品按批量出厂时，生产厂质量检查部门应填写产品质量证明书，一式两份。一份由销售部门随发货单寄给用户，并作托收承付货款的质量凭证，另一份由质量检查部门保存。

质量证明书中应注明以下项目：

(1)产品名称、型号、规格、批号。

(2)生产厂名称。

(3)产品出厂日期。

(4)净重。

(5)理化指标检验结果。

(6)产品标准编号。

## 二、石墨及其制品

石墨的化学成分为C。晶体呈六方板状或片状，集合体为鳞片状。呈铁黑色至钢灰色；硬度为1；密度为 2.25g/cm$^3$。

天然石墨一般含有较多的杂质，较好的天然石墨含碳量可达 90%左右，但大多数低于此值。由某些无定形碳在高温下形成的人造石墨纯度要高得多，一般含碳量可达 99%以上。石墨具有良好的导电性，虽然石墨的导电性不能与铜、铝等金属相比，但与许多非金属材料相比，石墨的导电性是相当高的。石墨的导热性甚至超过了铁、铜、铅等金属材料。石墨又有良好的耐腐蚀性，不论有机溶剂或无机溶剂都不能溶化它。在常温下，各种酸和碱对石墨都不发生化学反应，只是在 500℃以上的温度才与硝酸、强氧化介质或氟气等起反应。

石墨又是一种能耐高温的材料。钨是所有已知材料中熔点最高的金属，熔点达到3410℃，但石墨在此温度下，如果是在还原性气氛中，是不会熔化的，只是在3700℃（常压）时升华为气体。一般材料强度在高温下逐渐降低，而石墨制品在加热到2000℃时其强度反而较常温时提高1倍。石墨的弱点是耐氧化性能差。随着温度的提高，氧化速度逐渐加剧。

**(一)鳞片石墨**

凡属天然晶质石墨，其形似鱼鳞状的，称为鳞片石墨。其外观呈银灰色，手摸有滑腻感并留有深灰色痕迹。

鳞片石墨的技术条件，现行国家标准(GB3518—83)作了规定。

1.性质

鳞片石墨是碳的结晶体，元素符号C，其晶体结构属六方晶系，呈层状结构（如图6-2所示）。有金属光泽，质软，莫氏硬度1～2。密度2.2～2.3g/cm$^3$。具有良好的耐高温、导电、导热、润滑、可塑及化学稳定性等性能。

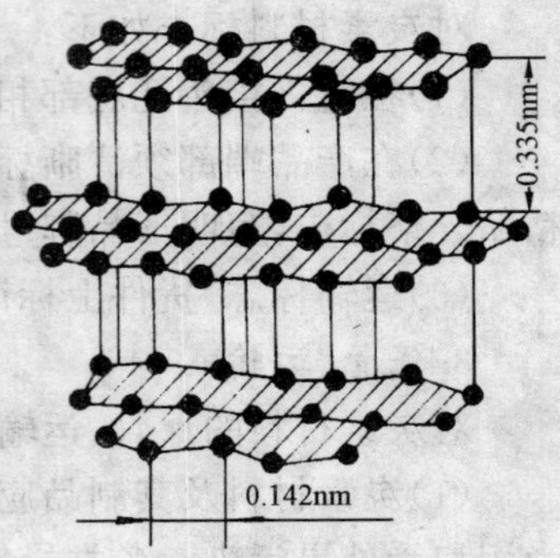

图6-2 石墨晶体结构示意图

2.用途

鳞片石墨在冶金工业中，用于制造石墨坩埚和翻砂铸模面的涂料和炼钢炉衬里和保护渣等；电气工业方面做电极、电刷、电池正极导电材料、碳管等；在化学工业中，做耐酸碱制品和化肥工业用的催化剂材料以及耐高温、高压密封件等；还可做润滑剂、防腐油漆、颜料、铅笔芯、火药、原子能反应堆中的中子减速剂及宇航工业中的抗腐剂等。

3.分类

根据生产方法和固定碳含量不同，鳞片石墨可分为4种，见表6-9。

**表6-9 鳞片石墨固定碳范围和代号**

| 名称 | 高纯石墨 | 高碳石墨 | 中碳石墨 | 低碳石墨 |
|---|---|---|---|---|
| 固定碳范围/% | 99.9～99.99 | 94.0～99.0 | 80.0～93.0 | 50.0～79.0 |
| 代号 | LC | LG | LZ | LD |

注：产品代号LC、LG、LZ、LD均为汉语拼音字母。

其中：L是汉语拼音鳞字的第一个字母；C是汉语拼音纯字的第一个字母；G是汉语拼音高字的第一个字母；Z是汉语拼音中字的第一个字母；D是汉语拼音低字的第一个字母。

4.牌号

鳞片石墨牌号的组成是按分类代号、粒度和固定碳依次排列，见表6-10。

**表6-10 鳞片石墨牌号**

| 牌号 | 意义 |
|---|---|
| LC50—999 | 高纯石墨，粒度50目，固定碳99.9% |
| LG80—95 | 高碳石墨，粒度80目，固定碳95% |
| LZ(一)200—90 | 中碳石墨，粒度负200目，固定碳90% |
| LD(一)100—70 | 低碳石墨，粒度负100目，固定碳70% |

5.技术指标

鳞片石墨技术指标见表6-11～6-14。

**表 6-11 高纯石墨技术指标**

| 牌号 | 固定碳含量/%(不小于) | 粒度 筛上物含量/%(不小于) | 粒度 筛下物含量/%(不大于) | 水分含量/%(不大于) | 主要用途 |
|---|---|---|---|---|---|
| LC50—9999 | 99.99 | 80 | — | 0.2 | 膨胀石墨密封材料 |
| LC(一)100—9999 | | — | 85 | | 填料 |
| LC(一)200—9999 | | — | 90 | | 代替白金坩埚,用于化学试剂熔融 |
| LC(一)325—9999 | | — | 75 或 80 | | |
| LC25—999 | 99.9 | 80 | — | | 膨胀石墨密封材料 |
| LC35—999 | | 75 或 80 | — | | |
| LC50—999 | | 80 | — | | |
| LC80—999 | | 80 | — | | |
| LC(一)100—999 | | — | 85 | | 润滑剂基料 |
| LC(一)200—999 | | — | 85 | | |
| LC(一)325—999 | | — | 75 或 80 | | |

**表 6-12 高碳石墨技术指标**

| 牌号 | 固定碳含量/%(不小于) | 粒度 筛上物含量/%(不小于) | 粒度 筛下物含量/%(不大于) | 水分含量/%(不大于) | 主要用途 |
|---|---|---|---|---|---|
| LG18—99 | 99 | 75 或 80 | — | 0.5 | 填充料 |
| LG25—99 | | 75 或 80 | — | | |
| LG35—99 | | 75 或 80 | — | | |
| LG40—99 | | 75 或 80 | — | | |
| LG50—99 | | 75 或 80 | — | | |
| LG80—99 | | 75 或 80 | — | | |
| LG100—99 | | 75 或 80 | — | | |
| LG(一)100—99 | | — | 75 或 90 | | 润滑剂基料<br>涂料 |
| LG(一)120—99 | | — | 75 或 90 | | |
| LG(一)200—99 | | — | 75 或 90 | | |
| LG(一)325—99 | | — | 75 或 90 | | |
| LG18—98 | 98 | 75 或 80 | — | | |
| LG25—98 | | 75 或 80 | — | | |
| LG35—98 | | 75 或 80 | — | | |
| LG50—98 | | 75 或 80 | — | | |
| LG80—98 | | 75 或 80 | — | | |
| LG100—98 | | 75 或 80 | — | | |
| LG(一)100—98 | | — | 75 或 90 | | |
| LG(一)120—98 | | — | 75 或 90 | | |
| LG(一)200—98 | | — | 75 或 90 | | |
| LG(一)325—98 | | — | 75 或 90 | | |

续表 6-12

| 牌号 | 固定碳含量/%(不小于) | 粒度 | | 水分含量/%(不大于) | 主要用途 |
|---|---|---|---|---|---|
| | | 筛上物含量/%(不小于) | 筛下物含量/%(不大于) | | |
| LG25—97 | 97 | 75 或 80 | — | 0.5 | 润滑剂基料<br>涂料 |
| LG35—97 | | 75 或 80 | — | | |
| LG50—97 | | 75 或 80 | — | | 润滑剂基料<br>电刷原料 |
| LG80—97 | | 75 或 80 | — | | |
| LG(—)100—97 | | — | 75 或 90 | | |
| LG(—)200—97 | | — | 75 或 90 | | |
| LG(—)325—97 | | — | 75 或 90 | | |
| LG25—96 | 96 | 75 或 80 | — | | 耐火材料<br>电碳制品<br>电池原料<br>铅笔原料 |
| LG35—96 | | 75 或 80 | — | | |
| LG50—96 | | 75 或 80 | — | | |
| LG80—96 | | 75 或 80 | — | | |
| LG(—)100—96 | | — | 75 或 90 | | |
| LG(—)200—96 | | — | 75 或 90 | | |
| LG(—)325—96 | | — | 75 或 90 | | |
| LG25—95 | 95 | 75 或 80 | — | | 电碳制品 |
| LG35—95 | | 75 或 80 | — | | |
| LG50—95 | | 75 或 80 | — | | |
| LG80—95 | | 75 或 80 | — | | |
| LG100—95 | | 75 或 80 | — | | |
| LG(—)100—95 | | — | 75 或 90 | | |
| LG(—)200—95 | | — | 75 或 90 | | |
| LG(—)325—95 | | — | 75 或 90 | | |
| LG50—94 | 94 | 75 或 80 | — | | |
| LG(—)100—94 | | — | 75 或 90 | | |
| LG(—)200—94 | | — | 75 或 90 | | |
| LG(—)325—94 | | — | 75 或 90 | | |

**表 6-13 中碳石墨技术指标**

| 牌号 | 固定碳含量/%(不小于) | 粒度 | | 水分含量/%(不大于) | 主要用途 |
|---|---|---|---|---|---|
| | | 筛上物含量/%(不小于) | 筛下物含量/%(不大于) | | |
| LZ80—93 | 93 | 75 或 80 | — | 0.5 | 坩埚、耐火材料<br>染料 |
| LZ100—93 | | 75 或 80 | — | | |
| LZ35—91 | 91 | 75 或 80 | — | | |
| LZ50—91 | | 75 或 80 | — | | |
| LZ80—91 | | 75 或 80 | — | | |
| LZ100—91 | | 75 或 80 | — | | |

续表 6-13

| 牌号 | 固定碳含量/%（不小于） | 粒度 | | 水分含量/%（不大于） | 主要用途 |
|---|---|---|---|---|---|
| | | 筛上物含量/%（不小于） | 筛下物含量/%（不大于） | | |
| LZ50—89 | 89 | 75或80 | — | 0.5 | 坩埚、耐火材料 |
| LZ80—89 | | 75或80 | — | | |
| LZ100—89 | | 75或80 | — | | |
| LZ(一)100—89 | | — | 75或90 | | 铅笔原料<br>电池原料 |
| LZ120—89 | | 75或80 | — | | |
| LZ(一)120—89 | | — | 75或90 | | |
| LZ(一)200—89 | | — | 75或90 | | |
| LZ(一)325—89 | | — | 75或90 | | |
| LZ35—87 | 87 | 75或80 | — | | 坩埚、耐火材料 |
| LZ50—87 | | 75或80 | — | | |
| LZ80—87 | | 75或80 | — | | |
| LZ100—87 | | 75或80 | — | | |
| LZ(一)100—87 | | — | 75或90 | | 铸造涂料 |
| LZ120—87 | | 75或80 | — | | |
| LZ(一)120—87 | | — | 75或90 | | |
| LZ(一)200—87 | | — | 75或90 | | |
| LZ(一)325—87 | | — | 75或90 | | |
| LZ35—85 | 85 | 75或80 | — | | 坩埚、耐火材料 |
| LZ50—85 | | 75或80 | — | | |
| LZ80—85 | | 75或80 | — | | |
| LZ100—85 | | 75或80 | — | | |
| LZ(一)100—85 | | — | 75或90 | | 铸造涂料 |
| LZ(一)200—85 | | — | 75或95 | | |
| LZ(一)325—85 | | — | 75或95 | | |
| LZ35—80 | 80 | 75或80 | — | | 耐火材料 |
| LZ50—80 | | 75或80 | — | | |
| LZ80—80 | | 75或80 | — | | |
| LZ100—80 | | 75或80 | — | | |
| LZ(一)100—80 | | — | 75或90 | | 铸造材料 |
| LZ120—80 | | 75或80 | — | | |
| LZ(一)200—80 | | — | 75或90 | | |
| LZ(一)325—80 | | — | 75或90 | | |

**表 6-14 低碳石墨技术指标**

| 牌号 | 固定碳含量/%（不小于） | 粒度 | | 水分含量/%（不大于） | 主要用途 |
|---|---|---|---|---|---|
| | | 筛上物含量/%（不大于） | 筛下物含量/%（不小于） | | |
| LD(一)100—75 | 75 | — | 75或90 | 2.0 | 铸造涂料 |
| LD(一)200—75 | | — | 75或90 | | |
| LD(一)100—70 | 70 | — | 75或90 | | |
| LD(一)200—70 | | — | 75或90 | | |
| LD(一)100—65 | 65 | — | 75或90 | | |
| LD(一)200—65 | | — | 75或90 | | |
| LD(一)100—60 | 60 | — | 75或90 | | |
| LD(一)200—60 | | — | 75或90 | | |
| LD(一)100—50 | 50 | — | 75或90 | | |
| LD(一)200—50 | | — | 75或90 | | |

### (二)微晶石墨

微晶石墨是指由微小的天然石墨晶体构成的致密状集合体,亦称土状石墨或无定形石墨。颜色灰墨或钢灰,有金属光泽,具滑感,易染手,化学性能稳定,能传热导电,耐高温,耐酸碱,耐腐蚀,抗氧化。由于其晶体细小,可塑性强,粘附性良好。

中国标准(GB/T3519—95)将微晶石墨分为两类:有铁要求者为一类,用 WT 表示;无铁要求者为一类,用 W 表示。

产品代号由分类代号、固定碳含量、产品最大粒径构成。如 WT96—45 表示的为有铁要求的含碳量 96%,最大粒径为 45μm 的产品。

微晶石墨的外观要求,产品中不得有肉眼可见的木屑、铁屑、石粒等杂物,产品不被其他杂质污染。其技术要求见表 6-15 和表 6-16。

**表 6-15 微晶石墨的技术要求 1(%)**

<table>
<tr><th rowspan="2">指标<br>代号</th><th>固定碳</th><th>挥发分</th><th>水分</th><th>酸溶铁</th><th>筛余量</th><th rowspan="2">用途</th></tr>
<tr><th>(不小于)</th><th colspan="4">(不大于)</th></tr>
<tr><td>WT99-45<br>WT99-75</td><td>99</td><td>0.8</td><td rowspan="2">1.0</td><td rowspan="2">0.15</td><td rowspan="6">15</td><td rowspan="14">铅笔、电池、焊条、石墨乳剂、石墨轴承的配料、电池炭棒的原料</td></tr>
<tr><td>WT98-45<br>WT98-75</td><td>98</td><td>1.0</td></tr>
<tr><td>WT97-45<br>WT97-75</td><td>97</td><td rowspan="2">1.5</td><td rowspan="4">1.5</td><td rowspan="3">0.4</td></tr>
<tr><td>WT96-45<br>WT96-75</td><td>96</td></tr>
<tr><td>WT95-45<br>WT95-75</td><td>95</td><td rowspan="4">2.0</td></tr>
<tr><td>WT94-45<br>WT94-75</td><td>94</td><td rowspan="3">0.7</td></tr>
<tr><td>WT92-45<br>WT92-75</td><td>92</td><td rowspan="8">2.0</td><td rowspan="8">10</td></tr>
<tr><td>WT90-45<br>WT90-75</td><td>90</td></tr>
<tr><td>WT88-45<br>WT88-75</td><td>88</td><td rowspan="2">3.3</td><td rowspan="4">0.8</td></tr>
<tr><td>WT85-45<br>WT85-75</td><td>85</td></tr>
<tr><td>WT83-45<br>WT83-75</td><td>83</td><td rowspan="2">3.6</td></tr>
<tr><td>WT80-45<br>WT80-75</td><td>80</td></tr>
<tr><td>WT78-45<br>WT78-75</td><td>78</td><td rowspan="2">3.8</td><td rowspan="2">1.0</td></tr>
<tr><td>WT75-45<br>WT75-75</td><td>75</td></tr>
</table>

注:对细度有特殊要求者,由供需双方商定。

表 6-16 微晶石墨的技术要求 2(%)

| 代号 \ 指标 | 固定碳（不小于） | 挥发分（不大于） | 水 分（不大于） | 筛余量（不大于） | 用 途 |
|---|---|---|---|---|---|
| WT90-45<br>WT90-75 | 90 | 3.0 | 3.0 | 10 | 铸造材料；耐火材料、染料、电极糊等原料 |
| WT88-45<br>WT88-75 | 88 | 3.2 | | | |
| WT85-45<br>WT85-75 | 85 | 3.4 | | | |
| WT83-45<br>WT83-75 | 83 | 3.6 | | | |
| WT80-45<br>WT80-75<br>WT80-150 | 80 | | | | |
| WT78-45<br>WT78-75<br>WT78-150 | 78 | 4.0 | | | |
| WT75-45<br>WT75-75<br>WT75-150 | 75 | | | | |
| WT70-45<br>WT70-75<br>WT70-150 | 70 | 4.2 | | | |
| WT65-45<br>WT65-75<br>WT65-150 | 65 | | | | |
| WT60-45<br>WT60-75<br>WT60-150 | 60 | 4.5 | | | |
| WT55-45<br>WT55-75<br>WT55-150 | 55 | | | | |
| WT50-45<br>WT50-75<br>WT50-150 | 50 | | | | |

注：对细度有特殊要求者，由供需双方商定。

### （三）石墨电极

石墨电极用于电弧冶金作为导电材料，冶炼各种合金钢、铁合金、有色金属及稀有金属。冶炼硬质合金和生产石英玻璃时，也使用由石墨电极毛坯料车削成的各种石墨管、石墨坩埚等。

石墨电极的原料为石油焦及沥青焦，粘结剂为煤沥青。石墨电极的灰分杂质含量很低，导电性良好，耐热性能及耐腐蚀性能都很好，是适合在电弧炉的高温下使用的导电材料。

1. 外形、尺寸及允许偏差

(1)石墨电极的直径及允许偏差应符合表 6-17 的规定。

**表 6-17 石墨电极的直径及允许偏差(mm)**

| 公称直径 | 实际直径 | | |
|---|---|---|---|
| | 最大 | 最小 | 黑皮部分最小 |
| 75 | 77 | 74 | 72 |
| 100 | 102 | 99 | 97 |
| 130 | 131 | 128 | 126 |
| 150 | 154 | 151 | 148 |
| 200 | 204 | 201 | 198 |
| 250 | 256 | 252 | 249 |
| 300 | 307 | 303 | 300 |
| 350 | 357 | 353 | 350 |
| 400 | 408 | 404 | 401 |
| 450 | 459 | 455 | 452 |
| 500 | 510 | 506 | 503 |

(2)石墨电极的长度及允许偏差应符合表 6-18 的规定。

**表 6-18 石墨电极的长度及允许偏差(mm)**

<table>
<tr><th rowspan="2">公称直径</th><th rowspan="2">长度</th><th colspan="2">允许偏差</th></tr>
<tr><th>长度</th><th>短尺长度</th></tr>
<tr><td>75</td><td>1000</td><td rowspan="2">+50<br>−75</td><td rowspan="2">−225</td></tr>
<tr><td>100<br>130</td><td>1200</td></tr>
<tr><td>150<br>200</td><td>1600</td><td rowspan="3">±100</td><td rowspan="3">−275</td></tr>
<tr><td>250<br>300<br>350</td><td>1600、1800</td></tr>
<tr><td>400<br>450<br>500</td><td>1600、1800、2000</td></tr>
</table>

(3)供货中每批允许短尺电极不超过 15%。

(4)石墨电极接头为圆锥形，接头形状尺寸按表 6-19 和图 6-3 规定。

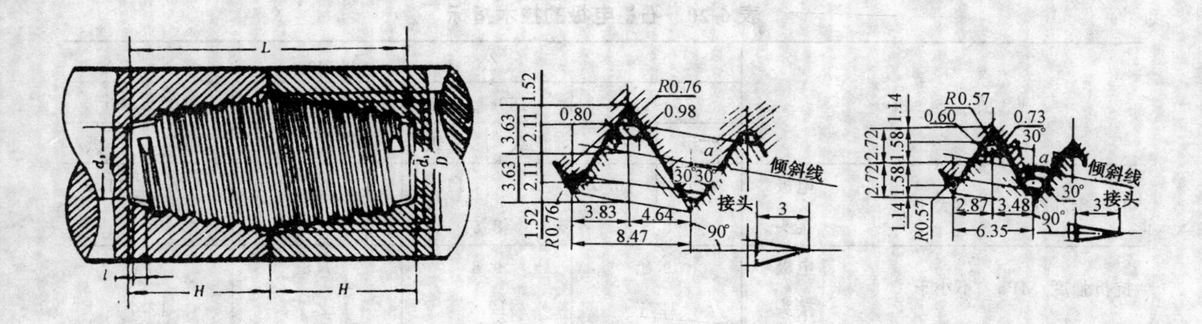


图 6-3 石墨电极接头的形状尺寸

**表 6-19 石墨电极接头的形状尺寸**

| 电极直径 | 接头 | | | | | | | 接头孔 | | | | 螺距 |
|---|---|---|---|---|---|---|---|---|---|---|---|---|
| | D | | L | | $d_2$ | | l | $d_1$ | | H | | |
| 250 | 155.58 | | 220.10 | | 103.80 | | | 147.14 | | 113.05 | | |
| 300 | 177.17 | | 270.90 | | 116.90 | | | 168.73 | | 138.45 | +7 | |
| 350 | 215.90 | 0 | 304.80 | 0 | 150.00 | 0 | 10 | 207.47 | +0.50 | 155.40 | 0 | 8.47 |
| 400 | 241.30 | −0.50 | 338.60 | −1 | 169.80 | −3 | | 232.87 | 0 | 172.30 | | |
| 450 | 273.05 | | 355.60 | | 198.70 | | | 264.62 | | 180.80 | | |
| 500 | 298.45 | | 372.50 | | 221.30 | | | 290.02 | | 189.25 | | |
| 75 | 46.04 | | 76.20 | | 20.80 | | | 39.72 | | 41.10 | | |
| 100 | 69.85 | | 101.60 | | 40.30 | | | 63.53 | | 53.80 | | |
| 130 | 79.38 | | 127.00 | | 45.60 | | | 73.06 | | 66.50 | | |
| 150 | 92.08 | | 139.70 | | 56.20 | | | 85.76 | | 72.85 | | |
| 200 | 122.24 | 0 | 177.80 | 0 | 80.00 | 0 | | 115.92 | +0.50 | 91.90 | | |
| 250 | 152.40 | | 190.50 | | 108.00 | | 6 | 146.08 | | 101.30 | | 6.35 |
| 300 | 177.80 | −0.50 | 215.90 | −1 | 129.20 | −3 | | 171.48 | 0 | 114.00 | +7 | |
| 350 | 203.20 | | 254.00 | | 148.20 | | | 196.88 | | 133.00 | 0 | |
| 400 | 222.25 | | 304.80 | | 158.80 | | | 215.93 | | 158.40 | | |
| 450 | 241.30 | | 304.80 | | 177.90 | | | 234.98 | | 158.40 | | |
| 500 | 269.88 | | 355.60 | | 198.00 | | | 263.56 | | 183.80 | | |

注：根据用户要求供需双方协议，允许采用圆柱形接头。

(5)两根电极连接处端面间隙不大于 0.5mm，中心线偏差不大于 3mm。

2.技术要求

(1)技术指标应符合表 6-20 的规定。

表 6-20 石墨电极的技术指标

| 项目 | | | 公称直径/mm | | | | | | | |
|---|---|---|---|---|---|---|---|---|---|---|
| | | | 75～130 | | 150～200 | | 250～350 | | 400～500 | |
| | | | 优级 | 一级 | 优级 | 一级 | 优级 | 一级 | 优级 | 一级 |
| 电阻率/μΩ·m 不大于 | | 电极 | 8.5 | 10.0 | 9.0 | 11.0 | 9.0 | 11.0 | 9.0 | 11.0 |
| | | 接头 | 8.5 | | 8.5 | | 8.5 | | 8.5 | |
| 抗折强度/MPa 不小于 | | 电极 | 9.8 | | 9.8 | | 7.8 | | 6.4 | |
| | | 接头 | 12.7 | | 12.7 | | 12.7 | | 12.7 | |
| 弹性模量/GPa 不大于 | | 电极 | 9.3 | | 9.3 | | 9.3 | | 9.3 | |
| | | 接头 | 13.7 | | 13.7 | | 13.7 | | 13.7 | |
| 体积密度/g·cm$^{-3}$ 不小于 | | 电极 | 1.58 | | 1.52 | | 1.52 | | 1.52 | |
| | | 接头 | 1.63 | | 1.63 | | 1.68 | | 1.68 | |
| 参考指标 | 灰分/% 不大于 | | 0.5 | | 0.5 | | 0.5 | | 0.5 | |
| | 热膨胀系数(100～600℃)/℃$^{-1}$(不大于) | 电极 | $2.9\times10^{-6}$ | | $2.9\times10^{-6}$ | | $2.9\times10^{-6}$ | | $2.9\times10^{-6}$ | |
| | | 接头 | $3.0\times10^{-6}$ | | $3.0\times10^{-6}$ | | $3.2\times10^{-6}$ | | $3.2\times10^{-6}$ | |

(2)表面质量：

1)电极表面缺陷或孔洞不多于两处，其尺寸不得超过表 6-21 的规定。

表 6-21 石墨电极表面的尺寸要求(mm)

| 规格 / 缺陷尺寸 | 公称直径 | |
|---|---|---|
| | 75～200 | 250～500 |
| 直径 | 10～20(<10 不计) | 20～40(<20 不计) |
| 深度 | 3～5(<3 不计) | 5～10(<5 不计) |

2)接头、接头孔及距孔底 100mm 以内的电极表面，不允许有孔洞和裂纹。

3)接头和接头孔螺纹的掉块，直径不小于 250mm 的电极和接头，其掉块不多于一处，长度不大于 30mm；直径不大于 200mm 的电极和接头，其掉块不多于一处，长度不大于 20mm。

4)电极表面不允许有横裂纹，宽 0.3～1.0mm 纵向裂纹，其长度不大于电极周长的 5%；而宽度小于 0.3mm 的纵向裂纹不计。

5)电极表面的黑皮面积：宽度小于电极周长的 1/10；长度小于电极长度的 1/3。

(3)石墨电极的电流负荷，建议按表 6-22 的规定。

表 6-22 石墨电极的电流负荷

| 公称直径/mm | 允许电流负荷/A | 电流密度/A·cm$^{-2}$ |
|---|---|---|
| 75 | 1000～1400 | 22～31 |
| 100 | 1500～2400 | 19～30 |
| 130 | 2200～3400 | 17～26 |
| 150 | 3000～4500 | 16～25 |
| 200 | 5000～6900 | 15～21 |
| 250 | 7000～10000 | 14～20 |

续表 6-22

| 公称直径/mm | 允许电流负荷/A | 电流密度/A·cm$^{-2}$ |
|---|---|---|
| 300 | 10000～13000 | 14～18 |
| 350 | 13500～18000 | 14～18 |
| 400 | 18000～23500 | 14～18 |
| 450 | 22000～27000 | 13～17 |
| 500 | 25000～32000 | 13～16 |

## (四)高功率石墨电极

高功率石墨电极的技术要求，中国冶标(YB4089—92)作了规定。

1. 外形、尺寸及允许偏差

(1)电极的直径及允许偏差应符合表 6-23 的规定。

**表 6-23 高功率石墨电极的直径及允许偏差(mm)**

| 公称直径 | 实际直径 | | |
|---|---|---|---|
| | 最大 | 最小 | 黑皮部分最小 |
| 300 | 307 | 303 | 300 |
| 350 | 357 | 353 | 350 |
| 400 | 408 | 404 | 401 |
| 450 | 459 | 455 | 452 |
| 500 | 510 | 506 | 503 |

(2)电极的长度及允许偏差应符合表 6-24 的规定。

**表 6-24 高功率石墨电极的长度及允许偏差(mm)**

| 公称直径 | 长度 | 允许偏差 | |
|---|---|---|---|
| | | 长度 | 短尺长度 |
| 300 | 1600、1800 | ±100 | −275 |
| 350 | | | |
| 400 | 1600、1800、2000 | | |
| 450 | | | |
| 500 | | | |

(3)供货中每批允许有短尺电极不超过 15%。

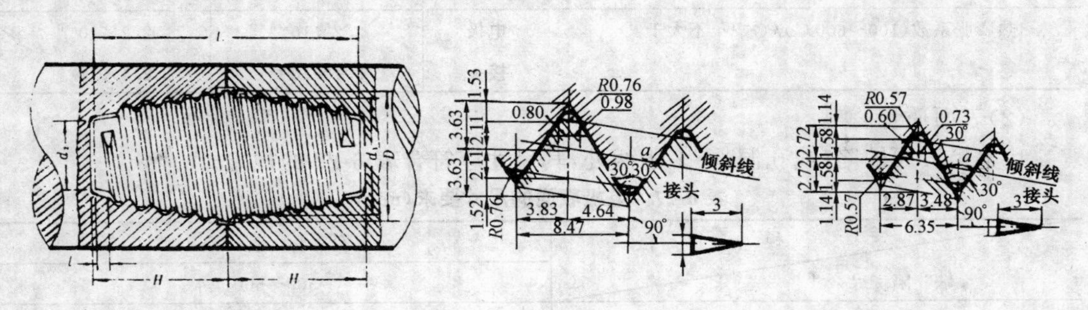


图 6-4 电极接头的形状和尺寸

(4)电极的接头为圆锥形，接头的形状和尺寸按图 6-4 和表 6-25 的规定。

(5)两根电极连接处端面间隙不大于 0.5mm，中心线偏差不大于 3mm。

**表 6-25　电极接头的形状和尺寸**

| 电极直径 | 接头 | | | | | | | 接头孔 | | | | 螺距 |
|---|---|---|---|---|---|---|---|---|---|---|---|---|
| | *D* | | *L* | | $d_2$ | | *l* | $d_1$ | | *H* | | |
| 300 | 177.17 | | 270.90 | | 116.90 | | | 168.73 | | 138.45 | | |
| 350 | 215.90 | | 304.80 | | 150.00 | | | 207.47 | | 155.40 | | |
| 400 | 241.30 | 0<br>−0.50 | 338.60 | 0<br>−1 | 169.80 | 0<br>−3 | 10 | 232.87 | +0.50<br>0 | 172.30 | +7<br>0 | 8.47 |
| 450 | 273.05 | | 355.60 | | 198.70 | | | 264.62 | | 180.80 | | |
| 500 | 298.45 | | 372.50 | | 221.30 | | | 290.02 | | 189.25 | | |
| 300 | 177.80 | | 215.90 | | 129.20 | | | 171.48 | | 114.00 | | |
| 350 | 203.20 | | 254.00 | | 148.20 | | | 196.88 | | 133.00 | | |
| 400 | 222.25 | 0<br>−0.50 | 304.80 | 0<br>−1 | 158.80 | 0<br>−3 | 6 | 215.93 | +0.50<br>0 | 158.40 | +7<br>0 | 6.35 |
| 450 | 241.30 | | 304.80 | | 177.90 | | | 234.98 | | 158.40 | | |
| 500 | 269.88 | | 355.60 | | 198.00 | | | 263.56 | | 183.80 | | |

2. 技术要求

(1)技术指标应符合表 6-26 的规定。

**表 6-26　高功率石墨电极的技术指标**

| 项目 | | | 公称直径/mm | |
|---|---|---|---|---|
| | | | 300、350 | 400、450、500 |
| 电阻率/μΩ·m　不大于 | | 电极 | 7 | 7 |
| | | 接头 | 6.5 | 6.5 |
| 抗折强度/MPa　不小于 | | 电极 | 9.8 | 9.8 |
| | | 接头 | 14.0 | 14.0 |
| 弹性模量/GPa　不大于 | | 电极 | 12.0 | 12.0 |
| | | 接头 | 14.0 | 14.0 |
| 参考指标 | 体积密度/$g \cdot cm^{-3}$　不小于 | 电极 | 1.60 | 1.60 |
| | | 接头 | 1.70 | 1.70 |
| | 灰分/%　不大于 | | 0.3 | 0.3 |
| 热膨胀系数(100～600℃)/$℃^{-1}$　不大于 | | 电极 | $2.2\times10^{-6}$ | $2.2\times10^{-6}$ |
| | | 接头 | $2.4\times10^{-6}$ | $2.4\times10^{-6}$ |

(2)表面质量：

1)电极表面缺陷(或孔洞)不多于两处，其尺寸应符合表 6-27 的规定。

**表 6-27　电极表面的尺寸要求(mm)**

| 规格 / 缺陷尺寸 | 公称直径 |
|---|---|
| | 300～500 |
| 直　径 | 20～40(<20 不计) |
| 深　度 | 5～10(<5 不计) |

2)接头、接头孔及距孔底 100mm 以内的电极表面，不允许有孔洞和裂纹。

3)接头和接头孔螺纹的掉块不多于一处,长度不大于 30mm。

4)电极表面不允许有横裂纹。宽 0.3～1.0mm 的纵向裂纹,其长度不大于电极周长的 5%,而宽度小于 0.3mm 的裂纹不计。

5)电极表面的黑皮面积:宽度小于电极周长的 1/10;长度小于电极长度的 1/3。

(3)电极的电流负荷,建议按表 6-28 规定。

**表 6-28 电极的电流负荷**

| 公称直径/mm | 允许电流负荷/A | 电流密度/A·cm$^{-2}$ |
|---|---|---|
| 300 | 13000～17400 | 17～24 |
| 350 | 17400～24000 | 17～24 |
| 400 | 21000～31000 | 16～24 |
| 450 | 25000～40000 | 15～24 |
| 500 | 30000～48000 | 15～24 |

## (五)超高功率石墨电极

超高功率石墨电极的技术要求,中国冶标(YB4090—92)作了规定。

### 1.外形、尺寸及允许偏差

(1)电极的直径及允许偏差应符合表 6-29 的规定。

**表 6-29 超高功率石墨电极的直径及允许偏差(mm)**

| 公称直径 | 实际直径 | | |
|---|---|---|---|
| | 最大 | 最小 | 黑皮部分最小 |
| 400 | 408 | 404 | 401 |
| 450 | 459 | 455 | 452 |
| 500 | 510 | 506 | 503 |

(2)电极的长度及允许偏差应符合表 6-30 的规定。

**表 6-30 超高功率石墨电极的长度及允许偏差(mm)**

| 公称直径 | 长度 | 允许偏差 | |
|---|---|---|---|
| | | 长度 | 短尺长度 |
| 400<br>450<br>500 | 1600、1800、2000 | ±100 | −275 |

注:根据用户需要,各种直径电极可分别生产不同长度的产品。

(3)供货中每批允许有短尺电极不超过 15%。

(4)电极接头为圆锥形、接头形状和尺寸按图 6-5 和表 6-31 的规定。

**表 6-31 电极接头的形状和尺寸**

| 电极直径 | 接头 | | | | | | 接头孔 | | | | | 螺距 |
|---|---|---|---|---|---|---|---|---|---|---|---|---|
| | D | | L | | $d_2$ | | $l$ | $d_1$ | | H | | |
| 400 | 241.30 | | 338.60 | | 169.80 | | 10 | 232.87 | | 172.36 | | 8.47 |
| 450 | 273.05 | | 355.60 | | 198.70 | | 10 | 264.62 | | 180.80 | | 8.47 |
| 500 | 298.45 | 0 | 372.50 | 0 | 221.30 | 0 | 10 | 290.02 | +0.50 | 189.25 | +7 | 8.47 |
| 400 | 222.25 | −0.50 | 304.80 | −1 | 158.80 | −3 | 6 | 215.93 | 0 | 158.40 | 0 | 6.35 |
| 450 | 241.30 | | 304.80 | | 177.90 | | 6 | 234.98 | | 158.40 | | 6.35 |
| 500 | 269.88 | | 355.60 | | 198.00 | | 6 | 263.56 | | 183.80 | | 6.35 |

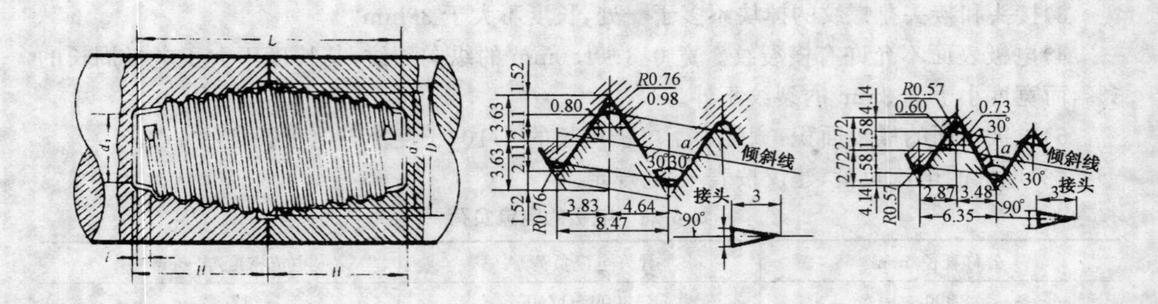


图 6-5 电极接头的形状和尺寸

(5)两根电极连接处端面间隙不大于 0.5mm，中心线偏差不大于 3mm。

2. 技术要求

(1)技术指标应符合表 6-32 的规定。

表 6-32 超高功率石墨电极的技术指标

| 项目<br>直径 | 电阻率/μΩ·m（不大于） | | 抗折强度/MPa（不小于） | | 弹性模量/GPa（不大于） | | 体积密度/g·cm$^{-3}$（不小于） | | 热膨胀系数（100～600℃）/℃$^{-1}$（不大于） | | 灰分/%（不大于） |
|---|---|---|---|---|---|---|---|---|---|---|---|
| | 电极 | 接头 | 电极 | 接头 | 电极 | 接头 | 电极 | 接头 | 电极 | 接头 | |
| 400<br>450<br>500 | 6.5 | 5.5 | 10.0 | 15.0 | 14.0 | 15.0 | 1.65 | 1.70 | $1.4\times10^{-6}$ | $1.6\times10^{-6}$ | 0.3 |

(2)表面质量：

1)电极表面缺陷(或孔洞)不多于两处。直径 20～40mm，小于 20mm 不计；深度 5～10mm，小于 5mm 不计。

2)接头、接头孔及距孔底 100mm 以内的电极表面，不允许有孔洞和裂纹。

3)接头和接头孔螺纹的掉块。不多于 1 处，长度不大于 30mm。

4)电极表面不允许有横裂纹，宽 0.3～1.0mm 的纵裂纹，其长度不大于 80mm，而宽度小于 0.3mm 的纵裂纹不计。

5)电极表面的黑皮面积：宽度小于电极周长的 1/10；长度小于电极长度的 1/3。

(3)电极的电流负荷，建议按表 6-33 的规定。

表 6-33 电极的电流负荷

| 公称直径/mm | 允许电流负荷/A | 电流密度/A·cm$^{-2}$ |
|---|---|---|
| 400 | 25000～40000 | 19～30 |
| 450 | 32000～45000 | 19～27 |
| 500 | 38000～55000 | 18～27 |

## (六)抗氧化涂层石墨电极

抗氧化涂层石墨电极的技术要求，中国冶标(YB/T5214—93)作了规定。

1. 产品分类、结构尺寸及允许偏差

(1)基体电极的直径长度、允许偏差及各项指标均应符合 GB3072 的规定。

(2)涂层电极的直径及允许偏差按表 6-34 的规定。

**表 6-34 涂层电极的直径及允许偏差(mm)**

| 公称直径 | 实际直径 | | |
|---|---|---|---|
| | 最大 | 最小 | 黑皮部分最小 |
| 300 | 309 | 303 | 300 |
| 350 | 359 | 353 | 350 |
| 400 | 410 | 404 | 401 |
| 450 | 461 | 455 | 452 |
| 500 | 512 | 506 | 503 |

(3)涂层电极的长度及允许偏差按表 6-35 的规定。

**表 6-35 涂层电极的长度及允许偏差(mm)**

| 公称直径 | 长度 | 允许偏差 | |
|---|---|---|---|
| | | 长度 | 短尺长度 |
| 300 | 1600 | +75<br>−100 | −275 |
| 350 | 1800 | | |
| 400 | (1600) | +75<br>−100 | |
| 450 | (1800) | | |
| 500 | 2000 | | |

注:表中带括弧尺寸不推荐使用。

(4)供货中每批允许有短尺涂层电极,不超过 15%。

2.技术要求

(1)技术指标应符合表 6-36 的规定。

**表 6-36 电极的技术指标**

| 项目<br>公称直径/mm | 电阻率/Ω·m(不大于) | | 涂层厚度/mm | 涂层增重/kg·m$^{-2}$ |
|---|---|---|---|---|
| | 优级 | 一级 | | |
| 300<br>350<br>400<br>450<br>500 | ≤$6.5\times10^{-6}$ | ≤$8\times10^{-6}$ | 0.5～1.0 | 1.5～2.0 |

(2)表面质量:

1)涂层电极表面掉皮不多于两处,其缺陷尺寸不超过表 6-37 的规定。

**表 6-37 涂层电极表面缺陷尺寸(mm)**

| 规格<br>缺陷尺寸 | 公称直径 ϕ300～500 |
|---|---|
| 直径 | 20～30<br>(<20 不计) |

2)涂层电极表面不允许有裂纹。

3)涂层电极表面须磨平,无明显凸起。

### (七)石墨阳极

石墨阳极用于化学工业中生产烧碱和副产氯气的食盐电解以及用作冶金、化工生产中的导电材料。石墨阳极的生产工艺流程与生产石墨电极基本一样,所不同的是石墨阳极的密度和强度应比石墨电极更高一些。这是因为密度和强度较高一些的石墨阳极在使用时更难于被氧化和被腐蚀,因而使用寿命可以长得多。为了提高石墨阳极的密度和强度,半成品在焙烧后都在高压釜中用煤沥青加压浸渍处理,然后再石墨化。有时为了进一步提高阳极使用寿命,还需以干性油或树脂类浸渍和固化后再使用。

石墨阳极产品有长方形截面、圆形截面两种。每种截面有多种不同的长度,可供用户选择使用。

石墨阳极的技术要求,中国冶标(YB/T5053—93)作了规定。

1. 分类

石墨阳极按理化指标分为一、二两级。

2. 形状和尺寸

(1)石墨阳极棒的尺寸及允许偏差按表 6-38 的规定。

表 6-38 石墨阳极棒的尺寸及允许偏差(mm)

<table>
<tr><th rowspan="2">代 号</th><th rowspan="2">规 格<br>(直径×长度)</th><th colspan="3">允 许 偏 差</th><th rowspan="2">理论重量/kg</th></tr>
<tr><th>直 径</th><th>长 度</th><th>弯曲度(不大于)</th></tr>
<tr><td>SY-1</td><td>50×1000</td><td rowspan="5">±1.5</td><td rowspan="5">+10<br>0</td><td rowspan="5">2</td><td>~3.20</td></tr>
<tr><td>SY-2</td><td>65×1000</td><td>~5.50</td></tr>
<tr><td>SY-3</td><td>65×1300</td><td>~7.10</td></tr>
<tr><td>SY-4</td><td>75×1320</td><td>~9.60</td></tr>
<tr><td>SY-5</td><td>100×1320</td><td>~16.70</td></tr>
</table>

(2)隔膜槽用的石墨阳极尺寸及允许偏差应符合表 6-39 和图 6-6 的规定。

表 6-39 隔膜槽用石墨阳极的尺寸及允许偏差(mm)

<table>
<tr><th>代 号</th><th>L</th><th>A</th><th>B</th><th>C<sub>1</sub></th><th>C<sub>2</sub></th><th>D</th><th>E<br>(油浸<br>高度)</th><th>F</th><th>a</th><th>b</th><th>d</th><th>h</th><th>弯曲度<br>(不大<br>于)</th><th>理论<br>重量/<br>kg</th></tr>
<tr><td>SY-6</td><td rowspan="3">760±5</td><td>85±1.5</td><td rowspan="4">40±1</td><td>42±1</td><td></td><td>16</td><td rowspan="4">250</td><td rowspan="4">25</td><td>12</td><td rowspan="2"></td><td rowspan="4">φ14</td><td rowspan="2"></td><td rowspan="3">1.5</td><td>~4.10</td></tr>
<tr><td>SY-7</td><td rowspan="3">180±1.5</td><td rowspan="3">50</td><td rowspan="3">80</td><td rowspan="3"></td><td rowspan="3"></td><td>~9.00</td></tr>
<tr><td>SY-8</td><td rowspan="2">20</td><td rowspan="2">145</td><td>~8.80</td></tr>
<tr><td>SY-9</td><td>960±5</td><td>2</td><td>~11.20</td></tr>
</table>

(3)隔膜槽用的石墨阳极根部进行油浸,油浸材料为亚麻仁油、蓖麻油、石蜡。

(4)隔膜槽用的石墨阳极也可按需方提供的图纸进行加工。

(5)水银槽用的石墨阳极可按需方提供的图纸进行加工(技术要求由供需双方协议)。

3. 技术要求

(1)指标按表 6-40 规定。

(2)外形:

1)石墨阳极表面不允许有裂纹,并达到规定的光洁度:平面及侧面为 ▽3;端面及割角的面为 ▽1(如有特殊要求,由供需双方协议)。

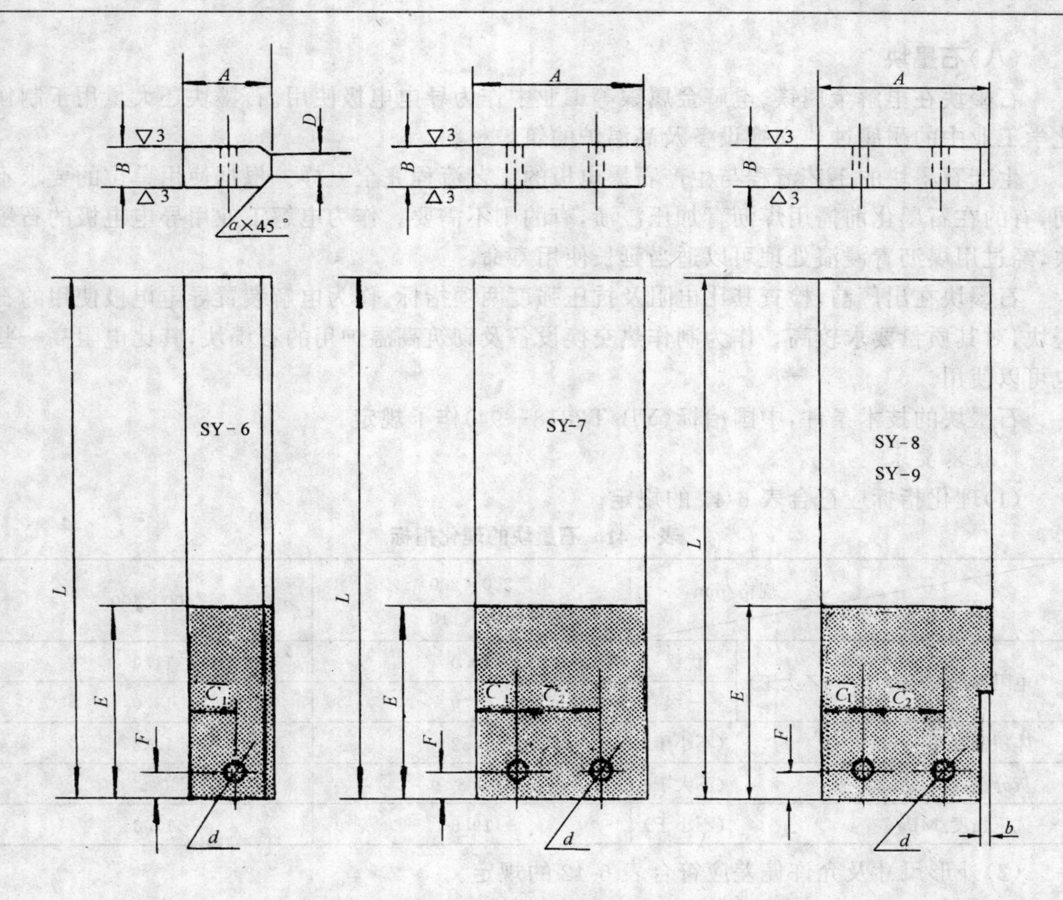


图 6-6 隔膜槽用石墨阳极的尺寸及允许偏差

**表 6-40 石墨阳极的技术指标**

| 项 目 | | 直径或厚度/mm | | | |
|---|---|---|---|---|---|
| | | 40～75 | | 100～115 | |
| | | 一级 | 二级 | 一级 | 二级 |
| 比电阻/$\Omega \cdot mm^2 \cdot m^{-1}$ | 不大于 | 8 | 9 | 8 | 9 |
| 灰分/% | 不大于 | 0.2 | 0.4 | 0.2 | 0.4 |
| 抗压强度/$kg \cdot cm^{-2}$ | 不小于 | 300 | 250 | 300 | 250 |
| 抗折强度/$kg \cdot cm^{-2}$ | 不小于 | 170 | 150 | 170 | 150 |
| 体积密度/$g \cdot cm^{-3}$ | 不小于 | 1.65 | | 1.62 | |
| 水银槽用阳极钒含量 | 不大于 | $10\times10^{-6}$ | | $10\times10^{-6}$ | |

注：抗折强度作为参考指标。

2)石墨阳极表面掉块不应多于两处，其面积不大于 $1.5cm^2$，深度不大于 3mm。

3)石墨阳极表面孔洞直径不大于 3mm，深度不大于 3mm。

4)石墨阳极表面缺棱深度不大于 6mm。

5)石墨阳极表面缺角分布在纵、横两棱上的长度各不大于 25mm。

### (八)石墨块

石墨块在电解金属镁、电解金属镍等工业中作为导电电极使用。石墨块还大量用于制作化学工业中的耐腐蚀热交换设备及高温炉的筑炉材料。

生产石墨块的工艺流程与生产石墨电极的工艺流程完全一样。根据使用单位的要求不同,有的在石墨化前需用煤沥青加压浸渍,有的则不需要。作为电解工业用导电电极的石墨块,经过用煤沥青浸渍处理可以适当延长使用寿命。

石墨块在出厂前,检查其比电阻及抗压强度两项指标。作为电解装置导电电极使用的石墨块,对其质量要求较高。作为制作热交换设备及砌筑高温炉用的石墨块,其比电阻高一些也可以使用。

石墨块的技术条件,中国冶标(YB/T2818—94)作了规定。

1. *技术要求*

(1)理化指标应符合表 6-41 的规定。

**表 6-41 石墨块的理化指标**

| 指标 \ 规格/mm | | | 200×200<br>400×115 | 400×400 |
|---|---|---|---|---|
| 电阻率/μΩ·m | (不大于) | 优级 | 10.0 | 11.0 |
| | | 一级 | 12.0 | 13.0 |
| 体积密度/g·cm⁻³ | (不小于) | | 1.52 | 1.52 |
| 灰分/% | (不大于) | | 0.5 | 0.5 |
| 抗压强度/MPa | (不小于) | | 19.6 | 17.6 |

(2)外形尺寸及允许偏差应符合表 6-42 的规定。

(3)表面质量:表面不允许有黑皮。棱角掉块深度 10～15mm(10mm 以下不计)长度不大于 80mm,每块不多于两处。按垂直深度测量。

**表 6-42 石墨块的外形尺寸及允许偏差(mm)**

| 规格 | 允许偏差 | | | 弯曲度 |
|---|---|---|---|---|
| | 宽度 | 厚度 | 长度 | |
| 200×200×1200<br>200×200×1500<br>200×200×1600<br>200×200×1850 | ±10 | ±10 | ±15 | 不大于长度的 0.5% |
| 400×115×1050<br>400×115×1300 | ±15 | ±10 | ±15 | |
| 400×400×1100<br>400×400×1500<br>400×400×2000<br>400×400×2100 | ±15 | ±15 | ±15 | |

200mm×200mm 和 400mm×115mm 石墨块,表面裂纹宽度 0.3mm 以下不计;宽度 0.3～1.0mm、长度不大于 100mm,每块不多于两处。400mm×400mm 石墨块,表面裂纹宽度小于 0.5mm、长度小于 50mm 不计;宽度 0.5～1.0mm、长度 50～100mm,每块不多于两处。

(4)有特殊技术要求时，由供需双方协议。

### (九)人造金刚石用石墨片

人造金刚石用石墨片的技术要求，中国标准(GB/T14898—94)作了规定。

1.型号及其适用范围

石墨片的型号及其适用范围应符合表 6-43 规定。

**表 6-43 石墨片的型号及其适用范围**

<table>
<tr><th>型号</th><th>适用范围</th></tr>
<tr><td>T612</td><td>主要适用于合成 RVD 型金刚石</td></tr>
<tr><td>T621</td><td rowspan="2">主要适用于合成 MBD8、MBD12、SMD 和 DMD 型金刚石</td></tr>
<tr><td>T622</td></tr>
<tr><td>T623</td><td>主要适用于合成 SMD 和 DMD 型金刚石</td></tr>
<tr><td>T641</td><td>主要适用于合成 MBD8、MBD12、SMD 和 DMD 型金刚石</td></tr>
</table>

2.技术要求

(1)石墨片的主要规格、尺寸及极限偏差应符合表 6-44 的规定。但对 T612、T621、T641，其外径的下偏差超差率允许小于 15%。

**表 6-44 石墨片的规格、尺寸及极限偏差(mm)**

<table>
<tr><th rowspan="2">型号</th><th colspan="2">直径</th><th colspan="2">厚度</th></tr>
<tr><th>基本尺寸</th><th>极限偏差</th><th>基本尺寸</th><th>极限偏差</th></tr>
<tr><td>T612</td><td>12,14,16,18,20,23</td><td rowspan="3">+0.10<br>−0.35</td><td rowspan="2">1.30,1.50,1.60,1.70,1.80</td><td rowspan="5">±0.07</td></tr>
<tr><td>T621</td><td rowspan="2">12,14,16,18,20,28.5</td></tr>
<tr><td>T622</td><td>1.20,1.50,1.60,1.70,1.80</td></tr>
<tr><td>T623</td><td>12,14,16,18,20,23,27</td><td>±0.15</td><td>1.0～2.0</td></tr>
<tr><td>T641</td><td>12,13.2,14,16,18,20,23</td><td>+0.15<br>−0.35</td><td>1.00,1.20,1.30,1.40,1.50,1.60,2.00</td></tr>
</table>

(2)石墨片两端面平行度应小于 0.10mm。

(3)石墨片的理化性能应符合表 6-45 的规定。

**表 6-45 石墨片的理化性能**

<table>
<tr><th>型号</th><th>灰分/%<br>≤</th><th>全气孔率/%</th><th>石墨化度/%</th></tr>
<tr><td>T612</td><td rowspan="2">0.024</td><td rowspan="2">28±3</td><td rowspan="3">88±6</td></tr>
<tr><td>T621</td></tr>
<tr><td>T622</td><td>0.025</td><td>25±5</td></tr>
<tr><td>T623</td><td>0.020</td><td>27±4</td><td>90±5</td></tr>
<tr><td>T641</td><td>0.022</td><td>29±4</td><td>88±6</td></tr>
</table>

(4)石墨片表面不得有杂质，不得有开裂及碎片，但允许有轻微掉边掉角。其长不大于 2mm、宽不大于 1mm、深不大于碳片厚度的三分之一。

### (十)高纯石墨

高纯石墨的技术要求,中国机标(JB2750—91)作为规定。

高纯石墨技术性能应符合表 6-46 规定。

表 6-46 高纯石墨的技术性能

| 型号 | 技术性能 | | | | | | | |
|---|---|---|---|---|---|---|---|---|
| | 灰分 ≤ | 硫含量 ≤ | 钙含量 ≤ | 体积密度/ $g\cdot cm^{-3}$ ≥ | 真密度/ $g\cdot cm^{-3}$ ≥ | 抗压强度/ MPa ≥ | 抗折强度/ MPa ≥ | 电阻率/ $\mu\Omega\cdot m$ ≤ |
| $G_2$ | $100\times10^{-6}$ | $500\times10^{-6}$ | — | 1.65 | 2.20 | 40 | 20 | 15 |
| $G_3$ | $250\times10^{-6}$ | $500\times10^{-6}$ | $60\times10^{-6}$ | 1.55 | 2.15 | 25 | 14 | — |
| $G_4$ | $1000\times10^{-6}$ | $500\times10^{-6}$ | $300\times10^{-6}$ | 1.55 | 2.15 | 25 | 17 | — |

高纯石墨毛坯不应有氧化、裂纹和外表杂质。毛坯表面缺陷和棱角缺口不得超过表 6-47 的规定。

表 6-47 毛坯表面缺陷和棱角缺口

| 直径或最大边长 | 表面缺陷 ≤ | | 棱角缺口 ≤ | |
|---|---|---|---|---|
| | 深度 | 处数 | 深度 | 处数 |
| <ϕ400 ≥ϕ200 | 4 | 3 | 10 | 3 |
| <ϕ200 ≥ϕ50 | 3 | 3 | 5 | 3 |
| ≥200 | 5 | 3 | 10 | 3 |
| <200 | 3 | 3 | 5 | 5 |

## 三、炭制品

### (一)炭电极

炭电极是以无烟煤和冶金焦为主要原料(有时加入少量天然石墨碎)生产的导电材料。炭电极的比电阻要比石墨电极大 2~3 倍,在常温下的抗压强度比石墨电极大一些,但导热性及抗氧化性均不如石墨电极。由于主要原料是灰分较高的无烟煤和冶金焦,所以炭电极的灰分一般为 6%~10%。炭电极适合于中、小型电炉及铁合金炉冶炼一些普通电炉钢及铁合金,不适合熔炼高级合金钢。

炭电极的技术条件,冶金工业部现行标准 YB 819—78 作了规定。

1. 理化性能

炭电极代号为 TD,理化性能应符合表 6-48 的规定。

**表 6-48 炭电极理化性能**

| 等级 | 比电阻/Ω·mm²·m⁻¹<br>(不大于) | 抗压强度/MPa<br>(不小于) |
|---|---|---|
| 一级 | 50 | 20 |
| 二级 | 60 | 17 |

### 2. 电极尺寸

电极的尺寸及允许偏差应符合表 6-49 的规定。

**表 6-49 电极尺寸及允许偏差**

| 公称直径<br>/mm | 实际直径/mm | | | 长度及允许偏差<br>/mm |
|---|---|---|---|---|
| | 最大 | 最小 | 黑皮部分最小 | |
| 150 | 154 | 149 | 146 | |
| 200 | 205 | 200 | 197 | 1500±150 |
| 250 | 256 | 251 | 248 | |
| 300 | 307 | 302 | 299 | |
| 350 | 357 | 352 | 349 | 1500±150<br>1800±180 |
| 400 | 408 | 403 | 400 | |
| 500 | 511 | 505 | 503 | 2000±200 |

注：供货中允许每批有短尺电极不超过 5%。直径不大于 400mm 的电极，长度不小于 1m；直径 500mm 的电极，长度不小于1.2m。

### 3. 炭电极接头

炭电极接头、接头孔及螺纹尺寸应符合表 6-50 和表 6-51 的规定。

**表 6-50 圆柱形炭电极接头、接头孔及螺纹尺寸(mm)**

| 电极直径 | 接头 | | | | | | | | 接头孔 | | | | | | 螺纹 | | |
|---|---|---|---|---|---|---|---|---|---|---|---|---|---|---|---|---|---|
| | $D$ | | $d$ | | $L$ | | $l$ | | $D_1$ | | $d_1$ | | $H$ | | $a$ | $b$ | $c$ |
| 150 | 84.5 | | 70.5 | | 203 | | | | 86.5 | | 72.5 | | 104.5 | | 20 | 5.96 | 5.9 |
| 200 | 115.0 | −1.0 | 95.0 | −1.0 | 290 | −1.0 | | | 119.0 | +1.0 | 99.0 | +1.0 | 148 | +1.0 | | | |
| 250 | 140.0 | | 120.0 | | 310 | | 25 | −2 | 144.0 | | 124.0 | | 158 | | 30 | 11.00 | 7.4 |
| 300 | 160.0 | | 140.0 | | 310 | | | | 164.0 | | 144.0 | | 158 | | | | |
| 350 | 190.0 | −1.5 | 160.0 | −1.5 | 370 | −1.5 | | | 195.0 | +1.5 | 165.0 | +1.5 | 188 | +1.5 | 40 | 13.00 | 9.5 |
| 400 | 210.0 | | 180.0 | | 370 | | | | 215.0 | | 185.0 | | 188 | | | | |

**表 6-51 圆锥形炭电极接头、接头孔及螺纹尺寸(mm)**

| 电极直径 | 接头 | | | | | | | | | | | | |
|---|---|---|---|---|---|---|---|---|---|---|---|---|---|
| | $D$ | | $L$ | | $d_2$ | | $D_1$ | | $d_1$ | | $H$ | | $a$ |
| 500 | 386 | −2 | 290 | −2 | 175 | −2 | 389 | +2 | 325 | +2 | 294 | +4 | 40 |

两根电极连接处端面间缝隙不大于 0.5mm，中心线偏差不大于 3mm。

炭电极接头、接头孔及螺纹尺寸见图 6-7。

### 4. 电极外形

电极表面掉块(或孔洞)不应多于两处，尺寸不应超过表 6-52 的规定。

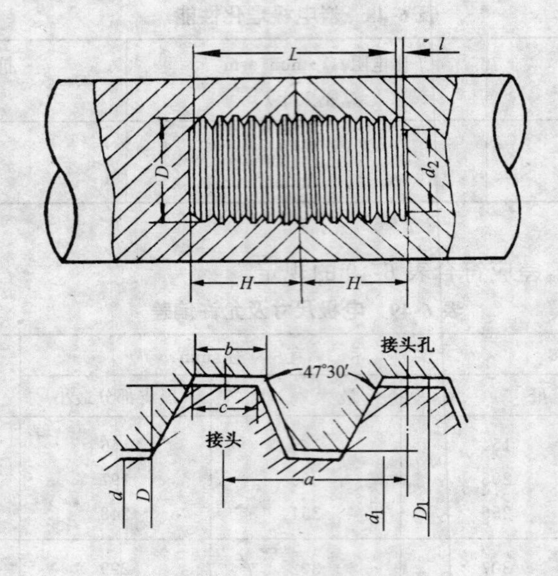


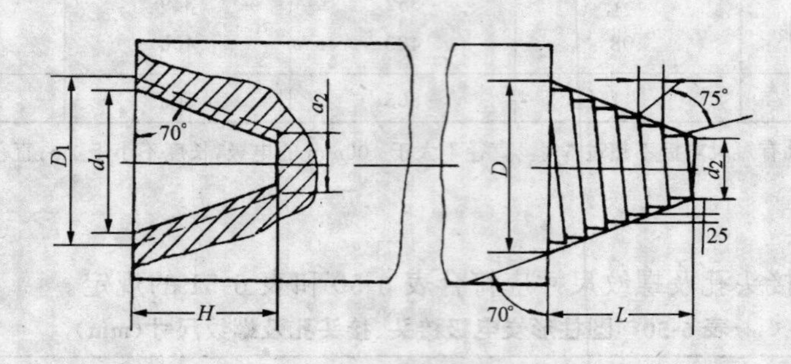


图 6-7 炭电极接头、接头孔和螺纹尺寸

**表 6-52 电极表面掉块允许范围**

| 缺陷尺寸 | 公称直径/mm | |
|---|---|---|
| | 150～200 | 250～500 |
| 直径 | 10～20(＜10 不计) | 20～40(＜20 不计) |
| 深度 | 3～5(＜3 不计) | 5～10(＜5 不计) |

注：1. 接头、接头孔及距孔底 100mm 以内的电极表面不允许有孔洞和裂纹；

2. 接头和接头孔螺纹掉块，直径不小于 250mm 的电极及其接头允许 1 处，长度不大于 30mm，直径不大于 200mm 的电极及其接头允许 1 处，长度不大于 20mm；

3. 电极表面不允许有横裂纹。纵裂纹宽度 0.3mm 以下不计；宽 0.3～1.0mm 者，长度不得大于电极周长的 5%。

5. 电极电流负荷

炭电极的电流负荷按表 6-53 的规定。

## (二)高炉用自焙炭块

高炉用自焙炭块的技术要求，中国冶标(YB2803—91)作了规定。

1. 产品分类

高炉用自焙炭块按理化指标分 TKZ-1、TKZ-2 两种牌号。

2.尺寸及允许偏差

表 6-53 炭电极允许电流负荷

| 公称直径/mm | 允许最大电流负荷/A |
|---|---|
| 150 | 2000 |
| 200 | 3200 |
| 250 | 4500 |
| 300 | 5500 |
| 350 | 7500 |
| 400 | 8500 |
| 500 | 11000 |

(1)自焙炭块的形状和尺寸应符合表 6-54 的规定。

表 6-54 自焙炭块的形状和尺寸

| 形状 | 型号 | 尺寸/mm | | | | 体积/cm$^3$ | 重量/kg | |
|---|---|---|---|---|---|---|---|---|
| | | $a$ | $b$ | $b_1$ | $c$ | | TKZ-1 | TKZ-2 |
| 炉底炭块 | TG-1 | 345 | 345 | | 345 | 41064 | 66.50 | 65.70 |
| 两面宽楔形炭块 | TG-2 | 230 | 275 | 335 | 235 | 16485 | 26.70 | 26.40 |
| | TG-3 | 230 | 297 | 335 | 235 | 17080 | 27.70 | 27.30 |
| | TG-4 | 230 | 315 | 335 | 235 | 17566 | 28.50 | 28.00 |
| | TG-5 | 230 | 325 | 335 | 235 | 17837 | 28.90 | 28.50 |
| | TG-6 | 345 | 252 | 335 | 235 | 23796 | 38.60 | 38.10 |
| | TG-7 | 345 | 282 | 335 | 235 | 25012 | 40.50 | 40.00 |
| | TG-8 | 345 | 305 | 335 | 235 | 25944 | 42.00 | 41.50 |
| | TG-9 | 345 | 315 | 335 | 235 | 26349 | 42.70 | 42.20 |
| | TG-10 | 550 | 220 | 335 | 235 | 35867 | 58.10 | 57.40 |
| | TG-11 | 550 | 243 | 335 | 235 | 37353 | 60.50 | 59.80 |
| | TG-12 | 550 | 265 | 335 | 235 | 38775 | 62.80 | 62.00 |
| | TG-13 | 550 | 290 | 335 | 235 | 40390 | 65.40 | 64.60 |
| | TG-14 | 550 | 310 | 335 | 235 | 41683 | 67.50 | 66.70 |
| | TG-15 | 780 | 240 | 335 | 235 | 52699 | 85.40 | 84.30 |
| | TG-16 | 780 | 285 | 335 | 235 | 56823 | 92.10 | 90.90 |
| | TG-17 | 780 | 315 | 335 | 235 | 59572 | 96.50 | 95.30 |

(2)自焙炭块的尺寸偏差应符合表 6-55 的规定。

表 6-55 自焙炭块的尺寸偏差

| 项目 | 尺寸偏差/mm |
|---|---|
| 长度 | 0～－1.5 |
| 宽度 | 0～－1.5 |
| 厚度 | 0～－1.5 |

注:本标准规定以外的自焙炭块尺寸及允许偏差,由供需双方协议。

3.技术要求

(1)高炉用自焙炭块理化指标应符合表6-56的规定。

表6-56 高炉用自焙炭块的理化指标

| 项目 | | TKZ-1 | | TKZ-2 | |
|---|---|---|---|---|---|
| | | 焙烧前 | 焙烧后(800℃) | 焙烧前 | 焙烧后(800℃) |
| 固定碳/% | 不小于 | 85 | 93 | 82 | 90 |
| 灰分/% | 不大于 | 5 | 6 | 9 | 10 |
| 体积密度/g·cm$^{-3}$ | 不小于 | 1.62 | 1.52 | 1.60 | 1.50 |
| 显气孔率/% | 不大于 | 10 | 20 | 13 | 23 |
| 耐压强度/MPa | 不小于 | 31 | 31 | 26 | 26 |
| 焙烧收缩率(800℃)/% | 不大于 | 0.05 | — | 0.10 | — |

(2)表面质量:

1)炭块表面应平整,不允许有局部变形、凸起、裂纹和油坨缺陷。

2)缺角:缺角深度不大于10mm,且不得多于1处。

3)缺棱:长度不大于50mm,深度不大于5mm,且不得多于1处。

4)扭曲:在炭块的砌筑面上不得大于1mm。

(3)炭块的断面组织应均匀,不得有分层、局部疏松、空洞和干料等缺陷。

**(三)电石炉用自焙炭块**

电石炉用自焙炭块的技术要求,中国冶标(YB/T5145—93)作了规定。

1.分类

自焙炭砖按电石炉变压器的容量分为两类。

第一类适用于大于20000kV·A电炉。代号为TKZ-1。

第二类适用于等于或小于20000kV·A电炉。代号为TKZ-2。

2.形状、尺寸及允许偏差

自焙炭砖的尺寸按表6-57的规定。

表6-57 自焙炭砖的尺寸

| 形状 | 型号 | 尺寸/mm | | | | 体积/cm$^3$ | 重量/kg | |
|---|---|---|---|---|---|---|---|---|
| | | $a$ | $b$ | $b_1$ | $c$ | | TKZ-1 | TKZ-2 |
| 炉底炭砖 | 1 | 345 | 345 | — | 345 | 41064 | 65.70 | 64.88 |
| | 1A | 400 | 400 | — | 400 | 64000 | 102.40 | 101.12 |
| 两面宽楔形炭砖 | 8 | 345 | 252 | 335 | 235 | 23796 | 38.10 | 37.60 |
| | 8-1 | 345 | 252 | 335 | 346 | 35035 | 56.76 | 55.36 |
| | 9 | 345 | 282 | 335 | 235 | 25012 | 40.00 | 39.52 |
| | 9-1 | 345 | 282 | 335 | 346 | 36825 | 59.66 | 58.18 |
| | 10 | 345 | 305 | 335 | 235 | 25944 | 41.50 | 40.99 |
| | 10-1 | 345 | 305 | 335 | 346 | 38198 | 61.88 | 60.35 |
| | 10A-1 | 345 | 315 | 335 | 346 | 38795 | 62.85 | 61.30 |
| | 11 | 230 | 275 | 335 | 235 | 16485 | 26.40 | 26.05 |
| | 12 | 230 | 297 | 335 | 235 | 17080 | 27.30 | 26.99 |
| | 13 | 230 | 315 | 335 | 235 | 17566 | 28.00 | 27.75 |

自焙炭砖的尺寸偏差按表6-58的规定。

表 6-58　自焙炭砖的尺寸偏差

| 项　目 | 尺寸偏差/mm |
|---|---|
| 长　度 | −1.5 |
| 宽　度 | −1.5 |
| 厚　度 | −1.5 |

注:本标准规定以外的自焙炭砖尺寸及允许偏差,由供需双方协议。

3. 技术要求

(1)技术指标应符合表 6-59 的规定。

表 6-59　自焙炭砖的技术指标

| 项　目 | | TKZ-1 | | TKZ-2 | |
|---|---|---|---|---|---|
| | | 焙烧前 | 焙烧后 | 焙烧前 | 焙烧后 |
| 固定碳/% | (不大于) | 85 | 93 | 80 | 86 |
| 灰分/% | (不大于) | 5 | 6 | 10 | 13 |
| 残余收缩率(800℃)/% | (不大于) | — | 0.05 | — | 0.1 |
| 抗压强度/MPa | (不小于) | 30 | 30 | 25 | 25 |
| 显气孔率/% | (不大于) | 10 | 20 | 15 | 25 |
| 体积密度/$g \cdot cm^{-3}$ | (不小于) | 1.6 | 1.5 | 1.58 | 1.45 |

(2)表面质量:

1)炭砖表面应平整,不允许有局部变形、凸起、裂纹及油坨缺陷。

2)缺角:深度不大于 10mm 且不得多于 1 处。

3)缺棱:长度不大于 50mm、深度不大于 5mm 且不得多于 1 处。

4)扭曲:在炭砖的砌筑面上不得大于 1mm。

(3)自焙炭砖的断面组织应均匀,不得有分层、局部疏松、空洞及干料缺陷。

## (四)高炉炭块

高炉炭块是供砌筑炼铁高炉的炉底、炉缸、炉身用的。由于炭块对铁水及熔渣的耐腐蚀性好,耐高温与高温强度大,因此大大延长了高炉内衬的使用寿命。

生产高炉炭块的原料是无烟煤和冶金焦(有时加入沥青焦及石墨化冶金焦或石墨碎)。生产高炉炭块的工艺流程与生产侧炭块、低炭块相同,仅是配料方(颗粒组成与煤沥青用量)不同。高炉炭块的机械加工比侧炭块及底炭块要复杂得多。高炉炭块都是成套订制的,在订货时附有不同形状炭块的图纸及每一水平层炭块的安装图。由于高炉炭块砌筑中的缝隙有的要求不超过 1mm,所以加工的精确度及光洁度都必须达到较高的水平。每层炭块在单独加工完成后,需在制造厂中按图纸进行预安装,检查它是否符合安装要求,然后依次标号,再包装发货。

高炉炭块的技术条件,中国冶标(YB2804—91)作了规定。

1. 技术要求

高炉炭块及其连接键(炭键)的理化指标应符合表 6-60 的规定。

**表 6-60 高炉炭块及其连接键(炭键)的理化指标**

| 项　　目 | | 指　标 | |
|---|---|---|---|
| | | 炭　块 | 炭　键 |
| 灰分/% | (不大于) | 10 | 2 |
| 耐压强度/MPa | (不小于) | 30 | 30 |
| 气孔率/% | (不大于) | 22 | 28 |
| 体积密度/g·cm⁻³ | (不小于) | 1.50 | — |
| 耐 碱 性/级 | (不低于) | C | — |
| 抗折强度/MPa | (不小于) | — | 8 |

注:1. 导热系数、透气度 2 项作为参考指标。

2. 每生产 1 座高炉的炭块,要为用户提供导热系数(800℃、400℃、200℃)和透气度指标的数据。

高炉炭块连接键的尺寸允许偏差应符合表 6-61 的规定。

**表 6-61 高炉炭块连接键的尺寸允许偏差**

| 名称 | 部　　位 | 砌筑方法 | | 允许偏差/mm | | | |
|---|---|---|---|---|---|---|---|
| | | | | 宽　度 | 高　度 | 长　度 | |
| | | | | | | 有工作端 | 无工作端 |
| 炭块 | 满铺炉底 | 卧砌 | 宽缝 | +1<br>−4 | ±1 | ±5 | ±10 |
| | | | 窄缝 | ±1 | ±1 | ±5 | ±10 |
| | | 立砌 | 窄缝 | ±1 | ±1 | ±1 | — |
| | 综合炉底及炉缸等部位 | 环型层 | | +1<br>−2 | ±1 | — | ±5 |
| 炭键 | 直径±1,长度±5 | | | | | | |
| 键槽 | 直径±2,相邻块键槽的同轴度偏差不大于 2 | | | | | | |

外形符合表 6-62 规定。

炭块相互垂直的砌筑接触面的垂直度偏差不大于 0.6mm。

2. 高炉炭块尺寸

中国冶标(YB/T5192—93)对高炉炭块尺寸作了规定。

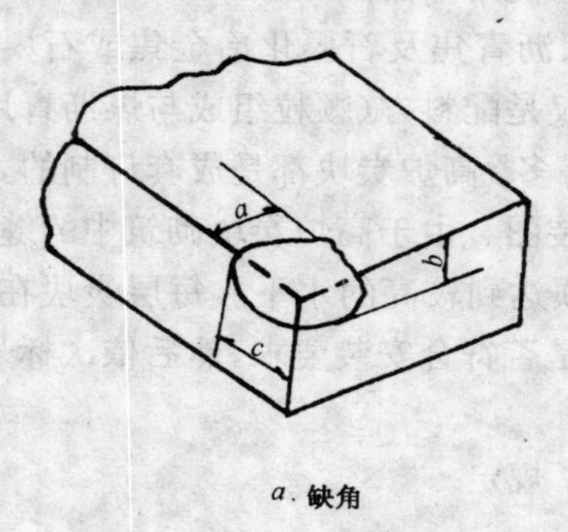


*a*. 缺角

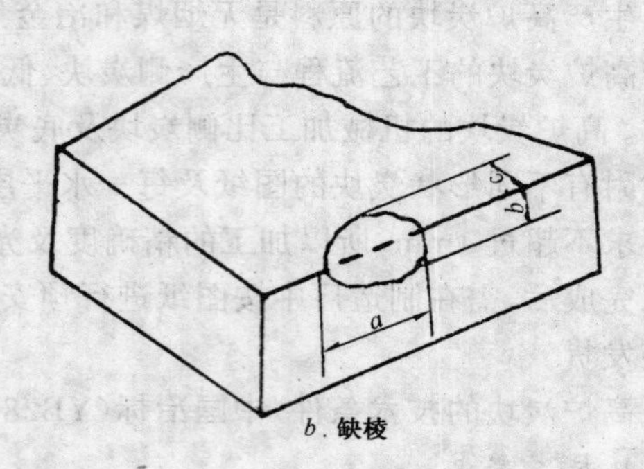


*b*. 缺棱

图 6-8 半石墨质高炉炭块

**表 6-62 高炉炭块的外形**

| 缺陷名称 | | 外形的具体要求 |
|---|---|---|
| 掉角 | | 1. 非工作端面上的缺角，分布在三个棱边上的总长度(见图 6-8*a*)不大于 150mm<br>2. 工作端面上的缺角，分布在三个棱边上的总长度，不大于 100mm<br>3. 缺角长度从棱上缺棱深大于 5mm 处开始计算 |
| 缺棱 | | 1. 棱上断续磨钝深 5mm 以内不计<br>2. 缺棱深不大于 20mm<br>3. 缺棱缺陷系采用分布在两个面上的缺陷宽度与缺棱长度三者之和，即以($a+b+c$)表示(见图 6-8*b*)<br>工作面上缺棱($a+b+c$)之和不大于 150mm，非工作面上缺棱($a+b+c$)之和不大于 180mm<br>4. 炉缸部位的炭块，每米长缺棱总长度($a$)不大于 80mm<br>5. 其余部位的炭块，任意 1m 长度内，缺棱累计长度($a$)不大于 120mm |
| 表面凹陷 | | 表面凹陷深及直径各不大于 15mm。吊具卡痕造成的凹陷不计 |
| 刀痕 | | 刀痕深不大于 0.3mm，宽不大于 20mm，长不大于 100mm |
| 表面裂纹及跨棱裂纹 | 满铺炉底 | 1. 裂纹宽 0.5mm 以下，长 50mm 以内不计<br>2. 裂纹宽 0.5mm 以下，长 50～80mm、不多于 1 处<br>3. 宽 0.5mm 以下跨棱裂纹，每面分布的长度不大于 100mm、不多于 1 处 |
| | 环形层 | 1. 宽 0.5mm 以下的裂纹、长不大于 50mm，不多于 1 处<br>2. 宽 0.5mm 以下的跨棱裂纹，每面分布的长度不大于 80mm，不多于 1 处 |

满铺炉底炭块尺寸见表 6-63。

**表 6-63 满铺炉底炭块尺寸**

| 砌筑方法 | 标准尺寸/mm |
|---|---|
| 卧砌 | 400×400×2900<br>400×400×2600<br>400×400×2200<br>400×400×1700 |
| 立砌 | 400×400×1200<br>400×400×800 |

环形炭块尺寸见表 6-64。

**表 6-64 环形炭块尺寸**

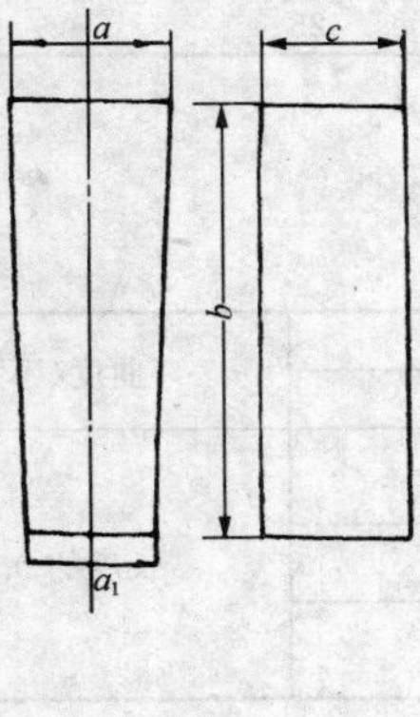

| 形状 | 尺寸/mm | | | | 规格 $b\times\frac{a}{a_1}\times c$ | 弯曲外半径 $\frac{ab}{a-a_1}$ | 每环极限块数 $\frac{2\pi b}{a-a_1}$ |
|---|---|---|---|---|---|---|---|
| | $b$ | $a$ | $a_1$ | $c$ | | | |
| | 800 | 400 | 360 | 400 | $800\times\frac{400}{360}\times400$ | 8020 | 125.664 |
| | 800 | 400 | 320 | 400 | $800\times\frac{400}{320}\times400$ | 4010 | 62.832 |
| | 1000 | 400 | 350 | 400 | $1000\times\frac{400}{350}\times400$ | 8020 | 125.664 |
| | 1000 | 400 | 300 | 400 | $1000\times\frac{400}{300}\times400$ | 4010 | 62.832 |
| | 1200 | 400 | 340 | 400 | $1200\times\frac{400}{340}\times400$ | 8020 | 125.664 |
| | 1200 | 400 | 280 | 400 | $1200\times\frac{400}{280}\times400$ | 4010 | 62.832 |
| | 1400 | 400 | 330 | 400 | $1400\times\frac{400}{330}\times400$ | 8020 | 125.664 |
| | 1400 | 400 | 260 | 400 | $1400\times\frac{400}{260}\times400$ | 4010 | 62.832 |
| | 1600 | 400 | 320 | 400 | $1600\times\frac{400}{320}\times400$ | 8020 | 125.664 |
| | 1600 | 400 | 240 | 400 | $1600\times\frac{400}{240}\times400$ | 4010 | 62.832 |

### (五)电炉炭块

电炉炭块是供砌筑电石炉、铁合金炉、石墨化炉等高温工业炉衬用的。炭块有良好的耐腐蚀性及耐热性。有些大型电石炉采用成套订制炭块的方式,也如同高炉炭块一样,需要精密地加工,并需在制造厂预安装后再发给用户。环形炭块尺寸见表 6-65。

**表 6-65　环形炭块尺寸**

| 形　　状 | 尺　　寸/mm | | | | 规　　格 | 弯曲外半径 | 每环极限块数 |
|---|---|---|---|---|---|---|---|
| | $b$ | $a$ | $a_1$ | $c$ | $b\times\frac{a}{a_1}\times c$ | $\frac{ab}{a-a_1}$ | $\frac{2\pi b}{a-a_1}$ |
| | 800 | 400 | 360 | 400 | $800\times\frac{400}{360}\times400$ | 8020 | 125.664 |
| | 800 | 400 | 320 | 400 | $800\times\frac{400}{320}\times400$ | 4010 | 62.832 |
| | 1000 | 400 | 350 | 400 | $1000\times\frac{400}{350}\times400$ | 8020 | 125.664 |
| | 1000 | 400 | 300 | 400 | $1000\times\frac{400}{300}\times400$ | 4010 | 62.832 |
| | 1200 | 400 | 340 | 400 | $1200\times\frac{400}{340}\times400$ | 8020 | 125.664 |
| | 1200 | 400 | 280 | 400 | $1200\times\frac{400}{280}\times400$ | 4010 | 62.832 |
| | 1400 | 400 | 330 | 400 | $1400\times\frac{400}{330}\times400$ | 8020 | 125.664 |
| | 1400 | 400 | 260 | 400 | $1400\times\frac{400}{260}\times400$ | 4010 | 62.832 |
| | 1600 | 400 | 320 | 400 | $1600\times\frac{400}{320}\times400$ | 8020 | 125.664 |
| | 1600 | 400 | 240 | 400 | $1600\times\frac{400}{240}\times400$ | 4010 | 62.832 |

生产电炉块所用的原料及生产工艺流程,与生产高炉炭块完全一样。但大部分电炉炭块的机械加工比较简单,只需将两端切平,表面则不需加工。

电炉炭块的技术条件,冶金工业部现行标准 YB2805—78 作了规定。

1. 理化指标

电炉炭块代号为 TKD,其理化指标见表 6-66。

**表 6-66　电炉炭块理化指标**

| 项　　目 | | 指　　标 |
|---|---|---|
| 灰分/% | (不大于) | 8 |
| 抗压强度/MPa | (不小于) | 30 |
| 气　孔　率/% | (不大于) | 25 |

2. 炭块尺寸

电炉炭块尺寸及允许偏差见表 6-67。

**表 6-67　电炉炭块尺寸及允许偏差(mm)**

| 规　　格 | 允　许　偏　差 | | 弯曲度(不大于) |
|---|---|---|---|
| | 截　　面 | 长　　度 | |
| 220×220×1500 | ±10 | ±40 | 长度的 0.5% |
| 220×220×1200 | | | |
| 400×400×1200 | ±15 | ±30 | |
| 400×400×1500 | | ±40 | |
| 400×400×2500 | | | |

注:只加工两个端面。

3. 炭块外形

炭块表面应平整，断面组织不允许有空穴、分层和夹杂物。炭块表面缺陷允许范围见表6-68。

**表 6-68 炭块表面缺陷允许范围（mm）**

| 项目 | | 规格 | |
|---|---|---|---|
| | | 220×220 | 400×400 |
| 裂纹（宽度 0.2～0.5，<0.2 不计） | （长度不大于） | 80（不多于两处） | 100（不多于两处） |
| 缺角深度 | （不大于） | 30 | 40 |
| 缺棱 | | | |
| 深度 | | 10～20 | 10～30 |
| 长度 | （不大于） | 80 | 120 |

注：跨棱裂纹连续计算，缺棱深度小于 10mm 不计。

## （六）炭阳极

炭阳极是铝电解槽的阳极导电材料，由于它具有一系列优点，当前已有代替阳极糊使用的趋势。使用炭阳极的电解槽，比使用阳极糊的工业卫生条件要好得多，阳极允许电流密度也高于使用阳极糊的电解槽。炭阳极和阳极糊相比较，其缺点是生产成本较高，生产工序比较多。生产炭阳极的主要原料是石油焦和沥青焦。

炭阳极的技术条件，冶金工业部现行标准 YB2809—78 作了规定。

1. 理化指标

炭阳极代号为 TY，理化指标见表 6-69。

**表 6-69 炭阳极理化性能**

| 指标 | 灰分/%（不大于） | 比电阻/$\Omega \cdot mm^2 \cdot m^{-1}$（不大于） | 抗压强度/MPa（不小于） | 气孔率/%（不大于） |
|---|---|---|---|---|
| 一级 | 0.5 | 60 | 35 | 26 |
| 二级 | 1.0 | 65 | 35 | 26 |

2. 炭阳极尺寸

炭阳极尺寸及允许偏差见表 6-70。

**表 6-70 炭阳极尺寸及允许偏差（mm）**

| 规格 | 允许偏差 | | | |
|---|---|---|---|---|
| | 厚度 | 宽度 | 长度 | 弯曲度（不大于） |
| 400×400×1100<br>550×400×1100 | ±5 | ±5 | ±15 | 长度的 1% |

注：如需方要求供应其他品种时，供需双方协商解决。

3. 外形

对外形要求如下：

1）炭阳极表面不允许有占成品长度 10%，高度（或宽度）5%以上的氧化面。

2）大面上，长不超过 70mm，宽不超过 0.5mm 的表面裂纹和跨棱裂纹（长不超过 140mm，宽不超过 0.5mm）不得超过 3 条。

3)成品表面粘结的填充料必须清理干净。

## (七)铝电解用炭阳极

铝电解用炭阳极用于砌筑铝电解槽。

铝电解槽生产时的温度不太高,但是电解槽中电解质氟化盐有强烈的腐蚀性。一般耐火材料在氟化盐电解质及熔融铝的化学侵蚀下很快被腐蚀损坏,所以铝电解槽虽然也用一些粘土耐火砖,但 接触电解质及熔融铝的槽膛都是采用炭素材料砌筑而成的。

生产铝电解用炭阳极的原料是无烟煤和冶金焦(有时也加入石墨化冶金焦或石墨碎)。

铝电解用炭阳极的技术要求和包装、标志,中国冶标(YB/T5230—93)作了规定。

铝电解用炭阳极的牌号分为 TY-1 和 TY-2。

### 1.理化性能

炭阳极理化性能应符合表 6-71 规定。

表 6-71 炭阳极的理化性能

| 牌号 | 灰分/% | 电阻率/$\Omega \cdot mm^2 \cdot m^{-1}$ | 耐压强度/$N \cdot mm^{-2}$ | 体积密度/$g \cdot cm^{-3}$ | 真密度/$g \cdot cm^{-3}$ |
|---|---|---|---|---|---|
| | 不大于 | | 不小于 | | |
| TY-1 | 0.5 | 55 | 29 | 1.5 | 2.0 |
| TY-2 | 1.0 | 60 | 29 | 1.5 | 2.0 |

注:抗折强度、热膨胀率和二氧化碳消耗率等 3 项指标由供需双方协商。

### 2.炭阳极的尺寸允许偏差

炭阳极的尺寸允许偏差应符合以下规定:

1)长度,不大于±1.0%;

2)宽度,不大于±1.5%;

3)高度,不大于±3.0%;

4)不直度不大于长度的 1%。

注:炭阳极的规格由供需双方协商。

### 3.外观

(1)成品表面粘结的填充料必须清理干净。

(2)成品表面的氧化面面积不得大于该表面面积的 20%,深度不得超过 5mm。

(3)成品下部掉角、掉棱应符合以下规定(参见图 6-9)。

1)掉角 $e+f+g$ 不大于 300mm;

2)掉角 $e+f+g$ 在 100～300mm 之间的不得多于两处,小于 100mm 的不计;

3)掉棱长度不大于 300mm,深度不大于 60mm;

4)掉棱长度在 100～300mm 之间、深度不大于 60mm 的不得多于两处,长度小于 100mm 的不计。

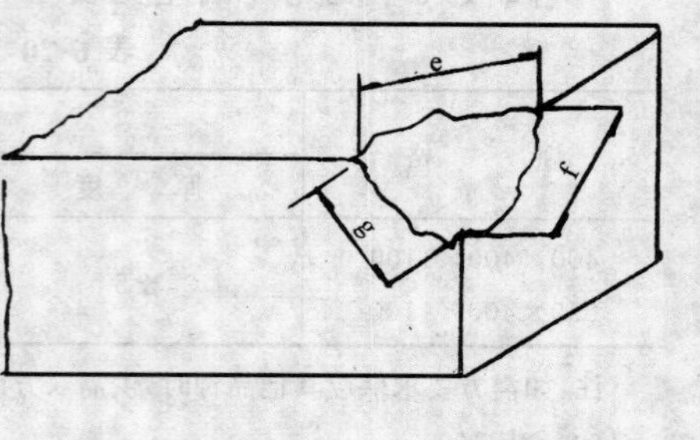

图 6-9 成品的掉角、掉棱情况

(4)棒孔内或孔边缘裂纹长度不大于 80mm,孔与孔之间不允许有连通裂纹。

(5)棒孔上口边缘缺棱长乘宽不大于 80mm×30mm。

(6)棒孔底面凹陷缺损深度不大于 15mm,缺损面积不大于底面积的三分之二(允许人工修补)。

(7)大面裂纹长度不大于 200mm。

### (八)铝电解用普通阴极炭块

铝电解用普通阴极炭块是砌筑铝电解槽槽底用的。这时炭块不仅是电解槽的内衬材料,也是电解槽的阴极。由于炭块是电解槽的阴极,因此除要求底炭块能耐高温及耐腐蚀以外,底炭块的比电阻应尽可能低一些。

铝电解用普通阴极炭块的牌号和技术要求,国家现行标准 GB8743—88 作了规定。

铝电解用普通阴极炭块的牌号分为 TKL-1、TKL-2 和 TKL-3 三种。

1. 理化性能

炭块理化性能应符合表 6-72 规定。

表 6-72 炭块的理化性能

| 牌号 | 灰分 /% | 电阻率 /$\Omega \cdot mm^2 \cdot m^{-1}$ | 破损系数 | 体积密度 /$g \cdot cm^{-3}$ | 真密度 /$g \cdot cm^{-3}$ | 耐压强度 /$N \cdot mm^{-2}$ |
|---|---|---|---|---|---|---|
| | 不大于 | | | 不小于 | | |
| TKL-1 | 8 | 55 | 1.5 | 1.54 | 1.88 | 30 |
| TKL-2 | 10 | 60 | 1.5 | 1.52 | 1.86 | 30 |
| TKL-3 | 12 | 60 | 1.5 | 1.52 | 1.84 | 30 |

2. 炭块的尺寸及允许偏差

炭块的尺寸及允许偏差应符合表 6-73 规定。

表 6-73 炭块的尺寸及允许偏差(mm)

| 规格 | 允许偏差(不大于) | | |
|---|---|---|---|
| | 宽度 | 厚度 | 长度 |
| 400×400×550 | ±10 | ±10 | ±10 |
| 400×400×800<br>400×400×1000<br>400×400×1100<br>400×400×1200<br>400×400×1300<br>400×400×1400<br>400×400×1500<br>400×400×1600<br>400×400×1700<br>400×400×1800<br>400×400×2050<br>400×400×2080 | ±10 | ±10 | ±20 |
| 400×115×480<br>400×115×520<br>400×115×550<br>400×115×600<br>400×115×650<br>400×115×700 | ±10 | ±10 | ±10 |

注:只加工垂直于长度方向的两个端面。

炭块弯曲度应符合表6-74的规定。弯曲度超出规定时,除工作面外可以加工修整。

**表6-74 炭块弯曲度**

| 截面400mm×400mm | 截面400mm×115mm |
|---|---|
| 长度小于或等于1m时:不大于5mm;<br>长度大于1m时:不大于长度的0.5% | 一个大面不大于2mm,另一个大面不大于长度的1.2% |

3.外观

(1)炭块表面应平整。断面组织不允许有空穴,分层缺陷和夹杂物。

(2)炭块表面粘结的填充料必须清理干净。

(3)炭块表面允许有符合表6-75规定的缺陷。

**表6-75 炭块表面允许缺陷尺寸(mm)**

| 缺陷名称 | 缺陷尺寸 | |
|---|---|---|
| | 截面400×400 | 截面400×115 |
| 裂纹(宽度0.2~0.5)<br>(宽度<0.2不计) | 长度≤100<br>(不多于两处) | 长度≤80<br>(不多于两处) |
| 缺角 | 深度≤40 | 深度≤30 |
| 缺棱(深度<10不计) | 深度为10~30<br>长度≤100 | 深度为10~30<br>长度≤100 |

注:1.跨棱裂纹采用连续计算的方法。

2.截面400mm×400mm的炭块,有一个大面不允许有宽度大于0.2mm的裂纹。

**(九)铝电解用半石墨阴极炭块**

铝电解用半石墨阴极炭块用于砌筑铝电解槽。其分类和技术条件国家现行标准GB8744—88作了规定。

铝电解用半石墨底部炭块的牌号分为BSL-1、BSL-2;侧部炭块的牌号为BSL-C。

1.理化性能

底部炭块的理化性能见表6-76。

**表6-76 底部炭块的理化性能**

| 牌号 | 灰分/% | 电阻率/$\Omega \cdot mm^2 \cdot m^{-1}$ | 电解膨胀率/% | 耐压强度/$N \cdot mm^{-2}$ | 体积密度/$g \cdot cm^{-3}$ | 真密度/$g \cdot cm^{-3}$ |
|---|---|---|---|---|---|---|
| | 不大于 | | | 不小于 | | |
| BSL-1 | 7 | 42 | 1.2 | 30 | 1.56 | 1.90 |
| BSL-2 | 8 | 45 | 1.4 | 30 | 1.54 | 1.87 |

侧部炭块的理化性能见表6-77。

**表6-77 侧部炭块理化性能**

| 牌号 | 灰分/% | 耐压强度/$N \cdot mm^{-2}$ | 体积密度/$g \cdot cm^{-3}$ | 真密度/$g \cdot cm^{-3}$ |
|---|---|---|---|---|
| | 不大于 | 不小于 | | |
| BSL-C | 8 | 30 | 1.54 | 1.90 |

2.尺寸及允许偏差

炭块毛坯尺寸及允许偏差见表 6-78。

**表 6-78 炭块毛坯尺寸及允许偏差**

| 名称 | 规格/mm | 允许偏差/mm(不大于) | | |
|---|---|---|---|---|
| | | 宽度 | 厚度 | 长度 |
| 底部炭块毛坯 | 540×470×3350 | ±10 | ±10 | ±20 |
| 侧部炭块毛坯 | 540×375×3100 | | | |
| | 570×420×3150 | | | |

注:表中未列规格可由供需双方协商。

炭块加工后的尺寸及允许偏差见表 6-79。

**表 6-79 炭块加工后的尺寸及允许偏差**

| 名称 | | 加工规格/mm | 允许偏差(不大于) | | | |
|---|---|---|---|---|---|---|
| | | | 宽度/mm | 厚度/mm | 长度/mm | 直角度/(°) |
| 底部炭块 | | 515×450×3250 | ±2 | ±4 | ±15 | ±0.4 |
| 侧部炭块 | 非角部炭块 | 355×123×520 | ±5 | ±5 | ±5 | ±0.4 |
| | | 400×123×550 | | | | |
| | | 400×115×560 | | | | |
| | | 400×115×550 | | | | |
| | | 400×130×500 | | | | |
| | 角部炭块 | $\frac{306}{204}$×123×520 | ±5 | ±5 | ±5 | — |

注:表中未列规格可由供需双方协商。

3. *外观质量*

产品表面应平整。断面组织不允许有空穴、分层和夹杂物。炭块加工后允许的缺陷见表 6-80。

**表 6-80 炭块加工后允许的缺陷**

| 缺陷名称 | 缺陷尺寸/mm |
|---|---|
| 缺角 | $a+b+c\leqslant180$ |
| 缺棱 | $a+b+c\leqslant180$ |
| 面缺陷 | 近似周长$(a+b+c)\leqslant100$<br>深度≤5 |
| 裂纹(宽度 0.5 以下) | 长度($a$ 或 $a+b$)≤60 |

注:1. 跨棱裂纹长度为 $a+b$;

2. $a$、$b$、$c$ 的计算,见图 6-10。

## 四、炭糊

### (一)粗缝糊

粗缝糊为供给砌筑高炉炭块时填塞炭块之间较宽的缝隙用。

生产粗缝糊使用的原料是无烟煤和冶金焦,其生产工艺和电极糊一样,但配料方不同,

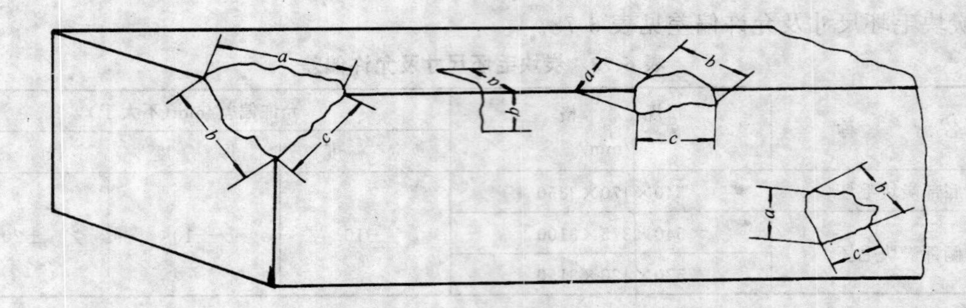


图 6-10 缺陷示意图

加工块长度大于 1m 时，弯曲度不大于长度的 0.1%。

并且粘结剂是使用中温沥青与煤焦油或蒽油的混合物，其目的是适当降低粘结剂的软化点。

粗缝糊的技术条件，冶金工业部现行标准 YB2807—78 作了规定。

1. 理化指标

粗缝糊代号为 THC，理化指标见表 6-81。

表 6-81 粗缝糊的理化指标

| 项 目 | | THC |
|---|---|---|
| 灰分/% | (不大于) | 8 |
| 挥发分/% | (不大于) | 12 |
| 耐压强度(烧结后)/MPa | (不小于) | 14.7 |

注：耐压强度作为参考指标。

2. 粗缝糊配方

粗缝糊的配方应符合表 6-82 的规定。

表 6-82 粗缝糊的配方

| 原 料 | 配方 1/% | 配方 2/% |
|---|---|---|
| 无烟煤 0～8mm | 47±2 | — |
| 冶金焦 0～0.5(混合焦 0～1)mm | 38±2 | 64±2 |
| 土状石墨 0～8mm | — | 20±2 |
| 煤沥青 | 10.5±1 | 4±1 |
| 煤焦油 | — | 12±1 |
| 蒽油 | 4.5±1 | — |

**(二)细缝糊**

细缝糊为专供砌筑高炉块时填塞炭块之间的较小缝隙(1～2mm)用。

生产细缝糊的原料为冶金焦，粘结剂用中温沥青与煤焦油或蒽油的混合物。冶金焦经过烘干后，破碎磨粉，并按配料方称重及加入粘结剂，加热搅拌均匀后装入铁筒。

细缝糊的技术要求，中国冶标(YB2808—91)作了规定。

1. 技术要求

细缝糊理化指标应符合表 6-83 的规定。

表 6-83 细缝糊的理化指标

| 项　　目 | | THX |
|---|---|---|
| 挥发分/% | （不大于） | 45 |
| 挤压缝试验/mm | （不大于） | 1 |

2. 细缝糊的配方

细缝糊的配方应符合表 6-84 的规定。

表 6-84 细缝糊的配方

| 原　　料 | 配方 1/% | 配方 2/% |
|---|---|---|
| 冶金焦 0～0.5(混合焦 0～0.5)mm | 50±1 | 59±1 |
| 煤沥青 | 22.5±1 | — |
| 蒽油 | 27.5±1 | — |
| 煤焦油 | — | 35±1 |
| 柴油 | — | 6±1 |

配方 1、配方 2 干料粒度组成应符合表 6-85 的规定。

表 6-85 干粒粒度组成

| 粒度直径/mm | 1～0.5 | 0.5～0.15 | 0.15～0 |
|---|---|---|---|
| 在干料内的比例/% | <2 | 按比差 | 90～95 |

**（三）电极糊**

电极糊是供给铁合金炉、电石炉等电炉设备使用的导电材料，按其使用方式，也是一种连续自焙电极。用电极糊制成的连续自焙电极工作电流密度较低，一般为 3～6A/cm$^2$，其导电性能与石墨电极或炭电极相比相差较大，但生产电极糊对原料要求不高，制造工艺比较简单，成本也比较低。

生产电极糊的主要原料是无烟煤和冶金焦。目前生产两种不同配方的电极糊。

一种是所谓标准电极糊。大量使用于铁合金炉及中、小型电石炉。这种电极糊采用软化点为 65～75℃（水银法测定）的中沥青为粘结剂。

另一种电极糊，用于封闭型铁合金炉或电石炉。这种封闭型电炉要求电极糊具有较高的导电性与导热性，以及适宜的烧结速度。因此，生产这种电极糊的配料与标准电极糊不同，除用无烟煤为原料外，还使用导电性、导热性较好的石墨化冶金焦或石墨碎以及石油焦、沥青焦等原料，粘结剂也是使用煤沥青与煤焦油（或蒽油）的混合物。

除以上两种电极糊外，有些地方因地制宜利用本地的天然石墨加上冶金焦或沥青焦生产电极糊。

电极糊的分类及技术要求，中国冶标（YB/T5215—93）作了规定。

电极糊的代号以 THD 表示。

电极糊按技术指标分为 THD-1、THD-2、THD-3、THD-4、THD-5 五种牌号。

电极糊的技术指标应符合表 6-86 规定。

表 6-86 电极糊的技术指标

| 项目 \ 牌号 | | THD-1 | THD-2 | THD-3 | THD-4 | THD-5 |
|---|---|---|---|---|---|---|
| 灰分 /% | ≤ | 5.0 | 6.0 | 7.0 | 9.0 | 11.0 |
| 挥发分 /% | | 12.0～15.5 | 12.0～15.5 | 9.5～13.5 | 11.5～15.5 | 11.5～15.5 |
| 耐压强度 /MPa | ≥ | 17.0 | 15.7 | 19.6 | 19.6 | 19.6 |
| 电阻率 /μΩ·m | ≤ | 68 | 75 | 80 | 90 | 90 |
| 体积密度/ g·cm$^{-3}$ | ≥ | 1.36 | 1.36 | 1.36 | 1.36 | 1.36 |

电极糊用铸块机铸成梯形糊。供货中每批允许内直径小于 50mm 的碎糊不超过 3%。

**(四)铝电解用阳极糊**

阳极糊是专供铝电解槽作为阳极导电材料使用的。这种导电材料形成的阳极也称为连续自焙电极。阳极糊本来是电的不良导体,但在阳极壳体中由于受到电解槽高温及通电后电阻发热的作用,在阳极下部逐渐焙烧成导电性能较好的炭阳极。在电解生产中,随着阳极下部不断被氧化消耗掉,阳极必须定期向下移动,同时焙烧带逐渐上移,使焙烧带保持在一定范围的水平上。为了连续不断地进行生产,还必须在壳体上部定期接上新铝壳及补充阳极糊。生产 1t 电解铝,需要消耗 600kg 左右的阳极糊。

生产阳极糊的原料为石油焦、沥青焦。

阳极糊的产品规格有两种:一种是电解槽正常生产使用的富油阳极糊;另一种是新电解槽启动初期使用的贫油阳极糊。这两种糊的原料及生产工艺流程完全相同,仅配料比不同。贫油阳极糊是根据使用单位特殊定货而生产的,一般生产的都是富油阳极糊。

阳极糊的牌号和理化性能,中国冶标(YB/T5228—93)作了规定。

阳极糊的牌号分为 THY-1,THY-2,THY-3 3 种。其理化性能见表 6-87。

表 6-87 阳极糊的理化性能

| 牌 号 | 灰分 /% | 电阻率 /Ω·mm$^2$·m$^{-1}$ | 耐压强度 /N·mm$^{-2}$ | 真密度 /g·cm$^{-3}$ | 体积密度 /g·cm$^{-3}$ |
|---|---|---|---|---|---|
| | 不大于 | | 不小于 | | |
| THY-1 | 0.45 | 75 | 28 | 1.98 | 1.38 |
| THY-2 | 0.60 | 80 | 27 | 1.98 | 1.36 |
| THY-3 | 1.00 | 80 | 27 | 1.98 | 1.36 |

注:1. 如需方对硫及灰分中的三氧化二铁和二氧化硅含量有特殊要求,则由供需双方在订货时协商。

2. 如需方对成品中的沥青含量有特殊要求,则由供需双方在订货时协商。

阳极糊不允许有外来夹杂物。糊块的重量和形状,由供需双方商定。

# 五、国外炭素材料及石墨制品

## (一)圆柱形石墨电极的公称尺寸

圆柱形石墨电极的公称尺寸,国际标准 IEC239—67 规定如下:

产品带有螺纹接头孔和接头,用于电弧炉。尺寸的计量制采用米制为基本计量制。电极直径尺寸,采用公制标称尺寸,是相当于将英寸转换成毫米的近似数值。

1. 直径和长度

经机械加工和套丝的石墨电极的推荐直径和长度见表 6-88。

**表 6-88 经机械加工和套丝的石墨电极的推荐直径和长度**

| 公称直径 | | | 直径公差 | | | 公称长度 |
|---|---|---|---|---|---|---|
| 1 | 2 | 3 | 4 | 5 | 6 | 7 |
| mm | in | 精确地换算成 mm | 最大值 /mm | 最小值 /mm | B/ mm | mm |
| 75 | 3 | (76.2) | 78 | 73 | 72 | 1000—1200—1500 |
| 100 | 4 | (101.6) | 103 | 98 | 97 | 1000—1200—1500 |
| 130 | $5^{1/8}$ | (130.2) | 132 | 127 | 126 | 1000—1200—1500 |
| 150 | 6 | (152.4) | 154 | 149 | 146 | 1200—1500 |
| 175 | 7 | (177.8) | 179 | 174 | 171 | 1200—1500 |
| 200 | 8 | (203.2) | 205 | 200 | 197 | 1500—1800 |
| 225 | 9 | (228.6) | 230 | 225 | 222 | 1500—1800 |
| 250 | 10 | (254.0) | 256 | 251 | 248 | 1500—1800 |
| 300 | 12 | (304.8) | 307 | 302 | 299 | 1500—1800 |
| 350 | 14 | (355.6) | 357 | 352 | 349 | 1500—1800 |
| 400 | 16 | (406.4) | 408 | 403 | 400 | 1500—1800 |
| 450 | 18 | (457.2) | 460 | 454 | 452 | 1500—1800—2100 |
| 500 | 20 | (508.0) | 511 | 505 | 503 | 1800—2100 |
| 550 | 22 | (558.8) | 562 | 556 | 554 | 1800—2100 |
| 600 | 24 | (609.6) | 613 | 607 | 605 | 2100—2400 |

**表 6-89 经机械加工和套丝的石墨电极的长度公差**

| 长度公差/mm | | | 短尺长度①公差/mm | |
|---|---|---|---|---|
| 1 | 2 | 3 | 最大值 | 最小值 |
| 公称尺寸 | 最大值 | 最小值 | | |
| 1000 | +50 | −75 | −75 | −200 |
| 1200 | +50 | −100 | −100 | −225 |
| 1500 | +50 | −100 | −100 | −275 |
| 1800 | +75 | −100 | −100 | −275 |
| 2100 | +75 | −125 | −125 | −275 |
| 2400 | +75 | −125 | −125 | −275 |

①每批货物中允许包括 15%的短尺电极。

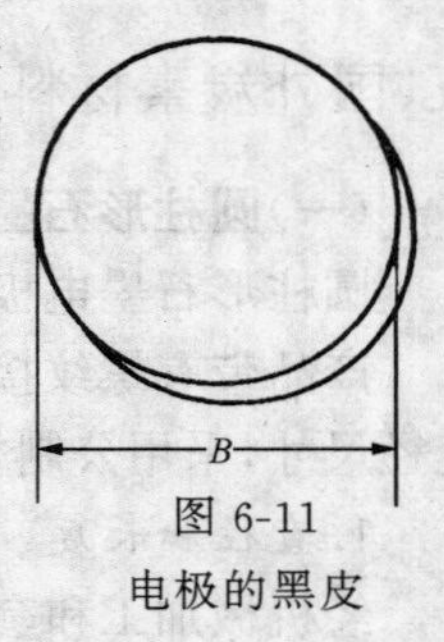

图 6-11
电极的黑皮

有时会有一小部分没有被车刀所触及的表面，在工业上，将这种表面称为“黑皮”。如果经过车削的电极有“黑皮”，那么，图 6-11 上所示的尺寸 $B$，不能小于表 6-88 第 6 栏中所列的数值。

2. 长度公差

经机械加工和套丝的石墨电极的长度公差见表 6-89。

3. 螺纹接头或接头销

螺纹接头或接头销的特性参数见表 6-90。

**表 6-90 螺纹接头或接头销的特性参数**

| 螺纹接头的特性参数 | 电极直径 | |
|---|---|---|
| | 75～200mm 包括 75mm 200mm | 225～600mm 包括 225mm 600mm |
| 1 | 2 | 3 |
| 牙形角 | 4TPI | 4TPI<br>3TPI |
| 齿形角 | 6.35mm 或每英寸 4 齿 | 6.35mm 或每英寸 4 齿(4TPI)<br>8.47mm 或每英寸 3 齿(3TPI) |
| 螺纹角 | 60° | 两种情况下都是 60° |
| 螺纹详图 | 如图所示 | 4TPI 如图 6-12 所示<br>3TPI 如图 6-13 所示 |
| 锥度 | 锥角等于 $2\alpha$，所以：$\tan\alpha=\frac{2.00}{12.00}$ | |

4. 连接螺纹

75～200mm 电极的 4TPI 连接螺纹的特性参数见表 6-91。

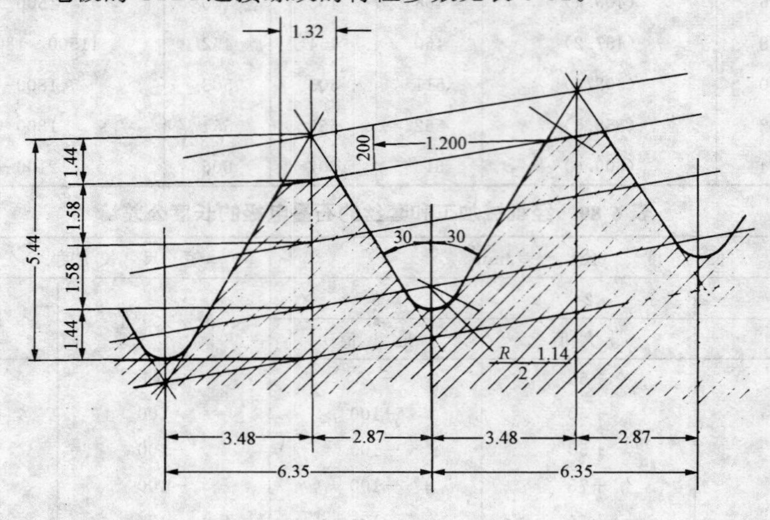


图 6-12 4TPI 螺纹

表 6-91 75～200mm 电极的 4TPI 连接螺纹的特性参数

| 电极直径 | | 接头尺寸/mm | | 种类 |
|---|---|---|---|---|
| mm | in | 直径 $A$ | 长度 $L$ | |
| 1 | 2 | 3 | 4 | 5 |
| 75 | 3 | 46.04 | 76.20 | 46T4 |
| 100 | 4 | 69.85 | 101.60 | 69T4 |
| 130 | $5^{1/8}$ | 79.38 | 127.00 | 79T4 |
| 150 | 6 | 92.08 | 139.70 | 92T4 |
| 175 | 7 | 107.95 | 165.10 | 107T4 |
| 200 | 8 | 122.24 | 177.80 | 122T4 |

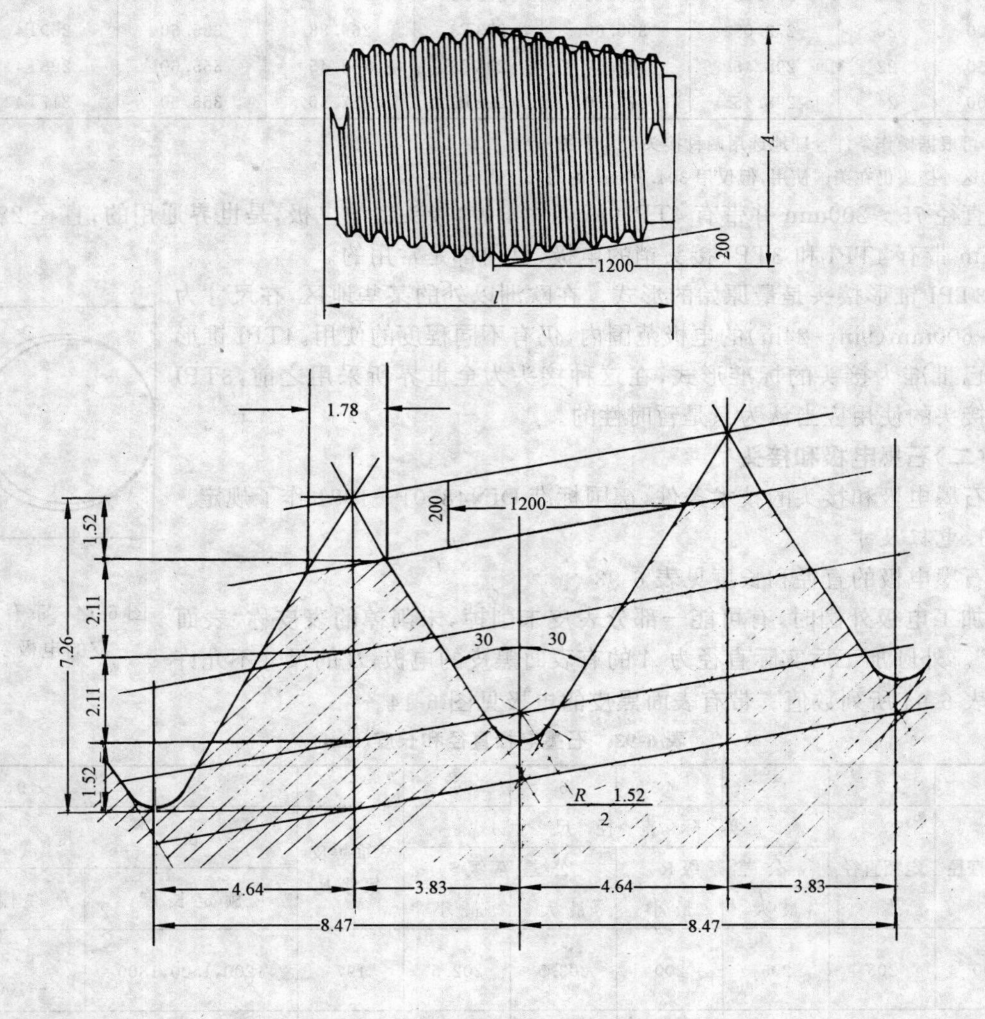


图 6-13 3PTI 螺纹

225～600mm 电极的 3TPI 和 4TPI 连接螺纹的特性参数见表 6-92。

表 6-92 225～600mm 电极的 3TPI 和 4TPI 连接螺纹的特性参数

| 电极直径 | | 3TPI | | | 4TPI | | |
|---|---|---|---|---|---|---|---|
| | | 接头尺寸/mm | | 种类 | 接头尺寸/mm | | 种类 |
| mm | in | 直径 $A$ | 长度 $L$ | | 直径 $A$ | 长度 $L$ | |
| 1 | 2 | 3 | 4 | 5 | 6 | 7 | 8 |
| 225 | 9 | 139.70 | 203.20 | 139T3 | 139.70 | 177.80 | 139T4 |
| 250 | 10 | 155.58 | 220.10 | 155T3 | 152.40 | 190.50 | 155T4 |
| 300 | 12 | 177.17 | 270.90 | 177T3 | 177.80 | 215.90 | 177T4 |
| 350 | 14 | 215.90 | 304.80 | 215T3 | 203.20 | 254.00 | 203T4 |
| 400 | 16① | 215.90 | 304.80 | 215T3② | | | |
| | | 241.30 | 338.60 | 241T3 | 222.25 | 304.80 | 222T4 |
| 450 | 18① | 241.30 | 338.60 | 241T3② | 241.30 | 304.80 | 241T4 |
| | | 273.05 | 355.60 | 273T3 | | | |
| 500 | 20 | 273.05 | 355.60 | 273T3 | 269.88 | 355.60 | 269T4 |
| 550 | 22 | 298.45 | 372.50 | 298T3 | 298.45 | 355.60 | 298T4 |
| 600 | 24 | 298.45 | 372.50 | 298T3 | 317.50 | 355.60 | 317T4 |

①可根据操作条件合理地选用两种接头尺寸中的一种；

②这种接头仍在美国使用，但仅用 304.80mm 的短长度上。

直径 75～200mm 并带有 4TPI（每英寸 4 齿）接头销的电极，是世界通用的；直径 225～600mm 带有 4TPI 和 3TPI 接头销的电极，目前都是常用的。

3TPI 锥形接头是最原始的形式。在欧洲以外的某些地区，在尺寸为 225～600mm（9in～24in）的电极范围内，仍有不同程度的使用。4TPI 锥形接头已批准为接头的标准形式，在这种接头为全世界所采用之前，3TPI 锥形接头的使用应当认为只是暂时性的。

图 6-14 带有黑皮的电极

## （二）石墨电极和接头

石墨电极和接头的技术条件，德国标准 DIN48601—1981 作了规定。

### 1. 电极尺寸

石墨电极的直径和长度见表 6-93。

加工电极外圆时，有可能一部分表皮未削掉，未削掉的表皮称“表面黑皮”。外圆加工后实际直径为 $A$ 的有表面黑皮的电极，$B$ 的尺寸不允许小于表 6-94 所列数值。带有表面黑皮的电极见图 6-14。

表 6-93 石墨电极直径和长度（mm）

| 1 | 2 | 3 | 4 | 5 | 6 | 7 | 8 | 9 |
|---|---|---|---|---|---|---|---|---|
| 公称直径 | 定额直径 | 实际直径尺寸 $A$ | | | | 表面黑皮尺寸 $B$ | 长度 | |
| | | 公差等级 R | | 公差等级 S | | | 额定长度 | 允许偏差 |
| | | 最大 | 最小 | 最大 | 最小 | | | |
| 200 | 203 | 205 | 200 | 203.5 | 202.5 | 197 | 1200,1500,1800 | +75<br>−100 |
| 250 | 254 | 256 | 251 | 254.5 | 253.5 | 248 | 1200,1500,1800 | +75<br>−100 |

续表 6-93

| 1 | 2 | 3 | 4 | 5 | 6 | 7 | 8 | 9 |
|---|---|---|---|---|---|---|---|---|
| 公称直径 | 定额直径 | 实际直径尺寸 $A$ | | | | 表面黑皮尺寸 $B$ | 长度 | |
| | | 公差等级R | | 公差等级S | | | 额定长度 | 允许偏差 |
| | | 最大 | 最小 | 最大 | 最小 | | | |
| 300 | 305 | 307 | 302 | 305.5 | 304.5 | 299 | 1500,1800,2100 | +75<br>−100 |
| 350 | 356 | 357 | 352 | 356.5 | 355.5 | 349 | 1500,1800,2100 | +75<br>−100 |
| 400 | 406 | 408 | 403 | 406.5 | 405.5 | 400 | 1500,1800,2100 | +75<br>−100 |
| 450 | 457 | 460 | 454 | 457.5 | 456.5 | 452 | 1500 | +75<br>−100 |
| | | | | | | | 1800,2100,2400 | +100<br>−150 |
| 500 | 508 | 511 | 505 | 508.5 | 507.5 | 503 | 1800,2100,2400 | +100<br>−150 |
| 550 | 559 | 562 | 556 | 559.5 | 558.5 | 554 | 1800,2100,2400 | +100<br>−150 |
| 600 | 610 | 613 | 607 | 610.5 | 609.5 | 605 | 2100,2400,2700 | +100<br>−150 |
| 650 | 660 | 663 | 657 | 660.5 | 659.5 | 655 | 2100,2400,2700 | +100<br>−150 |
| 700 | 711 | 714 | 708 | 711.5 | 710.5 | 705 | 2100,2400,2700 | +100<br>−150 |

每 25.4mm 三扣和每 25.4mm 四扣螺纹型的石墨电极螺纹接头孔的尺寸见图 6-15～图 6-18、表 6-94 和表 6-95。

**表 6-94 石墨电极螺纹接头孔尺寸（螺纹型：T3）**

| 电极公称直径 | 螺纹缩写符号 | 外径 $d_1$ | 中径 $d_2$ | 内径 $d_3$ | 接头孔深度 $L_1$ | 螺纹长度 $L_2$ |
|---|---|---|---|---|---|---|
| 250 | 155T3S | 157.10 | 151.36 | 147.15 | 116.0 | 112.0 |
| 300 | 177T3S | 178.69 | 172.95 | 168.74 | 141.5 | 137.5 |
| 350 | 215T3S | 217.43 | 211.69 | 207.48 | 158.4 | 154.4 |
| 400 | 215T3S | 217.43 | 211.69 | 207.48 | 158.4 | 154.4 |
| | 241T3S | 242.83 | 237.09 | 232.88 | 175.3 | 171.3 |
| 450 | 241T3S | 242.83 | 237.09 | 232.88 | 175.3 | 171.3 |
| | 273T3S | 274.58 | 268.84 | 264.63 | 183.8 | 179.8 |
| 500 | 273T3S | 274.58 | 268.84 | 264.63 | 183.8 | 179.8 |
| 550 | 298T3S | 299.98 | 294.24 | 290.03 | 192.2 | 188.2 |

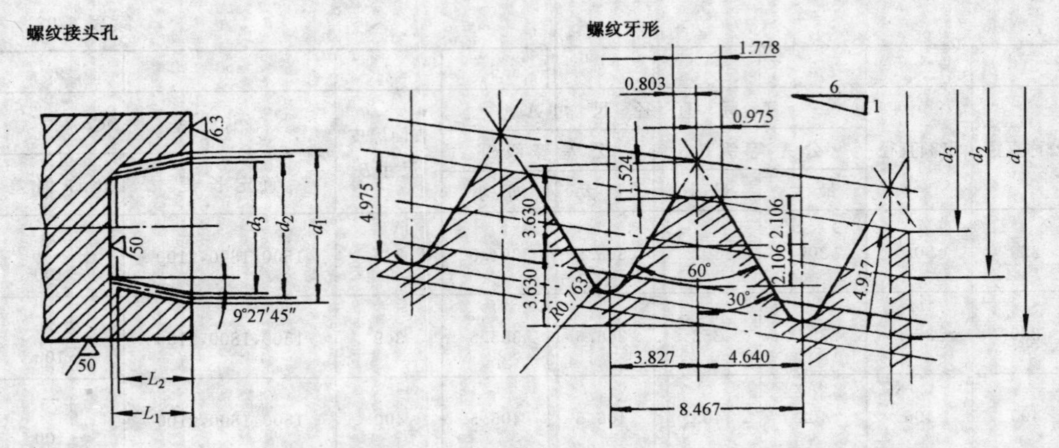


图 6-15 螺纹型 25.4mm3 扣 螺丝接头孔

图 6-16 螺纹型 25.4mm3 扣 螺纹牙形

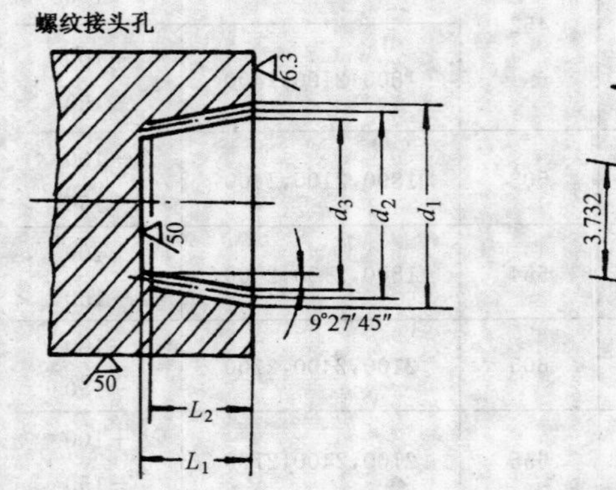


图 6-17 螺纹型 25.4mm4 扣

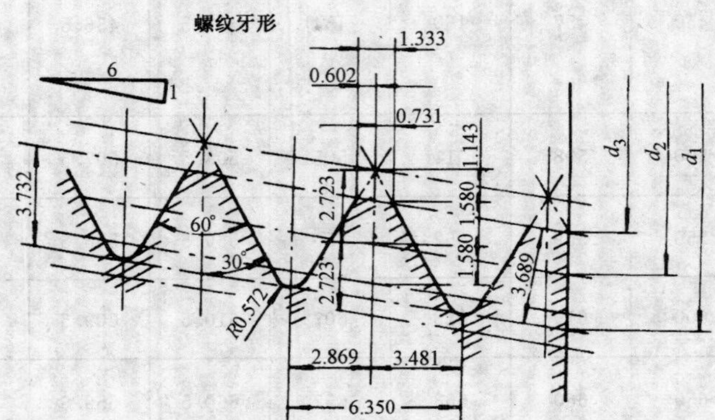


图 6-18 螺纹型 25.4mm4 扣

**表 6-95 石墨电极螺纹接头孔的尺寸(螺纹型:T4)**

| 电极<br>公称直径 | 螺纹<br>缩写符号 | 外径<br>$d_1$ | 中径<br>$d_2$ | 内径<br>$d_3$ | 接头孔深度<br>$L_1$ | 螺纹长度<br>$L_2$ |
|---|---|---|---|---|---|---|
| 200 | 122T4S | 123.38 | 119.08 | 115.92 | 94.9 | 90.9 |
| 250 | 152T4S | 153.54 | 149.24 | 146.08 | 101.3 | 97.3 |
| 300 | 177T4S | 178.94 | 174.64 | 171.48 | 114.0 | 110.0 |
| 350 | 203T4S | 204.34 | 200.04 | 196.88 | 133.0 | 129.0 |
| 400 | 222T4S | 223.39 | 219.09 | 215.93 | 158.4 | 154.4 |
| 450 | 241T4S | 242.44 | 238.14 | 234.98 | 158.4 | 154.4 |
| 500 | 269T4S | 271.02 | 266.72 | 263.56 | 183.8 | 179.8 |
| 550 | 298T4S | 299.59 | 295.29 | 292.13 | 183.8 | 179.8 |
| 600 | 317T4S | 318.64 | 314.34 | 311.18 | 183.8 | 179.8 |
| 650 | 355T4S | 356.74 | 352.44 | 349.28 | 234.6 | 230.6 |
| 700 | 374T4S | 375.79 | 371.49 | 360.33 | 234.6 | 230.6 |

2. 接头尺寸

接头的直径和长度见图 6-19 和图 6-22、表 6-96 和表 6-97。

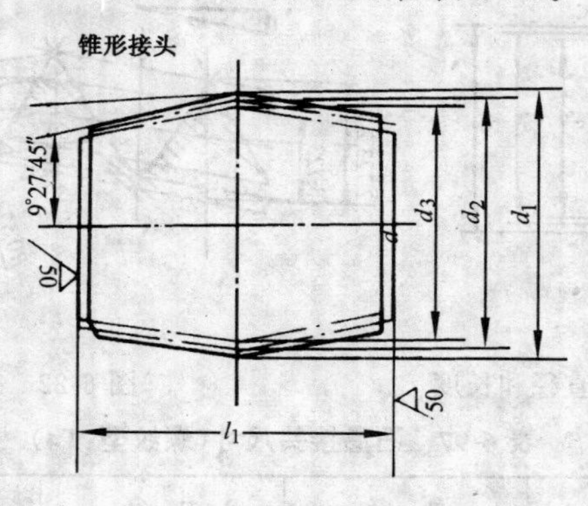


图 6-19 接头的直径和长度

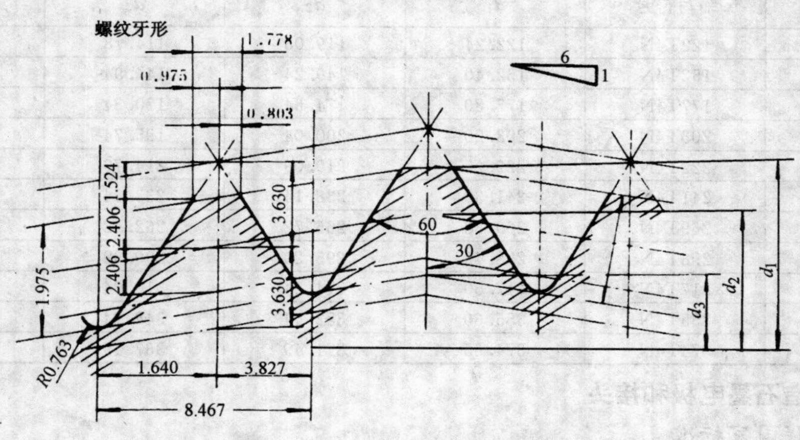


图 6-20 接头的直径和长度

**表 6-96 石墨接头尺寸(螺纹型:T3)**

| 电极公称直径 | 螺纹缩写符号 | 外径 $d_1$ | 中径 $d_2$ | 内径 $d_3$ | 接头长度 $L_1$ |
|---|---|---|---|---|---|
| 250 | 155T3N | 155.57 | 151.36 | 145.62 | 220.0 |
| 300 | 177T3N | 177.16 | 172.95 | 167.21 | 270.9 |
| 350 | 215T3N | 215.90 | 211.69 | 205.95 | 304.8 |
| 400 | 215T3N | 215.90 | 211.69 | 205.95 | 304.8 |
| | 241T3N | 241.30 | 237.09 | 231.35 | 338.7 |
| 450 | 241T3N | 241.30 | 237.09 | 231.35 | 338.7 |
| | 273T3N | 273.05 | 268.84 | 263.10 | 355.6 |
| 500 | 273T3N | 273.05 | 268.84 | 263.10 | 355.6 |
| 550 | 298T3N | 298.45 | 294.24 | 288.50 | 372.4 |

锥形接头

图 6-21 接头的直径和长度

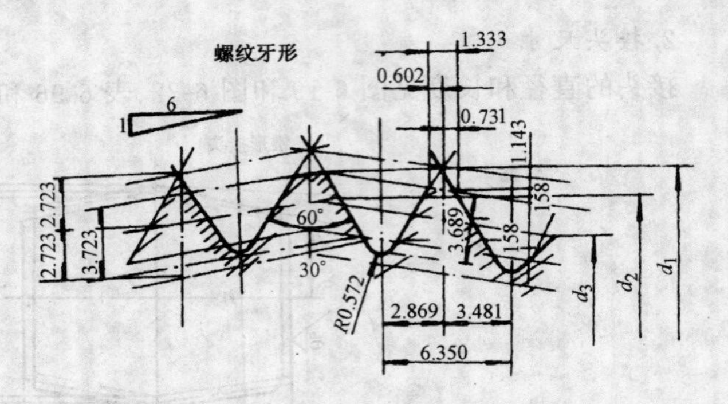


图 6-22 接头的直径和长度

**表 6-97 石墨接头尺寸(螺纹型:T4)**

| 电极<br>公称直径 | 螺纹<br>缩写符号 | 外径<br>$d_1$ | 中径<br>$d_2$ | 内径<br>$d_3$ | 接头长度<br>$L_1$ |
|---|---|---|---|---|---|
| 200 | 122T4N | 122.24 | 119.08 | 114.78 | 177.8 |
| 250 | 152T4N | 152.40 | 149.24 | 144.94 | 190.5 |
| 300 | 177T4N | 177.80 | 174.64 | 170.34 | 215.9 |
| 350 | 203T4N | 203.20 | 200.04 | 195.74 | 254.0 |
| 400 | 222T4N | 222.25 | 219.09 | 214.79 | 304.8 |
| 450 | 241T4N | 241.30 | 238.14 | 233.84 | 304.8 |
| 500 | 269T4N | 269.88 | 266.72 | 262.42 | 355.6 |
| 550 | 298T4N | 298.45 | 295.29 | 290.99 | 355.6 |
| 600 | 317T4N | 317.50 | 314.34 | 310.04 | 355.6 |
| 650 | 355T4N | 355.60 | 352.44 | 348.14 | 457.2 |
| 700 | 374T4N | 374.65 | 371.49 | 367.19 | 457.4 |

## (三)人造石墨电极和接头

### 1. 前苏联国家标准

人造石墨电极和接头的技术条件,前苏联国家标准 ГОСТ4426—80 作了规定。

(1)标号 人造石墨电极标号为:ЭГОО、ЭГООА、ЭГО、ЭГОА、ЭГ、ЭГА。

(2)尺寸 人造石墨电极尺寸见表 6-98。

**表 6-98 人造石墨电极尺寸**

| 直径/mm | | 长度/mm | |
|---|---|---|---|
| 公称值 | 极限误差 | 公称值 | 极限误差 |
| (75) | +1.5<br>−1.5 | 1100 | ±100 |
| 100 | | 1100 | |
| 150 | | 1200 | |
| 150 | | 1300 以上 | +300 |
| 200 | | 1500 | ±100 |
| 250;300;350;400 | +25<br>−1.5 | 1500 | ±150 |
| (450) | +3.0<br>−2.0 | 1700 | ±200 |
| 500 | | 1700 | ±200 |
| 500 | | 1900 以上 | +500 |
| 555 | | 1700 | ±200 |
| 555 | | 1900 以上 | +500 |

注:写在括号中的电极直径在新加工中不采用。

直径 250mm 和大于 250mm 的电极和接头，必须附有锥形螺纹，直径为 200mm 和小于 200mm 的电极和接头，必须附有梯形圆柱螺纹。

接头的锥形螺纹和电极内的接头孔的锥形螺纹的尺寸见表 6-99 和图 6-23～图 6-26。

**表 6-99 锥形螺纹的电极和接头的尺寸(mm)**

| 电极直径 $D_{公称}$ | 接头 | | | | | | | |
|---|---|---|---|---|---|---|---|---|
| | $d$ | | $d_2$ | | $L$ | | $0.50L$ | |
| | 公称值 | 极限误差 | 公称值 | 极限误差 | 公称值 | 极限误差 | 公称值 | 极限误差 |
| 250 | 152.40 | −0.25 | 120.60 | −0.25 | 190.50 | | 95.25 | |
| 300 | 177.80 | −0.25 | 141.80 | −0.25 | 215.90 | | 107.95 | |
| 350 | 203.20 | −0.25 | 160.80 | −0.25 | 254.00 | | 127.00 | |
| 400 | 222.25 | −0.25 | 171.40 | −0.25 | 304.80 | −2.00 | 152.40 | −1.00 |
| 450 | 241.30 | −0.30 | 190.50 | −0.30 | 304.80 | | 152.40 | |
| 500 | 269.88 | −0.30 | 210.60 | −0.30 | 355.60 | | 177.80 | |
| 555 | 298.45 | −0.30 | 239.20 | −0.30 | 355.60 | | 177.80 | |
| 555 | 298.45 | −0.30 | 236.37 | −0.30 | 372.50 | | 186.25 | |

| 电极直径 $D_{公称}$ | 接头孔 | | | | | | 接头和接头孔 | |
|---|---|---|---|---|---|---|---|---|
| | $d_1$ | | $H$ | | $\alpha$ | | | |
| | 公称值 | 极限误差 | 公称值 | 极限误差 | 公称值 | 极限误差 | 直径(参考)$d_2$ | 螺距 |
| 250 | 146.08 | | 103.00 | | | +11′00″ −3′30″ | 149.24 | 6.35 |
| 300 | 171.48 | | 116.00 | | | +9′00″ −3′30″ | 174.64 | 6.35 |
| 350 | 196.88 | | 135.00 | | | +8′30″ −2′00″ | 200.04 | 6.35 |
| 400 | 215.93 | +0.30 | 160.00 | +1.00 | 9°27′45″ | +6′30″ −2′30″ | 219.09 | 6.35 |
| 450 | 234.98 | | 160.00 | | | +6′30″ −2′30″ | 238.14 | 6.35 |
| 500 | 263.55 | | 186.00 | | | +5′30″ −2′30″ | 266.72 | 6.35 |
| 555 | 292.13 | | 186.00 | | | +5′30″ −2′30″ | 295.29 | 6.35 |
| 555 | 290.01 | | 194.00 | | | +5′30″ −2′30″ | 294.23 | 8.47 |

接头的梯形圆柱螺纹和电极内的接头孔的梯形圆柱螺纹的尺寸见表 6-100 和图 6-27～图 6-29。

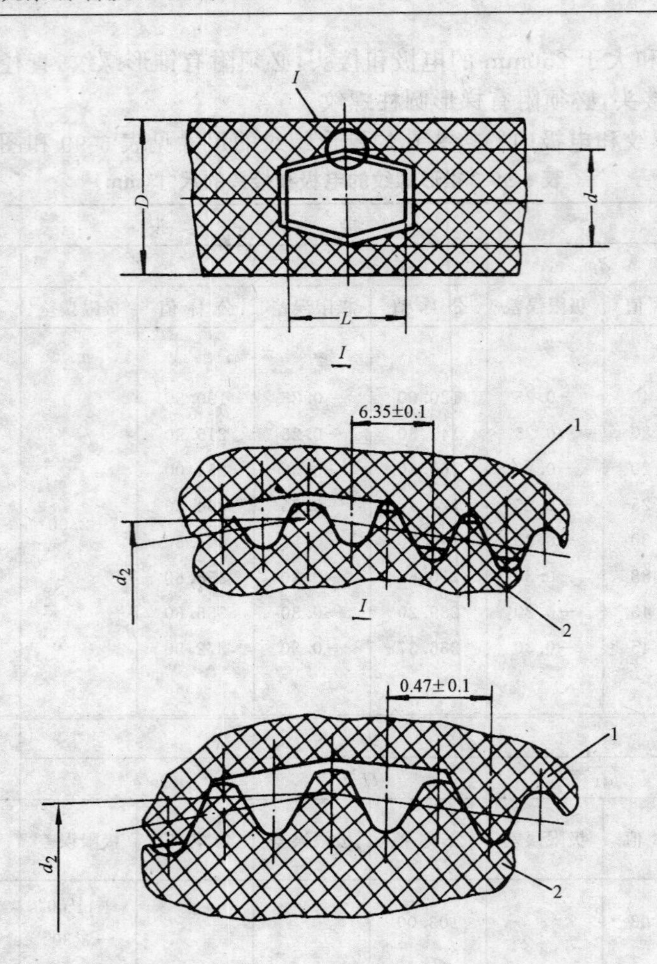


图 6-23 锥形螺纹接头的配合

1—电极； 2—接头

**表 6-100 梯形圆柱螺纹的电极和接头尺寸(mm)**

| 电极直径 $D_{公称}$ | 接头 | | | | L | |
|---|---|---|---|---|---|---|
| | d | | $d_1$ | | | |
| | 公称值 | 极限误差 | 公称值 | 极限误差 | 公称值 | 极限误差 |
| 75 | 41.2 | −0.5 | 33.8 | −0.5 | 103.0 | −1.0 |
| 100 | 66.7 | −0.5 | 59.3 | −0.5 | 135.0 | −1.0 |
| 150 | 88.9 | −0.5 | 81.5 | −0.5 | 169.0 | −1.0 |
| 200 | 122.2 | −0.5 | 114.8 | −0.5 | 203.0 | −1.0 |

| 电极直径 $D_{公称}$ | 接头孔 | | | | | | 螺纹螺距 |
|---|---|---|---|---|---|---|---|
| | d | | $d_1$ | | 深度 H | | |
| | 公称值 | 极限误差 | 公称值 | 极限误差 | 公称值 | 极限误差 | |
| 75 | 42.5 | +0.5 | 35.1 | +0.5 | 53.0 | +0.5 | 8.47 |
| 100 | 68.0 | +0.5 | 60.6 | +0.5 | 69.0 | +0.5 | 8.47 |
| 150 | 90.2 | +0.5 | 82.8 | +0.5 | 86.0 | +0.5 | 8.47 |
| 200 | 123.5 | +0.5 | 116.1 | +0.5 | 103.0 | +0.5 | 8.47 |

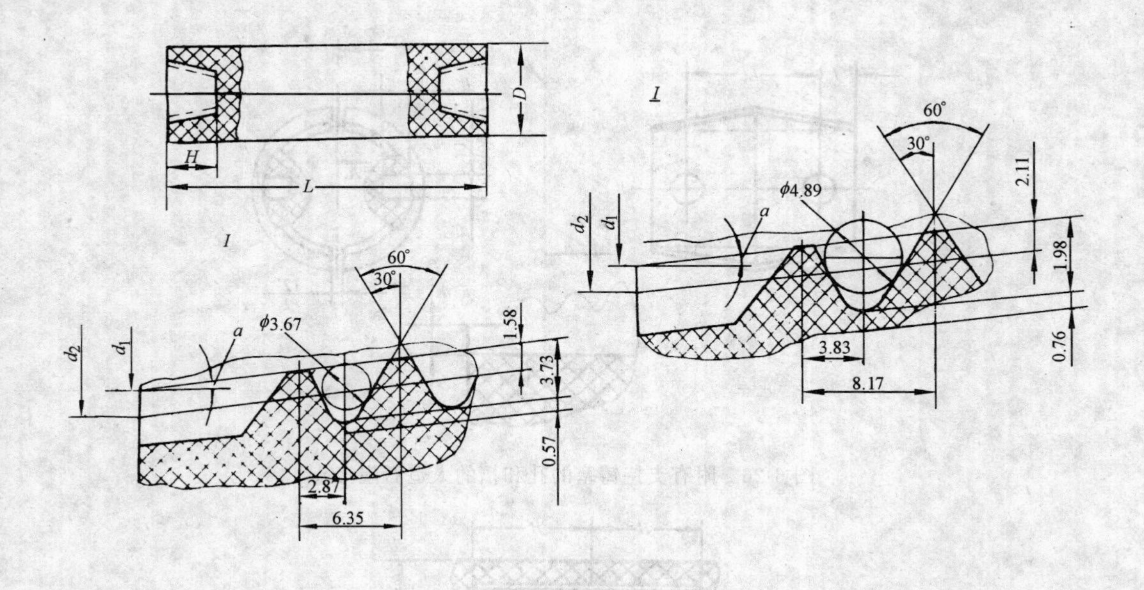


图 6-24 人造石墨电极

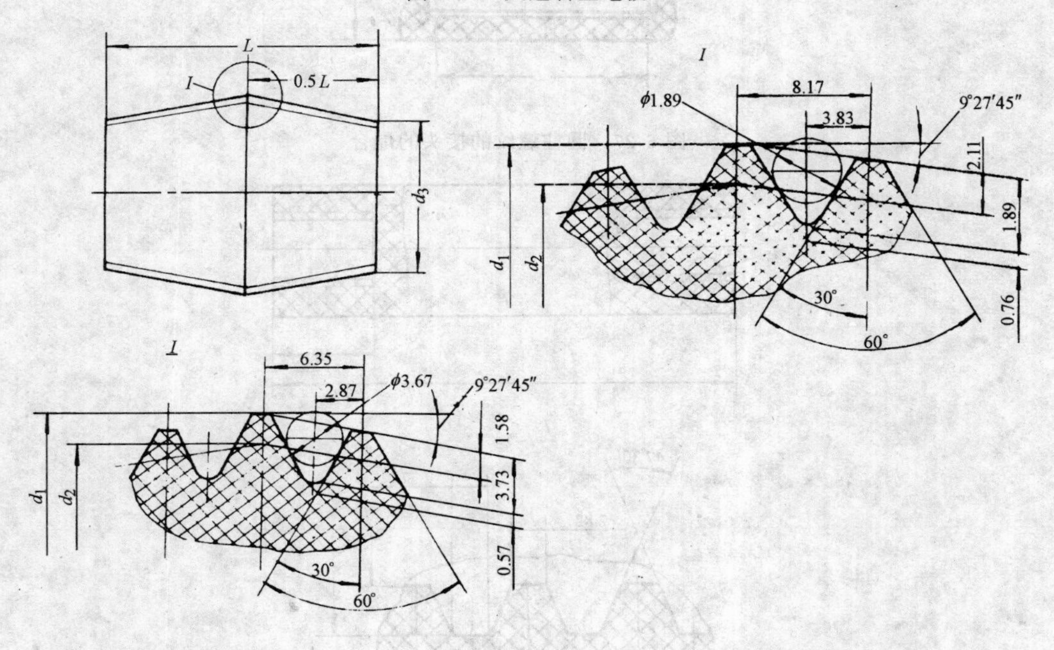


图 6-25 人造石墨接头

(3)技术要求

1)电阻率：电极和接头的电阻率见表 6-101 和表 6-102。

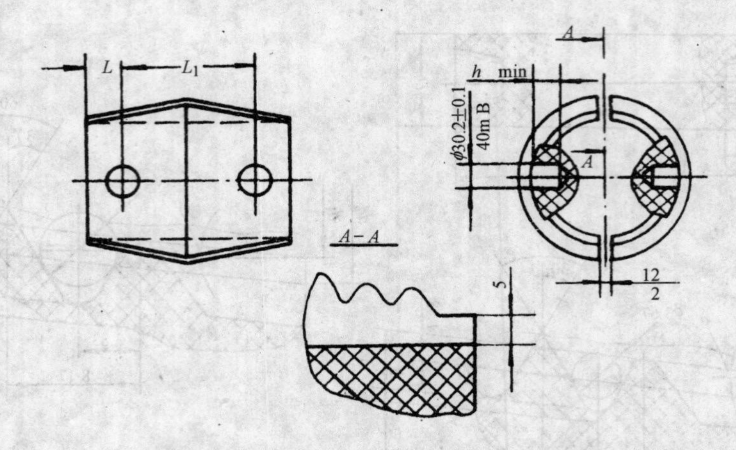


图 6-26　附有支持铸塞的孔和槽的人造石墨接头

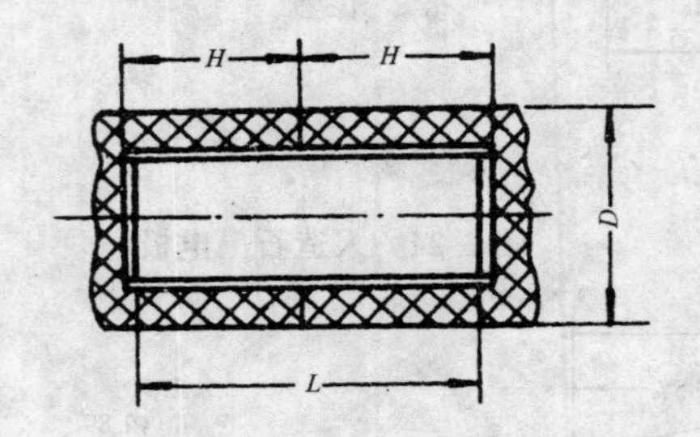


图 6-27　圆柱螺纹的接头的配合

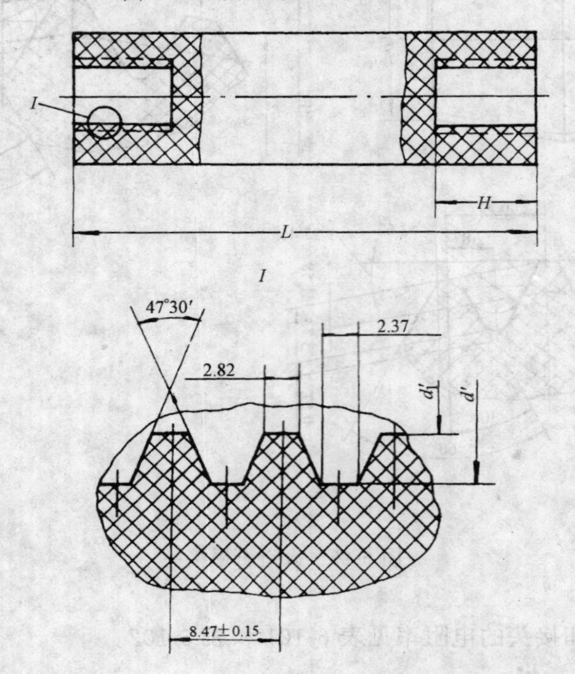


图 6-28　人造石墨电极

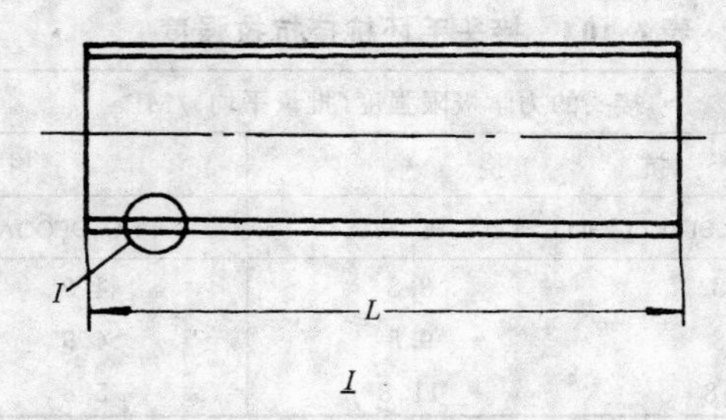


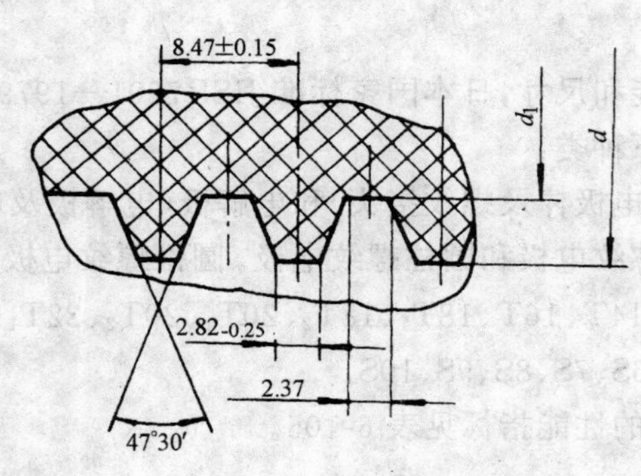


图 6-29 人造石墨接头

**表 6-101 电极电阻率**

| 电极直径 /mm | 电极的电阻率/μΩ·m | | |
|---|---|---|---|
| | ЭГОО,ЭГООА,不大于 | ЭГО,ЭГОА | ЭГ,ЭГА |
| 75～200 | 7.5 | 7.6～8.0 | 8.1～10.0 |
| 250～400 | 8.0 | 8.1～9.0 | 9.1～12.0 |
| 450～555 | 8.0 | 8.1～9.0 | 9.1～12.5 |

**表 6-102 接头电阻率**

| 接头毛坯直径 /mm | 接头毛坯的电阻率/μΩ·m (不大于) | |
|---|---|---|
| | ЭГОО,ЭГООА | ЭГО,ЭГОА,ЭГ,ЭГА |
| 75～150 | 7.0 | 8.0 |
| 175～200 | 7.5 | 9.0 |
| 225～300 | 7.5 | 8.0 |

2)强度:电极和接头的抗折和抗拉极限强度见表 6-103 和表 6-104。

**表 6-103 电极抗折抗拉强度**

| 电极直径 /mm | 电极的力学极限强度(批量平均)/MPa (不大于) | | | |
|---|---|---|---|---|
| | 抗折 | | 抗拉 | |
| | ЭГОО,ЭГООА | ЭГО,ЭГОА,ЭГ,ЭГА | ЭГОО,ЭГООА | ЭГО,ЭГНА,ЭГ,ЭГА |
| 75～200 | 7.8 | 7.4 | 3.4 | 3.4 |
| 250～400 | 6.9 | 6.9 | 3.4 | 3.4 |
| 450～555 | 6.4 | 6.4 | 2.9 | 2.9 |

表 6-104 接头毛坯抗挠抗拉强度

| 接头毛坯直径/mm | 接头的力学极限强度(批量平均)/MPa | | 不大于 | |
|---|---|---|---|---|
| | 抗挠 | | 抗拉 | |
| | ЭГОО,ЭГООА,ЭГО,ЭГОА,ЭГ,ЭГА | | ЭГОО,ЭГООА | ЭГО,ЭГОА,ЭГ,ЭГА |
| 75～150 | 9.8 | 8.8 | 4.9 | 3.9 |
| 175～225 | 9.8 | 9.8 | 4.9 | 4.9 |
| 250～300 | 11.8 | 11.8 | 5.8 | 5.8 |

2. 日本国家标准

人造石墨电极的性能和尺寸，日本国家标准 JISR7201—1979 规定如下：

人造石墨电极有如下种类：

电极分为圆形电极(电极棒及螺纹接头)和电解极(电解板及电解棒)。

圆形电极分为圆锥螺纹电极和圆柱螺纹电极。圆锥螺纹电极有 3T、4T、51/8T、6T、7T、8T、$9T_1$、$9T_2$、10T、12T、14T、16T、$18T_1$、$18T_2$、$20T_1$、$20T_2$、$22T_1$、$22T_2$、$24T_1$、$24T_2$；圆柱螺纹电极有 3S、4S、51/8S、6S、7S、8S、9S、10S。

(1)性能指标　电极的性能指标见表 6-105。

表 6-105 电极性能表

| 项目 | 圆形电极 | | | | | | | 电解板及电解棒 |
|---|---|---|---|---|---|---|---|---|
| | 电极棒 | | | | | 螺纹接头 | | |
| | 3S～6S 3T～6T | 7S～10S 7T～10T | 12T～16T | $18T_1$,$20T_1$ $18T_2$,$20T_2$ | $22T_1$,$24T_1$ $22T_2$,$24T_2$ | 3S～10S 3T～12T | $24T_1$ 14T～$24T_2$ | |
| 比电阻/μΩ | ≤11.0 | ≤12.0 | ≤13.0 | | ≤14.0 | ≤10.0 | ≤11.0 | ≤11.0 |
| 抗弯强度/MPa | 9.8 | 7.85 | 4.9 | 3.92 | 2.94 | 12.75 | 10.79 | 17.65 |
| 杨氏模量/MPa | — | — | 137.3 | 127.5 | 117.7 | — | — | — |
| 灰分/% | 〔≤1.0〕 | | | | | | | 〔≤0.2〕 |

(2)形状和尺寸　圆形电极是由电极棒和连接用的螺纹接头所组成的。其形状见图 6-30。

圆形电极的直径和长度见表 6-106。

表 6-106 圆形电极棒的公称直径和长度(mm)

| 种类 | 公称直径 | 公称长度 | | | | | |
|---|---|---|---|---|---|---|---|
| 3T,3S | 75 | 1000 | — | — | — | — | — |
| 4T,4S | 100 | 1000 | 1200 | — | — | — | — |
| $5_{1/8}$T,$5_{1/8}$S | 130 | 1000 | 1200 | 1500 | — | — | — |
| 6T,6S | 150 | — | 1200 | 1500 | — | — | — |
| 7T,7S | 175 | — | 1200 | 1500 | — | — | — |
| 8T,8S | 200 | — | — | 1500 | 1800 | — | — |
| $9T_1$,$9T_2$,9S | 225 | — | — | 1500 | 1800 | — | — |
| 10T,10S | 250 | — | — | 1500 | 1800 | | — |
| 12T | 300 | — | — | 1500 | 1800 | — | — |
| 14T | 350 | — | — | 1500 | 1800 | — | — |

续表 6-106

| 种类 | 公称直径 | 公称长度 | | | | | |
|---|---|---|---|---|---|---|---|
| 16T | 400 | — | — | 1500 | 1800 | — | — |
| $18T_1$,$18T_2$ | 450 | — | — | — | 1800 | 2100 | 2400 |
| $20T_1$,$20T_2$ | 500 | — | — | — | 1800 | 2100 | 2400 |
| $22T_1$,$22T_2$ | 550 | — | — | — | 1800 | 2100 | 2400 |
| $24T_1$,$24T_2$ | 600 | — | — | — | — | 2100 | 2400 |

注:1. 圆形电极种类的表示方法,是由代表公称直径的数字与表示连接部形状的代号组合而表示;

2. 圆形电极棒种类和公称长度组合在一起,例如在只表示电极棒时,则用“16T×11500 电极棒”,另外,在只表示螺纹接头时,可以与其对称电极棒为基准,称作“16T 用螺纹接头”。

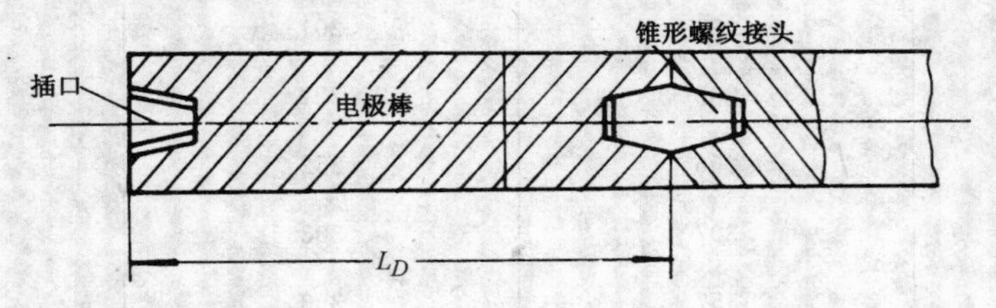


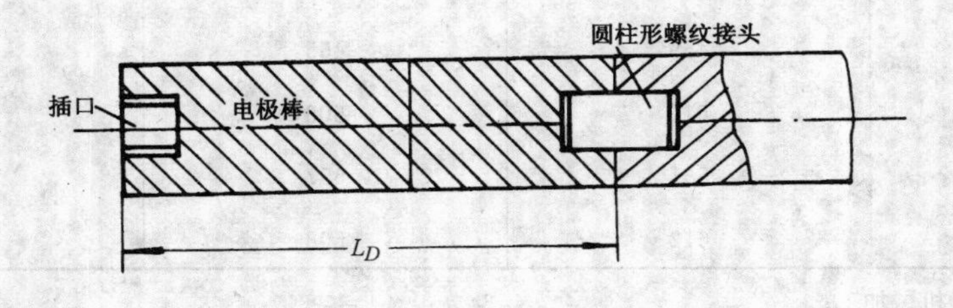


图 6-30 圆形电极形状

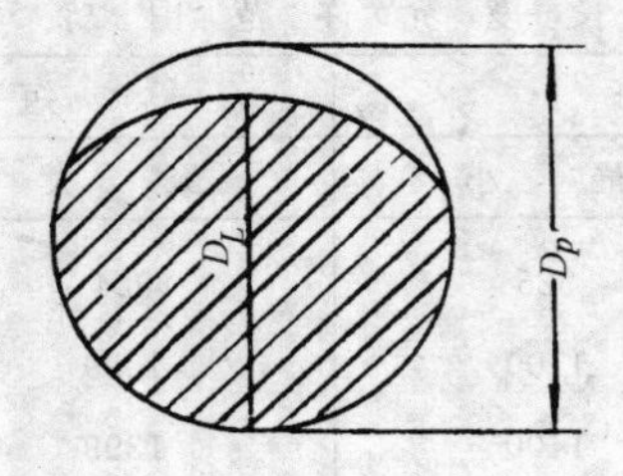


图 6-31 电极棒的直径和黑皮部直径

电极棒的端面边缘,可加工成半径小于 2mm 的倒圆,

或加工成小于 2mm 的倒角

圆形电极棒直径的允许范围见表 6-107。

表 6-107 圆形电极棒直径的允许范围(mm)

| 公称直径 | 直径允许范围 $D_p$ | | 黑皮部直径 $D_L$ |
|---|---|---|---|
| | 最大 | 最小 | 最小 |
| 75 | 77 | 74 | 72 |
| 100 | 102 | 99 | 97 |
| 130 | 131 | 128 | 126 |
| 150 | 154 | 151 | 148 |
| 175 | 179 | 176 | 173 |
| 200 | 204 | 201 | 198 |
| 225 | 230 | 227 | 224 |
| 250 | 256 | 252 | 249 |
| 300 | 307 | 303 | 300 |
| 350 | 357 | 353 | 350 |
| 400 | 408 | 404 | 401 |
| 450 | 459 | 455 | 452 |
| 500 | 510 | 506 | 503 |
| 550 | 561 | 557 | 554 |
| 600 | 612 | 608 | 605 |

注:1. 外侧表面为机械加工;

2. 所谓黑皮部分,系指机械加工时刀具没有加工到的那一部分。但其面积不得超过外周部总面积的10%(参照图6-31)。

圆形电极棒长度允许范围见表 6-108。

表 6-108 圆形电极棒长度的允许范围 (mm)

| 公称长度 | 长度允许范围 $L_p$ | | | |
|---|---|---|---|---|
| | 标准形 | | 短尺形 | |
| | 最大 | 最小 | 最大 | 最小 |
| 1000 | 1050 | 925 | 924 | 900 |
| 1200 | 1250 | 1100 | 1099 | 1051 |
| 1500 | 1550 | 1400 | 1399 | 1251 |
| 1800 | 1875 | 1700 | 1699 | 1551 |
| 2100 | 2175 | 1975 | 1974 | 1876 |
| 2400 | 2475 | 2275 | 2274 | 2176 |

注:短尺产品,允许占出厂批量的15%。

圆锥螺纹圆形电极的连接部(即电极棒的插口和螺纹接头)的形状、尺寸及其偏差见图6-32～6-35和表6-109和表6-110。

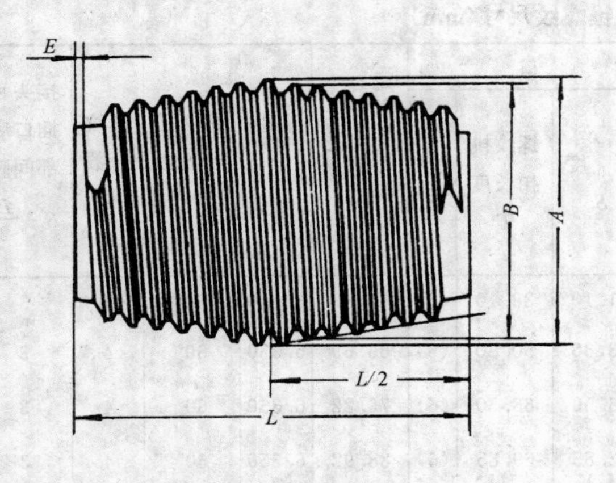


图 6-32 螺纹接头

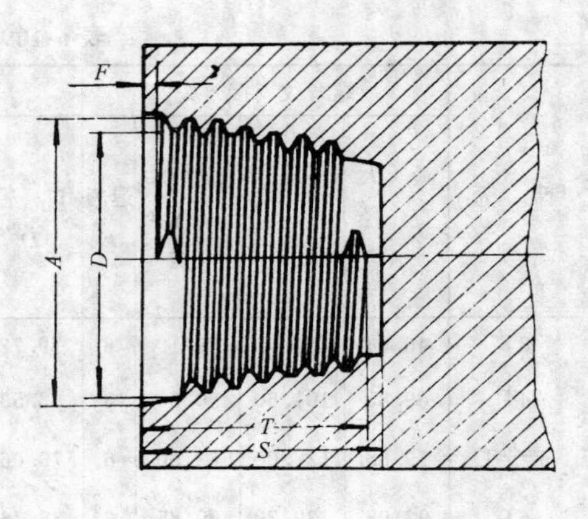


图 6-33 插口

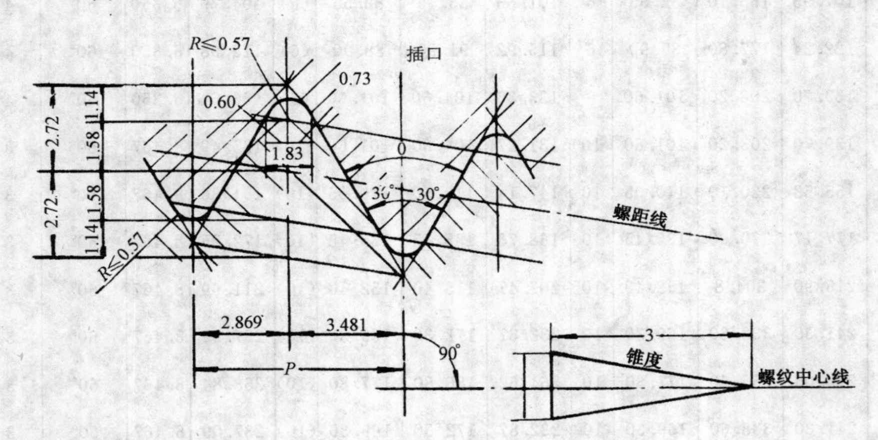


图 6-34 螺纹牙形(螺距为 6.350mm)

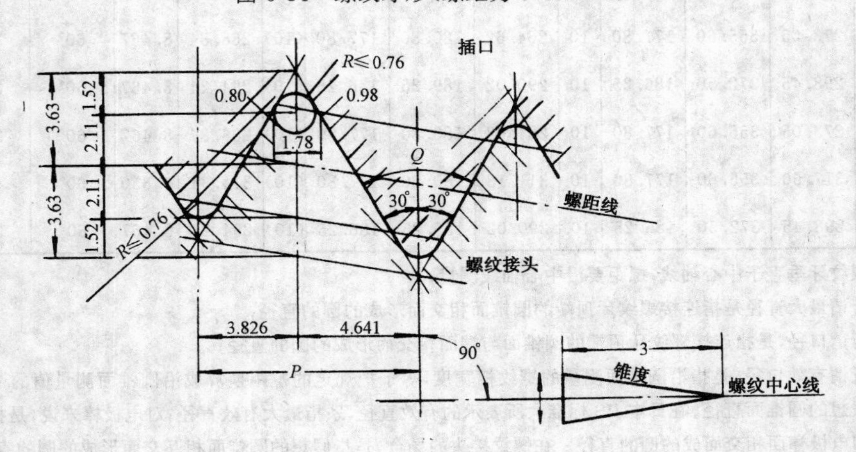


图 6-35 螺纹牙形(螺距为 8.467mm)

**表 6-109 圆锥螺纹尺寸(mm)**

| 种类 | 螺纹接头 | | | | 插口 | | | | 有效直径 $B$ | 螺距 $P$ | 螺纹牙形角度 $\theta$ | 螺纹牙数 $n$ | 接头和插口底部间隙 $S-\frac{L}{2}$ |
|---|---|---|---|---|---|---|---|---|---|---|---|---|---|
| | 最大直径 $A$ | 长度 $L$ | 长度的一半 $L/2$ | 退刀 $E$ | 口径 $D$ | 深度 $S$ | 螺纹挑扣长度 $T$ | 退刀 $F$ | | | | | |
| 3T | 46.04 | 76.20 | 38.10 | 6 | 39.72 | 41.10 | 38.10 | (6) | 42.88 | 6.350 | 60° | 4 | 3 |
| 4T | 69.85 | 101.60 | 50.80 | 6 | 63.53 | 53.80 | 50.80 | (6) | 66.69 | 6.350 | 60° | 4 | 3 |
| $5\frac{1}{8}$T | 79.38 | 127.00 | 62.50 | 6 | 73.06 | 66.50 | 63.50 | (6) | 76.22 | 6.350 | 60° | 4 | 3 |
| 6T | 92.08 | 139.70 | 69.85 | 6 | 85.76 | 72.85 | 69.85 | (6) | 88.92 | 6.350 | 60° | 4 | 3 |
| 7T | 107.95 | 165.10 | 82.55 | 6 | 101.63 | 85.55 | 82.55 | (6) | 104.79 | 6.350 | 60° | 4 | 3 |
| 8T | 122.24 | 177.80 | 88.90 | 6 | 115.92 | 91.90 | 88.90 | (6) | 119.08 | 6.350 | 60° | 4 | 3 |
| $9T_1$ | 139.70 | 203.20 | 101.60 | 6 | 133.33 | 104.60 | 101.60 | (6) | 136.54 | 6.350 | 60° | 4 | 3 |
| $9T_2$ | 139.70 | 203.20 | 101.60 | 10 | 131.27 | 104.60 | 101.60 | (10) | 135.49 | 8.467 | 60° | 3 | 3 |
| 10T | 155.58 | 220.10 | 110.05 | 10 | 147.14 | 113.50 | 110.05 | (10) | 151.36 | 8.467 | 60° | 3 | 3 |
| 12T | 177.17 | 270.90 | 135.45 | 10 | 168.73 | 138.45 | 135.45 | (10) | 172.95 | 8.467 | 60° | 3 | 3 |
| 14T | 215.90 | 304.8 | 152.40 | 10 | 207.47 | 115.40 | 152.40 | (10) | 211.69 | 8.467 | 60° | 3 | 3 |
| 16T | 241.30 | 338.60 | 169.30 | 10 | 232.87 | 172.30 | 169.30 | (10) | 237.09 | 8.467 | 60° | 3 | 3 |
| $18T_1$ | 273.05 | 355.60 | 177.80 | 10 | 264.62 | 180.80 | 177.80 | (10) | 268.84 | 8.467 | 60° | 3 | 3 |
| $18T_2$ | 241.30 | 338.60 | 169.30 | 10 | 232.87 | 172.30 | 169.30 | (10) | 237.09 | 8.467 | 60° | 3 | 3 |
| $20T_1$ | 298.45 | 372.50 | 186.25 | 10 | 290.02 | 189.25 | 186.25 | (10) | 294.24 | 8.467 | 60° | 3 | 3 |
| $20T_2$ | 273.05 | 355.60 | 177.80 | 10 | 264.62 | 180.80 | 177.80 | (10) | 268.84 | 8.467 | 60° | 3 | 3 |
| $22T_1$ | 298.45 | 372.50 | 186.25 | 10 | 290.02 | 189.25 | 186.25 | (10) | 294.24 | 8.467 | 60° | 3 | 3 |
| $22T_2$ | 273.05 | 355.60 | 177.80 | 10 | 264.62 | 180.80 | 177.80 | (10) | 286.84 | 8.467 | 60° | 3 | 3 |
| $24T_1$ | 317.50 | 355.60 | 177.80 | 10 | 311.18 | 180.80 | 177.80 | (10) | 314.34 | 6.350 | 60° | 4 | 3 |
| $24T_2$ | 298.45 | 372.50 | 186.25 | 10 | 290.02 | 189.25 | 186.25 | (10) | 294.24 | 8.467 | 60° | 3 | 3 |

注：1. 螺纹牙垂直于中心轴线，螺距要沿中心轴线测量；

2. 所谓最大直径是指连接螺纹牙顶端的圆锥面相交而形成的圆的直径；

3. 所谓口径，是指连接螺纹牙顶端的圆锥面与端面相交而形成的圆的直径；

4. 所谓有效口径，是指沿圆锥面测量的螺纹槽宽度，等于把规定的螺距换算成沿圆锥面测量值的 1/2 时的一种假想的圆锥面直径。在日本 JIS 标准上所表示的有效直径，系指最大有效直径；对电极棒来说，是指假想的圆锥和电极棒面相交而成的圆的直径。在螺纹接头的场合，是指假想的圆锥面相互交而形成的圆的直径。

5. 螺纹牙数系表示在 25.4mm 长度内的螺纹牙数；

6. 螺纹接头两端边缘可以加工成小于 2mm 的倒圆，或 2mm 以下的倒角；

7. 螺纹接头两端退刀部分的直径，必须要比连接螺纹根的线小 4～10mm；

8. 螺纹接头和插口的退刀，系指最大尺寸。另外，在括弧内所示的插口退刀亦可不取；

9. 插口底角，可以加工成半径小于螺纹接头退刀尺寸的倒圆。

**表 6-110 锥螺纹尺寸的允许偏差(mm)**

| 种类 | 螺纹接头 | | 插口 | | | |
|---|---|---|---|---|---|---|
| | 角度 | 长度 | 有效直径 | 角度 | 深度 | 螺纹挑扣长度 |
| 3T | (+7′)<br>(−3′) | 0<br>−3 | (+0.45)<br>(−0.05) | (+3′)<br>(−7′) | +5<br>0 | +8<br>0 |
| 4T | (+7′)<br>(−3′) | 0<br>−3 | (+0.45)<br>(−0.05) | (+3′)<br>(−7′) | +5<br>0 | +8<br>0 |
| $5\frac{1}{8}$T | (+7′)<br>(−3′) | 0<br>−3 | (+0.45)<br>(−0.05) | (+3′)<br>(−7′) | +5<br>0 | +8<br>0 |
| 6T | (+7′)<br>(−3′) | 0<br>−3 | (+0.45)<br>(−0.05) | (+3′)<br>(−7′) | +5<br>0 | +8<br>0 |
| 7T | (+7′)<br>(−3′) | 0<br>−3 | (+0.45)<br>(−0.05) | (+3′)<br>(−7′) | +5<br>0 | +8<br>0 |
| 8T | (+7′)<br>(−3′) | 0<br>−3 | +0.45<br>−0.05 | (+3′)<br>(−7′) | +5<br>0 | +8<br>0 |
| $9T_1$ | (+7′)<br>(−3′) | 0<br>−3 | +0.45<br>−0.05 | (+3′)<br>(−7′) | +5<br>0 | +8<br>0 |
| $9T_2$ | (+7′)<br>(−3′) | 0<br>−4 | +0.45<br>−0.05 | (+3′)<br>(−7′) | +7<br>0 | +10<br>0 |
| 10T | (+7′)<br>(−3′) | 0<br>−4 | +0.45<br>−0.05 | (+3′)<br>(−7′) | +7<br>0 | +10<br>0 |
| 12T | +7′<br>−3′ | 0<br>−4 | +0.45<br>−0.05 | +3′<br>−7′ | +7<br>0 | +10<br>0 |
| 14T | +7′<br>−3′ | 0<br>−4 | +0.45<br>−0.05 | +3′<br>−7′ | +7<br>0 | +10<br>0 |
| 16T | +7′<br>−3′ | 0<br>−4 | +0.45<br>−0.05 | +3′<br>−7′ | +7<br>0 | +10<br>0 |
| $18T_1$ | +7′<br>−3′ | 0<br>−4 | +0.45<br>−0.05 | +3′<br>−7′ | +7<br>0 | +10<br>0 |
| $18T_2$ | +7′<br>−3′ | 0<br>−4 | +0.45<br>−0.05 | +3′<br>−7′ | +7<br>0 | +10<br>0 |
| $20T_1$ | +7′<br>−3′ | 0<br>−4 | +0.45<br>−0.05 | +3′<br>−7′ | +7<br>0 | +10<br>0 |
| $20T_2$ | +7′<br>−3′ | 0<br>−4 | +0.45<br>−0.05 | +3′<br>−7′ | +7<br>0 | +10<br>0 |
| $22T_1$ | +7′<br>−3′ | 0<br>−4 | +0.45<br>−0.05 | +3′<br>−7′ | +7<br>0 | +10<br>0 |
| $22T_2$ | +7′<br>−3′ | 0<br>−4 | +0.45<br>−0.05 | +3′<br>−7′ | +7<br>0 | +10<br>0 |
| $24T_1$ | +7′<br>−3′ | 0<br>−4 | +0.45<br>−0.05 | +3′<br>−7′ | +7<br>0 | +10<br>0 |
| $24T_2$ | +7′<br>−3′ | 0<br>−4 | +0.45<br>−0.05 | +3′<br>−7′ | +7<br>0 | +10<br>0 |

注：1. 对螺距尺寸允许偏差及螺纹牙形状尺寸的允许偏差未作特别规定，它已包含在有效直径的尺寸允许偏差之中；

2. 对螺纹接头有效直径及最大直径的允许偏差未作规定，但它与插口的配合必须良好；

3. 括弧内数值系作为目标值而表示的；

4. 角度允许偏差系指相对于 1/3 圆锥角度(18°55′29″)的允许偏差；

5. 对螺纹接头长度一半的允许偏差未作规定，但可由插口深度以及螺纹接头和插口底部间隙的允许偏差来决定。

圆柱螺纹电极的连接部(电极的插口和螺纹接头)的形状、尺寸及允许偏差见图 6-36～6-39 和表 6-111、表 6-112。

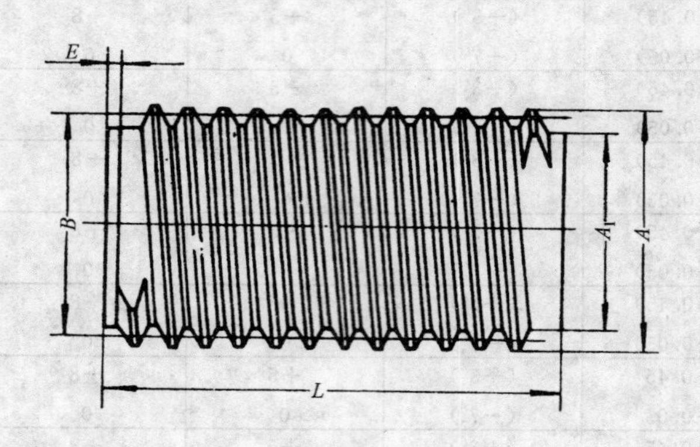


图 6-36 螺纹接头

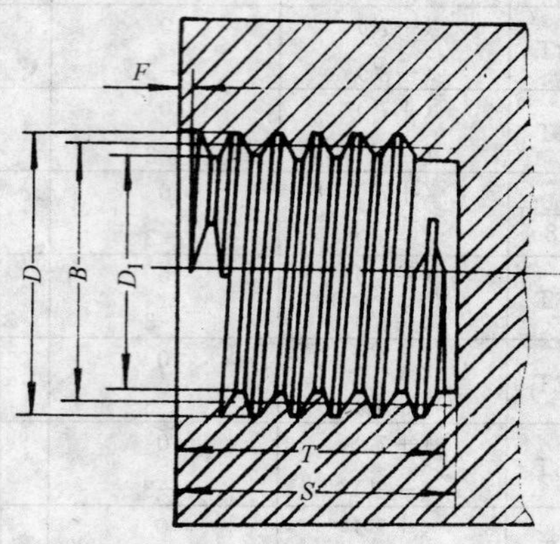


图 6-37 插口(单位 mm)

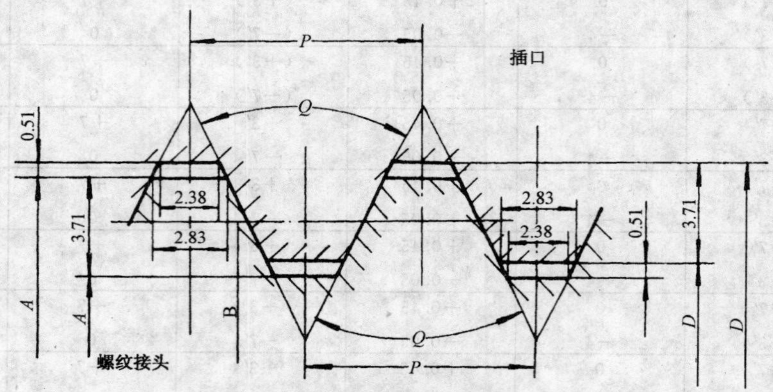


图 6-38 螺纹牙形(螺距为 8.467mm)

**表 6-111 圆柱螺纹尺寸**

| 种类 | 螺纹接头 | | | | 插口 | | | | | 有效直径 B | 螺距 P | 螺纹牙形角度 θ | 螺纹牙数 n | 接头和插口底部间隙 $S-\frac{L}{2}$ |
|---|---|---|---|---|---|---|---|---|---|---|---|---|---|---|
| | 外径 A | 根部直径 $A_1$ | 长度 L | 退刀 E | 内径 $D_1$ | 根部直径 D | 深度 S | 螺纹挑扣长度 T | 退刀 F | | | | | |
| 3S | 41.28 | 33.86 | 101.60 | 6 | 34.88 | 42.30 | 53.80 | 50.80 | (6) | 38.08 | 8.467 | 47°30′ | 3 | 3 |
| 4S | 66.68 | 59.26 | 135.50 | 6 | 60.28 | 67.70 | 70.57 | 67.75 | (6) | 63.48 | 8.467 | 47°30′ | 3 | 3 |
| $5_{1/8}$S | 69.85 | 62.43 | 152.40 | 6 | 63.45 | 70.87 | 79.20 | 76.20 | (6) | 66.65 | 8.467 | 47°30′ | 3 | 3 |
| 6S | 88.90 | 81.48 | 169.20 | 6 | 82.50 | 89.92 | 87.60 | 84.60 | (6) | 85.70 | 8.467 | 47°30′ | 3 | 3 |
| 7S | 101.60 | 94.18 | 169.20 | 6 | 95.20 | 102.62 | 87.60 | 84.60 | (6) | 98.40 | 8.467 | 47°30′ | 3 | 3 |
| 8S | 122.24 | 114.82 | 203.20 | 6 | 115.84 | 123.26 | 104.60 | 101.60 | (6) | 119.04 | 8.467 | 47°30′ | 3 | 3 |
| 9S | 139.70 | 128.80 | 203.20 | 10 | 130.03 | 140.98 | 106.60 | 101.60 | (10) | 134.89 | 12.700 | 47°30′ | 2 | 5 |
| 10S | 152.40 | 141.50 | 228.60 | 10 | 142.78 | 153.68 | 119.30 | 114.30 | (10) | 147.59 | 12.700 | 47°30′ | 2 | 5 |

注:1. 螺纹牙数系指 25.4mm 内的螺纹牙数;
2. 螺纹牙的根可角加工成半径小于间隙尺寸的倒圆;
3. 螺纹接头两端边缘,可加工成半径小于 2mm 的倒圆,或小于 2mm 的倒角;
4. 螺纹接头两端直径必须比根部直径小 1～5mm;
5. 螺纹接头和插口的退刀尺寸,系指最大尺寸。而括弧内的插口退刀尺寸,不用较好;
6. 插口底角可加工成半径小于间隙尺寸($S-\frac{L}{2}$mm)的倒角。

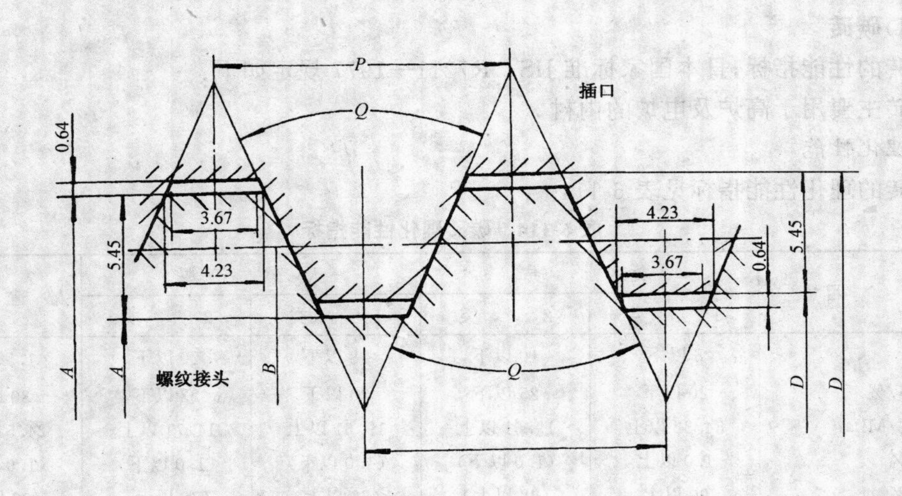


图 6-39　螺纹牙形（螺距为 12.700mm）

**表 6-112　圆柱形螺纹尺寸允许偏差**

| 种类 | 螺纹接头 | | | | 插口 | | | | |
|---|---|---|---|---|---|---|---|---|---|
| | 外径 | 有效直径 | 根部直径允许偏差上限 | 长度 | 内径 | 有效直径 | 根部直径允许偏差下限 | 深度 | 螺纹挑扣长度 |
| 3S | 0<br>−0.6 | 0<br>−0.45 | 0 | 0<br>−2 | +0.8<br>+0.1 | +0.70<br>+0.15 | 0 | +5<br>0 | +8<br>0 |
| 4S | 0<br>−0.6 | 0<br>−0.50 | 0 | 0<br>−2 | +0.9<br>+0.1 | +0.80<br>+0.15 | 0 | +5<br>0 | +8<br>0 |
| $5\frac{1}{8}$S | 0<br>−0.6 | 0<br>−0.50 | 0 | 0<br>−2 | +0.9<br>+0.1 | +0.80<br>+0.15 | 0 | +5<br>0 | +8<br>0 |
| 6S | 0<br>−0.7 | 0<br>−0.55 | 0 | 0<br>−2 | +1.0<br>+0.1 | +0.85<br>+0.15 | 0 | +5<br>0 | +8<br>0 |
| 7S | 0<br>−0.7 | 0<br>−0.55 | 0 | 0<br>−2 | +1.0<br>+0.1 | +0.85<br>+0.15 | 0 | +5<br>0 | +8<br>0 |
| 8S | 0<br>−0.7 | 0<br>−0.60 | 0 | 0<br>−2 | +1.1<br>+0.1 | +0.95<br>+0.15 | 0. | +5<br>0 | +8<br>0 |
| 9S | 0<br>−0.8 | 0<br>−0.65 | 0 | 0<br>−3 | +1.1<br>+0.1 | +1.00<br>+0.20 | 0 | +7<br>0 | +8<br>0 |
| 10S | 0<br>−0.8 | 0<br>−0.65 | 0 | 0<br>−3 | +1.1<br>+0.1 | +1.00<br>+0.20 | 0 | +7<br>0 | +8<br>0 |

注：1. 本表对角度和螺距的允许偏差未作特别规定，可将这些换算成有效直径，并使之包含在有效直径允许偏差之中；

2. 对螺纹接头根部直径允许的偏差的下限及插口螺纹根部直径允许偏差的上限未作规定。

电解板和棒的尺寸允许偏差见表 6-113。

**表 6-113　电解板和棒的尺寸允许偏差**

| 宽度和厚度 | | 长度 | 棒的直径 | 弯曲度 |
|---|---|---|---|---|
| <250 | ≥250 | | | |
| ±2 | ±3 | ±3 | +2<br>0 | 0.3% |

注：1. 除端面外，外侧原则上不进行机械加工；

2. 两面进行电解的电解板，其厚度偏差为±1mm。

### (四)碳砖

碳砖的性能指标，日本国家标准 JIS R7211—1977 规定如下：

碳砖主要用于高炉及电炉的内衬。

#### 1. 理化性能

碳砖的理化性能指标见表 6-114。

**表 6-114 碳砖理化性能指标**

| 项目 | 炭质 | | 天然石墨 | | 人造石墨 |
|---|---|---|---|---|---|
| | 1类 | 2类 | 1类 | 2类 | |
| 灰分/% | 8 以下 | 10 以下 | 18 以下 | 20 以下 | 1.5 以下 |
| 总气孔率/% | 20 以下 | 25 以下 | 20 以下 | 23 以下 | 30 以下 |
| 耐压强度/MPa | 34.32 以上 | 19.61 以上 | 19.61 以上 | 14.71 以上 | 24.51 以上 |
| 挥发分/% | 1.0 以上 | (1.0 以下) | (1.0 以下) | (1.0 以下) | (1.0 以下) |
| 固定碳/% | 90 以上 | (88 以上) | (80 以上) | (78 以上) | (97 以上) |
| 假相对密度 | 1.5 以上 | (1.5 以上) | (1.7 以上) | (1.6 以上) | (1.5 以上) |
| 真相对密度 | 1.9 以上 | (1.9 以上) | (1.9 以上) | (1.9 以上) | (2.0 以上) |
| 抗弯强度/MPa | 7.85 以上 | 4.90 以上 | 3.92 以上 | 3.92 以上 | 5.88 以上 |

注：括号内数值为参考值；

#### 2. 形状尺寸

碳砖的形状，为具有正方形或长方形截面的长方体。其尺寸见表 6-115。

**表 6-115 碳砖尺寸**

| 厚度/mm | 宽度/mm | 长度/mm | | | | |
|---|---|---|---|---|---|---|
| 250 | 250 | 800 | 1000 | | 1300 | |
| 300<br>350 | 300<br>350 | 1000 | 1300 | 1500 | 1800 | (2000) |
| (370) | (450) | (1000) | (1300) | (1500) | (1800) | (2000) |
| 400<br>450<br>500 | 500 600<br>450 500<br>500 600 | 1000 | 1300 | 1500 | 1800 | 2000 |

注：1. 表面加工原则上为机械加工，但有时可省略不做；

2. 括号内数值为参考值；

3. 本形状尺寸以外者，可以表 6-115 为基础，由有关方面协商规定。

碳砖尺寸允许偏差，厚度及宽度均为±2mm，长度为±3mm，但特殊用砖，可根据有关协议予以变更。

# 第七章　耐火材料

## 一、概述

耐火材料是能满足高温条件下使用要求的无机非金属材料，如热工设备中的内衬结构材料，高温容器材料，高温装置中的元件、部件材料等。

### (一)耐火材料的主要工作性质

耐火材料的工作性质，也是耐火材料的主要质量指标。它主要有以下几项：

1. 耐火度

耐火材料在使用过程中，抵抗高温作用而不熔化的性质，称为耐火度。耐火度给出耐火材料使用的温度界限，是评定耐火材料质量优劣的一个重要指标。

2. 抗热震性

耐火材料抵抗温度急剧变化而不破裂或剥落的能力，称为抗热震性，亦称热稳定性、耐温度急变性或耐激冷激热性。这种性质对于周期性加热和冷却作业的窑炉有重要意义。

3. 高温结构强度

在高温和一定负荷作用下，耐火材料从开始变形至变形到某种程度时的温度(荷重软化点)，称为高温结构强度或高温负荷软化温度。它是耐火材料在温度和负荷同时作用下抵抗变形的能力，这种性质对高温且受力作用下的某窑炉筑体材料的选用很重要。

4. 高温体积稳定性

耐火材料长时间在高温作用下，产生体积膨胀，叫做残余膨胀。耐火材料残余膨胀(变形)的大小，反映了高温体积稳定性的好坏：残余变形越小，体积稳定性越好；反之，体积稳定性越坏，越容易造成砌体的变形或破坏。

大部分耐火材料在高温作用下产生收缩，只有硅砖会膨胀，这是因为硅砖在烧制时未转化的石英，在高温时会继续转化为鳞石英或方石英，体积膨胀，硅砖中未转化的石英大约有10%左右。

5. 抗渣性

耐火材料在使用过程中抵抗熔融物料(铁水、钢水等)和炉渣烟尘等侵蚀作用而不被破坏的能力称为抗渣性。

抗渣性是耐火材料工作性质的一个重要指标，抗渣能力越高越好。抗渣性好的耐火材料使用寿命高。

### (二)耐火材料的分类及耐火砖砖号表示方法

1. 耐火材料的分类

耐火材料种类繁多，具体分类如下。

(1)按化学成分分类。耐火材料按化学成分可分为：

1)酸性耐火材料,以氧化硅为主要成分。

2)碱性耐火材料,以氧化镁、氧化钙为主要成分。

3)中性耐火材料,以氧化铅、三氧化铬和炭为主要成分。

(2)按化学矿物组成分类。耐火材料按化学矿物组成可分为:

1)硅酸铝质制品,如粘土砖、半硅砖和高铝砖等。

2)硅质制品,包括硅砖、熔融石英制品等。

3)镁质、镁铬质和白云石质制品,包括镁砖、镁铝砖、镁铬砖、白云石砖等。

4)碳质制品,包括碳砖、石墨粘土制品等。

5)锆质制品,包括锆英石砖等。

(3)按耐火度分类。耐火材料按耐火度高低可分为:

1)普通耐火材料,耐火度为1580～1770℃。

2)高级耐火材料,耐火度为1770～2000℃。

3)特殊耐火材料,耐火度为2000℃以上。

2. *耐火砖砖号表示方法*

耐火砖的种类很多,其形状及尺寸相当复杂,但均规定有统一的砖号,从砖号就可以知道它的用途,甚至形状、尺寸和重量等。如"T"字头的砖就是一般工业炉通用的,从"T—1"始,至"T-105"止,就有20多种形状,105个砖号(规格),如"T-3"标准砖,具体尺寸是230mm×114mm×65mm。又如"G"字头的砖就是高炉用的,"G-1"至"G-8"就有两种形状8个规格。几种耐火砖砖号及用途见表7-1。

**表7-1 常用耐火砖砖号及用途**

| 砖号 | 用途 | 砖号 | 用途 |
|---|---|---|---|
| D-1～D-17 | 电炉用 | C-1～C-27 | 盛钢桶衬砖 |
| P-1～P-64 | 平炉用 | X-1～X-10 | 盛钢桶袖砖 |
| G-1～G-8 | 高炉用 | S-1～S-8 | 盛钢桶塞砖 |
| R-1～R-28 | 热风炉用 | ZH-1～ZH-9 | 盛钢桶铸口砖 |
| H-1～H-12 | 化铁炉用 | Z-1～Z-6 | 盛钢桶座砖 |
| T-1～T-105 | 一般工业炉用 | L-1～L-6 | 浇注漏斗砖 |
| ZG-1～ZG-4 | 浇注铸管砖 | ZL-1 | 浇注中间漏斗砖 |
| ZX-1～ZX-23 | 浇注中心砖 | ZL-2 | 浇注中间漏斗铸口砖 |
| LG-1～LG-15 | 浇注浇钢砖 | MD-1～MD-6 | 钢锭模模底砖 |

**(三)硅酸铝质耐火材料**

硅酸铝质耐火材料是耐火材料中的主要品种之一,在耐火材料工业中占有相当重要的位置。

硅酸铝质耐火材料所包括的内容很广。根据原料的矿物组成、化学成分以及生产工艺,可作如下分类。

根据制品中$Al_2O_3$和$SiO_2$含量的多少,硅酸铝质耐火材料又可分为:半硅质制品($Al_2O_3$15%～30%);粘土质制品($Al_2O_3$30%～46%);高铝质制品($Al_2O_3$>46%)。

硅酸铝质耐火材料的基本特性主要取决于它们的化学矿物组成,由于它们的三氧化二铝与二氧化硅的比值不同,烧成后制品中的矿物组成也不同。

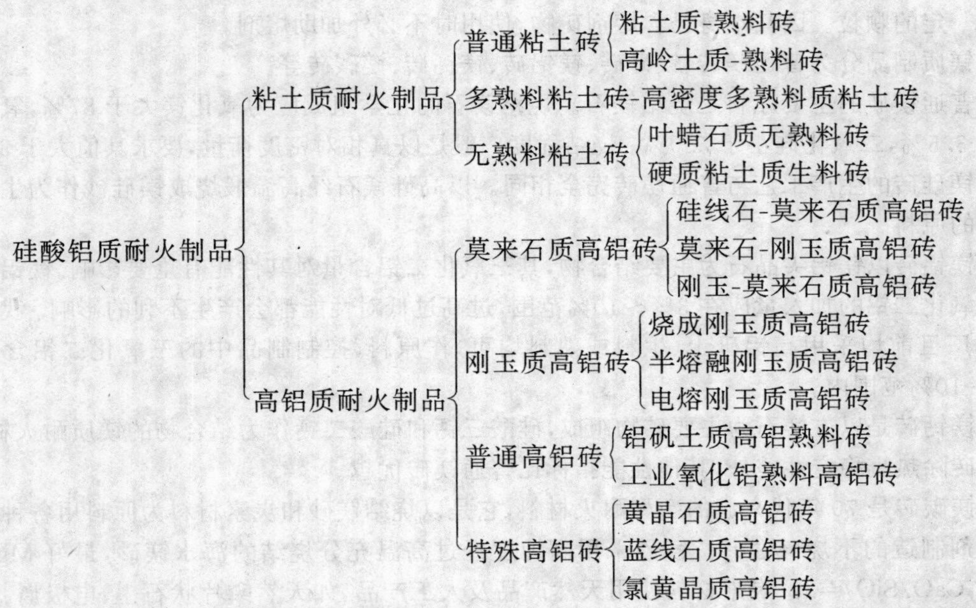


半硅质制品中含有一定数量的石英变体和玻璃相，故制品呈半酸性，耐火性能不高，在使用时略有膨胀，有利于保持砌体的整体性。

粘土制品和Ⅲ等高铝制品的性能相近，其主要晶相为莫来石，后者的莫来石量较高。这些制品具有较好的耐火性和物理化学性质，有较高的抗热震性和耐火度，对各种炉渣有一定的抗侵蚀能力。

Ⅱ等高铝制品为莫来石制品，但因其组成分布不均匀，通常有一部分三氧化二铝与二氧化硅化合而是以刚玉形态单独存在。它的高温性能要比粘土制品好得多。

Ⅰ等高铝制品为莫来石-刚玉质和刚玉-莫来石质制品刚玉含量越多则制品的耐火度也越高。但是刚玉的热膨胀系数比莫来石大得多，因而刚玉含量增多，将会使制品的抗热震性降低。

三氧化二铝含量在95%以上的制品为刚玉制品，其主要晶相为刚玉。它的化学稳定性强，对各种炉渣的侵蚀抵抗能力远比其他硅酸铝质制品强，为一种用途较广的优质高级耐火材料。

目前硅酸铝质耐火材料广泛地使用于冶金工业的高炉、热风炉、蓄热室、加热炉、均热炉、退火炉及铸锭系统等。

**(四)镁质耐火材料**

镁质耐火材料是指以镁石作原料、氧化镁含量在80%～85%以上的耐火材料。其产品分为冶金镁砂和镁质制品两大类。

镁质耐火材料耐火度高，对碱性渣和铁渣有很好的抵抗性，是一种重要的高级耐火材料。主要用于平炉、氧气转炉、电炉及有色金属熔炼等。

冶金镁砂分为普通冶金镁砂和合成冶金镁砂(即马丁砂)两种。

普通冶金镁砂是在使用过程中将镁石颗粒与助熔剂机械混合，因此不易均匀。当撒入炉内还会出现颗粒偏多孔松散，在助熔剂多的地方，会出现大量的液相，影响炉底质量。合成冶金镁砂是将镁石、白云石(或石灰石)、铁矿石按一定的比例配料，均匀混合，然后煅烧，再破碎至一定的颗粒。因其本身已含熔剂矿物，使用时不必外加助熔剂。

镁质制品分为普通镁砖、镁硅砖、镁铝砖、镁钙砖、镁碳砖等。

普通镁砖的主要原料是烧结镁石。烧结镁石的化学组成应为氧化镁大于87%，氧化钙小于3.5%，二氧化硅小于5.0%。烧结程度一般是以真相对密度衡量，要求其值大于3.53。

镁硅砖的生产工艺与普通镁砖完全相同。以高硅镁石经高温煅烧成镁硅砂作为生产镁硅砖的原料。

镁铝砖以镁铝尖晶石为主要结合物，其三氧化二铝含量对其性能有重要影响。镁铝砖中的三氧化二铝的加入量应在3%～10%范围，过高过低对性能都会产生不利的影响。我国各生产厂目前均采用高铝矾土(生料或熟料均可)作原料，控制制品中的三氧化二铝含量在5%～10%范围内。

镁钙砖是以方镁石为主要矿物组成，硅酸三钙和硅酸二钙作为结合物的镁质耐火材料。镁钙砖除热震稳定性差外，其他性能指标比普通镁砖优越。

镁碳砖是70年代兴起的新型耐火材料，它是以烧结镁砂和炭素材料为原料用各种碳质结合剂制造的不烧碱性砖。镁砂采用高纯度经过高温充分烧结的海水镁砂，最好 $MgO>98\%$，$CaO/SiO_2=3$。炭素材料使用天然产品及人工产品，如天然鳞片状石墨、电极屑、铸造焦、沥青焦等，要求纯度高杂质少。

**(五)白云石质耐火材料**

以白云石作为主要原料的碱性耐火材料称为白云石质耐火材料。

白云石质耐火材料主要应用在碱性氧气转炉中。目前普遍的倾向是发展低杂质含量、高氧化镁含量的合成白云石砖。近年来，我国白云石质耐火材料得到迅速的发展，新品种新工艺不断出现，如振动成型大砖、轻烧真空油浸砖、合成镁化白云石大砖及烧成油浸白云石砖等，均成功地使用在转炉上，大大提高了炉龄。

**(六)铬质耐火材料**

铬质耐火材料包括铬砖、铬镁砖和镁铬砖，它们都是以尖晶石-方镁石为主要矿物组成的制品。

铬砖主要是以铬矿为原料制成的。铬镁砖和镁铬砖是以烧结镁砂和铬矿为主要原料按适当比例制成的高级耐火制品。一般把铬铁矿加入量小于50%的称为镁铬砖，铬矿加入量等于或大于50%的称为铬镁砖。

铬砖普遍用作隔砖。由于铬砖对热震很敏感，高温荷重变形温度也很低，因而出现了由铬矿和镁砂以不同比例组成的复合砖——铬镁砖和镁铬砖。

复合碱性耐火材料铬镁砖和镁铬砖具有较好的体积稳定性、高温强度和对热震较小的敏感性，因而在平炉等的使用中获得了成功，直接结合砖则由于进一步改善了传统砖的物理、化学和力学性质，尤其是高温性质而取得相当大的进展。

**(七)含碳耐火材料**

含碳耐火材料是指由碳或碳的化合物制成的，主要组分为碳的耐火制品。

含碳耐火材料可分为碳质制品、石墨粘土制品和碳化硅制品三类。

含碳耐火材料的耐火度高(纯碳的熔融温度为3500℃，实际上在3000℃即开始升华。碳化硅在2200℃以上分解)，导热性和导电性均好，荷重变形温度和高温强度优异，抗渣性和抗热震性都比其他耐火材料好。但这一类制品都有易氧化的缺点。

碳质制品是以碳为主要成分，用焦炭、石墨或热处理无烟煤为原料，以含碳的有机材料为结合剂制得的制品。这类制品有以焦炭或无烟煤为主要成分的碳砖和经石墨化的人造石墨质和半石墨质碳砖。碳质制品具有良好的耐热性、抗侵蚀性、高温强度和高温导热性，目前主要用于高炉。

石墨粘土制品是以天然石墨为原料，以粘土作结合剂制得的耐火材料。它具有良好的导热性，耐高温，不与金属熔体作用，热膨胀小。这类制品有石墨粘土坩埚、蒸馏罐、铸钢用塞头砖、水口砖及盛钢桶衬砖等。其中生产最多应用最广的是炼钢和熔炼有色金属的石墨粘土坩埚。

碳化硅质制品是以碳化硅(SiC)为原料生产的高级耐火材料。其耐磨性和耐蚀性好，高温强度大，导热率高，热膨胀系数小，抗热震性好，近年来其应用领域不断扩大。碳化硅质制品按结合剂不同可分以下三种：

氧化物结合——以粘土、二氧化硅为结合剂的；

氮化物结合——以氮化硅($Si_3N_4$)或含氧氮化硅($Si_2ON_2$)为结合剂的；

自结合的——利用碳化硅的再结晶作用。

碳化硅质制品目前钢铁冶炼中可用于盛钢桶内衬、水口、塞头、高炉炉底和炉腹、出铁槽、转炉和电炉出钢口、加热炉无水冷滑轨等方面。在有色金属(锌、铜、铝)冶炼中，大量用于蒸馏器、精馏塔托盘、电解槽侧墙、熔融金属管道、吸送泵和熔炼金属坩埚等。

**(八)锆英石质耐火材料**

锆英石质耐火材料是以天然锆英石砂($ZrSiO_4$)为原料制得的耐火制品。它属于酸性耐火材料。锆英石质耐火材料抗渣性强，热膨胀率较小，荷重软化点高，耐磨强度大，抗热震性好。近年来，随着冶金工业中连铸和真空脱气技术的发展，此种耐火制品应用愈来愈广泛。

锆英石质耐火材料有以单一锆英石烧结制成的锆英石砖，还有以锆英石为主要原料，加入适当的烧结剂(最常用的是耐火粘土)制成的锆质砖。为了改善锆英石砖的性能，还有加入其他成分(如高铝矾土、电熔刚玉或氧化铬等)的特殊锆英石砖。

锆英石质耐火材料对熔渣、钢水的耐侵蚀性和抗热震性良好，且适于在减压下工作，因而它在冶金工业中广泛用于砌筑脱气用盛钢桶内衬。此外也用作不锈钢盛钢桶内衬，连铸用盛钢桶内衬、铸口砖、塞头砖、袖砖以及高温感应电炉炉衬等。

锆英石质耐火材料还具有不为金属铝、铝的氧化物及其熔渣侵透的性质，因而用于炼铝的炉底上也获得了良好效果。

**(九)轻质(隔热)耐火材料**

轻质耐火材料的分类方法有如下几种：

1)按使用温度可分为：低温隔热材料<900℃：如硅藻土砖、石棉砖；中温隔热材料900～1200℃：如蛭石、轻质粘土砖；高温隔热材料>1200℃：如轻质刚玉砖。

2)根据轻质耐火材料的使用方式可分为不直接向火的隔热材料和直接向火的隔热材料。

3)根据体积密度可分为一般轻质耐火材料(通常指体积密度为0.6～1.0g/cm³者)和超轻质耐火材料(通常指体积密度为0.3～0.4g/cm³者)。

4)根据生产方法可分为可燃加入物法、泡沫法和化学法。

5)根据原料可分为粘土质、高铝质、硅质、镁质等轻质砖。

我国轻质耐火材料是按密度和使用部位分类。可分为轻质硅砖,轻质粘土耐火制品,轻质高铝砖。

轻质耐火材料体积密度小,热容小,气孔率高,重烧收缩小。国内外研究表明,采用高质量的轻质耐火材料砌筑热工窑炉,可降低能耗 2/5～3/5。

**(十)不定形耐火材料**

不定形耐火材料是由合理级配的粒状和粉状料与结合剂共同组成的不经成形和烧成而直接供使用的耐火材料。这类材料无固定的外形,可制成浆状、泥膏状和松散状,因而也统称为散状耐火材料。

不定形耐火材料种类很多,按施工方法不同可分为耐火浇注料(即耐火混凝土)、耐火可塑料、耐火捣打料、耐火喷涂料、耐火投射料、耐火涂抹料和耐火熔射料等品种。也可以按材质类别、结合剂种类、容重大小和使用温度等方法进行分类。如按材质类别可分为硅质、粘土质、高铝质、镁质、白云石质、铬质、含锆质等;按结合剂种类则可分为焦油沥青的、铝酸盐水泥的、硅酸盐的、硫酸盐的、氯化盐的等。

不定形耐火材料一般采用粘土熟料、矾土熟料、镁砂、铬砂、硅石、锆英石、碳化硅、刚玉砂、陶粒和膨胀珍珠岩等材料作耐火骨料或耐火粉料;结合剂一般有硅酸盐水泥、铝酸盐水泥、磷酸盐、硫酸盐、硅酸乙脂、水玻璃、结合粘土和树脂聚合物等;另外还掺加适当的外加剂,以调节施工性能或理化指标。

**(十一)耐火纤维**

耐火纤维是纤维状的新型耐火材料,它既具有一般纤维的特性,如柔软、高强度,可加工成各种带、线、绳、毯、毡等,又具有普通纤维所没有的耐高温、耐腐蚀性能,并且大部分耐火纤维抗氧化。

耐火纤维具有耐高温,低导热率,容重小,化学稳定性好,抗热震性好,热容低,柔软易加工等特点,是工业窑炉节约能源十分有效的衬体材料。

耐火纤维材料的品种主要有使用温度约为1000℃的普通硅酸铝纤维,使用温度为1100～1300℃的高纯硅酸铝、含铬硅酸铝和高铝纤维,还有使用温度为1300～1600℃的莫来石纤维和氧化铝纤维等。最近发展了 $Al_2O_3$ 含量为55%的高铝纤维新品种,其收得率较高,性能较好。

混纺耐火纤维板是最近开发的新品种,其厚度为 6～76mm,长与宽的标准尺寸为460mm×150mm,最大的为1220mm×920mm。该板特点是重烧线收缩小、强度高和抗气体冲刷能力强。

耐火纤维及其制品主要用于各种加热炉、均热炉、热处理炉和回转窑等热工设备上,一般作隔热保温层,取得了显著的节能效果。目前,不断提高耐火纤维二次加工制品的性能和施工技术,用它做成复合炉衬,降低筑炉成本。同时,使用范围正在向高温领域扩大,且可作火焰炉的工作层,节能效果更为显著。

另外,高温耐火涂料也是较有发展前途的。该材料可用喷涂或涂抹的方法施工,适用于不定型耐火材料和耐火砖所作的炉衬工作面,也适用于耐火纤维炉衬工作面。涂抹后,能提高工业窑炉及其他热工设备的使用寿命,并有一定的节能效果。

**(十二)熔融耐火材料**

熔融耐火材料分熔铸耐火制品和烧结法电熔制品两类。

熔铸耐火制品是指用熔融法将配合料高温熔化后浇铸成一定形状的制品。电熔质是目前生产熔铸耐火材料的主要方法。

熔铸耐火材料种类很多。目前应用最广泛的有电熔莫来石砖、电熔刚玉砖、锆刚玉砖、石英质、镁质及镁橄榄石质熔融制品等。

在冶金工业中多采用烧结法制造熔融制品，如电熔刚玉制品、电熔镁砂砖、熔融石英质制品等。如熔融石英制品主要用作连铸的浸入式长水口砖。它与一般水口砖相比抗热震性好，导热率低，能耐钢液冲刷，在连铸中已成功地用于浇注除含锰较高等特殊钢以外的钢种。

### （十三）特种耐火材料

特种耐火材料是在传统陶瓷和一般耐火材料的基础上发展起来的新型材料，也称高温陶瓷或高温材料。

特种耐火材料包括高熔点氧化物和高熔点非氧化物及由此衍生的金属陶瓷、高温涂层、高温纤维及增强材料。其中高熔点非氧化物常称难熔化合物，它又包括了碳化物、氮化物、硼化物、硅化物及硫化物等。高熔点氧化物（熔点 2000℃以上）常用的有：氧化铝制品、氧化镁制品、氧化锆制品和氧化钙制品等。

氧化铝制品以工业氧化铝作原料（$Al_2O_3>98.5\%$），是广泛应用的高级耐火材料。

氧化镁制品按其化学性质是典型碱性耐火材料。由于它对金属和碱性溶液有较强的抗侵蚀能力，故广泛用作冶金容器。高纯氧化镁坩埚适于熔化高纯度铁及其合金和镍、铀、钍、锌、锡、铝、铜、钴及其合金等，也可用来盛装熔融的氧化铝和铝盐。用氧化镁制的热电偶保护管可用于测量超过 2000℃的高温。氧化镁制品还可用作高温炉炉衬。

氧化锆制品由于它不被钢水所浸润，在连续铸钢过程中已成功地用作铸口砖。氧化锆热电偶保护管可用来测定钢水温度和熔融金属铬的温度。此外氧化锆材料还可用作原子反应堆的反射材料。

氧化钙是很便宜并易得到的原料，用其制造出的坩埚及其他制品，具有非常良好的抗渣性，因此能用来熔炼高纯度的贵金属如铂、铑、铱及铀、钍等。

## 二、耐火材料在冶金工业中的应用

### （一）焦炉用耐火材料

焦炉炉体由炭化室、燃烧室、蓄热室与斜道区、炉顶区等几个主要部分组成。构成炉体的材料，绝大部分是耐火材料。

炭化室底部和顶部的材料，应具有相同的热膨胀率。所以最好选用相同材质的耐火材料。

炭化室的底部除承受煤和焦炭等较大的重量外，在推焦过程中还受摩擦作用。炭化室顶部受其上面的覆盖层和加煤机的静、动负荷作用，因此也应选用具有高温强度和耐磨损的材料。

在炼焦过程中，在低温阶段还有水分排出，燃气的燃烧产物含有少量水分，所以在炭化室与燃烧室中不宜用易水化的耐火材料。

炭化室和燃烧室世界各国几乎全部选用硅质耐火材料砌筑。硅质耐火材料在 600～1450℃的温度范围内，体积变化和导热性的变化较低，其高温强度很高，荷重软化温度与其耐火度相近(1620～1660℃),耐磨损,也不易水化。碳化硅耐火材料的体积稳定性和高温强度也都很高,且导热性比硅砖大得多,因而作为炭化室和燃烧室的材料也很适宜,但因其昂贵和在氧化气氛中易损毁,一般很少使用。

炭化室炉门内衬和炭化室两端的炉头,由于当炉门开启时,温度由1000℃左右骤然降到500℃以下,超过了硅砖体积稳定的界限(573℃),因而采用抗热震性较好、荷重软化温度较高的高铝质耐火材料砌筑。

斜烟道区除了不直接与煤和焦炭接触外,其他工作条件与炭化室和燃烧室相近,只是最高工作温度较燃烧室稍低。为保证焦炉的整体结构,此处仍用硅质耐火材料。

蓄热室两侧边墙冷热交替温差较大,因此,宜采用优质粘土砖。有时为了保证整座焦炉的整体结构,避免使用膨胀系数不同的材料,仍使用硅质材料。而在其外侧用粘土砖保护。

蓄热室中的格子砖为非承重结构。要求它具有较高的蓄热能力和抗热震性,一般采用粘土质耐火材料砌筑。

**(二)高炉用耐火材料**

高炉炉体自上而下可分为炉喉、炉身、炉腰、炉腹和炉缸等五个部位。

炉喉是受炉料下降时直接冲击和摩擦的部位,极易磨损,一般都采用硬度和密度高的高铝砖砌筑。但仍不耐久,因而还采用耐磨铸钢护板保护。

炉身上部和中部温度较低,在600～800℃无炉渣形成和渣蚀危害。一般采用粘土砖砌筑,或采用粘土质不定形耐火材料构成。炉身下部,温度较高,有大量炉渣形成。有炉料下降时的摩擦作用,炉气上升时粉尘的冲刷作用和碱金属蒸气的侵蚀作用。因此要求采用有良好抗渣性、抗碱性和高温强度及耐磨性较高的优质粘土砖。近年来许多高炉也普遍使用抗渣蚀性能较好的高铝砖,或使用抗渣性和导热性更好的刚玉砖。

炉腰承受1400～1600℃的温度。熔渣在这些部位大量形成,渣蚀严重,而且碱的侵蚀也较炉身严重。炉内焦炭在下降过程中对炉衬仍有磨损。含尘的炽热炉气上升,对炉衬的冲刷作用较炉身部位还重。因此炉腰多采用优质粘土砖或高铝砖及刚玉砖砌筑,也有采用碳砖的。烧结刚玉砖,因其含氧化铝高、气孔率低、导热性好、抗渣性良好、高温强度大,并且避免了高铝砖抗碱侵蚀性差的弱点,已有效地用于砌筑高炉炉腰。

炉腹部位温度很高,其下部炉料温度在1400～1600℃,气流的温度更高,有粘度低的熔渣大量形成,渣蚀严重。此部位不仅仍受到焦炭的摩擦作用和炽热气流的冲刷作用,而且有相当大的碱膨胀作用。因此炉腹部位用的耐火材料以高铝砖和刚玉砖居多。近年来新建的许多高炉,在炉腹处使用汽化冷却,同时采用了碳砖和石墨-石油焦、石墨-无烟煤等半石墨砖。当碳砖用在炉腹上部时,由于氧化的作用,损毁比高铝砖稍重,宜用在炉腹下部。

炉缸上部是高炉中温度最高的部位,炉缸上部靠近风口区温度在1700℃到2000℃以上。炉底温度一般在1450～1800℃。炉缸的炉衬主要受熔渣和铁水的化学侵蚀与冲刷以及碱侵蚀的膨胀作用。这些部位的衬砖受侵蚀后不易修补,严重侵蚀时,必须停炉大修。所以这些部位的损毁情况决定着高炉的一代寿命。因此要求这些部位的耐火材料既具有相当高的抗渣性,又具有高的耐火度和高温强度、良好的导热性、较高的体积密度和体积稳定性以及精确的外形尺寸。现在一般高炉在炉缸部位都全部采用碳砖砌筑。在炉底上部的2～3层也多用碳砖,而在碳砖下面用优质粘土砖或高铝砖。随着高炉的大型化,铁水温度提高,炉底损毁的危险性增大,因此采用全碳砖炉底的日益增多。因此,高炉用耐火材料总的技术要求是：高温下体积的稳定性好、机械强度高、组织致密、气孔率低、抗渣性好，氧化铁含量低。高炉各部位用耐火材料情况见图 7-1。

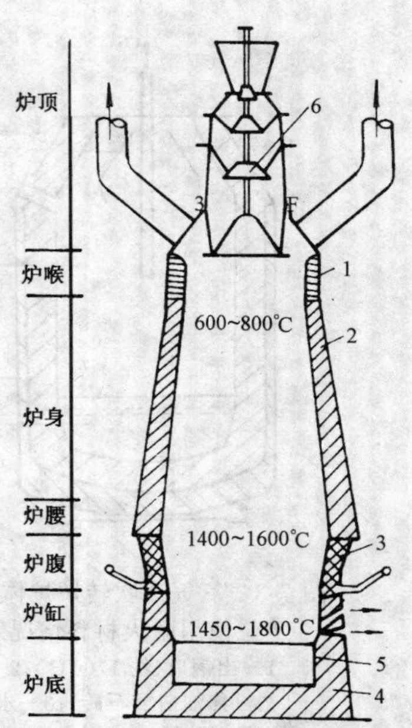


图 7-1　高炉炉体结构及各部位使用耐火材料情况示意图

1—铸铁衬板；2—粘土砖(GN)-41；3—粘土砖(GN)-42；4—碳砖；5—高铝砖及碳砖；6—料钟

**（三）热风炉用耐火材料**

热风炉是高炉的主要附属设备之一。热风炉的工作条件是：遭受 1200～1350℃的高温作用，高炉煤气带入灰尘的侵蚀作用，燃烧气体的冲刷作用，以及空气热交换过程中温度急剧变化的作用。

热风炉用耐火材料的总的要求是，荷重软化点高，抗热震性能好。热风炉用的耐火材料情况见图 7-2。

**（四）炼钢转炉用耐火材料**

炼钢转炉一般由炉口、炉帽、炉腹、炉底和出钢口组成。

炉口用耐火材料必须具有较高的抗热震性和抗渣性，不易挂钢和挂渣，耐撞击耐氧化等。多采用烧成白云石砖，为提高寿命，也有使用碳砖、高纯镁砖和熔铸耐火制品的。

炉帽也是受渣蚀严重的部位，通常使用焦油沥青结合的白云石砖或镁砖。

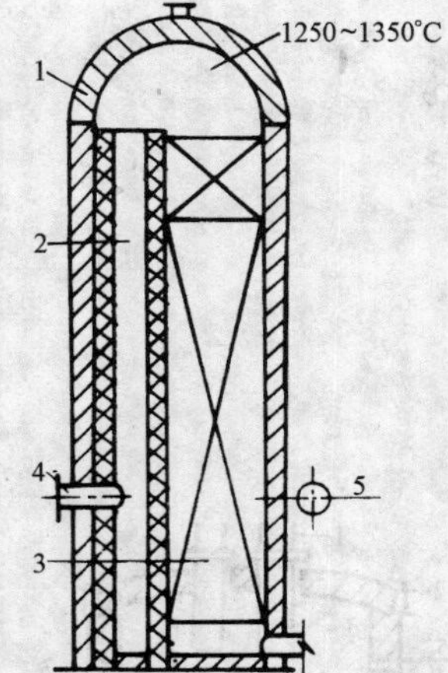


图 7-2　热风炉结构及各部位使用耐火材料情况示意图

1—炉顶(高铝砖)；2—燃烧室(粘土砖)；3—蓄热室(高铝或粘土格子砖)；4—热风(1100℃)出口；5—冷风(100℃)进口

炉腹：装料侧是炉衬损毁最严重的部位。通常多选用高温烧成合成白云石砖和高纯度直接结合镁砖，并经油浸处理。出钢侧用焦油沥青结合的白云石砖或镁砖。渣线部位受渣蚀严重，因此要求耐火材料具有优良的抗渣性。通常采用高温烧成的含 MgO 较高的合成白云石砖或高纯镁砖，经油浸处理后使用。耳轴两侧有用高温烧成的高纯白云石砖或高纯镁砖的，也有用电熔再结合镁砖的。

炉底在吹炼时受到钢水剧烈冲蚀。在排渣和出钢时还受渣蚀。一般采用焦油沥青结合的白云石砖或镁砖。

出钢口受钢水冲蚀和温度急剧变化的影响，损毁极严重。目前多用电熔镁砂制成的烧成镁砖或套管砖，也有用高纯镁砂捣打料或高纯烧成镁质管砖的。

转炉炉衬对耐火材料总的技术要求是：耐火度高、荷重软化温度高、组织致密、抗热震性好、力学性能好、抗渣性能强。

各种转炉结构及各部位使用耐火材料情况见图 7-3、图 7-4 和图 7-5。

**（五）氩-氧脱碳精炼炉用耐火材料**

这种转炉是与电炉串联使用，精炼不锈钢的转炉。炉体中风眼侧的内衬，由于受到进入砌体与金属中氧气的搅拌和冲刷作用，侵蚀极为严重。它对耐火材料的要求是：耐高温化学侵蚀、纯度高、热稳定性好、高温强度高。其结构及部位使用耐火材料情况见图 7-6。

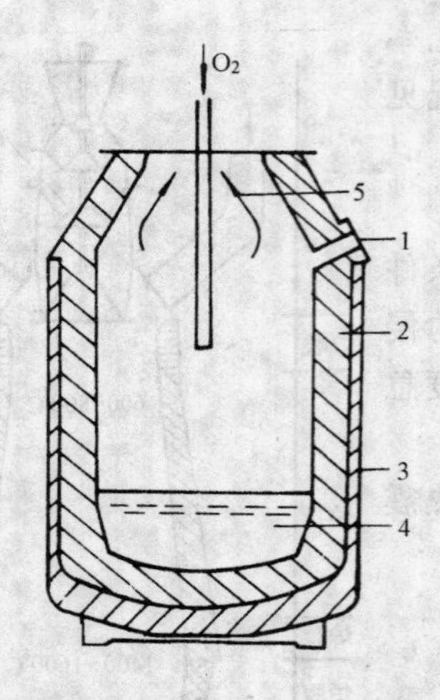


图 7-3　氧气顶吹转炉炉体结构及各部位使用耐火材料情况示意图

1—出钢口(约 1700℃)；2—工作层(焦油白云石砖)；3—永久层(镁砖)；4—钢水；5—废气

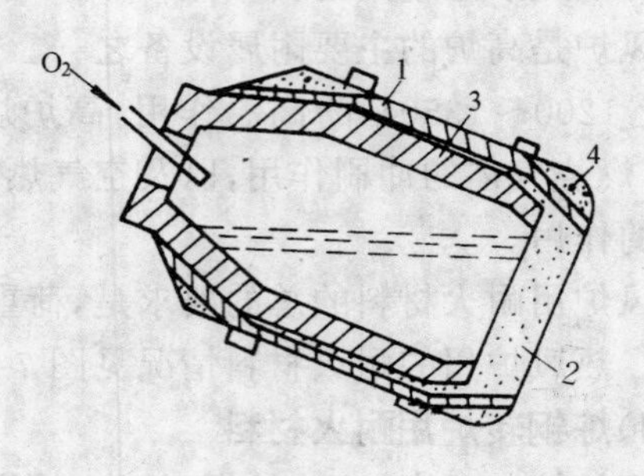


图 7-4　氧气斜吹转炉炉体结构及各部位使用耐火材料情况示意图

1—镁砖；2—捣打焦油白云石；3—焦油白云石砖；4—铬镁质浇铸料

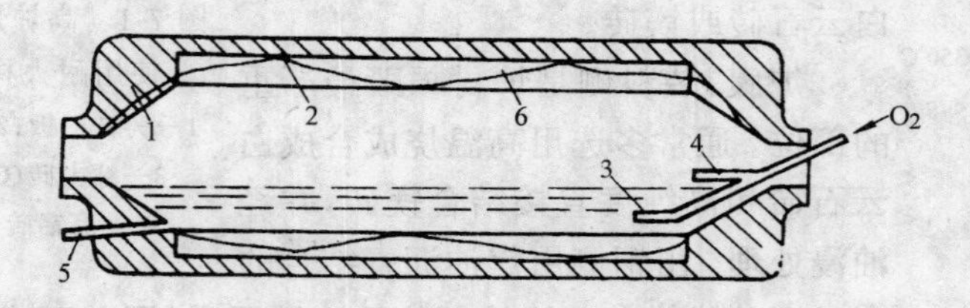


图 7-5　回转式炼钢炉炉体结构与耐火材料损毁情况示意图

1—镁砖；2—捣打焦油白云石；3—一次喷嘴；4—二次喷嘴；5—出钢口；6—炉衬损毁界限线

**(六)电弧炉用耐火材料**

电弧炉的工作条件是：受到高温辐射，装入冷料时温度急剧变化(1000℃/时)，受到物料冲击和钢液冲刷。它对耐火材料的技术要求是：耐火度高、荷重软化点高、热稳定性好、高温强度高及较大的热容量和导热系数。它的结构及各部位使用耐火材料情况见图 7-7。

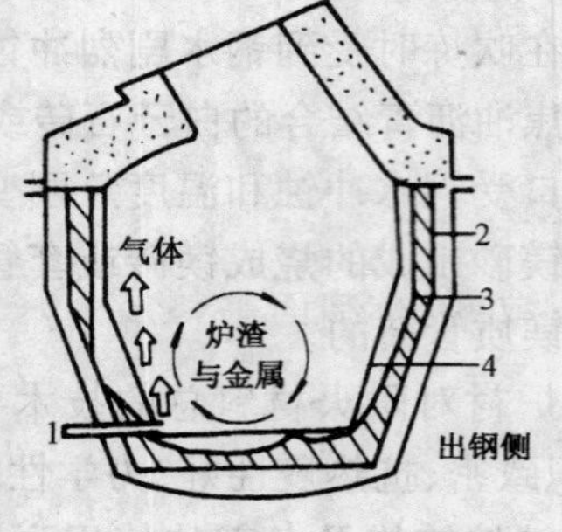


图 7-6　氩-氧脱碳精炼转炉结构示意图

1—风眼；2—直接结合镁铬砖；3—侵蚀后炉衬轮廓；4—炉衬原来的轮廓

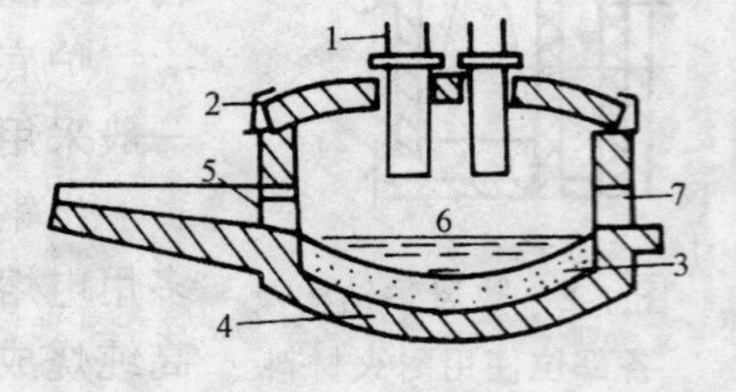


图 7-7　电弧炉的结构及各部位使用耐火材料情况示意图

1—电极；2—炉顶(高铝砖或硅砖)；3—镁砂捣打料；4—炉底(镁砖)；5—出钢口；6—熔池；7—加料口

**(七)混铁炉用耐火材料**

混铁炉是炼钢车间贮存铁水的热工设备，由于它长期贮存铁水，砌体受到铁水和渣的重力及化学侵蚀作用，当混铁炉倾动时，砌体又受到较大的动负荷作用，因此砌筑混铁炉应使用机械强度较高、抗渣性能较强以及组织致密、气孔率小的耐火材料。一般使用镁砖和质量较好的粘土砖，拱顶用硅砖，保温层用硅藻土砖等。

### （八）化铁炉用耐火材料

化铁炉是用来熔化生铁并加热铁水的热工设备。其工作温度为：炉底和炉缸1400～1500℃，燃烧带1400～1600℃，预热带800～1200℃，装料口附近300～500℃。

化铁炉的炉体砌体经受熔铁和料栓的负荷、加料及料柱下降时的冲击与机械磨损、熔铁及炉渣的侵蚀以及鼓风时的温度急变等作用。化铁炉的结构及各部位使用耐火材料情况见图7-8。

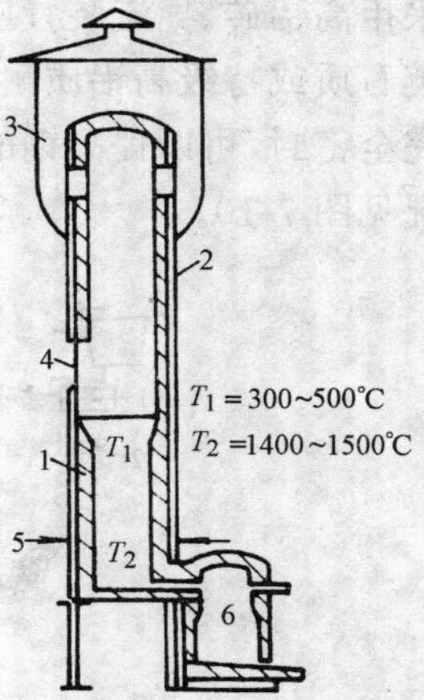

图7-8 化铁炉结构及各部位使用耐火材料情况示意图

1—粘土砖；2—隔热填料；3—火花消灭器；4—装料口；5—风口；6—前炉

### （九）铸锭用耐火材料

从钢水放入盛钢桶内到注入钢锭模内止，与钢水所接触的各种耐火制品都属于铸锭用耐火制品。

盛钢桶用耐火制品包括盛钢桶衬砖（连同座砖）、袖砖、塞头砖、铸口砖。

下铸口用砖包括漏斗砖、中心砖、中心铸管砖、三通砖、流钢方管、流钢尾砖、模底砖。

盛钢桶衬砖多采用普通粘土质和半硅质耐火砖。还可采用高铝砖、铝镁砖、锆英石砖和碳化硅砖等。

袖砖多用半硅质、粘土质和高铝质材料。

塞头砖必须耐高温、耐冲刷、抗热震和具有相当的强度。一般使用粘土质塞头砖。在浇注出钢温度较高的特殊钢时，有采用高铝质和锆英石质塞头砖的。

铸口砖也叫水口砖，其材质与塞头砖相近，除采用硅酸铝质制品外，还可采用半硅-碳化硅质、粘土-碳化硅质、高铝-碳化硅质制品，也有采用锆英石制品的。

### （十）滑动铸口用耐火材料

滑动铸口砖主要由上铸口、上滑板、下滑板和下铸口四部分组成。上、下铸口起引流和整流作用，而上下滑板则起节流作用。由于上、下滑板承受钢水的静压力，经常进行相对摩擦并承受温度的急剧变化，所以对耐火材料要求常温和高温强度大、耐磨、耐钢水冲刷、耐侵蚀、抗热震性好、导热系数低、滑动面平整度高等。滑动铸口装置见图7-9。

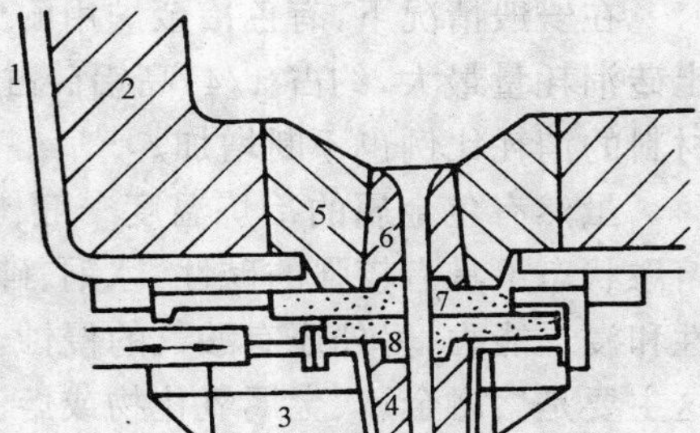

图7-9 滑动铸口装置的结构示意图

1—盛钢桶；2—衬砖；3—滑板驱动机构；4—下铸口；5—座砖；6—上铸口；7—上滑板；8—下滑板

滑动铸口多用高铝质材料，尤以莫来石刚玉砖和刚玉莫来石砖为多，也有采用氮化硅制品和锆英石制品的。

### （十一）连续铸钢用耐火材料

由于连续铸钢时，出钢温度一般较常规浇钢温度高30～60℃，浇注时间一般为1～2h，比同类型常规浇钢时间长20%～30%，因此，盛钢桶内衬要求使用耐火度高、气孔率低、抗渣性能好的一级高铝砖或镁铝捣打料。中间包的内衬，由于桶形复杂，砌缝侵蚀严重，因此要求使用外形尺寸较严的高铝砖。盛钢桶中袖砖的工作条件较锭模浇注时苛刻，因此必须采用耐火度高、抗渣性较强的高铝耐火材料制品。铸口砖及塞头砖，由于关闭频繁，多次改变钢水流动条件，因此加速塞头砖和铸口砖的蚀损速度。铸口砖应采用不烧或烧成镁质制品，塞头采用高铝砖。导流装置应具有抗侵蚀性好又不伸长的刚玉或方镁石耐火材料，铸口砖采用锆英石质或特级高铝质耐火材料。钢水引进结晶器的铸口砖，由于中间盛钢桶至结晶器间钢流完全密封，可以提高钢的质量，应采用粘土-石墨及石英玻璃质铸口砖。连续铸钢机组用砖情况见图 7-10。

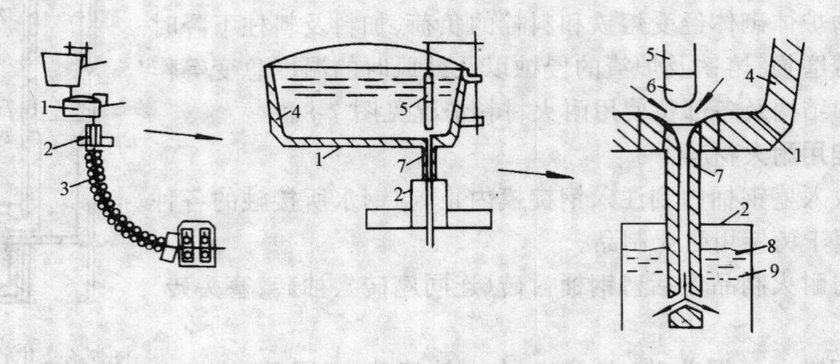


图 7-10 弧形连续铸钢机组及浸渍铸口砖使用情况示意图

1—中间盛钢桶；2—结晶器；3—弧形连铸机的二次冷却夹辊；4—衬砖；
5—袖砖；6—塞头砖；7—浸渍铸口铁；8—保护渣；9—钢液

**(十二)有色冶金炉用耐火材料**

有色金属冶炼用的窑炉一般可分为熔炼炉、精炼炉和熔铸炉三大类，每类炉型各异，使用条件也不相同。

目前，有色冶金不断采用新工艺和新技术、更新窑炉设备，以强化冶炼操作、提高生产率。因此，随着有色冶金窑炉的大型化和高效化，使用的耐火材料品种扩大、质量提高和数量增加。为了提高窑炉内衬的使用寿命，各国对有色冶金炉及其耐火材料进行了广泛的研究。

在一般情况下，有色冶金炉用耐火材料的消耗占耐火材料总产量的 2%～6%。其中，粘土砖消耗量最大，约占 1/4，高铝砖占 5%～16%，碱性砖占 10%～17%。同时，不定形耐火材料的消耗比例也不断增加。

虽然有色金属的冶炼温度一般比较低，但是，$CuO_2$、NiO、ZrO、PbO 和 SnO 等氧化物在熔融状态下具有较强的碱性，冰铜、砷锑硫化物和熔渣等物质在冶炼过程中具有较大的流动性和浸透能力，另外还有酸气的侵蚀，炉衬易被侵蚀，特别是渣线区域的炉衬损毁速度很快。这主要是熔融金属、金属氧化物或熔渣的浸透和温度应力的作用而造成的。为了减缓侵蚀，在一般操作条件下，与金属液和熔渣接触的炉衬部位，目前普遍采用高级碱性砖、碳化硅砖、氮化硅砖或石英砖等材料砌筑。例如，在炼铜转炉风口及其以下部位和反射炉炉顶，采用直接结合镁铬砖或方镁石砖砌筑，使用寿命较高；在闪速炉上，反应塔支撑部位用直接结合镁铬砖作衬体，沉降池渣线区域则用电熔碱性砖砌筑，二者连接部位等处采用水冷部件，并埋在耐火浇注料之中。这种炉衬的蚀损较均衡，可显著提高寿命。

有色金属的粗炼铜、铝、锌和镍的鼓风炉一般使用镁质耐火材料。

炼铜反射炉(精炼)，熔池下部一般使用镁质耐火材料，炉顶和熔池上面的炉墙砌体，直接受高温气流冲刷，一般采用硅砖。

铜镍冶炼的转炉，其内衬受到液体金属及炉渣的冲刷与侵蚀，常采用镁质耐火材料。

矿热电炉熔炼难熔的某些矿石，其炉底和炉衬除受高温作用外，还受装料的撞击、熔融金属与炉渣的冲刷和化学侵蚀，因此，要求使用具有耐火度高和荷重软化点较高、抗热震性好、抗侵蚀能力强的镁质耐火材料。

其他有色金属炉一般采用较好的粘土砖。

1. 冰铜熔炼炉用耐火材料

冰铜熔炼炉主要有鼓风炉、反射炉和闪速炉。其中闪速炉近年来得到了广泛的应用。

炼铜鼓风炉的炉体一般为矩形，高度为3～6m，风口处炉体外形的宽度和长度分别为1～2m和3～10m。炉体上部采用粘土砖或铬砖，使用寿命一般为3年；风口及其以上的斜炉墙部位，采用水冷板并衬砌粘土砖，操作时其表面形成渣皮保护层，使用寿命较长。承受或贮存铜熔液的主炉床，工作层采用镁铬砖或铬砖砌筑，非工作层则用粘土砖，使用寿命一般为2年左右。

鼓风炉主炉床的前床一般为长方形槽，槽底砌筑轻质砖和粘土砖，用镁质捣打料捣打找平后，再用镁铬砖或铬砖砌筑工作层。槽壁用轻质粘土砖作隔热层，工作层的材质与槽底的相同。前床衬体的使用寿命很长，最易损毁的部位是槽侧壁渣线区。

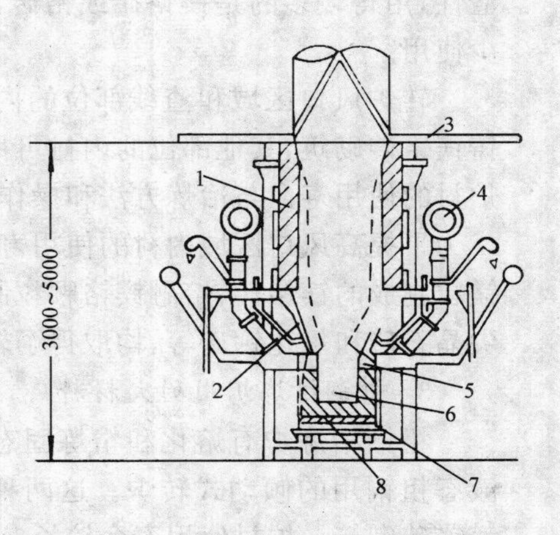


图7-11　炼铜鼓风炉的炉体构造示意图

1、8—粘土砖；2—水冷板；3—装料平台；4—风管；5—风口；6—主炉床；7—镁铬砖或铬砖

炼铜鼓风炉的炉体构造见图7-11。

反射炉一般为长条形，炉宽为5～14m，炉长为30～60m，高度为2.4～3.8m。其顶形式分为拱顶和吊挂顶两种。前者一般采用硅砖砌筑，由于在高温下铜精矿粉尘形成的强碱性物质的侵蚀，硅砖顶的熔损较快，使用寿命一般为3～6个月；后者一般采用碱性吊挂砖作衬体，能抵抗高温作用和碱性熔尘的侵蚀，因而使用寿命较长。

反射炉吊挂炉顶砖损毁时或更换，或采用耐火喷涂料进行喷补。有的工厂用价格低廉的硅砖作吊挂炉顶，损坏后便进行热喷补。从反射炉的操作特点和发展趋势上看，碱性砖吊挂炉顶将会日益增加。

反射炉侧墙普遍采用硅砖砌筑，也有的用镁砖、铬砖和镁铬砖作炉衬。渣线区域的炉墙，损毁速度较快，一般采取增加炉墙厚度、用直接结合镁铬砖砌筑或者外部安装水冷套并衬砌优质碱性砖等技术措施。

闪速炉炉体是由圆筒形反应塔、冰铜与熔渣分离沉降池和圆筒形排烟道组成的。反应塔是闪速炉的最重要组成部分，直径一般为3～9m，高6～13m。反应塔内衬普遍采用镁铬砖砌筑，塔的钢壳采用淋水冷却降温。应当指出，塔身下部工作衬的使用温度可达1400～1500℃，又有熔融物的侵蚀，工作条件很恶劣。因此，应在该部位采用水冷套强化冷却，同时铺砌电熔镁铬砖作内衬。

沉降池一般为长方形的，宽3～10m，高2.5～5.0m。沉降池顶可做成拱顶或吊挂顶，一般用烧结镁铬砖或直接结合镁铬砖砌筑。当采用拱顶时，其上表面可铺设隔热层，厚度为40mm左右；采用吊挂平顶时，一般不加隔热层，采用铁壳镁铬砖作炉顶内衬，使用效果比较好。

2. 粗铜熔炼炉用耐火材料

粗铜熔炼普遍采用转炉，炉型分为卧式、竖式和圆筒式 3 种，其中卧式转炉用得较多。

炼铜转炉炉内温度波动较大，其衬体应采用抗热震性好的耐火材料，并应具有良好的抗渣性，用得较多的是镁铬砖或铬砖，镁砖由于抵抗有色金属熔渣和抗热震性均较差，一般很少使用。

转炉风口区域和渣线部位的内衬是转炉炉衬的薄弱环节，应采用直接结合镁铬砖或熔铸镁铬砖砌筑，其他部位的内衬可用普通烧成镁铬砖，砌体厚度为 300～500mm。炼铜转炉炉衬的使用寿命与冶炼方法和操作水平等因素有关，一般寿命为 300～500 炉次。

为了提高风口区域内衬的使用寿命，使炉衬蚀损趋于均衡，西欧一些有色冶金厂试用熔融镁粒制成的镁铬砖、熔融镁铬颗粒制成的镁铬砖和 MgO 含量为 70％的熔铸镁铬砖，以及镁尖晶石砖和氧化钙砖等，均取得了较好的使用效果。

3. 粗铜精炼炉用耐火材料

粗铜精炼炉有熔化和精炼固态粗铜用的反射炉与精炼液态粗铜用的倾动式转炉。这两种炉子的工作衬一般采用镁铬砖砌筑。炉衬使用寿命较长，一般 2～3 年才小修一次。

4. 电解铜熔化炉用耐火材料

电解铜熔化炉有以重油为燃料的反射炉和竖炉，也有电弧炉和感应电炉等。电解铜熔化用的竖炉得到了广泛的应用。炉体下部设有一排或数排烧嘴，采用液化石油气作燃料。烧嘴区等易损部位，一般应采用碳化硅砖砌筑，其余部位可用高铝砖作炉衬。

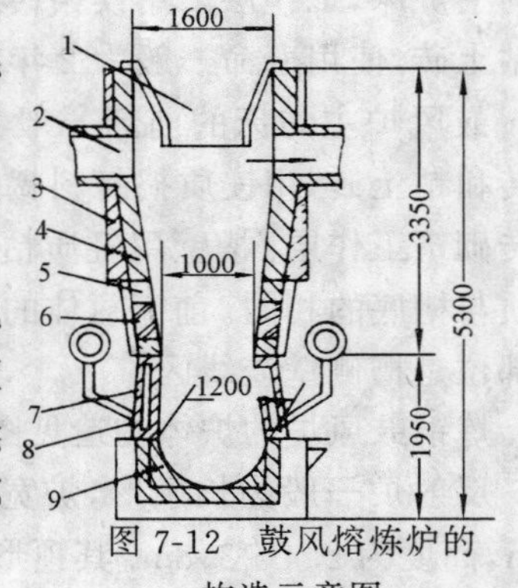


图 7-12 鼓风熔炼炉的构造示意图

1—装料口；2—烟道口；3—红砖；4—粘土砖；5—铬砖；6—镁砖；7—水冷板；8—风口；9—镁铬质耐火捣打料

5. 铅熔炼炉用耐火材料

铅熔炼炉一般采用鼓风熔炼炉和电熔炼炉。鼓风熔炼炉是当前应用最广泛的铅熔炼设备，其构造见图 7-12。

鼓风熔炼炉炉身上部、烟道和炉底非工作层一般采用粘土砖砌筑；炉身下部用铬砖和镁砖作炉衬。风口区由于温度高(个别部位可达到 1500℃左右)，加之熔渣和粗铅熔液的侵蚀，工作条件较苛刻，一般以高级粘土砖、高铝砖或镁铬砖为衬。炉床粘土砖上面应砌筑致密铬砖、镁砖或镁铬砖作工作衬，也可以用镁质或镁铬质耐火捣打料捣制成船底形工作衬。

电熔炼炉系采用电极加热，一般采用镁铬质耐火捣打料捣制，侧墙非工作层和整个炉底均用镁质耐火捣打料制作，侧墙、出铅口和虹吸管的工作层则用镁砖砌筑。

6. 锌熔炼炉用耐火材料

火法制锌用的熔炼炉有竖罐蒸馏炉、电热蒸馏炉和密闭鼓风炉等。此外，为了除去金属锌中的杂质，还有锌精馏炉。

竖罐蒸馏炉主要由竖罐蒸馏室、燃烧室和空气道等部分组成，如图 7-13 所示。

竖罐蒸馏炉、冷凝器及转子等热工设备的工作衬，均采用碳化硅质耐火材料筑造，以提高传热性和耐蚀性。砖的尺寸应准确，砌缝要尽量小，而且须用特种泥浆砌筑，以便使工作衬形成整体，防止锌蒸气窜漏。

电热蒸馏炉的电极孔、锌蒸气环管及通道、冷凝器壁及转子等部位，一般应采用碳化硅砖作工作衬，其他部位的工作衬可用粘土砖砌筑，非工作衬一般采用轻质砖砌筑。

锌精馏炉是采用铅塔和镉塔两种精馏设备构成的。它由50～60块塔盘交错叠叠而成，中部装有烧嘴，以便于上部塔盘的保温；塔的下部设有用粘土砖砌筑的换热室，可供给烧嘴用的热风。塔盘一般采用导热性能好、高温强度大、抗热震性好和抵抗锌蒸气侵蚀能力强的碳化硅质耐火材料制作，尺寸误差要尽量小，以保证组装后的结构稳定。

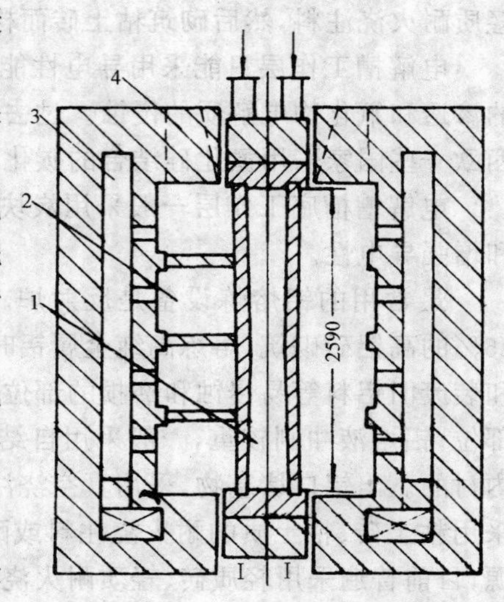


图7-13 竖罐蒸馏炉的断面示意图

1—竖罐蒸馏室；2—燃烧室；3—空气道；4—补炉用入孔

7. 铅锌密闭鼓风炉用耐火材料

铅锌密闭鼓风炉主要由鼓风炉和冷凝器（铅雾室）组成。

鼓风炉炉床应采用镁铬砖砌筑，炉身中、上部可用气孔率小于14％的粘土砖作炉衬。炉身下部采用水冷套板并衬砌镁铬砖工作层，炉顶和与铅雾室连接处一般应采用粘土质耐火浇注料整体浇灌。冷凝器及转子等部位的工作层，可分别采用气孔率为14％和12％的碳化硅砖砌筑，烟道墙采用粘土质耐火浇注料浇灌。

铅锌分离室的底和顶，一般采用致密粘土砖砌筑，室壁可用镁铬砖作工作层；铅液流槽和出铅槽的槽底，可采用$Al_2O_3$含量为65％的高铝砖砌筑，槽壁用镁铬砖或铬砖做工作层，槽盖板可采用高铝水泥粘土质耐火混凝土预制块。

8. 镍铁熔炼炉用耐火材料

镍铁熔炼炉的炉型与炼铜的炉基本相同，主要有鼓风炉、反射炉和电炉，也有采用闪速炉的。

镍铁熔炼电炉与炼钢电弧炉相似，采用的耐火材料也类同。炉底和炉墙采用致密镁砖砌筑，炉底上部用镁砂或白云石砂捣打料捣制成锅底形的整体工作层；炉盖用优质的高铝砖、铝镁砖或镁铬砖砌筑，也可以采用高铝质耐火浇注料浇灌成整体炉盖或做成大型预制构件组装。

镍铁熔炼鼓风炉的炉型分为矩形和圆形两种。圆形鼓风炉与炼铁高炉相似，炉身内衬采用致密粘土砖或高铝砖砌筑，炉底与炉缸壁采用碳砖作内衬，其余部位均用镁铬砖砌筑；矩形鼓风炉炉底用镁砖砌筑，工作层用镁砂捣打料捣制，其余部位内衬所用的材质与圆形鼓风炉用的材质相同。

镍铁熔炼回转炉一般采用直接结合镁铬砖砌筑，其余部位则用粘土砖和高铝砖作内衬。

9. 炼铝工业炉用耐火材料

熔炼铝的主要热工设备有煅烧烧结炉、电解槽和熔炼炉等。其回转窑烧成带内衬一般采用高铝砖砌筑，其他部位可用粘土砖作内衬，隔热层靠近炉壳处铺设一层耐火纤维毡，然后砌筑一层轻质砖或用轻质耐火浇注料浇灌。

电解槽槽壳用钢板制成，槽壳内侧铺一层保温板或耐火纤维毡，接着砌筑轻质砖或浇灌轻质耐火浇注料，然后砌筑粘土砖而构成非工作层。

电解槽工作层只能采用导电性能良好的碳质或碳化硅质耐火材料，才能抵抗住铝熔液的渗透和氟化物电解质的侵蚀。过去，电解槽槽壁工作层一般采用碳块砌筑，近年来日本和西欧一些国家采用氮化硅结合的碳化硅砖砌筑，获得了较好的使用效果。

电解槽槽底工作层一般采用炭块砌筑，砌缝较小，并用炭糊充满，以防止铝熔液的渗透和增强导电性。

最常用的铝熔炼设备是反射炉。接触铝熔液的炉衬，一般采用 $Al_2O_3$ 含量为 80%～85%的高铝砖砌筑，熔炼高纯金属铝时，则宜采用莫来石砖或刚玉砖。有些工厂在炉床斜坡和装废旧铝料等易侵蚀和磨损的部位，采用氮化硅结合的碳化硅砖砌筑。流铝槽和出铝口等部位，铝熔液冲刷较重，一般采用自结合或氮化硅结合的碳化硅砖砌筑，也有用锆英石砖作内衬的。出铝口堵塞物，采用真空浇注的耐火纤维锥效果较好。不接触铝熔液的炉衬，一般采用粘土砖、粘土质的耐火浇注料或耐火可塑料等材料砌筑。为了加快熔炼速度和节约能源，目前普遍采用轻质砖、轻质耐火浇注料和耐火纤维制品作隔热层。

铝熔炼感应坩埚炉也是较常用的设备，其内衬一般采用 $Al_2O_3$ 含量为 70%～80%的高铝质耐火浇注料或耐火捣打料制作，也有用刚玉质耐火混凝土作内衬的。

铝熔液从炉子的出铝口，经流铝槽流出。其槽衬一般采用碳化硅砖砌筑，也有用电熔泡沫硅砂预制块的。如用预制块作槽衬，表面应涂抹电熔硅砂或用高铝水泥电熔泡沫硅砂耐火浇注料作保护层。

**(十三)炭素制品炉用耐火材料**

炭素煅烧炉一般分为回转式和蒸罐式两种。炭素煅烧炉是炭素材料在隔绝空气条件下进行热处理的热工设备。煅烧时火道温度为 1300～1380℃，燃烧口的温度达到 1500℃。

煅烧罐和火道的砌体一般采用热传导性好、荷重软化点高、高温机械强度大的硅砖。

换热室底部与格子砖，由于在高温下承受较大负荷，同时进行热交换，所以过去一般采用抗热震性好、荷重软化点高的粘土砖，燃烧口采用高铝砖。

电极焙烧炉主要作用是将高压成型的生电极、炭块和化学阴极等炭素制品，在隔绝空气条件下，按规定的焙烧温度间接加热来焙烧制品。常用的为多室焙烧炉。

焙烧炉底部由于承受上部砌体和制品的荷载，上部的电极箱加热墙、火井箱和燃烧喷嘴等部位砌体又经受 1400℃左右的高温作用及温度变化的影响，因此应采用机械强度大、荷重软化温度高、抗热震性好的粘土砖砌筑。

## 三、耐火制品基础标准

**(一)耐火制品的分型定义**

耐火制品的分型定义，现行国家标准 GB10324—88 作了规定。

1. 粘土质耐火制品

(1)标型　230mm×114mm×65mm 为标型砖。

(2)普型　凡具有下述分型特征之一者，定名为普型制品。

1)重为 2～8kg；

2)厚度尺寸为 55～75mm；

3)不多于 4 个量尺；

4)大小尺寸比不大于4；
5)不带凹角、沟、舌、孔、洞或圆弧。
(3)异型　凡具有下述分型特征之一者，定名为异型制品。
1)重量为2～15kg；
2)厚度尺寸为45～95mm；
3)大小尺寸比不大于6；
4)凹角、圆弧的总数不多于2个；
5)沟、舌的总数不多于4个；
6)1个大于50°～75°的锐角。
(4)特型　凡具有下述分型特征之一者，定名为特型制品。
1)重量为1.5～30kg；
2)厚度尺寸为35～135mm，管状砖的长度尺寸不大于300mm；
3)大小尺寸比不大于8；
4)凹角、圆弧的总数不多于4个；
5)沟、舌的总数不多于8个；
6)1个30°～50°的锐角；
7)不多于1个孔或洞。

2. 高铝质耐火制品

(1)标型　230mm×114mm×65mm为标型。
(2)普型　凡具有下述分型特征之一者，定名为普型制品。
1)重量为2～10kg；
2)厚度尺寸为55～75mm；
3)不多于4个量尺；
4)大小尺寸比不大于4；
5)不带凹角、沟、舌、孔、洞或圆弧。
(3)异型　凡具有下述分型特征之一者，定名为异型制品。
1)重量为2～18kg；
2)厚度尺寸为45～95mm；
3)大小尺寸比不大于6；
4)凹角、圆弧的总数不多于2个；
5)沟、舌的总数不多于4个；
6)1个大于50°～75°的锐角。
(4)特型　凡具有下述分型特征之一者，定名为特型制品。
1)重量为1.5～35kg；
2)厚度尺寸为35～135mm，管状砖的长度尺寸不大于300mm；
3)大小尺寸比不大于8；
4)凹角、圆弧的总数不多于4个；
5)沟、舌的总数不多于8个；
6)1个30°～50°的锐角；

7)不多于1个孔或洞。

3. 硅质耐火制品

(1)标型 规定230mm×114mm×65mm为标型砖。

(2)普型 凡具有下述分型特征之一者,定名为普型制品。

1)重量为2～6kg;

2)厚度尺寸为55～75mm;

3)不多于4个量尺;

4)大小尺寸比不大于4;

5)不带凹角、沟、舌、孔、洞或圆弧。

(3)异型 凡具有下述分型特征之一者,定名为异型制品。

1)重量为2～12kg;

2)厚度尺寸为45～95mm;

3)大小尺寸比不大于5;

4)凹角、圆弧的总数不多于1个;

5)沟、舌的总数不多于2个;

6)1个大于50°～75°的锐角。

(4)特型 凡具有下述分型特征之一者,定名为特型制品。

1)重量为1.5～25kg;

2)厚度尺寸为35～135mm,管状砖的长度尺寸不大于300mm;

3)大小尺寸比不大于6;

4)凹角、圆弧的总数不多于4个;

5)沟、舌的总数不多于4个;

6)1个30°～50°的锐角;

7)不多于1个孔或洞。

4. 镁质耐火制品

镁质耐火制品包括镁砖和镁硅砖、镁铝砖、镁铬砖。

(1)标型 规定230mm×114mm×65mm为标型砖。

(2)普型 凡具有下述分型特征之一者,定名为普型制品。

1)重量为4～10kg;

2)厚度尺寸为55～75mm;

3)不多于4个量尺;

4)大小尺寸比不大于4;

5)不带凹角、沟、舌、孔、洞或圆弧。

(3)异型 凡具有下述分型特征之一者,定名为异型制品。

1)重量为3.5～18kg;

2)厚度尺寸为45～95mm;

3)大小尺寸比不大于6;

4)凹角、圆弧的总数不多于2个;

5)1个大于50°～75°的锐角;

6)不多于 2 个孔或洞。

(4)特型　凡具有下述分型特征之一者,定名为特型制品。

1)重量为 3～35kg;

2)厚度尺寸为 35～135mm;

3)大小尺寸比不大于 8;

4)凹角、圆弧的总数不多于 4 个;

5)沟、舌的总数不多于 4 个;

6)1 个 30°～50°的锐角;

7)不多于 3 个孔或洞。

**(二)耐火制品的检查**

耐火制品的检查,现行国家标准 GB10326—88 规定如下。

1. 尺寸的检查

尺寸的检查,按订货图纸规定进行。

测量时,必须使钢尺的零点与制品的棱对齐,可选用钢卷尺、钢直尺。测量制品的内外径时,使用工具卡尺。

一般制品(除专门规定外),以测量制品每一面中间三分之一部位的尺寸为准。

制品相对边的测量,以测量制品同一尺寸的相对两边之差为准。制品子、母口径相对边差的测量,以测量制品同一子口或母口上长、短轴之差为准。

凡公差数值以百分数表示者,其数值应计算到整数为止,小数点后一位的计算按 GB8170 进行。

2. 熔洞的检查

检查熔洞时,允许先用金属小锤轻敲制品表面因低熔物而产生的熔化空洞和显著的变色部位,然后用钢尺测量熔洞的最大直径。

因外来的如木片、油泥、布片等有机夹杂物造成的空洞,亦按熔洞的检查方法进行检查,但允许数值不大于该制品熔洞数值的 1 倍(例如:熔洞的数值规定为 8mm,则空洞的数值允许不大于 16mm)。

3. 缺角缺棱的检查

(1)深度检查法:缺角、缺棱深度的检查,使用专门制造的、可紧密套在制品棱角上的、带有沿规定方向滑动的刻度尺的测角器和测棱器。

缺角的深度,对于直角形制品,使用立方体形测角器,沿立方体中心对角线方向进行测量;对于非直角形制品,使用三菱体形测角器沿三菱体中心线方向进行测量。

缺棱的深度,沿制品两面夹角的等分线方向测量缺棱的最深处,有长度限制者,同时测量缺棱的全长。

缺角、缺棱相连时,分别检查。缺角部分的缺棱不作缺棱计算,即缺角部分按缺角规定检查,缺棱部分按缺棱规定检查。

除特殊规定外,凡深度大于 3mm 至标准允许数值限度的缺角、缺棱,一律参加计算。3mm 及小于 3mm 深度的缺角、缺棱,不作为缺角缺棱。

(2)三边之和检查法:缺角或缺棱均按缺损处三边之和进行计算。计算方法见图 7-14 和图 7-15。

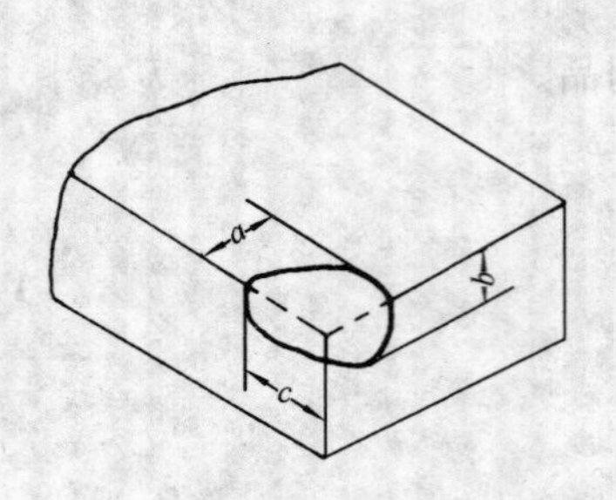


图 7-14　缺角破损

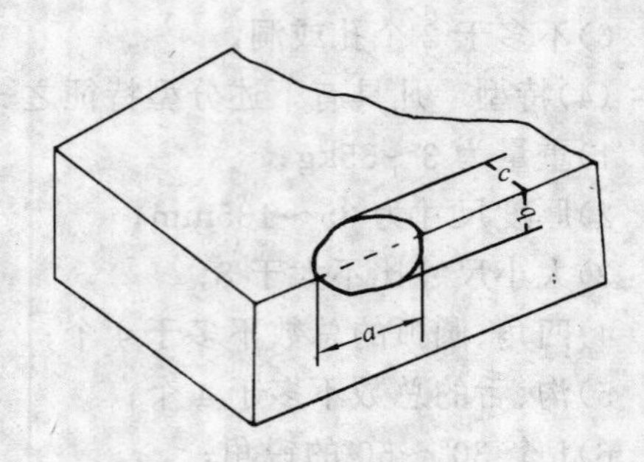


图 7-15　缺棱破损

4. 裂纹的检查

裂纹的检查，使用刻度至 0.5mm 的钢尺和直径等于测定裂纹宽度（0.1、0.25、0.5、1.0mm）的钢丝。

检查裂纹时，将钢丝自然插入裂纹的最宽处，但不得插入肉眼可见颗粒脱落处。凡0.25 mm 钢丝不能插入的裂纹，其宽度用＜0.25mm 表示；凡 0.25mm 钢丝能够插入而 0.5mm 钢丝不能插入的裂纹，其宽度用 0.26～0.5mm 表示；依次类推。

裂纹不成直线，可分数线段来测量，各线段长度的总和为裂纹的总长度。中间有间断面间断距离大于 5mm 的裂纹（包括不限制的裂纹），即为一条裂纹，其长度合并计算，但交叉及平行方向的裂纹除外。

跨棱的裂纹，除特殊规定外，一律按连续长度计算，一条裂纹同时跨工作面和非工作面，一律按工作面考核（例：某一标准中规定，宽度 0.26～0.50mm 的裂纹，工作面应不大于 30mm，非工作面应不大于 50mm。若该裂纹同时跨工作面和非工作面，则连续长度按工作面考核，应不大于 30mm）。在角部跨过两个棱的裂纹，凡不超过缺角规定的数值范围，不按跨两棱计算。凡标准中规定不限制的裂纹，一律不受跨棱的限制，并不作检查。

有沟、舌的面，按一个面计算，但浇注用砖除外；有贯通孔洞的面，按两个面计算。

因冷却不当而形成的细而长的裂纹，为急冷裂纹（炸裂），应按不合格品处理。

凡数条裂纹组成一闭合曲线，即为网状裂纹。计算网状裂纹长度时，以周边全长为准。凡一条以上的裂纹相交，即为交叉裂纹。计算交叉裂纹的条数时，以通过交点的直线裂纹为准。

大于 120°角的棱，不以棱计算。尺寸小于 20mm 宽的面，不以面计算，但浇注用砖除外。

5. 扭曲的检查

扭曲用金属片制成的塞尺检查。塞尺的宽度为 10mm，厚度比标准规定的允许限度大 0.1mm（例如：1.6，2.1，2.6，3.1，3.6mm 等）。

检查扭曲时，将制品的被检查面放在平板上（此板面积应大于制品被检查的面），保持自然平稳。然后将塞尺沿着板面平滑地插入平板与制品所构成的最大缝隙内，塞尺插入深度不超过 10mm 者为合适。

压痕按扭曲方法检查。

6. 端头面倾斜的检查

端头平面倾斜的检查，使用边长 220mm×220mm 的直角钢尺，以及宽 5mm、厚度比标准规定的允许限度大 0.1mm 的金属塞尺（例如：检查 2.0mm 的端头平面倾斜时，采用厚度为 2.1mm 的塞尺）。

检查时将直角钢尺的一边与制品的纵向面紧密接触,同时使直角钢尺的另一边紧靠端头,然后将塞尺沿着直角钢尺与端头之间形成的缝隙平滑地插入,以规定塞尺不能插入者为合格。

7. 渣蚀的检查

凡因烧成时燃料的灰分与制品表面能合在一起而呈玻璃状的堆积物,因其他杂质与制品表面起化学变化,使制品表面被侵蚀而产生的熔化变色物,统称为渣蚀。

经加工磨平后,无显著麻面和侵蚀的制品,不以渣蚀计。

8. 生烧品的检查

凡采用同一原料、同一工艺生产的制品,烧成后外观颜色与正常生产的制品有显著不同,尺寸胀缩不足,断面打开颗粒显著不断开时,则应检查制品的烧成情况。

生烧品的判定以物理性能鉴定为准。

生烧品应按不合格品处理。

9. 断面的检查

凡制品因成型而产生的分层和断面上有缝隙的层状组织,即为断面层裂。制品的断面用榔头与钢凿在垂直于制品成型受压面的长度方向上打取而得。

制品因烧成而产生的局部显著变色,例如黑色和红色等,即为黑心或红心。有黑心或红心的制品判为不合格品($Al_2O_3 \geqslant 75\%$的高铝砖因高温、气氛造成的黑心除外)。

10. 塞头砖、铸口砖外形的检查

塞头砖外形规整程度的检查,使用配套的铸口砖,将塞头砖放在配套的铸口砖上,用手轻按,并使塞头砖沿中心轴旋转1周。凡塞头砖上的磨痕呈无间断的连续环状为合格品。

铸口砖外形规整程度的检查,使用配套的塞头砖,将配套的塞头砖放在铸口砖上,用手轻按,并使塞头砖沿中心轴旋转1周。凡铸口砖上磨痕呈无间断的连续环状者为合格品。

仲裁时,以标准铸口砖模型或标准塞头砖模型为准。

11. 工作面与非工作面的检查

凡图纸指明制品上的工作面,一律按标准规定的工作面检查;未指明工作面的一律按非工作面检查。

与工作面相连的棱角,一律按工作面的规定检查。

**(三)耐火制品的堆放、保管和运输**

耐火制品的堆放、取样、验收、保管和运输规则见GB10325—88。

1. 耐火制品的堆放

耐火制品的堆放应以保证质量、平稳安全、便于清点搬运、铲运、吊运和运输为目的。

耐火制品的堆放应按种类(粘土质、高铝质、硅质及镁质等)、用途(高炉砖、焦炉砖、流钢砖等)、砖号和等级分别进行堆放,并标明牌号、砖号、批号、日期及其他应记事项。

耐火制品的堆放方法:

1)标准砖、楔形砖、直角形砖(包括高炉砖、热风炉砖等)单重小于12kg的制品,用侧面排列法每层12块、16块或20块,每垛高度不得超过1.9m。

2)单重在12kg以上的直角形砖或特异形砖堆垛时,垛的式样和每层数量均须一致,高度不得超过1.8m。

3)流钢砖每层12块、16块、20块或32块,每垛高度不得超过1.8m。

4)漏斗砖堆放,大口朝下,小口朝上,重叠套放,高度不得超过 1.2m。

5)中心砖、三通流钢砖每层块数排列均须一致,高度不得超过 1.6m。

6)袖砖、铸管及其他圆管形砖堆成梯形,高度不得超过 1.8m。

7)铸石砖必须竖放,堆成梯形,每垛为 500～1000 块,高度不得超过 1.5m。

8)塞头砖必须竖放,每垛为 250～1000 块,每层之间用木板隔开,高度不得超过 1.6m,亦可堆成梯形,可不用木板隔垫,高度不得超过 1m。

9)由箱或板包装的耐火制品,箱或板叠放时,最高不得超过 4.8m。

10)每一批内、每一砖号、只允许有一个不完整的砖垛。

2. 耐火制品的保管和运输

耐火制品的保管:

1)耐火制品均应存放在仓库内,不让雨淋水浸。

2)耐火纤维等有包装要求的耐火制品应包装完毕后存放在仓库内。

3)不烧耐火制品应按其使用要求存放于有专门设施(防潮、保温)的仓库内。

耐火制品的运输:

1)耐火制品在运输装卸时,均应轻拿轻放,紧密排列,避免碰撞损坏。不同种类、不同砖号的制品应标志清楚,不能混杂。

2)装运耐火制品的车、船必须清扫干净,必须有防雨设备,必须不受雨淋水浸。

3)制品出厂应附质量合格证书,载明产品名称、牌号、检验结果,并附发货清单(砖号、数量以及发货日期、车厢号码)。

## 四、耐火砖形状尺寸

### (一)镁砖及镁硅砖形状尺寸

镁砖及镁硅砖的名称、形状及尺寸,国家现行标准 GB1590—79 规定如下。

1. 直形镁砖或镁硅砖形状尺寸

直形镁砖或镁硅砖的形状和尺寸见表 7-2。

表 7-2 直形镁砖或镁硅砖尺寸

| 形状 | 砖号 | 尺寸/mm | | | 单重/kg |
|---|---|---|---|---|---|
| | | b | c | a | |
| | M-1<br>MG-1 | 230 | 115 | 65 | 5.0 |
| | M-2<br>MG-2 | 230 | 57 | 65 | 2.5 |
| | M-3<br>MG-3 | 171 | 115 | 65 | 3.6 |
| | M-4<br>MG-4 | 230 | 173 | 65 | 7.5 |
| | M-5<br>MG-5 | 230 | 115 | 35 | 2.8 |
| | M-6<br>MG-6 | 300 | 150 | 65 | 8.5 |
| | M-7<br>MG-7 | 300 | 150 | 75 | 9.9 |
| | M-8<br>MG-8 | 345 | 150 | 65 | 9.9 |
| | M-9<br>MG-9 | 380 | 150 | 75 | 12.6 |
| | M-10<br>MG-10 | 460 | 150 | 65 | 13.6 |

2. 单面楔形镁砖或镁硅砖砖形尺寸

单面楔形镁砖或镁硅砖砖形尺寸见表 7-3。

**表 7-3 单面楔形镁砖或镁硅砖尺寸**

| 形状 | 砖号 | 尺寸/mm | | | | 单重/kg |
|---|---|---|---|---|---|---|
| | | *b* | *a* | $a_1$ | *c* | |
| 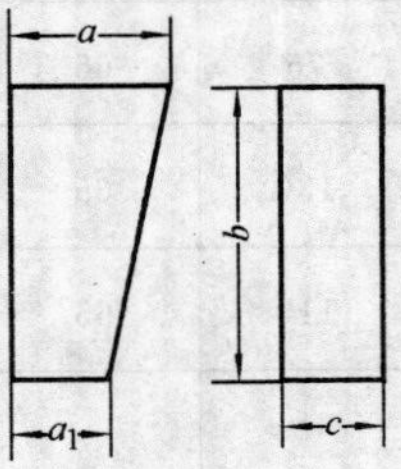 | M-11 | 350 | 165 | 136 | 65 | 10.3 |
| | M-12 | 350 | 136 | 108 | 81 | 9.9 |
| | M-13<br>MG-13 | 230 | 135 | 42 | 65 | 3.9 |
| | M-14<br>MG-14 | 230 | 115 | 57 | 65 | 3.7 |
| | M-15<br>MG-15 | 314 | 117 | 50 | 115 | 9.1 |

3. 侧楔形镁砖砖形尺寸

侧楔形镁砖砖形尺寸见表 7-4。

**表 7-4 侧楔形镁砖尺寸**

| 形状 | 砖号 | 尺寸/mm | | | | 单重/kg |
|---|---|---|---|---|---|---|
| | | *b* | *c* | *a* | $a_1$ | |
| 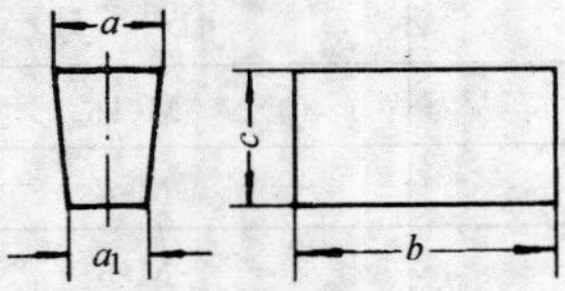 | M-16 | 230 | 115 | 65 | 35 | 3.8 |
| | M-17 | 230 | 115 | 65 | 45 | 4.3 |
| | M-18 | 230 | 115 | 65 | 55 | 4.7 |

4. 竖楔形镁砖或镁硅砖砖形尺寸

竖楔形镁砖或镁硅砖砖形尺寸见表 7-5。

**表 7-5 竖楔形镁砖或镁硅砖尺寸**

| 形状 | 砖号 | 尺寸/mm | | | | 单重/kg |
|---|---|---|---|---|---|---|
| | | *b* | *c* | *a* | $a_1$ | |
| 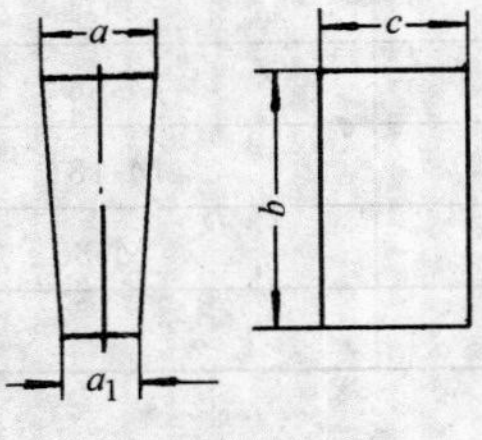 | M-19 | 230 | 115 | 65 | 55 | 4.7 |
| | M-20 | 230 | 115 | 65 | 45 | 4.2 |
| | M-21<br>MG-21 | 300 | 150 | 75 | 65 | 9.2 |
| | M-22<br>MG-22 | 380 | 150 | 75 | 65 | 11.8 |

5. 平楔形镁砖或镁硅砖砖形尺寸

平楔形镁砖或镁硅砖砖形尺寸见表 7-6。

**表 7-6 平楔形镁砖或镁硅砖尺寸**

| 形状 | 砖号 | 尺寸/mm | | | | 单重/kg |
|---|---|---|---|---|---|---|
| | | $b$ | $a$ | $a_1$ | $c$ | |
| | M-23<br>MG-23 | 230 | 115 | 105 | 65 | 4.8 |
| | M-24<br>MG-24 | 230 | 115 | 95 | 65 | 4.6 |
| | M-25<br>MG-25 | 230 | 115 | 75 | 65 | 4.2 |
| | M-26<br>MG-26 | 345 | 150 | 130 | 65 | 9.3 |
| | M-27<br>MG-27 | 345 | 150 | 110 | 65 | 8.6 |
| | M—28<br>MG—28 | 115 | 230 | 220 | 65 | 4.9 |

6. 新旧砖形对照

新旧砖形对照见表 7-7。

**表 7-7 新旧砖号对照**

| 新 号 | 旧 号 | 新 号 | 旧 号 |
|---|---|---|---|
| M-1 | M-1 | M-16 | M-16 |
| M-2 | M-40 | M-17 | M-4 |
| M-3 | M-10 | M-18 | M-5 |
| M-4 | M-24 | M-19 | M-3 |
| M-5 | M-1A | M-20 | M-2 |
| M-6 | M-17 | M-21 | M-17E |
| M-7 | M-17A | M-22 | M-106 |
| M-8 | M-65* | M-23 | M-8 |
| M-9 | M-45 | M-24 | M-7* |
| M-10 | M-25 | M-25 | M-6* |
| M-11 | M-37 | M-26 | 新增 |
| M-12 | M-38 | M-27 | M-66* |
| M-13 | M-13 | M-28 | M-18* |
| M-14 | M-14 | M-29 | M-35 |
| M-15 | M-15 | | |

注:有*号者表明对旧砖号尺寸作了修改。

## (二)高炉及热风炉用砖形状尺寸

高炉及热风炉用砖形状和尺寸,中国冶标(YB/T5012—1997)作了规定。见图 7-16 至图 7-18 及表 7-8 和表 7-9。

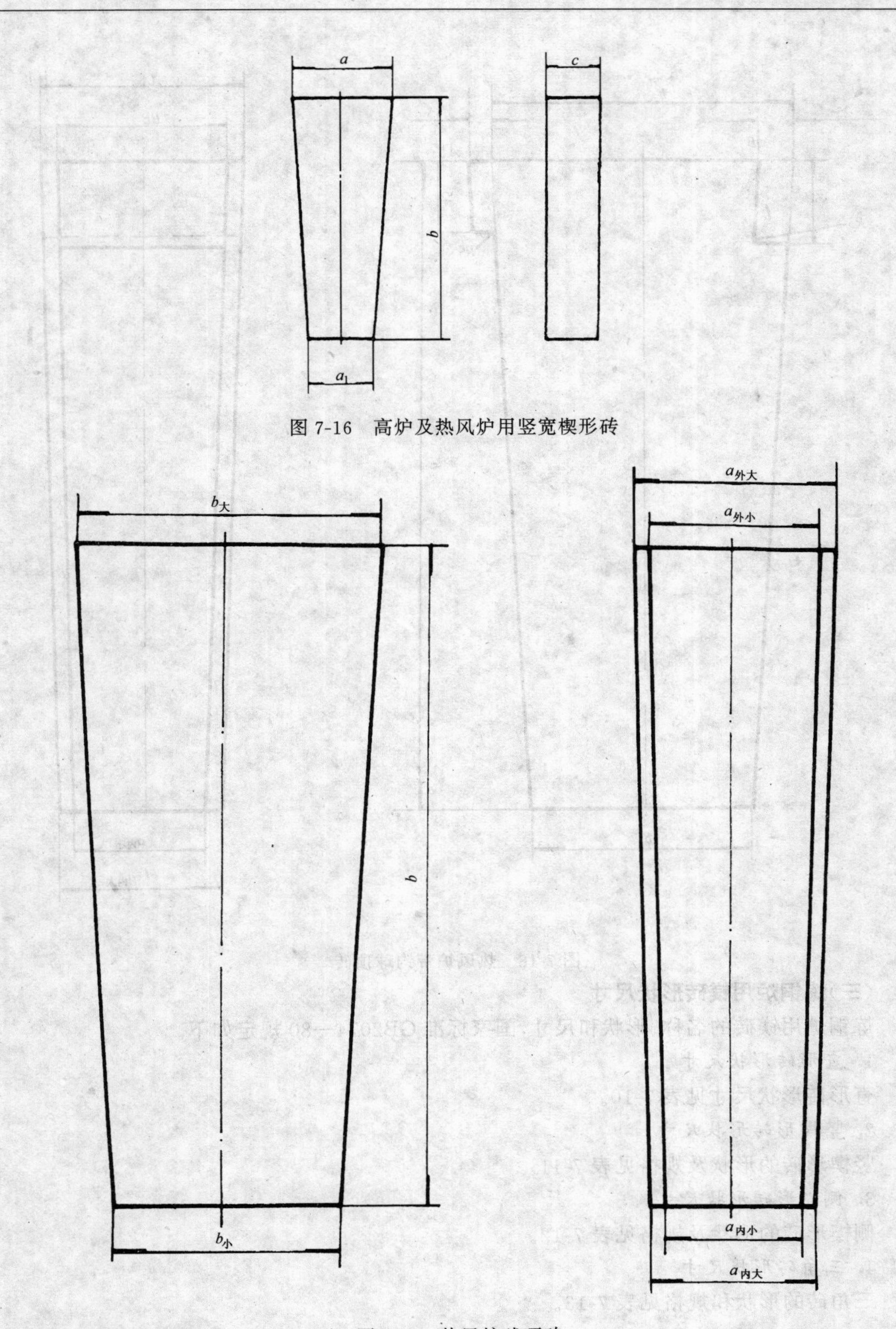


图 7-16 高炉及热风炉用竖宽楔形砖

图 7-17 热风炉球顶砖

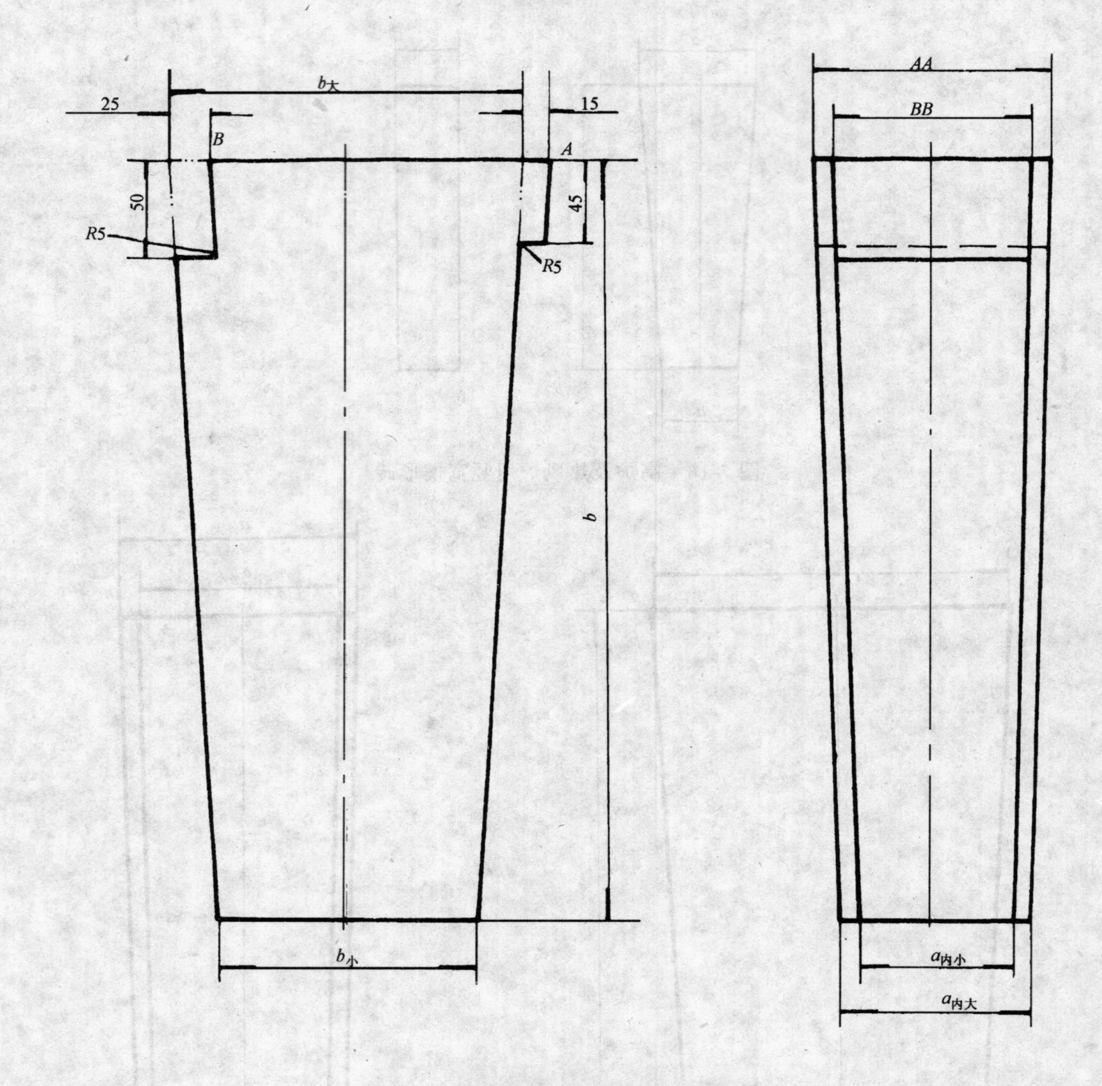


图 7-18 热风炉带钩球顶砖

**(三)炼铜炉用镁砖形状尺寸**

炼铜炉用镁砖的名称、形状和尺寸,国家标准 GB2074—80 规定如下。

1. 直形砖形状尺寸

直形砖形状尺寸见表 7-10。

2. 竖楔形砖形状尺寸

竖楔形砖的形状及规格见表 7-11。

3. 侧楔形砖形状尺寸

侧楔形砖的形状及规格见表 7-12。

4. 三角砖形状尺寸

三角砖的形状和规格见表 7-13。

**表 7-8 高炉和热风炉用宽楔形砖及直形砖**

| 砖号 | 名称 | 尺寸/mm | | | 规格 $b\times(a/a_1)\times c$ | 外半径 $R_o$/mm | 每环极限块数 $/K'_{楔}$ | 一块直形砖半径增大量 $(\Delta R)_1$/mm | 体积/$cm^3$ |
|---|---|---|---|---|---|---|---|---|---|
| | | $b$ | $a/a_1$ | $c$ | | | | | |
| G-1,R-1 | 直形砖 | 230 | 150 | 75 | 230×150×75 | | | 24 | 2587.5 |
| G-2,R-2 | 直形砖 | 345 | 150 | 75 | 345×150×75 | | | 24 | 3881.3 |
| G-11 | 直形砖 | 400 | 150 | 90 | 400×150×90 | | | | 5400.0 |
| G-30,R-30 | 直形砖 | 460 | 150 | 75 | 460×150×75 | | | 24 | 5175.0 |
| G-3,R-3 | 钝楔形砖 | 230 | 150/135 | 75 | 230×(150/135)×75 | 2315.3 | 96.3 | | 2458.1 |
| G-5,R-5 | 锐楔形砖 | 230 | 150/120 | 75 | 230×(150/120)×75 | 1157.7 | 48.2 | | 2328.8 |
| G-7,R-7 | 特锐楔形砖 | 230 | 150/90 | 75 | 230×(150/90)×75 | 578.8 | 24.1 | | 2070.0 |
| G-9,R-9 | 错缝条砖 | 230 | 114/104 | 75 | 230×(114/104)×75 | 2645.0 | 144.5 | | 1880.3 |
| G-4,R-4 | 钝楔形砖 | 345 | 150/130 | 75 | 345×(150/130)×75 | 2604.8 | 108.4 | | 3622.5 |
| G-6,R-6 | 锐楔形砖 | 345 | 150/110 | 75 | 345×(150/110)×75 | 1302.4 | 54.2 | | 3363.8 |
| G-8,R-8 | 特锐楔形砖 | 345 | 150/90 | 75 | 345×(150/90)×75 | 868.3 | 36.1 | | 3105.0 |
| G-10,R-10 | 错缝条砖 | 345 | 114/99 | 75 | 345×(114/99)×75 | 2645.0 | 144.5 | | 2755.7 |
| G-31,R-31 | 钝楔形砖 | 460 | 150/130 | 75 | 460×(150/130)×75 | 3473.0 | 144.5 | | 4380.0 |
| G-32,R-32 | 锐楔形砖 | 460 | 150/110 | 75 | 460×(150/110)×75 | 1736.5 | 72.3 | | 4485.0 |
| G-33,R-33 | 错缝条砖 | 460 | 114/94 | 75 | 460×(114/94)×75 | 2645.0 | 144.5 | | 3588.0 |

注：1. 经供需双方协商 $c$ 可采用 100mm。

2. 按宽楔形砖大小端尺寸差 $a-a_1$ 的小到大，将其分为钝楔形砖、锐楔形砖及特锐楔形砖。

表 7-9 热风炉球顶砖

| 砖号 | 尺寸/mm | | | | | | 规格 | 径向内半径 | 倾斜角 | 体积/ | 备注 |
|---|---|---|---|---|---|---|---|---|---|---|---|
| | $b$ | $b_{大}/b_{小}$ | $a_{外大}/a_{外小}$ | $a_{内大}/a_{内小}$ | $AA$ | $BB$ | $b\times(b_{大}/b_{小})\times(a_{外大}/a_{外小})\times(a_{内大}/a_{内小})$ | $r$/mm | $\theta_r$/(°) | $cm^3$ | |
| R-12 | 380 | 130/110.8 | 90 | 76.7 | 90 | 90 | 380×(130/110.8)×90×76.7 | 2200 | 2.895 | 3773.4 | 带钩板状直形砖 |
| R-13 | 380 | 130/110.8 | 90/80 | 76.7/68.2 | 91.2 | 81.9 | 380×(130/110.8)×(90/80)×(76.7/68.2) | 2200 | 2.895 | 3561.8 | 带钩板状钝楔形砖 |
| R-14 | 380 | 130/110.8 | 90/70 | 76.7/59.7 | 92.3 | 73.8 | 380×(130/110.8)×(90/70)×(76.7/59.7) | 2200 | 2.895 | 3350.2 | 带钩板状锐楔形砖 |
| R-12A | 380 | 130/110.8 | 90 | 76.7 | | | 380×(130/110.8)×90×76.7 | 2200 | 2.895 | 3813.4 | 不带钩板状直形砖 |
| R-13A | 380 | 130/110.8 | 90/80 | 76.7/68.2 | | | 380×(130/110.8)×(90/80)×(76.7/68.2) | 2200 | 2.895 | 3601.8 | 不带钩板状钝楔形砖 |
| R-14A | 380 | 130/110.8 | 90/70 | 76.7/59.7 | | | 380×(130/110.8)×(90/70)×(76.7/59.7) | 2200 | 2.895 | 3390.2 | 不带钩板状锐楔形砖 |
| R-15 | 450 | 130/113.5 | 130 | 113.5 | 130 | 130 | 450×(130/113.5)×130×113.5 | 3100 | 2.101 | 6610.4 | 带钩方块状直形砖 |
| R-16 | 450 | 130/113.5 | 130/120 | 113.5/104.8 | 131.2 | 121.9 | 450×(130/113.5)×(130/120)×(113.5/104.8) | 3100 | 2.101 | 6349.3 | 带钩方块状钝楔形砖 |
| R-17 | 450 | 130/113.5 | 90 | 78.6 | 90 | 90 | 450×(130/113.5)×90×78.6 | 3100 | 2.101 | 4578.6 | 带钩板状直形砖 |
| R-18 | 450 | 130/113.5 | 90/80 | 78.6/69.9 | 91.2 | 81.9 | 450×(130/113.5)×(90/80)×(78.6/69.6) | 3100 | 2.101 | 4322.5 | 带钩板状钝楔形砖 |
| R-19 | 450 | 130/113.5 | 90/70 | 78.6/61.1 | 92.3 | 73.8 | 450×(130/113.5)×(90/70)×(78.6/61.1) | 3100 | 2.101 | 4065.0 | 带钩板状锐楔形砖 |
| R-15A | 450 | 130/113.5 | 130 | 113.5 | | | 450×(130/113.5)×130×113.5 | 3100 | 2.101 | 6670.4 | 不带钩方块状直形砖 |
| R-16A | 450 | 130/113.5 | 130/120 | 113.5/104.8 | | | 450×(130/113.5)×(130/120)×(113.5/104.8) | 3100 | 2.101 | 6414.3 | 不带钩方块状钝楔形砖 |
| R-17A | 450 | 130/113.5 | 90 | 78.6 | | | 450×(130/113.5)×90×78.6 | 3100 | 2.101 | 4618.6 | 不带钩板状直形砖 |
| R-18A | 450 | 130/113.5 | 90/80 | 78.6/69.9 | | | 450×(130/113.5)×(90/80)×(78.6/69.6) | 3100 | 2.101 | 4362.5 | 不带钩板状钝楔形砖 |
| R-19A | 450 | 130/113.5 | 90/70 | 76.7/61.1 | | | 450×(130/113.5)×(90/70)×(78.6/61.1) | 3100 | 2.101 | 4105.0 | 不带钩板状锐楔形砖 |
| R-20 | 450 | 130/116.6 | 130 | 116.6 | 130 | 130 | 450×(130/116.6)×130×116.6 | 3900 | 1.706 | 6776.3 | 带钩方块状直形砖 |
| R-21 | 450 | 130/116.6 | 130/120 | 116.6/107.6 | 131.2 | 121.90 | 450×(130/116.6)×(130/120)×(116.6/107.6) | 3900 | 1.706 | 6512.7 | 带钩方块状钝楔形砖 |

续表 7-9

| 砖号 | 尺寸/mm | | | | | | 规格 | 径向内半径 r/mm | 倾斜角 $\theta_r$/(°) | 体积/$cm^3$ | 备注 |
|---|---|---|---|---|---|---|---|---|---|---|---|
| | $b$ | $b_{大}/b_{小}$ | $a_{外大}/a_{外小}$ | $a_{内大}/a_{内小}$ | $AA$ | $BB$ | $b\times(b_{大}/b_{小})\times(a_{外大}/a_{外小})\times(a_{内大}/a_{内小})$ | | | | |
| R-22 | 450 | 130/116.6 | 90 | 80.7 | 90 | 90 | 450×(130/116.6)×90×80.7 | 3900 | 1.706 | 4695.6 | 带钩板状直形砖 |
| R-23 | 450 | 130/116.6 | 90/80 | 80.7/71.7 | 91.2 | 81.9 | 450×(130/116.6)×(90/80)×(80.7/71.7) | 3900 | 1.706 | 4432.1 | 带钩板状钝楔形砖 |
| R-24 | 450 | 130/116.6 | 90/70 | 80.7/62.8 | 92.3 | 73.8 | 450×(130/116.6)×(90/70)×(80.7/62.8) | 3900 | 1.706 | 4169.9 | 带钩板状锐楔形砖 |
| R-20A | 450 | 130/116.6 | 130 | 116.6 | | | 450×(130/116.6)×130×116.6 | 3900 | 1.706 | 6841.3 | 不带钩方块状直形砖 |
| R-21A | 450 | 130/116.6 | 130/120 | 116.6/107.6 | | | 450×(130/116.6)×(130/120)×(116.6/107.6) | 3900 | 1.706 | 6577.8 | 不带钩方块状钝楔形砖 |
| R-22A | 450 | 130/116.6 | 90 | 80.7 | | | 450×(130/116.6)×90×80.7 | 3900 | 1.706 | 4735.6 | 不带钩板状直形砖 |
| R-23A | 450 | 130/116.6 | 90/80 | 80.7/71.7 | | | 450×(130/116.6)×(90/80)×(80.7/71.7) | 3900 | 1.706 | 4472.1 | 不带钩板状钝楔形砖 |
| R-24A | 450 | 130/116.6 | 90/70 | 80.7/62.8 | | | 450×(130/116.6)×(90/70)×(80.7/62.8) | 3900 | 1.706 | 4209.9 | 不带钩板状锐楔形砖 |
| R-25 | 450 | 130/119.3 | 130 | 119.3 | 130 | 130 | 450×(130/119.3)×130×119.3 | 5000 | 1.362 | 6926.9 | 带钩方块状直形砖 |
| R-26 | 450 | 130/119.3 | 130/120 | 119.3/110.1 | 131.2 | 121.9 | 450×(130/119.3)×(130/120)×(119.3/110.1) | 5000 | 1.362 | 6657.7 | 带钩方块状钝楔形砖 |
| R-27 | 450 | 130/119.3 | 90 | 82.6 | 90 | 90 | 450×(130/119.3)×90×82.6 | 5000 | 1.362 | 4800.8 | 带钩板状直形砖 |
| R-28 | 450 | 130/119.3 | 90/80 | 82.6/73.4 | 91.2 | 80.9 | 450×(130/119.3)×(90/80)×(82.6/73.4) | 5000 | 1.362 | 4531.5 | 带钩板状钝楔形砖 |
| R-29 | 450 | 130/119.3 | 90/70 | 82.6/64.2 | 92.3 | 73.8 | 450×(130/119.3)×(90/70)×(82.6/64.2) | 5000 | 1.362 | 4262.3 | 带钩板状锐楔形砖 |
| R-25A | 450 | 130/119.3 | 130 | 119.3 | | | 450×(130/119.3)×130×119.3 | 5000 | 1.362 | 6991.9 | 不带钩方块状直形砖 |
| R-26A | 450 | 130/119.3 | 130/120 | 119.3/110.1 | | | 450×(130/119.3)×(130/120)×(119.3/110.1) | 5000 | 1.362 | 6722.7 | 不带钩方块状钝楔形砖 |
| R-27A | 450 | 130/119.3 | 90 | 82.6 | | | 450×(130/119.3)×90×82.6 | 5000 | 1.362 | 4840.8 | 不带钩板状直形砖 |
| R-28A | 450 | 130/119.3 | 90/80 | 82.6/73.4 | | | 450×(130/119.3)×(90/80)×(82.6/73.4) | 5000 | 1.362 | 4571.5 | 不带钩板状钝楔形砖 |
| R-29A | 450 | 130/119.3 | 90/70 | 82.6/64.2 | | | 450×(130/119.3)×(90/70)×(82.6/64.2) | 5000 | 1.362 | 4302.3 | 不带钩板状锐楔形砖 |

注：1. 检查成品尺寸时取整数。

2. 按球顶侧向大小端尺寸差 $a_{外大}-a_{外小}$ 的小到大，将其分为钝楔形砖、锐楔形砖及特锐楔形砖。

**表 7-10 直形砖形状尺寸**

| 形状 | 砖号 | 尺寸/mm | | | 参考单重/kg |
|---|---|---|---|---|---|
| | | $a$ | $b$ | $c$ | |
| 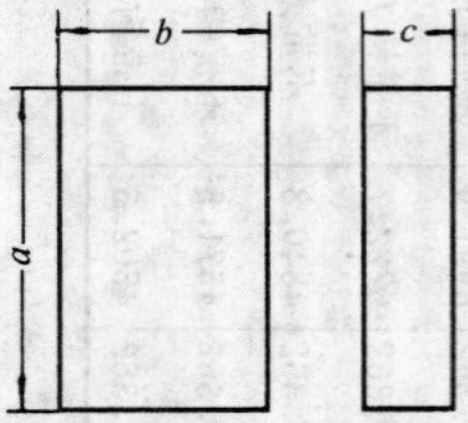 | TMGe-1 | 230 | 115 | 65 | 5.1 |
| | TMGe-2 | 171 | 115 | 65 | 3.8 |
| | TMGe-3 | 230 | 173 | 65 | 7.8 |
| | TMGe-4 | 230 | 115 | 35 | 2.8 |
| | TMGe-5 | 300 | 150 | 65 | 8.6 |
| | TMGe-6 | 300 | 150 | 75 | 9.9 |
| | TMGe-7 | 380 | 150 | 75 | 12.8 |
| | TMGe-8 | 460 | 150 | 75 | 15.4 |
| | TMGe-9 | 520 | 150 | 75 | 17.8 |

**表 7-11 竖楔形砖形状尺寸**

| 形状 | 砖号 | 尺寸/mm | | | | 参考单重/kg |
|---|---|---|---|---|---|---|
| | | $a$ | $b$ | $c$ | $c_1$ | |
| 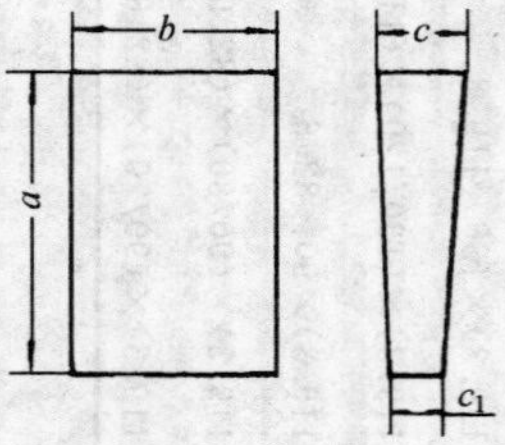 | TMGe-10 | 230 | 115 | 65 | 45 | 4.2 |
| | TMGe-11 | 230 | 173 | 65 | 45 | 6.3 |
| | TMGe-12 | 230 | 115 | 65 | 55 | 4.6 |
| | TMGe-13 | 230 | 173 | 65 | 55 | 6.9 |
| | TMGe-14 | 300 | 150 | 75 | 65 | 9.3 |
| | TMGe-15 | 300 | 100 | 75 | 65 | 6.2 |
| | TMGe-16 | 380 | 150 | 82 | 65 | 12.5 |
| | TMGe-17 | 380 | 100 | 82 | 65 | 8.3 |
| | TMGe-18 | 460 | 150 | 85 | 65 | 15.4 |
| | TMGe-19 | 460 | 100 | 85 | 65 | 10.2 |
| | TMGe-20 | 520 | 150 | 75 | 70 | 17.5 |
| | TMGe-21 | 520 | 100 | 75 | 70 | 11.6 |

**表 7-12 侧楔形砖形状尺寸**

| 形状 | 砖号 | 尺寸/mm | | | | 参考单重/kg |
|---|---|---|---|---|---|---|
| | | $a$ | $b$ | $c$ | $c_1$ | |
| 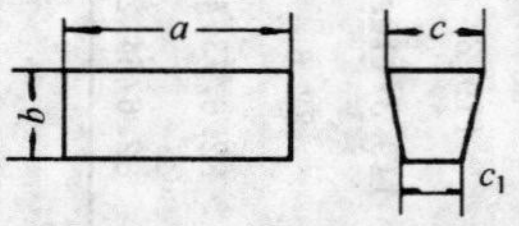 | TMGe-22 | 230 | 115 | 65 | 45 | 4.3 |
| | TMGe-23 | 230 | 115 | 65 | 55 | 4.6 |
| | TMGe-24 | 300 | 150 | 75 | 65 | 9.2 |

**表 7-13 三角砖形状尺寸**

| 形状 | 砖号 | 尺寸/mm | | | | | | 参考单重/kg |
|---|---|---|---|---|---|---|---|---|
| | | $a$ | $b$ | $c$ | $d$ | $e$ | $\alpha$ | |
| 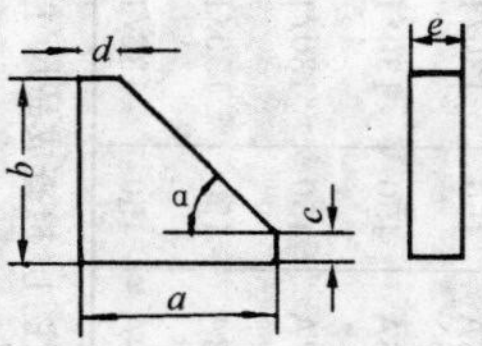 | TMGe-25 | 230 | 245 | 75 | 30 | 25 | — | 8.8 |
| | TMGe-26 | 330 | 400 | 75 | — | 40 | 52° | 18.0 |

注：TMGe-25 可按镁质砖生产。

5. 风口砖形状尺寸

风口砖的形状及规格见表 7-14。

**表 7-14 风口砖形状尺寸**

| 形状 | 砖号 | 尺寸/mm | | | | 参考单重/kg |
|---|---|---|---|---|---|---|
| | | *a* | *b* | *c* | *r* | |
| | TMGe-27 | 360 | 150 | 90 | 27 | 13.0 |
| | TMGe-28 | 520 | 150 | 75 | 30 | 15.2 |

## (四)通用耐火砖形状尺寸

中国标准(GB/T2992—1998)规定,通用耐火砖是指工业炉窑等热工设备的直墙砌砖和辐射形砌砖所用的直形砖、侧厚楔形砖、竖厚楔形砖、竖宽楔形砖及拱脚砖。其形状如图 7-19 至图 7-23 所示,其尺寸见表 7-15 至表 7-19。

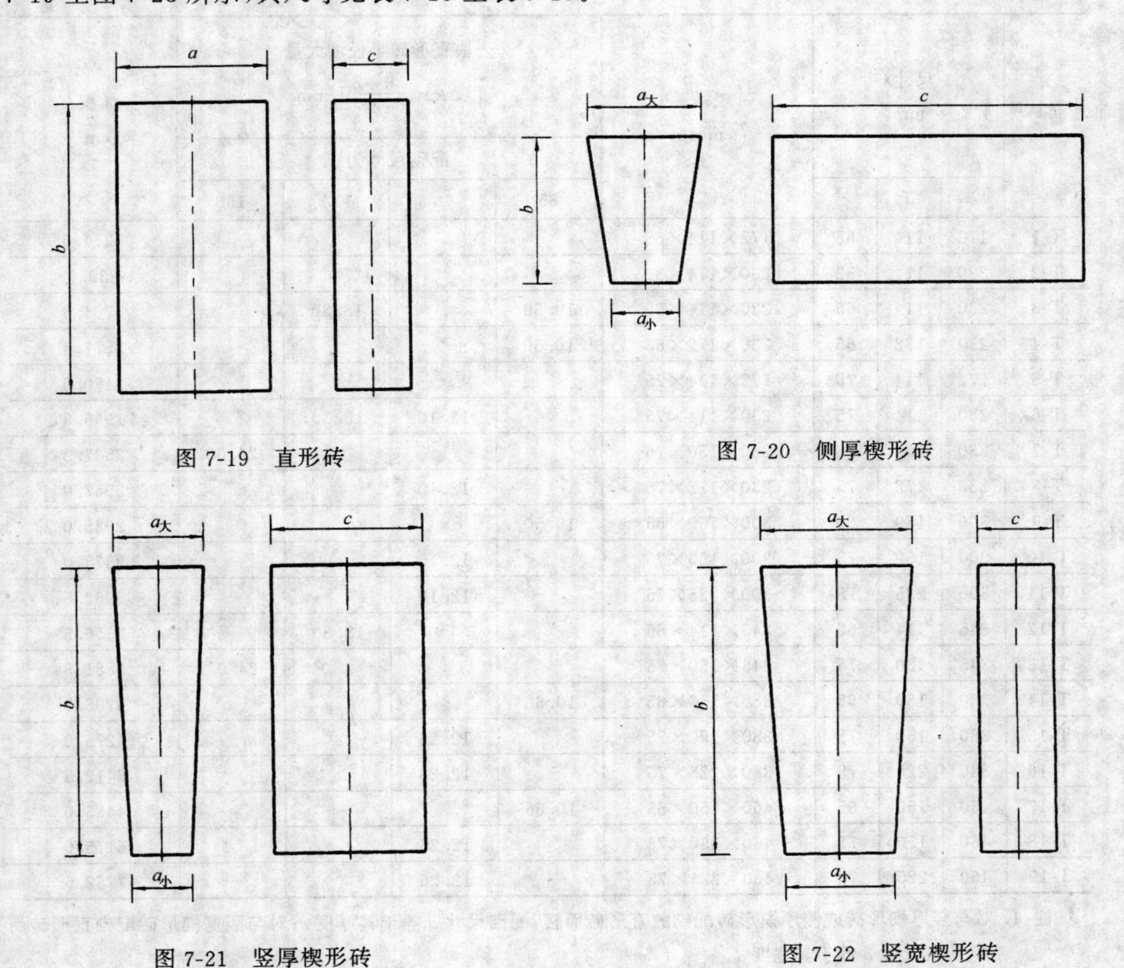


图 7-19 直形砖

图 7-20 侧厚楔形砖

图 7-21 竖厚楔形砖

图 7-22 竖宽楔形砖

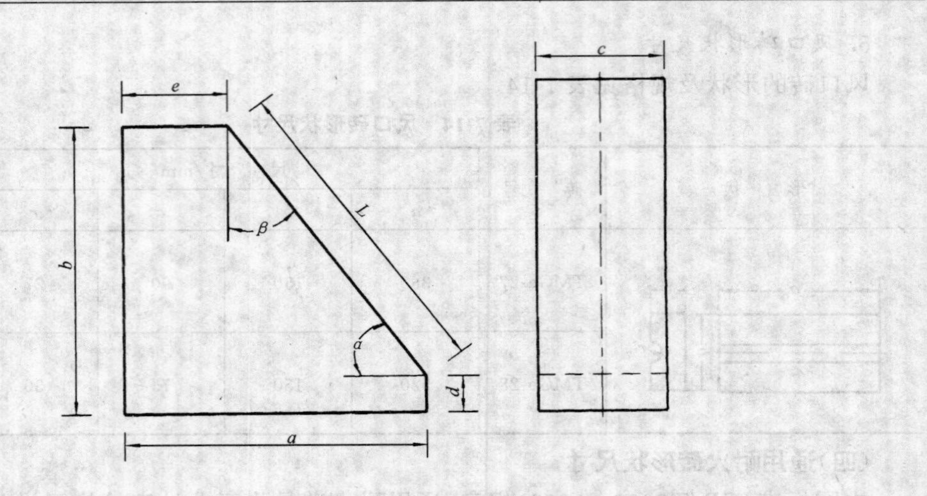


图 7-23 拱脚砖

**表 7-15 直形砖**

| 砖号 | 尺寸/mm | | | 规格/mm | 一块直形砖半径增大量 $[(\Delta R)_1=\frac{a+\delta}{2\pi}]$/mm 配砌尺寸为 $a$ | | | | 体积/$cm^3$ |
|---|---|---|---|---|---|---|---|---|---|
| | $b$ | $a$ | $c$ | | 65 | 75 | 114 | 150 | |
| T-1 | 172 | 114 | 65 | 172×114×65 | | | | | 1274.5 |
| T-2 | 230 | 114 | 32 | 230×114×32 | | | | | 839.0 |
| T-3 | 230 | 114 | 65 | 230×114×65 | 10.50 | | 18.30 | | 1704.3 |
| T-4 | 230 | 172 | 65 | 230×172×65 | 10.50 | | | | 2571.4 |
| T-5 | 172 | 114 | 75 | 172×114×75 | | | | | 1470.6 |
| T-6 | 230 | 114 | 75 | 230×114×75 | | 12.10 | 18.30 | | 1966.5 |
| T-7 | 230 | 150 | 75 | 230×150×75 | | | | 24.03 | 2587.5 |
| T-8 | 230 | 172 | 75 | 230×172×75 | | 12.10 | | | 2967.0 |
| T-9 | 300 | 150 | 65 | 300×150×65 | 10.50 | | | | 2925.0 |
| T-10 | 300 | 150 | 75 | 300×150×75 | | 12.10 | | | 3375.0 |
| T-11 | 300 | 225 | 75 | 300×225×75 | | 12.10 | | | 5062.5 |
| T-12 | 345 | 114 | 65 | 345×114×65 | | | 18.30 | | 2556.5 |
| T-13 | 345 | 150 | 75 | 345×150×75 | | | | 24.03 | 3881.3 |
| T-14 | 380 | 150 | 65 | 380×150×65 | 10.66 | | | | 3705.0 |
| T-15 | 380 | 150 | 75 | 380×150×75 | | 12.26 | | | 4275.0 |
| T-16 | 380 | 225 | 75 | 380×225×75 | | 12.26 | | | 6412.5 |
| T-17 | 460 | 150 | 65 | 460×150×65 | 10.66 | | | | 4485.0 |
| T-18 | 460 | 150 | 75 | 460×150×75 | | 12.26 | | | 5175.0 |
| T-19 | 460 | 225 | 75 | 460×225×75 | | 12.26 | | | 7762.5 |

注：1. 对与竖厚楔形砖或侧厚楔形砖配砌的直形砖而言，配砌尺寸 $a$ 等于其厚度 $c$；对与竖宽楔形砖配砌直形砖而言，配砌尺寸 $a$ 等于其宽度 $a$。

2. 对于不大于 345mm 长的砖而言，砖缝厚度 $\delta$ 取 1mm；对于不小于 380mm 长的砖而言，砖缝厚度 $\delta$ 取 2mm。

**表 7-16 侧厚楔形砖**

| 砖号 | 尺寸/mm | | | 规格/mm | 外半径 $R_0=\frac{(a_{大}+\delta)b}{a_{大}-a_{小}}$ /mm | 每环极限块数 $K'_{楔}=\frac{2\pi b}{a_{大}-a_{小}}$ | 倾斜角 $\theta_0=\frac{180(a_{大}-a_{小})}{\pi b}$ /(°) | 体积/$cm^3$ |
|---|---|---|---|---|---|---|---|---|
| | $b$ | $a_{大}/a_{小}$ | $c$ | | | | | |
| T-21 | 114 | 65/35 | 230 | 114×(65/35)×230 | 250.8 | 23.876 | 15.078 | 1311.0 |
| T-22 | 114 | 65/45 | 230 | 114×(65/45)×230 | 376.2 | 35.841 | 10.052 | 1442.1 |
| T-23 | 114 | 65/55 | 230 | 114×(65/55)×230 | 752.4 | 71.628 | 5.026 | 1573.2 |
| T-24 | 114 | 75/45 | 230 | 114×(75/45)×230 | 288.8 | 23.876 | 15.078 | 1573.2 |
| T-25 | 114 | 75/55 | 230 | 114×(75/55)×230 | 433.2 | 35.814 | 10.052 | 1704.3 |
| T-26 | 114 | 75/65 | 230 | 114×(75/65)×230 | 866.4 | 71.628 | 5.026 | 1835.4 |
| T-27 | 150 | 65/35 | 300 | 150×(65/35)×300 | 330.0 | 31.416 | 11.459 | 2250.0 |
| T-28 | 150 | 65/45 | 300 | 150×(65/45)×300 | 495.0 | 47.124 | 7.639 | 2475.0 |
| T-29 | 150 | 65/55 | 300 | 150×(65/55)×300 | 990.0 | 94.248 | 3.820 | 2700.0 |
| T-30 | 150 | 75/45 | 300 | 150×(75/45)×300 | 380.0 | 31.416 | 11.459 | 2700.0 |
| T-31 | 150 | 75/55 | 300 | 150×(75/55)×300 | 570.0 | 47.124 | 7.639 | 2925.0 |
| T-32 | 150 | 75/65 | 300 | 150×(75/65)×300 | 1140.0 | 94.248 | 3.820 | 3150.0 |

注：外半径 $R_0$ 计算式中，砖缝厚度 $\delta$ 取 1mm。

**表 7-17 竖厚楔形砖**

| 砖号 | 尺寸/mm | | | 规格/mm | 外半径 $R_0=\frac{(a_{大}+\delta)b}{a_{大}-a_{小}}$ /mm | 每环极限块数 $K'_{楔}=\frac{2\pi b}{a_{大}-a_{小}}$ | 倾斜角 $\theta_0=\frac{180(a_{大}-a_{小})}{\pi b}$ /(°) | 体积/$cm^3$ |
|---|---|---|---|---|---|---|---|---|
| | $b$ | $a_{大}/a_{小}$ | $c$ | | | | | |
| T-41 | 230 | 65/35 | 114 | 230×(65/35)×114 | 506.0 | 48.171 | 7.473 | 1311.0 |
| T-42 | 230 | 65/45 | 114 | 230×(65/45)×114 | 759.0 | 72.257 | 4.982 | 1442.1 |
| T-43 | 230 | 65/55 | 114 | 230×(65/55)×114 | 1518.0 | 144.514 | 2.491 | 1573.2 |
| T-44 | 230 | 65/60 | 114 | 230×(65/60)×114 | 3036.0 | 289.027 | 1.246 | 1638.8 |
| T-45 | 230 | 65/35 | 172 | 230×(65/35)×172 | 506.0 | 48.171 | 7.473 | 1978.0 |
| T-46 | 230 | 65/45 | 172 | 230×(65/45)×172 | 759.0 | 72.257 | 4.982 | 2175.8 |
| T-47 | 230 | 65/55 | 172 | 230×(65/55)×172 | 1518.0 | 144.514 | 2.491 | 2373.6 |
| T-48 | 230 | 75/45 | 114 | 230×(75/45)×114 | 582.7 | 48.171 | 7.473 | 1573.6 |
| T-49 | 230 | 75/55 | 114 | 230×(75/55)×114 | 874.0 | 72.257 | 4.982 | 1704.3 |
| T-50 | 230 | 75/65 | 114 | 230×(75/65)×114 | 1748.0 | 144.514 | 2.491 | 1835.4 |
| T-51 | 230 | 75/70 | 114 | 230×(75/70)×114 | 3496.0 | 289.027 | 1.246 | 1901.0 |
| T-52 | 230 | 75/45 | 172 | 230×(75/45)×172 | 582.7 | 48.171 | 7.473 | 2373.6 |
| T-53 | 230 | 75/55 | 172 | 230×(75/55)×172 | 874.0 | 72.257 | 4.982 | 2571.4 |
| T-54 | 230 | 75/65 | 172 | 230×(75/65)×172 | 1748.0 | 144.514 | 2.491 | 2769.2 |
| T-55 | 230 | 90/60* | 114 | 230×(90/60)×114 | 697.7 | 48.171 | 7.473 | 1966.5 |

续表 7-17

| 砖号 | 尺寸/mm | | | 规格/mm | 外半径 $R_0=\frac{(a_{大}+\delta)b}{a_{大}-a_{小}}$ /mm | 每环极限块数 $K'_{楔}=\frac{2\pi b}{a_{大}-a_{小}}$ | 倾斜角 $\theta_0=\frac{180(a_{大}-a_{小})}{\pi b}$ /(°) | 体积/$cm^3$ |
|---|---|---|---|---|---|---|---|---|
| | $b$ | $a_{大}/a_{小}$ | $c$ | | | | | |
| T-56 | 230 | 85/65* | 114 | 230×(85/65)×114 | 989.0 | 72.257 | 4.982 | 1966.5 |
| T-57 | 230 | 80/70* | 114 | 230×(80/70)×114 | 1863.0 | 144.514 | 2.491 | 1966.5 |
| T-58 | 230 | 90/60* | 172 | 230×(90/60)×172 | 697.7 | 48.171 | 7.473 | 2967.0 |
| T-59 | 230 | 85/65* | 172 | 230×(85/65)×172 | 989.0 | 72.257 | 4.982 | 2967.0 |
| T-60 | 230 | 80/70* | 172 | 230×(80/70)×172 | 1863.0 | 144.514 | 2.491 | 2967.0 |
| T-61 | 300 | 65/35 | 150 | 300×(65/35)×150 | 660.0 | 62.832 | 5.730 | 2250.0 |
| T-62 | 300 | 65/45 | 150 | 300×(65/45)×150 | 990.0 | 94.248 | 3.820 | 2475.0 |
| T-63 | 300 | 65/55 | 150 | 300×(65/55)×150 | 1980.0 | 188.496 | 1.910 | 2700.0 |
| T-64 | 300 | 65/60 | 150 | 300×(65/60)×150 | 3960.0 | 376.992 | 0.955 | 2812.5 |
| T-65 | 300 | 65/35 | 225 | 300×(65/35)×225 | 660.0 | 62.832 | 5.730 | 3375.0 |
| T-66 | 300 | 65/45 | 225 | 300×(65/45)×225 | 990.0 | 94.248 | 3.820 | 3712.5 |
| T-67 | 300 | 65/55 | 225 | 300×(65/55)×225 | 1980.0 | 188.496 | 1.910 | 4050.0 |
| T-68 | 300 | 75/45 | 150 | 300×(75/45)×150 | 760.0 | 62.832 | 5.730 | 2700.0 |
| T-69 | 300 | 75/55 | 150 | 300×(75/55)×150 | 1140.0 | 94.248 | 3.820 | 2925.0 |
| T-70 | 300 | 75/65 | 150 | 300×(75/65)×150 | 2280.0 | 188.496 | 1.910 | 3150.0 |
| T-71 | 300 | 75/70 | 150 | 300×(75/70)×150 | 4560.0 | 376.992 | 0.955 | 3262.5 |
| T-72 | 300 | 75/45 | 225 | 300×(75/45)×225 | 760.0 | 62.832 | 5.730 | 4050.0 |
| T-73 | 300 | 75/55 | 225 | 300×(75/55)×225 | 1140.0 | 94.248 | 3.820 | 4387.5 |
| T-74 | 300 | 75/65 | 225 | 300×(75/65)×225 | 2280.0 | 188.496 | 1.910 | 4725.0 |
| T-75 | 300 | 90/60* | 150 | 300×(90/60)×150 | 910.0 | 62.832 | 5.730 | 3375.0 |
| T-76 | 300 | 85/65* | 150 | 300×(85/65)×150 | 1290.0 | 94.248 | 3.820 | 3375.0 |
| T-77 | 300 | 80/70* | 150 | 300×(80/70)×150 | 2430.0 | 188.496 | 1.910 | 3375.0 |
| T-78 | 300 | 90/60* | 225 | 300×(90/60)×225 | 910.0 | 62.832 | 5.730 | 5062.5 |
| T-79 | 300 | 85/65* | 225 | 300×(85/65)×225 | 1290.0 | 94.248 | 3.820 | 5062.5 |
| T-80 | 300 | 80/70* | 225 | 300×(80/70)×225 | 2430.0 | 188.496 | 1.910 | 5062.5 |
| T-81 | 380 | 80/50 | 150 | 380×(80/50)×150 | 1038.7 | 79.587 | 4.523 | 3705.0 |
| T-82 | 380 | 80/60 | 150 | 380×(80/60)×150 | 1558.0 | 119.381 | 3.016 | 3990.0 |
| T-83 | 380 | 80/70* | 150 | 380×(80/70)×150 | 3116.0 | 238.762 | 1.508 | 4275.0 |
| T-84 | 380 | 80/75 | 150 | 380×(80/75)×150 | 6232.0 | 477.523 | 0.754 | 4417.5 |
| T-85 | 380 | 70/60 | 150 | 380×(70/60)×150 | 2736.0 | 238.762 | 1.508 | 3705.0 |
| T-86 | 380 | 80/50 | 225 | 380×(80/50)×225 | 1038.7 | 79.587 | 4.523 | 5557.5 |
| T-87 | 380 | 80/60 | 225 | 380×(80/60)×225 | 1558.0 | 119.381 | 3.016 | 5985.0 |
| T-88 | 380 | 80/70* | 225 | 380×(80/70)×225 | 3116.0 | 238.762 | 1.508 | 6412.5 |

续表 7-17

| 砖号 | 尺寸/mm | | | 规格/mm | 外半径 $R_0=\frac{(a_大+\delta)b}{a_大-a_小}$ /mm | 每环极限块数 $K'_楔=\frac{2\pi b}{a_大-a_小}$ | 倾斜角 $\theta_0=\frac{180(a_大-a_小)}{\pi b}$ /(°) | 体积/$cm^3$ |
|---|---|---|---|---|---|---|---|---|
| | b | $a_大$/$a_小$ | c | | | | | |
| T-89 | 380 | 90/60* | 150 | 380×(90/60)×150 | 1165.3 | 79.587 | 4.523 | 4275.0 |
| T-90 | 380 | 85/65* | 150 | 380×(85/65)×150 | 1653.0 | 119.381 | 3.016 | 4275.0 |
| T-91 | 380 | 90/60* | 225 | 380×(90/60)×225 | 1165.3 | 79.587 | 4.523 | 6412.5 |
| T-92 | 380 | 85/65* | 225 | 380×(85/65)×225 | 1653.0 | 119.381 | 3.016 | 6412.5 |
| T-93 | 460 | 90/60* | 150 | 460×(90/60)×150 | 1410.7 | 96.342 | 3.737 | 5175.0 |
| T-94 | 460 | 80/60 | 150 | 460×(80/60)×150 | 1886.0 | 144.514 | 2.491 | 4830.0 |
| T-95 | 460 | 80/70* | 150 | 460×(80/70)×150 | 3772.0 | 289.027 | 1.246 | 5175.0 |
| T-96 | 460 | 80/75 | 150 | 460×(80/75)×150 | 7544.0 | 578.054 | 0.623 | 5347.5 |
| T-97 | 460 | 70/60 | 150 | 460×(70/60)×150 | 3312.0 | 289.027 | 1.246 | 4485.0 |
| T-98 | 460 | 90/60* | 225 | 460×(90/60)×225 | 1410.7 | 92.342 | 3.737 | 7762.5 |
| T-99 | 460 | 80/60 | 225 | 460×(80/60)×225 | 1886.0 | 144.514 | 2.491 | 7245.0 |
| T-100 | 460 | 80/70* | 225 | 460×(80/70)×225 | 3772.0 | 289.027 | 1.246 | 7762.5 |
| T-101 | 460 | 85/65* | 150 | 460×(85/65)×150 | 2001.0 | 144.514 | 2.491 | 5175.0 |
| T-102 | 460 | 85/65* | 225 | 460×(85/65)×225 | 2001.0 | 144.514 | 2.491 | 7762.5 |

注：1. * 为等中间尺寸。

2. 外半径 $R_0$ 计算式中，对于不大于 345mm 长的砖而言，砖缝厚度 $\delta$ 取 1mm；对于不小于 380mm 长的砖而言，砖缝厚度 $\delta$ 取 2mm。

**表 7-18 竖宽楔形砖**

| 砖号 | 尺寸/mm | | | 规格/mm | 外半径 $R_0=\frac{(a_大+\delta)}{a_大-a_小}$ /mm | 每环极限块数 $K'_楔=\frac{2\pi b}{a_大-a_小}$ | 倾斜角 $\theta_0=\frac{180(a_大-a_小)}{\pi b}$ /(°) | 体积/$cm^3$ |
|---|---|---|---|---|---|---|---|---|
| | b | $a_大$/$a_小$ | c | | | | | |
| T-111 | 230 | 114/74 | 65 | 230×(114/74)×65 | 661.3 | 36.128 | 9.965 | 1405.3 |
| T-112 | 230 | 114/94 | 65 | 230×(114/94)×65 | 1322.5 | 72.257 | 4.982 | 1554.8 |
| T-113 | 230 | 114/104 | 65 | 230×(114/104)×65 | 2645.0 | 144.514 | 2.491 | 1629.6 |
| T-114 | 230 | 150/135 | 65 | 230×(150/135)×65 | 2315.3 | 96.342 | 3.737 | 2130.4 |
| T-115 | 345 | 114/69 | 65 | 345×(114/69)×65 | 881.7 | 48.171 | 7.473 | 2051.9 |
| T-116 | 345 | 114/84 | 65 | 345×(114/84)×65 | 1322.5 | 72.257 | 4.982 | 2220.1 |
| T-117 | 345 | 114/99 | 65 | 345×(114/99)×65 | 2645.0 | 144.514 | 2.491 | 2388.3 |
| T-118 | 345 | 150/130 | 65 | 345×(150/130)×65 | 2604.8 | 108.385 | 3.322 | 3139.5 |
| T-119 | 230 | 150/90 | 75 | 230×(150/90)×75 | 578.8 | 24.086 | 14.947 | 2070.0 |
| T-120 | 230 | 150/120 | 75 | 230×(150/120)×75 | 1157.7 | 48.171 | 7.473 | 2328.8 |
| T-121 | 230 | 150/135 | 75 | 230×(150/135)×75 | 2315.3 | 96.342 | 3.737 | 2458.1 |
| T-122 | 230 | 114/104 | 75 | 230×(114/104)×75 | 2645.0 | 144.514 | 2.491 | 1880.3 |
| T-123 | 345 | 150/90 | 75 | 345×(150/90)×75 | 868.3 | 36.128 | 9.965 | 3105.0 |
| T-124 | 345 | 150/110 | 75 | 345×(150/110)×75 | 1302.4 | 54.193 | 6.643 | 3363.8 |
| T-125 | 345 | 150/130 | 75 | 345×(150/130)×75 | 2604.8 | 108.385 | 3.322 | 3622.5 |
| T-126 | 345 | 114/99 | 75 | 345×(114/99)×75 | 2645.0 | 144.514 | 2.491 | 2755.7 |

注：外半径 $R_0$ 计算式中，对于不大于 345mm 长的砖言，砖缝厚度 $\delta$ 取 1mm；对于不小于 380mm 长的砖而言，砖缝厚度 $\delta$ 取 2mm。

**表 7-19 拱脚砖**

| 砖号 | 尺寸/mm | | | | | | 倾斜角 $\alpha/\beta$ /(°) | 规格 | 体积/$cm^3$ |
|---|---|---|---|---|---|---|---|---|---|
| | $L$① | $a$ | $b$ | $c$ | $d$ | $e$ | | | |
| T-131 | 230 | 199 | 266 | 114 | 67 | 84 | 60/30 | 230×60°×114 | 4730.0 |
| T-132 | 230 | 199 | 266 | 114 | 90 | 51 | 50/40 | 230×50°×114 | 4549.7 |
| T-133 | 300 | 199 | 333 | 73 | 73 | 49 | 60/30 | 300×60°×73 | 3414.0 |
| T-134 | 300 | 266 | 333 | 73 | 103 | 73 | 50/40 | 300×50°×73 | 4846.0 |
| T-135 | 380 | 266 | 400 | 73 | 71 | 76 | 60/30 | 380×60°×73 | 5485.6 |
| T-136 | 380 | 333 | 333 | 73 | 42 | 89 | 50/40 | 380×50°×73 | 5503.0 |
| T-137 | 460 | 333 | 467 | 73 | 69 | 103 | 60/30 | 460×60°×73 | 8011.1 |
| T-138 | 460 | 400 | 400 | 73 | 48 | 104 | 50/40 | 460×50°×73 | 7877.0 |

①斜面长 $L$ 尺寸为参考尺寸。

## （五）炼钢电炉顶用砖形状尺寸

炼钢电炉顶用砖形状尺寸，中国冶标（YB/T5018—93）作了规定。

砖的名称、形状及尺寸应符合表 7-20 至表 7-26 的规定。

**表 7-20 直形砖的形状及尺寸**

| 形状、名称 | 砖号 | 尺寸/mm | | | 体积/$cm^3$ | 用途 |
|---|---|---|---|---|---|---|
| | | $a$ | $b$ | $c$ | | |
| 直形砖<br>图 1 | D-1 | 230 | 113 | 65 | 约 1690 | 砌筑厚度 230mm 的炉顶用，配以 D-4、D-6 楔形砖 |
| | D-2 | 300 | 150 | 65 | 约 2925 | 砌筑厚度 300mm 的炉顶用，配以 D-5、D-7 楔形砖 |
| | D-3 | 300 | 100 | 65 | 约 1950 | 砌筑厚度 300mm 的炉顶用，配以 D-2 直形砖及 D-7 楔形砖 |

**表 7-21 厚楔形砖的形状及尺寸**

| 形状、名称 | 砖号 | 尺寸/mm | | | | 体积/$cm^3$ | 用途 |
|---|---|---|---|---|---|---|---|
| | | $a$ | $b$ | $c$ | $c_1$ | | |
| 厚楔形砖<br>图2 | D-4 | 230 | 113 | 65 | 55 | 约 1560 | 砌筑厚度 230mm 的炉顶电极间拱形用，配以 D-1 砖，以及砌筑炉顶的扇形行列，配以 D-8 砖 |
| | D-5 | 300 | 150 | 65 | 55 | 约 2700 | 砌筑厚度 300mm 的炉顶电极间拱形用，配以 D-2 砖，以及砌筑炉顶的扇形行列，配以 D-9 砖 |

**表 7-22　宽楔形砖的形状及尺寸**

| 形状、名称 | 砖号 | 尺寸/mm | | | | 体积/cm³ | 用途 |
|---|---|---|---|---|---|---|---|
| | | $a$ | $b$ | $b_1$ | $c$ | | |
| 宽楔形砖 图 3 | D-6 | 230 | 113 | 102 | 65 | 约 1600 | 砌筑厚度 230mm 炉顶扇形行列，配以 D-1 直形砖 |
| | D-7 | 300 | 150 | 135 | 65 | 约 2780 | 砌筑厚度 300mm 炉顶扇形行列，配以 D-2、D-3 直形砖 |

**表 7-23　锥楔形砖的形状及尺寸**

| 形状、名称 | 砖号 | 尺寸/mm | | | | | 体积/cm³ | 用途 |
|---|---|---|---|---|---|---|---|---|
| | | $a$ | $b$ | $b_1$ | $c$ | $c_1$ | | |
| 锥楔形砖 图4 | D-8 | 230 | 113 | 102 | 65 | 55 | 约 1480 | 砌筑厚度 230mm 的炉顶扇形行列，配以 D-4 楔形砖 |
| | D-9 | 300 | 150 | 135 | 65 | 55 | 2565 | 砌筑厚度 300mm 的炉顶扇形行列，配以 D-5 楔形砖 |

**表 7-24　电极孔砖的形状及尺寸**

| 形状、名称 | 砖号 | 尺寸/mm | | | | 体积/cm³ | 用途 |
|---|---|---|---|---|---|---|---|
| | | $a$ | $b$ | $c$ | $c_1$ | | |
| 电极孔砖 图 5 | D-10 | 230 | 100 | 82 | 47 | 约 1485 | 砌筑厚度 230mm 炉顶的直径为 270mm 的电极孔；与 D-11 砖配合砌筑直径为 305～440mm 的电极孔 |
| | D-11 | 230 | 100 | 88 | 62 | 约 1725 | 砌筑厚度 230mm 炉顶的直径为 475mm 的电极孔；与 D-10 砖配合砌筑直径为 305～440mm 的电极孔 |
| | D-12 | 300 | 110 | 96 | 63 | 约 2620 | 砌筑厚度 300mm 炉顶的直径为 420mm 的电极孔内半环；与 D-13 砖配合砌筑直径为 450～600mm 电极孔的内半环 |
| | D-13 | 300 | 110 | 96 | 71 | 约 2760 | 砌筑厚度 300mm 炉顶的直径为 630mm 的电极孔内半环；与 D-12 砖配合砌筑直径为 450～600mm 电极孔的内半环 |

**表 7-25　电极孔外环用砖的形状及尺寸**

| 形状、名称 | 砖号 | 尺　寸/mm | | | | | 体积/$cm^3$ | 用　途 |
|---|---|---|---|---|---|---|---|---|
| | | $a$ | $b$ | $c$ | $c_1$ | $\alpha$ | | |
| 电极孔外环用砖（图 6） | D-14 | 360 | 110 | 96 | 63 | 7°36′ | 约 2596 | 砌筑厚度 300mm 炉顶的直径为 420mm 的电极孔外半环；与 D-15 砖配合砌筑直径为 450～600mm 电极孔的外半环 |
| | D-15 | 360 | 110 | 96 | 71 | 7°36′ | 约 2749 | 砌筑厚度为 300mm 炉顶的直径为 630mm 的电极孔外半环；与 D-14 砖配合砌筑直径为 450～600mm 电极孔的外半环 |

**表 7-26　拱脚砖的形状及尺寸**

| 形状、名称 | 砖号 | 尺　寸/mm | | | | | | | 体积/$cm^3$ | 用　途 |
|---|---|---|---|---|---|---|---|---|---|---|
| | | $a$ | $b_1$ | $b$ | $c$ | $c_1$ | $d$ | $\alpha$ | | |
| 拱脚砖（图7） | D-16 | 210 | 93 | 180 | 70 | 65 | 227 | 67°30′ | 约 2005 | 砌筑厚度为 230mm 炉顶支座 |
| | D-17 | 270 | 108 | 220 | 71 | 67 | 292 | 67°30′ | 约 3145 | 砌筑厚度为 300mm 炉顶支座 |

电极孔砖及拱脚砖，可采用其他形状及尺寸的制品。

根据需方要求，可供应宽度尺寸为 D-5、D-7、D-9 宽度尺寸的 2/3 的砖和宽度尺寸为 D-7、D-9 宽度尺寸的 1/2 的砖。

砌筑不同直径的电极孔其砖号配合数量如下。

用 D-10、D-11 砖配合砌筑厚度为 230mm 炉顶的直径为 270～475mm 的电极孔，其配合数量见图 7-24。

用 D-12 和 D-13 与 D-14 和 D-15 配合砌筑厚度为 300mm 炉顶的直径为 420～630mm 的电极孔，其配合数量见图 7-25。

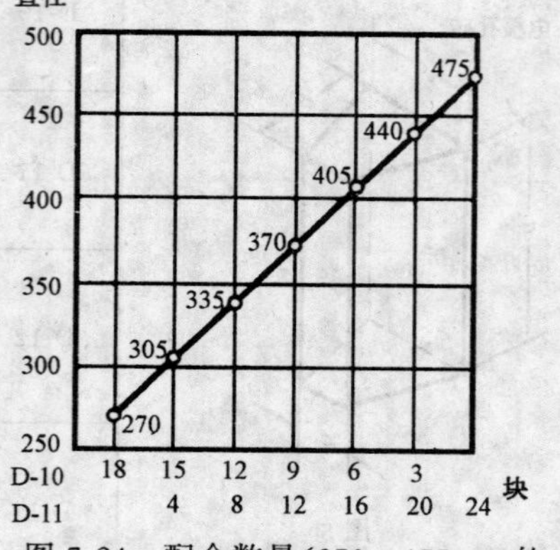

图 7-24　配合数量（270～475mm 的电极孔）

### （六）环砌法电炉顶用砖形状尺寸

环砌法电炉顶用砖形状、名称和尺寸，中国冶标

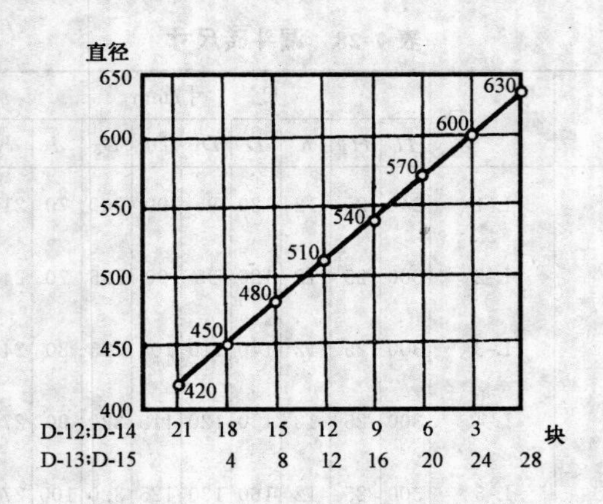


图 7-25　配合数量(420～630mm 的电极孔)

YB2217—82 作了规定。

电炉顶用砖形状尺寸见表 7-27。

**表 7-27　电炉顶用砖形状尺寸**

| 形　状 | 砖号① | 尺寸/mm | | | | | 体积/cm³ ≈ | 炉顶内半径 r/mm |
|---|---|---|---|---|---|---|---|---|
| | | b | a | a′ | c | c′ | | |
| | Dh-2588 | 134 | 80 | — | 71.5 | — | 3227 | 2500 |
| | Dh-2587 | 134 | 80 | 70 | 71.5 | 62.5 | 3025 | 2500 |
| | Dh-2586 | 134 | 80 | 60 | 71.5 | 53.5 | 2822 | 2500 |
| | Dh-2577 | 134 | 70 | — | 62.5 | — | 2822 | 2500 |
| | Dh-3588 | 138 | 80 | — | 74 | — | 3326 | 3500 |
| | Dh-3587 | 138 | 80 | 70 | 74 | 64.5 | 3116 | 3500 |
| | Dh-3586 | 138 | 80 | 60 | 74 | 55.5 | 2911 | 3500 |
| | Dh-3577 | 138 | 70 | — | 64.5 | — | 2905 | 3500 |

①砖号中 Dh 表示电炉顶环砌法中“电”和“环”字汉语拼音“diàn”和“huán”的第一个字母，短横线后的数字，前两位为电炉顶半径的千位和百位数字，后两位为电炉顶砖面厚度尺寸 $a$ 和 $a'$($a$ 和 $a$)的十位数字。

### (七)浇铸用耐火砖形状尺寸

浇铸用耐火砖的名称、形状和尺寸，中国冶标(YB/T5110—1993)作了规定。

1. 漏斗砖形状尺寸

漏斗砖形状尺寸见表 7-28。

2. 铸管砖尺寸

铸管砖的形状尺寸见表 7-29。

**表 7-28 漏斗砖尺寸**

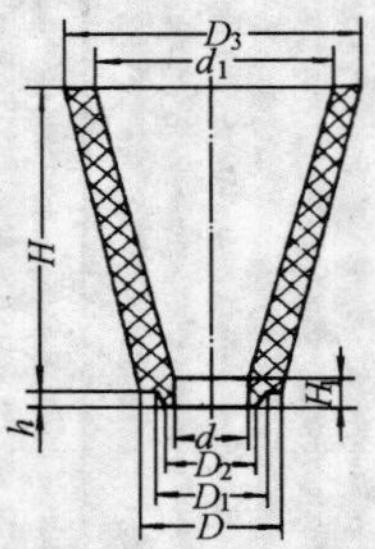

| 形状 | 砖号 | 尺寸/mm | | | | | | | | | 体积/$cm^3$ ≈ | 配铸管砖号 |
|---|---|---|---|---|---|---|---|---|---|---|---|---|
| | | $H$ | $H_1$ | $h$ | $D$ | $D_1$ | $D_2$ | $D_3$ | $d$ | $d_1$ | | |
| | L-1 | 240 | 25 | 12 | 120 | 95 | 90 | 260 | 70 | 210 | 3310 | ZG-1 |
| | L-2 | 300 | 25 | 12 | 120 | 95 | 90 | 295 | 70 | 245 | 4565 | ZG-1 |
| | L-3 | 300 | 25 | 12 | 140 | 110 | 105 | 295 | 80 | 245 | 5140 | ZG-2 |
| | L-4 | 300 | 25 | 12 | 150 | 120 | 115 | 320 | 90 | 270 | 5640 | ZG-3 |
| | L-5 | 300 | 25 | 12 | 160 | 130 | 125 | 320 | 100 | 270 | 5775 | ZG-4 |

注:流钢砖的砌砖面的子母口沟槽及棱角允许有 5mmR 的圆角(以下从略)。

**表 7-29 铸管砖形状尺寸**

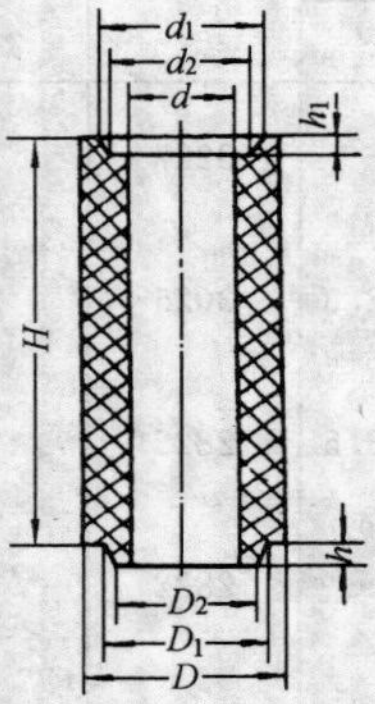

| 形状 | 砖号 | 尺寸/mm | | | | | | | | | 体积/$cm^3$ ≈ | 配漏斗砖号 |
|---|---|---|---|---|---|---|---|---|---|---|---|---|
| | | $H$ | $h$ | $h_1$ | $D$ | $D_1$ | $D_2$ | $d$ | $d_1$ | $d_2$ | | |
| | ZG-1 | 200 | 13 | 10 | 120 | 95 | 90 | 70 | 99 | 94 | 1495 | L-1 |
| | | | | | | | | | | | | L-2 |
| | ZG-2 | 200 | 13 | 10 | 140 | 110 | 105 | 80 | 114 | 109 | 2080 | L-3 |
| | ZG-3 | 200 | 13 | 10 | 150 | 120 | 115 | 90 | 124 | 119 | 2270 | L-4 |
| | ZG-4 | 200 | 13 | 10 | 160 | 130 | 125 | 100 | 134 | 129 | 2455 | L-5 |

### 3. 二孔分道八角中心砖尺寸

二孔分道八角中心砖的形状及尺寸见表 7-30。

**表 7-30 二孔分道八角中心砖形状尺寸**

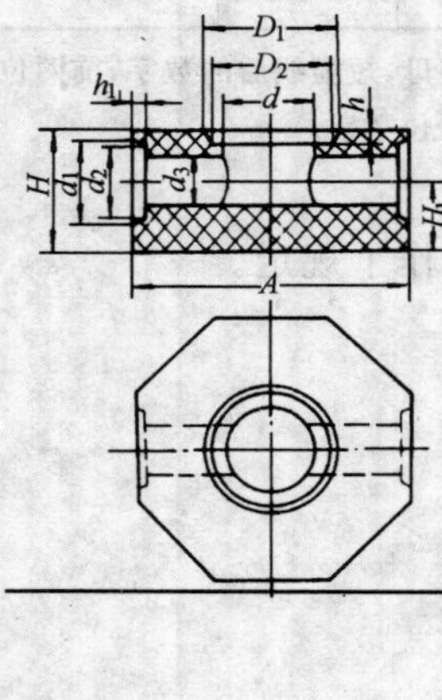

| 形状 | 砖号 | 尺寸/mm | | | | | | | | | | | 体积/$cm^3$ ≈ | 配铸管砖号 |
|---|---|---|---|---|---|---|---|---|---|---|---|---|---|---|
| | | $A$ | $H$ | $H_1$ | $h$ | $h_1$ | $D_1$ | $D_2$ | $d$ | $d_1$ | $d_2$ | $d_3$ | | |
| | ZX-1 | 210 | 95 | 55 | 12 | 8 | 99 | 94 | 70 | 65 | 60 | 35 | 3040 | ZG-1 |
| | | | | | | | | | | | | 40 | 2995 | |
| | ZX-2 | 210 | 95 | 55 | 12 | 8 | 114 | 109 | 80 | 65 | 60 | 35 | 2965 | ZG-2 |
| | | | | | | | | | | | | 40 | 2920 | |
| | ZX-3 | 210 | 95 | 55 | 12 | 8 | 124 | 119 | 90 | 65 | 60 | 35 | 2895 | ZG-3 |
| | | | | | | | | | | | | 40 | 2845 | |
| | ZX-4 | 210 | 95 | 55 | 12 | 8 | 134 | 129 | 100 | 65 | 60 | 40 | 2765 | ZG-4 |
| | ZX-5 | 260 | 115 | 65 | 12 | 10 | 124 | 119 | 90 | 81 | 76 | 45 | 5580 | ZG-3 |
| | | | | | | | | | | | | 50 | 5510 | |

4. 四孔分道八角中心砖尺寸

四孔分道八角中心砖的形状及尺寸见表 7-31。

**表 7-31 四孔分道八角中心砖形状尺寸**

| 形状 | 砖号 | 尺寸/mm | | | | | | | | | | | 体积/$cm^3$ ≈ | 配铸管砖号 |
|---|---|---|---|---|---|---|---|---|---|---|---|---|---|---|
| | | $A$ | $H$ | $H_1$ | $h$ | $h_1$ | $D_1$ | $D_2$ | $d$ | $d_1$ | $d_2$ | $d_3$ | | |
| | ZX-6 | 210 | 95 | 55 | 12 | 8 | 99 | 94 | 70 | 65 | 60 | 35 | 2870 | ZG-1 |
| | | | | | | | | | | | | 40 | 2790 | |
| | ZX-7 | 210 | 95 | 55 | 12 | 8 | 114 | 109 | 80 | 65 | 60 | 35 | 2805 | ZG-2 |
| | | | | | | | | | | | | 40 | 2725 | |
| | ZX-8 | 210 | 95 | 55 | 12 | 8 | 124 | 119 | 90 | 65 | 60 | 35 | 2745 | ZG-3 |
| | | | | | | | | | | | | 40 | 2665 | |
| | ZX-9 | 210 | 95 | 55 | 12 | 8 | 134 | 129 | 100 | 65 | 60 | 40 | 2595 | ZG-4 |
| | ZX-10 | 260 | 115 | 65 | 12 | 10 | 124 | 119 | 90 | 81 | 76 | 45 | 5245 | ZG-3 |
| | | | | | | | | | | | | 50 | 5115 | |
| | ZX-11 | 260 | 115 | 65 | 12 | 10 | 134 | 129 | 100 | 81 | 76 | 45 | 5165 | ZG-4 |
| | | | | | | | | | | | | 50 | 5040 | |

5. 四孔分道六角中心砖尺寸

四孔分道六角中心砖的形状及尺寸见表 7-32。

**表 7-32 四孔分道六角中心砖形状尺寸**

| 形状 | 砖号 | 尺寸/mm | | | | | | | | | | | 体积/$cm^3$ ≈ | 配铸管砖号 |
|---|---|---|---|---|---|---|---|---|---|---|---|---|---|---|
| | | $A$ | $H$ | $H_1$ | $h$ | $h_1$ | $D_1$ | $D_2$ | $d$ | $d_1$ | $d_2$ | $d_3$ | | |
| | ZX-12 | 210 | 95 | 55 | 12 | 8 | 114 | 109 | 80 | 65 | 60 | 35 | 2965 | ZG-2 |
| | | | | | | | | | | | | 40 | 2885 | |
| | ZX-13 | 210 | 95 | 55 | 12 | 8 | 124 | 119 | 90 | 65 | 60 | 35 | 2900 | ZG-3 |
| | | | | | | | | | | | | 40 | 2825 | |
| | ZX-14 | 210 | 95 | 55 | 12 | 8 | 134 | 129 | 100 | 65 | 60 | 40 | 2755 | ZG-4 |
| | ZX-15 | 260 | 115 | 65 | 12 | 10 | 124 | 119 | 90 | 81 | 76 | 45 | 5540 | ZG-3 |
| | | | | | | | | | | | | 50 | 5535 | |
| | ZX-16 | 260 | 115 | 65 | 12 | 10 | 134 | 129 | 100 | 81 | 76 | 45 | 5455 | ZG-4 |
| | | | | | | | | | | | | 50 | 5330 | |

6. 六孔分道六角中心砖尺寸

六孔分道六角中心砖的形状及尺寸见表 7-33。

7. 八孔分道八角集半心砖尺寸

八孔分道八角集半心砖的形状及尺寸见表 7-34。

8. 三通流钢砖尺寸

三通流钢砖的形状及尺寸见表 7-35。

9. 二通流钢砖尺寸

二通流钢砖的形状及尺寸见表 7-36。

**表 7-33 六孔分道六角中心砖形状尺寸**

| 形 状 | 砖 号 | 尺寸/mm | | | | | | | | | | | 体积/cm³≈ | 配铸管砖 号 |
|---|---|---|---|---|---|---|---|---|---|---|---|---|---|---|
| | | $A$ | $H$ | $H_1$ | $h$ | $h_1$ | $D_1$ | $D_2$ | $d$ | $d_1$ | $d_2$ | $d_3$ | | |
| | ZX-17 | 210 | 95 | 55 | 12 | 8 | 114 | 109 | 80 | 65 | 60 | 35 | 2805 | ZG-2 |
| | | | | | | | | | | | | 40 | 2695 | |
| | ZX-18 | 210 | 95 | 55 | 12 | 8 | 124 | 119 | 90 | 65 | 60 | 35 | 2750 | ZG-3 |
| | | | | | | | | | | | | 40 | 2645 | |
| | ZX-19 | 210 | 95 | 55 | 12 | 8 | 134 | 129 | 100 | 65 | 60 | 40 | 2585 | ZG-4 |
| | ZX-20 | 260 | 115 | 65 | 12 | 10 | 124 | 119 | 90 | 81 | 76 | 45 | 5200 | ZG-3 |
| | | | | | | | | | | | | 50 | 5020 | |
| | ZX-21 | 260 | 115 | 65 | 12 | 10 | 134 | 129 | 100 | 81 | 76 | 45 | 5135 | ZG-4 |
| | | | | | | | | | | | | 50 | 4960 | |

**表 7-34 八孔分道八角集半心砖形状尺寸**

| 形 状 | 砖 号 | 尺寸/mm | | | | | | | | | | | 体积/cm³≈ | 配漏斗砖 号 |
|---|---|---|---|---|---|---|---|---|---|---|---|---|---|---|
| | | $A$ | $H$ | $H_1$ | $h$ | $h_1$ | $D_1$ | $D_2$ | $d$ | $d_1$ | $d_2$ | $d_3$ | | |
| | ZX-22 | 210 | 95 | 55 | 12 | 8 | 114 | 109 | 80 | 65 | 60 | 35 | 2490 | ZG-2 |
| | | | | | | | | | | | | 40 | 2345 | |
| | ZX-23 | 210 | 95 | 55 | 12 | 8 | 124 | 119 | 90 | 65 | 60 | 35 | 2445 | ZG-3 |
| | | | | | | | | | | | | 40 | 2305 | |
| | ZX-24 | 210 | 95 | 55 | 12 | 8 | 134 | 129 | 100 | 65 | 60 | 40 | 2260 | ZG-4 |
| | ZX-25 | 260 | 115 | 65 | 12 | 8 | 134 | 129 | 100 | 81 | 76 | 45 | 4525 | ZG-4 |
| | | | | | | | | | | | | 50 | 4295 | |

**表 7-35 三通流钢砖形状尺寸**

| 形 状 | 砖 号 | 尺寸/mm | | | | | | | | | | 体积/cm³≈ | |
|---|---|---|---|---|---|---|---|---|---|---|---|---|---|
| | | $B$ | $D_1$ | $D_2$ | $d$ | $d_1$ | $d_2$ | $d_3$ | $L$ | $l$ | $l_1$ | $d=35$ | $d=40$ |
| | LG-1 | 80 | 62 | 56 | 35 | 65 | 60 | 35 | 138 | 10 | 8 | 1090 | 1030 |
| | | | | | 40 | | | 40 | | | | 1085 | 1025 |
| | | | | | | | | 50 | | | | 1065 | 1010 |
| | | | | | | | | 60 | | | | 1050 | 990 |

**表 7-36 二通流钢砖形状尺寸**

| 形状 | 砖号 | 尺寸/mm | | | | | | | | | | | 体积/$cm^3$ ≈ |
|---|---|---|---|---|---|---|---|---|---|---|---|---|---|
| | | $B$ | $L$ | $L_1$ | $L_2$ | $l$ | $l_1$ | $D_1$ | $D_2$ | $d$ | $d_1$ | $d_2$ | |
| | LG-2 | 80 | 143 | 97 | 41 | 10 | 8 | 62 | 56 | 40 | 60 | 65 | 1100 |

10. 流钢砖尺寸

流钢砖的形状及尺寸见图 7-26 和表 7-37。

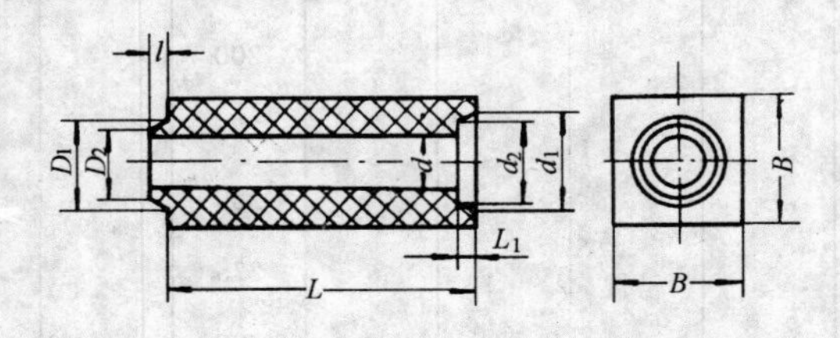


图 7-26 流钢砖形状

**表 7-37 流钢砖尺寸**

| 砖号 | 尺寸/mm | | | | | | | | | 体积/$cm^3$ ≈ | |
|---|---|---|---|---|---|---|---|---|---|---|---|
| | $B$ | $D_1$ | $D_2$ | $d$ | $d_1$ | $d_2$ | $L$ | $l$ | $l_1$ | | |
| | | | | | | | | | | $d=35$ | $d=40$ |
| LG-3 | 80 | 62 | 56 | 35 | 65 | 60 | 125 | 10 | 8 | 680 | 645 |
| | | | | 40 | | | 150 | | | 815 | 770 |
| | | | | | | | 175 | | | 955 | 900 |
| | | | | | | | 200 | | | 1090 | 1030 |
| | | | | | | | 225 | | | 1225 | 1160 |
| | | | | | | | 250 | | | 1360 | 1285 |
| | | | | | | | 275 | | | 1495 | 1415 |
| | | | | | | | 300 | | | 1630 | 1545 |
| | | | | | | | | | | $d=45$ | $d=50$ |
| LG-4 | 100 | 78 | 72 | 45 | 81 | 76 | 150 | 12 | 10 | 1265 | 1205 |
| | | | | 50 | | | 200 | | | 1685 | 1610 |
| | | | | | | | 250 | | | 2105 | 2010 |
| | | | | | | | 300 | | | 2525 | 2410 |

11．单孔流钢砖尺寸

单孔流钢砖的形状及尺寸见图 7-27 和表 7-38。

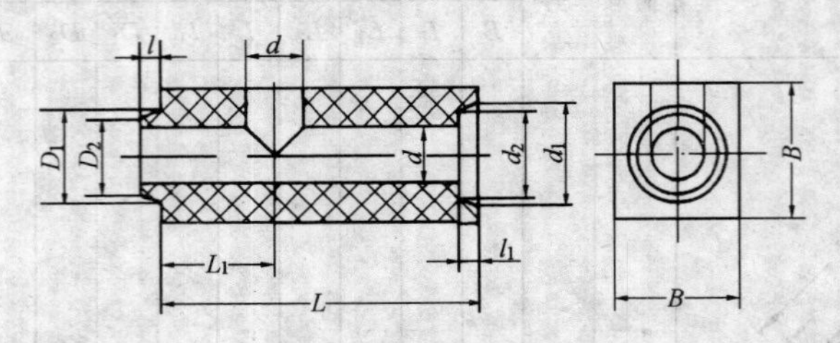


图 7-27 单孔流钢砖形状

**表 7-38 单孔流钢砖尺寸**

| 砖号 | 尺寸/mm | | | | | | | | | 体积/$cm^3$ ≈ | |
|---|---|---|---|---|---|---|---|---|---|---|---|
| | $B$ | $D_1$ | $D_2$ | $d$ | $d_1$ | $d_2$ | $L$ | $l$ | $l_1$ | | |
| | | | | | | | | | | $d=35$ | $d=40$ |
| LG-5 | 80 | 62 | 56 | 35 | 65 | 60 | 125 | 10 | 8 | 660 | 620 |
| | | | | 40 | | | 150 | | | 795 | 745 |
| | | | | | | | 175 | | | 930 | 875 |
| | | | | | | | 200 | | | 1065 | 1005 |
| | | | | | | | 225 | | | 1205 | 1130 |
| | | | | | | | 250 | | | 1340 | 1260 |
| | | | | | | | 275 | | | 1475 | 1390 |
| | | | | | | | 300 | | | 1610 | 1520 |
| | | | | | | | | | | $d=45$ | $d=50$ |
| LG-6 | 100 | 78 | 72 | 45 | 81 | 76 | 150 | 12 | 10 | 1220 | 1160 |
| | | | | 50 | | | 200 | | | 1640 | 1560 |
| | | | | | | | 250 | | | 2105 | 1960 |
| | | | | | | | 300 | | | 2480 | 2360 |

注：$l$-$l_1$ 及 $l_1$ 尺寸由需方确定，但应不小于 60mm。

12．单孔流钢砖尺寸

单孔流钢砖的形状及尺寸见图 7-28 和表 7-39。

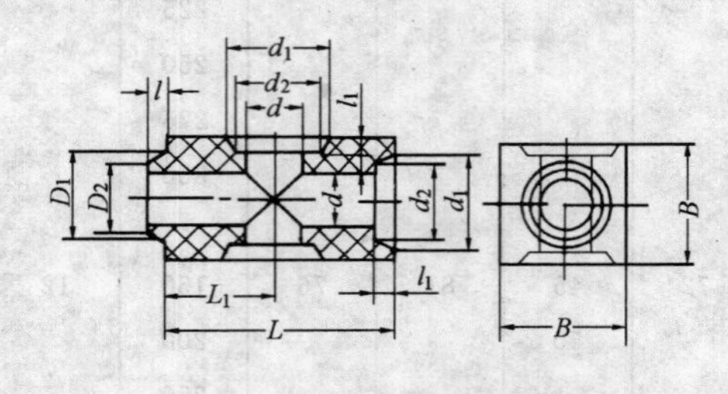


图 7-28 单孔流钢砖形状

**表 7-39　单孔流钢砖尺寸**

| 砖　号 | 尺　寸/mm | | | | | | | | | 体积/$cm^3$ ≈ | |
|---|---|---|---|---|---|---|---|---|---|---|---|
| | $B$ | $D_1$ | $D_2$ | $d$ | $d_1$ | $d_2$ | $L$ | $l$ | $l_1$ | | |
| | | | | | | | | | | $d=35$ | $d=40$ |
| LG-7 | 80 | 62 | 56 | 35 | 65 | 60 | 125 | 10 | 8 | 640 | 605 |
| | | | | 40 | | | 150 | | | 780 | 730 |
| | | | | | | | 175 | | | 915 | 860 |
| | | | | | | | 200 | | | 1050 | 990 |
| | | | | | | | 225 | | | 1185 | 1120 |
| | | | | | | | 250 | | | 1320 | 1245 |
| | | | | | | | 275 | | | 1460 | 1375 |
| | | | | | | | 300 | | | 1595 | 1505 |
| | | | | | | | | | | $d=45$ | $d=50$ |
| LG-8 | 100 | 78 | 72 | 45 | 81 | 76 | 150 | 12 | 10 | 1185 | 1130 |
| | | | | 50 | | | 200 | | | 1605 | 1530 |
| | | | | | | | 250 | | | 2025 | 1930 |
| | | | | | | | 300 | | | 2450 | 2335 |

注：1. $l$-$l_1$ 及 $l_1$ 尺寸由需方确定，但应不小于 60mm。

2. 如需方需要可生产有上升孔的流钢砖。

13. 双孔流钢砖尺寸

双孔流钢砖的形状及尺寸见图 7-29 和表 7-40。

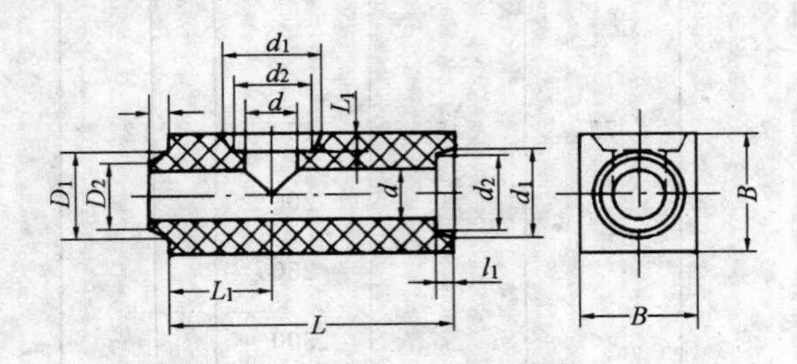


图 7-29　双孔流钢砖的形状

**表 7-40　双孔流钢砖尺寸**

| 砖　号 | 尺　寸/mm | | | | | | | | | 体积/$cm^3$ ≈ | |
|---|---|---|---|---|---|---|---|---|---|---|---|
| | $B$ | $D_1$ | $D_2$ | $d$ | $d_1$ | $d_2$ | $L$ | $l$ | $l_1$ | | |
| | | | | | | | | | | $d=35$ | $d=40$ |
| LG-9 | 80 | 62 | 56 | 35 | 65 | 60 | 225 | 10 | 8 | 1145 | 1080 |
| | | | | 40 | | | 250 | | | 1285 | 1205 |
| | | | | | | | 275 | | | 1420 | 1335 |
| | | | | | | | 300 | | | 1555 | 1465 |

注：1. $l$-$l_1$ 及 $l_1$ 尺寸由需方确定，但均应不小于 60mm；

2. 如需方需要可生产有上升孔流钢砖。

14. 流钢尾砖尺寸

流钢尾砖的形状及尺寸见图 7-30 和表 7-41。

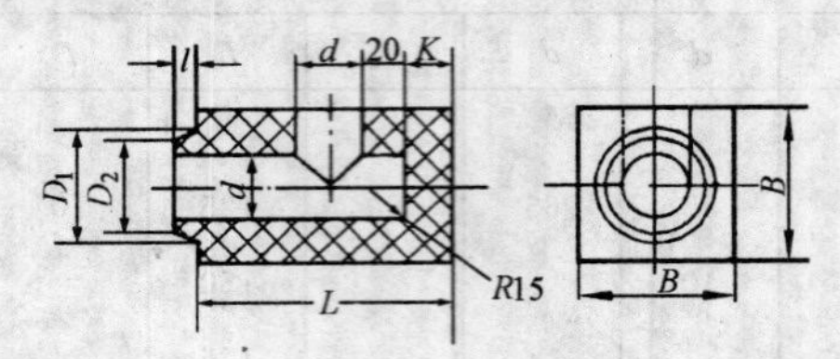


图 7-30 流钢尾砖的形状

表 7-41 流钢尾砖尺寸

| 砖 号 | 尺 寸/mm | | | | | | | 体积/cm³ ≈ | |
|---|---|---|---|---|---|---|---|---|---|
| | B | $D_1$ | $D_2$ | d | L | l | K | | |
| | | | | | | | | d=35 | d=40 |
| LG-10 | 80 | 62 | 56 | 35 | 125 | 10 | 25 | 700 | 665 |
| | | | | 40 | 150 | | | 835 | 795 |
| | | | | | 175 | | | 970 | 920 |
| | | | | | 200 | | | 1110 | 1050 |
| | | | | | 225 | | | 1245 | 1180 |
| | | | | | 250 | | | 1380 | 1305 |
| | | | | | 275 | | | 1515 | 1435 |
| | | | | | 300 | | | 1650 | 1565 |
| | | | | | | | | d=45 | d=50 |
| LG-11 | 100 | 78 | 72 | 45 | 150 | 12 | 30 | 1230 | 1245 |
| | | | | 50 | 200 | | | 1720 | 1645 |
| | | | | | 250 | | | 2140 | 2050 |
| | | | | | 300 | | | 2560 | 2450 |

15. 流钢弯砖尺寸

流钢弯砖的形状及尺寸见图 7-31 和表 7-42。

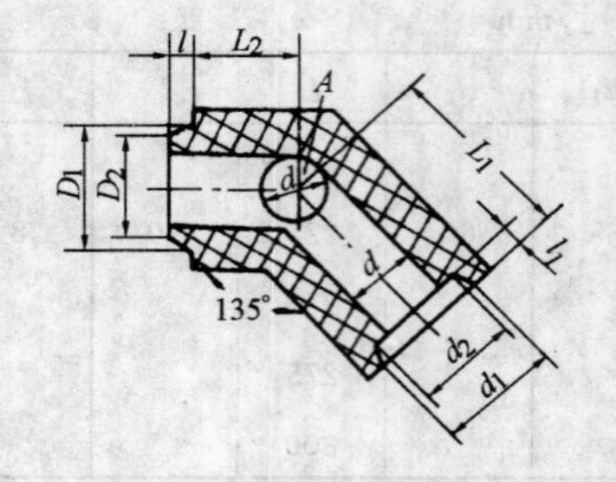


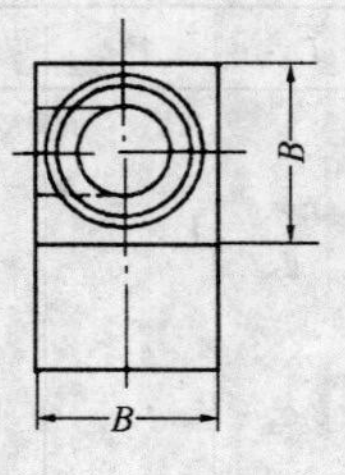


图 7-31 流钢弯砖的形状

**表 7-42 流钢弯砖尺寸**

| 砖 号 | 尺 寸/mm | | | | | | | | | | 体积/$cm^3$ |
|---|---|---|---|---|---|---|---|---|---|---|---|
| | $B$ | $D_1$ | $D_2$ | $d$ | $d_1$ | $d_2$ | $L_1$ | $L_2$ | $l$ | $l_1$ | ≈ |
| LG-12a | 80 | 62 | 56 | 35<br>40 | 65 | 60 | 98 | 41 | 10 | 8 | 755<br>715 |
| LG-12b | 80 | 62 | 56 | 35<br>40 | 65 | 60 | 98 | 41 | 10 | 8 | 755<br>715 |
| LG-13a | 100 | 78 | 72 | 45<br>50 | 81 | 76 | 100 | 100 | 12 | 10 | 1685<br>1610 |
| LG-13b | 100 | 78 | 72 | 45<br>50 | 81 | 76 | 100 | 100 | 12 | 10 | 1685<br>1610 |

注：1. 按需方需要，可生产无孔“A”的流钢砖；

2. LG-12a 与 LG-12b、LG-13a 与 LG-13b 是左右对称的砖型。

## 16. 流钢弯砖尺寸

流钢弯砖的形状及尺寸见图 7-32 和表 7-43。

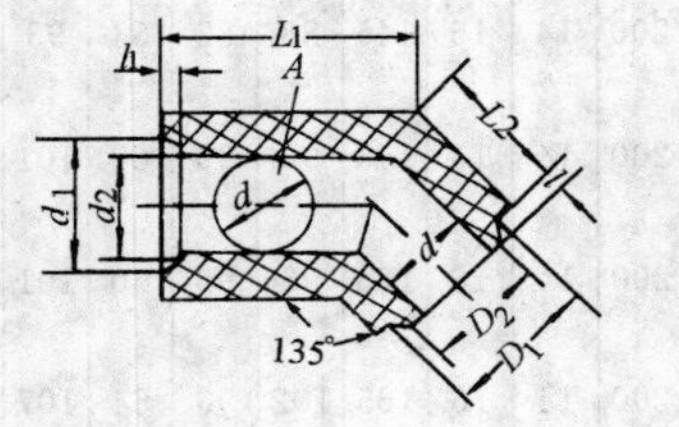


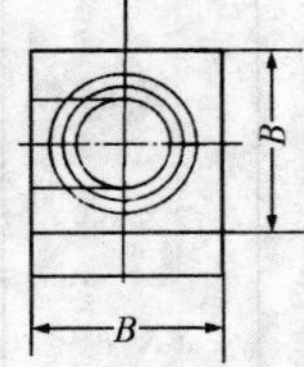


图 7-32 流钢弯砖形状

**表 7-43 流钢弯砖尺寸**

| 砖 号 | 尺 寸/mm | | | | | | | | | | 体积/$cm^3$ |
|---|---|---|---|---|---|---|---|---|---|---|---|
| | $B$ | $D_1$ | $D_2$ | $d$ | $d_1$ | $d_2$ | $L_1$ | $L_2$ | $l$ | $l_1$ | ≈ |
| LG-14a | 100 | 78 | 72 | 50 | 81 | 76 | 200 | 100 | 12 | 10 | 2080 |
| LG-14b | 100 | 78 | 72 | 50 | 81 | 76 | 200 | 100 | 12 | 10 | 2080 |

注：1. 按需方需要，可生产无孔“A”的流钢砖；

2. LG-14a 与 LG-14b 是左右对称的砖型。

## 17. 钢锭模模底砖尺寸

钢锭模模底砖的形状及尺寸见表 7-44。

**表 7-44 钢锭模模底砖形状尺寸**

| 形 状 | 砖 号 | 尺 寸/mm | | | | | 体积/$cm^3$ |
|---|---|---|---|---|---|---|---|
| | | $H$ | $D$ | $D_1$ | $d$ | $d_1$ | ≈ |
| | MD-1 | 80 | 90 | 105 | 40 | 55 | 455 |
| | MD-2 | 110 | 90 | 105 | 40 | 55 | 625 |
| | MD-3 | 110 | 90 | 105 | 50 | 60 | 560 |
| | MD-4 | 140 | 95 | 112 | 45 | 65 | 845 |
| | MD-5 | 180 | 115 | 135 | 50 | 70 | 1700 |
| | MD-6 | 220 | 140 | 155 | 65 | 85 | 2785 |

注：根据供需双方协议，可改变模底砖内孔的锥度。

## （八）盛钢桶内铸钢用耐火砖形状尺寸

盛钢桶内铸钢用耐火砖名称、形状和尺寸，国家标准 GB4422—84 规定如下。

### 1. 袖砖形状尺寸

袖砖形状尺寸见表 7-45。

**表 7-45　袖砖形状尺寸**

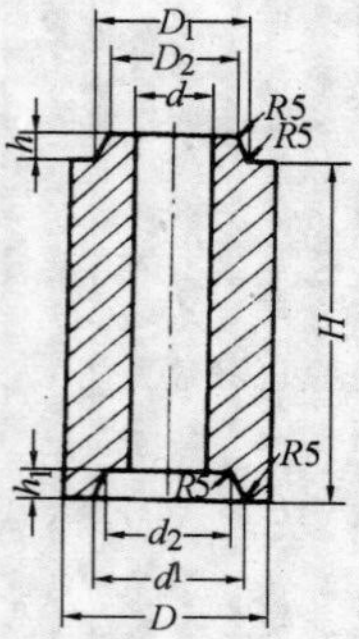

| 形　状 | 砖号 | 尺寸/mm | | | | | | | | | 体积/$cm^3$ ≈ | 配塞头砖号 |
|---|---|---|---|---|---|---|---|---|---|---|---|---|
| | | $H$ | $h$ | $h_1$ | $D$ | $D_1$ | $D_2$ | $d$ | $d_1$ | $d_2$ | | |
| | X-1 | 200 | 10 | 12 | 100 | 77 | 71 | 45 | 80 | 74 | 1245 | S-1、S-6 |
| | X-2 | 200 | 14 | 16 | 125 | 81 | 75 | 48 | 86 | 79 | 2075 | S-2、S-7 |
| | X-3 | 200 | 14 | 16 | 125 | 88 | 82 | 54 | 93 | 86 | 1980 | S-3、S-8 |
| | X-4 | 200 | 14 | 16 | 145 | 88 | 82 | 54 | 93 | 86 | 2830 | S-3、S-8 |
| | X-5 | 200 | 14 | 16 | 145 | 96 | 90 | 60 | 101 | 94 | 2720 | S-4 |
| | X-6 | 200 | 14 | 16 | 165 | 96 | 90 | 60 | 101 | 94 | 3690 | S-4 |
| | X-7 | 200 | 14 | 16 | 165 | 102 | 96 | 64 | 107 | 100 | 3610 | S-5 |
| | X-8 | 200 | 14 | 16 | 185 | 102 | 96 | 64 | 107 | 100 | 4710 | S-5 |

### 2. 塞头砖尺寸

（1）螺纹式（砖号 S-1～S-5）螺纹式塞头砖形状及尺寸见表 7-46。

**表 7-46　螺纹式塞头砖形状尺寸**

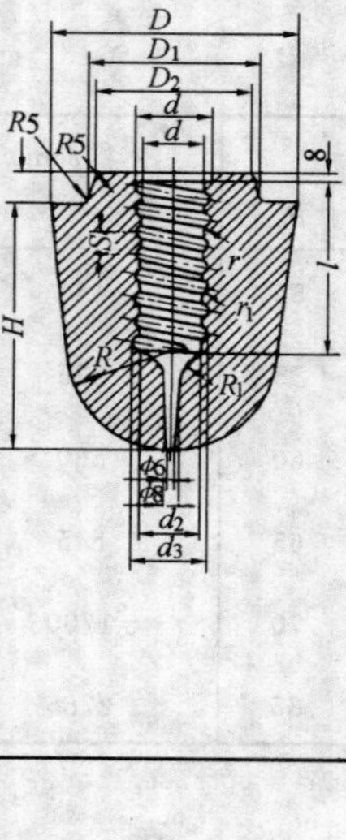

| 形　状 | 砖号 | 尺寸/mm | | | | | | | | | | | | | | | 体积/$cm^3$ ≈ | 配袖砖号 |
|---|---|---|---|---|---|---|---|---|---|---|---|---|---|---|---|---|---|---|
| | | $H$ | $D$ | $D_1$ | $D_2$ | $d$ | $d_1$ | $d_2$ | $d_3$ | $S$ | $r$ | $r_1$ | $h$ | $l$ | $R$ | $R_1$ | | |
| | S-1 | 120 | 100 | 77 | 71 | 34 | 24 | 22 | 32 | 12 | 2.8 | 2.6 | 10 | 70 | 47.5 | 14 | 760 | X-1 |
| | S-2 | 140 | 125 | 81 | 75 | 40 | 30 | 28 | 38 | 12 | 2.8 | 2.6 | 14 | 85 | 57.5 | 14 | 1310 | X-2 |
| | S-3 | 160 | 145 | 88 | 82 | 48 | 36 | 34 | 46 | 16.4 | 3.7 | 3.6 | 14 | 90 | 67.5 | 18 | 2015 | X-3、X-4 |
| | S-4 | 180 | 165 | 96 | 90 | 55 | 43 | 40 | 52 | 16.4 | 3.7 | 3.6 | 14 | 105 | 77.5 | 23 | 2930 | X-5、X-6 |
| | S-5 | 180 | 185 | 102 | 96 | 55 | 43 | 40 | 52 | 16.4 | 3.7 | 3.6 | 14 | 105 | 77.5 | 23 | 3210 | X-7、X-8 |

(2)插销式(砖号 S-6—S-8)插销式塞头砖的形状及尺寸见表 7-47。

**表 7-47 插销式塞头砖形状尺寸**

| 形状 | 砖号 | 尺寸/mm | | | | | | | | | | 体积/cm³ ≈ | 配袖砖号 |
|---|---|---|---|---|---|---|---|---|---|---|---|---|---|
| | | $H$ | $D$ | $D_1$ | $D_2$ | $D_3$ | $d$ | $d_1$ | $h$ | $l$ | $R$ | | |
| 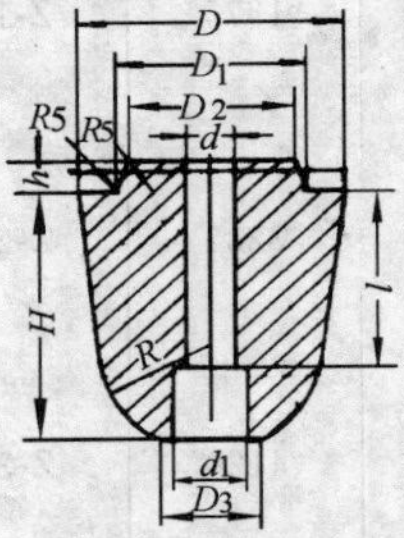 | S-6 | 110 | 100 | 77 | 71 | 50 | 24 | 36 | 10 | 60 | 47.5 | 670 | X-1 |
| | S-7 | 140 | 125 | 81 | 75 | 50 | 24 | 36 | 14 | 85 | 57.5 | 1325 | X-2 |
| | S-8 | 160 | 145 | 88 | 82 | 50 | 24 | 36 | 14 | 90 | 67.5 | 2065 | X-3、X-4 |

(3)塞棒螺纹接头 塞棒螺纹接头形状和尺寸见表 7-48。

**表 7-48 塞棒螺纹接头形状尺寸**

| 形状 | 塞棒号 | 尺寸/mm | | | | | | | | | 配塞头砖号 | 配袖砖号 |
|---|---|---|---|---|---|---|---|---|---|---|---|---|
| | | $d'$ | $d'_1$ | $d'_2$ | $d'_3$ | $d'_4$ | $s$ | $r'$ | $r'_1$ | $l'$ | | |
| 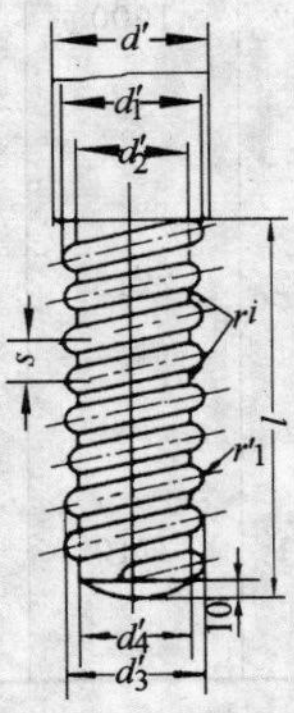 | 1 | 33 | 31 | 21 | 29 | 19 | 12 | 3 | 2.1 | 95 | S-1 | X-1 |
| | 2 | 40 | 37 | 27 | 35 | 25 | 12 | 3 | 2 | 115 | S-2 | X-2 |
| | 3 | 46 | 45 | 35 | 43 | 31 | 16.4 | 4 | 2.8 | 120 | S-3 | X-3、X-4 |
| | 4 | 52 | 52 | 40 | 49 | 37 | 16.4 | 4 | 2.8 | 135 | S-4 | X-5、X-6 |
| | 5 | 56 | 52 | 40 | 49 | 37 | 16.4 | 4 | 2.8 | 135 | S-5 | X-7、X-8 |

3. 铸口砖形状尺寸

(1)ZH-1 铸口砖 砖号 ZH-1 铸口砖形状尺寸见表 7-49。

**表 7-49 ZH-1 铸口砖形状尺寸**

| 形状 | 砖号 | 尺寸/mm | | | | | | | | | | | 体积/cm³ ≈ | 配座砖号 |
|---|---|---|---|---|---|---|---|---|---|---|---|---|---|---|
| | | $H$ | $H_1$ | $D$ | $D_1$ | $D_2$ | $D_3$ | $d$ | $d_1$ | $r$ | $e$ | $K$ | | |
| 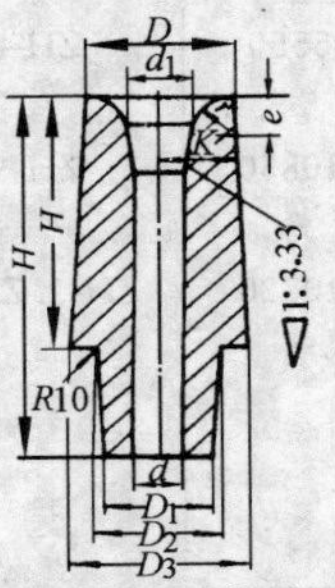 | ZH-1 | 280 | 170 | 160 | 110 | 120 | 146 | 注 | 65 | 35 | 34 | 66 | 3595 | Z-3 |

(2)ZH-2～ZH-4 铸口砖 ZH-2～ZH-4 铸口砖形状尺寸见表 7-50。

**表 7-50 ZH-2～ZH-4 铸口砖形状尺寸**

| 形状 | 砖号 | 尺寸/mm | | | | | | | | 体积/$cm^3$ ≈ | 配座砖号 |
|---|---|---|---|---|---|---|---|---|---|---|---|
| | | $H$ | $D$ | $D_1$ | $d$ | $d_1$ | $r$ | $e$ | $K$ | | |
| 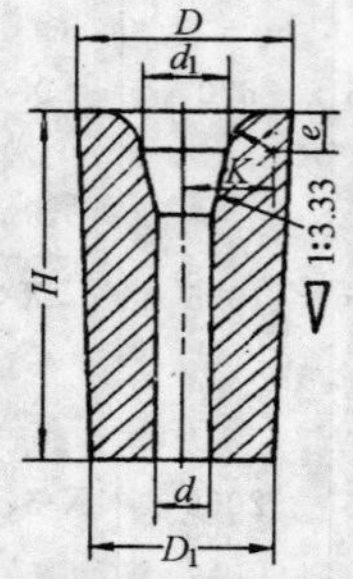 | ZH-2 | 140 | 140 | 112 | 注 | 50 | 35 | 34 | 59 | 1375 | Z-1 |
| | ZH-3 | 250 | 160 | 120 | 注 | 65 | 35 | 34 | 66 | 3235 | Z-2 |
| | ZH-4 | 280 | 160 | 135 | 注 | 65 | 35 | 34 | 66 | 4120 | Z-3 |

(3)ZH-5～ZH-7 铸口砖 ZH-5～ZH-7 铸口砖形状尺寸见表 7-51。

**表 7-51 ZH-5～ZH-7 铸口砖形状尺寸**

| 形状 | 砖号 | 尺寸/mm | | | | | | | | | | | 体积/$cm^3$ ≈ | 配座砖号 |
|---|---|---|---|---|---|---|---|---|---|---|---|---|---|---|
| | | $H$ | $H_1$ | $D$ | $D_1$ | $D_2$ | $D_3$ | $d$ | $d_1$ | $r$ | $e$ | $K$ | | |
| 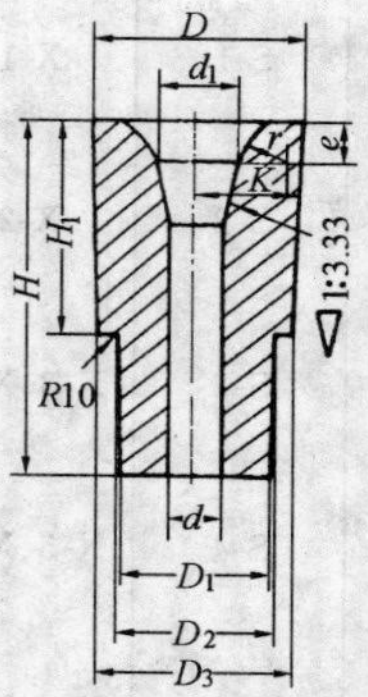 | ZH-5 | 165 | 115 | 125 | 110 | 120 | 155 | 注 | 50 | 38 | 32 | 62 | 1900 | Z-5 |
| | ZH-6 | 205 | 135 | 125 | 110 | 120 | 145 | 注 | 50 | 38 | 32 | 62 | 2215 | Z-6 |
| | ZH-7 | 280 | 170 | 140 | 120 | 130 | 164 | 注 | 65 | 40 | 37 | 71 | 3710 | Z-4 |

注：内径 $d$ 的尺寸应根据协议要求生产。

4. 座砖形状尺寸

(1)Z-1～Z-3 座砖 Z-1～Z-3 的形状及尺寸见表 7-52。

**表 7-52 座砖(Z-1～Z-3)形状尺寸**

| 形状 | 砖号 | 尺寸/mm | | | | | | 体积/$cm^3$ ≈ | 配铸口砖号 |
|---|---|---|---|---|---|---|---|---|---|
| | | $B$ | $H$ | $h_1$ | $d$ | $d_1$ | $d_2$ | | |
| 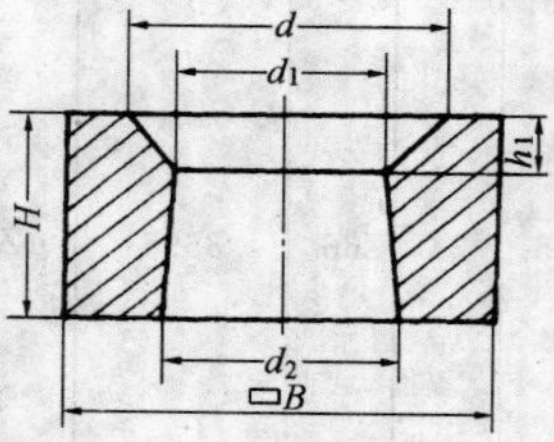 | Z-1 | 250 | 120 | 30 | 190 | 144 | 126 | 5550 | ZH-2 |
| | Z-2 | 300 | 160 | 40 | 240 | 164 | 145 | 10850 | ZH-3 |
| | Z-3 | 300 | 160 | 40 | 240 | 164 | 154 | 10720 | ZH-1. ZH-4 |

(2)Z-4 座砖　砖号 Z-4 的形状及尺寸见表 7-53。

**表 7-53　座砖(Z-4)形状尺寸**

| 形　状 | 砖 号 | 尺　寸/mm | | | | | | 体积/$cm^3$ ≈ | 配铸口砖号 |
|---|---|---|---|---|---|---|---|---|---|
| | | $B$ | $H$ | $h_1$ | $d$ | $d_1$ | $d_2$ | | |
| | Z-4 | 300 | 160 | 40 | 220 | 144 | 161 | 11150 | ZH-7 |

(3)Z-5、Z-6 座砖　砖号 Z-5 和 Z-6 的形状和尺寸见表 7-54。

**表 7-54　座砖(Z-5～Z-6)形状尺寸**

| 形　状 | 砖 号 | 尺　寸/mm | | | | 体积/$cm^3$ ≈ | 配铸口砖号 |
|---|---|---|---|---|---|---|---|
| | | $B$ | $H$ | $d_1$ | $d_2$ | | |
| | Z-5 | 250 | 120 | 128 | 158 | 5565 | ZH-5 |
| | Z-6 | 300 | 130 | 128 | 148 | 9750 | ZH-6 |

## 五、粘土质耐火制品

粘土砖系含 $Al_2O_3$30%～48%的硅酸铝质耐火材料，系酸性耐火材料。它是耐火粘土和熟料(煅烧和粉碎后的粘土)经成型干燥和煅烧而制成的，呈棕黄色，$Fe_2O_3$ 含量愈高，砖的颜色愈深。它的耐火度为 1580～1750℃，优点是具有良好的抗热震性，次数是 5～25 次或更多。粘土砖是价格低廉的弱酸性耐火材料，对酸性渣或碱性渣的作用均较稳定。耐火材料中以粘土砖的使用范围为最广。如蒸汽锅炉、煤气发生炉、高炉、各种热处理炉和加热炉、盛钢桶、热风炉、化铁炉等一般都是用粘土砖砌筑的。它的缺点是荷重软化温度(1250～1450℃)远低于耐火度，因此限制了它的使用范围。

### (一)高炉用粘土砖

高炉用粘土砖是以耐火粘土为原料生产的用来砌筑高炉内衬的粘土砖。高炉用粘土砖用于小高炉炉衬的炉喉、炉身、炉缸、炉底及大高炉炉身。

高炉用粘土砖要求常温耐火强度高，能够抵抗炉料长期作业磨损；在高温长期作业下体积收缩小，有利于炉衬保持整体性；显气孔率低和 $Fe_2O_3$ 含量低，减少炭素在气孔中沉积，避免砖在使用过程中膨胀疏松而损坏；低熔点物形成少。高炉用粘土砖比一般粘土砖具有优良性能。

中国冶标(YB/T5050—1993)将高炉用粘土砖按理化指标分为 ZGN-42 和 GN-42 两种牌号,其理化指标、尺寸允许偏差及外观见表 7-55 和表 7-56。

标准中还对高炉用粘土砖的断面层裂作了如下规定:

(1)层裂宽度不大于 0.25mm 时,长度不限制;

(2)层裂宽度为 0.26～0.5mm 时,长度不大于 15mm;

(3)层裂宽度大于 0.50mm 时,不准有。

**表 7-55 高炉用粘土砖的理化指标**

| 项 目 | | 指 标 | |
|---|---|---|---|
| | | ZGN-42 | GN-42 |
| $Al_2O_3$/% | 不小于 | 42 | 42 |
| $Fe_2O_3$/% | 不大于 | 1.6 | 1.7 |
| 耐火度/℃ | 不低于 | 1750 | 1750 |
| 0.2MPa 荷重软化开始温度/℃ | 不低于 | 1450 | 1430 |
| 重烧线变化(1450℃,3h)/% | | 0<br>−0.2 | 0<br>−0.3 |
| 显气孔率/% | 不大于 | 15 | 16 |
| 常温耐压强度/MPa | 不小于 | 58.8 | 49.0 |
| 透气度 | | 必须进行此项检验,将实测数据在质量证明书中注明 | |

**表 7-56 高炉用粘土砖的尺寸允许偏差及外观(mm)**

| 项 目 | | | | 指 标 |
|---|---|---|---|---|
| 尺寸允许偏差 | 长 度 | 炉底砖 | | ±2.0 |
| | | 其他砖 | | ±1.0% |
| | 宽 度 | | | ±2 |
| | 厚 度 | | | ±1 |
| 扭 曲 | 炉底砖 | ≤345 | 不大于 | 1 |
| | | >345 | | 1.5 |
| | 其他砖 | | | 1.5 |
| 缺棱、缺角深度 | | | | 5.0 |
| 熔洞直径 | | | | 3.0 |
| 裂纹长度 | 宽度≤0.25 | | | 不限制 |
| | 宽度 0.26～0.50 | | 不大于 | 15 |
| | 宽度>0.50 | | | 不准有 |
| 渣 蚀 | | | | 不准有 |

## (二)粘土质耐火砖

中国冶标(YB/T5106—1993)将粘土质耐火砖按理化指标分为 N-1、N-2a、N-2b、N-3a、N-3b、N-4、N-5、N-6 八种牌号,其理化指标见表 7-57 和表 7-58,焦炉砖的尺寸允许偏差见表 7-59。

**表 7-57 粘土质耐火砖的理化指标**

| 项目 | | 指标 N-1 | N-2a | N-2b | N-3a | N-3b | N-4 | N-5 | N-6 |
|---|---|---|---|---|---|---|---|---|---|
| 耐火度/℃ | 不低于 | 1750 | 1730 | 1730 | 1710 | 1710 | 1690 | 1670 | 1580 |
| 0.2MPa 荷重软化开始温度/℃ | 不低于 | 1400 | 1350 | | 1320 | | 1300 | | |
| 重烧线变化/% 1400℃,2h | | +0.1<br>−0.4 | +0.1<br>−0.5 | +0.2<br>−0.5 | | | | | |
| 重烧线变化/% 1350℃,2h | | | | | +0.2<br>−0.5 | +0.2<br>−0.5 | +0.2<br>−0.5 | +0.2<br>−0.5 | |
| 显气孔率/% | 不大于 | 22 | 24 | 26 | 24 | 26 | 24 | 26 | 28 |
| 常温耐压强度/MPa | 不小于 | 300 | 250 | 200 | 200 | 150 | 200 | 150 | 150 |
| 抗热震性/次 | | N-2b、N-3b 必须进行此项检验,将实测数据在质量证明书中注明 | | | | | | | |

**表 7-58 粘土质耐火砖的尺寸允许偏差及外观(mm)**

| 项目 | | | 指标 |
|---|---|---|---|
| 尺寸允许偏差 | 尺寸≤100 | | ±2 |
| | 尺寸 101～150 | | ±2.5 |
| | 尺寸 151～300mm | | ±2% |
| | 尺寸 301～400 | | ±6 |
| 扭曲 | 长度≤230 | 不大于 | 2 |
| | 长度 231～300 | 不大于 | 2.5 |
| | 长度 301～400 | 不大于 | 3 |
| 缺棱、缺角深度 | | 不大于 | 7 |
| 熔洞直径 | | 不大于 | 7 |
| 渣蚀 厚度<1 | | 不大于 | 在砖的一个面上允许有 |
| 裂纹长度 | 宽度≤0.25 | 不大于 | 不限制 |
| | 宽度 0.26～0.50 | 不大于 | 60 |
| | 宽度>0.50 | 不大于 | 不准有 |

**表 7-59 焦炉砖的尺寸允许偏差(mm)**

| 项目 | | 指标 |
|---|---|---|
| 尺寸允许偏差 | 尺寸≤150 | +1<br>−3 |
| | 尺寸 151～300 | +2<br>−4 |
| | 尺寸>300mm | ±1% |

标准中还对砖的断面裂纹作了规定:

(1)层裂宽度不大于 0.25mm 时,长度不限制;

(2)层裂宽度为 0.26～0.50mm 时,长度不大于 40mm;

(3)层裂宽度大于 0.5mm 时,不准有。

**(三)热风炉用粘土质耐火砖**

热风炉用粘土质耐火砖是以耐火粘土为原料制得的用来砌筑高炉热风炉用的粘土砖。热风炉用粘土砖用于热风炉、蓄热室和隔墙。热风炉用粘土砖要求抗热震性好,荷重软化温度高,蠕变小。

中国冶标(YB/T5107—1993)将热风炉用粘土质耐火砖按理化指标分为 RN-42、RN-40 和 RN-36 三种牌号。其理化指标、尺寸允许偏差及外观见表 7-60 和表 7-61。

**表 7-60　热风炉用粘土质耐火砖的理化性能**

| 项　　目 | | 指　　标 | | |
|---|---|---|---|---|
| | | RN-42 | RN-40 | RN-36 |
| $Al_2O_3$/% | 不小于 | 42 | 40 | 36 |
| 耐火度/℃ | 不低于 | 1750 | 1730 | 1690 |
| 0.2MPa 荷重软化开始温度/℃ | 不低于 | 1400 | 1350 | 1300 |
| 重烧线变化/% | 1450℃,2h | 0<br>−0.4 | — | — |
| 重烧线变化/% | 1350℃,2h | — | 0<br>−0.3 | 0<br>−0.5 |
| 显气孔率/% | 不大于 | 24 | 24 | 26 |
| 常温耐压强度/MPa | 不小于 | 29.4 | 24.5 | 19.6 |
| 抗热震性/次 | | 必须进行此项检验,将实测数据在质量证明书中注明 | | |

标准中还对热风炉用粘土质耐火砖的断面层裂作了如下规定:

(1)层裂宽度不大于 0.25mm 时,长度不限制;

(2)层裂宽度为 0.26～0.50mm 时,长度不大于 30mm;

(3)层裂宽度大于 0.50mm 时,不准有。

**表 7-61　热风炉用粘土质耐火砖的尺寸允许偏差及外观(mm)**

| 项　　目 | | | 指　　标 |
|---|---|---|---|
| 尺寸允许偏差 | 尺寸≤230 | | ±2 |
| 尺寸允许偏差 | 尺寸 231～350 | | ±3 |
| 尺寸允许偏差 | 尺寸 351～450 | | ±4 |
| 扭　　曲 | 长度≤345 | 不大于 | 2 |
| 扭　　曲 | 长度>345 | 不大于 | 3 |
| 缺棱、缺角深度 | | 不大于 | 6 |
| 熔洞直径 | | 不大于 | 5 |
| 渣蚀　厚度<1 | | | 在砖的一个面上允许有 |
| 裂纹长度 | 宽度≤0.25 | | 不限制 |
| 裂纹长度 | 宽度 0.26～0.50 | 不大于 | 50 |
| 裂纹长度 | 宽度>0.50 | | 不准有 |

**(四)浇铸用粘土质耐火砖**

浇铸用粘土质耐火砖是用于钢水浇铸的粘土质耐火砖,包括:漏斗砖、铸管砖、中心砖、三通流钢砖、二通流钢砖、流钢砖、流钢尾砖、流钢弯砖和钢锭模模底砖。浇铸用粘土质耐火砖按理化指标分为 JZN-40、JZN-36、JZN-28 三种牌号。其理化指标、尺寸允许偏差及外形见表 7-62 和表 7-63。

**表 7-62　浇铸用粘土质耐火砖的理化指标**

| 项目 | | 指标 | | |
| --- | --- | --- | --- | --- |
| | | JZN-40 | JZN-36 | JZN-28 |
| $Al_2O_3$ 含量/% | 不小于 | 40 | 36 | 28 |
| 耐火度/℃ | 不低于 | 1710 | 1690 | 1670 |
| 重烧线变化(1350℃,2h)/% | | +0.1<br>−0.3 | | |
| 显气孔率/% | | 17～25 | | |

注:需方同意,气孔率下限可不低于 13%。

**表 7-63　浇铸用粘土质耐火砖的尺寸允许偏差及外形(mm)**

| 项目 | | | | 指标 |
| --- | --- | --- | --- | --- |
| 尺寸允许偏差 | 内筒直径≤50 及其接头处 | | | ±2 |
| | 内筒直径>50 及其接头处 | | | ±3 |
| | 漏斗砖大口直径 | | | ±2% |
| | 其他尺寸≤100 | | | ±2 |
| | 其他尺寸>100mm | 中心砖、流钢砖及其他 | | ±1.5% |
| | | 漏斗砖、铸管砖 | | ±2% |
| 扭曲 | 按长度 | | 不大于 | 2.5(上升孔面 2) |
| 熔洞直径 | 工作面 | | 不大于 | 5 |
| | 非工作面 | | 不大于 | 8 |
| 渣蚀 | 工作面 | | 不大于 | 不准有 |
| | 非工作面厚度 | | 不大于 | 1 |
| | 非工作面全面积计 | | 不大于 | 10(漏斗砖 30)% |
| 缺棱缺角深度 | 工作面 | | 不大于 | 3 |
| | 非工作面 | | 不大于 | 7 |
| 裂纹长度 | 宽度≤0.25 | | 不大于 | 不限制 |
| | 宽度 0.26～0.50 | 工作面 | 不大于 | 25 |
| | | 非工作面 | 不大于 | 50(不成网状) |
| | 宽度>0.50 | | 不大于 | 不准有 |
| 端头平面倾斜 | | | 不大于 | 2 |
| 同一子母口径相对偏差 | ≤50 | | 不大于 | 2 |
| | >50 | | 不大于 | 3 |

### (五)盛钢桶用粘土衬砖

盛钢桶用粘土衬砖在浇注过程中主要受钢水往桶内倒入时的急剧冲刷作用,以及停留在桶内的钢水和熔渣对它的化学侵蚀作用。因此,盛钢桶用粘土衬砖应具有良好的耐侵蚀性和耐冲刷性,并在使用中不挂渣以及具有严格的外形和准确的尺寸。提高衬砖的致密度、结构强度和保证良好的烧结都有利于改善它的使用性能。

中国冶标(YB/T5111—1993)将盛钢桶用粘土衬砖按理化指标分为CN-42、CN-40、CN-36三种牌号。其理化指标、尺寸允许偏差及外观见表7-64和表7-65。

**表7-64 盛钢桶用粘土衬砖的理化指标**

| 项目 | | 指标 | | |
|---|---|---|---|---|
| | | CN-42 | CN-40 | CN-36 |
| $Al_2O_3$/% | 不小于 | 42 | 40 | 36 |
| 耐火度/℃ | 不低于 | 1750 | 1730 | 1690 |
| 0.2MPa荷重软化开始温度/℃ | 不低于 | 1430 | 1400 | 1370 |
| 重烧线变化(1400℃,2h)/% | | 0<br>−0.3 | 0<br>−0.3 | 0<br>−0.3 |
| 显气孔率/% | 不大于 | 18 | 19 | 19 |
| 常温耐压强度/MPa | 不小于 | 39.2 | 34.3 | 29.4 |

**表7-65 盛钢桶用粘土衬砖的尺寸允许偏差及外观(mm)**

| 项目 | | | | 指标 |
|---|---|---|---|---|
| 尺寸允许偏差 | 尺寸≤100 | | | ±1.5 |
| | 尺寸101～230 | | | ±2 |
| | 尺寸231～300 | | | ±3 |
| 扭曲 | 砌砖面 | | 不大于 | 1.5 |
| | 钢水面与铁壳面 | | | 3 |
| 缺棱、缺角深度 | 钢水面与砌砖面 | | | 5 |
| | 铁壳面 | | | 7 |
| 熔洞直径 | 钢水面 | | | 5 |
| | 非钢水面 | | | 7 |
| 渣蚀 | 砌砖面 | | 不大于 | 不准有 |
| | 钢水面与铁壳面厚度 | | | 1 |
| 裂纹长度 | 宽度≤0.25 | | | 不限制 |
| | 宽度/0.26～0.50 | 钢水面 | | 30 |
| | | 非钢水面 | | 50 |
| | 宽度>0.50 | | | 不准有 |

标准中对盛钢桶用粘土衬砖的断面层裂等要求还作了如下规定：

(1)按砖砌筑高度方向,同一块砖上同一尺寸相对边差不大于2mm。

(2)限制长度的裂纹不允许跨过两个、两个以上的棱。

(3)砖的断面层裂：

1)层裂宽度不大于0.25mm时,长度不限制；

2)层裂宽度为0.26～0.50mm时,长度不大于30mm；

3)层裂宽度大于0.50mm时,不准有。

**(六)盛钢桶内铸钢用粘土砖**

盛钢桶内铸钢用粘土质耐火砖包括塞头砖、铸口砖、袖砖和座砖。中国冶标(YB/T5112—1993)规定的盛钢桶内铸钢用粘土质耐火砖的牌号见表7-66,其理化指标、尺寸允许偏差及外观、断面层裂见表 7-67 至表 7-71。

**表 7-66 盛钢桶内铸钢用粘土质耐火砖的牌号**

| 名　称 | 粘土质塞头砖 | 粘土质铸口砖 | 粘土质袖砖 | 粘土质座砖 |
|---|---|---|---|---|
| 牌　号 | SN-40 | KN-40 | XN-40 | ZN-40 |

**表 7-67 盛钢桶内铸钢用粘土质耐火砖的理化指标**

| 项　目 | | 指标 | | | |
|---|---|---|---|---|---|
| | | SN-40 | KN-40 | XN-40 | ZN-40 |
| $Al_2O_3$/% | 不小于 | 40 | | | |
| 耐火度/℃ | 不低于 | 1710 | | | |
| 0.2MPa 荷重软化开始温度/℃ | 不低于 | 1370 | | — | |
| 重烧线变化(1350℃,2h)/% | | — | | 0<br>−0.3 | — |
| 显气孔率/% | | 15～23 | ≤22 | 15～25 | ≤23 |
| 常温耐压强度/MPa | 不小于 | — | | | 19.6 |
| 抗热震性/次 | | SN-40、XN-40 必须进行此项检验，将实测数据在质量证明书中注明 | | | |

**表 7-68 塞头砖、铸口砖的尺寸允许偏差及外观(mm)**

| 项　目 | | | | 指标 | |
|---|---|---|---|---|---|
| | | | | SN-40 | KN-40 |
| 尺寸允许偏差 | 尺寸≤50 | | | ±1 | |
| | 尺寸 51～100 | | | ±2 | |
| | 尺寸>100 | | | ±2% | |
| | 高　度 | | | ±3% | |
| 缺　棱 | 工作面 | 深度 | 不大于 | 3 | |
| | | 长度 | | 10(不超过 2 处) | — |
| | 非工作面深度 | | | 5 | 7 |
| 熔洞直径 | 工作面 | | | 3 | |
| | 非工作面 | | | 5 | |
| 渣　蚀 | 工作面与接口处厚度 | | | 不准有 | |
| | 非工作面厚度 | | | 不准有 | 1 |
| 裂纹长度 | 宽度≤0.1 | | | 不限制 | |
| | 宽度 0.11～0.25 | 钢水面 | | 不准有 | |
| | | 非钢水面 | | 插销式 15<br>螺纹式 25 | 30 |
| | 宽度>0.25 | | | 不准有 | |

注：1. 塞头砖工作面指接触钢水的外表面及接头处外圈平面；

2. 铸口砖工作面指与钢水的接触面。

**表 7-69 袖砖的尺寸允许偏差及外观(mm)**

| 项目 | | | | 指标 XN-40 |
|---|---|---|---|---|
| 尺寸允许偏差 | 接头处及内径 | | | ±2 |
| | 外径 | | | ±2% |
| | 长度 | | | ±3% |
| | 子母口 | 直径 | | ±1 |
| | | 高度 | | |
| 扭曲 | | | 不大于 | 2 |
| 缺棱深度 | 工作面 | | | 3 |
| | 非工作面 | | | 5 |
| 熔洞直径 | | | | 5 |
| 渣蚀 | 钢水面厚度 | | | 1(不超过全面积 10%) |
| | 接头处接缝外圈 | | | 不准有 |
| 裂纹长度 | 宽度≤0.25 | 钢水面沿圆周方向 | | 70 |
| | | 其他 | | 不限制 |
| | 宽度0.25～0.50 | 工作面 | | 25 |
| | | 非工作面 | | 50 |
| | 宽度＞0.50 | | | 不准有 |
| 端头平面倾斜 | 外径≤145 | | | 2 |
| | 外径＞145 | | | 3 |

注:袖砖工作面指接触钢水的外表面及接头处外圈平面。

**表 7-70 座砖的尺寸允许偏差及外观(mm)**

| 项目 | | | | 指标 ZN-40 |
|---|---|---|---|---|
| 尺寸允许偏差 | 尺寸≤100 | | | ±2 |
| | 尺寸＞100 | | | ±2% |
| | 圆孔直径 | | | $^{+5}_{0}$ |
| | 同一圆孔直径尺寸相对差 | | | 4 |
| 缺棱、缺角深度 | 工作面 | | 不大于 | 5 |
| | 非工作面 | | | 10 |
| 熔洞直径 | 工作面 | | | 5 |
| | 非工作面 | | | 8 |
| 渣蚀 | 钢水面、铁壳面和孔径内厚度 | | | 1 |
| | 砌砖面 | | | 不准有 |
| 裂纹长度 | 宽度≤0.25 | | | 不限制 |
| | 宽度 0.26～0.50 | 工作面 | | 30 |
| | | 非工作面 | | 50 |
| | 宽度＞0.50 | | | 不准有 |
| | 裂纹不得跨过两个、两个以上的棱 | | | |

表 7-71 盛钢桶内铸钢用粘土砖的断面层裂(mm)

| 断面层裂 | | 指标 | | | |
|---|---|---|---|---|---|
| | | SN-40 | KN-40 | XN-40 | ZN-40 |
| 宽度≤0.25 | 长度不大于 | 15 | 30 | 不限制 | |
| 宽度 0.26~0.50 | 长度不大于 | 不准有 | | 25(手工成型 40) | |
| 宽度>0.50 | | 不准有 | | | |

## 六、高铝质耐火制品

该砖系含 $Al_2O_3$ 在 48%~75%以上的硅酸铝,属弱酸性的耐火材料,它是由天然或人造高铝原料(硅线石、水铝石、高矾土等)制成的。与粘土砖相比,它的耐火度(1750~1790℃)和荷重软化温度(1420~1500℃)都较高,抗渣性和耐压强度也较大,但价格较昂贵。用于砌筑炼钢炉、盛钢桶、电阻炉、炼铁高炉等。

高铝砖的特点是抗热震性好,抗蚀性强,耐压强度高。

### (一)高铝砖

高铝砖是以矾土熟料配一定数量结合粘土制成的 $Al_2O_3$ 含量大于 48%的铝硅系耐火制品。高铝砖的生产工艺与优质多熟料粘土砖的生产工艺基本相同。所不同的是在熟料破碎前有分级拣选工序和筛分后除铁工序。

高铝砖在粘土砖的基础上,改变了 $Al_2O_3/SiO_2$ 比,提高了 $Al_2O_3$ 含量,因而耐火度和高温机械强度都优于粘土砖。高铝砖化学性质趋于中性,因而抗酸、碱性熔渣侵蚀性也比粘土砖和硅砖强。因此,各种热工设备原来用硅砖或粘土砖的部位都可以用高铝砖取代。用高铝砖取代粘土砖和硅砖,可提高热工设备的使用寿命。目前它主要用于砌筑高炉、热风炉、电炉炉顶、盛钢桶、水泥窑、玻璃窑及化学工业用窑炉,此外还用作平炉蓄热室格子砖、浇注系统用的塞头、水口砖等。但高铝砖价格比粘土砖高,因此,用粘土砖能够满足生产要求的地方,就不必使用高铝砖。

中国标准(GB/T2988—1987)将高铝砖按理化指标分为 LZ-75、LZ-65、LZ-55、LZ-48 四种牌号。其理化指标、尺寸允许偏差和外观见表 7-72 和表 7-73。

表 7-72 高铝砖的理化指标

| 项目 | | | 指标 | | | |
|---|---|---|---|---|---|---|
| | | | LZ-75 | LZ-65 | LZ-55 | LZ-48 |
| $Al_2O_3$/% | | 不小于 | 75 | 65 | 55 | 48 |
| 耐火度/℃ | | 不低于 | 1790 | | 1770 | 1750 |
| 0.2MPa 荷重软化开始温度/℃ | | 不低于 | 1520 | 1500 | 1470 | 1420 |
| 重烧线变化/% | 1500℃,2h | | +0.1<br>−0.4 | | | — |
| | 1450℃,2h | | — | | | +0.1<br>−0.4 |
| 显气孔率/% | | 不大于 | 23 | | 22 | |
| 常温耐压强度/MPa | | 不小于 | 53.9 | 49.0 | 44.1 | 39.2 |

表 7-73 高铝砖的尺寸允许偏差及外形(mm)

| 项目 | | | 指标数值 |
|---|---|---|---|
| 尺寸允许偏差 | 尺寸≤100 | | ±2 |
| | 尺寸 101～300 | | ±2% |
| | 尺寸 301～400 | | ±6 |
| 扭曲 | 长度≤300 | 不大于 | ±2 |
| | 长度 301～400 | | 2.5 |
| | 长度>400 | | 协议 |
| 缺角深度 | | | 6 |
| 缺棱深度 | | | 6 |
| 熔洞直径 | | | 6 |
| 裂纹长度 | 宽度≤0.25 | | 不限制(不准成网状) |
| | 宽度 0.26～0.5 | | 50 |
| | 宽度 0.51～1.0 | | 20 |
| | 宽度>1.0 | | 不准有 |

## (二)高炉用高铝砖

高炉用高铝砖是以高铝矾土熟料为主要原料制成的用于砌筑高炉的耐火制品。中国冶标(YB/T5015—1993)将高炉用高铝砖按理化指标分为 GL-65、GL-55、GL-48 三种牌号,其理化指标、尺寸允许偏差及外观见表 7-74 和表 7-75。

表 7-74 高炉用高铝砖的理化指标

| 项目 | | | 指标 | | |
|---|---|---|---|---|---|
| | | | GL-65 | GL-55 | GL-48 |
| $Al_2O_3$/% | | 不小于 | 65 | 55 | 48 |
| $Fe_2O_3$/% | | 不大于 | 2.0 | | |
| 耐火度/℃ | | 不低于 | 1790 | 1770 | 1750 |
| 0.2MPa 荷重软化开始温度/℃ | | | 1500 | 1480 | 1450 |
| 重烧线变化/% | 1500℃,2h | | 0<br>−0.2 | | — |
| | 1450℃,2h | | — | | 0<br>−0.2 |
| 显气孔率/% | | 不大于 | 19 | | 18 |
| 常温耐压强度/MPa | | 不小于 | 58.8 | 49.0 | |
| 透气度 | | | 必须进行此项检验,将实测数据在质量证明书中注明 | | |

## (三)热风炉用高铝砖

热风炉用高铝砖是以高铝矾土熟料配入部分结合粘土制成的 $Al_2O_3$ 含量大于 48%用于砌筑热风炉的耐火制品。中国冶标(YB/T5016—1993)将热风炉用高铝砖按理化指标分为 RL-65、RL-55 和 RL-48 三种牌号。其理化指标、尺寸允许偏差及外形见表 7-76 和表 7-77。

**表 7-75　高炉用高铝砖的尺寸允许偏差及外观(mm)**

| 项目 | | | | 指标 |
|---|---|---|---|---|
| 尺寸允许偏差 | 长度 | 炉底砖 | | ±2 |
| | | 其他砖 | | ±1.5% |
| | 宽度 | | | ±2 |
| | 厚度 | | | ±2 |
| 扭曲 | 炉底砖 | | 不大于 | 1 |
| | 其他砖 | | | 1.5 |
| 缺棱、缺角深度 | | | | 5 |
| 熔洞直径 | | | | 5 |
| 裂纹长度 | 宽度≤0.25 | | | 不限制(不准呈网状) |
| | 宽度 0.26～0.50 | | | 15 |
| | 宽度>0.50 | | | 不准有 |

**表 7-76　热风炉用高铝砖的理化指标**

| 项目 | | | 指标 | | |
|---|---|---|---|---|---|
| | | | RL-65 | RL-55 | RL-48 |
| $Al_2O_3$/% | | 不小于 | 65 | 55 | 48 |
| 耐火度/℃ | | 不低于 | 1790 | 1770 | 1750 |
| 0.2MPa 荷重软化开始温度/℃ | | | 1500 | 1470 | 1420 |
| 重烧线变化/% | 1500℃,2h | | +0.1 −0.4 | +0.1 −0.4 | — |
| | 1450℃,2h | | — | — | +0.1 −0.4 |
| 显气孔率/% | | 不大于 | 24 | 24 | 24 |
| 常温耐压强度/MPa | | 不小于 | 49.0 | 44.1 | 39.2 |
| 抗热震性/次 | | | 必须进行此项检验,将实测数据在质量证明书中注明 | | |

**表 7-77　热风炉用高铝砖的尺寸允许偏差及外观(mm)**

| 项目 | | | 指标 |
|---|---|---|---|
| 尺寸允许偏差 | 尺寸≤230 | | ±2 |
| | 尺寸 231～350 | | ±3 |
| | 尺寸 351～450 | | ±4 |
| 扭曲 | 长度≤345 | 不大于 | 2 |
| | 长度>345 | | 3 |
| 缺棱、缺角深度 | | | 6 |
| 熔洞直径 | | | 5 |
| 裂纹长度 | 宽度≤0.25 | | 不限制 |
| | 宽度 0.26～0.50 | 不大于 | 50 |
| | 宽度>0.51 | | 不准有 |

标准中对热风炉用高铝砖的断面层裂作了下列规定：

(1)层裂宽度不大于 0.25mm 时，长度不限制；

(2)层裂宽度为 0.26～0.50mm 时，长度不大于 30mm；

(3)层裂宽度大于 0.50mm 时，不准有。

### (四)炼钢电炉顶用高铝砖

炼钢电炉顶用高铝砖是以铝矾土熟料和少量粘土配合制成的 $Al_2O_3$ 含量 65%以上，用于电炉顶的耐火制品。中国冶标(YB/T5017—1993)将炼钢电炉顶用高铝砖按理化指标分为 DL-80、DL-75、DL-65 三种牌号。其理化指标、尺寸允许偏差和外观见表 7-78 和表 7-79。

**表 7-78 炼钢电炉顶用高铝砖的理化指标**

| 项目 | | | 指标 | | |
|---|---|---|---|---|---|
| | | | DL-80 | DL-75 | DL-65 |
| $Al_2O_3$/% | | 不小于 | 80 | 75 | 65 |
| 耐火度/℃ | | 不低于 | 1790 | | |
| 0.2MPa 荷重软化开始温度/℃ | | 不低于 | 1550 | 1530 | 1520 |
| 重烧线变化/% | 1550℃,2h | | 0<br>−0.3 | 0<br>−0.4 | — |
| | 1500℃,2h | | — | | 0<br>−0.4 |
| 显气孔率/% | 炉顶砖 | 不大于 | 19 | | 22 |
| | 拱角砖 | 不大于 | 21 | | 23 |
| 常温耐压强度/MPa | | 不小于 | 78.5 | 68.6 | 58.8 |
| 抗热震性/次 | | | 必须进行此项检验，将实测数据在质量证明书中注明 | | |

**表 7-79 电炉顶用高铝砖的尺寸允许偏差及外观(mm)**

| 项目 | | | 指标 |
|---|---|---|---|
| 尺寸允许偏差 | 尺寸≤100 | | ±1.5 |
| | 尺寸 101～150 | | ±2.0 |
| | 尺寸 151～230 | | ±3.0 |
| | 尺寸 231～360 | | ±5.0 |
| 扭曲 | 长度≤230 | 不大于 | 1.5 |
| | 长度>230 | 不大于 | 2.0 |
| 缺棱深度 | | 不大于 | 5 |
| 缺角深度 | | 不大于 | 5 |
| 熔洞直径 | | 不大于 | 5 |
| 裂纹长度 | 宽度≤0.25 | 不大于 | 不限制 |
| | 宽度 0.26～0.50 | 不大于 | 45 |
| | 宽度 0.51～1.0 | 不大于 | 15 |
| | 宽度>1.0 | 不大于 | 不准有 |

标准中还对电炉顶用高铝砖的断面层裂作了下列规定：

(1)层裂宽度不大于 0.25mm 时，长度不限制；

(2)层裂宽度为 0.26～0.50mm 时，长度不大于 30mm；

(3)层裂宽度为 0.51～1.0mm 时，长度不大于 15mm；

(4)层裂宽度大于 1.0mm 时，不准有。

**(五)盛钢桶用高铝质衬砖**

盛钢桶用高铝质衬砖是以矾土熟料配入部分结合粘土制成的 $Al_2O_3$ 含量大于 48%的用于砌筑盛钢桶的耐火制品。中国冶标(YB/T5020—1993)将盛钢桶用高铝质衬砖按理化指标分为 CL-48、CL-65 和 CL-75 三种牌号。其理化指标、尺寸允许偏差及外观见表 7-80 和表 7-81。

**表 7-80　盛钢桶用高铝质衬砖的理化指标**

| 项　　目 | | | 指　标 | | |
|---|---|---|---|---|---|
| | | | CL-48 | CL-65 | CL-75 |
| $Al_2O_3$/% | | 不小于 | 48 | 65 | 75 |
| 耐火度/℃ | | 不低于 | 1750 | 1790 | 1790 |
| 0.2MPa 荷重软化开始温度/℃ | | | 1450 | 1490 | 1510 |
| 重烧线变化/% | 1450℃,2h | | +0.1<br>−0.4 | — | — |
| | 1500℃,2h | | — | +0.1<br>−0.5 | +0.1<br>−0.5 |
| 显气孔率/% | | 不大于 | 21 | 28 | 28 |
| 常温耐压强度/MPa | | 不小于 | 34.3 | 34.2 | 39.2 |

**表 7-81　盛钢桶用高铝质衬砖的尺寸允许偏差及外观(mm)**

| 项　　目 | | | | 指　　标 |
|---|---|---|---|---|
| 尺寸允许偏差 | 尺寸≤100 | | | ±1.5 |
| | 尺寸 101～230 | | | ±2 |
| | 尺寸 231～300 | | | ±3 |
| 扭　　曲 | 砌砖面 | | 不大于 | 1.5 |
| | 钢水面与铁壳面 | | | 3 |
| 缺棱、缺角深度 | 钢水面与砌砖面 | | | 5 |
| | 铁壳面 | | | 7 |
| 熔洞直径 | 钢水面 | | | 5 |
| | 非钢水面 | | | 7 |
| 裂纹长度 | 宽度≤0.25 | | | 不限制 |
| | 宽度<br>0.26～0.50 | 钢水面 | | 30 |
| | | 非钢水面 | | 50 |
| | 宽度>0.50 | | | 不准有 |

标准中对盛钢桶用高铝质衬砖的断面层裂等作了下列规定：

(1)沿砖号 C-1～C-4、C-16～C-18 的长度和 C-5～C-15、C-19～C-27 的厚度，同一块砖上同一尺寸相对边差不大于 2mm。

(2)限制长度的裂纹不允许跨过两个、两个以上的棱。

(3)直形砖允许有一个面按铁壳面检查。

(4)砖的断面层裂：

1)层裂宽度不大于 0.25mm 时，长度不限制；

2)层裂宽度为 0.26～0.50mm 时，长度不大于 30mm；

3)层裂宽度大于 0.50mm 时，不准有。

**(六)盛钢桶内铸钢用高铝质耐火砖**

盛钢桶内铸钢用高铝质耐火砖是以高铝矾土熟料配入部分结合粘土制成的 $Al_2O_3$ 含量大于 48%的用于砌筑盛钢桶内浇钢系统的耐火制品。中国冶标(YB/T5021—1993)规定，盛钢桶内铸钢用高铝质耐火砖包括塞头砖、铸口砖、袖砖及座砖。其牌号分别为 SL-48、KL-48、XL-48、ZL-48。其理化指标、尺寸允许偏差及外观、断面层裂见表 7-82 至表 7-87。

**表 7-82 盛钢桶内铸钢用高铝质耐火砖的牌号**

| 名 称 | 高铝质塞头砖 | 高铝质铸口砖 | 高铝质袖砖 | 高铝质座砖 |
|---|---|---|---|---|
| 牌 号 | SL-48 | KL-48 | XL-48 | ZL-48 |

**表 7-83 盛钢桶内铸钢用高铝砖的理化指标**

<table>
<tr><th colspan="2" rowspan="2">项 目</th><th colspan="4">指 标</th></tr>
<tr><th>SL-48</th><th>KL-48</th><th>XL-48</th><th>ZL-48</th></tr>
<tr><td colspan="2">$Al_2O_3$/%</td><td colspan="4">48～55</td></tr>
<tr><td>耐火度/℃</td><td rowspan="2">不低于</td><td colspan="4">1750</td></tr>
<tr><td>0.2MPa 荷重软化开始温度/℃</td><td colspan="2">1450</td><td>—</td><td>1400</td></tr>
<tr><td colspan="2">重烧线变化(1450℃,2h)/%</td><td colspan="3">—</td><td>+0.1<br>−0.4</td></tr>
<tr><td colspan="2">显气孔率/%</td><td>18～24</td><td>≤24</td><td>18～24</td><td>≤25</td></tr>
<tr><td>常温耐压强度/MPa</td><td>不小于</td><td colspan="3">—</td><td>19.6</td></tr>
<tr><td colspan="2">抗热震性/次</td><td colspan="4">SL-48、XL-48 必须进行此项检验，将实测数据在质量证明书中注明</td></tr>
</table>

**表 7-84 塞头砖、铸口砖的尺寸允许偏差及外观(mm)**

<table>
<tr><th colspan="4" rowspan="2">项 目</th><th colspan="2">指 标</th></tr>
<tr><th>SL-48</th><th>KL-48</th></tr>
<tr><td rowspan="4">尺寸允许偏差</td><td colspan="3">尺寸≤50</td><td colspan="2">±1</td></tr>
<tr><td colspan="3">尺寸 51～100</td><td colspan="2">±2</td></tr>
<tr><td colspan="3">尺寸>100</td><td colspan="2">±2%</td></tr>
<tr><td colspan="3">高 度</td><td colspan="2">±3%</td></tr>
<tr><td rowspan="3">缺 棱</td><td rowspan="2">工作面</td><td>深 度</td><td rowspan="10">不大于</td><td colspan="2">3</td></tr>
<tr><td>长 度</td><td>10(不超过 2 处)</td><td>—</td></tr>
<tr><td colspan="2">非工作面深度</td><td>5</td><td>7</td></tr>
<tr><td rowspan="2">熔洞直径</td><td colspan="2">工作面</td><td colspan="2">3</td></tr>
<tr><td colspan="2">非工作面</td><td colspan="2">5</td></tr>
<tr><td rowspan="4">裂纹长度</td><td colspan="2">宽度≤0.1</td><td colspan="2">不限制</td></tr>
<tr><td rowspan="2">宽 度<br>0.11～0.25</td><td>钢水面</td><td colspan="2">不准有</td></tr>
<tr><td>非钢水面</td><td>插销式 15<br>螺纹式 25</td><td>30</td></tr>
<tr><td colspan="2">宽度>0.25</td><td colspan="2">不 准 有</td></tr>
</table>

注：1. 塞头砖工作面指接触钢水的外表面及接头处外圈平面。

2. 铸口砖工作面指与钢水的接触面。

**表 7-85 袖砖尺寸允许偏差及外观(mm)**

| 项目 | | | | 指标 |
|---|---|---|---|---|
| | | | | XL-48 |
| 尺寸允许偏差 | 接头处及内径 | | | ±2 |
| | 外径 | | | ±2% |
| | 长度 | | | ±3% |
| | 子母口 | 直径 | | ±1 |
| | | 高度 | | |
| 扭曲 | | | 不大于 | 2 |
| 缺棱深度 | 工作面 | | | 3 |
| | 非工作面 | | | 5 |
| 熔洞直径 | | | | 5 |
| 裂纹长度 | 宽度≤0.25 | 钢水面沿圆周方向 | | 70 |
| | | 其他 | | 不限制 |
| | 宽度0.26～0.50 | 工作面 | | 25 |
| | | 非工作面 | | 50 |
| | 宽度>0.50 | | | 不准有 |
| 端头平面倾斜 | 外径≤145 | | | 2 |
| | 外径>145 | | | 3 |

注:袖砖工作面指接触钢水的外表面及接头处外圈平面。

**表 7-86 座砖的尺寸允许偏差及外观(mm)**

| 项目 | | | | 指标 |
|---|---|---|---|---|
| | | | | ZL-48 |
| 尺寸允许偏差 | 尺寸≤100 | | | ±2 |
| | 尺寸>100 | | | ±2% |
| | 圆孔直径 | | 不大于 | $^{+5}_{0}$ |
| | 同一圆孔直径尺寸相对差 | | | 4 |
| 缺棱、缺角深度 | 工作面 | | | 5 |
| | 非工作面 | | | 10 |
| 熔洞直径 | 工作面 | | | 5 |
| | 非工作面 | | | 8 |
| 裂纹长度 | 宽度≤0.25 | | | 不限制 |
| | 宽度0.26～0.50 | 工作面 | | 30 |
| | | 非工作面 | | 50 |
| | 宽度>0.50 | | | 不准有 |
| | 裂纹不得跨过两个、两个以上的棱 | | | — |

表 7-87 盛钢桶内铸钢用高铝砖的断面层裂(mm)

<table>
<tr><th colspan="2" rowspan="2">断面层裂</th><th colspan="4">指 标</th></tr>
<tr><th>SL-48</th><th>KL-48</th><th>XL-48</th><th>ZL-48</th></tr>
<tr><td>宽度≤0.25</td><td rowspan="2">长度</td><td>≤15</td><td>≤30</td><td colspan="2">不限制</td></tr>
<tr><td>宽度 0.26～0.50</td><td colspan="2">不准有</td><td colspan="2">≤25(手工成型≤40)</td></tr>
<tr><td colspan="2">宽度>0.50</td><td colspan="4">不 准 有</td></tr>
</table>

## 七、硅质和半硅质耐火制品

硅质和半硅质耐火砖都属于酸性耐火材料。硅砖系含 $SiO_2$ 不小于 93%的硅质耐火材料，它是由石英岩加入石灰或其他结合剂制成的，呈黄色，并有棕色斑点。它的耐火度为 1690～1730℃，荷重软化温度和高温强度都较高，价格低。硅砖是典型的酸性耐火材料，对于酸性渣有良好的抗渣性，但抗热震性和高温体积稳定性较差。主要用于砌筑平炉炉顶、电炉炉顶和拱门、焦炉。

半硅砖是将耐火粘土与石英砂、石英岩和高岭土废物的掺和物按不同比例混合制成的，属半弱酸性耐火材料。它的耐火度为 1670～1710℃，特点是高温体积稳定性好。用低烧结耐火粘土和石英岩(颗粒为 0.15～2mm 的石英砂)制成的半硅砖，能很好地抵抗熔渣，特别是酸性熔渣的作用。用高烧结粘土和粗粒石英砂制成的砖则熔渣稳定性较低。它用作炼焦炉底部及平炉熔渣室的墙砌砖和填料、化铁炉的衬砖、热风炉的填料等。

### (一)硅砖

中国标准(GB/T2608—1987)将硅砖按理化指标分为 GZ-95、GZ-94 和 GZ-93 三种牌号。其理化指标和尺寸允许偏差列于表 7-88 和表 7-89。

标准中对硅砖的外观规定如下：裂纹允许跨过一个棱，异型、特型砖边宽小于 50mm 的面，裂纹允许跨过两个棱。

表 7-88 硅砖的理化指标

<table>
<tr><th colspan="2" rowspan="2">项 目</th><th colspan="3">指 标</th></tr>
<tr><th>GZ-95</th><th>GZ-94</th><th>GZ-93</th></tr>
<tr><td>$SiO_2$/%</td><td>不小于</td><td>95</td><td>94</td><td>93</td></tr>
<tr><td>耐火度/℃</td><td rowspan="2">不低于</td><td>1710</td><td>1710</td><td>1690</td></tr>
<tr><td>0.2MPa 荷重软化开始温度/℃</td><td>1650</td><td>1640<br>1620(胶结硅石)</td><td>1620</td></tr>
<tr><td>显气孔率/%</td><td>不大于</td><td>22</td><td>23</td><td>25</td></tr>
<tr><td>常温耐压强度/MPa</td><td>不小于</td><td>29.4</td><td>24.5</td><td>19.6</td></tr>
<tr><td>真密度/$g \cdot cm^{-3}$</td><td>不大于</td><td>2.37</td><td>2.38</td><td>2.39</td></tr>
</table>

垫砖和支撑砖的缺角深度允许不大于 10mm，缺棱深度允许不大于 8mm，熔洞直径允许不大于 10mm。砖面上宽度为 0.11～0.50mm 的横向裂纹，其长度允许不大于 50mm。

**表 7-89 硅砖的尺寸允许偏差(mm)**

| 项目 | | | 数值 | | |
|---|---|---|---|---|---|
| | | | GZ-95 | GZ-94 | GZ-93 |
| 尺寸允许偏差 | 尺寸≤100 | | ±2 | | |
| | 尺寸 101～350 | | ±3 | | |
| | 尺寸>350 | | ±1% | | |
| 扭曲 | 长度≤250 | 不大于 | 2 | | |
| | 长度 251～450 | | 3 | | |
| | 长度>450 | | 4 | | |
| 缺角深度 | 工作面 | | 5 | | |
| | 非工作面 | | 8 | | |
| 缺棱深度 | 工作面 | | 5 | | |
| | 非工作面 | | 8 | | |
| 熔洞直径 | 工作面 | | 5 | | |
| | 非工作面 | | 8 | | |
| 渣蚀 | | | 不准有 | | — |
| 裂纹长度 | 宽度≤0.1 | | 不限制 | | |
| | 宽度 0.11～0.25 | | 50 | 75 | 75 |
| | 宽度 0.26～0.50 | | 不准有 | 50 | 75 |
| | 宽度>0.50 | | 不准有 | | |
| 相对边差:宽度 | | | 1 | — | |

注:制品工作面为:直形制品——一个端面和一个侧面;
楔形制品——小端面或侧面;
其他制品——按图纸规定的面。

对于硅砖的断面层裂规定如下:

(1)平炉炉顶砖不准有断面层裂;

(2)其他砖层裂宽度不大于 0.1mm 时,长度不限制;

(3)其他砖层裂宽度为 0.11～0.25mm 时,长度不大于 50mm;

(4)其他砖层裂宽度为 0.26～0.50mm 时,长度不大于 30mm:

(5)其他砖层裂宽度大于 0.5mm 时,不准有;

(6)断面层裂延伸至砖表面时,不准有。

**(二)焦炉用硅砖**

焦炉用硅砖是以鳞石英为主晶相用于砌筑焦炉的硅质耐火制品。现代焦炉是由上万吨、近千种砖型的耐火材料砌筑的大型热工设备,其中硅砖用量占 60%～70%。焦炉硅砖用于砌筑焦炉的蓄热室墙、斜道、燃烧室、炭化室和炉顶等。焦炉硅砖应具有下列特征:

(1)荷重软化温度高。焦炉硅砖要在高温下承受炉顶上装煤车的动负荷,并要求长期使用不变形,因此要求焦炉硅砖荷重软化温度高。

(2)热导率高。焦炭是用炼焦煤在炭化室中靠燃烧室的墙传导加热而炼成的,因此砌筑燃烧室墙的硅砖应有较高的热导率。

(3)抗热震性好。由于焦炉要周期性地装煤、出焦，引起燃烧室墙两侧硅砖的温度剧烈变化，因此要求焦炉硅砖抗热震性好。

(4)高温体积稳定。

中国冶标(YB/T5013—1997)规定，焦炉用硅砖的牌号为JG-94，其理化指标、尺寸允许偏差及外观要求见表7-90和表7-91。

**表7-90 焦炉用硅砖的理化指标**

| 项目 | | 指标 | |
|---|---|---|---|
| | | 炉底、炉壁 | 其他 |
| $SiO_2$/% | 不小于 | 94 | |
| 0.2MPa荷重软化开始温度/℃ | 不低于 | 1650(胶结硅石1620) | |
| 重烧线变化(1450℃,2h)/% | | +0.2<br>0 | |
| 显气孔率/% | 不大于 | 22(23) | 24 |
| 常温耐压强度/MPa | 不小于 | 30 | 25 |
| 真密度/$g\cdot cm^{-3}$ | 不大于 | 2.34 | 2.35 |
| 热膨胀率(1000℃)/% | 不大于 | 1.28 | 1.30 |

注：括号内数值为手工成型砖。

**表7-91 焦炉用硅砖的尺寸允许偏差(mm)**

| 项目 | | 指标 | |
|---|---|---|---|
| | | 炭化面 | 其他面 |
| 尺寸允许偏差 | 尺寸≤150 | ±2 | |
| | 尺寸151～350 | +2<br>−3 | |
| | 尺寸>350 | ±4 | |
| | 炉壁砖、蓄热室(各3～5个砖号)<br>一个主要尺寸 | +1<br>−2 | |
| | 斜烟道出口调节砖的一个主要尺寸 | ±1 | |
| 扭曲 | | ≤2 | ≤3 |
| 熔洞直径 | | ≤4 | ≤10 |
| 缺棱长度 | a b c 炭化面 | $a\leqslant15$<br>$b\leqslant6$<br>$c\leqslant15$ | $a+b+c\leqslant75$ |

续表 7-91

| 项目 | | 指标 | |
|---|---|---|---|
| | | 炭化面 | 其他面 |
| 缺角长度 | 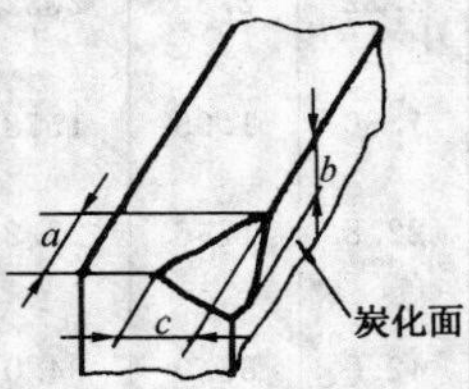 a b c 炭化面 | $a\leqslant10$<br>$b\leqslant10$<br>$c\leqslant15$ | $a+b+c\leqslant75$ |
| 缺棱、角个数 | | ≤2 | ≤3 |
| 裂纹长度 | 宽度≤0.10 | 不限制 | |
| | 宽度 0.11～0.25 | ≤60 | ≤75 |
| | 宽度 0.26～0.50 | 不准有 | ≤75<br>不多于两条 |
| | 宽度＞0.50 | 不准有 | |

注：砌砖面的扭曲按炭化面指标考核。

标准中对焦炉用硅砖的外观规定如下：

(1)裂纹长度不得大于该裂纹所在面全长的二分之一。

(2)裂纹只允许跨过一条棱，边宽小于 50mm 的面允许跨过两条棱，跨棱裂纹不合并计算。

(3)跨顶砖工作面不允许有横向裂纹。

(4)砖的断面层裂：

1)层裂宽度不大于 0.10mm 时，不限制；

2)层裂宽度为 0.11～0.25mm 时，长度不大于 60mm；

3)层裂宽度为 0.26～0.50mm 时，长度不大于 30mm；

4)层裂宽度大于 0.50mm 时，不准有；

5)断面层裂延伸至砖表面时，不准有。

(5)单重大于 15kg 的砖缺角、缺棱长度除炭化面外，其他面允许 $a+b+c\leqslant80$mm。

世界主要工业国焦炉用硅砖的性能见表 7-92。

**表 7-92 各国焦炉用硅砖的性能**

| 国名 | 日本 | | 德国 | | 美国 | | 英国 | | 俄罗斯 | |
|---|---|---|---|---|---|---|---|---|---|---|
| 类别 | 普通 | 致密 | 普通 | 致密 | 普通 | 致密 | 普通 | 致密 | 普通 | 致密 |
| 化学成分/% | | | | | | | | | | |
| $SiO_2$ | 94.6 | 95.38 | 95.6 | 96.0 | 95.2 | 94.3 | 95.2 | 95.2 | 94～95 | 97.6 |
| $Al_2O_3$ | 0.75 | 0.70 | 0.89 | 0.90 | 1.0 | 1.04 | 0.9 | 0.8 | — | 0.7～1.1 |
| $Fe_2O_3$ | 1.12 | 1.13 | 0.27 | 0.40 | 0.9 | 0.9 | 0.8 | 0.8 | — | 0.6～1.0 |
| CaO | 2.83 | 2.16 | 2.74 | 2.20 | 2.8 | 2.8 | 2.7 | 2.7 | — | 0.4～0.7 |

续表 7-92

| 国名 | 日本 | | 德国 | | 美国 | | 英国 | | 俄罗斯 | |
|---|---|---|---|---|---|---|---|---|---|---|
| 类别 | 普通 | 致密 | 普通 | 致密 | 普通 | 致密 | 普通 | 致密 | 普通 | 致密 |
| 真密度/g·cm$^{-3}$ | 2.31 | 2.32 | 2.33 | — | 2.32 | 2.35 | 2.32 | 2.31 | 2.34～2.35 | 2.38 |
| 体积密度/g·cm$^{-3}$ | 1.79 | 1.91 | 1.79 | 1.85 | 1.80 | 1.95 | 1.78 | 1.89 | — | 2.10 |
| 显气孔率/% | 22.6 | 17.5 | 22.8 | 19.4 | 22.8 | 17.6 | 23.2 | 17.3 | 16～19 | 12.6 |
| 耐压强度/MPa | 59.0 | 80.0 | 27.5 | 60.0 | 42.0 | 56.0 | 34.0 | 51.0 | 30.0～60.0 | 64.0～72.5 |
| 线膨胀率(1000℃)/% | 1.18 | 1.18 | 1.26 | 1.30 | — | — | — | — | — | 1.52～1.70(700℃) |
| 荷重软化温度$T_1$/℃ | 1640 | 1655 | 1671 | 1660 | 1668 | 1665 | — | — | 1660 | 1650 |

## 八、镁质耐火制品

镁砖系含MgO不小于87%的镁质耐火材料，它是由镁砂制成的。呈暗棕色，属于碱性耐火材料，对碱性渣或金属氧化物的抗渣性良好，具有高的耐火度(最高可达2000℃以上)和耐压强度，导热性良好。但它的荷重软化温度较低，抗热震性差，受潮后在加热时发生水化，容易破裂。主要用于砌筑碱性炼钢炉和加热炉炉底。

### (一)镁砖及镁硅砖

镁砖及镁硅砖的形状尺寸见GB1590—79《镁砖和镁硅砖形状尺寸》；其技术要求国家现行标准GB2275—87规定如下：

镁砖及镁硅砖按理化指标分为MZ-91、MZ-89、MZ-87和MZ-82四种牌号。

#### 1.理化指标

镁砖和镁硅砖的理化指标见表7-93。

**表7-93 镁砖及镁硅砖理化指标**

| 项目 | | 指标 | | | |
|---|---|---|---|---|---|
| | | MZ-91 | MZ-89 | MZ-87 | MZ-82 |
| MgO/% | 不小于 | 91 | 89 | 87 | 82 |
| $SiO_2$/% | | | | | 5～10 |
| CaO/% | 不大于 | 3 | 3 | 3 | 2.5 |
| 0.2MPa荷重软化开始温度/℃ | 不低于 | 1550 | 1540 | 1520 | 1550 |
| 显气孔率/% | 不大于 | 18 | 20 | 20 | 20 |
| 常温耐压强度/MPa | 不小于 | 58.8 | 49 | 39.2 | 39.2 |
| 重烧线变化(1650℃ 2h)/% | 不大于 | 0.5 | 0.6 | | |

#### 2.尺寸允许偏差

镁砖及镁硅砖的尺寸允许偏差及外形质量见表7-94。

表 7-94　镁砖及镁硅砖尺寸允许偏差及外形(mm)

| 项　目 | | | 指　标 | |
|---|---|---|---|---|
| | | | MZ-91,MZ-89 | MZ-87,MGZ-82 |
| 尺寸允许偏差 | 尺寸≤100 | | ±1 | ±2 |
| | 尺寸 101～200 | | ±2 | ±2 |
| | 尺寸 201～300 | | ±3 | ±3 |
| | 尺寸>300 | | ±4 | ±4 |
| 扭曲 | 长度≤230 | 不大于 | 1 | 1 |
| | 长度>230 | | 2 | 2 |
| 缺角深度 | 长度≤230 | | 5 | 5 |
| | 长度>230 | | 6 | 8 |
| 缺棱深度 | 长度≤230 | | 3 | 3 |
| | 长度>230 | | 5 | 5 |
| 裂纹长度 | 宽度≤0.1 | | 不限制 | 不限制 |
| | 宽度 0.11～0.25 | | 60 | 60 |
| | 宽度 0.26～0.5 | | 不准有 | 20 |
| | 宽度>0.5 | | 不准有 | 不准有 |
| | 相对边差:宽度、厚度 | | 1 | 2 |

注:裂纹不得跨过砖的一个以上的棱。砖的断面不得有宽度大于 0.5mm 的裂纹。

## (二)镁铬砖

镁铬砖属碱性耐火制品,以方镁石和镁铬尖晶石为主晶相,在氧化气氛中于 1600～1800℃烧成,也可用水玻璃等化学结合剂制成不烧砖。YB/T5011-1997 将镁铬砖按氧化铬含量分为 4 类,每类按理化指标分为 3 个牌号:MGe-8A、MGe-8B、MGe-8C,MGe-12A、MGe-12B、MGe-12C,MGe-16A、MGe-16B、MGe-16C,MGe-20A、MGe-20B、MGe-20C。并要求砖的理化指标应符合表 7-95 的规定,砖的尺寸允许偏差及外观应符合表 7-96 的规定。

表 7-95　镁铬砖的理化指标

| 项　目 | | 指　标 | | | | | |
|---|---|---|---|---|---|---|---|
| | | MGe-20A | MGe-20B | MGe-20C | MGe-16A | MGe-16B | MGe-16C |
| MgO/% | 不小于 | 50 | 45 | 40 | 55 | 50 | 45 |
| $Cr_2O_3$/% | 不小于 | 20 | 20 | 20 | 16 | 16 | 16 |
| 显气孔率/% | 不大于 | 18 | 19 | 22 | 18 | 19 | 22 |
| 常温耐压强度/MPa | 不小于 | 35 | 30 | 25 | 35 | 30 | 25 |
| 0.2MPa 荷重软化开始温度/℃ | 不低于 | 1700 | 1650 | 1550 | 1700 | 1650 | 1500 |
| 抗热震性(950℃ 空冷)/次 | 不小于 | 提供数据 | | | | | |

| 项　目 | | 指　标 | | | | | |
|---|---|---|---|---|---|---|---|
| | | MGe-12A | MGe-12B | MGe-12C | MGe-8A | MGe-8B | MGe-8C |
| MgO/% | 不小于 | 65 | 60 | 55 | 70 | 65 | 60 |
| $Cr_2O_3$/% | 不小于 | 12 | 12 | 12 | 8 | 8 | 8 |
| 显气孔率/% | 不大于 | 18 | 19 | 21 | 18 | 19 | 21 |
| 常温耐压强度/MPa | 不小于 | 40 | 35 | 30 | 40 | 35 | 30 |
| 0.2MPa 荷重软化开始温度/℃ | 不低于 | 1700 | 1650 | 1550 | 1700 | 1650 | 1530 |
| 抗热震性(950℃空冷)/次 | 不小于 | 提供数据 | | | | | |

**表 7-96 镁铬砖的尺寸允许偏差及外观(mm)**

| 项目 | | | 指标 | | |
|---|---|---|---|---|---|
| | | | A | B | C |
| 尺寸允许偏差 | 尺寸≤200 | | ±2 | | |
| | 尺寸 201~300 | | ±3 | | ±4 |
| | 尺寸>300 | | ±4 | | ±5 |
| | 楔形砖大小头尺寸差值 | | ±1 | | ±1.5 |
| 扭曲 | 对角线长度≤350 | 不大于 | 1.5 | | |
| | 对角线长度>350 | | 2 | | |
| 缺角长度 $(a+b+c)$ | 工作面 | | 40 | | 50 |
| | 非工作面 | | 60 | | 70 |
| 缺棱长度 $(a+b+c)$ | 工作面 | | 50 | | 60 |
| | 非工作面 | | 70 | | |
| 裂纹长度 | 宽度≤0.10 | | 不限制 | | |
| | 宽度 0.11~0.25 | | 不限制 | | 60 |
| | 宽度 0.26~0.50 | | 50 | | 40 |
| | 宽度>0.50 | | 不准有 | | |
| 相对边差 | 厚度 | | 1.0 | | 1.5 |

注:缺棱缺角数量:工作面≤2,非工作面≤3,每块砖总计≤3。

## (三)镁质及镁硅质铸口砖

镁质及镁硅质铸口砖的技术要求及形状尺寸,中国冶标(YB416—80)作了规定。

镁质及镁硅质铸口砖按理化指标分为 MK-85 和 MK-80 两种牌号。

### 1. 理化指标

镁质及镁硅质铸口砖的理化指标见表 7-97。

**表 7-97 镁质及镁硅质铸口砖理化指标**

| 项目 | | 指标 | |
|---|---|---|---|
| | | MK-85 | MK-80 |
| $MgO$/% | 不小于 | 85 | 80 |
| $SiO_2$/% | | | 5~10 |
| $CaO$/% | 不大于 | 2.5 | 2.5 |
| 0.2MPa 荷重软化开始温度/℃ | 不小于 | 1450 | 1450 |
| 显气孔率/% | 不大于 | 23 | 23 |

注:砖应进行抗热震性试验,其试验结果应在质量证明书中注明,但不作为交货条件。

### 2. 形状尺寸

镁质及镁硅质铸口砖形状及尺寸见表 7-98 和表 7-99。

**表 7-98 镁质和镁硅质铸口砖形状尺寸**

| 形状 | 砖号 | 尺寸/mm | |
|---|---|---|---|
| | | d | e |
| 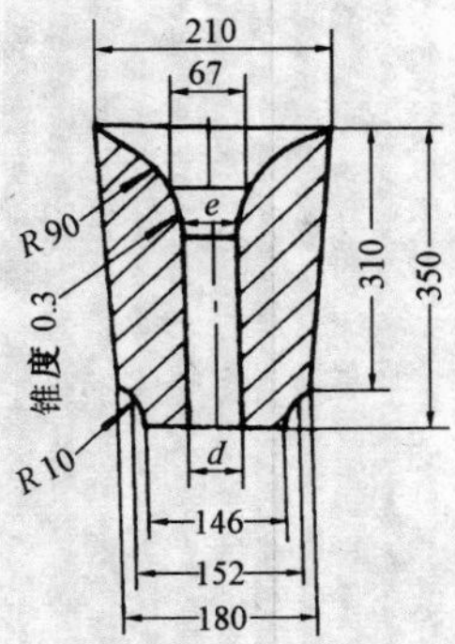 | ZH246 | 40 | 43 |
| | ZH246A | 45 | 48 |
| | ZH246B | 50 | 53 |

**表 7-99 镁质和镁硅质铸口砖形状尺寸**

| 形状 | 砖号 | 尺寸/mm | | | | | |
|---|---|---|---|---|---|---|---|
| | | a | b | c | d | e | R |
| 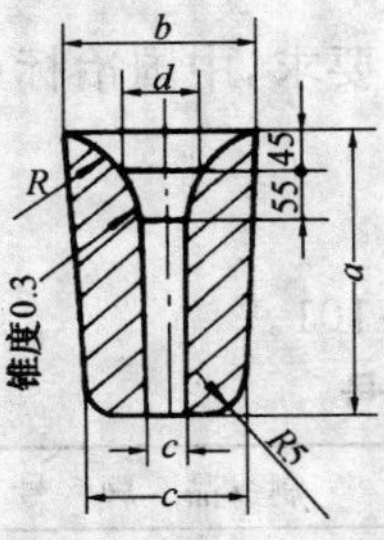 | ZH-252A | 280 | 158 | 126 | 64 | 45 | 58 |
| | ZH-252B | 280 | 158 | 126 | 64 | 52 | 58 |
| | ZH-254A | 280 | 158 | 126 | 64 | 57 | 58 |
| | ZH-254B | 280 | 158 | 126 | 70 | 65 | 58 |
| | ZH-255 | 330 | 160 | 120 | 60 | 30 | 58 |
| | ZH-256 | 330 | 160 | 120 | 60 | 35 | 58 |
| | ZH-257 | 330 | 160 | 120 | 64 | 40 | 58 |
| | ZH-258 | 330 | 160 | 120 | 64 | 45 | 58 |
| | ZH-259 | 330 | 160 | 120 | 64 | 55 | 58 |
| | ZH-260 | 330 | 160 | 120 | 64 | 50 | 58 |
| | ZH-261 | 330 | 160 | 120 | 64 | 60 | 54 |

### 3. 尺寸允许偏差及外形

镁质及镁硅质铸口砖的尺寸允许偏差及外形见表 7-100。

**表 7-100 镁质及镁硅质铸口砖尺寸允许偏差及外形(mm)**

| 项目 | | 指标 |
|---|---|---|
| 尺寸允许偏差: | | |
| 直径 | | ±2 |
| 其他尺寸 | | ±2% |
| 缺棱: | | |
| 上口外径边缘深度≤3 | | 不限制 |
| 3.1~5 长度 | 不大于 | 30 |
| 下口外径边缘深度 | 不大于 | 10 |
| 下口内径边缘深度 | 不大于 | 3 |

续表 7-100

| 项 目 | | 指 标 |
|---|---|---|
| 熔洞： | | |
| 工作面直径 | 不大于 | 3 |
| 非工作面直径 | 不大于 | 8 |
| 渣蚀： | | |
| 工作面厚度 | 不大于 | 0.5 |
| 非工作面厚度 | 不大于 | 1 |
| 裂纹： | | |
| 宽度≤0.10 | | 不限制 |
| 宽度 0.11～0.25 工作面长度 | 不大于 | 30 |
| 非工作面长度 | 不大于 | 80 |
| 宽度 0.26～0.50 工作面 | | 不允许 |
| 非工作面长度 | 不大于 | 30 |
| 宽度＞0.50 | | 不允许 |

注：1. 工作面指与钢水接触的面。

2. 应测定砖的外形规整程度。

## 九、特种耐火制品

### (一)小型加热炉用滑轨砖和座砖

小型加热炉用滑轨砖和座砖的牌号、形状尺寸和技术要求，中国冶标(YB2216—80)规定如下。

1. 名称、牌号

小型加热炉用滑轨砖和座砖的制品名称和牌号见表 7-101。

**表 7-101 滑轨砖和座砖名称牌号**

| 制 品 名 称 | 制 品 牌 号 |
|---|---|
| 棕刚玉-碳化硅滑轨砖 | GTH-1 |
| 高铝质-碳化硅座砖 | LTZ-1 |

2. 理化指标

滑轨砖和座砖的理化指标见表 7-102。

**表 7-102 滑轨砖和座砖理化指标**

| 项 目 | | 指 标 | |
|---|---|---|---|
| | | GTH-1 | LTZ-1 |
| $Al_2O_3$/% | 不小于 | 76 | 60 |
| SiC/% | | 12～15 | 12～15 |
| $Fe_2O_3$/% | 不大于 | 1.0 | 2.0 |
| 0.2MPa 荷重软化开始温度/℃ | 不小于 | 1650 | 1550 |
| 显气孔率/% | | 18 | 22 |
| 抗热震性(1100℃)/次 | 不小于 | 8 | 8 |
| 常温耐压强度/MPa | 不小于 | 68.6 | 49 |

3. 形状规格

滑轨砖和座砖的形状规格尺寸见图 7-33、图 7-34 和表 7-103。

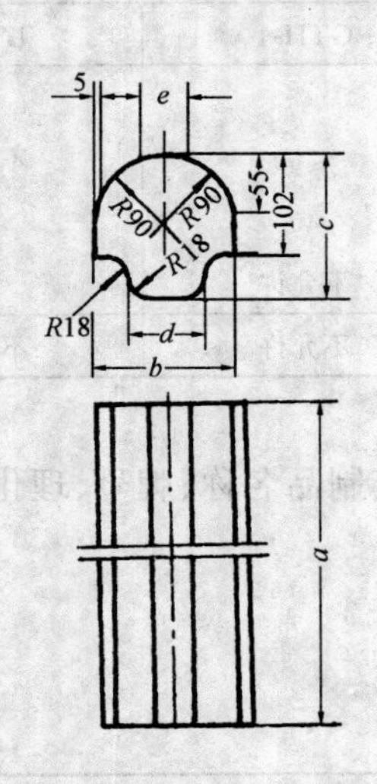


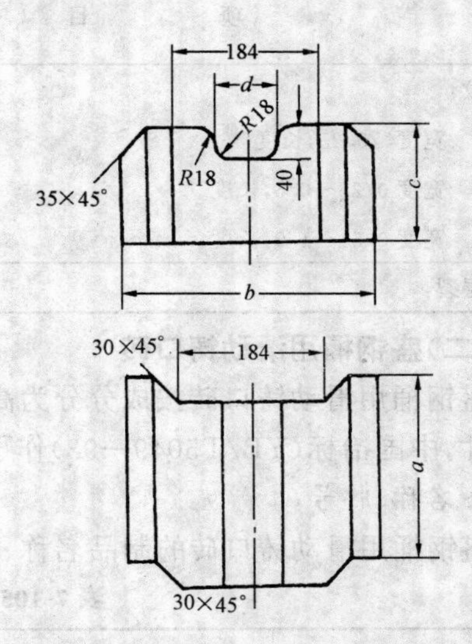


图 7-33 棕刚玉－碳化硅滑轨砖　　图 7-34 高铝质－碳化硅座砖

**表 7-103 滑轨砖和座砖规格尺寸**

| 制品牌号 | 尺寸/mm | | | | | 体积/$mm^3$ |
|---|---|---|---|---|---|---|
| | *a* | *b* | *c* | *d* | *e* | |
| GTH-1 | 462 | 140 | 140 | 70 | 40 | $57.2\times10^6$ |
| LTZ-1 | 230 | 314 | 150 | 74 | — | $98.7\times10^6$ |

4. 尺寸允许偏差及外形

滑轨砖和座砖的尺寸允许偏差和外形见表 7-104。

**表 7-104 滑轨砖和座砖尺寸允许偏差和外形(mm)**

| 项目 | | 指标 GTH-1 | 指标 LTZ-1 |
|---|---|---|---|
| 尺寸允许偏差： | | | |
| 高度 | | ±2 | ±2 |
| 长度 | | ±3 | ±3 |
| 滑轨砖与座砖的装配部分 | | −2～+1 | −1～+2 |
| 扭　曲： | 不大于 | 3 | 2 |
| 缺棱缺角： | | | |
| 工作面深度 | 不大于 | 5 | |
| 非工作面深度 | 不大于 | 8 | 8 |
| 熔　洞： | | | |
| 工作面直径 | 不大于 | 5 | |
| 非工作面直径 | 不大于 | 8 | 8 |

续表 7-104

| 项目 | | 指标 | |
|---|---|---|---|
| | | GTH-1 | LTZ-1 |
| 裂 纹： | | | |
| 宽度≤0.25，长度 | 不大于 | ≤60 | 不限制 |
| 宽度 0.26～0.5，长度 | 不大于 | 40 | 80 |
| 宽度 0.51～1.0，长度 | 不大于 | 不允许 | ≤60 |
| 断面层裂： | | 不允许 | 不允许 |

**(二)盛钢桶用滑动铸口砖**

盛钢桶用滑动铸口砖按成分分为高铝质和镁质两类。其制品名称、牌号、理化指标和形状尺寸，中国冶标(YB/T5049—93)作了规定。

1. 名称、牌号

盛钢桶用滑动铸口砖的制品名称、牌号见表 7-105。

**表 7-105 滑动铸口砖名称、牌号**

| 名 称 | 高铝质 | | | 镁质 | |
|---|---|---|---|---|---|
| 滑板砖 | HBL-65 | HBL-55 | HBLS-55 | HBM-70 | HBMS-60 |
| 铸口砖 | HKL-65 | HKL-55 | HKLS-55 | HKM-70 | HKMS-60 |
| 座 砖 | HZL-65 | HZL-55 | — | HZM-70 | — |

2. 理化指标

盛钢桶用滑动铸口砖的理化指标见表 7-106。

**表 7-106 滑动铸口砖理化指标**

| 项目 | | | 指标 | | | | | | | | | | | | |
|---|---|---|---|---|---|---|---|---|---|---|---|---|---|---|---|
| | | | 滑板砖 | | | | | 铸口砖 | | | | | 座砖 | | |
| | | | HBL-65 | HBL-55 | HBLS-55 | HBM-70 | HBMS-60 | HKL-65 | HKL-55 | HKLS-55 | HKM-70 | HKMS-60 | HZL-65 | HZL-55 | HZM-70 |
| $Al_2O_3$/% | | 不小于 | 65 | 55 | 55 | — | | 65 | 55 | 55 | — | | 65 | 55 | — |
| MgO/% | | 不小于 | — | | | 70 | 60 | — | | | 70 | 60 | — | | 70 |
| C/% | | 不小于 | — | | 6 | — | 6 | — | | 6 | — | 6 | — | | |
| 耐火度/℃(不低于) | | | 1770 | 1750 | 1770 | — | | 1770 | 1750 | 1770 | — | | 1770 | 1750 | — |
| 显气孔率/% | 浸渍并干馏 | 不大于 | 16 | 16 | — | | | 16 | 16 | — | | | — | | |
| | 浸 渍 | 不大于 | 8 | 8 | 8 | 8 | 8 | 8 | 8 | 8 | 8 | 8 | 8 | 8 | — |
| | 不浸渍 | 不大于 | — | | | | | 23 | 23 | — | 23 | — | 25 | 25 | 25 |
| 常温耐压强度/MPa | 浸渍并干馏 | 不小于 | 58.8 | 58.8 | — | | | — | | | | | — | | |
| | 浸 渍 | 不小于 | 68.6 | 68.6 | 49 | 58.8 | 49 | — | | | | | 39.2 | 39.2 | — |
| | 不浸渍 | 不小于 | — | | | | | — | | | | | 24.5 | 24.5 | 19.6 |
| 常温抗折强度/MPa | | | 提供实测数据 | | | | | — | | | | | — | | |

3. 尺寸允许偏差及外形

滑动铸口砖的尺寸允许偏差及外形见表 7-107。

**表 7-107 滑动铸口砖尺寸允许偏差及外形(mm)**

<table>
<tr><th colspan="3" rowspan="2">项 目</th><th colspan="3">指 标</th></tr>
<tr><th>滑板砖</th><th>铸口砖</th><th>座 砖</th></tr>
<tr><td rowspan="7">尺寸允许偏差</td><td colspan="2">长度和宽度</td><td rowspan="3">±2</td><td>—</td><td rowspan="2">±3</td></tr>
<tr><td colspan="2">厚度或高度</td><td rowspan="3">±2</td></tr>
<tr><td colspan="2">内径</td><td>+4<br>−2</td></tr>
<tr><td colspan="2">外径</td><td>—</td><td>—</td></tr>
<tr><td colspan="2">子母口:直径、深度或高度</td><td colspan="2">±1</td><td>—</td></tr>
<tr><td>厚度相对边差</td><td rowspan="4">不大于</td><td>1.5</td><td colspan="2">—</td></tr>
<tr><td>端头平面倾斜</td><td>—</td><td>2</td><td>—</td></tr>
<tr><td rowspan="2">缺棱、缺角深度</td><td>工作面及接缝处</td><td colspan="2">5</td><td>10</td></tr>
<tr><td>其他面</td><td colspan="2">8</td><td>15</td></tr>
<tr><td rowspan="6">裂纹长度</td><td colspan="2">宽度≤0.10</td><td colspan="3">不限制</td></tr>
<tr><td rowspan="2">宽度 0.11～0.25</td><td>工作面</td><td colspan="2">不准有</td><td rowspan="2">不限制</td></tr>
<tr><td>非工作面</td><td colspan="2">≤30</td></tr>
<tr><td rowspan="2">宽度 0.26～0.50</td><td>工作面</td><td colspan="2">不准有</td><td>≤30</td></tr>
<tr><td>非工作面</td><td>不准有</td><td>≤30</td><td>≤50</td></tr>
<tr><td colspan="2">宽度>0.50</td><td colspan="3">不准有</td></tr>
<tr><td colspan="3" rowspan="2">滑动面平整度</td><td>一级品<0.05</td><td colspan="2" rowspan="2">—</td></tr>
<tr><td>二级品<0.09</td></tr>
</table>

注:工作面指钢水接触面及滑动面。

4. *砖的断面层裂及浸渍深度*

砖的断面层裂及浸渍深度见表 7-108。

**表 7-108 砖的断面层裂及浸渍深度(mm)**

<table>
<tr><th colspan="3" rowspan="2">项 目</th><th colspan="3">指 标</th></tr>
<tr><th>滑板砖</th><th>铸口砖</th><th>座 砖</th></tr>
<tr><td rowspan="3">断面层裂</td><td>宽度≤0.25</td><td rowspan="3">长度</td><td rowspan="3">不准有</td><td>≤30</td><td>不限制</td></tr>
<tr><td>宽度 0.26～0.50</td><td rowspan="2">不准有</td><td>≤25<br>(手工成型≤40)</td></tr>
<tr><td>宽度>0.50</td><td>不准有</td></tr>
<tr><td colspan="3">浸渍深度(不小于)</td><td colspan="2">15</td><td>30</td></tr>
</table>

## 十、轻质(隔热)耐火制品

这种砖系在耐火粘土和熟料配制的砖料中加入木屑、焦炭,或加入松香皂、肥皂等泡沫,或加入气体生成物,如酸碱等而制成的。呈黄棕色,具有最小的体积密度和最大的气孔率。因此,导热性很差,是良好的耐火材料和绝热材料。但在高温下的体积固定性、抗热震性、抗渣性和耐压强度极差。所以不能用作直接与火焰或熔渣接触的炉衬。轻质粘土砖用于砌筑炉子设备时,可以大大降低热损失,提高生产率和改善操作环境。

### (一)粘土质隔热耐火砖

粘土质隔热耐火砖的形状尺寸见 GB2992—82《通用耐火砖形状尺寸》;其砖型和技术要求国家标准 GB3994—83 规定如下:

粘土质隔热耐火砖按体积密度分为 NG-1.5、NG-1.3a、NG-1.3b、NG-1.0、NG-0.9、NG-0.8、NG-0.7、NG-0.6、NG-0.5 和 NG-0.4 十种牌号。

1.砖型

(1)标型 TZ-3 标型(230mm×114mm×65mm)。

(2)普型、异型、特型 凡具有下述分型特征之一者并且体积在规定范围内,即分别为普型、异型、特型。

1)普型:不多于四个量尺,外形尺寸比例不大于 1∶4,不带凹角(包括圆弧状凹角,下同)沟槽、圆弧和孔眼,体积在 1000～2000cm³。

2)异型:外形尺寸比例不大于 1∶5,不多于一个凹角、一个沟槽、一个圆弧、一个孔眼和一个 50°～70°的角,体积在 1000～3000cm³。

3)特型:外形尺寸比例不大于 1∶6,不多于三个凹角、三个沟槽、三个圆弧、三个孔眼和一个 30°～50°的角,体积在 1000～5000cm³。

(3)尺寸大于 400mm,体积小于 1000cm³ 和大于 5000cm³,或超出特型条件的砖,其技术条件由供需双方协议确定。

2.理化指标

粘土质隔热耐火砖的理化指标见表 7-109。

表 7-109 粘土质隔热砖的理化指标

| 项目 | 指标 | | | | | | | | | |
|---|---|---|---|---|---|---|---|---|---|---|
| | NG-1.5 | NG-1.3a | NG-1.3b | NG-1.0 | NG-0.9 | NG-0.8 | NG-0.7 | NG-0.6 | NG-0.5 | NG-0.4 |
| 体积密度/g·cm⁻³不大于 | 1.5 | 1.3 | 1.3 | 1.0 | 0.9 | 0.8 | 0.7 | 0.6 | 0.5 | 0.4 |
| 常温耐压强度/MPa 不小于 | 60 | 45 | 40 | 30 | 25 | 25 | 20 | 15 | 12 | 10 |
| 重烧线变化不大于 2% 的试验温度①/℃ | 1400 | 1400 | 1350 | 1350 | 1300 | 1250 | 1250 | 1200 | 1150 | 1150 |
| 热导率②/W·(m·K)⁻¹(平均温度 350±25℃)不大于 | 0.70 | 0.60 | 0.60 | 0.50 | 0.40 | 0.35 | 0.35 | 0.25 | 0.25 | 0.20 |

①砖的工作温度不超过重烧线变化的试验温度;

②表内热导率指标为平板法试验数值。

3.尺寸允许偏差

粘土隔热耐火砖的尺寸允许偏差及外形见表 7-110。

4.砖的断面

1)层裂宽度≤0.5mm 时,不限制。

2)层裂宽度 0.51～2.0mm 时,长度不大于 30mm,NG-0.4 牌号不大于 60mm。

3)不准有黑心。

**表 7-110　粘土质隔热砖尺寸允许偏差(mm)**

| 项目 | | | 指标 |
|---|---|---|---|
| 尺寸允许偏差 | 尺寸≤100 | | ±2 |
| | 尺寸 101～250 | | ±3 |
| | 尺寸 251～400 | | ±4 |
| 扭　曲 | 长度≤250 | 不大于 | 2 |
| | 长度 251～400 | 不大于 | 3 |
| 缺棱、缺角深度 | | 不大于 | 7 |
| 熔洞直径 | | 不大于 | 5 |
| 裂纹长度① | 宽度≤0.5 | 不大于 | 不限制 |
| | 宽度 0.51～1.0 | 不大于 | 30 |
| | 宽度>1.0 | 不大于 | 不准有 |

①宽度 0.51～1.0mm 的裂纹不允许跨过两个或两个以上的棱。

## (二)高铝质隔热耐火砖

高铝质隔热耐火砖用做隔热层和不受高温熔融物料及侵蚀性气体作用的窑炉内衬。

高铝质隔热耐火砖的砖型和技术要求国家标准 GB3995—83 规定如下：

高铝质隔热耐火砖按体积密度分为 LG-1.0、LG-0.9、LG-0.8、LG-0.7、LG-0.6、LG-0.5 和 LG-0.4 七种牌号。

1. 砖型

(1)标型　TZ-3 标型(230mm×114mm×65mm)。

(2)普型、异型、特型　凡具有下述分型特征之一者并且体积在规定范围内，即分别为普型、异型、特型。

1)普型不多于四个量尺，外形尺寸比例不大于 1∶4，不带凹角(包括圆弧状凹角，下同)、沟槽、圆弧和孔眼，体积在 1000～2000cm$^3$。

2)异型　外形尺寸比例不大于 1∶5，不多于一个凹角、一个沟槽、一个圆弧、一个孔眼和一个 50°～70°的角，体积在 1000～3000cm$^3$。

3)特型　外形尺寸比例不大于 1∶6，不多于三个凹角、三个沟槽、三个圆弧、三个孔眼和一个 30°～50°的角，体积在 1000～5000cm$^3$。

(3)尺寸大于 400mm，体积小于 1000cm$^3$ 和大于 5000cm$^3$，或超出特型条件的砖，其技术条件由供需双方协议确定。

2. 理化指标

高铝质隔热耐火砖的理化指标见表 7-111。

**表 7-111　高铝质隔热砖的理化指标**

| 项目 | 指标 | | | | | | |
|---|---|---|---|---|---|---|---|
| | LG-1.0 | LG-0.9 | LG-0.8 | LG-0.7 | LG-0.6 | LG-0.5 | LG-0.4 |
| $Al_2O_3$/% | 48 | | | | | | |
| $Fe_2O_3$/% | 2.0 | | | | | | |
| 体积密度/g·cm$^{-3}$不大于 | 1.0 | 0.9 | 0.8 | 0.7 | 0.6 | 0.5 | 0.4 |
| 常温耐压强度/MPa 不小于 | 40 | 35 | 30 | 25 | 20 | 15 | 8 |

续表 7-111

| 项目 | 指标 | | | | | | |
|---|---|---|---|---|---|---|---|
| | LG-1.0 | LG-0.9 | LG-0.8 | LG-0.7 | LG-0.6 | LG-0.5 | LG-0.4 |
| 重烧线变化不大于 2%的试验温度①/℃ | 1400 | 1400 | 1400 | 1350 | 1350 | 1250 | 1250 |
| 热导率②/W·$(m·K)^{-1}$(平均温度 350±25℃)不大于 | 0.50 | 0.45 | 0.35 | 0.35 | 0.30 | 0.25 | 0.20 |

①砖的工作温度不超过重烧线变化的试验温度；
②表内热导率指标为平板法试验数值。

3.尺寸允许偏差

高铝隔热砖的尺寸允许偏差及外形见表 7-112。

**表 7-112 高铝隔热砖尺寸允许偏差(mm)**

| 项目 | | | 指标 |
|---|---|---|---|
| 尺寸允许偏差 | 尺寸≤100 | | ±1.5 |
| | 尺寸 101～250 | | ±2 |
| | 尺寸 251～400 | | ±3 |
| 扭曲 | 长度≤250 | 不大于 | 1.5 |
| | 长度 251～400 | | 2.5 |
| 缺棱缺角深度 | | | 7 |
| 熔洞直径 | | | 5 |
| 裂纹长度① | 宽度≤0.5 | | 不限制 |
| | 宽度 0.51～1.0 | | 30 |
| | 宽度>1.0 | | 不准有 |

①宽度 0.51～1.0mm 的裂纹不允许跨过两个或两个以上的棱。

4.砖的断面层裂

1)层裂宽度≤0.5mm 时，不限制。

2)层裂宽度 0.51～2.0mm 时，长度不大于 30mm，LG-0.4 牌号，不大于 60mm。

## (三)铸锭用绝热板

铸锭用绝热板的牌号和技术要求，中国冶标(YB/T058—94)作了规定。

1.分类、形状及尺寸

绝热板的牌号定为 ZJB-0.9 和 ZJB-0.6 两种。

牌号中的字母 Z、J、B 分别为“铸”，“绝”和“板”字汉语拼音第一个大写字母。

绝热板的形状尺寸由供方根据需方提供的图纸进行生产。

2.技术要求

绝热板的物理指标应符合表 7-113 的规定。

**表 7-113 绝热板的物理指标**

| 项目 | | 指标 | |
|---|---|---|---|
| | | ZJB-0.9 | ZJB-0.6 |
| 体积密度/g·$cm^{-3}$ | (不大于) | 0.90 | 0.60 |
| 残余水分/% | (不大于) | 1.0 | 1.2 |
| 加热线收缩(1200℃，1h)/% | (不大于) | 4.0 | 6.0 |
| 热导率(热面 1000℃)/W·$(m·K)^{-1}$ | (不大于) | 0.23 | 0.20 |
| 常温抗拉强度/MPa | (不小于) | 1.5 | 1.3 |
| 透气度 | | 提供实测数据 | |

角楔只检验常温抗拉强度，其值应不小于 1.8MPa。

绝热板的尺寸及外形允许偏差应符合表 7-114 的规定。

**表 7-114 绝热板的尺寸及外形允许偏差**

<table>
<tr><th colspan="3">项目</th><th colspan="3">指标</th></tr>
<tr><td rowspan="5">尺寸允许偏差</td><td rowspan="4">尺寸</td><td>≤300</td><td colspan="3">±3</td></tr>
<tr><td>301～600</td><td colspan="3">±4</td></tr>
<tr><td>601～1000</td><td colspan="3">±5</td></tr>
<tr><td>>1000</td><td colspan="3">±6</td></tr>
<tr><td colspan="2">厚度</td><td colspan="3">±2</td></tr>
<tr><td rowspan="3">扭曲</td><td rowspan="3">长度</td><td>≤500</td><td colspan="2" rowspan="3">不大于</td><td>3</td></tr>
<tr><td>501～1000</td><td>4</td></tr>
<tr><td>>1000</td><td>5</td></tr>
<tr><td rowspan="6">缺棱缺角</td><td rowspan="4">长度</td><td rowspan="2">≤500</td><td rowspan="6">不大于</td><td>深度 10</td><td rowspan="2">不超过 2 处</td></tr>
<tr><td>长度 20</td></tr>
<tr><td rowspan="2">>500</td><td>深度 20</td><td rowspan="2">不超过 2 处</td></tr>
<tr><td>长度 30</td></tr>
<tr><td colspan="2" rowspan="2">斜边</td><td>深度</td><td rowspan="2">3</td></tr>
<tr><td>长度</td></tr>
<tr><td>裂纹</td><td colspan="2">工作面接触钢水的部分</td><td colspan="3">不准有</td></tr>
</table>

楔的尺寸和外形在符合安装技术要求的条件下，不受表 7-114 的限制。

形状特殊的绝热板，其技术要求由供需双方协议确定。

## 十一、耐火泥浆

耐火制品砌筑时，应使用与耐火制品相同品种的耐火泥浆，不同品种的耐火制品和耐火泥浆不能混用。

(1)粘土质耐火泥浆：耐火度为 1580～1730℃，适用于砌筑粘土质制品。但砌筑高炉炉腹、炉腰时应用细粒火泥浆。

(2)高铝质耐火泥浆：耐火度为 1750～1770℃，适用于砌筑高铝质耐火制品。砌筑 $Al_2O_3$ 含量为 48%～50%的高铝制品时可使用(NF)－40 粘土质耐火泥浆。砌筑炉腰与炉腹时可用细粒火泥浆。

(3)硅质耐火泥浆：耐火度在 1580～1690℃以上，适用于各种工业炉硅砖砌体。

(4)镁质耐火泥浆：适用于用硬烧镁砂制成的砌筑镁砖和贴补平炉前后墙角。

### (一)粘土质耐火泥浆

粘土质耐火泥浆的牌号和技术要求，中国标准(GB/T14982—94)作了规定。

1. 产品分类

粘土质耐火泥浆按 $Al_2O_3$ 含量和粘结强度分为 2 类 5 个牌号。

普通粘土质耐火泥浆：NN-30、NN-38、NN-42、NN-45A。

磷酸盐结合粘土质耐火泥浆：NN-45B。

2. 技术要求

粘土质耐火泥浆的理化指标应符合表 7-115 的要求。

表 7-115 粘土质耐火泥浆理化指标

<table>
<tr><th colspan="3" rowspan="2">项 目</th><th colspan="5">指 标</th></tr>
<tr><th>NN-30</th><th>NN-38</th><th>NN-42</th><th>NN-45A</th><th>NN-45B</th></tr>
<tr><td colspan="2">耐火度/℃</td><td>(不低于)</td><td>1630</td><td>1690</td><td>1710</td><td>1730</td><td>1730</td></tr>
<tr><td colspan="2">$Al_2O_3$/%</td><td>(不小于)</td><td>30</td><td>38</td><td>42</td><td>45</td><td>45</td></tr>
<tr><td rowspan="2">冷态抗折粘结强度/MPa</td><td>110℃干燥后</td><td>(不小于)</td><td>1.0</td><td>1.0</td><td>1.0</td><td>1.0</td><td>2.0</td></tr>
<tr><td>1200℃,3h 烧后</td><td>(不小于)</td><td>3.0</td><td>3.0</td><td>3.0</td><td>3.0</td><td>6.0</td></tr>
<tr><td colspan="2">0.2MPa 荷重软化温度($T_{2.0}$)/℃</td><td>(不低于)</td><td colspan="4">—</td><td>1200</td></tr>
<tr><td rowspan="2">线变化率/%</td><td colspan="2">1200℃,3h 烧后</td><td colspan="2">+1~-3</td><td colspan="3">—</td></tr>
<tr><td colspan="2">1300℃,3h 烧后</td><td colspan="2">—</td><td colspan="3">+1~-5</td></tr>
<tr><td colspan="3">粘结时间/min</td><td colspan="5">1~3</td></tr>
<tr><td rowspan="3">粒度/%</td><td>-1.0mm</td><td></td><td colspan="5">100</td></tr>
<tr><td>+0.5mm</td><td>(不大于)</td><td colspan="5">2</td></tr>
<tr><td>-0.074mm</td><td>(不小于)</td><td colspan="5">50</td></tr>
</table>

注:如有特殊要求,粘结时间由供需双方协议确定。

## (二)高铝质耐火泥浆

高铝质耐火泥浆的牌号和技术要求,国家标准(GB/T2994—94)作了规定。

### 1.产品分类

高铝质耐火泥浆按 $Al_2O_3$ 含量和粘结强度分为2类8个牌号。

普通高铝质耐火泥浆:LN-55A、LN-65A、LN-75A。

磷酸盐结合高铝质耐火泥浆:LN-55B、LN-65B、LN-75B、LN-85B、GN-85B。

### 2.技术要求

高铝质耐火泥浆的理化指标应符合表 7-116 的要求。

表 7-116 高铝质耐火泥浆理化指标

<table>
<tr><th colspan="2" rowspan="2">项 目</th><th colspan="8">指 标</th></tr>
<tr><th>LN-55A</th><th>LN-55B</th><th>LN-65A</th><th>LN-65B</th><th>LN-75A</th><th>LN-75B</th><th>LN-85B</th><th>GN-85B</th></tr>
<tr><td colspan="2">耐火度/℃ (不低于)</td><td>1770</td><td>1770</td><td>1790</td><td>1790</td><td>1790</td><td>1790</td><td>1790</td><td>1790</td></tr>
<tr><td colspan="2">$Al_2O_3$/% (不小于)</td><td>55</td><td>55</td><td>65</td><td>65</td><td>75</td><td>75</td><td>85</td><td>85</td></tr>
<tr><td rowspan="3">冷态抗折、粘结强度/MPa (不小于)</td><td>110℃干燥后</td><td>1.0</td><td>2.0</td><td>1.0</td><td>2.0</td><td>1.0</td><td>2.0</td><td>2.0</td><td>2.0</td></tr>
<tr><td>1400℃,3h 烧后</td><td>4.0</td><td>6.0</td><td>4.0</td><td>6.0</td><td>4.0</td><td>6.0</td><td>—</td><td>—</td></tr>
<tr><td>1500℃,3h 烧后</td><td colspan="6">—</td><td>6.0</td><td>6.0</td></tr>
<tr><td colspan="2">0.2MPa 荷重软化温度($T_{2.0}$)/℃ (不低于)</td><td>—</td><td>1300</td><td>—</td><td>1400</td><td>—</td><td>1400</td><td>—</td><td>1650</td></tr>
<tr><td rowspan="2">线变化率/%</td><td>1400℃,3h 烧后</td><td colspan="6">+1~-5</td><td colspan="2">—</td></tr>
<tr><td>1500℃,3h 烧后</td><td colspan="6">—</td><td colspan="2">+1~-5</td></tr>
<tr><td colspan="2">粘结时间/min</td><td colspan="8">1~3</td></tr>
<tr><td rowspan="3">粒度/%</td><td>-1.0mm</td><td colspan="8">100</td></tr>
<tr><td>+0.5mm 不大于</td><td colspan="8">2</td></tr>
<tr><td>-0.074mm 不小于</td><td colspan="7">50</td><td>40</td></tr>
</table>

注:如有特殊要求,粘结时间由供需双方协议确定。

## (三)硅质耐火泥浆

硅质耐火泥浆的牌号和技术要求,中国冶标(YB384—91)作了规定。

1. 产品分类

硅质耐火泥浆按所砌窑炉的特征和泥浆的理化指标分为4类,共7个牌号。

(1)热风炉用硅质耐火泥浆:RGN-94。

(2)焦炉用硅质耐火泥浆:JGN-92、JGN-85。

(3)玻璃窑用硅质耐火泥浆:BGN-96、BGN-94。

(4)硅质隔热泥浆:GGN-94、GGN-92。

2. 技术要求

硅质耐火泥浆的理化指标见表7-117至表7-120。

**表7-117 热风炉用硅质耐火泥浆**

| 项目 | | 指标 |
|---|---|---|
| | | RGN-94 |
| 耐火度/耐火锥号(WZ) | | 169 |
| 冷态抗折粘结强度/MPa | | |
| 110℃干燥后 | 不小于 | 1.0 |
| 1400℃,3h烧后 | 不小于 | 3.0 |
| 粘结时间/min | | 1~2 |
| 粒度组成/% | | |
| +0.5mm | 不大于 | 1 |
| -0.074mm | 不小于 | 60 |
| 化学成分/% | | |
| $SiO_2$ | 不小于 | 94 |
| $Fe_2O_3$ | 不大于 | 1.0 |
| 0.2MPa荷重软化开始温度/℃ | | |
| | 不低于 | 1600 |

**表7-118 焦炉用硅质耐火泥浆**

| 项目 | | 指标 | |
|---|---|---|---|
| | | JGN-92 | JGN-85 |
| 耐火度/耐火锥号(WZ) | | 167 | 158 |
| 冷态抗折粘结强度/MPa | | | |
| 110℃干燥后 | 不小于 | 1.0 | 1.0 |
| 1400℃,3h烧后 | 不小于 | 3.0 | 3.0 |
| 粘结时间/min | | 1~2 | 1~2 |
| 粒度组成/% | | | |
| +1mm | 不大于 | 3 | 3 |
| -0.074mm | 不小于 | 50 | 50 |
| 化学成分/% | | | |
| $SiO_2$ | 不小于 | 92 | 85 |
| 0.2MPa荷重软化开始温度/℃ | | | |
| | 不低于 | 1500 | 1420 |

**表 7-119 玻璃窑用硅质耐火泥浆**

| 项 目 | | 指 标 | |
|---|---|---|---|
| | | BGN-96 | BGN-94 |
| 耐火度/耐火锥号(WZ) | | 171 | 169 |
| 冷态抗折粘结强度/MPa | | | |
| 110℃干燥后 | 不小于 | 0.8 | 0.8 |
| 1400℃,3h 烧后 | 不小于 | 0.5 | 2.0 |
| 粘结时间/min | | 2～3 | 2～3 |
| 粒度组成/% | | | |
| +0.5mm | 不大于 | 2 | 2 |
| −0.074mm | 不小于 | 60 | 60 |
| 化学成分/% | | | |
| $SiO_2$ | 不小于 | 96 | 94 |
| $Al_2O_3$ | 不大于 | 0.6 | 1.0 |
| $Fe_2O_3$ | 不大于 | 0.7 | 1.0 |
| 0.2MPa 荷重软化开始温度/℃ | 不低于 | 1620 | 1600 |

**表 7-120 硅质隔热耐火泥浆**

| 项 目 | | 指 标 | |
|---|---|---|---|
| | | GGN-94 | GGN-92 |
| 耐火度/耐火锥号(WZ) | | 169 | 167 |
| 冷态抗折粘结强度/MPa | | | |
| 110℃干燥后 | 不小于 | 0.5 | 0.5 |
| 1400℃,3h 烧后 | 不小于 | 1.5 | 1.5 |
| 粘结时间/min | | 1～2 | 1～2 |
| 粒度组成/% | | | |
| +0.5mm | 不大于 | 3 | 3 |
| −0.074mm | 不小于 | 50 | 50 |
| 化学成分/% | | | |
| $SiO_2$ | 不小于 | 94 | 92 |

### (四)镁质耐火泥浆

镁质耐火泥浆的牌号和技术要求,中国冶标(YB/T5009—93)作了规定。

镁质耐火泥浆按理化指标分为 MF-82、MF-78 两种牌号。

镁质耐火泥浆理化指标应符合表 7-121 的规定。

颗粒组成:小于 1mm 者 100%。其中:贴补炉墙用的镁质耐火泥浆小于 0.5mm 者不少于 90%,其中小于 0.125mm 者不少于 50%;砌砖用的镁质耐火泥浆小于 0.5mm 者不少于 97%,其中小于 0.088mm 者不少于 50%。

表 7-121 镁质耐火泥浆理化指标

| 指标 | 牌号及数值 | |
|---|---|---|
| | MF-82 | MF-78 |
| MgO/% | 82 | 78 |
| $SiO_2$/% | 5 | 6 |
| 灼烧减量/% | 2 | 2 |

注：经供需双方协议，可供应 $SiO_2$ 含量不大于 9%的 MF-78 牌号的镁质耐火泥浆。

## 十二、耐火材料国际标准

### (一)直形砖形状尺寸

直形砖的形状尺寸见国际标准 ISO5019/1—1984。

直形砖的砖型及尺寸系列见表 7-122。标准中规定的尺寸，是窑炉砌筑中常用的尺寸。

表 7-122 直形砖砖型尺寸(mm)

| 砖型 | 64mm 系列 | 76mm 系列 |
|---|---|---|
| 直形 (A, B, C) | $A\times B\times C$<br>230×114×64<br>230×172×64<br>345×114×64 | $A\times B\times C$<br>230×114×76<br>230×172×76<br>345×114×76 |
| 半砖 (A, B, C) | $A\times B\times C$<br>230×114×32 | $A\times B\times C$<br>230×114×38 |
| 方砖 (A, B, C) | $A\times B\times C$<br>230×230×64 | $A\times B\times C$<br>230×230×76 |

### (二)楔形砖形状尺寸

楔形耐火砖的形状尺寸，国际现行标准 ISO5019/2—1984 规定如下：

楔形耐火砖的尺寸有两个系列，一个是采用等中间尺寸，另一个是采用等大头尺寸。这两个系列的砖可以与 ISO5019/1 中规定的直形砖相配砌。

楔形砖的砖型尺寸见表 7-123。

表 7-123 楔形砖砖型尺寸(mm)

| 砖型 | 等中间砖 | | 等大头砖 |
|---|---|---|---|
| | 64mm 系列 | 76mm 系列 | |
| 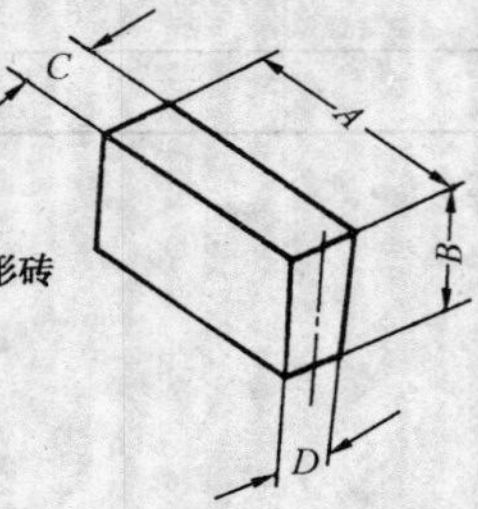 侧楔形砖 | $A\times B\times C/D$<br>230×114×67/61<br>230×114×69/59<br>230×114×72/56<br>230×114×76/52 | $A\times B\times C/D$<br>230×114×79/73<br>230×114×81/71<br>230×114×84/68<br>230×114×88/64 | $A\times B\times C/D$<br>230×114×76/70<br>230×114×76/64<br>230×114×76/52<br>230×114×76/38 |
| 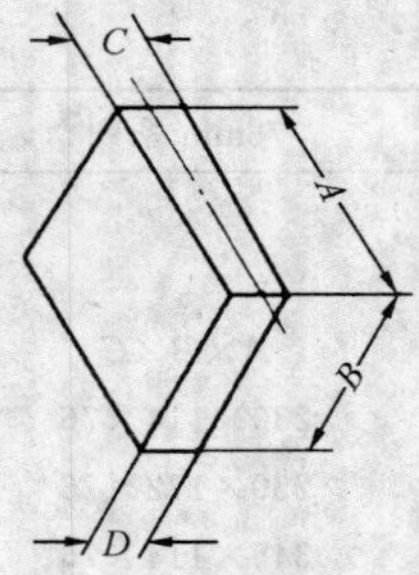 端楔形砖 | $A\times B\times C/D$<br>230×114×66/62<br>230×114×69/59<br>230×114×72/56<br>230×114×76/52 | $A\times B\times C/D$<br>230×114×78/74<br>230×114×81/71<br>230×114×84/68<br>230×114×88/64 | $A\times B\times C/D$<br>230×114×76/70<br>230×114×76/64<br>230×114×76/57<br>230×114×76/52 |
| 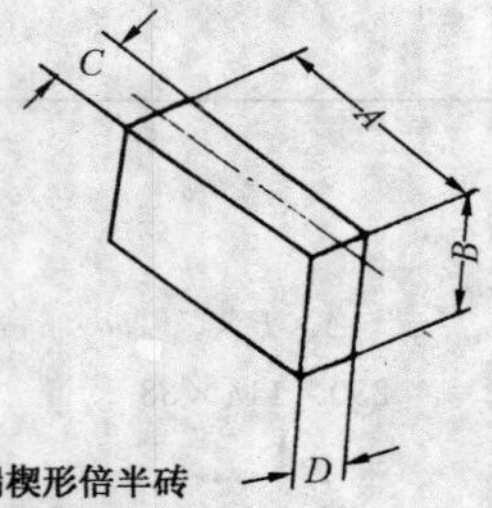 端楔形倍半砖 | $A\times B\times C/D$<br>230×172×66/62<br>230×172×69/59<br>230×172×72/56<br>230×172×76/52 | $A\times B\times C/D$<br>230×172×78/74<br>230×172×81/68<br>230×172×84/71<br>230×172×88/64 | $A\times B\times C/D$<br>230×172×76/70<br>230×172×76/64<br>230×172×76/57<br>230×172×76/52 |
| 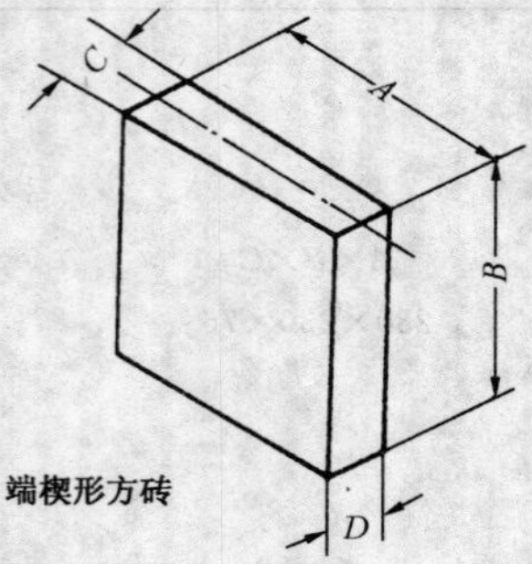 端楔形方砖 | $A\times B\times C/D$<br>230×230×66/62<br>230×230×69/59<br>230×230×72/56<br>230×230×76/52 | $A\times B\times C/D$<br>230×230×78/74<br>230×230×81/68<br>230×230×84/71<br>230×230×88/64 | $A\times B\times C/D$<br>230×230×76/73<br>230×230×76/70<br>230×230×76/64<br>230×230×76/52 |

### (三)再发生炉用直形格子砖尺寸

再发生炉用直形格子耐火砖的尺寸,国际现行标准 ISO5019/3—1984 规定如下:再发生炉用直形格子耐火砖的尺寸见表 7-124。

**表 7-124 再发生炉用直形格子砖尺寸**

| 砖型 | 尺寸/mm | | |
| --- | --- | --- | --- |
| | A | B | C |
| | 230 | 114 | 64 |
| | 230 | 114 | 74 |
| | 300 | 150 | 66 |
| | 300 | 150 | 76 |
| | 345 | 114 | 64 |
| | 345 | 114 | 76 |

## (四)电炉顶用拱形砖尺寸

电炉顶用拱形砖尺寸,国际现行标准 ISO5019/4—1984 规定如下。

电炉顶用拱形砖尺寸见表 7-125。

不同尺寸的砖,用表中所列参数表示。

**表 7-125 电炉炉顶砖尺寸**

| 顶厚/mm | 标称球半径/m | 砖尺寸/mm | | | | | | 牌号 |
| --- | --- | --- | --- | --- | --- | --- | --- | --- |
| | | A | B | C | D | E | F | |
| 230 | 4.5 | 114 | 108.5 | 76 | 72.5 | 73 | 69.5 | HX2 |
| | | 114 | 108.5 | 76 | 72.5 | 70 | 67 | HX3 |
| | | 114 | 108.5 | 76 | 72.5 | 63 | 60 | HX4 |
| | 2.7 | 114 | 105 | 76 | 70 | 73 | 67 | HW2 |
| | | 114 | 105 | 76 | 70 | 70 | 64.5 | HW3 |
| | | 114 | 105 | 76 | 70 | 63 | 58 | HW4 |
| 250 | 8.1 | 114 | 110.5 | 76 | 73.5 | 74 | 71.5 | JZ1 |
| | | 114 | 110.5 | 76 | 73.5 | 73 | 70.5 | JZ2 |
| | | 114 | 110.5 | 76 | 73.5 | 70 | 67.5 | JZ3 |
| | | 114 | 110.5 | 76 | 73.5 | 63 | 61 | JZ4 |
| | 6.3 | 114 | 109.5 | 76 | 73 | 74 | 71 | JY1 |
| | | 114 | 109.5 | 76 | 73 | 73 | 70 | JY2 |
| | | 114 | 109.5 | 76 | 73 | 70 | 67 | JY3 |
| | | 114 | 109.5 | 76 | 73 | 63 | 60.5 | JY4 |
| 300 | 8.1 | 114 | 110 | 76 | 73.5 | 74 | 71.5 | KZ1 |
| | | 114 | 110 | 76 | 73.5 | 73 | 70.5 | KZ2 |
| | | 114 | 110 | 76 | 73.5 | 70 | 67.5 | KZ3 |
| | | 114 | 110 | 76 | 73.5 | 63 | 61.5 | KZ4 |
| | 6.3 | 114 | 109 | 76 | 72.5 | 74 | 70.5 | KY1 |
| | | 114 | 109 | 76 | 72.5 | 73 | 69.5 | KY2 |
| | | 114 | 109 | 76 | 72.5 | 70 | 67 | KY3 |
| | | 114 | 109 | 76 | 72.5 | 63 | 60 | KY4 |

砖的牌号表示为:

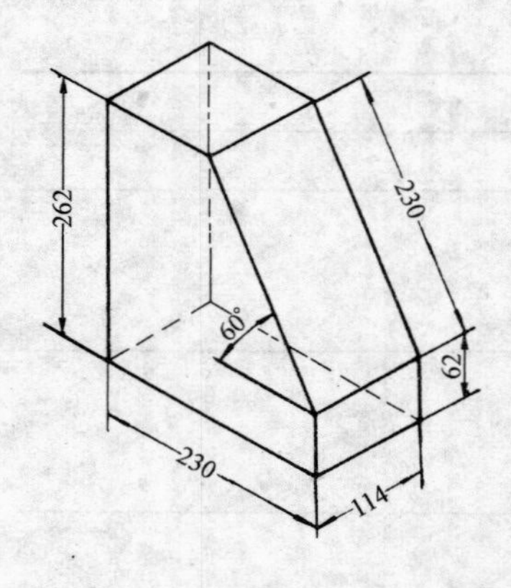


图 7-35 与层高为 64mm 的砖相配砌的拱脚砖（体积等于 $5.57dm^3$）

1）第一个字母（H、J 或 K）表示砖长（顶厚）（230mm、250mm 或者 300mm）；

2）第二个字母（W、X、Y 或者 Z）表示球半径（2.7m、4.5m、6.3m 或者 8.1m）；

3）第三个位置上的数字（1、2、3 或者 4）表示边楔度（2mm、3mm、6mm 或者 13mm）。

**（五）拱脚砖尺寸**

拱脚砖尺寸，国际现行标准 ISO5019/5—1984 规定如下：

本标准规定两种拱脚砖尺寸，一种用于与层高为 64mm 的砖配砌，而另一种用于与层高为 76mm 的砖配砌。

拱脚砖用于与 ISO 5019/2 中规定的相应系列楔形砖相配砌。

用于与层高为 64mm 的砖相配砌的拱脚砖尺寸见图 7-35。

用于与层高为 76mm 的砖相配砌的拱脚砖尺寸见图 7-36。

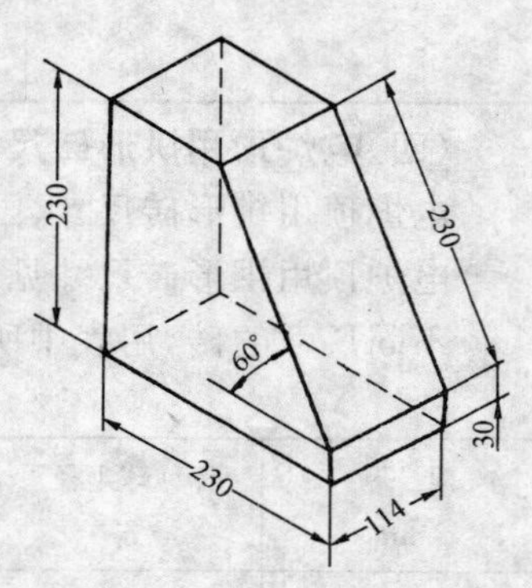


图 7-36 与层高为 76mm 的砖相配砌的拱脚砖（体积等于 $4.72dm^3$）

**（六）氧气炼钢转炉用衬砖尺寸**

氧气炼钢转炉用衬砖尺寸，国际现行标准 ISO5019/6—1984 规定如下：

本标准提供 12 种厚度的衬砖，最小厚度为 250mm，按 50mm 递增，最大厚度为 800mm。

对于每种厚度的炉衬，有 1 种直形砖（即楔度为 0）和 4 种楔形砖（对于 5 种较小厚度的炉衬）或 5 种楔形砖（对于 7 种较大厚度的炉衬）。所有砖型的砖都具有 150mm 的等中间尺寸。

砖层高度一律为 100mm。

氧气炼钢转炉用碱性砖尺寸见表 7-126。

**表 7-126 氧气炼钢转炉用碱性砖尺寸**

| 砖型 | 牌号 | 尺寸/mm | | | 内径/m | 体积/$dm^3$ |
|---|---|---|---|---|---|---|
| | | $A$ | $B$ | $C/D$ | | |
| | 25/60 | | | 180/120 | 1.000 | |
| | 25/30 | | | 165/135 | 2.250 | |
| | 25/16 | 250 | 100 | 158/142 | 4.438 | 3.75 |
| | 25/8 | | | 154/146 | 9.125 | |
| | 25/0 | | | 150/150 | — | |
| | 30/70 | | | 185/115 | 0.986 | |
| | 30/40 | | | 170/130 | 1.950 | |
| | 30/20 | 300 | 100 | 160/140 | 4.200 | 4.50 |
| | 30/8 | | | 154/146 | 10.950 | |
| | 30/0 | | | 150/150 | — | |

续表 7-126

| 砖型 | 牌号 | 尺寸/mm A | B | C/D | 内径/m | 体积/dm³ |
|---|---|---|---|---|---|---|
| | 35/80 | | | 190/110 | 0.963 | |
| | 35/40 | | | 170/130 | 2.275 | |
| | 35/20 | 350 | 100 | 160/140 | 4.900 | 5.25 |
| | 35/8 | | | 154/146 | 12.775 | |
| | 35/0 | | | 150/150 | — | |
| | 40/80 | | | 190/110 | 1.100 | |
| | 40/40 | | | 170/130 | 2.600 | |
| | 40/20 | 400 | 100 | 160/140 | 5.600 | 6.00 |
| | 40/8 | | | 154/146 | 14.600 | |
| | 40/0 | | | 150/150 | — | |
| | 45/90 | | | 195/105 | 1.050 | |
| | 45/40 | | | 170/130 | 2.925 | |
| | 45/20 | 450 | 100 | 160/140 | 6.300 | 6.75 |
| | 45/8 | | | 154/146 | 16.425 | |
| | 45/0 | | | 150/150 | — | |
| | 50/100 | | | 200/100 | 1.000 | |
| | 50/60 | | | 180/120 | 2.000 | |
| | 50/36 | 500 | 100 | 168/132 | 3.667 | 7.50 |
| | 50/20 | | | 160/140 | 7.000 | |
| | 50/8 | | | 154/146 | 18.250 | |
| | 50/0 | | | 150/150 | — | |
| | 55/110 | | | 205/95 | 0.950 | |
| | 55/60 | | | 180/120 | 2.200 | |
| | 55/36 | 550 | 100 | 168/132 | 4.033 | 8.25 |
| | 55/20 | | | 160/140 | 7.700 | |
| | 55/8 | | | 154/146 | 20.075 | |
| | 55/0 | | | 150/150 | — | |
| | 60/120 | | | 210/90 | 0.900 | |
| | 60/60 | | | 180/120 | 2.400 | |
| | 60/36 | 600 | 100 | 168/132 | 4.400 | 9.00 |
| | 60/20 | | | 160/140 | 8.400 | |
| | 60/8 | | | 154/146 | 21.900 | |
| | 60/0 | | | 150/150 | — | |
| | 65/120 | | | 210/90 | 0.975 | |
| | 65/60 | | | 180/120 | 2.600 | |
| | 65/36 | 650 | 100 | 168/132 | 4.767 | 9.75 |
| | 65/20 | | | 160/140 | 9.100 | |
| | 65/8 | | | 154/146 | 23.725 | |
| | 65/0 | | | 150/150 | — | |

续表 7-126

| 砖型 | 牌号 | 尺寸/mm | | | 内径/m | 体积/$dm^3$ |
|---|---|---|---|---|---|---|
| | | A | B | C/D | | |
| 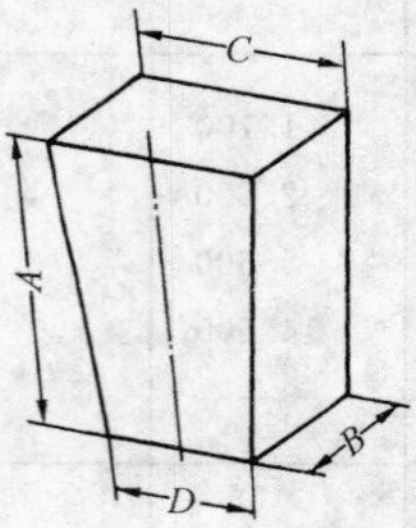 | 70/120<br>70/60<br>70/36<br>70/20<br>70/8<br>70/0 | 700 | 100 | 210/90<br>180/120<br>168/132<br>160/140<br>154/146<br>150/150 | 1.050<br>2.800<br>5.133<br>9.800<br>25.550<br>— | 10.50 |
| | 75/120<br>75/60<br>75/36<br>75/20<br>75/8<br>75/0 | 750 | 100 | 210/90<br>180/120<br>168/132<br>160/140<br>154/146<br>150/150 | 1.125<br>3.000<br>5.500<br>10.500<br>27.375<br>— | 11.25 |
| | 80/120<br>80/60<br>80/36<br>80/20<br>80/8<br>80/0 | 800 | 100 | 210/90<br>180/120<br>168/132<br>160/140<br>154/146<br>150/150 | 1.200<br>3.200<br>5.867<br>11.200<br>29.200<br>— | 12.00 |

每种砖尺寸都有一个常用牌号，示于表的第一栏中。每个牌号由两组数字组成，其间用斜线“/”隔开。斜线前的第一组数字表示砖长（或炉衬厚），单位为 cm；斜线后的第二组数字表示冷面和热面尺寸差，单位为 mm（即楔度）。直形砖的第二组数字为 0。

为作参考，表中列出了每块砖每种尺寸的计算值，同时列出了每种尺寸单独砌筑时所适用的炉衬内径。这些内径是计算值，没有考虑砌缝宽度。

表中表示牌号的字母，其含义见图。这些字母含义不一定符合于其他国际标准中表和图。

### （七）氧气炼钢转炉用碱性砖尺寸

氧气炼钢转炉用碱性砖尺寸，国际现行标准 ISO/DIS5019/7 规定如下。

本国际标准规定 12 种厚度的炉衬，最小为 250mm，最厚为 800mm，以 50mm 递增。

每种厚度的炉衬有 1 块直形砖（即锥度为 0 的砖）和 4 块（厚度较小的 5 种炉衬）或 5 块（厚度较大的 7 种炉衬）楔形砖。所有的砖都是等中间尺寸，中间尺寸为 150mm。砖层高度都为 100mm。

氧气炼钢转炉用碱性砖砖型及尺寸见表 7-127。砖的尺寸计算值列于表中，同时还列出每种尺寸砌成的炉衬内径。计算内径时没有考虑接缝厚度。表中表示尺寸的字母含义示于图中，这些字母不一定适用于其他国际标准中的图表。

**表 7-127 氧气炼钢转炉用碱性砖尺寸**

| 砖 型 | 牌 号 | 尺寸/mm | | | 内径/m | 体积/dm³ |
|---|---|---|---|---|---|---|
| | | A | B | C/D | | |
| 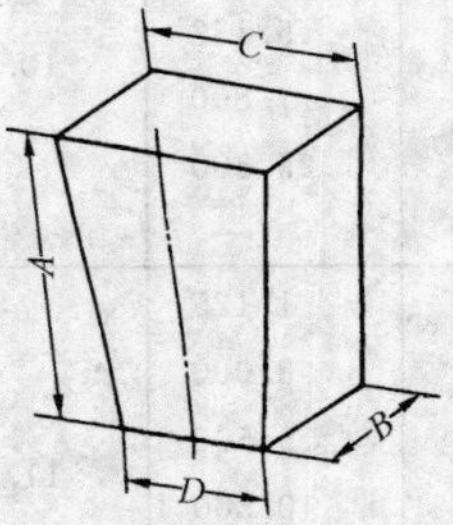 | 25/60<br>25/30<br>25/16<br>25/8<br>25/0 | 250 | 100 | 180/120<br>165/135<br>158/142<br>154/146<br>150/150 | 1.000<br>2.250<br>4.438<br>9.125<br>— | 3.75 |
| | 30/70<br>30/40<br>30/20<br>30/8<br>30/0 | 300 | 100 | 185/115<br>170/130<br>160/140<br>154/146<br>150/150 | 0.986<br>1.950<br>4.200<br>10.950<br>— | 4.50 |
| | 35/80<br>35/40<br>35/20<br>35/8<br>35/0 | 350 | 100 | 190/110<br>170/130<br>160/140<br>154/146<br>150/150 | 0.963<br>2.275<br>4.900<br>12.775<br>— | 5.25 |
| | 40/80<br>40/40<br>40/20<br>40/8<br>40/0 | 400 | 100 | 190/110<br>170/130<br>160/140<br>154/146<br>150/150 | 1.100<br>2.600<br>5.600<br>14.600<br>— | 6.00 |
| | 45/90<br>45/40<br>45/20<br>45/8<br>45/0 | 450 | 100 | 195/105<br>170/130<br>160/140<br>154/146<br>150/150 | 1.050<br>2.950<br>6.300<br>16.425<br>— | 6.75 |
| | 50/100<br>50/60<br>50/36<br>50/20<br>50/8<br>50/0 | 500 | 100 | 200/100<br>180/120<br>168/132<br>160/140<br>154/146<br>150/150 | 1.000<br>2.000<br>3.667<br>7.000<br>18.250<br>— | 7.50 |
| | 55/110<br>55/60<br>55/36<br>55/20<br>55/8<br>55/0 | 550 | 100 | 205/95<br>180/120<br>168/132<br>160/140<br>154/146<br>150/150 | 0.950<br>2.200<br>4.033<br>7.700<br>20.075<br>— | 8.25 |

续表 7-127

| 砖型 | 牌号 | 尺寸/mm | | | 内径/m | 体积/dm³ |
|---|---|---|---|---|---|---|
| | | A | B | C/D | | |
| | 60/120 | 600 | 100 | 210/90 | 0.900 | 9.00 |
| | 60/60 | | | 180/120 | 2.400 | |
| | 60/36 | | | 168/132 | 4.400 | |
| | 60/20 | | | 160/140 | 8.400 | |
| | 60/8 | | | 154/146 | 21.900 | |
| | 60/0 | | | 150/150 | — | |
| | 65/120 | 650 | 100 | 210/90 | 0.975 | 9.75 |
| | 65/60 | | | 180/120 | 2.600 | |
| | 65/36 | | | 168/132 | 4.767 | |
| | 65/20 | | | 160/140 | 9.100 | |
| | 65/8 | | | 154/146 | 23.725 | |
| | 65/0 | | | 150/150 | — | |
| | 70/120 | 700 | 100 | 210/90 | 1.050 | 10.50 |
| | 70/60 | | | 180/120 | 2.800 | |
| | 70/36 | | | 168/132 | 5.133 | |
| | 70/20 | | | 160/140 | 7.800 | |
| | 70/8 | | | 154/146 | 25.500 | |
| | 70/0 | | | 150/150 | — | |
| | 75/120 | 750 | 100 | 210/90 | 1.125 | 11.25 |
| | 75/60 | | | 180/120 | 3.000 | |
| | 75/36 | | | 168/132 | 5.500 | |
| | 75/20 | | | 160/140 | 10.500 | |
| | 75/8 | | | 154/146 | 27.375 | |
| | 75/0 | | | 150/150 | — | |
| | 80/120 | 800 | 100 | 210/90 | 1.200 | 12.00 |
| | 80/60 | | | 180/120 | 3.200 | |
| | 80/36 | | | 168/132 | 5.867 | |
| | 80/20 | | | 160/140 | 11.200 | |
| | 80/8 | | | 154/146 | 29.200 | |
| | 80/0 | | | 150/150 | — | |

每块砖尺寸都有传统的牌号，列于表的第一栏，每个牌号由两组数字组成，中间用斜线隔开，第一组数，斜线前面的数，表示砖长（或炉衬厚），单位为 cm；第二组数，斜线后面的数，表示冷面和热面尺寸差，单位为 mm（即锥度）。如果是直形砖，第二组数为 0。

# 第八章　冶金燃料

## 一、燃料概述

### (一)燃料与能源

燃料和能源有其密不可分的同一性,又有其各自的特性。

燃料是能产生热量和动力的可燃物质,主要是含碳物质或碳氢化合物。如煤、石油、天然气等。

能够提供某种形式能量的物质叫能源。能够产生机械能、热能、光能、电磁能、化学能等各种能量的资源,如煤、石油、天然气等矿物燃料以及各种发电手段,如热电、水电、原子能发电等。

从燃料和能源的定义可以知道,燃料都是能源,但能源并不都是燃料,燃料只是能源的一部分。如水、风等是能源,水能通过水轮机由机械能转换成电能,风也能通过风车由机械能转换成热能,但它们在未转换之前,本身并不是燃料,不论水力、风力,都不是可以燃烧的物质。此外,太阳能、地热能等都是能源,但不是燃料。

### (二)燃料的分类

燃料的分类方法很多,通常按物理状态分为3类:固体燃料、液体燃料和气体燃料。

固体燃料包括煤、木柴、焦炭、木炭等。将煤干馏后,可得到焦炭、煤气、煤焦油及其他化学副产品。焦炭可作为冶金工业用原料或燃料。固体燃料在使用中运输困难,不能完全燃烧,过剩空气多,不易于控制温度,工业炉大而灰渣量多。

液体燃料包括汽油、煤油、柴油及重油。冶金炉用的主要是重油。液体燃料发热值较高,输送方便,可以控制加热温度。

气体燃料包括天然气、焦炉煤气、高炉煤气、发生炉煤气等。气体燃料燃烧效率高,并能对空气预热或本身预热,既利用废气余热,又可提高热量,能用管道输送,容易点火、灭火以及进行燃烧调节,较易实现自动控制,集中加热、均匀加热,同时燃烧后无烟、无灰渣。煤气(如高炉煤气)有些为有毒气体,与空气混合可形成爆炸性气体,因此,使用煤气要采用严密的安全措施。

### (三)燃料的燃烧

不论是气体、液体或固体燃料,一般都是由C、H、O等元素以不同的形态结合而成的。燃料迅速地与氧化合,发出光和热的现象称为燃烧,最后都要变成$CO_2$和$H_2O$等。装置燃烧设备的目的就在于有效地利用燃烧生成的热量。

在有空气的条件下将燃料加热,而不从外部点火,开始燃烧时的最低温度称为着火温度。如果外加点火源,开始燃烧时的最低温度称为闪点。

着火温度(或称发火温度)取决于燃料加热和氧化反应所生成的热量与向外界散失热量

间的平衡，它随燃料的周围条件而变化。

各种燃料的着火温度见表8-1。

表8-1 燃料的着火温度

| 燃料 | 着火温度/℃ | 燃料 | 着火温度/℃ |
|---|---|---|---|
| 木柴(硬木) | 250～300 | 重油 | 530～580 |
| 木炭(黑炭) | 320～370 | 烟煤焦油 | 580～650 |
| 木炭(白炭) | 350～400 | 氢 | 580～600 |
| 泥炭(风干) | 225～280 | 一氧化碳 | 580～650 |
| 褐煤(风干) | 250～450 | 甲烷 | 650～750 |
| 烟煤 | 325～400 | 乙烯 | 525～540 |
| 无烟煤 | 440～500 | 乙炔 | 400～440 |
| 半焦 | 400～450 | 焦油蒸气 | 250～400 |
| 煤气、焦炭 | 500～600 | 发生炉煤气 | 700～800 |
| 碳 | 约800 | 焦炉煤气 | 650～750 |
| 硫 | 630 | 高炉煤气 | 700～800 |

(四)我国能源资源

我国的能源资源是丰富的，凡世界各国具有的能源，我国几乎都有。我国煤炭可采储量占世界总量的11%，居第3位(美国29%，前苏联27%)，石油探明储量占世界总量的2.63%，居第11位，天然气占世界总量的0.88%，居第13位。1985年我国能源资源的分布情况见表8-2。

表8-2 我国能源资源的地区分布情况(%)

| 地区 | 煤炭 | 石油 | 天然气 | 水力 |
|---|---|---|---|---|
| 西南 | 10.7 | 19.94 | 67.52 | 67.90 |
| 西北 | 12.0 | 12.3 | 4.54 | 9.90 |
| 中南 | 3.7 | 4.64 | 3.89 | 15.40 |
| 华东 | 6.5 | 16.27 | 3.00 | 3.60 |
| 华北 | 64.0 | 16.03 | 8.43 | 1.20 |
| 东北 | 3.1 | 30.82 | 12.62 | 2.00 |

从表8-2中可以看出：我国能源资源的分布量很不均匀。煤炭资源大部分集中在华北，仅山西一省就占全国探明储量的三分之一，而人口比较密集，工业较发达的江南九省市，储量却很少。石油资源一半以上集中在东北，70%以上的水力资源分布在西南地区。我国能源资源自然形成的分布特点是煤炭、石油集中在北方，水力资源偏于西南，华东和中南是能源资源缺乏的地区。能源资源分布偏居一方和远离消费中心的这一特点，势必造成大量能源的远距离运输问题。北煤南运，西煤东运，是我国能源分布不均匀和历史形成的工业布局不合理所带来的客观现实。

从能源资源的构成上看，我国能源资源质量较差。较高质量的能源，无论在开采、运输或利用等各个方面，都能显示出较大的优越性。经济发达国家，在能源消费结构中，都大量使用石油、天然气，而我国仍以煤炭为主。1985年，在能源总消费中，石油和天然气的比重，美国是65.9%；英国是60.3%；日本是65.8%；前苏联是68.7%；德国是58.6%，而中国仅为19.3%。

## 二、煤炭

煤是一种固体燃料，含碳量一般为46%～97%，呈褐色至黑色，具有暗淡至金属光泽，相对密度为1.1～1.8。

到目前为止，在矿物能源中还是煤炭资源最为丰富。就世界各种能源的分布情况来看，已探明煤炭的地质储量约10万多亿t，石油储量约2900亿t，天然气储量约2700亿t油当量，油页岩和油砂岩约为13000余亿t油当量。即使将来石油枯竭后，除了核能外，煤炭仍然是最主要的能源。煤炭在我国的燃料消费构成中始终占主要地位。如1977～1986年煤炭占全国能源消费量的70%～76%左右，石油消费只占20%～25%左右，天然气只占3%左右，水电占3.5%～4.5%。从我国已探明的能源储量来看，如果折算为标准煤(29.3MJ/kg)，则煤炭储量约相当于石油储量的40余倍之多。显而易见，在今后一个相当长的时期内，煤炭仍是我国最主要的能源。

### (一)煤的分类

煤炭分类有三种：成因分类、科学分类和工业分类。煤的成因分类是按煤的原始物质和堆积环境分类；煤的科学分类是按煤的元素组成等基本性质分类；煤的工业分类(又称实用分类)是按煤的不同工艺性质和利用途径分类。

目前世界各国煤炭分类大多采用适合本国(或某一地区)具体情况的工业分类方案。这些方案比科学分类和成因分类简单，较易制定。在煤的工业分类中除了要考虑科学根据以外，还要考虑经济条件、资源情况及科学的发展等因素。

#### 1.国际煤炭分类

目前一般指的国际煤炭分类是联合国欧洲经济委员会1956年修订的硬煤国际分类。此分类法实际上是欧洲经济委员会的分类方法，而不是ISO标准。硬煤指恒湿无灰基高位发热量大于23.9MJ/kg的烟煤和无烟煤。硬煤国际分类采用3位数字表示煤的类别。第1位数字为煤的类别，用干燥无灰基挥发分和恒湿无灰基发热量表示煤化度。第2位数字为煤的组别，用表征煤的粘结性的坩埚膨胀序数或罗加指数来评价。第3位数字为亚组别，用代表煤的结焦性的膨胀度或葛金焦型来区分。这个分类采用了以炼焦煤为主的体系。硬煤国际分类见表8-3。

随着科技的进步和人类对煤质认识的深化，人们发现硬煤国际分类表存在对煤的定义不够明确，没有考虑煤岩指标和煤的利用环境因素等多方面问题而显得落后。80年代以来，联合国欧洲经济委员会等国际组织为新的国际煤炭分类进行了系统的研究，并召开了多次国际会议。1988年，联合国欧洲经济委员会提出了中、高阶煤分类编码系统(8个指标、14位数的编码分类)，期望该方案能被ISO确认。但该方案在1989年悉尼召开的ISO/TC27煤炭委员会上遭到否决。出于商贸需要，ISO于1991年组建了ISO/TC27/WG18，即国际煤分

**表 8-3 硬煤国际分类表(于 1956 年 3 月日内瓦国际煤炭分类会议中修订)**

| 组别(根据粘结性确定的) | | | 类型代号 | | | | | | | | | | | 亚组别(根据结焦性确定的) | | |
|---|---|---|---|---|---|---|---|---|---|---|---|---|---|---|---|---|
| 组别号数 | 确定组别的指数(任选一种):自由膨胀序数 | 确定组别的指数(任选一种):罗加指数 | 第一个数字表示根据挥发分(煤中挥发分≤33%)或发热量(煤中挥发分>33%)确定煤的类别;第二个数字表示根据煤的粘结性确定煤的组别;第三个数字表示根据煤的结焦性确定煤的亚组别 | | | | | | | | | | | 亚组别号数 | 确定亚组别的指数(任选一种):膨胀性试验 | 确定亚组别的指数(任选一种):葛金试验 |
| | | | | | | | | 435 | 535 | 635 | | | | 5 | >140 | >G8 |
| | | | | | | | 334 | 434 | 534 | 634 | | | | 4 | 50~140 | G5~G8 |
| 3 | $4\frac{1}{2}$~9 | >45 | | | | | 333 | 433 | 533 | 633 | 733 | | | 3 | 0~50 | G1~G4 |
| | | | | | | | 332 a 332 b | 432 | 532 | 632 | 732 | 832 | | 2 | ≤0 | E~G |
| | | | | | | | 323 | 423 | 523 | 623 | 723 | 823 | | 3 | 0~50 | G1~G4 |
| 2 | $2\frac{1}{2}$~4 | 20~45 | | | | | 322 | 422 | 522 | 622 | 722 | 822 | | 2 | ≤0 | E~G |
| | | | | | | | 321 | 421 | 521 | 621 | 721 | 821 | | 1 | 只收缩 | B~D |
| 1 | 1~2 | 5~20 | | | | 212 | 312 | 412 | 512 | 612 | 712 | 812 | | 2 | ≤0 | E~G |
| | | | | | | 211 | 311 | 411 | 511 | 611 | 711 | 811 | | 1 | 只收缩 | B~D |
| 0 | 0~1/2 | 0~5 | 000 | 100 A | 100 B | 200 | 300 | 400 | 500 | 600 | 700 | 800 | 900 | 0 | 无粘结性 | A |
| 类别号数 | | | 0 | 1 | | 2 | 3 | 4 | 5 | 6 | 7 | 8 | 9 | | | |
| 确定类别的指数 | 挥发分(干燥无灰基) $V_{daf}$/% | | 0~3 | 3~10: 3~6.5 | 3~10: 6.5~10 | 10~14 | 14~20 | 20~28 | 28~33 | >33 | >33 | >33 | >33 | 各类煤挥发分大致范围/% 类别 6:>33~41 7:>33~44 8:35~50 9:42~50 | | |
| | 发热量(恒湿无灰基) kJ/kg (30℃湿度 96%) | | — | — | | — | — | — | — | >32400 | >30100~32400 | >25500~30100 | >23900~25500 | | | |
| 类别 以挥发分指数(煤中挥发分≤33%)或发热量指数(煤中挥发分>33%)确定 | | | | | | | | | | | | | | | | |

注:1. 如果煤中灰分过高,为了使分类更好,在实验前应用比重液方法(或用其他方法)进行减灰,比重液的选择应能够得到最高的回收率和使煤中灰分含量达到 5%~10%;

2. 332a$V_{daf}$>14%~16%;332b$V_{daf}$>16%~20%。

类等18个工作组。该工作组1995年10月在北京开会，将原项目更名为“以利用目的煤炭分类”。1997年9月，WG18工作组在南非开普敦会议上建议修订ISO/TC27的有关名词术语标准，并在界定煤的范畴后提出了煤分类指标有煤阶、煤岩组成和煤的品位。选用的分类指标依次为镜质组随机反射率、镜质组含量及干基灰分。目前，新的国际煤炭分类方案正在制订与完善中。

2. 世界主要工业国的煤炭分类

世界上主要工业国的煤炭分类方案见表8-4。

**表8-4 一些国家煤炭分类方案对照表**

| 国家 | 分类指标 | 主要类别名称 | 类数 |
|---|---|---|---|
| 英国 | 挥发分，葛金焦型 | 无烟煤，低挥发分煤，中挥发分煤，高挥发分煤 | 4大类<br>24小类 |
| 德国 | 挥发分，坩埚焦特征 | 无烟煤，贫煤，瘦煤，肥煤，气煤，气焰煤，长焰煤 | 7类 |
| 法国 | 挥发分，坩埚膨胀序数 | 无烟煤，贫煤，1/4肥煤，1/2肥煤，短焰肥煤，肥煤，肥焰煤，干焰煤 | 8类 |
| 波兰 | 挥发分，罗加指数，胶质层指数，发热量 | 无烟煤，无烟质煤，贫煤，半焦煤，副焦煤，正焦煤，气焦煤，气煤，长焰气煤，长焰煤 | 10大类<br>13小类 |
| 前苏联（顿巴斯） | 镜质组反射率，丝炭化组分含量，最大水分，挥发分，容积挥发分，焦油产率，胶质层指数，罗加指数，镜质组反射率的各向异性指数 | 无烟煤，贫煤，弱粘结煤，粘结瘦煤，弱粘结焦煤，低变质弱粘结焦煤，瘦化焦煤，焦煤，肥煤，气肥煤，瘦化气肥煤，气煤，长焰煤，褐煤 | 14大类<br>48小类 |
| 美国 | 固定碳，挥发分，发热量 | 无烟煤，烟煤，次烟煤，褐煤 | 4大类<br>13小类 |
| 日本（煤田探查审议会） | 发热量，燃料比 | 无烟煤，沥青煤，亚沥青煤，褐煤 | 4大类<br>7小类 |

3. 中国煤炭分类

中国共有3个煤炭分类方案：(1)中国煤炭分类方案(GB5751—86)；(2)中国煤炭编码系统(GB/T/16772—1997)；(3)中国煤层煤分类方案(待批，即将公布国标)。

中国煤炭分类方案属于煤炭的技术分类方案。随着国内和国际煤炭贸易量和信息交流的增加，使用技术方案显得问题与困难较多。为了便于煤炭生产、商贸和应用单位准确无误地交流煤炭质量信息，促进经济发展，并便于与正在制订的新的国际煤炭分类接轨，1997年制订并通过了中国煤炭分类的商业编码系统。为了便于与国际上煤炭资源、储量统计与质量评价系统接轨，有利于国际间交流煤炭资源、储量信息及统一统计口径，1998年提出了中国煤层煤分类方案。这一分类方案是科学、成因分类方案。

上述3个方案共同构成中国煤炭技术、商业分类与科学、成因分类的完整体系。3个方案互相补充，同时执行。

(1)中国煤炭分类方案　中国标准(GB5751—86)规定了中国煤炭分类方案。本标准按煤的煤化程度及工艺性能进行分类。采用煤的煤化程度参数来区分无烟煤、烟煤和褐煤。

无烟煤煤化程度的参数采用干燥无灰基挥发分和干燥无灰基氢含量作为指标，以此来区分无烟煤的小类。

采用两个参数来确定烟煤的类别，一个是表征烟煤煤化程度的参数，另一个是表征烟煤粘结性的参数。烟煤煤化程度的参数采用干燥无灰基挥发分作为指标。烟煤粘结性的参数，根据粘结性的不同选用粘结指数、胶质层最大厚度（或奥亚膨胀度）作为指标，以此来区分烟煤中的类别。

褐煤煤化程度的参数，采用透光率作为指标，用以区分褐煤和烟煤，以及褐煤中划分小类。并采用恒湿无灰基高位发热量为辅来区分烟煤和褐煤。

各类煤用两位阿拉伯数码表示。十位数系按煤的挥发分分组，无烟煤为0，烟煤为1～4，褐煤为5。个位数，无烟煤类为1～3，表示煤化程度；烟煤类为1～6，表示粘结性；褐煤类为1～2，表示煤化程度。

煤炭分类总表见表8-5。无烟煤分类见表8-6。烟煤分类见表8-7。褐煤分类见表8-8。中国煤炭分类简表见表8-9。中国煤炭分类图如图8-1所示。

**表8-5 煤炭分类总表**

| 类别 | 符号 | 数码 | 分类指标 | |
|---|---|---|---|---|
| | | | $V_{daf}$/% | $P_M$/% |
| 无烟煤 | WY | 01,02,03 | ≤10.0 | — |
| 烟煤 | YM | 11,12,13,14,15,16<br>21,22,23,24,25,26<br>31,32,33,34,35,36<br>41,42,43,44,45,46 | >10.0 | — |
| 褐煤 | HM | 51,52 | >37.0① | ≤50② |

①凡 $V_{daf}>37.0\%$、$G\leqslant5$，再用透光率 $P_M$ 来区分烟煤和褐煤（在地质勘探中，$V_{daf}>37.0\%$，在不压饼的条件下测定的焦渣特征为1～2号的煤，再用 $P_M$ 来区分烟煤和褐煤）。

②凡 $V_{daf}>37.0\%$、$P_M>50\%$者，为烟煤，$P_M>30\%\sim50\%$的煤，如恒湿无灰基高位发热量 $Q_{gr,m,af}$ 大于24MJ/kg，则划为长焰煤。

$$Q_{gr,m,af}=Q_{gr,ad}\times\frac{100(100-MHC)}{100(100-M_{ad})-A_{ad}(100-MHC)}$$

**表8-6 无烟煤的分类**

| 类别 | 符号 | 数码 | 分类指标 | |
|---|---|---|---|---|
| | | | $V_{daf}$/% | $H_{daf}$①/% |
| 无烟煤一号 | WY1 | 01 | 0～3.5 | 0～2.0 |
| 无烟煤二号 | WY2 | 02 | >3.5～6.5 | >2.0～3.0 |
| 无烟煤三号 | WY3 | 03 | >6.5～10.0 | >3.0 |

①在已确定无烟煤小类的生产矿、厂的日常工作中，可以只按 $V_{daf}$ 分类；在地质勘探工作中，为新区确定小类或生产矿、厂和其他单位需要重新核定小类时，应同时测定 $V_{daf}$ 和 $H_{daf}$，按上表分小类。如两种结果有矛盾，以按 $H_{daf}$ 划小类的结果为准。

**表 8-7 烟煤的分类**

| 类别 | 符号 | 数码 | 分类指标 | | | |
|---|---|---|---|---|---|---|
| | | | $V_{daf}$/% | $G$ | $y$/mm | $b$②/% |
| 贫煤 | PM | 11 | >10.0～20.0 | ≤5 | | |
| 贫瘦煤 | PS | 12 | >10.0～20.0 | >5～20 | | |
| 瘦煤 | SM | 13 | >10.0～20.0 | >20～50 | | |
| | | 14 | >10.0～20.0 | >50～65 | | |
| 焦煤 | JM | 15 | >10.0～20.0 | >65① | ≤25.0 | (≤150) |
| | | 24 | >20.0～28.0 | >50～65 | | |
| | | 25 | >20.0～28.0 | >65① | ≤25.0 | (≤150) |
| 肥煤 | FM | 16 | >10.0～20.0 | (>85)① | >25.0 | (>150) |
| | | 26 | >20.0～28.0 | (>85)① | >25.0 | (>150) |
| | | 36 | >28.0～37.0 | (>85)① | >25.0 | (>220) |
| 1/3 焦煤 | 1/3JM | 35 | >28.0～37.0 | 65① | ≤25.0 | (≤220) |
| 气肥煤 | QF | 46 | >37.0 | (>85)① | >25.0 | (>220) |
| 气煤 | QM | 34 | >28.0～37.0 | >50～65 | ≤25.0 | (≤220) |
| | | 43 | >37.0 | >35～50 | | |
| | | 44 | >37.0 | >50～65 | | |
| | | 45 | >37.0 | >65① | | |
| 1/2 中粘煤 | 1/2ZN | 23 | >20.0～28.0 | >30～50 | | |
| | | 33 | >28.0～37.0 | >30～50 | | |
| 弱粘煤 | RN | 22 | >20.0～28.0 | >5～30 | | |
| | | 32 | >28.0～37.0 | >5～30 | | |
| 不粘煤 | BN | 21 | >20.0～28.0 | ≤5 | | |
| | | 31 | >28.0～37.0 | ≤5 | | |
| 长焰煤 | CY | 41 | >37.0 | ≤5 | | |
| | | 42 | >37.0 | >5～35 | | |

①当烟煤的粘结指数测值 $G$ 小于或等于 85 时，用干燥无灰基挥发分 $V_{daf}$ 和粘结指数 $G$ 来划分煤类。当粘结指数测值 $G$ 大于 85 时，则用干燥无灰基挥发分 $V_{daf}$ 和胶质层最大厚度 $y$，或用干燥无灰基挥发分 $V_{daf}$ 和奥亚膨胀度 $b$ 来划分煤类。

②当 $G>85$ 时，用 $y$ 和 $b$ 并列作为分类指标。当 $V_{daf}≤28.0\%$ 时，$b$ 暂定为 150%；$V_{daf}>28.0\%$ 时，$b$ 暂定为 220%。当 $b$ 值和 $y$ 值有矛盾时，以 $y$ 值为准来划分煤类。

**表 8-8 褐煤的分类**

| 类别 | 符号 | 数码 | 分类指标 | |
|---|---|---|---|---|
| | | | $P_M$/% | $Q_{gr,m,af}$①/MJ·kg$^{-1}$ |
| 褐煤一号 | HM1 | 51 | 0～30 | — |
| 褐煤二号 | HM2 | 52 | >30～50 | <24 |

①凡 $V_{daf}>37.0\%$、$P_M>30\%～50\%$ 的煤，如恒湿无灰基高位发热量 $Q_{gr,m,af}$ 大于 24MJ/kg，则划为长焰煤。

表 8-9　中国煤炭分类简表

| 类别 | 符号 | 包括数码 | 分类指标 | | | | | |
|---|---|---|---|---|---|---|---|---|
| | | | $V_{daf}$/% | $G$ | $y$/mm | $b$/% | $P_M$②/% | $Q_{gr,m,af}$③/MJ·kg$^{-1}$ |
| 无烟煤 | WY | 01,02,03 | ≤10.0 | | | | | |
| 贫　煤 | PM | 11 | >10.0～20.0 | ≤5 | | | | |
| 贫瘦煤 | PS | 12 | >10.0～20.0 | >5～20 | | | | |
| 瘦　煤 | SM | 13,14 | >10.0～20.0 | >20～65 | | | | |
| 焦　煤 | JM | 24<br>15,25 | >20.0～28.0<br>>10.0～28.0 | >50～65<br>>65① | ≤25.0 | (≤150) | | |
| 肥　煤 | FM | 16,26,36 | >10.0～37.0 | (>85)① | >25.0 | ① | | |
| 1/3 焦煤 | 1/3 JM | 35 | >28.0～37.0 | >65① | ≤25.0 | (≤220) | | |
| 气肥煤 | QF | 46 | >37.0 | (>85)① | >25.0 | (>220) | | |
| 气　煤 | QM | 34,43<br>44,45 | >28.0～37.0<br>>37.0 | >50～65<br>>35 | ≤25.0 | (≤220) | | |
| 1/2 中粘煤 | 1/2 ZN | 23,33 | >20.0～37.0 | >30～50 | | | | |
| 弱粘煤 | RN | 22,32 | >20.0～37.0 | >5～30 | | | | |
| 不粘煤 | BN | 21,31 | >20.0～37.0 | ≤5 | | | | |
| 长焰煤 | CY | 41,42 | >37.0 | ≤35 | | | >50 | |
| 褐　煤 | HM | 51<br>52 | >37.0<br>>37.0 | | | | ≤30<br>>30～50 | ≤24 |

①对 $G$>85 的煤，再用 $y$ 值或 $b$ 值来区分肥煤、气肥煤与其他煤类。当 $y$>25.0mm 时，应划分为肥煤或气肥煤；如 $y$≤25.0mm，则根据其 $V_{daf}$的大小而划分为相应的其他煤类。按 $b$ 值划分类别时，$V_{daf}$≤28.0%，暂定 $b$>150%的为肥煤；$V_{daf}$>28.0%、暂定 $b$>22.0%的为肥煤或气肥煤。如按 $b$ 值和 $y$ 值划分的类别有矛盾时，以 $y$ 值划分的类别为准。

②对 $V_{daf}$>37.0%、$G$≤5 的煤，再以透光率 $P_M$ 来区分其为长焰煤或褐煤。

③对 $V_{daf}$>37.0%、$P_M$>30%～50%的煤，再测 $Q_{gr,m,af}$，如其值>24MJ/kg，应划分为长焰煤。

(2)中国煤炭编码系统　中国煤炭编码依次用下列参数进行编码：

1)镜质组平均随机反射率：$R_{ran}$，%，二位数；

2)干燥无灰基高位发热量：$Q_{gr,daf}$，MJ/kg，二位数；对于低煤阶煤采用恒湿无灰基高位发热量：$Q_{gr,m,af}$，MJ/kg，二位数；

3)干燥无灰基挥发分：$V_{daf}$，%，二位数；

4)粘结指数：$G_{R.I.}$，简记 $G$，二位数(对中、高煤阶煤)；

5)全水分：$M_t$，%，一位数(对低煤阶煤)；

6)焦油产率：$T_{ar,daf}$，%，一位数(对低煤阶煤)；

7)干燥基灰分：$A_d$，%，二位数；

8)干燥基全硫 $S_{t,d}$，%，二位数。

对于各煤阶煤的编码规定及顺序如下：

1)第一及第二位数码表示 0.1%范围的镜质组平均随机反射率下限值乘以 10 后取整；

2)第三及第四位数码表示 1MJ/kg 范围干燥无灰基高位发热量下限值，取整；对低煤阶煤，采用恒湿无灰基高位发热量 $Q_{gr,m,ar}$，二位数，表示 1MJ/kg 范围内下限值，取整；

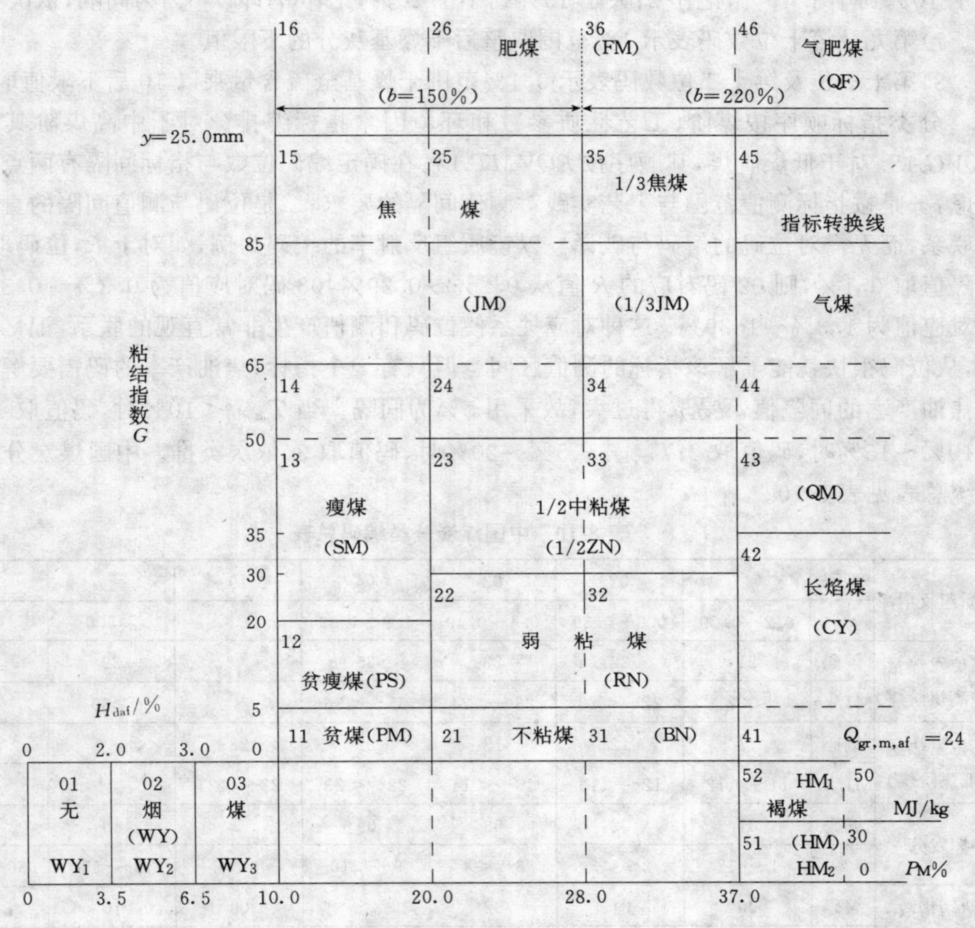


图8-1 中国煤炭分类图(1986年)

1. 分类用煤样的缩制按国家标准GB474—1996进行。原煤样灰分小于或等于10%的不需分选减灰；大于10%的煤样需用规定的氯化锌重液减灰后再分类。
2. $G=85$ 为指标转换线。当 $G>85$ 时，用 $y$ 和 $b$ 值并列作为分类指标，以划分肥煤或气肥煤与其他煤类的指标。$y>25.0$mm 者，划分为肥煤或气肥煤；当 $V_{daf}\leqslant 28.0\%$ 时，$b$ 值暂定为150%；$V_{daf}>28.0\%$ 时，$b$ 值暂定为220%。当 $b$ 值和 $y$ 值划分煤类有矛盾时，以 $y$ 值为准。
3. 无烟煤划分小类按 $H_{daf}$ 与 $V_{daf}$ 划分结果有矛盾时，以 $H_{daf}$ 划分的小类为准。
4. $V_{daf}>37.0\%$、$P_M>50\%$ 者为烟煤，透光率 $P_M>30\%\sim50\%$ 时，以 $Q_{gr,m,af}>24$MJ/kg 者为长焰煤。

3)第五及第六位数码表示干燥无灰基挥发分以1%范围的下限值，取整；

4)第七及第八位数码表示粘结指数；用 $G$ 值除10的下限值取整，如从0到小于10，记作00；10以上到小于20记作01；20以上到小于30，记作02；90以上到小于100，记作09；余类推；100以上记作10；

5)对于低煤阶煤，第七位表示全水分，从0到小于20%(质量分数)时，记作1；20%以上除以10的 $M_t$ 的下限值，取整；

6)对于低煤阶煤，第八位表示焦油产率 $T_{ar,daf}$，%，一位数；当 $T_{ar,daf}$ 小于10%时，记作1；

大于10%到小于15%，记作2；大于15%到小于20%，记作3，即以5%为间隔，依次类推；

7）第九及第十位数码表示1%范围取整后干燥基灰分的下限值。

8）第十一位及第十二位数码表示0.1%范围干燥基全硫含量乘以10后下限值取整。

分类指标顺序按煤阶、工艺性质参数和环境因素指标编排。对于中高煤阶其顺序是*RQVGAS*，对于低煤阶煤，其顺序按*RQVMTAS*。在确定编码位数与指标间隔有两点曾加以考虑：一是按指标测值范围与工艺实践对测值间隔的要求；二是位码与测值间隔的直观对应与联系，而无需对位码的解码与破译。以镜质组反射率的编码为例，如对于*R*，位码取2位，间隔值取0.1%，则02码对应的*R*值从0.2%～0.29%，03码对应值为0.3%～0.39%，13码对应值为1.3%～1.39%。这种对应关系使位码和测值产生非常直观的联系，记忆也很方便，从位码很快就能了解该指标的测值区间。但只有一个指标，焦油产率的码需要解码。由于焦油产率的间隔值不易取得过大，故采用5%为间隔。当$T_{ar,daf}<10\%$时，码值取1；$T_{ar,daf}>10\%\sim15\%$时，码值取2；$T_{ar,daf}>15\%\sim20\%$时，码值取3，依次类推。中国煤炭分类编码系统总表见表8-10。

**表8-10　中国煤炭分类编码总表**

| 项目 | | | | | | | | |
|---|---|---|---|---|---|---|---|---|
| 镜质组反射率 | 编码 | | 02 | 03 | 04 | 19 | | 50 |
| | % | 0.2～0.29 | 0.3～0.39 | 0.4～0.49 | 1.9～1.99 | | ≥5.0 | |
| 高位发热量（中高煤阶煤） | 编码 | 21 | 22 | 23 | 35 | | 39 | |
| | MJ/kg | <22 | 22～<23 | 23～<24 | 35～<36 | | ≥39 | |
| 高位发热量（低煤阶煤） | 编码 | 11 | 12 | 13 | 22 | 23 | | |
| | MJ/kg | 11～<12 | 12～<13 | 13～<14 | 22～<23 | 23～<24 | | |
| 挥发分 | 编码 | 01 | 02 | 03 | 09 | | 49 | 50 |
| | % | 1～<2 | 2～<3 | 3～<4 | 9～<10 | | 49～<50 | 50～<51 |
| 粘结指数（中高煤阶煤） | 编码 | 00 | 01 | 02 | | 09 | 10 | |
| | G值 | 0～9 | 1～19 | 20～29 | | 90～99 | ≥100 | |
| 全水分（低煤阶煤） | 编码 | 1 | 2 | 3 | 4 | 5 | 6 | |
| | % | <20 | 20～<30 | 30～<40 | 40～<50 | 50～<60 | 60～<70 | |
| 焦油产率（低煤阶煤） | 编码 | 1 | 2 | 3 | 4 | 5 | | |
| | % | <10 | 10～<15 | 15～<20 | 20～<25 | ≥25 | | |
| 灰分 | 编码 | 00 | 01 | 02 | | 29 | 30 | |
| | % | 0<1 | 1～<2 | 2～<3 | | 29～<30 | 30～<31 | |
| 硫分 | 编码 | 00 | 01 | 02 | | 31 | 32 | |
| | % | 0～<0.1 | 0.1～<0.2 | 0.2～<0.3 | | 3.1～<3.2 | 3.2～<3.3 | |

分类编码示例（河北峰峰二矿焦煤）如下：

| | 编码 |
|---|---|
| $R_{ran}=1.24\%$ | 12 |
| $Q_{gr,daf}=36.0MJ/kg$ | 36 |
| $V_{daf}=24.46\%$ | 24 |
| $G=88$ | 08 |

| | 编码 |
|---|---|
| $A_d=14.49\%$ | 14 |
| $S_{t,d}=0.59\%$ | 05 |

峰峰二矿煤编码为：12　36　24　08　14　05

（3）中国煤层煤分类　中国煤层煤分类方案非等效采用联合国欧洲经济委员会（UN-ECE）“煤层煤分类”（1995）的主要技术内容，结合中国现实国情而制订。本方案以煤层煤为对象，适用于各煤阶腐植煤，并按煤阶、煤的显微组分组成及品位的有关参数进行分类、命名。遴选的参数与命名表述贯穿“科学、简明、可行”的原则，是考虑煤质、成因因素的分类系统。本方案制订的目的与 GB5751—86 中国煤炭分类（技术分类）、GB/T16772—1997 中国煤炭编码系统（商业编码）不同，采用镜质组随机反射率和发热量作为煤阶参数；采用镜质组含量作为组成参数；采用灰分作为品位参数进行分类与命名，便于与国际上煤炭资源、储量统计与质量评价系统接轨，有利于国际间交流煤炭资源、储量信息及统一统计口径。

中国煤层煤分类如图 8-2 所示。

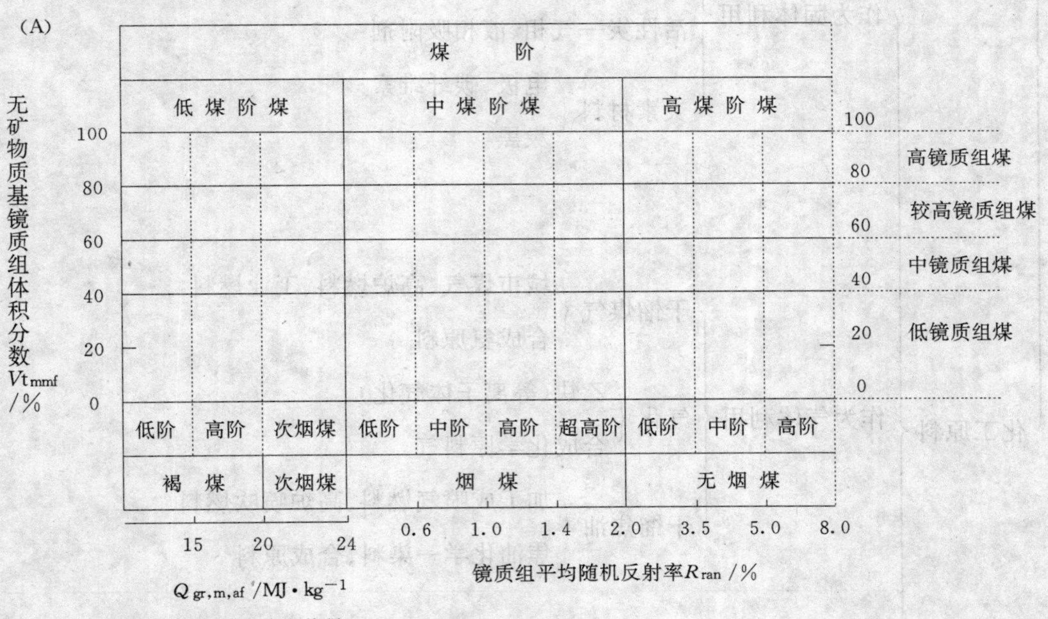


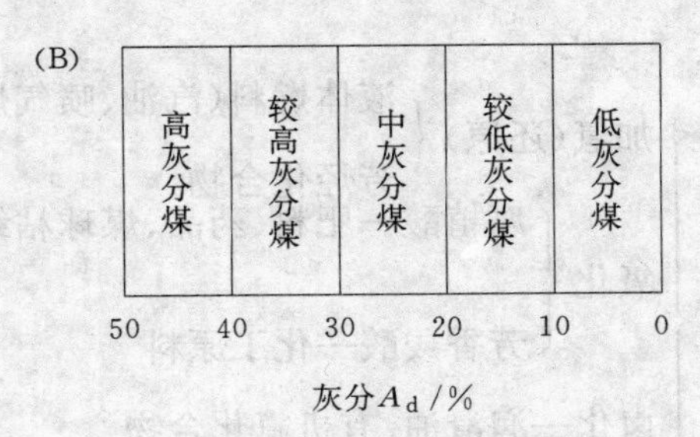


图8-2　中国煤层煤分类

（A）按煤阶和煤的显微组分组成的分类；（B）按煤的灰分分类

### (二)煤的用途

1. 煤的一般用途

煤的一般用途如下：

- 煤
  - 能源燃料
    - 发电—电能
    - 燃烧—热能
    - (以上两项)灰渣利用—硅酸盐制品、铝化合物、建筑材料、轻骨架材料等
  - 化工原料
    - 作为固体利用
      - 干馏焦或型焦
        - 炼铁、铸造、冶炼有色金属、一般工业燃料
        - 电石—乙炔
        - 气化—燃料气、合成原料气
      - 活性炭—气相、液相吸附剂
      - 炭素材料
        - 电极、碳纤维素
        - 炭黑
    - 作为气体利用
      - 干馏煤气
        - 城市煤气、高炉燃料、工业燃料
        - 合成氨原料
      - 气化
        - 乙炔(等离子体气化)
        - 合成化学原料气
      - 干馏焦油
        - 加工成喷气燃料、高炉喷吹燃料
        - 焦油化学—染料、合成原料
    - 作为液体利用
      - 加氢(还原)
        - 液体燃料(汽油、喷气燃料)
        - 芳烃化合物
      - 氧化
        - 腐植酸—肥料、药品、煤球粘结剂、钻探泥浆等
        - 芳香羧酸—化工原料
      - 卤化—润滑油、有机氟化合物
      - 溶剂处理—胶质燃料、芳烃化合物等

2. 各种煤的主要用途

(1)泥炭的用途 泥炭的用途如下：

泥炭的用途
- 燃料
  - 民用
  - 工 业—烧耐火砖、陶瓷产品等；烧蒸汽作动力用
  - 农副业—炒茶、烘茧等
  - 发 电—小型电厂
  - 制砖→造气—烧砖窑、玻璃熔窑
- 肥料
  - 农田基肥、堆肥
  - 复合肥料—腐植酸铵肥和磷、钾混合肥等
- 工业原料
  - 硝基腐植酸染料
  - 涂料
  - 离子交换剂
  - 酿酒酵母刺激剂
  - 钻井泥浆
  - 泡沫稳定剂
  - 蓄电池负极膨胀剂
  - 混凝土调整剂等
- 建材—泥炭纤维板、波形瓦、轻质保温材料等
- 医药—腐植酸钠—止血、收敛、消炎、止氧
  - 胃出血
  - 小儿腹泻

(2)褐煤的用途　褐煤的用途如下：

- 褐煤的用途
  - 燃料
    - 民用—生活用或取暖等
    - 工业—锅炉用，发生蒸汽作为动力或热能
    - 发电—坑口电站或大、中、小型火电站
    - 机车—蒸汽机车
    - 加氢—制取人造液体燃料
  - 块煤或压砖(成型)
    - 造气—合成氨或甲醇原料气、工业燃料气、合成石油气
    - 炼焦(加粘结剂)—褐煤焦供小型高炉炼铁、冶炼有色金属、烧结矿石、钢材淬火处理等用
    - 低温干馏
      - 半焦—制合成气、电石、吸附焦、民用等
      - 焦油—提取各种酚类、制成汽油、煤油润滑油等
  - 工业原料
    - 活性炭—吸附剂用于净化废水等
    - 磺化煤—作离子交换剂
    - 压制塑料—民用或工业用
    - 提取褐煤蜡—精密铸造、鞋油、金属上光蜡、电缆等用
    - 腐植酸钠
      - 医药用
      - 植物生长刺激剂等用
  - 农业：腐植酸铵—农田肥料
  - 提取铀、锗等稀散元素(在某些特定的矿区)

(3)不粘结煤的用途 不粘结煤的用途如下：

- 不粘结煤用途
  - 长焰煤
    - 机车、发电及工业锅炉燃料和回转窑烧水泥
    - 民用燃料
    - 低温干馏
      - 低温焦油—加工制成各种液体燃料
      - 半焦炭—制成合成原料气或供民用、也可供制造电石和烧结矿石用
    - 工业用发生炉煤气(块煤)
    - 高压加氢制成各种液体燃料
  - 不粘煤
    - 机车、发电及各种工业锅炉燃料和回转窑烧水泥
    - 民用燃料
    - 工业用发生炉煤气(块煤)
  - 弱粘煤
    - 机车、发电及各种工业锅炉燃料、回转窑烧水泥
    - 民用燃料
    - 发生炉煤气(块煤)作炼钢、烧玻璃等工业燃料
    - 配煤炼焦(低灰、低硫有一定粘结性者)
  - 贫煤
    - 发电及工业锅炉燃料、立窑烧水泥(块煤)
    - 民用燃料
    - 制造合成原料气或发生炉煤气用作工业燃料(块煤)

(4)炼焦煤的用途 炼焦煤的用途如下：

- 炼焦煤的用途
  - 气煤
    - 配煤炼焦或单独捣固炼焦—供高炉炼铁，或供化工及冶炼有色金属用
    - 机车、发电及工业锅炉燃料、回转窑烧制水泥
    - 民用燃料
    - 低温干馏
      - 低温焦油—加工制造各种液体燃料或酚类等化工原料
      - 半焦炭—冶炼有色金属、制造电石或烧结矿石、烧石灰和民用
    - 发生炉煤气(块煤)用作各种工业燃料
    - 高压加氢制造液体燃料或固态的炼焦用粘结剂
  - 肥煤
    - 配煤炼焦的主要组分
    - 机车、发电及各种工业燃料、民用燃料(高硫或高灰、难选煤)
    - 高压加氢制造液体燃料或固态的炼焦用粘结剂(高挥发分的气肥煤)
  - 焦煤
    - 配煤炼焦的主要组分，也能单独炼焦
    - 机车、发电及各种工业燃料、民用燃料(高硫或高灰、难选煤)
  - 瘦煤
    - 配煤炼焦的组分之一
    - 机车、发电及各种工业燃料和民用燃料
    - 制造发生炉煤气(块煤、粘结性差者)

(5)无烟煤的用途 无烟煤的用途如下：

- 无烟煤的用途
  - 变质最高的
    - 制造电石、碳化硅、石墨电极等
    - 电炉法烧制元素磷(红磷、黄磷)
    - 合成氨(块煤预热处理、粉煤加粘结剂成型)
    - 制造钙镁磷肥
    - 烧石灰(代替焦炭)或白云石、烧结矿石
    - 立窑烧水泥、沸腾锅炉燃料
    - 制煤球或蜂窝煤供民用
  - 中等变质(典型)的
    - 合成氨
      - >13mm的块煤
      - 粉煤加腐植酸钠或沥青等粘结剂或加石灰
      - 制成碳酸化煤球
    - 高炉喷吹代替部分焦炭(低灰、低硫粉煤)
    - 烧制钙镁磷肥、烧结矿石
    - 沸腾锅炉燃料、立窑烧水泥、烧石灰
    - 制煤球等供民用
    - 制发生炉煤气(块煤)
    - 供小高炉炼铁(块煤)
  - 变质较低的
    - 合成氨(块煤或粉煤成型)或制发生炉煤气
    - 高炉喷吹、烧结矿石、烧制钙镁磷肥
    - 发电、沸腾锅炉燃料、立窑烧水泥、烧石灰
    - 制煤球、蜂窝煤

### (三)煤质及煤分析的有关术语

煤质及煤分析的有关术语,国家标准(GB3715—91)作了规定。

1.煤及其产品的有关术语

煤及其产品的有关术语见表 8-11。

**表 8-11 煤及其产品的有关术语**

| 序号 | 术语名称 | 英文术语 | 定 义 | 符号 | 允许使用的同义词 | 停止使用的同义词 |
|---|---|---|---|---|---|---|
| 1 | 煤 | coal | 植物遗体在覆盖地层下,压实、转化而成的固体有机可燃沉积岩 | | 煤炭 | |
| 2 | 煤的品种 | categories of coal | 以不同方式加工成不同规格的煤炭产品 | | | |
| 3 | 标准煤 | coal equivalent | 凡能产生 29.27MJ 的热量(低位)的任何数量的燃料折合为 1 kg 标准煤 | | | |
| 4 | 毛煤 | run-of-mine coal | 煤矿生产出来的,未经任何加工处理的煤 | | | |
| 5 | 原煤 | raw coal | 从毛煤中选出规定粒度的矸石(包括黄铁矿等杂物)以后的煤 | | | |
| 6 | 商品煤 | commercial coal; salable coal | 作为商品出售的煤 | | | 销煤 |
| 7 | 精煤 | cleaned coal | 煤经精选(干选或湿选)后生产出来的、符合质量要求的产品 | | | 洗精煤 |
| 8 | 中煤 | middlings | 煤经精选后得到的、灰分介于精煤和矸石之间的产品 | | | |
| 9 | 洗选煤 | washed coal | 经过洗选后的煤 | | | |
| 10 | 筛选煤 | screened coal; sieved coal | 经过筛选加工的煤 | | | |
| 11 | 粒级煤 | sized coal | 煤通过筛选或精选生产的、粒度下限大于 6mm 并规定有限下率的产品 | | | |
| 12 | 粒度 | size | 颗粒的大小 | | | |
| 13 | 限上率 | oversize fraction | 筛下产品中大于规定粒度上限部分的质量百分数 | | | |
| 14 | 限下率 | undersize fraction | 筛上产品中小于规定粒度下限部分的质量百分数 | | | 含末率 |
| 15 | 特大块 | ultra large coal (>100mm) | 大于 100mm 的粒级煤 | | | |
| 16 | 大块煤 | large coal (>50mm) | 大于 50mm 的粒级煤 | | | |
| 17 | 中块煤 | medium-sized coal (25~50mm) | 25~50mm 的粒级煤 | | | |
| 18 | 小块煤 | small coal (13~25mm) | 13~25mm 的粒级煤 | | | |

续表 8-11

| 序号 | 术语名称 | 英文术语 | 定义 | 符号 | 允许使用的同义词 | 停止使用的同义词 |
|---|---|---|---|---|---|---|
| 19 | 混中块 | mixed medium-sized coal (13～80mm) | 13～80mm 的粒级煤 | | | |
| 20 | 混块 | mixed lump coal (13～300mm) | 13～300mm 之间的粒级煤 | | | |
| 21 | 粒煤 | pea coal (6～13mm) | 6～13mm 的粒级煤 | | | |
| 22 | 混煤 | mixed coal (＞0～50mm) | 0～50mm 之间的煤 | | | |
| 23 | 末煤 | slack; slack coal (＞0～25mm) | 0～25mm 之间的煤 | | | |
| 24 | 粉煤 | fine coal (＞0～6mm) | 0～6mm 之间的煤 | | | |
| 25 | 煤粉 | coal fines (＞0～0.5mm) | 小于 0.5mm 的煤 | | | |
| 26 | 煤泥 | slime | 煤经洗选或水采后粒度在 0.5mm 以下的产品 | | | |
| 27 | 矸石 | shale | 采掘过程中从顶、底板或煤层混入煤中的岩石 | | | 矸子 |
| 28 | 夹矸 | dirt band | 夹在煤层中的矿物质层 | | | |
| 29 | 洗矸 | washery rejects | 从洗煤机中排出的矸石 | | | |
| 30 | 含矸率 | shale content | 煤中大于 50mm 矸石的质量百分数 | | | |

2. 煤的采样和制样的有关术语

煤的采样和制样的有关术语见表 8-12。

**表 8-12 煤的采样和制样的有关术语**

| 序号 | 术语名称 | 英文术语 | 定义 | 符号 | 允许使用的同义词 | 停止使用的同义词 |
|---|---|---|---|---|---|---|
| 1 | 煤样 | coal sample; sample | 为确定某些特性而从煤中采取的、具有代表性的一部分煤 | | | |
| 2 | 采样 | sampling | 采取煤样的过程 | | | |
| 3 | 子样 | increment | 采样器具操作一次或截取一次煤流分断面所采取的一份样 | | | |
| 4 | 总样 | gross sample | 从一个采样单元取出的全部子样合并成的煤样 | | | |
| 5 | 随机采样 | random sampling | 在采取子样时，对采样的部位或时间均不施加任何人为的意志，能使任何部位的煤都有机会采出 | | | |
| 6 | 系统采样 | systematic sampling | 按相同的时间、空间或质量的间隔采取子样，但第一个子样在第一个间隔内随机采取，其余的子样按选定的间隔采取 | | | |
| 7 | 批 | batch; lot | 在相同的条件下，在一段时间内生产的一个量 | | | |

续表 8-12

| 序号 | 术语名称 | 英文术语 | 定义 | 符号 | 允许使用的同义词 | 停止使用的同义词 |
| --- | --- | --- | --- | --- | --- | --- |
| 8 | 采样单元 | sampling unit | 从一批煤中采取一个总样的煤量。一批煤可以是一个或多个采样单元 | | | |
| 9 | 多份采样 | reduplicate sampling | 从一个采样单元取出若干子样依次轮流放入各容器中。每个容器中的煤样构成一份质量接近的煤样，每份煤样能代表整个采样单元的煤质 | | | |
| 10 | 煤层煤样 | seam sample | 按规定在采掘工作面、探巷或坑道中从一个煤层采取的煤样 | | | |
| 11 | 分层煤样 | stratified seam sample | 按规定从煤和夹矸的每一自然分层中分别采取的试样 | | | |
| 12 | 可采煤样 | workable seam sample | 按采煤规定的厚度应采取的全部试样 | | | |
| 13 | 生产煤样 | sample for production | 在正常生产情况下，在一个整班的采煤过程中采出的，能代表生产煤层煤的物理、化学和工艺特性的煤样 | | | |
| 14 | 商品煤样 | sample for commercial coal | 代表商品煤平均性质的煤样 | | | |
| 15 | 浮煤样 | float sample | 经重液分选浮在上部的煤样 | | | |
| 16 | 沉煤样 | sink sample | 经重液分选沉在下部的煤样 | | | |
| 17 | 试验室煤样 | laboratory sample | 由总样或分样缩制的、送往试验室供进一步制备的煤样 | | | |
| 18 | 空气干燥煤样 | air-dried sample | 粒度小于 0.2mm、与周围空气湿度达到平衡的煤样 | | 一般分析煤样 | |
| 19 | 标准煤样 | certified reference coal | 具有高度均匀性、良好稳定性和准确量值的煤样，主要用于校准测定仪器，评价分析试验方法和确定煤的特性量值 | | | |
| 20 | 煤样制备 | sample preparation | 使煤样达到试验所要求的状态的过程，包括煤样的破碎、混合、缩分和空气干燥 | | | |
| 21 | 煤样破碎 | sample reduction | 在制样过程中用机械或人工方法减小煤样粒度的过程 | | | |
| 22 | 煤样混合 | sample mixing | 把煤样混合均匀的过程 | | | |
| 23 | 煤样缩分 | sample division | 按规定把一部分煤样留下来，其余部分弃掉以减少煤样数量的过程 | | | |
| 24 | 堆锥四分法 | coning and quartering | 把煤样堆成一个圆锥体，再压成厚度均匀的圆饼，并分成四个相等的扇形，取其中两个相对的扇形部分作为煤样的方法 | | | |
| 25 | 二分器 | riffle | 混合、缩分煤样的工具。由一列平行而交替的、宽度均等的斜槽所组成 | | | |

3. 煤质分析的有关术语

煤质分析的有关术语见表 8-13。

**表 8-13 煤质分析的有关术语**

| 序号 | 术语名称 | 英文术语 | 定义 | 符号 | 允许使用的同义词 | 停止使用的同义词 |
|---|---|---|---|---|---|---|
| 1 | 工业分析 | proximate analysis | 水分、灰分、挥发分和固定碳四个项目煤质分析的总称 | | | |
| 2 | 外在水分 | free moisture; surface moisture | 在一定条件下煤样与周围空气湿度达到平衡时所失去的水分 | $M_f$ | | |
| 3 | 内在水分 | moisture in air-dried coal; inherent moisture | 在一定条件下煤样达到空气干燥状态时所保持的水分 | $M_{inh}$ | | |
| 4 | 全水分 | total moisture | 煤的外在水分和内在水分的总和 | $M_t$ | | |
| 5 | 空气干燥煤样水分 | moisture in the air-dried sample; moisture in the analysis sample | 用空气干燥煤样(粒度<0.2mm)在规定条件下测得的水分 | $M_{ad}$ | | 分析煤样水分 |
| 6 | 最高内在水分 | moisture holding capacity | 煤样在温度30℃、相对湿度96%下达到平衡时测得的内在水分 | MHC | | |
| 7 | 化合水 | water of constitution | 以化学方式与矿物质结合的、在全水分测定后仍保留下来的水分 | | | |
| 8 | 矿物质 | mineral matter | 赋存在煤中的无机物质 | MM | | |
| 9 | 灰分 | ash | 煤样在规定条件下完全燃烧后所得的残留物 | $A$ | | |
| 10 | 外来灰分 | extraneous ash | 由煤炭生产过程混入煤中的矿物质所形成的灰分 | | | |
| 11 | 内在灰分 | inherent ash | 由原始成煤植物中的和由成煤过程进入的矿物质所形成的灰分 | | | |
| 12 | 碳酸盐二氧化碳 | carbonate carbon dioxide | 煤中以碳酸盐形态存在的二氧化碳 | $CO_2$ | | |
| 13 | 挥发分 | volatile matter | 煤样在规定条件下隔绝空气加热,并进行水分校正后的质量损失 | $V$ | | |
| 14 | 焦渣特征 | characteristics of char residue | 煤样在测定挥发分后的残留物的粘结性状 | | | |
| 15 | 固定碳 | fixed carbon | 从测定煤样的挥发分后的残渣中减去灰分后的残留物 | FC | | |
| 16 | 燃料比 | fuel ratio | 煤的固定碳和挥发分之比 | FC/$V$ | | |
| 17 | 有机硫 | organic sulfur | 与煤的有机质相结合的硫 | $S_o$ | | |
| 18 | 无机硫 | inorganic sulfur; mineral sulfur | 煤中矿物质内的硫化物硫、硫铁矿硫、硫酸盐硫和元素硫的总称 | | | 矿物质硫 |
| 19 | 全硫 | total sulfur | 煤中无机硫和有机硫的总和 | $S_t$ | | |
| 20 | 硫铁矿硫 | pyritic sulfur | 煤的矿物质中以黄铁矿或白铁矿形态存在的硫 | $S_p$ | | |
| 21 | 硫酸盐硫 | sulfate sulfur | 煤的矿物质中以硫酸盐形态存在的硫 | $S_s$ | | |

续表 8-13

| 序号 | 术语名称 | 英文术语 | 定 义 | 符号 | 允许使用的同义词 | 停止使用的同义词 |
|---|---|---|---|---|---|---|
| 22 | 固定硫 | fixed sulfur | 煤热分解后残渣中的硫 | | | |
| 23 | 真相对密度 | true relative density | 在20℃时煤(不包括煤的孔隙)的质量与同体积水的质量之比 | TRD | | 真比重 |
| 24 | 视相对密度 | apparent relative density | 在20℃时煤(包括煤的孔隙)的质量与同体积水的质量之比 | ARD | | 视比重、容重 |
| 25 | 散密度 | bulk density | 在容器中单位体积散状煤的质量 | | | 堆比重 |
| 26 | 块密度 | density of lump | 整块煤的单位体积质量 | | | 体重 |
| 27 | 孔隙率 | porosity | 煤的毛细孔体积与煤的视体积(包括煤的孔隙)之比 | | | 孔隙度 |
| 28 | 恒容高位发热量 | gross calorific value at constant volume | 煤样在氧弹内燃烧时产生的热量减去硫和氮的校正值后的热值 | $Q_{gr,v}$ | | |
| 29 | 恒容低位发热量 | net calorific value at constant volume | 煤的恒容高位发热量减去煤样中水和燃烧时生成的水的蒸发潜热后的热值 | $Q_{net,v}$ | | |
| 30 | 元素分析 | ultimate analysis | 碳、氢、氧、氮、硫五个项目煤质分析的总称 | | | |
| 31 | 煤中有害元素 | harmful elements in coal | 煤中存在的、对人和生态有害的元素,通常指煤中砷、氟、氯、磷、硫、镉、汞、铬、铍、铊、铅等元素 | | | |
| 32 | 煤中微量元素 | trace elements in coal | 在煤中以微量存在的元素如锗、镓、铀、钍、铍、镉、铬、铜、锰、镍、铅、钒、锌等元素 | | | |
| 33 | 燃点 | ignition temperature | 煤释放出足够的挥发分与周围大气形成可燃混合物的最低着火温度 | | | |

4. 煤质分析结果表示方法的有关术语

煤质分析结果表示方法的有关术语见表 8-14。

表 8-14 煤质分析结果表示方法的有关术语

| 序号 | 术语名称 | 英文术语 | 定 义 | 符号 | 允许使用的同义词 | 停止使用的同义词 |
|---|---|---|---|---|---|---|
| 1 | 收到基 | as received basis | 以收到状态的煤为基准 | ar | | 应用基 |
| 2 | 空气干燥基 | air dried basis | 与空气湿度达到平衡状态的煤为基准 | ad | | 分析基 |
| 3 | 干燥基 | dry basis | 以假想无水状态的煤为基准 | d | 干基 | |
| 4 | 干燥无灰基 | dry ash-free basis | 以假想无水、无灰状态的煤为基准 | daf | | 可燃基 |
| 5 | 干燥无矿物质基 | dry mineral-matter free basis | 以假想无水、无矿物质状态的煤为基准 | dmmf | | 有机基 |
| 6 | 恒湿无灰基 | moist ash-free basis | 以假想含最高内在水分、无灰状态的煤为基准 | maf | | |
| 7 | 恒湿无矿物质基 | moist mineral-matter-free basis | 以假想含最高内在水分、无矿物质状态的煤为基准 | m,mmf | | |

5. 煤的工艺性试验的有关术语

煤的工艺性试验的有关术语见表8-15。

**表 8-15 煤的工艺性试验的有关术语**

| 序号 | 术语名称 | 英文术语 | 定义 | 符号 | 允许使用的同义词 | 停止使用的同义词 |
|---|---|---|---|---|---|---|
| 1 | 结焦性 | coking property | 煤经干馏结成焦炭的性能 | | | |
| 2 | 粘结性 | caking property | 煤在干馏时粘结其本身或外加惰性物质的能力 | | | |
| 3 | 塑性 | plastic property | 煤在干馏时形成的胶质体的粘稠、流动、透气等性能 | | | |
| 4 | 膨胀性 | swelling property | 煤在干馏时体积发生膨胀或收缩的性能 | | | |
| 5 | 胶质层指数 | (Sapozhnikov) plastometer indices | 由勒·姆·萨波日尼柯夫提出的一种表征烟煤结焦性的指标，以胶质层最大厚度 $Y$ 值，最终收缩度 $X$ 值等表示 | | | |
| 6 | 罗加指数 | Roga index | 由布·罗加提出的一种表征烟煤粘结无烟煤能力的指标 | R. I. | | |
| 7 | 粘结指数 | caking index $G$ | 在规定条件下以烟煤在加热后粘结专用无烟煤的能力表征烟煤粘结性的指标 | $G_{R.I.}$ | $G$ 指数 | |
| 8 | 坩埚膨胀序数 | crucible swelling number; free swelling index | 以煤在坩埚中加热所得焦块膨胀程度的序号表征煤的膨胀性和粘结性的指标 | CSN | | 自由膨胀指数 |
| 9 | 奥亚膨胀度 | Audiberts-Arnu dilatation | 由奥迪勃斯和亚尼二人提出的、以膨胀度($b$)和收缩度($a$)等参数表征烟煤膨胀性和粘结性的指标 | | | |
| 10 | 基氏流动度 | Gieseler fluidity | 由基斯勒尔提出的以测得的最大流动度表征烟煤塑性的指标 | | | |
| 11 | 葛金干馏试验 | Gray-King assay | 由葛莱和金二人提出的煤低温干馏试验方法，用以测定热分解产物收率和焦型 | | | |
| 12 | 铝甑干馏试验 | Fisher-Schrader assay | 由费舍尔和史莱德二人提出的低温干馏试验方法，用以测定焦油、半焦、热解水收率 | | | |
| 13 | 抗碎强度 | resistance to breakage | 一定粒度的煤样自由落下后抗破碎的能力 | | | 机械强度 |
| 14 | 热稳定性 | thermal stability | 一定粒度的煤样受热后保持规定粒度的性能 | TS | | |
| 15 | 煤对二氧化碳的反应性 | carboxyre-activity | 煤将二氧化碳还原为一氧化碳的能力 | $\alpha$ | | |
| 16 | 结渣性 | clinkering property | 在气化或燃烧过程中，煤灰受热、软化、熔融而结渣的性质 | Clin | | |
| 17 | 可磨性 | grindability | 煤研磨成粉的难易程度 | | | |

续表 8-15

| 序号 | 术语名称 | 英文术语 | 定　义 | 符号 | 允许使用的同义词 | 停止使用的同义词 |
|---|---|---|---|---|---|---|
| 18 | 哈氏可磨性指数 | Hardgrove grindability index | 用哈氏仪测定的可磨性表示硬煤被磨细的难易程度 | HGI | | |
| 19 | 磨损性 | abrasiveness | 煤磨碎时对金属件的磨损能力 | | | |
| 20 | 灰熔融性 | ash fusibility | 在规定条件下得到的随加热温度而变化的煤灰变形、软化和流动特征物理状态 | | | 灰熔点 |
| 21 | 灰粘度 | ash viscosity | 灰在熔融状态下的粘度 | | | |
| 22 | 灰的酸度 | ash acidity | 灰中酸性组分(硅、铝、钛等的氧化物)与碱性组分(铁、钙、镁、锰等的氧化物)之比 | | | |
| 23 | 灰的碱度 | ash basicity | 灰中碱性组分(铁、钙、镁、锰等的氧化物)与酸性组分(硅、铝、钛等的氧化物)之比 | | | |
| 24 | 透光率 | transmit-tance | 褐煤、长焰煤在规定条件下用硝酸与磷酸的混合液处理后所得溶液的透光率 | $P_M$ | | |
| 25 | 酸性基 | acidic groups | 煤中呈酸性的含氧官能团的总称,主要为羧基和酚羟基 | | 总酸性基 | |
| 26 | 腐植酸 | humic acid | 煤中能溶于稀苛性碱和焦磷酸钠溶液的一组多种缩合的酸性基的高分子化合物 | $HA_t$ | 总腐植酸 | |
| 27 | 游离腐植酸 | free humic acid | 酸性基保持游离状态的腐植酸,在实际测定中包括与钾、钠结合的腐植酸 | $HA_f$ | | |
| 28 | 结合腐植酸 | combined humic acid | 酸性基与金属离子结合的腐植酸。在实际测定中,不包括与钾、钠结合的腐植酸 | | | |
| 29 | 黑腐植酸 | pyrotoma-lenic acid | 一组分子量较大的腐植酸,一般呈黑色,能溶于稀苛性碱溶液,不溶于稀酸和丙酮 | | | |
| 30 | 黄腐植酸 | fulvic acid | 一组分子量较小的腐植酸,一般呈黄色,能溶于水、稀酸和碱溶液 | | | |
| 31 | 棕腐植酸 | hymatoma-lenic acid | 一组分子量中等的腐植酸,一般呈棕色,能溶于稀苛性碱溶液和丙酮,不溶于稀酸 | | | |
| 32 | 苯萃取物 | benzene extracts; benzene soluble extracts | 褐煤中能溶于苯的部分,主要成分为蜡和树脂 | $E_B$ | 苯抽出物 | 褐煤蜡 |

6. 煤的分类

煤的分类的有关术语见表 8-16。

**表 8-16 煤的分类的有关术语**

| 序号 | 术语名称 | 英文术语 | 定义 | 符号 | 允许使用的同义词 | 停止使用的同义词 |
|---|---|---|---|---|---|---|
| 1 | 类别 | class | 根据煤的煤化程度和工艺性能指标把煤划分成的大类 | | | |
| 2 | 小类 | group | 根据煤的性质和用途的不同，把大类进一步细分成的小类 | | | |
| 3 | 褐煤 | brown coal;lignite | 煤化程度低的煤，外观多呈褐色，光泽暗淡或呈沥青光泽，含有较高的内在水分和不同数量的腐植酸 | HM | | |
| 4 | 烟煤 | bituminous coal | 煤化程度高于褐煤而低于无烟煤的煤，其特点是挥发分产率范围大，单独炼焦时从不结焦到强结焦均有，燃烧时有烟 | YM | | |
| 5 | 无烟煤 | anthracite | 煤化程度高的煤，挥发分低、密度大，燃点高，无粘结性，燃烧时多不冒烟 | WY | 白煤 | |
| 6 | 硬煤 | hard coal | 一般指烟煤和无烟煤的总称，或者指恒湿无灰基高位发热量等于或大于24MJ/kg的煤，以及恒湿无灰基高位发热量等于或小于24MJ/kg，但镜质体平均随机反射率等于或大于0.6%的煤 | | | |
| 7 | 长焰煤 | long flame coal | 变质程度最低，挥发分最高的烟煤，一般不结焦，燃烧时火焰长 | CY | | |
| 8 | 气煤 | gas coal | 变质程度较低、挥发分较高的烟煤。单独炼焦时，焦炭多细长、易碎，并有较多的纵裂纹 | QM | | |
| 9 | 肥煤 | fat coal | 变质程度中等的烟煤。单独炼焦时，能生成熔融性良好的焦炭，但有较多的横裂纹，焦根部分有蜂焦 | | | |
| 10 | 焦煤 | coking coal | 变质程度较高的烟煤。单独炼焦时，生成的胶质体热稳定性好，所得焦炭的块度大、裂纹少、强度高 | JM | | |
| 11 | 瘦煤 | lean coal | 变质程度高的烟煤。单独炼焦时，大部分能结焦。焦炭的块度大、裂纹少，但熔融较差，耐磨强度低 | SM | | |
| 12 | 1/3 焦煤 | 1/3 coking coal | 介于焦煤、肥煤与气煤之间的含中等或较高挥发分的强粘结性煤。单独炼焦时，能生成强度较高的焦炭 | 1/3JM | | |
| 13 | 气肥煤 | gas-fat coal | 挥发分高、粘结性强的烟煤。单煤炼焦时，能产生大量的煤气和胶质体，但不能生成强度高的焦炭 | QF | | |
| 14 | 1/2 中粘煤 | 1/2 medium caking coal | 粘结性介于气煤和弱粘煤之间的、挥发分范围较宽的烟煤 | 1/2 ZN | | |
| 15 | 贫瘦煤 | meager lean coal | 变质程度高，粘结性较差、挥发分低的烟煤。结焦性低于瘦煤 | PS | | |

续表 8-16

| 序号 | 术语名称 | 英文术语 | 定 义 | 符号 | 允许使用的同义词 | 停止使用的同义词 |
|---|---|---|---|---|---|---|
| 16 | 贫煤 | meager coal | 变质程度高、挥发分最低的烟煤。不结焦 | PM | | |
| 17 | 不粘煤 | non-caking coal | 变质程度较低的、挥发分范围较宽、无粘结性的烟煤 | BN | | |
| 18 | 弱粘煤 | weakly caking coal | 变质程度较低、挥发分范围较宽的烟煤。粘结性介于不粘煤和1/2中粘煤之间 | RN | | |
| 19 | 天然焦 | carbonite | 煤层中的煤因受岩浆热的影响而形成的焦炭 | | | 自然焦 |
| 20 | 风化煤 | weathered coal | 受风化作用的影响，含氧量增高，发热量降低，并含有再生腐植酸等明显变化的煤 | | | |

7.煤质分析常用数理统计术语

煤质分析常用数理统计术语见表 8-17。

**表 8-17 煤质分析常用数理统计术语**

| 序号 | 术语名称 | 英文术语 | 定 义 | 符号 | 允许使用的同义词 | 停止使用的同义词 |
|---|---|---|---|---|---|---|
| 1 | 观测值 | observations | 在试验中所测量或观测到的数值 | | | |
| 2 | 极差 | range | 一组观测值的最高值和最低值的差值 | | | |
| 3 | 偏差 | deviation | 一个观测值与一个规定值之间的差值 | | | |
| 4 | 平均偏差 | mean deviation | 各观测值与其平均值差值(取绝对值)的平均值 | | | |
| 5 | 总体 | population;universe | 作为数理统计对象的全部观测值 | | | 母体 |
| 6 | 个体 | individual | 总体中的一个，即指一个观测值 | | | |
| 7 | 总体平均值 | population mean | 总体中全部观测值的平均值 | $\mu$ | | |
| 8 | 方差 | variance | 各观测值与其平均值差值的平方和除以自由度 | $V$ | | $S^2$ |
| 9 | 标准偏差 | standard deviation | 方差的平方根 | $S$ | 标准差 | |
| 10 | 变异系数 | coefficient of variation | 标准偏差占平均值(取绝对值)的百分数 | $V$ | | |
| 11 | 真值 | true value | 被测物理量的真实值 | | | |
| 12 | 误差 | error | 观测值与真值之间的差值 | | | |
| 13 | 系统误差 | bias | 观测值比真值系统偏高或系统偏低的误差 | | | |

续表 8-17

| 序号 | 术语名称 | 英文术语 | 定　义 | 符号 | 允许使用的同义词 | 停止使用的同义词 |
|---|---|---|---|---|---|---|
| 14 | 随机误差 | random error | 由偶然因素引起的误差(正、负误差出现的概率相等) | | | |
| 15 | 精密度 | precision | 一组观测值互相接近的程度 | | | |
| 16 | 准确度 | accuracy | 观测值与真值接近的程度 | | | |
| 17 | 允许差 | tolerance | 在规定条件下获得的两个或多个观测值之间允许的最大差值 | | | |
| 18 | 重复性 | repeatability | 在同一试验室中,由同一操作者,用同一仪器,对同一试样,于短期内所做的重复测定,所得结果间的差值(在95%概率下)的临界值 | | | |
| 19 | 再现性 | reproducibility | 在不同试验室中,对从试样缩制最后阶段的同一试样中分取出来的、具有代表性的部分所做的重复测定,所得结果的平均值间的差值(在95%概率下)的临界值 | | | |
| 20 | 置信度 | degree of confidence; confidence probability; confidence level; confidence coefficient | 统计推断的可靠程度,常以概率表示 | | | |
| 21 | 临界值 | critical value | 统计检验时,接受或拒绝的界限值 | | | |

## (四)常用符号与基准计算

煤质分析试验所用符号与基准的计算,国家现行标准GB483—87规定如下。

1.符号(GB483—87)

(1)试验项目代表符号　下列符号代表各分析试验项目:

$a$——收缩度,%;

$A$——灰分,%;

$Al_2O_3$——三氧化二铝含量,%;

As——砷含量,ppm;

*ARD*——视(相对)密度;

$b$——膨胀度,%;

$C$——碳含量,%;

CaO——氧化钙含量,%;

Cl——氯含量,%;

*Clin*——结渣率,%;

$CO_2$——二氧化碳含量,%;

*CR*——半焦产率,%;

$CSN$——坩埚膨胀序数；
$DT$——灰熔融性变形温度，℃；
$E_B$——苯萃取物产率，%；
F——氟含量，ppm；
FC——固定碳含量，%
$FT$——灰熔融性流动温度，℃；
$Fe_2O_3$——三氧化二铁含量，%；
$G_{R.I.}$——粘结指数；
Ga——镓含量，ppm；
Ge——锗含量，ppm；
H——氢含量，%；
HA——腐植酸产率，%；
$HGI$——哈氏可磨性指数；
$K_2O$——氧化钾含量，%；
$M$——水分，%；
MgO——氧化镁含量，%；
$MHC$——最高内在水分，%；
$MM$——矿物质含量，%；
$MnO_2$——二氧化锰含量，%；
N——氮含量，%；
$Na_2O$——氧化钠含量，%；
O——氧含量，%；
P——磷含量，%；
$P_2O_5$——五氧化二磷含量，%；
$P_M$——透光率，%；
$Q$——发热量，J/g或MJ/kg；
$R.I.$——罗加指数，%；
S——硫含量，%；
$SiO_2$——二氧化硅含量，%；
$SO_3$——三氧化硫含量，%；
$ST$——灰熔融性软化温度，℃；
$T_{ar}$——焦油产率；%；
$TiO_2$——二氧化钛含量，%；
$TRD$——真（相对）密度；
$TS$——热稳定性，%；
$V$——挥发分，%；
$W_{ater}$——干馏总水产率，%；
$X$——焦块最终收缩度，mm；

$Y$——胶质层最大厚度，mm；

$\alpha$——二氧化碳转化率，%。

(2)项目划分代表符号　对各分析试验项目的进一步划分，采用相应的英文名词的第一个字母或缩略字，标在有关符号的右下角，若分析试验项目的符号最后一个字母为小写并与所采用的基的符号混淆，则用逗号分开，如干燥基的镓，以 $Ga_d$ 表示。

本标准所涉及的分析试验项目中采用的下标有下列几种：

f——外在或游离；

inh——内在；

o——有机；

p——硫化铁；

s——硫酸盐；

gr,v——恒容高位；

net,p——恒压低位；

net,v——恒容低位；

t——全。

(3)基的代表符号　为了区别以不同基表示的煤质分析结果，采用下列英文字母，标在有关符号的右下角、项目细划分符号后面，并用逗号分开。

本标准规定采用的各种基符号有下列几种：

ad——空气干燥基；

ar——收到基；

d——干基；

daf——干燥无灰基；

dmmf——干燥无矿物质基。

2. 不同基的换算

不同基的换算公式见表 8-18。

**表 8-18　不同基的换算公式**

| 已知基＼要求基 | 空气干燥基 ad | 收到基 ar | 干基 d | 干燥无灰基 daf | 干燥无矿物质基 dmmf |
|---|---|---|---|---|---|
| 空气干燥基 ad | | $\frac{100-M_{ar}}{100-M_{ad}}$ | $\frac{100}{100-M_{ad}}$ | $\frac{100}{100-(M_{ad}+A_{ad})}$ | $\frac{100}{100-(M_{ad}+MM_{ad})}$ |
| 收到基 ar | $\frac{100-M_{ad}}{100-M_{ar}}$ | | $\frac{100}{100-M_{ar}}$ | $\frac{100}{100-(M_{ar}+A_{ar})}$ | $\frac{100}{100-(M_{ar}+MM_{ar})}$ |
| 干基 d | $\frac{100-M_{ad}}{100}$ | $\frac{100-M_{ar}}{100}$ | | $\frac{100}{100-A_d}$ | $\frac{100}{100-MM_d}$ |
| 干燥无灰基 daf | $\frac{100-(M_{ad}+A_{ad})}{100}$ | $\frac{100-(M_{ar}+A_{ar})}{100}$ | $\frac{100-A_d}{100}$ | | $\frac{100-A_d}{100-MM_d}$ |
| 干燥无矿物质基 dmmf | $\frac{100-(M_{ad}+MM_{ad})}{100}$ | $\frac{100-(M_{ar}+MM_{ar})}{100}$ | $\frac{100-MM_d}{100}$ | $\frac{100-MM_d}{100-A_d}$ | |

将有关数值代入表 8-18 所列的相应公式中，再乘以用已知基表示的某一分析值，即可求得所要求的基表示的分析值(低位发热量的换算例外)。

### （五）世界煤炭资源

煤是世界上一次能源中储量最大的资源。1980年“世界能源会议”公布的世界煤炭资源总计为136092.98亿t，其中经勘探实测的储量为19638.87亿t，经济可采储量：硬煤（烟煤及无烟煤）近4879.98亿t，低级别煤（次烟煤及褐煤）为4107.91亿t。

根据“世界能源会议”1980年的公布值，前苏联（5.9万亿t）、美国（3.6万亿t）和中国（1.5万亿t）的煤炭资源占世界总资源的80.7%。这三国的实测储量分别为2760、3977、6000亿t，占世界总储量的65%。

世界各国煤炭储量前10名顺序见表8-19。

**表8-19 世界各国煤炭储量前十名顺序**

| 名次 | 据1980年世界能源会议公布，总储量为136092.98亿t | |
|---|---|---|
| | 国名 | 储量/亿t |
| 1 | 前苏联 | 59260.00 |
| 2 | 美国 | 35986.57 |
| 3 | 中国 | 14650.00 |
| 4 | 澳大利亚 | 7799.00 |
| 5 | 加拿大 | 4744.12 |
| 6 | 德国 | 2853.00 |
| 7 | 波兰 | 1840.00 |
| 8 | 南斯拉夫 | 1814.77 |
| 9 | 英国 | 1495.00 |
| 10 | 印度 | 1140.34 |

### （六）我国煤炭资源

我国煤炭资源探明储量为6420亿t（1982年底止）。我国1982年煤炭产量为6.6亿t（原煤），居世界第3位。

我国煤炭资源储量很大，但储量和煤种地区分布不均匀。探明储量主要集中在华北地区，但新疆的远景储量很大。

从各省分布看，主要集中在山西、内蒙。这两省、区分别约占全国煤炭储量的三分之一和四分之一，而湖南、湖北、江西、广东、广西、福建等省区煤炭储量均不足0.5%，分布很不均匀。

山西省煤炭不仅储量大，且煤质优良，品种齐全，煤层较厚，覆盖较薄，易于开采。

我国煤种齐全，但各种所占比例相差很大，分布也不均匀。气煤、长焰煤、不粘煤、弱粘煤储量多，无烟煤储量也不算少，而肥煤、焦煤资源较少。我国炼焦煤资源占总储量的35%（其中气煤占56%，肥煤占13%，焦煤占17%，瘦煤占13%，其他占1%），如果和世界炼焦煤资源约只占总储量的10%相比，炼焦煤资源还是比较丰富的。但我国炼焦煤产量约占煤炭产量一半以上，以致炼焦煤原煤过剩，而动力煤紧张。

我国炼焦煤按地区分布，华北区约集中了炼焦煤资源的60%，其次是华东区，而中南、东北约各占4%左右。

按煤种分布情况来看，气煤占炼焦煤储量的一半以上，而肥、焦、瘦煤各占12%～18%。

强粘结性的肥煤、焦煤储量不多，是很宝贵的炼焦煤资源，应当珍惜。

从地区煤种分布来看，华东以气煤为主，约占本区炼焦煤储量的78%，华北区的气煤约占本区炼焦煤储量的55%。西南区以焦煤为主，约占本区炼焦煤储量的50%左右。肥煤以华北储量最多，占本区炼焦煤储量的16%。从煤种分布可以看出：一是气煤储量大，二是煤种分布不均。因此，扩大利用气煤，保护优质的焦煤、肥煤等资源，实行炼焦煤合理利用，加强炼焦煤的洗选、运输是重要的研究方向。

我国无烟煤、贫煤、褐煤分别约占全国煤炭储量的17.6%、7.6%及14.0%，而长焰煤、不粘煤、弱粘煤约共占全国煤炭储量的25%强。

全国的无烟煤资源集中分布在山西和贵州两省。从大区分布看，华北区、西南区分别占全国储量的1/2和1/3，中南区占10%弱，华东区、西北区都低于5%，华北区则低于0.5%。

从各省分布看，按储量多少的排列次序为：山西、贵州、河南、河北、四川、北京、福建、广东、云南、江苏、浙江、青海。

我国无烟煤资源分布的特点是非常集中。特大型矿位于贵州和山西。目前生产的大型矿区有阳泉、焦作、京西、晋城、汝箕沟等。尚未开采的特大型矿区有贵州的织金—纳雍，山西的阳城和高平矿区。这三个矿区的无烟煤约占全国无烟煤储量的一半左右。此外，全国尚有储量在1亿t以上的中小型矿区49个，以上合计约占全国无烟煤储量的93%强。

**（七）煤的工业分析**

煤的工业分析也称煤的实用分析，包括煤的水分、灰分、挥发分和固定碳四项。通过煤的工业分析可以大致了解煤中有机质和无机质的含量，以及有机质的性质，以便初步判断煤的种类及其工业用途。工业分析的测定值是国际贸易中煤的重要计价因素，但各国的测定方法不尽相同，测值亦有所差异。各主要工业国（组织）的煤的工业分析方法要点见表8-20。

**表8-20 各主要工业国（组织）的煤的工业分析方法要点**

| 项目 | 测定条件 | 中国国家标准（GB212） | 国际标准（ISO）① | 美国材料协会标准（ASTM3172） | 英国标准（BS1016·Part3） | 前苏联标准（ГОСТ 11014） | 日本工业标准（JISM 8812） |
|---|---|---|---|---|---|---|---|
| 水分测定 | 方法 | 干燥失重法 | 直接质量法<br>直接容量法 | 干燥失重法 | 直接重量法<br>真空或氮气干燥法 | 干燥失重法 | 干燥失重法 |
| | 加热温度/℃ | 105～110 | 105～110 | 104～110 | 105～110 | 105～110 | 107±2 |
| | 干燥时间/h | 1.0～1.5 | 1.0 | 1.0 | 1.0 | 0.5～1.0 | 1.0 |
| 灰分测定 | 方法 | 灰化法 | 灰化法 | 灰化法 | 灰化法 | 灰化法 | 灰化法 |
| | 加热温度/℃ | 815±10 | 815±10 | 750 | 815±10 | 850±25 | 815±10 |
| | 500℃保持时间/h | 0.5 | 0.5～1.0h<br>由500℃升至815℃ | 1.0h<br>由500℃升至750℃ | 1.0～1.5h<br>由500℃升至815℃ | | 0.5～1.0h<br>由500℃升至815℃ |
| 挥发分测定 | 加热温度/℃ | 900±10 | 900±10 | 950±20 | 900±5 | 850±10 | 900±20 |
| | 加热时间/min | 7 | 7 | 7 | 7 | 7 | 7 |
| | 坩埚材质 | 瓷 | 石英 | 铂 | 石英 | 瓷或石英 | 铂 |

①ISO 348；ISO 1015；ISO 1171；ISO 562。

中国标准（GB212—91）规定了煤的工业分析方法。即规定了煤的水分、灰分和挥发分的测定方法及固定碳的计算方法。本标准适用于褐煤、烟煤和无烟煤。

1. 水分的测定

煤的水分测定方法有三种：通氮干燥法、甲苯蒸馏法和空气干燥法。通氮干燥法和甲苯蒸馏法适用于所有煤种，而空气干燥法仅适用于烟煤和无烟煤。

(1)通氮干燥法：称取1g空气干燥煤样，置于105～110℃干燥箱中，在干燥氮气流中干燥到质量恒定，然后根据煤样的质量损失计算出水分的百分含量：

$$M_{ad}=\frac{m_1}{m}\times 100$$

式中 $M_{ad}$——空气干燥煤样的水分含量，%；

$m_1$——煤样干燥后失去的质量，g；

$m$——煤样的质量，g。

(2)甲苯蒸馏法：称取25g空气干燥煤样于圆底烧瓶中，加入甲苯共同煮沸。分馏出的液体收集在水分测定管中并分层，量出水的体积(mL)。以水的质量占煤样质量百分数作为水分含量：

$$M_{ad}=\frac{Vd}{m}\times 100$$

式中 $M_{ad}$——空气干燥煤样的水分含量，%；

$V$——水的体积，mL；

$d$——水的密度，g/mL，20℃时取1.00g/mL；

$m$——煤样的质量，g。

(3)空气干燥法：称取1g空气干燥煤样，置于105～110℃干燥箱中，在空气流中干燥到质量恒定，然后根据煤样的质量损失计算出水分的百分含量：

$$M_{ad}=\frac{m_1}{m}\times 100$$

式中 $M_{ad}$——空气干燥煤样的水分含量，%；

$m_1$——煤样干燥后失去的质量，g；

$m$——煤样的质量，g。

2. 灰分的测定

灰分的测定方法有两种：缓慢灰化法和快速灰化法。缓慢灰化法为仲裁法；快速灰化法为例常分析方法。

(1)缓慢灰化法：称取1g空气干燥煤样，放入马弗炉中，以一定的速度加热到815±10℃，灰化并灼烧到质量恒定，以残留物的质量占煤样质量的百分数作为灰分产率。

(2)快速灰化法：有两种方法。第一种方法是将装有煤样的灰皿放在预先加热至815±10℃的灰分快速测定仪的传递带上，煤样自动送入仪器内完全灰化，然后送出，以残留物的质量占煤样质量的百分数作为灰分产率。第二种方法是将装有煤样的灰皿由炉外逐渐送入预先加热至815±10℃的马弗炉中灰化并灼烧至质量恒定，以残留物的质量占煤样质量的百分数作为灰分产率。

$$A_{ad}=\frac{m_1}{m}\times 100$$

式中 $A_{ad}$——空气干燥煤样的灰分产率，%；

$m_1$——残留物的质量,g;

$m$——煤样的质量,g。

3.挥发分的测定

煤的挥发分测定方法是:称取 1g 空气干燥煤样,放在带盖的瓷坩埚中,在 900±10℃温度下,隔绝空气加热 7min,以减少的质量占煤样质量的百分数,减去该煤样水分含量作为挥发分产率:

$$V_{ad}=\frac{m_1}{m}\times100-M_{ad}$$

式中 $V_{ad}$——空气干燥煤样的挥发分产率,%;

$m_1$——煤样加热后减少的质量,g;

$m$——煤样的质量,g;

$M_{ad}$——空气干燥煤样的水分含量,%。

4.固定碳的计算

固定碳按下式计算:

$$FC_{ad}=100-(M_{ad}+A_{ad}+V_{ad})$$

式中 $FC_{ad}$——空气干燥煤样的固定碳含量,%;

$M_{ad}$——空气干燥煤样的水分含量,%;

$A_{ad}$——空气干燥煤样的灰分含量,%;

$V_{ad}$——空气干燥煤样的挥发分产率,%。

### (八)煤的元素分析

煤的元素分析是通过对煤中碳、氢、氧、氮和硫五种元素来检验煤的化学组成的方法。煤的元素组成与煤化度等有密切关系,见表 8-21。

表 8-21 各类煤的元素组成

| 煤的类别 | $C_{daf}$/% | $H_{daf}$/% | $O_{daf}$/% | $N_{daf}$/% |
|---|---|---|---|---|
| 年轻褐煤 | 60～70 | 5.5～6.6 | 20～30 | 1.5～2.5 |
| 年老褐煤 | 70～77 | 4.5～6.0 | 15～23 | 1.0～2.5 |
| 烟　煤 | 77～93 | 4.0～6.8 | 2～15 | 0.7～2.2 |
| 无烟煤 | 89～98 | 0.8～4.0 | 1～3 | 0.3～1.5 |

1.碳和氢的测定

碳和氢是煤的主要元素。目前世界各国通用的测定煤中碳和氢的方法是 800℃燃烧法(利比西法),其中又分为添加催化剂的快速测定法和不加催化剂的常规测定法。该法是将装有一定煤样的瓷舟放入燃烧管中,在 800℃和有氧化铜存在的条件下,使煤样在氧气流中充分燃烧,生成的水和二氧化碳分别用吸水剂(如氯化钙、浓硫酸或过氯酸镁)和二氧化碳吸收剂(如碱石棉、钠石灰或 40%氢氧化钾溶液)吸收。根据吸收剂的增重,按下式计算煤中碳和氢的百分含量:

$$C_{ad}=\frac{0.2729G_1}{G}\times100$$

$$H_{ad}=\frac{0.1119(G_2-G_3)}{G}\times100-0.1119M_{ad}$$

式中 $G$——空气干燥煤样的质量,g;

$G_1$——二氧化碳吸收管的增重,g;

$G_2$——水分吸收管的增重,g;

$G_3$——水分测定中的空白值,g;

$M_{ad}$——空气干燥煤样的水分,%;

0.2729——由二氧化碳折算碳的因数;

0.1119——由水折算氢的因数。

2.氮的测定

煤中的氮主要是由成煤植物中的蛋白质转化而来的,它在煤中主要以有机氮的形态存在。

世界各国都用开氏法或改进了的开氏法来测煤中的氮含量。该法要点是:煤在沸腾的浓硫酸中经催化剂(硫酸铜)的作用,其中有机质被氧化为二氧化碳和水,煤中氮的绝大部分被转化成氨并与硫酸作用生成硫酸氢铵。当加入过量的氢氧化钠中和硫酸之后,氨能从氢氧化钠溶液中蒸发出来,由硼酸或硫酸溶液吸收,最后用酸碱滴定法求出煤中氮含量。

采用开氏法时,煤中以吡啶、吡咯及嘌呤形态存在的杂环氮化物可以部分地以氮分子形态逸出,致使测值稍微偏低。而在贫煤、无烟煤中,由于杂环氮比例更多一些,测值的偏差也更大。如要精确地测定煤中氮含量,必须收集并测量在开氏法消化时分解出来的氮气。

3.硫的测定

煤中的硫通常以有机硫和无机硫的形态存在。煤中各种形态的硫分的总和称为全硫。煤中的硫对炼焦、气化、燃烧等都是有害的杂质,它使钢铁热脆、设备腐蚀并燃烧生成 $SO_2$ 造成大气污染,所以硫分是评价煤质的重要指标之一。

煤的有机质中所含的硫称为有机硫。有机硫主要来自成煤植物中的蛋白质和微生物的蛋白质。蛋白质中含硫 0.3%~2.4%,而植物整体的含硫量一般都小于 0.5%。一般煤中有机硫的含量较低,但组成很复杂,主要由硫醚或硫化物、二硫化物、硫醇、巯基化合物、噻吩类杂环硫化物及硫醌化合物等组分或官能团所构成。有机硫与煤的有机质结为一体,分布均匀,很难清除,用一般物理洗选方法不能脱除。一般低硫煤中以有机硫为主,经过洗选,精煤全硫因灰分减少而增高。

无机硫又分为硫铁矿硫和硫酸盐硫两种,有时也有微量的元素硫。硫化物硫与有机硫合称为可燃硫,硫酸盐硫则为不可燃硫。硫化物硫中绝大部分以黄铁矿硫形态存在,有时也有少量的白铁矿硫。它们的分子式都是 $FeS_2$,但黄铁矿是正方晶系晶体,多呈结核状、透镜状、团块状和浸染状等形态存在于煤中;白铁矿则是斜方晶系晶体,多呈放射状存在,它在显微镜下的反射率比黄铁矿低。硫化物硫清除的难易程度与矿物颗粒大小及分布状态有关,颗粒大的可利用黄铁矿与有机质相对密度不同洗选除去,但以极细颗粒均匀分布在煤中的黄铁矿则即使将煤细碎也难以除掉。

煤中全硫的测定方法有重量法、库仑滴定法和高温燃烧中和法三种。

(1)重量法(艾士卡法):将 1g 煤样与 2g 艾氏剂混合,在 850℃灼烧,生成硫酸盐,然后使硫酸根离子生成硫酸钡沉淀,根据硫酸钡的质量计算煤中全硫的含量:

$$S_{t,ad}=\frac{(G_1-G_2)\times 0.1373}{G}\times 100$$

式中 $S_{t,ad}$——分析煤样中全硫含量,%;

$G_1$——硫酸钡质量,g;

$G_2$——空白试验的硫酸钡质量,g;

0.1373——由硫酸钡换算为硫的系数;

$G$——煤样的质量,g。

(2)库仑滴定法:煤样在不低于1150℃高温和催化剂作用下,在净化的空气流中燃烧分解。生成的二氧化硫以电解碘化钾和溴化钾溶液所产生的碘和溴进行库仑滴定。电生碘和电生溴所消耗的电量由库仑积分仪积分,并显示煤样中所含硫的毫克数。

$$S_{t,ad}=\frac{\text{积分仪上的显示数}}{\text{煤样毫克数}}\times 100$$

(3)高温燃烧中和法:将煤样在氧气流中进行高温燃烧,使煤中各种形态硫都氧化分解成硫的氧化物,然后捕集在过氧化氢溶液中,使其形成硫酸溶液,用氢氧化钠溶液进行滴定,计算煤样中全硫含量。

$$S_{t,ad}=\frac{(V_1-V_0)D}{G}\times 100$$

式中 $S_{t,ad}$——分析煤样中的全硫含量,%;

$V_1$——煤样测定时氢氧化钠溶液的用量,mL;

$V_0$——空白测定时氢氧化钠溶液的用量,mL;

$D$——氢氧化钠溶液的滴定度,硫的克数(g)/mL;

$G$——煤样质量,g。

**(九)煤的发热量**

煤的发热量是单位质量的煤完全燃烧时放出的热量,单位为kJ/g或MJ/kg。煤的发热量是煤质分析的重要指标,是热工计算的基础。在煤的燃烧或转化过程中,常用发热量来进行热平衡、热效率和耗煤量计算,并据此进行设备的选型或燃烧方式的选择。

中国标准(GB/T213—1996)采用氧弹热量计测定煤的发热量。在氧弹热量计中测出的煤的发热量称为弹筒发热量。氧弹量热法的测定原理是,在氧弹中,在有过剩氧气存在的条件下,点燃一定量煤样,使之完全燃烧,燃烧放出的热量用水吸收,由水温的升高来计算发热量。其计算式如下:

$$Q_{b,ad}=\frac{EH[(t_n+h_n)-(t_0+h_0)+C]-(q_1+q_2)}{m}$$

式中 $Q_{b,ad}$——分析试样的弹筒发热量,J/g;

$E$——热量计的热容量,J/K;

$q_1$——点火热量,J;

$q_2$——添加物如包纸等产生的总热量,J;

$t_0$——点火时的内筒温度,K;

$h_0$——$t_0$的刻度修正值,K;

$t_n$——终点时的内筒温度,K;

$h_n$——$t_n$的刻度修正值,K;

$m$——试样质量,g;

$H$——贝克曼温度计的平均分度值；

$C$——冷却校正值,K。

煤在氧弹中燃烧时,煤中的硫生成稀硫酸,煤中的氮生成稀硝酸;而煤在工业装置中燃烧时,硫生成二氧化硫,氮生成游离氮。由弹筒发热量减掉稀硫酸生成热和二氧化硫生成热二者之差,再减去稀硝酸的生成热,得出的就是高位发热量。因为弹筒发热量的测定是在恒定容器中进行的,所以由此算出的高位发热量也称为恒容高位发热量。其计算式如下：

$$Q_{gr,ad}=Q_{b,ad}-(95S_{b,ad}+\alpha\cdot Q_{b,ad})$$

式中 $Q_{gr,ad}$——分析试样的高位发热量,J/g；

$Q_{b,ad}$——分析试样的弹筒发热量,J/g；

$S_{b,ad}$——煤的含硫量,%；

95——煤中每1%的硫的校正值,J；

$\alpha$——硝酸校正系数,对无烟煤为0.0010,对其他煤为0.0015。

煤的工业燃烧与氧弹燃烧的另一个不同的条件是,工业燃烧时全部水(包括燃烧生成的水和煤中原有的水)呈蒸汽状态随燃烧废气排出;而氧弹燃烧时水蒸气凝结成液体。由恒容高位发热量减掉水的蒸发热,得出的就是恒容低位发热量。

**(十)煤的性质**

煤的性质通常指煤的物理性质、化学性质和工艺性质。煤的性质与成煤植物、积聚环境和煤化程度有关。煤的物理性质包括煤的光泽、颜色、煤的密度、煤的表面性质(润湿性、比表面积和孔隙度等)、煤的光学性质(折射率、反射率)以及煤的电学和磁学性质。煤的热性质包括煤的比热容、煤的热导率和煤的热稳定性。煤的力学性质包括硬度、强度和煤的可磨性。煤的化学性质是指煤与各种化学试剂在一定条件下产生不同化学反应的性质,包括氧化、加氢、卤化、水解和烷基化以及煤与$CO_2$的反应性等;煤的化学性质还包括煤用不同溶剂萃取的可萃取性。煤的工艺性质是指煤在一定加工条件下或转化过程中所呈现的特性,如煤的塑性、煤的可选性、煤的粘结性、煤的结焦性、煤的发热量、煤灰熔融性和煤的结渣性等。煤的性质直接影响煤的贮存、运输和加工利用。因此,研究煤的性质具有重要意义。

1.煤的密度

煤的密度是指单位体积煤的质量,单位为$g/cm^3$或$kg/m^3$。煤的密度有三种表示方法,煤的真密度、煤的视密度和煤的散密度。

煤的真密度是单个煤粒的质量与体积(不包括煤的孔隙的体积)之比。测定煤的真密度常用比重瓶法,以水作置换介质,将称量的煤样浸泡在水中,使水充满煤的孔隙,然后根据阿基米德原理进行计算。褐煤的真密度为1.30～1.4$g/cm^3$,烟煤为1.27～1.33$g/cm^3$,无烟煤为1.40～1.80$g/cm^3$。

煤的视密度(又称煤的假密度)是单个煤粒的质量与外观体积(包括煤的孔隙)之比。测定煤的视密度常用涂蜡法和水银法。涂蜡法是在煤粒的外表面上涂一层薄蜡,封住煤粒的孔隙,使介质不能进入,将涂蜡的煤粒浸入水中,用天平称量,根据阿基米德原理进行计算。水银法是将煤粒直接浸入水银介质中,根据煤粒排出的水银体积计算煤的视密度。褐煤的视密度为1.05～1.30$g/cm^3$,烟煤为1.15～1.50$g/cm^3$,无烟煤为1.4～1.70$g/cm^3$。

煤的散密度(又称煤的堆密度)是装满容器的煤粒的质量与容器容积之比。煤的堆密度是用一定容器直接测定的。煤的散密度一般为0.50～0.75$g/cm^3$。

2. 煤的比热容

煤的比热容是指单位质量的煤温度升高1K所需要的热量。在室温下煤的比热容一般为1.00～1.26kJ/(kg·K)。其值随煤的煤化度、水分、灰分和温度的变化而不同。煤的比热容的测定方法与焦炭比热容的测定方法相同。

3. 煤的热导率

煤的热导率(亦称导热系数)是热量从煤的高温部位向低温部位传递时，单位距离上温差为1℃的传热速率。室温下，煤的热导率为0.21～0.27W/(m·K)。其值随煤的煤化度、密度、粒度、水分和灰分的变化而变化。煤的热导率的测定方法与焦炭热导率的测定方法相同。

4. 煤的热稳定性

煤的热稳定性是煤在高温作用下保持原来粒度的能力。在炼焦过程中，由于粘结性烟煤加热时经历热解熔融过程一般不考虑煤的热稳定性问题。而作为工业锅炉燃烧和固定床气化或低温干馏原料的块煤，在燃烧、气化或干馏过程中，要求保持比较稳定的块度。热稳定性差的煤，由于受热爆裂，碎成小块或粉末，增加炉内气体阻力，降低燃烧、干馏和气化的效率，严重时还会结渣，破坏正常生产。因此，在燃烧、气化和低温干馏过程中，煤的热稳定性是一个重要的工艺性质。

因此，目前通常只测定褐煤、不粘结烟煤和无烟煤的热稳定性。中国国标(GB1573—89)规定了煤的热稳定性测定方法。其测定步骤是：制备1.5kg 6～13mm粒度的空气干燥煤样，筛去小于6mm的粉煤，然后混合均匀，分成两份。用坩埚从两份煤样中各量取500cm³煤样，称量(称准到0.01g)并使两份质量一致。将煤样装入坩埚，盖好坩埚盖并将坩埚放在坩埚架上。迅速将装有坩埚的架子送入已升温到900℃的马弗炉恒温区内。关好炉门，将炉温调到850℃±15℃，使煤样在此温度下受热30min。从马弗炉中取出坩埚，冷却到室温，称量每份残焦的总质量(称准到0.01g)。将孔径6mm和3mm的筛子和筛底盘叠放在振筛机上。然后把称量后的一份残焦倒入6mm筛子内，盖好筛盖并将其固定。开动振筛机，筛分10min。分别称量筛分后大于6mm、3～6mm及小于3mm的各级残焦的质量(称准到0.01g)。将各级残焦的质量相加与筛分前的总残焦质量相比，二者之差不应超过±1g。然后按下式计算煤的热稳定性指标：

$$TS_{+6}=\frac{G_{+6}}{G}\times 100$$

$$TS_{3\sim6}=\frac{G_{3\sim6}}{G}\times 100$$

$$TS_{-3}=\frac{G_{-3}}{G}\times 100$$

式中 $TS_{+6}$——煤的热稳定性指标，%；

$TS_{3\sim6}$、$TS_{-3}$——煤的热稳定性辅助指标，%；

$G$——各级残焦质量之和，g；

$G_{+6}$——大于6mm残焦质量，g；

$G_{3\sim6}$——粒度为3～6mm残焦质量，g；

$G_{-3}$——小于3mm残焦质量，g。

煤的热稳定性指标越高，煤的热稳定性越好。

5.煤的表面性质

煤的表面性质是指与煤的表面有关的一些属性。表面性质主要包括煤的润湿性、润湿热、内表面积、孔隙率和孔径分布等。这些性质表明了煤具有固态胶体结构的特性。

煤的润湿性是煤吸附液体的一种能力。又称煤的浸润性。当煤与液体接触时,若固体煤的分子与液体分子之间的作用力大于液体分子之间的作用力,固体表面可以粘附液体。煤的润湿性,对于煤的洗选、脱水、干燥和防尘等工艺过程都有实际意义。润湿性的强弱,通常用液体的表面张力与液体和煤表面之间的接触角的大小来量度。接触角愈小,煤愈易被润湿,当接触角为钝角时,煤不能被润湿。煤与液体的接触角大小,与煤的煤化度和液体的种类有关。当液体为水时,年轻煤易被水润湿,为亲水性煤;年老煤难于被水润湿,为憎水性煤。

煤的润湿热是指煤被液体润湿时所释放的热量。润湿热的大小,与液体的种类和煤的表面积有关。煤的润湿热通常用量热计直接测量。用甲醇作为润湿剂,因为甲醇对煤的润湿能力强,能迅速释放出全部润湿热。年轻煤的润湿热很高,随着煤化度的加深,润湿热急剧下降,当煤的碳含量为90%时,达到最低值,之后,随煤化度再加深又稍有升高。但润湿热随煤化度变化的规律性并不严格,这是因为还有其他原因也能导致热量释放,如年轻煤氧含量高,就可能与甲醇分子发生强极化作用,或结合成氢键而释放热量;某些矿物质组分,与甲醇作用也能放热。根据润湿热的测定值,可以确定煤的内表面积。煤的单位内表面积的润湿热约为0.418J/m$^2$,据此计算所得的煤的内表面积波动于10～200m$^2$/g之间。

煤的内表面积是指煤内部孔隙结构的全部表面积(孔壁面积),以m$^2$/g表示。煤的内表面积的大小与煤的微观结构和化学反应性有密切关系,是煤的重要物理指标之一。它的测定方法有多种,如润湿热法和经典的静态气体吸附法(B.E.T.法)等。煤的内表面积也可以用气相色谱法(也称动态法)来测定,其测定原理是,把一定量的煤样装在色谱柱内,在动态下测定柱后吸附气体的浓度变化,以此进行计算。煤的内表面积取决于煤的类型和煤的岩相组成。煤的内表面积值还与测定方法有关。所有的测定方法都有误差,所以测值往往不一致。不同方法测得的烟煤的内表面积如图8-3所示。烟煤的内表面积变化范围为120～300m$^2$/g。年轻煤的内表面积大,随煤化度的加深内表面积迅速减小,在煤的碳含量为88%左右时达到最低值,之后,随着煤化度的再加深又迅速增加。

煤的孔隙率是煤粒中毛细管和孔隙的体积占整个煤粒外观体积的百分数。又称煤的孔隙度。通常用置换法测定或用煤的真密度和煤的视密度按下式计算:

$$孔隙率=\frac{真密度-视密度}{真密度}\times 100$$

年轻烟煤的孔隙率高,在10%以上。随着煤化度的加深,孔隙率降低,在煤的碳含量为90%左右时,孔隙率最低,约为3%,之后,随煤化度的加深又有所增加。

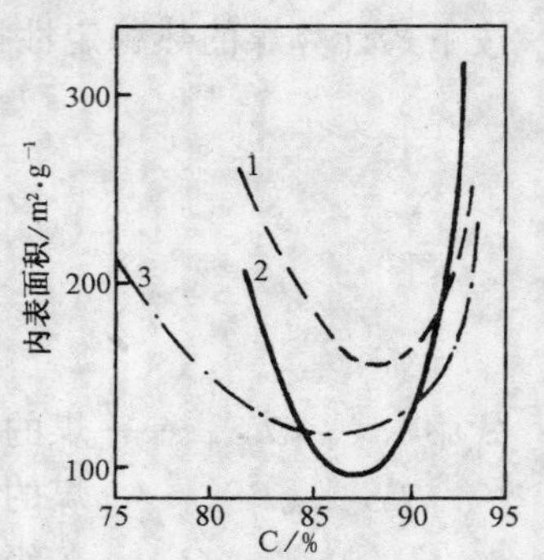


图8-3　不同方法测得的烟煤的内表面积

1—浸润热法;2—氖吸附法;3—$CO_2$吸附法

6.煤的可磨性指数

煤的可磨性是指煤磨碎成粉的难易程度。煤的可磨性与其煤化度、水分含量和煤的岩相组成,以及煤中矿物质的种类、数量和分布状态有关。它是确定煤粉碎过程的工艺和选择粉碎设备的重要依据。

中国标准(GB2656—87)规定采用哈德格罗夫法(哈氏可磨性试验)测定煤的可磨性指数。该法操作简单,再现性好,世界上许多国家加以采用,并已列入国际标准(ISO5074)。该法以美国某矿区易磨碎烟煤作为标准煤,其可磨性指数定为100,以此来比较被测定煤的可磨性,并求得相对可磨性指数。测定方法是,把约50g规定粒级的空气干燥煤样放入哈氏研磨机中,在一定荷重下研磨3min(60r),筛分,称量0.071mm筛上煤样的质量。按下列公式计算该煤的哈氏可磨性指数

$$K_{HG1}=13+6.93(m-m_1)$$

式中 $K_{KG1}$——哈氏可磨性指数;

$m$——煤样的质量,g;

$m_1$——研磨后0.071mm筛上煤样的质量,g。

可磨性指数越大,表明该煤越容易粉碎。

由于本试验方法规范性强,试验煤样和仪器设备是否标准,都对测定结果有显著的影响。而试验设备又易于磨损,且采用的计算方法容易出现误差,因此,各国标准都规定可以采用校准图法予以校正。校准图的绘制方法如下:将哈氏可磨性指数各为40、60、80、110的4个标准可磨性煤样按上述方法测得0.071mm筛下煤样质量($m-m_1$)。在直角坐标纸上,以标准煤样的哈氏可磨性指数为横坐标,0.071mm筛下物质量为纵坐标,作出哈氏校准图,如图8-4所示。只要测得煤样的$m-m_1$值,就可从图上查得其哈氏可磨性指数。

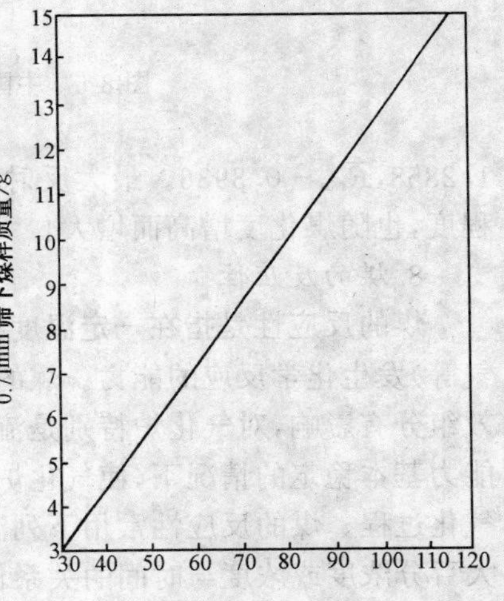


图 8-4 哈氏可磨性校准图例

7.煤的镜质组反射率

煤的镜质组反射率是煤的镜质组在绿色光中的反射光强相对于垂直入射光强的百分比。煤的镜质组反射率是表征煤化度的重要指标。中国煤的镜质组反射率与干燥无灰基挥发分和碳含量的关系如图8-5所示。

中国标准(GB6948—86)规定了煤的镜质组反射率测定方法。其测定原理是根据光电倍增管所接受的反射光强与其光电信号成正比的原理,在显微镜下以一定强度的入射光照射时,对比镜质组和已知反射率的标准片的光电信号值而加以确定。

镜质组的各种反射率及其相互关系是,从褐煤到无烟煤,随着煤化度的加深,煤中镜质组由均质体向非均质体过渡,从烟煤开始镜质组光的各向异性逐渐增强。烟煤镜质组的光性特征与一轴负光性晶体相似。在偏光下测定反射率时,在垂直层理的平面上,光学各向异性最明显。当入射光的偏振方向平行于层理时,可测得最大反射率,以$R_{max}$表示;当入射偏光垂直于层理时,可测得最小反射率,以$R_{min}$表示。当入射光与层面的夹角为$0°<\alpha<90°$时,测得的为中间反射率,以$R_m$表示。在非偏光下(经反射器后变为部分偏振光)测定反射率时,不转动显微镜台,在煤的任意切面上测得的反射率为随机反射率以$R_{ran}$表示。在粉煤光片上测得的大量随机反射率的统计平均值即为平均随机反射率,以$\overline{R}_{ran}$表示。平均随机反射率与最大反射率和最小反射率的关系为$\overline{R}_{ran}=(2R_{max}+R_{min})/3$。平均随机反射率与平均最大反射率的统计关系为:当$\overline{R}_{max}<2.5\%$时,$\overline{R}_{max}=1.0645\overline{R}_{ran}$;当$\overline{R}_{max}$为2.5～6.5时,$\overline{R}_{max}=$

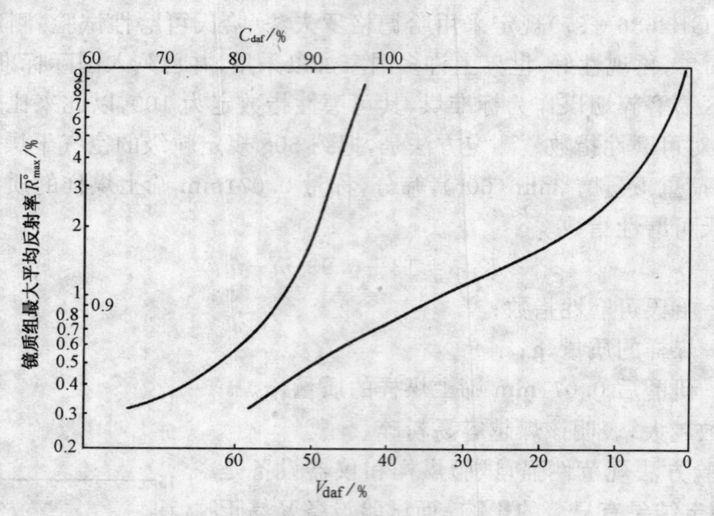


图 8-5 中国煤的镜质组反射率与干燥无灰基挥发分 $V_{daf}$和碳含量 $C_{daf}$的关系

1.2858，$\overline{R}_{ran}$－0.3936。最大反射率和最小反射率之差称为双反射，它反映了煤的各向异性程度，也随煤化度增高而增大。

8.煤的反应性

煤的反应性是指在一定温度条件下，煤与各种气体介质（如二氧化碳、氧气、空气和水蒸气等）发生化学反应的能力。煤的反应性对气化炉中的反应情况、耗煤量和产品气体中的有效组分有影响，对气化炉特别是流化床的正常运转有决定性作用。高反应性的煤可以在生产能力基本稳定的情况下，使气化炉可以在较低的温度下操作，从而避免灰分结渣而破坏煤的气化过程。煤的反应性常用下列测定方法：(1)反应速度；(2)活化能；(3)同温度下产物的最大百分浓度或浓度与时间的关系作图；(4)着火温度或平均燃烧速度；(5)反应物分解率或还原率；(6)临界空气鼓风量；(7)挥发物的热值等。中国多采用二氧化碳的还原率表示煤的反应性。

中国标准（GB220—89）规定了煤对二氧化碳化学反应性的测定方法。其要点是，先将煤样干馏，除去挥发物，然后将其筛分并选取一定粒度的焦渣装入反应管中加热。加热到一定温度后，以一定的流量通入二氧化碳与试样反应。测定反应后气体中二氧化碳的含量，以被还原成一氧化碳的二氧化碳量占原通入的二氧化碳量的百分数，即二氧化碳还原率，作为煤对二氧化碳化学反应性的指标。其计算式如下：

$$\alpha=\frac{100(100-a-V)}{(100-a)(100+V)}\times 100$$

式中 $\alpha$——二氧化碳还原率，%；

$a$——钢瓶二氧化碳气体中杂质气体含量，%；

$V$——反应后气体中二氧化碳含量，%。

将还原率 $\alpha$ 对温度 $T$ 作图，可得煤的反应性曲线，如图 8-6 所示。煤的反应性可用某一特定温度下（如 1100℃）的 $\alpha$ 值表示，也可用某一温度区间（如 850～1150℃）的 $\alpha$ 平均值表示。煤的反应性主要决定于煤化度。煤化度愈低，二氧化碳还原率 $\alpha$ 值愈高，着火温度愈低，即反应能力愈强。

9. 煤的可选性

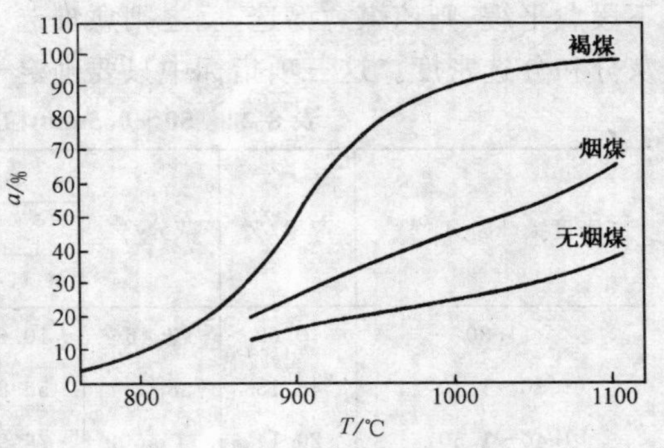


图 8-6 煤的反应性曲线

煤的可选性是从原煤分选出符合质量要求的精煤(或浮煤)的难易程度。原煤是指煤矿生产出来,经初选除去规定粒度矸石的煤。煤的可选性是确定选煤工艺和设计选煤厂的主要依据。通过煤的可选性研究,可估计各种产品的灰分和产率。由易选原煤可以得到产率高、灰分低的精煤,选煤厂可以采用较简单的工艺流程。由难选原煤所得的精煤灰分高、产率低,选煤厂要采用较复杂的工艺流程和高效率的精选设备。炼焦用煤对灰分、硫分均有一定要求,都要用经过洗选的精煤。煤料的可选性,往往决定它们在配合煤中的可用性及其配入量。煤的岩相组成以及煤中矿物质的数量、种类、性质和分布状态,都是影响煤的可选性的因素。其中矿物质分布状态的影响尤为突出。煤层形成时生成的内在矿物质,多数以浸染状、细条带状和团粒状等状态分散于煤粒中,用一般的洗选方法难以将它们分离;外来矿物质与煤的密度差别较大,选煤时容易分离;矸石与精煤的密度相差大,所以,因混入矸石多而造成灰分高的煤也容易分选;夹矸煤的密度介于精煤与矸石之间,称为中间煤,这种煤难以分离。煤的可选性还与煤的粉碎方法和粉碎程度有关。测定煤的可选性的方法是:先做原煤的筛分试验,然后进行各粒度级煤样的浮沉试验。

中国标准(GB478—87)制定了煤炭浮沉试验方法。浮沉试验用煤样从筛分试验后的各粒度级产物中采取,煤样质量可以根据试验目的和煤样粒度而定。试验一般是在氯化锌与水配成的重液中进行。先按要求配制密度(kg/L)为1.30、1.40、1.50、1.60、1.70、1.80和2.00的重液(对无烟煤可适当增减某些密度级),把干燥后的煤样称重,放入盘中用水洗去0.5mm以下的煤泥,然后移入小桶中。小桶桶底用网眼小于0.5mm的筛网制成。把小桶浸入由低至高各密度级重液中。密度低于该重液密度的煤浮于液面,密度高于该重液密度的煤下沉到桶底,用网勺将液面浮煤捞出,再把带有沉物的小桶移入高一级密度的重液中进行浮沉,如此逐级进行,直至最后一密度级重液为止。将各密度级的煤样(浮煤)洗净、烘干,然后称重,并测定其灰分和水分等各分析项目。试验结果汇总成浮沉试验综合表(见表8-22),并根据表中数据绘制出一组煤的可选性曲线。这些曲线是煤的可选性的图解说明。该组曲线包括:浮物曲线($\beta$ 曲线),表示浮物累计产率与其平均灰分的关系;沉物曲线($\theta$ 曲线),表示沉物累计产率与其平均灰分的关系;灰分特性曲线($\lambda$ 曲线),表示浮物(或沉物)产率与其分界灰分的关系;密度曲线($\delta$ 曲线),表示浮物(或沉物)累计产率与重液密度的关系;密度±0.1曲线($\varepsilon$ 曲线),表示重液密度与该密度±0.1密度区间的浮物产率的关系。可选性曲线的示例如图8-7所示。图中横坐标的下轴表示干基灰分($A_d$,%),横坐标的上轴表示分选密度($\delta$,kg/L),纵坐标左侧表示浮物产率($\gamma_\beta$,%),纵坐标右侧表示沉物产率($\gamma_\theta$,%)。$\lambda$ 曲线的绘制方法是,将浮物产率画成平行于横轴的直线,再将各级密度物的灰分标在这些横线上,所得各点向上引垂线直到上一级浮物产率线为止,将这些垂线的中点连接成平滑的曲线。该曲线的上限和下限是将曲线延伸而得,其上限必须与浮物曲线的起点相重合,其下限必须与沉物曲线终点相重合。由 $\lambda$ 曲线可以初步判断煤的可选性。曲线上段愈陡直,中段曲率愈大,下段愈平缓，则该煤愈易选，反之则愈难选。从可选性曲线还可以寻求产品的理论产率、理论灰分和分选密度。这三项指标中只要确定一项，就可从可选性曲线图上查得其他两项指标。

表 8-22 50～0.5mm 粒级原煤浮沉试验综合表(示例)

| 密度级/kg·L⁻¹ | 产率/% | 灰分/% | 累计 | | | | 分选密度±0.1 | |
|---|---|---|---|---|---|---|---|---|
| | | | 浮物 | | 沉物 | | 重液密度/kg·L⁻¹ | 浮物产率/% |
| | | | 产率/% | 灰分/% | 产率/% | 灰分/% | | |
| <1.30 | 10.69 | 3.46 | 10.69 | 3.46 | 100.00 | 20.50 | 1.30 | 56.84 |
| 1.30～1.40 | 46.15 | 8.23 | 56.84 | 7.33 | 89.31 | 22.54 | 1.40 | 66.29 |
| 1.40～1.50 | 20.14 | 15.50 | 76.98 | 9.47 | 43.16 | 37.85 | 1.50 | 25.31 |
| 1.50～1.60 | 5.17 | 25.50 | 82.15 | 10.48 | 23.02 | 57.40 | 1.60 | 7.72 |
| 1.60～1.70 | 2.55 | 34.28 | 84.70 | 11.19 | 17.85 | 66.64 | 1.70 | 4.17 |
| 1.70～1.80 | 1.62 | 42.94 | 86.32 | 11.79 | 15.30 | 72.04 | 1.80 | 2.69 |
| 1.80～2.00 | 2.13 | 52.91 | 88.45 | 12.78 | 13.68 | 75.48 | 1.90 | 2.13 |
| >2.00 | 11.55 | 79.64 | 100.00 | 20.50 | 11.55 | 79.64 | | |
| 合 计 | 100.00 | 20.50 | | | | | | |

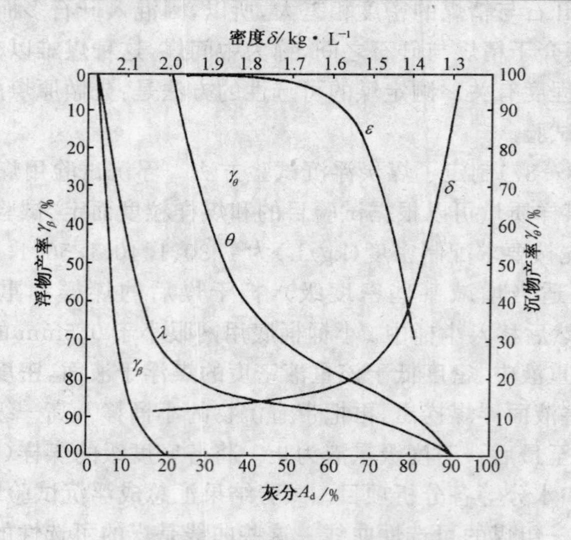


图 8-7 可选性曲线示例图

10. 煤的塑性

煤的塑性是煤在干馏过程中形成胶质体，呈现塑性状态时所具有的性质。煤的塑性指标一般包括煤的流动性、粘结性、膨胀性和透气性以及塑性温度范围等。

煤的塑性对煤在炼焦过程中粘结成焦起着重要作用，是影响煤的结焦性和焦炭质量的重要因素。它的一些指标常被选作烟煤分类中表征煤的工艺性质的分类指标，也是指导配煤和焦炭强度预测的重要参数。影响煤的塑性的因素比较多，在炼焦生产中调整这些因素，使煤的塑性处于适宜的范围，能改善焦炭质量。

煤的塑性的测试方法可以分为两大类。第一类是间接测定法，借助煤在一定条件下加热后所生成的半焦或焦炭的形状或性质来判断煤的塑性。属于这一类的有：(1)根据焦炭形状来判别的方法，如坩埚膨胀序数法、葛金焦型法；(2)根据焦块的耐压或耐磨强度来判别的方法，如混砂法、罗加指数法、粘结指数法和粘结度法以及测定胶质层指数后所得焦块的抗碎强度等。第二类是直接测定胶质体特性的方法。属于这一类的有：(1)直接观察煤在加热过程中的塑性变形的热显微镜法；(2)测定胶质体膨胀度和透气度的方法，如奥亚膨胀计法、鲁尔膨胀计法，ИГИ 法、小型膨胀压力炉法、测定胶质层指数的体积曲线法、气体流动法等；(3)测定胶质体的粘度或流动度的方法，如波垃本达塑谱仪法、基氏塑性计法、胶质体粘度动态测定法；(4)测定胶质体的量的方法，如胶质层指数测定法；(5)用胶质体特性温度来反映煤塑性的方法。

用各种方法测得的煤的塑性指标，往往只是从一个或几个方面反映煤在胶质体阶段的特性。各指标之间虽有一定联系，但缺乏严格的对应关系。一些塑性指标之间的关系如图 8-8 所示。$a$ 图为粘结指数 $G$ 与奥亚膨胀度 $b$ 的关系；$b$ 图为粘结指数与最大流动度（由基氏塑性计测得）的对数 $\lg\alpha_{max}$ 的关系；$c$ 图为奥亚膨胀度与葛金指数 $GK$ 的关系；$d$ 图为罗加指数 $RI$ 与坩埚膨胀序数 $CSN$ 的关系；$e$ 图为奥亚膨胀度与胶质层最大厚度 $y$ 的关系。

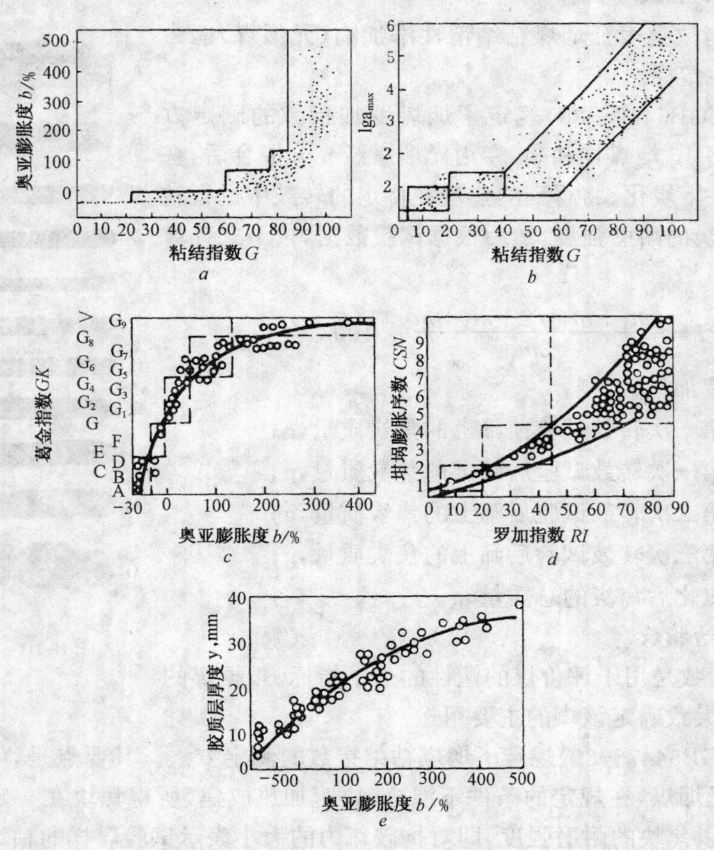


图 8-8 煤的一些塑性指标之间的关系

11. 煤的自由膨胀序数

煤的自由膨胀序数是把煤在坩埚中加热所得焦块的膨胀程度编成序号表征煤的塑性的一种指标。又称坩埚膨胀序数。

中国标准(GB5448—85)规定了烟煤自由膨胀序数的测定方法。其要点是，将装有一定质量煤样的专用坩埚，放入电加热炉内，按规定的方法加热。所得的焦块，用一组带有序号的标准焦块侧形相比较，取其最接近的焦型序号，作为测定的结果。标准焦块侧形图及其相应的膨胀序数如图 8-9 所示。

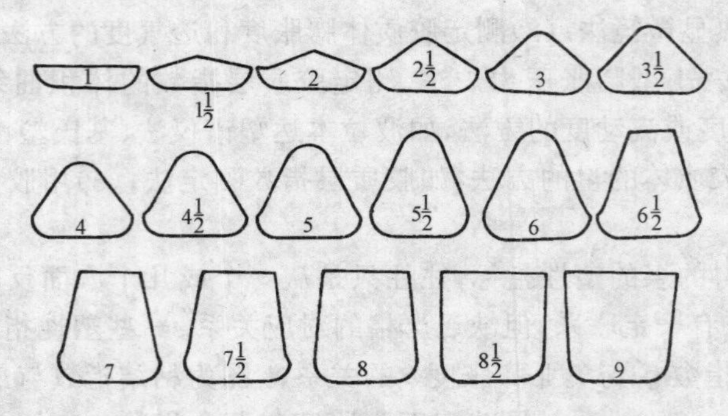


图 8-9　标准焦块侧形图及其相应的膨胀序数

12. 煤的罗加指数

煤的罗加指数是表征烟煤粘结惰性添加物（无烟煤）能力的一个煤的塑性指标。

中国标准（GB5449—85）规定了烟煤罗加指数的测定方法。其要点是，将 1g 烟煤样和 5g 专用无烟煤经充分混合后，在严格规定的条件下炭化。将得到的焦炭在特定的转鼓中进行转鼓试验，测定焦炭的耐磨强度，然后根据试验数据，按下式计算罗加指数。

$$RI=\frac{(m_1'+m_3)/2+m_1+m_2}{3m}\times 100$$

式中　$RI$——罗加指数，%；

$m_1'$——第一次转鼓试验前筛上的焦炭质量，g；

$m_1$——第一次转鼓试验后筛上的焦炭质量，g；

$m_2$——第二次转鼓试验后筛上的焦炭质量，g；

$m_3$——第三次转鼓试验后筛上的焦炭质量，g；

$m$——焦化后焦炭的总质量，g。

图 8-10　标准焦型图

13. 煤的粘结指数

煤的粘结指数是用于评价煤的塑性的一个指标。根据煤的粘结指数，可以大致确定该煤的主要用途。

中国标准（GB5447—85）规定了烟煤粘结指数的测定方法。其要点是，将一定质量的试验煤样和专用无烟煤，在规定的条件下混合，快速加热成焦，所得焦块在一定规格的转鼓内进行强度检验，以焦块的耐磨强度，即对抗破坏力的大小表示试验煤样的粘结能力。

粘结指数按下式计算：

$$G=10+\frac{30m_1+70m_2}{m}$$

式中　$G$——粘结指数；

$m$——焦化处理后焦渣总量，g；

$m_1$——第一次转鼓试验后，筛上部分的质量，g；

$m_2$——第二次转鼓试验后，筛上部分的质量，g。

14.煤的葛金焦型

煤的葛金焦型是以标准焦型为参照物判断煤的塑性的一种指标。

中国标准(GB1341—87)规定了煤的葛金焦型的测定方法，其要点是，将一定量煤样装入特定的干馏管中，于干馏炉内以一定升温速度加热到600℃，并保持一定时间，将残留在干馏管中焦炭的形状与一组标准焦型相比较，以确定其型号。标准焦型分为A～G型，如图8-10所示。图中的$G_1$～$G_x$型则为强膨胀煤生成的焦型。强膨胀煤必须加入一定量的电极炭，其焦型才能与标准焦炭G相一致。下标数字1～$x$即为得到G型焦时所配入电极炭的最少克数。各种葛金焦型的特征见表8-23。一般用室式焦炉生产焦炭时，要求配合煤葛金焦型为F～G型。

表8-23 各种葛金焦型的主要特征表

| 焦型 | 体积变化 | 主要粘结特征、强度和其他特征 |
|---|---|---|
| A | 试验前后体积大体相等 | 不粘结，粉状或粉中带有少量小块，接触就碎 |
| B | 试验前后体积大体相等 | 微粘结，多于三块或块中带有少量粉，一拿就碎 |
| C | 试验前后体积大体相等 | 粘结，整块或少于三块，很脆易碎 |
| D | 试验后较试验前体积明显减小(收缩) | 粘结或微熔融，较硬，能用指甲刻画，少于五条明显裂纹，手摸染指，无光泽 |
| E | 试验后较试验前体积明显减小(收缩) | 熔融，有黑的或稍带灰的光泽，硬，手摸不染指，多于五条明显裂纹，敲时带金属声响 |
| F | 试验后较试验前体积明显减小(收缩) | 横断面完全熔融并呈灰色，坚硬，手摸不染指，少于五条明显裂纹，敲时带金属声响 |
| G | 试验前后体积大体相等 | 完全熔融，坚硬，敲时发出清晰的金属声响 |
| $G_1$ | 试验后较试验前体积明显增大(膨胀) | 微膨胀 |
| $G_2$ | 试验后较试验前体积明显增大(膨胀) | 中度膨胀 |
| $G_x$ | 试验后较试验前体积明显增大(膨胀) | 强膨胀 |

15.煤的膨胀度

煤的膨胀度是指煤样干馏时其体积发生膨胀或收缩的程度。它主要取决于煤在生成胶质体期间的析气速度和胶质体的不透气性，与煤的岩相组成有密切关系。煤的膨胀度广泛用于研究煤的成焦机理、煤质鉴定和煤炭分类，指导炼焦配煤和焦炭强度预测等方面。测定煤干馏时的膨胀和收缩程度的膨胀计有两类。一类是测定煤在软化、熔融和形成半焦时的体积变化，通常测定温度为300～500℃。这类膨胀计有：将煤压实后测定的奥亚膨胀计和鲁尔膨胀计，以及用粉煤测定的霍夫曼膨胀计。另一类膨胀计用以测定从形成半焦到1000℃的温度区间内煤的收缩行为，这类膨胀计有高温膨胀计和热震式膨胀计。

中国标准(GB5450—85)规定了烟煤奥亚膨胀度的测定方法。其要点是，将试验煤样按规定方法制成一定规格的煤笔，放在一根标准口径的管子(膨胀管)内，其上放置一根能在管内自由滑动的钢杆(膨胀杆)。将上述装置放在专用的电炉内,以规定的升温速度进行加热,记录膨胀杆的位移曲线。以位移曲线的最大距离占煤笔原始长度的百分数,表示煤样膨胀度的大小。煤的一组典型的奥亚膨胀度曲线如图 8-11 所示。

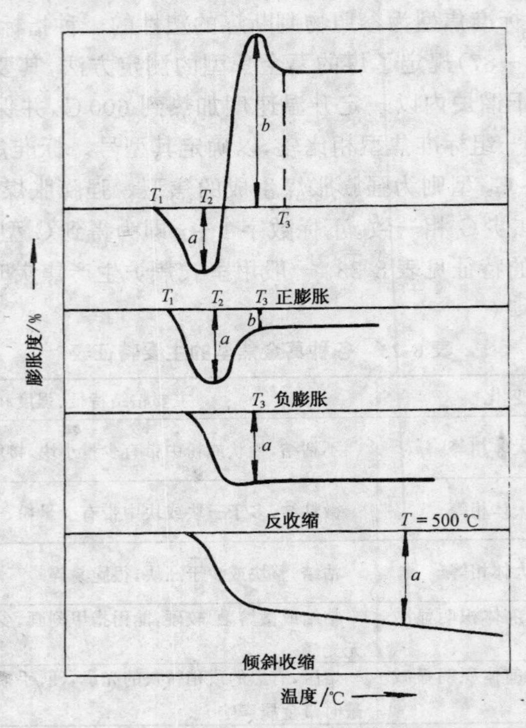


图 8-11 煤的典型的奥亚膨胀度曲线

$T_1$—膨胀杆下降 0.5mm 时的温度,即软化温度;$T_2$—膨胀杆下降到最低点后开始上升时温度,即开始膨胀温度;$T_3$—膨胀杆停止移动时的温度,即固化温度;$a$—膨胀杆下降的最大距离占煤笔长度的百分数,即最大收缩度;$b$—膨胀杆上升的最大距离占煤笔长度的百分数,即最大膨胀度

16. 煤的流动度

煤的流动度是表征煤在干馏时形成的胶质体的粘度。流动度是研究煤的流变性和热分解动力学的有效手段,又能表征煤的塑性,可用以指导配煤和进行焦炭强度预测。根据测定原理可以把煤的流动度测定方法分为两类。一类是采用固定力矩的方法,属于这类的有基氏塑性计法;另一类为改变力矩的方法,属于该类的有戴维斯塑性计法和波拉本达塑谱仪法。

基氏塑性计法的测定原理是,用固定力矩转动一个插入煤样中的搅拌桨,当煤受热形成胶质体时,随着温度的升高,胶质体的流动性发生变化,搅拌桨因之受到不同的阻力,转速发生相应的变化,从而测得煤的流动度曲线。通常以最大转速为流动度指标,称为基氏最大流动度 $\alpha_{max}$,用每分钟转动的角度(ddpm)来表示。用基氏塑性计还可测得煤的一些特性温度:开始软化温度 $t_s$,达到最大流动度时的温度 $t_{max}$,固化温度 $t_r$ 和塑性温度区间 $t_r-t_s$。基氏塑性计测得的流动度曲线如图 8-12 所示。

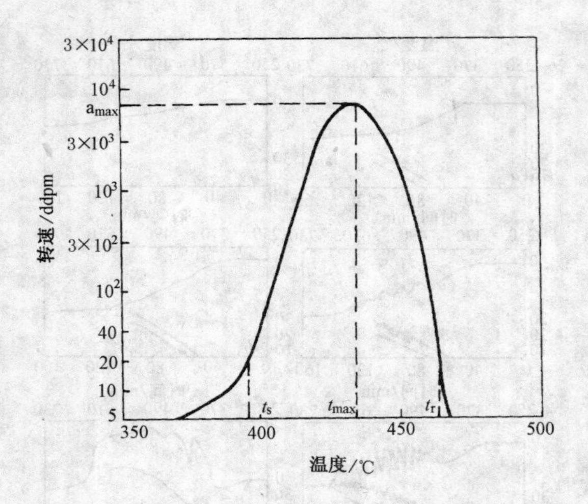


图 8-12 基氏塑性计测得的流动度曲线

17. 煤的胶质层指数

煤的胶质层指数是用胶质层最大厚度等特性表征煤的塑性的一种指标。胶质层指数包括胶质层最大厚度值、最终收缩度,同时还可以得到体积曲线形状、焦块特征、焦块抗碎能力。

中国标准(GB479—87)规定了烟煤胶质层指数(最大胶质层厚度 $y$、最终收缩度 $x$ 和体积曲线类型)的测定方法。其要点是,将 100g 煤样装入钢制煤杯,放入底部单向加热炉中,模拟工业条件以 3℃/min 的升温速度加热。在煤样中形成一系列水平等温层面,从上到下,温度逐层增高。软化点层面以上的煤保持原状,以下的煤则软化、熔融而形成胶质体;在温度相当于固化点的层面以下的煤则结成半焦。测定中按温度区间用探针测定软化点与固化点两个层面之间的胶质层厚度,以最大厚度 $y$ 为胶质层指数的一个指标;测定过程中,同时记录煤样受热后的体积变化曲线,当全部煤样转变为半焦后,由于体积收缩,体积曲线下降到最低位置,即测得另一个指标——最终收缩度 $x$ 值,图 8-13 为胶质层曲线示意图,上部为体积曲线,下部为胶质层上下层面间距离的变化曲线,可以从中读出 $x$ 值和 $y$ 值。图 8-14 为几种典型的胶质层体积变化曲线。这种方法还可以对所得的半焦块的特征进行定性描述,如半焦块的缝隙、海绵体绽边、色泽和融合状况等,并进而把所得半焦块置于一定规格的打击器内,用重锤落下,以测定其抵抗破碎的能力。

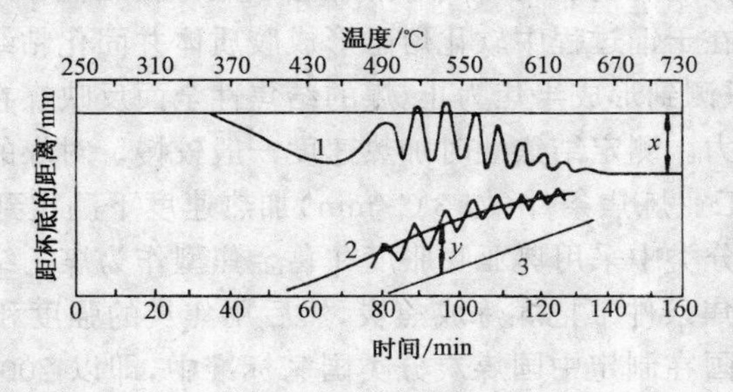


图 8-13 胶质层曲线示意图

1—体积曲线;2—胶质层上部层面;3—胶质层下部层面

18. 煤的粘结性

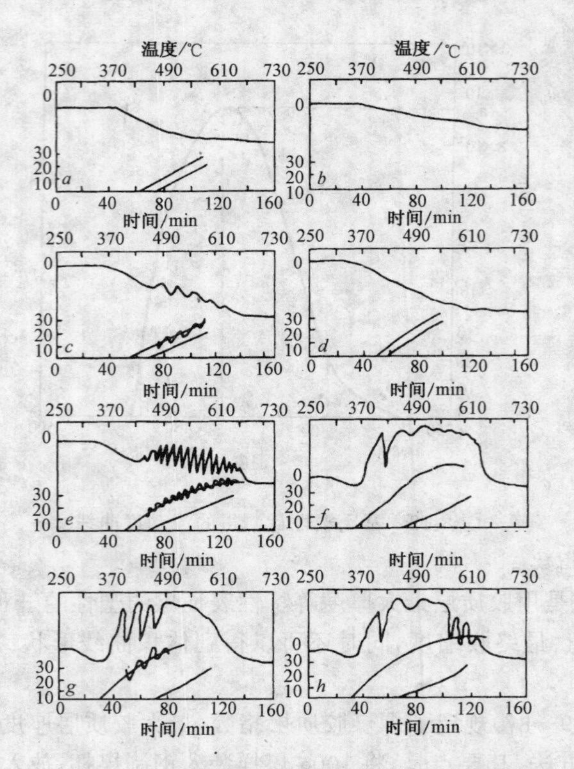


图 8-14 胶质层测定所得体积曲线类型图

*a*—平滑下降型；*b*—平滑斜降型；*c*—波型；*d*—微波型；

*e*—之字型；*f*—山型；*g*，*h*—之山混合型

煤的粘结性是指烟煤干馏时粘结其本身的或外来的惰性物质的能力。它是煤干馏时所形成的胶质体显示的一种塑性。在烟煤中显示软化熔融性质的煤叫粘结煤，不显示软化熔融性质的煤为非粘结煤。粘结性是评价炼焦用煤的一项主要指标，还是评价低温干馏、气化或动力用煤的一个重要依据。煤的粘结性是煤结焦的必要条件，与煤的结焦性密切相关。炼焦煤中以肥煤的粘结性为最好。

19. 煤的结焦性

煤的结焦性是烟煤在焦炉或模拟焦炉的炼焦条件下，形成具有一定块度和强度的焦炭的能力。结焦性是评价炼焦煤的主要指标。炼焦煤必须兼有粘结性和结焦性，两者密切相关。煤的粘结性着重反映煤在干馏过程中软化熔融形成胶质体并固化粘结的能力。测定粘结性时加热速度较快，一般只测到形成半焦为止。煤的结焦性全面反映煤在干馏过程中软化熔融直到固化形成焦炭的能力。测定结焦性时加热速度一般较慢。对煤的结焦性有两种不同的见解，一种认为在模拟工业炼焦条件（如 3℃/min）加热速度下测定到的煤的塑性指标即为结焦性指标。硬煤国际分类中采用奥亚膨胀度和葛金焦型作为煤的结焦性指标。另一种意见则认为在模拟工业炼焦条件下把煤炼成焦炭，然后用焦炭的强度和粉焦率等指标作为评价煤结焦性的指标。中国在制定中国煤炭分类国家标准中，即以 200kg 试验焦炉所得焦炭的强度和粉焦率，作为结焦性指标。炼焦煤中以焦煤的结焦性最好。

**（十一）煤的燃烧与自燃**

1. 煤的着火点

在有氧化剂存在的情况下，把煤按一定升温速度加热到煤开始点燃的温度，这一温度称为煤的着火点（也称煤的燃点）。

煤的着火点高低主要与煤化程度有关。一般规律是挥发分愈高的煤，着火点愈低。所以从不同煤化程度的煤来看，以泥炭的燃点最低（泥炭虽不是煤，但也属可燃矿产），其次是褐煤和烟煤，无烟煤的燃点最高。在烟煤中以煤化程度最低的长焰煤和不粘煤的燃点为低，其次是气煤、肥煤和焦煤，瘦煤和贫煤的燃点最高。各牌号煤的燃点范围大致如下：

褐煤　270～310℃　　气煤 300～350℃
长焰煤　275～320℃　　肥煤 320～360℃
瘦煤　350～380℃
贫煤　360～385℃
不粘煤　280～305℃　　焦煤 350～370℃
弱粘煤　310～350℃
无烟煤　370～420℃

煤的着火点与煤中无机矿物质的含量有关。一般矿物质含量高的煤，着火点也就高。但煤中含有黄铁矿，则可以降低煤的燃点（煤化程度低的煤除外）。煤经过氧化后，则着火点明显地下降。

表 8-24 列出了我国主要动力用煤的着火点。可以看出，不同牌号的煤着火点有明显的差别。即使同一牌号的，也由于变质程度不同、矿物质含量多少，而致着火点也有相当差别。

**表 8-24　我国某些煤的着火点**

| 局、矿 | 牌　号 | 着火点/℃ | $W^f$/% | $A^g$/% | $V^r$/% |
|---|---|---|---|---|---|
| 舒　兰 | 褐　煤 | 302～314 | 5～11 | 27～42 | 52～55 |
| 元宝山 | 褐　煤 | 268～275 | 3～9 | 16～36 | 37～40 |
| 淮　南 | 气　煤 | 322～336 | 2～3 | 21～34 | 35～38 |
| 营　城 | 长焰煤 | 275～285 | 4～9 | 15～40 | 41～46 |
| 大　同 | 弱粘煤 | 319～349 | 1～5 | 5～10 | 28～34 |
| 西　山 | 贫　煤 | 358～382 | 0.5～1.3 | 12～29 | 14～17 |
| 荫　营 | 无烟煤 | 367～393 | 1～2.5 | 7～29 | 8～12 |
| 北　京 | 无烟煤 | 388～415 | 1～3 | 14～28 | 5～7.7 |

2. 煤的燃烧

煤在空气中或氧气中剧烈氧化，发出大量的热和光，这就叫做煤的燃烧。煤的燃烧有完全燃烧和不完全燃烧之分。

完全燃烧就是煤中可燃物质全部分解成二氧化碳和水，从而放出大量的热。煤的不完全燃烧是因为空气不足，煤的可燃物质分解成一氧化碳。一氧化碳只能发出完全燃烧的三分之一的热量，这对煤的使用是一个很大的浪费。同时，一氧化碳是有毒的气体，容易使人中毒，发生生命危险。

要使煤达到完全燃烧，必须做到：

(1)要供给适量的空气。适量的空气是煤完全燃烧的首要条件。空气供给不足，煤就不能和氧完全化合，发出的热量就低。空气太多也不行，多余的空气会从烟囱跑掉，带走一部分热量，使炉内温度降低。当煤燃烧时，必须及时清除炉渣，以免阻碍炉子通风；然而，排渣次数太多，也能使炉温降低。

(2)要保持一定的温度。煤在燃烧时，分解出来很多的可燃物质，如固体的煤焦、气体的氢、一氧化碳和甲烷，以及蒸汽状的煤焦油等。在这些可燃物中，以气体的着火点为最高，如达不到气体的着火点，这些气体就不能够充分燃烧。因此，要使煤中的可燃物得到充分完全的燃烧，必须保持在气体着火点以上的温度。

(3)要使空气与可燃物质全面接触。要达到煤的完全燃烧，必须使空气与可燃物全面接触，使进入燃烧室的空气均匀，燃烧室要有一定的容积，并且使进入的空气有足够的时间与挥发物混合。

3.煤的自燃

煤炭不仅会在堆存和长途运输中发生自燃，而有些矿井的煤层也会自燃。

总的来看，煤的变质程度越浅，燃点越低，也越容易氧化、自燃；含硫铁矿硫高的煤，一般也容易自燃发火，因而导致有些煤化程度高的煤却比煤化程度低的煤还容易自燃。

除了煤的着火点高低不同而影响自燃发火外，另一个十分重要的因素是煤堆或煤层在自燃时必须要有充足的助燃气。当煤堆(或煤层)氧化时，积聚的热量无法向四周扩散或热量的扩散速度低于煤的氧化发热速度，就会使煤堆局部温度升高到煤的着火点以上而自燃。

(1)自燃的因素：

1)煤质：一般水分大、含氧量高、挥发分也高的煤，同时含微细分散状(即星散状或浸润状)黄铁矿的低煤化度煤易自燃。

一般来说，褐煤比长焰煤容易自燃，长焰煤又依次比气煤、肥煤、焦煤和瘦煤容易自燃，贫煤和无烟煤最不易自燃。

2)受温度的影响：一般来说，物质间的反应，在一定温度范围内，反应速度随反应温度升高而加快。对于煤的氧化来说也不例外。在100℃以下，氧化温度每升高10℃，反应的温度系数(即反应速度增大的倍数)为2～3。但是对各种不同煤化程度的煤以及不同矿物质组成的煤它们的氧化速度是不同的。因此在贮煤时，究竟应控制在什么温度，也需视各矿区煤的煤质。

3)受氧的影响：煤的氧化速度是随氧的浓度(空气中氧的分压)增大而加快。因此减少煤层、煤堆和空气的接触，可以减小自燃的倾向。目前，国内、外都已在煤矿井下利用所谓阻化剂(即防止煤炭自燃的物质，如 $CaCl_2$，$MgCl_2$ 等的溶液)来封闭煤的细孔，使煤与空气隔绝来防止其氧化、自燃。

4)受煤的粒度影响：煤与氧的反应是气-固相的反应。反应物之间有界面，反应在界面之间进行。因而煤的界面大，反应速度虽不变化，但单位时间产生的碳的氧化物量多，伴随的热量也大，从而导致自燃。煤的界面大小可以粒度来表示，粒度小的煤比粒度大的煤容易氧化、自燃。

综上所述，煤的自燃的因素有多种。为了防止煤的自燃必须采用相应的措施。例如煤矿井下采用阻化剂封闭法。煤堆自燃也可用类似的封闭法使其与空气隔绝等。

(2)自燃的倾向和特征　煤炭自燃的倾向和特征，包括以下几个方面。

1)自燃的倾向。各种煤炭自燃的能力是不一样的，有的很容易自燃，如褐煤。有的可以自燃，如长焰煤。有的比较难以自燃，如肥煤、气煤、焦煤。有的不会自燃，如贫煤、无烟煤、瘦煤、弱粘结煤、不粘结煤。

2)自燃的潜伏期。煤炭的自燃,不是在煤变松和强烈的空气流入以后立即发生的,它是要经过一个聚热的潜伏期才会发生。这种潜伏期较长,通常在90天以内。

3)自燃的季节。各个产地的煤自燃的季节及温度也常不同,有不少煤在夏季高温时易自燃;也有在春、秋季,特别是连绵阴雨天,空气中湿度大,煤堆的热量不易散发,也容易自燃。甚至还有些煤种冬天下雪天更易自燃,煤中焦炭在低温下易吸附氧气氧化。大同煤焦炭含量高,雪是很好的保温物质,因此在下雪季节,要注意大同煤自燃。

4)自燃的征兆。因为煤炭在自燃前,要经过发热阶段。冬季,在煤炭发热的地方,可以发现许多新雪斑或由煤堆深处逸出水蒸气,冷凝而形成毛茸的雪瘤子。夏季,清晨在煤堆发热地方会出现"渗出物"的潮湿点,在白天,特别是经过日光晒以后,潮湿点消失,残留一层白色矿物或黄色凝结物,如果煤堆的温度超过80℃时,有的煤就会在1～2天内自燃起火。

(3)防止自燃的措施　目前,在这方面的经验还不够成熟。现将比较有效的几种防止自燃的方法介绍如下:

1)压实保管法:压实保管法主要是减少煤与空气接触的机会,防止煤的氧化。它不仅可以起到防止自燃的作用,而且对保持煤的质量也有好处。压实法先要选择一块干燥、平坦的地面,没有腐草杂屑。堆煤时逐层铺煤,先在煤底铺上一层10cm的煤层,用1t重的石磙子(能用压路机当然更好)来回磙压。因第一层煤层贴近地面,所以要压得坚实一些,以避免因地气上升,潮气浸入煤堆。第二、三、四层,每层一般铺50cm厚。铺好后,每次应将堆面修平,再用石磙子来回磙压,每层各压缩至42cm左右。铺到最后一层(即顶端一层),为了避免阳光射入增高煤堆温度,应该压得更实一些。煤堆全部压完后,再用木板将煤堆四周拍实。如煤堆过分干燥,不容易拍平时,须在煤堆表面洒一些清水,在煤堆边沿可用小石磙子磙实。

煤堆压实后,最好在四周挖掘排水沟一条,以便雨天时排出积水,避免煤堆因潮湿而引起氧化。在煤堆表层还要洒上一层二、三十厘米厚的煤粉层(称为填塞层),以填实煤粒间的空隙,不使空气流入。

块煤压实,在每层煤铺好后整理堆面时,须将块煤埋在煤末内,然后进行压实,以免损坏煤块。

2)煤堆打眼保管法:煤堆打眼是使煤堆积热容易扩散的保管方法。做法是用50mm或75mm粗的空心铁钎一根,一端成尖型或三棱形,铁钎长度依煤堆高度而定,如铁钎过长,可分为两个半节,打完前半节,再接上后半节继续打。打眼时,先在打眼位置上挖一小坑,灌浇清水,使煤湿润,再用铁钎钻眼。在铁钎向煤内打下去的过程中,仍须顺着铁钎向眼间浇水。同时,摇晃铁钎,使钎打入,并使眼内煤壁坚固,免被煤末或雨水将眼冲塌或堵塞。

3)灌水法:灌水法是煤堆已发生高热时的急救方法。煤堆中积热,被水分吸收而发散,可以降温。灌水方法是从煤堆上方灌入大量的水,让它在煤堆四周流出。灌得要透,在煤堆四周要挖水沟与出水道相通,使排出的水能及时排泄,以免积水。在出水道处可设一个煤罐,使随水流出的煤泥,及时回收,以免损失。开始灌水时,煤堆四周流出来的水温度很高,随后逐渐降低,降低到与进水温度相等时,就可停止灌水。用这种方法,优点是简便,收效快;缺点是要消耗大量的水,在灌水后半个月至一个月又要产生高热,所以这种方法不能长期使用。

4)煤层覆盖防燃防风法:这是近期科学试验在防风(煤还有防燃作用)方面的一项成果。在首钢一些企业为防止铁矿的风吹损失曾用过"白灰浆"覆盖于粉矿堆表面,似乎"一堵墙"

似的，大量地减少了风吹损失。

## 三、煤炭产品

### （一）煤质指标的分级

目前国内外还没有评价煤质优劣的统一标准。根据国内外的有关资料，介绍一些主要煤质的等级划分。

1. 灰分等级

灰分等级见表8-25。

**表8-25　灰分等级的划分**

| 名　　称 | 灰　分 $A^g$/% |
| --- | --- |
| 低灰分煤 | ≤15（$A^g$≤8%者划为特低灰分煤） |
| 中灰分煤 | >15～25 |
| 高灰分煤 | >25～40 |
| 特高灰分煤（劣质煤、夹矸煤） | >40～60 |
| 煤质页岩 | >60～70 |
| 煤 矸 石 | >70～90 |
| 矸　石 | >90 |

2. 硫分等级

硫分等级的划分见表8-26。

**表8-26　硫分等级划分**

| 名　　称 | 硫　分 $S_Q^g$/% |
| --- | --- |
| 低硫分煤 | ≤1.5（$S_Q^g$≤0.5%者划为特低硫分煤） |
| 中硫分煤 | >1.5～2.5 |
| 高硫分煤 | >2.5～4.0 |
| 特高硫分煤 | >4 |

3. 磷分等级

磷分等级的划分见表8-27。

**表8-27　磷分等级**

| 名　　称 | 磷　分 $P^g$/% |
| --- | --- |
| 低磷煤 | <0.01 |
| 中磷煤 | 0.01～0.10 |
| 高磷煤 | >0.10 |

4. 发热量等级

发热量等级的划分见表8-28。

**表8-28　发热量等级**

| 名　　称 | 发热量 $Q_{Dw}^y$/kJ·kg$^{-1}$ |
| --- | --- |
| 高发热量煤 | 29308 |
| 中高发热量煤 | 25121～29308 |

续表 8-28

| 名　　称 | 发热量 $Q_{Dw}^{y}$/kJ·kg$^{-1}$ |
|---|---|
| 中等发热量煤 | 18841～25121 |
| 低发热量煤 | 12560～18841 |
| 煤质页岩 | 83736～12560 |
| 煤矸石(一等) | 41868～83736 |
| 煤矸石(二等) | 41868 |

5. 挥发分等级

挥发分等级的划分见表 8-29。

**表 8-29　挥发分等级**

| 名　　称 | 挥发分 $V^r$/% |
|---|---|
| 高挥发分煤 | ＞35 |
| 中挥发分煤 | ≥20～35 |
| 低挥发分煤 | ＜20 |

6. 粘结性等级

粘结性等级的划分见表 8-30。

**表 8-30　粘结性等级**

| 名　　称 | 胶质层最大厚度 $Y$/mm |
|---|---|
| 强粘结性煤 | ＞20 |
| 中等粘结性煤 | ＞10～20 |
| 弱粘结性煤 | 0(成块)～10 |
| 无粘结性煤 | 0(粉状) |

7. 焦油产率等级

焦油产率等级的划分见表 8-31。

**表 8-31　焦油产率等级**

| 名　　称 | 铝甑焦油率 $T^q$/% |
|---|---|
| 低含油煤 | ≤8 |
| 中含油煤 | ＞8～12 |
| 高含油煤 | ＞12～16 |
| 特高含油煤 | ＞16 |

8. 块煤机械强度等级

块煤机械强度等级的划分见表 8-32。

**表 8-32　块煤机械强度等级划分**

| 名　　称 | 大于 25mm/% |
|---|---|
| 高强度煤 | ＞65 |
| 中强度煤 | ＞50～65 |
| 低强度煤 | ＞30～50 |
| 特低强度煤 | ≤30 |

9. 热稳定性等级

热稳定性等级的划分见表 8-33。

表 8-33 热稳定性等级划分

| 煤的热稳定性 | 指 标 $K_6^p$/% |
|---|---|
| 好 | ≤30 |
| 中 等 | >30～45 |
| 较 差 | >45～60 |
| 极 差 | >60 |

10. 水分等级

煤的水分等级的划分见表 8-34。

表 8-34 煤的水分等级划分

| 名 称 | 水 分 $W^y$/% |
|---|---|
| 高水分煤 | >15 |
| 中水分煤 | >5～15 |
| 低水分煤 | ≤5 |

11. 苯萃取物(褐煤蜡)等级

煤的苯萃取物(褐煤蜡)等级的划分见表 8-35。

表 8-35 苯萃取物(褐煤蜡)等级划分

| 苯萃取物(褐煤蜡)含量 | 指 标 $E_B^g$/% |
|---|---|
| 高(特高) | >5～10(>10) |
| 中 等 | >2～5 |
| 低 等 | ≤2 |

## (二)煤炭品种

原煤炭工业部 1985 年颁布的《煤炭质量规格及出厂价格》,对煤炭产品品种作了如下规定:

煤炭产品系按其用途、加工方法和质量规格划分为 5 大类,27 个品种:

品种的划分见表 8-36。

表 8-36 煤炭产品品种

| 产品类别 | 品种名称 | 质量规格 | | 备 注 |
|---|---|---|---|---|
| | | 粒度/mm | 灰分/% | |
| 1. 精 煤 | 冶炼用炼焦精煤 | <50,<80 或<100 | ≤12.50 | |
| | 其他用炼焦精煤 | <50,<80 或<100 | 12.51～16.0 | |
| 2. 粒级煤 | 洗中块 | 25～50,20～60 | ≤40 | |
| | 中块 | 25～50 | ≤40 | |
| | 洗混中块 | 13～50,13～80 | ≤40 | |
| | 混中块 | 13～50,13～80 | ≤40 | |
| | 洗混块 | >13,>25 | ≤40 | |
| | 混块 | >13,>25 | ≤40 | |

续表 8-36

| 产品类别 | 品种名称 | 质量规格 | | 备注 |
| --- | --- | --- | --- | --- |
| | | 粒度/mm | 灰分/% | |
| 3.洗选煤 | 洗大块 | 50～100,>50 | ≤40 | |
| | 大块 | 50～100,>50 | ≤40 | |
| | 洗特大块 | >100 | ≤40 | |
| | 特大块 | >100 | ≤40 | |
| | 洗小块 | 13～25,13～20 | ≤40 | |
| | 小块 | 13～25 | ≤40 | |
| | 洗粒煤 | 6～13 | ≤40 | |
| | 粒煤 | 6～13 | ≤40 | |
| | 洗原煤 | ≤300 | ≤40 | |
| | 洗混煤 | 0～50 | ≤32 | 动力煤选煤厂的选混煤灰分≤40% |
| | 混煤 | 0～50 | ≤40 | |
| | 洗末煤 | 0～13,0～20,0～25 | ≤40 | |
| | 末煤 | 0～13,0～25 | ≤40 | |
| | 洗粉煤 | 0～6 | ≤40 | |
| | 粉煤 | 0～6 | ≤40 | |
| 4.原　煤 | 原煤、水采原煤 | | ≤40 | |
| 5.低质煤 | 原煤 | | ≥40～49 | |
| | 中煤 | 0～50 | ≥32.01～49 | |
| | 煤泥(水采煤泥) | 0～1 | ≥1.01～49 | |

## (三)煤炭产品等级和质量指标

### 1.煤炭产品等级

按不同灰分将冶炼用炼焦精煤划分为 15 个等级,其他用炼焦精煤划分为 7 个等级,其他煤炭产品划分为 25 个等级。

煤炭产品的等级见表 8-37。

表 8-37　煤炭产品等级

| 等级 | 灰分/% | 等级 | 灰分/% | 等级 | 灰分/% |
| --- | --- | --- | --- | --- | --- |
| (一)冶炼用炼焦精煤 | | | | | |
| 一 | 5.01～5.5 | 六 | 7.51～8.0 | 十一 | 10.01～10.5 |
| 二 | 5.51～6.0 | 七 | 8.01～8.5 | 十二 | 10.51～11.0 |
| 三 | 6.01～6.5 | 八 | 8.51～9.0 | 十三 | 11.01～11.5 |
| 四 | 6.51～7.0 | 九 | 9.01～9.5 | 十四 | 11.51～12.0 |
| 五 | 7.01～7.5 | 十 | 9.51～10.0 | 十五 | 12.01～12.5 |
| (二)其他用炼焦精煤 | | | | | |
| 一 | 12.51～13.0 | 四 | 14.01～14.5 | 七 | 15.51～16.0 |
| 二 | 13.01～13.5 | 五 | 14.51～15.0 | | |
| 三 | 13.51～14.0 | 六 | 15.01～15.5 | | |

续表 8-37

| 等级 | 灰分/% | 等级 | 灰分/% | 等级 | 灰分/% |
|---|---|---|---|---|---|
| (三)其他煤炭产品 | | | | | |
| 一 | 4.01～5 | 十 | 14.01～16 | 十九 | 32.01～34 |
| 二 | 5.01～6 | 十一 | 16.01～18 | 二十 | 34.01～36 |
| 三 | 6.01～7 | 十二 | 18.01～20 | 二十一 | 36.01～38 |
| 四 | 7.01～8 | 十三 | 20.01～22 | 二十二 | 38.01～40 |
| 五 | 8.01～9 | 十四 | 22.01～24 | 二十三 | 40.01～43 |
| 六 | 9.01～10 | 十五 | 24.01～26 | 二十四 | 43.01～46 |
| 七 | 10.01～11 | 十六 | 26.01～28 | 二十五 | 46.01～49 |
| 八 | 11.01～12 | 十七 | 28.01～30 | | |
| 九 | 12.01～14 | 十八 | 30.01～32 | | |

2.质量指标和所用符号的涵义

《煤炭质量规格及出厂价格》所列煤种、灰分、块煤限下率和全硫分，既是煤炭产品的质量指标，也是计价的依据。计量水分是精煤产品的计量指标，也是计价的依据。含矸率、应用煤低位发热量和可燃体挥发分 3 项为参考指标，不作为计算煤价的依据。

1)粒度(mm)：指煤炭块度的大小。“>”表示大于多少毫米。“<”表示小于多少毫米，“—”表示多少毫米到多少毫米。

2)灰分 $A^g$(%)：指绝对干燥煤的灰分，以区间表示。

3)全水分 $W_Q$(%)：指煤炭中内在水分和外在水分的总和，以区间表示。

4)计量水分(%)：是对洗精煤和洗混煤规定的计量指标。洗精煤和洗混煤发车时含实际全水分的重量折算成含计量水分的重量即为洗精煤和洗混煤商品量，计算方法如下式：

$$\text{精煤(洗混煤)商品量}(t)=\text{含实际全水分精煤重量}(t)\times\frac{100-\text{实际全水分}(\%)}{100-\text{计量水分}(\%)}$$

5)块煤限下率(%)：指在矿场发货时采样测定的小于块煤粒度下限的筛下品占全部煤量的百分数，系批的极限指标。

6)全硫分 $S_Q^g$(%)：指绝对干燥煤的全硫分。精煤的全硫分以区间表示，其他煤炭产品以平均值表示。

7)含矸率(%)：指粒度大于 50mm 的矸石(包括硫化铁)量占全部煤量的百分数，系批的极限指标。

8)发热量 $Q_{DW}^{Y}$kJ/kg：指应用煤的低位发热量。

9)可燃体挥发分 $V^r$(%)：指煤炭中挥发物质占可燃体的百分数。

**(四)煤炭粒度分级**

现行国家标准 GB189—63 对煤炭的粒度分级做了规定。

1.烟煤和无烟煤的分级

长焰煤、不粘煤、弱粘煤、气煤、瘦煤、贫煤和无烟煤，根据粒度不同进行分级。

烟煤和无烟煤的粒度分级见表 8-38。

**表 8-38 烟煤和无烟煤粒度分级**

| 序　号 | 粒度名称 | 粒度汉语拼音 | 粒度符号 | 粒度尺寸/mm |
|---|---|---|---|---|
| 1 | 特大块 | TEDAKUAI | T | 大于 100 |
| 2 | 大　块 | DAKUAI | D | 50～100 |
| 3 | 中　块 | ZHONGKUAI | Z | 25～50 |
| 4 | 小　块 | XIAOKUAI | X | 13～25 |
| 5 | 粒　煤 | LIMEI | L | 6～13 |
| 6 | 粉　煤 | FENMEI | F | 小于 6 |

注：1. 本标准不规定焦煤、肥煤以及全部作为炼焦配煤用的气煤和瘦煤的粒度级别，但焦煤和肥煤作燃料直接使用而用户又要求分级时，其粒度尺寸应符合本标准的规定；

2. 当长焰煤、不粘煤、弱粘煤、气煤、瘦煤、贫煤和无烟煤的水分较高或者用于粉煤燃烧装置，不能或不需要筛出 6～13mm 的煤炭时，可生产小于 13mm 的煤炭，称为末煤，符号为 M；

3. 各级煤炭的限下含量，应符合煤炭产品质量标准的规定。

2. 褐煤的分级

褐煤根据粒度不同进行分级，见表 8-39。

**表 8-39 褐煤粒度分级**

| 序　号 | 粒度名称 | 粒度汉语拼音 | 粒度符号 | 粒度尺寸/mm |
|---|---|---|---|---|
| 1 | 特大块 | TEDAKUAI | T | 大于 100 |
| 2 | 大　块 | DAKUAI | D | 50～100 |
| 3 | 中　块 | ZHONGKUAI | Z | 25～50 |
| 4 | 小　块 | XIAOKUAI | X | 13～25 |
| 5 | 末　煤 | MOMEI | M | 小于 13 |

注：1. 当水分较高，不能保证生产 13～25mm 的煤炭时，可生产小于 25mm 的煤炭，称为混末，符号为 XM；

2. 当煤层结构不能保证生产 25～50mm 的煤炭时，可生产 13～50mm 的煤炭，称为混中块，符号为 ZXM；

3. 各级煤炭的限下含量，应符合煤炭产品质量标准的规定。

各企业可根据用户需要，结合煤质特点和筛分可能，合理确定煤炭粒度分级级数，但应符合本标准规定粒度的相应筛孔尺寸。若筛出的块煤包含标准中的两级或两级以上的块煤时，所用符号应采取连写的方法表示，例如中块和小块混合而不再分级时，其符号为 ZX。

如果用户对煤炭有特殊要求，煤炭生产企业确不能按本标准规定粒度的相应筛孔尺寸筛分、供应时，可以生产粒度符合该用户的工业用煤标准的煤炭；在工业用煤标准颁布前，由煤矿管理局审批，报煤炭部备案。

特大块最大尺寸，不得超过 300mm。

### （五）冶金生产对煤质的要求

1. 对炼焦用煤煤质的要求

首先要有较好的结焦性或粘结性，气煤、肥煤、焦煤和瘦煤等煤种最合适。我国炼焦用煤储量最多的是气煤，其中又以 2 号肥气煤最好，因为这种煤在炼焦过程中至少可以部分地代替强粘结的肥煤。使用 2 号肥气煤单独炼焦，也能炼出质量较好的焦炭，完全可以满足中小高炉炼铁的需要。气煤类中的 1 号气煤，由于粘结性稍差，目前用于配煤炼焦的还较少，但随着捣固装料炼焦炉的逐渐推广，这种弱粘结气煤用于炼焦的比例必将逐渐增大。其次，灰分、硫分和磷分等越低越好。

冶金部门对炼焦用煤的技术要求，国家标准 GB397—65 作了规定，见表 8-40。气、肥、焦、瘦等炼焦用洗精煤共分为 13 级，其中一级洗精煤的灰分 $A^g \leqslant 5.5\%$，二级洗精煤的灰分 $>5.5\% \sim 6.0\%$，灰分每增加 0.5%，洗精煤的级别即增高一级。最后一级洗精煤(13 级)的灰分 $>11.0\% \sim 11.5\%$。考虑到某些地区优质炼焦煤较缺乏，还特别规定滴道洗煤厂的炼焦洗精煤灰分不得超过 12.5%(相当于等外 15 级洗精煤)，本溪、林西和荣昌等洗煤厂的炼焦洗精煤灰分不得超过 12%(相当于等外 14 级洗精煤)。化工等其他部门用焦的精煤灰分不受该标准的约束。在该技术标准中，还把炼焦用洗精煤的全硫分 $S_Q^g$ 划分为三组，即 1 组($<$0.5%)、2 组(0.51%～1.00%)和 3 组(1.01%～1.50%)。洗精煤的全水分 $W_Q$ 划分为 $W_Q \leqslant 9\%$、$>9\% \sim 10\%$和$>10\% \sim 12\%$等 1、2、3 三号。另外，某些粘结性特别强的肥煤类，其硫分可增至 2.5%左右。如采用这种高硫肥煤作为配煤炼焦的骨干组分，必须同时采用低硫分的其他牌号的炼焦煤。以上规定的质量指标均以月平均质量为检验的依据，焦化厂希望供煤质量的波动系数越小越好，因为这样既有利于生产的控制，又能炼出质量较稳定的冶金用焦。

**表 8-40 冶金焦用煤技术标准**

| 牌号 | 灰分 $A^g$(月平均)/% | | | | | | | | | |
|---|---|---|---|---|---|---|---|---|---|---|
| | 级 | | | | | | | | | |
| | 1 | 2 | 3 | 4 | 5 | 6 | 7 | 8 | 9 | 10 |
| 气煤<br>肥煤<br>焦煤<br>瘦煤 | ≤5.50 | 5.51～6.00 | 6.01～6.50 | 6.51～7.00 | 7.01～7.50 | 7.51～8.00 | 8.01～8.50 | 8.51～9.00 | 9.01～9.50 | 10.01～10.50 |

| 牌号 | 灰分 $A^g$(月平均)/% | | | 硫分 $S_Q^g$(月平均)/% | | | 水分 $W_Q^y$(月平均)/% | | | |
|---|---|---|---|---|---|---|---|---|---|---|
| | 级 | | | 组 | | | 一般地区一般季节号 | | | 东北、西北、内蒙古地区冬季有火力干燥设备的洗煤 |
| | 11 | 12 | 13 | 1 | 2 | 3 | 1 | 2 | 3 | |
| 气煤<br>肥煤<br>焦煤<br>瘦煤 | 10.51～11.00 | 11.01～11.50 | >11.01～11.50 | ≤0.50 | 0.51～1.00 | 1.01～1.50 | ≤9.0 | 9.0～10.0 | 10.0～12.0 | ≤9.0 |

注：1. 下列各洗煤厂洗煤灰分(月平均)不得超过下列数值：滴道 12.5%；本溪、林西、荣昌 12.0%；

2. 可根据资源情况、冶金生产需要和煤炭生产可能，由供需双方协商供给硫分(月平均)为 1.51%～2.50%的精煤；

3. 冬季一般指 11 月 15 日至 3 月 15 日，在特殊情况下，可由供需双方协商，根据防冻的需要提前或延长。

对配煤中的单种炼焦煤的要求，是灰分不超过 12.5%，全硫不超过 2.5%。对配合炼焦煤的要求，是灰分不超过 10%，全硫不超过 1.2%，挥发分 $V^r$ 为 28%～32%(中小型高炉用焦的配煤 $V^r$ 可增高到 34%)，$y$ 值以 15～20mm 为宜。

此外，以制造城市煤气为主的武德炉高温干馏（实质上为单种煤炼焦）用煤，要求较高的挥发分产率，$y$ 值一般要求在 12mm 以上。这样，挥发分 $V^r$ 大于 35％的气煤类均可考虑，但以 $V^r$＞40％、$y$ 值大于 20mm 的强粘结性气煤最为理想。因为这种煤在高温干馏时不但能产生大量高热值的城市煤气，而且还能炼出相当强度的焦炭。这种焦炭可再进一步气化成水煤气或发生炉煤气，从而使煤完全气化，收到最大的经济效益。高温干馏用煤的灰分和硫分，也是越低越好，但不像冶金焦用煤那么严格。

煤炭焦化产生 3 种主要产品——焦炭（78％）、焦油（4％）和焦炉煤气（18％）。

冶金焦用永荣煤的技术条件，能源部现行标准 MT107.5—85 作了规定，见表 8-41。

**表 8-41　冶金焦用永荣煤质量指标**

| 项　目 | 技术要求 | 鉴定方法 |
|---|---|---|
| 类别 | 气煤 | 中国煤炭分类（以炼焦煤为主）方案 |
| 品种 | 冶炼用炼焦精煤 | 煤炭质量规格及出厂价格 1979 |
| 粒度 | ＜80mm | 煤炭粒度分级（GB189—63） |
| 水分（$W^Q$） | ≤13.0％ | 煤中全水分测定方法（GB211—84） |
| 灰分（$A^g$） | ≤12.5％ | 煤的工业分析方法（GB212—77） |
| 挥发分（$V^r$） | ≥30.0％ | 同上 |
| 硫分（$S_Q^g$） | 0.51％～0.7％<br>0.71％～0.9％<br>0.91％～1.1％ | 煤中全硫的测定方法<br>（GB214—83） |

冶炼用鹤壁精煤的技术条件，能源部现行标准 MT107.11—85 作了规定，见表 8-42。

**表 8-42　冶炼用鹤壁精煤质量指标**

| 项　目 | 技术要求 | 鉴定方法 |
|---|---|---|
| 类别 | 瘦煤 | 中国煤炭分类（以炼焦煤为主）方案 |
| 品种 | 冶炼炼焦精煤 | 煤炭质量规格及出厂价格 1979 |
| 粒度 | 0.5～50mm | 煤炭粒度分级（GB189—63） |
| 水分（$W^C$） | ≤10％ | 煤中全水分测定方法（GB211—84） |
| 灰分（$A^g$） | ≤10.5％ | 煤的工业分析方法（GB212—77） |
| 挥发分（$V^r$） | ≥14％ | 同上 |
| 硫分（$S_Q^g$） | ≤0.4％ | 煤中全硫的测定方法（GB214—83） |

2. 对气化用煤的要求

煤的气化，是指把固体的煤转化为煤气的过程。通常采用氧、空气或水蒸气等作为气化剂，使煤的有机物转化成含 $H_2$ 和 CO 等的可燃气体。由于气化剂和煤气成分的不同，大致可分为空气煤气、混合煤气、水煤气和半水煤气等。目前，气化炉种类虽然很多，但不外乎固定床、沸腾床和悬浮床三种类型。气化炉型不同，对煤质的要求也就不同。

（1）固定床气化炉　常压固定床气化炉一般采用 25～50mm 的块煤，但如炉内压力为 2～3MPa、气化温度为 750～900℃左右时，要求入炉原料煤的粒度在 6～50mm，罗加指数小于 13。所用煤种以年轻煤为佳。一般可采用褐煤、长焰煤、气煤、不粘煤或弱粘煤。煤灰熔点 $T_2$＞1200℃为宜。煤的活性越大越好。块煤的热稳定性和机械强度也以高者为佳。如采用液态排渣的鲁奇加压气化炉，由于气化温度约 1250℃，最好用煤灰熔点 $T_2$ 低于 1200℃的年轻煤。因为熔点越低，灰渣越易排出。

鲁奇加压气化炉生产煤气的热值可达 16747kJ/m³ 左右，既可作城市煤气，又可作人造合成石油、合成氨和合成甲醇等原料气，这是我国今后煤气工业的主要技术方向。如无块煤，也可用褐煤煤砖代用，但成本会增高。

目前国内普遍使用的以无烟煤为原料制造半水煤气（合成氨的原料气）的威尔曼等固定床气化炉，和以弱粘结煤（大同煤最理想）为原料制造燃料的煤气炉，均须用块煤，最理想的是粒度 25～50mm 的中块煤，也可用 13～50mm、13～25mm 或 25～75mm 的各种块煤。如用烟煤为原料，要求胶质层最大厚度 $y$ 值小于 16mm，灰分不超过 25%，硫分小于 2%，机械强度（＞25mm）在 65%以上。制造合成氨用的无烟块煤要求有较好的热稳定性，因为热稳定性差的无烟块煤在气化炉内受热很容易崩裂成碎片甚至粉末，会减低产气率，甚至影响正常运转或造成停炉事故。煤的灰熔点 $T_2$ 要求在 1200℃以上为宜。因为灰熔点过低的煤，在气化炉内灰渣容易结块挂炉，影响产气率和气体质量。气化设计部门提出的发生炉煤气用煤的质量要求见表 8-43。

**表 8-43　发生炉煤气用煤的质量要求**

| 项　目 | 无烟煤 | 烟　煤 | 褐　煤 |
|---|---|---|---|
| 灰分 $A^g$/% | ≤25 | ＜20 | ≤20 |
| 硫分 $S_Q^g$/% | ≤4 | ≤1.2 | ≤1.2 |
| 灰熔点 $T_2$/℃ | ＞1200 | ＞1200 | ＞1200 |
| 胶质层 $y$ 值/mm | — | ＜16 | — |
| 机械强度（＞25mm）/% | ＞65 | ＞65 | — |
| 热稳定性（＞13mm 残焦）/% | ＞60 | — | — |
| 粒度/mm（括号内为限下率%） | ＞6～13（＜13%） | ＞13～25（＜15%） | ＞25～50（＜15%） |
|  | ＞13～25（＜10%） | ＞25～50（＜12%） | ＞50～100（＜12%） |
|  | ＞25～50（＜8%） | ＞50～100（＜10%） |  |

必须说明的是，各种气化用煤应尽量就地取材，即使某些指标较差一些，如从生产的总成本来看合算，就不必舍近求远去寻找煤源。

(2)沸腾床气化炉　在我国，也用沸腾床气化炉来制造合成氨原料气。这种气化炉在常压下操作，以空气或氧气为气化剂，对原料煤的要求是活性越大越好（一般在 950℃时 $CO_2$ 分解率＞60%的煤即可）。所以用褐煤最好（$W^y$＜12%，$A^g$ 最好＜25%），也可用长焰煤或不粘煤（HC），因为这些煤的活性都比较大。煤料的粒度小于 8mm，0～1mm 的煤粉越少越好，否则飞灰会带出大量碳而降低煤的气化率。煤的灰熔点 $T_2$ 最好大于 1250℃。硫分最好小于 2%。

(3)柯柏斯-托切克（K-T）炉　K-T 炉是一种粉煤悬浮床气化炉，利用在常压下连续运转的高速气化工艺，生产制合成氨的煤气。这种炉子的气化温度高达 1400～1500℃，对煤种要求不严，几乎什么样的煤都可以使用。如对高硫、低熔点、易碎、粘结、加热膨胀的各种烟煤，无烟煤和褐煤均可使用。由于气化反应在不到1秒钟内就完成，因此煤粉的粒度越细越好，水分一般在1%～5%左右。如用褐煤，先要进行干燥使水分降到5%～10%，烟煤和无烟煤应使水分干燥到1%左右。煤的灰熔点越低，气化装置的运转也越容易。目前也可用灰分高达35%左右的褐煤。

3.对动力用煤煤质的要求

人们对动力用煤的质量要求，比对其他任何用煤都低。例如低位发热量大于4186.8kJ/kg的煤矸石就可作沸腾锅炉的燃料。但从动力工艺的经济效益考虑，动力用煤也应有一定的质量要求。首先是发热量，其次是灰熔点的高低和结渣的难易程度，粉煤锅炉燃烧还要考虑可磨性系数的大小，链条式锅炉燃料需要注意煤的含块率等指标。动力用煤还分为船舶用煤、机车用煤和发电用煤等，它们对煤质的要求也是各不相同的。

对船舶用煤和机车用煤煤质的要求列下，以供参考：

| 煤质指标 | 远洋船舶 | 内海船舶 | 机车用煤 |
|---|---|---|---|
| $A^{g}$/% | <14 | <25 | <25 |
| $Q^{y}_{DW}$/kJ·kg$^{-1}$ | >6000(25120) | >5500(23027) | >5500(23027) |
| $S^{g}_{Q}$/% | <2.5 | <2.0 | <2.0 |
| $T_{2}$/℃ | >1250 | >1250 | >1250 |
| 粒度/mm | 6～25 | 6～25 | 13～25 |
| $V^{r}$/% | >20 | >20 | >16 |
| 限下率/% | <15 | <15 | <15 |

发电用煤可采用发热量较低的褐煤、中煤、煤泥或灰分大于30%的烟煤，甚至还可用煤矸石等低热值燃料。即使是泥炭、石煤、天然焦或油母页岩等，也都可以用来发电。硫分含量虽对燃烧本身无多大影响，但对锅炉炉体和管道有较大的腐蚀性。从防止环境污染，保护人民健康出发，发电用煤的硫分越低越好。

4.对高炉喷吹用煤煤质的要求

为了在高炉炼铁时降低冶金焦的消耗量，各工业发达国家普遍采用往炉内喷重油、天然气和优质无烟煤等廉价而易得的一次能源燃料，以部分地代替二次能源燃料的冶金焦炭，从而较大幅度地降低炼铁焦比和生铁成本。

一般对喷吹用无烟煤的质量要求是：灰分低于12%，最高不超过15%；硫分小于0.7%，最多不高于1%。以挥发分$V^{r}$8%～10%的年轻无烟煤最合适，因为这种无烟煤的发热量高，可磨性系数一般也较大。煤粉要求较细。煤的水分一般小于8%。煤粉的固定碳含量要大于75%，煤的安息角20°左右，不宜过高。煤灰成分中的钒和钛越少越好，因为这两种成分会增加炼铁过程中灰渣的粘度，致使铁水和炉渣较难分离。煤灰中的二氧化硅与氧化钙之比($SiO_2$/CaO)小于1。因为CaO含量增高有助于降低酸性炉渣的粘度。另外，如灰中的氧化铁含量高，等于在高炉中增多了矿石中铁的成分。

实践表明，京西低灰分煤的$SiO_2$/CaO比小，可磨性系数小；阳泉煤的安息角和可磨性较合适，$SiO_2$/CaO比较大，硫分含量也较高(0.5%～1.5%)。由于喷吹对无烟煤的煤质的要求严格，因此有条件时应把无烟煤进行洗选，其中纯煤真相对密度大者还应采用重介质洗选。精煤经干燥脱水和磨细后供高炉喷吹使用。我国各钢铁公司的实践结果表明，阳泉无烟煤作为高炉喷吹燃料比较理想。在洗煤厂一时无法大批建立的情况下，也可暂时采用加强筛选的办法，把镜煤组分较高、灰分较低的小于 25mm 的末煤作为高炉喷吹燃料，也是切实可行的。在条件许可的情况下，也可为喷吹用无烟煤开采一些灰分和硫分较低的煤层，实行分采、分装和分运。

5. 对烧结矿用无烟煤煤质的要求

我国的铁矿石，有许多是贫铁矿。如果把贫铁矿直接作为高炉冶炼的原料，不仅高炉的利用系数降低，生产能力下降，炼铁时的焦比也会大幅度上升。所以这种贫矿通常都要进行精选。但是，选后的精铁矿粉不能直接送入高炉冶炼，必须把它在高温下烧结（熔融）成块。烧结时，过去多用焦粉作燃料，因此对烧结燃料的要求也是低灰、低硫和高发热量。为了节约焦炭，目前已多用无烟煤粉来代替。烧结用无烟煤质的灰分应小于 15%；硫分小于 0.7%（最高也不应超过 1%），否则会增高生铁的含硫量而影响质量。

6. 对电石炉用无烟煤煤质的要求

电石炉可以用焦炭，也可以用无烟煤作原料。在开启式电石炉中可全部使用无烟煤；但在密闭式电石炉中需要焦炭和无烟煤掺混使用。兹将两种电石炉对无烟煤质量要求列下供参考：

| 煤质指标 | 开启式炉 | 密闭式炉 |
|---|---|---|
| $A^g$/% | <7 | <6 |
| $V^r$/% | <8 | <10 |
| $W^y$/% | <5 | <2 |
| $P^g$/% | <0.04 | <0.04 |
| $S_Q^g$/% | <1.5 | <1.5 |
| 相对密度 | <1.45 | >1.6 |
| 粒度/mm | 3～40 | 3～40 |
| 比电阻/Ω·(cm²·cm)⁻¹ | | >8000～12000 |
| $W^y$/% | <3 | <3 |
| 抗磨试验/%<br>(>40mm 残留量) | <35 | <25 |

7. 对竖窑烧石灰用无烟煤煤质的要求

| 指标 | 要求 |
|---|---|
| 粒度/mm | >13～100 |
| 固定碳/% | >60 |
| $A^g$/% | <25 |

8. 对生产电极糊用无烟煤煤质的要求

| 质量指标 | 一级 | 二级 |
|---|---|---|
| $A^g$/% | <10 | <12 |
| $S_Q^g$/% | <2 | <2 |

**(六)发电煤粉锅炉用煤**

发电煤粉锅炉用煤的技术条件，国家现行标准 GB7562—87 规定如下。

1. 挥发分

挥发分 $V^r$（与其相对应的发热量 $Q_{DW}^{y}$）等级见表 8-44。

**表 8-44 煤的挥发分等级**

| 符号 | $V^r$/% | $Q^y_{DW}$/MJ·$kg^{-1}$ |
|---|---|---|
| $V_1$ | >6.5～10 | >21.0(>5000) |
| $V_2$ | >10～19 | >18.5(>4400) |
| $V_3$ | >19～27 | >16.5(>3900) |
| $V_4$ | >27～40 | >15.5(>3700) |
| $V_5$ | >40 | >11.5(>2800) |

2. 灰分

灰分 $A^g$ 等级见表 8-45。

**表 8-45 煤的灰分等级**

| 符号 | $A^g$/% |
|---|---|
| $A_1$ | ≤24 |
| $A_2$ | >24～34 |
| $A_3$ | >34～46 |

3. 水分

水分 $W$ 等级见表 8-46。

**表 8-46 煤的水分等级**

| 符号 | $W$/% | $V^r$/% |
|---|---|---|
| $W_{WZ}$ | $W_1$≤8<br>$W_2$>8～12 | ≤40 |
| $W_Q$ | $W_3$≤22<br>$W_4$>22～40 | >40 |

注：1. $V^r$ 值系水分划分所要求的范围；

2. $W_{WZ}$系外在水分；$W_Q$ 系全水分。

4. 硫分

硫分 $S^g_Q$ 等级见表 8-47。

**表 8-47 煤的硫分等级**

| 符号 | $S^g_Q$/% |
|---|---|
| $S_1$ | ≤1.0 |
| $S_2$ | >1.0～3.0 |

5. 煤灰熔融性

煤灰熔融性 $T_2$ 等级见表 8-48。

**表 8-48 煤灰熔融性等级**

| 符号 | $T_2$/℃ | $Q^y_{DW}$/MJ·$kg^{-1}$ |
|---|---|---|
| T | >1350 | >12.5(>3000) |
|  | 不限 | ≤12.5(≤3000) |

注：当 $Q^y_{DW}$≤12.5MJ/kg 时，$T_2$ 值不限。

粒度：(洗)末煤<13mm，(洗)混末煤<25mm，中煤、洗混煤<50mm，上述煤种供应数量不足时，可暂时供原煤。

对于不符合本标准要求的煤炭应由煤炭部门提供适宜煤种供电厂掺混使用。在采取掺混或其他措施后的入炉煤质量仍应符合本标准要求。在特殊情况下确无条件达到时，应由供需双方进行协商，妥善予以解决。

发电煤粉锅炉用大同煤的技术条件，能源部现行标准 MT107.3—85 作了规定，见表 8-49。

**表 8-49 发电煤粉锅炉用大同煤质量指标**

| 项 目 | 技 术 要 求 | 鉴 定 方 法 |
|---|---|---|
| 类别 | 弱粘煤 | 中国煤炭分类(以炼焦煤为主)方案 |
| 品种 | 末煤<br>供应不足时可暂供：<br>混末煤 | 煤炭粒度分级(GB189—63) |
| 粒度 | 末煤 0～8mm 或 0～13mm<br>混末煤 0～25mm | 同上 |
| 水分($W^{Q}$) | ≤12.0% | 煤中全水分测定方法(GB211—84) |
| 灰分($A^{g}$) | ≤12.0% | 煤的工业分析方法(GB212—77) |
| 挥发分($V^{r}$) | ≥28.0% | 同上 |
| 硫($S_{Q}^{g}$) | ≤1.20% | 煤中全硫的测定方法(GB214—83) |
| 低位发热量($Q_{DW}^{Y}$) | ≥24244kJ/kg | 煤的发热量测定方法(GB213—79) |
| 煤灰熔融性($T_2$) | ≥1100℃ | 煤灰熔融性测定方法(GB219—77) |

发电煤粉锅炉用鹤壁煤的技术条件，能源部现行标准 MT107.7—85 作了规定，见表 8-50。

**表 8-50 发电煤粉锅炉用鹤壁煤质量指标**

| 项 目 | 技 术 要 求 | 鉴 定 方 法 |
|---|---|---|
| 类别 | 瘦煤、无烟煤 | 中国煤炭分类(以炼焦煤为主)方案 |
| 品种 | 原煤、末煤、其他精煤 | 煤炭粒度分级(GB189—63) |
| 粒度 | 原煤不限<br>末煤 0～13mm<br>其他精煤 0～50mm | 煤炭粒度分级(GB189—63) |
| 挥发分($V^{r}$) | 瘦煤≥14% | 煤的工业分析方法(GB212—77) |

续表 8-50

| 项　目 | 技 术 要 求 | 鉴 定 方 法 |
|---|---|---|
| 灰分($A^g$) | 原煤≤26%<br>末煤≤20%<br>其他精煤 12%～16.0% | 同上 |
| 水分($W^Q$) | 原煤≤8.0%<br>末煤≤8.0%<br>其他精煤 12%～16.0% | 煤中全水分测定方法(GB211—84) |
| 煤灰熔融性($T_2$) | 瘦煤≥1300℃ | 煤灰熔融性测定方法(GB219—74) |
| 硫分($S^g_Q$) | 瘦煤≤0.5%<br>无烟煤≤2.5% | 煤中全硫的测定方法(GB214—77) |
| 低位发热($Q^Y_{DW}$) | 原煤≥22990kJ/kg<br>其他精煤≥23830kJ/kg<br>末煤≥25080kJ/kg | 煤的发热量测定方法(GB213—79) |
| 煤的含矸率 | 原煤≤1.3% | 商品煤含矸率和限下率煤样的采取及其测定方法(MT1—83) |

发电煤粉锅炉用鹤岗煤的技术条件，能源部现行标准 MT107.8—85 作了规定，见表 8-51。

**表 8-51　发电煤粉锅炉用鹤岗煤质量指标**

| 项　目 | 技 术 要 求 | 鉴 定 方 法 |
|---|---|---|
| 类　别 | 气煤 | 中国煤炭分类(以炼焦煤为主)方案 |
| 品　种 | 粉煤、洗粉煤、末煤、混末煤、洗末煤、洗混末煤、低热值煤。粉煤、末煤量不足时可暂供原煤、混煤 | 煤炭质量规格说明及出厂价格 1979 |
| 粒　度 | 粉煤、洗粉煤 6～0mm<br>末煤、洗末煤 13～0mm<br>混末煤、洗混末煤 25～0mm<br>低热值煤 10～0mm<br>原煤<br>混煤 50～0mm | 煤炭粒度分级(GB189—63) |
| 水分($W^Q$) | 粉煤≤8.0%<br>末煤、洗末煤≤8.0%<br>洗粉煤、洗末煤≤11.0%<br>洗混末煤≤10.0%<br>低热值煤≤15.0%<br>原煤、混煤≤8.0% | 煤中全水分测定方法(GB211—84) |

续表 8-51

| 项目 | 技术要求 | 鉴定方法 |
| --- | --- | --- |
| 灰分($A^g$) | 粉煤、末煤、混末煤≤32.0%<br>洗混末煤≤40.0%<br>洗末煤、洗粉煤≤36.0%<br>原煤、混煤≤24.0%～46.0%<br>低热值煤≤70.0% | 煤的工业分析方法(GB212—77) |
| 挥发分($V^r$) | ≥30.0% | 同上 |
| 硫($S_Q^g$) | ≤0.5% | 煤中全硫测定方法(GB214—83) |
| 低位发热量($Q_{DW}^Y$) | 粉煤、末煤、混末煤≥20900kJ/kg<br>洗末煤、洗粉煤≥17556kJ/kg<br>洗混末煤≥15466kJ/kg<br>混煤、原煤≥14630～22154kJ/kg<br>低热值煤≥8360～14630kJ/kg | 煤的发热量测定方法(GB213—79) |
| 煤灰熔融性($T_2$) | ≥1300℃ | 煤灰熔融性测定方法(GB219—74) |
| 原煤含矸率 | ≤5.0% | 商品煤含矸率和限下率煤样的采取及其测定方法(MT1—83) |

## (七)蒸汽机车用煤

蒸汽机车用煤的技术条件,国家现行标准(GB4063—83)作了规定,见表 8-52。

**表 8-52 蒸汽机车用煤质量**

| 项目 | 技术要求 | 鉴定方法 |
| --- | --- | --- |
| 类别 | 1. 用煤品种为长焰煤、弱粘煤、气煤、肥煤<br>2. 具备运入多种煤配烧的铁路区段:<br>a. 焦煤、瘦煤可与其他类别煤配烧,在不能运入其他类别煤的区段,经试验合格可单烧;<br>b. 不粘煤可配烧,在不能运入其他类别煤的区段,经试验合格可单烧 | 中国煤炭分类(以炼焦煤为主)方案 |
| 粒度 | 1. 6～50mm①<br>2. 块煤供应数量不足的煤矿,可暂供应:<br>a. 原煤 含矸率:≤1%;<br>b. 混煤 粒度:0～50mm<br>3. 块煤限下率按煤炭产品规格的规定 | GB189—63<br>《煤炭粒度分级》 |
| 挥发分($V^r$)/%≥ | 20 | GB212—77<br>《煤的工业分析方法》 |

续表 8-52

| 项目 | 技术要求 | 鉴定方法 |
| --- | --- | --- |
| 灰分($A^g$)/%≤ | 24 | GB212—77<br>《煤的工业分析方法》 |
| 煤灰熔融性($T_2$)/℃≥ | 1200 | GB219—74<br>《煤灰熔融性的测定方法》 |
| 硫分(长隧道及隧道群区段)<br>($S_Q^g$)/%≤ | 1 | GB214—83<br>《煤中全硫的测定方法》 |
| 低位发热量②($Q_{DW}^Y$)/<br>kJ・kg$^{-1}$ | 1. ≥20900～<22990<br>2. ≥22990～<25080<br>3. ≥25080 | GB213—79<br>《煤的发热量测定方法》 |

①包括 6～50mm 间各粒级的块煤或混块煤；

②低位发热量分为三个等级，可根据铁路运输量与资源条件确定。

蒸汽机车用鹤壁煤的技术条件，能源部现行标准(MT107.6—85)作了规定，见表 8-53。

**表 8-53　蒸汽机车用鹤壁煤的质量指标**

| 项目 | 技术要求 | 鉴定方法 |
| --- | --- | --- |
| 类别 | 瘦煤 | 中国煤炭分类(以炼焦煤为主)方案 |
| 品种 | 混中块，其他精煤，煤量不足时可暂供原煤 | 煤炭粒度分级(GB189—63) |
| 粒度 | (1)混中块 13～80mm<br>(2)其他精煤 0～50mm<br>(3)原煤 | 同上 |
| 挥发分($V^r$) | ≥14% | 煤的工业分析方法(GB212—77) |
| 水分($W^Q$) | 混中块≤4.0%<br>其他精煤 12.0%～16.0%<br>原煤≤8.0% | 煤中全水分测定方法(GB211—84) |
| 灰分($A^g$) | 混中块≤24%<br>其他精煤≤16%<br>原煤≤24% | 煤的工业分析方法(GB212—77) |
| 煤灰熔融性($T_2$) | ≥1300℃ | 煤灰熔融性的测定方法(GB219—74) |
| 硫分($S_Q^g$) | 原煤混中块≤0.5%<br>精煤≤0.4% | 煤中全硫的测定方法(GB214—77) |
| 低位发热量($Q_{DW}^Y$) | 混中块≥25080kJ/kg<br>其他精煤≥23826kJ/kg<br>原煤≥23826kJ/kg | 煤的发热量测定方法(GB213—79) |
| 煤的含矸率 | 混中块≤2.0%<br>原煤≤1.0% | 商品煤含矸率和限下率煤样的采取及其测定方法(MT1—83) |
| 块煤限下率 | ≤18.0% | 同上 |

蒸汽机车用鹤岗煤的技术条件，能源部现行标准(MT107.9—85)作了规定，见表8-54。

**表 8-54 蒸汽机车用鹤岗煤质量指标**

| 项　目 | 技 术 要 求 | 鉴 定 方 法 |
|---|---|---|
| 类别 | 气煤 | 中国煤炭分类(以炼焦煤为主)方案 |
| 品种 | 其他精煤、洗混中块、洗中块、粒煤。煤量不足时可暂供原煤 | 煤炭质量规格及出厂价格 1979 |
| 粒度 | 其他精煤 6～13mm<br>6～20mm<br>洗混中块 13～70mm<br>洗中块 20～60mm<br>粒煤 6～13mm<br>原煤 | 煤炭粒度分级(GB189—63) |
| 水分($W^{Q}$) | 洗中块≤6.0%<br>其他精煤≤10.0%<br>粒煤≤8.0%<br>原煤≤8.0% | 煤中全水分测定方法(GB211—84) |
| 灰分($A^{g}$) | 其他精煤≤16.0%<br>洗混中块≤24.0%<br>洗中块≤24.0%<br>粒煤、原煤≤24.0% | 煤的工业分析方法(GB212—77) |
| 挥发分($V^{r}$) | ≥30% | 同上 |
| 硫($S_{Q}^{g}$) | ≤0.5% | 煤中全硫的测定方法(GB214—83) |
| 低位发热量($Q_{DW}^{Y}$) | 其他精煤≥25080kJ/kg<br>洗混中块≥22990kJ/kg<br>洗中块≥22990kJ/kg<br>粒煤、原煤≥22154kJ/kg | 煤的发热量测定方法(GB213—79) |
| 煤灰熔融性($T_2$) | ≥1300℃ | 煤灰熔融性测定方法(GB219—74) |
| 限下率<br>20～60mm<br>13～70mm<br>6～13mm | <br>≤12.0%<br>≤15.0%<br>≤27.0% | 商品煤含矸率和限下率煤样的采取及其测定方法(MT1—83) |
| 含矸率 | ≤2.5% | 同上 |

蒸汽机车用大同煤的技术条件，能源部现行标准(MT107.1—85)作了规定，见表8-55。

表 8-55 蒸汽机车用大同煤质量指标

| 项目 | 技术要求 | 鉴定方法 |
| --- | --- | --- |
| 类别 | 弱粘结煤 | 中国煤炭分类(以炼焦煤为主)方案 |
| 品种 | 小混块或小块<br>煤量不足时可暂供:<br>混煤<br>混末煤 | 煤炭粒度分级<br>(GB189—63) |
| 粒度 | 小混块 8～25mm<br>小　块 13～25mm<br>混煤 0～50mm<br>混　末 0～25mm | 同上 |
| 水分($W^{Q}$) | ≤12.0% | 煤中全水分测定方法<br>(GB211—84) |
| 灰分($A^{g}$) | 小混块、小块≤16%<br>混煤、混末煤≤12% | 煤的工业分析方法<br>(GB212—77) |
| 挥发分($V^{r}$) | ≥28.0% | 煤的工业分析方法<br>(GB212—77) |
| 硫($S^{g}_{Q}$) | 小混块、小块≤1.4%<br>混煤、混末煤≤1.2% | 煤中全硫的测定方法<br>(GB214—83) |
| 低位发热量($Q^{Y}_{DW}$) | 小混块、小块≥22990kJ/kg<br>混煤、混末煤≥24244kJ/kg | 煤的发热量测定方法<br>(GB213—79) |
| 煤灰熔融性($T_2$) | ≥1100℃ | 煤灰熔融性的测定方法<br>(GB219—74) |
| 块煤限下率 | ≤21.0% | 商品煤含矸率和限下率煤样的采取及其测定方法(MT1—83) |

## 四、焦炭产品

### (一)焦炭的性质

焦炭的性质包括焦炭的化学性质、物理性质、机械强度和力学性质。

1. 焦炭化学性质

焦炭的化学性质包括焦炭反应性和焦炭抗碱性,主要的是焦炭反应性。高炉焦在高炉软融带发生强烈的碳溶作用,因此高炉焦应有较低的反应性。铸造焦在化铁炉中主要是作热源,在炉内应尽可能不生成CO,因此铸造焦要求更低的反应性。

2. 焦炭反应性及反应后强度

焦炭反应性是焦炭与二氧化碳、氧和水蒸气等进行化学反应的能力,焦炭反应后强度是指反应后的焦炭在机械力和热应力作用下抵抗碎裂和磨损的能力。焦炭在高炉炼铁、铸造化铁和固定床气化过程中,都要与二氧化碳、氧和水蒸气发生化学反应。由于焦与氧和水蒸气的反应有与二氧化碳间的反应相类似的规律,因此大多数国家都用焦炭与二氧化碳间的反应特性评定焦炭反应性。

中国标准(GB/T4000—1996)规定了焦炭反应性及反应后强度试验方法。其做法是使焦炭在高温下与二氧化碳发生反应,然后测定反应后焦炭失重率及其机械强度。

焦炭反应性指标以损失的焦炭质量与反应前焦样总质量的百分数表示。焦炭反应性按下式计算:

$$CRI=\frac{m-m_1}{m}\times 100$$

式中 $CRI$——焦炭反应性,%;

$m$——焦炭试样质量,g;

$m_1$——反应后残余焦炭质量,g。

焦炭反应后强度指标以转鼓后大于10mm粒级焦炭占反应后残余焦炭的质量百分数表示。反应后强度按下式计算:

$$CSR=\frac{m_2}{m_1}\times 100$$

式中 $CSR$——反应后强度,%;

$m_2$——转鼓后大于10mm粒级焦炭质量,g;

$m_1$——反应后残余焦炭质量,g。

焦炭反应性 $CRI$ 及反应后强度 $CSR$ 的重复性 $r$ 不得超过下列数值:

$$CRI:r\leqslant 2.4\%$$

$$CSR:r\leqslant 3.2\%$$

焦炭反应性及反应后强度的试验结果均取平行试验结果的算术平均值。

3.焦炭抗碱性

焦炭抗碱性是指焦炭在高炉冶炼过程中抵抗碱金属及其盐类作用的能力。焦炭本身的钾、钠等碱金属含量很低,约0.1%~0.3%,但是在高炉冶炼过程中,由矿石带入的大量钾和钠,在高炉内形成液滴或蒸气,造成碱的循环,并富集在焦炭中,使炉内焦炭的钾、钠含量远比入炉焦为高,可高达3%以上,这就足以对焦炭产生有害影响。在高碱负荷的高炉中,这种影响更为严重,因此抗碱性是对高炉焦的一个特殊要求。

钾、钠对焦炭反应性、焦炭机械强度和焦炭结构均会产生有害的影响,以致危害高炉操作。

(1)对焦炭反应性的影响。钾、钠对焦炭与 $CO_2$ 反应有催化作用。一般情况下,钾、钠在焦炭中每增加0.3%~0.5%,焦炭与 $CO_2$ 的反应速度约提高10%~15%。钾、钠还可降低焦炭与 $CO_2$ 反应的开始温度。含3%钾、钠的焦炭比含0.1%~0.3%钾、钠的焦炭的反应开始温度约降低50~100℃。

(2)对机械强度的影响。钾、钠及其氧化物能渗入焦炭的碳结构,形成石墨钾、石墨钠(如 $KC_8$、$NaC_8$)等层间化合物,使碳结构变形、开裂而导致焦炭机械强度下降。

(3)对焦炭结构的影响。焦炭与 $CO_2$ 反应过程中,钾、钠的催化作用使表面反应增强,因此焦炭气孔壁的减薄程度加剧。钾、钠还使焦炭光学组织中的各向异性组分反应率有较大的增加。

(4)对反应后强度的影响。钾、钠虽然对焦炭与 $CO_2$ 的反应起催化作用,但在同一反应程度下,强度并不因钾、钠的存在而下降更多,这是因为催化作用虽然增强了焦炭的表层反应，却减轻了焦炭的内部反应。但在相同的反应时间内，碱金属能使反应程度加深，导致块焦反应后强度明显下降。

(5)对高炉操作的不良影响。钾、钠对焦炭质量的影响也会给高炉生产带来不良后果：焦炭与 $CO_2$ 反应的开始温度降低，可导致高炉炼铁焦比升高；由于焦炭与 $CO_2$ 反应速度增加，焦炭在高炉中的降解失重加剧，机械强度和块度急剧下降，导致焦炭在高炉下部高温区过多粉化，影响高炉顺行；钾、钠蒸气在高炉上部与煤气中的 $CO_2$ 反应生成碳酸盐而析出；这些碱金属碳酸盐部分粘附在炉壁上，会侵蚀耐火材料，影响高炉寿命。

提高焦炭抗碱性的措施有以下几点：

(1)增加低挥发分煤在配合煤中的用量，降低焦炭反应性，提高开始反应温度，从根本上缓解焦炭强度在高炉内的过早恶化。

(2)提高炼焦装炉煤的散密度，使焦炭气孔壁厚度增加，从而提高抵抗 $CO_2$ 的侵蚀能力，提高焦炭反应后强度。

(3)在炼焦配合煤可添加一些 $CO_2$ 反应的抑制剂或在焦炭表面喷洒这种抑制剂，以降低钾、钠对 $CO_2$ 反应的催化作用。曾以 $SiO_2$ 和 $B_2O_3$ 作为抑制剂，进行提高焦炭抗碱性试验。试验表明，添加 0.5%的 $B_2O_3$ 后，焦炭反应性可降低 30%～50%。

(4)减少碱金属在高炉内的循环，可以降低焦炭中的钾钠富集量。降低高炉炉身上部温度可减缓焦炭在进入软融带前发生过多的碳溶反应，从而使焦炭能承受更剧烈的反应而不致使强度过早变差。

4. 焦炭物理性质

焦炭物理性质包括焦炭筛分组成、焦炭散密度、焦炭真相对密度、焦炭视相对密度、焦炭气孔率、焦炭比热容、焦炭热导率、焦炭热应力、焦炭着火温度、焦炭热膨胀系数、焦炭收缩率、焦炭电阻率和焦炭透气性等。

焦炭的物理性质与其常温机械强度和热强度及化学性质密切相关。焦炭的主要物理性质如下：真密度为 1.80～1.95g/cm³；视密度为 0.88～1.08g/cm³；气孔率为 35%～55%；散密度为 400～500kg/m³；平均比热容为 0.808kJ/(kg·K)(100℃)，1.465kJ/(kg·K)(1000℃)；热导率为 2.64kJ/(m·h·K)(常温)，6.91kJ/(m·h·K)(900℃)；着火温度(空气中)为 450～650℃；干燥无灰基低热值为 30～32kJ/g；比表面积为 0.6～0.8m²/g。

5. 焦炭筛分组成

将焦炭试样用机械筛进行筛分，计算出各粒级的质量占试样总质量的百分数，即为筛分组成。焦炭筛分组成是确定焦炭机械强度和一系列物理性质的基础数据。

中国标准(GB/T2005—94)规定了冶金焦炭筛分组成的测定方法。

焦炭筛分组成的试验步骤如下：将采取的试样连续缓慢均匀地加入机械筛进行筛分，并保持试样在筛面上不出现重叠现象，将试样分成大于 80mm、80～60mm、60～40mm、40～25mm 及小于 25mm 的五个粒级焦炭。筛分试样全部筛完后，分别称量各粒级焦炭的质量(称准至 0.1kg)，并计算各粒级焦炭质量占总量的百分数。其中小于 25mm 焦炭质量占总量的百分数，即为焦末含量。

各粒级百分数按下式计算：

$$S_i=\frac{m_i}{m}\times 100$$

式中　$S_i$——各粒级筛分百分数，%；

$m_i$——各粒级试样质量，kg；

$m$——试样总质量，kg；

$i$——各粒级范围值（如：25～40mm，40～60mm 等）。

6. 焦炭散密度

焦炭散密度是指单位体积内块焦堆积体的质量。其值在 400～520kg/m³ 范围内。随着焦炭平均块度的增加，焦炭散密度成比例地减少。

焦炭散密度的测定方法，是将块度大于 25mm、形状不规则的焦炭，装在一定形状和体积的容器内，刮平后称量，然后计算。各国对所用容器和刮平方法均有相应的规定。容器越大，测量结果越准确。美国材料和试验协会（ASTM）标准规定所用容器体积为 0.226m³，国际标准化组织（ISO）规定用两个 0.2m³ 容器或用能存放 3t 左右焦炭的容器。

7. 焦炭真相对密度

焦炭真相对密度是粒度小于 0.2mm 的干焦炭试样与同体积的水的质量之比。

中国标准（GB4511.4—84）规定了焦炭真相对密度测定方法。其原理是，试样置于密度瓶内，加入无空气的蒸馏水，加热使水沸腾，排除吸附的气体，根据阿基米德原理测出同体积水的质量，计算试样的真相对密度。其试验步骤是，用重铬酸钾和硫酸混合液洗净密度瓶，用蒸馏水充分冲洗，装满无空气的蒸馏水，旋紧塞子把瓶浸入（至瓶颈）温度比环境温度约高 5℃的水浴内 1h，在 1h 后用滤纸片吸去塞子顶的水滴，从水浴中拿出密度瓶，在自来水下迅速冷却、晾干，放在天平旁 30min，然后称重（准确至±0.1mg）。把密度瓶倒空，并把瓶干燥。取一份焦样在 105～110℃温度下干燥 1h，冷至室温后称约 5g 干焦（准确至 0.1mg），把它全部装入密度瓶内。用无空气的蒸馏水冲洗粘附在瓶颈和瓶壁上的焦样，使总体积达到 25mL。将空冷管和瓶颈用橡皮管连好，把密度瓶放到甘油浴内，加热甘油浴，使瓶中水开始激烈沸腾。用几毫升无空气的热蒸馏水冲洗瓶壁上的焦炭浮渣，沸腾 30min 后从甘油浴中取出密度瓶，拆掉空冷管，让瓶自然冷却，然后注入 $t$℃（$t$℃为试验温度，一般比环境温度约高 5℃）无空气蒸馏水，用直径 1mm 的金属丝在瓶颈旋转搅拌，使焦样浮渣下降，旋紧塞子，浸入 $t$℃水浴至瓶颈 1h，滴加无空气蒸馏水，以补偿液相收缩量。保证塞子下面或毛细管内不积存空气泡。1h 后擦去塞顶的水滴，由水槽取出密度瓶，冷却、晾干，放在天平旁 30min 后称其质量。

最后按下式计算焦炭真相对密度：

$$d=\frac{m_1}{m_1+m_2-m_3}$$

式中　$d$——焦炭真相对密度；

$m_1$——干基焦样质量，g；

$m_2$——密度瓶盛满水时的质量，g；

$m_3$——密度瓶、焦样和盛满水时的质量，g。

8. 焦炭视相对密度

焦炭视相对密度亦称假相对密度。它是一定量的任意块度的干焦炭与同体积的水的质量之比。

中国标准（GB4511.3—84）规定了焦炭视相对密度测定方法。其原理是根据阿基米德定律，测出与焦样同体积水的质量，然后计算焦炭的视相对密度。焦炭视相对密度测定方法按GB4511.1—84《焦炭显气孔率测定方法》的规定进行。焦炭视相对密度按下式计算：

$$d_A=\frac{M_1-m_1}{(M_2-m_2)-(M_3-m_3)}$$

式中 $d_A$——焦炭视相对密度；

$M_1$——烘干后的焦炭与干丝网篓的质量，g；

$m_1$——干丝网篓的质量，g；

$M_2$——水饱和后的焦样与带排水盘的丝网篓的质量，g；

$m_2$——带排水盘的丝网篓的质量，g；

$M_3$——水饱和后的焦样与丝网篓在水中悬浮的质量，g；

$m_3$——丝网篓在水中悬浮的质量，g。

9.焦炭气孔率

焦炭气孔率是块焦的气孔体积与块焦体积的比率。焦炭气孔率分为显气孔率和总气孔率两种。

(1)焦炭显气孔率。焦炭显气孔率是块焦的开气孔体积与总体积的比率。中国标准(GB4511.1—84)规定了焦炭显气孔率测定方法。其原理是抽出焦炭孔隙内的气体，在大气压力作用下使水填充到焦炭的孔隙内，测定焦炭孔隙中水的质量和同一试样沉没于水中损失的质量，然后计算显气孔率。

焦炭显气孔率试验步骤是，将试验焦样相互轻轻撞击，去掉表面不牢固的焦粒，刷去粉尘，放入干燥箱内，在150～160℃下干燥2.5h。若焦样被浸泡过或过湿，干燥时间应延长或提高干燥温度。从干燥箱内取出试样，冷却5min，置于已知质量($m_1$)的丝网篓中称量($M_1$)，然后装入铁皮盒，放入真空干燥箱内，按图4-11所示连接试验设备，将通水胶管的一端插入铁皮盒内，用网片压上并加一重物，关闭真空箱。将夹子2-1、2-2都夹紧，然后开启真空泵，打开抽气阀。当剩余压力等于2660Pa时，关闭抽气阀，停泵。打开夹子2-1，使真空泵接通大气。稳定5min，打开夹子2-2，缓缓充水，使水完全淹没焦样，再保持2min。每周应检查一次真空箱的密封性，当剩余压力小于2660Pa时，关闭抽气阀，停泵。5min内压力变化应不大于665Pa。打开抽气阀接通大气，在常压下静置0.5h。取出试样放入已知在水中悬浮质量($m_3$)的丝网篓内，称量丝网篓和试样在水中悬浮的质量($M_3$)。每次试验用澄清的自来水。将丝网篓连同试样提出水面，滴水0.5min后，将试样拣到已知质量($m_2$)的带有排水盘的丝网篓中称量($M_2$)。丝网篓的质量及在水中悬浮质量每周应检查一次。

然后按下式计算焦炭显气孔率：

$$P_s=\frac{(M_2-m_2)-(M_1-m_1)}{(M_2-m_2)-(M_3-m_3)}\times 100$$

式中 $P_s$——焦炭显气孔率；

$M_1$——烘干后的试样与干丝网篓的质量，g；

$m_1$——干丝网篓的质量，g；

$M_2$——水饱和后的焦样与带排水盘的丝网篓的质量，g；

$m_2$——带排水盘的丝网篓的质量，g；

$M_3$——水饱和后的试样与丝网篓在水中悬浮的质量，g；

$m_3$——丝网篓在水中悬浮的质量，g。

(2)焦炭总气孔率。焦炭总气孔率是块焦的开气孔与闭气孔体积之和与总体积的比率。焦炭总气孔率按下式计算：

$$P_t=\frac{d-d_A}{d}\times100$$

式中　$P_t$——焦炭总气孔率，%；

$d$——焦炭真相对密度；

$d_A$——焦炭视相对密度。

10. 焦炭比热容

焦炭比热容是单位质量的焦炭温度升高 1K 所需要的热量。它是分析和评定焦炉热工时必需的重要热物理参数。煤结焦过程中比热容的变化因煤种和加热条件而异。不同挥发分的煤在 0～1000℃的炭化过程中比热容的变化特征如图 8-15 所示。

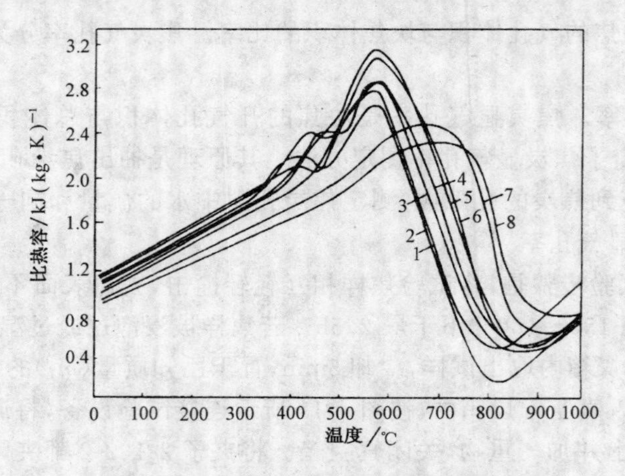


图 8-15　煤结焦过程中的比热容的变化

1—长焰煤；2—气煤；3—肥煤；4—焦煤；
5—瘦煤；6—贫煤；7—半无烟煤；8—烟煤

焦炭比热容测量采用绝热量热器法。绝热量热器法是将焦炭放在与周围介质隔热的量热器中进行的。量热器内部装有电加热器，其外壁覆盖电热隔热板，通过自动调节装置保持试样和量热器的温度一致，借助调整电加热器供给试样的热量，使试样温度改变，这样间歇或连续地测量试样温度的变化值和与其对应的供热量。然后按下式计算焦炭的瞬时比热容：

$$c_x=\frac{\Delta Q-A\Delta T}{m\Delta T}$$

式中　$c_x$——焦炭的瞬时比热容，kJ/(kg·K)；

$\Delta Q$——焦炭升温 $\Delta T$ 需供给的热量，kJ；

$A$——量热器热值，kJ/K；

$\Delta T$——焦炭升温，K；

$m$——量热器中所测焦炭的质量，kg。

量热器热值 $A$ 可根据量热器的比热容和相应的温度由试验或计算得到。

11. 焦炭热导率

焦炭热导率是热量从焦炭的高温部位向低温部位传递时，单位距离上温差为1K的传热速率。焦炭热导率的测定方法通常是将定量试样放在中心装有电阻加热丝的圆筒形容器内，以一定的速度升温。试样中沿圆筒半径方向装有两根温差热电偶，用来测出加热过程中这两个测温点的温度差，再根据测温点离中心的距离按下式计算焦炭试样的热导率：

$$\lambda = q_0 \ln \frac{r_2}{r_1} [2\pi(\Delta t - \Delta t')]^{-1}$$

式中 $\lambda$——焦炭热导率，W/(m·K)；

$q_0$——内部加热器传给被测试样的热流，J/(m·s)；

$r_1'$和 $r_2$——两个测温点离容器中心的距离，m；

$\Delta t$——内部加热器关闭时 $r_1$ 和 $r_2$ 处两点的温度差，K；

$\Delta t'$——内部加热器接通时相应的温度差。

12. 焦炭热应力

焦炭热应力是焦炭受热时，因内部结构和性质不均一，以及各部位温度梯度而产生的应力。焦炭热应力按下式计算：

$$\sigma = \frac{\alpha E(t_s - \bar{t})}{(1-\gamma)}$$

式中 $\sigma$——焦炭热应力，MPa；

$\alpha$——焦炭线膨胀系数，$K^{-1}$；

$E$——焦炭杨氏模量，MPa；

$\gamma$——泊松比，可取 0.1；

$t_s$——焦块表面温度，℃；

$\bar{t}$——焦块的平均温度，℃。

**表 8-56 高炉内不同部位焦炭的最大热应力的估算值**

| 离风口的距离/m | 高炉部位 | 焦炭块度/mm | 焦块内部温度差 Δt/℃ | 最大热应力/MPa |
|---|---|---|---|---|
| 0 | 风口 | 25 | 118 | 0.51 |
| | | 50 | 203 | 0.88 |
| | | 100 | 260 | 1.13 |
| 0.6 | 炉腰 | 50 | 37 | 0.36 |
| | | 100 | 47 | 0.46 |
| 8.5 | 炉身下部 | 25 | 23 | 0.23 |
| | | 50 | 36 | 0.37 |
| | | 100 | 47 | 0.48 |
| 17 | 炉身中部 | 50 | 42 | 0.47 |
| | | 100 | 52 | 0.58 |
| 26 | 炉身上部 | 25 | 51 | 0.55 |
| | | 50 | 69 | 0.76 |
| | | 100 | 90 | 0.99 |
| 28.4 | 炉喉 | 25 | 120 | 1.28 |
| | | 50 | 217 | 2.33 |
| | | 100 | 274 | 2.94 |

高炉内焦炭热应力因所处位置和块度大小不同，可在0.3～2.9MPa范围内波动，见表8-56。

13. 焦炭着火温度

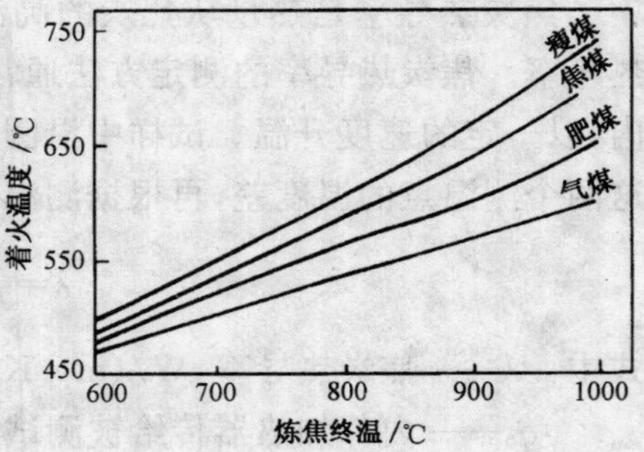

焦炭着火温度是指焦炭在空气或氧气中加热时达到连续燃烧的最低温度。焦炭着火温度主要取决于原料煤的煤化度、炼焦终温和助燃气体中氧的浓度。随着原料煤的煤化度和炼焦终温的提高，焦炭着火温度也提高，如图 8-16 所示。

图 8-16　不同煤化度的煤制得的焦炭的着火温度与炼焦终温的关系

14. 焦炭线膨胀系数

焦炭线膨胀系数是棒状焦炭试样在受热过程中温度每升高 1K 的伸长量与试样原长的比值。焦炭线膨胀系数按下式计算：

$$\alpha=\frac{1}{L}\left(\frac{\mathrm{d}L}{\mathrm{d}t}\right)$$

式中　$\alpha$——焦炭线膨胀系数，$K^{-1}$；

$L$——试样原长，m；

$\mathrm{d}t$——温度增加量，K；

$\mathrm{d}L$——试样伸长量，m。

焦炭平均线膨胀系数见表 8-57。

**表 8-57　焦炭平均线膨胀系数（$10^{-6}K^{-1}$）**

| 加热温度范围/℃ | 与热流方向垂直的试样 | | | 与热流方向平行的试样 | | |
|---|---|---|---|---|---|---|
| | 气煤焦 | 肥煤焦 | 焦煤焦 | 气煤焦 | 肥煤焦 | 焦煤焦 |
| 100～200 | 4.6 | 5.0 | 4.1 | 3.1 | 4.8 | 4.8 |
| 500～600 | 7.1 | 6.9 | 6.1 | 5.2 | 6.7 | 6.7 |
| 700～800 | 8.0 | 7.6 | 6.8 | 5.9 | 6.9 | 7.7 |
| 800～900 | 8.6 | 7.7 | 6.4 | 6.1 | 7.2 | 8.1 |
| 900～1000 | 8.6 | 6.1 | 7.0 | 4.7 | 5.6 | 7.7 |
| 100～1000℃的平均线膨胀系数 | 6.7 | 6.5 | 5.9 | 4.8 | 6.0 | 6.6 |

15. 焦炭收缩率

焦炭收缩率是焦炭重新加热到高于炼焦终温后产生的收缩量占原来长度的百分率。焦炭收缩率与原料煤的组成有关。配合煤中气煤或长焰煤较多时，所得焦炭收缩率较大，见表 8-58。

**表 8-58　焦炭试样加热到 1400℃时的平均收缩率**

| 试　样 | 原料煤配煤比/% | | | | | | | 焦炭平均收缩率/% |
|---|---|---|---|---|---|---|---|---|
| | 长焰煤 | 气　煤 | 肥　煤 | 焦　煤 | 瘦　煤 | 贫　煤 | 无烟煤 | |
| 1 | | 10 | 45 | 25 | 20 | | | 0.6 |
| 2 | | 10 | 50 | 25 | 10 | | 5 | 0.3 |
| 3 | | 30 | 50 | | 20 | | | 1.4 |
| 4 | 30 | 25 | 45 | | | | | 1.5 |

16. 焦炭电阻率

焦炭电阻率又称焦炭比电阻，可用于评价焦炭成熟度，也可用于评定焦炭的微观结构，它对矿热炉和电炉熔炼有明显影响。铁合金焦的电阻率应高，要求常温下粉焦电阻率大于2mΩ·m。焦炭的电阻率有块焦电阻率、粒焦电阻率和粉焦电阻率之分，测定方法也各不相同。中国冶标(YB/T035—92)规定了焦炭电阻率的测定方法。该方法测得的电阻率是粉焦的电阻率。其要点是，将粉碎到一定粒度的干焦炭试样装入试样槽内，在一定高度的试样面上加规定的压力，用电桥测定其电阻，根据公式计算出电阻率。

17. 焦炭透气性

焦炭透气性是气流通过焦炭料柱的难易程度。它与焦炭筛分组成和焦炭堆密度有关。焦炭透气性可用如图 8-17 所示的试验装置直接测定。

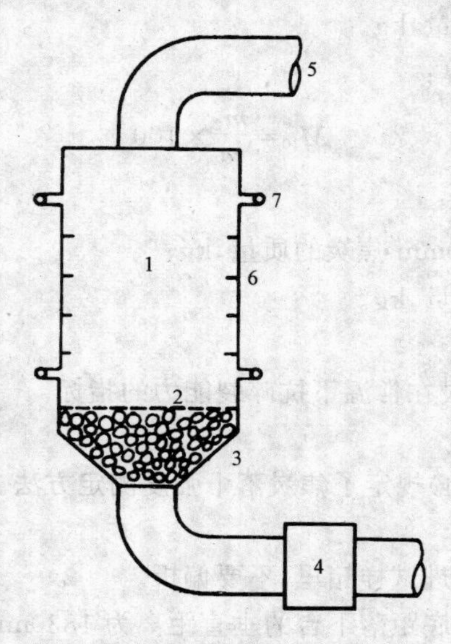


图 8-17 焦炭透气性的实验装置

1—装焦炭的圆桶；2—气流分布板；3—填料环；4—气流流量与压力控制装置；5—气体放散口；6—托板；7—压力计

通过试验可以用压力降来比较各焦炭试样的透气性阻力大小，也可用透气性阻力系数作为焦炭透气性的标志。透气性阻力系数按下式计算：

$$K_r = \frac{\frac{\Delta p}{h}}{\rho u^2}$$

式中 $\Delta p$——焦炭床层的压力降，Pa；

$h$——焦炭床层的高度，m；

$\rho$——气体密度，kg/m$^3$；

$u$——气体流速，m/s；

$K_r$——透气阻力系数，m$^{-1}$。

18. 焦炭机械强度

焦炭机械强度是焦炭在机械力和热应力作用下抵抗碎裂和磨损的能力。焦炭机械强度分为冷态强度和热强度。焦炭冷态强度也称焦炭常温强度，它是在室温下测定的。其测量方法有落下法和转鼓法。焦炭热强度也称焦炭高温强度，它是在一定的高温下测量的。

中国标准(GB/T2006—94)规定了冶金焦炭机械强度的测定方法。其要点是,焦炭在转动的鼓中不断地被提料板提起,跌落在钢板上。在此过程中,焦炭由于受机械力的作用,产生撞击、摩擦,使焦块沿裂纹破裂开来以及表面被磨损,用以测定焦炭的抗碎强度和耐磨强度。

焦炭抗碎强度按下式计算:

$$M_{25}=\frac{m_1}{m}\times 100$$

式中 $M_{25}$——抗碎强度,%;

$m_1$——出鼓后大于 25mm 焦炭的质量,kg;

$m$——入鼓焦炭的质量,kg。

焦炭耐磨强度按下式计算:

$$M_{10}=\frac{m_2}{m}\times 100$$

式中 $M_{10}$——耐磨强度,%;

$m_2$——出鼓后小于 10mm 焦炭的质量,kg;

$m$——入鼓焦炭的质量,kg。

19. 焦炭落下强度

焦炭落下强度是表征焦炭在常温下抗碎裂能力的指标。一些国家落下试验方法标准见表 8-59。

中国标准(GB4511.2—84)规定了焦炭落下强度测定方法。

试验步骤如下:

(1)将一份试样轻轻地放进试样箱里,不要偏析。

(2)把试样箱提升到使箱底距落下台的垂直距离为 1830mm 的高度。

(3)借助立柱上的开底门装置,把试样箱底部的底门打开,使试样落到底板上。

(4)关闭试样箱的底门,并下放到适当的高度,把落下台上的试样铲入试样箱内,应防止铲入时弄碎焦样。

(5)按(2)、(3)、(4)步骤连续落下 4 次。

(6)用 50mm 或 25mm 方孔筛,把落下 4 次后的试样按筛分要求进行筛分。

(7)将各级质量相加,对应于原始试样,其损失量超过 1%(0.25kg)时,此次试验作废,应取备用样进行试验。

将各级筛上试样的质量对应于原始试样质量计算百分数。落下强度指数($SI$)按下式计算:

$$SI=\frac{G_1}{G}\times 100$$

式中 $SI$——落下强度指数,%;

$G_1$——大于 50mm 或大于 25mm 筛上物质量,kg;

$G$——原始试样质量,kg。

粒度大于 80mm 的落下强度指数记作 $SI_4^{80}$(>80);粒度大于 60mm 的落下强度指数记作 $SI_4^{60}$(>60);粒度 25～60mm 的落下强度指数记作 $SI_4^{25}$(25～60)。$SI$ 的右上角 50 或 25 表示试样的粒度大于 50mm 或大于 25mm,下角 4 表示落下次数,$SI$ 表示试样经 4 次落下后大于 50mm 或大于 25mm 的质量占原始试样的质量百分率。

**表 8-59　一些国家落下试验方法标准**

| 标准 | 中国 | | 美国 | | 英国 | 日本 | ISO |
|---|---|---|---|---|---|---|---|
| 标准号 | GB4511.2—84 | | ASTMD3038—72（1978 年重新确认） | | BS1016 Part13.1969 | JIS K2151—1977 | ISO—616 |
| 试样箱/mm | 710×455×380 | | 710×455×380 | | 710×460×380 | 710×455×380 | 710×460×380 |
| 落下台/mm | 1220×965×12 | | 1220×965×13 | | 1220×970×13 | 1220×965×12 | 1220×970×13 |
| 落下高度/mm | 1830 | | 1830 | | 1830 | 2000 | 1830 |
| 落下次数/次 | 4 | | 4 | | 4 | 4 | 4 |
| 焦样块度/mm | >80 或>60 | 25～60 | A 法>50 | B 法>76 | >51 | >60 | >50 |
| 取样量/kg | 100 | 40 | 68～75 | 136 | 110 | 100 | 110 |
| 试验用量/kg | 25 | 10 | 23～25 | 41～45 | 25 | 25 | 25 |
| 指标 | $SI_4^{50}$（>80）<br>$SI_4^{50}$（>60） | $SI_4^{50}$（25～60） | 76、50、38 和 25mm 筛上累积百分率 | 102、76 和 50mm 筛上累积百分率 | 51、38、25 和 13mm 筛上累积百分率和平均块度 | $SI_{50}^4$(120)<br>$SI_{50}^4$(60～80)<br>$SI_{25}^4$(25～60) | 80、50、40、25 和 13mm 筛上累积百分率和平均块度 |

20. 焦炭转鼓强度

焦炭转鼓强度是表征常温下焦炭的抗碎能力和耐磨能力的重要指标，作转鼓强度试验时，将焦炭置于转动的鼓内，借助提升板反复地提起、落下。在此过程中，焦炭与鼓壁以及焦炭与焦炭相互撞击和摩擦，导致焦炭沿裂纹断开、表面磨损、粒度变小。焦炭强度即指焦炭经转鼓试验后，用大小两个粒级的焦炭量各占入鼓焦炭量的百分率分别表示的抗碎能力和耐磨能力。转鼓强度是在经验基础上，通过规范性的转鼓试验方法获得的一种块焦强度指标。

转鼓有多种类型，其中米库姆转鼓被国际标准化组织（ISO）采纳，其结构如图 4-17 所示。

一些国家使用的转鼓及其主要特点见表 8-60。

**表 8-60　一些国家使用的转鼓及其主要特点**

| 转鼓名称 | 转鼓直径/mm | 转鼓宽度/mm | 旋转次数/次 | 转速/r·min$^{-1}$ | 国家 |
|---|---|---|---|---|---|
| ASTM 转鼓 | 914 | 457 | 1400 | 24 | 美国 |
| JIS 转鼓 | 1500 | 1500 | 30 | 15 | 日本 |
| 松格林转鼓 | 2000 | 800 | 150 | 10 | 前苏联 |
| 米库姆转鼓 | 1000 | 1000 | 100 | 25 | 德国 |
| 法国钢铁研究院转鼓（IRSID 转鼓） | 1000 | 1000 | 500 | 25 | 法国 |

一些国家和组织的转鼓强度试验方法见表 8-61。

**表 8-61 一些国家和组织的转鼓强度试验方法**

| 国名 | 中国 | 日本 | | 美国 |
|---|---|---|---|---|
| 标准号 | GB/T2006—94 | JIS K2151—1977 | | ASTM3402—76 |
| 转鼓 | | JIS 转鼓 | ASTM 转鼓 | |
| 直径/mm | 1000 | 1500 | 914 | 914 |
| 长度/mm | 1000 | 1500 | 457 | 457 |
| 鼓壁厚/mm | 8 | 9 | 6 | 6 |
| 提料板 | | | | |
| 尺寸/mm | 1000×50×10 | 1500×250×9 | 50×50×6 | 50×50×6 |
| 数目 | 4 | 6 | 2 | 50 |
| 转鼓转速/r·min$^{-1}$ | 25 | 15 | 24 | 24 |
| 总转数/r | 100 | 30 或 150 | 1400 | 1400 |
| 焦样 | | | | 标准法 改进法 |
| 试样块度/mm | >60(圆孔) | >50(方孔) | 50～75(方孔) | 50～76 38～50(50%)<br>50～64(50%) |
| 质量/kg | 50 | 10 | 10 | 10 两种块度各 5kg |
| 水分/% | | <3 | <3 | |
| 指标 | $MI_{25}$<br>$MI_{10}$ | $DI^{30}_{50}$,$DI^{150}_{50}$<br>$DI^{30}_{25}$,$DI^{150}_{25}$<br>$DI^{30}_{15}$,$DI^{150}_{15}$ | $TI_{25}$<br>$TI_{6}$ | 稳定因子>25.4mm,%<br>硬度因子>6.4mm,%<br>(筛孔均是方孔) |

| 国名 | 英国 | | 德国 | 前苏联 | | ISO | |
|---|---|---|---|---|---|---|---|
| 标准号 | BS1016—69<br>Pt. 13 | | DIN 51717 | ГОСТ<br>5953—72 | ГОСТ<br>8929—75 | ISO556—1980 | |
| 转鼓 | 米库姆法 | 半米库姆法 | | | | 米库姆法 | 依尔希德法 |
| 直径/mm | 1000 | 1000 | 1000 | 1000 | 1000 | 1000 | 1000 |
| 长度/mm | 1000 | 500 | 1000 | 1000 | 1000 | 1000 | 1000 |
| 鼓壁厚/mm | 5 | 5 | 5 | 8 | 8 | 5 | 5 |
| 提料板 | | | | | | | |
| 尺寸/mm | 1000×50×10 | | 100×50×10 | 100×50×10 | 100×50×10 | 100×50×10 | 100×50×10 |
| 数目 | 4 | | 4 | 4 | 4 | 4 | 4 |
| 转鼓转速/r·min$^{-1}$ | 25 | | 25 | 25 | 25 | 25 | 25 |
| 总转数/r | 100 | | 100 | 100 | 100 | 100 | 500 |
| 焦样 | | | | | | | |
| 试样块度/mm | >60(圆孔) | | >60,>40,>20<br>(圆孔) | >25(方孔) | >40(圆孔) | >20 | >20 |
| 质量/kg | 50 | 25 | 50 | 50 | 50 | 50 | 50 |
| 水分/% | <5 | | <5 | | | <3 | <3 |
| 指标 | $M_{40}$<br>$M_{10}$ | | $R_{40}$,$R_{30}$,$R_{16}$,<br>$R_{10}$,$R_{10}$,$R_{10}$ | $M_{25}$<br>$M_{10}$<br>(筛孔均是方孔) | $M_{40}$<br>$M_{10}$<br>(不适用于高炉焦) | $M_{40}$<br>$M_{10}$<br>(也可用半米库姆转鼓) | $I_{20}$<br>$M_{10}$ |

21. *焦炭热强度*

焦炭热强度是反映焦炭热态性能的一项机械强度指标。它表征焦炭在使用环境的温度和气氛下,同时经受热应力和机械力时,抵抗破碎和磨损的能力。焦炭的热强度有多种测量方法,其中一种是热转鼓强度测定。测量焦炭的热转鼓强度,一般是将焦炭放在有惰性气氛的高温转鼓中,以一定转速旋转一定转数后,测定大于或小于某一筛级的焦炭所占的百分率,以此表示焦炭热强度。几种主要热转鼓见表 8-62。

**表 8-62 几种主要热转鼓示例**

| 国别 | 美国 | 英国 | 中国 | 中国 | 日本 | 日本 |
|---|---|---|---|---|---|---|
| 鼓体材质 | SiC | SiC | 耐热钢 | SiC | SiC+$Si_3N_4$ | 高强石墨 |
| 最高温度/℃ | 1370 | 1500 | 1200 | 1500 | 1500 | 2200 |
| 加热方式 | 煤气 | 煤气 | 电,外热 | 电,内热 | 电,内热 | 电,外热 |
| 保护气氛 | $N_2$ | $N_2$ | $N_2$ | $N_2$ | $N_2$ | Ar |
| 鼓体尺寸/mm | I 型 | 鼓式 | 鼓式 | 鼓式 | 鼓式 | I 型 |
| 内径 | 254 | 460 | 257 | 340 | 600 | 200 |
| 长度 | 1350 | 230 | 240 | 300 | 350 | 700 |
| 鼓内结构 | 端对端旋转 | 四提升板 | 二提升板 | 四提升板 | 四提升板 | 端对端旋转 |
| 焦炭试样重/kg | 2～5 | 2.5 | 1.0 | 1.5 | 5.0 | 1.5 |
| 粒度/mm | 50～75 | 46～60 | 30～40 | 20～40 | 50～75 | >40 |
| 鼓的转速/r·min$^{-1}$ | 10 | 25 | 12.2 | 20 | 20 | 15～33 |
| 总转数/r | 600 | 100 | 1000 | 300 | 1000 | 500 |
| 检验指标的粒度/mm | >25 | <10<br>>20<br>>30 | <5<br>>20 | <10 | >25 | >10 |

22. 焦炭力学性质

焦炭力学性质是焦炭在外力作用下产生形变并断裂的特性。把焦炭作为一种多孔脆性材料,用材料力学方法研究其抗断裂能力和抗粉碎能力,可以从力学角度更深入地解析焦炭机械强度,这对改善焦炭质量有重要意义。焦炭力学性质可用焦炭抗压强度、焦炭抗拉强度、焦炭显微强度和焦炭杨氏模量等来描述。

23. 焦炭抗压强度

焦炭抗压强度是焦炭在压力作用下断裂时,其单位面积上承受的力。其抗压强度按下式计算:

$$\sigma=\frac{F}{\pi R^2}$$

式中 $\sigma$——抗压强度,Pa;

$F$——焦样断裂时所加的载荷,N;

$R$——焦样截面半径,m。

抗压强度试验是在材料试验机上进行的。焦炭试样制成直径约 15mm、长约 23mm 的圆柱体。室温下焦炭拉压强度大约为 12～30MPa。

24.焦炭抗拉强度

焦炭抗拉强度是焦炭在拉力作用下断裂时，其单位面积上承受的力。其抗拉强度按下式计算：

$$\sigma=\frac{2F}{\pi DL}$$

式中 $\sigma$——抗拉强度，Pa；

$F$——试样断裂时所加的力，N；

$D$——试样的直径，mm；

$L$——试样的长度，mm。

焦炭抗拉强度的测定仍处于研究阶段，通常在小型万能材料试验机上进行，压力板以0.5～1mm/min的恒定上升速度加载于试样的径向，直至试样断裂。有的采用恒定加载速度进行试验，一般以0.05～0.15MN/min的加载力递增，直至试样断裂。断裂时所加的力由仪器记录。

25.焦炭显微强度

焦炭显微强度是焦炭气孔壁抵抗磨损的能力。焦炭显微强度测量方法是将两根或多根内径为25.4mm、长为305mm，互相垂直且两端装有带密封垫圈盖子的不锈钢管，通过支架和电机-减速机系统，以管长中心为轴进行旋转。每根管内装入2g粒度为0.6～1.18mm的焦样，同时装入12粒直径为8mm的钢珠，一般以25r/min的转速旋转400～1500r，旋转后将管内焦样倒出、刷净，然后筛分。

评定焦炭的显微强度可采用减小指数和显微强度指标$MSI$。

(1)减小指数$R$。包括$R_1$、$R_2$、$R_3$三个指标，其计算式如下：

$$R_1=\frac{W_1}{W}\times 100$$

$$R_2=\frac{W_2}{W}\times 100$$

$$R_3=\frac{W_3}{W}\times 100$$

式中 $W$——装入钢管中的焦样量，g；

$W_1$——筛分组成中>0.6mm的焦样量，g；

$W_2$——筛分组成中0.6～0.2mm的焦样量，g；

$W_3$——筛分组成中<0.2mm的焦样量，g。

(2)显微强度指标$MSI$。其计算式如下：

$$MSI=\frac{M_x}{W}\times 100$$

式中 $M_x$——旋转后筛分组成中大于某一粒级的焦炭的数量，g；

$W$——焦样量，g。

**(二)冶金焦**

冶金焦是高炉焦、铸造焦、铁合金焦和有色金属冶炼用焦的统称。由于90%以上的冶金焦均用于高炉炼铁，因此往往把高炉焦称为冶金焦。中国制定的冶金焦质量标准(GB/T1996—94)就是高炉焦质量标准，见表8-63。

**表 8-63 冶金焦的技术指标**

<table>
<tr><th colspan="2">指标</th><th>牌号 \ 粒度/mm</th><th>>40</th><th>>25</th><th>25～40</th></tr>
<tr><td colspan="2" rowspan="3">灰分 $A_d$/%</td><td>Ⅰ</td><td colspan="3">不大于 12.00</td></tr>
<tr><td>Ⅱ</td><td colspan="3">12.01～13.50</td></tr>
<tr><td>Ⅲ</td><td colspan="3">13.51～15.00</td></tr>
<tr><td colspan="2" rowspan="3">硫分 $S_{t,d}$/%</td><td>Ⅰ</td><td colspan="3">不大于 0.60</td></tr>
<tr><td>Ⅱ</td><td colspan="3">0.61～0.80</td></tr>
<tr><td>Ⅲ</td><td colspan="3">0.81～1.00</td></tr>
<tr><td rowspan="6">机械强度</td><td rowspan="3">抗碎强度 $M_{25}$/%</td><td>Ⅰ</td><td colspan="2">大于 92.0</td><td rowspan="6">按供需双方协议</td></tr>
<tr><td>Ⅱ</td><td colspan="2">92.0～88.1</td></tr>
<tr><td>Ⅲ</td><td colspan="2">88.0～83.0</td></tr>
<tr><td rowspan="3">耐磨强度 $M_{10}$/%</td><td>Ⅰ</td><td colspan="2">不大于 7.0</td></tr>
<tr><td>Ⅱ</td><td colspan="2">8.5</td></tr>
<tr><td>Ⅲ</td><td colspan="2">10.5</td></tr>
<tr><td colspan="2">挥发分 $V_{daf}$/%</td><td>不大于</td><td colspan="3">1.9</td></tr>
<tr><td colspan="3">水分含量 $M_t$/%</td><td>4.0±1.0</td><td>5.0±2.0</td><td>不大于 12.0</td></tr>
<tr><td colspan="2">焦末含量/%</td><td>不大于</td><td>4.0</td><td>5.0</td><td>12.0</td></tr>
</table>

注：水分只作为生产操作中控制指标，不作质量考核依据。

### （三）高炉焦

高炉焦是专门用于高炉炼铁的焦炭。高炉焦在高炉中的作用主要有以下几个方面：

(1)作为燃料，提供矿石还原、熔化所需的热量。对于一般情况下的高炉，每炼 1t 生铁需焦炭 500kg 左右，焦炭几乎供给高炉所需的全部热能。当风口喷吹燃料并鼓入氧气的情况下，焦炭供给的热能也约占全部热能的 70%～80%。焦炭燃烧所提供的热量是在风口区产生的，焦炭灰分低、进入风口区仍保持一定块度是保证燃烧情况良好所必需的条件。

(2)作为还原剂，提供矿石还原所需的还原气体 CO。高炉中矿石还原是通过间接和直接还原完成的。间接还原是上升的炉气中的 CO 还原矿石，使氧化铁逐步从高价铁还原成低价铁，一直到金属铁，同时产生 $CO_2$：

$$3Fe_2O_3+CO \rightarrow 2Fe_3O_4+CO_2$$

$$Fe_3O_4+CO \rightarrow 3FeO+CO_2$$

$$FeO+CO \rightarrow Fe+CO_2$$

间接还原反应约从 400℃开始，直接还原在高炉中约 850℃以上的区域开始。由于高温时生成的 $CO_2$ 又立即与焦炭中的碳反应生成 CO，所以从全过程看，可以认为是焦炭中的碳直接参与还原过程：

$$FeO+CO \rightarrow Fe+CO_2$$

$$CO_2+C \rightarrow 2CO$$

$$FeO+C \rightarrow Fe+CO$$

不论间接或直接还原，都是以 CO 为还原剂，为了不断补充 CO，需要焦炭有一定的反应性。

(3)对高炉炉料起支撑作用并提供一个炉气通过的透气层。焦炭比较坚固，且在风口区以上始终保持块状，因此它是高炉炉料的骨架。焦炭在高炉中比其他炉料的堆密度小，具有很大空隙度，因为焦炭体积占炉料总体积的35%～50%左右，所以起到疏松作用，使高炉中气体流动阻力小，气流均匀，成为高炉顺行的必要条件。高炉焦要求一定块度组成和强度指数，就是为了在高炉中有良好的透气性。

(4)供碳作用。生铁中的碳全部来源于高炉焦炭，进入生铁中的碳约占焦炭中含碳量的7%～10%。焦炭中的碳从高炉软融带开始渗入生铁；在滴落带，滴落的液态铁与焦炭接触时，碳进一步渗入铁内，最后可使生铁的碳含量达到4%左右。

由于高炉焦质量对高炉操作有很重要的影响，世界上许多国家或企业对高炉焦的质量制定了标准，见表8-64。

我国几个大型高炉焦炭的主要质量指标见表8-65。

**表8-64　一些国家高炉焦的质量**

| 指标 | | 中国 | 俄罗斯 | 日本 | 美国 | 德国 | 英国 | 法国 | 波兰 |
|---|---|---|---|---|---|---|---|---|---|
| 水分 $M_t$/% | | 4.0～12.0 | ＜5 | 3～4 | | ＜5 | ＜3 | | ＜6 |
| 挥发分 $V_{ad}$/% | | 1.9 | 1.4～1.8 | | 0.7～1.1 | | | | |
| 灰分 $A_{ad}$/% | | 12.00～15.00 | 10～12 | 10～12 | 6.6～10.8 | 9.8～10.2 | ＜8 | 6.7～10.1 | 11.5～12.5 |
| 硫分 $S_{t,ad}$/% | | 0.60～1.00 | 1.79～2.00 | ＜0.6 | 0.54～1.11 | 0.9～1.2 | ＜0.6 | 0.7～1.0 | |
| 块度/mm | | ＞25,＞40 | 40～80<br>25～80 | 15～75 | ＞20<br>20～51 | 40～80 | 20～63 | 40～80<br>40～60 | ＞40 |
| 转鼓强度指数/% | 稳定度<br>硬度 | | | | 51～62<br>62～73 | | | | |
| | $M_{25}$ | Ⅰ:＞92.0<br>Ⅱ:92.0～88.1<br>Ⅲ:88.0～83.0 | Ⅰ:73～80<br>Ⅱ:68～75<br>Ⅲ:62～70 | 75～80 | | ＞84 | ＞75 | ＞80 | Ⅰ:63～69<br>Ⅱ:52～63<br>Ⅲ:45～52 |
| | $M_{10}$ | Ⅰ:≯7.0<br>Ⅱ:≯8.5<br>Ⅲ:≯10.5 | Ⅰ:8～9<br>Ⅱ:9～10<br>Ⅲ:10～14 | | | ＜6 | ＜7 | ＜8 | Ⅰ:8～10<br>Ⅱ:＜12<br>Ⅲ:＜13 |
| | $I_{10}$ | | | | | | | ＜20 | |
| JIS | $DI^{30}_{15}$ | | | ＞92 | | | | | |

注：中国、俄罗斯、波兰和英国诸国的数据系国家标准或标准协会规定的标准，其他各国的为大型高炉实际达到的质量水平。

**表8-65　我国一些大型高炉焦炭主要质量指标**

| 企业 | 化学成分/% | | 转鼓指数/% | |
|---|---|---|---|---|
| | 灰分 | 硫分 | $M_{40}$ | $M_{10}$ |
| 鞍钢 | 14.4 | 0.69 | 72.7 | 8.7 |
| 本钢 | 14.2 | 0.68 | 72.8 | 8.6 |
| 首钢 | 12.8 | 0.76 | 77.1 | 8.4 |
| 武钢 | 13.6 | 0.57 | 79.5 | 7.6 |
| 梅山 | 14.3 | 0.60 | 79.0 | 7.5 |
| 宝钢 | 12.0 | 0.47 | 87.4 | 6.7 |

### （四）铸造焦

铸造焦是专门用于化铁炉熔铁的焦炭。铸造焦是化铁炉熔铁的主要燃料。其作用是熔化炉料并使铁水过热，支撑料柱保持其良好的透气性。因此，铸造焦应具备块度大、反应性低、气孔率小、具有足够的抗冲击破碎强度、灰分和硫分低等特点。世界上一些国家的铸造焦质量标准见表 8-66。

**表 8-66 一些国家的铸造焦质量标准**

| 国家 | 灰分/% | 硫分/% | 挥发分/% | 转鼓强度/% | | 落下强度/% | 视密度/g·cm$^{-3}$ | 气孔率/% | 块度/mm |
|---|---|---|---|---|---|---|---|---|---|
| | | | | $M_{80}$ | $M_{40}$ | | | | |
| 美国 | <7.0 | <0.6 | <1.0 | | | >95 | 0.85~1.1 | 45~50 | 76~230 |
| 英国 | <7.0 | <0.7 | <1.0 | | >80 | >90 | 0.95~1.4 | 45~50 | 76~150 |
| 法国 | 9~10 | <0.7 | <1.0 | 65~70 | | | 0.9~1.1 | 45~52 | 60~90<br>90~152 |
| 日本 | 6~14 | <0.8 | <2.0 | | | 70.1~90.1 | | | >100<br>100~75<br>75~50<br>50~35 |
| 德国 | 7.5~8.5 | 0.8~0.95 | | 60~75 | | | | | >100<br>>80<br>80~120 |
| 俄罗斯 | 9.5~12.5 | 0.45~1.4 | <1.2 | | 73~80 | | | 42 | >80<br>>60<br>>40<br>40~60<br>60~80 |

中国标准(GB8729—88)规定了铸造焦的质量指标，见表 8-67。

**表 8-67 铸造焦技术条件**

| 指标 | | 级别 | | |
|---|---|---|---|---|
| | | 特级 | 一级 | 二级 |
| 块度/mm | | >80 | | |
| | | 80~60 | | |
| | | >60 | | |
| 水分($M_t$)/% | 不大于 | 5.0 | | |
| 灰分($A_d$)/% | | ≤8.00 | 8.01~10.00 | 10.01~12.00 |
| 挥发分($V_{daf}$)/% | 不大于 | 1.50 | | |
| 硫分($S_{t,d}$)/% | 不大于 | 0.60 | 0.80 | 0.80 |
| 转鼓强度($M_{40}$)/% | 不小于 | 85.0 | 81.0 | 77.0 |
| 落下强度($SI_4^{50}$)/% | 不小于 | 92.0 | 88.0 | 84.0 |
| 显气孔率($P_s$)/% | 不大于 | 40 | 45 | 45 |
| 碎焦率(<40mm)/% | 不大于 | 4.0 | | |

注：1. 表内三级铸造焦炭按块度分为三类：大于 80mm、80~60mm、大于 60mm(统焦)。强度指标以大于 80mm 为准。

2. 表内规定的块度(mm)、灰分(%)、硫分(%)、强度(%)都是质量考核指标，以上指标任一项达不到规定级别，则不能作为该级验收。强度指标 $M_{40}$与 $SI_4^{50}$ 并列使用，当这两个指标数值有矛盾时，以 $M_{40}$值为准。

3. 表内规定的水分(%)、挥发分(%)、显气孔率(%)、碎焦率(%)不作为主要质量验收指标。水分作为生产操作中控制指标，以干基计价；碎焦率超过时，由供需双方协商解决。

### (五)铁合金焦

铁合金焦是用于矿热炉冶炼铁合金的焦炭。铁合金焦在矿热炉中作为固态还原剂参与还原反应,反应主要在炉子中下部的高温区进行。以冶炼硅铁合金为例,其反应式为 $SiO_2$(液)+2C(固)=Si(液)+2CO(气),随着反应的进行,焦炭中的固定碳不断消耗,主要以 CO 形式从炉顶逸出。焦炭灰分中的 $Fe_2O_3$、$Al_2O_3$、CaO、MgO 和 $P_2O_5$ 等,部分或大部分被还原出来,进入合金中;未参加反应的部分进入炉渣。焦炭中的 S 与 Si 生成 SiS 和 $SiS_2$ 后挥发掉。冶炼不同品种的铁合金,对焦炭的质量要求不一,生产硅铁合金时对焦炭质量要求最高,所以能满足硅铁合金生产的铁合金焦,一般也能满足其他铁合金生产的要求。

硅铁合金生产对焦炭的要求是:固定碳含量高,灰分低,灰中有害杂质 $Al_2O_3$ 和 $P_2O_5$ 等的含量要少,焦炭反应性好,焦炭电阻率特别是高温电阻率要大,挥发分要低,有适当的强度和适宜的块度,水分少而稳定等。

中国冶标(YB/T034—92)规定了铁合金焦的技术要求,要求粒度为 2~8mm,8~20mm,8~25mm。其他指标要求见表 8-68。

**表 8-68 铁合金焦的技术指标**

| 指标 | | 级别 | | |
|---|---|---|---|---|
| | | 优级 | 一级 | 二级 |
| 灰分($A_d$)/% | 不大于 | 10.00 | 13.00 | 16.00 |
| 氧化铝含量($Al_2O_3$)/% | 不大于 | 2.0 | 3.0 | 5.0 |
| 磷含量(P)/% | 不大于 | 0.025 | 0.035 | 0.045 |
| 电阻率($\rho$)/$10^{-6}\Omega\cdot m$ | 不小于 | 2200 | 2000 | 1100 |
| 挥发分($V_{daf}$)/% | 不大于 | 4.0 | 4.0 | 4.0 |
| 硫分($S_{t,d}$)/% | 不大于 | 0.80 | 0.90 | 1.30 |
| 水分($M_t$)/% | 不大于 | 8.0 | 8.0 | 8.0 |

注:1. 冶炼硅铁和铬铁对硫有不同要求时,由供需双方协商解决。

2. 电阻率及水分均不作为质量考核指标。

### (六)气化焦

气化焦是专用于生产煤气的焦炭。主要用于固态排渣的固定床煤气发生炉内,作为气化原料,生产以 CO 和 $H_2$ 为可燃成分的煤气。气化过程的主要反应有:

$$C+O_2 \longrightarrow CO_2+408177kJ$$

$$CO_2+C \longrightarrow 2CO-162142kJ$$

$$C+H_2O \longrightarrow CO+H_2-118628kJ$$

$$C+2H_2O \longrightarrow CO_2+2H_2-75115kJ$$

因为产生 CO 和 $H_2$ 的过程均是吸热反应,需要的热量由焦炭的氧化、燃烧提供,因此气化焦也是气化过程的热源。气化焦要求灰分低、灰熔点高、块度适当和均匀。其一般要求如下:固定碳>80%;灰分<15%;灰熔点>1250℃;挥发分<3.0%;粒度 15~35mm 和

＞35mm两级。冶金焦虽可以用作气化焦，但由于受炼焦煤资源和价格等的限制，一般不用冶金焦制气。以高挥发分粘结煤为原料生产的气煤焦，块度小、强度低，不适用于高炉冶炼，但它的气化反应性好，可取代气化焦用于制气。

**（七）电石用焦**

电石用焦是在生产电石的电弧炉中作导电体和发热体用的焦炭。电石用焦加入电弧炉中，在电弧热和电阻热的高温（1800～2200℃）作用下，和石灰石发生复杂的反应，生成熔融状态的碳化钙（电石）。其生成过程可用下列反应式表示：

$$CaO + 3C \longrightarrow CaC_2 + CO - 46.52kJ$$

电石用焦应具有灰分低、反应性高、电阻率大和粒度适中等特性，还要尽量除去粉末和降低水分。其化学成分和粒度一般应符合如下要求：固定碳＞84%，灰分＜14%，挥发分＜2.0%，硫分＜1.5%，磷分＜0.04%，水分＜1.0%，粒度根据生产电石的电弧炉容量而定：

| 电炉容量/kV·A | 粒度/mm |
|---|---|
| ＜5000 | 3～12 |
| 5000～10000 | 3～15 |
| 10000～20000 | 3～18 |
| ＞20000 | 3～20 |

粒度合格率要求在90%以上。

## 五、木炭

木炭是由木材经炭化或干馏而得的固体产物。主要成分是碳、灰分很低，热值为27214～30564kJ/kg，具多孔性。按烧制及出窑时熄火方法的不同，木炭可分为黑炭和白炭两种。可用作燃料，也用于液体脱色、气体吸附、制造黑色火药、活性炭、二硫化碳和渗碳剂等。

木炭是熔炼铜及其合金的覆盖剂。

在熔炼金属或合金的过程中，大都需要在熔池表面上覆盖一层保护性的物质，这种物质称为覆盖剂。

覆盖剂的主要作用是：减少金属的蒸发及氧化等熔炼损失；防止熔体从大气或炉气中吸收气体；保温、脱氧等。熔炼钢及某些合金时，在熔体表面覆盖木炭层，主要作用是保温、吸气和脱氧。

木炭燃烧时，能够放出大量的热，因此覆盖在熔池表面上的红热木炭层具有良好的保温作用。在反射炉中，浮在熔池表面上的木炭层还能隔热。

在密闭炉子中，熔池表面上的木炭及其所发生出来的气体层，有防止熔体从炉气或大气中吸收气体的作用。

木炭的脱氧作用表现在：熔化了的紫铜液在木炭层的保护下，在1150℃的温度下保持20min以后，熔体中的氧化亚铜含量可由原来的0.7%降低到0.5%。

此外，用木炭覆盖熔体时，还有利于减少某些合金元素的蒸发、氧化等熔炼损失。

**（一）黑炭**

黑炭又称乌炭，其技术条件现行专业标准ZBB73001—88规定如表8-69所示。

表 8-69 黑炭技术条件

| 项目 | | 优等品 | 一等品 | 合格品 |
|---|---|---|---|---|
| 外观 | | 不规则的固体棒块状、断面平滑、自然干燥 | | |
| 色泽 | | 黑色 | | |
| 生炭头及夹杂物/% | ≤ | 0 | 2 | 4 |
| 炭末/% | ≤ | 2 | 3 | 5 |
| 水分/% | ≤ | 9 | 12 | 14 |
| 固定炭/% | ≥ | 70 | 65 | 60 |
| 材质 | | 杂木 | | |

## (二)白炭

白炭的技术条件,现行专业标准 ZBB73001—88 规定如表 8-70 所示。

表 8-70 白炭技术条件

| 项目 | | 优等品 | 一等品 | 合格品 |
|---|---|---|---|---|
| 外观 | | 不规则的固体棒、断面平滑或有明显的菊花形裂纹自然干燥 | | |
| 色泽 | | 表面灰白色 | | |
| 生炭头及夹杂物/% | ≤ | 0 | 1 | 2 |
| 炭末/% | ≤ | 2 | 3 | 4 |
| 水分/% | ≤ | 6 | 8 | 10 |
| 固定炭/% | ≥ | 85 | 80 | 70 |
| 材质 | | 硬杂木 | | |

注:炭末指标为收购时的限量。

# 六、液体燃料

液体燃料是用以生产热量或动力的液体可燃物质。主要为碳氢化合物或其他混合物。

液体燃料按来源分为天然液体燃料、人造液体燃料和火箭液体燃料 3 种。

天然液体燃料主要是石油,包括原油和石油制品,如汽油、柴油、煤油、重油、渣油等。

人造液体燃料是指通过煤、油页岩的热解加工(干馏),一氧化碳和氢合成制得的人造石油。

火箭液体燃料:如液氢、硼烷、肼类等。

液体燃料比固体燃料具有很大优点:

(1)热值较高。同样重量的石油比同样重量的优质煤炭或其他可燃性物质燃烧时所放出的热量要大得多。石油容易燃烧,燃烧后没有灰渣,具有较高的热效率,烧煤锅炉热效率只有 50%~60%,烧油锅炉的热效率则可达 80%以上。

(2)灰分含量较低。液体燃料几乎不含灰分,所以燃烧其他燃料所必需的灰坑设备和所有除灰设备等,在用液体燃料时根本不需要。

(3)便于运输和保管。液体燃料能流动,有利于储存、运输、管理的机械化和自动化。

### (一)重油

工业用的液体燃料多是从石油、油页岩及煤焦油中蒸馏出来的。冶金工业用的液体燃料主要是重油,即天然石油在炼油厂经过加工炼制,从中提出挥发油、汽油、煤油、柴油和润滑油等轻质产品后所剩下的分子量较重的油品,这种油品也叫渣油。

市场上按一定牌号供应的商品重油,是用渣油加进一部分柴油配制成的。

1.重油的质量指标

重油是由多种碳氢化合物混合而成的,这些化合物的分析方法比较复杂,一般很少提供这种分析数据,为了进行燃烧计算,只要有重油的元素成分就可以了,重油和煤一样,其元素合成可用C、H、O、N、S、灰分和水分的重量百分比数来表示。

各地重油的元素成分基本一样,大致成分含量是C85%～80%,$H_2$10%～13%,$O_2$+$N_2$0.5%～1.0%,S0.2%～1.0%,发热量$Q_{低}$为39775～41868kJ/kg。

(1)粘度　粘度是表示流体质点之间的摩擦力大小的一个物理指标。粘度的大小,对重油的雾化有很大的影响,所以在使用中对重油的粘度应当有一定的要求并且保持稳定。

重油的粘度与原油性质加工方法有关,我国石油含蜡较多,粘度大,所以我国的重油粘度也比较大,凝固点一般都在30℃以上。在常温下大多数重油都处于凝固状态。为了便于输送和燃烧,使用时必须把重油加热到一定温度以便降低其粘度,改善其流动性和雾化性质。

(2)闪点和着火点　当重油被加热时,在油的表面会出现油蒸气,油温越高油蒸气就越多,因此油表面附近空气中的油蒸气的浓度就越大,当空气中的油蒸气浓度大到遇明火能发生闪火现象时,这时的油温叫做闪点。

如果继续提高油温的一定数值,油表面的蒸气会自己燃烧起来,这一达到自燃的温度就叫做油的着火点。

闪点和着火点是使用各种液体燃料时必须了解的性能指标,因为它关系到用油的安全技术和油的燃烧条件。贮油罐中的加热温度应严格控制在闪点以下,以防发生火灾。所用渣油的闪点一般都在250℃左右,着火点为500～600℃。

(3)重度　重油的计量可分重量和容积两种表示方法。重量一般用t表示,容积则用$m^3$、L或桶表示。在国际上表示原油容积单位的一桶,是指156℃以下的42加仑或190.9L。

在常温(20℃)下各种重油的重度大致范围是:0.9～0.98t/$m^3$,随着温度的升高,重油的重度略有减少。

(4)含水量　重油中的水分是在输送和贮存过程中混进去的,有时达到4%～10%,甚至更高。这部分水分过去一般是靠在油罐中沉积排出,近年来各国都在推行将油与水乳化,燃烧乳化油,这样可以达到节约燃料改善燃烧污染的目的。这种方法是一项行之有效的措施,因此专门沉积水分使油水分离的必要性就不大了。

(5)掺混性　重油的性质与原油及其加工方法有关,所以,不同来源的重油其化学稳定性也往往不同,当把不同来源的重油互相掺混使用时,有时会出现沥青、含蜡物质等固体沉淀物或胶状物,这样就会造成输油管路的堵塞事故,尤其在混用裂化重油时容易发生这种现象。混用前必须先做掺混性试验,看能否与原有的油混同用,原则必须在改变油种时将输油管路及贮油设备用蒸汽吹洗干净,再送入新油。

2.重油相对密度与合适的加热温度

重油的相对密度与合适的加热温度见表8-71。

**表 8-71 重油相对密度与合适的加热温度**

| 波美度 | 相对密度 | 加热温度/℃ |
|---|---|---|
| 30 | 0.8762 | 27 |
| 29 | 0.8816 | 29 |
| 28 | 0.8871 | 31 |
| 27 | 0.8927 | 35 |
| 26 | 0.8984 | 36 |
| 25 | 0.9042 | 40 |
| 24 | 0.9100 | 43 |
| 23 | 0.9159 | 49 |
| 22 | 0.9218 | 54 |
| 21 | 0.9279 | 60 |
| 20 | 0.9340 | 66 |
| 19 | 0.9402 | 74 |
| 18 | 0.9465 | 82 |
| 17 | 0.9529 | 88 |
| 16 | 0.9593 | 99 |
| 15 | 0.9659 | 107 |
| 14 | 0.9725 | 116 |
| 13 | 0.9792 | 124 |
| 12 | 0.9861 | 132 |
| 11 | 0.9930 | 140 |
| 10 | 1.000 | 150 |

**表 8-72 重油技术条件**

| 项目 | | 质量指标 | | | | 试验方法 |
|---|---|---|---|---|---|---|
| | | 20号 | 60号 | 100号 | 200号 | |
| 恩氏粘度/°E: | | | | | | GB266 |
| 80℃ | 不大于 | 5.0 | 11.0 | 15.5 | — | |
| 100℃ | | — | — | — | 5.5～9.5 | |
| 闪点(开口)/℃ | 不低于 | 80 | 100 | 120 | 130 | GB267 |
| 凝点/℃ | 不高于 | 15 | 20 | 25 | 36 | GB510 |
| 灰分/% | 不大于 | 0.3 | 0.3 | 0.3 | 0.3 | GB508 |
| 水分/% | 不大于 | 1.0 | 1.5 | 2.0 | 2.0 | GB260 |
| 硫含量/% | 不大于 | 1.0 | 1.5 | 2.0 | 3.0 | GB387 |
| 机械杂质/% | 不大于 | 1.5 | 2.0 | 2.5 | 2.5 | GB511 |

注:1. 供冶金或机械工业加工热处理的各号重油其硫含量须不大于 1.0%;

2. 山水路运输或用直接蒸汽预热卸油时,水分允许不大于 5%,但此时水分的全部重量应从产品总重量中扣除;

3. 由含硫 0.5%以上原油制得的重油,硫含量允许不高于 3%;

4. 凝点可根据使用条件允许由生产单位和用户协商另订。

3. 我国重油技术条件

重油的技术条件，能源部现行标准(SY1091—77)规定如下：

重油供锅炉或冶金工业及其他工业炉作燃料用。产品按 80℃时运动粘度分为 20，60，100，200 等 4 个牌号。

20 号用在较小喷嘴的燃烧炉上(30kg/h 以下)；

60 号用在中等喷嘴的船用蒸汽锅炉或工业用炉上；

100 号用在大型喷嘴的陆用炉或具有预热设备的炉上；

200 号用在与石油厂有直接管线送油的具有大型喷嘴的炉上。

重油的技术条件见表 8-72。

我国几种燃料油的工业分析指标见表 8-73。

**表 8-73 我国几种燃料油的工业分析指标**

| 油种 | 相对密度 | 粘度 /°E | 凝固点 /℃ | 闪点 /(开口) ℃ | 水分 /% | 灰分 /% | 硫分 /% |
|---|---|---|---|---|---|---|---|
| 大庆原油 | 0.85～0.86 | $°E_{50}$=3,4～4 | 24～32 | 28～39 | 0～6 | 0.01～0.02 | 0.11～0.17 |
| 大庆重油 | 0.88～0.90 | $°E_{100}$=6～12 | 33～48 | >200 | 0～5 | 0.01～0.03 | 0.3～0.7 |
| 胜利原油 | 0.9～0.91 | $°E_{80}$=4.8～7.3 | 15～25 | 30～50 | 0.7～1.75 | 0.03～0.09 | 0.7～1.1 |
| 胜利重油 | 0.9～0.96 | $°E_{80}$=8～10 | 25～35 | 140～200 | 0.5～2.0 | 0.02～0.07 | 1.0～1.6 |
| 克拉玛依原油 | 0.86～0.87 | $°E_{50}$=2.78 | −50 | 36 | 0.005 | | 0.04 |

## (二)重柴油

重柴油由天然石油炼得。产品适于中速和低速柴油机做燃料。

1. 牌号和代号

重柴油按质量分为 10、20 和 30 三个牌号，其代号分别为 RC3-10、RC3-20 和 RC3-30。

2. 技术条件

重柴油的技术条件，国家现行标准(GB445—77)规定如表 8-74 所示。

**表 8-74 重柴油技术条件**

| 项目 | | 质量指标 10 | 质量指标 20 | 质量指标 30 | 试验方法 |
|---|---|---|---|---|---|
| 残炭/% | 不大于 | 0.5 | 0.5 | 1.5 | GB268 |
| 灰分/% | 不大于 | 0.04 | 0.06 | 0.08 | GB508 |
| 硫含量/% | 不大于 | 0.5 | 0.5 | 1.5 | GB387 |
| 机械杂质/% | 不大于 | 0.1 | 0.1 | 0.5 | GB511 |
| 水分/% | 不大于 | 0.5 | 1.0 | 1.5 | GB260 |
| 闪点(闭口)/℃ | 不低于 | 65 | 65 | 65 | GB261 |
| 凝点/℃ | 不高于 | 10 | 20 | 30 | GB510 |
| 水溶性酸或碱 | | 无 | 无 | — | GB259 |

注：1. 含硫 0.5%以上的原油炼制的重柴油，出厂时硫含量许可不大于 2.0%，残炭许可不大于 3.0%；

2. 海运和河运时水分许可不大于 2.0%，但须由总量中扣除水分全部重量；

3. 使用重柴油的柴油机必须有完善的过滤设备和预热设备。

### (三)轻柴油

轻柴油由各种石油的直馏柴油馏分,催化柴油馏分或混有热裂化柴油馏分所制成,适于作高速柴油的燃料。

产品按凝点分为10、0、-10、-20及-35五个牌号。

各牌号的技术条件,现行国家标准(GB252—77)规定如表8-75所示。

**表8-75 轻柴油技术条件**

| 项目 | | 质量指标 | | | | | 试验方法 |
|---|---|---|---|---|---|---|---|
| | | 10号 | 0号 | -10号 | -20号 | -35号 | |
| 十六烷值 | 不小于 | 50 | 50 | 50 | 45 | 43 | GB386 |
| 馏程: | | | | | | | GB255 |
| 50%馏出温度/℃ | 不高于 | 300 | 300 | 300 | 300 | 300 | |
| 90%馏出温度/℃ | 不高于 | 355 | 355 | 350 | 350 | — | |
| 95%馏出温度/℃ | 不高于 | 365 | 365 | — | — | 350 | |
| 10%蒸余物残炭/% | 不大于 | 0.4 | 0.4 | 0.3 | 0.3 | 0.3 | GB263 |
| 灰分/% | 不大于 | 0.025 | 0.025 | 0.025 | 0.025 | 0.025 | GB508 |
| 硫含量/% | 不大于 | 0.2 | 0.2 | 0.2 | 0.2 | 0.2 | GB380 |
| 机械杂质 | | 无 | 无 | 无 | 无 | 无 | GB511 |
| 水分/% | 不大于 | 痕迹 | 痕迹 | 痕迹 | 痕迹 | 痕迹 | GB260 |
| 闪点(闭口)/℃ | 不低于 | 60 | 60 | 60 | 60 | 50 | GB261 |
| 腐蚀(铜片,50℃,3h) | | 合格 | 合格 | 合格 | 合格 | 合格 | GB378 |
| 凝点/℃ | 不高于 | 10 | 0 | -10 | -20 | -35 | GB510 |
| 水溶性酸或碱 | | 无 | 无 | 无 | 无 | 无 | GB259 |

注:1.由含硫0.3%以上的原油制得的轻柴油,硫含量许可不大于0.5%;由含硫0.5%以上的原油制得的轻柴油,其硫含量许可不大于1%;

2.由中间基原油生产或混有催化馏分的各号轻柴油十六烷值允许不小于40;

3.军用10、0、-10、-20号柴油,闪点不低于65℃;

4.十六烷值可委托有关单位定期测定。

## 七、气体燃料

### (一)气体燃料的分类

气体燃料分为天然气体燃料和人造气体燃料两大类。

1.天然的气体燃料

地下岩层所产生的气体,可统称为天然的气体燃料,如天然气、油田伴生气、煤矿的瓦斯气、地下浅层的沼气等,都叫天然气。

天然气是一种发热量很高的天然气体燃料。它的主要可燃成分是甲烷($CH_4$),含量达90%以上。伴生天然气,它的主要可燃成分除了甲烷以外,还含有较多的不饱和烃。天然气的理论燃烧温度可高达2000℃。

2.人工制造的气体燃料

通常指由固体燃料(或重油)经干馏或气化等加工过程而得到的气体产物,如发生炉煤气、水煤气、焦炉煤气等。

气体燃料都是由一些单一的气体混合而成的。其中重要的可燃成分有$CO$、$H_2$、$CH_4$及其他气态的碳氢化合物；不可燃成分有$CO_2$、$N_2$和少量的$O_2$，此外还有一定的蒸汽等。

气体燃料的化学成分是用上述多种单一气体所占的体积百分数表示。气体燃料中化学成分不同，燃烧时所得的热量也不同。$H_2$和$CO$在燃烧时放出较少的热量，$CH_4$以及其他重碳氢化合物，燃烧时放出非常多的热量。各种气体燃料的成分和发热量见表8-76。

**表8-76 各种气体燃料的成分和发热量**

| 煤气种类 | 化学成分/% | | | | | | | 发热量/kJ·$m^{-3}$ |
|---|---|---|---|---|---|---|---|---|
| | $CO$ | $H_2$ | $CH_4$ | $C_mH_n$ | $CO_2$ | $O_2$ | $N_2$ | |
| 焦炉煤气 | 4～8 | 53～60 | 19～25 | 16～23 | 2～3 | 0.7～12 | 7～13 | 15491～16747 |
| 高炉煤气 | 25～31 | 2～3 | 0.3～0.5 | — | 9～15.5 | — | 55～58 | 3349～4186 |
| 转炉煤气 | 70～90 | — | — | — | — | — | 10～20 | 7536～8373 |
| 发生炉煤气 | 24～30 | 12～15 | 0.5～3 | 0.2～0.4 | 5～7 | 0.1～0.3 | 46～55 | 4815～6490 |
| 天然气 | 0.04～0.14 | 0.1～0.2 | 89～99 | 0.1～0.5 | 0.1～6 | — | 0.7～4.7 | 31819～37681 |

在冶金工业企业中，除了某些有天然气资源的地区使用天然气作为燃料外，还有大量属于二次能源的气体燃料，如高炉煤气、焦炉煤气、转炉煤气和专门制造的发生炉煤气等。

在各种燃料中，气体燃料的燃烧最容易控制，热效率也最高，在钢铁厂内是最受欢迎的一种燃料。由于钢铁联合企业中有大量作为二次能源的气体燃料，因此，气体燃料在钢铁生产的热能平衡中占有重要地位。

**（二）气体燃料的特性**

我国几种常用气体燃料的特性见表8-77。

钢铁生产工艺中包含着多级能源转换过程，钢铁联合企业投入的一次能源约有40%转变成为工艺副产煤气，包括：焦炉煤气，约占46%；高炉煤气，约占45%；转炉煤气，约占9%。副产煤气的充分回收和合理使用对钢铁企业有着重大意义。在我国目前的回收和利用水平下，副产煤气在钢铁联合企业的总能耗中约占30%弱，在冬季还相当紧张，特别是焦炉煤气有供不应求现象。随着氧气顶吹转炉炼钢、连铸、连轧等节能工艺的普及，钢铁生产主流程耗用的煤气量将明显减少，最终可能将有35%～40%的副产煤气供锅炉、发电使用，外供量也可有所增加。

**（三）焦炉煤气**

1. 焦炉煤气的来源

焦炉煤气是气体燃料的一种，由煤在炼焦炉中进行干馏制得。焦炉煤气是炼焦生产的副产品，1t煤炭在炼焦过程中可以得到300～350$m^3$焦炉煤气。

高温炼焦是煤炭化工利用的主要加工方法。煤在炼焦炉的炭化室中受高温的作用而发生热分解，在生成焦炭的同时，还生成小分子的液态和气态产物。在高温下，它们以气态的形式从炭化室逸出，这种刚从焦炉出来的煤气，实际上是焦炉煤气和焦油蒸气的混合物，称为荒煤气。荒煤气的组成见表8-78。

表 8-77 我国几种常用气体燃料的特性（干煤气 0℃，101325Pa）

| 煤气种类 | 密度/kg·m⁻³ | 体积热容/kJ·(m³·K)⁻¹ | 绝热指数 | 高热值/MJ·m⁻³ | 低热值/MJ·m⁻³ | 华白指数 | 动力粘度/MPa·s | 运动粘度/m²·s⁻¹ | 爆炸极限/%(上/下)(空气中体积) | 理论空气量/m³·m⁻³ | 理论烟气量/m³(湿/干) | 干烟气最大 $CO_2$ 量/% | 理论燃烧温度/℃ | 最大燃烧速度/m·s⁻¹ |
|---|---|---|---|---|---|---|---|---|---|---|---|---|---|---|
| 焦炉煤气 | 0.4686 | 1.3878 | 1.3750 | 19.788 | 17.589 | 6150 | 11.603 | $24.76\times10^6$ | 35.8/4.5 | 4.21 | 4.88/3.76 | 10.6 | 1998 | 0.857 |
| 直立炉煤气 | 0.5527 | 1.3807 | 1.3793 | 18.016 | 16.110 | 5180 | 12.475 | $22.60\times10^6$ | 40.9/4.9 | 3.80 | 4.44/3.47 | 13.0 | 2003 | 0.851 |
| 混合煤气 | 0.6695 | 1.3669 | 1.3841 | 15.387 | 13.836 | 4040 | 12.152 | $18.29\times10^6$ | 42.6/6.1 | 3.18 | 3.85/3.06 | 13.9 | 1986 | 0.842 |
| 发生炉煤气 | 1.1627 | 1.3167 | 1.3980 | 5.994 | 5.735 | 1270 | 17.287 | $13.93\times10^6$ | 67.5/21.5 | 1.16 | 1.98/1.84 | 19.3 | 1600 | 0.1946 |
| 水煤气 | 0.7005 | 1.3267 | 1.3958 | 11.432 | 10.366 | 2960 | 14.886 | $21.28\times10^6$ | 70.4/6.2 | 2.16 | 3.19/2.19 | 20.0 | 2175 | 1.418 |
| 催化油煤气 | 0.5374 | 1.3382 | 1.3759 | 18.442 | 16.494 | 5380 | 12.201 | $22.73\times10^6$ | 42.9/4.7 | 3.89 | 4.55/3.54 | 12.4 | 2009 | 0.978 |
| 热裂油煤气 | 0.7909 | 1.6152 | 1.3208 | 40.337 | 34.723 | 9340 | 9.810 | $12.42\times10^6$ | 25.7/3.7 | 8.55 | 9.39/7.81 | 13.2 | 2038 | 0.603 |
| 干井天然气 | 0.7435 | 1.5575 | 1.3082 | 40.337 | 36.383 | 10100 | 10.329 | $13.92\times10^6$ | 15.0/5.0 | 9.64 | 10.64/8.65 | 11.8 | 1970 | 0.380 |
| 油田伴生气 | 1.0415 | 1.8087 | 1.2849 | 52.743 | 48.304 | 11300 | 8.693 | $8.36\times10^6$ | 14.2/4.2 | 12.52 | 13.73/11.33 | 12.7 | 1986 | 0.38 |
| 矿井气 | 1.0100 | — | — | 20.900 | 18810 | — | — | — | — | 4.6 | 5.90/4.80 | — | 1900 | — |
| 液化石油气 | 2.5272 | 3.5129 | 1.1503 | 123.477 | 114.875 | 17280 | 7.029 | $2.78\times10^6$ | 9.7/1.7 | 28.28 | 30.67/26.58 | 14.6 | 2050 | 0.435 |
| 液化石油气 | 2.5268 | 3.4192 | 1.1532 | 122.085 | 113.596 | 17090 | 7.125 | $2.82\times10^6$ | 9.7/1.7 | 28.94 | 30.04/25.87 | 14.7 | 2060 | 0.429 |
| 液化石油气 | 2.3505 | 3.3294 | 1.1525 | 117.307 | 108.199 | 16910 | 7.144 | $3.04\times10^6$ | 9.0/1.9 | 27.37 | 29.62/25.12 | 13.9 | 2020 | 0.397 |

注：表中特性值由计算而得，非实测值。

**表 8-78 荒煤气的组成($g/m^3$)**

| 水蒸气 | 焦油蒸气 | 粗苯 | 氨 | 硫化氢 | 氰化物 | 萘 | 轻吡啶 |
|---|---|---|---|---|---|---|---|
| 250～450 | 80～120 | 30～45 | 8～16 | 6～30 | 1.0～2.5 | 10 | 0.4～0.6 |

荒煤气不能供给用户，要经过清除水分和回收焦油以后，才能供给用户使用。

荒煤气经过冷凝、冷却、吸收、净化等处理过程，可以得到煤焦油(简称焦油)、硫氨(或氨水)、粗氢吡啶　粗苯、硫磺等焦化产品，其中焦油和粗苯再进一步精制就可以得到酚、萘、蒽、苯等有机化工原料。随炼焦温度和原料煤的质量的不同，焦化产品的数量有差异。荒煤气经过回收焦油、氨、粗苯并清除硫化氢之后的煤气即称净焦炉煤气，简称焦炉煤气。

2. 焦炉煤气的组成成分

焦炉煤气的组成成分见表 8-79。

**表 8-79 焦炉煤气的组成成分**

| 组分 | 二氧化碳 $CO_2$ | 氢气 $H_2$ | 一氧化碳 CO | 氮气 $N_2$ | 甲烷 $CH_4$ | 氧气 $O_2$ | 乙烯 $C_2H_4$ |
|---|---|---|---|---|---|---|---|
| 体积/% | 1～3 | 50～60 | 4～8 | 5～8 | 20～30 | 0.1～0.6 | 2.0～2.5 |

由上表煤气组成成分可以看出，煤气的成分是由最简单的碳氢化合物、游离氢、氧、氮以及一氧化碳等成分所组成。这说明煤气是复杂的煤质分解的最终产品。

3. 焦炉煤气的特点

从焦炉煤气的成分组成中可以看出，焦炉煤气有以下特点：

(1)热值高，可燃成分多。一般焦炉煤气的热值大于 $16747kJ/m^3$。

(2)燃烧快，火焰短。

(3)生成废气的密度小，废气中水蒸气较多。

(4)能预热。

**(四)高炉煤气和转炉煤气**

1. 高炉煤气

高炉煤气是从高炉炉顶逸出的煤气，是高炉炼铁过程中所得到的一种副产品。其主要可燃成分为 CO。高炉煤气的化学成分与高炉炼铁燃料的种类及所炼生铁的品种有关。高炉煤气的组成如表 8-80 所示。

**表 8-80 高炉煤气的组成(%)**

|  |  |
|---|---|
| 一氧化碳(CO) | 25～27 |
| 氢($H_2$) | 1.5～3 |
| 氮($N_2$) | 55～60 |
| 氧($O_2$) | 0.2～0.4 |
| 二氧化碳($CO_2$) | 9.0～12.0 |
| 甲烷($CH_4$) | 0.2～0.5 |

高炉煤气因有大量 $CO_2$ 和 $N_2$，所以发热量很低，理论燃烧温度只有 1400～1500℃，但因产量很大，每生产 1t 生铁约可得到 $3500～4000m^3$ 高炉煤气，所以，在钢铁企业中它是一个很重要的燃料来源。

高炉煤气有以下特点：

(1)可燃成分少。一氧化碳多、氢少，所以热值低，一般热值实际只有 3349～4186kJ/$m^3$。

(2)有毒。高炉煤气含有大量的一氧化碳，所以在使用时应特别注意煤气中毒事故。当空气中 CO 达到 0.2%时，人就会失去知觉，CO 达到 0.4%时，人就会立刻死亡。因此，设备必须严密，操作要特别当心。

(3)灰尘多。高炉煤气含 20～40g/$m^3$ 的固体尘粒。所以在使用前必须进行除尘，否则会使管道设备堵塞。

(4)水分多。高炉煤气含有大量废气，在使用前要进行脱水。

(5)燃烧速度慢，火焰较长。用高炉煤气加热，比用焦炉煤气要多消耗热量，一般要多16%左右。

2. 转炉煤气

顶吹转炉化铁时，喷吹高纯度氧气，冶炼出钢和产生副产品转炉煤气。这种气体含大量粉尘。在采用非燃烧回收法制得的煤气中含 CO70%～80%，$CO_2$10%左右，余下部分是 $N_2$，热值为 10467kJ/$m^3$，可做厂内燃料。由于 CO 含量大，还可做化工原料气。

**(五)天然气**

天然气是优质的气体燃料，广泛用于动力工业、民用燃料、工业用燃料和冶金化工等方面。

1. 天然气的分类

根据天然气中重烃的含量，将天然气分为干气和湿气。干气：甲烷的含量在 95%以上，重烃含量很少，不与石油伴生；湿气：含有较多的气态重烃，常与石油伴生。因此，在油气勘探过程中，确定天然气的“干”、“湿”性质很重要。湿气有微弱的汽油味，燃烧时火焰黄色，通入水中，水面常出现彩色油膜；干气燃烧时火焰蓝色，通入水中无油膜出现。同时，我们根据天然气与石油的存在关系可分为油田气和气田气。油田气常与石油伴生，或溶于石油之中，或以自由气顶析出于油藏之上，或以单独气藏形式与油藏共处于同一油田之中。它是典型的石油气，也有人称它为气态石油。在油田气的组成中，除含大量甲烷以外，更以含有显著的重烃为特征，重烃含量一般为百分之几～百分之几十。有时还含有相当浓度的 $N_2$、$CO_2$、$H_2S$、He、$H_2$ 及稀有气体。气田气产出于不含油藏的面积之中，气田气与典型的油田气的成分是有区别的。气田气所含烃类气体中，重烃极少，一般在 2%～3%以下，但甲烷含量则经常在 90%以上。

干气和湿气也可按天然气中含凝析油多少来区分，含油多的叫湿气，含油少的叫干气。干湿气的划分界限，世界尚无统一标准，有的地区，把 1$m^3$ 天然气中 $C_5$ 以上的重烃液体含量低于 13.5$cm^3$ 的叫干气；把 1$m^3$ 天然气中 $C_5$ 以上重烃液体含量高于 13.5$cm^3$ 的叫湿气。

天然气还分酸性天然气和洁气。含有显著的硫化氢和二氧化碳等酸性气体，需要进行净化处理才能达到管输标准的天然气称为酸性天然气。硫化氢和二氧化碳含量甚微，不需要进行净化处理的天然气称为洁气。

2. 天然气的化学成分

绝大多数天然气成分，以烃类气体为主，尤其是甲烷通常占有很大比例。此外在天然气中还含有少量的 $C_2$～$C_6$ 烷烃，一般碳数越大，含量越少。除此之外在天然气中还有少量的非烃类气体，包括 $CO_2$、$N_2$、$H_2S$、及 He、Ar、Xe 等惰性气体，在个别油气田的天然气中也可达到显著数量。根据统计资料，天然气的元素组成为：C42%～78%，H14%～24%，O＋S＋

N0.3%～44%。

3.天然气的物理性质

由于天然气是多种气态组分不同比例的混合物，所以也像石油那样，其物理性质变化很大，它的主要物理性质见表8-81。

**表8-81 天然气中主要成分的物理化学性质**

| 名称 | 分子式 | 相对分子质量 | 密度/kg·$m^{-3}$ | 临界温度/℃ | 临界压力/MPa | 粘度/kPa·s | 自燃点/℃ | 可燃性限/% | | 热值/kJ·$m^{-3}$（15.6℃，常压） | | 气体常数/kg·m·$(kg·K)^{-1}$ |
|---|---|---|---|---|---|---|---|---|---|---|---|---|
| | | | | | | | | 低限 | 高限 | 全热值 | 净热值 | |
| 甲烷 | $CH_4$ | 16.043 | 0.716 | -82.5 | 4.64 | 0.01(气) | 645 | 5.0 | 15.0 | 37262 | 33494 | 52.84 |
| 乙烷 | $C_2H_6$ | 30.070 | 1.342 | 32.27 | 4.88 | 0.009(气) | 530 | 3.2 | 12.45 | 66151 | 60289 | 28.2 |
| 丙烷 | $C_3H_8$ | 44.097 | 1.967 | 96.81 | 4.26 | 0.125(10℃) | 510 | 2.37 | 9.50 | 93784 | 86248 | 19.23 |
| 正丁烷 | $n-C_4H_{10}$ | 58.12 | 2.593 | 152.01 | 3.80 | 0.174 | 490 | 1.86 | 8.41 | 121417 | 108438 | 14.59 |
| 异丁烷 | $i-C_4H_{10}$ | 58.12 | 2.593 | 134.98 | 3.65 | 0.194 | | 1.8 | 8.44 | 121417 | 108438 | 14.59 |
| 氦 | He | 4.003 | 0.197 | -267.9 | 0.23 | 0.0184 | | | | | | 211.79 |
| 氮 | $N_2$ | 28.02 | 1.250 | -147.13 | 3.39 | 0.017 | | | | | | 30.26 |
| 氧 | $O_2$ | 32.0 | 1.428 | -118.82 | 5.04 | 0.014 | | | | | | 26.49 |
| 氢 | $H_2$ | 2.016 | 0.0899 | -239.9 | 1.29 | 0.00842 | 510 | 4.1 | 74.2 | 12770 | 10760 | 420.75 |
| 二氧化碳 | $CO_2$ | 44.0 | 1.963 | 31.1 | 7.38 | 0.0137 | | | | | | 19.27 |
| 一氧化碳 | CO | 28.0 | 1.250 | -140.2 | 3.50 | 0.0166 | 610 | 12.5 | 74.2 | 12644 | 12644 | 30.26 |
| 硫化氢 | $H_2S$ | 34.09 | 1.521 | 100.4 | 9.01 | 0.01166 | 290 | 4.3 | 45.5 | | | 24.87 |
| 空气 | | 28.97 | 1.293 | -140.75 | 3.77 | 0.0173 | | | | | | 29.27 |

## （六）液化石油气

液化石油气是指常温、较低压力下容易液化的石油系碳氢气体(LPG)，也叫丙烷气。它含有$C_3$和$C_4$的链烷烃和烯烃，从天然气中得到的是链烷烃，从其他方面得到的液化气含有较高的烯烃。大部分液化石油气是石油精炼的副产气体。

液化石油气适用于作工业和民用燃料。其技术要求，国家现行标准(GB11174—89)作了规定，如表8-82所示。

**表8-82 液化石油气技术要求**

| 项目 | 质量指标 | 试验方法 |
|---|---|---|
| 密度(15℃)/kg·$m^{-3}$ | 报告 | ZBE46001 |
| 蒸气压(37.8℃)/kPa 不大于 | 1380 | GB6602 |
| $C_5$及$C_5$以上组分体积分数/% 不大于 | 3.0 | SY2081 |
| 残留物 | | SY7509 |
| 蒸发残留物/mL·$(100mL)^{-1}$ | 报告 | |
| 油渍观察值/mL | 报告 | |
| 铜片腐蚀/级 不大于 | 1 | SY2083 |
| 总硫含量/mg·$m^{-3}$ 不大于 | 343 | ZBE46002 |
| 游离水 | 无 | 目测 |